国家精品在线开放课程、国家级线上一流本科课程配套教材

教育部高等学校航空航天类专业教学指导委员会推荐教材

科学出版社“十三五”普通高等教育本科规划教材

航空宇航科学与技术教材出版工程

U0168211

航空燃气涡轮发动机结构与设计

洪　杰　马艳红　编著

科学出版社

北　京

内 容 简 介

本书以航空燃气涡轮发动机(简称航空燃气轮机)为主要对象,第1~7章是航空燃气轮机"结构分析",主要介绍航空燃气轮机的分类与研制、结构组成、典型的总体结构方案和部件结构方案,此外对发动机安装结构的分类和设计特点进行了介绍。本书更注重从正向设计的角度,论述航空燃气轮机的工作环境和载荷条件、基本要求和基本原则、典型的总体结构布局和部件的结构特征。第8~12章是航空燃气轮机"结构设计"基础,主要介绍发动机结构设计的基本概念和基本方法、结构定量评估和优化方法、结构系统稳健设计和安全设计方法,最后以典型涡扇和涡桨发动机为例,论述了总体结构与力学特性的关系。

本书可作为飞行器动力工程专业、流体机械专业、热能与动力工程等专业的本科生和航空宇航推进理论与工程等专业的研究生教材。本书还可作为航空燃气轮机研究院、设计所、工厂,以及空军、海军和陆军航空兵部队等相关人员的培训教材和参考书,也可供从事工业车辆、舰船用燃气轮机、弹用发动机、火箭发动机等相关工作的技术人员参考。

图书在版编目(CIP)数据

航空燃气涡轮发动机结构与设计/洪杰,马艳红编著.—北京:科学出版社,2021.5

航空宇航科学与技术教材出版工程 科学出版社"十三五"普通高等教育本科规划教材

ISBN 978-7-03-068517-9

Ⅰ.①航… Ⅱ.①洪… ②马… Ⅲ.①航空发动机—燃气轮机—发动机—结构设计—教材 Ⅳ.①V235.1

中国版本图书馆CIP数据核字(2021)第061819号

责任编辑:胡文治 / 责任校对:谭宏宇
责任印制:黄晓鸣 / 封面设计:殷 靓

科学出版社 出版
北京东黄城根北街16号
邮政编码:100717
http://www.sciencep.com

南京展望文化发展有限公司排版
广东虎彩云印刷有限公司印刷
科学出版社发行 各地新华书店经销

*

2021年5月第 一 版 开本:787×1092 1/16
2024年12月第十四次印刷 印张:30 1/4
字数:694 000

定价:100.00元

(如有印装质量问题,我社负责调换)

航空宇航科学与技术教材出版工程
专家委员会

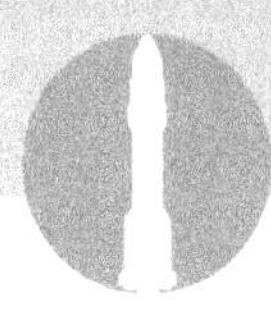

主任委员 杨 卫

副主任委员 包为民 杜善义

委　　员（按姓名笔画排序）

于起峰 尹泽勇 邓小刚 包为民 刘永才
杜善义 李应红 李椿萱 杨 卫 何国强
陈迎春 胡海岩 郭万林 唐长红 陶 智
程耿东 蔡国飙 廖文和

航空宇航科学与技术教材出版工程
编写委员会

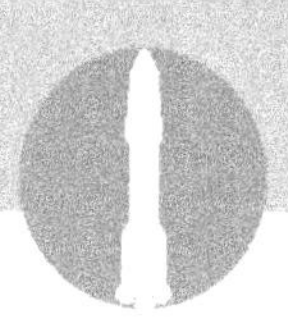

主任委员 郑 耀

副主任委员（按姓名笔画排序）

丁水汀　申胜平　李存标　李路明　孟松鹤
唐 硕　敬忠良

委 员（按姓名笔画排序）

丁水汀　于达仁　王占学　尤延铖　申胜平
曲绍兴　刘 莉　李 岩　李小平　李仁府
李存标　李路明　吴志刚　吴建军　陈伟芳
罗世彬　郑 耀　孟松鹤　胡 宁　秦开宇
高效伟　唐 硕　崔平远　敬忠良

丛书序

我在清华园中出生,旧航空馆对面北坡静置的一架旧飞机是我童年时流连忘返之处。1973 年,我作为一名陕北延安老区的北京知青,怀揣着一张印有西北工业大学航空类专业的入学通知书来到古城西安,开始了延绵 46 年矢志航宇的研修生涯。1984 年底,我在美国布朗大学工学部固体与结构力学学门通过 Ph. D 的论文答辩,旋即带着在 24 门力学、材料科学和应用数学方面的修课笔记回到清华大学,开始了一名力学学者的登攀之路。1994 年我担任该校工程力学系的系主任。随之不久,清华大学委托我组织一个航天研究中心,并在 2004 年成为该校航天航空学院的首任执行院长。2006 年,我受命到杭州担任浙江大学校长,第二年便在该校组建了航空航天学院。力学学科与航宇学科就像一个交互传递信息的双螺旋,记录下我的学业成长。

以我对这两个学科所用教科书的观察：力学教科书有一个推陈出新的问题,航宇教科书有一个宽窄适度的问题。20 世纪 80~90 年代是我国力学类教科书发展的鼎盛时期,之后便只有局部的推进,未出现整体的推陈出新。力学教科书的现状也确实令人扼腕叹息：近现代的力学新应用还未能有效地融入力学学科的基本教材;在物理、生物、化学中所形成的新认识还没能以学科交叉的形式折射到力学学科;以数据科学、人工智能、深度学习为代表的数据驱动研究方法还没有在力学的知识体系中引起足够的共鸣。

如果说力学学科面临着知识固结的危险,航宇学科却孕育着重新洗牌的机遇。在军民融合发展的教育背景下,随着知识体系的涌动向前,航宇学科出现了重塑架构的可能性。一是知识配置方式的融合。在传统的航宇强校(如哈尔滨工业大学、北京航空航天大学、西北工业大学、国防科技大学等),实行的是航宇学科的密集配置。每门课程专业性强,但知识覆盖面窄,于是必然缺少融会贯通的教科书之作。而 2000 年后在综合型大学(如清华大学、浙江大学、同济大学等)新成立的航空航天学院,其课程体系与教科书知识面较宽,但不够健全,即宽失于泛、窄不概全,缺乏军民融合、深入浅出的上乘之作。若能够将这两类大学的教育名家聚集于一堂,互相切磋,是有可能纲举目张,塑造出一套横跨航空和宇航领域,体系完备、粒度适中的经典教科书。于是在郑耀教授的热心倡导和推动下,我们聚得 22 所高校和 5 个工业部门(航天科技、航天科工、中航、商飞、中航发)的数十位航宇专家为一堂,开启"航空宇航科学与技术教材出版工程"。在科学出版社的大力促进下,为航空与宇航一级学科编纂这套教科书。

考虑到多所高校的航宇学科，或以力学作为理论基础，或由其原有的工程力学系改造而成，所以有必要在教学体系上实行航宇与力学这两个一级学科的共融。美国航宇学科之父冯·卡门先生曾经有一句名言："科学家发现现存的世界，工程师创造未来的世界……而力学则处在最激动人心的地位，即我们可以两者并举！"因此，我们既希望能够表达航宇学科的无垠、神奇与壮美，也得以表达力学学科的严谨和博大。感谢包为民先生、杜善义先生两位学贯中西的航宇大家的加盟，我们这个由 18 位专家（多为两院院士）组成的教材建设专家委员会开始使出十八般武艺，推动这一出版工程。

因此，为满足航宇课程建设和不同类型高校之需，在科学出版社盛情邀请下，我们决心编好这套丛书。本套丛书力争实现三个目标：一是全景式地反映航宇学科在当代的知识全貌；二是为不同类型教研机构的航宇学科提供可剪裁组配的教科书体系；三是为若干传统的基础性课程提供其新貌。我们旨在为移动互联网时代，有志于航空和宇航的初学者提供一个全视野和启发性的学科知识平台。

这里要感谢科学出版社上海分社的潘志坚编审和徐杨峰编辑，他们的大胆提议、不断鼓励、精心编辑和精品意识使得本套丛书的出版成为可能。

是为总序。

2019 年于杭州西湖区求是村、北京海淀区紫竹公寓

前　言

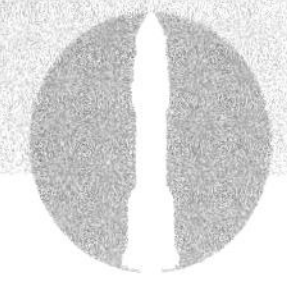

航空燃气轮机是一种具有很高综合技术难度的高科技产品，在世界上只有少数几个国家可以自主研发。航空燃气轮机结构是联系气动性能、燃烧传热、强度振动、材料工艺、装配维修等先进技术的桥梁和纽带，因此航空燃气轮机的结构设计是发动机研制与使用全寿命周期中的一个重要环节，以新结构为载体，保证气体动力学等多学科专业的性能与结构完整性、可靠性的平衡，并有力地推进新材料、新工艺的发展。

近十年，我国航空燃气轮机的研制逐渐由引进—消化—吸收—改进设计转变为自主创新研发的正向设计，但目前国内航空燃气轮机结构方面的专著和教材均以结构功能、组成和特征分析为主，为适应我国自主研发先进航空燃气轮机和培养创新型结构设计人才的需要，作者总结多年从事航空发动机结构完整性教学和科研工作的经验和成果，编写了《航空燃气涡轮发动机结构与设计》。

本书以结构设计为中心，第1~7章分析了航空燃气轮机工作环境和载荷条件、基本要求和基本原则、典型整机、部件、组件和子系统的结构特征，以及各航空燃气轮机设计集团“各有特色”的总体结构布局和结构构型方案。在此基础上，第8~12章重点讲述了结构设计的基本概念和基本方法、结构定量评估和优化方法、结构系统稳健设计和安全设计方法，并以典型高涵道比、高推重比涡扇发动机和高功重比涡轴涡桨发动机为例，揭示了发动机结构特征与力学特性的关联性，总结了整机总体结构布局及主机结构几何构形设计技术的内在规律，展现出先进航空燃气轮机结构设计技术的发展方向。

本书由北京航空航天大学“整机结构系统与动力学研究团队”洪杰和马艳红教授撰写，在编写过程中李超讲师和陈雪骑、王永锋、杨哲夫、王维斌、李毅沣、马永波等研究生参与了本书部分内容的撰写、校对及图表制作工作，特此表示感谢。

本书的使用对象是飞行器动力工程专业、流体机械专业、热能与动力工程等专业的本科生，航空宇航推进理论与工程等专业的研究生，以及具有一定相关专业知识的科技工作者。

由于编者的水平与能力有限，书中的错误和不当之处恳请读者批评指正。

作　者

2020年12月

目　录

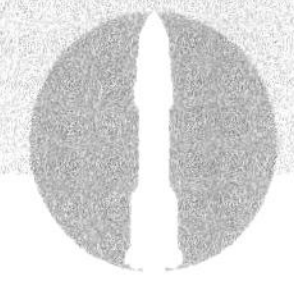

第1章 航空燃气轮机分类与研制

从世界第一架完全可操控的动力飞机——莱特兄弟的“飞行者一号”首飞，到第二次世界大战期间，绝大部分飞机所使用的发动机均为活塞式发动机。这种发动机工作时只能输出轴功率，不能直接产生使飞机前进的推力或拉力，需采用空气螺旋桨（简称螺旋桨）作为推进器。航空活塞式发动机在第二次世界大战中得到了极大的发展，发动机最大的功率达到 3 500 kW，发动机的耗油率大约为 0.28 kg/(kW · h)，发动机的功率质量比（功率/质量）达到 1.49 kW/kg，成为战斗机、轰炸机、运输机等机种的动力装置，在战争中发挥了重大作用。随着飞机起飞质量和飞行速度的提高，活塞发动机的输出功率和需要螺旋桨来产生推力的方式不能满足飞行器对动力装置的要求。一是飞行速度增大后，桨叶叶尖的相对速度逐渐趋近或超过声速，激波产生的气动损失，以及结构的影响使得螺旋桨无法高效、可靠地工作；二是高速飞行所需推进动力的功率大幅提高，由于活塞发动机的功率密度基本不变，其结构质量无法满足飞机要求。因此，活塞发动机不能作为高速飞机，尤其是超声速飞机的动力装置，装配活塞发动机的飞机飞行速度一般只有 600~700 km/h。

航空燃气涡轮发动机的首次使用是在第二次世界大战的后期，最先研制并投入使用的是燃气涡轮喷气发动机（简称涡喷发动机）。早在 1936~1938 年，德国和英国的航空发动机研究机构就开始了燃气涡轮发动机的研制，但一直到第二次世界大战的后期才开始装配于战斗机上。涡喷发动机一经问世，便迅速改变了航空界的面貌，使飞机性能发生了质的飞跃。

与活塞式发动机相比，涡喷发动机具有明显的优势。首先，发动机本身既是热机又是推进器，直接产生使飞机前进的推力；其次，作为发动机工质的空气，涡喷发动机的流量是活塞发动机的 40 倍以上；另外，由于涡喷发动机的转换能量和产生推力是同时进行的，发动机可以连续做功并产生推力，综上所述，涡喷发动机产生的巨大推力能使战斗机飞行速度超过声速，甚至可以达到声速的两倍。

20 世纪 40 年代后期，英国、德国、苏联和美国先后研制成功了第一代实用型涡喷发动机，并发展了多型以涡喷发动机为动力的战斗机。在 20 世纪 50 年代初期的抗美援朝战争中，中国人民志愿军空军驾驶的米格-15 喷气式战斗机与美国空军的 F-86 喷气式战斗机进行了激烈的空中搏斗，这也是世界上首次出现大规模喷气式战斗机的空战。

随着涡轮喷气发动机的不断发展，逐步采用了各种先进技术，使发动机性能不断提高,并应用于客机上。1952 年世界上第一款喷气式客机英国“彗星”旅客机投入使用,与以活塞式发动机为动力装置的客机相比,新一代客机具有载客量大、速度快、航程远和具有增压客舱等特点。1958 年前后,美国的波音 707、苏联的图- 104 大型喷气式客机相继投入使用。1969 年英法合作研制飞行速度达 2 倍声速的超声速客机“协和”试飞并投入使用,表明世界航空业进入了喷气时代。

涡喷发动机在航空发展史上具有重要地位,但是其经济性较差,因此限制了其航程和推力的进一步加大。这是因为涡喷发动机的推力是由高速喷出燃气得到的,喷气速度越高,推力也就越大。高速、高温的燃气由尾喷管排出发动机,使大量的能量排入大气,因此,涡喷发动机的耗油率较高,一般为 0.80~0.95 kg/(daN·h)。为适应飞机提高起飞推力和加大航程的需要,必须研制具有更大推力和更低耗油率的动力装置,燃气涡轮风扇发动机(简称涡扇发动机)正是一种能产生较大推力且耗油率较低的发动机。根据涡扇发动机热力循环特点,涡扇发动机分为两种类型:一是适合军用战斗机高速机动飞行、具有较小迎风面积的小涵道比、高推重比涡扇发动机;一是适合客机使用的低速飞行的大推力、低油耗的高涵道比涡扇发动机。

20 世纪 70~80 年代,是航空燃气轮机高速发展的时代。随着新一代战斗机发展规划的提出,各航空发动机设计集团,通过大幅度提高增压比、涡轮前温度等热力循环参数,并采用多种先进技术和优良结构设计,制造出带加力燃烧室的高推重比(7~8)涡扇发动机,使得以 F-15 为代表的第三代高性能战斗机投入服役。同时涌现出多种高性能航空发动机型号,如美国普拉特·惠特尼集团公司(Pratt & Whitney Company,简称普惠公司)的 F100、美国通用电气航空集团(General Electric Aviation Group, GE,简称通用公司)的 F110 和 F404、英国罗尔斯·罗伊斯公司(Rolls-Royce Public Limited Company,简称罗·罗公司)的 RB199、苏联的 RD-33 和 AL-31F、法国斯奈克玛公司的 M53 等,均已成为现役主力战斗机的动力装置,使得军用战斗机性能有了突飞猛进的提升,在一定程度上改变了战争形态,这一点在 1991 年的海湾战争中表现得尤为突出。

20 世纪末至 21 世纪初,各国要求新一代先进战术战斗机具有不开加力超声速巡航、短距起落和非常规机动能力,且可靠性高、维修性好等特点,与之配套的新一代高推重比涡扇发动机进入全面工程研制阶段,并陆续投入使用。美国普惠公司的 F119、英国等欧洲国家联合研制的 EJ200、法国的 M88-2 和俄罗斯的 AL-41F 为其中的典型机型。

在 20 世纪 70 年代末,随着美国的大型远程战略运输机计划提出,以及世界航空运输业对宽体远程客机的需求,高循环参数、低油耗的高涵道比涡扇发动机得以诞生并迅速发展,代表型号有美国普惠公司的 JT-9D 和 PW4000、美国通用公司的 CF6、通用公司与斯奈克玛公司合作研制的 CFM56、英国罗·罗公司的 RB211 等。超大推力高涵道比涡扇发动机的诞生,极大地提高了运输机和客机的航程和运载能力,有效地促进了各国之间贸易往来和全球化趋势的发展。

随着人类环境保护意识的增强,对以航空煤油为燃料的燃气涡轮发动机的发展提出了新的要求。要求发动机的推力更大、油耗更低、可靠性更高、污染更少、噪声更小,这推进了航空发动机设计技术的提高,将高涵道比涡扇发动机的综合性能提高到了一个新的水平。美国通用公司的 GE90 和 GEnx、美国普惠公司的 PW1000G、英国罗·罗公司的

Trent 系列、通用公司与斯奈克玛公司合作研制的 LEAP 是主要代表系列型号。

综上，航空发动机是为航空器提供飞行所需推力（或拉力）的热力机械，主要包括活塞式发动机、燃气涡轮发动机、冲压喷气发动机、脉冲喷气发动机等[1]。未来，随着社会生活的不断发展，航空器将对航空发动机提出更高的性能、寿命和可靠性要求，将会有越来越多的新型发动机投入使用，航空发动机的应用领域也将更加宽广，将会在社会生产生活中发挥更大的作用。

1.1　分类及使用

航空燃气涡轮发动机分为 4 种基本类型，即涡轮喷气发动机、涡轮螺旋桨发动机、涡轮轴发动机和涡轮风扇发动机。20 世纪 80 年代后期又发展了一种介于涡轮螺旋桨发动机与涡轮风扇发动机之间的螺旋桨风扇发动机（简称为桨扇发动机）。这些发动机均包含压气机、燃烧室以及驱动压气机的燃气涡轮这三大部件，统称为航空燃气涡轮发动机，简称航空燃气轮机。

在航空燃气轮机工作时，进入发动机的空气经压气机压缩增压后，流入燃烧室并与喷入的航空煤油混合后燃烧，燃料中的化学能转化为热能，形成高温、高压燃气，再进入燃气涡轮中膨胀做功，驱动涡轮高速旋转并输出驱动压气机及发动机附件所需的功率。经过燃气涡轮的燃气，仍具有一定压力和温度。所有的燃气轮机的动力及产生的推力或输出功率都来源于这股具有高温、高压的燃气，根据对这股燃气能量的不同利用方式，衍生出多种不同类型的发动机。

压气机、燃烧室和涡轮所组成的核心机（图 1－1），用来提供高压、高温燃气，因此在涡轮轴发动机和涡轮螺旋桨发动机中又称为燃气发生器。高性能燃气轮机所需的总增压比较高，在高增压比的压气机中，为了获得大的稳定工作范围，常采用双转子核心机，将压气机分为前后串联的两部分，分别由两组转速不同的涡轮驱动，压气机中位于前端的部分，空气压力较低，称为低压压气机；位于后端的部分称为高压压气机。相应的涡轮也分为低压涡轮和高压涡轮。这种结构形式称为双转子结构，是一种常见的航空燃气轮机结构形式。

如图 1－1(b) 所示，在燃气发生器后安装一个尾喷管，由燃气发生器出来的燃气在尾喷管中膨胀，直接高速排出，这种发动机称为涡轮喷气发动机，简称涡喷发动机。

如图 1－1(c) 所示，如果在核心机后出来的燃气流入另一涡轮中继续膨胀做功，然后再由尾喷管排出。这个用于提供轴功率输出的涡轮，一般称为"动力涡轮"。大多数发动机中，动力涡轮与燃气发生器的涡轮没有机械连接，它们各自工作于不同的转速，但也有少数发动机的动力涡轮与燃气发生器的涡轮连接在一起，如 WJ5、WJ6 发动机。如果动力涡轮驱动减速器并带动螺旋桨旋转，就成为涡轮螺旋桨发动机，简称涡桨发动机。如果动力涡轮直接驱动或通过减速比较小的减速器驱动直升机的主旋翼，就是涡轮轴发动机，简称涡轴发动机，如图 1－1(d) 所示。需要指出，在涡轴和涡桨发动机中，动力涡轮用于驱动螺旋桨或旋翼，并不驱动压气机做功，也称为"自由涡轮"。如果"动力涡轮"用来驱动燃气发生器前侧的风扇转子，这就是涡轮风扇发动机，简称涡扇发动机，如图 1－1(e) 所示，涡扇发动机中驱动风扇转子的"动力涡轮"一般称为"低压涡轮"。

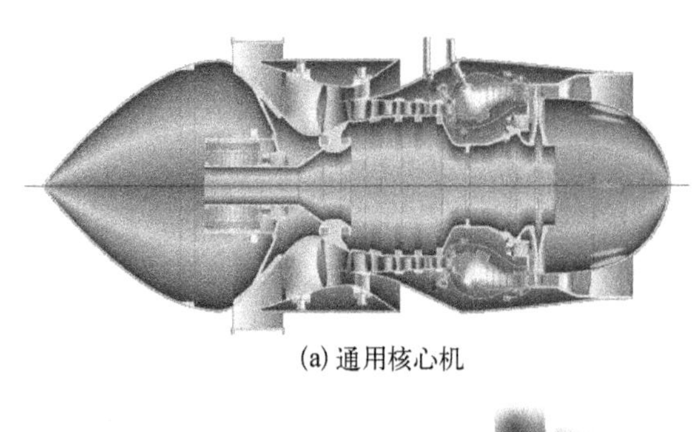

(a) 通用核心机

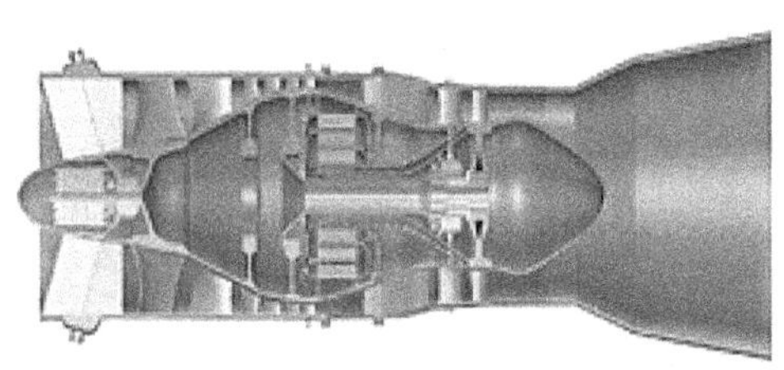

(b) 涡轮喷气发动机

(c) 涡轮螺旋桨发动机

(d) 涡轮轴发动机

(e) 涡轮风扇发动机

图 1-1　各种燃气涡轮发动机与核心机的关系

由此可见,从工作原理上看,同一个核心机,可以配上不同的低压部件,成为不同类型的发动机。因此,如果能发展出一台具有先进水平的核心机,即可顺势研发多种高性能的发动机;同时还可将这种性能先进的核心机按照相似原理放大或缩小,成为不同流量的核心机,衍生发展出不同推力/功率量级的发动机[2]。因此,发展高性能的核心机,是现代高性能航空燃气轮机系列发展、满足不同飞机设计要求的一种经济、可行的有效措施。

1.1.1　涡轮喷气发动机

涡轮喷气发动机(简称涡喷发动机)是 20 世纪 50 年代应用最广泛的航空燃气轮机,当时不仅是高速战斗机的唯一动力,而且也被轰炸机、客机采用。图 1-2 为带有加力燃烧室的双转子涡喷发动机简图。由于燃气从涡喷发动机的尾喷管高速喷出,在得到推力的同时,大量燃料燃烧释放的能量以燃气动能与热能的形式排出发动机,能量损失较大,因此耗油率较高。为了短时间内提高涡喷发动机的推力,可在涡轮与尾喷管之间安装加力燃烧室,在需要增加推力时向燃气发生器后的燃气中继续喷入燃油,进一步充分燃烧以提高

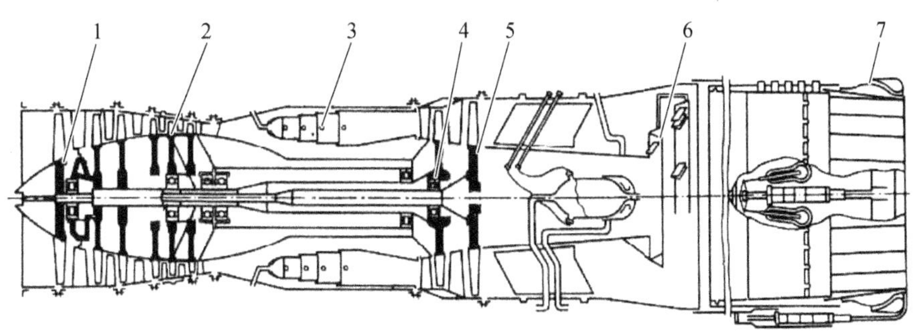

图1-2 带加力燃烧室的双转子涡喷发动机简图

1. 低压压气机;2. 高压压气机;3. 燃烧室;4. 高压涡轮;5. 低压涡轮;6. 加力燃烧室;7. 可调喷口

燃气从尾喷管排出的速度,达到增加推力的目的。此时的推力称为加力状态的推力,简称加力推力,由于这是发动机的最大推力状态,因此也称为最大推力。加力状态时,由于排出的燃气温度与速度均大大提高,因而耗油率比不开加力时有大幅度的增加。在装有加力燃烧室的发动机中,尾喷管的出口面积应做成可调节的,以保证加力状态下,气流稳定向后流动。

1.1.2 涡轮螺旋桨发动机

在涡轮螺旋桨发动机(简称涡桨发动机)中,核心机排出的燃气能量,绝大部分在动力涡轮中膨胀做功,转化为轴功率输出,然后通过减速器将转速降为1 000~2 000 r/min后,再驱动螺旋桨;燃气中剩下的很少能量在尾喷管中膨胀,产生小部分推力。因此,涡桨发动机除输出轴功率外,还输出少量推力。涡桨发动机的螺旋桨直径较大,限制了飞行速度,一般用于 $Ma=0.5\sim0.7$ 的飞机上。但是,由于它的排气能量损失小,推进效率高,所以耗油率低。20世纪50年代研制的旅客机、运输机上采用涡桨发动机较多。由于推力和噪声的问题,其部分市场被涡扇发动机抢占。但是在对起飞特性和耗油率有较高要求的旅客机和运输机上,先进的涡桨发动机依然具有重要的地位和作用。

图1-3为我国生产的WJ5发动机结构简图,装配于国产M-60型支线客机上。

如图1-4所示,至今仍在服役的俄罗斯图-95战略轰炸机,其动力装置为4台HK-12MB涡桨发动机,单台功率为11 014 kW,耗油率为0.326 kg/(kW·h)。正是由于其巨

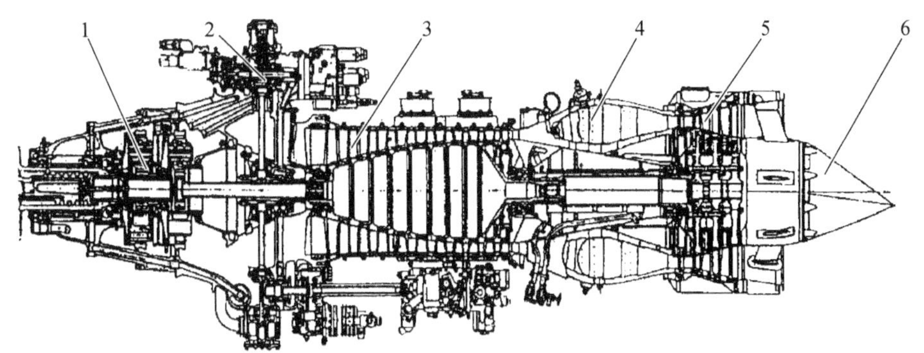

图1-3 国产WJ5涡桨发动机

1. 减速器;2. 附件系统;3. 压气机;4. 燃烧室;5. 涡轮;6. 排气尾锥

(a) 图-95战略轰炸机

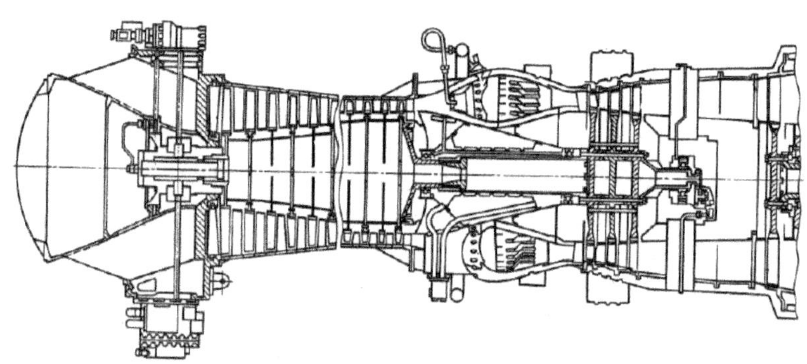

(b) HK-12MB涡桨发动机

图1-4　装配涡桨发动机的战略轰炸机

大的输出功率和低油耗，使飞机可以在不进行空中加油的情况下，其航程仍可达15 000 km。

1.1.3　涡轮轴发动机

涡轮轴发动机（简称涡轴发动机）常用于直升机。其结构组成和布局上与涡桨发动机基本相同，不同的是燃气发生器排出的燃气能量，几乎全部在动力涡轮中膨胀并转化为轴功率输出，尾喷管排出燃气的气流速度较低，几乎不产生推力。

图1-5为涡轴发动机简图，其动力涡轮与燃气涡轮是分开的，且以不同的转速工作。

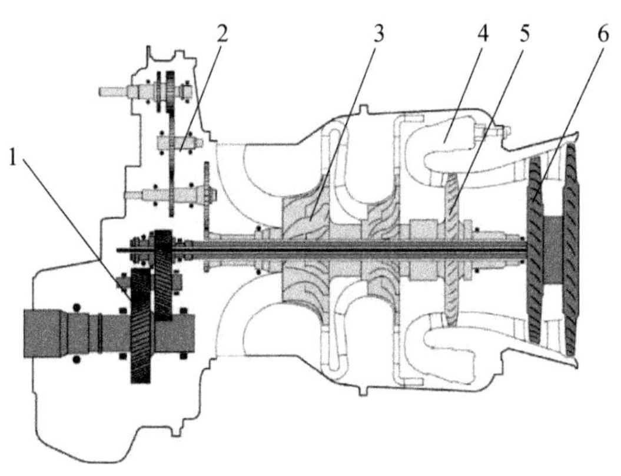

图1-5　涡轴发动机简图

1. 减速器；2. 附件系统；3. 离心压气机；4. 燃烧室；5. 燃气涡轮；6. 动力涡轮

由于涡轴发动机结构尺寸小和总体布局限制，对于前输出的动力涡轮轴为细长转子，为了保证能传递大功率及可靠性，一般采用高转速设计，以减小传动扭矩，同时减小结构质量。由于功率输出轴的转速较高，为了更好地与转速较低的旋翼匹配，有时需要使用两级减速器减速。其中一级位于涡轴发动机内部，称为体内减速器。如图 1-6 所示，国产的直-9 直升机即采用了带体内减速器的 WZ8 涡轴发动机[3]。而一级减速，即涡轴发动机的动力涡轮转子直接与直升机上的主减速器连接，进行轴功率输出，现在也普遍使用。

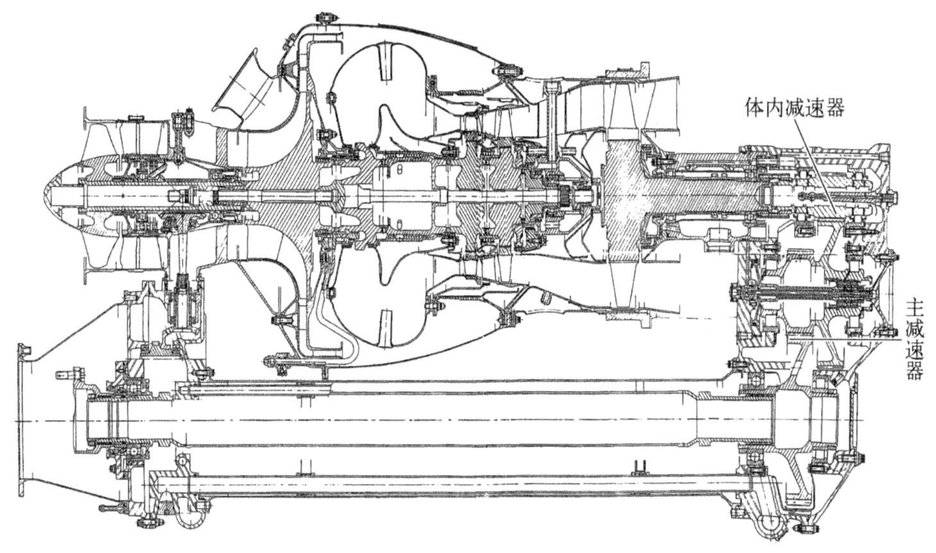

图 1-6　带有减速器的 WZ8 涡轴发动机

涡轴发动机也可以作为非航空领域中的动力装置。例如，可用作地面发电机、各种不同油泵、水泵等的动力装置。由于涡轴发动机是由燃气发生器与自由涡轮组成，因此，只需将它们的核心机稍加改动以适应地面及海洋条件下的工作环境，然后配以适当的动力涡轮，即可用作地面及舰船用的动力装置，这样就扩大了航空燃气轮机的应用范围。

目前，国外几乎所有生产航空燃气轮机的公司，均把航空燃气轮机改为非航空领域的动力装置作为它们的重要任务。我国航空工业科研、生产部门，为将航空动力扩大到非航空领域中做出了重大贡献，为祖国的现代化建设提供了各种用途的动力装置。例如，QD128 地面燃机即是在 WP14“昆仑”涡喷发动机的基础上改型研制的。

图 1-7 为一种由航空燃气轮机改型为驱动交流发电机的燃气涡轮装置。燃气发生

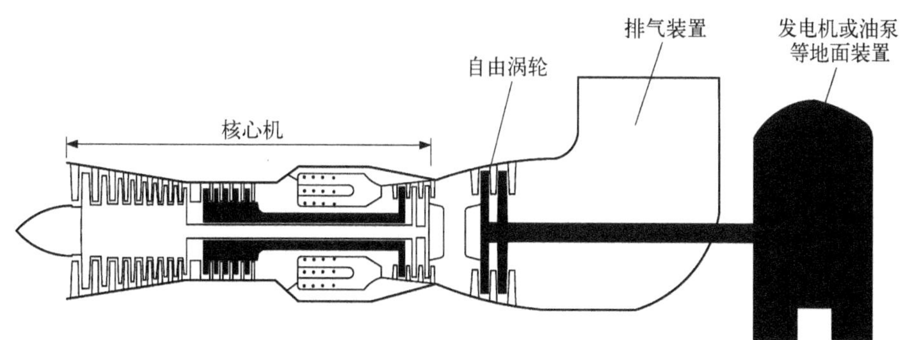

图 1-7　由航空燃气轮机改型的地面燃气涡轮机组

器部分是由航空燃气轮机改制而成,完全保留了航空燃气轮机的特点;动力涡轮、排气装置与输出轴等则是按一般地面设备的要求来设计的,也可直接选用现有的地面动力涡轮装置。

1.1.4 涡轮风扇发动机

在涡轮风扇发动机(简称涡扇发动机)中,由核心机流出的燃气,在与风扇相连的低压涡轮中继续膨胀做功,驱动风扇旋转,产生向前的拉力,同时由低压涡轮后排出的燃气也可以产生一定推力。由于排气温度和速度大幅低于涡喷发动机,因此耗油率也大幅低于涡喷发动机。

依据风扇与核心机轴向相对位置的不同,分为前置风扇发动机和后置风扇发动机。

图 1-8 为后置风扇发动机的示意图,风扇叶片由动力涡轮工作叶片向外延伸而成,核心机排出的燃气驱动动力涡轮旋转,并使风扇驱动围绕核心机外壳的空气向后流动,产生外涵气流的推力;燃气则由动力涡轮后的尾喷管排出,也产生一部分推力。

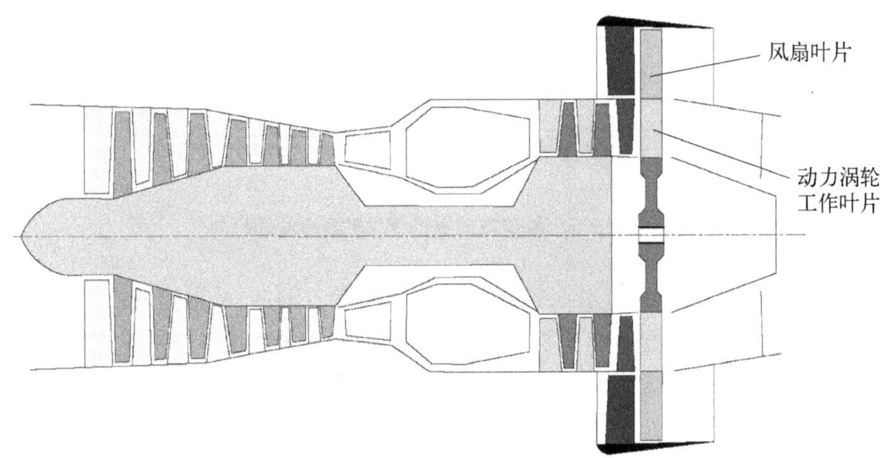

图 1-8　后置风扇发动机示意图

图 1-9　WP11 改型的后置风扇发动机样机

图 1-9 为北京航空航天大学与中国航发南方工业有限公司以 WP11 发动机为核心机研制的后置风扇发动机试验样机。

目前应用最广泛的是前置风扇发动机的设计方案,其动力涡轮的传动轴由核心机转子内部穿过,驱动直径比核心机压气机更大的单级或多级的风扇叶片。流入发动机的空气流经风扇并增压后,部分流入核心机,称为内涵气流;另一部分流入核心机外的外环流道,称为外涵气流。发动机推力由内、外涵气流分别产生的推力组成。涡扇发动机具有推力大、耗油率低(约比涡喷发动机低 1/3)等特点,从 20 世纪 60 年代中期开始被旅客机、运输机及轰炸机广泛采用。图1-10为20世纪60~70年代广泛使用的JT8D小涵道比涡扇发动机结构简图。

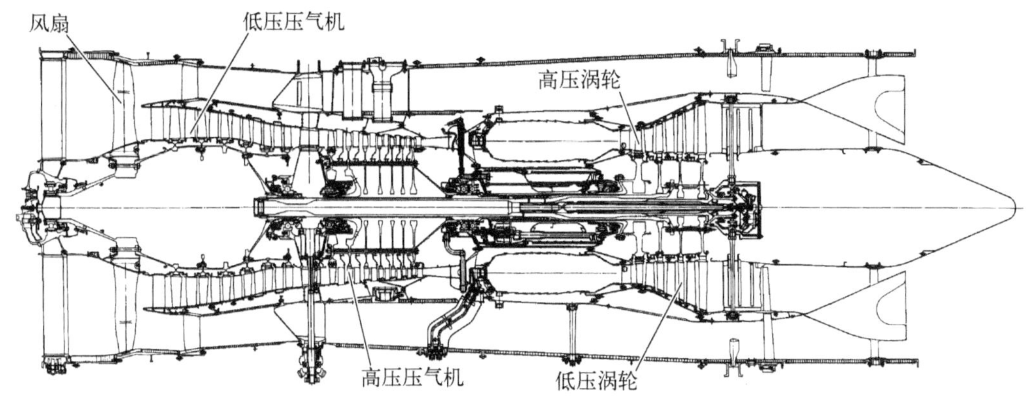

图1-10　JT8D小涵道比涡扇发动机结构简图

20世纪70年代,在性能先进的核心机基础上,研制出带加力燃烧室、高推重比(7~8)的小涵道比涡扇发动机,作为第3代战斗机的动力装置。F100、F110、RB199、RD-33和AL-31F为这类发动机的代表。图1-11为用于"狂风"战斗机的RB199三转子加力式涡扇发动机简图。图1-12为用于F-15、F-16的F100-PW-229发动机简图,它们均是推重比为8的加力式小涵道比涡扇发动机。

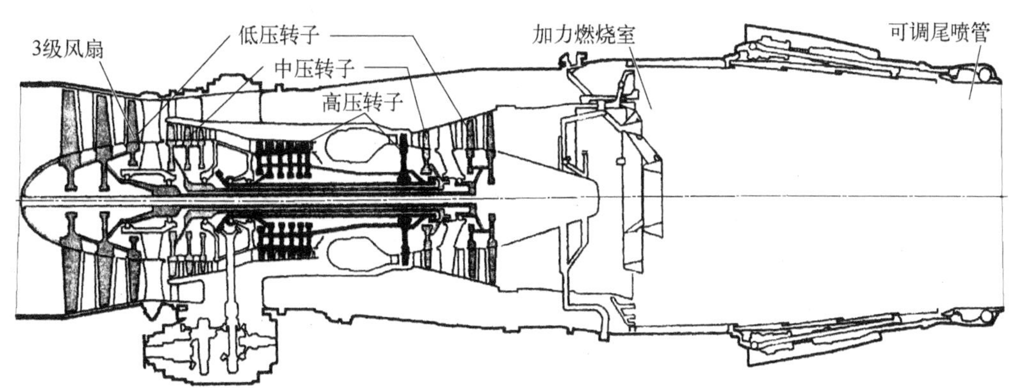

图1-11　RB199加力式涡扇发动机简图

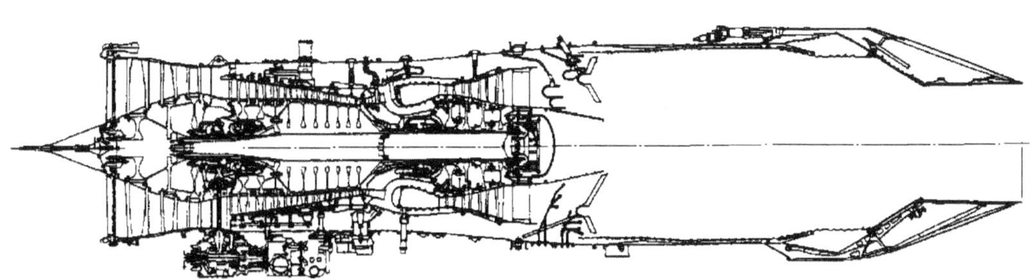

图1-12　F100-PW-229加力式涡扇发动机简图

在20世纪60年代后期,为适应航空运输业的发展,开始研制高涵道比涡扇发动机,如图1－13所示。核心机后的低压涡轮驱动最前端的单级大直径风扇,流过风扇后的空气大部分由外涵道流出,少部分(约1/6)流入内涵道,这种发动机称为高涵道比涡扇发动机。

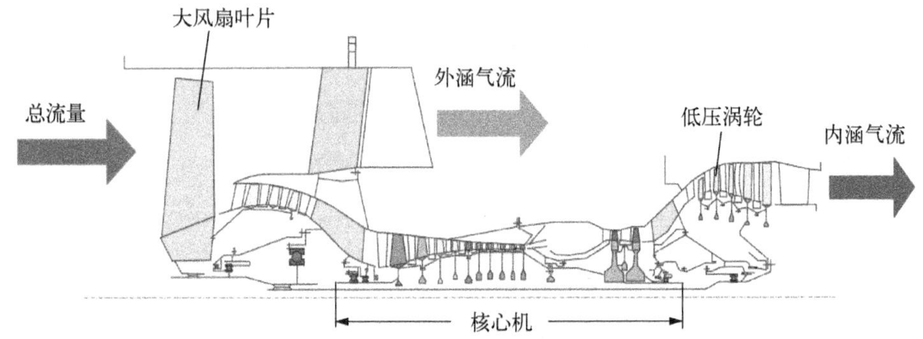

图1－13　高涵道比涡扇发动机结构简图

首批投入使用的高涵道比涡扇发动机的耗油率比一般小涵道比涡扇发动机低约1/3,推力高达180~220 kN,噪声低,用于大型宽体旅客机及远程巨型战略运输机上,这类发动机中的代表型号有JT9D、RB211－22B、CF6－50、PW4000等,图1－14为PW4000系列发动机结构简图。

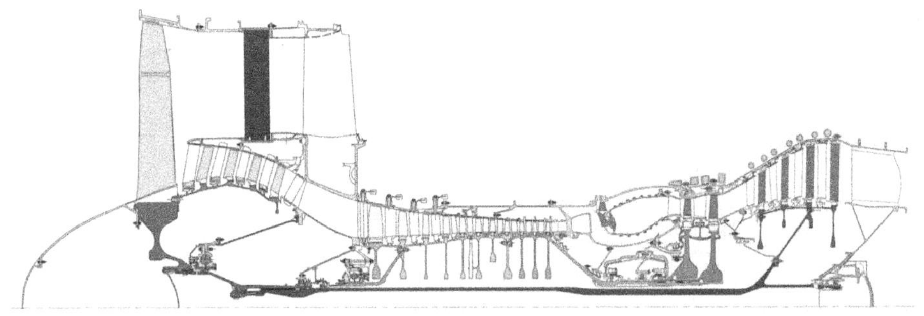

图1－14　PW4000系列发动机简图

1.1.5　桨扇发动机

20世纪80年代出现一种新型低油耗燃气涡轮发动机,称为无涵道风扇(unducted fan, UDF)发动机或超高涵道比涡扇发动机(ultra high bypass, UHB),近年来也称为开式转子发动机(open rotor engine)。它兼有涡桨发动机耗油率低和涡扇发动机适应高飞行速度的优点,即比现有的涡扇发动机省油,经济性接近涡桨发动机的水平,又可以以接近涡扇发动机的飞行马赫数巡航。美国通用公司研制的无涵道风扇发动机于1986年开始进行台架试车,其耗油率比CFM56低25%。桨扇发动机采用了宽弦长、大后掠的多片桨叶,不仅缩小了桨叶直径,而且也提高了在大飞行马赫数下的巡航效率,例如,常规螺旋桨发动机的巡航马赫数不超过0.7,而桨扇发动机在马赫数为0.8~0.85时仍有较高的桨叶效率。

桨扇发动机结构设计中，按螺旋桨位于发动机的位置可分为：置于前方的拉进式［图 1－15（a）］及置于后方的推进式［图 1－15（b）］两种；按桨叶排数可分为单排和双排对转两种（图 1－15 中两种方案均为双排对转桨扇）；按有无减速器又可分为：桨叶通过减速器由动力涡轮驱动的（图 1－15 中两种方案），以及不带减速器、双排桨叶分别由动力涡轮转向相反的各级导向器叶片及各级工作叶片直接传动的两种。带减速器的方案要解决传动功率大（14 900~22 370 kW）的减速器设计问题，但桨叶与动力涡轮均能工作于最佳的高效率转速下；而直接传动的方案，通常需要采用两级桨扇对转的方式，虽然不需要减速器，但是设计对转的动力涡轮（包括导向器叶片和动叶）也很复杂。

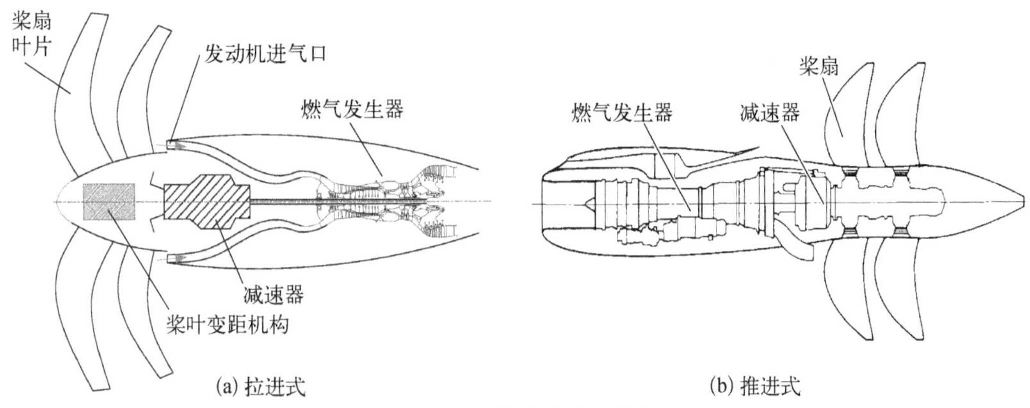

(a) 拉进式　　(b) 推进式

图 1－15　桨扇发动机分类

1.2　研 制 流 程

经济全球化程度的逐步加深决定了航空发动机领域的竞争是全球性的。因此航空发动机的研制不仅仅是对技术水平的一味追求，更是一项由商业运营和技术水平共同决定的研发活动。航空发动机的技术准入门槛极高，其研制过程并非一蹴而就，而是贯穿市场调研、产品设计、加工制造、试验取证和迭代优化等关键要素，需要持续研发、改进并不断积累研制经验，逐渐形成高效、成熟的研发体系。以 CFM56 系列发动机为例，从 1979 年首次取证以来，持续把握市场需求动向，在试验和客户使用过程中不断暴露问题，并经过多次改型衍生，持续占据高市场份额长达 40 年，历经 CFM56－2、CFM56－3、CFM56－5、CFM56－7 等多个系列型号，至今已累计销售 32500 余台，积累了 10 亿小时的飞行时间。

本节首先从宏观角度介绍航空燃气轮机的总研制流程，着重以通用公司的商用发动机的全研制流程为例，为读者呈现国际领先者在商业运作、产品研发方面形成的企业规程。之后，以发动机的初步设计流程为重点，向读者展示如何依据飞机设计方对发动机的设计要求，逐步构建出发动机产品的基本轮廓，突出发动机研制过程的“需求牵引”特点。

需要说明,在完成发动机的初步方案设计后,需要对各部件、各系统开展具体设计工作,其中的设计内容和设计方法,将在后续章节中详细介绍。

1.2.1 研制流程

航空燃气轮机研制流程的具体内容与其客户属性和竞争方式密切相关,客户属性是指发动机的商用和军用之分;竞争方式是指采用商业招投标方式或直接由国家批复型号之分。但各型发动机的主体研制阶段大致相同,即包括设计、制造、试验和持续改进共四个阶段。此处以具有成熟技术储备和丰富研制经验的通用公司为例,简述商用航空燃气轮机的研制流程[4],如图 1-16 所示。

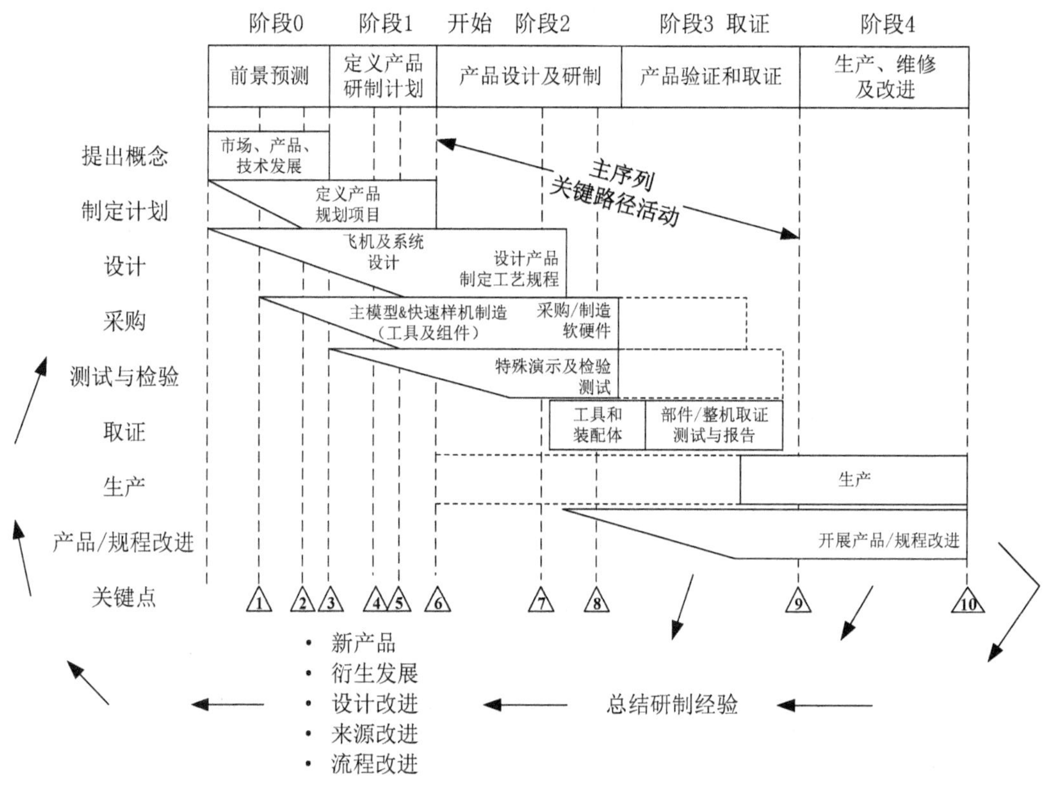

图 1-16 通用公司航空燃气轮机研制流程图

商用航空发动机的完整研制流程是贯穿市场调研、产品设计、加工制造、试验取证和迭代优化等关键要素的,商用航空发动机作为一款商业产品,上述研制流程中任何一个环节的疏忽都会造成其在研制过程和商业活动上的失败。

阶段 0: 前景预测。在一款商用发动机研制过程开始之前,提出概念并寻求潜在客户是首要任务。一款无法长期占据市场份额的商用发动机注定不能回收研制成本并盈利,即使具有先进的技术和工艺都将无济于事,势必被后续产品所取代。因此在开展研制过程之前,必须对未来 10~20 年的目标航空市场动力需求进行分析和预测,并通过航空博览会、招投标等平台，对飞机制造商做出市场、产品和技术发展方面的许诺，辅以概念方案、概念样机等展示形式，获得飞机制造商的客户意向，从而中标或签订商业备忘录等。

阶段 1：定义产品及研制计划。在获取客户意向后，航空发动机集团需要在前一阶段的概念设计方案基础上，通过结合客户对发动机性能、可靠性和飞机/发动机匹配（简称飞发匹配）等要求，开展初步方案设计，并依据各部件研制重点和难度，规划相应的研制项目，对于部分技术研制内容，还需要搭建试验装置以完成初步验证。在这一阶段中，由于飞发匹配参数和发动机各系统参数尚未完全确定，还需要通过快速样机制造技术，不断评估并更新设计方案，经过数次迭代之后，确定发动机的总体设计方案，并具体落实到各项关键参数上，如发动机进口气动条件、结构尺寸、各转子转速、涵道比、核心机流量、涡轮前温度等。这一阶段中各项关键参数的选取，直接决定了各部件、系统乃至整机的研制难度，直接影响发动机的研制速度。

阶段 2：产品设计及研制。在确定发动机总体设计方案后，各部件设计部门，如压气机部、燃烧室部、涡轮部等，依据相应研制任务和难度，开展各部件、系统的详细设计和分析，分别采用气动、热力、振动等多学科设计方法，遵循已有设计规范和指南，确定发动机各结构的细节尺寸，进行详细的质量估算、强度校核与发动机性能计算。同时还要完成加工方法、装配方式等工艺设计，绘制所有零件图、装配图和总图，制定生产工艺规程，并向制造部门提供生产图纸和工艺要求。制造部门在接到生产和制造任务后，对需要制造的实体硬件和电子软件，可采用全球采购的方式进行外协制造，也可利用自身集团的制造条件开展生产活动。之后，按照结构强度设计规范，开展零件或组件层级的静强度、整机振动和寿命试验，对于工程设计方案中采用新结构、新材料和新工艺，还需设计并制造相应试验件以进行技术验证。在完成各部件、系统的加工制造和技术验证后，进行发动机整机装配，得到多台型号原型机，为后续测试和取证做准备。

阶段 3：产品验证和取证。在得到发动机型号原型机后，需要按照相应的结构完整性大纲和适航局的取证规定，对发动机的气动性能、可靠性和环境适应性等方面开展试车，对不能满足设计要求和适航规定的部组件进行重新设计。在完全满足各项规定后，型号得以定型并进入生产阶段，准备交付飞机制造商。气动性能试车主要验证发动机在整个工作包线内的推力和单位耗油率是否满足最低标准，同时还应验证因高度变化而引起的环境温度、压力变化对气动性能的影响。可靠性试车主要包括持久试车、加速模拟飞行任务持久试车等，尽可能在投入使用之前暴露发动机的潜在问题，并予以解决。环境适应性试验与适航规定密切相关，着重关注发动机在多种载荷下的生存能力，以发动机故障的发生对飞机乘员的伤害最低为标准，所考虑的载荷包括极限载荷、恶劣载荷等，具体试验内容包括发动机硬着陆、大机动过载、吞冰、吞水、模拟风扇叶片丢失等。阶段 2 和阶段 3 共同组成了发动机研制流程的主序列关键路径活动（main sequence critical path activities），是研制过程的主体所在。

阶段 4：产品生产、维修及改进。在商用发动机取得适航认证之后，将依据研制之初确定的飞机制造商购买意向开展各项商业活动，获得生产订单后，开展生产活动并交付飞机制造商，之后随飞机交付各航空公司使用。在这一阶段，开展发动机的使用、检查和维护培训，提供持续技术支持，并在大修间隔到期时，对发动机进行返厂大修。依据发动机在服役期间的监测数据和使用方的反馈意见，开展产品设计和生产制造规程的改进，总结研制经验，并逐步形成高效协同的发动机研制体系。

1.2.2 初步设计流程

从上文的总研制流程可知，在开展航空发动机研制的主体任务之前，需要首先对航空发动机进行概念设计和总体参数的选取设计，这一过程称作初步设计流程，其主要设计内容包括飞发匹配参数设计和热力循环参数设计，具体可分作三个阶段：概念设计、方案设计和详细设计。

概念设计阶段的主要内容为：与飞机制造商确定飞机任务需求和目标，选定发动机类型，确定发动机组成，估算发动机质量，并对关键设计参数设计初始目标值，如核心机流量、涵道比、总压比和涡轮前温度等。方案设计阶段的主要内容为：考虑二次流损失对发动机总体性能的影响，细化总体设计参数的选取，并通过分析或部件试验更新部件性能设计。同时在这一阶段，逐渐构建起发动机调节规律。详细设计阶段的主要内容为：最终确定发动机总体参数及部件性能，建立发动机工作循环，并给出发动机共同工作和调节规律。因此，初步设计流程并不涉及发动机具体几何结构、材料和加工装配等细节设计，目标在于从总体设计这一宏观层面进行全研制过程的把控，主要是对发动机研制速度、难度和商业风险进行综合考量。

依据通用公司研制和商业经验，初步设计阶段的各项主要内容可组织为如图1-17所示的流程图。初步设计流程主要由三个A类工作和九个B类工作组成，其中A类工作主要确定客户对发动机性能和研制周期的各项要求，B类工作主要为进行发动机

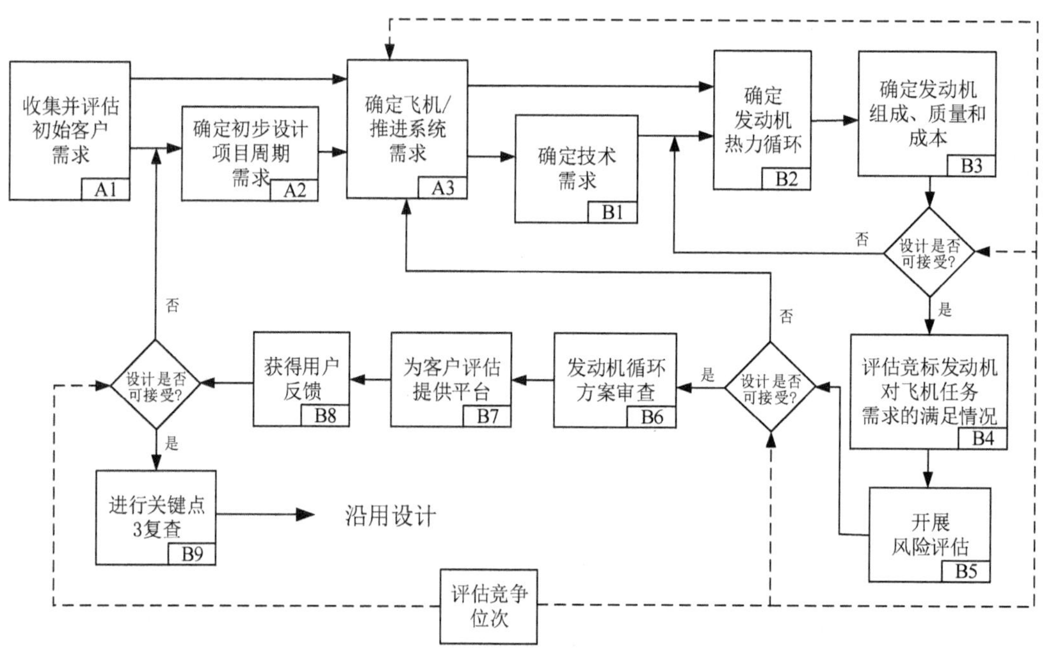

图1-17 通用公司航空发动机初步设计流程图

热力循环设计，确定结构组成、发动机质量、研制成本和研制风险，并与客户就初步设计方案进行交流，评估客户满意度。

三个 A 类工作具体为：A1——收集并评估初始客户需求；A2——确定初步设计项目周期需求；A3——确定飞机/推进系统需求。

A1 阶段的主要工作为：通过对航空市场目前及未来需求的持续观测，从技术革新和市场需要方面评估是否需要设立发动机研制计划，若需要，则收集整理客户对性能和研制周期的需求，进行研制风险评估；此外还可建立自身、客户方和竞争方的概念项目草案，根据其中的重复和协作部分对研制计划进行修改，最终描绘出产品研制的大致内容，包括推力量级、飞行任务包线、关键风险和难点、研制成本、研制周期等。GP7000 发动机的研制方式即是这一阶段作用的最佳体现，通用公司和普惠公司对空客 A380 的销售预期并不看好，但又不想将这一推力量级的发动机市场拱手让与罗・罗公司，两公司便采用合作研制以降低成本的方式，基于 GE90 和 PW4096 的成熟技术衍生开发出 GP7000 系列发动机，并在 A380 上的配装比例超过 50%。事实证明，通用公司和普惠公司的研制策略是正确的，空中客车公司对大型客机的市场需求判断失误，已于 2021 年 3 月停产 A380，两个发动机公司没有将过多的研制资源耗费在 GP7000 上。

A2 阶段的主要内容是：审视自身集团的研制能力、可使用的资源，以及研制计划同现有研制型号的优先级，同客户方谈判并最终确定研制计划和验收节点。A3 阶段的主要工作有：获得飞机几何尺寸、性能参数、质量、任务包线、发动机安装方式及特征参数等，在此基础上确定飞机对发动机的性能需求和敏感性；同时 A3 阶段较为重要的一点是，需要收集这一类型发动机在其他飞机机型上的需求。这是因为一款航空发动机在研制之初，总是倾向获得更为广泛的飞机机型订单，更快回收研制成本并盈利。普惠公司的 PW4000 系列发动机就是这一阶段的最佳体现，这一系列发动机通过加大核心机流量、风扇直径，增加低压涡轮级数等衍生发展途径，覆盖了 22~44 t 的推力范围。

九个 B 类工作具体为：B1——确定技术需求；B2——确定发动机热力循环；B3——确定发动机组成、质量和成本；B4——评估竞标发动机对飞机任务需求的满足情况；B5——开展风险评估；B6——发动机循环方案审查；B7——为客户评估提供平台；B8——获得客户反馈；B9——进行关键点 3 的复查。

B1 阶段的主要内容是：依据飞机对发动机的性能需求，结合自身研发能力和技术储备，掌握发动机各方面的技术，包括材料、冷却技术、机械设计技术、制造技术、部件性能设计技术等；同时还应确定个别新技术的研制风险和不确定性，初步确定潜在合作伙伴和供货商。B2 阶段中，结合设计集团在总体循环参数、流动控制和机械方面的设计制造能力极限，根据发动机推力量级、单位耗油率等性能需求，迭代得到最佳热力循环模型，并估算发动机结构特征参数。B3 阶段中，依据循环模型参数，确定气流通道尺寸、选定部件性能设计点、各部件的级数和几何尺寸等。在此基础上，预估发动机的各项成本，包括研发成本、制造成本和维护成本，预估发动机质量、质心位置和极转动惯量，还要预估部件性能损失和冷却引气量。B4 阶段的主要内容是：评估总体气动设计方案对飞机动力系统需求的满足情况，同时还要和竞争方的方案进行对比，总结并形成分析报告。B5 阶段中，评估现有设计方案在技术实现、成本和研制周期方面的风险，预估风险出现的概率和程度，形成风险评估矩阵。

在经过上述五个 B 类工作后，发动机的总体气动设计方案基本确定，还要经过审查、客户反馈等过程以完成初步方案设计。B6 阶段中，需要由发动机设计集团领导层对研制周期进行审查，由审查组对设计方案进行审查，审查意见由发动机研制总设计师把关，设计团队依据审查意见修改设计方案，审查组进行 Monte-Carlo 置信度分析，给出主要性能参数（推力和单位耗油率）的预期可实现区间，最终形成审查报告。B7 阶段的工作为：在客户提出评估申请后，需要将已审查并批准的设计方案模型和数据转换为适当的格式，并配以用户手册，打包之后交予客户评估。B8 阶段中，在确认客户已正确使用程序并评估方案后，收集用户反馈。在上述工作全部完成后，初步设计方案还需经过关键点 3 的复查，关键点 3 对应图 1-16 中的阶段 1 开始时对应的关键点，也即初步设计阶段之初的设计目标，主要复查内容为设计方案在发动机安装方式、循环及性能、技术、制造和风险控制方面的问题。

从以上所述研制流程可以看出，初始设计阶段不仅仅是技术层面的总体热力循环方案设计，更是涉及商业运营、客户沟通、风险控制等多方面的内容。其目的是在具体研制工作开展之前，对项目的全研制过程进行宏观把控和统筹兼顾。

1.2.3 发动机设计输入

在简单介绍了初步设计流程后，着重关注其技术层面的问题，以典型商用涡扇发动机的初步方案设计为例，介绍如何依据飞机对动力系统的需求，一步一步设计发动机的总体方案。初步设计方案主要由两部分组成：发动机设计输入参数的确定和发动机热力循环参数的确定。本小节主要介绍发动机设计输入参数的确定过程。

首先，需要从飞机设计方处获得飞机典型任务剖面。图 1-18 为商用客机典型飞行任务剖面图。一个标准飞行循环包括地面滑跑、起飞、爬升、巡航、下降和着陆等关键环节，根据不同环节中飞机任务要求的起飞距离、爬升速度、巡航速度、发动机耗油率等参数，确定发动机所需实现的推力和单位耗油率。此外，还需要考虑由于机场恶劣天气、空中管制等带来的盘旋候场或者更换降落机场，也即延程巡航情况。

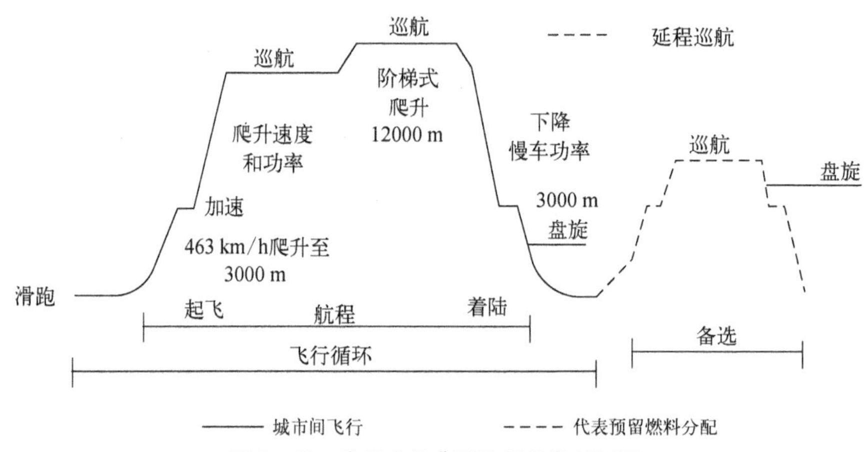

图 1-18　商用客机典型飞行任务剖面图

其次，飞机设计方要根据飞机总重、起飞距离、着陆距离、加速性能和最大飞行马赫数等要求，给出对飞机推重比和发动机推重比的要求，这是飞发匹配设计中的重要参数。在飞机总体设计中，有两大关键设计参数——飞机推重比和翼载。飞机推重比是指发动机产生的推力与飞机总质量的比值，决定了飞机的加速、爬升和转弯角速度等性能；翼载是指飞机总质量与机翼面积的比值，影响飞机的失速速度、起飞着陆距离等性能。因此在开展飞机性能总体设计时，需要依据飞机各种状态下对飞机推重比和翼载的需求，对这两参数进行综合选取，图 1－19 为飞机总体设计中常用的约束分析（constraint analysis）。所有约束边界围成可行域中，其中的所有飞机推重比和翼载的组合均满足飞机性能要求。根据飞机推重比，可给出发动机推重比的要求，进而指导发动机总体结构布局、部件性能等方面的设计。

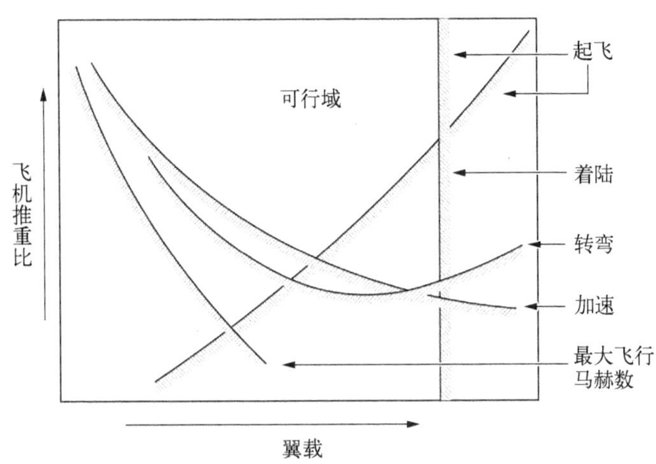

图 1－19　飞机总体设计约束分析

值得强调的是，飞行任务剖面中飞机的高度和速度存在较大变化。对于发动机推力和耗油率的设计要求，并不是某一特定飞行状态下的，而是以多个飞行状态（高度和速度）下对应的推力和单位耗油率为一组设计指标，即在设计中要使发动机性能的速度特性和高度特性满足要求。因此，需要首先了解飞机飞行高度和速度对发动机性能的影响，归根到底是由于发动机进口大气的总温和总压的变化。

总温和总压这两个概念是初步方案设计中的重要物理量。总温是指，假设流体以绝热等熵过程，将其动能完全转化为内能时所表现出的温度，通常意义上的温度也称作静温；总压是指，假设流体以绝热等熵过程，将其动能完全转化为压力势能时所表现出的压强，通常意义上的压强也称作静压。总温和总压的定义式如下：

$$T^* = T\left(1 + \frac{k-1}{2}Ma^2\right) \tag{1-1}$$

$$p^* = p\left(1 + \frac{k-1}{2}Ma^2\right)^{\frac{k}{k-1}} \tag{1-2}$$

式中，T^* 和 T 分别为流体总温和静温；p^* 和 p 分别为流体的总压和静压；k 为流体的比热比；Ma 为流体的马赫数。从式中可以看出，对于同种流体，总温只与静温和马赫数有关,总压同理。

图 1-20 为飞机工作状态对发动机工作环境参数的影响图。图 1-20(a)是标准大气温度随高度的变化趋势,海平面温度为 15℃,在 11 km 高度以下,环境温度随高度增加而不断降低,近似保持线性规律,每升高 1 km,温度降低 6.5℃,在 11~20 km 时,温度保持 -56.5℃不变;图 1-20(b)是不同天气下气温随高度的变化,主要分为冷天、标准天气和热天,进口气温的变化会影响到发动机内部物理转速的变化;图 1-20(c)是大气压强随高度的变化,可以看到随着高度的增加,气压急剧降低,这也使得空气密度也迅速降低;图 1-20(d)是发动机进口总压恢复系数随马赫数的变化,当飞行速度超过声速后,发动机进气道会产生激波,存在一定的总压损失,使用总压恢复系数衡量其损失程度,可见随着马赫数的增加,总压恢复系数急剧降低。

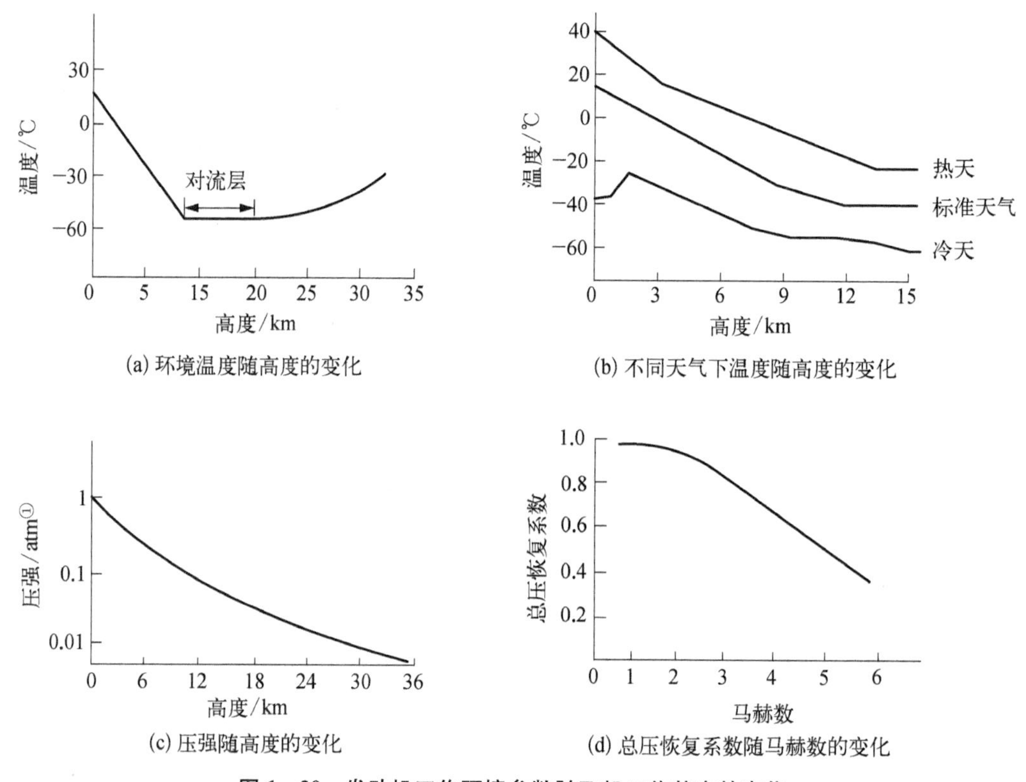

图 1-20 发动机工作环境参数随飞机工作状态的变化

飞行高度和速度对发动机性能(推力和单位耗油率)的影响规律,称为发动机的高度特性和速度特性。以高涵道比涡扇发动机为例,高度特性可简单概括为,在飞行马赫数一定时,随着高度的增加,发动机推力降低,单位耗油率在 11 km 以下减小,在 11 km 以上保持不变;速度特性可简单概括为,在飞行高度一定时,随着飞行马赫数增加,发动机推力降低,单位耗油率增大。在设计发动机的热力循环时,要充分考虑到发动机的高度特性和速度特性,以保证其满足飞机设计方的要求。

① 1 atm = 1.013×10^5 Pa。

1.2.4　热力循环方案设计

在明确了发动机的各项性能要求后，首先需要开展的就是发动机热力循环方案设计，也称总体气动方案设计，主要工作包括发动机类型和热力循环参数的选择。

首先是发动机类型的选择，一般需要综合考虑飞行高度、飞行速度、推力和耗油率的要求，并最终确定发动机的类型。各种动力装置的典型适用飞行包线如图 1－21 所示，按照适用飞行高度和速度，依次为活塞螺旋桨发动机、涡轮螺桨发动机、涡轮风扇发动机、涡轮喷气发动机、加力型涡轮喷气发动机、涡轮冲压发动机、冲压发动机。图 1－22 为各型发动机性能随飞行马赫数的变化规律，其中两个性能的评价指标十分重要——单位推力和单位耗油率，指的是发动机单位时间每流经 1 kg 工质，所产生的推力和耗费的燃油质量，可用于衡量发动机的经济性。

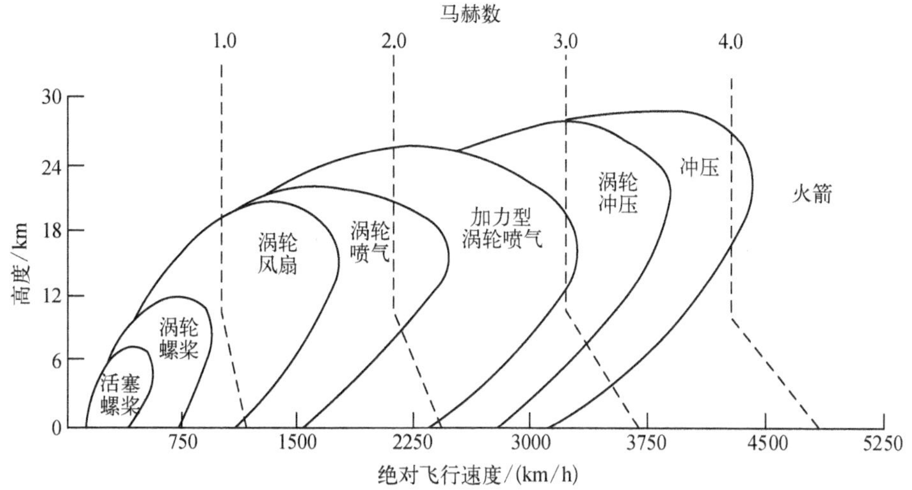

图 1－21　各型动力装置的典型适用飞行包线

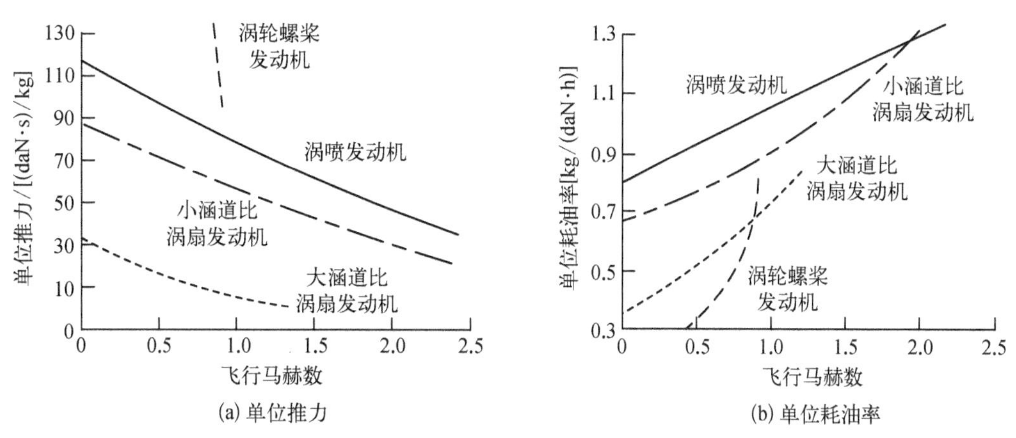

图 1－22　各型发动机性能随飞行马赫数的变化

在 10 000 m 以下和亚声速范围内，活塞螺桨和涡轮螺桨发动机的耗油率较低，远低于其他各型发动机，经济性最好，飞机的航程也更远，常用于运输机、巡逻机和少数旅客机中;随着高度和速度的增加,在 10 000 m 以上 20 000 m 以下和跨声速范围内,空气密度的降低和螺旋桨激波损失的增大,使得螺旋桨发动机耗油率激增而不再适用,涡轮风扇发动机由于依靠排出气体产生推力,且推进效率较高,单位耗油率较低,常用于大部分旅客机、轰炸机和歼击机;随着飞行马赫数增至 2 或 3,涡扇发动机的流动损失较大,单位耗油率急剧增加,此时则需要采用涡喷发动机或加力型涡喷发动机,其在高空高速下的性能更好;当飞行马赫数继续增大为 3~4,发动机压气机和涡轮的效率不断降低,则适合使用涡轮冲压发动机或冲压发动机,依靠进气道的冲压效应实现增压。

在依据飞行任务需求选定发动机类型后,则需要进一步设计发动机的热力循环方案。图 1－23 为涡喷和涡扇发动机的热力循环特征截面示意图,各特征截面之间的热力参数变化可用于描述发动机的热力循环。

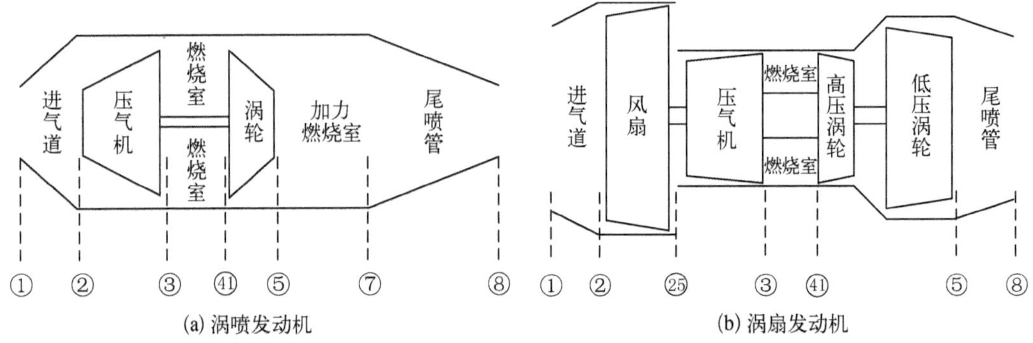

图 1－23　涡喷和涡扇发动机的热力循环特征截面示意图

航空燃气轮机的热力循环为布雷敦循环(Brayton cycle)。在理想情况下,包括等熵压缩、等压加热、等熵膨胀和等压放热四个基本过程,通常采用焓熵图用以表示热力循环状态,图 1－24 为加力型涡喷发动机的热力循环图。横轴为工质的熵,可用于表征系统内部的流动损失、热量输入等变化;纵轴为工质的焓,表征工质的内能;图中的细实线表示等压线,工质沿等压线发生变化时,其压强保持不变。当外界空气对应①状态,①—②表示气体经过进气道时的增压作用;②—③表示压气机对工质的压缩过程,这一过程中工质的内能增加,表现为焓增 Δh_a,由于实际情况中总是存在流动损失,因此②—③过程存在一定的熵增;③—㊶表示燃烧室的等压燃烧过程,因此沿 p_3 等压线变化;㊶—⑤表示涡轮的膨胀做功,同样由于流动损失,膨胀过程存在熵增;⑤—⑦表示加力燃烧室的等压燃烧过程;⑦—⑧表示尾喷管的膨胀过程,完全膨胀后排出的气体与大气压相同。

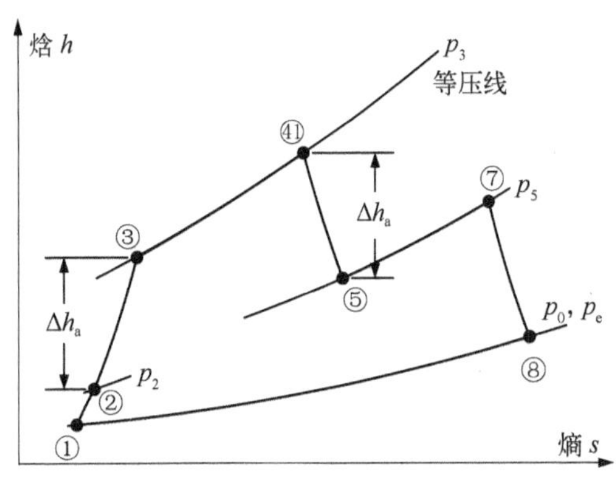

图 1－24　加力型涡喷发动机的热力循环图

在开展热力循环方案设计时,应根据发动机设计集团已有的设计和制造能力(如总压比、压气机和涡轮部件效率等),合理设计热力循环图中的各个参数,确定发动机的热力循环方案，进而初步计算得到发动机的性能数据（推力和耗油率等）。

对于具有两双涵道的涡扇发动机，其典型热力循环图见图 1-25。对于图 1-25(a)所示的内涵工质，①—②依旧表示进气道的减速增压过程；②—㉕表示风扇对流入内涵的工质的压缩过程，这一过程中工质的焓增为 Δh_f；㉕—③表示高压压气机对工质的压缩过程；②—③过程的工质焓增为 Δh_c；③—㊶依旧表示燃烧室的等压燃烧过程；㊶—⑤表示高低压涡轮的膨胀做功过程，根据高低压涡轮的输出功与风扇和压气机的压缩功相等的关系，可得到㊶—⑤过程的焓降为 $\Delta h_t = \Delta h_c + B\Delta h_f$，其中 $B\Delta h_f$ 表示外涵工质在压缩过程中的焓增；⑤—⑧表示尾喷管的膨胀过程。外涵工质的热力循环则较为简单，经过进气道和风扇的增压作用后，不经过加热，直接由外涵喷管排出。

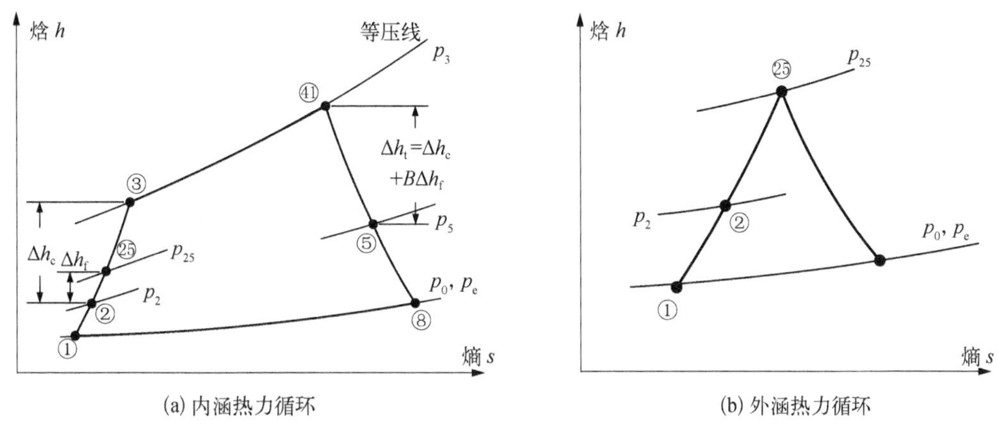

图 1-25　涡扇发动机的热力循环图

航空燃气轮机既是热机又是推进器。作为热机，将燃料燃烧释放的热能转换为机械能；而作为推进器，则将机械能进一步转换为推进飞机前进的推进功。因此可定义热效率和推进效率，以衡量发动机热力循环的能量转化效率，并指导热力循环方案的设计。

热效率 η_t，是指发动机内部燃料燃烧释放的热能 q 转换为循环有效功 L_e 的比例，这里的循环有效功具体是指涡轮的轮缘功，定义式如下：

$$\eta_t = \frac{L_e}{q} \tag{1-3}$$

热效率考虑了燃料的化学能转变为轮缘功的全部损失，主要由发动机排出的燃气所带走的热量和动能组成，这部分能量占燃料化学能 q 的 40%~75%。目前航空燃气轮机的热效率为 25%~55%。

推进效率 η_p，是指发动机将循环有效功 L_e 转变为飞机前进的推进功 W_p 的比例，定义式如下：

$$\eta_p = \frac{W_p}{L_e} \tag{1-4}$$

推进效率和发动机的推进方式直接相关，例如，涡喷发动机通过将工质以更快的速度排出而获得推力;涡扇发动机通过将更多的工质以更低的速度排出而获得推力;涡轮螺桨发动机将涡轮的轮缘功转变为螺旋桨的机械能而获得拉力。因此涡喷发动机排出的工质中包含更多的动能,其热效率不如涡扇和涡轮螺桨发动机高。

总效率 η, 是指发动机将燃料燃烧释放的内能转变为飞机前进的推进功的比例,等于热效率与推进效率的乘积,用以衡量发动机的经济性,定义式如下:

$$\eta = \frac{W_p}{q} = \eta_t \cdot \eta_p \tag{1-5}$$

依据航空燃气轮机内部的能量变化关系,可将理想状态下热效率的表达式化简如下:

$$\eta_t = 1 - \frac{1}{\pi\left(\frac{k-1}{k}\right)} \tag{1-6}$$

式中, π 是发动机的总压比;k 是工质的比热比,一般为常数。因此,理想循环的热效率只由总压比决定,随总压比的增大而单调增大,这也是发动机总压比不断提高的原因。

同样,依据各型航空燃气轮机的循环功和推进功的关系,可将推进效率的表达式化简如下:

$$\eta_p = \begin{cases} \dfrac{2}{1 + \dfrac{c_9}{c_0}} & \text{涡喷、涡扇} \\ \eta_b & \text{涡轴、涡桨} \end{cases} \tag{1-7}$$

式中, c_9 和 c_0 分别为尾喷管完全膨胀时发动机工质的出口速度和进口速度; η_b 为螺旋桨或旋翼的效率。从上式可以看出,对于涡喷和涡扇发动机而言,应尽可能降低排出工质的速度,以提高推进效率,而对于涡轮轴和涡轮螺桨发动机,推进效率则完全由螺旋桨效率决定,因此为提高涡轮轴和涡轮螺桨发动机的总效率,需要从热效率的角度入手。

以高涵道比涡扇发动机为例,在掌握了其热力循环和性能参数随各总体设计参数的影响规律后,可依此开展热力循环方案的设计工作。涡扇发动机的关键总体参数主要包括涵道比、总压比和涡轮前温度,图 1-26 为巡航状态(11 000 m, $Ma=0.9$)下涡扇发动机关键总体参数对性能的影响图,此规律图一般由各航空发动机集团的研制经验总结得到。从图中可以看出,增加涵道比或总压比,均可使单位耗油率降低、净推力与核心机流量之比增大;增大涡轮前温度,虽然增大了单位耗油率,但提高了净推力与核心机流量之比。

这三个关键总体参数的选取同时受到压气机性能和喘振边界、涡轮部件性能、涡轮材料的高温性能、涡轮部件冷却技术、风扇结构强度问题等多方面的限制。图 1-27 为典型压气机和涡轮部件的性能曲线图。由于压气机部件沿轴向为逆压梯度,存在喘振边界,限制了总压比的提高,涡轮部件虽为顺压梯度,不存在喘振问题,但其涡轮气动效率直接影响涵道比的增大。因此,在上述理想热力循环分析的基础上,还应综合考虑发动机的各方

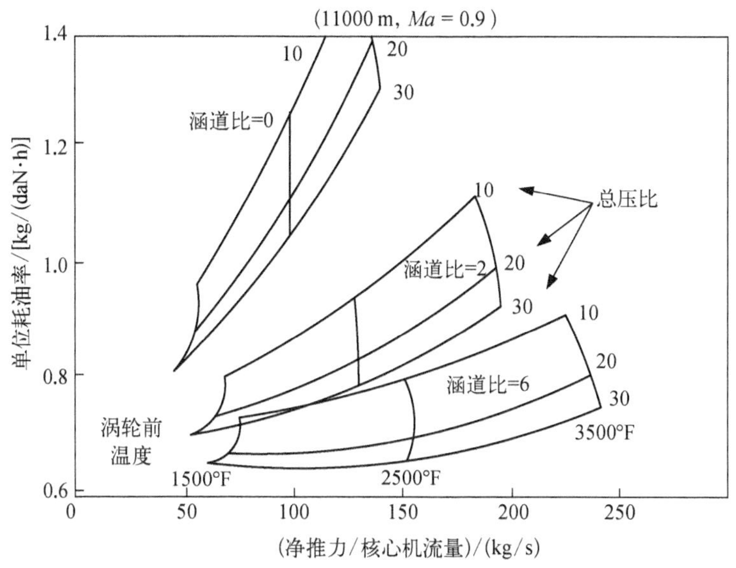

图 1－26　涡扇发动机关键总体参数对性能的影响

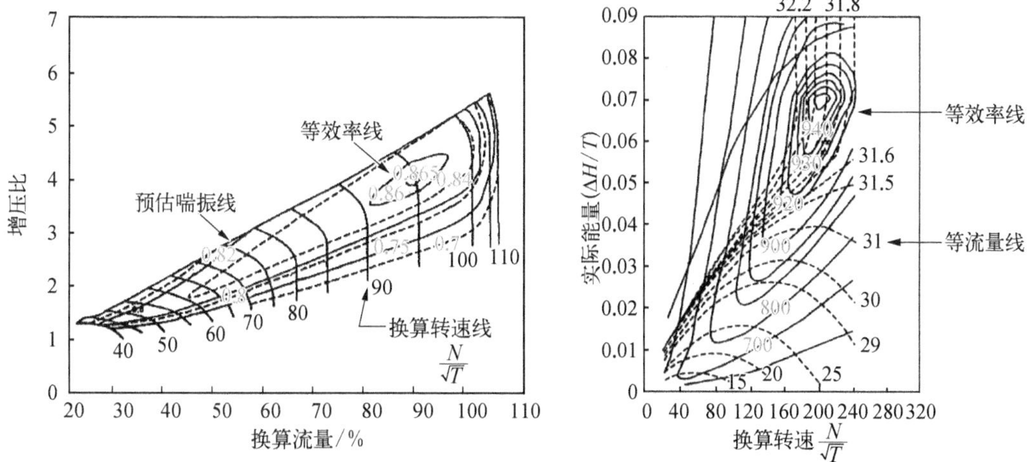

图 1－27　典型压气机和涡轮部件的性能曲线图

面约束情况，进行工程级别的热力循环设计。

图 1－28 为通用公司采用的航空燃气轮机热力循环设计流程图。依据飞机设计方提供的发动机性能要求和设计输入参数，采用简单模型初步估算出一个初始热力循环方案，并将其导入迭代优化模块中，通过多次迭代以得到性能满足需求，且工程可实现性高的热力循环方案。在迭代模块中，需要综合考虑进气道、风扇、压气机、燃烧室、高低压涡轮和尾喷管共七个主要部件的循环参数选取，同时结合压气机、涡轮等部件性能曲线以及共同工作线，采用可压缩流体模型的计算方法，在充分参考已有设计数据库的基础上，完成方案设计的迭代优化过程。

在完成热力循环方案设计后，可以估算出发动机转速共同工作线、各部件的级数和几

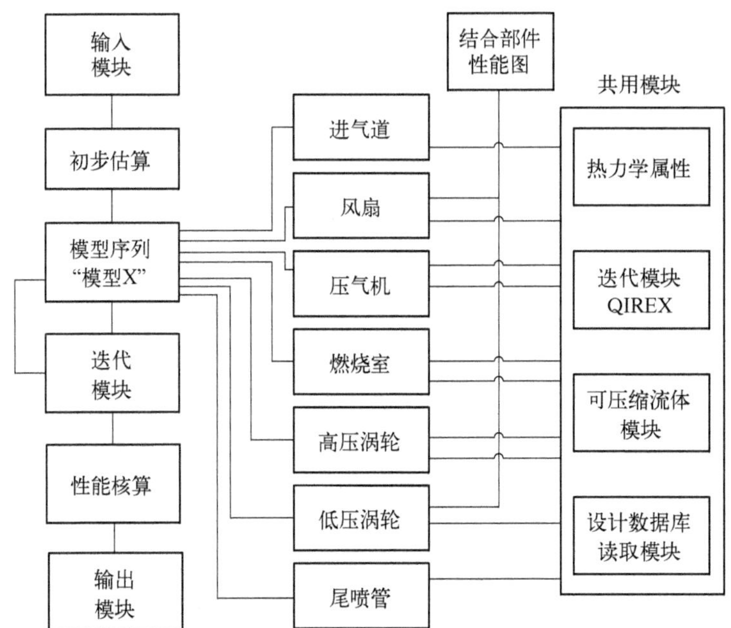

图 1-28　航空燃气轮机热力循环设计流程图

何尺寸，在此基础上，预估发动机质量、质心位置和极转动惯量，并依据经验数据库预估部件性能损失和冷却引气量，这些参数都将作为后续细节设计的输入参数。

思　考　题

1. 请简述航空燃气涡轮发动机的分类及其使用范围。

2. 高推重比(高功重比)军用燃气涡轮发动机在设计技术发展上经历了哪些主要阶段?

3. 商用航空燃气轮机在设计技术上有哪些特点?

4. 涡轴/涡桨发动机在分类和技术发展上有何特点?

第 2 章
航空燃气轮机组成及总体结构

在介绍了航空燃气轮机种类和研制流程之后,本章将分析航空燃气轮机主要组成部件(压气机、涡轮、燃烧室、加力燃烧室和排气装置等)和总体结构,包括转子支承方案、支承结构、压气机与涡轮转子间的连接、静子承力系统、工作载荷等。

航空燃气轮机结构设计的基本原则,是轻结构质量、高结构效率,即以最小的结构质量达到结构的强度特性、动力学特性及结构可靠性的要求。因此,在设计中,需要考虑结构在工作过程中不同的受力状态,对结构几何构形、支点位置及支承结构刚度进行优化,以达到最优的力学特征,同时必须满足现代航空燃气轮机的结构完整性和可靠性要求。

2.1 结构组成

为飞机提供动力的是以航空燃气涡轮发动机为核心的一套动力装置及控制系统,图 2-1 为安装在机翼下方的涡扇发动机动力装置,包括发动机、短舱及进排气系统,安装结构系统,发动机和附属控制、监视系统等。

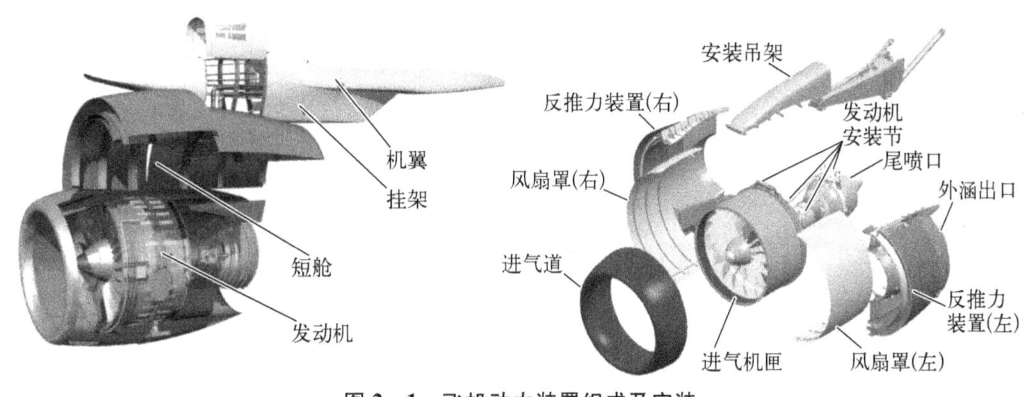

图 2-1　飞机动力装置组成及安装

图 2-2 为典型航空燃气涡轮发动机组成示意图,由进气道、压气机、燃烧室、涡轮、尾喷管 5 大部件组成。空气通过压气机进行压缩增压后,进入燃烧室进行燃烧,流出的高温、高压燃气在涡轮中膨胀转化为轴功率后驱动压气机,由尾喷管高速排出燃气产生发动机的推力。

对于进气、排气系统,无论是何种类型的飞机都需要发动机与飞机结构进行一体化设

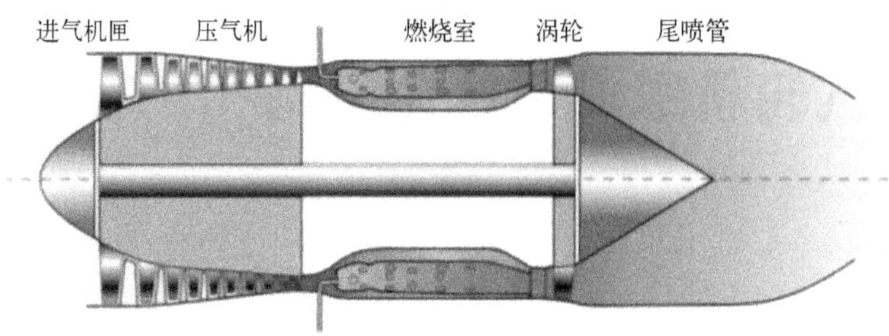

图 2-2 涡轮喷气发动机简图

计,以保证发动机的进气状态。其中,与发动机进气机匣相配合的进气道,与尾喷管相配合的引射喷口等装置位于飞机上,一般由飞机设计人员设计。

图 2-3 为进气道位于飞机机身两侧的飞机、发动机结构布局设计方案,由于飞机在超声速和亚声速下飞行时,空气在进气道中的流动具有本质上的差异。因此,在进气道结构设计中需要有相应的调节机构,以保证发动机进气流量和进气口流场的稳定。

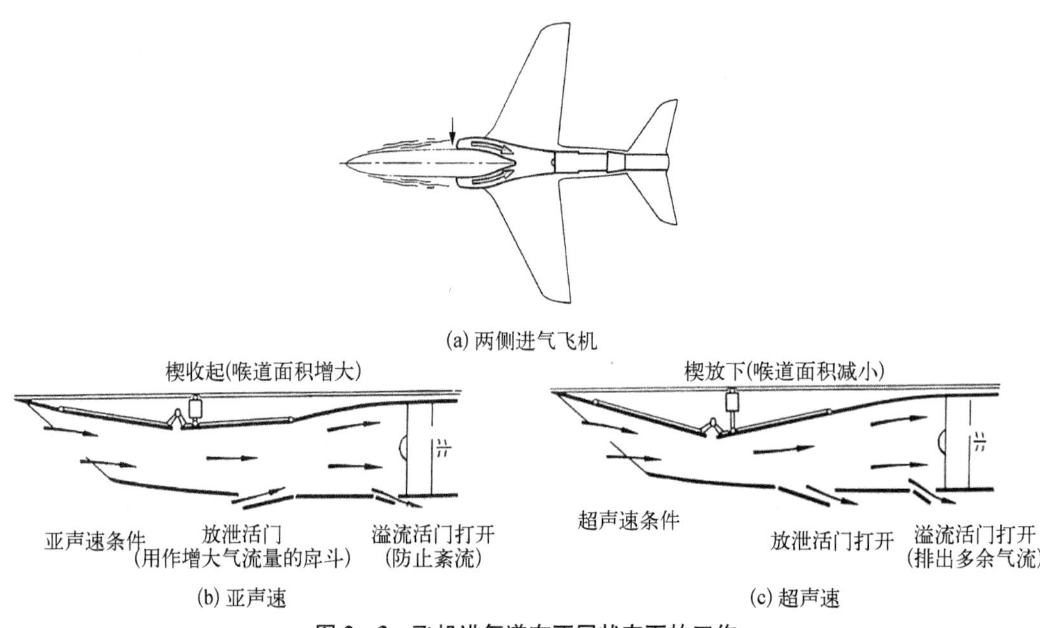

图 2-3 飞机进气道在不同状态下的工作

图 2-4 为现代高机动性战斗机两种典型进气流道布局方案:一是进气道位于机身下方腹部;二是在机身两侧进气,并且进气口大多为非圆形。因此,在飞机的进气道设计中,需要与发动机的进气机匣具有适合的过渡配合,以保证在全飞行包线内,进气流场的稳定。

图 2-5 为发动机在飞机上的不同安装方式。对于运输机和客机等大型飞机,发动机一般采用机翼下吊装方式,也有一些飞机将发动机安装在飞机垂直尾翼附近,因此采用侧面安装方式。由于安装方式对发动机整机变形及振动影响较大,因此需要具有可调整安装节位置的能力。

(a) 机身下部进气

(b) 机身两侧进气

图 2-4　进气道布局不同的战斗机

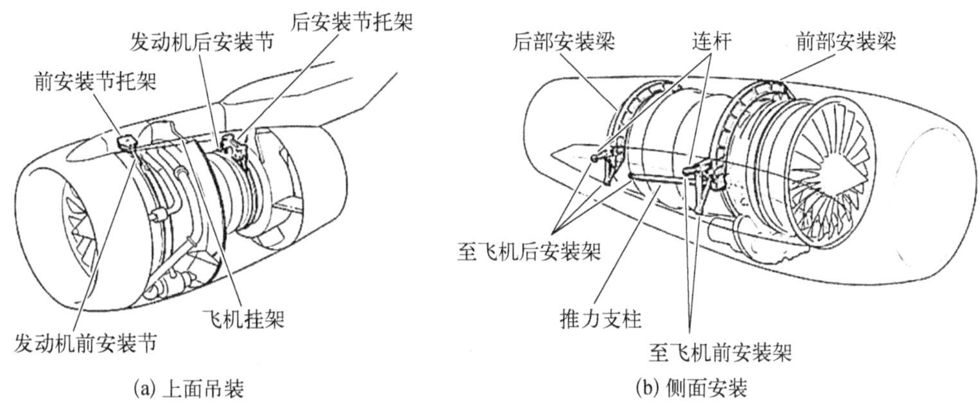

(a) 上面吊装　　(b) 侧面安装

图 2-5　发动机在飞机上的安装

对于军用战斗机用发动机，为了短时间内提高发动机的推力，可在涡轮与尾喷管之间安装加力燃烧室，在需要增加推力时向燃气发生器后的燃气中补充喷入燃油，进一步燃烧以提高燃气从尾喷管排出的速度，达到增加推力的目的，此时的推力称为加力状态的推力，简称加力推力(也称为最大推力)。加力状态时，由于排出的燃气温度与速度均大大提高，因而耗油率比不开加力时成倍地增加。在装有加力燃烧室的发动机中，尾喷管的出口面积应做成可调节的，以保证在开通加力状态下排出体积更大的燃气，气流稳定向后流动。图 2-6 为典型带加力燃烧室的双转子航空燃气轮机简图。

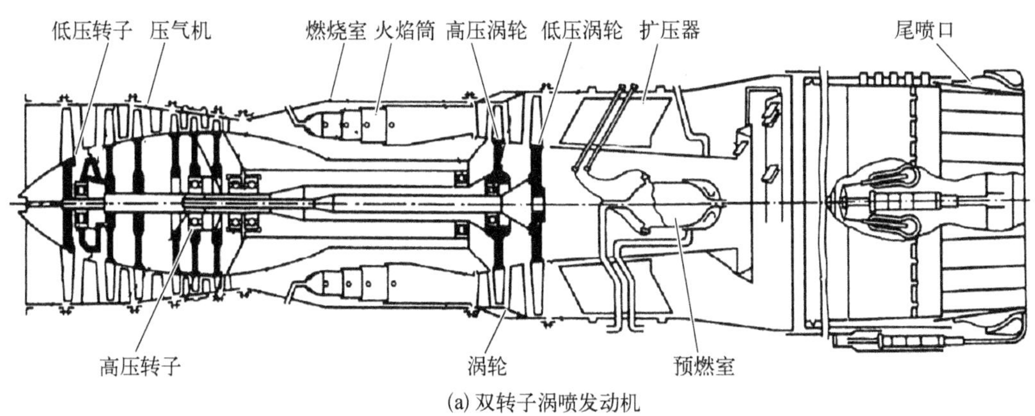

(a) 双转子涡喷发动机

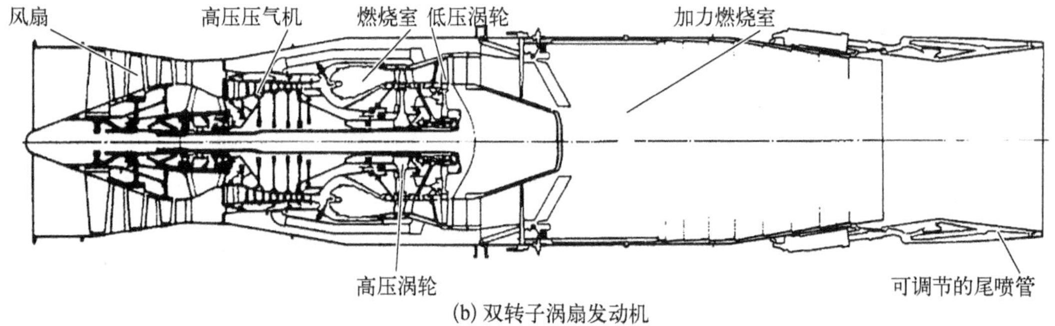

(b) 双转子涡扇发动机

图 2-6 典型带加力燃烧室的双转子航空燃气轮机简图

本节根据航空燃气轮机的工作原理和工作过程，简单介绍了发动机的结构组成和总体布局。本书主要介绍发动机机匣及其内部的主机结构。主机结构按照运动特征分类可分为转子结构系统和静子结构系统两部分。

2.2 转子结构系统

燃气涡轮发动机转子系统指其旋转部件，由压气机（或风扇）转子和涡轮转子以及连接它们的零件、组件组成。转子通过支承结构安装在发动机承力结构系统上，并将转子的各种载荷（如气体轴向力、重力、惯性力及惯性力矩等）传递到承力机匣上，最后由承力结构系统通过安装节传至飞机。

支承结构系统包括轴承以及对轴承进行冷却润滑封严的装置。航空燃气轮机结构设计中，转子结构设计包括两个部分：一是转子结构构形和选材确定；二是支承约束特性确定。支承约束特性的确定是发动机总体结构布局的关键，与转子构形和载荷的传递路线以及装配工艺等诸多方面相关，是需要综合平衡多方面的要求确定的。其中，转子支承方案确定是转子布局设计的起点。

为了表示转子支点的数目与位置，常用两条前、后排列的横线分别代表压气机转子和涡轮转子，两条横线前、后及中间的数字表示支点的数目。例如，1-3-0 的转子支承方案，表示压气机转子前有 1 个支点，压气机与涡轮转子间有 3 个支点，涡轮转子后无支点，整个转子共支承于 4 个支点上。

一般在研究转子支承方案时，均将复杂的转子简化成能表征其特点的简图如表 2-1 所示，在简图中用小圆圈表示滚珠轴承，小方块表示滚棒轴承。

表 2-1 航空燃气轮机结构简图图标

序号	简 图	简 图 含 义	序号	简 图	简 图 含 义
1		离心（斜流）和轴流工作叶片-轮盘	3		滚珠轴承或止推支承
2		可调静子叶片	4		滚棒轴承或径向支承

续　表

序号	简　图	简图含义	序号	简　图	简图含义
5		阻尼器	10		端齿连接
6		篦齿封严装置	11		转子间径向销钉连接
7		螺纹连接	12		转子间轴向销钉连接
8		法兰螺栓连接	13		转子间焊接
9		径向套齿连接			

2.2.1　单转子支承方案

1. 二支点支承方案

2 个支点的支承方案最简单，但需要转轴具有较高的刚度。因此，常用于级数较少或轴向长度较短的转子中。在采用二支点支承方案时，要将压气机转子与涡轮转子刚性连接形成一个整体，转子在工作过程中不能产生过大的弯曲变形，以保证转子稳定运转。

在现代航空燃气轮机中，常用的二支点转子系统如图 2-7 所示，支点的位置可以根据总体结构布局和转子动力学特性合理布置。

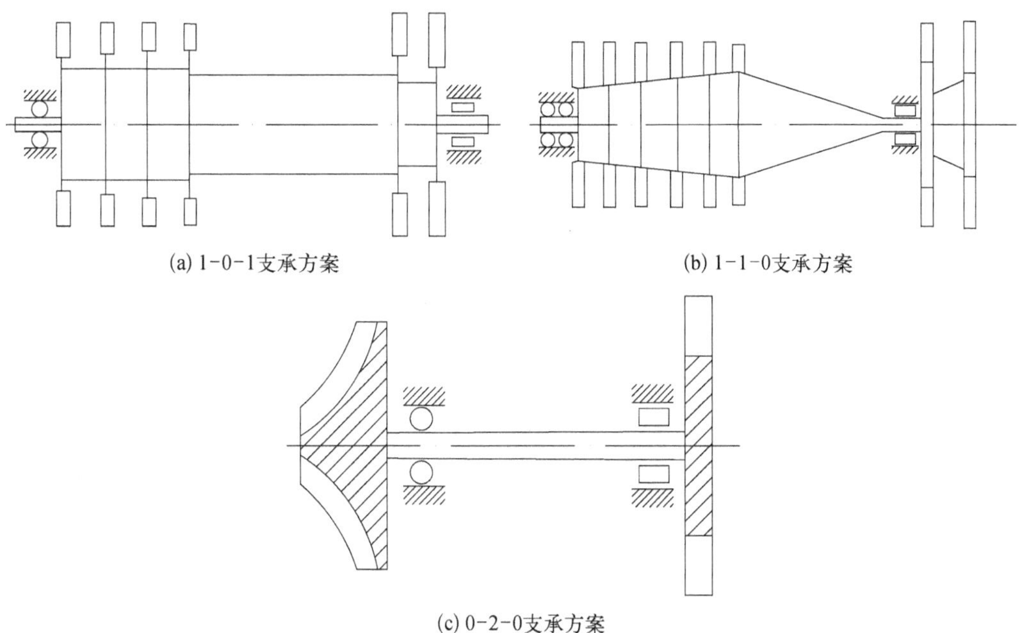

(a) 1-0-1支承方案

(b) 1-1-0支承方案

(c) 0-2-0支承方案

图 2-7　二支点转子系统

在如图 2－7(a)所示的 1－0－1 二支点支承方案中,压气机与涡轮转子均无悬臂结构,但 2 个支点跨度较大,因此需要转子本身具有较高的抗弯刚度和合理的质量分布。1－0－1 支承方案是现代航空燃气轮机中高压转子系统常使用的设计方案。GE90 的高压转子系统就采用了 1－0－1 支承方案,如图 2－8 所示,该转子具有 9 级压气机和 2 级涡轮,前支点采用滚珠/滚棒并用支承,后支点采用滚棒轴承。

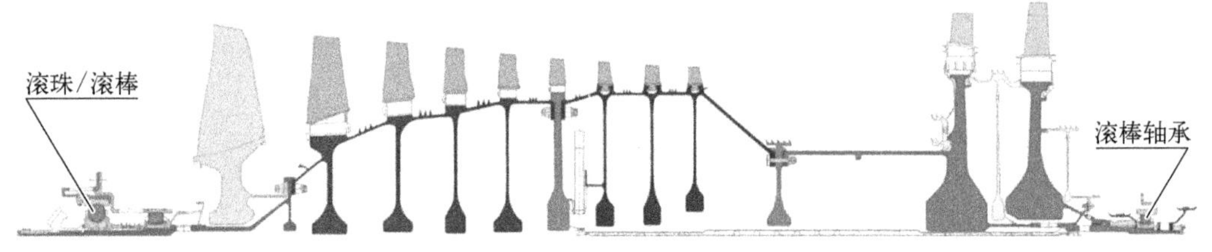

图 2－8　GE90 高压转子系统(1－0－1)

在如图 2－7(b)所示的 1－1－0 二支点支承方案中,将后支点安置在涡轮前,可使两支点间跨度减小,以提高转子的弯曲刚度,同时利用转子质量分布控制转子的横向变形。虽然 2 级涡轮盘呈悬臂支承状态,但是通过优化转子支点位置和结构质量/刚度分布,可以使转子系统抗变形能力和动力学特性达到设计要求。普惠公司的 PW4000 系列发动机的高压转子就是采用 1－1－0 支承方案,如图 2－9 所示。需要说明,在高压涡轮前设置轴承支点需要一系列与之配套的设计技术进行支撑,后续章节中会论述。

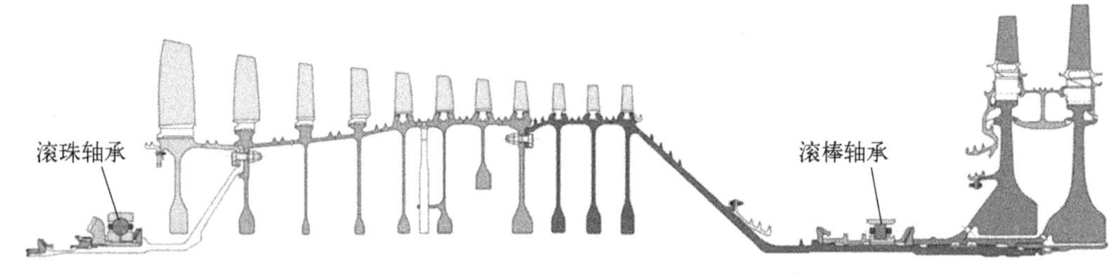

图 2－9　PW4000 高压转子系统(1－1－0)

对于小尺寸转子系统,如单级离心压气机与单级涡轮组成的转子系统,则可采用如图 2－7(c)所示的 0－2－0 二支点支承方案。

2. 三支点支承方案

对于采用二支点支承方案不能满足该力学设计要求或不能满足全工作状态变形控制要求的转子,可以采用三支点支承方案。常用的三支点支承方案如图 2－10 所示。

根据支点位置的不同可以分为 1－2－0、1－1－1、0－2－1 和 0－3－0 等多种设计方案。采用何种支承方案需要根据总体结构布局和转子动力学设计决定。其中需要特别关注多支点支承的同心问题。

为了保证三支点转子系统在支承不同心情况下仍然能稳定工作,常采用柔性联轴器。目前常用的柔性联轴器结构措施,一是采用铰接形式,如图 2－10(a)所示,使压气机的两个支点中心连线与涡轮轴线有一个小的偏斜时,转子仍然可以正常运转。二是采用多对

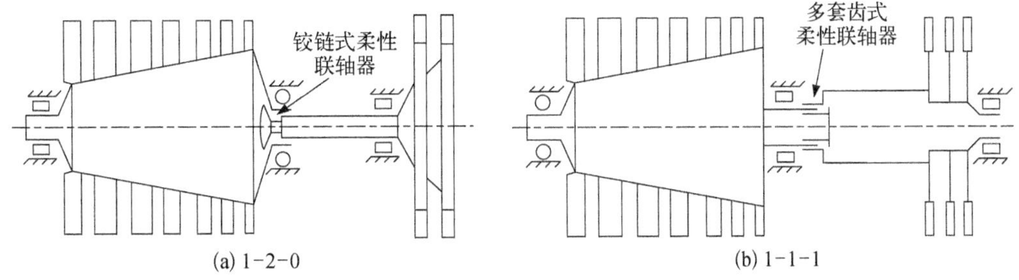

图 2-10　三支点转子系统支承方案

套齿连接,如图 2-10(b)所示,通过套齿间隙减小支承不同心的影响,但这种结构设计对轴承载荷和转子动力学特性会产生不利的影响。

三支点支承方案,由于可以较好地控制压气机和涡轮的局部变形,以及转子系统共振转速的分布,在现代航空燃气轮机中得到广泛使用。当涡轮级数较多时,为了不使涡轮转子外悬过长,可以采用 1-1-1 支承方案,如图 2-10(b)所示。随着现代加工和装配工艺水平的提高,在三支点支承方案中,除了采用柔性联轴器以外,也逐步采用刚性联轴器结构,这要求加工和装配精度高,保证机匣及转子三支点处均有较高的同心度和同轴度。如图 2-11 所示,GE90 发动机低压转子系统支承方案为 0-2-1。由于风扇转子为悬臂支承,因此需要两个支点支承以承受径向载荷和弯曲力矩载荷作用,并且需要连接风扇轴与涡轮轴的联轴器具有稳健的弯曲刚度和良好的同轴度。

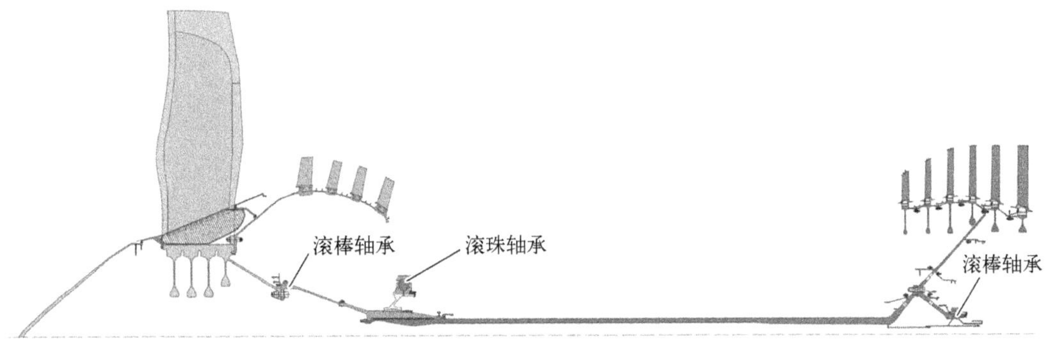

图 2-11　GE90 低压转子结构系统(0-2-1)

此外,对于一些特殊的转子系统(如一些小尺寸发动机),常采用多段转子串联结构,压气机采用轴流和离心(或斜流)混合式。轴流压气机的转子单独支承,离心压气机与涡轮转子刚性地连接成一个转子,两转子间用柔性(浮动套齿)联轴器连接传递扭矩,如图 2-12 所示,两转子上的轴向载荷分别由各自的止推轴承承受,联轴器不传轴向载荷。

图 2-13 为 WP11 发动机转子结构简图,采用 0-3-1 的四支点方案,其中前端轴流压气机转子由两个支点支承,后面离心压气机和涡轮转子由两支点支承,两段转子之间通过弹性小轴连接传递扭矩,但不传递轴向力。因此,分别由 1 号滚珠轴承和 3 号滚珠轴承分别承受两段转子的轴向力(2 号轴承为滚珠轴承是为了防止打滑)。由于两个转子中共有 4 个支点,4 个支点很难保证在一条中心线上,因此除了传扭套齿间留有较大的齿隙外,中心连杆做得长而细,用其变形来适应两转子间的不同轴度。这种支承方案由于支点

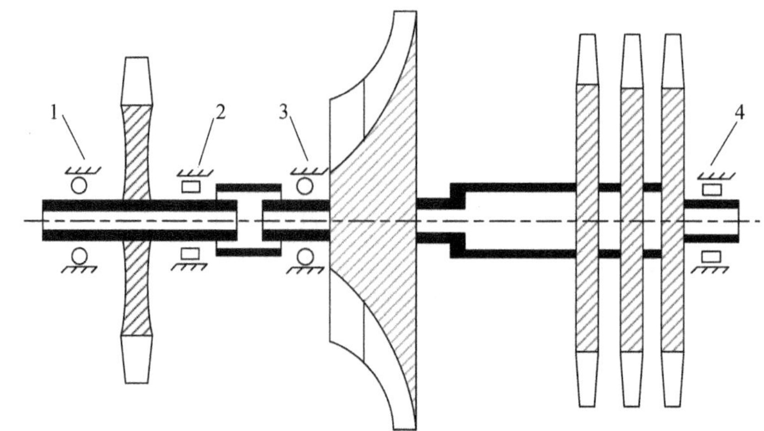

图 2-12　轴流+离心压气机-涡轮转子系统支承方案(1-2-0-1)

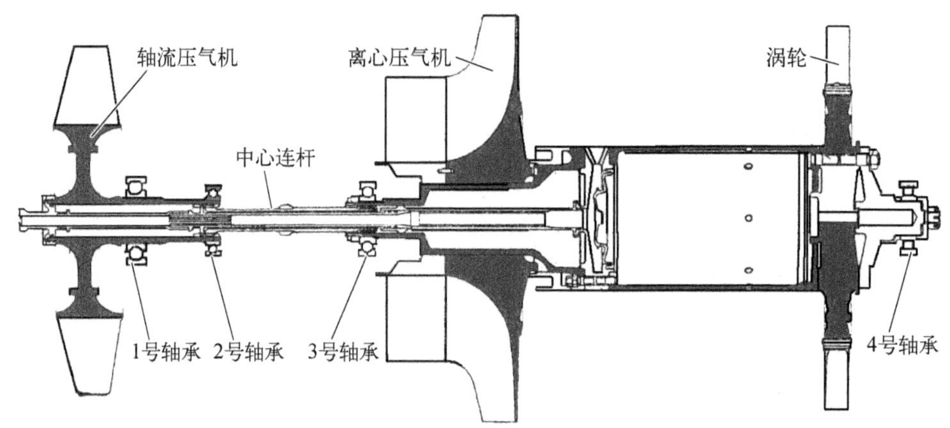

图 2-13　WP11 转子系统支承方案简图(0-3-1)

数目多且转子轴向力分布和振动问题复杂,因此只在一些小尺寸发动机上应用。

2.2.2　多转子支承方案

航空燃气轮机的转子,一般采用共轴并列布局设计,多个转子间无机械联系,各转子的支承方案及其动力学特性,原则上可以单独分析和设计。但是在高推重比发动机中,由于对结构质量的严格控制,为了减少承力结构常采用中介支点布局方案和共用承力框架布局方案,这使得各转子之间的变形和动力学特性在一定条件下会发生交互作用,甚至耦合。因此,在对多转子结构系统的支承方案和动力学设计中,需要对转、静子结构系统的刚度特性、动力学特性进行全面分析和优化设计。

对于多转子发动机的支承方案的确定,需要根据气流通道形式,高低压转子结构形式、长度和支承框架等诸多约束条件综合评定。各种不同的支承方案均各具千秋,但由于航空燃气轮机设计的复杂性,各设计集团均根据以往的经验,重视结构的总体支承方案的继承性。在各类支承方案中最主要的区别就是是否使用中介轴承。

1. *双转子单独支承方案*

为了减小高低压转子之间变形和振动的交互影响,转子系统最好采用各自独立的支承结构。在美国普惠公司研制的燃气涡轮发动机中,主要采用具有独立支承的转子支承方案设计。

图 2－14 为 JT9D 发动机的支承方案,是 1962 年开始研制的高涵道比、高增压比的涡轮风扇发动机。发动机长度为 3.38 m,在总体结构布局方案中,低压、高压转子各采用两支点支承方案,即低压转子为 0－1－1 支承方案,高压转子为 1－1－0 支承方案,四个支点支承于三个承力机匣上,但对近 3 m 长的低压涡轮轴的加工和装配提出了更高的要求。

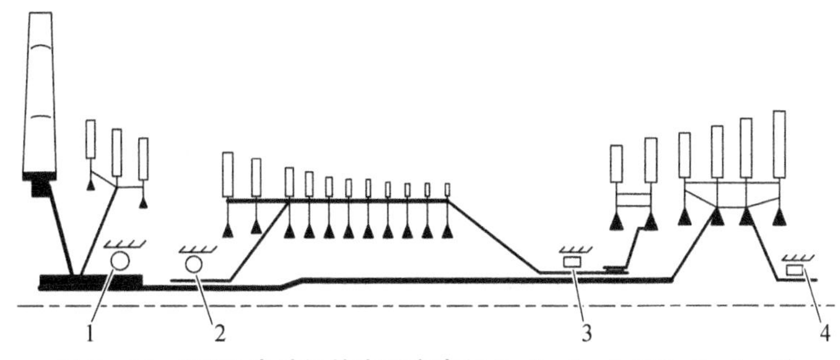

图 2－14　JT9D 发动机的支承方案(LP: 0－1－1;HP: 1－1－0)

1982 年底研制新型高涵道比大推力涡扇发动机 PW4000 时,在转子布局设计上沿用了 JT9D 的传统,仅在风扇后滚珠轴承后面增加了一个滚棒轴承,以提高低压涡轮轴的抗变形能力,即低压转子为 0－2－1 支承方案,如图 2－15 所示。此外,在普惠公司其他高涵道比涡扇发动机转子结构布局设计中也采用这种支承方案,如 PW2000、V2500。

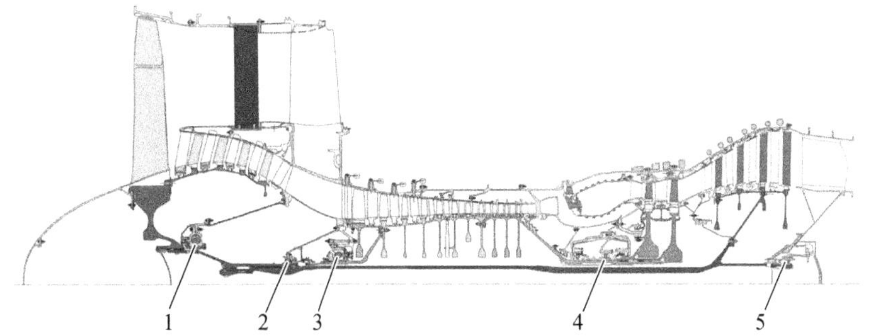

图 2－15　PW4000 涡扇发动机的支承方案(LP: 0－2－1;HP: 1－1－0)

现代双转子涡扇发动机低压涡轮轴,虽然较细(要穿过高压轴),支点间的跨度也较大,但是由于加工精度的不断提高以及转子系统动力设计水平的提高,目前大多涡扇发动机的低压转子采用三支点支承并用刚性联轴器连接。

如图 2－16 所示,普惠公司在小涵道比涡扇发动机 F100 中也基于其传统支承方案,

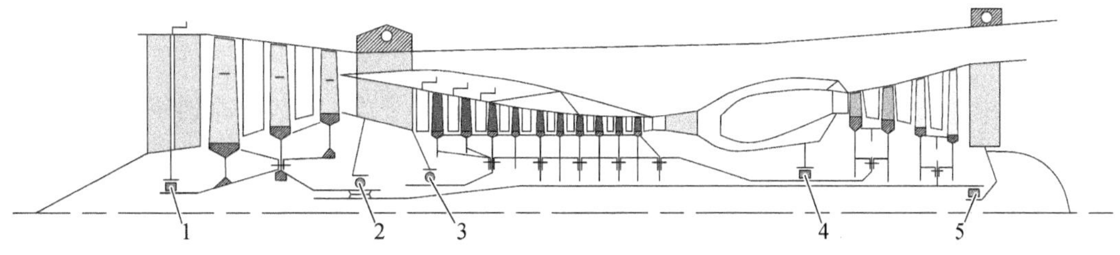

图 2－16　F100 发动机转子支承方案(LP: 1－1－1;HP: 1－1－0)

采用 5 支点支承转子布局设计方案。由于风扇为 3 级,结构质量较大,为控制变形,在风扇前设置一个支点,因此低压转子为 1－1－1 支承方案。

总之,在现代普惠公司双转子燃气涡轮发动机的转子布局设计中,由于具有适用于高压涡轮前支点的冷却、润滑和封严设计技术,其高压转子一直采用 1－1－0 支承方案,并通过支点位置和转子质量/刚度分布优化设计使其抗变形能力和转子动力学特性满足设计要求。在低压转子中,对于具有单级风扇的转子系统采用 0－2－1 支承方案,而对于轴向尺寸较长的多级风扇低压转子系统则采用 1－1－1 支承方案。

从总体结构布局和动力学特性综合平衡分析,高压转子采用 1－0－1 支承方案更为有益,因此由此发展的双转子系统支承方案布局设计得到广泛应用。通用公司在 GE90 和 GEnx 系列发动机的转子布局设计中,在高、低压涡轮间设计承力框架用于支承高压转子,形成了一种典型转子支承布局设计,如图 2－17 所示,这种布局方案采用了高低压涡轮间的级间承力框架,承力支板从空心的导流叶片穿过,将高压转子后支点载荷外传。这种结构布局设计会产生两个关键技术问题,一是由于高压转子的 1－0－1 支承方案增加了支点间的跨度,使得转子弯曲刚度降低,对转子系统共振转速分布有不利影响,一般采用增加压气机与涡轮之间的连接鼓筒轴直径提高转子刚度;二是由于高、低压涡轮间径向尺寸变化剧烈,环境温度高,在保证支承结构系统刚度对温度环境低敏感性设计技术方面也具有一定的挑战。

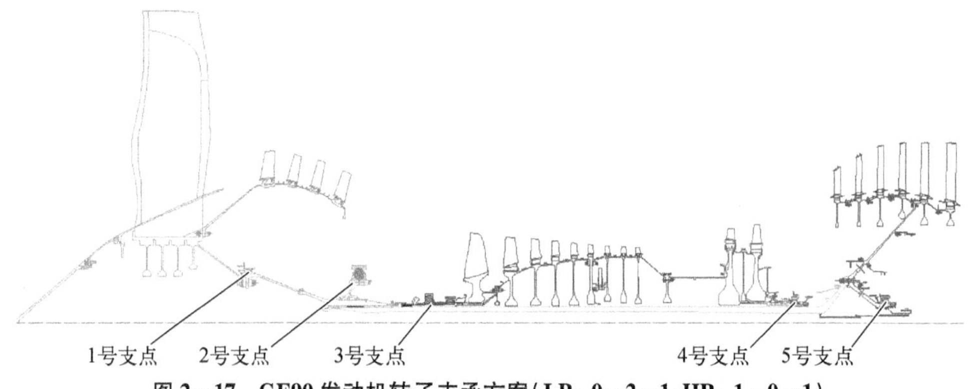

图 2－17　GE90 发动机转子支承方案(LP: 0－2－1;HP: 1－0－1)

现代高推重比航空燃气轮机要求发动机支承结构系统在减小承力框架数目、降低结构质量的同时需要具有良好的振动隔离性能和最少、最轻的支承框架。在欧洲战斗机 EF2000 用的推重比为 10 的小涵道比涡扇发动机 EJ200 的总体结构设计中,罗・罗公司采用多支点共用承力框架结构设计,在不使用中介轴承情况下,实现了 5 个支点、2 个承力框架的支承方案,为提高发动机的推重比做出巨大贡献,如图 2－18 所示。

2. 带中介支点支承方案

所谓中介支点是在两个转子之间安置轴承,使一个转子通过另外一个转子,支承在承力系统上,轴承支点使用的轴承即为中介轴承,一般采用滚棒轴承。由于两个转子间产生了直接作用力,两个转子在运动过程中的横向振动会产生相互激励,产生振动耦合。因此,在使用中介支点支承方案时应尽量减小转子之间的动力学影响。采用中介支点,一般

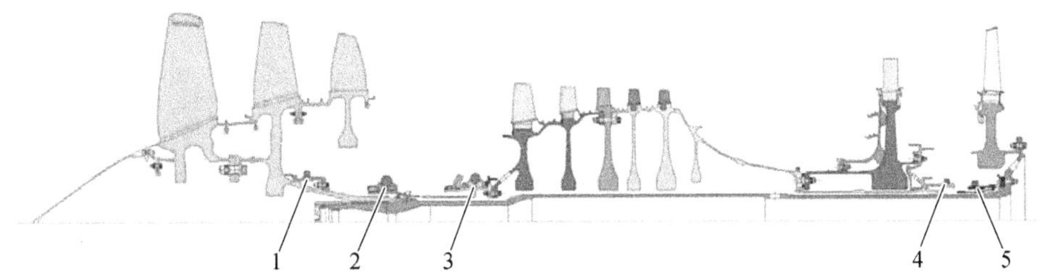

图 2－18　EJ200 发动机转子支承方案(LP: 0－3－0;HP: 1－0－1)

可使发动机长度缩小、承力机匣数减少,但是中介轴承的润滑、冷却较困难,轴承工作条件较差,而且装拆也比较复杂(主要指中介滚珠轴承)。在航空燃气轮机结构布局设计中,中介支点一般只用于支承高压转子后支点,且要求高压转子刚性高、质量轻,同时为了减小转子之间振动影响,中介支点位置应尽量靠近低压涡轮后支点,并且要采取局部加强低压涡轮轴刚性等结构措施。

带有中介支点转子支承布局设计是高推重比小涵道比军用涡扇发动机的典型总体结构布局设计方案之一,图 2－19 为推重比为 8 的 F110 发动机的转子支承方案简图,高压转子采用 1－0－1,低压转子采用 1－1－1 支承方案,重要的是高压转子后支点支承在低压转子上,从而减少了一个涡轮承力框架,这对减轻结构质量具有重大的作用。

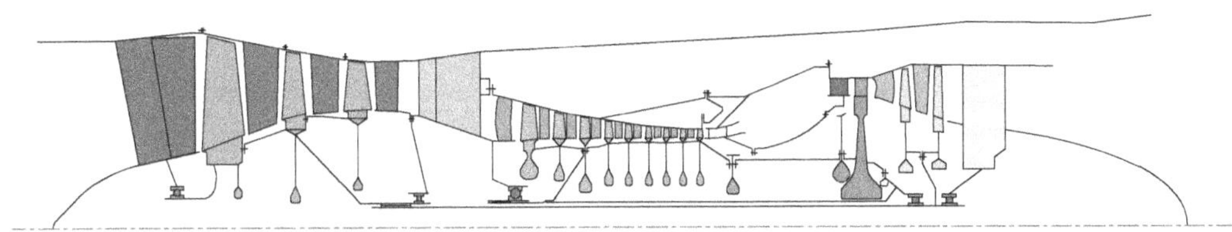

图 2－19　F110 发动机转子支承方案(LP: 1－1－1;HP: 1－0－1)

这种通过中介支点将高压转子支承于低压转子的支承方案,能取消高压涡轮前、后的承力结构,使发动机结构简单、缩短轴向尺寸,对减轻结构质量具有重要作用,因而为多种高推重比涡扇发动机所采用。例如,通用公司的 F101、F404 和 F136 等均采用此类型支承方案。此外,法国斯奈克玛公司的 M88,苏联的 AL－31F、RD－33 以及普惠公司的 F119 也采用了带中介支点支承方案。

苏联研制的用于第 3 代战斗机米格－29 与苏－27 的发动机 RD－33 与 AL－31F,也采用了高压转子后端通过中介轴承支承于低压转子上的设计。但是由于当时机械加工水平保证不了低压转子三个支点与发动机机匣中三个支承低压转子的轴承的高同轴度,这两型发动机采用了不同的措施,来解决加工精度不高、低压转子不能采用刚性联轴器的问题。

AL－31F 发动机低压转子采用了 1－2－1 四支点支承方案,即风扇转子支承于 2 个支点(如图 2－20 所示),低压涡轮也支承于 2 个支点,两转子间采用传递扭矩与轴向力的柔性联轴器,以保证压气机转子与涡轮转子轴线不同轴时也能工作。高压转子仍采用 1－0－1 两支点方案,且后支点(5 号支点)为中介支点。为了解决低压转子不同轴带来的振动问题,在高低压转子多个支点上(1、4、6 号支点)采用了带弹性支承的挤压油膜阻尼器。

RD－33 发动机高压转子也采用了后端通过中介轴承支承于低压转子的 1－0－1 支

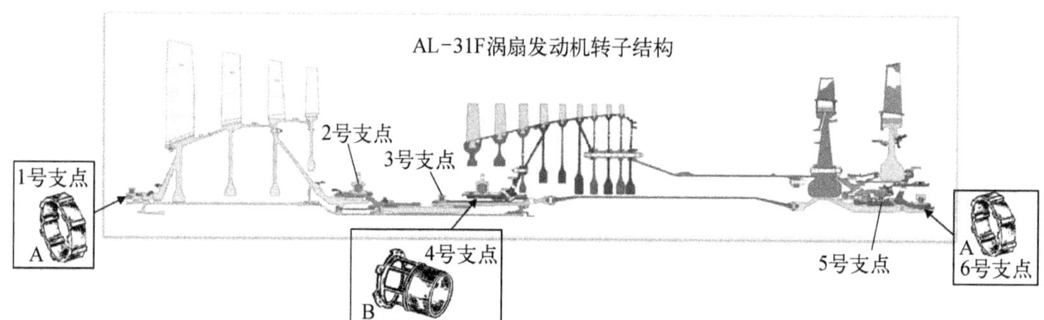

图 2-20　AL-31F 发动机支承方案(LP: 1-2-1;HP: 1-0-1)

承方案,低压转子则采用 1-1-1 三支点支承方案,采用柔性联轴器。为避免低压转子不正常工作对高压转子的影响,将高压转子和低压转子的后轴承 4、5 置于同一轴线位置上,如图 2-21 所示,这种布局在众多的发动机少有,但试验证明,此结构对控制发动机的振动是十分有效的。

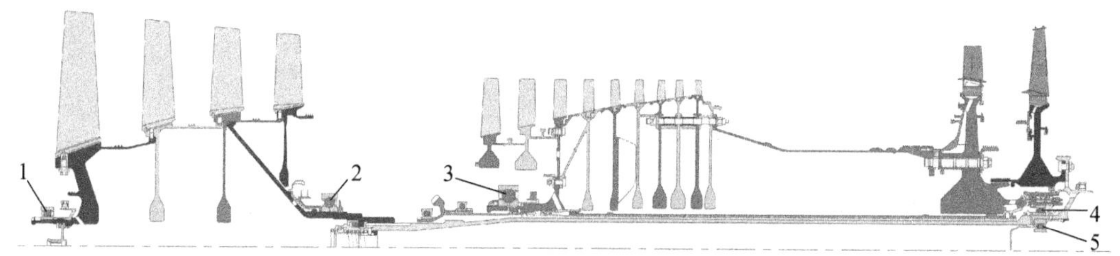

图 2-21　RD-33 发动机转子支承方案

一般高涵道比的涡轮风扇发动机在转子结构布局设计上很少采用中介支点支承方案。但是,如图 2-22 所示,在 CFM56 发动机双转子的支承方案中,低压转子支承方案为 0-2-1,高压转子为 1-0-1。承力构件少的原因在于将高压涡轮后轴,通过中介支点(4 号轴承)支承于低压涡轮轴上,5 个支点通过 2 个承力构件将转子载荷通过轴承外传。CFM56 发动机是承力框架最少的高涵道比涡扇发动机。

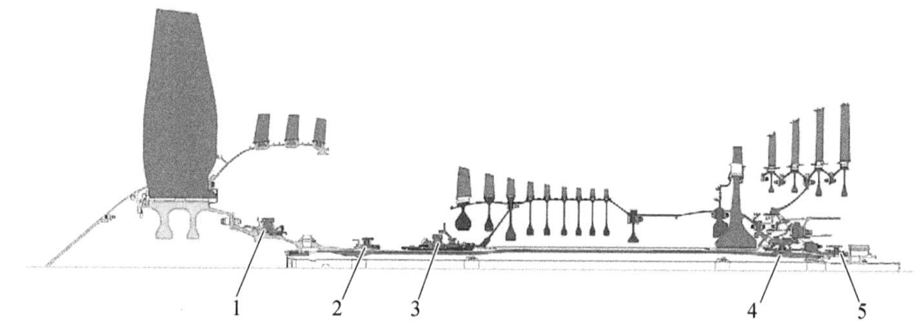

图 2-22　CFM56 涡扇发动机转子支承方案(LP: 0-2-1;HP: 1-0-1)

CFM56 发动机之所以采用这种支承方案,主要是因为该型发动机衍生于军用小涵道比涡扇发动机 F110 的核心机,大直径鼓筒轴的高压转子系统具有出色的刚度和动力学特性。通过合理的转子动力学设计,将高压转子后支点支承于低压涡轮轴上。为了减小转子之间振动、变形的交互影响，一是中介支点尽量靠近低压转子后支点，二是虽然低压转子为三支点支承，但涡轮轴与风扇轴间的连接却采用了刚性联轴器，以提高低压转子的抗变形能力。通过提高转子结构加工和装配精度以保证转子及机匣中三个支点有很高的同心度。

20 世纪 70 年代，对高涵道比涡扇发动机采用双转子和三转子布局设计产生了不同的选择。英国罗·罗公司和苏联在大推力、高涵道比涡扇发动机总体结构设计中，采用了三转子结构方案，可以使每个转子最大限度地在各自最佳的转速下工作，低、中、高压气机和涡轮的效率高，各转子的级数减少，因此发动机轴向尺寸较短。而且发动机的起动性和加速性好，高压涡轮载荷较低，但发动机结构复杂，整机振动问题突出，转子的支承、传力、润滑较困难。一般多采用级间共用承力框架，以便减少承力框架、降低振动耦合。

RB211 是罗·罗公司生产的第一种采用了三转子结构的高涵道比涡轮风扇发动机，如图 2－23 所示，共有 8 个支点、4 个承力框架。低压、中压、高压三个转子的支承方案分别为 0－2－1、1－2－0、1－0－1 形式。其中低压转子的止推支点（即 3 号止推轴承）为中介支点，用于提高低压转子的刚性，并将低压轴上的轴向力传到中压压气机后轴上。在整体布局中，三个转子的止推轴承集中在一个中压和高压压气机间的中介机匣承力框架上，使传力路线最短。由于转子数目多，为减少承力框架只得在高压与中压涡轮之间采用涡轮级间承力框架，以承受 6、7 号轴承的载荷。

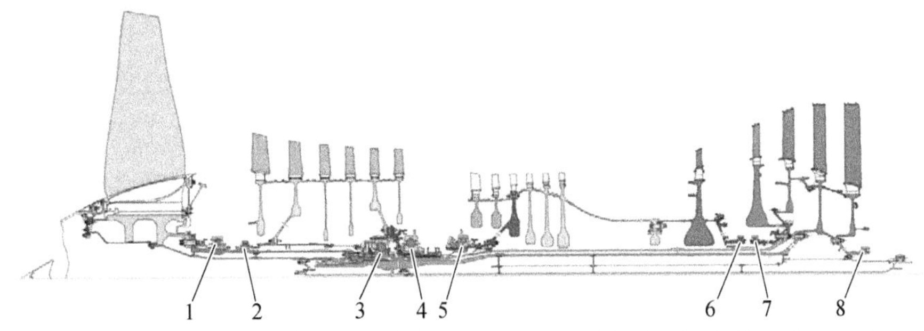

图 2－23　RB211 发动机支承方案（LP：0－2－1；IP：1－2－0；HP：1－0－1）

RB199 为欧洲第三代战斗机“狂风”研制的小涵道比加力式三转子涡扇发动机，如图 2－24 所示。它有 7 个支点、3 个承力框架传力。其高压转子很短，采用 1－0－1 二支点支承方案，高压转子后支点（5 号支点）为中介支点。在中压转子中，为缩短二支点距离将前支点（3 号支点）置于中压压气机之后，轴颈由一级盘缘处伸出，形成 0－1－1 二支点支承方案。低压转子最长，采用了 0－3－0 三支点支承方案，即风扇前无轴承，风扇后有两个滚棒轴承（1、2 号支点）支承，后支点（7 号支点）安置在低压涡轮前。3 级风扇和 2 级低压涡轮均

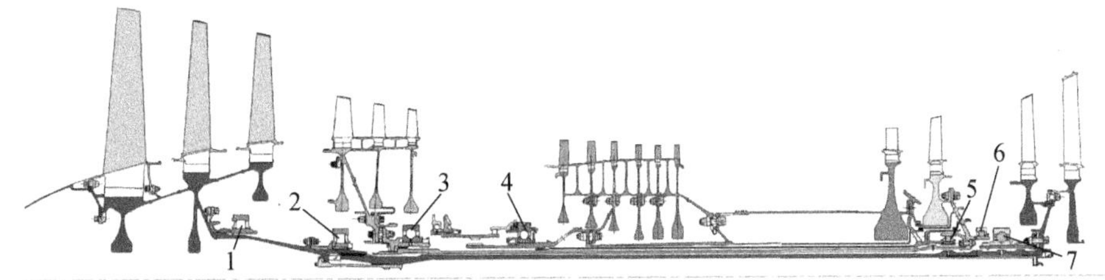

图 2－24　RB199 发动机转子支承方案（LP：0－3－0；IP：0－1－1；HP：1－0－1）

为悬臂,这在军用发动机中是罕见的。因为 RB199 风扇前无承力框架或进口导向叶片,而且在压气机和涡轮间设置了 3 个级间承力框架,从而使发动机的承力框架数减少。

苏联在 20 世纪 70 年代研制的三转子、高增压比、高涵道比涡扇发动机 D-36 如图 2-25 所示。低压、中压和高压转子分别采用 0-1-1、1-1-0 和 1-0-1 支承方案。该发动机在转子系统设计中为了避免转子间的振动耦合,没有采用中介轴承,而是采用级间共用承力机匣的"挑担"式支承结构。为了减少承力框架数目,在风扇与中压压气机之间、高压涡轮与中压涡轮之间采用了共用承力框架,即一个承力框架支承不同转子的轴承和支承结构。这样对转子结构设计提出了较高的要求,主要是为了提高转子刚度,采用悬臂支承转子结构,这会对转子系统动力特性和整机振动产生不良影响。为此,在转子结构设计中采用了特殊几何构形,以及将轴承放置在第 3、4 级轮盘中心处,以缩短两支跨度,同时多处采用挤压油膜阻尼器支承结构。

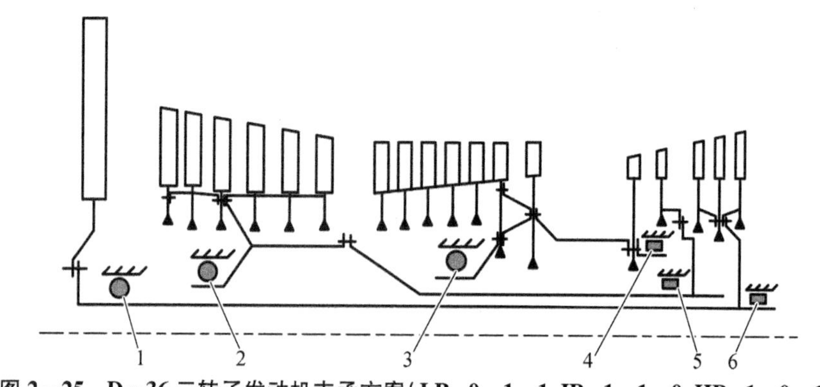

图 2-25　D-36 三转子发动机支承方案(LP: 0-1-1;IP: 1-1-0;HP: 1-0-1)

止推轴承位置的确定,也是转子支承方案设计中的一个问题。转子上的止推支点,即滚珠轴承所在的支承结构,除承受转子的轴向载荷、径向载荷外,还决定了转子相对于静子承力结构的轴向位置原点,因此每个转子只能有一个止推支点。由于止推支点的载荷较大,一般应置于温度较低的地方;同时,止推轴承的位置要有利于控制热端部件(涡轮)的轴向变形。通常希望将止推轴承置于压气机转子后支点,这样既可以使大载荷轴承处于较低的温度环境下工作,也使转子相对机匣的轴向变形分配在压气机与涡轮两端,使两端的轴向错移量均较小,有利于压气机和涡轮部件的间隙控制和工作效率。如果将止推支点置于压气机前,则在工作时末级涡轮转子与静子间会有较大的轴向错移量。而涡轮盘前、后环境温度较高,止推支点一般不宜放置在该处。然而在实际发动机设计中,止推轴承位置的选取还需要综合考虑。

对于现代先进涡扇发动机,高压转子通常采用二支点支承方案,如图 2-7(a)、图 2-7(b)所示,由于压气机级数较多,质量较大,不宜悬臂支承,通常采用 1-0-1 或 1-1-0 的支承方案,此时止推轴承通常置于压气机前端,以降低止推轴承的工作温度。对于三支点支承的转子系统,如图 2-16 所示的 F100 低压转子系统,采用 1-1-1 的支承方案,其中止推轴承置于风扇的后端,既能满足较低的环境温度,也有利于控制涡轮的轴向变形。总之,转子结构系统设计不仅仅影响转子动力学特性方面,对发动机间隙配合和部件效率的影响也是很敏感的，在结构设计上应该采取多目标优化和平衡设计，保证发动机转子系统的稳定可靠工作。

2.3　静子结构系统

航空燃气轮机工作时，有机械、气动和温度及惯性等多种载荷作用在转子与静子结构上。这些载荷中，有的在零件或组件中抵消或部分抵消，有的则无法抵消而向外传出。这些传出的载荷通过承力系统传递给发动机的安装节。承受与传递载荷的承力框架、承力机匣组成了承力系统的主体结构。承力系统的成功设计，对保障发动机安全稳定运行具有主要作用。

图 2－26 为高涵道比涡轮风扇发动机的转子结构系统与静子结构系统简图。发动机的三个转子由 8 个支点支承，分别通过中压压气机进口导流叶片 1，中、高压压气机间中介机匣 2，高、中压涡轮间的中压涡轮导向器内的承力构件 3 以及低压涡轮后承力框架 4 等四个承力框架将作用在支承上的载荷外传，分别传至装于风扇机匣上的发动机主安装节 6 和位于涡轮后承力机匣上的辅助安装节 7，并最终传至飞机。

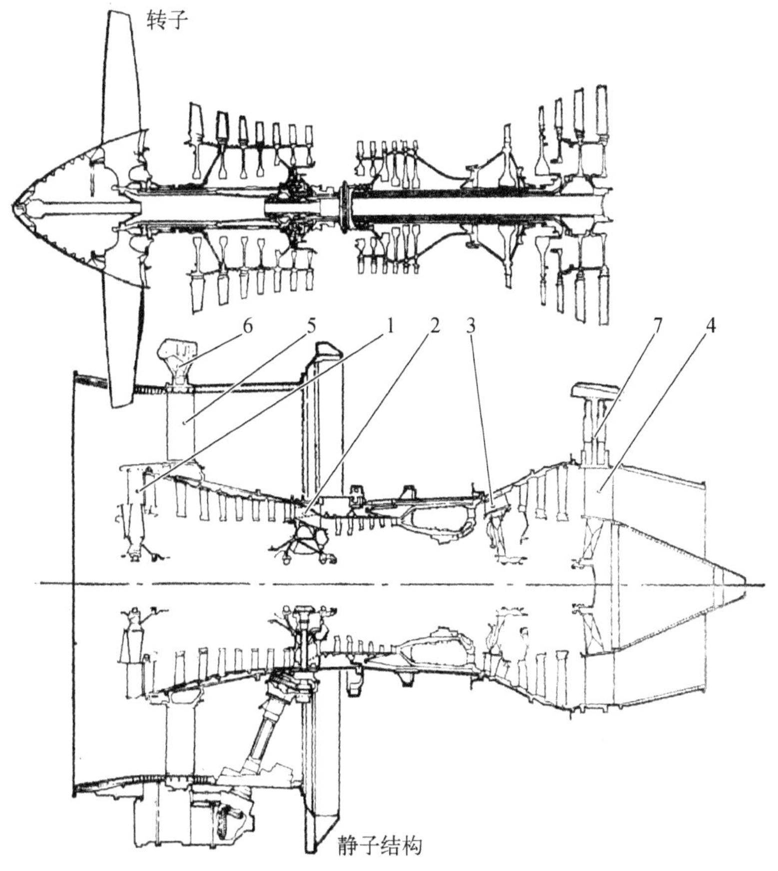

图 2－26　RB211 发动机的转子与静子结构系统图

1. 中压压气机进口导流叶片；2. 中、高压压气机间中介机匣；3. 中压涡轮导向器；4. 低压涡轮后承力框架；5. 风扇出口整流叶片；6. 发动机主安装节；7. 发动机辅助安装节

2.3.1 承力系统

航空燃气轮机静子承力系统(简称为承力系统)是由承力框架、承力机匣和相应的连接结构组成的结构组件,用于承受和传递作用在结构单元上的载荷,是各轴承到发动机安装节之间的承力结构的统称。

承力框架指用于转子支承,并传递载荷通过气流通道至外承力机匣的结构组件。承力框架分别与进气机匣、风扇机匣、压气机机匣、燃烧室机匣和涡轮机匣等刚性连接构成了静子承力系统。此外,承力系统还包括发动机与飞机的连接结构、运输用固定节和传动附件机匣。

承力系统承受了作用在发动机上的所有载荷,转子、进气装置、加力燃烧室、附件等发动机所有构件的载荷均作用在其上。在发动机的不同工作状态,作用在机匣上的力和力矩的大小及其分布,有很大的不同和变化。

机匣的各个单元部分工作在不同的环境温度下,当两点之间存在大的温度梯度时会产生热应力,对机匣的加热会使结构产生热膨胀。如果不能保证结构的自由变形,会产生热疲劳和热屈曲等故障,出现结构裂纹。还有一些交变的载荷,如支点动载荷,也可引起机匣产生局部振动。

工作条件确定了航空燃气轮机承力机匣的结构特性,即要求结构在满足强度要求的前提下,具有小的质量和足够的刚度,具备良好的使用和修理的工艺性,保障发动机的耐久性和故障定位。

发动机的安装节是发动机连接到飞机的固定点,并将发动机的各种载荷传至飞机。发动机传到飞机的载荷有: 推力、重力、飞机作机动飞行时的惯性力、少量的气动扭矩(理论上不应有外传的气动扭矩)等。

安装节分两种: 主安装节与辅助安装节。前者传递轴向力、径向力、扭矩;后者仅传递径向力。一般主安装节装于温度较低区域,并尽量靠近转子止推轴承处的压气机或风扇机匣上;辅助安装节一般装于涡轮(无加力燃烧室时)或尾喷管(有加力燃烧室时)的外机匣上。

主安装节在安装界面上可以有两个或三个安装点,辅助安装节可以是一个或两个,但不论数目多少,所有的主安装点及辅助安装点均应在一个横截面内,而且所有的主、辅安装点中,相对飞机只应有一个是固接的,该点称为死点,其余各安装点均允许自由移动,即工作时允许与飞机机体结构间有相对移动,以适应发动机与飞机膨胀不一致造成的位移。通常,辅助安装节采用万向接头的结构。图 2-27 为典型带加力燃烧室涡喷发动机安装结构。

图 2-28 为典型的涡扇发动机承力结构系统。根据发动机转子支承方案的设计,承力系统中包括三个承力框架,分别是进气机匣承力框架、中介机匣承力框架和涡轮后承力框架,用于支承双转子系统。此外,风扇机匣、高压压气机机匣、燃烧室机匣、涡轮机匣、加力燃烧室机匣和外涵机匣均为承力机匣,与承力框架一起承担和传递发动机上的载荷。

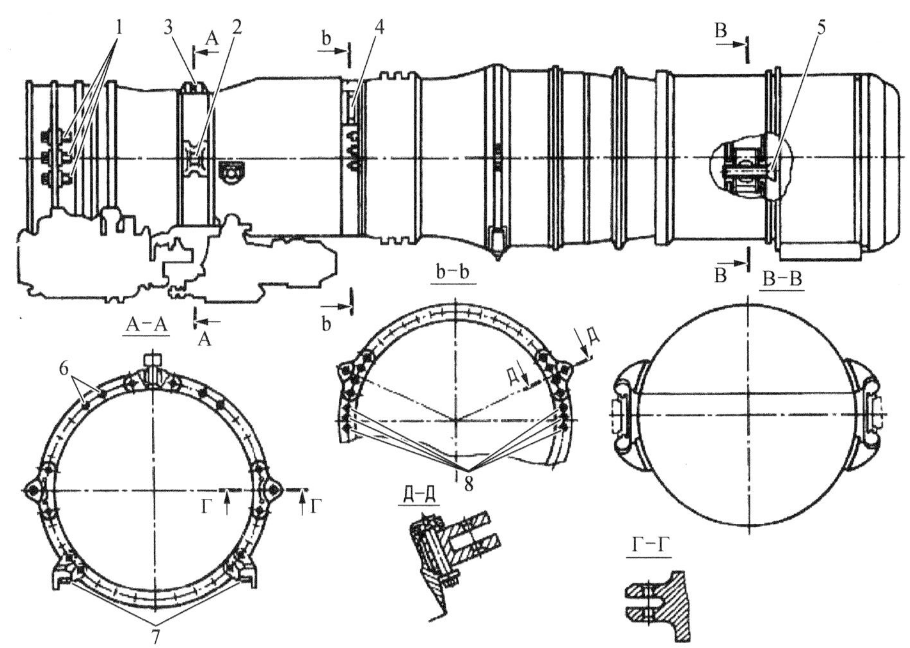

图2-27 带加力燃烧室涡喷发动机安装结构

1、6、8. 销钉；2. 前侧支架；3. 上安装节；4. 后侧支架；5. 加力燃烧室支点；7. 支架

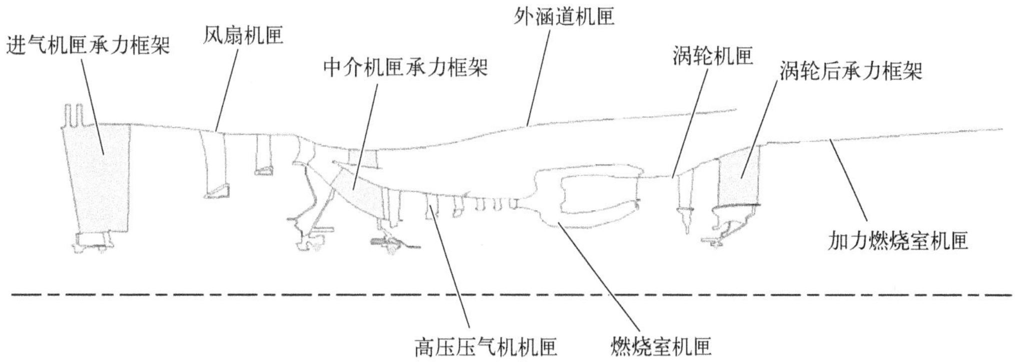

图2-28 典型涡扇发动机承力系统

1. 进气机匣及承力框架

进气机匣是典型的承力框架结构，如图2-29所示，进气机匣由外机匣、承力辐板（或整流叶片）、内机匣及轴承座等结构件组成。

在内机匣安装边连接前轴承座，支承转子的前支点。对于带有进口可调叶片的进气机匣及承力框架，前面为固定的承力框架结构，后面可调叶片两端径向转轴支承在内外机匣上，在机械液压机构的作用下，能在一定转角范围内转动，起调节进气方向的作用。

进气机匣的外传载荷通过外机匣后传给风扇机匣，再传至发动机安装节。

2. 风扇机匣

风扇机匣或低压压气机机匣一般为壳体结构，如图2-30所示，由整流器和机匣壳体组成，其中整流器由叶片及内外环组成。风扇机匣的外传载荷通过机匣后安装边传给中介机匣。

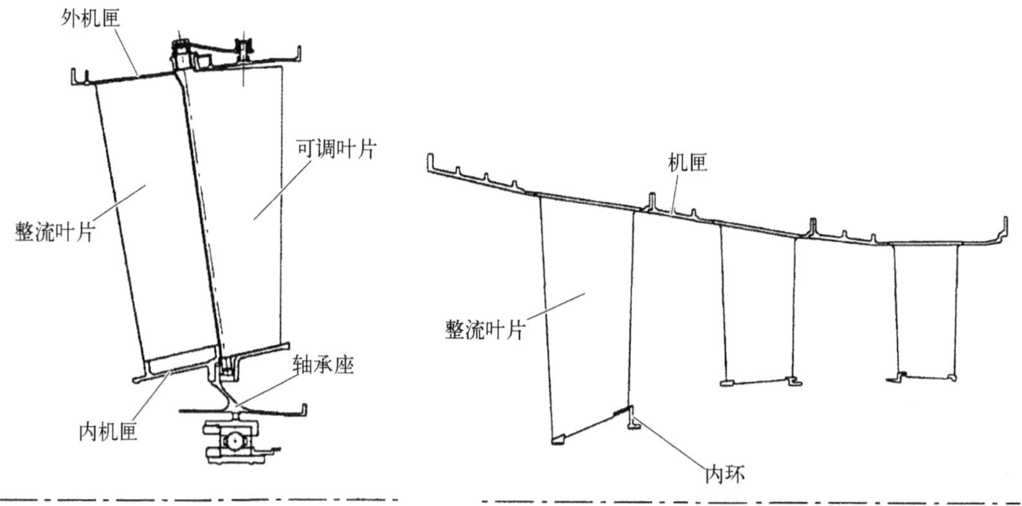

图 2-29　进气机匣作为承力框架结构

图 2-30　风扇机匣结构

风扇机匣是承力机匣，一般除了承载气动力和扭矩以外，还将传递风扇前承力框架的载荷到中介机匣的安装节上。

3. 中介机匣及承力框架

中介机匣是指位于风扇（低压压气机）和高压压气机之间的过渡机匣。中介机匣承力框架是由外机匣、承力辐板、分流环、内机匣、锥壁及轴承座构成的承力辐板式承力框架，如图 2-31 所示。

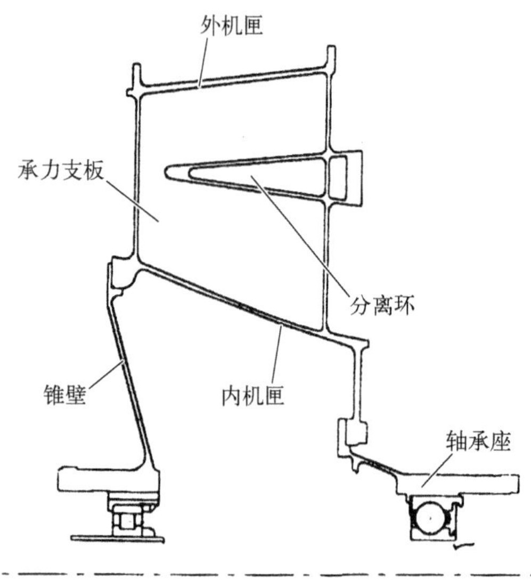

图 2-31　中介机匣承力结构

在外机匣外壁水平两侧或是上下位置一般设置发动机的主安装节，并在内机匣前后安装边上连接锥壳和轴承座，用以支承风扇和高压转子，构成发动机的主安装吊挂截面。现代发动机分流环一般改为分段组合构件，采用这种分流环的设计，中介机匣承力框架实为双层承力结构。

在外机匣前后均设计有安装边，用于传递风扇、压气机等部件的外传载荷。中介机匣的外传载荷通过安装吊挂结构传给飞机安装系统。

中介机匣为主承力框架，即发动机的所有载荷均由此传出到飞机上，主要承受的载荷有：① 沿内、外机匣及承力辐板壁面的静压；② 主安装截面承受推力的两个节点共同承受发动机的推力、轴向及垂向惯性力，限制侧向移动的安装节点承受发动机的侧向惯性力；③ 前、后轴承座传入的风扇及高压转子的轴向力（包括气体力和惯性力）、垂向或侧向的惯性力（包括转子陀螺力矩引起的力）；④ 在外机匣局部承受集中惯性力及力矩；⑤ 由中介机匣外机匣前、后安装边分别传入的风扇机匣和外涵机匣的气体轴向力、扭矩、三个方向的惯性力及力矩；⑥ 由分流环传入高压压气机以后各部件机匣的气体轴向力、扭矩、三个方向的惯性力及力矩；⑦ 中介机匣所有构件产生的质量惯性载荷。

4. 高压压气机机匣

高压压气机机匣为壳体结构，如图 2－32 所示。高压压气机机匣多为对开分半结构，通过纵向安装边及螺栓构成整体。与机匣内壁相连的是整流叶片和内、外环构成的整流器，在机匣外壁设置整流器的操纵机构。在某些发动机设计中，考虑到高压压气机后几级的机匣直径较小，并且设置引气结构而削弱了机匣刚性，为此增设了延伸外机匣及支承环结构，增强整机的横向刚性。

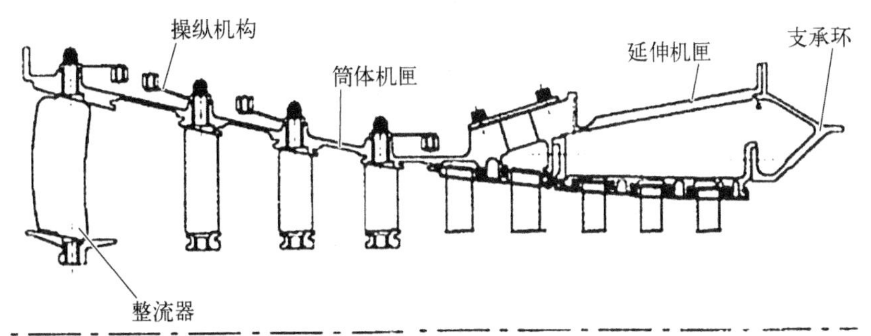

图 2－32　高压压气机机匣结构

高压压气机机匣作为承力机匣，其轴向载荷通过机匣前安装边传给中介机匣，垂向或侧向载荷则分别通过机匣前、后安装边传出。

高压压气机机匣承受的主要载荷有：沿机匣内、外壁面的静压；各级机匣段、整流叶片及内环的气体轴向力；各级整流叶片的扭矩；各级高压压气机转子叶片在叶身与榫头转接处（不包括缘板）断裂飞出的冲击载荷；由高压压气机机匣后安装边传入燃烧室以后各部件机匣的气体轴向力、扭矩、三个方向的惯性力及力矩；高压压气机机匣所有构件产生的质量惯性载荷。

5. 燃烧室机匣

在燃烧室外机匣［图 2－33(a)］的锥段与圆柱段界面设置偏心环，在其 6 点钟左右位置支承附件传动机匣支架。燃烧室外机匣是发动机混合传力系统的重要构件，在燃烧室外机匣后部增设安装边，构成发动机的辅助安装截面。在其水平面两侧上方设置安装吊挂点，承受发动机的部分垂向及侧向载荷。燃烧室外机匣的外传载荷，其轴向载荷通过机匣前安装边传出，垂向或侧向载荷则分别通过外机匣前、后安装边传出。

燃烧室内机匣分为承力件和非承力件，有些发动机在压气机后或高压涡轮前设计有轴承，因此也称轴承机匣，是由轴承座及若干个加强环等构成的壳体机匣结构，见图 2－33(b)。轴承机匣前端连接后机匣锥壁及中支点轴承座，支承高压转子的滚珠轴承。后端连接高压涡轮导向器的锥壁及后轴承座，支承高压转子的滚棒轴承。轴承机匣的轴向力（气体力及惯性力）通过前安装边传出，垂直或侧向载荷则分别通过前、后安装边传出。

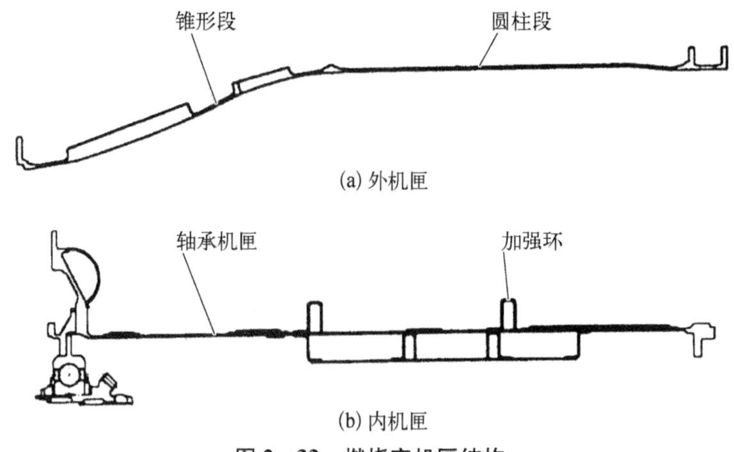

图 2-33 燃烧室机匣结构

对于大多数发动机设计来讲,由于在涡轮前设置承力框架具有很多难点,一般不采用。因此,在没有涡轮前轴承支承结构时,燃烧室内机匣就不具有承载和传力的功能了。

6. 涡轮机匣及承力框架

涡轮机匣为壳体结构,如图 2-34 所示。与机匣内壁相连的涡轮外环、导向叶片等构成了双层结构,外壳体机匣为受力件,内层导向叶片的环或附加分块式的涡轮外环为隔热件。

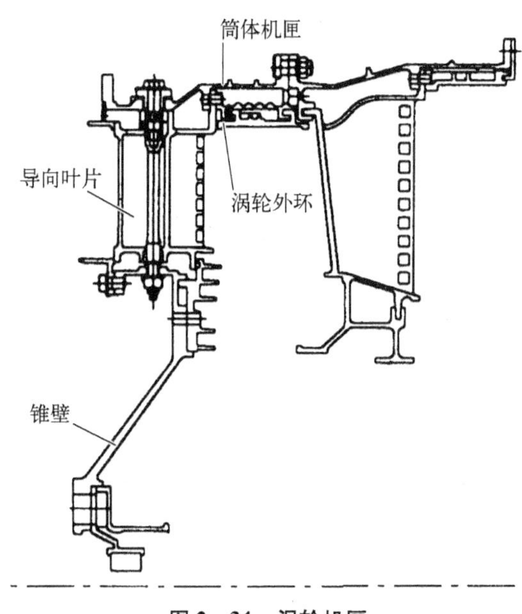

图 2-34 涡轮机匣

对于发动机辅助安装截面设置在涡轮前的发动机,涡轮机匣前的外传载荷通过涡轮机匣前安装边传出。对于辅助安装截面设置在扩散器机匣的发动机,轴向力(气体力及惯性力)通过涡轮机匣前安装边传出。垂直向或侧向载荷则分别通过前、后安装边传出。

涡轮机匣承受的主要载荷有:沿机匣内、外壁面的静压;各级机匣段、导向叶片及内环的气体轴向力;各级导向叶片的扭矩;自锥壁传入的高压转子滚棒轴承的侧向或垂直的惯性力(包括转子陀螺力矩引起的力)。

2.3.2 传力路线

根据涡轮与压气机机匣之间的结构形式和受力关系,可以归纳出以下几种承力系统的传力路线。

1. 内传力结构方案

涡轮机匣和压气机机匣的承力是借助于燃烧室内机匣连接,也就是相对于燃气流道而言，承力系统的传力路线在气流通道的内部，如图 2－35 所示。

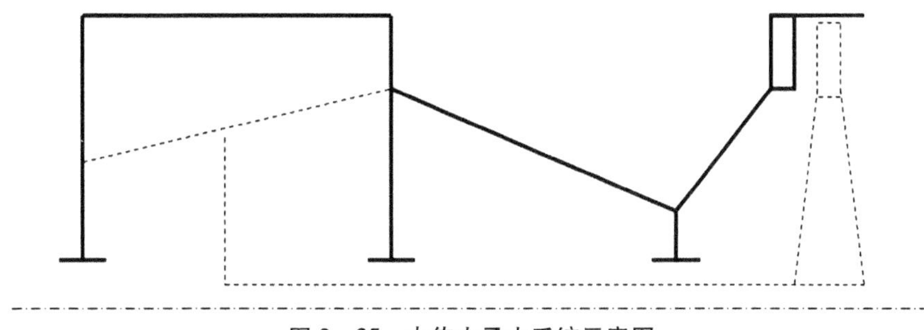

图 2－35　内传力承力系统示意图

燃烧室内机匣承受涡轮机匣、出口装置和发动机转子的力和力矩。这种结构在早期的环管式燃烧室的发动机中都有采用，是典型承力结构，它没有附加的承力机匣，而是由加强的燃烧室内机匣所承受。采用该种传力路线的发动机有 BK－1、RD－45、RD－500、Walter M－701 等。

这种结构方案的不足之处是机匣质量较大，由于要保持承力机匣的所需弯曲刚性，在径向尺寸较小的情况下，只能加厚壁厚和增加加强筋。

2. 外传力结构方案

涡轮机匣和压气机机匣的承力连接借助于燃烧室外机匣，也就是相对于燃气流道而言，承力框架位于外侧，如图 2－36 所示。

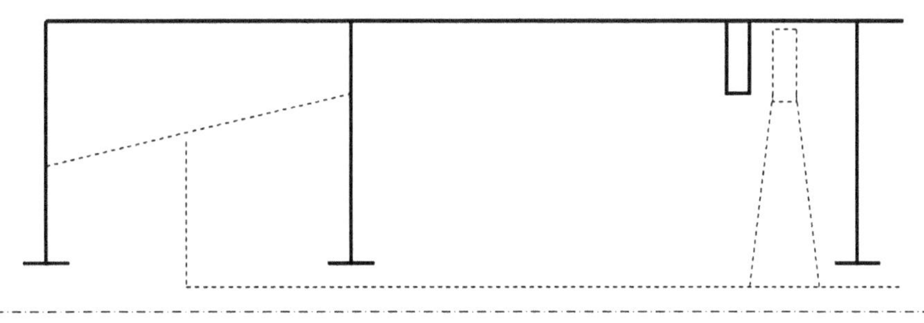

图 2－36　外传力承力系统示意图

涡轮机匣、排气装置和发动机转子的力和力矩作用在燃烧室外机匣上，由于外机匣直径较大，具有良好的刚度。但是由于需要承担涡轮后支点的支承载荷，必须使涡轮承力结构穿过燃气通道，这就使涡轮支承结构复杂，成为本结构设计的关键点和难点。采用此传力结构的发动机有俄罗斯的 AL－21、TV2－117、TV3－117、D－136 等。

当涡轮后承力框架上有两个或三个支点，如果承受的载荷较大，采用外传力承力框架方案时，就必须增加燃烧室外机匣的直径，以保证其刚度和承载能力。

3. 不封闭式双路承力方案

如图 2－37 所示，燃烧室外机匣承受的载荷只来源于涡轮机匣、导向器叶片和出口装置。涡轮后支承上的转子系统的作用力和力矩载荷通过承力框架传到压气机后承力机匣。在涡轮转子的支承平面内没有承力件，后承力框架为悬臂结构，也就是涡轮承力结构

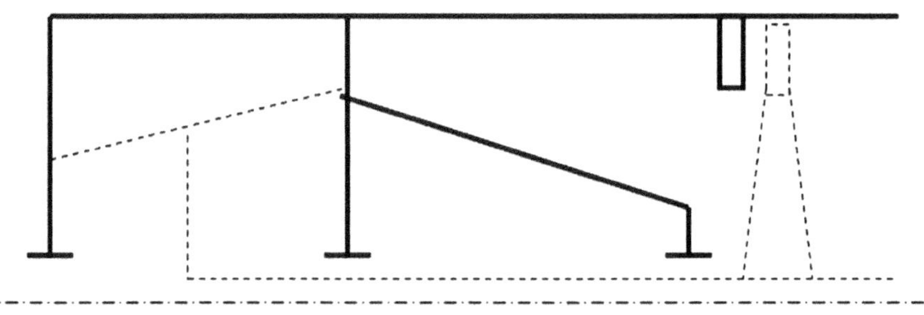

图 2-37　不封闭式双路承力方案意图

不需要经过燃气通道。

这种承力方案对于带有环形燃烧室的发动机和带有多级涡轮结构的发动机更为合理。例如,PW4000、F100 等涡扇发动机采用此种传力方案。

4. 封闭式双路承力方案

如图 2-38 所示,在涡轮机匣和压气机机匣上具有承力框架,并且在连接涡轮和压气机机匣间的燃烧室内外机匣均有承力结构,即在涡轮和压气机之间有一个封闭的环腔结构承力。这种结构广泛用于壳体结构的支承受力结构。在内外壳体之间采用杆或板结构传力,承力结构分布在环管式燃烧室之间(如俄罗斯 D-20B、D-30B、D-25B 等发动机),或分布在涡轮导向器叶片内部(如俄罗斯 R-11-300 和中国的 WP7)。对于这种承力结构,在设计中必须考虑在高温环境下承力结构的冷却问题。

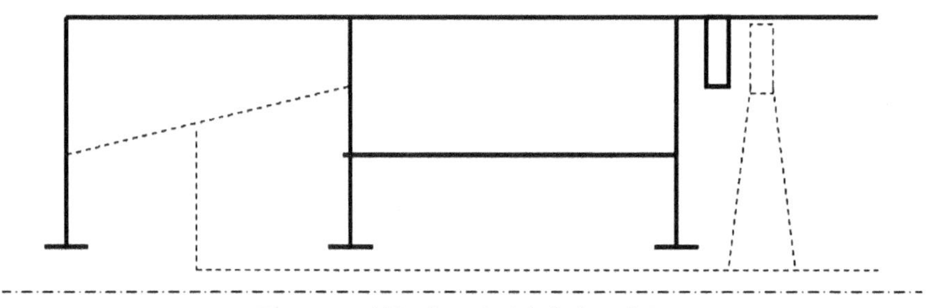

图 2-38　封闭式双路承力方案示意图

2.3.3　航空燃气轮机典型承力系统

1. 高推重比涡扇发动机

现代先进高推重比涡扇发动机在承力结构设计中,由于风扇为 3~4 级,在一般情况必须在风扇前设置支点,不宜采用悬臂结构,因此与高涵道比涡扇在风扇的承力结构上有所不同。对于涡轮端的承力框架和承力结构一般均沿用各公司的传统设计方案。

图 2-39(a)为以通用公司 F110 发动机为代表的高推重比涡扇发动机的承力结构,是典型的承力结构。由进气机匣承力框架、中介机匣承力框架和涡轮后机匣承力框架等 3 个框架组成。该承力结构设计为现代高推重比涡扇发动机的典型结构,采用该结构的发动机还有苏联的 AL-31F、RD-33 和乌克兰 AI-222 系列发动机。

图 2-39(b)为普惠公司 F100 涡扇发动机的承力结构,由进气机匣承力框架、中介机

匣承力框架、高压压气机后承力框架和涡轮后承力框架等 4 个承力框架组成。这种承力系统的特点在于高压涡轮支点位于涡轮前部,即通过压气机扩压器设计承力框架,这也是普惠公司总体结构上的一大特点。

图 2-39(c)为欧洲喷气涡轮公司设计的 EJ200 高推重比涡扇发动机的承力结构,由风扇和压气机之间的中介机匣承力框架和高低压涡轮之间的涡轮级间承力框架组成。由于采用了罗・罗公司所擅长的共用承力框架结构,即一个承力框架支承高低压转子的多个轴承,成为目前承力框架最少且没有使用中介轴承的高推重比涡扇发动机。

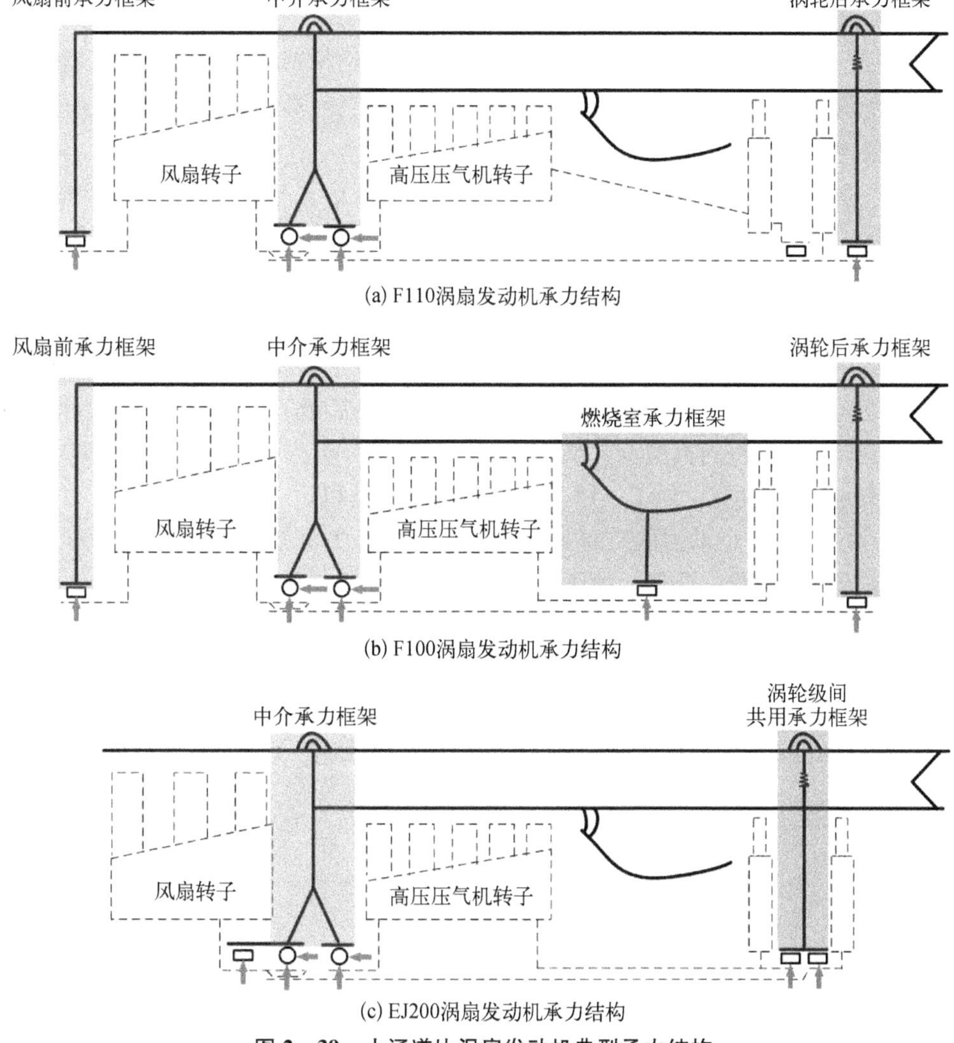

图 2-39　小涵道比涡扇发动机典型承力结构

2. 高涵道比涡扇发动机

对于高涵道比涡扇发动机,承力框架和安装结构的设计是十分重要的。高涵道比涡扇发动机推力大、结构尺寸大,多采用板壳,结构刚性较小,尤其是高压部件弯曲刚度较弱。在大推力状态和起飞、侧风和转弯等状态下,作用在发动机承力框架的载荷分布变化较大,会使风扇和高压涡轮部件的转静件间间隙发生变化,严重时可以产生碰摩,造成损伤。因此,在发动机承力系统设计时,要考虑多种载荷条件下,发动机整机转静件间的变形协调。

为了减轻发动机的质量,充分利用发动机外机匣的材料,大部分发动机的所有外机匣均作为承力结构,即包含在承力系统中。但是,也有的发动机将全部机匣(如 RB211)或部分机匣(如 CFM56、PW4000、PW2037、V2500 等的高压压气机后端机匣)做成双层的,外层机匣作为承力壳体、内层机匣作为气流通道的外壳,形成气流通道。这种双层机匣结构,能够保持在各种状态下气流通道不会有大的变形,使叶尖间隙均匀,提高了部件的效率,同时也可以减少发动机性能的衰退。

对于现代高涵道比涡扇发动机中常用承力框架的结构形式,按承力框架的数目可以划分为 2 个承力框架、3 个承力框架和 4 个承力框架等三种形式,但在承力框架位置上又有一些不同,概括起来有下述几种。

图 2-40(a)为双转子涡扇发动机 4 个承力框架的方案,包括风扇后承力框架、高压压气机后承力框架、涡轮级间承力框架和低压涡轮后承力框架等 4 个承力框架。每个转子支承在 3 个承力框架上。典型的发动机如 CF6-6/-50。这种发动机的高压转子系统为 3 个支点,一般用于高压转子较长的结构中。

图 2-40(b)为三转子涡扇发动机 4 个承力框架的方案,包括风扇后承力框架、中高压压气机级间承力框架、涡轮级间承力框架和低压涡轮后承力框架等 4 个承力框架。这种结构是三转子发动机的典型承力结构。典型发动机为英国罗・罗公司的 RB211、Trent(遄达)系列和苏联/乌克兰的 D-18、D-36 等系列发动机。

图 2-40(c)为 3 个承力框架的方案,包括风扇后承力框架、燃烧室承力框架、低压涡轮后承力框架等 3 个承力框架。由于高压涡轮前设计有支点,因此高压涡轮转子为悬臂支承。低压转子支承于风扇机匣和涡轮后承力框架上。该承力结构最突出的特点是在涡轮前设计一个承力框架,其作用是有利于提高转子的抗变形能力,但在承力框架和承力系统结构设计上具有较高的难度,尤其是高压涡轮前支点的轴承腔冷却润滑的设计。此种承力结构设计为普惠公司所常使用,典型发动机为 PW4000、V2500。而早期的通用公司

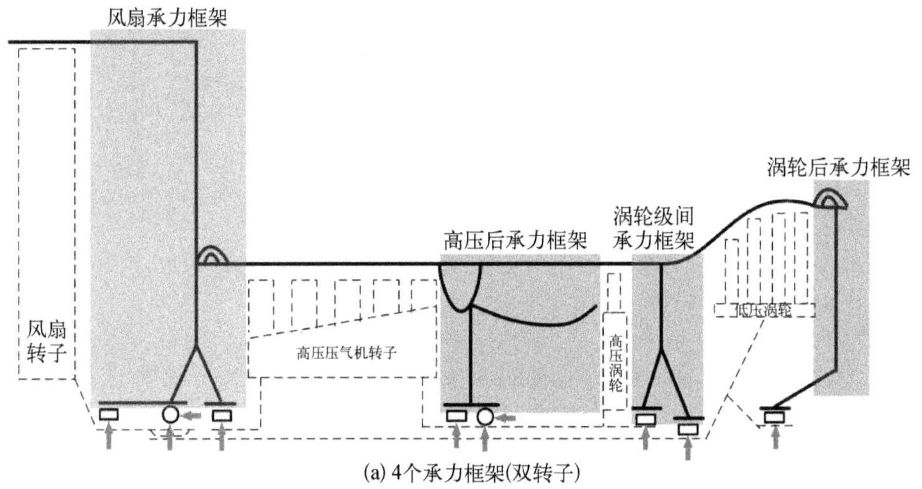

(a) 4个承力框架(双转子)

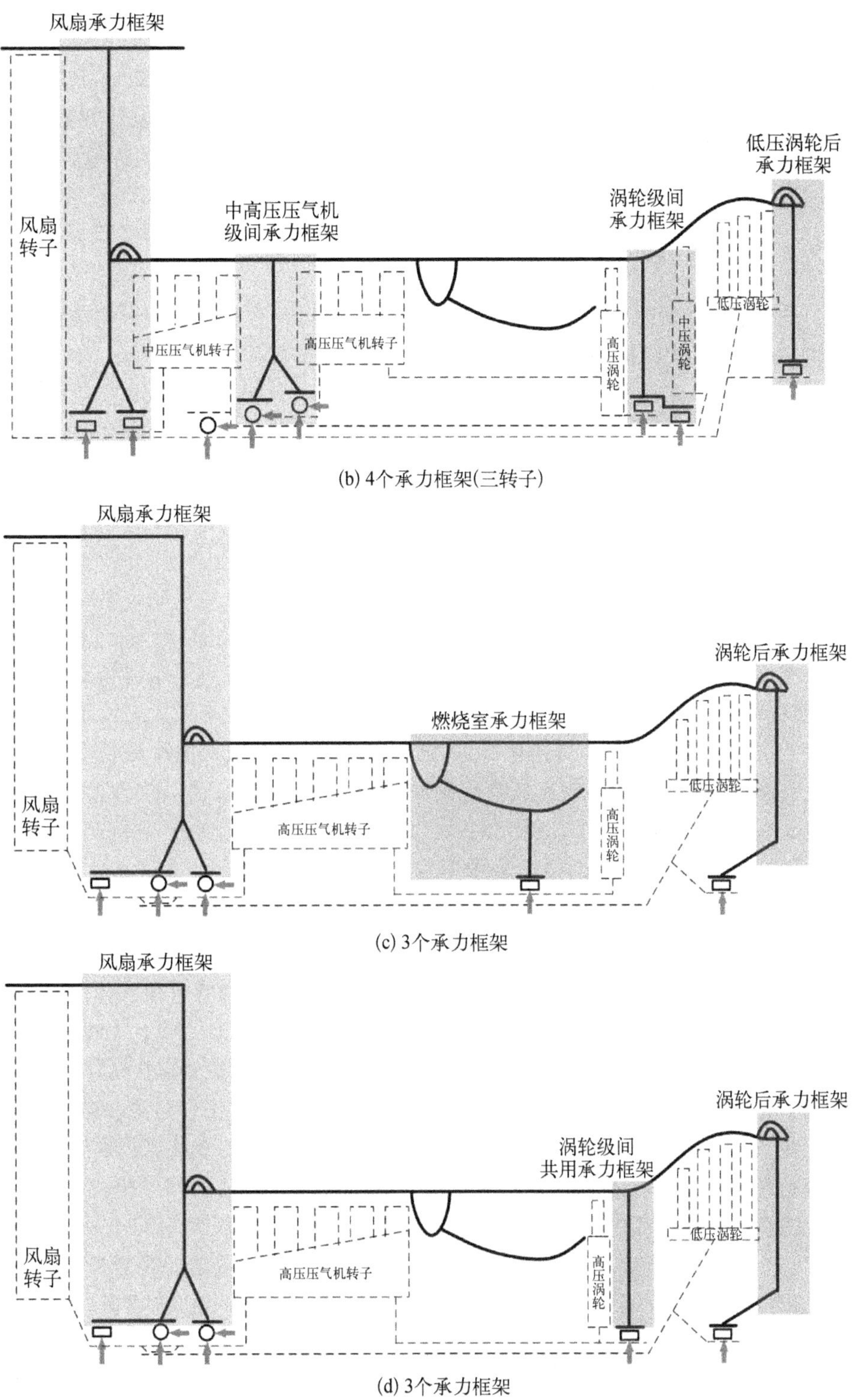

图 2-40　高涵道比涡扇发动机典型承力结构

高涵道比涡扇发动机 CF6－80 系列也采用了这种支承结构，但是由于其冷却封严设计不太匹配，在后续的型号中没有继续使用。

图 2－40(d)为 3 个承力框架的方案，包括风扇后承力框架、涡轮级间承力框架和低压涡轮后承力框架等 3 个承力框架，典型发动机为 GE90、GP7200。该设计方案的特点是，采用高低压涡轮间承力框架，该承力框架在设计中，由于处于高压、高温环境中，所以在完成支承承载条件下，还必须保证具有最低的气动效率损失。

2.3.4　支承结构

转子系统的工作转速一般均高于刚体振型临界转速，甚至趋近或超过弯曲振型临界转速。因此，在起动过程中通过临界转速时，转子及整机均会发生较大的振动。为了保证转子系统在工作过程中不产生“有害”振动，在转子支承结构设计中也要考虑转子动力学问题。

下面从主轴承、弹性支承与阻尼结构、冷却润滑、封严结构四个方面进行结构设计和工作原理介绍。

1. 主轴承

航空燃气涡轮发动机的主轴承是指支承发动机主轴（高、低压转子）的轴承。主轴承的主要功能是：① 使转子相对于机匣轴向定位和定心，或将转子支承在承力构件或其他转子上；② 将转子的所有轴向力和径向力传递到承力构件上。

主轴承属于发动机的关键构件，其结构完整性对发动机结构可靠性和安全性具有重要影响，但在结构设计中也受到多方面的限制，给主轴承设计带来很大的困难。目前一些发动机转子支承结构与轴采用一体化设计，需要考虑结构构形、供油冷却及安装等。在制造工艺上，主轴承与不同结构相比具有更高的技术要求。例如，在形位公差精度上，轴承跑道直径允差+0.005 mm，滚子直径允差+0.001 3 mm，球圆度允差±0.000 25 mm。

在轴承及支承结构设计中，要求轴承不仅在常规载荷作用具有高可靠性和长寿命，在极端恶劣状态下可以短时承受巨大冲击载荷，例如，在叶片断裂甩出时或滑油中断供油时，也要保持一定的运转能力和不产生二次破坏等要求。

对于小涵道比涡扇发动机风扇转子的支承轴承，着重于静/动载荷和抗冲击载荷的承受能力，而高压涡轮转子的支承轴承主要要求高速运转及抗磨损能力。对于高涵道比涡扇发动机风扇转子的支承轴承，虽然转速低，但直径特别大，DN 值并不低，故要求其具有高 DN 值。

在航空燃气轮机总体结构设计中，最重要的是确定转子在工作过程中作用在轴承上的载荷。在不同工作状态下支点载荷大小和来源会发生较大的变化，需要通过发动机及转子的运动对作用在轴承上的径向载荷和轴向载荷进行准确预测和分析，以此为基础进行主轴承的设计。其中径向载荷包括机动飞行产生的过载载荷（大于 1g）、转子转动产生振动载荷、支承不同心产生的附加载荷、转子弯曲变形载荷、齿轮传动载荷及装配预载荷。而轴向载荷包括作用在叶片上的气动载荷轴向分量、作用在转子卸荷腔和空气系统作用在转子上的轴向力分量，还有一些齿轮传动系统的轴向力。

航空燃气涡轮发动机对主轴承的主要要求是：① 最大限度地减少质量、体积和成本；② 能够减少摩擦与功率损失；③ 减少冷却需求量与滑油流量；④ 具有一定的滑油中断的承受能力与冷起动能力；⑤ 具有短时大过载承受能力，如机动飞行、硬着陆及叶片丢失引起的大的极限载荷。因此,主轴承一般采用滚动轴承。在许多情况下,航空燃气涡轮发动机轴承结构形式上与普通轴承相似,但在转速、载荷和温度方面要求却高得多。随着先进航空燃气涡轮发动机的发展,轴承工作条件变得日益苛刻。

为了实现航空燃气轮机转子系统的准确轴向定位和径向跳动量的有效控制,在转子支承上一般仅采用角接触滚珠轴承和短圆柱滚棒轴承,如图 2-41、图 2-42 所示。

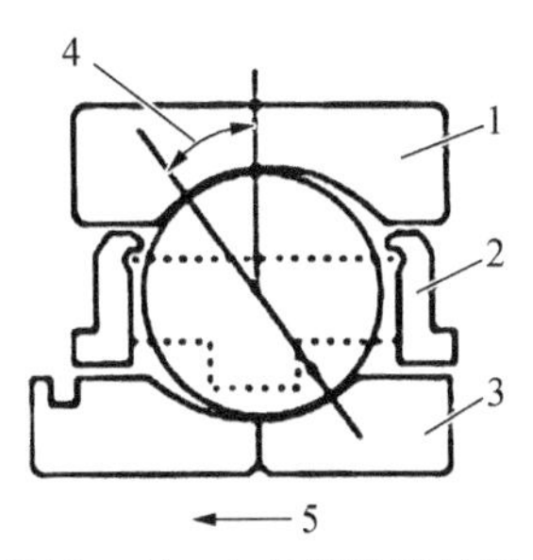

图 2-41　角接触滚珠轴承

1. 外环;2. 保持架;3. 内环;4. 压力角;
5. 轴向推力

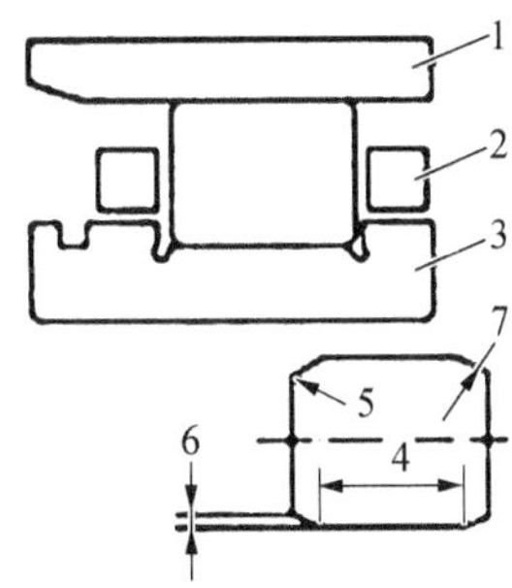

图 2-42　短圆柱滚棒轴承

1. 外环;2. 保持架;3. 内环;4. 滚子平直段;
5. 拐角半径;6. 冠落差;7. 冠半径

采用内环分半角接触滚珠轴承,是因为可以最大限度地多放置滚动体,采用球面研磨技术可以减少分半内环设计中的轴向间隙,主要用于承受发动机转子的轴向载荷。短圆柱滚棒轴承适应轴向移动,主要用于承受发动机转子的径向载荷。根据各种发动机安装、配合和滑油冷却等情况的不同,轴承结构也可根据需要进行特殊设计,如外环带安装边、内环上有油孔、油槽等;保持架也有各种不同的结构,如兜子形状、兜子锁口、加宽或带翅等,保持架的定位方式也有外环定位和内环定位的不同。

在航空燃气轮机中,为了增加接触角与滚珠数目,同时保持架能做成整体式,从而使承受轴向载荷的能力提高很多,一般采用内环分开的滚珠轴承(极少采用外环分半),为使内环的分半不会影响滚珠的工作,大多数发动机止推轴承均做成内环分开的三点接触式轴承,如图 2-43 所示。在设计这种轴承时要合理选择滚珠半径 r 与滚道曲率半径 R 之比。

图 2-44 为四点接触内环分开的滚珠轴承,对称的两个接触点不在同一直径上,有效减少了滚珠表面承受载荷的重复次数,止推轴承采取这一措施,在尺寸不变的情况下,承

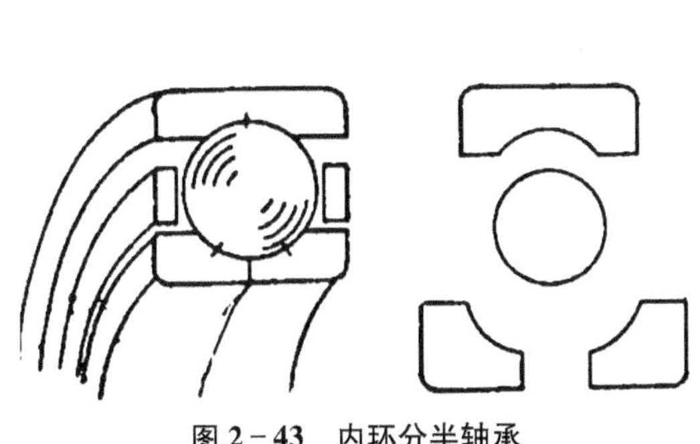

图 2-43　内环分半轴承

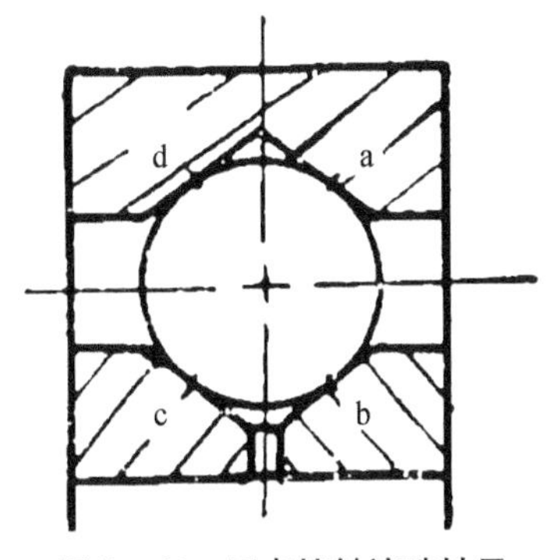

图 2-44　四点接触滚珠轴承

受载荷的能力能提高80%。

在滚棒轴承设计中，主要是精细地设计滚子的诸尺寸，如滚子平直段长度、滚子冠半径、冠的下落量、拐角半径等，这些尺寸的优化与组合，对滚棒轴承工作品质有重要影响。性能方面除同滚珠轴承相同外，控制滚子歪斜对高速滚子特别关键。

图2－45为鼓状滚棒轴承。一般圆柱形滚棒轴承在轴线偏斜时，会造成在滚棒两端的载荷过大以致引起滚道剥落、滚棒端面磨损、保持架过渡磨损等损伤。采用两端直径较小的腰鼓形滚棒，可减小轴线偏移时滚棒两端的载荷，提高滚棒寿命。

轴承的滚子在工作中，如果阻尼力大于牵引力，则滚子与滚道之间将发生滑动。滚子滑动是不允许的，因为滚子的滑动会产生大量的热量，从而损坏滚子和内外滚道。加大轴承的预载可以防止滑动和相应的损伤。

由于滑动摩擦系数大于滚动摩擦系数，加上某些外来因素使得滚子与内、外环间的油膜破坏，就会使滚子在内、外环滚道上形成干摩擦，引起滑蹭损伤，不仅降低了轴承的寿命，而且给转子的工作也带来危害。

滚动轴承工作时，有拖动保持架-滚子组合体运动的拖动力与阻碍该组合体运动的阻力，如图2－46所示。当拖动力大于阻力时，滚子在内、外环间作纯滚动；反之，当拖动力小于阻力时，滚子就不会做纯滚动而产生打滑现象。

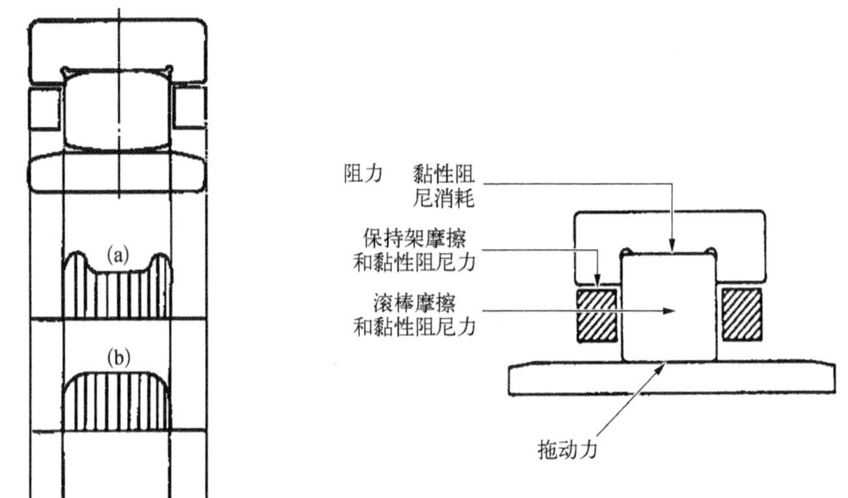

图2－45　鼓状滚棒轴承及其应力分布　　**图2－46　滚棒轴承的滑动**

作用于保持架-滚子组合体的拖动力，主要是轴承在外载荷作用下滚子与内、外滚道间的摩擦力；当保持架定位于内环上时，保持架与内环间的油膜能产生少许拖动力。而阻碍保持架与滚子组合体运动的阻力则有：保持架-滚子质量惯性；滑油在扰动力、保持架与外环间油膜黏性阻力（保持架定位于外环时）等。

航空燃气轮机在工作时，在某些工作条件下，作用于轴承上的径向载荷小，如飞机作机动飞行时会使载荷更小甚至出现零载，因而由摩擦产生的拖动力变得很小，甚至为零。对于滚珠轴承，由于承受轴向载荷，所以一般不易打滑。但是，如果在飞行包线内出现作用于转子的轴向载荷改变方向的情况，在变方向的前、后瞬间，轴承也会出现轻载、零载。

此外,航空燃气轮机转子转速高,滚动轴承在高转速下工作时,滚子在大的离心载荷作用下,有脱离内环滚道的趋势,无法产生拖动力。由于有这两个特点,航空燃气轮机主轴承带动保持架-滚子组合体运动的拖动力就比较小,因此容易产生打滑现象。

防止滚动轴承打滑的措施有两大类: 即减少阻力与增加拖动力。减少阻力的方法有: 采用轻质材料制作保持架;采用空心滚子(这是当前在研究的一项措施,仍未在发动机上采用);保持架不定位于外环以及改善滑油在轴承内的流动情况以减少滑油的扰动力等。增加拖动力的方法有: 减少轴承的游隙;对轴承施加预载,即装配时对轴承施加径向或轴向载荷,使轴承工作时,始终在内、外环滚道与滚子间有载荷作用,不出现轻载或零载,能产生拖动力。此外,将保持架定位于内环,也可以增加拖动力。

现代先进航空燃气涡轮发动机,要求减少主轴承数目和减少承力框架数。在承力框架设计中,通常将高、低压转子的轴向力通过中介机匣传递到发动机安装节。低压压气机要考虑叶片断裂甩出后轴承承受的极大的瞬时峰值载荷,当损伤出现后发动机仍会在巨大的不平衡量下工作一定的时间,这要求轴承和承力框架在极限状态下具有保持结构完整性的能力。

在一些双转子及三转子发动机中,将高压转子通过中介轴承支承于低压转子上。对于转子轴间中介轴承,为了控制好工作时的轴承内部间隙变化,内环最好设置在高速轴上。当两轴同向旋转时,轴承保持架转速高,滚子所受离心载荷也大,外环所受载荷提高。反向旋转虽然保持架转速低,但滚动体速度极高,应最大限度地减少其不平衡量以确保工作稳定。

2. *冷却润滑*

图 2－47 为航空燃气轮机主轴上滚珠、滚棒轴承的典型喷油冷却结构。需要注意,在喷油嘴喷射滑油时,必须将滑油喷射到保持架和内环之间,这样在滚子转动的离心效应下,滑油可以很好地对滚子进行冷却润滑。

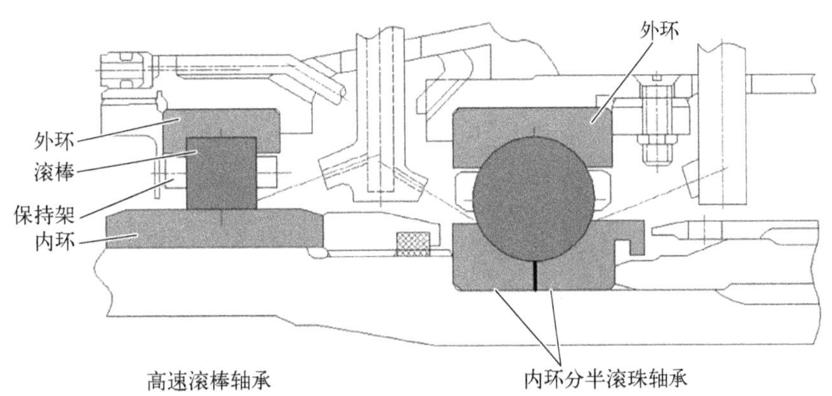

图 2－47　典型的滑油喷射冷却

随着现代航空燃气轮机轴承载荷和 DN 值的不断提高,需要进一步提高轴承的冷却效率。在现代的发动机中,大多对轴承采用环下供油冷却的结构,如图 2－48 所示。滑油喷射到轴承内环下面,通过相应的沟槽流到滚珠轴承的内环分半处,通过其间隙在离心效应的作用下,甩向滚珠,进行冷却,试验证明其冷却效果很好。对于滚棒轴承,近年来也设计了环下供油结构，即在轴承内环上开有油孔，通过轴向槽道，流向轴承内环两端的径向油孔，在离心载荷效应下甩向上方的保持架并反射到滚子上，进行冷却。

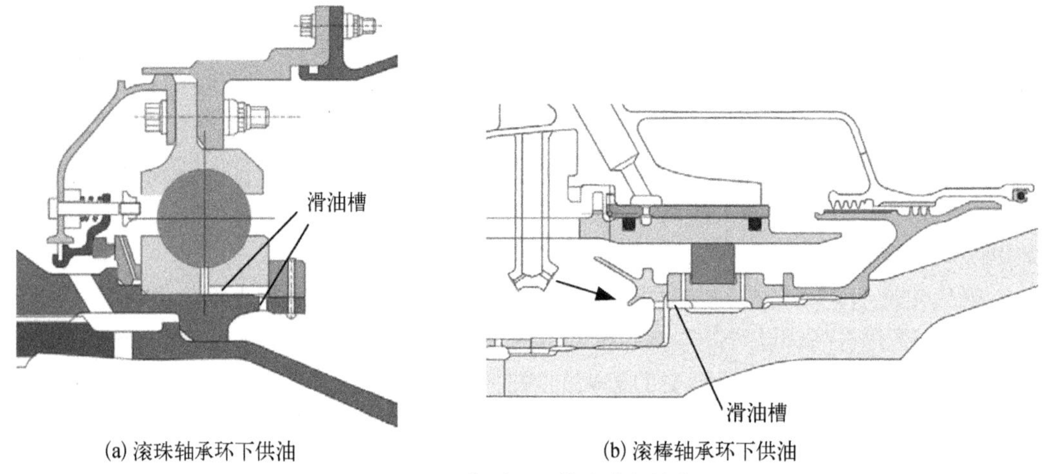

(a) 滚珠轴承环下供油　　(b) 滚棒轴承环下供油

图 2-48　典型环下供油冷却结构

在涡轮转子的支承结构设计中，一般不采用滚珠轴承，因为在涡轮部件中环境温度高，滚珠轴承既要承受轴向力又要承受径向力，对保证设计要求的寿命和可靠性是一个巨大挑战。但是在一些特殊情况下，如图 2-49 所示，RB199 发动机的涡轮转子，由于是三转子发动机，其转子的装配受到限制，低压涡轮转子的后支承采用了滚珠轴承。为了减小对轴承的传热，滚珠内环没有直接安置在轴上，而是采用一个衬套轴，并采用内环下供油，以控制温度。此外，在承力框架上，采用多层气体冷却，以保证轴承腔的环境温度。

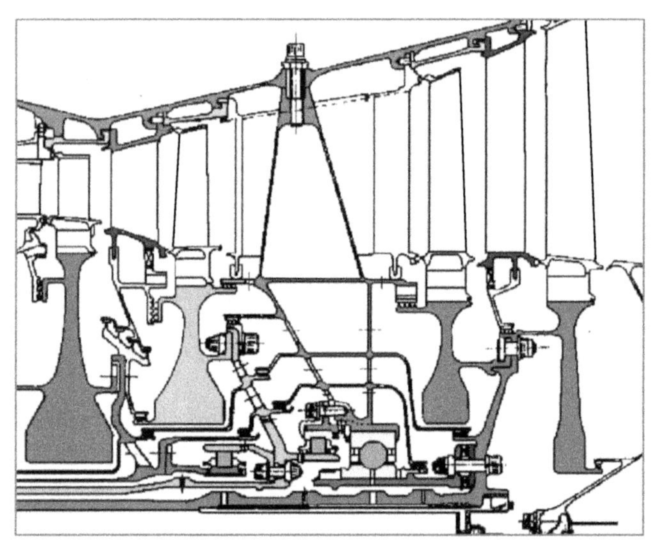

图 2-49　RB199 涡轮轴承结构

3. 弹性支承与阻尼器结构

随着航空燃气轮机转子工作转速的不断提高，使得转子最大工作转速以下会有多阶临界转速。为了保证转子系统通过临界转速时振动不超标，并且具有足够的安全裕度，在转子支承结构设计上，一般采用弹性支承结构，以控制转子临界转速及应变能的分布。

在航空燃气轮机转子系统中，弹性支承是相对于转子弯曲刚度而言的。即当支承刚度值远大于(一个数量级以上)转子弯曲刚度时，转子系统在支点处的振动位移相对于转轴变形可以忽略，支点约束可以视为刚性支承；相反，支点约束刚度小于或接近转轴的弯曲刚度时，转子系统首先出现的共振转速是以支点位移为主的振型(即刚体模态振型)，这时的支点约束即为弹性支承。根据现代航空发动机转子系统的结构特征，对于两支点的高压转子系统，支承刚度一般在 10^7 N/m 量级可视为弹性支承；对于低压柔性转子系统，弹性支承刚度一般在 10^6 N/m 量级。

在高速转子系统中采用弹性支承的作用是，通过调整各支点的支承刚度，使转子系统共振转速分布发生变化，最终实现在转子工作转速范围以内不存在临界转速，与工作转速区域相邻的临界转速具有充分的安全裕度，以避免产生过大的振动。在航空燃气轮机中典型的弹性支承结构形式有鼠笼式和弹性环式，如图 2-50 所示。

(a) 弹性环式

(b) 鼠笼式

图 2-50　典型弹性支承结构

弹性支承结构的使用可有效调整转子系统共振转速分布，当工作转速确定后，可以通过调整转子各支点的支承刚度，以确保工作转速与临界转速具有足够的安全裕度。此外，由于转子在工作时会通过临界转速，为了控制整机及转子的振动响应，一般在使用弹性支承结构时，均带有挤压油膜阻尼器，用以给转子系统在共振状态下提供阻尼减振作用。典型的带有挤压油膜阻尼的弹性支承结构如图 2-51、图 2-52 所示。

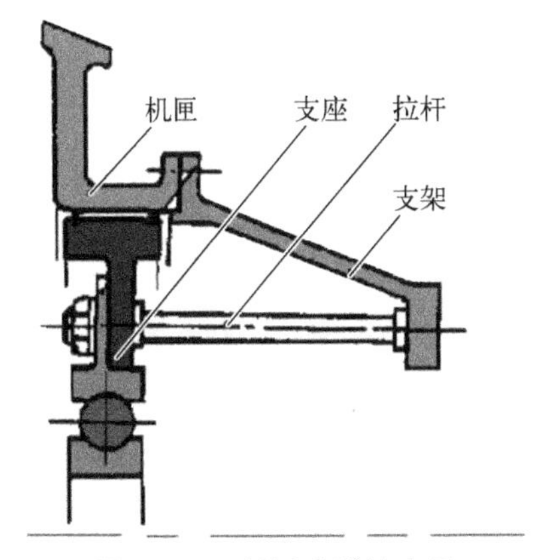

图 2-51　折返式弹性支承

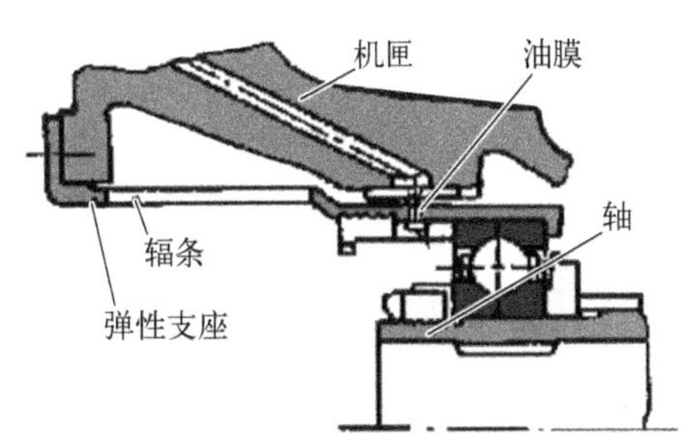

图 2-52　鼠笼式弹性支承

图 2-53 为 PW4000 发动机高压压气机转子前支承结构,该支点为滚珠轴承,具有折返式弹性支承,由拉杆的长度和个数调整支承刚度,挤压油膜阻尼器是由轴承座和限位环之间的间隙构成,在轴承座上带有涨圈封油。轴承采用内环分半和环下供油结构,油腔的封严采用普惠公司传统的端面石墨封严。

图 2-54 为一典型的双转子发动机涡轮后支点支承结构示意图,其高压转子后支点为中介轴承。高压转子的外传力路线为:通过高压转子后轴段传至中介轴承,经带限幅环的支承组件传至低压涡轮转子;低压涡轮后支点为一滚棒轴承,其内环安装在低压转子上,以轴承外环与支承结构连接,轴承外环与外侧限位环结构间有一间隙,形成挤压油膜阻尼器。低压转子的外传力路线是:通过低压转子后轴段传至滚棒轴承,再经轴承外环、挤压油膜阻尼器传至支承结构上。

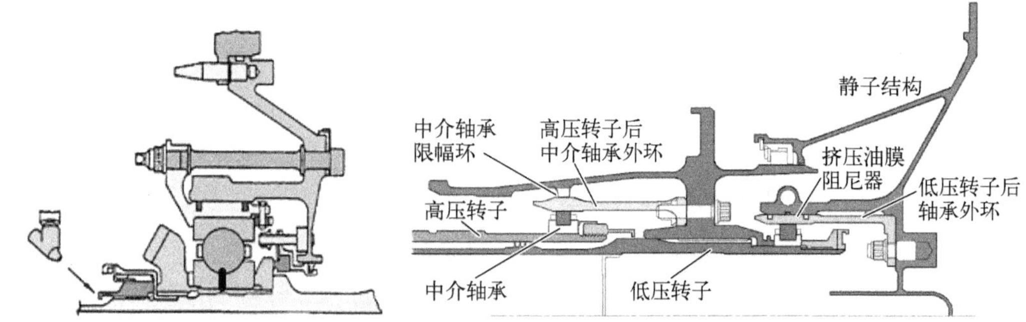

图 2-53　PW4000 高压转子前支承结构　　**图 2-54　带中介轴承双转子支承结构**

航空燃气轮机转子系统的主轴承中,滚珠轴承除承受径向载荷外,还要承受很大的转子轴向载荷。因此,所有发动机中的滚珠轴承选用的直径系列均较滚棒轴承重,即同样的轴承内径,轴承外径较大。航空燃气轮机中滚珠轴承承受的载荷复杂多变,是故障较多的构件。例如,在用于波音 737 的 CFM56-3 中,由于高压压气机前滚珠 3 号轴承支点经常出故障,曾是引起发动机空中停车的主要原因之一(约占 25%)。因而在其后的改型 CFM56-5、CFM56-7 中,3 号支点处均采用了滚珠/滚棒轴承并用的结构设计,如图 2-55 所示,让滚棒轴承承受转子的径向载荷,滚珠轴承仅承受转子的轴向载荷。

在一个支点处采用滚珠/滚棒轴承并用时,一定要确保滚珠轴承不承受径向力,可以将滚珠轴承外环间隙装在轴承座孔中或将滚珠轴承装于刚性较弱的弹性支座中,而承受径向力的滚棒轴承则支承于刚性较强的支座中,通用公司的 CF6、CFM56-5、CFM56-7、GE90 等发动机均采用了这种设计。

GE90 发动机的高压转子采用的是 1-0-1 支承方案,高压转子用 2 个支点 3 个轴承支承;高压压气机前支点采用滚珠/滚棒并列结构(图 2-56),滚珠轴承装在折返式弹性支座中,滚棒轴承装在相对刚性较大的支座上。在设计中通过弹性支承降低滚珠轴承径向支承刚度,使得在工作过程中滚珠轴承不承受过大的径向载荷,主要承受轴向载荷。而滚棒轴承承受径向载荷,在其外环处装有挤压油膜阻尼器,用于抑制转子的横向振动。独特的支承结构设计,使滚珠、滚棒轴承分别承受轴向载荷和径向载荷,从而提高了轴承的使用寿命和可靠性。在封严结构中采用篦齿封严结构并设计有冷却气流进行冷却和封严。

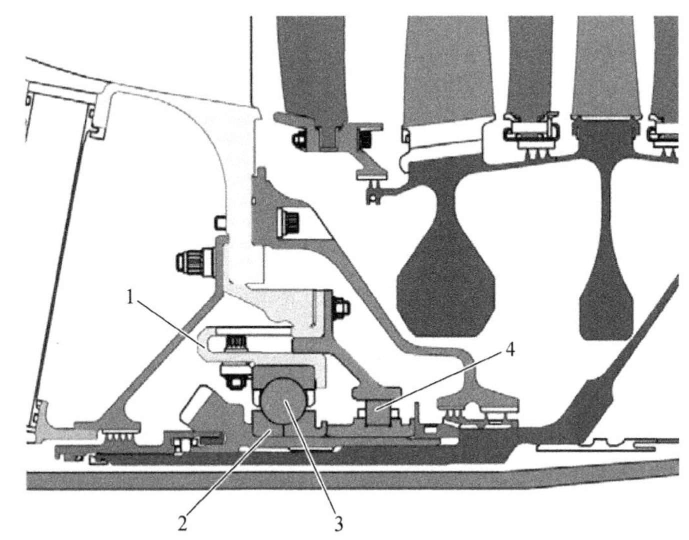

图 2-55　CFM56-7 高压转子前支点滚珠/滚棒轴承并用结构

1. 折返式弹性支承;2. 分半式轴承内环;3. 滚珠轴承;4. 滚棒轴承

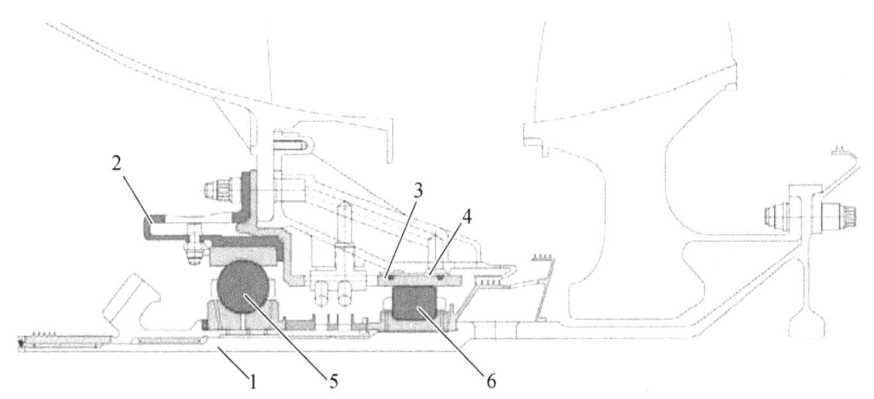

图 2-56　GE90 发动机高压压气机前支承结构

1. 前轴颈;2. 折返式弹支;3. 鼠笼弹支;4. 挤压油膜阻尼器;5. 滚珠轴承;6. 滚棒轴承

在俄罗斯研制的航空燃气轮机中,弹性支承结构大量使用弹性环,弹性环既可调整支承刚度,也具有挤压油膜阻尼减振作用,并且具有不增加轴向尺寸、加工简单等优点,但也存在支承刚度变化范围和阻尼效果有限等问题。图 2-57(a)为某型涡扇发动机低压转子 5 号支点支承结构中的弹性环结构;图 2-57(b)为弹性环三维结构示意图。

发动机工作时,转子的不平衡力通过轴承及支承结构传给机匣,使发动机在外部产生振动响应。因此,原则上可以在轴承与支承结构间设置减振器,吸收振动能量,既可以抑制转子振动幅值,也可以衰减外传振动载荷,降低燃气轮机整机振动水平,挤压油膜就是其中一种常用的阻尼结构,如图 2-58 所示。

挤压油膜阻尼器(squeeze film damper, SFD)作为航空发动机转子系统中广泛采用的转子阻尼减振技术,在转子系统振动控制中具有重要作用和意义。挤压油膜阻尼器的工

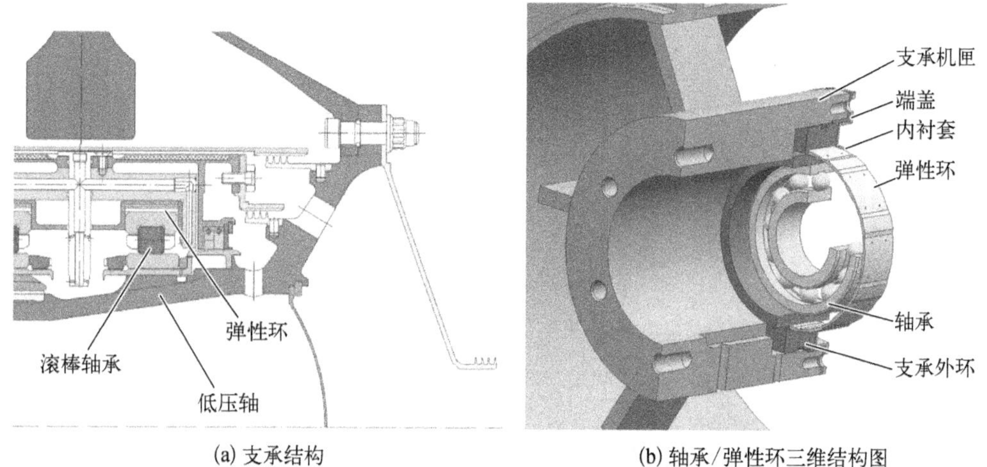

(a) 支承结构　　(b) 轴承/弹性环三维结构图

图 2－57　弹性环在涡扇发动机中的使用

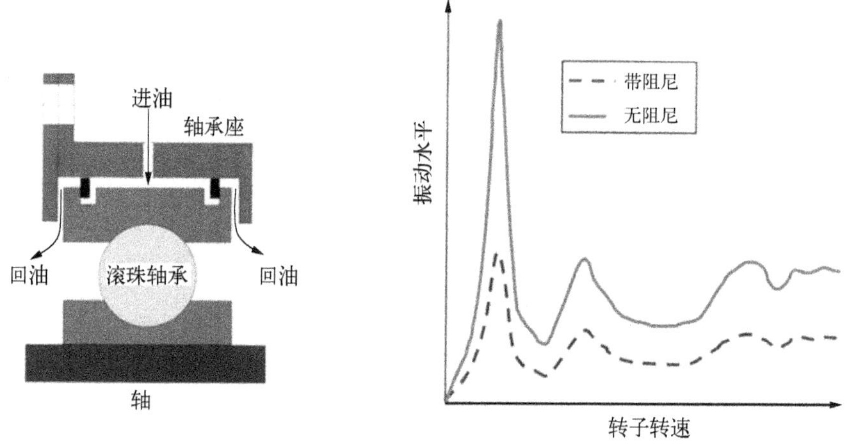

图 2－58　挤压油膜阻尼工作原理

作原理是,在限幅环和弹性支承座之间充以滑油,形成挤压油膜,当轴承座发生径向变形时,油膜的挤压、流动会消耗一定的振动能量。但是同时,油膜也会产生一定的刚度,在大的偏心振动时刚度会表现出强非线性特征。

最早使用挤压油膜减振结构的是英国罗·罗公司的康维(Conwy)发动机。在高压涡轮轴承上采用挤压油膜后,使发动机最大状态下的振幅由 0.3 mm 降为 0.046 5 mm,降低了 84%。由于它的减振效果好,结构简单,所以为许多发动机采用,如威派尔、RB211、JT8D、奥林普斯 593、PW2037、PW4000、V2500 等。挤压油膜的油膜厚度,即半径间隙一般为 0.08~0.11 mm,个别高的可以达到 0.25 mm。

需要注意,采用挤压油膜时,一定要采取防止轴承外环在轴承座中转动的措施,如果轴承外环在轴承座中微小的转动,不仅起不到降低振动值的作用,反而会增加发动机的振动值。

图 2－59 为典型的挤压油膜阻尼器结构,它是 PW4000 发动机低压转子后支点。轴

承外环以一定的间隙装入后轴承座中，间隙中引入润滑系统的压力滑油形成油膜，为防止滑油由两侧泄漏，轴承外环两侧处开有环形槽，槽中装有封严环，为防止轴承外环在座孔中转动，在后盖板上做有限动凸块，插入轴承外环的缺口中。

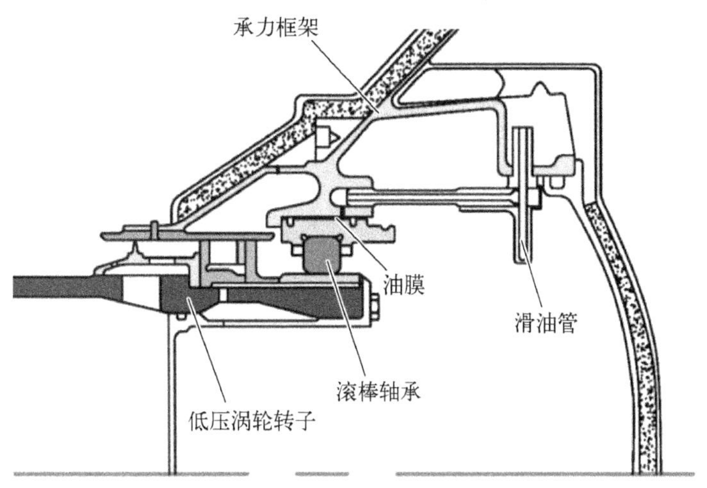

图 2－59　PW4000 低压涡轮后支点结构

4. 封严结构

在转静子之间的密封称为动密封，即密封接口具有相对运动，并能够限制或阻止接口两边由于流体介质的压力差所引起的泄漏(将工作介质的泄漏控制在允许值以下或限定范围内，或者堵塞泄漏通道而消除介质向外泄漏)。转静子间封严结构种类很多，可分为非接触型、接触型和可控间隙型。

对主轴承的封严结构的要求是：为主轴承和齿轮提供冷却环境，防止轴承腔液体泄漏，具有最小的流道燃气泄漏量以提高性能，最小的止推轴承轴向载荷。

1）篦齿封严

篦齿密封是航空燃气轮机广泛使用的一种有效的、长寿命的非接触式密封结构，可以封气也可以封油。经常使用的几种篦齿齿型有：倾斜篦齿，直齿和梯形篦齿，如图 2－60 所示。

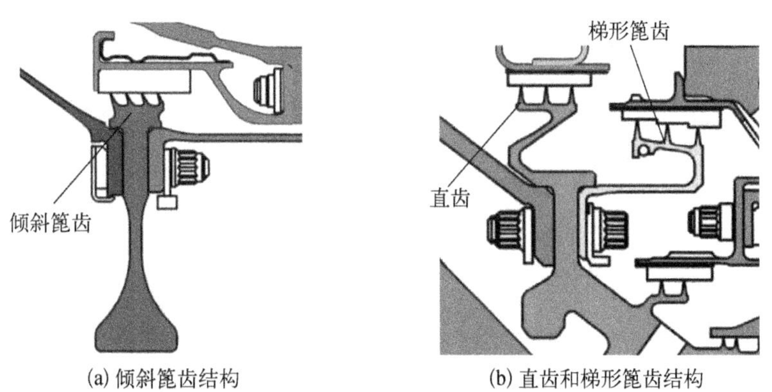

(a) 倾斜篦齿结构　　(b) 直齿和梯形篦齿结构

图 2－60　篦齿封严结构简图

篦齿密封泄漏量大,一般推荐篦齿密封空气和滑油的压差为 0.076~0.23 MPa,压差过低或者过高都会使泄漏量过大,导致滑油消耗量增加。间隙对泄漏量有重要的影响,为减少密封泄漏,往往采用小间隙设计,但转子振动响应和热变形难以准确估计,相应静子结构的变形也很难控制,因此,为保证封严效果,在与篦齿相配合的衬套上设计易磨材料及涂层。

对此封严结构的设计中要对间隙控制、转静件摩擦激励、摩擦热、气流泄漏及其激励特性和旋转薄壁件的振动抑制以及气弹稳定性问题进行综合考虑。对于篦齿封严结构,由于工作过程中始终存在气流激励和摩擦激励,对于封严结构的振动抑制设计十分重要,其中最有效的方式是采用阻尼结构设计。如图 2-61 所示,可以在封严结构中,加弹性开口环、指状干摩擦阻尼结构、"T"形开口环等,使其结构在振动环境中接触表面产生干摩擦阻尼,以抑制振动。

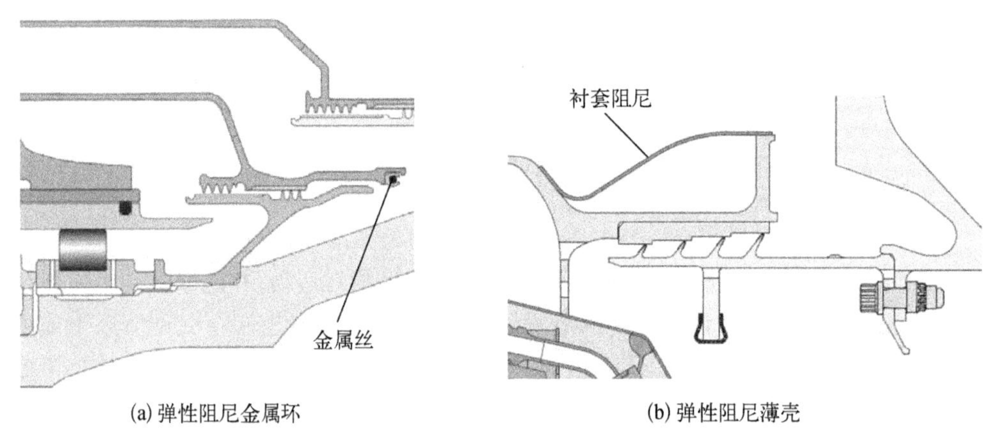

(a) 弹性阻尼金属环　　(b) 弹性阻尼薄壳

图 2-61　篦齿封严及其阻尼结构

如图 2-62 所示,通用公司在发动机主轴中,均采用篦齿封严。篦齿封严装置既用于高压差的封严结构,也用于低压差的封严结构。

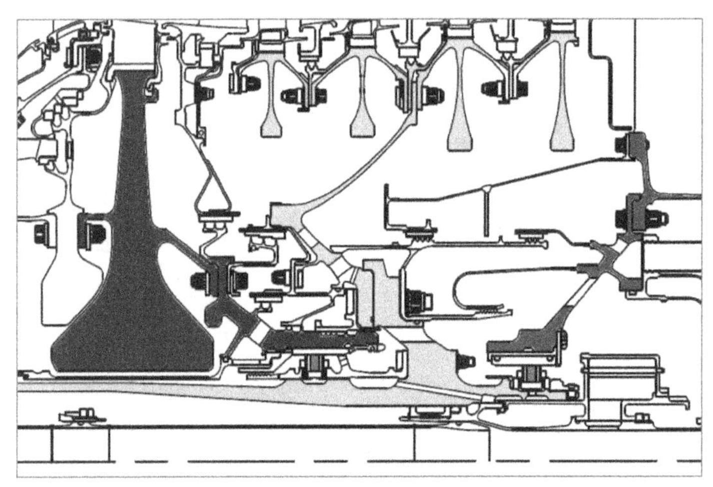

图 2-62　通用公司在发动机中篦齿式封严结构

2）浮动环密封

浮动环密封是间隙式圆周密封，靠流经小间隙的流体阻力限制泄漏，如图 2－63 所示。

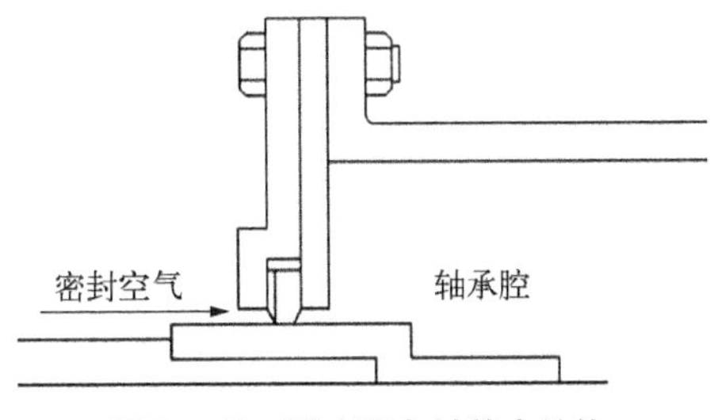

图 2－63　浮动环密封基本结构

密封环可适应因高速旋转圆柱表面的径向跳动和轴心涡动而产生的移动，正常工作中可排除硬性接触摩擦。在以流体膜隔开固体接触的情况下，浮动环是流体膜密封。在不能完全排除固体接触的情况下，动压浮升力能降低密封环与旋转圆柱面之间的接触载荷。因此，浮动环密封的摩擦力小，摩擦发热低，适宜于高速旋转工况下液体密封。浮动环内径与轴冷态静止间隙为 0. 10～0. 15 mm，热态时为 0. 05 mm；浮动环与槽侧壁间隙一般为 0. 05～0. 127 mm。通常在铸铁密封环表面渗入一层厚度为 0. 10～0. 38 mm 的浓缩石墨。为保证浮动环的刚性，其径向厚度通常为轴的 1/30。固定环的壳体材料刚性要好。在轴开始旋转时，浮动环在轴的带动下也会以一定速度（约为轴速的 20%）旋转，当密封压力建立起来后环与轴之间相当于一个气体轴承，环很快与轴脱离接触而降低转速，最后在密封压差作用下完全静止地靠于槽的一侧。

扩大浮动环密封工作能力的结构措施，是在浮动环内表面上设计气体轴承型面，使轴向流体静压力平衡，减小密封环与座之间的径向相对运动摩擦力。如图 2－64 为一种可控间隙的浮动环密封，密封环是将碳石墨热压入金属环中的复合结构。利用碳石墨材料的优良摩擦磨损性能，补偿了碳石墨的低拉伸强度。其设计特点是密封复合环与密封跑道之间的热膨胀率要恰当匹配，使整个工作范围内的密封间隙基本上为常数。密封环与座之间的径向浮动运动的初始密封，一般采用波形弹簧。这种密封工作能力较强：密封压差 0. 7 MPa，滑动速度 150 m/s，气体温度 650℃，气体泄漏率为每厘米密封直径达 0. 033 m^3/min（折成标准状态）。

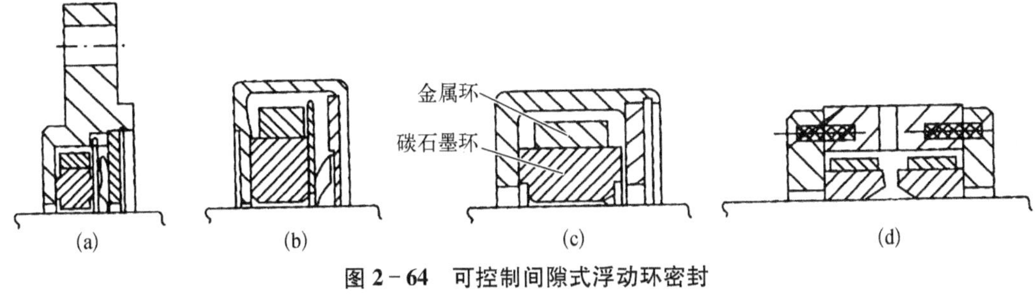

图 2－64　可控制间隙式浮动环密封

图 2－65 为分段浮动环密封，密封环是碳石墨材料，沿周向切成 3～5 个弧形段，沿外径用周向弹簧箍成一个整环。在工作过程中，万一密封间隙消失甚至出现过盈时，仍可保持结构完整性。浮动环密封的摩擦力小、摩擦发热低、功耗小，适宜于高速、高温的工作环境。

浮动环密封允许的滑动速度为 90 m/s，在短寿命应用或良好的间隙控制和摩擦磨损控制下，滑动速度可达 200 m/s。工作温度取决于材料和结构设计，从超低温到高温（650℃）密封压差取决于允许的泄漏要求，密封压差可达到很高。浮动环密封可靠性高、

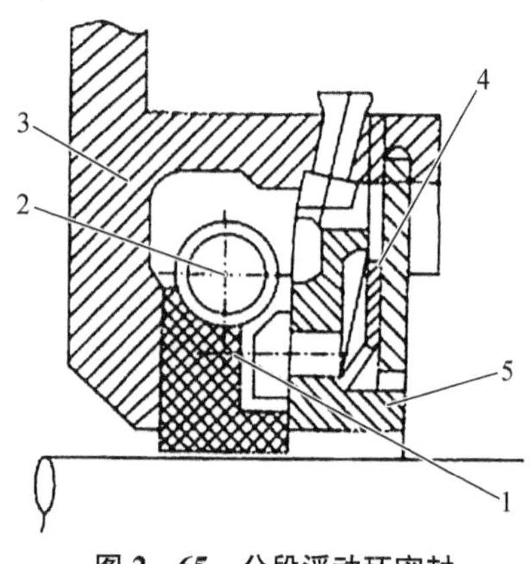

图 2-65 分段浮动环密封

1. 分段式碳石墨环；2. 周向弹簧；3. 密封座；4. 波形弹簧；5. 压板

使用寿命长。主要缺点是：泄漏比接触式密封高；间隙控制严格；要求较高的制造精度；用于轴承腔密封时，对滑油泄漏敏感。

3）端面石墨密封

航空燃气轮机中所用的接触式端面密封是为了适应尺寸小、质量轻的特殊要求，由机械工程的机械密封演变而来。端面密封装置广泛地适用于液体与气体等介质的密封，在航空燃气轮机中通常用于主轴承腔、附件传动机匣和附件轴端的密封。端面密封工作能力高、密封性能好、功耗损失相对较小，能用压力平衡技术使密封介质的作用力降到最小甚至为零。与圆周密封相比，制造成本低，不易被损坏，对滑油焦化敏感性小。不足之处是占用空间较大，难以适应较大的静子与转子之间的相对位移。

主轴承腔用端面密封的典型结构主要分为干端面和湿端面密封，典型的端面石墨密封结构如图 2-66 所示。在弹簧和静止环的作用下，石墨块与旋转环之间摩擦封严，为了降低摩擦面的温度，一般从封严腔内侧或外侧进行冷却，以保证足够的使用寿命。在一些端面石墨封严结构中，将滑油引至接触面间润滑，则称为湿端面密封，如图 2-67 所示。

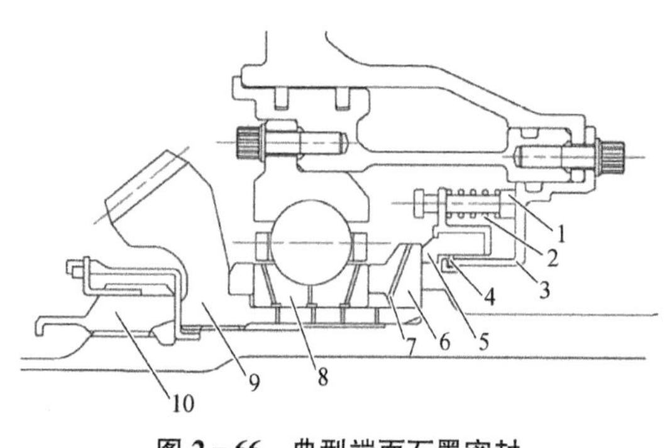

图 2-66 典型端面石墨密封

1. 防转销；2. 弹簧；3. 托架；4. 涨圈；5. 静止环；6. 旋转环；7. 通油孔；8. 滚珠轴承；9. 传动锥齿轮；10. 压紧螺母

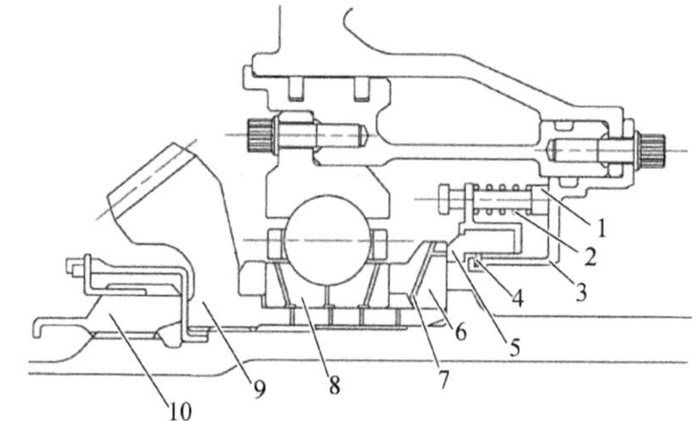

图 2-67 湿端面石墨密封结构

1. 防转销；2. 弹簧；3. 托架；4. 涨圈；5. 静止环；6. 旋转环；7. 通油孔；8. 滚珠轴承；9. 传动锥齿轮；10. 压紧螺母

用于附件传动机匣轴端的端面密封，由于腔外为空气压力且最高环境温度不超过 250℃，所以辅助密封件采用橡胶圈，轴向压紧用波形弹簧，轴向尺寸紧凑，如图 2-68 所示。图 2-69 为磁力端面密封，用结构件磁力代替波形弹簧起补偿作用。

图 2-70 为普惠公司使用的石墨封严结构，属于接触式封严，封严效果好，但由于其接触面为高速旋转面，易磨损，所以在设计中一方面要提高石墨的耐磨性，另一方面可以通过在接触面上加滑油以减少磨损、提高寿命。

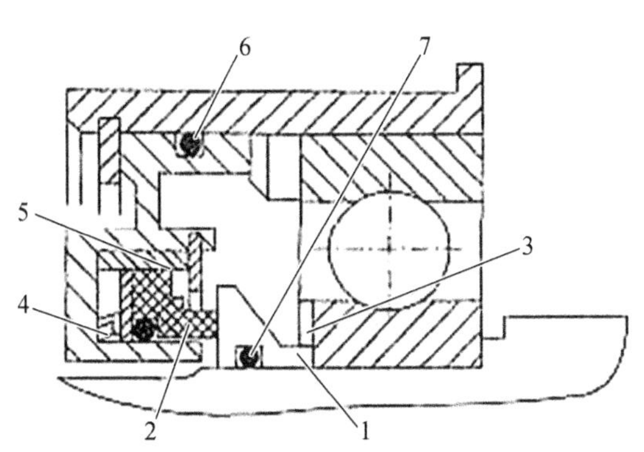

图2-68 附件机匣用端面石墨密封

1. 旋转环;2. 静止环;3、5. 防转槽;4. 波形弹簧;6、7. 密封胶圈

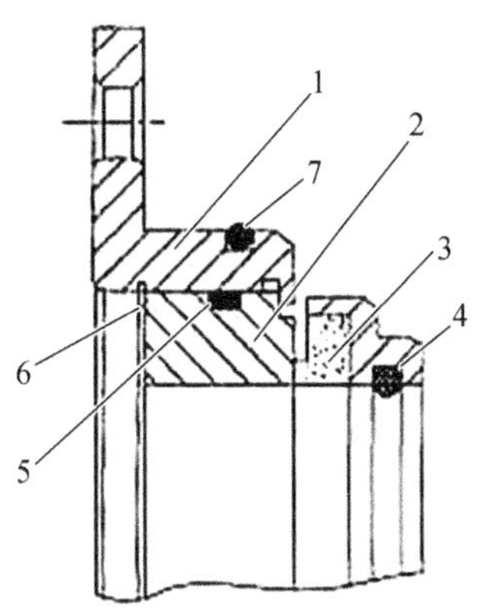

图2-69 附件机匣用磁力端面石墨密封

1. 壳体;2. 磁环;3. 石墨环;4. 传动胶圈;5、7. 密封胶圈;6. 卡圈

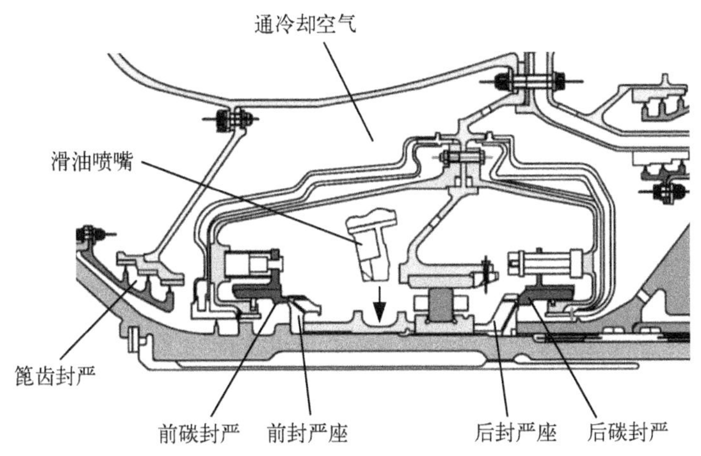

图2-70 PW4000高压涡轮前石墨封严结构

4）圆周密封

圆周密封是一种内径接触式密封装置,密封件沿周向均匀分为几段,由周向拉伸弹簧箍到旋转轴上的密封跑道外径表面上,构成主密封接口限制轴向泄漏;由轴向压缩弹簧(或波形弹簧)将密封环推靠在密封座内伸凸边端面上,构成二次密封界面限制径向泄漏。通过密封座上的定位销防止转动,但不妨碍径向浮动。为了限制分段环接头缝隙的泄漏,演变有三环、双环和单环三种结构。图2-71为三环结构设计示意图,以盖环和背环封闭主密封各段的接头缝隙。

图2-72为双环结构设计示意图,主密封环各段接头采用阶梯式搭接结构,取消了背环。图2-73为单环结构设计示意图,通过采用三角形凸舌-凹槽“插入”式接头结构,取消了盖环和背环。

对于不同位置的封严结构,采用材料有高温复合材料、镍基合金钢、钛合金等。

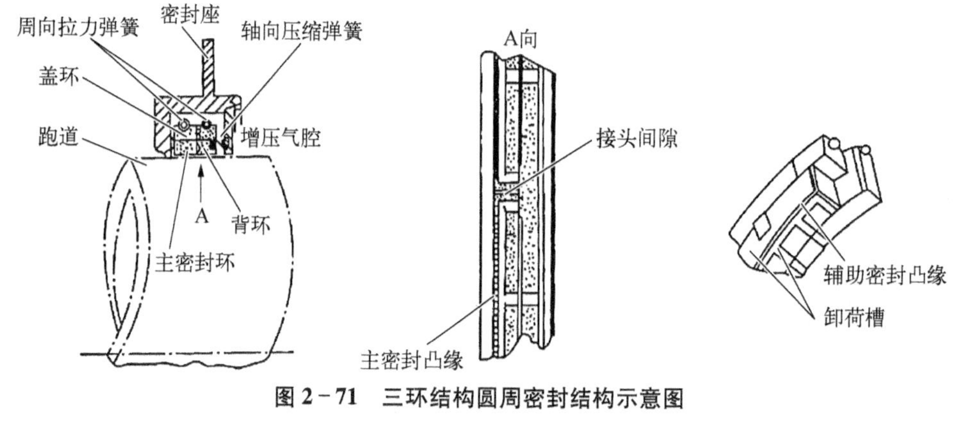

图 2-71　三环结构圆周密封结构示意图

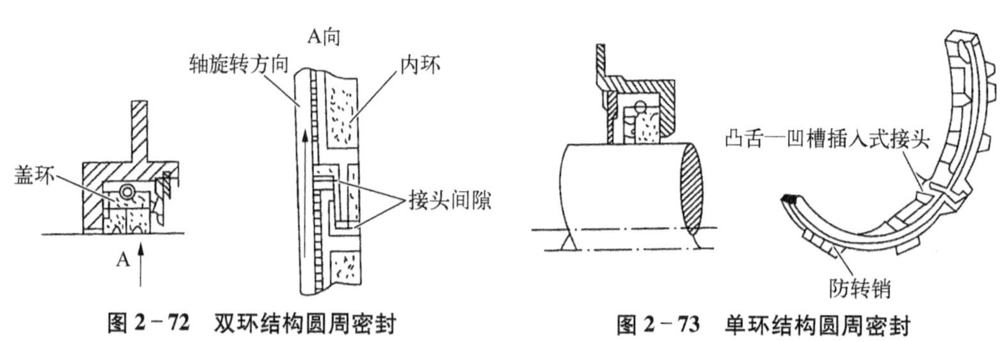

图 2-72　双环结构圆周密封　　**图 2-73　单环结构圆周密封**

接触式圆周密封装置,在很多航空燃气轮机中都用作主轴承腔滑油密封,如美国通用公司从早期 J79、J85 到近代 F404、F110 发动机,法国 M88 发动机,俄罗斯 AL-31F 发动机等。主要优点是:结构紧凑、质量轻、易于装配;不限制转子轴向窜动;具有破损安全性,密封件折断后仍能保持结构完整性;限制气体泄漏是高效的,与端面密封相媲美。圆周密封装置的工作能力取决于跑道的冷却效果、碳石墨材料的耐氧化性与耐磨性。

5）刷式封严

近年来一些新型封严结构不断出现,刷式封严就是其中一个。刷式封严可以有效地改善航空燃气轮机二次流路气流泄漏量,是篦齿封严装置的简单、有效的替代结构。在航空发动机上的实际应用表明,在发动机上几处关键部位使用刷式封严就可以使推力提高 1%~3%,使耗油率下降 3%~5%。因此,刷式封严具有很大的应用潜力。

图 2-74 为刷式封严在某型发动机中的应用。其结构主要由两部分组成:一是在静子上的鬃刷及其安装结构;二是在转子上的耐磨涂层。工作时,鬃刷斜置压在转子上,其封严效果好,属于接触式封严。在设计时要考虑摩擦所产生的热量和压紧力、倾斜角等参数的优化。

近来在一些发动机的改型中,为了提高效率,减少冷却空气的使用量,采用了刷式封严装置。图 2-75 为低压涡轮轴颈处的刷式封严结构。从结构上可以看出,刷式封严一般用于封高温燃气,并且在高切向速度的地方使用,这样可以更好地发挥其结构特点。

综上所述,在工程应用中主要的封严结构的泄漏量排序为:石墨封严远远小于篦齿

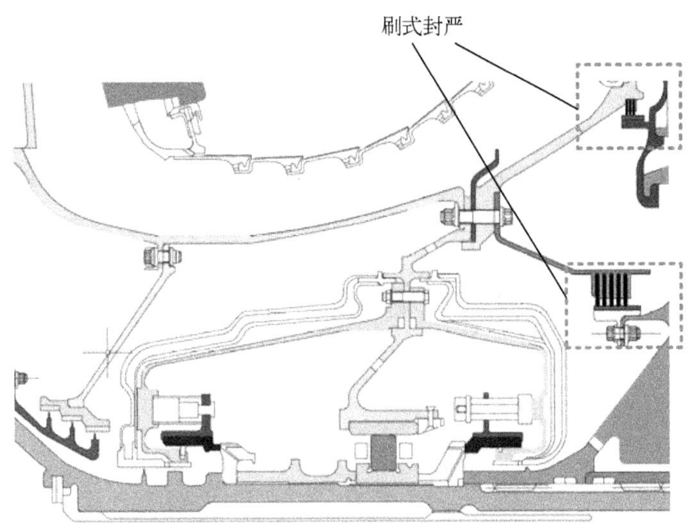

图 2－74　刷式封严在发动机中的应用

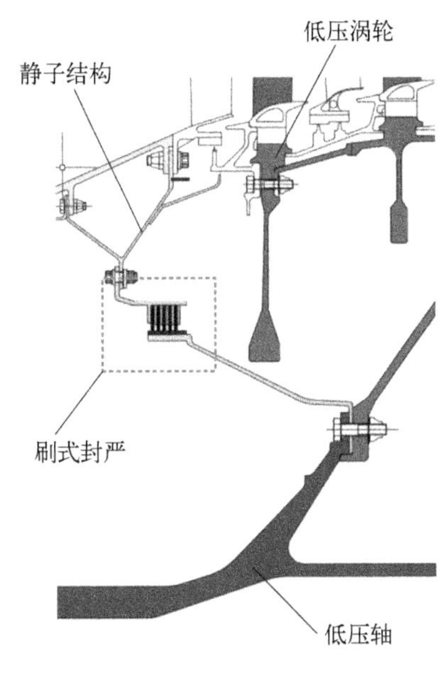

图 2－75　低压涡轮部件中的刷式封严结构

封严;刷式封严小于篦齿封严。需要说明,封严结构设计对滑油系统以及轴承、转子的正常工作具有重要的影响,在设计中需要考虑的因素和限制较多,采用何种封严结构,主要是根据封严要求以及已掌握的设计技术和标准。

2.4　工作载荷环境

航空发动机的工作载荷环境随不同类型飞机及其用途会有很大的差异,在开始设计时，需要对发动机未来使用载荷环境系统地了解，用于指导总体结构布局设计。载荷和载荷谱就是发动机设计中最重要的设计输入。发动机的设计就是根据在规定的工作包线和使用环境下所确定的发动机载荷与载荷谱，进行发动机总体结构和构件相关设计与试验研制，以满足飞行器对发动机在使用寿命等方面的要求。

发动机载荷是结构产生形变的力学原因，是结构所承受时变外力作用的统计表示。发动机的载荷谱包括整机的和构件的载荷与载荷谱；构件载荷谱侧重于结构强度及寿命，整机载荷谱则侧重于结构系统变形、振动、损伤及可靠性。从载荷类型可分为气动载荷、机械载荷和热载荷及其组合；按载荷对结构损伤和危害严酷程度可分为限制载荷和极限载荷。

2.4.1 飞行载荷环境及载荷谱

1. 飞行包线

发动机有飞行、起动等几种包线，在发动机结构设计中主要考虑发动机飞行包线。图2－76为战斗机发动机的典型飞行包线。在发动机结构强度设计中，将飞行包线中的飞行点（高度 H 与马赫数 Ma 结合点）与该飞行点上的发动机状态（推力或功率状态）组合一起，构成发动机结构设计工况。对于结构强度设计，最主要和常用的是地面台架点（$H=0, Ma=0$）下发动机中间或最大状态（$n=n_{max}$），对于整机结构布局方案确定，则在此基础上还要考虑机动/过载等特殊飞行状态的影响。

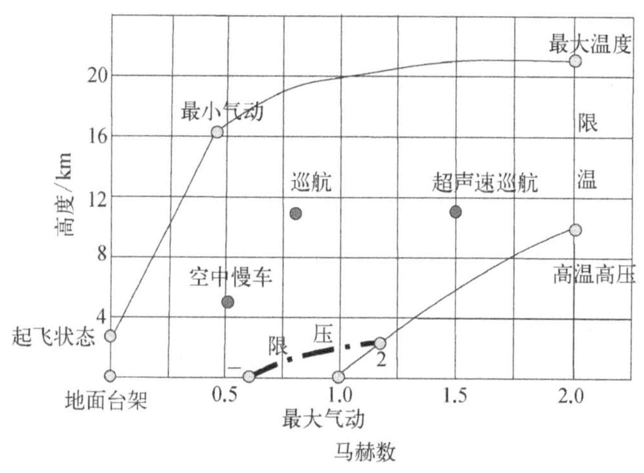

图2－76 发动机飞行包线及典型强度设计工况

发动机飞行状态的变化所产生的作用力主要包括推力和机动载荷，在航空燃气轮机通用规范中对机动/过载载荷包线范围有详细规定：要求的机动载荷包线如图2－77所示。要求发动机在最高允许稳态转速下，经受下述条件所造成的陀螺力矩时应能稳定地工作：① 绕垂直于转子轴线平面内的任一轴线，以3.5 rad/s 的稳态角速度和+1g 或－1g 的垂直载荷系数持续工作15 s；② 绕垂直于转子轴线平面内的任一轴线，以1.4 rad/s 的稳态角速度和最大载荷系数下工作，有无限循环寿命。

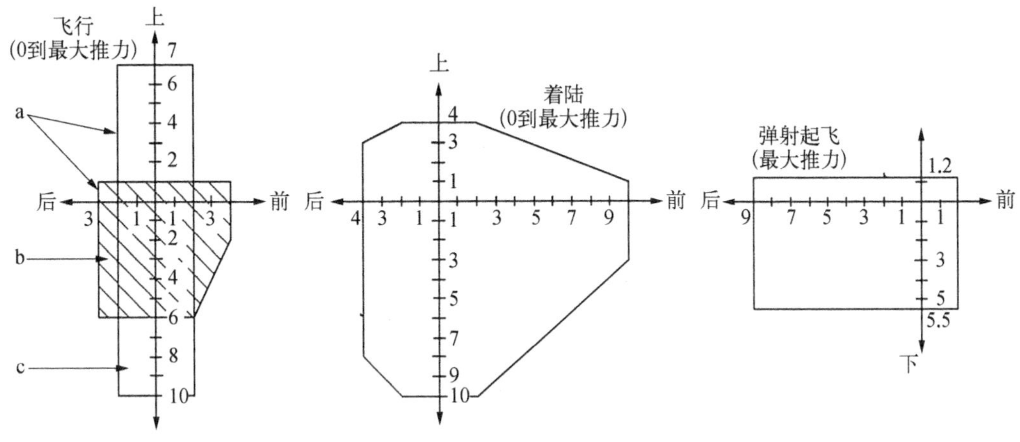

图 2－77　机动飞行载荷包线

a. 俯仰角加速度为±6 rad/s^2，偏航角速度为 0，偏航角加速度为 0；b. 整个斜线区：俯仰角速度为±2 rad/s，侧向载荷为 4.0g；c. 从上 7g 到下 10g 的整个矩形区：俯仰角速度为 0，侧向载荷为 1.5g

在实际使用过程中，往往发生大气动载荷与大过载机动载荷的组合，在发动机载荷设计时必须考虑这些载荷的合理组合。表 2－2 为飞机机动过载、角速度、飞行速度和发动机转速的组合实例。

表 2－2　典型的战斗机用发动机的作用于发动机的惯性载荷

参　数	组　　合					螺　旋
法向过载系数	7.5	9.0	1.0	7.2	5.5	3.0
侧向过载系数	0	0	±2.0	±2.0	±2.0	—
侧滑角速度/(rad/s)	0	0	±0.6	±0.45	±0.6	±1.5
俯仰角速度/(rad/s)	0.75	0.35	—	0.8	0.6	—
飞行马赫数	1.05~0.95					<0.9
发动机状态	慢车→最大					慢车

总之，在方案设计阶段，必须针对这些最主要的工况开展载荷分析工作。需要注意，发动机整机结构布局设计和强度设计是不同的，各自关注的重点不同，强度设计更关注载荷对构件损伤及寿命的影响，而整机结构布局设计则关注的是结构变形协调性和承力结构载荷。对于不同的飞行器，如运输机、客机、无人机及战斗机具有很大的差异。

2. 附加的极限载荷

在发动机使用中，有一些极少可能发生但又难以完全避免的情况，会产生很大的附加极限载荷。在此载荷下，发动机结构不应发生危及飞行安全的严重破坏。可能有如下几种情况。

(1) 叶片丢失载荷：一个风扇、压气机或涡轮叶片，在最高允许瞬态转速和最高工作温度下，在叶身与榫头转接部位或在榫头最外侧的固持部位以上的最小颈部截面处断裂。产生等效于两个叶片引起的转子不平衡载荷,以及叶片撞击机匣的冲击载荷。

(2) 转子卡滞刹停载荷:高速旋转的转子受到异常卡滞,在短时间内刹停,例如,在0.25~0.65 s内从允许的最高转速下刹停,降到零转速或极低转速情况下的载荷。

(3) 鸟撞击载荷:发动机除应考虑吸入多个小鸟不熄火停车外,还应考虑大鸟撞击载荷。战斗机用发动机应能承受一只2 kg的鸟,鸟速等于2 500 m高度内飞机最大极限飞行速度,发动机转速为最大状态转速或最大连续状态转速(两者以损伤较大者为主)下的载荷。

(4) 极端情况下的螺旋载荷:如果飞机在极端情况下(如舰载飞机发生各种类型尾旋时,为抵御地对空导弹的逃离动作等)出现超出型号规范规定的偏航角速度,需对由此产生极端陀螺载荷进行极限强度评定。

(5) 控制系统失调、误调引起的载荷:在发动机最高允许气体测量温度下,转子转速不得超过稳态最高允许转速的115%;在最不利条件和限压控件发生故障时引起1.15倍极限压力载荷。

(6) 喘振时的载荷:风扇和前几级压气机叶片压力峰值可能增大2~4倍,中间级和后级压气机叶片压力也可增大1~2倍。

(7) 主轴断脱后的载荷:主轴松脱时轮盘的飞转转速。燃气涡轮轮盘不应超过试验确定的轮盘破裂转速,否则必须采取制动措施;自由涡轮转子飞转转速不应超过超转防护系统的协动时间内轮盘达到的最大转速。

2.4.2 结构载荷

发动机工作时,在所有的组合件和零件上都作用着各种载荷。根据这些载荷的性质可以分为以下三类。

(1) 气体载荷:气体在发动机中流动时,由于速度、压力、方向的变化而作用在与其接触的结构件上的力和力矩。

(2) 惯性载荷:如飞机作机动飞行、转子旋转、结构振动时,由于结构运动状态的变化,质量在结构上所产生的惯性力及惯性力矩。

(3) 温度载荷:由于结构温度场不均匀,或者相邻结构件热变形不协调(如材料线膨胀系数不同),结构热变形受到约束产生的内力。

在航空燃气轮机的工作过程中,在结构内部的各种载荷是不断变化和交互作用的,一些内力作用在构件或组件中互相抵消而不外传作用于其他构件,例如,轮盘旋转所产生的离心载荷、轮盘温度分布不均匀产生的热应力等只作用于轮盘结构内部,不会传递给轴承及支承结构。有些载荷虽然在相连组件中传递,但在发动机内部抵消不传给飞机,如压气机和涡轮中的扭矩,有的在部件中的转子与静子之间进行平衡,有的则是在不同部件或组件中平衡,但最终不会把扭矩传递给安装节及飞机。而有些则必须传递给安装节和飞机,如发动机重力和推力。在发动机设计中,要搞清楚发动机中哪些零件是主要受力零件,受哪些载荷,哪些是传力零件,哪些是不传力件,以便进行零件的受力分析、计算和设计。

1. 气体轴向力和发动机的推力

发动机中形成气流通道的各构件、组件上都作用有气体力，此外，凡与气体相接触的零件表面也都作用有气体力。作用在发动机机匣外表面上的气体轴向力算在飞机的阻力中，由飞机的气动力计算考虑。在发动机结构设计中，只考虑作用在发动机机匣内部的气体轴向力。计算气体轴向力的原始数据是由发动机热力计算及部件气动计算得来的。基于气动性能的计算结果，可以得到气流通道各截面的气动压力和速度。一般是在发动机的最大工作状态及主要飞行状态下计算轴向力。气体轴向力的计算可以分为气体静力和气体动力两部分。气体静力等于所计算截面的气体压力和该截面面积的乘积；而气体动力则可以按动量方程式间接求出。

轴向力的方向取与发动机推力相同的方向为正。

进气装置是一个锥壳结构，图 2－78 为进气装置上气体轴向力计算图，气流由前向后流动，则气体静力为

$$P_s = p_2F_2 - p_1F_1 \qquad (2-1)$$

气体动力为

$$P_d = m(w_2 - w_1) \qquad (2-2)$$

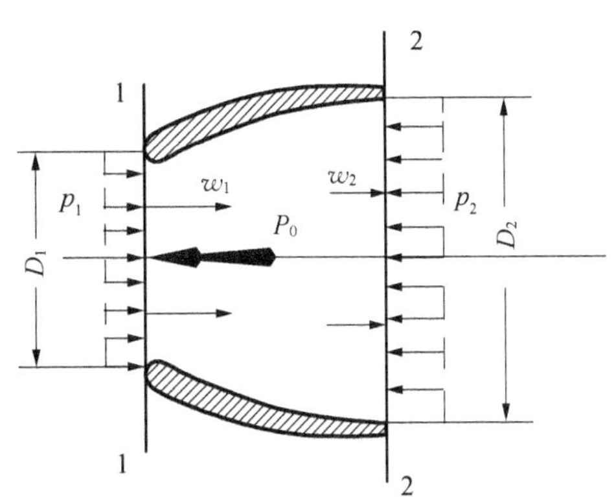

图 2－78　进气装置上气体轴向力计算图

式中，F_1、F_2 为 1、2 两截面（直径分别为 D_1、D_2）上气体所作用的横截面积，单位为 m^2；p_1、p_2 为 1、2 两截面上的气体静压力，单位为 Pa；w_1、w_2 为气体在 1、2 截面处的流速，单位为 m/s；m 为质量流量，单位为 kg/s。

进气装置上总的气体轴向力为

$$P_0 = P_s + P_d = p_2F_2 - p_1F_1 + m(w_2 - w_1) \qquad (2-3)$$

其方向指向前（为正）。

从式（2－3）可以看出，气动轴向力由两部分组成：一是静压差；二是流过通道气流的动量变化。

对于加力燃烧室及尾喷管结构的轴向力计算，可以看成为一个扩散锥壳和一个收敛锥壳的轴向力的计算问题，而每一段又可以按前述进气装置（直流管道）的轴向力的计算方法来进行。

如图 2－79 所示，发动机加力燃烧室的进口截面为 1－1，中间截面为 2－2，排气出口截面为 3－3、各截面的面积分别为 F_1、F_2、F_3，气流的静压力分别为 p_1、p_2、p_3；气流的速度分别为 w_1、w_2、w_3；流过加力燃烧室的燃气质量流量为 m 。

为了说明此轴向力的方向及发动机开加力与不开加力时轴向力的变化情况，下面以一台发动机的实际数据为例进行计算。三个截面上的参数如表 2－3 和图 2－79 所示（上标带“′”是指开加力后的数据）。

表 2-3 发动机加力燃烧室各截面的参数

	进口截面 1-1	中间截面 2-2	出口截面 3-3	加力后出口截面 3′-3′
截面面积 F/m^2	0.355	0.387	0.213	0.290
流速 $w/(\mathrm{m/s})$	213.36	198.12	609.6	762.0
气流静压 p/kPa	137.9	172.4	41.4	41.4

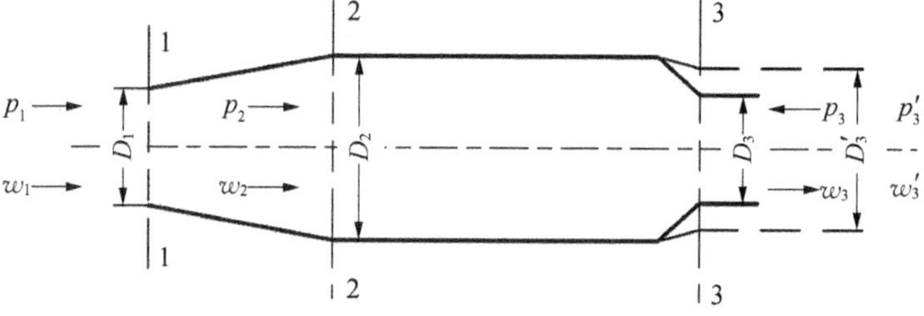

图 2-79 加力燃烧室壁上作用的轴向力计算图

计算中忽略开加力时发动机流量的变化，则开和不开加力时流量相同：m = 73 kg/s，通过简单地计算可以看出：带可调节尾喷管的加力燃烧室，未开加力燃烧室时总轴向力为向后 11 210.78 N，而开加力后总轴向力变为向前 3 102.22 N。由于开加力时与不开加力时加力燃烧室以前发动机各截面的气流参数不变，因此加力燃烧室总轴向力的变化即为全台发动机的总轴向力的变化，即开加力后此发动机推力增大 14 313 N。而推力的增大实际上是由于 2-3 段向后的轴向力减小造成的。

2. 各部件气体轴向力及轴承卸荷

根据上述计算方法，可以计算出各组合件上的气体轴向力的数值和方向。各组合件上气体轴向力的代数和就是发动机的推力。

图 2-80 给出了一台涡轮喷气发动机在地面标准工作状态时各组合件上轴向力的分

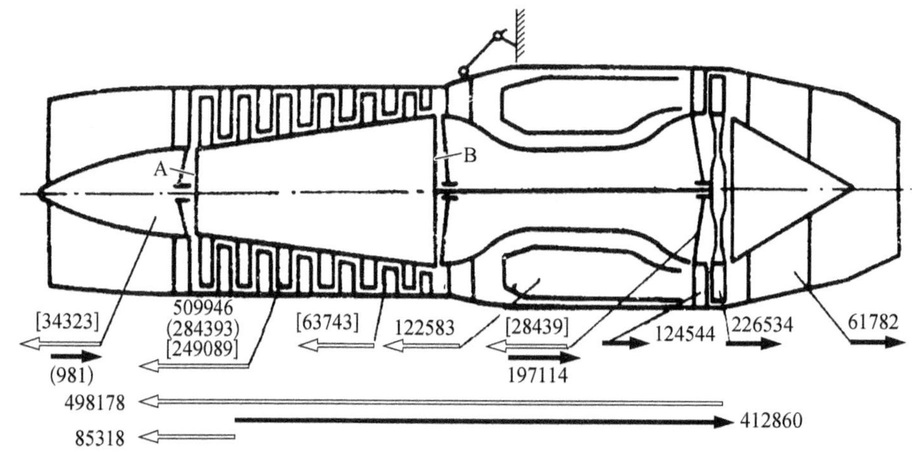

图 2-80 气体轴向力的分布图及减小转轴向力的方法(单位：N)

无括号的数字表示未采取减荷措施时的气体轴向力；圆括号( )内的数字表示 B 腔通大气时的气体轴向力；方括号[ ]内的数字表示 B 腔通大气，同时还将 A 腔通入高压气体的气体轴向力布情况[5]。可以看出,作用于压气机和涡轮转子上的轴向力都很大。

如果压气机和涡轮转子都单独设计滚珠轴承来承受轴向载荷,则将分别承受 509 946 N 向前的轴向力和 226 534 N 向后的轴向力,而一般每个滚珠轴承可承受 9 806~19 600 N 的轴向力,因此每个转子都要采用数十个轴承。这不仅使发动机质量增加,在结构上也是难以实现的。为此,在现代大、中型航空燃气涡轮发动机的设计中,必须采取结构设计措施以减小各部件转子作用于滚珠轴承上的轴向力,即减小转子向静子承力结构传递的轴向作用力,且不能影响发动机各部件的功能和整机推力。

对于减小各部件转子轴向力的本质是改变作用在转子上轴向力的分布,通过转子内部轴向载荷的交互作用,最终达到减小转子作用在止推轴承上的轴向力的目的,以尽量减少轴承数目。这种通过对作用在转子上气动轴向力分布的调整,降低转子通过轴承向静子承力结构传递轴向力的方法,称为对止推轴承的卸荷措施,主要有以下三种结构设计。

(1) 将压气机转子与涡轮转子做成刚性连接或用可以传递轴向力的联轴器连接。这样,两个转子彼此方向相反的轴向力就可在转子内抵消一部分。例如,上述发动机若将两转子连接起来,则发动机转子的轴向力减小为 283 412 N。显然,大幅降低了转子通过滚珠轴承向支承传递的气动轴向力。

(2) 在压气机最末级轮盘后方,采用封气装置限制高压气流漏入盘后空腔,并将此腔通过机匣上的引气孔与大气相通,这样就减小了作用在末级盘上的气体压力,从而减小了作用于压气机转子上向前的轴向力。如将图 2-80 中的 B 腔通大气,使盘后空腔的气体压力下降为 0.13~0.16 MPa,则压气机转子的轴向力可由 509 946 N 降到 284 393 N。

(3) 将压气机后级或出口级的高压气体引到压气机转子第 1 级轮盘前腔,使其作用于第 1 级轮盘前端面上,使向后的气体压力增大,从而减小作用于转子上向前的轴向力。例如,在图 2-80 中,当高压气体引入 A 腔时,作用于压气机转子上向前的轴向力即由 284 393 N 降到 249 089 N。

采用通大气的 B 腔与通高压气体的 A 腔均是减小作用在转子上轴向力的措施,因此常称此两腔为卸荷腔,并分别称 A、B 腔为前、后卸荷腔。需要指出,卸荷的本质是通过各种措施将作用在转子上的气动载荷,部分转移到静止件上,从而减小作用在止推轴承上的载荷,而发动机总体的轴向力并没有变化。

当同时采用上述三种减小轴向力的方法时,如图 2-80 所示的发动机转子轴向力仅为 22 555 N,采用两个滚珠轴承即可承受。由于发动机的气流参数随着工作状态而改变,因此作用在各组合件上的气体轴向力也随着飞机飞行状态和发动机的工作状态而改变,而且在整个飞行范围内数值变化很大,所以在采用减荷措施时,不仅要考虑设计状态的转子轴向力满足要求,还要使各个工作状态的轴向力都能符合要求,即既不使轴向力过大,超出了滚珠轴承所能承受的范围,又不使轴向力太小或改变方向,以致引起轴承的冲击或滑蹭损伤。

3. 气动扭矩

气流在流过发动机通道中的某些组合件(压气机的静子叶片和工作叶片、涡轮导向叶片和工作叶片、尾喷管的支柱等)时,其方向沿周向发生变化,因而对发动机轴线的角动量矩产生改变,这说明气体流动作用于结构组件上有一个力矩。由气体角动量矩方程及牛顿第三定律可以求出气体作用于某些组合件上的扭矩为

$$M = m(C_{1u}R_1 - C_{2u}R_2) \tag{2-4}$$

式中，C_{1u}、C_{2u} 为组件进、出口处气流的平均周向分速；R_1、R_2 为组件进、出口处的平均半径；m 为流过组件的质量流量。

由式(2-4)可以看出，当气流轴向进入及流出该组件时，即 $C_{1u}=0$、$C_{2u}=0$，作用于该组件的总扭矩为零。例如，在轴流压气机中，气流一般轴向流入并轴向流出，虽然气流流过各级静子叶片和工作叶片时都有动量矩变化，但对整个压气机部件来说，动量矩没有变化，也就是说作用于压气机的总扭矩为零。这就说明作用于各级静子叶片扭矩的总和 M_{cs} 等于作用于各级转子叶片扭矩的总和 M_{cr}，但方向相反，即

$$M_{cs} = -M_{cr} \tag{2-5}$$

同样，在涡轮中也是如此，但有时候涡轮后的气流要在经过尾喷管的支板后才变为轴向的，此时有

$$M_{ts} + M_{ex} = -M_{tr} \tag{2-6}$$

式中，M_{ts}、M_{ex}、M_{tr} 分别为气流作用于涡轮导向叶片、尾喷管支板、涡轮工作叶片上的扭矩。

如果不考虑转子旋转时的机械损失及传动附件的功率，则在发动机稳定工作状态下，气流作用于压气机、涡轮转子上的扭矩应该大小相等、方向相反，即

$$M_{cr} = -M_{tr} \tag{2-7}$$

由式(2-5)、式(2-6)、式(2-7)可以得出：

$$M_{cs} = -(M_{ts} + M_{ex}) \tag{2-8}$$

这说明，当压气机机匣与涡轮机匣刚性连成一体时，在连接构件的两端作用有大小相等、方向相反的扭矩使其承受扭转应力，但由于扭矩在此构件内部相互抵消，所以并不传到飞机上去。这种情况是在假设进入压气机的空气气流与涡轮流出的燃气气流均是轴向方向进入及流出的条件下得出的。实际上，由涡轮流出的燃气即使在经过整流支板后也不可能完全是轴向流出，还有部分周向分速，因此，发动机机匣上仍然作用有少量扭转力矩，通过发动机安装边传到飞机上。作用于发动机各组件的扭矩数值如图 2-81 所示。

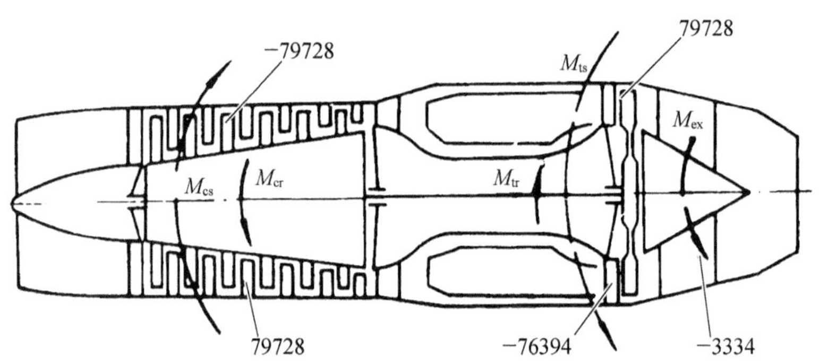

图 2-81　作用在发动机各组件上的气动扭矩(单位：N·m)

在涡轮螺旋桨发动机中，涡轮除带动压气机转子外，还带动螺旋桨，即

$$M_{cr} + M_p = -M_{tr} \tag{2-9}$$

式(2－9)中,M_p 为气流作用于螺旋桨的扭矩,说明此时涡轮有剩余功率带动螺旋桨,即

$$M_{er} = M_{tr} + M_{cr} \tag{2-10}$$

$$M_p = -M_{er} \tag{2-11}$$

式中,M_{er} 为涡轮剩余扭矩。

因此,在机匣上也有剩余扭矩:

$$M_{es} = M_{ts} + M_{ex} + M_{cs} \tag{2-12}$$

此扭矩与 M_{er} 大小相等、方向相反,即

$$M_{ex} = -M_{er} \tag{2-13}$$

可见,在涡轮直接带动螺旋桨的涡轮螺旋桨发动机机匣上将有扭矩。

M_{es} 通过安装节传到飞机上去,此扭矩与作用于螺旋桨上的扭矩大小相等、方向相同[图 2－82(a)]。在涡轮通过传动比为 i 的减速器传动单螺旋桨的涡轮螺旋桨发动机中,若发动机转子与螺旋桨转子的转向相同时,气流作用于螺旋桨的扭矩为

$$M_p = -iM_{er} \tag{2-14}$$

由于传动比 i 大于 1,所以此时 $M_p>M_{er}$,即由于减速器降低了螺旋桨的转速而导致螺桨所受的扭矩增加,此时转子的扭矩平衡式为

$$M_p + M_{er} + M_g = 0 \tag{2-15}$$

或写成

$$M_g = -(M_p + M_{er}) \tag{2-16}$$

M_g 为作用于减速器转子的扭矩。

将式(2－16)代入式(2－15)得

$$M_g = (i - 1)M_{er} \tag{2-17}$$

减速器转子作用于减速器机匣的反扭矩为

$$M_{gs} = -(i - 1)M_{er} \tag{2-18}$$

此时,发动机机匣经安装节传到飞机上去的扭矩为

$$M_{ps} = M_{gs} + M_{es} = -iM_{er} \tag{2-19}$$

其方向与气流作用于螺旋桨的扭矩同向,与发动机转子的转向相反,如图 2－82(b)所示。

用同样的方法,可以推出带减速器、单螺旋桨,螺旋桨与发动机转子转向相反时,以及带减速器、双螺旋桨,两螺旋桨旋转方向相反且扭矩相等时,机匣上扭矩的情况,如图 2－82(c)、(d)所示。

4. 惯性载荷

发动机上的惯性载荷主要来自两个方面:一是转子旋转时结构质量所产生的旋转惯

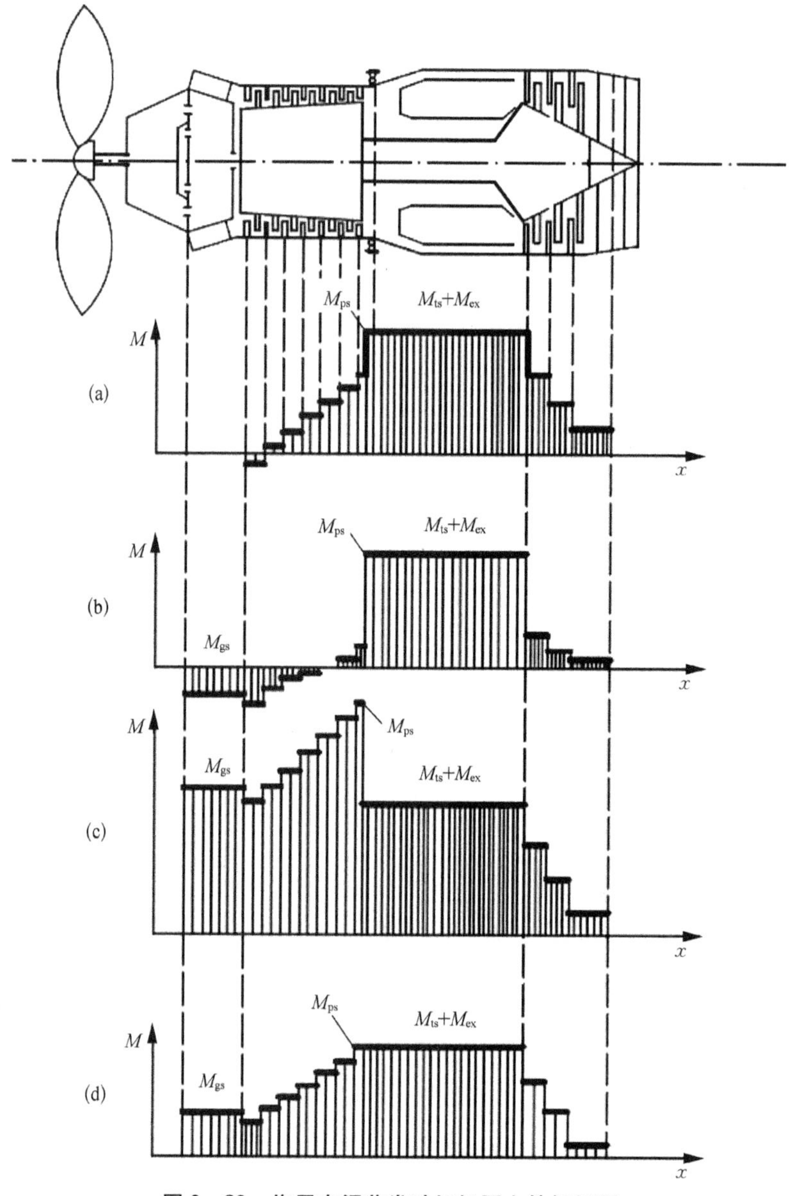

图 2－82　作用在涡桨发动机机匣上的扭矩图

(a) 不带减速器的扭矩图；(b) 带减速器、单螺旋桨，螺旋桨与发动机转子转向相同时的扭矩图；(c) 带减速器、单螺旋桨，螺旋桨与发动机转子转向相反时的扭矩图；(d) 带减速器、双螺旋桨，两螺旋桨转向相反且扭矩相等时的扭矩图

性载荷，其大小与方向与转子的质量分布、变形及旋转运动有关，在第 8 章中会进行进一步讲解；二是随飞机作机动/过载飞行时，发动机所有结构上均会产生惯性载荷，根据其作用位置和力学效果，分为惯性力和惯性力矩。

飞机作机动飞行时，特别是作曲线飞行时，发动机上的静子结构会产生惯性力，旋转的转子结构除了作用有惯性力外，还会产生惯性力矩。如图 2－83 所示，若飞机作俯冲拉起时，发动机转子上产生惯性力 P_f 及惯性力矩(通常称为陀螺力矩)M_G，它们的数值可由以下方法算出。

惯性力为

$$P_f = mR\Omega^2 = WR\Omega^2/g = nW \quad (2-20)$$

式中，W 为转子的重力；R 为飞机飞行的曲率半径；Ω 为飞机飞行的角速度；n 为飞机的过载系数。

飞机的过载系数 n 表示飞机或发动机零部件的质量惯性力，是飞机或发动机零部件重力的倍数。它是根据不同类型飞机的强度规范来规定的。最大过载发生在飞机以全推力俯冲拉起时。歼击机的 n 为 8~10，轰炸机的 n 为 3~6。

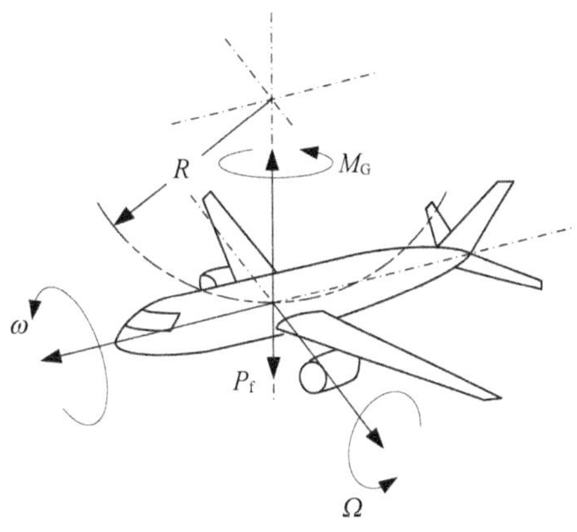

图 2-83　飞机俯冲拉起时转子惯性力和陀螺力矩的方向

惯性力矩为

$$M_G = J_0\omega\Omega \quad (2-21)$$

式中，J_0 为发动机转子对旋转轴线的极转动惯量；ω 为转子旋转的角速度。

转子转动惯量可以用悬挂法或用计算方法求出。Ω 则可在已给定 n 后，由式(2-20)求出。

由式(2-20)可得

$$n = \frac{R\Omega^2}{g} \quad (2-22)$$

而 $R\Omega^2 = v$，其中 v 为飞行速度。因此有

$$R = \frac{v}{\Omega} \quad (2-23)$$

将式(2-23)代入式(2-22)得

$$n = \frac{v\Omega}{g} \quad (2-24)$$

$$\Omega = \frac{ng}{v} \quad (2-25)$$

算出 J_0 及 Ω 后，即可求出陀螺力矩的数值。

思　考　题

1. 简述小涵道比涡扇发动机的高低压转子系统在几何构形和总体布局上的设计特点。
2. 对比分析 AL-31F 和 F110 涡扇发动机转子结构及支承方案的不同。
3. 思考涡轴/涡桨在总体结构布局及转子结构设计上有何特点。
4. 描述航空燃气轮机轴承及支承结构设计特点。

第3章 风扇/压气机结构

本章介绍航空燃气涡轮发动机风扇和压气机部件的结构组成，以及在设计中需要考虑的功能、力学特征和装配等相关内容。

3.1 概 述

3.1.1 结构分类

压气机部件一般位于发动机的前端，压气机的作用是提高流过空气的压力，为燃烧室供给所需要的压缩空气。图 3-1 所示的典型压气机部件，由转子（叶片、盘、轴及连接件等）、静子（整流或扩压器叶片、机匣、承力系统等）和辅助功能系统（如防喘、防冰和空气系统）等组成[6]。

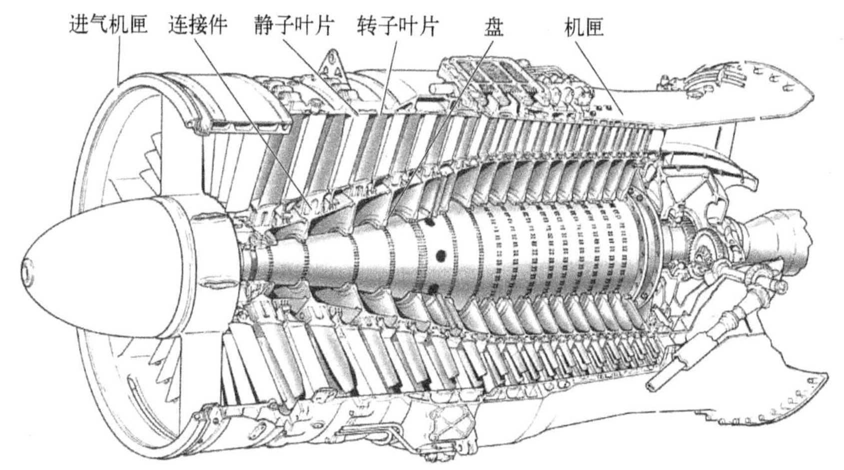

图 3-1 压气机的基本组成结构

根据压气机的气体流动和结构形式特点，可以把它分为轴流式（图 3-2～图 3-5）、离心式（图 3-6）和轴流/离心组合式（图 3-7）三种。轴流压气机适用于大流量、多级增压，具有总压比高、效率高、单位横截面积空气流量大等特点，在航空发动机中，特别在大、中型推力（输出功率）发动机中被普遍采用。离心式压气机级增压比高，结构简单可靠，稳定工作范围较宽，因而在小尺寸、小流量发动机上得到广泛的应用。在工程应用中一般以双级离心式压气机或多级轴流式和离心式的组合形式使用。

根据转子数目发动机可以分为单转子、双转子(图3-2)和三转子(图3-3)三种。在双转子发动机中,处于前端进口压力较低的称为低压压气机,处于后端进口压力较高的则为高压压气机;在三转子结构中,则分别称为低、中、高压压气机。

在双涵道涡轮风扇发动机中,低压压气机常被称作风扇,风扇排出的气流被后方的分流环分成两股,分别排入内、外涵流道,如图3-2所示。在高涵道比涡扇发动机上,位于风扇后与之同轴旋转,对流入内涵的空气增压的压气机,受结构和转速限制,一般压比较低,称为增压级,如图3-4所示。增压级主要作用是保证进入内涵的空气流量,并具有一定的增压能力。

图3-2~图3-7为几种典型压气机部件结构图。

由于在增压过程中,空气流量近似不变,因此压气机气流通道中,随着压力提高、密度增加,流道的截面面积必须逐步减小,而压气机气流通道可分为等外径、等内径和等中径三种几何构形。

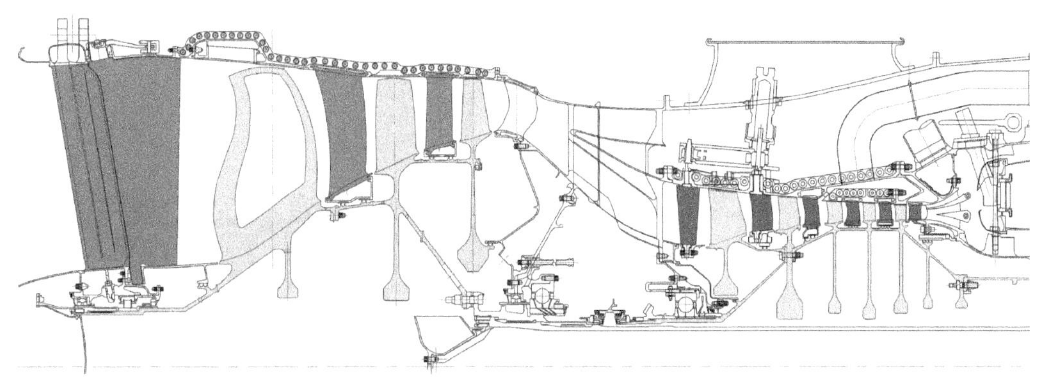

图3-2　F136涡扇发动机风扇/压气机

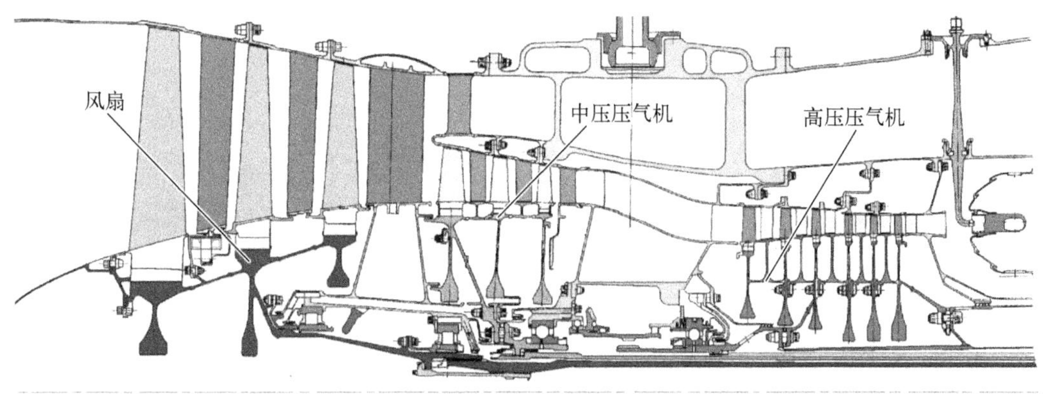

图3-3　RB199三转子涡扇发动机风扇及中压/高压压气机

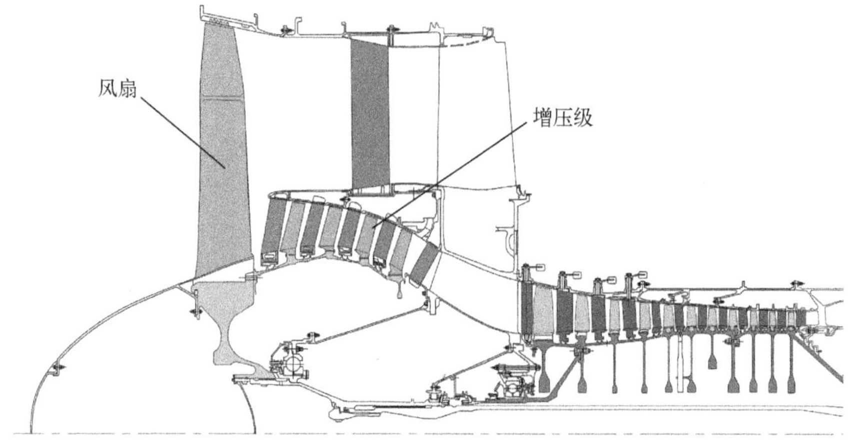

图 3-4　PW4000 高涵道比涡扇发动机风扇/压气机

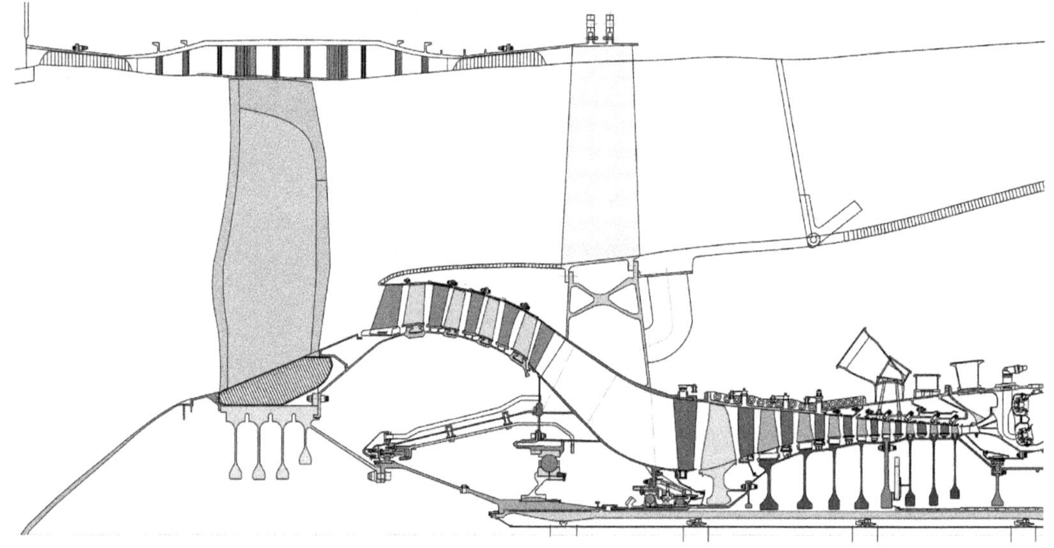

图 3-5　GE90-115B 高涵道比涡扇发动机风扇/压气机

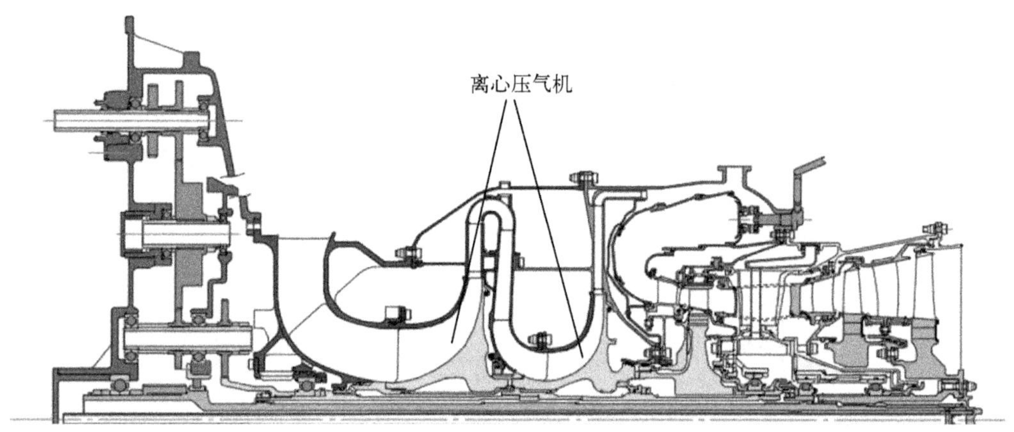

图 3-6　MTR390 涡轴发动机双级离心压气机

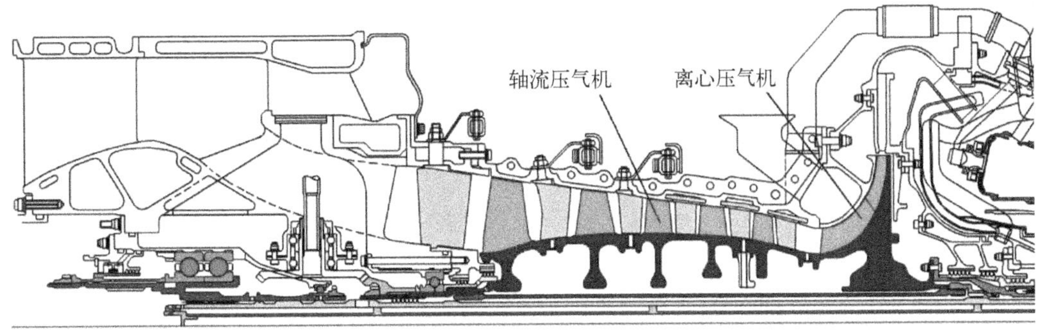

图 3－7　T700 涡轴发动机轴流加离心组合压气机

1. 等外径气流通道形式

所谓等外径几何构形，即由机匣和轮盘轮缘相互配合所形成通道，在外径处机匣内部直径沿轴向基本保持不变，而轮盘轮缘和扩压器内环组成的内径逐步提高，以保证流道截面面积逐步减小。如图 3－8 所示，AL－31F 发动机的高压压气机采用了等外径流道设计。这类气流通道能充分提高各级压气机动叶的切向速度，增加压气机的级增压比，因此，采用等外径设计可以在增压比一定时减少压气机级数。由于压气机前几级气流压力较低，一般在压气机前面几级采用等外径气流通道设计，以求得更大的增压比。

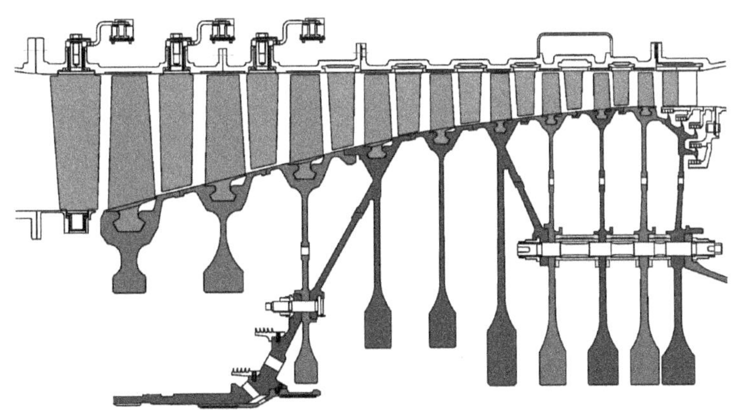

图 3－8　AL－31F 发动机高压压气机结构简图（等外径流道）

2. 等内径气流通道形式

由于压气机气流通道横截面积沿轴向变化是由气流密度的变化确定的，对于高增压比压气机的末级，气流密度随压力的提高大幅度加大，使得出口处环形流道截面积较小。在设计要求流道横截面积情况下，如果采用等外径的流道设计，由于流道外径较大，叶片高度相对较小，会严重影响压气机的效率。这是因为压气机叶尖气动损失与叶尖间隙同叶片高度的比值成正比。因此，为了保证叶片高度不能过低，出口级不宜采用等外径气流通道构形。

图 3－9 为 CFM56 系列发动机的高压压气机结构简图，在该高压压气机中，全部采用了等内径设计，以保证压气机具有较高的气动效率。等内径设计的优点在于可以使末级

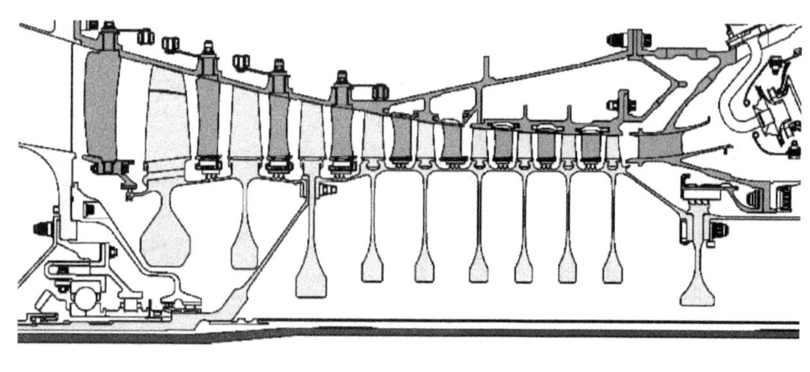

图 3-9　CFM56 发动机高压压气机结构简图

叶片高度不会过低，以保证压气机末级效率，同时其缺点是对气体加功量小，在一定的增压比要求下需要更多级数，从而增加转子长度和结构质量。

3. 等中径气流通道形式

介于等内径设计和等外径设计之间的气流通道形式就是等中径设计。一般在压气机设计中，气流通道设计需要综合考虑效率和增压比，有些情况下沿轴向前面几级为了加大增压比采用等外径设计，后面几级为了保证高效率采用等内径设计，中间则采用等中径过渡。

3.1.2　设计要求

在发动机的工作循环过程中，压气机的功能是对流入的空气介质进行加压，但在增压的过程中会同时使空气的体积减小和温度升高，因此，压气机的气流通道面积逐步减小，而温度逐步升高。现代先进发动机的高压压气机出口截面温度大约为 600℃，因此在压气机结构设计中需要考虑温度对选材和结构强度的影响。

对风扇/压气机结构设计的基本要求如下：

（1）满足性能设计所提出的各项要求，如通道面积、迎风面积、级数、叶片型面及安装角等；

（2）控制叶尖间隙变化，保证所设计的压气机在设计状态下工作效率高；

（3）采取适当的防喘措施，保证压气机宽广的稳定工作范围；

（4）结构简单、尺寸小、质量轻，具有良好的结构刚性和转静子变形协调性，以保证间隙；

（5）装配维修方便，制造成本低；

（6）满足强度、振动及变形要求，主要零件寿命长；

（7）能在较长时间内保持初装时的性能，即性能衰减率小。

在上述的基本要求指导下，将风扇和压气机的结构设计要求进行细化，风扇/压气机在结构设计中的工作主要包括三个方面：① 由发动机总体结构布局设计要求所确定的外形轮廓尺寸、部件质量等设计指标及要求，开展单元体划分及装拆顺序，主安装节、运输吊挂等结构布局设计和相应的位置及尺寸确定；风扇/压气机转子几何构形和支点位置确定;风扇/压气机转子与涡轮转子连接结构确定;风扇/压气机测量、控制、检查相关的检查孔、传感器的布置和安装确定;转子轴向力补偿措施及要求等。② 由压气机气动设计所给定的压气机类型及流道尺寸和流路图,以及压气机调节要求,提出相应的转静子结构布局和基本尺寸设计要求,如静子叶片及其调节结构、机匣构形、封严和卸荷腔设计确定;转子叶片叶尖径向间隙要求(热态值),叶片型面的粗糙度与轮廓度要求等。③ 在结构可靠性和安全设计方面提出要求,如防外物打伤(FOD)设计要求、风扇机匣包容性设计要求、防冰设计要求,以及防钛火的结构设计确定等。

风扇和压气机组件的设计一般包括三个阶段,即方案设计、技术设计和工程设计。此外,实际工程中还包括制造工艺以及各阶段的评审,并最终给出全部生产用图纸及配套的技术文件。需要指出,在实际的设计过程中,很多工作项目是交叉进行的,压气机组件与总体、其他组件及系统之间,结构设计与气动设计、强度计算之间,尚需要进行多次反复的协调。

对风扇/压气机的设计来说,一个基本的设计流程是: ① 风扇/压气机的气动设计,即在总体方案给出的设计要求和目标的约束下,进行一维(轴向流道)、二维(轴向加径向流道)以及三维流场优化设计,给出初步的流道结构参数和叶片结构几何参数。② 根据压气机结构设计要求和目标,进行转静子结构几何构形设计和关键结构参数确定,并进行强度振动计算分析。具体需要确定的设计工作包括: ① 对结构设计和试验验证可行性及其已经具备的技术体系(材料和工艺条件等)进行初步方案设计和评估;② 对结构设计方案进行强度考核,考虑新工艺、新材料和新技术的影响,并与总体、组件及系统协调后,调整气流通道数据、轮盘结构构形、转子支承和传力路线,与相关专业的设计进行迭代、调整和优化;③ 结构打样、完成风扇/压气机结构方案设计图;④ 给出图纸及各种加工工艺,进行强度、刚度、振动和寿命分析报告等。

3.2 转子结构

压气机部件结构可分为转子和静子结构组件。压气机转子一般由工作叶片、轮盘、鼓筒、轴颈和一些连接件组成,主要功能是为叶片传递所需要的轴功率。随着压气机气动载荷的不断提高,转子结构的机械载荷(主要是转速载荷)也不断加强,这给压气机转子结构设计提出了新的挑战。以轴流压气机转子为例,其基本设计要求如下:

(1) 各结构件要具有足够的强度,可承受高速旋转及机动/过载飞行所产生的惯性载荷,并满足高速旋转和传递功率的要求;

(2) 转子结构几何构形和支承约束合理,具有良好的抗变形能力和轻的结构质量;

(3) 在全工作载荷环境下,转子系统构件间连接结构应保证稳定的定心和力学特性,并具有必要的刚性,以保证使用周期内转子结构系统不会产生过大的不平衡和变形;

(4) 具有良好的制造性能、装配方便,成本低廉;

(5) 便于维护和检查。

3.2.1 构形与支承

为保证叶片可高速旋转,转子需要提供足够的结构强度和刚度,转子系统中鼓筒和轴颈是保证转子刚度的构件,而轮盘则是承载叶片离心载荷的构件。根据转子几何构形和承载方式,对于一般转子结构可分为叶盘-转轴结构、叶片-鼓筒结构和叶盘-鼓筒结构,如图 3-10 所示。

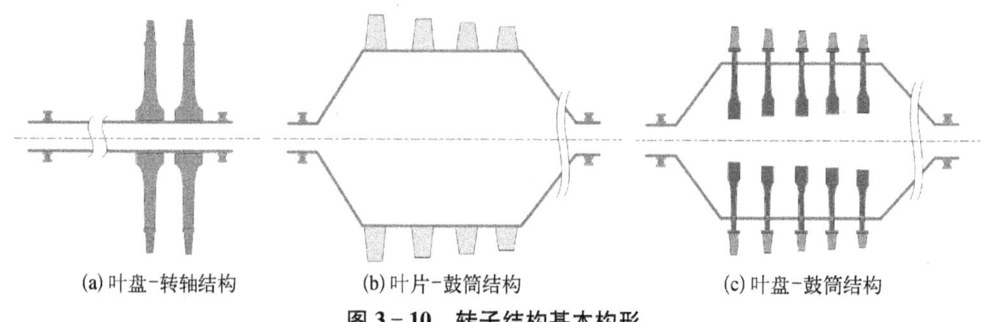

(a) 叶盘-转轴结构　(b) 叶片-鼓筒结构　(c) 叶盘-鼓筒结构

图 3-10　转子结构基本构形

在压气机转子结构设计中,首先要根据压气机的轮盘级数和载荷环境,进行结构几何构形和支承约束设计。

1. 叶盘-转轴结构

对于只有一级轮盘的转子,如单级大风扇、离心压气机,由于其离心载荷较大,具有大质量叶片-轮盘结构,为保证其强度设计要求,转子结构一般采用轮盘-转轴结构系统,即盘式转子。盘式转子由轮盘与传扭旋转轴组成。扭矩通过转轴传给轮盘,再由轮盘传给在轮缘上的转子叶片。其设计特点是:转子结构的承载能力较强,但轮盘与直径较小的转轴连接,抗弯刚性差,轮盘容易产生摆动,必须采取一定的结构措施以提高其弯曲刚度,如锥壳轴颈、多支点约束等。目前这种单盘转子结构形式多用在单级风扇或压气机转子、小尺寸轴流压气机和离心压气机转子结构上。

图 3-11 为 J69 涡喷发动机轴流压气机转子,为了提高叶盘和转轴的连接刚度,采用合金钢精铸的一体结构,然后再加工而成。图 3-12 为 PW150A 涡桨发动机的高压压气机的离心压气机采用叶盘-转轴一体结构的叶盘-转子结构。

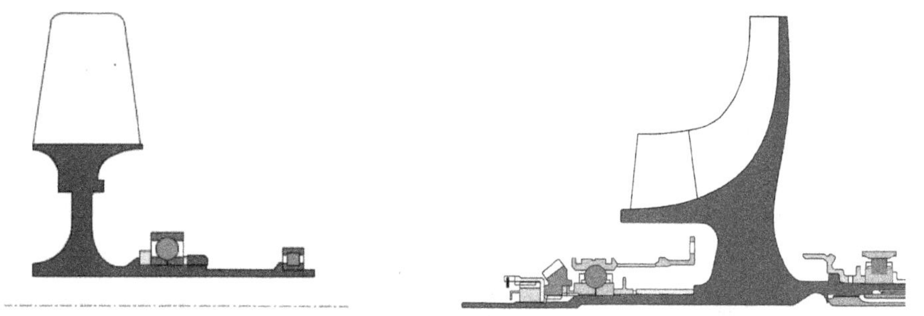

图 3-11　J69 涡喷发动机轴流压气机转子　　图 3-12　PW150A 涡桨发动机高压压气机转子

2. 叶片-鼓筒结构

从压气机转子功能和结构质量控制分析,叶片-鼓筒转子结构设计最佳,其基本构形是由圆柱形鼓筒和圆锥形壳体通过界面连接构成剖面为拱形的组合结构体。叶片与鼓筒的连接形式包括：鼓筒外侧榫槽连接和叶环结构整体加工成形。在旋转工作时，叶片离心载荷和扭矩载荷均由鼓筒承受和传递。

叶片-鼓筒形式的转子结构简单，零件数目少，加工方便，由于相比于转轴具有较大的直径，抗弯刚度强，但由于圆柱壳的径向承载能力较差，一般多应用于承载离心载荷较小的、切向速度较低的转子结构设计中。例如高涵道比涡扇发动机中的风扇后的增压级转子，由于低压转子转速较低，增压级鼓筒切向速度较低，在满足强度要求条件下，采用鼓筒结构构形转子具有较高的抗弯曲变形能力。

由材料力学可知，当鼓筒内外径之比接近于 1 时，可视为薄环。在旋转状态下，叶片的离心力为 P_b，鼓筒本身的离心力为 P_d。假设这些力沿鼓筒圆周是均布的，用夹角为 $d\varphi$ 的两径向平面 OA 和 OB，以及宽度为 h 的两垂直于鼓筒轴线的平面 C－C 和 D－D，从鼓筒上切出一个基元体，如图 3－13 所示，此时，作用在基元体上的叶片离心力 dP_b 为

$$dP_b = \frac{Q}{2\pi R}Rd\varphi \qquad (3-1)$$

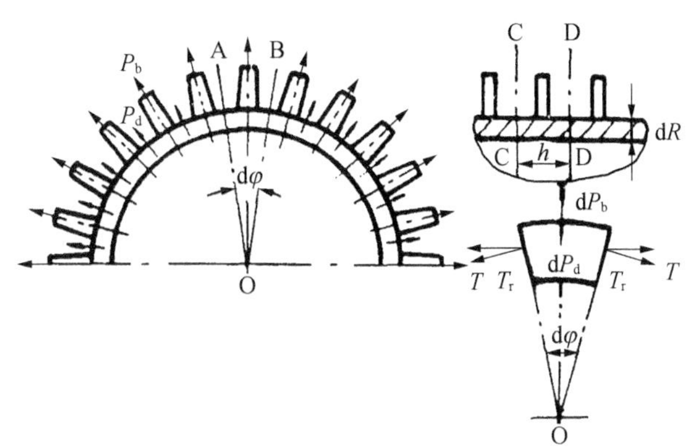

图 3－13　鼓筒基元体的受力分析

式中，$Q = m_b R_b \omega^2 Z$ 为该级叶片总的离心载荷；m_b 为单个叶片的质量，单位为 kg；R_b 为叶片质心半径，单位为 m；ω 为转子旋转角速度，单位为 rad/s；Z 为该级叶片数目；R 为鼓筒半径，单位为 m。

作用在基元体上鼓筒本身的离心力 dP_d 为

$$dP_d = R\omega^2 dm = \rho f u^2 d\varphi \qquad (3-2)$$

式(3－2)中，ρ 为鼓筒材料的密度，单位为 kg/m³；f 为基元体侧表面面积，$f = hdR$；dR 为鼓筒厚度；u 为鼓筒的圆周速度，$u = R\omega$；

由图 3－13 可见，上述两个力是依靠周向力 T 的径向分力 T_r 来平衡的，即

$$dP_b + dP_d = 2T_r \qquad (3-3)$$

$$T_r = T\sin\frac{d\varphi}{2} = \sigma_t f \sin\frac{d\varphi}{2} \qquad (3-4)$$

由于 $\frac{d\varphi}{2}$ 很小，可简化，并将式(3－1)、式(3－2)代入式(3－4)，即可得鼓筒周向应力 σ_t 为

$$\sigma_t = \rho u^2 + \frac{Q}{2\pi f} = \sigma_{td} + \sigma_{tb} \qquad (3-5)$$

式中，$\sigma_{td} = \rho u^2$ 为鼓筒本身的质量离心力在鼓筒内引起的周向应力；$\sigma_{tb} = \frac{Q}{2\pi f}$ 为叶片离心

力在鼓筒内引起的周向应力。

由式(3－5)可知,应力 σ_{td} 只与鼓筒的圆周速度 u 的平方和材料的密度 ρ 有关,而与鼓筒的侧面积 f 无关。

不同材料的等壁厚鼓筒转子在不同切向速度下的应力水平如表 3－1 所示。

表 3－1　不同切向速度下鼓筒转子应力

材　料	材料屈服极限(250℃)/MPa	鼓筒切向速度/(m/s)					
		50	100	150	200	250	300
		鼓筒周向应力/MPa					
钢	540	20	78.5	176.6	314	491	706.5
铁合金	390	11	45	101	180	281	450
铝合金	220	7.1	28.5	64.1	114	178	256.5

由表 3－1 可见,鼓筒的切向速度等于 250 m/s 时,鼓筒本身的离心载荷在鼓筒内引起的周向应力就接近材料的屈服极限。因此,考虑到鼓筒外叶片的离心载荷作用,目前叶片-鼓筒式转子的切向速度一般不允许超过 200 m/s。

图 3－14 为 CFM56 发动机风扇-增压级转子结构,鼓筒靠精密螺栓固定于风扇轮盘后端,其外圆上作出三道凸缘,加工成环形燕尾形榫槽,装配增压级叶片。CFM56 增压级鼓筒的切向速度约为 170 m/s。

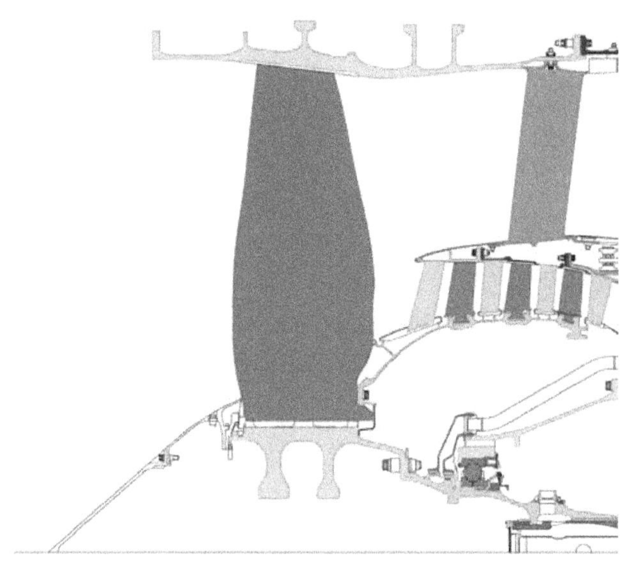

图 3－14　CFM56 发动机风扇-增压级转子结构

如图 3－15 所示,斯贝 MK511 涡扇发动机的风扇转子也为叶片-鼓筒转子结构。鼓筒分为前、后两段,每段又由三段通过氩弧焊对接焊成。前段带有前轴颈,后段带有后轴颈。前、后两段用 24 个精密螺栓连接,其中 3 个是圆柱形螺栓,起装配定心作用,其余为锥形螺栓,工作时定心和传扭。斯贝 MK511 所用鼓筒的切向速度约为 140 m/s。

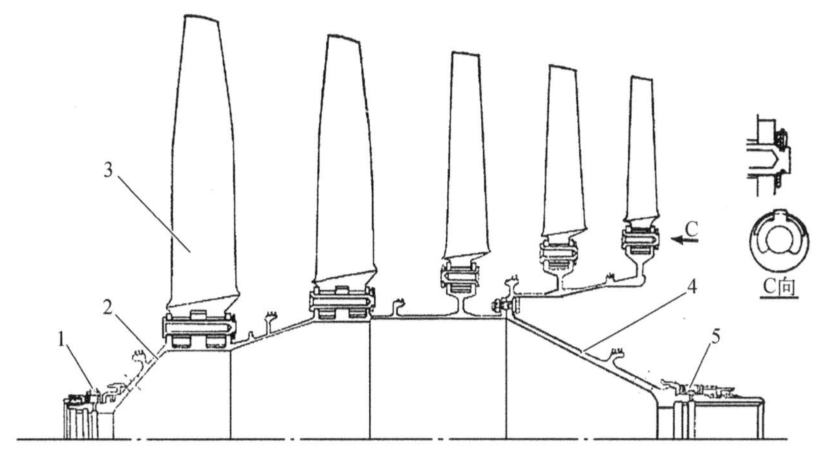

图3-15 斯贝 MK511 涡扇发动机的低压压气机转子

1. 转子前轴承;2. 鼓筒前段;3. 转子叶片;4. 鼓筒后段;5. 转子后轴承

3. 叶盘-鼓筒结构

在压气机转子结构设计中,最为常见的是叶盘-鼓筒转子结构,由轮盘、鼓筒和轴颈等组成,整体构形为拱形,弯曲刚度主要取决于前、后轴颈和连接各级轮盘之间的鼓筒的几何构形和尺寸,轮盘主要承受叶片及自身的离心载荷,同时也对鼓筒产生强度增强的作用,使得鼓筒能够在高切向速度下正常工作。在压气机转子中,扭矩主要是靠转轴和鼓筒、锥壳逐级传递,轮盘一般不承受过大的扭矩,如果需要承受则需要进行局部加强,以保证其强度和刚度特性。这种由轮盘和鼓筒组合而成的拱形结构转子,既可以提供较高的弯曲刚性又能承受高速旋转所产生的离心载荷,因此在发动机中得到广泛的应用。

叶盘-鼓筒转子由于其易于多级组合,且具有高的承载能力和较高的弯曲刚度,在高转速、多级高压压气机转子结构设计中广泛使用,典型的多级轴流压气机转子结构如图3-16所示。在工作中,鼓筒和前、后轴颈传递扭矩、轴向拉压及弯曲载荷作用,而各级叶片及其固定的轮盘则承受离心载荷并保证叶片的径向变形。在高增压比多级压气机转子结构中,由于工作温度及离心载荷的不同,需要采用不同的材料,以满足结构轻质的要求,因此,需要设计连接结构以保证转子在高速旋转及多种载荷作用下具有稳定的力学性能。

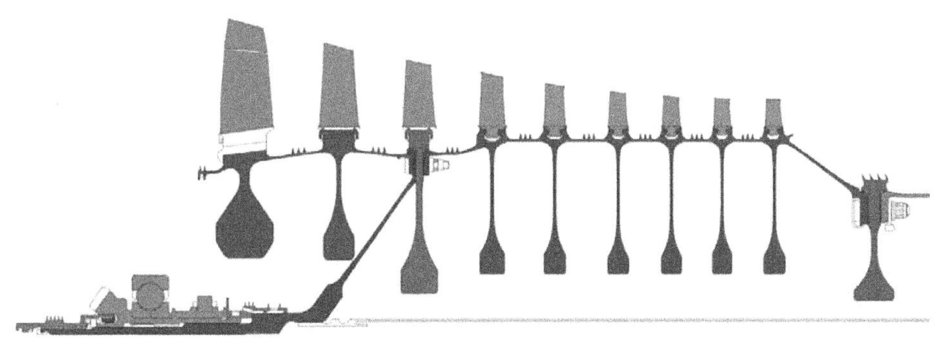

图3-16 CFM56 高压压气机转子结构

图 3-17 为 F119 发动机的高压压气机转子结构简图，在第 2 级轮盘幅板处与前轴颈和鼓筒的交汇处，对局部进行了加强，以防止第 2 级轮盘承受过大的扭转和弯曲应力。

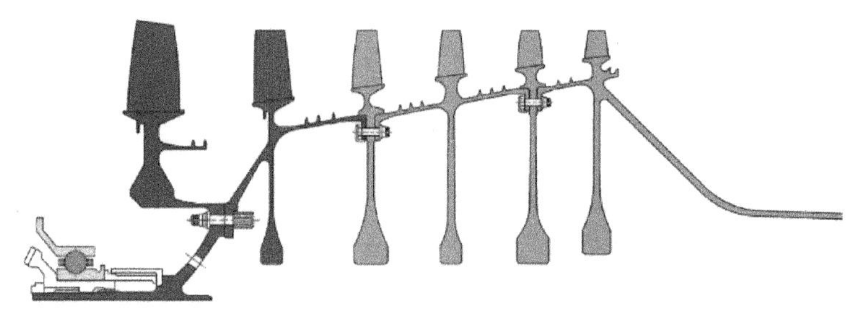

图 3-17　F119 高压压气机转子结构

综上所述，在风扇/压气机转子结构设计中，根据转子结构和承载受力，转子结构几何构形和关键结构参数的确定，需要考虑转子具有良好的刚度特性，其中包括盘-轴连接刚度和转子整体弯曲刚度特性。为了使风扇/压气机转子结构在刚度满足设计要求的前提下，尽量减轻结构质量，需要对其几何构形进行优化设计。

对于多级轴流压气机转子结构，在结构构形上一般采用拱形结构，通过前、后轴颈和鼓筒的几何尺寸优化，以求得最高的弯曲刚度和最小的结构质量。在压气机转子中叶片、轮盘结构主要根据气动性能和强度进行设计，叶-盘结构特征决定转子沿轴线方向的质量、转动惯量的分布特征，而转子的刚度特性则是由转子几何构形和鼓筒、锥壳和连接结构等关键构件的尺寸参数所决定。

如图 3-18 所示，对于典型风扇/压气机转子结构的质量分布和几何构形，其主体结构多是由前锥形轴颈、大直径鼓筒和后锥形轴颈组成，半剖面形成一个拱形结构。处于中间的鼓筒结构可以通过加大直径提高弯曲刚性，而前、后锥壳形轴颈结构是为了适应轴承 DN 值的限制以及燃烧室等结构对转子径向尺寸限制。

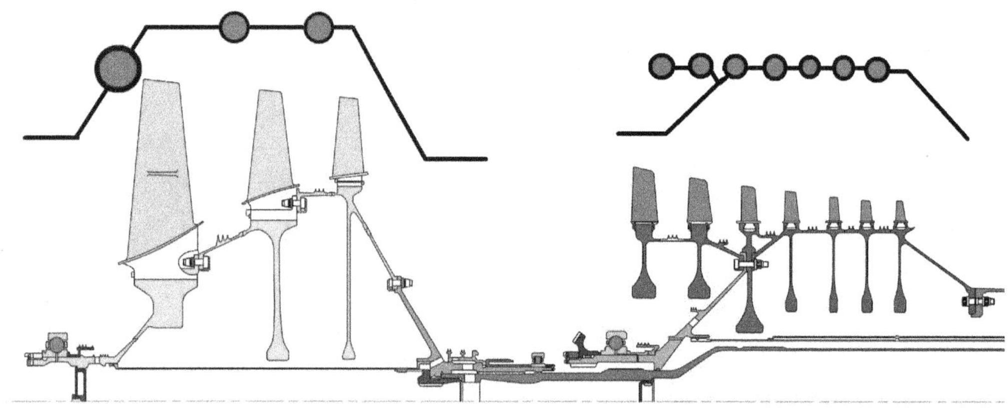

图 3-18　典型压气机转子结构特征模型

如图 3-18 所示，典型压气机转子的构形由大直径鼓筒和前后两锥壳轴颈串联形成，叶盘结构确定了转子质量和转动惯量沿轴向的分布特征，鼓筒与锥壳结构共同确定了转子的弯曲刚度沿轴向的分布特征。

图 3-19 为典型鼓筒结构示意图。根据材料力学的理论分析可知，鼓筒的等效弯曲刚度与长径比倒数 $\frac{D}{L}$ 的三次方成正比，因此，缩短转子的支承跨度（即缩短鼓筒长度）以及提高鼓筒直径可以有效提高鼓筒结构等效刚度。而鼓筒的弹性模量及鼓筒的厚度与其刚度特性与成正比，影响程度要远小于前两个参数。在实际的发动机转子结构设计中，鼓筒轴向长度受限于转子的支点间跨度，鼓筒直径受限于气流通道尺寸及转子转速，需要依据具体情况进行调整。

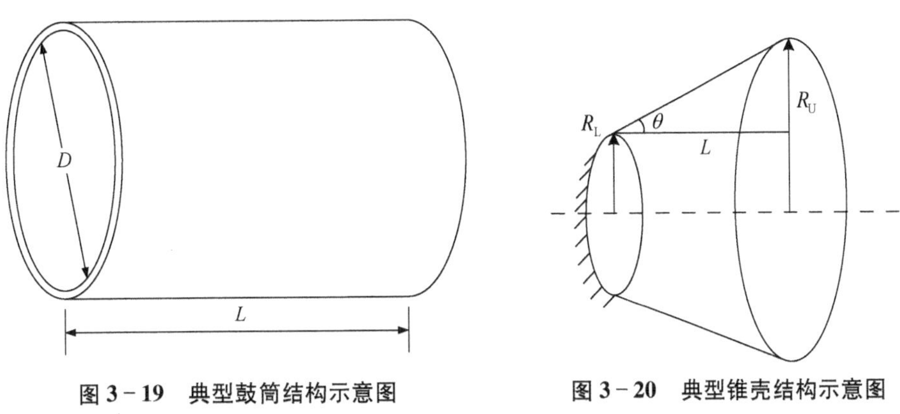

图 3-19　典型鼓筒结构示意图

图 3-20　典型锥壳结构示意图

压气机转子轴颈对弯曲刚度也具有重要影响，其几何构形为锥壳，如图 3-20 所示。考虑到锥壳的壁厚与直径相比很小，可以采用薄膜理论简化锥壳的内力分布，即认为旋转壳体内部只有拉压应力，以分析其轴向刚度。在压气机转子结构中，锥壳的两侧端面直径通常为定值，而锥壳厚度相比直径而言变化很小，所以，锥壳的角度对转子结构抗弯曲变形能力有重要影响，其影响规律如图 3-21 所示。

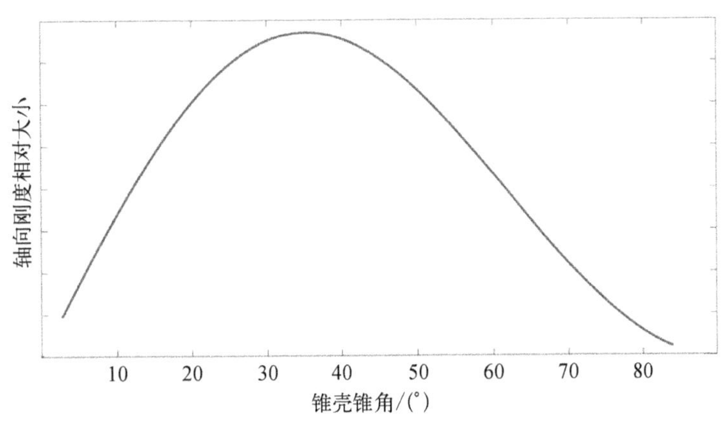

图 3-21　锥壳轴向刚度随锥角变化关系

由理论分析可知，锥壳的轴向刚度随锥角增大呈先增大后减小的变化趋势，其中存在某一值（范围为30°~50°）使得锥壳结构取最大轴向刚度，即此时的锥壳抗弯曲变形能力最强。在实际发动机转子结构中，因为具体的结构变化，如锥壳-鼓筒过渡段的局部加厚、锥壳伸出径向法兰边的尺寸，以及锥壳厚度轴向分布的不均匀性等问题，最佳锥角是变化的。

3.2.2 连接结构

前文论述中讲到，由于压气机转子采用不同材料构成，因此转子结构需要采用连接结构将各级轮盘和转子组合起来，并具有足够的强度和稳定的力学性能。根据轮盘、鼓筒和轴之间的连接方式，分为长螺栓连接结构、短螺栓连接结构、销钉连接结构、焊接结构等。

1. 长螺栓连接

图3－22为长螺栓连接的叶盘-鼓筒结构转子。各级轮盘间都有一个等直径的鼓筒，鼓筒与轮盘靠圆柱面定位，用一组长螺栓将鼓筒和各级轮盘拉紧，靠端面摩擦传扭。为了防止鼓筒在夹紧时发生变形而影响级间封气，在鼓筒和长螺栓间还装有衬套。长螺栓在与盘和衬套相配合的位置处直径加大，用来径向定位，必要时还可以剪切传扭。

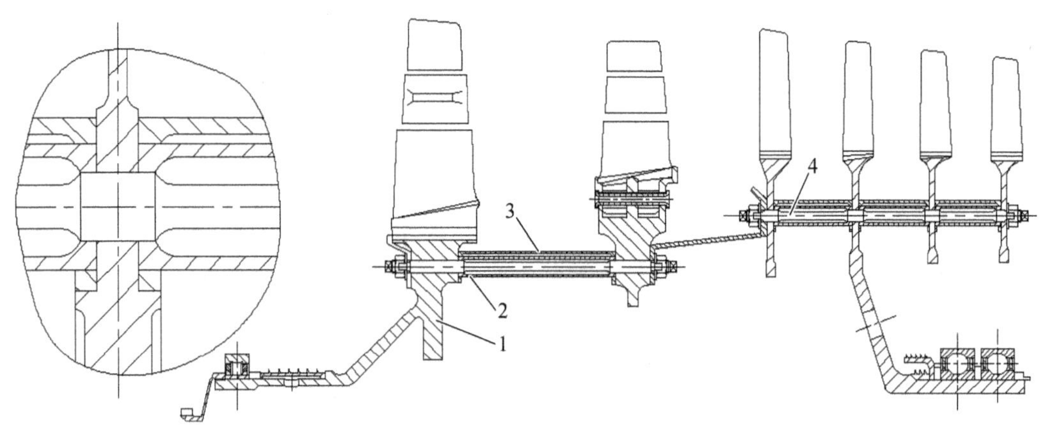

图3－22 长螺栓连接的叶盘-鼓筒结构转子

1. 轮盘；2. 衬套；3. 鼓筒；4. 长螺栓

为保证这种结构的转子可靠地工作，设计时，要根据工作中影响长螺栓拉紧力的各因素（例如，转子和螺栓的材料受热后引起的膨胀量差，转子所受的弯矩、轴向力等）确定出螺栓预紧力的大小；装配时，除要保证螺栓预紧力外，还要保证各螺栓杆受力均匀，因此，拧螺母时应对角进行，并多次逐渐拧紧。为防止拧螺母时长螺栓产生附加扭转应力，需在螺栓的尾端铣出几个平面［图3－23(a)］，以便拧螺母时就近夹紧，并可采用测量螺栓伸长量的方法，控制螺栓的预紧力。在有的发动机中，则是将螺栓尾端留出一段螺纹杆［图3－23(b)］。装配时，套上螺母后，通过夹具拉伸螺栓，达到所需的预紧力后，将螺母拧至与轮盘端面接触，然后去掉拉紧力，就保证了螺栓中的预紧力。这种方法显然比前一种方法更加简便，并且可减少螺母和轮盘端面间的磨损。

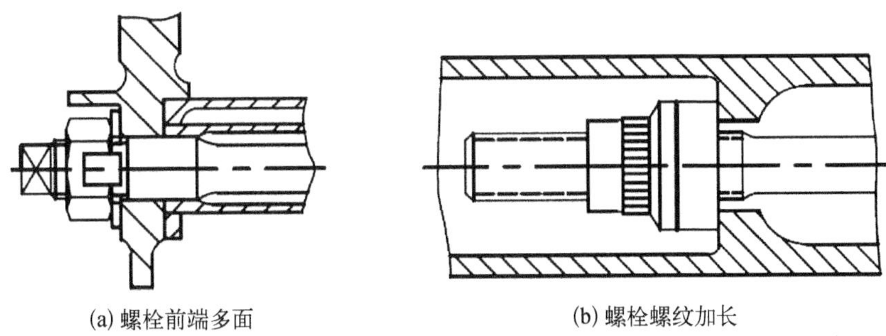

图 3-23 两种长螺栓的端部防扭结构

采用长螺栓轴向预紧的转子系统在现代高负荷发动机中已经较少应用，而俄罗斯 AL-31F 发动机在高压压气机转子后四级轮盘和封严盘的连接中，采用了长螺栓连接，如图 3-24 所示，主要是因为采用不同材料的轮盘和装配工艺限制，不能采用焊接或短螺栓连接，而采用长螺栓连接可以将多级轮盘组成一个环腔结构，对提高高压压气机后段的刚度具有很大的好处。

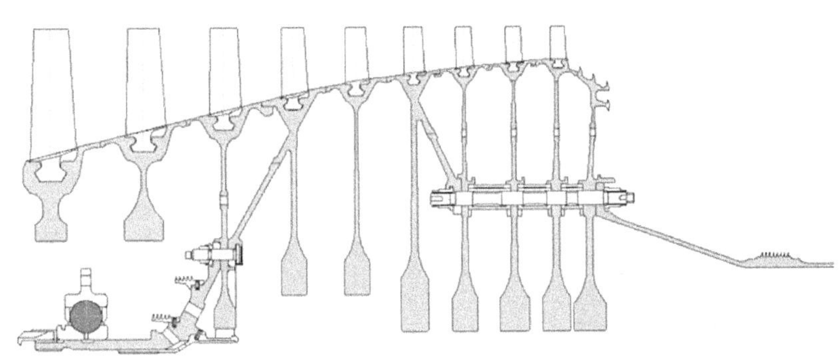

图 3-24 AL-31F 高压转子结构

上文介绍的是多个长螺栓连接的转子结构，在小尺寸涡轴和涡桨发动机中，由于径向尺寸较小，转子轮盘、鼓筒连接中，常采用一个中心拉杆进行轴向预紧，如图 3-25 所示。由于转子转速高，连接界面处径向尺寸较小，为了稳定传递大的功率及扭矩，防止连接界面滑移，在连接界面上采用圆弧端齿连接。

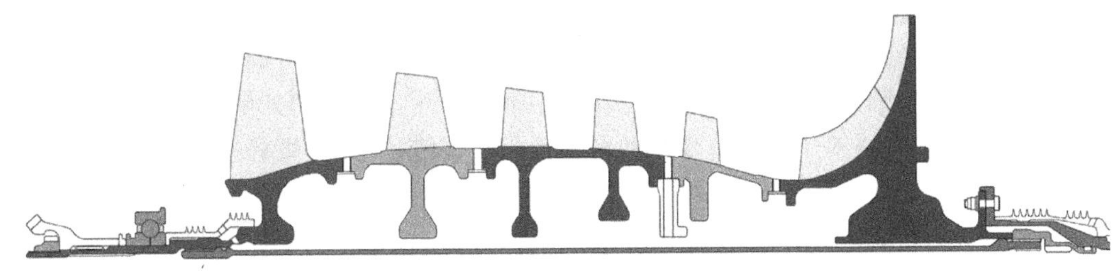

图 3-25 T700 涡轴发动机燃气发生器转子结构简图

近年来,对大尺寸、大流量涡扇发动机的高压转子,也在尝试采用止口-中心拉杆的转子结构设计,如图 3-26 所示。由于转子连接界面处径向尺寸较大,转子靠止口端面摩擦传递扭矩。

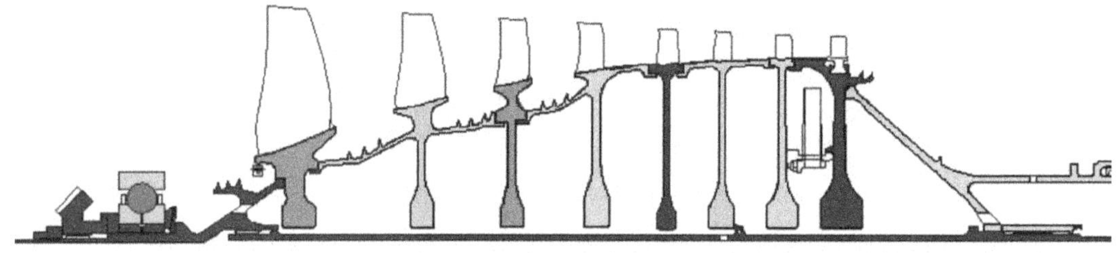

图 3-26 PW1000G 高压压气机转子结构

需要注意,采用中心拉杆或长螺栓轴向预紧时,主要需要足够的轴向预变形量,而不是压紧力或力矩的绝对值。这是因为轮盘材料的正泊松比特性,在高速旋转时,轮盘在离心载荷作用下,轮盘等结构轴向尺寸会减小,如果没有充足的轴向预变形,很难保证转子结构系统弯曲刚度和同心度的稳健性,这在第 9 章中会详细讲述。

2. 短螺栓连接

短螺栓连接方式在压气机转子结构设计中也是普遍使用。可将鼓筒和轮盘做成一体,然后再用短螺栓连接形成转子系统,CFM56-7 发动机高压压气机转子结构如图 3-27 所示。

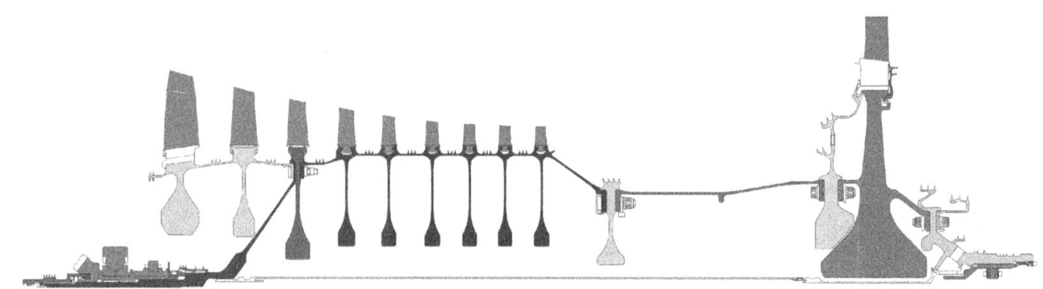

图 3-27 CFM56-7 发动机高压压气机转子结构(短螺栓连接)

采用短螺栓预紧的转子连接结构由两部分组成:一是用于定心、定位和传递载荷的法兰(安装边);二是预紧螺栓,称为法兰-短螺栓连接,简称短螺栓连接。根据转子及连接法兰的不同,其结构有三种典型构形,即向外翻边、向内翻边和上下搭接。向外翻边易于装配,但在高速旋转时会产生较大的气流扰动阻力和摩擦生热。向内翻边在发动机转子连接结构中应用较多,由于定心、定位止口一般位于压紧螺栓的外侧,在法兰设计中需要考虑界面接触状态对工作载荷变化的敏感性。上下搭接法兰-螺栓连接结构常用于锥壳结构,如图 3-27 中高压涡轮后轴颈的连接结构,由于上下连接锥壳结构径向尺寸的不同,在高速旋转中会引起连接法兰产生倾斜变形,对法兰和螺栓产生附加载荷,影响界面接触状态和连接结构力学特性的分散性,因此,需要采用局部加强结构设计,以保证连接结构工作可靠并具有稳定的力学性能。

法兰-短螺栓连接具有零件数目少、结构简化、按需排布等好处,但需要注意,在高速转子上采用法兰-螺栓连接,一圈螺栓数目一般为40~60个,其质量及其离心载荷对连接部分的影响也是必须加以考虑的。

3. 径向销钉连接

在俄罗斯的发动机中,常采用销钉连接结构用于盘-轴、盘-盘之间的连接。图3-28为WP7发动机高压压气机转子结构简图。径向销钉连接结构的基本特征是,采用柱面定心,紧度配合,径向销钉与销钉孔需要高精度配合,以保证稳固接触,靠销钉剪切传扭和其他载荷。这种连接形式结构简单,定位、传扭可靠,但不便于多次拆装和维修,此外,在销钉的装配上也要求有相应的防甩出、防错设计,以提高结构可靠性。

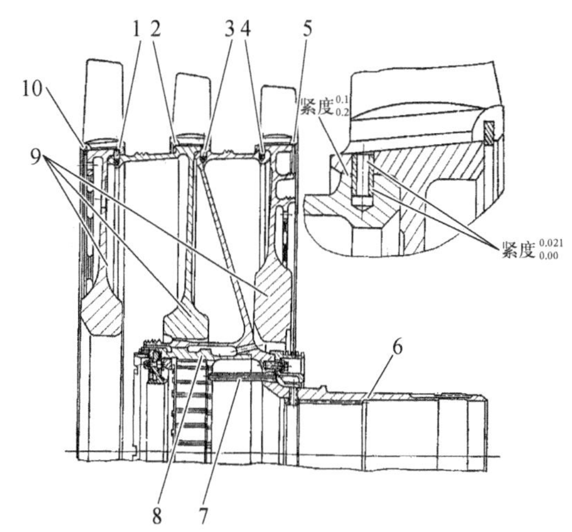

图3-28　WP7发动机高压压气机转子(径向销钉连接)(单位: mm)

1、3、4. 销钉;2、5、10. 卡环;6. 轴;7. 滑油喷嘴;8. 轴承衬套;9. 轮盘

在销钉连接结构设计中,需要避免出现"盲孔",即与销钉配合的孔是盲孔,这样在工作过程中,由于环境温度的变化,可能引起盲孔内压力的极大变化,造成孔边应力集中及疲劳损伤失效。

4. 焊接

随着先进焊接技术的发展,现代先进发动机中采用焊接的转子逐渐增多。图3-29所示转子的盘、鼓、轴间都用电子束焊焊成一体。用于焊接转子的焊接方式,除应具有大穿透、小变形、无氧化、高强度以及焊接尺寸精度高等特点外,还要保证焊接效率高、质量稳定。早期的发动机中采用氩弧焊后再机械加工,目前则多用电子束焊、惯性摩擦焊、线性摩擦焊等,焊后可以不再加工。用微处理机控制焊接参数,焊后还要进行超声波等严格地检验以确保焊接质量。

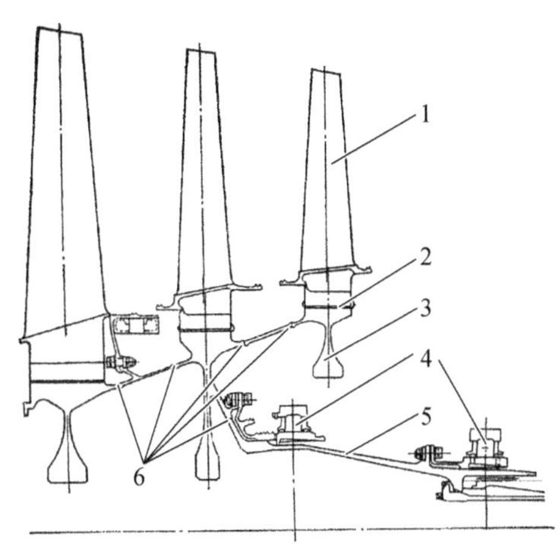

图3-29　RB199风扇转子(焊接)

1. 转子叶片;2. 锁片;3. 轮盘;4. 轴承;5. 轴;6. 焊接处

焊接转子的维修问题在工程应用中必须加以重视,由于多级轮盘采用焊接,如果局部发生损伤就需要修理后才可以继续使用,如果不具备整体转子修理工艺,则会造成成本的提高。

在工程应用中,连接结构的使用要根据转子结构具体情况综合评估决定。这是因为,发动机转子结构会因为连接界面的损伤引起转子力学特性的变化,从而造成其组成零部件及结构整体承载状态的变化,最终导致某些相对薄弱的零件甚至整个系统发生失效。即因为连接结构的局部损伤，转子结构的初始损伤部位和最终失效部位可能是不同零件或是同一零件上的不同位置。例如，某型涡扇发动机由于连接压气机轴与涡轮轴的套齿联轴器，在拉压-弯曲-扭转多种载荷作用下连接界面发生摩擦疲劳损伤，造成整个转子结构系统的弯曲刚度降低，使其动力学特性变化，工作过程中振动响应加大，引起风扇静子叶片与鼓筒碰摩，最终导致转子轮盘间连接鼓筒（篦齿）严重磨损和叶片断裂失效。即转子结构系统的初始损伤位于套齿联轴器的连接界面，而最终发生失效的部位位于转子的鼓筒和叶片。

现代高负荷风扇、压气机转子结构设计，为了追求“轻质重载”的设计目标，会采用不同材料构件，因此不能焊接。而连接结构的存在，对于高速转子系统而言，在实际发动机的装配、使用和维修过程中，连接界面的接触状态和转子系统的刚度、同轴度等参数均会产生一定的分散性，从而引起转子及整机的振动问题。在转子连接结构设计中，需要根据所处的载荷环境，合理设计结构构形和尺寸，以保证在全工作状态下，转子系统具有稳定的力学性能。

对于风扇、压气机转子结构，其基本构形是轮盘和鼓筒的组合体，由于其几何结构、材料性能等因素的影响，在高速旋转时，不同结构所产生的变形存在差异，如果将具有不同变形的构件连接在一起（无论是焊接还是界面连接），在转速载荷作用下由于径向变形不协调均会产生附加应力，造成连接结构力学性能或可靠性的降低。在结构设计时确定不同几何构形结构在工作转速载荷下的变形协调性并以此确定相互连接位置是转子连接结构设计的基础。下面以带圆柱鼓筒的实心、等厚、无外载、等温的轮盘为例，分析在旋转载荷作用下鼓筒和轮盘之间相互的影响。

由强度计算可知，工作时，在结构质量惯性载荷作用下，鼓及轮盘内都要产生应力及径向应变。鼓和盘的直径愈大，则径向变形也愈大。若不考虑盘鼓之间的相互影响，可以分别计算出不同半径上盘和鼓的相对变形曲线（图 3－30）。两曲线有一个交点，说明此时盘和鼓的自由变形相等。也就是说，当鼓筒半径等于交点的半径（对所研究的等厚盘，约等于 0.51 轮盘外半径）时，将鼓筒连在轮盘上，由于两者变形一致而相互之间没有力的作用，鼓筒只对转子刚性有所加强，这个半径称为恰当半径。当鼓的位置小于恰当半径（如半径Ⅰ处）时，轮盘的自由变形大于鼓筒的自由变形。盘鼓作成一体后，两者的变形必须协调起来，实际变形值显然处于两者自由变形值之间，说明此时轮盘的变形比无约束轮盘小，因而应力减小。鼓筒则相反，变形增大，应力也增大。也就是说，在这种情况下，鼓筒对轮盘强度有所加强，而轮盘减弱了鼓筒的强度。由于所处半径较小，鼓筒对转子刚性的加强作用不大。当鼓的位置大于恰当半径（如半径Ⅲ处）时，鼓和盘之间的影响则正好相反，此时盘对鼓的强度有所加强，而鼓却减弱了盘的强度，但对转子刚

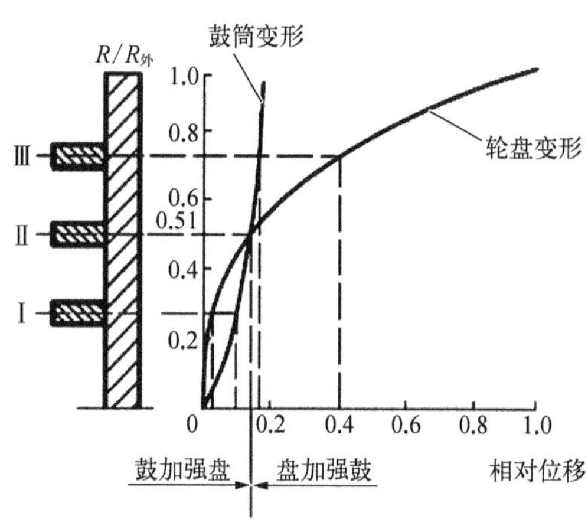

图 3－30　盘和鼓的自由变形和相互影响

性加强较大。

实际轮盘由于外载、温度梯度、轮盘形状、鼓筒形状等不同，各轮盘的恰当半径数值可能各不相同。设计中，可以计算出恰当半径的数值。一般最好将轮盘之间的连接鼓筒放在恰当半径位置的附近。这样，既可以提高转子弯曲刚性，又不致造成盘、鼓间过大的附加应力。当然，设计中也可以利用此特性，有意地加强鼓或加强盘。

在图 3－27、图 3－28 所示的结构中，各级盘、鼓间一般都采用带紧度的圆柱面配合，并尽可能将工作状态下径向变形大的零件装在径向变形小的零件环腔内，以保证工作时各配合面不产生间隙。连接螺栓或销钉与孔之间一般采用零间隙到小紧度的精密配合（图 3－28 局部放大图）。螺栓及销钉的数目往往比传力所需要的数目多很多。这些措施都是为了保证转子有均匀、稳定的刚性，使连接结构接触面应力集中较小，从而减少工作过程中产生的附加不平衡量。

3.2.3　叶片与轮盘

转子叶片（又称工作叶片）是轴流压气机最重要的零件之一。它直接影响压气机的气动性能、工作可靠性、质量及成本等，使用中叶片故障也比压气机中其他零件多。因此，无论在设计、制造和使用维修中，都应对叶片投入大量的研究工作。

转子叶片主要由叶身和榫头两部分组成，如图 3－31 所示。通过流场气动设计得到叶片的气动造型，并完成强度校核、获得各级叶片的三维气动外形之后，在工程中需要根据叶片及轮盘的结构特点进行结构设计。

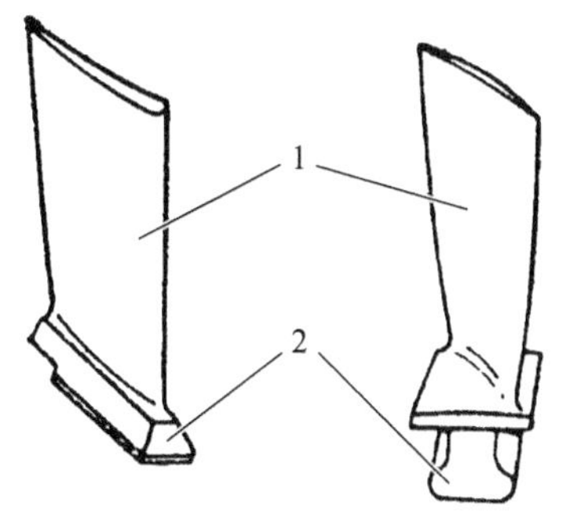

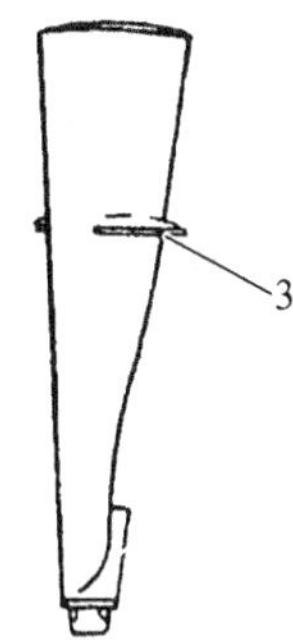

图 3－31　压气机转子叶片

1. 叶身；2. 榫头；3. 减振凸肩

1. *叶身构造特点*

由于需要满足气动性能、强度和振动规范的要求，压气机转子叶片的叶身一般都由适应亚声或超声工作的叶片型面，按一定的扭向规律及型面重心分布规律，沿叶高重叠而成。为了尽量减轻质量，叶尖部的弦长要比根部的窄。

1）带凸肩结构叶片

在叶片较长的情况下（如风扇叶片或压气机前级叶片），为了避免发生危险的共振和颤振，以及提高叶片抗外物打击能力，叶身中部常配有一个减振凸肩（或称阻尼台，见图

3-32),各个叶片的凸肩相互顶紧。装好后,各个叶片的凸肩连成一环状,彼此制约,增加刚性,改变叶片的固有频率,降低叶根部的弯曲和扭转应力。减振凸肩接合面处喷涂耐磨合金,当叶片发生振动时,接合面互相摩擦吸收振动能量,可起阻尼减振的作用。减振凸肩的位置主要根据强度、振动因素考虑,同时也要考虑气动性能。应尽量使减振凸肩的尾迹气流不渗入内涵压气机,以保证核心压气机的效率。一般减振凸肩位于距叶根50%~70%处。

由于减振凸肩的存在且叶身与减振凸肩的连接处也要局部加厚,流道面积减小了约2%,减少了空气流量;减振凸肩还造成气流压力损失,使压气机或风扇效率下降,发动机燃油消耗率增加;此外,减振凸肩增加了叶身的质量,使叶片根部所受的离心载荷加大,凸肩与叶身交界处还会产生附加的弯曲应力,叶片加工工艺也变得更复杂。为了克服减振凸肩所带来的缺点,个别发动机将风扇叶片的减振凸肩取消而改为带冠叶片。这样,虽然改善了气动性能,减少了叶尖漏气损失,但叶片的离心载荷却更大,叶片榫根承受不了,因而带冠的风扇叶片未得到推广。在有些风扇叶片上,为了抵抗外来物击伤,叶身上部除减振凸肩外,还有较厚的加强筋,如JT15D-4第1级风扇叶片(图3-33)。

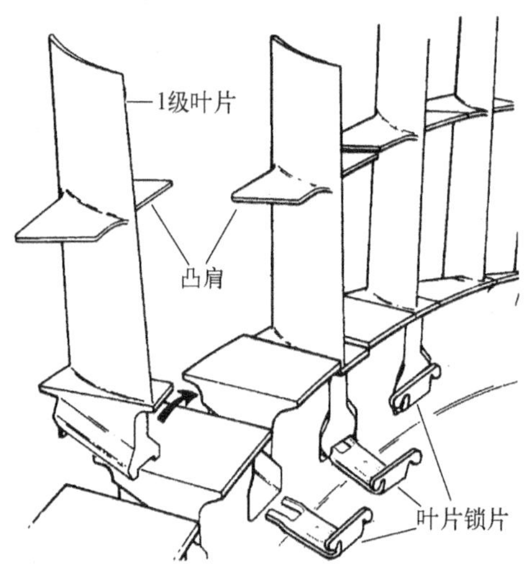

图3-32　带减振凸肩的转子叶片

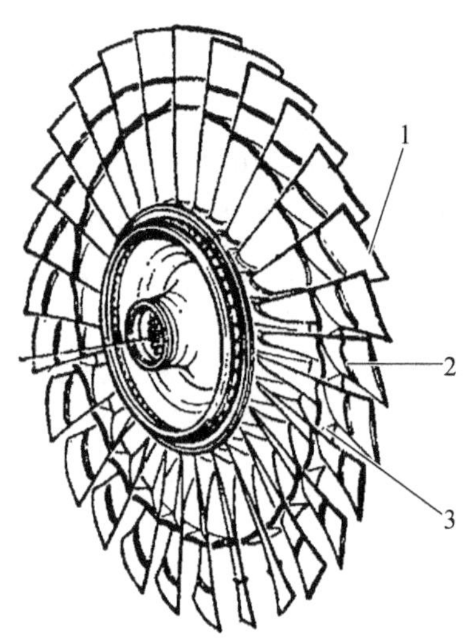

图3-33　JT15D-4风扇叶轮

1. 风扇叶轮;2. 加强筋;3. 减振凸肩

2) 宽弦风扇叶片

展弦比,为叶片长度与弦长之比。早期叶片一般是大展弦比的细高叶片。自20世纪80年代中期,有些发动机(如RB211-535E4及V2500等)上采用小展弦比叶片取代带减振凸肩的大展弦比叶片。其中,小展弦比叶片,通常称为宽弦叶片。20世纪90年代以后研制的高涵道比涡扇发动机,无一例外地都采用了宽弦叶片,而在20世纪后期研制的发动机,如Trent900、Trent1000及GEnx还采用了带掠形的宽弦叶片。

宽弦叶片与带减振凸肩的大展弦比叶片相比,还具有叶栅通道面积大、喘振裕度宽、级效率高以及减振性能好等优点。采用宽弦设计,叶片弦长较原来增加了40%左右,而且厚度加大,不仅可降低叶片振动应力,而且加大了抗外物打击能力,但增加了叶片质量。

不过,由于在保证最佳稠度的前提下,采用宽弦叶片时转子的叶片数目减少,所以由于加宽叶弦而引起转子质量的增加并不大。而且为保证使用宽弦叶片而不引起转子质量的增加,在现代风扇叶片设计中各发动机设计集团公司分别采用了不同的减重措施。

罗・罗公司首先使用"蜂窝式宽弦空心风扇叶片",采用"三明治"的方法加工叶片,即将钛蒙皮钎焊在钛蜂窝骨架上(图3-34)。这种特殊结构使叶片的质量有所减小,且蜂窝的内阻尼大,可改善叶片的振动特性。

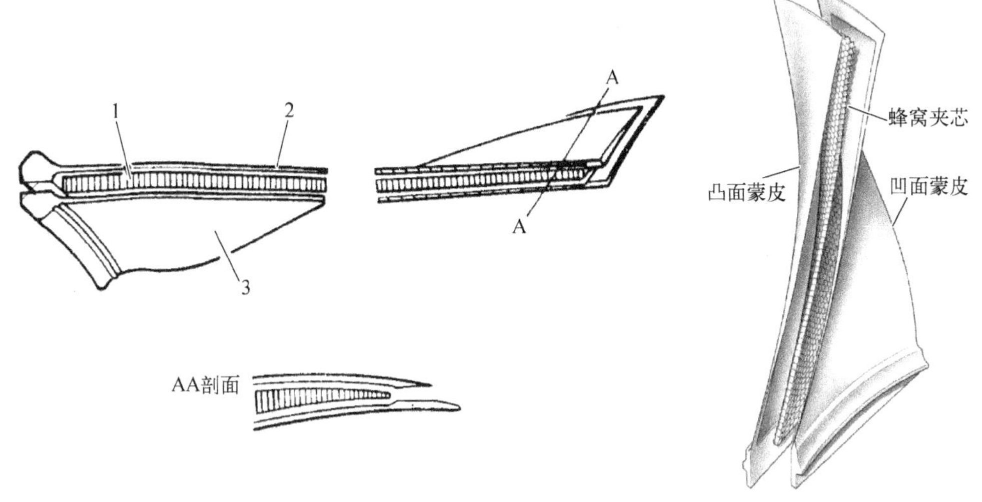

图3-34　蜂窝式宽弦空心风扇叶片

1. 钛合金蜂窝骨架;2. 叶背钛蒙皮;3. 叶盆钛蒙皮

后来,罗・罗公司又发展了第三代宽弦无凸肩风扇叶片,称为"超塑成型/扩散连接(super plastic forming and diffusion bonding, SPF/DB)风扇叶片",即芯部用桁条结构取代原来的蜂窝结构。采用SPF/DB的工艺方法来制造,即先将芯部桁条通过扩散连接方法与两面板在不同位置处连接起来,然后将它们置于高温下的模具中,在两面板间充以高压惰性气体,在超塑性状态下两面板向外扩张,同时将桁条拉长组成如图3-35(b)所示的结构。在连接好的空心风扇叶片内探测不出面板与波状板间的连接缝。由于桁条是与面板焊接在一起的,可以承力,因而叶片质量可较带蜂窝芯的叶片减轻15%,这种叶片已被Trent700、800、900与1000发动机采用。

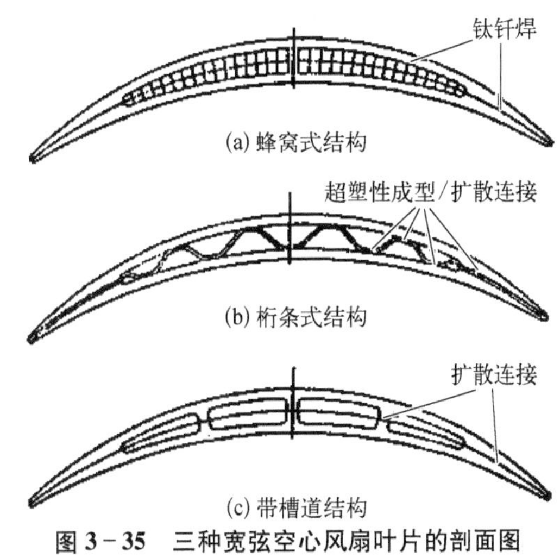

图3-35　三种宽弦空心风扇叶片的剖面图

普惠公司采用了另一种降低大风扇叶片质量的空心结构,即叶片由两个面板组成,在芯部铣有一些纵向槽道,通过扩散连接将两面板连接成一体,成为带槽道的空心叶片,其剖面如图 3-35(c)所示,显然它的质量要大于前述的罗·罗公司的叶片。

通用公司为波音 777 发展的 GE90 发动机中采用了复合材料的风扇叶片。GE90 风扇的直径为 3.124 2 m,叶片高 1.219 2 m,叶尖弦长 0.533 4 m,榫头宽 0.304 m。由于叶片很长,采用金属材料即使做成空心的,叶片也会很重,叶片榫根处以及轮盘强度问题也难以解决。为此,通用公司采用了复合材料风扇叶片。

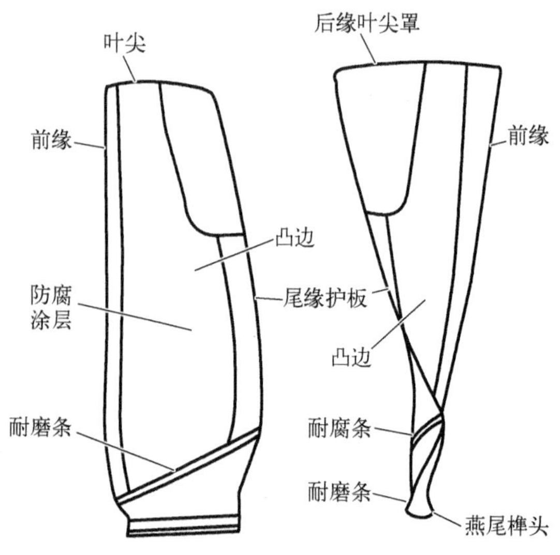

图 3-36 GE90 复合材料风扇叶片

复合材料风扇叶片的叶身与叶根用 IM7 中长碳纤维与增强的 8551-7 环氧树脂组成的"大力神"8551-7/IM7 复合材料制成一体。在叶身的压力面上,涂有聚氨酯防腐蚀涂层,叶背上涂有一般的聚氨酯涂层。为提高叶片抗大鸟撞击的能力,将钛合金薄片用 3MRAF191 胶粘在叶片前缘上。为避免工作中复合材料脱层,在叶尖与后缘处用 Kevlar 细线进行了缝合(图 3-36)。

复合材料风扇叶片具有以下特点:质量轻、成本低、抗振性能特别是抗颤振性能特好,具有特别好的损伤容限能力。一般钛合金叶片如在根部出现裂纹,在工作中裂纹将很快地扩展,影响叶片的正常工作。但复合材料做的叶片,即使出现大的缺口,也不会扩展。但抗大鸟撞击能力不如钛合金的好,为此风扇设计成小的叶尖切线速度(371 m/s),相应的压比也小。据分析,外物打在叶片上的撞击能量与叶尖切线速度的二次方成正比。

罗·罗公司在 20 世纪 60 年代末 70 年代初发展 RB211 时,就采用了复合材料的风扇叶片,由于最终未能解决抗鸟击问题,不得不放弃。为此,通用公司对复合材料不仅经过长期的开发研究工作,还进行了大量的试验,经过十余年的各种试验和使用考验,证明这种复合材料风扇叶片的设计与制造技术是成功的,因而为波音公司研制的 GEnx 上也采用了这种复合材料风扇叶片。表 3-2 列出了用于波音 777 三种不同减轻叶片质量方法的对比数据。

表 3-2 波音 777 上三种发动机风扇叶片的对比

性能	发动机		
	Trent800	PW4084	GE90
叶片材料	钛合金	钛合金	复合材料
风扇直径/m	2.794	2.844 8	3.124 2
风扇转速/(r/min)	3 248	2 732	2 304
单片质量/kg	10.699	18.6	14.528
叶片数目	26	22	22
叶片总质量/kg	277.4	409.2	319.6

续　表

性　　能	发　动　机		
	Trent800	PW4084	GE90
叶尖速度/(m/s)	478.4	413.3	376.3
涵道比 BPR	6.0	6.31	8.38
风扇压比	1.75	1.7	1.517
叶片高/m	0.99	0.97	1.219
单位叶高质量/kg	10.17	19.17	11.917
结构参见图号	图 3－35(b)	图 3－35(c)	图 3－36

3）提高叶片效率的结构措施

在减小叶尖间隙损伤方面，在叶片结构上也可以采取一些有效的结构措施，如端削、可控扩散叶型、端弯等。

在一些发动机中，用削去叶尖处部分叶盆金属的办法，制成所谓的“刀片”结构，如图 3－37 所示。叶片原来的中弧线 C－C 削去金属后变为 C′－C′，叶型弯角明显地由 θ 增加到 θ'，称为中弧过弯。由于中弧过弯的作用，叶尖处的加功量加大，从而延迟了壁面附面层的分离。不仅扩大了压气机的稳定工作范围，还有利于提高增压比和效率。由于“刀片”结构的叶尖很薄，万一叶尖和机匣相碰，也不会引起严重的后果，所以叶尖和机匣间可以采用较小的径向间隙，这就使漏气损失减小，从而提高了压气机效率。

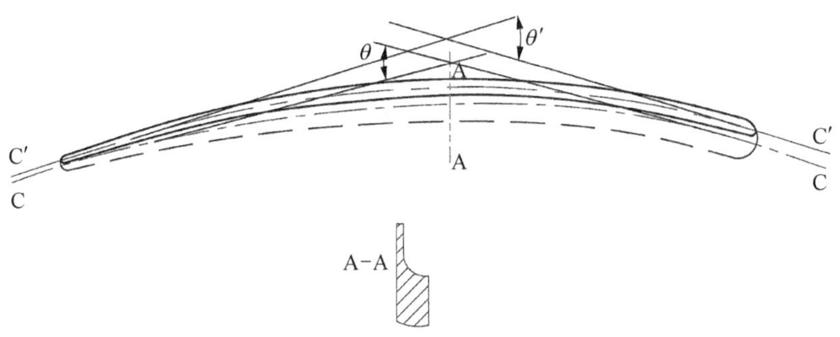

图 3－37　转子叶片叶尖中弧过弯结构

为了进一步提高压气机的级效率，扩大喘振裕度，在 20 世纪 80 年代投入使用的发动机（如 RB211－535E4、V2500、PW2037、PW4000 等）中，普遍采用了可控扩散叶型及端部过弯叶身的叶片，取得了较好的效果。

将压气机叶型由常规的叶型改为可控扩散叶型，如图 3－38(b) 所示，叶型厚度及曲率按最佳分布，因而基本消除了附面层的分离，增加了压气机的有效流通面积，提高了压气机的效率。另外，这种叶型的叶弦较宽，前、后缘较厚，因而抗腐蚀及抗冲击性能好，且可减少叶片数。

端部过弯叶片（图 3－39）是为了减少叶片两端壁附面层所造成的二次损失，因而将叶身（包括静子叶片叶身）尖部及根部前、后缘特别地加以弯曲。

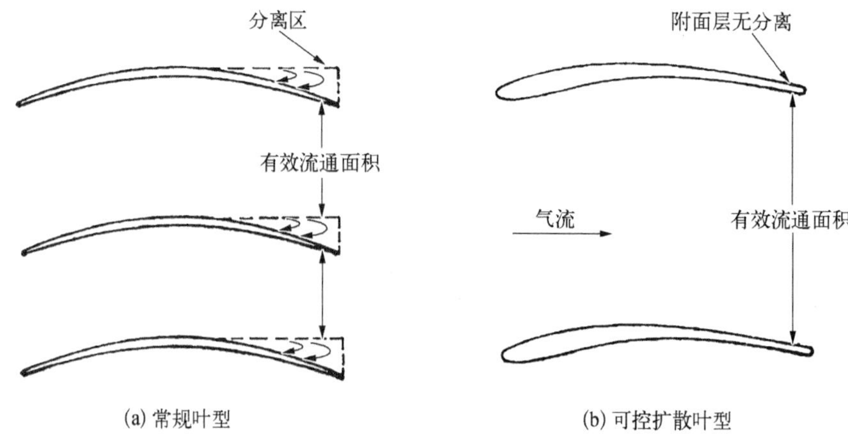

图 3-38 常规叶型和可控扩散叶型

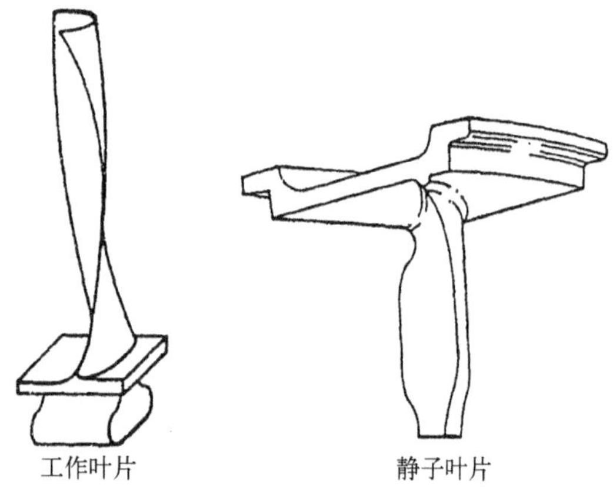

图 3-39 端部过弯叶片

采用可控扩散叶型，并将叶身端部的前、后缘加以过度地弯曲，形成了新一代的高效能的叶片，使压气机的级效率及压气机特性得到了进一步的提高。

2. 榫头构造特点

榫头的作用是连接转子叶片与轮盘，因此，榫头应保证按所要求的位置，准确地将叶片安装在盘上，并将叶身所受的载荷传到轮盘上。设计时，榫头应有足够的强度，尽量避免应力集中，保证榫头不在叶身断裂前发生断裂。

由于叶片工作时容易损坏，所以榫头还应便于装拆。目前，压气机转子叶片的榫头基本采用燕尾形，极少数采用枞树形，有些发动机上也有采用销钉式榫头连接的。

1）销钉式榫头

转子叶片借凸耳跨在轮缘上或插在轮缘的环槽内(图 3-40)，靠销钉或衬套承剪，传

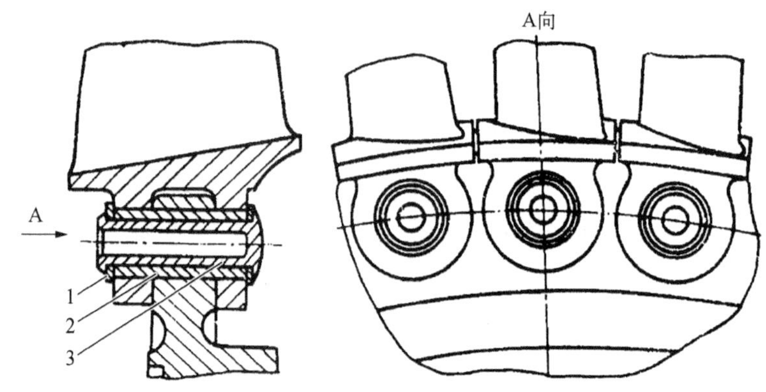

图 3-40 双凸耳销钉式榫头

1. 垫圈；2. 承剪衬套；3. 销钉

递叶片的载荷。衬套与凸耳孔之间、凸耳与轮盘侧面之间带有间隙，工作时允许叶片绕销钉摆动，有摩擦减振和消除连接处的附加应力的作用。

当叶片载荷较大时，可以增加凸耳和轮缘环槽的数目，以增加承剪面，改善承剪零件的受力状况。这种榫头不用专用设备加工，对于单件生产或试验用的发动机有一定的优越性，另外，可以改变销子直径或配合间隙来改变叶片的自振频率，而不需要改动盘和叶片。但这种榫头承载能力有限、尺寸和质量大，因而在现代发动机上较少采用。

2）轴向燕尾形榫头

转子叶片借叶根处的燕尾形榫头安装在轮盘上相应的槽内，依靠槽侧面定位和传力。榫头与榫槽的配合，可以是过渡配合，也可以是小间隙配合。采用间隙配合，可使叶片安装方便，避免在榫槽内出现装配应力。根据叶片的结构情况及设计风格的不同，现有发动机采用了几种不同形式的燕尾形榫头。

图 3－41 为 WP7 发动机上所用的轴向燕尾形榫头及榫槽的典型结构。这种榫头与叶根直接相连，榫头上表面必须完全包容叶根型面，而榫槽沿轴向的宽度又要与榫头相同，所以轮缘尺寸较厚。为了减小应力集中，榫头及榫槽各转接处都尽量以倒角或大圆角代替小圆角和尖角。

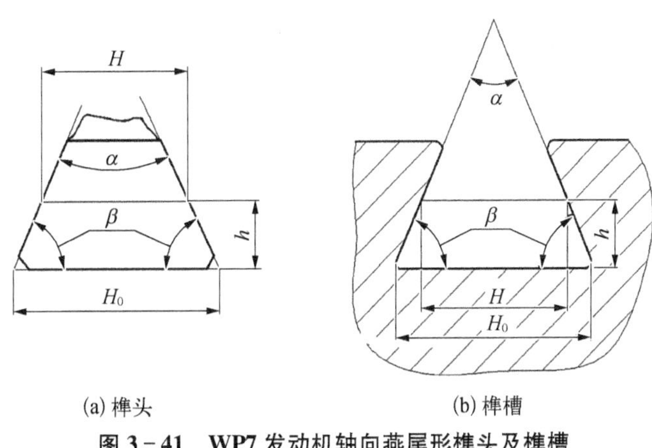

(a) 榫头　　(b) 榫槽

图 3－41　WP7 发动机轴向燕尾形榫头及榫槽

图 3－42 所示的 JT3D 叶片榫头形式则广泛用于英美发动机中。这种榫头设计专门的平台包容叶根型面，在平台与轴向燕尾形榫头之间有一段过渡段，各转接面间都用圆角过渡。

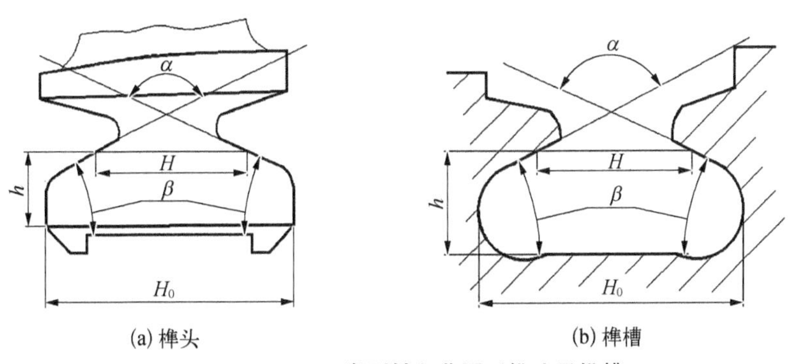

(a) 榫头　　(b) 榫槽

图 3－42　JT3D 类型轴向燕尾形榫头及榫槽

表 3－3 列出了 WP7 发动机压气级第 5 级及 JT3D 第 9 级转子叶片榫头和盘缘榫槽的结构参数。由表可见，WP7 的榫头的 β 角为 70°，而 JT3D 的则为 30°。由榫头受力分析可知，β 角小可使承压面的挤压应力减小。因而，后一种榫头从中间叶根开始，轮缘及榫头都可以做得薄些，这样就可以减轻转子的质量（图 3－43）。由于叶片安装角要求严格，因而不仅要求榫头、榫槽尺寸精度高，各榫槽的位置精确度的要求也很高。一般采用拉削加工。这就使工装复杂，制造成本提高，但拉削加工生产效率高。

表 3－3　两种燕尾形榫头和榫槽的结构参数

参　数		机　型	
		WP7(第 5 级)	JT3D－3B(第 9 级)
H/mm	榫头	$8.8^{+0.01}_{-0.035}$	8
	榫槽	8.8±0.03	8
H_0/mm	榫头	10.62	$11.6_{-0.1}$
	榫槽		$12.42^{+0.1}_{-0.05}$
β	榫头	70°±4′	—
	榫槽	70°±10′	—
α	榫头	40°±4′	120°±4′
	榫槽	40°－4′	120°±4′
h/mm	榫头	2.5	4.4±0.1
	榫槽		$4.82_{-0.08}$
表面状况		侧面光洁度 0.8 底面光洁度 1.6	侧面光洁度 1.6~0.8 喷丸处理，接触面涂石墨清漆

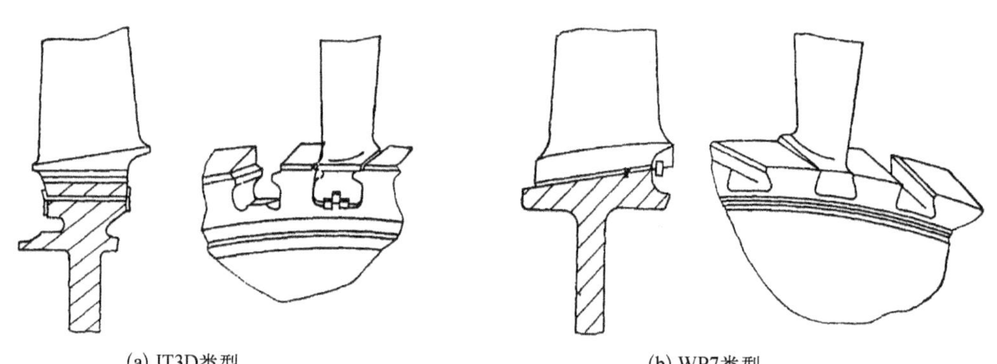

(a) JT3D类型　　(b) WP7类型

图 3－43　两种燕尾形榫头及轮缘形状对比

3）环形燕尾形榫头

有些发动机在高压压气机后几级叶片上，采用环形燕尾形榫头来固定叶片，即在轮缘上车出一个环形的燕尾槽安装叶片，使加工简单，装配方便。但在设计中，应考虑叶片的装拆及锁紧问题。图 3－44 为叶片装入环形燕尾形榫槽中的一种方法，即在轮盘的环形燕尾槽上开有一个能从径向插入叶片榫头的缺口，所有的叶片都由此装入环形槽内。在缺口的左右两边，各有一个锁紧槽口，其尺寸比缺口小，叶片不能由锁紧槽口径向出入燕

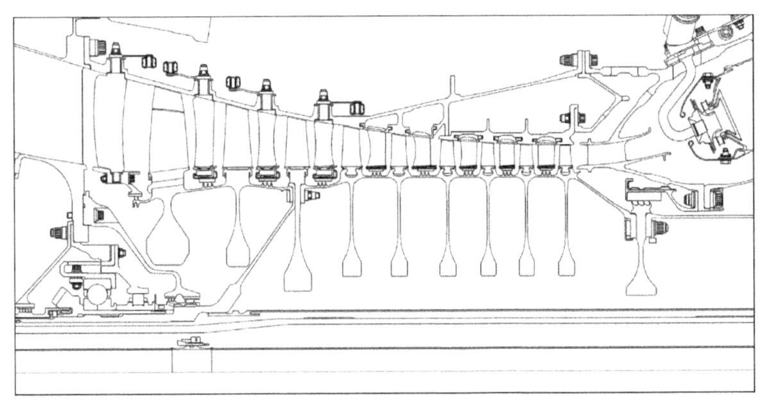

(a) 4~9级环形燕尾形榫头

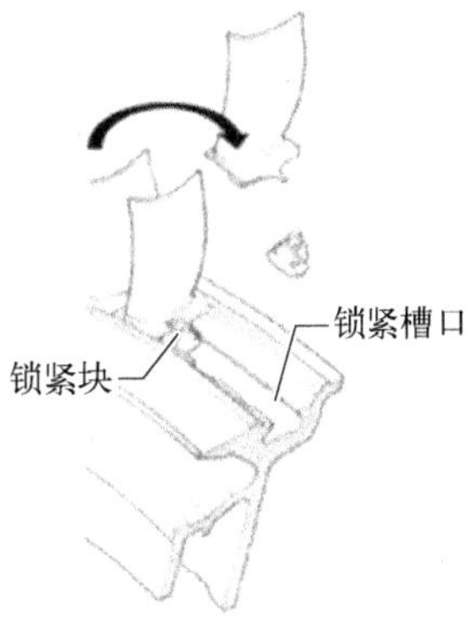

(b) 叶片装入

图 3-44　环形燕尾形榫头及其装配过程

尾槽。在最后装入的两片叶片中,夹有两个锁紧块。锁紧块分别夹在两片叶片底板上开的方形孔中。当所有的叶片装入以后,沿图中箭头所示的方向,将叶片转过一个角度,使缺口正好错开叶片的榫头,而锁紧块正好嵌入锁紧槽口内。拧动装在锁紧块中的螺钉,使锁紧块向上抬起,紧贴于锁紧槽中,使锁紧块不能周向移动,最后冲铆住螺钉。这种结构加工简单、装配方便,特别是在更换叶片时只需打开压气机机匣即可拆装叶片,但由于榫头尺寸相对轴向燕尾榫头较小,因而在一些发动机中只用在离心力较小的压气机后几级叶片上。AL-31F 高压压气机中全部采用了环形燕尾榫头(图 3-8),实属少见。

综上所述,销钉式榫头虽然具有减振和自定位作用,而且不要求有特殊的工装,但因榫头尺寸大而重,所以在现代发动机上较少采用;轴向和环形的燕尾形榫头,则因为尺寸小、质量轻、结构简单、装拆容易,在压气机中得到广泛的应用。

3. 叶片在榫槽中的锁定

转子叶片装在榫槽中时必须将其锁定,以防止叶片在工作中由于气动载荷和离心载荷或振动而松脱。一旦叶片在榫槽中松脱,其后果十分严重。在轴向燕尾形榫槽结构中,叶片在工作中受气动力和离心力槽向分力的作用下,会沿槽向移动。轴向燕尾形榫头或枞树形榫头,槽向固定的方法很多,通常采用各种形状的锁片固定(图 3-45)。也可以利用两级轮盘间的封严篦齿环槽向锁定叶片。

图 3-45(e)所示的结构中,用一个环形的弹性卡圈将一圈叶片锁定,是苏联发动机中采用较多的结构,它是在每个叶片榫根底面接近前(或后)缘处开一槽,在轮盘盘缘内径处开有环形槽,叶片装入榫槽后,叶片榫根底部的槽与轮盘的槽形成一完整的环形槽,将弹性卡圈装进环形槽中,即将所有叶片锁定。罗・罗公司为波音 787 研制的 Trent1000 发动机中,首次采用了这种锁定叶片的设计。

当压气机级增压比较大时,气流内通道较斜,如果叶片榫头又做成与通道平行时(苏联发动机采用较多),则由于离心载荷的槽向分力较大,一般锁片是承受不了的,因而需用 1 个或 2 个直径较大的挡销从轮盘中的孔插入到叶片榫根的槽中来锁定叶片,如图 3-45(b)所示,WP7 低压压气机第 1 级叶片就用了 2 个挡销。

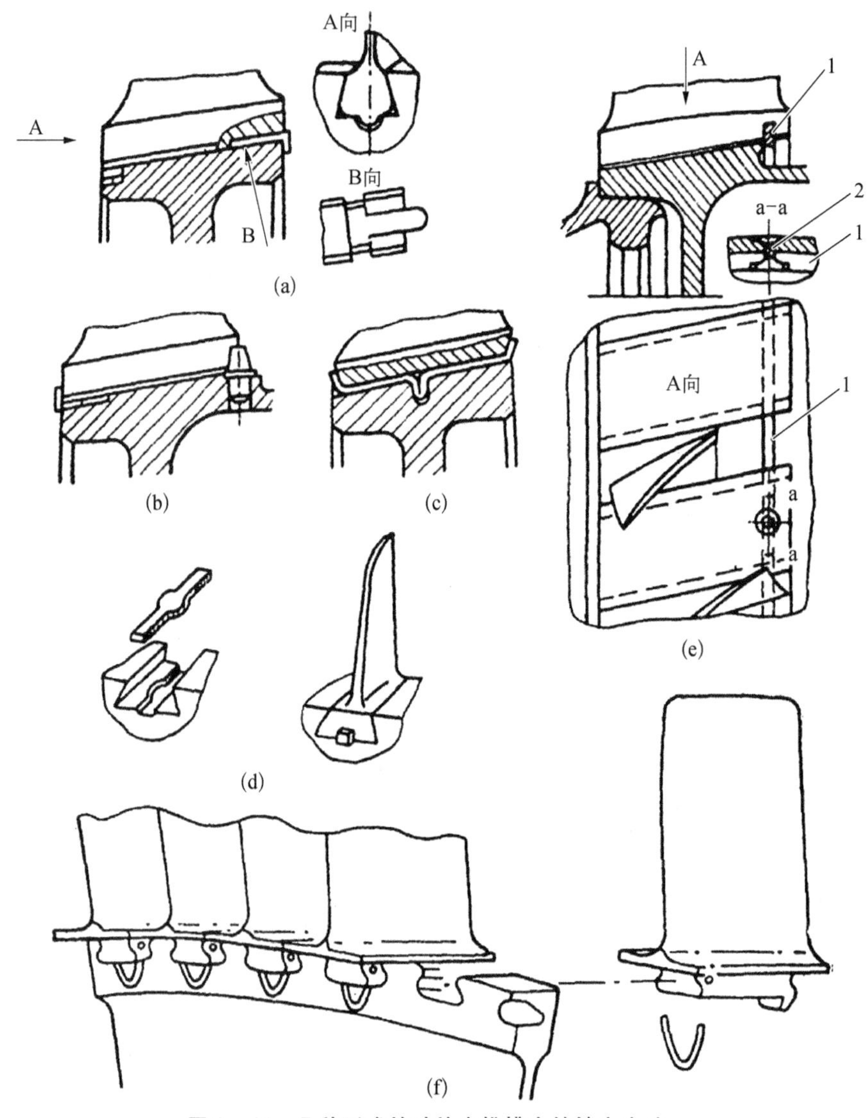

图 3-45　几种形式的叶片在榫槽中的锁定方法

(a)榫头凸块和锁片固定;(b)挡销和锁片固定;(c)锁片固定方式一;(d)锁片固定方式二;(e)弹性卡圈固定:1. 卡圈;2. 装在卡圈缺口处的固定销;(f)锁丝固定

在高涵道比涡扇发动机中,风扇级增压比大,气流内通道更斜,此外,叶片较长、质量大,如仍采用类似 WP7 的设计,即榫头与气流通道平行,则叶片离心载荷的槽向分力会极大,对轮缘也会产生较大的应力集中,很难满足强度设计要求。为此,所有高涵道比涡轮风扇发动机的风扇叶片均做成如图 3-46 所示的结构,即榫根做成与轴线平行,叶片的下面板与榫根间有较大的叶根处设计一段过渡段,使榫槽与旋转轴线平行,这样便于拉削加工,并可消除叶片离心载荷的槽向分力,使叶片槽向锁紧处不承受很大的槽向力。因而这种将榫槽做成与转子轴线平行的方法,在大型发动机中得到广泛的应用。

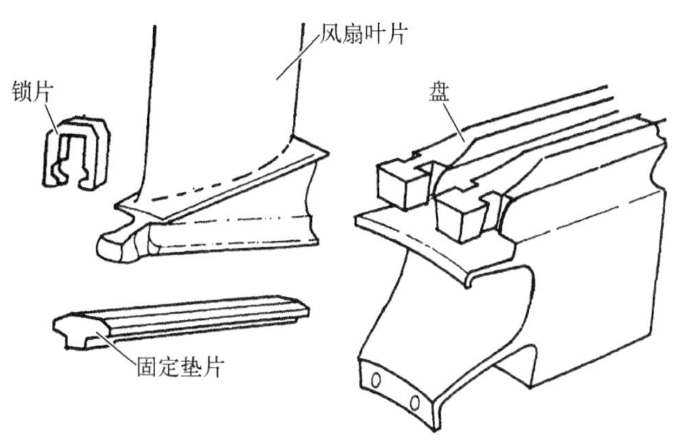

图 3-46　CFM56 风扇叶片的槽向固定结构

在高涵道比涡扇发动机中,风扇叶片易受外物击伤。为了能在外场及时更换损坏的叶片,锁紧结构应具有能方便拆换单个叶片的能力。但在叶片带冠或带减振凸肩时,单个地拆除叶片变得较困难。图 3-46 为一种能单个拆除带凸肩叶片的设计。轮盘上的榫槽深度大于叶片榫根高度,装配时,首先将风扇叶片推入盘上的轴向燕尾槽的槽底中,从上向下装入锁块,然后将叶片上提,使凸肩与另一叶片的凸肩相互抵住,最后插入固定垫片。固定垫片则靠进气帽罩的安装边挡住(图 3-14)。拆卸时,只需拆下帽罩,抽出固定垫片,就可使叶片下落,从而脱出凸肩间的相互啮合,取下锁块后即可单个拆下。叶片所受的向前的气动轴向力通过锁块传到盘上。

4. 叶盘结构

通常压气机及风扇的转子叶片均采用榫头装于轮盘轮缘的榫槽中,再用锁紧装置将叶片锁定。20 世纪 80 年代中期,在发动机结构设计方面,出现了"整体叶盘"(blisk)结构,它是将转子叶片和轮盘做成一体,省去了榫头和榫槽等连接装置,使结构大大简化。

整体叶盘具有质量轻、结构简单、零件数少,效率高、可靠性高等特点。将叶片与轮盘做成一体后,轮盘的轮缘处不需加工出安装叶片的榫槽,因而轮缘的径向尺寸可以大大减少,从而使转子质量减轻。罗·罗公司的研究结果表明,采用整体叶盘结构与传统的叶片轮盘结构相比,质量最多可减少 50%,若采用金属基复合材料(MMC)的整体叶环(bling),则可减重 70%,如图 3-47 所示。转子质量减轻后,将会对整台发动机减重起到较大作用。例如,F414 发动机中的第 2、3 级风扇转子采用整体叶盘后,与其原型机 F404 相比,转子质量减轻 20.43 kg,推重比由 7.5 提高到 9.0。而且叶片和轮盘做成一体后还省去了每片叶片的锁紧装置,使零件数减少,这不仅使成本降低,而且提高了发动机的可靠性。例如,前文所述的 F414 发动机,高压压气机前 3 级也采用了整体叶盘,即它共用了 5 级整体叶盘,使发动机零件数减少了 484 件。采用整体叶盘还可消除常规结构中气流在榫头与榫槽缝隙中逸流所造成的损失,提高气动效率。由于取消了连接榫头,可以避免由于装配不当或榫头的磨蚀,特别是微动磨蚀、裂纹及锁片损坏等带来的故障,提高了结构可靠性。

整体叶盘由于具有如上特点,早在 20 世纪 60 年代初期就被一些小尺寸和短寿命发

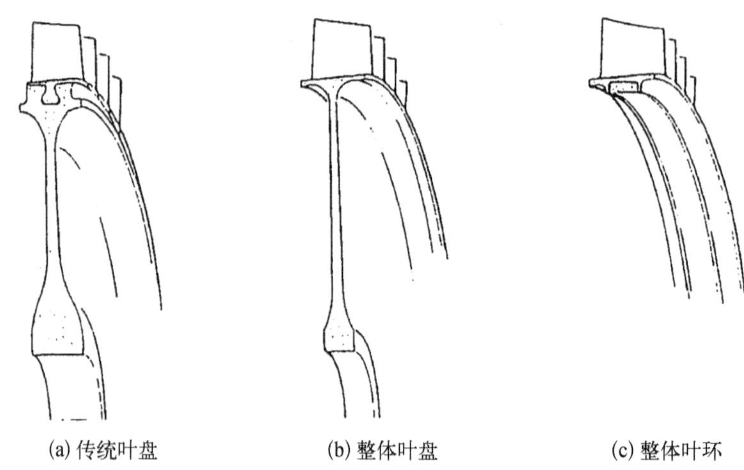

图 3-47　传统叶盘结构与整体叶盘、叶环结构对比

动机所采用，随后在涡轴、涡桨发动机的压气机转子结构设计中得到广泛应用，但是在大尺寸涡扇发动机中，一直到 20 世纪 80 年代中期才得到应用(EJ200 发动机的风扇和压气机转子)，且受到较多的限制。原因主要有两个：一是加工问题，对于小尺寸、叶片数目少的转子，既可以用精密铸造加工，也可以用锻件在五坐标数控铣床上加工，但对于大尺寸、多叶片的整体转子却较难用上述方法来加工；二是如何保证损坏 1 片或几片叶片后，不会带来过大损失的问题。转子叶片常常会在工作中被外来物打伤，造成卷边、开裂、掉块，或由于振动而造成的裂纹等。在用榫头连接的结构中，可以更换单个损坏的或有缺陷的叶片，而整体叶盘却不能更换叶片，因此，有可能因 1 片叶片损坏而使整个叶盘报废。直到 90 年代初，对大尺寸、多级整体叶盘转子结构有了较好的加工方法，又有了能在转子上对损坏叶片进行修复的工艺后，整体叶盘结构才在先进战斗机的发动机中得到较快的推广，不仅在新研制的发动机(如 F414、F119、F120 与 F135 等)中，也在一些改进的发动机(如 F110-GE-129R 与 F100-PW-229A 等)中得到应用，而且采用的级数，还能将多个整体叶盘前后焊接在一起形成整体转子，更为重要的是，易被外来物打伤的第 1 级风扇转子，也开始采用这一结构。

随着罗·罗公司(德)在 BR715 发动机和法国斯奈克玛公司在 P. A. T. (pland' action technologique)技术验证机中采用整体叶盘结构，这一结构也很快在大尺寸涡扇发动机中得到推广。21 世纪初投入使用的 Trent900、GE90-115B 则将整体叶盘的应用推向了一个崭新的阶段。

整体叶盘的加工方法主要有精铸后抛光、锻件机械加工、电子束焊接、电化学加工和线性摩擦焊。

精铸后抛光的加工方法在早期小型的带叶片的整体转子中曾用过，例如，J69-T-29 的轴流压气机转子既可用 403 合金钢锻件经机械加工而成，也可用 17-4PH 沉淀变化不锈钢精铸后经抛光而成。但在其他发动机中很少见到采用此种方法。

锻件机械加工方法是将转子的锻坯在五坐标数控铣床上铣削加工而成。早期叶片较少的小型整体叶盘采用较多，但是目前已在大直径、叶片数多的大型整体叶盘中得到采用。例如,罗・罗公司(德)研制的 BR715 的风扇后两级增压压气机采用了整体叶盘结构,它们就是在数控的五坐标铣床上铣削加工而成的。EJ200 的两个整体叶盘也改用了这种加工方法来加工。

电子束焊接的加工方法是将叶片与轮盘分别加工好后,将一片片的叶片用电子束焊接法焊到轮盘的轮缘上。EJ200 的整体叶盘也采用了这一加工方法。

电化学加工实质上是一种反电镀过程,浸在电解液槽中的工件与电流的正极连接,而做成叶型的工具成为阴极,接通电流后,工件表面的材料逐渐向阴极移动而形成所要求的形面(形面由处于阴极的工具形面来保证),工件上被溶解掉的材料,被电解槽中高速流动的电解液带走。用电化学加工方法加工整体叶盘,从在锻坯上开出径向槽道(即叶槽),到叶片的半精加工、精加工均可由它来完成,且不需用手工抛光。加工出的叶片叶型厚度公差为±0.01 mm,型面公差为+0.01 mm。与用五坐标数控铣床加工相比,用电化学加工方法加工整体叶盘会大大缩短加工时间,特别对于大的风扇整体叶盘效果更好。一般用电化学加工可缩减工时 85%左右;另外,它还可避免叶片在加工中产生的残余应力。通用公司自 1985 年发展了这种加工方法后,已先后用于 T700、YF120、GE23A、CFE738、F414 与 F110 - GE - 129R 等发动机整体叶盘的加工中。

线性摩擦焊是一种新的固态连接技术,它类似于扩散连接,即将两个需连接的零件的连接面紧紧挤靠住,在高压与高温下,两零件的配合表面间形成了材料原子的相互转移,最终使两者紧密连接成一体。在扩散连接中,连接的工件在炉中加热到高温,而在线性摩擦焊中,工件的高温是通过两配合面间的相互振荡产生的。F119 第 1 级空心风扇叶片即采用这种焊接方法焊到轮盘上。

3.3　静 子 结 构

压气机静子结构由不旋转的机匣、扩压器叶片和支承、承力结构系统组成。它除了承受静子叶片所受的气动轴向力、扭矩和振动载荷外,还要传递转子通过轴承、支承结构传递过来的各种载荷。此外,静子还是气流通道的组成部分,并要承受气体的内压力及气体升温所引起的热应力。

一般情况下,风扇和压气机组件在转子及其支承结构确定后,相应的静子承力结构系统的结构布局就基本确定。整个转子结构系统的支承方案、压气机与涡轮转子的联轴器等结构设计,是由总体结构布局设计与压气机等各部件协调后确定。

压气机静子结构设计的基本要求如下:

(1) 在保证足够的强度及刚性的前提下,尽量减轻质量;

(2) 保证各支点的同轴度,各段机匣间要保证准确定位、可靠的密封及固定;

(3) 采取措施控制机匣与叶尖的径向间隙变化,减少漏气损失,提高压气机效率;

(4) 保证静子叶片按设计要求高效率地工作;

(5) 保证支承结构及传力路线的合理性,以保证在全工作状态下转静子变形协调性;

(6) 使得转子和静子的装配、维修操作方便,工艺性好。

压气机的静子结构布局与转子结构相对应,其结构必须互相匹配,而且与发动机的单元体划分和压气机组件的装拆顺序相适应。对于双转子涡扇发动机，静子结构设计分成低压压气机（风扇）机匣、外涵道机匣及高压压气机机匣，以及位于三个机匣之间划分内外涵道和连接前后机匣的中介机匣承力框架（简称中介机匣）。在高涵道比涡扇发动机中，低压压气机机匣称为风扇机匣，也是发动机的进气机匣。进气机匣由于处于发动机的最前端，与工作环境和发动机的工作状态有着密切关系，需要考虑进气防护、防失速、防冰、防外物打伤以及包容能力等问题。

本节重点介绍风扇机匣及压气机机匣的结构设计。

3.3.1 风扇机匣及承力结构

涡扇发动机的风扇机匣及承力结构，简称风扇机匣，是气流通道的重要组成部分，也是风扇部件的承力结构，承担着支承转子的作用，将轴承、支承结构的载荷外传至主安装节，此外，还具有防止叶片飞出的包容作用和吸声气动降噪作用。风扇机匣的材料有全金属结构和金属骨架加复合材料包容环结构。

1. *硬质风扇机匣*

图 3－48 是一个典型高涵道比涡扇发动机的风扇机匣及承力结构。整体结构前后分成两段。前段为风扇包容机匣（又称包容环）和安装静子叶片机匣；后段为安装承力框架支板的外涵承力机匣（风扇承力机匣）。

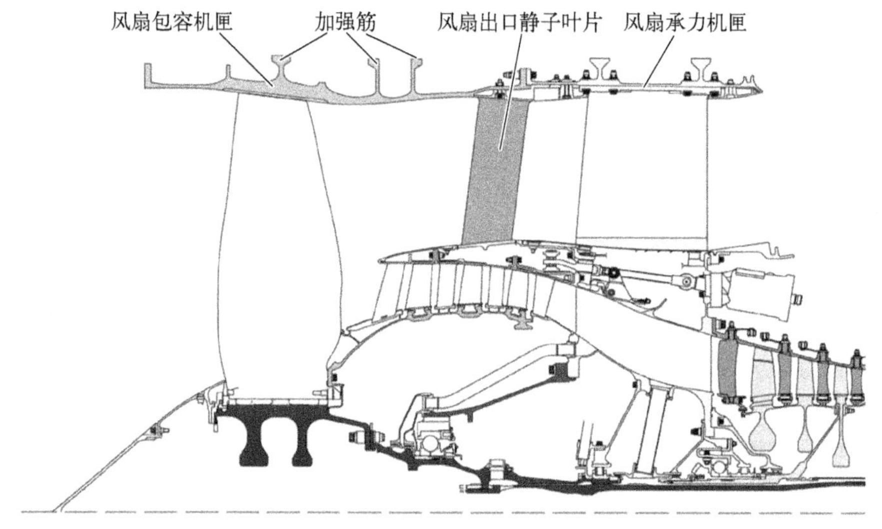

图 3－48 典型高涵道比发动机风扇静子机匣

风扇包容机匣由合金钢制成，内表面镶嵌着（或黏合着）易磨并能缓冲的金属或复合材料，以保证风扇叶尖和机匣间的径向间隙能做得很小；而且一旦叶片损坏，碎片不至于击穿机匣，造成更大的次生损伤事故。在一些早期发动机上，还特意加厚机匣壁及前安装边，并将机匣外壁上做出几条特制的加强肋（如图 3－49 中 3）以增加机匣的安全性。需要说明，这种全金属风扇机匣质量较大，在大型发动机中金属包容机匣的质量要大于 300 kg，是发动机中质量最大的部件。

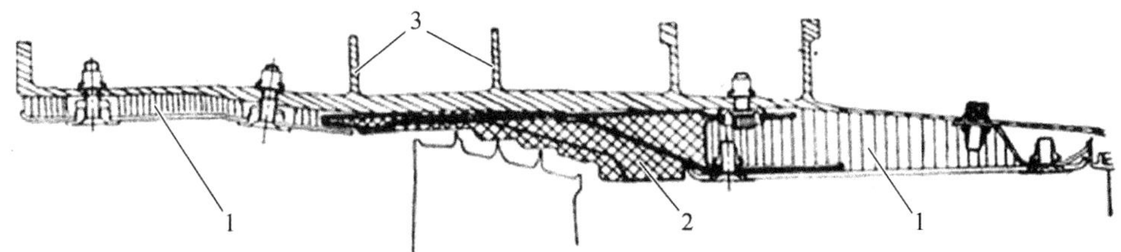

图3-49 CFM56发动机风扇包容机匣

1. 吸声层;2. 黏合在金属基体上的风扇摩擦带;3. 加强肋

2. 柔性风扇机匣

近年来,随着涡扇发动机涵道比不断提高,处于发动机最前端的风扇叶片,更易受外来物打伤并折断,机匣的包容性(containment)要求更加突出。因此,在现代高涵道比涡扇发动机中,风扇包容机匣专门用"包容环"命名。对于这种情况,采用传统的加强机匣来提高包容性,会大幅度增加机匣质量。目前广泛采用方法是,以铝合金蜂窝层为机匣骨架包覆Kevlar玻璃纤维布组成包容机匣,不仅包容能力大大加强,而且质量轻。

如图3-50所示,通用公司的CF6-80C2发动机最早采用了这种结构的风扇包容机匣,即在铝制机匣上包裹一圈铝制的蜂窝层,然后包覆上65层芳纶布形成厚轮缘,在芳纶的轮缘外再包覆一层树脂来保护芳纶布层。在通用公司后续研制的GE90系列发动机中,由于采用了树脂基复合材料的风扇叶片,所以相应的风扇机匣采用了硬质金属机匣,以保证其刚度特性。

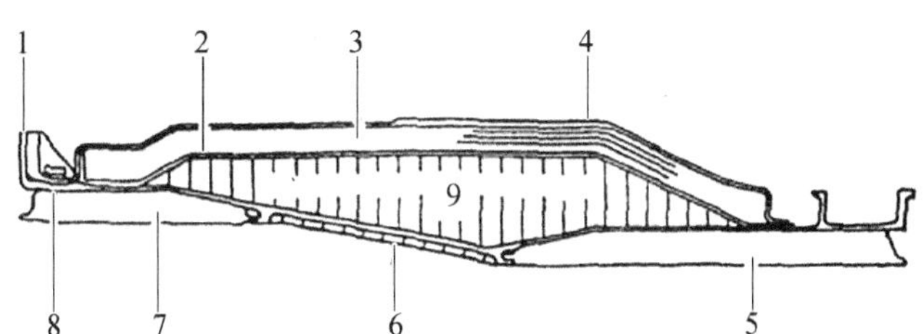

图3-50 CF6-80C2发动机风扇包容机匣

1. 前安装边;2. 石墨、环氧树脂;3. Kevlar缠裹层;4. Kevlar环氧树脂;5. Kevlar垫层;6. 微泡状风扇叶片外环;7. 蜂窝层;8. 铝机匣;9. 小铝蜂窝(蜂窝空腔为3.175 mm)

普惠公司的PW4084发动机和罗·罗公司的Trent800(图3-51)、Trent900、Trent1000发动机也采用了这种芳纶织物包容结构,即在铝合金机匣上先铣出很多纵横交错的深槽,然后在这种被称为"等格栅铝环"的部件上直接缠绕多层芳纶织物,最后用环氧树脂包覆,形成质量轻、厚度大、韧性好的包容结构。对于这种芳纶纤维织物缠绕增强风扇包容机匣结构,当风扇叶片碎片撞击到风扇包容机匣后,会穿透薄壁金属机匣,然后打击在多层的Kevlar缠绕层上。在叶片碎片的撞击下,缠绕层向外伸展变形,将撞击力缓缓吸收而将碎片卡在缠绕层内不会穿出。碎片被捕捉,保证了机匣的整体结构不被破坏。由于采用了多层芳纶纤维织物,因此这种风扇包容机匣也很厚,但是质量比金属结构降低

图 3-51 Trent800 包容环示意图

很多,最大减重在 50%左右。

高涵道比涡扇发动机为保证风扇机匣的包容性,采用复合材料可以大大减轻结构质量,从而提高发动机性能。通用公司自 20 世纪 90 年代开始研制全复合材料风扇包容机匣,发现碳纤维编织结构增强树脂基复合材料比铝合金具有更好的抗裂纹扩展能力,从而开发了碳纤维编织结构增强树脂基复合材料的风扇包容机匣,并逐步应用于 GEnx 和 LEAP-X 发动机上,如图 3-52 所示。其使用材料为 TORAYCA 的 T700 碳纤维和 CYCOM 的 PR520 环氧树脂。这种风扇包容机匣首先采用二维三轴编织技术制造编织预成型体,然后通过 RTM 技术整体成型。

图 3-52 复合材料包容机匣示意图

这种风扇包容机匣,由于采用预成型体芯模技术,制造成本和运输用度降低,能够制造较大尺寸的全复合材料风扇包容机匣,大幅提高了原材料的利用率和生产效率,并且包容机匣尺寸精度高、表面质量好。GEnx 在 2007 年 7 月的真实发动机风扇叶片包容试验里,当风扇叶片碎片撞击到包容机匣后,复合材料叶片碎片分裂成了更小的碎片,使其包容效率获得了较大的提高,并且与全金属机匣相比,每台发动机的质量减少了 160 kg。

3.3.2 压气机机匣与静子叶片

压气机机匣的结构构形从轴向看有分半式和整环式两种,如图 3-53 所示。为便于装配和提高机匣刚性,在高压压气机后段也会采用双层机匣。高增压比、高负荷压气机的机匣设计与整机结构布局、核心机的拆装、机匣材料和制造工艺等多方面因素密切相关。

在高涵道比涡扇发动机中,一般高压压气机机匣为增加机匣刚性和提高压气机效率,多在后端做成双层机匣,内外两层采用不同的结构形式。内层机匣保持气流通道,便于间

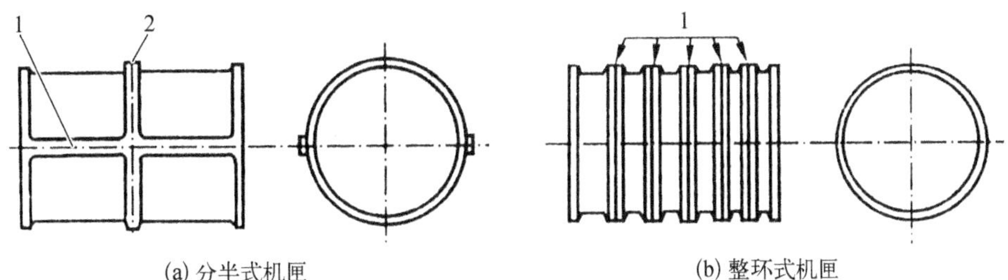

图3-53 机匣结构方案及装配

1. 装配结合面;2. 工艺结合面

隙控制以提高压气机效率,外层机匣传递载荷。

1. 分半式机匣与静子叶片

分半式机匣的优点是:机匣弯曲刚性好;装拆机匣时不需分解转子,因而不破坏转子的平衡;只需拆掉一半机匣就可以检查或更换静子及转子叶片,因而维修方便。缺点是:机匣壁较厚;为保证轴向结合面的连接刚性及密封性,要采用较厚的安装边及较多的螺栓(一般安装边厚度为机匣壁厚的2~3倍,螺栓孔距随气流通道内压力的不同而为螺栓直径的3.5~6倍);分半机匣的周向刚性均匀性较差,为了保证刚性均匀性,有时机匣上还带有加强环带;这些都造成分半式机匣的质量增大。由于压气机一般工作温度不很高,径向变形沿周向分布不均的问题不严重,而分半式机匣的装配维修性好的优点突出,所以目前在采用焊接连接等不可分的多级压气机转子上较多采用分半式机匣。

图3-54是军用斯贝发动机低压压气机静子轴测图,其分半式机匣由锻造(在民用斯贝上则用铸造)铝合金机械加工而成。直径从前向后逐渐减小。机匣沿水平方向分成上下不对称的两半部1和2,上半部小,下半部大。在机匣内表面加工有5道安装静子叶片的"T"形槽。静子叶片均为铝合金精密锻造而成。每个叶片都带有内、外叶环。前四级静子叶片中,将每三个或四个叶片的内、外环焊成一体,成为一个小组件4,然后再将若干叶片组件和封严环段铆成一体,形成接近90°的扇形件。每级静叶内环的内表面上都涂有易磨涂层,与低压转子的封严齿构成级间前后封严装置。

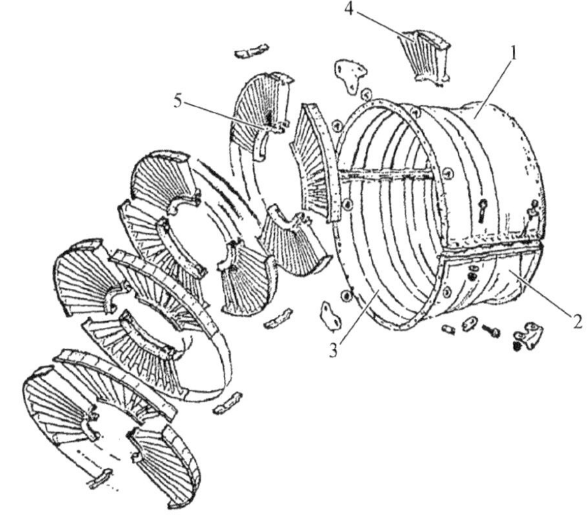

图3-54 军用斯贝发动机低压压气机静子轴测图

1. 上半部机匣;2. 下半部机匣;3. "T"形槽;4. 静子叶片组件;5. 封严环段

CFM56高压压气机机匣(图3-55)是上下对分结构,沿轴向则分为前后两段。前段为钛合金锻件机械加工而成,后段做成双层机匣,外层机匣作为承力件,内层机匣仅作为压气机气流通道的外廓。这种双层机匣设计能在承力机匣承受较大载荷时也不会导致叶尖间隙发生较大的变化。另外,在压气机气流通道按等内径设计时，如果做成单层机匣，在压气机后几级与燃烧室进口处会形成整个发动机沿轴向径向尺寸的最小部分，常形象地称为“蜂腰”。这对于作为发动机主承力件的机匣而言，刚度相对较弱，增加一个倒锥形的外承力机匣，则可弥补单层机匣的缺点。所以类似图 3-55 中的机匣结构已被许多高涵道比涡扇发动机采用。内、外层机匣均由低膨胀系数的 Incoloy903 合金锻造机械加工而成。内、外层机匣均与后机匣支承环相连，并形成一环形腔，作为第 5 级放气的集气腔。

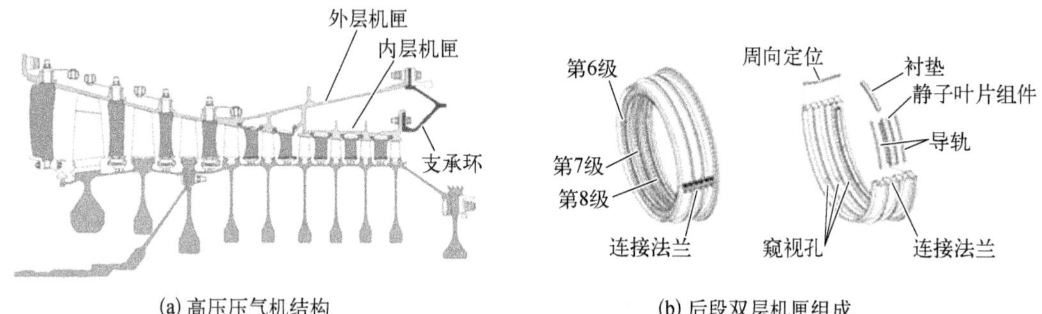

(a) 高压压气机结构　　(b) 后段双层机匣组成

图 3-55　CFM56-7 发动机高压压气机静子

由钛合金制成的前机匣内壁与前 3 级钛合金转子叶片对应的部位嵌有黏结着耐磨材料的钢衬套和防火隔层，使机匣和叶尖之间的间隙尽可能减小而又不致造成钛合金间摩擦起火。第 4、5 级处，由于转子叶片是合金钢的，所以只嵌着耐磨材料及钢衬套。

进口导流叶片与前 3 级静子叶片可调。叶片上下都带有销轴，上部插入机匣的孔中，下部插入内封严环中。内封严环为铝制，并带有蜂窝状封严装置，与转子上的篦齿配合，起级间封严作用。后 5 级静子叶片外端钎焊在双层的外环上，内端钎焊着蜂窝状封严段，然后插入机匣中。

为加强抗鸟撞击的能力，除加大了进口导流叶片与第 1 级转子叶片间的轴向间隙外，还将进口导流叶片设计成弯刀形，以减小进入内涵道的外来物对叶片的损伤。

进口导流叶片和各级静子叶片都由 Inconel718 合金制成。

静子叶片同时带有内环和外环，可以加强叶片的刚性，提高自振频率。内环带有专门的封气装置，以防止级间漏气，但这种结构质量较大。当静子叶片较短时，可以不带内环。静子叶片呈悬臂状态，一端固定在机匣中，另一端靠叶尖与转子鼓筒外环形成级间封气。

2. 整环式机匣与静子叶片

采用整环式机匣，一般要求转子是可拆装结构，但多次拆装转子会影响转子的平衡性。为了解决这个矛盾，在压气机级数较少的情况下，常常采用沿轴向分段的整环机匣。

在现代发展的高涵道比涡扇发动机中，总压比高达 40~52，高压压气机后几级的温度很高，由于分半式机匣沿圆周刚性不一致，在高温下径向膨胀会不一致，造成叶尖间隙沿圆周不均匀，影响气动效率。为此，在这些发动机中，将围绕在转子叶片外的外环做成整圆，以保持工作中有均匀的叶尖间隙，但这样将带来装配困难。

图3-56为PW4084高压压气机机匣结构，它采用了典型的双层机匣结构，内机匣做成沿轴向分成多段，每段机匣均做成整环，相邻两段机匣通过法兰-短螺栓连接，若干个静子叶片组成一个扇形段，多个扇形段通过机匣内侧的“T”形槽固定。装拆时，无须拆装叶片。这种结构设计，保证了均匀的叶尖间隙，但使结构复杂、质量增加。

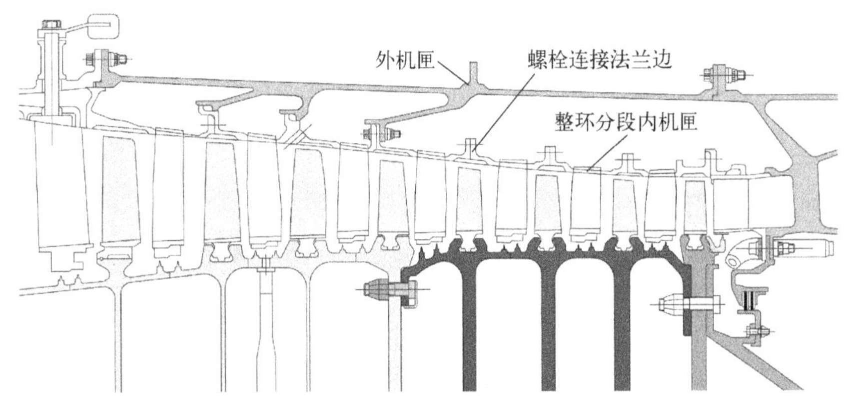

图3-56 PW4084高压压气机

图3-57为AL-31F发动机风扇结构。为提高风扇效率和机匣刚度，该机匣采用5段整环机匣，通过法兰边连接。为了便于装配，低压转子第3,4级盘采用可拆卸的短螺栓连接。其安装过程是先安装第2级转子叶片后安装第1级、2级静子叶片及机匣，此后依次安装第1级转子叶片和进气机匣、第3级转子及静子、第4级转子及静子。

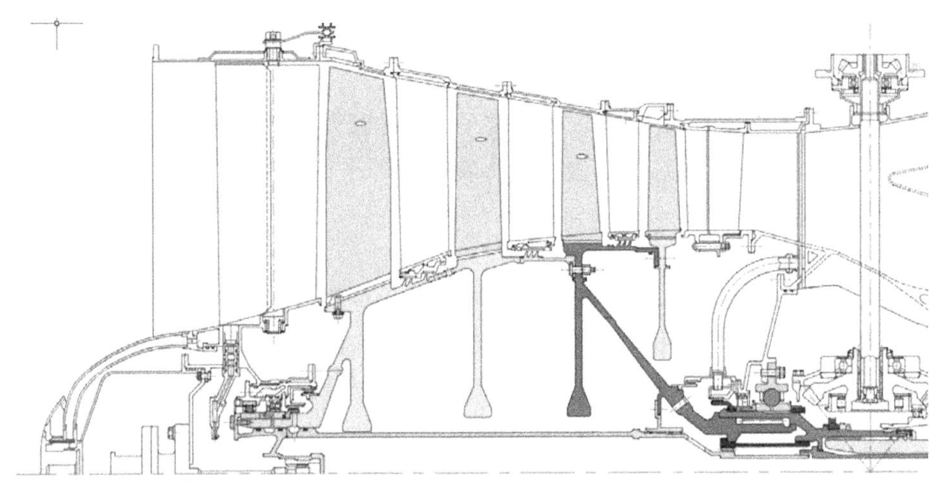

图3-57 AL-31F发动机风扇结构

图3-58为几种不同结构形式的焊接式静子。其中图3-58(a)、(b)和图3-55中的后5级类似，首先将叶片装入分半的内、外环的型孔中，然后用氩弧焊或钎焊焊接起来，最后插入外机匣中。图3-58(b)还利用轧好的型材制成叶片，利用叶片作冲头，直接冲入内、外环中。图3-58(c)将不带上、下冠的静子叶片直接焊在沿轴向分成几段的外机匣上，而图3-58(d)则直接将静子叶片外冠焊接起来，成为机匣的一部分。这些方案可

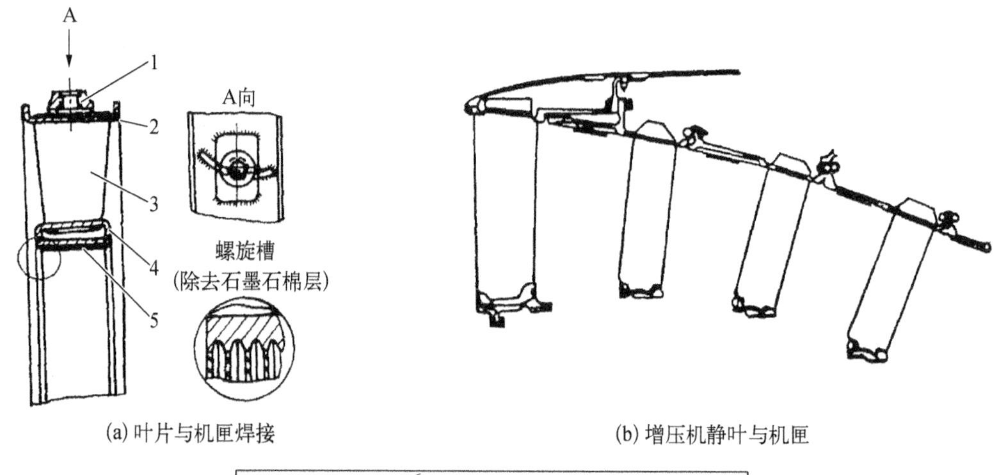

(a) 叶片与机匣焊接

(b) 增压机静叶与机匣

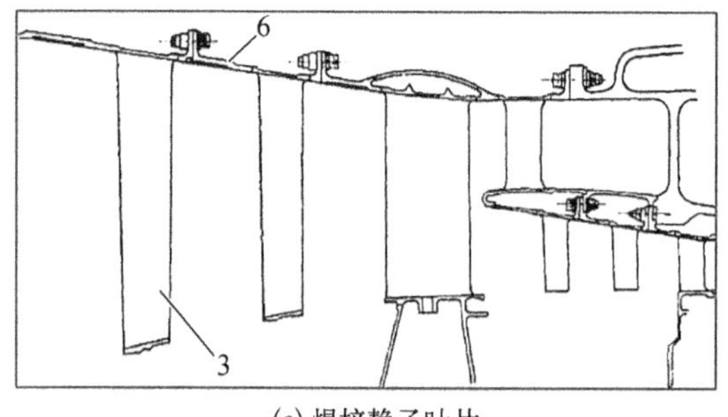

(c) 焊接静子叶片

图 3-58　几种不同结构形式的焊接式静子

1. 固定凸肩;2. 外环;3. 静子叶片;4. 内环;5. 封严环;6. 机匣

以简化结构,减少零件数目,但更换叶片比较困难。

装拆这种静子机匣时,并不要求分解转子。这样既发挥了整环式机匣沿圆周刚性均匀以及加工比较方便的优点,又克服了装拆转子破坏平衡的问题,但轴向安装边增加过多,也会带来质量的增加。

3. 混合式机匣与静子叶片

根据发动机总体设计要求,在提高结构气动效率的同时,为便于压气机的拆装,以及考虑机匣制造工艺,也有采用整环/分半混合式的机匣结构。

图 3-59 为 WP7 压气机静子,前面为分段整环式机匣,后面为分半式机匣。从图中可以看出,压气机机匣又分成前机匣、第 3 级机匣,以及第 4、5 级机匣 3 段,各段都由钢的锻造毛坯机械加工而成。由于第 1 级轮盘可以单独拆卸,压气机前支点的径向力要用第 1 级静子叶片传出,所以前机匣是整环的。第 1 级静子叶片外端带有安装板,靠点焊与机匣焊为一体(只有穿过附件传动杆的那片空心叶片是由螺帽拧紧在机匣上的),内端带有内安装板,靠其上的凸耳用螺栓与前支承壳体连接起来。第 2、3 级轮盘是由径向销钉连接的不可拆卸的结构,因此,第 2 级静子叶片先和内、外环焊成一个组合件,以便于在第 2 级转子叶片尚未装上时,由前向后套过第 2 级轮盘的外缘而装入。此组件靠外环的圆柱面定心在前机匣内,再用螺栓与前机匣和第 3 级机匣连为一体。第 3 级静子叶片带有

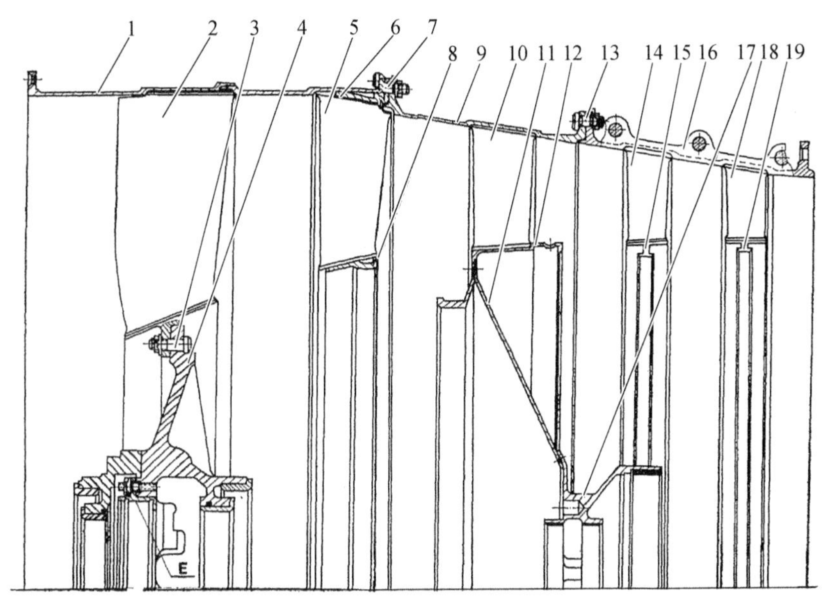

图 3-59　WP7 发动机压气机静子

1. 前机匣；2. 第 1 级静叶；3、7、13. 螺栓；4. 前支承壳体；5. 第 2 级静叶；6. 第 2 级外环；8. 第 2 级内环；9. 第 3 级机匣；10. 第 3 级静叶；11. 隔板；12. 第 3 级内环；14. 第 4 级内环；16. 第 4、5 级机匣；17. 封严圈壳体；18. 第 5 级静叶；19. 第 5 级内环

内外冠。顶部将外冠点焊在第 3 级机匣上，内部则焊在内环中，第 3 级内环又与隔板和封严圈壳体焊成一个整环结构，起到高、低压压气机之间的间隔作用，第 4、5、6 级所组成的高压转子是不可拆卸的销钉连接结构。为了装配，只有将第 4、5 级机匣作成分半式的。静子叶片和封气内环也分别焊在两分半机匣中。

3.4　进气、防冰与防外物打伤装置

进气装置的作用是保证气流均匀地进入压气机内。在进气装置的设计中，应考虑尽可能不使夹杂物（如冰块、砂石、鸟等）进入核心机，以避免造成严重的损伤。进气部分一般包括进气装置及防冰装置，在有些发动机上还有专门的进气防护装置。需要说明，发动机的进气装置需要和飞机总体布局设计相适应，进气道的大部分结构是由飞机结构设计完成，对于发动机来讲，主要是进气机匣及其相关结构设计。

3.4.1　进气机匣及进口导流叶片

进气机匣一般由机匣内外壁、进口导流叶片或支板、进气整流罩等组成。在进气机匣的中心，往往安置有风扇/压气机转子前支承以及低压转子转速传感器等附件，因而进口导流叶片常常做成空心的，中间穿过滑油、通气、防冰热空气的管路以及附件传动杆等。

进气机匣为钢制的内、外壁与钢的空心导流叶片焊为一体，形成低压压气机前轴承的

传力件。为了减小叶片在引入防冰热空气时受热膨胀产生热应力,导流叶片均沿半径方向倾斜,这样做还可使导流叶片的尾迹力均匀地作用在转子叶片上,有效地减小转子叶片的激振力。

当风扇叶片或压气机第1级转子叶片在超跨声状态下工作时,往往不带进口导流叶片。此时进气机匣只有机匣外壁,整流罩则固定在转子上和转子一起旋转(如图3-4等)。

3.4.2 防冰装置

当发动机在空气湿度较大和温度接近0℃的条件下工作时,压气机的进气道和进气机匣上会出现结冰现象。冰层会引起发动机进气面积缩小,减小发动机的空气流量,使发动机的性能变坏,严重时还可能引起压气机喘振。

在风扇机匣防结冰设计中,一是要防止进气机匣结冰,二是要防止冰块脱落造成外物打伤风扇及其他结构。典型高涵道比涡扇发动机防冰系统的组成如图3-60所示。防冰系统的设计,主要在于需要确定进气锥、风扇和增压级的结冰允许程度,保证冰块脱落不会进入核心机,并保证防冰所需热量满足要求。具体的防冰措施可分为三类:一是对容易结冰的位置进行加热处理;二是在进气锥、进气机匣和支承辐板处涂装防冰涂层(亦称憎水涂层),避免在这些位置结冰,影响发动机的正常工作;三是对进气锥形状进行优化设计,减小外来物进入核心机的概率,试验证明这也是一个防止结冰的有效措施。

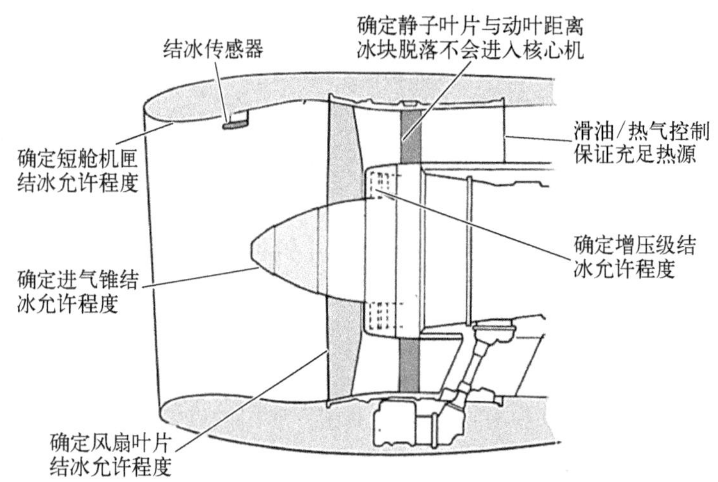

图3-60 典型高涵道比涡扇发动机防冰系统示意图

1. 加热防冰结构

在航空发动机进气机匣防冰结构设计中,加热防冰结构又可以分为电加热和油、气加热两种。在机匣、进气锥等位置铺设加热电阻丝片,根据飞行环境实时加热防冰;对涡喷、涡扇发动机,多采用压气机末级引来的热空气加温;对于在进气机匣前有减速装置的涡桨、涡轴或单转子涡扇发动机,则常常利用冷却减速齿轮后的热滑油防冰。

图3-61为油、气及电加热混合防冰装置。防冰热空气从高压空气集气环引出,对进气导流叶片和部分进气支板进行加热。来自轴承腔回油泵的热滑油经过部分进气支板内

腔前缘,再通过滑油热交换器返回滑油箱。该发动机的整流罩头部位置采用了复合材料,并且内嵌了电热丝,在环境恶劣时可以根据情况实时加温防冰。

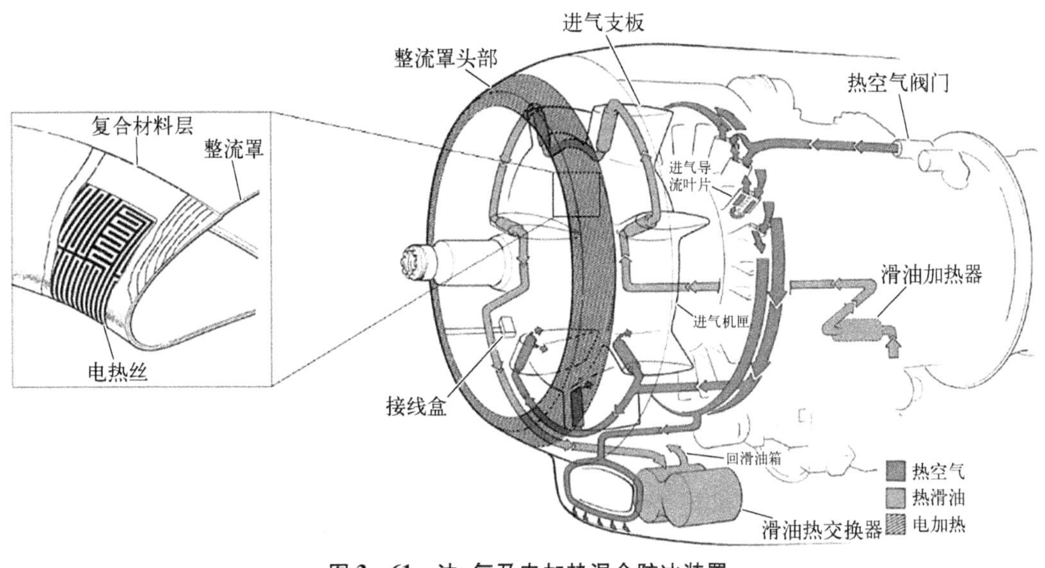

图 3-61　油、气及电加热混合防冰装置

2. 进气锥形状优化

图 3-62 为 CFM56 发动机锥形进气整流罩结构。该结构呈锥形,分两段制成,前段为玻璃纤维加树脂烧结而成(kinel),后段为钛合金。据称与常用的椭圆形进气锥做对比试验,在相同条件下,结冰量仅为椭圆形的 6%,因而该发动机未采用专门的防冰装置。

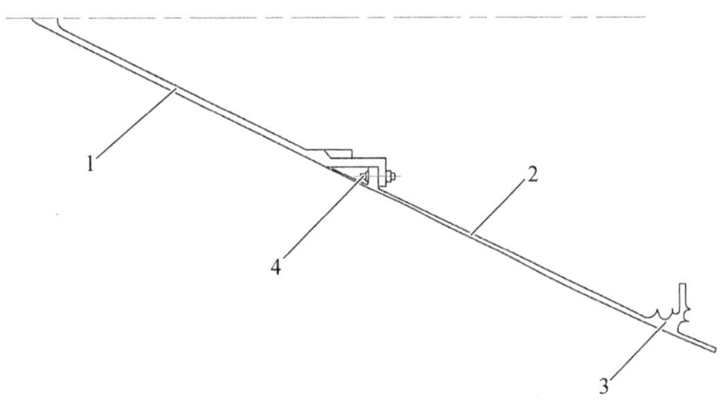

图 3-62　CFM56 发动机锥形进气整流罩结构

1. 复合材料前锥;2. 后锥;3. 平衡位置;4. 前、后锥连接螺栓

在现代大型涡扇发动机上,如 JT9D、CF6、PW4000、V2500 等,由于进气机匣处只有与风扇叶片一起旋转的进气锥,并采用了加强的宽弦风扇叶片,叶片稠度较小,而且采取了防外物打伤的措施,经试验证明,即使有结冰现象也并未造成规范不允许的损坏,所以这些发动机的进气锥都没有专门的防冰装置。

3.4.3　防外物打伤措施

外来物打伤(foreign object damage, FOD),自飞机诞生之日起就与之相伴,而且随着航空发动机空气流量的加大,外来物进入发动机的概率愈加增大。所谓外来物,是指除了空气、进入发动机进气道的所有介质,包括雨雪、冰雹,以及跑道上的砂石、丢弃物和空中的雁、鸟等,它们进入发动机中,一是对叶片等结构件产生冲击损伤断裂,使发动机无法工作、停车;二是会扰动气流、破坏流场、降低效率;三是给风扇转子系统带来巨大的不平衡、激起发动机剧烈振动,危害极大。

在发动机结构设计中,防止外物打伤的结构措施主要有两个方向:一是提高叶片抗冲击能力;二是减少外来物进入核心机的或然性。

1. 提高抗冲击能力

对于发动机抗外物打伤的设计,首先是提高风扇叶片的抗冲击能力,因此主要措施是对首级风扇叶片进行加强设计。主要结构措施是在风扇叶片上加凸肩或带冠,以提高叶片的抗冲击能力。近年来,宽弦风扇叶片设计技术的发展,使得在提高首级叶片抗冲击能力的基础上,对提高气动性能也具有明显作用。

为了加强风扇叶片或压气机第1级转子叶片抗外物打伤的能力,往往要用钛或钢制叶片,并尽量增加其叶片前缘的厚度。对于大展弦比的细长叶片,利用其凸肩设计方案,即在叶片高度1/2~2/3处设计凸肩,各个叶片之间通过凸肩相互压紧,在叶片振动或外物冲击时,可以提高叶片刚度和增加阻尼,可有效提高抗冲击能力和减小振动损伤。但是,由于凸肩叶片会产生一定的气动损失,自20世纪80年代之后,逐渐以宽弦叶片取代了带凸肩的叶片,这样既提高了叶片的做功能力,也加强了抗外物打伤能力。图3-63为罗·罗公司RB211-535E4风扇叶片的变化对比,从前采用带有减振凸肩的细长叶片(虚线所示),在其改进型中逐步发展成宽弦叶片,由于轮盘的轮缘尺寸限制,所以采用了圆弧形榫槽设计,以便增加叶片稠度。

如图3-64所示,GE90风扇直径达3.12 m,如果采用金属材料,其风扇轮盘的强度很难满足设计要求,因此采用了树脂基复合材料叶片。并且,在复合材料编制工艺、涂层和

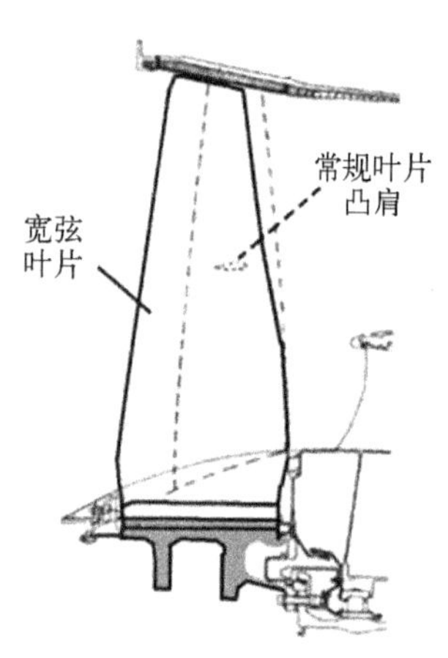

图3-63　RB211凸肩和宽弦风扇叶片

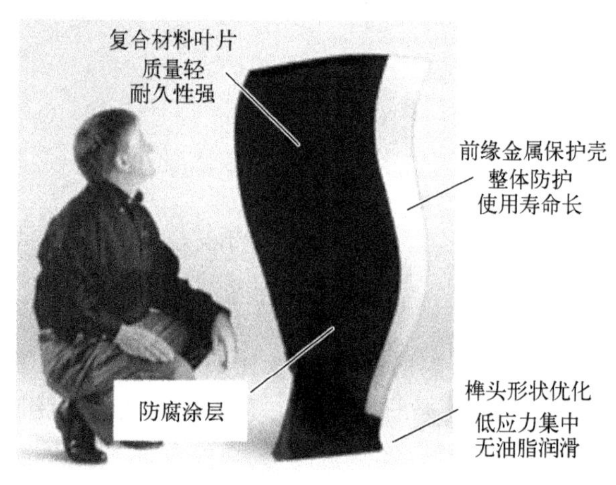

图3-64　GE90复合材料宽弦风扇叶片

进气段钛合金保护壳等方面进行的创新性研究，使得 GE90 风扇叶片可以高效可靠地应用。

2. 优化空气流路形状

在使用中，外物进入发动机是不可避免的，例如，飞行中遇到雨雪冰雹、起降于沙漠地区的机场，以及直升机在野外低空飞行等情况。此时，除了加强首排叶片的抗冲击能力之外，需要尽可能地将进入发动机流道的外物分离到外涵道，避免其进入核心机损伤比较纤薄的高压压气机叶片。

分离外物主的要方法是对进气锥和风扇出口流道形状进行优化设计，并加大风扇与分流环间的轴向距离，使石粒等外物在旋转离心力作用下抛至风扇外涵道，而不进入核心机。这样的结构还能防止飞鸟进入卡住转子。

如图 3－65 所示，相比于早期椭圆形的进气锥设计［图 3－65(a)］，当前采用进气锥几何构形优化设计，将进气锥分成两段［图 3－65(b)］，前端为直锥形，后面为曲线弧形。同时也增加了风扇叶片后缘与分流环的轴向距离。这两种措施，使碰撞到进气锥上的外来物更多反弹到外涵道，进入核心机的概率大幅减少(图中阴影区域)。图中靠近风扇叶片根部的锥壳采用曲线设计，减少了根部气动损失。

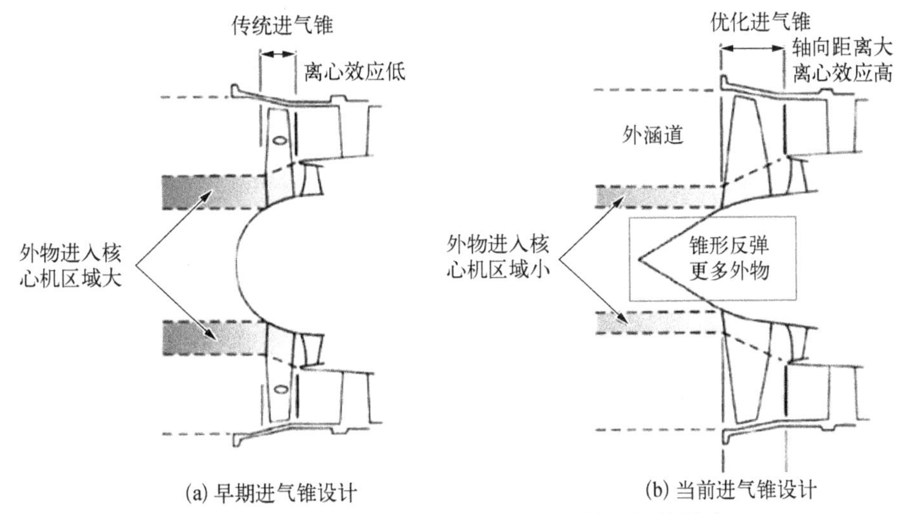

图 3－65　进气锥形状对防止外物进入核心机的影响

另外一种结构设计措施是优化设计风扇出口流道的形状。如图 3－66 所示，流过增压级的气流，通过旋转和流道下沉来实现外来物的分离，使其进入集物腔或从外涵道甩出。

3. 粒子分离器设计

对于相对尺寸较小的涡轴发动机，由于直升机要适应在各种地面环境下起降，容易吸入地面的砂石及其他杂物，所以在进气装置中设有粒子分离器(图 3－67)等进气防护装置，巧妙地利用了砂石等杂物的离心惯性力使其排出发动机外，因此效果较好。

用于米格-29 飞机的 RD－33 涡扇发动机，由于其风扇转子叶片采用了大展弦比的设计，即叶片薄而窄，因而抗外物打击能力较差。为此，米格-29 飞机的进气道设计得比较

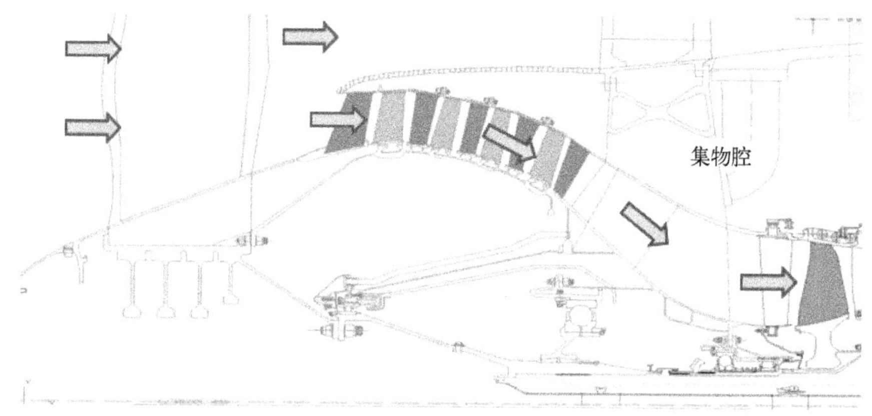

图 3-66　增压级气流通道形状优化方案

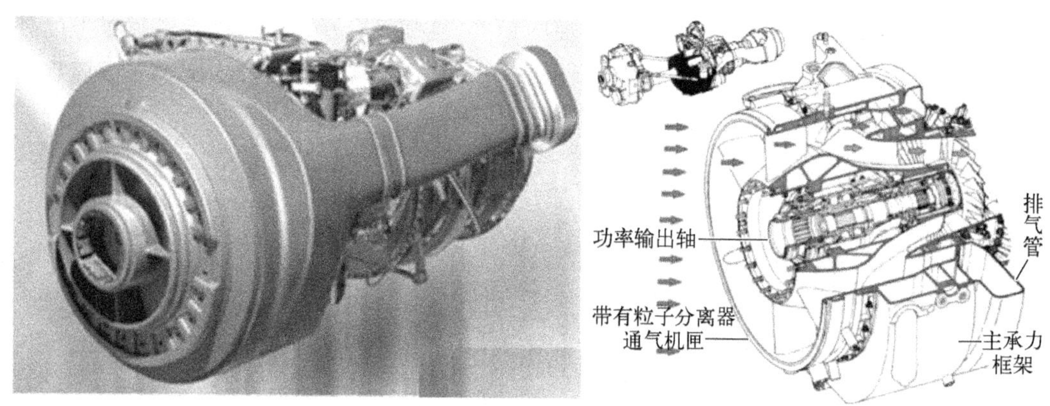

图 3-67　T700 涡轴发动机进口的粒子分离器

特殊，进气口内有一铰接的挡板，与前起落架的支柱联动，飞机起飞与着陆时，随着起落架的放出或收回，挡板随之堵住或打开进气口。当挡板挡住进气口时（图 3-68），流入发动机的空气通过进气道上方的百叶窗式的辅助进气门流入发动机，避免外物（砂石、冰块与鸟等）进入发动机。苏-27 飞机上也采用了类似的带挡板的进气口。

图 3-68　RD-33 发动机进气道防外物挡板（关闭状态）

航空发动机设计必须满足通用规范所规定的环境吞咽能力的要求，由于外物打伤的力学过程十分复杂，仿真计算很难准确反映各方面的损伤程度，因此进行外物打伤试验验证是十分重要的，也是适航认证的重要条件。为此，在发动机研制阶段必须进行吸入鸟、冰块、砂石、大气中的液态水以及其他外物的吞咽试验。发动机投鸟试验中鸟的大小与发动机的空气流量和使用条件有很大关系，对于一般高涵道比涡扇发动机，吞咽鸟有两个试验条件：一是投8只中等质量的鸟、每只重0.68 kg；二是投入一只重1.8 kg的大鸟试验。在试验中，需要用一氧化碳将鸟窒息而死（具有活鸟特性），并通过高压空气炮，对风扇进气道内指定位置，以最大飞行速度射向以最大转速工作的发动机（图3－69）。在投鸟试验中，要求发动机撞鸟后的推力损失不得大于25%并能在5 min之内停车；要求投鸟后不引起发动机失火，没有危险的碎片穿出机匣，能人为地将发动机停车等。如果达不到这些要求，该型发动机是不允许投入使用的（即不通过适航认证）。

图3－69　投鸟试验

由于用于波音777飞机的发动机具有特大推力，进口直径接近或大于3 m，可能会吸入更重的鸟，所以对用于这种飞机的发动机，在做投鸟试验时，鸟的质量增大一倍，即投掷3.6 kg的鸟，以保证发动机在外场使用中遇到特大的飞鸟也能满足安全性要求。

鸟类受到人类的保护，其数量和质量不断增加，这使发动机因吸鸟而损坏的事件越来越多，为此，适航管理当局已修订了适航标准中的投鸟试验的要求，投鸟试验的鸟数量与质量均有较大变化。

3.5　防喘振结构

喘振是指叶轮机因为工作状态或进气条件偏离设计状态，导致气流沿轴向流动堵塞，发生低频剧烈振荡的现象。一般在多级高增压比轴流压气机中容易发生喘振。

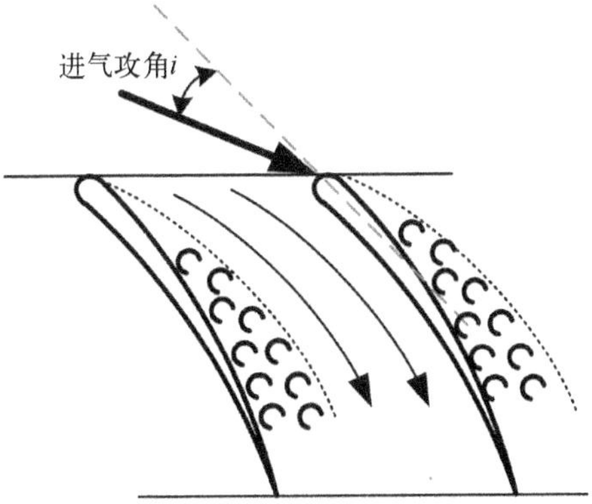

在喘振状态下，一般在压气机后面几级叶片尾流出现分离，形成低速涡流，使压气机后端气流发生堵塞，如图3－70所示，流通功能急速下降，压力迅速升高并产生沿轴向向前的回流，甚至燃烧室中的高压燃气返冲并穿过压气机，常伴有“砰”的巨响和发动机推力损失。从外面看，火焰会从发动机进气道返冲出来，也存在高压气流沿着轴向向后高速冲过燃烧室、

进气攻角i

图3－70　进气攻角过大导致的气流分离

涡轮，在尾喷口外面产生十几米长的非正常火焰。发动机每脉动一次，火焰就冲出来一次。

从理论上讲，所有叶轮机都可能发生喘振，但是由于性能和结构特征的影响，一般增压比较高的轴流压气机更为明显。为了改善压气机的工作特性，扩大稳定工作范围，使发动机有良好的起动、加速性能，以及在非设计点状态不发生喘振，在现代高增压比的压气机上都有防喘振措施。

防喘装置按结构形式可以分为放气机构、可调静子叶片、可变弯度进口导流叶片、处理机匣和多转子设计等。

3.5.1 放气机构

对容易产生流道堵塞的压气机中间级或末级放气，可以扩大压气机稳定工作范围，改善发动机的起动性能。方法简单有效，但会使压气机的气动效率降低；放气时还会增加放气口附近叶片的激振力，以致造成叶片疲劳损伤。

放气的位置由理论计算和试验确定。在确定放气口的位置和数目时，沿圆周应尽量均匀，并对转子叶片前的流场影响最小。如图 3－71 所示，放气口在空心静子叶片内（图 3－71 中 3）或在静子叶片环之间（图 3－71 中 4）。放出的气体一般收集在压气机机匣的环形集气室内，再由统一的放气活门放出机外。

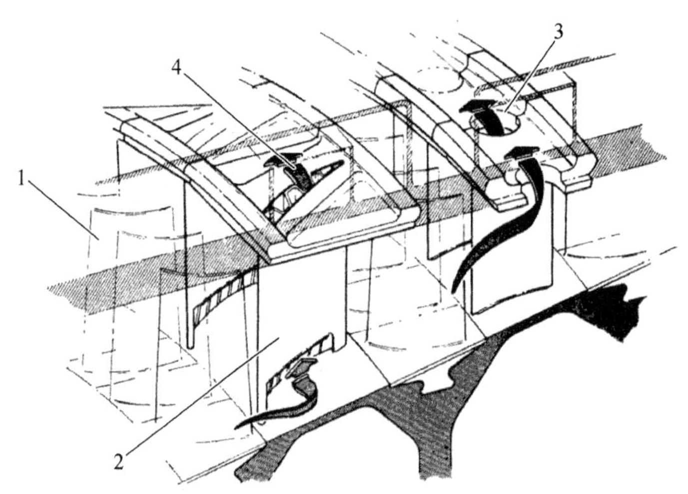

图 3－71 压气机的放气口

1. 转子叶片；2. 静子叶片；3、4. 放气口

放气活门可以是活塞式的（图 3－72），也可以是环带式的（图 3－73）。发动机工作时，一般由监控发动机转速的防喘调节器通过液压作动筒操纵自动控制活门的开闭。

3.5.2 可调静子叶片

当压气机在非设计状态工作时，进口导流叶片旋转一个角度，使压气机进口预旋量相

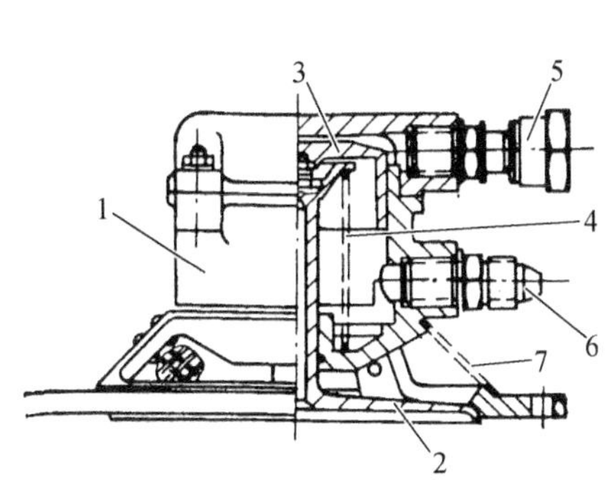

图 3-72 活塞式放气活门

1. 壳体;2. 活门;3. 活塞;4. 弹簧;5. 进油管;6. 回油管;7. 防护网

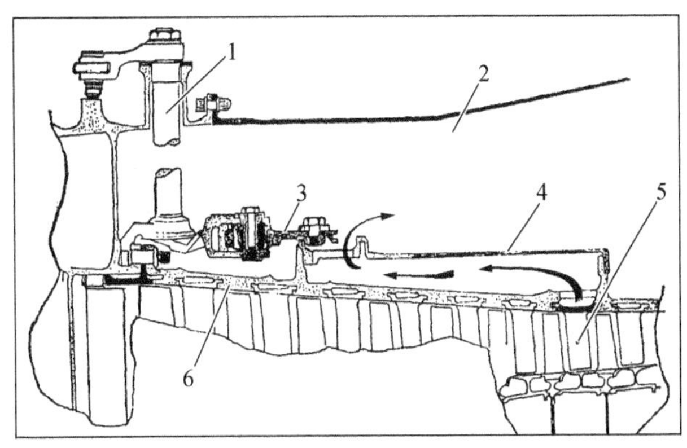

图 3-73 环带式放气活门

1. 主动操纵杆;2. 外涵道;3. 带式放气活门;4. 放气总管;5. 第7级静子叶片;6. 高压压气机机匣

应改变,这样就可使第1级转子叶片的进气攻角恢复到接近设计状态的情况,消除了叶背上的气流分离,避免了喘振现象的发生。

在高增压比的压气机中,往往前几级静子叶片都做成可转动的。可转动叶片上部带有圆柱轴颈,安装在机匣的轴孔内,叶片可绕轴颈自由转动。每一片叶片的顶端固定着一个摇臂(图3-74),摇臂另一端和操纵圆环相连,操纵圆环则靠固定在机匣上的几个作动筒来操纵。当需要转动叶片时,高低压油路控制作动筒的活塞杆带动操纵圆环转动,从而使摇臂沿圆周方向摆动,带动全部叶片旋转一定的角度。由于摇臂是绕着叶片的轴线摆动,而操纵环是绕着发动机轴线转动,所以设计时要注意它们之间不能相互干涉。

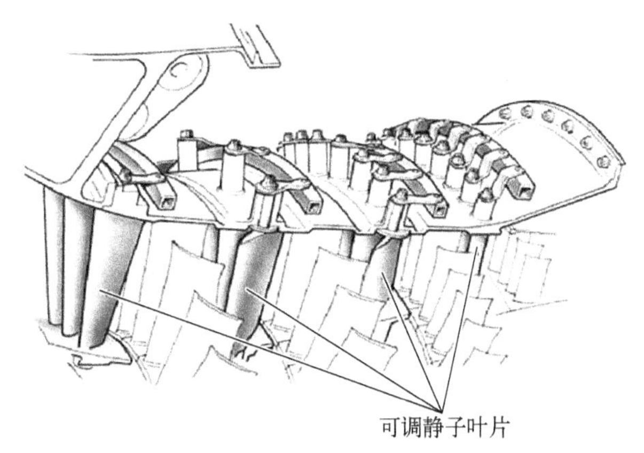

(a) 高压压气机中的可调静子叶片

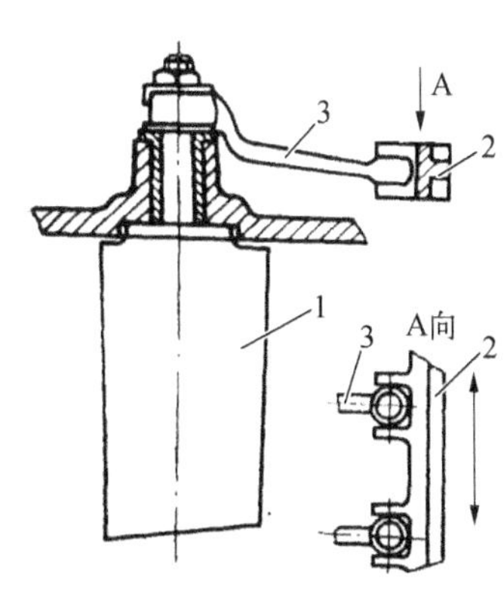

(b) 可调静子叶片局部结构

图 3-74 可调静子叶片结构

1. 可转叶片;2. 操纵圆环;3. 摇臂

当发动机上有几级叶片同时转动时,还要采取措施使各级可调静子叶片同步按需要的角度转动。

3.5.3 可变弯度进口导流叶片

可变弯度的进口导流叶片由前、后两段组成。前段固定以适应进入气流的情况，后段可以连续调节以保证转子叶片所要求的进气攻角。如图 3－75 所示，叶片前段为空心，其内、外端和机匣焊为一体，中间通过进、回油管路、防冰热空气及通气管路等，后段的内、外端都带有轴颈，内端插在内支承机匣的孔座内，外端轴颈插在外机匣的孔座内，轴颈上装有摇臂。各摇臂由一个作动环连接起来同时转动。作动环则由两个气压作动筒操纵。

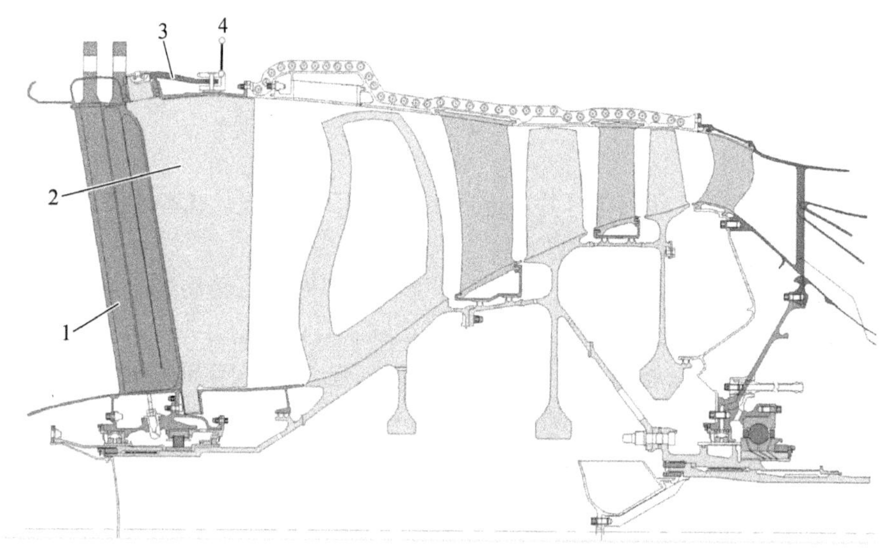

图 3－75 F136 发动机可变弯度进口导流叶片

1. 承力幅板；2. 可转导叶；3. 摇臂；4. 作动环

3.5.4 处理机匣

处理机匣也称机匣处理(casing treatment)，在风扇/压气机进气机匣内壁上开窄缝、槽、孔或带叶栅的槽道等，可以延迟气流的失速，扩大压气机的喘振裕度。

图 3－76 RD－33 风扇进口处理机匣

图 3－76 为处理机匣的一种形式。在第 1 级转子叶片外的机匣内壁上，做出一个环形空腔，内装许多扰流片，环形空腔前缘距转子叶片前缘有一定距离，空腔的后缘处于叶片中间，即空腔并未将叶片全部包容。从转子叶片顶部甩出的空气通过扰流片间形成的狭缝进入环形空腔，然后又由这些狭缝排向叶片的进口，形成附加的循环气流。这股循环气流可以抑制机匣和叶片表面附面层的分离，增大进口处的气流速度，抑制旋转失速的产生。由于进气处理机匣在结构上简单易行，往往

可以将其与机匣上的抗磨镶嵌环统一考虑。处理机匣的工作机理国外早有研究,但目前仅在苏联研制的大、中、小各类发动机上采用[图 3-76(b)]。在我国 WP13 发动机的压气机中也设计有防喘处理机匣。

3.5.5　多转子结构

由于双转子发动机在相同增压比的情况下比单转子发动机具有很多突出的优点,例如,压气机工作范围宽,同样增压比下级数少,非设计状态效率高,起动、加速性能好等,因而在现代大、中型发动机中得到了广泛的采用。但随着发动机增压比的进一步提高(24 左右),对发动机稳定工作性能又提出了更高的要求,以致在一些大型发动机上,除了采用双转子外,还要增加大量的放气活门和可旋转静子叶片,并进一步研制生产出了三转子发动机。

与双转子发动机相比,三转子明显的优点是:相同增压比下级数少,可调静子叶片及放气活门少,转子轴向长度短,转子刚性好以及起动、加速性能好等,详见表 3-4。但三个转子的支承、传力、润滑都较困难,结构复杂,研制费用高。因此目前世界上只有少数几种三转子发动机,即英国罗·罗公司的 RB211、Trent 系列,英、意、联邦德国三国合作生产的 RB199 军用型发动机以及苏联的 D-18T、D-36 三转子发动机。

表 3-4　双转子和三转子发动机的对比

机　型	转子数	总增压比	压气机级数	可调叶片级数	放气活门数目	放气带数目
JT9D	2	24	21	4	2	1
CF6	2	~24	24	7	1	无
RB211	3	25	19	1	2	无
RB199	3	24	16	无	无	无

3.6　压气机主要零件的材料及表面防护

选择压气机主要零件的材料时,主要考虑以下几方面的要求:

(1) 根据压气机结构所处的工作载荷和温度环境,所选材料应在工作温度环境下有良好的静强度,以满足长寿命及轻质量的要求;

(2) 由于压气机结构多为板壳类构件,在工作中振动问题较为突出,在材料选取上应重视其疲劳特性;

(3) 材料的工艺性及经济性要好;

(4) 应尽量选用规格化的材料,尽量减少材料的品种和规格。在选择压气机主要转动零件的材料时,由于它们所受的质量惯性载荷较大,还要选用比强度高的材料。

3.6.1　钛合金

在现代航空发动机设计中,为提高推重比,在压气机上大量使用钛合金。在转子上采用钛合金可以大幅度减小发动机质量，同样高压压气机前几级机匣大多也采用钛合金，但在研制和使用过程中曾发生过多次钛合金的转子叶片叶尖或断片卡在叶尖间隙中磨损机匣造成钛着火的严重故障。表 3－5 给出了几种压气机叶片材料的力学性能比较。

表 3－5　几种压气机叶片材料的力学性能比较

合金牌号	密度 ρ /(g/cm^3)	极限强度 σ_b /(N/mm^2)	弹性模数 E /(10^3 N/mm^2)	比强度(σ_b/ρ) /[(10^3 N·mm)/g]	比刚度(E/ρ) /[(10^6 N·mm)/g]
LY2	2.75	432	71	157	25.18
TC4	4.6	932	111	203	24.13
1Cr17Ni2	7.75	981	196	127	25.29
1Cr11Ni2W2MoV	7.8	1079	196	138	25.13

由表 3－5 可看出，钛合金有如下优点：① 比强度高，钛合金的密度小，但它的强度却与不锈钢相近，所以具有很高的比强度；② 耐腐蚀性好，钛合金耐腐蚀性能好，特别是耐海水腐蚀性能比铝合金和不锈钢都优越；③ 低温性能好，在超低温下，钛合金的强度约增加 1 倍，而且塑性和韧性良好。

因此，目前发动机中钛合金用量一般都在 20%以上，而且在压气机的零件中钛合金占大部分，如风扇叶片、离心叶轮、压气机转子叶片、静子叶片、轮盘、机匣及轴承壳体等。国内使用较多的钛合金见表 3－6，其中，使用最广泛的是 TC4，使用温度在 350℃ 左右，Ti6246 及 Ti6242 在较高温度仍有较高的比强度，使用温度可达 450℃，可用于工作温度较高的高压压气机叶片。

表 3－6　国内常用钛合金

材料牌号	成　分	使用温度/℃
TC4	Ti－6Al－4V	350
Ti17	Ti－5Al－2Zr－4Mo－4Cr－0.1O_2	—
Ti811	Ti－8Al－1Mo－1V	—
Ti6242	Ti－6Al－2Sn－4Zr－2Mo	450
Ti6246	Ti－6Al－2Sn－4Zr－6Mo	450

目前，罗·罗公司已开始将 IMI 钛合金公司研制的高温钛合金应用到压气后几级轮盘中，使压气机转子成为全钛转子，并焊为一个整体。例如，RB211－535E4 的总压比为 25.8，它的后几级轮盘采用了能承受 550℃ 的 IMI829 钛合金，但压气机转子仍然做成分段的，在 RB211－535E4 的改进型 RB211－535E5 中已改为整体的钛转子。Trent 发动机总增压比高达 39，它采用了能承受 600℃ 的 IMI834 作为后几级轮盘，并将转子焊接成一个整体，在 RB199 上也将这种高温钛合金用于高压压气机转子。表 3－7 列出了这些高温钛合金的成分。

表 3-7　几种高温钛合金

材料牌号	成　　份	使用温度/℃
IMI685	Ti-6Al-5Zr-0.2Mo-0.255Si	500~520
IMI829	Ti-5.6Al-3.5Sn-3Zr-1Nb-0.25Mo-0.3Si	550
IMI834	Ti-5.8Al-4Sn-3.5Zr-0.7Nb-0.5Mo-0.35Si-0.06C	600

钛合金也存在一些缺点，例如，弹性模量较低，耐磨性较差，力学性能对结构表面加工精度和初始损伤十分敏感，并且在高温高压环境中与钛合金摩擦会着火，使用中必须加以注意，尤其对于钛合金在压气机静子中应用应采取防钛火设计。

为防止钛着火，苏联的民航适航性标准中明确规定：高压压气机零件使用钛合金的温度限制为转子叶片 500℃、静子叶片 330℃、机匣及封严环 330℃、篦齿环 300℃。英国民航适航性要求规定：钛制静子零件的环境条件不应超过空气压力 200 kPa、空气流速 50 m/s。另外，还规定钛合金制静子叶片的高度不得小于 150 mm。

3.6.2　高温合金

现代航空发动机中总压比愈来愈大，高压压气机出口处空气温度为 500~600℃，甚至高于 600℃，一般钛合金已不能承受。为此，在绝大多数发动机中，压气机后几级的轮盘均采用高温合金来制作，甚至采用涡轮轮盘的材料来制作。表 3-8 列出了几种发动机压气机后几级转子所用材料。

表 3-8　几种发动机压气机后几级转子所用材料

发动机型号	总压比	转子材料	备　注
CFM56	26.6	Inco 718	
F404	25	后 4 级为 Inco 718	
F100	25	1~3 级为钛合金 4、5、7、9 级为 Washpaloy 6、8、10 级为 In100	
PW4000	30.2	后 3 级为 Inco 718	与高压涡轮盘相同
CF6-80C2	31.5	10~14 级为 Inco 718	与高压涡轮盘相同
M88	24	后 3 级为 Astroloy	与高压涡轮盘相同

3.6.3　铝合金

在工作温度降到 240℃以下时，铝合金的比强度也比较大，而且价格便宜。所以，在工作温度不超过 240℃时，转子叶片和轮盘可用 LD8、LD7、LD5、LD10 和 LY2 等铝合金来制造。

工作温度低于 300℃的机匣件，常常采用密度小、铸造性能好的 ZM-3、ZM-5 等铸镁合金以及 ZL104、ZL13 等铸铝合金制成。但镁合金易受海水腐蚀，因而在海洋地区工作的机种中，最好避免采用镁合金作机匣。

3.6.4 合金钢

当零件工作温度高于500℃时，一般要用镍铬钢或不锈钢，如1Cr17Ni2、30CrMnSiA、4Cr14Ni14W2Mo、0CrNi3Mo、1Cr13、2Cr13、1CrNi2W2MoV 等。

在一些小尺寸发动机上，常常采用钛合金或铸造合金钢(17-4PH)将叶片、盘、轴等锻或精铸成一个整体转子。第1级风扇和压气机第1级转子叶片，虽然工作温度低，但是为了防止外物打伤，提高零件抗腐蚀和抗振性能，一般都采用钛合金或不锈钢制成。压气机的前、后轴颈以及拉杆、螺栓等连接件，多用18CrNiWA、40CrNiMoA 和30CrMnSiA 等合金钢模锻、冷轧或旋压制造毛坯。

3.6.5 复合材料

近年来，因复合材料有更高的比强度，而且疲劳强度高，减振性能好，吸引着人们用它制造风扇叶片等各种压气机零件。例如，GE90(1995年投入使用)与GEnx(2011年投入使用)的大风扇叶片以及GEnx的风扇机匣均采用了复合材料。但由于其抗冲击能力差，制造质量不稳定等原因，目前还多用在一些温度低，受力小的非转动零件，如进气整流罩、风扇机匣内壁、风扇隔音衬板、封严套筒等。随着技术的发展，复合材料在发动机上占比将会愈来愈大，使用范围也会不断扩大。

3.6.6 表面防护

要使发动机能在各种环境中可靠地工作，并尽量提高其使用寿命及性能，就必须提高零件材料的抗腐蚀、抗氧化、抗热冲击及抗热疲劳的能力。因此，发动机零件制成后，通常还要有表面防护措施。

常用的表面防护方法有：对铝零件进行阳极化，对镁零件进行氧化；对钢及合金钢零件进行发蓝或表面镀锌、铬、镉等金属。在现代发动机上还采用等离子喷涂或火焰喷涂等工艺方法给零件表面(除配合表面外)喷涂各种防护的、防冰的或耐热的涂层。在零件相互摩擦的表面，如转子叶片的叶冠或减振凸肩的摩擦面、叶根榫头部分等，常常涂有耐磨的涂料或喷镀碳化钨硬质合金。有的压气机在叶片榫头与轮盘榫槽接触表面涂石墨清漆，除可防胶着剥伤外，还可起一定的减振作用。常在榫头及轮盘易产生裂纹处进行喷丸强化以提高疲劳强度。

在有封严要求的静子表面，一般喷涂或黏接上易磨的软金属、蜂窝或复合材料，以保证封严间隙最小而又不至于磨坏封严篦齿或转子叶片叶尖。对这些易磨材料的要求是：材料必须与所处的温度相适应；必须与转子叶片叶尖材料具有相容性，应该能干净利索地磨损掉而发热量产生的最小，同时还不应发生污染、掉块。目前已有适用于不同温度系列的易磨材料，如填充二氧化硅细珠的模制硅橡胶、丁基合成橡胶等，它们适于用作在-56~316℃温度范围内工作的风扇叶尖磨道材料，不仅可满足易磨、声阻尼、振动阻尼等要求，还可按需要做成平行槽、斜槽等形状，起处理机匣增加喘振裕度的作用。

表3-9给出了几种发动机压气机主要零件所用的材料及涂层。

表 3-9 几种发动机压气机主要零件所用材料及涂层

零件	型号					
	WP6	SPEY MK202	JT9D	CF6-50	CFM56	F100-PW-100
工作叶片	Cr17Ni2（1、6~9级）；LY2（2~5级）	低压：T/AV 钛合金（1.5级）；A/FLS 铝合金（2~4级）涂 PL205 耐热涂料；高压：T/AV（1~5级）；T/SZ 钛锡锆合金（6~8）级；S/SAV 不锈钢（9~12级）涂 PL101 高温铝粉漆	风扇、低压：Ti-6Al-4V；高压：Ti-6Al-4V、Ti-8Al-1Mo-1V、Ti-6Al-2Sn-4Zr-2Mo、Incoloy 901、Inco 718；榫根摩擦面涂 Cu-Ni-In；阻尼台涂 WC	风扇、低压：Ti-6Al-4V；高压：Ti-6Al-4V（1~5级）；Ti-6Al-2Sn-4Zr-2Mo（6~9、13、14级）；A-286 合金钢（10~12、15、16级）；榫根摩擦面喷涂 Cu-Ni-In 及 Mo S2；阻尼台喷镀 WC	风扇、低压：Ti-6Al-4V；高压：Ti-8Al-1Mo-1V（1~3级）；Inco 718（4~9级）；榫根摩擦面喷涂 Cu-Ni-In	风扇、低压：Ti-8Al-1Mo-1V（1~3级）；高压：Ti-8Al-1Mo-1V（1~3级）；Ti-6Al-2Sn-4Zr-6Mo（4~5级）；Incoloy 901（6~9级）；Washpaloy（13级）
静子叶片	30CrMnSiA（1级）；LY2（2~5级）；Cr17Ni2（6~9级）	低压：S/607（0级）涂 PL101；A/FLS（1~5级）涂 PL205；高压：S/SNV 不锈钢（0~11级）；涂 PL219 耐高温涂漆；S/SJ2 铬钢（12级）涂 PL101	低压：2014-T6、AISI 410；高压：Creek Ascoloy、Inco X-750	风扇出口静叶：Al-7075-T73；低压：Ti-6Al-4V；高压：Ti-6Al-4V（0~2级）、A286（3~16级）	风扇出口静叶：低压：Ti-6Al-4V；高压：Inco 718	风扇出口静叶：Ti-8Al-1Mo-1V；高压：Ti-6Al-4V（0级）；Ti-6Al-2Sn-4Zr-6Mo（1~2级）；Inco 718（3~8级）；Washpaloy（9级）
轮盘	30CrMnSiA（1、6~9级）；LD7（2~5级）	低压：S/SJV 不锈钢（1级）涂 PL101；T/SZ 钛锡锆合金（2~5级）；高压：S/STV 不锈钢（1~7级）；S/SAV 不锈钢（8~11级）；以上均涂 PL219 N901 耐热合金（12级）	低压：Ti-6Al-4V；高压：Ti-6Al-2Sn-4Zr-2Mo、Incoloy 901、Washpaloy	风扇、低压 Ti-6Al-4V；高压：Ti-6Al-4V（1~2级）；Ti-6Al-2Sn-4Zr-2Mo（3~9级）；Inco 718（10~16级）	风扇：Ti-6Al-4V；高压：Ti-17（1~3级）；Inco 718（4~9级）	风扇、低压 Ti-6Al-2Sn-4Zr-6Mo（1~3级）；高压：Ti-6Al-2Sn-4Zr-6Mo（1、2、4、5级）；Ti-8Al-1Mo-1V（3级）；IN 100（6、8、10级）；Washpaloy（7、9级）

续 表

零件	型号					
	WP6	SPEY MK202	JT9D	CF6－50	CFM56	F100－PW－100
鼓筒		低压： S/SJV 不锈钢 （1～2 级间）涂 PL101； T/SZ 钛锡锆合金 （2～5 级）； 高压： S/STV 不锈钢（1～11 级）； N901（11～12 级）；均涂 PL101		盘鼓一体	低压：Ti－6Al－4V	
轴	前、后轴 40CrNiMoA	低压： S/SJV（前轴）， S/HBH（后轴），均涂 PL101； 高压： S/HBH（前轴）， S/CMV（后轴），均涂 PL101		风扇： Marage 250（短轴）， B5F5（后轴） 高压： Inco 718（后轴）	风扇： Marage 250 马氏体时效钢； B5F5（后轴）； 高压： Ti－6Al－4V（前轴）	
机匣	前机匣： ZM－5 中机匣： ZM－3 （前段） 30CrMnSiA （后段） 后机匣： 1Cr18Ni9Ti	进气、中介、扩散机匣： S/SSJ2 涂 PL101； 低压机匣： A/FLS 内表面涂 VX1290A/20 金属防护清漆， 外表面涂 E3696/693 烤干瓷漆	风扇、压气机机匣： Ti5Al2. 5Sn	风扇机匣： AL－6061－T6； 17－4PH（承力框架）； 低压机匣： AL－6061－T6； 高压机匣： Ti－6Al－2Sn－4Zr－2Mo （前机匣）； Inco 718（后机匣）	风扇机匣：17－4PH； 低压和高压机匣： Ti－6Al－4V（前段）； Inco 706（后段）； Incoloy 903（后段内机匣）	风扇： Ti－6Al－4V； 高压： Ti－6Al－4V、 Washpaloy

思考题

1. 在压气机转子结构设计中,如何提高承载能力和弯曲刚度?

2. 试说明在风扇/压气机结构设计中,工作叶片和轮盘的连接结构形式和特点。

3. 在现代发动机中为提高压气机效率在结构上采取了哪些措施,并简单说明其原理。

4. 现代发动机中对于防止外来物打伤一般可采取什么措施?

5. 风扇/压气机叶片、轮盘选择材料的基本原则和需要考虑的因素有哪些?

第 4 章 涡轮结构

4.1 概　　述

涡轮部件的功能是将高温燃气中的部分热能和势能转换成机械能，并以轴功率的形式驱动压气机、风扇、螺桨及相关附件旋转工作。

根据涡轮的功能和在流道中的轴向位置，可分为高压涡轮、低压涡轮和动力涡轮等。在涡扇发动机中，用于驱动高压压气机转子的涡轮，由于处于相对压力和温度较高的流道位置，称为高压涡轮；用于驱动风扇转子的涡轮称为低压涡轮。在涡桨或涡轴发动机中，用于驱动螺旋桨或向直升机旋翼输出轴功率的涡轮称为动力涡轮或自由涡轮。根据在涡轮中燃气的流动方向进行分类，可分为轴流涡轮和向心涡轮（图 4－1），除了少数小功率的涡轮外，现代航空燃气涡轮发动机的涡轮几乎都用轴流式。也可按照涡轮所在的转子进行分类，在双转子发动机中，处于前端进口温度较高的称为高压涡轮，处于后端进口温度较低的称为低压涡轮，如图 4－2(a)所示；在三转子发动机中，则分别称为高、中、低压涡轮，如图 4－2(b)所示。

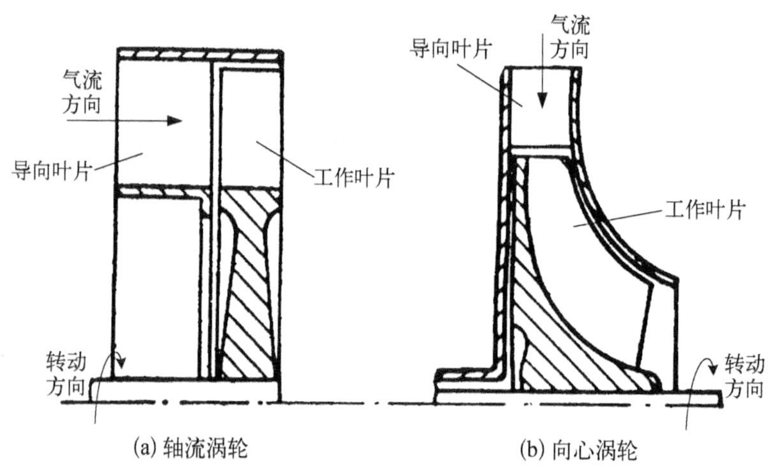

图 4－1　涡轮类型示意图

航空燃气涡轮的特点是输出功率大、燃气温度高、转速高、效率高，同时还要求结构质量轻、结构布局紧凑。例如，一个大功率航空燃气涡轮发动机，单级涡轮输出功率可高达 41 790 kW；一个涡轮叶片可发出约 597 kW 的功率，基本上相当于 2 台八汽缸汽车发动机的功率；第 1 级涡轮导向器进口处燃气的平均滞止温度（简称涡轮前温度）可高达 1 800 K；平均直

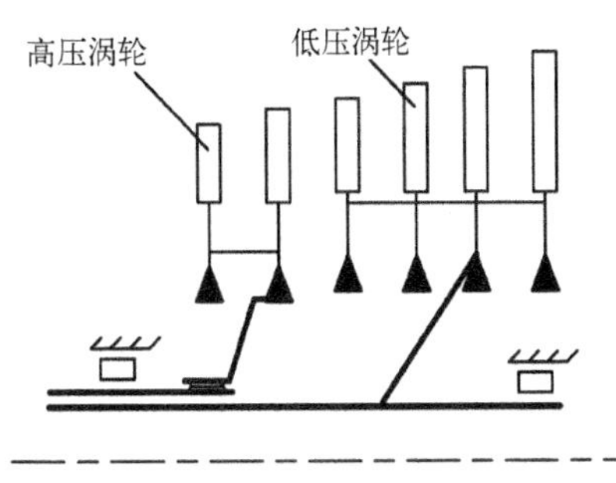

(a) 双转子

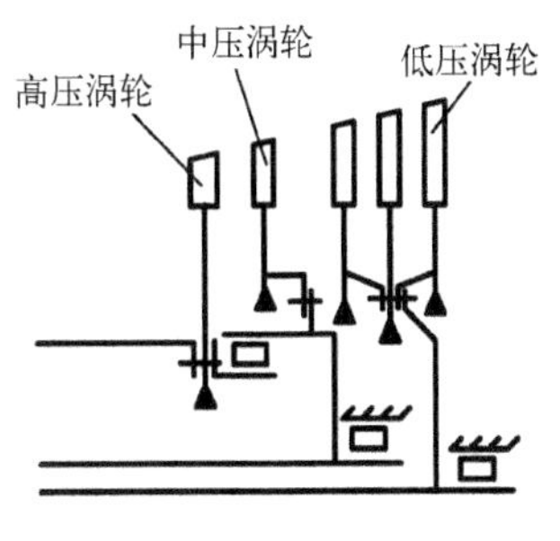

(b) 三转子

图 4－2　轴流式涡轮

径处叶片的线速度约 500 m/s。可见,涡轮是发动机中热载荷和机械载荷最大的部件,其工作条件十分恶劣,是发动机使用中故障较多的部件之一。

涡轮和压气机均为叶轮机械,但在气动性能和结构上具有明显的区别,压气机中动叶在前对气流做功,静叶在后减速扩压;而涡轮中,静叶在前对高压高温燃气流动导向,动叶在后将燃气能量转化为轴功。由叶身形状看,涡轮叶片厚,且从叶尖到叶根叶片扭转较大;由级数看,压气机级数多,而涡轮级数少。另外,涡轮处于高温条件下,叶片、轮盘等均需由耐高温合金制造,结构质量大。在各种工作状态下涡轮的构件和组件温度分布不均匀,因而对结构热膨胀和热应力控制是涡轮结构设计的关键技术。总之,涡轮结构在工作中会承受巨大的热载荷和机械载荷,在涡轮结构设计时,要特别注意解决好高温变化和温度场不均匀所带来的结构设计特殊问题,如热变形、热应力、热定心、热疲劳、热腐蚀,以及高温材料的选择、冷却系统的设计等。

图 4－3～图 4－6 为不同类型航空燃气轮机的涡轮结构简图。涡轮部件由转子和静子以及冷却、润滑等辅助系统等组成。本章主要对轴流式涡轮的转子、静子、冷却系统等进行分析介绍。

如图 4－3 所示,对于高推重比涡扇发动机,由于对结构质量有很高的要求,为了减少

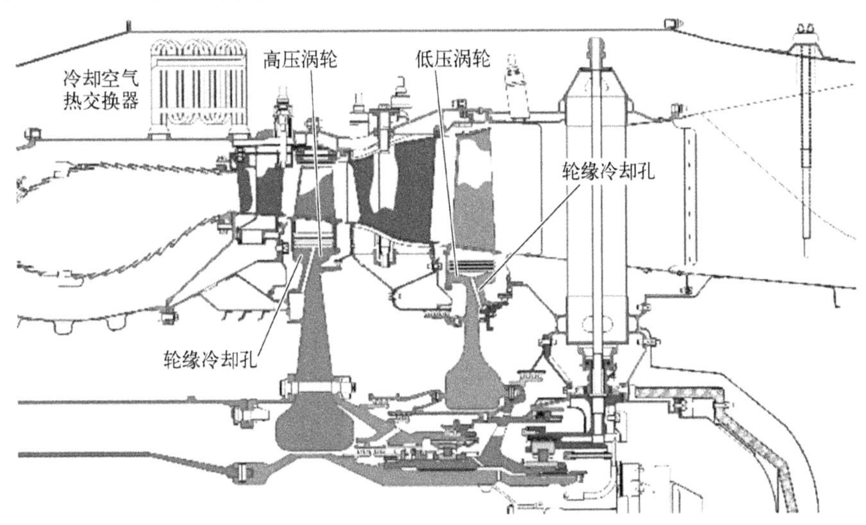

图 4－3　高推重比涡扇发动机 AL－31F 双转子涡轮结构(带中介轴承)

一个承力框架，广泛采用带中介轴承涡轮支承方案，即在高压涡轮轴和低压涡轮轴之间设计一个中介支点，高压涡轮转子的径向载荷将通过低压转轴和相应支承结构传出。

图 4－4 为典型高涵道比涡扇发动机的涡轮结构布局。由于高、低压涡轮气流通道的径向尺寸和转子转速的差异较大，所以在高、低压涡轮的结构设计中也具有一定的不同，高压涡轮级数较少，通常为 2 级，低压涡轮则级数较多，结构质量大，在旋转过程中，旋转惯性力矩（陀螺力矩）的影响较大。

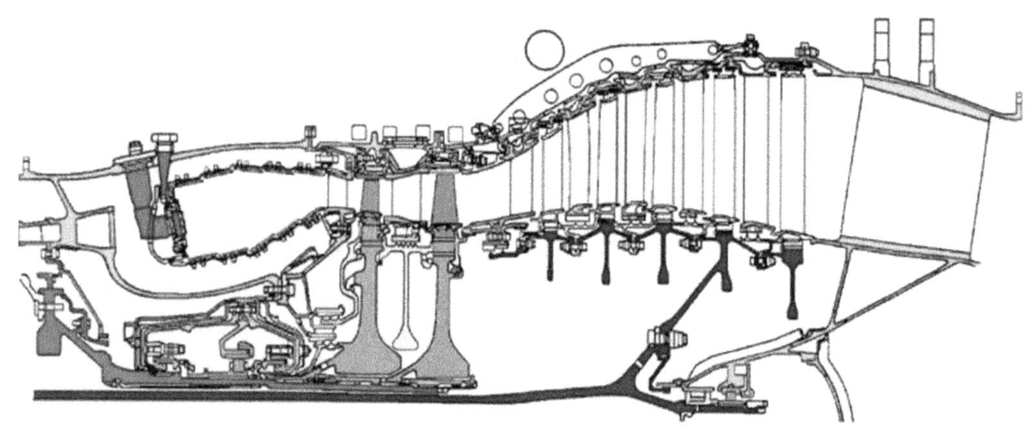

图 4－4　高涵道比涡扇发动机 V2500 双转子涡轮结构

图 4－5 为涡轴/涡桨发动机的涡轮典型结构布局。在涡轴、涡桨发动机中，将位于燃气流道前面用于驱动压气机的涡轮称为燃气涡轮，位于后面用于提供功率输出的涡轮，称为动力涡轮。由于动力涡轮轴为细长柔性转子，前端也没有压气机进行轴向力平衡，所以动力涡轮支点有时也采用滚珠轴承，进行轴向定位和止推。

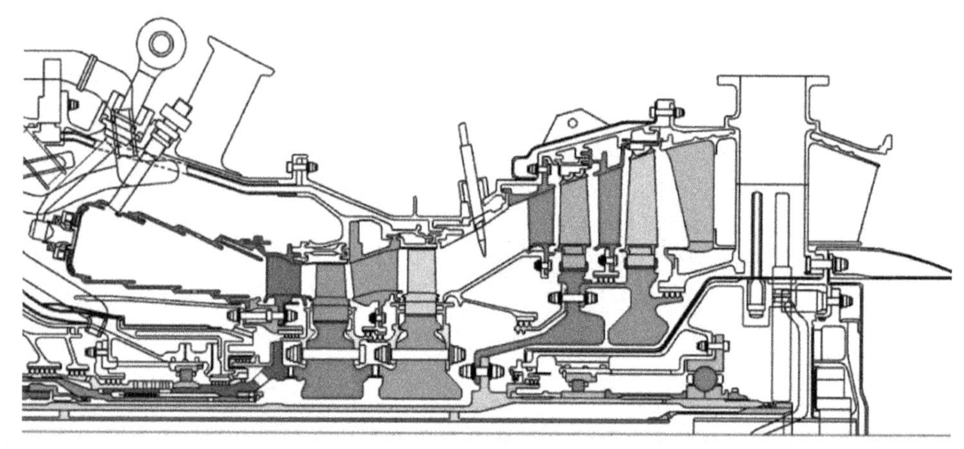

图 4－5　涡轴/涡桨发动机 CT－7 涡轮结构

图 4－6 为小涵道比军用涡扇发动机 RB199 的涡轮结构简图，有高压、中压和低压 3 个涡轮，三个转子布局紧凑，高压涡轮通过中介轴承支承在中压涡轮上，中、低压涡轮共同支承在级间承力框架上，即通过共用承力框架同时支承三个涡轮转子。

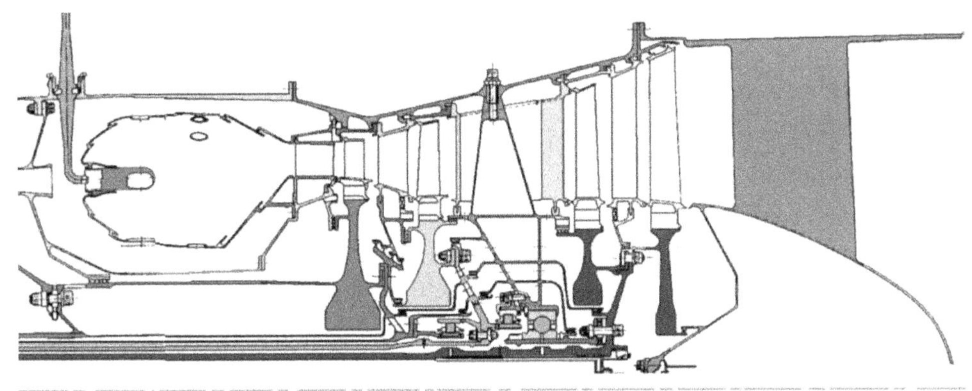

图 4-6　三转子涡扇发动机 RB199 涡轮结构

4.2　涡轮转子

涡轮转子的结构设计需要遵循与压气机转子相同的设计要求，此外还需考虑高温载荷环境对结构强度、变形、连接，以及材料性能的影响及控制等涡轮结构设计的特殊问题。下面分别就涡轮转子连接结构、叶片结构及叶片-轮盘连接结构等结构设计进行讲述。

4.2.1　转子连接结构

涡轮转子的连接结构是指轮盘-轴以及轮盘-轮盘的连接结构。

在涡轮转子的连接结构设计中，要保证各零组件具有足够的强度安全裕度，以及在结构刚性、振动特性、结构系统连接界面损伤控制等方面进行定量分析与评估，还要求涡轮转子结构简单、质量轻、加工装配工艺具有可行性，其中最具挑战性的是，解决高温且多变的温度场及其热载荷对结构的影响问题。

(1) 尽量减少由叶片、轮盘向转轴的传热量，以改善轴和轴承的工作条件。特别是对高压涡轮转子的轮盘与轴的连接结构中，必须采取有效的结构措施。

(2) 在各种工作状态下，保持转子结构系统连接界面的定心和力学性能稳定、可靠。由于涡轮在全工作状态下构件间配合界面的接触状态和力学特性会发生较大变化，因此在连接结构设计中要尽量降低连接界面接触状态对外载荷环境变化的敏感度，既不能破坏定心、产生不平衡，又不要造成过大的接触应力。

(3) 多级涡轮结构中，转子与静子结构相协调，便于装配。由于涡轮工作温度高，涡轮机匣温度变化幅度大，涡轮机匣均采用整环结构，这就要求涡轮结构设计时要考虑动叶和静叶交互装配问题。

下面就涡轮转子结构几何构形和连接结构设计的典型方案及其特点进行分析。

1. 径向销钉连接

在俄罗斯的航空发动机设计集团的产品中，销钉连接一直是广泛采用的连接形式。该连接结构结构简单，工艺方便，连接可靠，能保持良好的热定心性，但不宜多次分解。

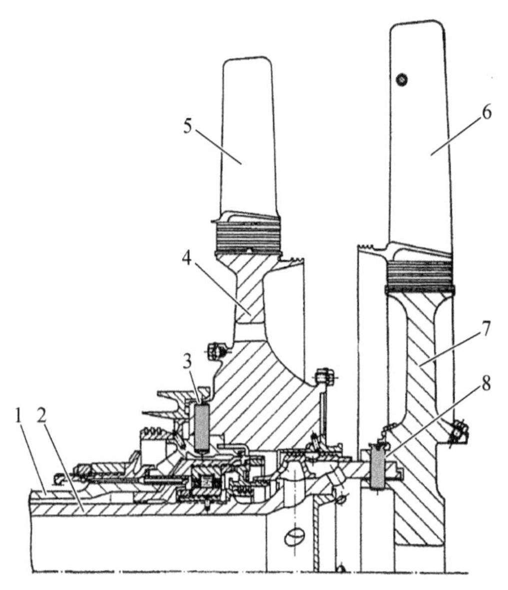

图 4－7　WP7 发动机高低压涡轮转子结构简图

1. 高压涡轮轴；2. 低压涡轮轴；3、8. 销钉；4. 高压涡轮盘；5. 高压涡轮转子叶片；6. 低压涡轮转子叶片；7. 低压涡轮盘

图 4－7 为 WP7 发动机双转子涡轮的盘-轴连接结构简图。高、低压涡轮均为单级轮盘转子。轮盘与轴间采用圆柱面定心，紧度配合，由径向销钉 3 和 8 分别连接、定位及剪切传扭。销钉与盘-轴的销钉孔过盈配合。装配时，将涡轮盘加热后套到轴上，然后组合钻孔、铰孔，压入销钉。盘-轴配合紧度的大小根据计算及使用经验确定。

轮盘与轴定心圆柱面在工作过程中的接触状态是保证盘-轴连接结构稳健性的关键，在工作状态下轮盘与轴所受的离心载荷及温度载荷不同，所产生的径向变形量也不同，通常在轮盘与轴连接位置，轮盘的径向变形量总是大于轴，因此，在盘-轴连接结构设计时要考虑连接结构定心可靠和界面接触损伤问题。

按照工作时盘-轴定心圆柱面处不能产生间隙的条件，初步定出冷态的装配紧度，并计算达到此装配紧度所产生的装配应力对轮盘应力及强度的影响，如果轮盘与轴的装配预应力过大，则必须对结构几何构形进行改进，以保证连接界面接触状态和接触损伤满足设计要求。

径向销钉定心的工作原理可由图 4－8 看出，只要沿圆周装有三个以上的销钉，则在各种工作状态下，相互配合的两个转子构件可以自由径向变形，而它们的中心位置始终保持不变。这种功能称为自动热定心(或工作定心)。这种定心的可靠性取决于销钉与孔的配合精度及销钉的强度。一般情况下选用销钉的数目比理论要求的多。WP7 发动机的涡轮转子轮盘-轴连接结构，就是依据这个“自动热定心”原理，在轮盘与转轴的定心配合面采用小紧度配合，因此，既可以避免造成过大的装配应力，又保证了在高温、大转速下的定心问题。

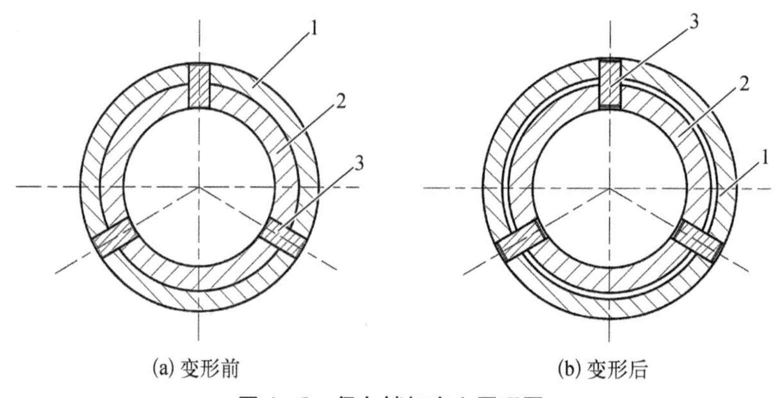

图 4－8　径向销钉定心原理图

1. 涡轮盘；2. 涡轮轴；3. 销钉

此外，在 WP7 涡轮转子结构设计中，为了减少涡轮盘向轴承传热，轴承内环及中介轴承外环都通过衬套装在轴上，衬套和轴承内、外环的配合面还开有周向槽以减小传热面积。由于高压涡轮盘比低压涡轮盘的温度高，所以高压转子轮盘-轴配合面以及轴和轴承衬套的配合面都开有轴向槽。前者通过由第 3 级压气机后引来的冷却空气，后者通过滑油以阻隔传热。

AL－31F 发动机的低压涡轮转子也采用了径向销钉的连接结构，如图 4－9 所示。低压涡轮盘与叉形结构的后轴颈通过径向销钉连接，后轴颈与低压涡轮轴是通过两圆柱面定心和套齿传扭，低压涡轮轴为了减轻质量，分别采用三段结构，即用合金钢制的前后端与用钛合金制的中间轴通过径向销钉连接，这种将长轴做成几段的结构实属罕见，通过径向销钉进行连接可以保证其在不同工况下的轴同心度。

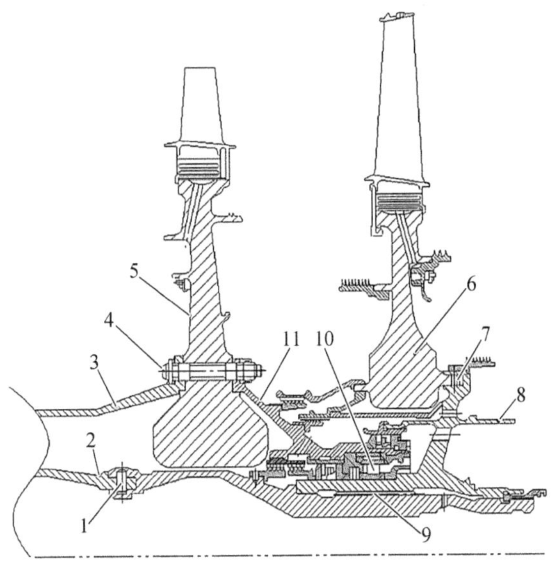

图 4－9　AL－31F 发动机涡轮转子结构简图

1、7. 销钉；2. 低压涡轮轴；3. 高压涡轮轴；4. 精密螺栓；5. 高压涡轮盘；6. 低压涡轮盘；8. 低压涡轮后轴颈；9. 套齿；10. 中介轴承；11. 高压涡轮后轴颈

2. 法兰-短螺栓连接

短螺栓连接在涡轮转子结构中是一种应用广泛的连接形式，具有可拆卸、可重复安装等突出的优点，但要求在结构设计中考虑连接结构刚度、局部应力集中及工艺可靠性等问题。

如图 4－9 所示，苏联 AL－31F 涡扇发动机高压转子涡轮盘与轴的连接采用短螺栓连接。由于设计要求尽量缩短轴的长度以及制造工艺的限制，涡轮盘与前面的涡轮轴以及后轴颈采用短螺栓连接。为减小长期循环使用时转子界面接触损伤累积，使转子的附加不平衡量控制在一定范围之内，在每个连接界面上均设计有定心圆柱面及其相应的初始装配紧度。

图 4－10 为早期发动机 CF6－50 高压涡轮的转子结构，为了提高转子弯曲刚度，采用拱形结构，在两级涡轮盘的连接结构设计中，将涡轮轴 1 和轮盘外缘直接用穿过第 1 级轮盘的短螺栓 2 相连，后轴颈与第 2 级轮盘的连接也采用穿过第 2 级轮盘 6 的短螺栓连接，此外在两级涡轮盘轮缘处设计隔热封严鼓筒 3。为了控制转子各部位的温度场，采用空气系统进行冷却。转子结构设计考虑十分全面，但受限于当时的工艺，在轮盘幅板和轮缘上打孔，对轮盘强度和寿命具有不利的影响，并且螺栓在高速旋转时的风阻做功，不仅消耗功率，而且使局部温度增加。因此，在现代涡轮转子结构设计中已不采用这种连接结构。

现在一些高压涡轮转子连接结构设计中，为提高连接结构的寿命和可靠性，常常采用在轮盘幅板前或后面延伸出一个安装边，与前后轴颈采用短螺栓连接，并开有冷却空气孔

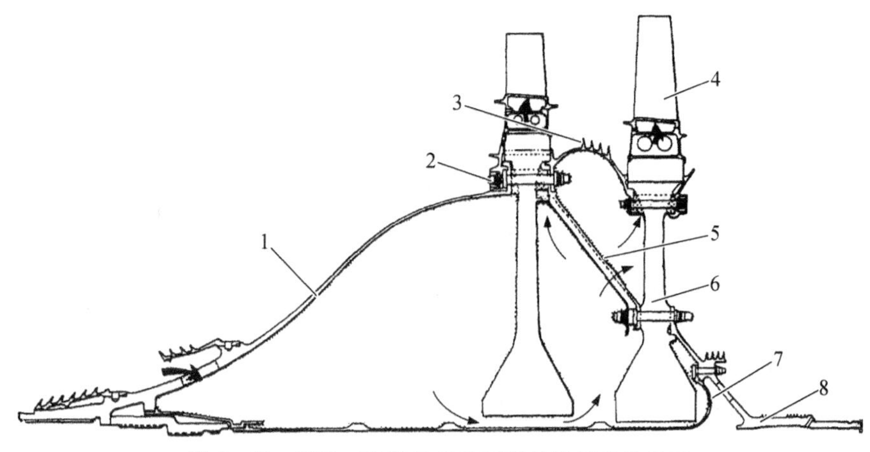

图 4-10　CF6-50 发动机高压涡轮转子结构简图

1. 涡轮轴；2. 短螺栓；3. 链状隔热封严鼓筒；4. 转子叶片；5. 级间锥壳；6. 涡轮轮盘；7. 冷却空气引气套；8. 涡轮后轴颈

降温，使连接结构刚度损失和局部应力损伤得到有效抑制。

在 F404 发动机高压涡轮盘-轴连接结构中，采用了类似的结构，如图 4-11 所示。为避免在盘上受力部位因开孔产生的应力集中，在高压涡轮盘 3 前后加工了安装边，并通过短螺栓 4 分别与前轴颈 2 和后轴颈 5 连接。但是，在低压涡轮盘 6 与轴颈 8 间仍然采用了在轮盘轮缘处开多个孔，通过短螺栓将二者连接起来的设计。但在通用公司后续设计的发动机中，已均不采用这种结构。

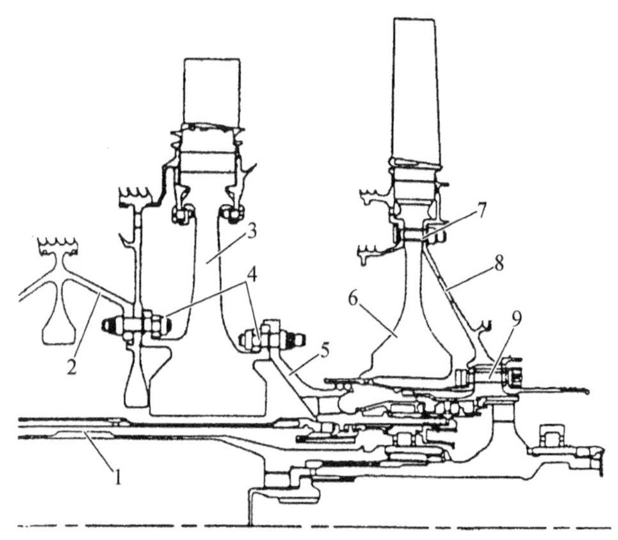

图 4-11　F404 涡扇发动机涡轮转子结构简图

1. 低压涡轮轴；2. 高压前轴颈；3. 高压涡轮盘；4. 短精密螺栓；5. 高压后轴颈；6. 低压涡轮盘；7. 短螺栓；8. 低压轴颈；9. 短螺栓

在现代高涵道比涡扇发动机中，低压涡轮一般级数较多（4~6 级），而且采用轮盘-鼓筒转子结构，如图 4-12 所示，每个轮盘均带有前、后封严鼓筒，各级盘间靠装在鼓筒安装边上的螺栓连接，用自锁螺母拧紧。

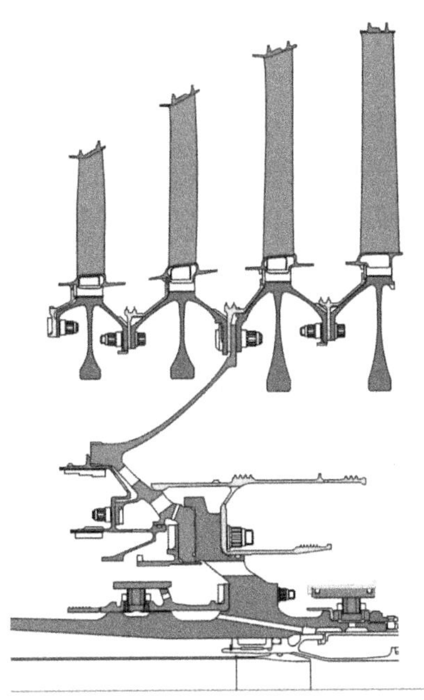

图 4-12　CFM56 发动机低压涡轮转子结构简图

发动机转子结构中的螺栓连接，由于其受力状态复杂多变，在工作中除了需要传递巨大的扭矩以外，还要承受离心、拉压和弯曲载荷，在工作过程中为了减小螺栓连接结构力学性能受外载荷影响的敏感度，需要在结构设计中采取一些特殊措施。如图 4-13 所示，将压紧的精密螺栓做成锥形（配合紧度靠控制螺栓头与安装边的间隙保证），它适用于多次装配。但锥形螺栓及孔的加工都比较困难。

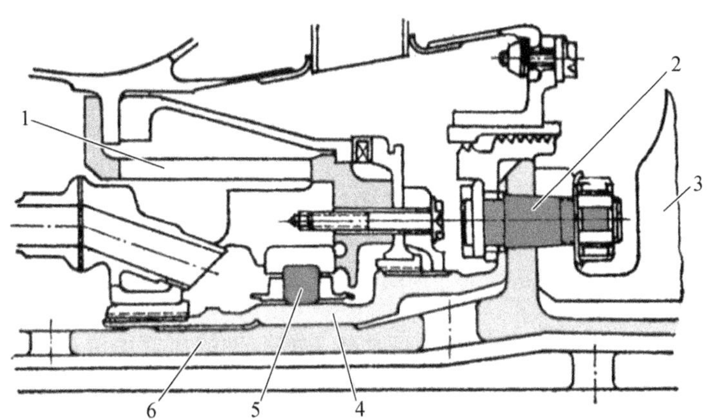

图 4-13　用锥形精密螺栓连接高压涡轮盘轴的结构简图

1. 鼠笼弹性支承；2. 锥形精密螺栓；3. 第 1 级高压涡轮盘；4. 轴承衬套；5. 轴承；6. 高压涡轮轴

由上述各螺栓连接结构设计方案及受力状态分析可知，高压涡轮转子工作温度高，机械载荷大，所以连接结构的强度和变形控制问题十分突出。近年，在先进航空燃气轮机涡轮转子结构的设计中，通过采用对称结构、不在应力大的区域打孔、空气/滑油冷却以及结构几何构形优化等结构措施，并选用粉末冶金材料等静压成形的新材料和加工工艺技术，不仅满足强度和寿命要求而且材料利用率也得到提高。

3. 端齿-长螺栓连接

在小尺寸燃气涡轮发动机中,由于转速高、径向尺寸小等限制,不便使用短螺栓连接结构,而常采用端齿定心传扭、中心长螺栓(或称拉杆)拉紧的连接结构。端齿连接具有传动扭矩大、热定心和拆装方便等优点,传扭端齿的齿形有梯形齿、矩形齿和圆弧端齿,如图 4-14 所示,但在高转速的发动机转子连接结构中,广泛使用的还是圆弧端齿。

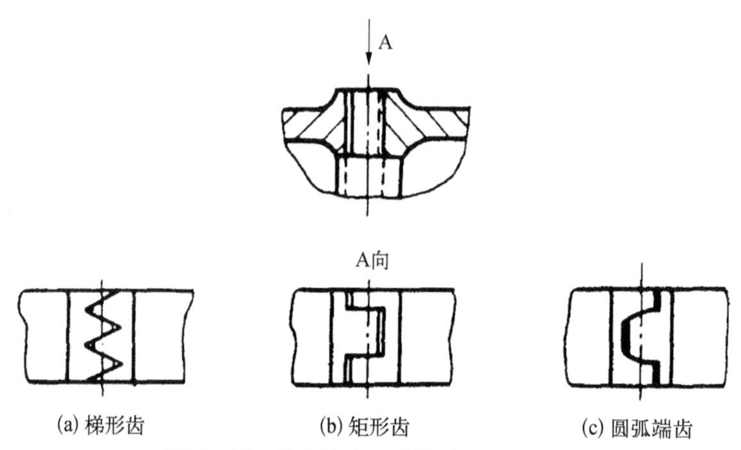

图 4-14 具有热定心功能的端面齿连接

图 4-15 为 WZ8 发动机转子连接结构,整个转子系统由 5 对端齿连接传扭,长螺栓拉紧。

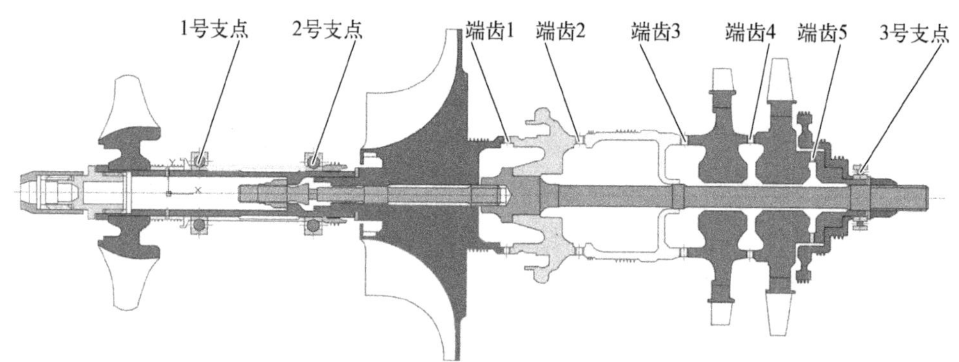

图 4-15 WZ8 发动机转子连接结构

需要说明,离心压气机轮盘与涡轮盘及相关鼓筒轴的压紧力是由中心拉杆的初始预变形产生的,即中心拉杆的刚度和预变形保证了在工作状态下各旋转构件之间保持有足够的轴向压紧力。此外,由于构件的正泊松比效应,在高转速下轮盘等构件的轴向尺寸会减小,因此,轴向压紧力会比初始装配状态要小,一般情况下变化范围在 30%左右。

4. 套齿-螺母连接

在现代高载荷、长寿命涡扇发动机设计上,为提高轮盘使用寿命和可靠性,在涡轮盘与轴的连接方式上设计出"外伸轴颈套齿连接结构"。图 4-16、图 4-17 分别为通用公司和普惠公司在高可靠性、高涵道比大推力涡扇发动机的涡轮转子结构中所采用的"外伸轴颈套齿连接结构"。

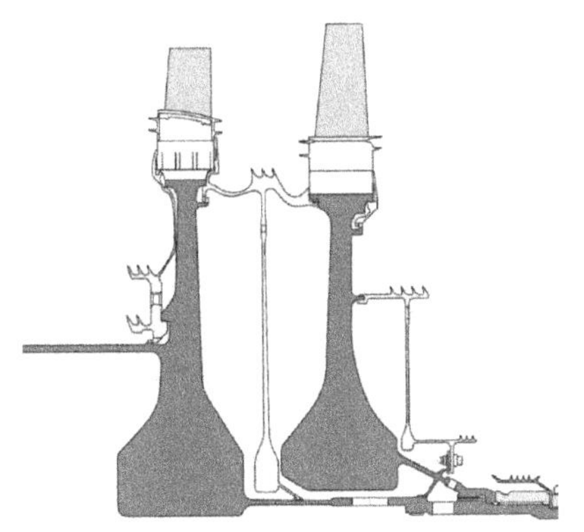

图4-16 GE90高压涡轮转子轮盘-轴连接结构

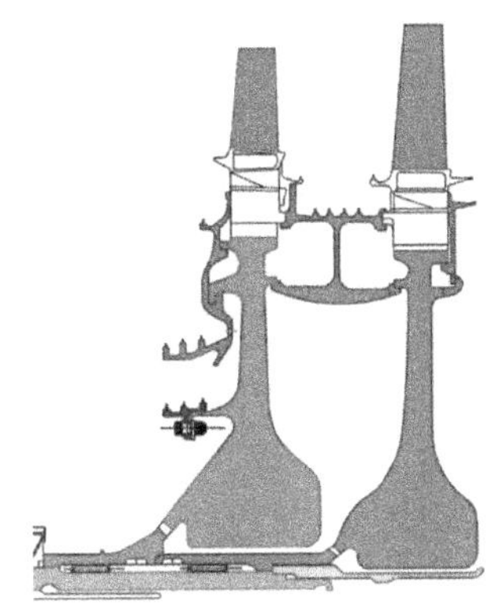

图4-17 PW4000高压涡轮转子轮盘-轴连接结构

由于高压涡轮盘转速高,需要传递的扭矩大,采用套齿传扭,以保证连接结构的强度要求,此外,由于轮盘与轴的结构构形具有大的差异,在高转速下很难保证径向变形的协调性,从而导致套齿连接结构界面接触状态及力学特性的变化。因此,在"外伸轴颈套齿连接结构"的设计中,轮盘与套齿之间设计有轴颈过渡,以减小轮盘径向变形对套齿连接结构的影响。此外,由于轴颈径向尺寸较小并开有冷却孔,可以有效减少涡轮盘上的热量传到轴及轴承上。

5. 焊接

更简单的轮盘-轴连接方式为焊接。图4-18为GE90高涵道比涡扇发动机高压涡轮转子结构。高压1级轮盘与前鼓筒轴和后轴颈的连接,均采用了焊接。这样,高压涡轮轮盘与轴成为整体结构,变形协调。焊缝强度高,能经受冷热循环的疲劳载荷。焊接工艺减少了连接件,使结构简单,质量轻,提高了材料的利用率,但对焊接质量要求高。它不仅要求焊接技术高,而且要求焊接质量的检查技术也要有足够的把握。

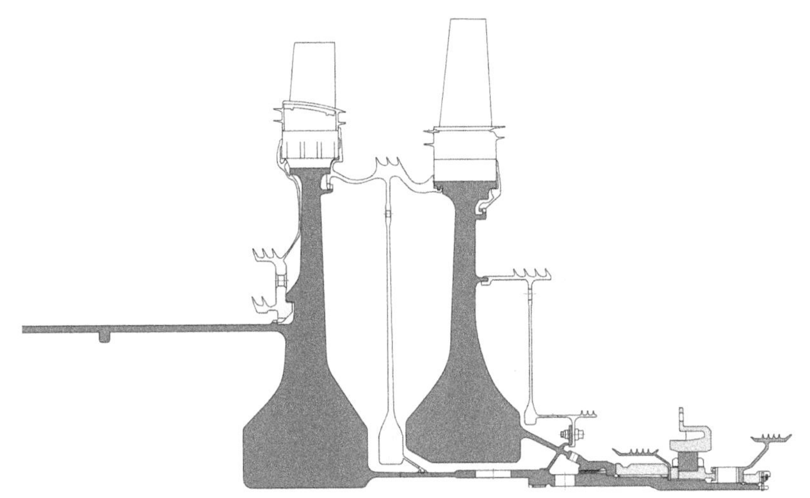

图4-18 GE90发动机高压涡轮转子结构(焊接)

图4-19为PW4000系列发动机低压涡轮转子结构,其中,第2级和第4级轮盘与前后鼓环间采用电子束焊,使结构大大简化,且简化了毛坯制造,提高了材料的利用率。为

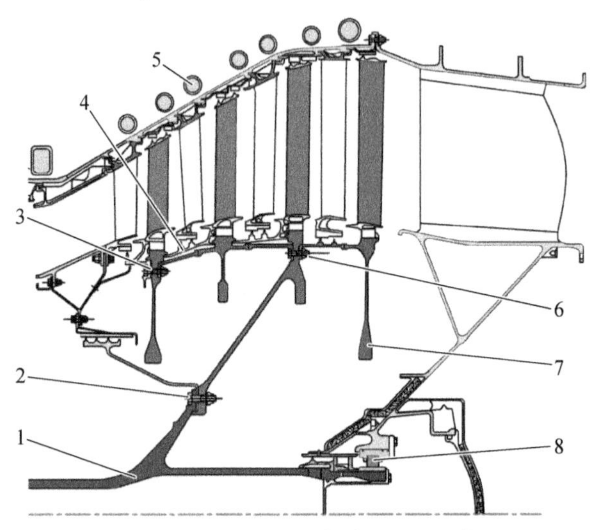

图 4－19　PW4000 发动机低压涡轮

1. 低压涡轮轴；2. 轮盘-轴连接螺栓；3. 1、2 级盘鼓连接螺栓；4. 篦齿封严环；5. 冷却气管；6. 2、3、4 级盘鼓连接螺栓；7. 轮盘；8. 后轴承

了使焊接的鼓环能在较低温度下工作，在第 2 级轮盘的前后鼓环外又加了篦齿封严环。封严环和鼓环之间通冷却空气，改善了鼓环和轮盘的工作条件。封严环同时也加强了转子的刚性。

4.2.2　叶片及连接结构

涡轮的转子叶片（又称工作叶片）是把高温、高压燃气的部分能量转化成机械能并以轴功率输出的重要构件。它在高温、高速的恶劣环境下工作，不仅要承受高速旋转所产生的离心载荷、气动载荷、热载荷及振动载荷，而且还会受到燃气的氧化和硫化腐蚀。当发动机工况不断变化时，各种载荷及其损伤的交互作用，使涡轮叶片成为在发动机研制和使用过程中，出现结构损伤故障最多的构件之一。特别是高压涡轮转子叶片的强度对发动机的热力参数（涡轮前燃气温度）的选择起着决定性的作用，直接影响着发动机的性能和可靠性。因此，当前一方面不断研制新的耐高温材料以提高材料的耐高温和强度性能，另一方面不断发展各种冷却技术，以降低转子叶片的温度，提高转子叶片的寿命和使用可靠性。

在加工工艺上，早期的转子叶片多采取高强度高温合金锻造后经机械加工制成；现代则多采用等轴晶高温合金、定向结晶或单晶高温合金精密铸造而成。

涡轮转子叶片一般由叶身、缘板、中间叶根及榫头四部分组成。下面主要分析叶片的叶身、中间叶根、叶片与轮盘的连接以及涡轮叶片冷却的结构设计。

1. 叶身

涡轮转子叶片的主要失效模式是叶片在高温环境的低周疲劳、蠕变和高周疲劳损伤失效，因此在涡轮叶片结构设计中应充分考虑其失效模式和防范措施。涡轮转子叶片与压气机转子叶片相比叶身较厚，剖面较弯曲，截面积沿叶高的变化较急剧，而且在叶身上部和顶端通常有一些特殊的结构设计。

1）叶型

现在在先进的发动机涡轮叶片叶型设计中，采用了一些先进的三维流设计方法，沿叶高方向上叶型截面产生一些变化，其目的主要是控制流场、减小气动损失、提高涡轮效率。其中一种是可控涡的变功量设计，燃气流在导向器和转子叶片间的环形通道中的做功量是根据需要来控制的。可控涡的变功量设计减小了二次损失，提高了涡轮效率，使级数减少。可控涡的变功量叶片和常规的气动叶型及损失情况对比，如图 4－20 所示。

在现代高涵道比涡扇发动机中，随着空气流量的增大，低压涡轮气流通道呈较大扩散角的扩张形，因而沿叶高方向各截面处的气流不是平行流动的，上半部是向外倾的，下半部则是向内倾的，为了提高气动效率，叶片的叶身采用了“正交”设计，即各截面处的叶身基本与气流方向是直角，其结果叶片沿高度方向不是直线的，而是呈弯曲状，如图 4－21 所示。对于转子叶片，采用正交设计使效率有所提高，但是由于叶片与轮盘不在一个平面内，有一定的夹角，在叶片根部会有一较大的附加应力，所以对叶片的强度有较大的影响。罗・罗公司研制的 Trent600～1000 系列发动机均采用了正交设计。

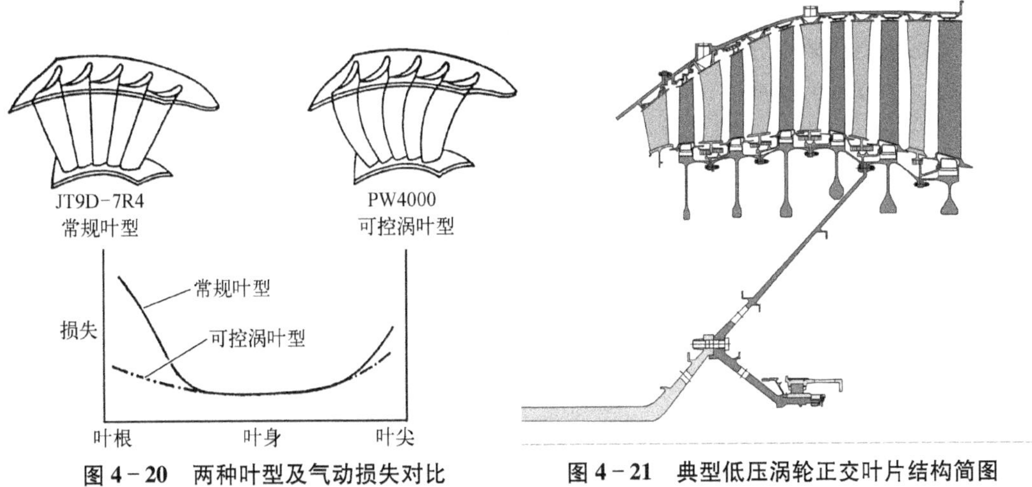

图 4－20　两种叶型及气动损失对比

图 4－21　典型低压涡轮正交叶片结构简图

2）叶冠

由于涡轮气流通道是扩张的，位于后端的低压涡轮叶片一般具有较大的展弦比，即为细长叶片。在工作中主要问题是叶尖气动损失和细长叶片高频振动的抑制。

低压涡轮转子叶片多采用带冠结构，如图 4－22 所示，可减小叶片尖部由叶盆向叶背的漏气，降低二次损失，提高涡轮效率；使相邻叶片抵紧，减小叶片的扭转变形和弯曲变形，增强叶片的刚性，提高叶片的振动频率；叶片产生振动时，相邻叶冠间产生摩擦可以耗散振动能量，起到减振作用。

目前，叶冠形状有平行四边形和锯齿形。平行四边形叶冠，如图 4－22(a)所示，构造简单，便于装拆，装配时保持一定间隙 Δ。在理想情况下，工作时由于热膨胀和叶片扭转，此间隙应该减小或消失，使相邻叶冠互相挤靠。但实际使用中由于制造误差及叶片、轮盘变形等因素，间隙难于控制。所以这种叶冠常有磨损不均的问题。锯齿形叶冠，如图

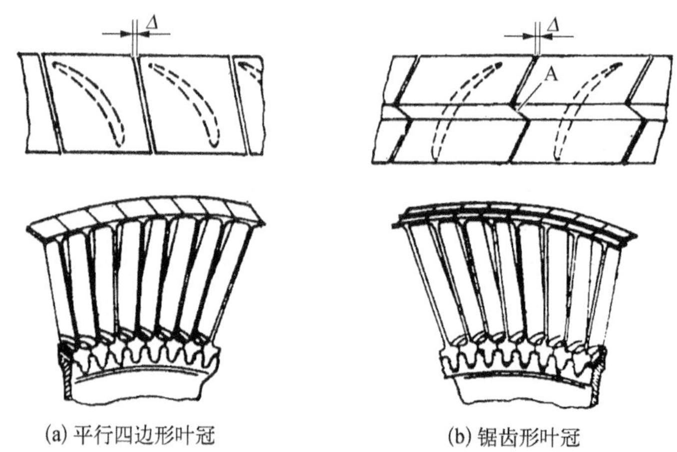

图 4-22　带冠涡轮转子叶片

4-22(b)所示，在装配时 A 面靠预扭压紧，工作时由于叶片的扭曲变形，A 面紧度加大，因而减振效果较好，但它在装拆时要整环进行。为了防止摩擦界面磨损，A 面喷镀有硬质耐磨合金。

为了加强封气效果，减少叶片间隙处的轴向漏气，更有效地提高涡轮效率，很多发动机在叶冠上还设计有封严齿，与涡轮机匣上的易磨环相配合，可取得很好的封气效果，如图 4-23 所示。RB211-524 及 Trent 发动机的高压涡轮叶片，叶冠除带封严用的篦齿外，还设计有带涡轮叶片叶型的肋条，两条肋条间组成了气流通道，其目的是使冷却涡轮叶片的空气由叶冠甩出时，在此流道中膨胀，从而产生一个推动叶片旋转的力，即回收一部分冷却气流(注：冷却空气温度也很高)的能量。

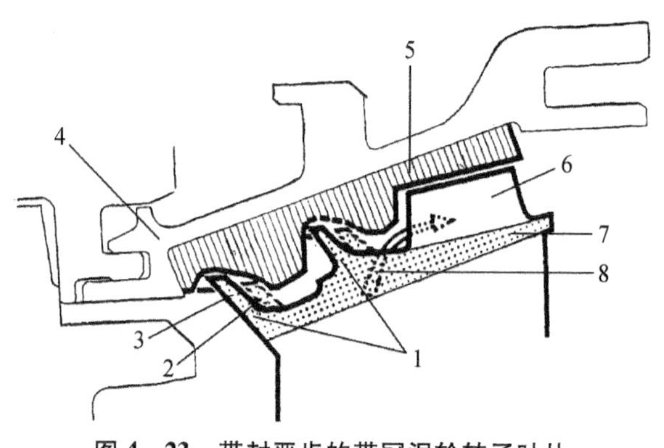

图 4-23　带封严齿的带冠涡轮转子叶片

1. 封严齿；2. 起飞时齿的位置；3. 巡航时齿的位置；4. 涡轮机匣衬段；5. 易磨层；6. 冠顶小翼片；7. 叶冠；8. 冷却空气

带冠叶片会增加叶片质量，在高速旋转时叶冠产生的离心载荷对叶片、轮盘的结构强度均有严重的影响，因此，叶冠一般只在转速相对较低的低压涡轮中使用，高压涡轮由于转速和温度较高，很少使用，只有采用三转子总体结构布局设计的罗・罗公司，由于高压涡轮负荷相对较小，以及所具有的冷却技术，使得在高压涡轮叶片中一直采用带冠设计。

对于叶片较短的小展弦比高转速涡轮叶片，不宜采用带冠设计，为了使叶尖和机匣的径向间隙尽量减小，可在叶尖处喷镀耐磨金属，与机匣上的易磨涂层相配，如图 4－24 所示，工作时叶片在机匣内壁磨出一道沟槽，使轴向漏气量减少，在维修时可以重新喷涂修复涂层。

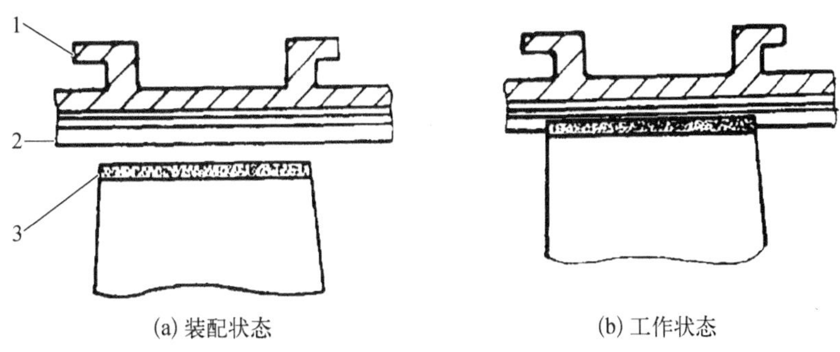

图 4－24　叶尖喷镀耐磨层

1. 涡轮机匣衬段；2. 等离子喷涂陶瓷层；3. 叶片耐磨处理层

此外，涡轮叶片在工作过程中，承受燃气高速流过所产生的宽频流致激励，很难保证叶片固有振动频率与环境激励频率具有"充足的安全裕度"，在一些稳定工作转速附近会出现叶片共振，使叶片在交变应力作用下产生高周疲劳损伤失效。在叶片动力学设计中已经采用了"避开共振"设计，但是由于工作环境复杂多变，叶片加工对其固有振动频率的分散性影响，需要在涡轮叶片装配工作中，对其一些频域内的共振频率分布进行调整，以防止发生共振和减小振动环境对叶片振动疲劳损伤的影响。

在涡轮叶片叶尖排气边缘处削掉一部分材料，对调整一定频域内叶片共振频率十分有效，因此，这种在叶片尾缘局部通过去材料调整叶片共振频率的方法称为"切角调频"或"切角"。采用这种方法，可以改变涡轮叶片的自振频率，还可以改善叶片根部的强度，对涡轮效率影响也是可以接受。

如图 4－25 所示，WP7 发动机的第 1 级涡轮叶片就是采取调频的方法来避免在一定频域内发生高周振动疲劳损伤。为了避免这级叶片在发动机工作时产生危险共振而引起叶片的断裂，规定其一阶弯曲振动的固有频率为 1 130～1 190 Hz；为了避免由于导向叶片所造成的气流脉动而引起的叶片共振，规定其高阶频率要大于 9 200 Hz。叶片在设计时，基本上就已满足了这些技术要求。但由于制造误差，仍有些叶片满足不了规定的频率分布要求，因此，允许在加工和装配过程中，对不同位置的叶片频率分布，在尺寸公差范围内削去一些材料。例如，当高阶共振频率小于 9 200 Hz 时，可削去 A－A 截面以上的排气边缘的一部分材料，以提高叶片的频率。当一阶弯曲振动频率高于 1 190 Hz 时，则可减小叶身根部的转接半径，以降低叶片的此阶共振频率。

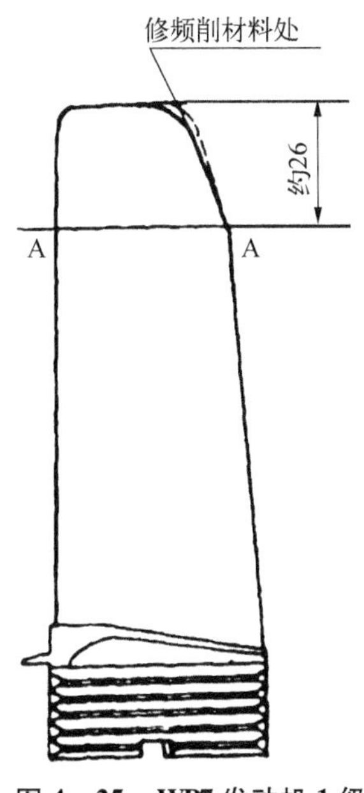

图 4－25　WP7 发动机 1 级涡轮叶片的调频设计(单位：mm)

此外,对同一级叶片进行调频,使叶片的共振频率沿周向分布具有一定的变化,即相邻叶片共振频率保持一定的差异,对抑制叶片颤振和失谐都有十分重要的作用。

2. 中间叶根

涡轮叶片的叶身和榫头间往往带有一段横截面积较小的过渡段,称为中间叶根,也称伸根(shank),如图 4-26 所示。

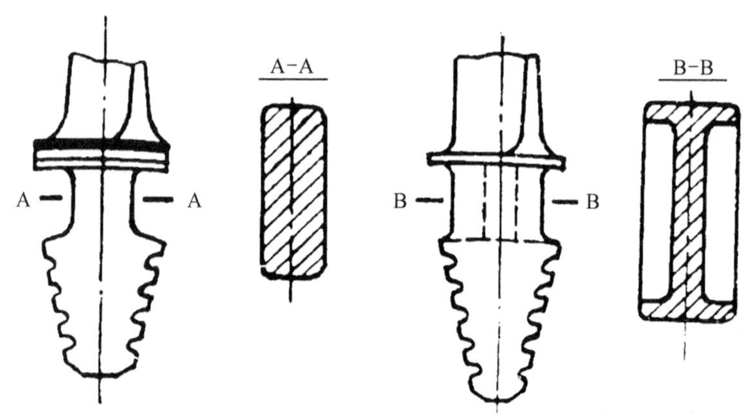

图 4-26 叶身通过中间叶根与榫头连接

中间叶根可以减小叶身与榫头连接部位应力分布的不均匀性,以及叶片对榫头的传热量,并可使盘缘避开高温区域。通常在中间叶根处引冷却空气进行冷却,或将中间叶根作为冷却叶片的空气引入口。这样将大大降低榫头和轮缘的温度,减小轮盘的热应力,从而可以减薄轮盘的厚度,减轻轮盘质量。如图 4-27 所示,AL-31F 发动机采用从中间叶根引冷却空气冷却涡轮叶片和轮盘,取得了很好的冷却效果,盘心温度大幅度降低,故能在高压涡轮盘心处打孔设计螺栓连接结构。

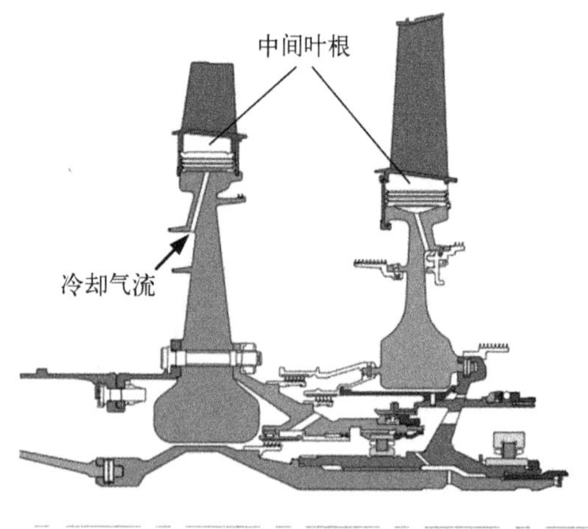

图 4-27 AL-31F 涡轮转子冷却方式

如表 4-1 所示,对比了某型发动机叶片有无中间叶根时轮盘的温度和质量。可以看出由于采用了中间叶根冷却,在燃气温度增加 90℃的情况下,轮缘温度降低了 85℃,且叶片和轮盘的总质量减轻了 34%。

表 4-1 叶片有无中间叶根轮盘质量的比较

项　　目	普通叶片 径向吹风冷却	带中间叶根的叶片 中间叶根冷却
燃气温度/℃	812	902
叶片温度/℃	710	800
轮缘温度/℃	460	375

续　表

项　　目	普通叶片 径向吹风冷却	带中间叶根的叶片 中间叶根冷却
轮毂温度/℃	约 230	约 230
轮盘质量/kg	18.3	9.3
叶片质量/kg	1.6	3.8
总质量/kg	19.9	13.1

对于不易采用带冠阻尼结构的涡轮叶片设计，如 JT9D、CF6、PW4000 等高压涡轮，可以利用中间叶根处设计缘板阻尼块，如图 4－28 所示，当叶片产生振动时，阻尼块与中间叶根及缘板间可以产生干摩擦阻尼减振作用。

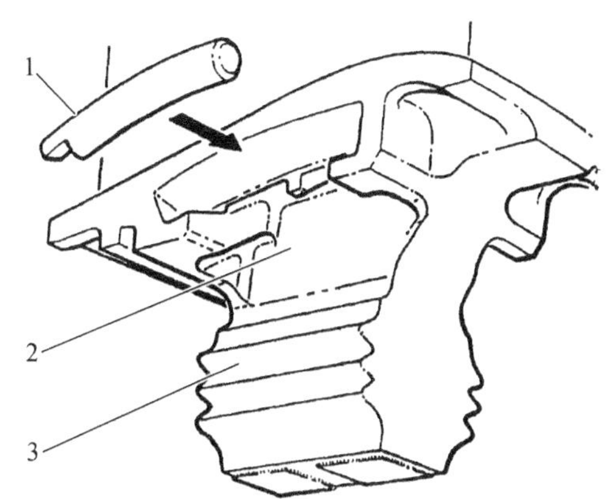

图 4－28　在中间叶根处装有阻尼块的涡轮转子叶片

1. 阻尼块；2. 中间叶根；3. 枞树形榫头

3. 叶片与轮盘的连接

涡轮叶片一般采用枞树形榫头，并与涡轮盘相应的榫槽连接，它是发动机中承受载荷较大且复杂的部位。一般发动机一个叶片根部所承受的离心力高达 150 kN。榫头温度可以为 500℃以上，材料的机械性能在该温度下会大幅度降低，因此，叶片与轮盘连接部位易产生故障，是结构强度设计的重点。

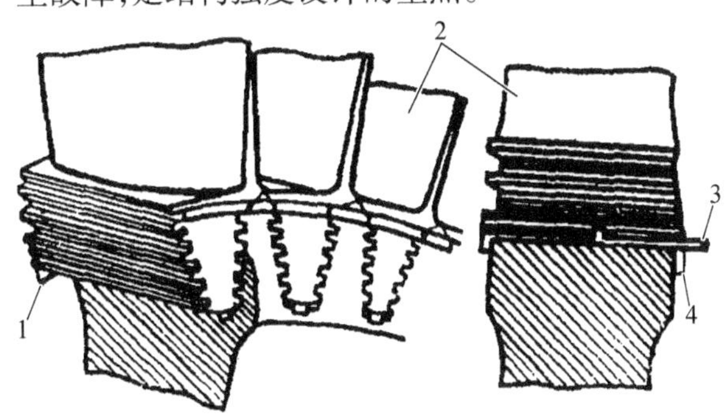

图 4－29　用枞树形榫头连接的涡轮转子叶片

1. 前固定凸边；2. 转子叶片；3. 锁片；4. 弯曲状态下的锁片

现代航空燃气涡轮中，最广泛使用的是枞树形榫头连接，如图 4－29 所示。榫头呈楔形，两侧做有对称分布的梯形或半圆形齿。轮缘上相应地做有同样型面的榫槽。工作时叶片的离心力使榫头的所有齿的接触面压在轮盘的榫齿上。在叶片离心力和弯曲力矩的作用下，榫齿承受着剪切和弯曲。齿的工作表面承受挤压，榫头各截面承受拉伸。榫头上榫齿一般用 2~6 对。榫齿不宜过多，否则不易保证各齿间载荷均匀。

如图 4－30 所示，是一个典型的 5 对齿枞树形榫头（在俄罗斯生产的发动机中应用较多），栅距 t_0 由轮盘直径及叶片数目决定，公式如下：

$$t_0 = \frac{\pi D_0}{Z} \tag{4-1}$$

式中，D_0 为轮盘外径；Z 为叶片数目，由气动计算确定。

选定楔形角 2α，在现有发动机中一般为 25°～50°。其他尺寸可由以下公式确定。

$$C = \frac{t_0}{3} \qquad d = \frac{t_0}{6} \qquad H = \frac{C}{\tan\alpha} = 1.25t_0 \qquad h = 0.5H; \tag{4-2}$$
$$s = 2e \qquad a = 1.5 \sim 2\ \text{mm} \qquad e = 1.5 \sim 2\ \text{mm}$$

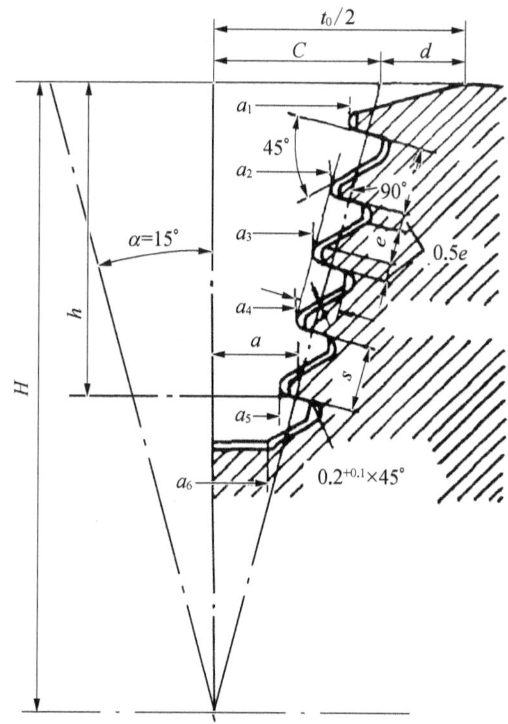

图 4-30　5 对齿的枞树形榫头剖面图

轮盘的榫槽一般由拉削制造，叶片的榫头则由磨削或拉削制造。发动机各级涡轮往往采用统一的榫头尺寸，以简化制造。

枞树形榫头具有以下优点：

(1) 叶片榫头呈楔形，轮缘凸块呈倒楔形。从各截面承受拉伸应力的角度看，材料利用合理，因而这种榫头的质量最轻；

(2) 榫头在轮缘所占的周向尺寸较小，因而在轮盘上可以安装较多的叶片；

(3) 这种榫头有间隙地插入榫槽内，允许轮缘受热后能自由膨胀，因而减小了连接处的热应力；

(4) 由于装配间隙的存在，低转速时叶片可以在榫槽内有一定相对移动，起到一些阻尼减振作用，并可自动定心，减小了离心力所引起的附加弯矩；

(5) 可以加大叶片榫头和轮盘榫槽非接触面的间隙，并通入冷却空气，对榫头和轮缘进行冷却；

(6) 装拆及更换叶片方便。

枞树形榫头也存在着一些缺点，主要缺点如下。

(1) 由于榫齿圆角半径小，应力集中现象严重，容易出现疲劳裂纹甚至折断等故障。

(2) 叶片和盘的接触面积小，连接处热传导较差，使叶片上的热量不易散走。但如果采用榫头装配之间的间隙冷却方法后，此缺点就不明显。

(3) 加工精度要求高，为了使各榫齿能均匀受力，必须提高齿距、角度等榫齿几何尺寸及位置精度。但由于榫齿处工作温度较高，榫头和榫槽产生塑性变形，所以加工误差所引起的应力分布不均匀问题有一定的缓和。

为了改善上述缺点，近来一些发动机多采用齿数少圆角大的半圆形榫齿，如图 4-31(c)所示。这种榫齿不仅可以减少应力不均匀及应力集中问题，而且热接触面积也比常规榫齿大。

在有些发动机中，为了增加叶片稠度，将每个叶片的榫头只做成常规榫头的一半，一对叶片合成一个榫头装在一个轮盘榫槽中，称为“双榫根”[图 4-31(d)]。工作时两个榫头的结合面相互压紧，振动时该面上产生摩擦可以减振。

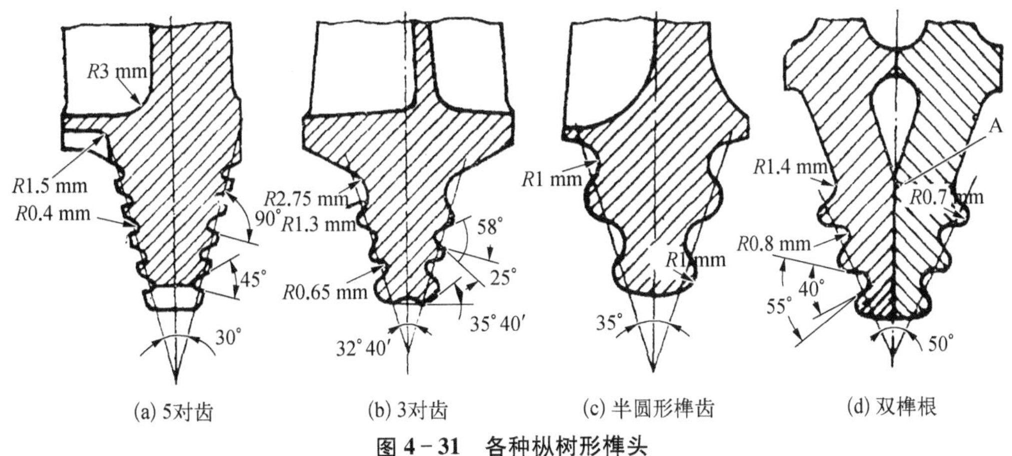

(a) 5对齿　(b) 3对齿　(c) 半圆形榫齿　(d) 双榫根

图 4－31　各种枞树形榫头

图 4－32 为叶片在轮盘槽向固定的几种方法。WP5 发动机是靠榫头上的凸肩和锁片固定,防止叶片脱出[图 4－32(a)]。但在叶片上加工凸肩会使榫头加工复杂化,WP6 发动机第 1 级叶片底部开槽,采用锁片固定[图 4－32(b)];第 2 级叶片向前靠承力环上的篦齿环挡住,向后靠锁片固定[图 4－32(c)]。WP7 发动机第 2 级叶片靠槽底的两个锁片固定[图 4－32(d)]。J57 发动机采用带盲孔的长铆钉来固定[图 4－32(e)]。斯贝发动机采用锁板固定[图 4－32(f)],这种锁紧方式被多种新型发动机采用,锁板不仅将叶片

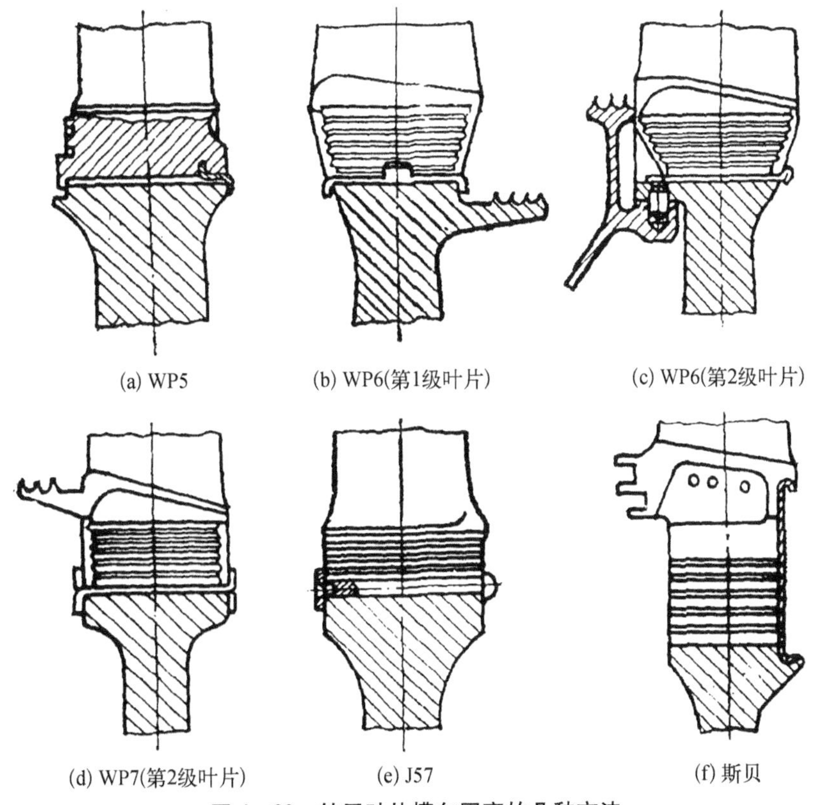

(a) WP5　(b) WP6(第1级叶片)　(c) WP6(第2级叶片)

(d) WP7(第2级叶片)　(e) J57　(f) 斯贝

图 4－32　转子叶片槽向固定的几种方法

在轮盘中锁定,同时也阻挡了冷却空气向后的流动,强制冷却空气流向叶片中的冷却孔。

4. 涡轮叶片冷却

据统计资料表明,20 世纪 60 年代以来靠叶片材料的改进,每年可提高涡轮进口温度约 10 K。目前,已经广泛使用的单晶铸造叶片,其工作温度可达 1 350 K。采用冷却技术,每年可提高涡轮进口温度约 30 K。当前以空气冷却叶片发展最快。采用空气冷却的转子叶片,一般可比不冷却的叶片提高燃气进口温度 100~300 K 甚至更高。随着冷却技术、工艺及材料的不断改进,涡轮前燃气温度已达到 1 900 K,甚至更高。

对于涡轮叶片冷却设计的一个关键点是,在高速气流中,在短暂时间内需要在高速旋转的叶片中将热量置换出并带走,这就需要在叶片冷却设计中,通过结构实现高效换热设计。早期发动机中,叶片仅采用对流换热冷却方式。最简单的形式为叶身从根部至顶部有若干个直孔,冷却空气从中间叶根引入,经过叶身,由顶部甩出。叶身中的通气孔可以做成圆形、扁形或异型,如图 4-33 所示。三种孔型中,异型孔换热面积最大,效果最好,扁形孔次之。为了节省冷却气,可以使叶身内各孔互相连通,如图 4-34 所示,叶尖中部加顶盖,使冷却气主要从前后缘排出,顶盖上小孔可起排出气体中杂质的作用。

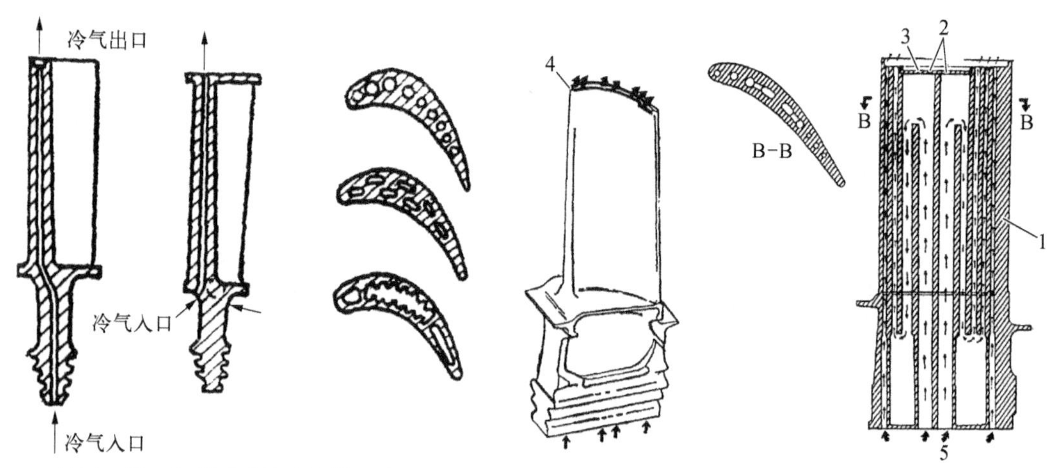

图 4-33 各种型孔的冷却转子叶片

图 4-34 对流冷却叶片结构示意图

1. 叶身;2. 排杂质孔;3. 顶盖;4. 防磨凸边;5. 进气口

在近代发动机中为了加强冷却效果,叶片往往同时采用对流、冲击及气膜冷却几种形式,冷却气从榫头底部流入,前部采用对流冲击及气膜冷却,后部为对流冷却,然后气流由叶片尾缘及叶尖排出,图 4-35 为罗·罗公司带冠高压涡轮叶片冷却方式的变化。

如图 4-36 所示,为中心带有导流片的精铸叶片。由榫头底部流入导流片 1 的冷却气,通过导流片上的小孔喷至叶片内表面冲击冷却,最后由叶片尾缘排出。这种类型的冷却叶片,前后缘高温区得到了重点冷却,叶片表面还有一层冷气薄膜,因而冷却效果较好。冷却气从尾缘排出,还可以吹除叶片后的尾迹涡流及叶尾附近的边界层,使涡轮性能得到改善。但是,这种类型的叶片,表面气膜冷却孔孔径小(约 0.05 mm),又有一定的角度要求,因而需要高级的激光或电子束打孔技术;叶片内部构造十分复杂,要求较高的精铸技术;中心导流片靠焊接与叶片连成一体,因而焊接技术要求高。总之,上述复杂的空心涡

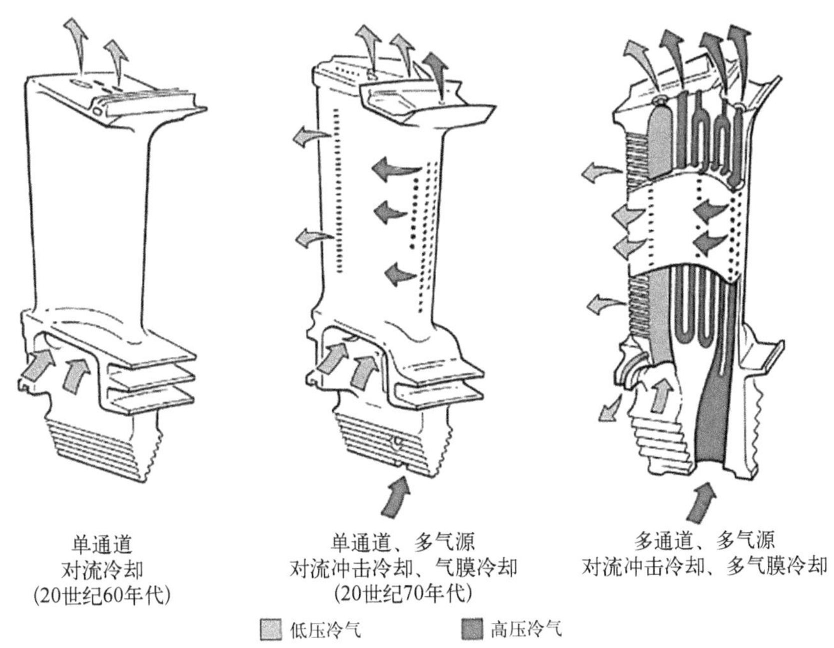

图 4-35　罗·罗公司涡轮叶片冷却方式变化

轮叶片的设计需要高强度的材料和可靠的工艺来实现，由此可见，现代空气冷却叶片技术的发展，实际上是设计、工艺、材料技术综合发展的结果。

为了进一步提高涡轮前燃气温度，人们还在研究热强度更高的新材料和新的冷却技术在发动机上的应用，如陶瓷材料及发散式冷却叶片。使用陶瓷材料，允许涡轮前燃气温度达到 2 000 K，但其抗冲击性能差，目前只在一些小型试验机的燃气涡轮中进行研究。发散式冷却叶片是用疏松多孔的材料制成外壁，用高温钎焊焊到叶身承力骨架上，如图 4-37 所示。骨架和叶片榫头用精密铸造制成。冷却空气从叶片内腔通过壁面无数小孔渗出，一方面从壁面上带走热量，另一方面在叶片表面形成一层气膜，将叶片与燃气隔开，

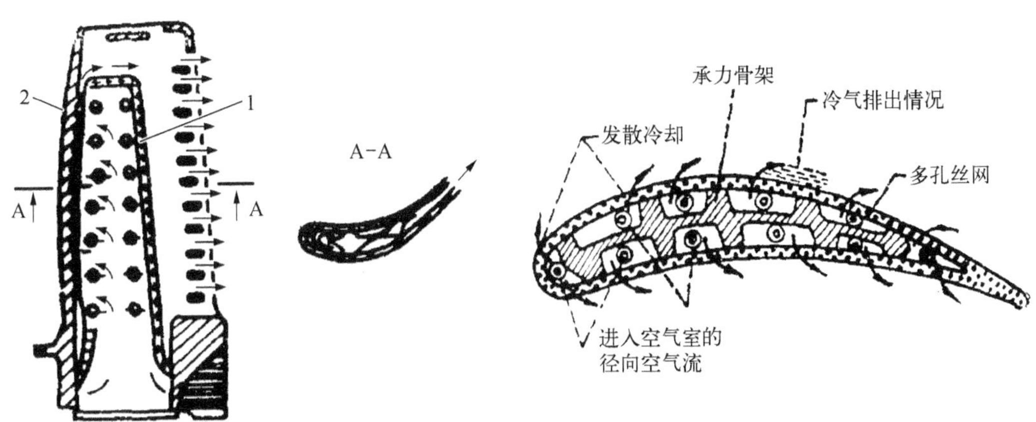

图 4-36　带导流片的精铸叶片

1. 导流片；2. 叶身

图 4-37　发散冷却叶片

达到冷却的目的。这种叶片冷却效果很好，可降温 500~800℃，但在应用中还存在许多技术问题。例如，多孔材料氧化后孔极易堵塞(小孔直径约 0.05 mm)；材料的高温强度也是问题。因此，这种冷却虽经过十余年的研究，目前在涡轮转子叶片上仍然没有达到实用阶段。

4.3 涡轮静子

涡轮静子由涡轮机匣、导向器等部分组成，是涡轮部分主要传力组件。与压气机静子机匣相比，结构设计中要解决以下几个方面问题：

(1) 涡轮机匣除了要求刚性均匀，不产生翘曲变形、裂纹等问题外，还要保证尽可能小的涡轮叶尖与机匣间的径向间隙，以提高涡轮效率；

(2) 涡轮导向器要能经受住热冲击及热疲劳，在承力结构及其传力方案设计中，要处理好承力构件在热载荷作用下的自由膨胀问题；

(3) 在结构设计上，应满足导向器排气面积在装配过程中可以调整的要求；

(4) 在各级涡轮中，应考虑机匣作为整环时，涡轮部件的装拆问题。

下面分别对涡轮机匣和导向器的结构进行分析。

4.3.1 涡轮机匣

根据涡轮部件结构设计原则，在机匣设计中应注意保持机匣在工作过程中的变形均匀，减少结构热应力，控制机匣变形以保证与转子叶片变形的协调性，控制叶尖间隙。

1. 整环式机匣设计

在压气机中为了装拆及检查方便，压气机的静子机匣多做成分半式。但在涡轮部件中，由于机匣处于高温燃气中工作，冷热变化急骤，若采用分半式机匣，由于刚性沿周向分布不均，工作中容易出现变形、翘曲等问题，不能保证机匣变形的均匀性，进而无法有效控制叶尖间隙。因此，现代航空燃气轮机涡轮机匣均做成整环式，为了便于装配，设计为沿轴向分段整环机匣，如图 4-38 所示，称为分段整环机匣。

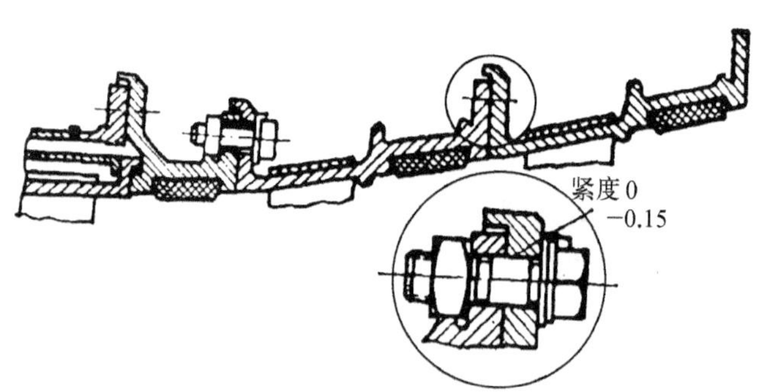

图 4-38 轴向分段的整环式涡轮机匣用精密螺栓定心(单位：mm)

涡轮机匣前端与燃烧室外机匣连接，后端与涡轮后承力机匣(或尾喷管，或加力燃烧室)连接。为保证转子和机匣的同心度，相互连接机匣间，要有可靠的径向及周向定心和定位,并且要求相配的机匣只有一个周向位置可以相配。

一般多采用在安装边端面装入几个周向不等距的精密配合的销钉作为径向及周向定位件,然后再用螺栓或螺钉拧紧,如图 4－39 所示。也可以将连接螺栓中的一部分做成精密螺栓以加强工作中定位的可靠性,如图 4－38 所示。为了装配和封严,安装边上一般带有圆柱形止口。连接螺栓的数目取决于连接刚性和密封的要求,一般螺栓间距与螺栓直径之比为 3~5,对密封要求高的地方则为 2.5 左右。

机匣安装边内外表面温差大,为了减少安装边上的热应力,可将各螺栓孔间的材料铣去一部分,如图 4－40 所示。这种设计还可减轻质量。

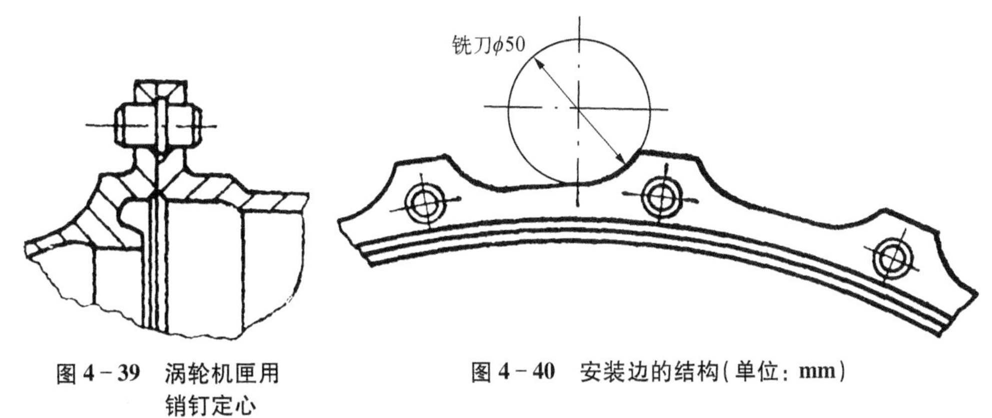

图 4－39　涡轮机匣用销钉定心

图 4－40　安装边的结构(单位: mm)

2. 机匣变形控制设计

涡轮机匣与转子叶片叶尖之间的径向间隙对涡轮效率有很大的影响,进而对发动机的性能有很大影响。例如,据估算一台先进的双级涡轮发动机,其径向间隙若增加 1 mm,涡轮效率降低约 2.5%,这将引起发动机耗油率增加约 2.6%。因此,应尽量减小径向间隙,但间隙太小又会使转子和机匣相碰产生事故。影响径向间隙的因素很多,其中主要因素如下:

(1) 工作时由于离心力和热膨胀所引起的叶片和盘的伸长;

(2) 工作时机匣受热膨胀及不均匀变形;

(3) 高温工作带来的转子蠕变伸长,及机匣的蠕变收缩;

(4) 转子和静子件的偏心度(由于加工误差、机匣刚性、支点径向间隙、转子质量造成转子下垂等引起)、轴向角偏转(叶片受轴向载荷后引起)及椭圆和翘曲变形(制造公差及机动飞行带来的机匣变形);

(5) 结构形式所带来的工作中径向间隙的变化,例如,如果滚珠轴承远离涡轮,而涡轮又采用外径扩张式通道,则由于转、静子轴向变形量的不同而带来径向间隙的变化。

设计时必须综合考虑上述各因素,尽量避免对径向间隙带来不利的影响。因而必须提高机匣刚性及均匀性,以保证与转子叶片变形的协调性;提高加工精度,以保证同心度;消除因转子轴向膨胀而引起径向间隙的变化等。

径向间隙还随着发动机的工作状态的变化而改变。特别是当发动机在过渡状态工作时,径向间隙值取决于转子对转速和温度变化的响应速度及静子机匣对温度变化的响应速度。

图 4-41 为运输机的发动机涡轮机匣采用常规材料时，第 1 级涡轮转静子变形响应特性。由图可见，间隙最小值发生在突然加速或减速时，这是由于发动机加速时，瞬间转速加大，离心载荷使叶片和盘径向伸长量迅速加大，这时径向间隙最小。随着涡轮机匣迅速受热膨胀，它的径向膨胀量超过叶片和转子的径向变形量，径向间隙加大。当发动机转速稳定后，涡轮叶片温度逐渐升高，转子径向伸长量加大，径向间隙又逐渐减小。相反，当发动机减速时，由于离心载荷骤然下降，转子径向变形量下降，径向间隙瞬间加大。但紧接着涡轮机匣温度下降比转子温度下降得快，所以径向间隙逐渐减小。当发动机稳定在慢车转速时，随着涡轮盘温度的慢慢下降，径向间隙又逐渐加大。表 4-2 是一台典型发动机的涡轮径向间隙在各种发动机工作状态下的实测值。

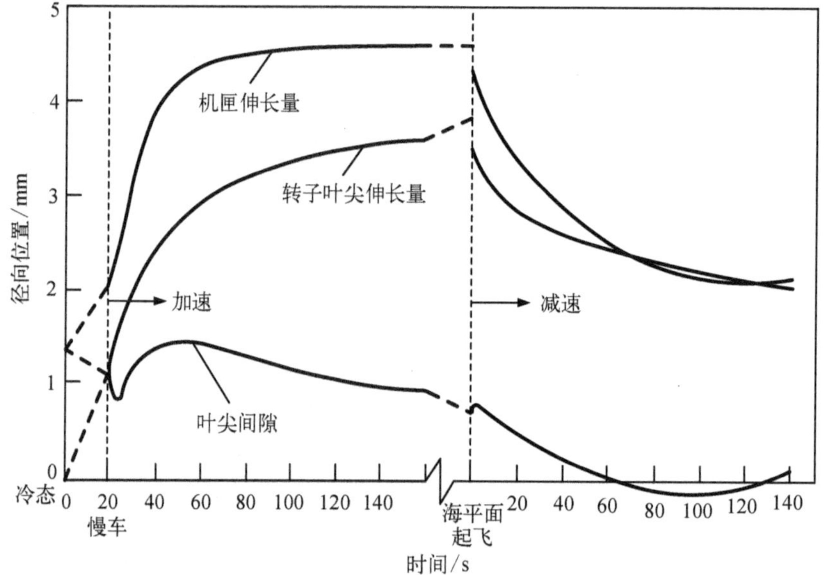

图 4-41　某运输机的发动机第 1 级涡轮转静子的响应特征

表 4-2　典型发动机的涡轮径向间隙变化值

发动机状态		径向间隙值/mm
稳态	启动前(装配间隙)	1.244
	慢车状态	0.889
	最大状态(无加力)	0.584
瞬态	突然加速(慢车→最大)	0.457
	突然减速(最大→慢车)	0.406

从表 4-2 中得知，发动机在最大状态和慢车状态径向间隙都比较大，但设计者恰恰希望在发动机各稳定工作状态下，能得到最小的间隙以降低油耗，理想的间隙变化特性，如图 4-42 所示，即无论何种工况，静子的热响应速度必须等于或略慢于转子的热响应速度，而理想的最小间隙值最好为零。实际发动机很难达到这种最佳匹配，于是人们希望能

做到尽量减小最大和巡航状态的径向间隙，而在过渡状态不产生严重的摩擦。为此在结构设计上采取了一系列措施。

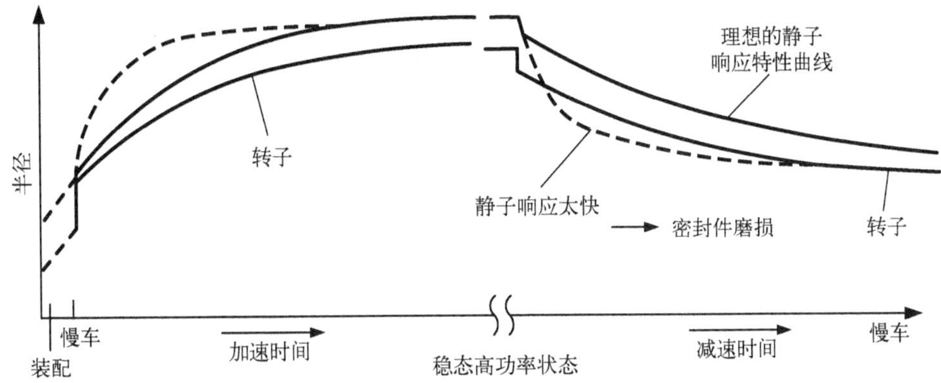

图 4－42　理想的转子与静子响应特性

采用易磨涂层和耐磨涂层。减小装配间隙，一般情况下可使各工作状态的间隙也相应缩小，但这会造成在过渡状态转子和静子间的互相摩擦。为避免摩擦所带来的严重后果，在机匣内壁装上易磨材料，如石墨涂层(图 4－43)或蜂窝结构(图 4－44)，而在叶尖上则采用耐磨涂层。

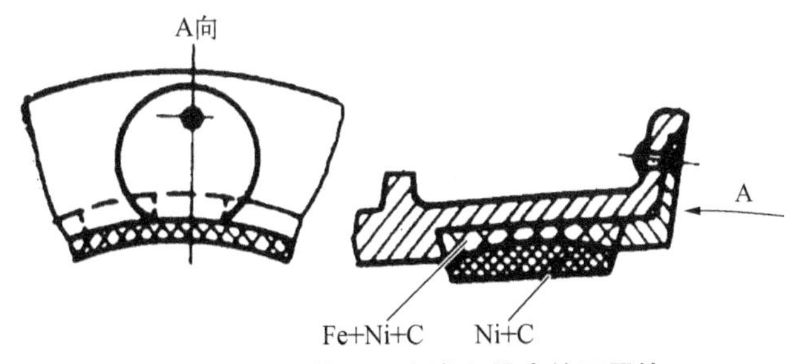

图 4－43　涡轮机匣中嵌入易磨的石墨块

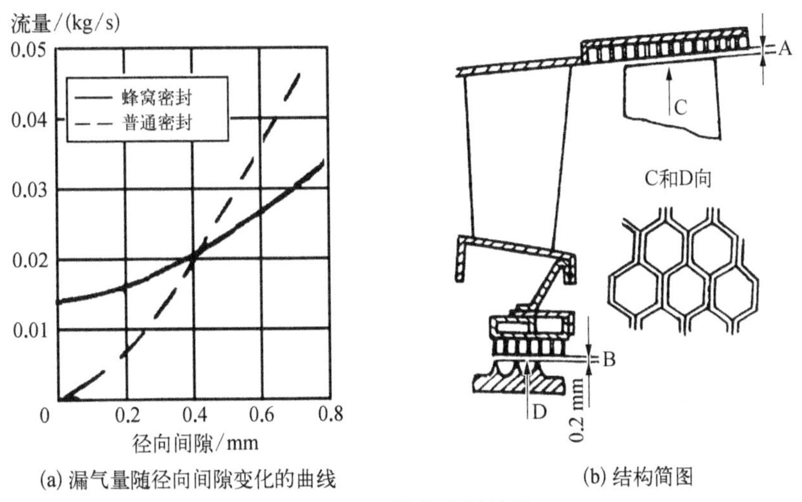

(a) 漏气量随径向间隙变化的曲线　　(b) 结构简图

图 4－44　蜂窝密封简图

1）采用双层机匣

采用双层机匣设计是现代高负荷涡轮机匣设计的主要结构形式。将机匣分为两层或三层，中间通以燃烧室二股气流或某级压气机引来的气体，使涡轮内机匣外表面不直接与空气接触，过渡状态时外环温度反应速度减慢，以控制机匣和转子之间的热响应匹配。这样还可以将机匣的受热件与承力件分开，让温度较低的外层机匣受力。有时与燃气直接接触的内层机匣沿圆周分成若干扇形段（又称涡轮衬段）。各段间周向留有一定的间隙，允许自由膨胀。衬段可以采用挂钩式直接或间接地连接在涡轮外机匣上（图4-45），也可以与导向叶片铸为一体，再用螺栓或螺钉固定在外机匣上（图4-46）为了防止高温氧化及减小温度梯度，还可以在衬段上加工很多小孔，引入空气冷却（图4-47）。

此外由于高压涡轮叶片断裂后的离心力很大，易打穿机匣，造成二次故障。为此除在涡轮转子叶片设计中加大静强度和疲劳强度的安全裕度，使之不易折断外，在现代高可靠性发动机中，在涡轮机匣的设计中采用不同方式以提高机匣的包容性。各发动机设计集团在涡轮机匣设计中大多采用双层或三层机匣，这样既可以满足整体机匣的安装固定和

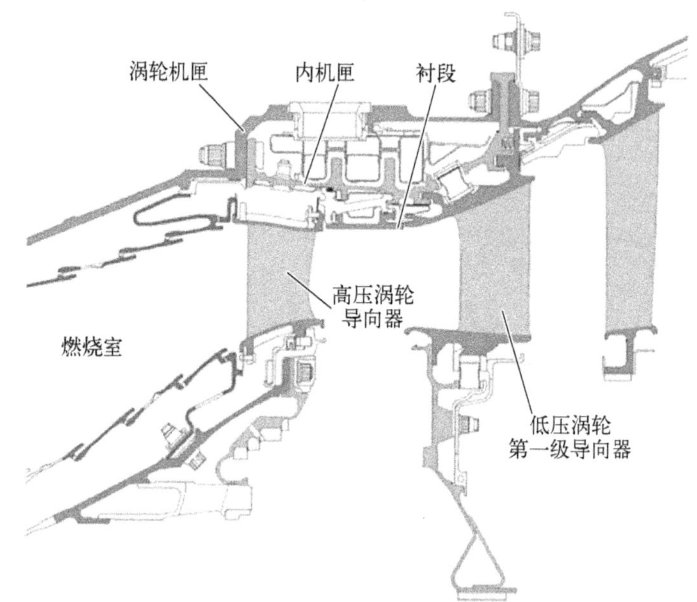

图4-45　挂钩式连接衬段的双层机匣

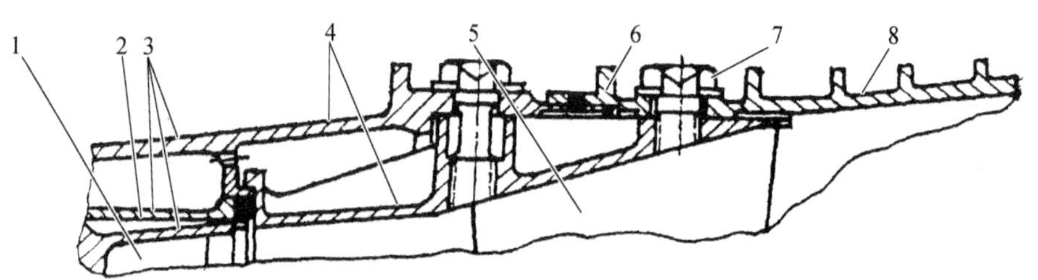

图4-46　与导向叶片做成一体的涡轮衬段

1. 第1级导向叶片；2. 导向器壳体；3. 三层壁；4. 二层壁；5. 第2级导向叶片（前伸段即相当于涡轮衬段）；6. 涡轮外机匣；7. 固定螺钉；8. 单层壁

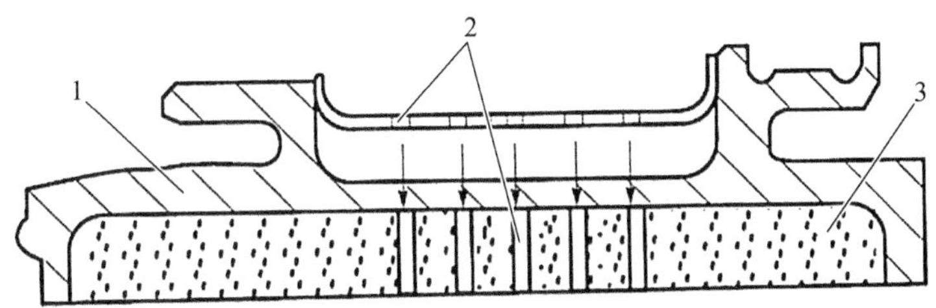

图4-47 带冷却孔及易磨材料的涡轮衬段

1. 涡轮衬段；2. 冷却气孔；3. 易磨层

间隙控制，又可以使机匣具有良好的包容性。

2）主动间隙控制技术

根据发动机的工作状态，控制机匣和转子的膨胀量，使转子和静子的热响应达到较好的匹配，以保证径向间隙最小，称为主动间隙控制。在涡轮中，目前常用的是对涡轮机匣膨胀量的控制，即在涡轮机匣外面加上数圈冷气管（图4-48），按预定的调节规律改变冷却空气的温度或供气量。调节规律可以是按发动机的工作状况来调节，也可以按飞行高度来调节。

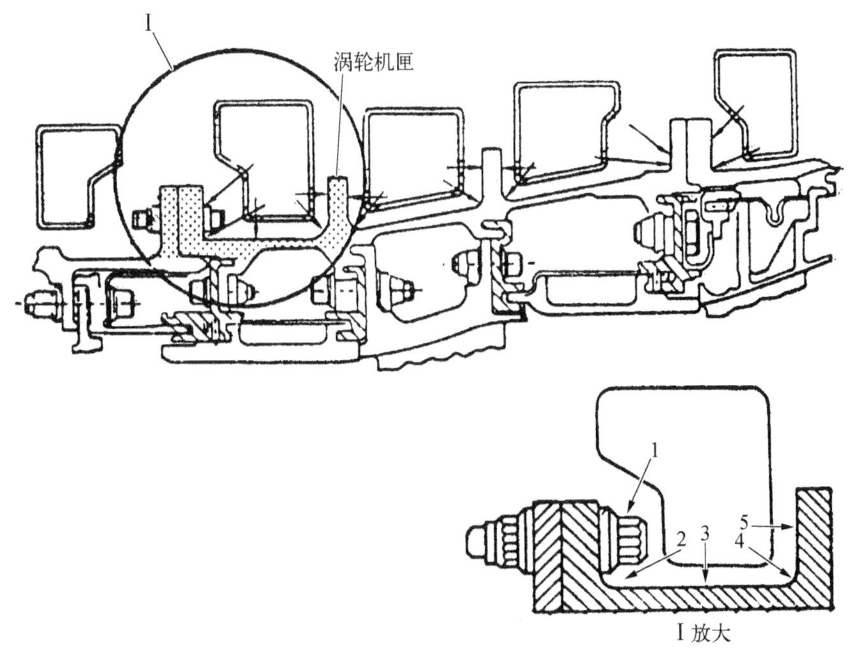

图4-48 JT9D高压涡轮机匣外冷却气管

按发动机的工作状况来调节是根据不同的发动机工作状态，用不同温度的空气去吹机匣。例如，在起飞滑跑或爬升时，发动机处于加速过程，采用压气机后的热空气去加热机匣，使机匣膨胀，避免动叶和机匣摩擦。在巡航时，利用风扇后较冷的空气去冷却机匣，以减小巡航时的径向间隙。CFM56就是采用这种调节规律。它的高压涡轮机匣外面罩一集气环形成集气室，根据控制径向间隙的要求，在不同的工作状态下引来不同温度的冷却空气。在慢车及起飞时，供给高压第 9 级后较热的空气，避免叶尖和机匣相碰；巡航状态下，供入高压第 5 级后的空气，以取得较小的径向间隙；爬升时则引入高压第 5 级和第 9 级后的混合气。

按飞行高度来调节时，当飞行高度达到一定值后，即接近巡航状态后，气压开关起作用，打开冷却空气开关，对机匣进行冷却，保证在巡航中有较小的叶尖间隙。据称 JT9D 发动机采用此技术后可使燃油耗油率降低 0. 5%。类似的措施在现代民用发动机上，如 CF6、PW4000、V2500 等，也得到广泛的应用。

采用主动间隙控制，要增加冷却空气的消耗量，造成发动机推力下降，同时还会使发动机的结构复杂、质量增加。所以，目前军用机的发动机一般不采用这种涡轮间隙控制技术。

3）采用低线膨胀系数的合金制作涡轮机匣

对于高推重比军用发动机，由于对结构质量的严格限制，一般不会采用主动间隙控制技术，可采用低线膨胀系数的高温材料制作机匣，一般在 500℃ 时线膨胀系数在 14×10^{-6}/℃以下的高温合金称为低线膨胀系数合金，如美国研制的高温合金 Incoloy903 的线膨胀系数为 5×10^{-6}/℃。采用低线膨胀系数材料制作涡轮机匣，虽然装配间隙较一般材料机匣要大，但巡航时径向间隙却较小。表 4－3 列出某双级涡轮发动机采用常用机匣材料及低线膨胀系数合金材料涡轮机匣时，涡轮径向间隙的对比值。

表 4－3　涡轮机匣采用不同材料时涡轮径向间隙对比

级　数	发动机工作状态	间隙值/mm	
		通用材料机匣	低线膨胀系数材料机匣
第 1 级涡轮径向间隙	冷态	1. 40	2. 92
	海平面起飞状态	0. 74	0. 25
	巡航状态	1. 24	0. 68
第 2 级涡轮径向间隙	冷态	1. 35	2. 66
	海平面起飞状态	0. 84	0. 25
	巡航状态	0. 84	0. 53

由表 4－3 可见，采用低线膨胀系数材料制作涡轮机匣会减小巡航状态的叶尖间隙，因此现在很多发动机涡轮机匣采用了低线膨胀系数合金 Incoloy903、Incoloy907。在一些高总压比发动机中，高压压气机后机匣也采用 Incoloy903、Incoloy907，以减少在巡航状态的高压压气机叶尖间隙。

在有些文献中，还常常将前面所采用的一些不随发动机工作状况进行调节的、防止叶尖径向间隙变化过大的措施，统称为被动间隙控制技术，与主动间隙控制技术相对应。例如，采用线膨胀系数小的（如 Incoloy903、Incoloy907）材料作机匣，采用双层机匣，对机匣壁间引进空气冷却，厚机匣设计等，其中机匣做得较厚可以加大机匣的热容量，温度变化时，机匣反应较为缓慢，叶尖间隙改变不大，同时机匣厚也能尽量保持机匣圆度。一般低压涡轮、高压压气机后几级以及军用发动机上多采用被动间隙控制技术。

4.3.2 导向器

导向器是由导向器内、外环和导向叶片组成的环形静止叶栅。导向器的作用是将通过其的燃气流加速，并以一定的方向流出，满足涡轮工作叶片进口条件。

导向器的工作条件十分恶劣。表现为：第 1 级导向器紧接在燃烧室出口，导向叶片处于温度高且分布不均的燃气流的包围中，最易烧伤；导向叶片直接和高温燃气接触，燃气中的游离氧和硫对叶片表面有着强烈的氧化、腐蚀作用；此外，导向叶片还要承受燃气的气动力、气流脉动所造成的振动疲劳损伤等。因此，设计时必须在选材、结构、冷却、表面防护等方面采取措施。

导向叶片一般采用高温合金铸造而成，特别是第 1 级导向叶片的材料是发动机中耐热要求最高的。为了提高涡轮进口温度以及使叶片、叶型各部分厚度趋于一致以减小热应力，导向叶片多采用空心带冷却的叶片。由于高温合金硬度大，机械加工困难，叶片多采用精密铸造后抛光而成，很多发动机上叶片表面喷涂有隔热涂层和抗氧化、硫化涂层。

涡轮导向器（特别是第 1 级导向器）排气面积的大小，直接关系到经过发动机的空气流量和转子转速。在双转子发动机中，高低压涡轮导向器排气面积的大小决定了高、低压转子的转速关系，因此在装配导向器时，要对排气面积进行测量和调整，以满足发动机气动性能指标的要求。

1. 高压涡轮导向器

第 1 级导向器紧接在燃烧室出口，它的内外环可以靠燃烧室内外机匣支承，一般呈双支点形式。涡轮导向器处于高温环境下，因此要求在工作中在三个坐标方向上可以“自由膨胀”，不会由于变形限制产生过大的热应力，造成结构损伤。

导向器排气面积是调整发动机流量的关键结构。在结构设计中应具有可调功能。为了提高涡轮结构可靠性，应尽量减少构件数。图 4-49 为 CF6 涡扇发动机高压涡轮导向

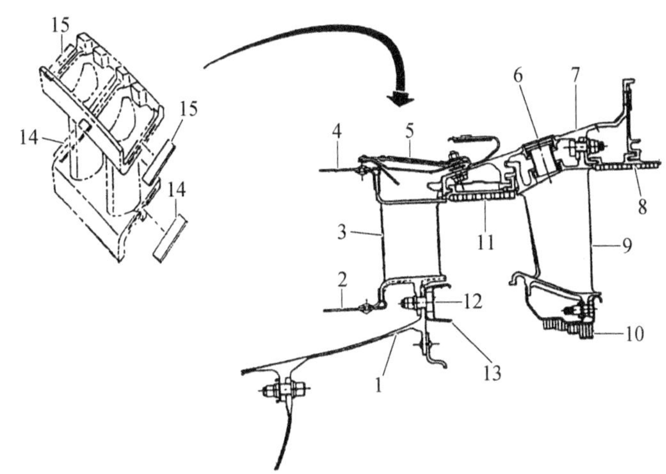

图 4-49 CF6 涡扇发动机高压涡轮导向器结构简图

1. 导向器内支承；2. 内封严圈；3. 第 1 级导向叶片；4. 外封严圈；5. 冷却气滤网；6. 冷却气管；7. 导向器外环；8. 第 2 级涡轮衬段；9. 第 2 级导向叶片；10. 级间封严装置；11. 第 1 级涡轮衬段；12. 固定螺栓；13. 空气挡板；14. 内密封条；15. 外密封条

器结构，该发动机第1级导向器不传递轴承载荷，导向叶片一端用螺栓固定，另一端允许自由膨胀。在此结构中，导向叶片为精铸成的带有内外环的空心冷却叶片，每两片焊成一组，下部制成带孔的凸耳，靠螺栓与燃烧室内壳体相连，上部前端带安装边，夹在外封严圈内做轴向限位，后端带有凸块做角向限位并传扭。

导向器排气面积的调整是靠稍微弯曲导向叶片的尾缘或更换叶片组的办法来实现。导向叶片综合采用气膜、冲击及对流冷却。如图4－50所示，导向叶片内腔共分两室；分别装有前、后芯。由高压压气机后引来的气流分别从叶片上、下端引入，进入前芯的冷却气一部分从前缘小孔喷出对叶片前缘内表面进行冲击冷却；另一部分从前芯上的冷却空气孔喷至叶片内腔和前芯之间，然后由叶片上的前孔及鳃孔流出，在叶身前部表面形成气膜。进入后芯的冷却气，则由冷却空气孔喷至叶片内腔及后芯之间进行冷却，最后由叶盆处的尾缘缝流入主气流。为了防止冷却小孔被气流中的杂质堵塞，在导向器组件外面围着一圈空气滤网5(图4－49)，为防止燃气和冷却气互相窜漏，各导向叶片组的内外环接口处都装有薄的金属密封条14、15。

图4－51是斯贝MK202发动机高压涡轮结构，其中，第2级导向器的级间封严装置自成一组件，固定在导向器叶片的内环上。在带有级间封严环的结构设计中，既要使封严环定心可靠，以保证与转子封严篦齿的同心度，又要不影响叶片受热后的自由伸长，因此，该设计采用了导叶内环后端凸边轴向定位，前端凸边和封严组件定心并传扭，并且内环与封严组件径向配合处留有间隙，允许叶片受热后自由伸长。

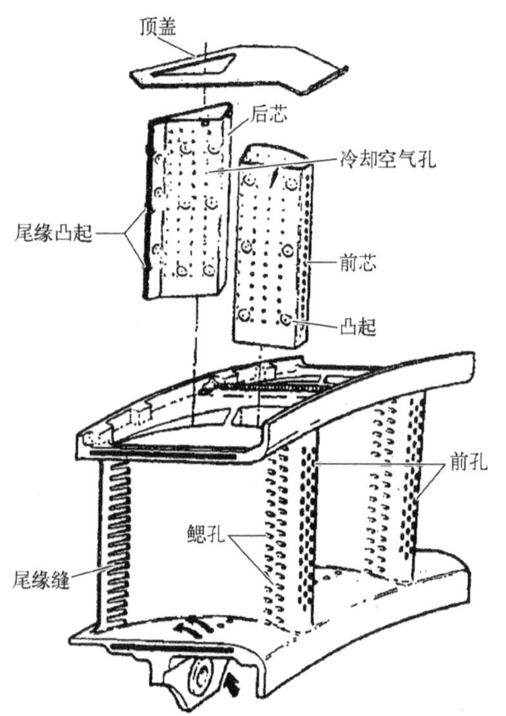

图4－50　CF6高压涡轮第1级导向叶片

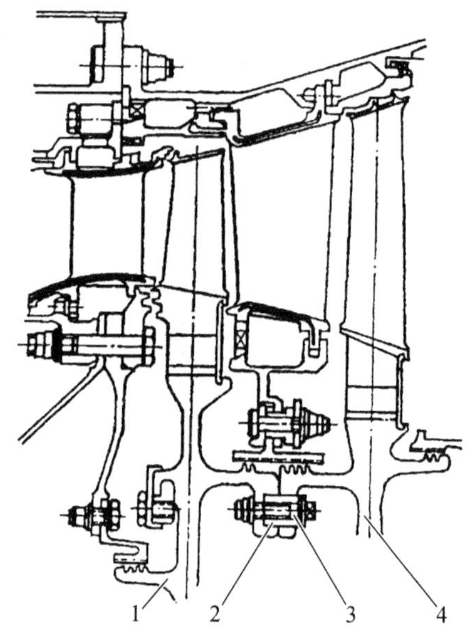

图4－51　斯贝MK202高压涡轮结构简图

1. 高压1级涡轮盘；2. 定位衬套；3. 螺栓；4. 高压2级涡轮盘

2. 低压涡轮导向器

低压涡轮导向器位于两级工作叶轮之间，因此只能采用外环固定的悬臂结构，作用在导向叶片上的载荷，通过导叶传到外环。由于低压涡轮导叶都比较长，为了加强刚性，在叶片内端设计有内环，在工作时分段内环周向端面互相挤压，即形成气流内通道，减少气流损失，又增加叶片振动时的结构阻尼。低压涡轮导叶工作温度相对较低，所以一般采用空心叶片通冷却空气的设计。

图 4－52(a)是 WP7 发动机第 2 级涡轮导向器结构。叶片和内、外环铸成一体，靠前

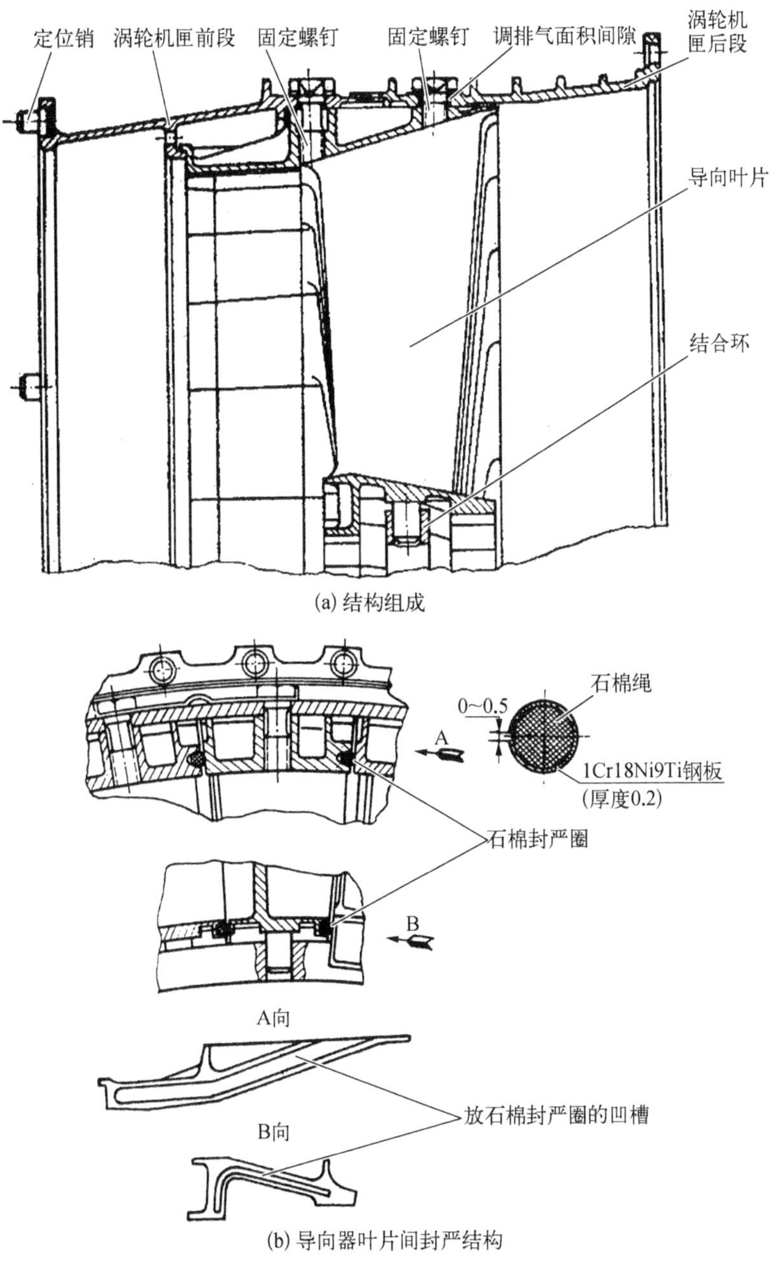

图 4－52　WP7 发动机第 2 级涡轮导向器结构(单位：mm)

后两个螺钉将外环固定在机匣上，各叶片内外环连接起来形成气流通道。装配时周向分段的内环之间留有间隙，为了防止冷却气和燃气互相窜流，各内环间装有封严结构，如图4-52(b)所示，级间封严环直接作在内环上，内表面涂以易磨材料。

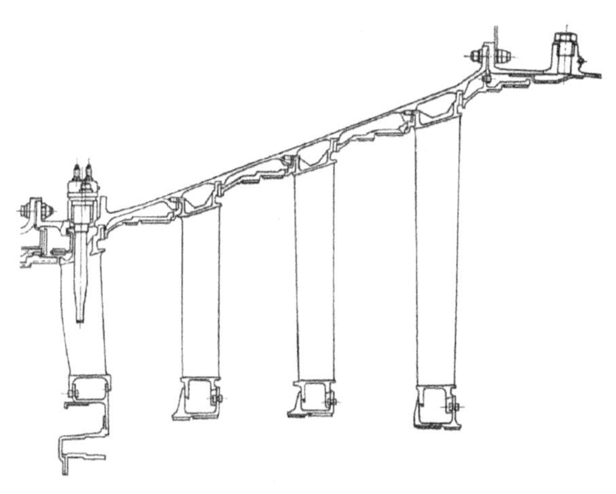

图 4-53　挂钩式低压涡轮导向器

现代高涵道比涡扇发动机的低压涡轮导向器往往有很多级，为了保证大直径低压涡轮机匣的刚性和热变形的均匀性，减小热膨胀产生的附加热应力以及便于装配与分解，普遍采用“挂钩”式导向器与机匣之间的连接结构方式，如图4-53所示。机匣上带有环形槽，槽内装有销钉。销钉与焊接成组件的导向叶片外环前凸缘上的缺口相配，使导向叶片周向定位，轴向则由涡轮机匣内衬段逐级间隔压紧。这种结构简单，装拆方便。

4.3.3　涡轮承力框架

涡轮承力框架，是指从涡轮转子各轴承座到发动机外承力机匣之间的承力结构，在工作中承受着温度载荷、气动载荷和涡轮转子支点动载荷的综合作用，是航空燃气轮机承力结构系统中载荷环境最恶劣的结构之一。依据涡轮承力框架与不同转子的位置关系，可分为涡轮级间承力框架和涡轮后承力框架。

图4-54为GE90-115B发动机涡轮布局结构示意图。涡轮级间机匣承力框架位于高、低压涡轮之间，用于支承高压转子后支点，承受高压转子的径向载荷，结构几何构形和关键尺寸如图4-55所示。对于高涵道比涡扇发动机，由于低压转子转速较低，为增加低压涡轮的做功能力，只能加大低压涡轮叶尖直径，提高叶尖速度，这样就在高、低压涡轮之

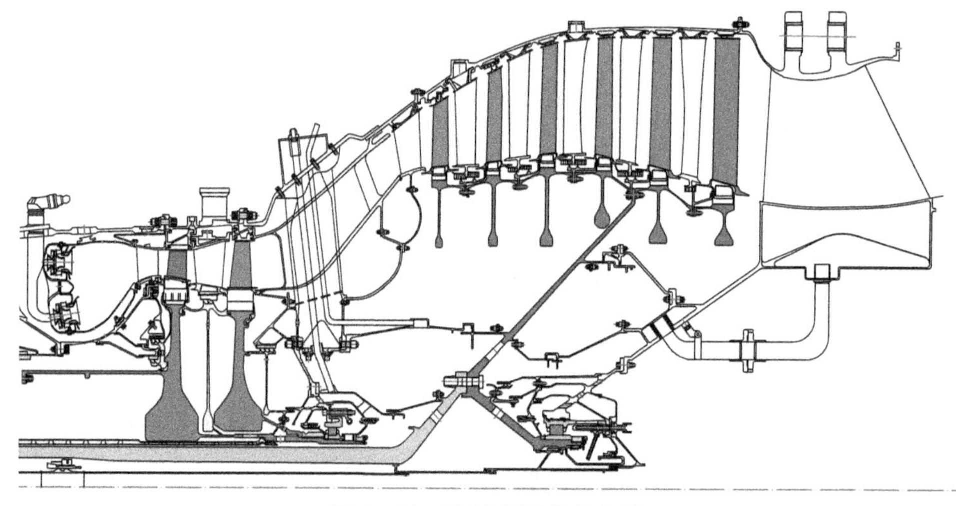

图 4-54　GE90 涡轮结构布局

间形成较大的直径差，这使处于高温环境下的涡轮级间承力框架在保证热变形协调和支承刚度时具有相当大的难度。

在结构设计中，一般采用承力结构与气流通道构件分开的设计，即承力幅板穿过涡轮导向器空心叶片，并采用相应的冷却设计，以改善承力框架的工作环境。

涡轮后承力框架是发动机中直径尺寸较大的板壳结构组件。对于处于高温环境下的承力结构，大尺寸会引起结构的热变形，由于结构复杂和热变形的作用，如何保证高压涡轮后承力框架的变形协调和降低热疲劳，是结构设计中需要重点考虑的[7]。图 4－56 为 GE90 发动机低压涡轮后承力框架结构简图，该承力框架由整体焊接的承力幅板和内外承力机匣组件与锥壳构形的轴承座组成，用于支承低压涡轮后支点，承受低压转子的径向力。

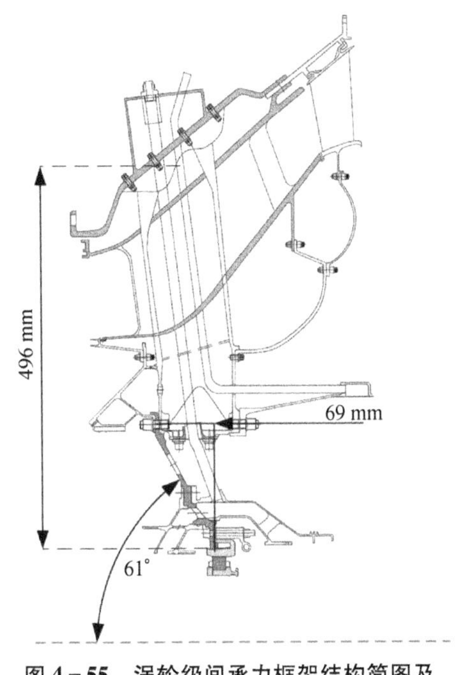

图 4－55　涡轮级间承力框架结构简图及几何关键尺寸

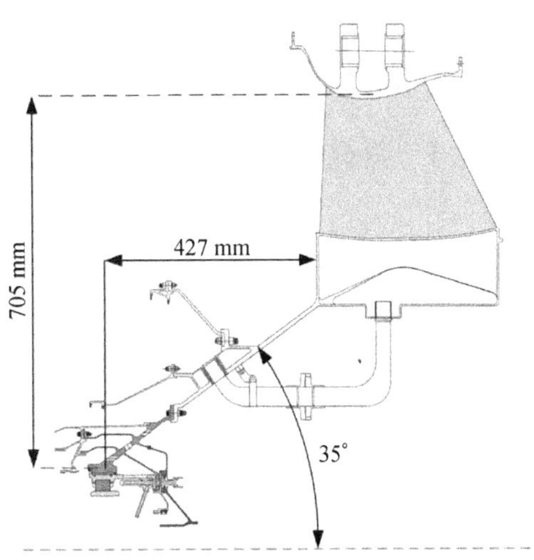

图 4－56　涡轮后承力框架结构简图及几何关键尺寸

现代航空燃气轮机涡轮后承力框架结构组件，大多采用焊接整体结构，以减小了界面连接及其损伤的影响，涡轮后承力框架前端与低压涡轮机匣通过短螺栓相连，承力框架上装有后安装节，传递横向载荷、侧向载荷以及推力拉杆的作用载荷。由于承力框架组件的几何构形复杂，在传力路径上常出现几何突变结构，使得在结构交汇处容易产生应力集中，引起结构损伤失效，在结构设计中，需要利用结构几何构形和冷却等多种技术手段来保证承力结构所需的功能和力学性能。

总之，涡轮级间承力框架和涡轮后承力框架，均大量采用大直径薄壁结构，结构质量轻，刚度较高，但是在传载路径上会造成内力传递转向，在交汇处形成应力集中，并且大尺寸、薄壁结构件对温度变化较为敏感，易造成局部热应力和变形不协调，因此，在结构设计中应该采用合理的几何构形、尺寸优化以及冷却等多种措施，对结构组件的变形和内力分布进行综合平衡和优化。

4.4 涡轮部件的冷却

涡轮结构是发动机中承受热载荷和机械载荷最大的部件,要保证涡轮在高温下可靠工作,除了采用热强度高的耐热合金或合金钢来制造涡轮构件外,还必须采用先进的冷却技术,针对构件温度分布情况,有效地组织冷却系统,以改善构件的工作条件。

涡轮部件冷却的目的如下:

(1) 提高涡轮前燃气温度,以提高发动机的性能。在涡轮前燃气温度已确定的情况下,降低构件工作温度以提高构件工作的可靠性。

(2) 使构件内温度场均匀,以减小构件中的热应力。对于叶片主要冷却前后缘;对于涡轮盘则主要是轮缘和轴颈处冷却。

(3) 根据构件工作环境温度的不同,可选用不同材料制造,从而降低材料及加工成本。

(4) 尽量将燃气和构件表面隔离,以避免燃气对构件表面的腐蚀。

本节主要研究涡轮主要构件的温度分布特征及涡轮部件的冷却系统。

4.4.1 涡轮主要构件的温度分布

要设计出合理的冷却系统,必须了解主要冷却对象(叶片和轮盘等)的温度分布,以确定重点冷却区域。准确地确定这些构件的温度场,又是进行强度计算、判定构件安全储备的基础,因此确定热端构件在各种工作状态下的温度分布是十分重要的。

理论上,结构件的温度场只要有准确的热边界条件是可以通过传热学计算出来,但在航空发动机中,由于燃气及冷却空气气流的温度、流速、压力均具有不均匀和时变特征,热传导系数及散热系数随状态变化而改变,使得求解结构件上的温度场十分复杂且费时。借助实际测量,采用实际测量和计算相结合的办法,确定主要部位的温度场分布及变化范围。

下面介绍涡轮转子叶片、轮盘温度分布的基本规律及特征。

1. 转子叶片的温度分布

不冷却的转子叶片靠热传导的方法将热传至轮盘。由于耐热材料导热系数较低[λ = 17.5~26.8 W/(m·℃)],因此在简单估算时,可以认为叶片从叶根到三分之一叶高处,温度分布规律接近于立方抛物线,在叶高上面三分之二范围内温度基本不变,如图 4-57 所示。

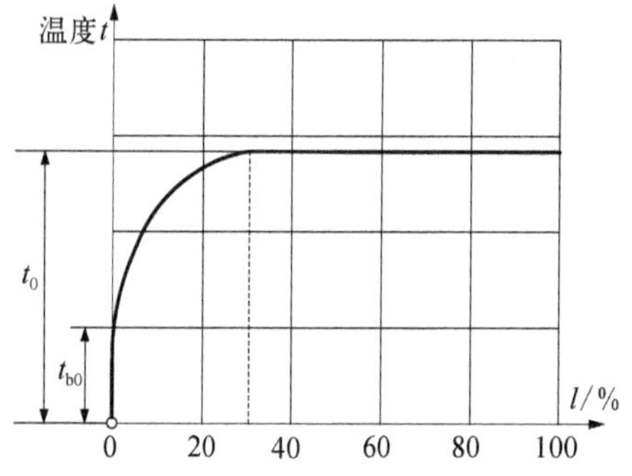

图 4-57 沿叶片长度叶片温度的变化

t_0. 叶片上平均温度;t_{b0}. 叶根温度

应该指出,上述的温度分布是在燃气温度沿径向不变的条件下得出的。而在实际发动机中,燃烧室出口的温度分布并不是沿叶高均匀分布,因此,在叶片上的温度分布也有所差异。涡轮转子叶片在叶根处应力最大,希望温度低些,在叶尖处叶型较薄,也希望温度低些,以提高叶尖部分的疲劳强度。如图 4－58 所示，为实际发动机中测出的沿叶高的温度分布。可以看出，叶尖及叶根处温度较低，温度的最大值通常出现在 50%～70%叶高处。

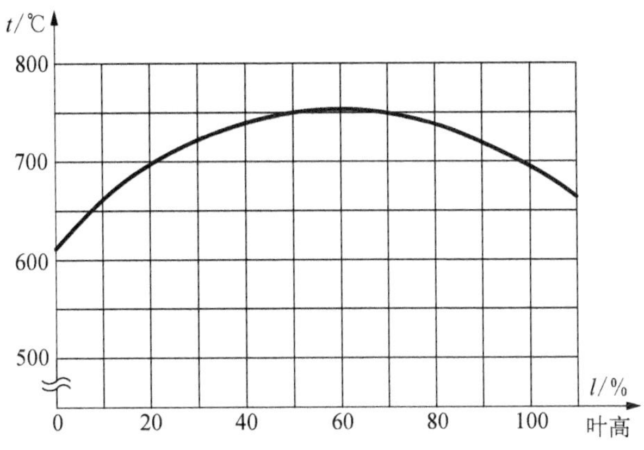

图 4－58　实际测出的温度沿叶高的变化

2. 涡轮盘的温度分布

燃气中的热量由转子叶片经过榫头传至涡轮盘。因此轮盘边缘温度最高，中心温度最低。轮盘的温度分布可以由试验测出，或已知燃气温度及冷却气的温度，用有限元计算方法算出。在初步估算中，可以按经验公式计算轮盘各截面的温度。其公式为

$$t = t_0 + \frac{(t_a - t_0)(R^m - R_0^m)}{(R_a^m - R_0^m)} \tag{4-3}$$

式中，t_0 为盘中心温度；t_a 为盘缘温度；R_0 为盘中心孔半径；R_a 为盘缘半径；R 为所求温度 t 所在半径；m 为系数（盘为铁素体钢或钛合金时 $m=2$；盘为镍基合金时 $m=4$）。

盘缘温度 t_a 可由叶根截面温度 t_{b0} 和榫头中的温度降 Δt 决定，即

$$t_a = t_{b0} - \Delta t \tag{4-4}$$

Δt 的大小决定于榫头的结构形式、材料的导热系数以及榫头是否进行吹风冷却等，由试验确定。采用枞树形榫头，榫头不冷却时，Δt 为 50～100℃；当通过榫头间隙强制吹风冷却或带有中间叶根吹风冷却时，Δt 为 250～300℃。计算和试验表明：当燃气温度为 820～900℃时，轮缘温度为 500～650℃，而盘中心温度为 200～400℃。

需要说明，以上的数据是基于一般典型涡轮盘和叶片的温度分布，可以在结构设计中作为参考值。在现代的涡轮部件结构-传热一体化设计中，可以通过强制冷却或局部加温等方法，调整涡轮盘的温度分布，其目的就是在工作过程中不让温度超过使用极限，并且尽量减小温度梯度及其热应力。

4.4.2　典型涡轮部件的冷却

在涡轮部件冷却系统设计时应该注意以下内容。

（1）冷却效率要高。即采用冷却后所获得的效益要超过因使用冷却空气而使发动机推力减小的损失。

（2）合理确定需要冷却的构件及构件中需要重点冷却的部位，并保证构件内部温度场分布尽量均匀，以免引起大的热应力。

（3）根据冷却的需要，确定冷却气的来源，并组织好冷却通路，使不同压力、温度的冷却空气流路尽量不交混。冷却后的气体一般来说应尽量归入主燃气流。当排出的冷却空气压力过低，无法排入燃气流时，必须用专门的导管引出机外。

（4）采取有效封严结构，防止在冷却过程中冷却气的泄漏，同时还要尽量简化结构，减轻质量。

高压涡轮叶片的冷却气流一般多引自燃烧室的二股气流，这是因为该处气体压强最高，在冷却涡轮叶片后，能顺利流出，否则，热燃气会倒灌到冷却气流通道中。冷却气流量可根据计算及试验确定；根据现有中、小型发动机的情况，对于带冷却叶片的双级涡轮及带后轴承的单级涡轮，所用冷却气流量约为发动机总空气流量的 2%～4%。随着涡轮前温度的增加，冷却气流量不断增加，显然，冷却空气消耗量会影响发动机的性能。

下面分析几台发动机的涡轮冷却系统及冷却流路的组织。

1. WP7 乙发动机涡轮部件的冷却系统

图 4－59 为 WP7 乙发动机涡轮冷却系统图，其中冷却涡轮的空气主要分 3 路。

第 1 路，从火焰筒与燃烧室外壳之间引来的燃烧室第二股气流（G），对涡轮第 1、2 级导向器及第 2 级涡轮机匣进行冷却，冷却后的气流与主燃气流汇合。冷却第 1 级导向叶片的气流由第 1 级导向器壳体上的孔 N 流入导向叶片内的导流管 D；D 管内的另一部分气流来自导向器内环上的孔 I（火焰筒与燃烧室内壳间的二股空气），由管下部流入，然后由 D 管前部若干小孔喷出，对叶片前缘内表面进行冲击冷却后，经过承力辐板及导流片和叶片内壁形成的通道，除对叶片内壁进行冷却外，还对承力辐板进行冷却。冷却气最后由叶片尾缘的若干小孔流入主燃气流。

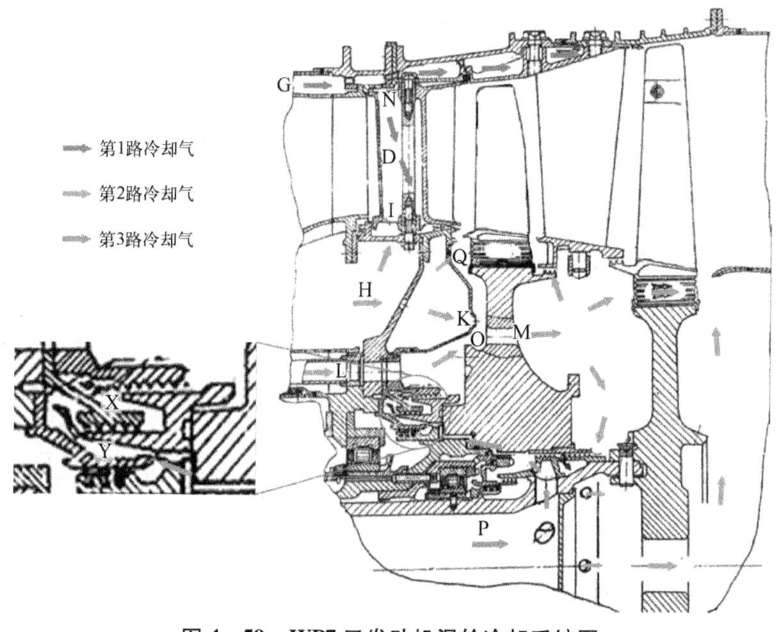

图 4－59　WP7 乙发动机涡轮冷却系统图

第 2 路，从火焰筒与燃烧室内壳之间流来的燃烧室第二股气流 H，通过第 1 级导向器内支承上的孔流入导气盆内腔，然后一部分向外流动通过外缘小孔 Q 喷向第 1 级涡轮轮缘，流向第 1 级转子叶片中间叶根的空腔，然后流经叶片的冷却孔对叶片进行冷却，同时这股空气还对轮缘进行冷却；另一部分由孔 K 流出，流向 1 级盘前面。这股气流和用两根管子引来的压气机第 6 级后的空气 L 混合，混合后的空气 O 又分两路。一路沿径向向外流，冷却第 1 级轮盘前侧后，由中间叶根两侧开的孔进入第 1 级转子叶片进行冷却，冷却叶片后的空气由叶尖处甩出和主气流混合，另一路穿过第 1 级盘上的孔 M 进行下述零件的冷却：

(1) 冷却第 1 级盘背面后，由第 1 级盘上的篦齿和第 2 级导向器所形成的封严间隙中漏出一部分，可以阻隔热燃气进入轮盘间的空腔。

(2) 冷却第 2 级盘前面后，流过第 2 级转子叶片榫头与轮盘榫槽间的间隙，对榫头进行吹风冷却，然后流入主燃气流。其中一小部分通过 2 级盘上篦齿和 2 级导向器间的封严间隙漏入主燃气流。

(3) 向内流经装在低压涡轮轴上的 5 道封严篦齿。由篦齿及轴上的孔并经过 2 级盘的中心孔流至 2 级盘后，冷却 2 级盘的背面，最后流入主燃气流。

为防止高压的冷却气 L 通过高压涡轮轴承的密封装置漏入高压涡轮轴承腔，对轴承工作不利，在第 1 级轮盘前端装了一个外篦齿封严圈。通过此封严装置漏入的空气，流入内、外篦齿封严之间的空腔 X 中，然后用 8 根 $\phi16$ 的导管引入后卸荷腔排出发动机外（在地面状态下后卸荷腔内的压力为 171.6 kPa）。

第 3 路，从压气机第 3 级后引来的空气 P，经过低压轴上的孔和篦齿封严圈前斜面的孔，沿着高压涡轮盘中心孔与高压涡轮轴之间的槽流到空腔 Y，然后用 4 根 $\phi16$ 的管子返向前面的空气收集器，再用一根带限压孔的导管通大气（地面状态下收集器中的压力为 107.9~142.2 kPa）。这股气流使中介轴承处于其包围中，减少了高压涡轮盘向中介轴承的传热量，改善了中介轴承的工作条件。空气收集器不直接通大气，而要保持 107.9~142.2 kPa 压力，是为了保证高低压轴承的涨圈封严环处内外有一定压差，保证涨圈的封严作用。

2. CFM56 发动机涡轮部件的冷却系统

CFM56 发动机涡轮部件冷却空气主要分 6 路。

第 1 路，在风扇后中介机匣内壁上开孔，用一根引气管将空气引至风扇后轴承及高压压气机前轴承之间，进行封油。气体沿轴向在低压轴和高压轴内引气套之间向后流动，穿过高压涡轮后轴上的孔，在高低压涡轮轴承周围形成冷气包围圈，并防止油腔漏油，最后由排气夹腔经尾锥排入大气（图 4－60）。少量气流经低压轴内段隔热筒上的小孔，进入轴承外隔热层，最后由弯成 90°的外排气管排入尾锥内。漏入油腔的少量气体，由低压涡轮轴承后的油气分离器内孔进入轴内套管，然后经尾锥排入大气。

第 2 路，在高压压气机进口导流叶片前缘根部沿圆周开孔，引气至高压前轴承后侧，进行封油后，气体经高压压气机前轴上的引气孔进入高压转子内腔，对高压压气机的后几级盘进行冷却，然后穿过高压涡轮后轴及低压涡轮轴上的引气孔，进入低压涡轮轴后腔，冷却低压涡轮第 3、4 级盘。其中一部分气流，经盘鼓间连接螺栓处的槽，进入挡板与鼓间

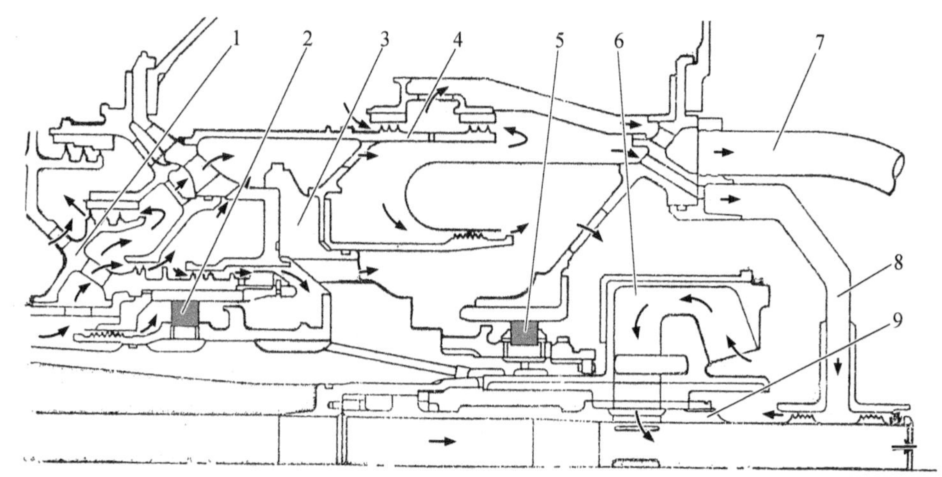

图 4-60　CFM56 涡轮后支点冷却流路

1. 高压涡轮后轴；2. 高压涡轮后中介轴承；3. 低压涡轮后轴；4. 隔热筒；5. 低压涡轮轴承；6. 油气分离器；7. 外排气管；8. 排气夹腔；9. 轴内套管

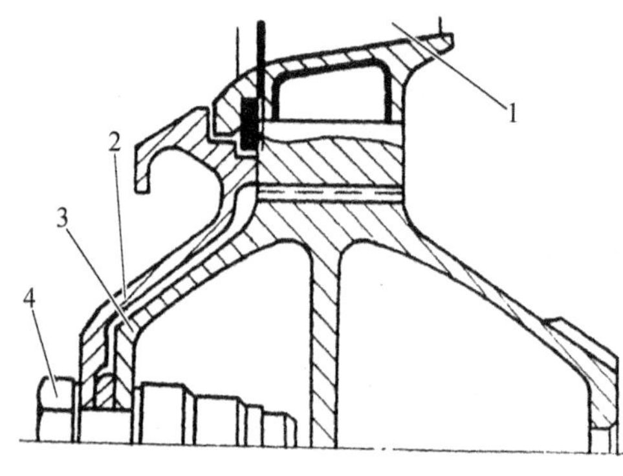

图 4-61　CFM56 低压涡轮盘的轮缘冷却

1. 转子叶片；2. 挡板；3. 轮盘鼓筒；4. 连接螺栓

的通道，对轮缘进行重点冷却（图 4-61）。这股气流最后大都流入主燃气流。少量由篦齿漏过的气流，和第一股气流的小部分混合，最后经弯成 90°的外排气管排入尾锥。

第 3 路，从燃烧室后部中心引气口引来的二股气流，经过高压篦齿封严盘前的预旋喷嘴流过封严盘孔（图 4-62），进入篦齿封严盘和高压盘间的空腔，然后顺着封严盘外缘到达盘缘，进入叶片中间叶根两侧，流入空心叶片内，冷却叶片后，从叶片的尖部、尾缘以及叶身上很多的气膜小孔进入主燃气流。进入叶片的冷却空气如带有杂质，将会堵塞叶片上的气膜小孔。冷却空气经预旋喷嘴流过封严盘孔时，借助离心力的作用，可分离气流中含有的杂质。试验证明，它可以分离气流中 85%的杂质。图 4-62 中放大图 I 表示预旋喷嘴的结构。预旋喷嘴是一圈小型导向叶片，叶片间的通道呈收敛形。叶片后缘向轮盘旋转方向偏斜一定角度。角度的设计应保证在工作时进入篦齿封严盘孔的气流方向呈轴向，以减小气流的损失。此外，由于喷出的气流在预旋喷嘴中膨胀降温，使冷却气流的温度也得到一定的降低（据称可降低温度 40~60℃），因此，大大改善了冷却效果。燃烧室的二股气流还从高压第 1 级导向器的上、下两端进入导向叶片内，对叶片进行冷却，然后由叶片前后缘的冷却孔排入燃气流中。

为了避免二股气流中的细小砂石流入涡轮叶片冷却通道，使通道堵塞。在二股气流引出处作有折流板，气流在流过折流板后向前流入冷却管路时，砂石会被离心力甩出而不进入冷却流路。

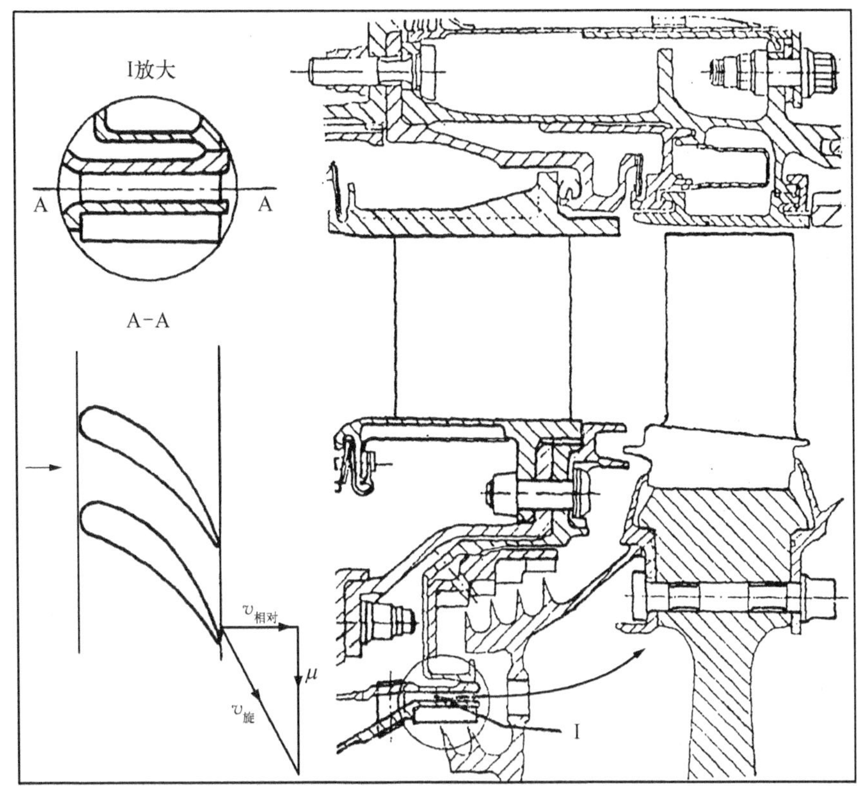

图4-62 CFM56高压涡轮转子叶片冷却气的引入

第4路，根据发动机不同工况的要求，从高压压气机的第5级和第9级分别引气，用导管输送至高压涡轮机匣外的集气室，对高压涡轮机匣进行主动间隙控制。

第5路，由高压压气机5级后引来的气对低压涡轮第1级导向器进行冷却。进入导向叶片的冷却气，一部分从叶片上的小孔排入主燃气流，另一部分向中心流入低压涡轮轴前腔，冷却高压涡轮后侧及低压1、2级盘。和低压3、4级盘一样，也有冷气通过挡板与盘鼓之间的缝隙对轮缘进行重点冷却，最后排入主燃气流。

第6路，当外涵气流流经低压涡轮外部的通道时，用一根引气管引入一股气流，然后流至环绕在低压涡轮机匣外的6根冷却管，管上开有很多小孔，空气从小孔中喷出，对低压涡轮机匣进行冷却，以减小径向间隙。

由于冷却气路多，CFM56所用冷却气流量也较大，估计约占发动机总流量的14%左右。为了节约冷却气流量，该发动机对引气过程中的封严十分注意，增加很多密封装置及密封片，这无疑会使发动机结构复杂，质量加大。

3. AL-31F发动机涡轮部件的冷却系统

AL-31F发动机涡轮部件的冷却空气主要取自压气机、风扇和主燃烧室的二股气流，冷却各零件之后排入大气或主燃气流中。AL-31F发动机涡轮冷却系统的最大特点，是通过位于外涵的空气热交换器将高压压气机出口空气(压强大，温度高)降低温度后，再进入需要冷却的地方，提高冷却效果。当然，采用它后增加了发动机结构质量，而且这个热交换器结构也较复杂。AL－31F 发动机涡轮部件的冷却系统通过 4 条气路进行冷却，如图 4－63 所示。

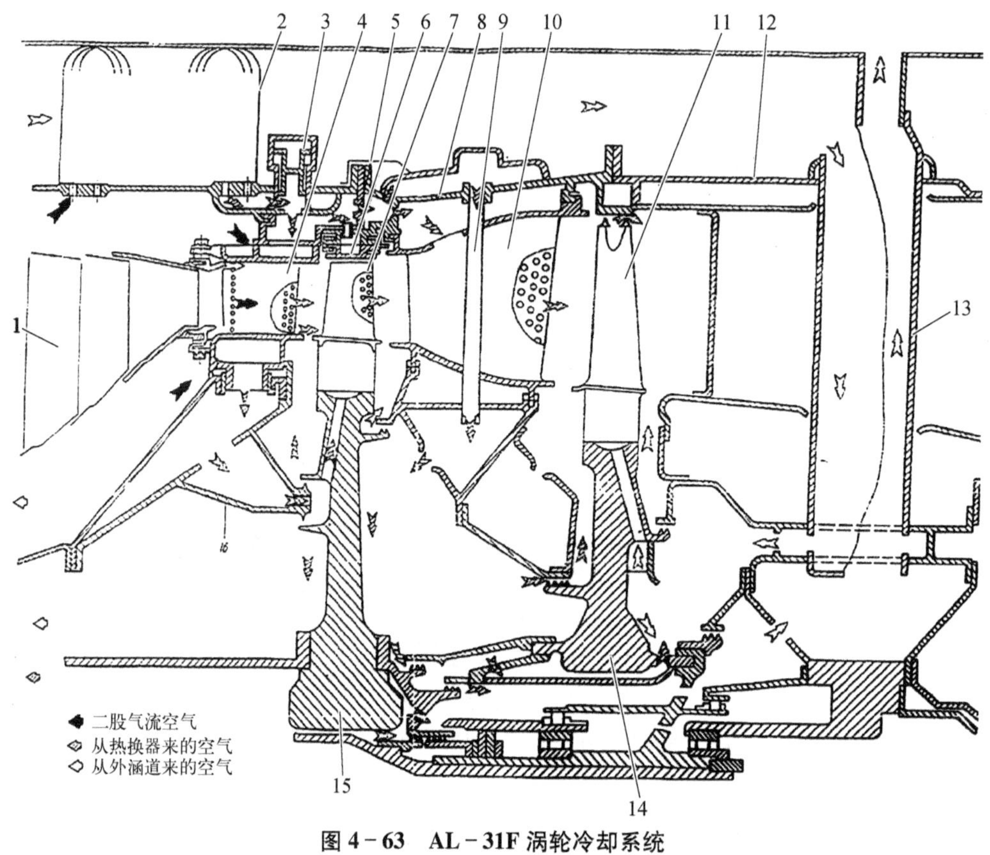

图 4－63　AL－31F 涡轮冷却系统

1. 燃烧室；2. 空气换热器；3. 导向器外环；4. 第 1 级导向叶片；5. 导孔；6. 涡轮衬段；7. 高压涡轮叶片；8. 第 2 级导向器外环；9. 导管；10. 第 2 级导向叶片；11. 低压涡轮叶片；12. 低压涡轮机匣；13. 涡轮后机匣支板；14. 低压涡轮盘；15. 高压涡轮盘

第 1 路是不参与燃烧的主燃烧室内二股气流，用来冷却高压涡轮导向器内环、导向叶片的内外缘板以及导向叶片的前半部。具体路线是：燃烧室火焰筒内、外侧的二股气流分别冷却导向叶片的内外缘板后从上下两个方向流入导向叶片的前腔，对导向叶片内壁进行强迫冷却后，从导向叶片前腔的冷却孔流出来在叶片表面形成冷却气膜，汇入主燃气流。

第 2 路是不参与燃烧的主燃烧室经空气热交换器冷却的二股气流，用来冷却高压涡轮外环，高压涡轮导向叶片的后部，高压涡轮盘和工作叶片，低压涡轮导向器，低压涡轮盘前表面及高压涡轮轴颈。具体路线是：从空气热交换器来的冷却空气，经过断流活门后，一部分进入高压涡轮导向器后部，一方面冷却高压涡轮导向叶片后腔，从导向叶片后部的小孔流出来在叶片表面形成冷却气膜，汇入主燃气流；另一方面从高压涡轮导向器后腔下部流出来，经集气罩对高压涡轮盘前表面、工作叶片榫头和叶片进行冷却。从断流活门出来的另一部分空气，对高压涡轮外环进行冷却后分成两路，一路进入低压涡轮导向器，对其内外环和导向叶片进行冷却后，汇入主燃气流；另一路经低压涡轮导向器外部的集气环、低压涡轮导向器叶片中的通气管、低压涡轮内环、对高压涡轮盘后表面、低压涡轮盘前表面和高压涡轮轴颈进行冷却。

第 3 路冷却空气来自外涵道，冷却低压涡轮盘后表面和低压涡轮后轴承座。具体冷却路线是：外涵道的空气，经过低压涡轮后轴承座的承力支板和低压涡轮后轴承座，一方面冷却低压涡轮盘后表面；另一方面经过增压盘、低压涡轮盘上的斜孔对工作叶片榫头和工作叶片进行冷却。

第 4 路冷却空气来自高压压气机第 7 级或外涵道，对高、低压涡轮轴和轴承座进行冷却。冷却的空气根据发动机转速的大小，由滑油支点增压系统的增压空气转换活门进行切换。当转速较低时，采用高压压气机第 7 级空气进行冷却；当转速较高时，采用外涵道的空气进行冷却。流出增压空气转换活门的冷却空气经高低压涡轮轴之间的空腔，一方面对高低压涡轮轴进行冷却，另一方面在向后流动过程中，对高压转子后支承衬套和低压涡轮后支承衬套进行冷却，冷却后的空气经低压涡轮后轴承座承力支板排入大气。

AL－31F 发动机涡轮部件的 4 路冷却空气中，第 2 路的冷却空气流量是可以通过冷却控制系统根据发动机工作状态进行调节的。

AL－31F 发动机涡轮冷却控制系统的作用是根据发动机工作状态的需要，调节冷却空气量的大小，有效地冷却涡轮各个部件，以保证发动机在正常寿命期限内可靠的工作。冷却控制系统由断流活门、冷却控制附件、气滤、电磁活门和分流活门组成。断流活门的作用是根据气压的大小，控制断流活门的开关，从而控制冷却空气量。它由壳体、活塞等组成，如图 4－64 所示。

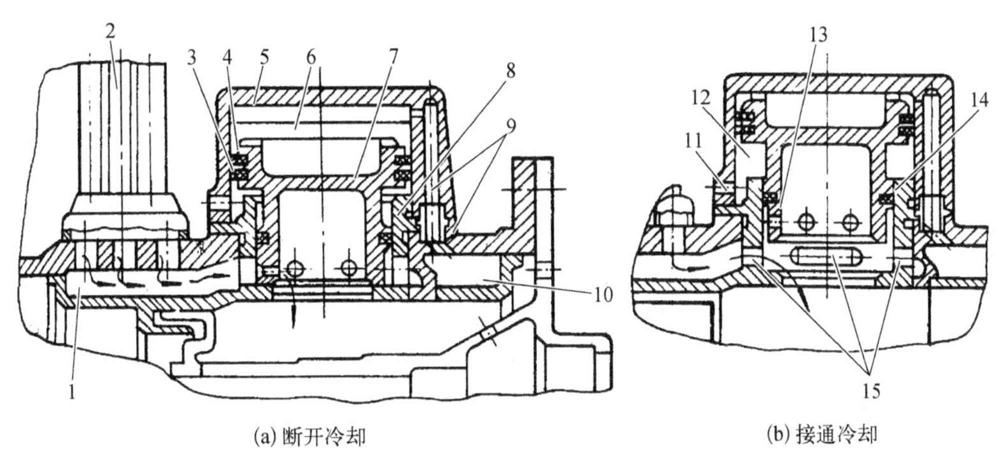

(a) 断开冷却　　(b) 接通冷却

图 4－64　断流活门的工作状态

1. 空气换热器收集器；2. 空气换热器导管；3、4、14. 密封圈；5. 断流活门壳体；6. 活门腔；7. 活塞；8. 衬套；9. 活门；10. 控制空气收集器；11. 放气孔；12. 放气腔；13. 定量孔；15. 冷却空气气路

断流活门和空气热交换器一起装在高压涡轮机匣外环上。空气热交换器是分布在高压涡轮机匣外环的 64 根弯曲状导管，导管内是燃烧室出来的二股气流，导管外是外涵道

的空气。每两根热交换器导管共用一个断流活门,因此,在外环的一周有 32 个断流活门。空气热交换器就是利用外部流过的外涵道气流对内部流过的主燃烧室二股气流进行散热。

断流活门只有开和关两个状态,处于哪个状态取决于断流活门上腔的控制压力大小。当上腔控制压力小(与大气相通)时,断流活门活塞处在上极限位置,去冷却涡轮的空气量最大,此时,断流活门处在开位置;当上腔的控制压力增大(与高压气体相通)时,断流活门活塞处在下极限位置,冷却空气量最小,此时断流活门处在关位置,但冷却空气并没有完全切断。

涡轮冷却控制附件的作用是按喷管加力调节器电磁活门和分流活门的油压力指令控制断流活门活塞上腔气压力的大小,控制断流活门的开关。它装在发动机上部、燃油分配器旁边,由壳体、活塞、弹簧、限流嘴、微动电门等组成,如图 4-65 所示。

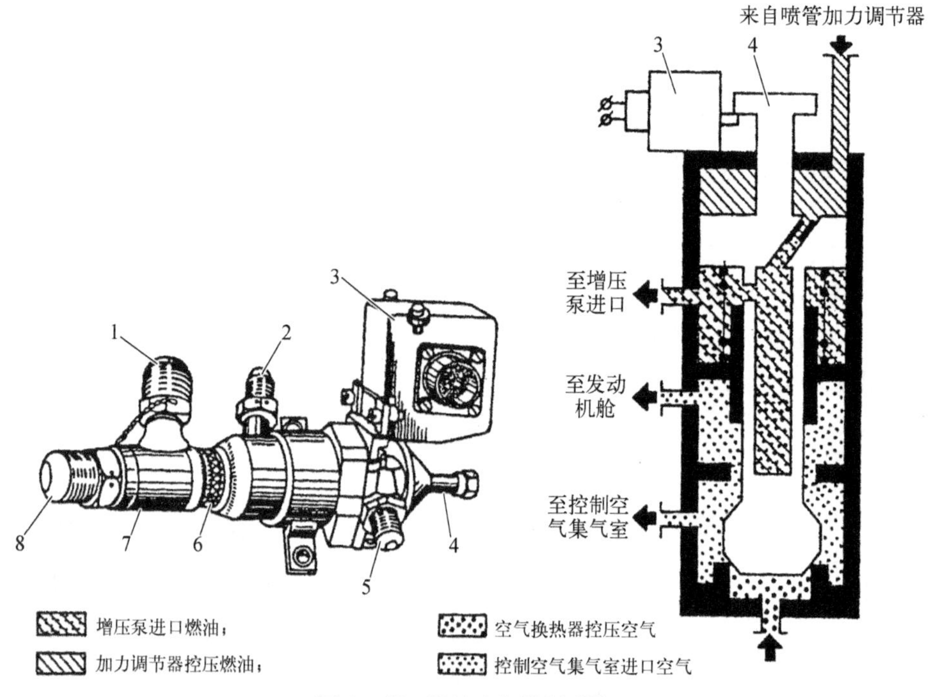

图 4-65　涡轮冷却控制附件

1. 控制空气集气室;2. 回油接头;3. 微动电门;4. 活塞杆;5. 喷管加力调节器来油接头;6. 气网;7. 壳体;8. 来自空气热交换器控制压力输气接头

当发动机工作状态增大,满足下列条件之一时,

(1) $n_2 \geqslant (91.5 \pm 1)\%$;

(2) $T_4^* \geqslant (590 \pm 10)$℃;

(3) $\alpha \geqslant 62 + 3$;

(4) $n_2 < (81 \pm 1)\%$;

涡轮冷却控制附件活塞上部进油,油压力增大,使活塞下移;关小由空气热交换器输往控制空气集气室的气路,打开断流活门活塞上腔通气的管路,使断流活门活塞上腔气压力减

小,断流活门活塞上移,进入涡轮冷却的空气流量增大。另外,随着涡轮冷却控制附件的活塞向下移动,使微动电门接通,向发动机综合调节器输送涡轮冷却系统已经工作的信号。

当上述条件都不满足时,涡轮冷却控制附件上部的高压油路被切断,在弹簧和空气热交换器气体压力作用下,活塞上移。一方面使活塞上部的油通过限流嘴回到低压腔;另一方面,从空气热交换器来的空气进入集气室,使作用在断流活门活塞上腔的控制压力增大,活塞下移而关闭,减小输往涡轮的冷却空气流量。

电磁活门的作用是根据发动机综合调节器的指令,控制涡轮冷却控制附件活塞上部的油压力,由壳体、活门、电磁铁芯组成。空气滤是用来过滤输往涡轮冷却控制附件和喷管气压作动筒高压气体中的杂质,由弯管、壳体、气滤组成,安装在发动机上的燃油分配器旁边。

此外,为提高高温结构的可靠性,冷却系统的设计也出现了大量的新技术。例如对涡轮盘进行加热,以减小轮盘上的热应力;对涡轮叶片的冷却采用不同温度的冷却空气进行温度分布控制冷却等。

4.5 涡轮主要构件的材料及其表面防护

涡轮部件的工作条件十分恶劣,它的主要零件不仅比压气机零件承受着更大的机械载荷,而且还承受着很大的热载荷以及燃气的腐蚀。随着涡轮前燃气温度的不断提高,尽管有先进的冷却技术,但对材料的要求也愈来愈高。

涡轮主要零件对材料的要求如下:

(1) 在高温下要有高的持久强度、蠕变强度和疲劳强度;

(2) 在高温下抗氧化及耐腐蚀性能好,即具有高的热稳定性;

(3) 具有符合要求的物理性质,如热传导系数大,线膨胀系数小,密度小等;

(4) 工艺性好。

下面分别列举主要涡轮构件的材料及表面防护方法。

4.5.1 涡轮叶片

20 世纪 50 年代的航空燃气涡轮发动机涡轮前燃气温度较低(低于 900℃),转子叶片多采用镍基合金、锻造后机械加工而成,如 GH4033、GH4037、GH3039、Washpaloy、Nimonic80A 等。随着材料耐热程度的提高,合金的塑性降低,使锻造加工愈来愈困难,因而 20 世纪 60 年代以后的发动机多采用精密铸造叶片。高温铸造合金不仅耐热程度提高,而且容易满足各种冷却通路的要求,同时还能减少机械加工量,提高原材料利用率。

普通铸造合金材料(如 K3、K5、K17、INI00、B1900、Rene80、ЖС6К 等)可以用作 900~950℃温度下工作的转子叶片,而 K19、K20、MarM002、Rene125、ЖС6Ф 等材料则可达到 950~1 000℃。以上材料若用于制造导向叶片,则可提高温度 50℃左右。

定向凝固技术的应用是涡轮叶片材料的又一次大发展。定向凝固叶片(又称定向结晶叶片)是使叶片上强度最大的方向与叶片受力最大的方向互相平行的一种叶片。在纵向上它比普通精铸叶片具有更高的断裂强度、更好的热疲劳强度、更好的塑性及更小的裂纹扩展率,因此,它能更好地满足高温长寿命涡轮的要求。目前,已经使用和正在研制的定向组织的叶片有以下几种:

(1) 定向凝固的柱状晶叶片;

(2) 定向凝固的单晶叶片;

(3) 定向凝固的共晶叶片;

(4) 定向再结晶的微晶叶片;

(5) 定向再结晶的氧化物弥散强化合金;

(6) 钨纤维增强的定向复合材料。

其中,目前应用最广的是柱状晶叶片,从 1969 年首次在美国的 TF30 发动机上应用以来,已先后在 F100、JT9D、PT6、TFE731 等发动机上应用。应用最成功的材料为 PWA1422(即 MarM200+Hf)。英国和苏联分别在 RB211 及 HK-12 等发动机上采用了此种叶片。我国现在也已研制出 DZ3、DZ5、DZ22 等一批定向合金。单晶叶片目前也已在 JT9D-7R4、PW2037、PW4000、F100 衍生型等发动机上得到应用。材料牌号是 PWA1480,经数百万飞行小时的实践考验,证明这种材料的叶片工作性能良好,并可取得明显的经济效益。如 JT9D-7 发动机涡轮前温度原为 1 204℃,采用了柱状晶叶片后,其涡轮进口温度提高到 1 315~1 350℃,而采用单晶叶片的 JT9D-7R4H1 型的涡轮进口温度提高到了 1 471℃(1 744 K)。根据研究表明,在现代航空燃气轮机中,涡轮进口温度每提高 50℃,可使燃油消耗率下降 5%以上,使推力提高约 5%。

氧化物弥散强化合金是用粉末冶金方法把惰性的氧化物质加入金属或合金中,使其在(0.7~1)T_m(熔点的绝对温度)范围内强化。它是工作温度在 1 000~1 300℃范围内使用的高温合金材料,除具有好的强度性能、抗腐蚀性能外,其焊接性能也很好。但目前这种材料还不够成熟,已研制出的材料 MAT54 合金,在 F101 及 F404 发动机上,用来作为涡轮导向叶片及环形件,工作温度约为 1 095℃。

高温陶瓷合金由于有耐高温(2 000℃左右),抗腐蚀,抗磨损等特性,数十年来一直吸引着人们的注意力,近几年来也取得了较大的进展。用碳化硅和氧化硅陶瓷所制成的涡轮叶片和导向叶片已经在一些小型燃气涡轮发动机上进行试验、试车。但仍有一些重大的技术问题(如脆性等)需要研究解决。

叶片表面的防护,一般采用铝化物涂层,使叶片外层形成 Al_2O_3,阻止氧向基体合金中扩散,借以提高叶片表面抗腐蚀和抗氧化的能力。但当燃气温度高于 1 000℃时,则要在铝涂料中添加 Cr、Si、Ta、Y 等元素,以防止铝化物涂层向基体合金扩散,损坏基体合金的机械性能。

转子叶片榫头与轮盘榫槽相互配合面一般涂 Cu-Ni-In 陶瓷涂层或镍$^+$石墨涂层,可防止零件间互相胶着,并可起一定密封和减振的作用。

带冠叶片的叶冠摩擦面一般涂碳化钨或碳化铬陶瓷涂层,以抗磨损。涂层的喷涂工艺一般采用爆炸喷涂或等离子喷涂。

4.5.2　涡轮盘

常用的涡轮盘材料有：GH4169、GH4133、GH4698、GH738 以及国外材料 A－286、Incoloy901、Washpaloy、Inconel718、ЗИ415 、ЗИ481、ЗИ－437 等。

近年来,很多发动机采用粉末冶金热等静压制造的涡轮盘。它不仅提高了强度及断裂性能,而且大大提高了材料的利用率(一般粉末冶金方法的材料利用率是 40%～45%,而普通锻造仅有 5%～10%),降低了零件的成本。常用的合金牌号为：FGH95、FGH96、AF115、Astroloy、INI00、Merl－76、Washpaloy 等。

有些发动机在轮盘非配合表面进行喷丸处理以提高疲劳强度并消除表面裂纹。

4.5.3　涡轮轴

涡轮轴常用优质合金钢 40CrNiMoA 或 18CrNiWA、Incoloy901、Inco718 等锻造制成。

为了改善材料的性能,提高材料利用率,降低成本,目前英美也将热等静压成形技术用于轴类零件的加工,如在 CFM56 等发动机上采用 Marage250 马氏体时效钢并进行热等静压处理。

在 AL－31F 发动机中,为了减轻发动机质量,低压涡轮轴设计成三段组合轴,轴的两端由高强度合金钢制成,很长的中间段由钛合金制成,钛合金的长轴用径向销钉与两端钢轴连为一体,如图 4－9 所示。

4.5.4　涡轮机匣、衬段及导向器内外环

机匣及导向器内外环多采用适合于锻压或滚轧的铁基或镍基高温合金焊接和机械加工制成。常用的合金牌号是 GH34、GH2132、Incoloy901、Inco718。

近年来为了保证涡轮叶尖的径向间隙,开始采用低线膨胀系数的合金制作涡轮机匣,目前已使用的材料为铁镍基合金 Incoloy903 及 Incoloy907。

涡轮机匣衬段比机匣承受温度高,但不是传力件,为保证其自由热膨胀,一般多分成很多扇形段,有时还通气冷却,所以多用 Rene41、Rene77 等镍基合金精密铸造成,内表面还常涂有易磨涂层如 Co－Ni－Cr－Al－Y 等。

表 4－4 给出几台发动机涡轮主要零件所用的材料及涂层。

表 4－5 给出涡轮主要零件常用的高温合金牌号及其应用范围。

表 4-4　几台发动机涡轮主要零件所用材料及涂层

零件	型号							
	WP6	WJ6	WP7乙	SPEY MK202	JT9D	CF6-50	CFM56	F100-PW-100
工作叶片	GH37 （1、2级）	K3（1-2级） GH33（3级）	高压：K17 低压：GH49	高压： MarM002 （1、2级） 低压： N105（1级） N80A（2级）	高压： PWA1480单晶（1级） B-1900；Alloy 713 无冠的顶部涂Co-Cr-Al-Y 叶冠涂碳化钨 榫根涂镍+石墨	高压：Rene80（1、2级） 涂Codep B，B-1 低压： Rene77（1~4级） 叶冠间涂Cr2C3 榫根涂Cu-Ni-In	高压： Rene125 低压： Inco 100（1级） Rene77（2~4级） 涂CM64型涂层	高压： MarM200+Hf定向合金 低压： Inco100
导向叶片	K1 （1、2级）	K3（1级） TL-1（2、3级）	K3（1、2级）	高压： HS31（1级） C1023（2级） 低压： C1023（1级） C130（2级）	Mar M 500 B1900 Alloy 713 叶身及缘板表面涂 Co-Cr-Al-Y	高压： X-40（1级）；Rene80（2级） 涂Codep B 低压： Rene77（1~4级） 1~3级叶身涂Codep C	高压： X-40定向凝固 表面渗铝 低压： IN100（1、2级） Rene77（3~4级）	高压： MarM200+Hf（1级） IN100（2级） 低压：IN100
轮盘	GH36 （1、2级）	GH135 （1、2级）	高压：GH135 低压：GH33	高、低压： N901	高压：PWA 1100粉末冶金 低压：Incoloy 901	高压：Inco718 低压：Inco718	高压：Rene95粉末冶金 低压：Inco718非配合 表面喷丸	IN100粉末冶金
轴	40CrNiMoA	40CrNiMoA	高压： 40CrNiMoA 低压： 18CrNiWA	高压： S/CMV 低压： N901		高压：Inco718（前/后轴） 低压：Inco718（前/后轴）	高压： Inco718（前、后轴） 低压：Marage250 非配合表面喷丸	
涡轮机匣	1Cr18Ni9Ti	GH132	GH34（机匣） GH30（衬环）	N901	Incoloy901 低压封严衬段和隔圈 表面涂炭化铬	高压：Inco718（机匣） Rene41（衬段） 带Bradally502Fille易磨表面 低压：Inco718（机匣） Rene41（衬段） 带蜂窝	高压： Incoloy903低膨胀 高温合金（机匣） Rene77（衬段） 内表涂层： CoNiCrAlY易磨涂层 低压：Inco718（机匣）	Inco718

表 4－5　涡轮主要零件常用高温合金及其应用范围

类别	中国牌号	对应的外国牌号	主要用途
铸造合金	K11	ВЛ7－45У	在 700～800℃下工作的转子叶片； 在 800～850℃下工作的导向叶片
	K12	ЖС3，C130	
	K1	AHB－300	在 800～850℃下工作的转子叶片； 在 850～900℃下工作的导向叶片
	K6	GMR－235D	
	K23	C1023	
	K8(TL－1)		我国自行研制的铁基铸造合金，可代替 K1、K12
	K10	ЛК4	在 900℃以下工作的导向叶片
	K2	ЖС6	在 850～900℃下工作的转子叶片； 在 900～950℃下工作的导向叶片
	K3	ЖС6К	在 900～950℃下工作的转子叶片； 在 950～1 000℃下工作的导向叶片
	K5	ЖС6КП	
	K9	B－1900	
	K17	IN－100	
	K002	MarM002	在 950～1 000℃下工作的转子叶片； 在 1 000～1 050℃下工作的导向叶片
	K19H	Rene 125、ЖС6Ф	
	DZ3	ЖС6КНК	定向凝固柱晶合金， 用在 900～1 100℃下转子叶片及导向叶片
	DZ5	PWA1460	
	DZ22	PWA1422	
	X－40	X－40	
		PWA1480	定向单晶合金，用在高 1 000℃下转子叶片及导向叶片
锻造合金	GH34	ЭИ415	在 500℃以下工作的轮盘及环形件
	GH2036	ЭИ418	在 650℃以下工作的轮盘及承力环等
	GH2132	A286	
	GH901	Incoloy901，N901	
	GH4033	ЭИ437B Nimonic 80A	在 700℃以下工作的转子叶片； 在 750℃以下工作的涡轮盘等零件
	GH135		
	GH141	Rene41	在 800～850℃下工作的轮盘、轴、衬段、机匣等
	GH4169	Inconel718	
	GH738	Washpaloy	
	GH4037	ЭИ617	在 800～850℃下工作的转子叶片
	GH4049	ЭИ929	在 850～900℃下工作的转子叶片
粉末冶金		AF115	热等静压成形，可用于 650～700℃下工作的轮盘及环形件
		IN100	
		FGH96	
		MERL76	
		Astroloy	
		Washpaloy	

思考题

1. 画图说明两种不同的高压涡轮盘与涡轮轴连接结构几何构形和界面配合方案。
2. 涡轮叶片与轮盘的连接结构同压气机相比有何不同?
3. 为什么涡轮机匣大多采用整环结构?
4. 为什么低压涡轮叶片大多采用带冠设计,在结构设计上如何保证其功能的实现?

第5章 燃烧室与加力燃烧室结构

在航空燃气涡轮发动机中,可注入燃油进行燃烧加热的部件有两个,一是位于压气机和涡轮之间的主燃烧室,简称燃烧室;二是位于涡轮和尾喷管之间,利用涡轮后燃气中的剩余氧气进一步燃烧,以使发动机在达到最大状态后继续增加推力的部件,称为复燃加力燃烧室,简称为加力燃烧室。

5.1 主燃烧室

航空燃气涡轮发动机的主燃烧室是将燃料化学能转化为热能的装置。空气进入主燃烧室,在燃烧过程中燃料借助空气中的氧气燃烧放出热量,由燃烧室流出的是高温、高压燃气。主燃烧室(简称燃烧室)是航空燃气轮机核心机的重要部件之一。发动机的工作可靠性和热效率,在很大程度上取决于燃烧室工作的稳定性。燃烧室出口温度过高或不均匀,可能会引起涡轮叶片过热或烧毁,使发动机的气动性能及结构可靠性降低,因此,在燃烧室设计中需要进行反复的试验验证及调整。

5.1.1 工作过程及设计要求

1. 工作过程

燃烧室的工作条件十分恶劣。首先,燃烧过程是复杂的物理和化学过程,而且是在高速气流(100~150 m/s)和贫油混合气(余气系数 α 很大,α=3.0~4.5)情况下进行的。当飞行条件和工作状态改变时,余气系数还要增大,如猛收油门时,α>40。其次,燃烧室在高温、大载荷条件下工作,要承受由气体压力、轴向力及惯性力产生的静载荷和振动载荷,由于温度场不均匀,还要承受热应力,以及燃气的热腐蚀等。此外,燃烧室进气条件变化很大。发动机在各种飞行条件下,由于飞行高度、飞行速度以及发动机转速的变化,使得燃烧室入口总压 p_2^*、总温 T_2^* 和流速 C_2 均在很大范围内变化,尤其是在迅速关小油门或增大油门时,会发生过度贫油(α>40)和过度富油(α<0.2)。

目前,燃烧室的形式很多,为了保证在进气条件剧烈变化的情况下,燃烧室内燃油和空气的混合气体仍可以稳定完全燃烧,在燃烧室设计上一般需要遵循以下原则。

(1) 采用气流分股设计。一是从组织燃烧方面,在燃烧室内部形成一个比较恰当的油气比区域,保证高效燃烧;二是从结构力学方面,气流进入燃烧室后加热膨胀加速,在燃烧室机匣上作用有较大的向前轴向推力,采取空气分股使燃烧区域与承力机匣隔离,将高温的燃烧区控制在薄壁结构的火焰筒内,可将受热构件和承力构件分开,满足结构可靠性的要求。因此,在一般燃烧室设计中,将流入燃烧室的空气分为两股:第一股气流约占总空气量的 1/4~1/3,从火焰筒头部流入,与燃油混合,组成适宜燃烧的混合气($\alpha=0.7\sim1.0$),燃气温度高达 2 000℃;其余的为第二股气流,经火焰筒外围流过,从火焰筒中部和后部的大孔进入,与燃气掺混,使燃烧室出口燃气温度降低到涡轮前允许值,并保证出口温度场分布合理。需要说明,第二股气流是没有参与燃烧的空气,相对温度较低但压力很高,可以用于对燃烧室和涡轮部件进行冷却。

(2) 在火焰筒中需要形成低速回流区。由于稳定燃烧的必要条件是混合气的燃烧速度(即火焰传播速度)不小于气流速度,为了保证稳定燃烧,必须降低流速和提高燃速。在设计中,首先在燃烧室进口装有扩压器,以降低进入火焰筒入口处的气流速度。进入火焰筒内参与燃烧的第一股气流还要继续扩压减速。另外,在火焰筒头部还设有火焰稳定器,形成气流的回流区。这样,火焰筒燃烧区中心的流速低,形成稳定的火源,外围流速高,加强了对火焰筒壁的冷却。同时高温燃气的倒流,还促进了燃油的蒸发和油气的混合,提高了燃烧速度,并点燃了后续的混合气。

(3) 燃烧区内形成非均匀的混合气。一般情况下,在燃烧室中油气掺混得愈均匀愈好,但在航空燃气轮机中却相反,在均匀掺混的混合气中,能够稳定燃烧的工作范围是非常有限的。例如,当混合气温度为 150~200℃、流速为 20~30 m/s 时,保证稳定燃烧的余气系数的范围为 0.4~0.5(富油极限)到 1.3~1.5(贫油极限)之间。燃烧室在实际工作中,余气系数的值远远超出上述范围,所以在燃烧室内进行均匀混合气的燃烧是不可能的。非均匀混合气是指在燃烧区内,各点的余气系数是不一样的,这样,当飞行条件和工作状态改变,如猛收油门时,原来的可燃区变为无法燃烧的贫油区,但原来的富油区却变为可燃区,使得无论飞行条件和工作状态如何变化,在燃烧室内总是存在着局部的可燃区。形成非均匀混合气的具体措施是从燃油喷嘴喷出的油粒大小不一,小油粒先蒸发,大油粒边流动,边吸热蒸发。在回流气体的掺混作用下,形成非均匀的混合气分布区。燃烧过程首先在最有利的余气系数为 0.7~1.0 的区域内进行,然后延展到整个燃烧区内。

目前,所有燃烧室都是按非均匀混合气的燃烧原理工作的,使得燃烧区的工作范围大大增加,使燃烧室在现有飞行条件和工作状态下都能够稳定可靠地工作。

2. 设计要求

燃烧室的零部件主要是薄壁件,在高速气流和热环境条件下工作,易发生屈曲、变形、裂纹、积炭、过热及烧穿等故障。为此,在燃烧室设计时应满足以下要求:

(1) 要可靠点火和起动。任何条件下(包括高空条件,此时进入燃烧室的空气温度和压力都显著下降),燃烧室都应当能够迅速可靠地起动点火。这对用于高空飞机的发动机的燃烧室来讲更为重要,所以在这种发动机内必须设有高空的点火装置。

(2) 要火焰稳定且火焰长度尽可能短。在航空燃气轮机宽广的工况范围内,要保证火焰稳定不熄火,且不出现由于燃烧不稳定引起的具有一定频谱分布的压力振荡。例如,在慢车状态下急减油门时或在进场着陆时遇到特大暴雨时不熄火;在外界环境高空、低温下不熄火;此外,燃烧室必须具有尽可能短的火焰,不能接近导向器叶片,以避免叶片过热和烧坏。燃烧室设计长度较短也有利于转子支点间距离及发动机长度减小。

（3）燃烧效率要高。在发动机的主要工作状态下，燃烧室应保证混合气稳定燃烧并具有较高的完全燃烧度和最小的散热损失，使燃料中所含的能量全部释放出来。换言之，燃烧室应该具有大的放热系数 ξ_r。对现代涡轮喷气发动机的燃烧室，在试车台条件下的最大状态工作时，$\xi_r = 0.95 \sim 0.98$。

（4）通过燃烧室的压力损失要小。燃烧室应具有最小的流动损失。最常用的评定燃烧室阻力的参数是总压恢复系数 σ_r^*。目前燃烧室的 $\sigma_r^* = 0.91 \sim 0.94$。

（5）燃烧室出口温度场分布要合理。燃烧室应保证涡轮进口沿圆周有均匀的温度场，沿叶片高度的温度应按要求分布，以避免涡轮导向叶片和工作叶片过热，提高工作可靠性。

（6）燃烧室排放的污染要低。燃烧室排放的污染值有严格的规定，特别是进入 21 世纪后，"绿色航空"已成为研制发动机时必须满足的条件。

（7）燃烧室的尺寸、形状要与发动机相匹配，且质量轻、成本低。燃烧室必须具有最小的外廓尺寸与质量，因此要求它有高的容热强度。体积容热强度的定义是：燃烧室每小时放出的热量与燃烧室体积之比。因为容热强度与燃烧室中的压力有关，所以通常计算单位压力的体积容热强度。现代燃气涡轮发动机燃烧室单位压力的体积容热强度 $Q = 1.00 \sim 1.86 \times 10^4\ \mathrm{J/(m^3 \cdot h \cdot Pa)}$。火焰筒的体积通常为燃烧室总体积的 60%~70%，因此，燃烧室火焰筒的容热强度比整个燃烧室的容热强度大 40%~65%。

（8）燃烧室寿命要长，安全可靠。在发动机的寿命期内，燃烧室应当可靠工作且无须修理。

（9）燃烧室的结构设计须保证零件的自由热膨胀，控制热应力的水平。

可见，燃烧室的设计要求很高，需要对各个方面进行综合平衡，因此，在设计时需要针对具体机型的设计要求，进行不同设计方案的对比分析和优化，并针对主要技术难点提出解决的方法。例如，运输机和重型轰炸机的发动机燃烧室最重要的要求是放热系数 ξ_r 高，即需要有良好的经济性。而高空高速歼击机的发动机燃烧室最主要的要求是外廓尺寸小和质量轻，高空起动性能好等。

5.1.2　基本类型

燃烧室按其结构形式划分主要有分管燃烧室、环管燃烧室和环形燃烧室，如图 5－1 所示。

1. 分管燃烧室

分管燃烧室的结构特点是每个火焰筒有独立的外壳，构成一个个管形燃烧室，沿发动机圆周均匀地安装有 6~16 个管形燃烧室，各管之间用联燃管连通，传播火焰和均衡压力。

WP5 甲发动机的燃烧室就是分管燃烧室。它由 9 个单管组成，每一个单管均由燃烧室颈 2，涡流器 8，外壳 1、3，火焰筒 4 和联燃管组成（图 5－2）。燃烧室颈前端与压气机出气管 17 相连，两安装边之间装有球面垫圈 18，仅用两个螺栓连接。燃烧室颈后端用 30 个螺栓与外壳连接。外壳后端的封严圈 19 以较小的紧度插入燃气收集器的转接安装圈内，在轴向留有间隙。火焰筒用 2 个空心销和 2 个联燃管在外壳上轴向定位，前端借插在涡

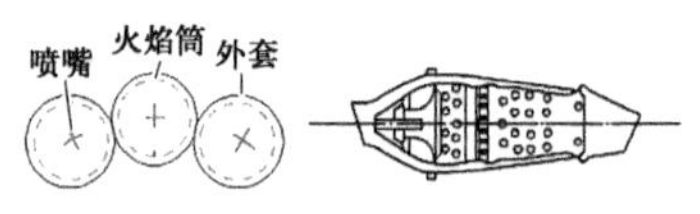

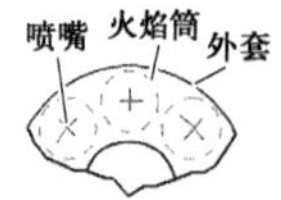

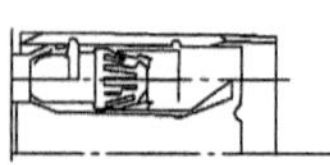
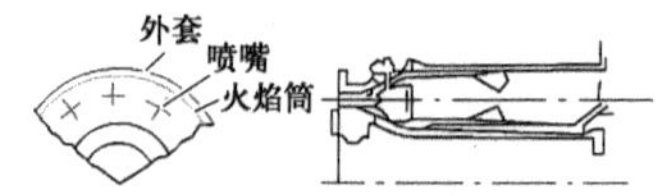

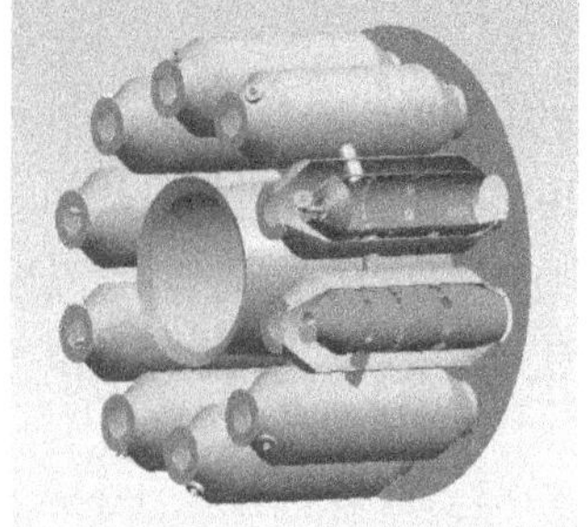

(a) 分管燃烧室　　(b) 环管燃烧室　　(c) 环形燃烧室

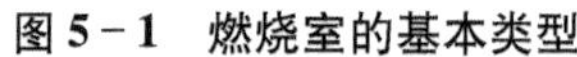

图 5－1　燃烧室的基本类型

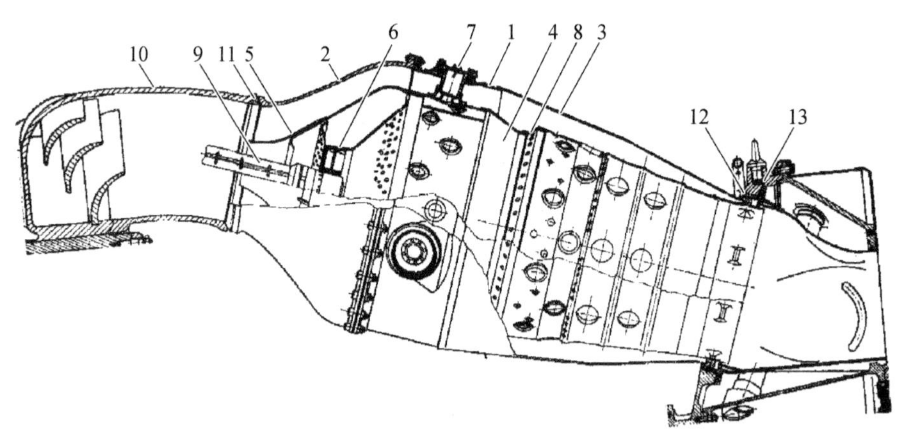

图 5－2　WP5 甲发动机的燃烧室

1、3. 燃烧室外壳；2. 燃烧室颈；4. 火焰筒；5. 火焰筒圆锥罩；6. 涡流器；7. 空心固定销；8. 接合环；9. 喷嘴；10. 压气机出气管；11. 球面垫圈；12. 燃烧室封严圈；13. 燃气收集器的转接安装圈

流器内环中的喷嘴 16 支撑，后端借火焰筒尾端冲压出来的凸包在外壳上定心。由于 WP5 甲发动机采用离心式压气机，外径较大，因此，9 个单管与发动机轴线倾斜 19°。在 9 个单管内仅安装有 2 个点火器，发动机起动时借联燃管将火焰传入其他单管。

分管燃烧室的主要优点是组织燃烧较为容易，同时维护、检查和更换也比较方便，不需要分解整台发动机。但是，在横截面上的利用率低（仅 70%～80%），并且容热强度低，气流速度大，总压损失大，依靠联燃管传递火焰，起动性能差，需要的冷却空气多，最重要的是燃烧室出口（涡轮进口）温度场分布不均匀，且燃烧室结构质量较重，这使得分管燃烧室在现代高性能航空燃气轮机中很少使用，但在燃烧室试验和试验器设计中广泛使用。

2. *环管燃烧室*

环管燃烧室，是将若干个管形火焰筒沿圆周均匀安装在同一个内外壳体间的环腔内，相邻火焰筒燃烧区之间用联燃管连通。

图 5－3 为 WP7 乙发动机的环管燃烧室的结构简图，它由 10 个火焰筒、燃烧室外壳体、环形扩压器（由外壳体前部和内壳体构成）、隔热屏、火焰筒的联燃管、燃烧室内壳体

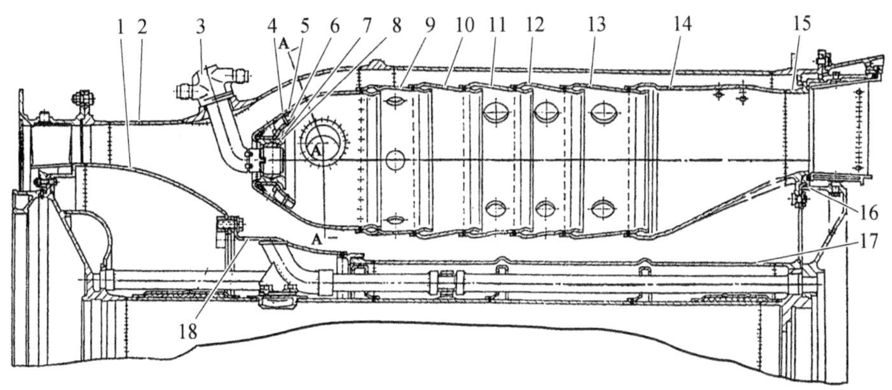

图5-3 WP7乙发动机燃烧室

1. 内壳;2. 外壳;3. 喷嘴;4. 头部;5. 叶片;6. 导流罩;7. 球形衬套;8. 球头座;9~13. 火焰筒各段;14. 燃气导管;15. 安装边;16. 圆环;17. 隔热屏;18. 中套

和喷嘴组成。

环形扩压器的作用是使进入燃烧室的空气流速降低,扩压器的型面是按等压力梯度规律设计的。WP7 乙发动机扩压器的扩压角较小,长度较长,使出口流场比较均匀。

图5-4为斯贝发动机环管燃烧室。它由燃烧室外壳体、燃烧室内壳体及10个火焰筒组成。燃烧室外壳体12是钢制的两个半壳体,用螺栓连接。外壳体前安装边与扩压器机匣连接,后安装边与高压涡轮导向器外环连接。外壳体后部焊有10个底座,用于安装高压涡轮轴承支座的10根空心撑杆,这10根空心撑杆也是低压冷却空气出气管,外面有一低压冷却空气集气环13,冷却空气由此集气环排入大气。整个燃烧室外壳体被外涵气流包围。燃烧室内壳体21的后端固定在隔热机匣上,内端的前段与扩压器机匣之间有间隙,冷却空气可以从此间隙进入内壳体与高压涡轮轴承支座间形成的环形腔道,向后冷却涡轮部件。在内壳体和高压涡轮轴承支座上,各有两个伸手孔,用于装拆高压转子联轴器。

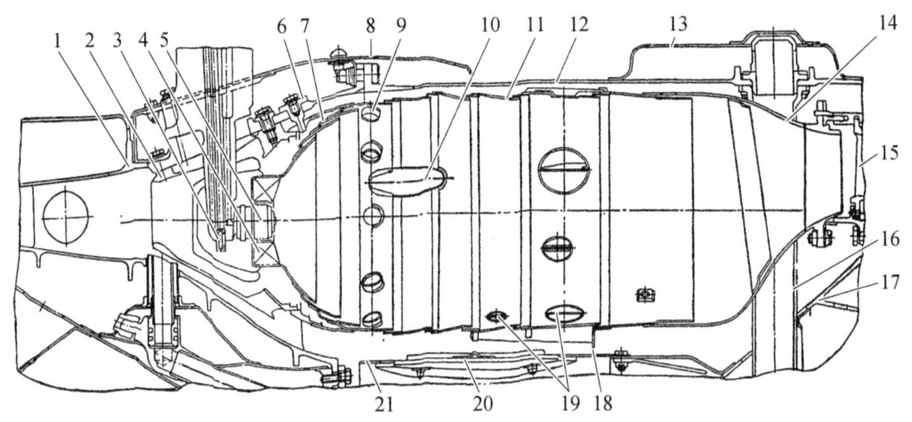

图5-4 斯贝发动机环管燃烧室

1. 扩压器机匣;2. 鱼嘴形空气进口;3. 喷水嘴;4. 涡流器;5. 燃油喷嘴;6. 火焰筒固定销;7. 火焰筒头部锥体;8. 整流罩;9. 进气斗;10. 联燃管;11. 火焰筒圆柱段;12. 燃烧室外壳体;13. 低压冷却空气集气环;14. 空心撑管;15. 高压涡轮第1级导向器;16. 低压冷却空气出气管;17. 高压涡轮轴承支座;18. 挡气板;19. 导流板(空气隔板);20. 装配窗盖;21. 隔热屏(燃烧室内壳体)

环管燃烧室是介于分管燃烧室与环形燃烧室之间的一种类型。其出口燃气温度场分布较分管燃烧室好，但不如环形燃烧室，其结构较环形燃烧室复杂且质量大，但试验调整比较方便，在20世纪70年代发展的一些发动机上广泛使用。

3. 环形燃烧室

由于计算流体力学、扇形燃烧室和全尺寸环形燃烧室试验技术的发展，20世纪80年代后的发动机中均采用环形燃烧室。

环形燃烧室的结构特点是在燃烧室内、外壳体之间的环腔内，安装了一个与机匣同心的环形火焰筒，即由火焰筒内、外壁构成的环形燃烧区和掺混区。

环形燃烧室的燃烧效果好，总压损失小，燃烧室出口流场和温度场分布均匀；结构简单，质量轻，耐用性好；火焰筒表面积与容积之比较小，因而需要的空气冷却量较少；燃烧室的轴向尺寸短，有利于减小转子跨度和发动机质量。

根据环形火焰筒的不同形式，环形燃烧室可分为直流环形燃烧室、折流环形燃烧室和回流环形燃烧室。后两种燃烧室常用于带有离心压气机的小型燃气涡轮发动机中。

1）直流环形燃烧室

环形燃烧室火焰筒内部的气流为三维流动，同时又伴随着燃烧过程，因此，给设计带来很大难度，在环形燃烧室设计初期，为了方便火焰筒前部流场组织，采用了带有单独头部的环形燃烧室。图5－5为JT9D发动机中带有20个头部的环形燃烧室。在头部涡流器中央装有双路离心喷嘴。火焰筒头部与外壁焊成一体，用3个定位销固定在燃烧室扩压器机匣上。火焰筒内壁与燃烧室内壳体一起用螺栓固定在第1级涡轮导向器支座上。在燃烧室外壳体上开有5个观察孔，可以用孔探仪观察火焰筒内的故障情况。若有需要，外壳体可向前拉出，以便对火焰筒外壁直接进行目视检查或更换涡轮第1级导向器叶片。

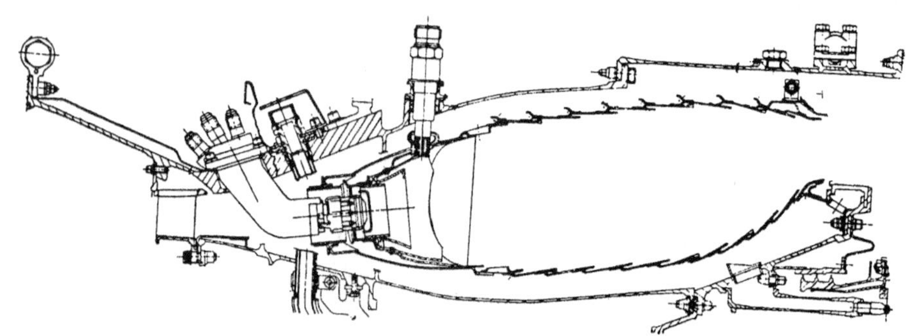

图5－5　JT9D发动机带单独头部的环形燃烧室

全环形燃烧室的火焰筒由内、外壁及环形头部构成。图5－6为CF6－80A发动机机械加工的环形燃烧室。火焰筒由两个机械加工的内、外环筒组成。火焰筒材料为高温镍基合金，先制成环坯，再机械加工制成，采用先进的气膜冷却技术。这种机械加工的火焰筒的优点是，可以更好地控制壁面厚度变化以改善应力分布，刚性好；无材料搭接，无焊接接头，避免应力集中和局部过热，能减少裂缝，延长燃烧室寿命。

图5－7为RB211发动机的全环形燃烧室。在火焰筒头部装有回流隔板，火焰筒内、外壁的前部开有偏斜的过渡孔，气流经回流隔板与过渡孔后，在火焰筒头部形成两个回流

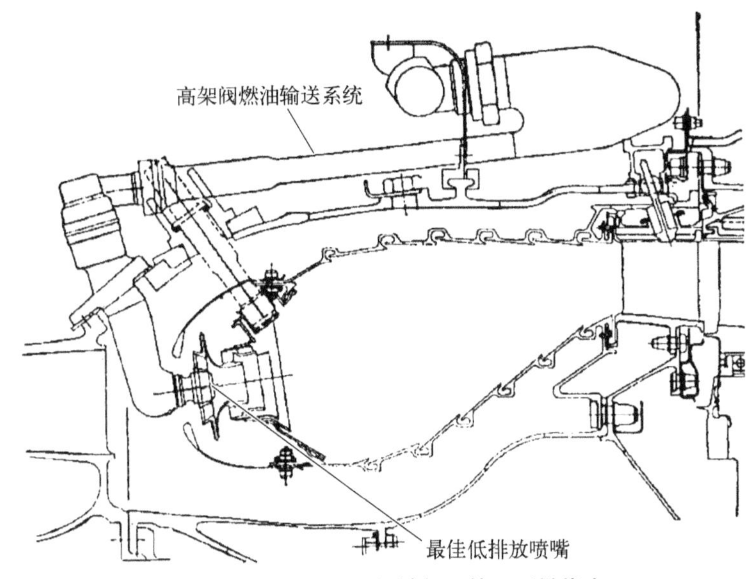

图5-6 CF6-80A 机械加工的环形燃烧室

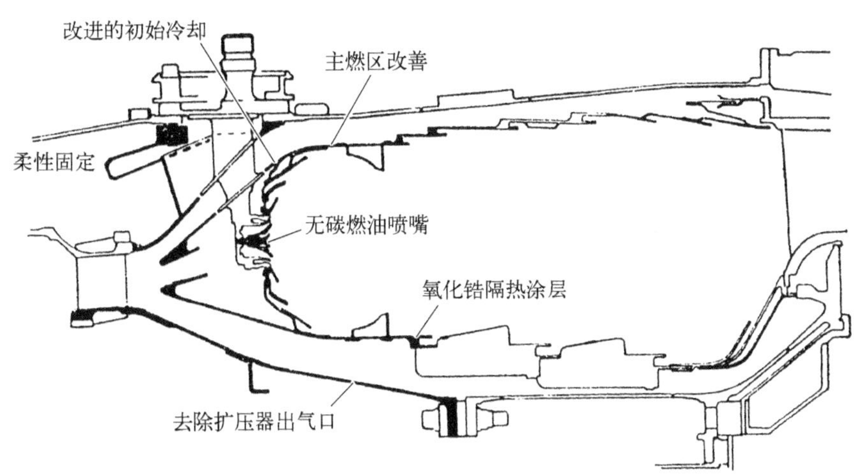

图5-7 RB211 发动机气动喷嘴环形燃烧室

区,以稳定燃烧。在回流隔板上安装有18个气动喷嘴,该喷嘴特点是由喷嘴出来的燃油雾化效果好。为了增加火焰筒的刚性和保证筒壁气膜冷却孔的加工精度,筒壁上的冷却环采用了锻件机械加工结构。火焰筒各段间的连接采用对接焊,以消除焊接时的应力集中现象。

图5-8为V2500的环形燃烧室,该发动机燃烧室的特点是:火焰筒内壁上固定有若干段(沿轴线及沿圆周)由耐热合金精铸的衬片,衬片与火焰筒内壁间有缝隙,二股空气由此缝隙流过时,对火焰筒壳体及衬片进行冷却。这种燃烧室一般称为浮壁式燃烧室。火焰筒头部有充分冷却的热屏;带20片叶栅的扩压器与外机匣、内机匣铸成一个整体,传递高压涡轮前轴承载荷。火焰筒头部装有20个空气雾化喷嘴,喷嘴外壳有热屏,使工作时燃油不会焦化,空气雾化喷嘴能使燃油均匀雾化,有极好的点火特性和均匀的出口温度场,提高了燃烧效率。

为了减少燃烧室的排污量,提高燃烧效率,近些年出现了一些先进的直流环形燃烧室

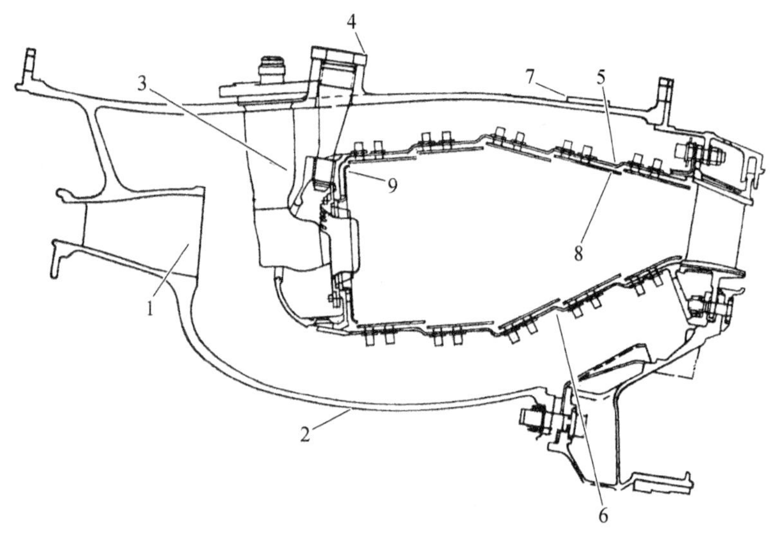

图 5-8　V2500 环形燃烧室

1. 叶栅式扩压器;2. 铸造扩压器机匣;3. 气动喷嘴;4. 定位销;5. 火焰筒外壳;6. 火焰筒内壳;7. 检查孔;8. 衬片;9. 火燃筒头部

设计方案,典型的有多级燃烧室和可变气量燃烧室。

2) 折流环形燃烧室

小尺寸燃气涡轮发动机空气流量小,转速高,往往采用离心式压气机,为了充分利用空间尺寸,缩短转子支点间的距离,所以常采用折流式环形燃烧室。

如图 5-9 为 WP11 发动机折流环形燃烧室。燃烧室由燃烧室外壳体、火焰筒外壳、火焰筒内壳、封气套筒、供油管以及甩油盘等组成。

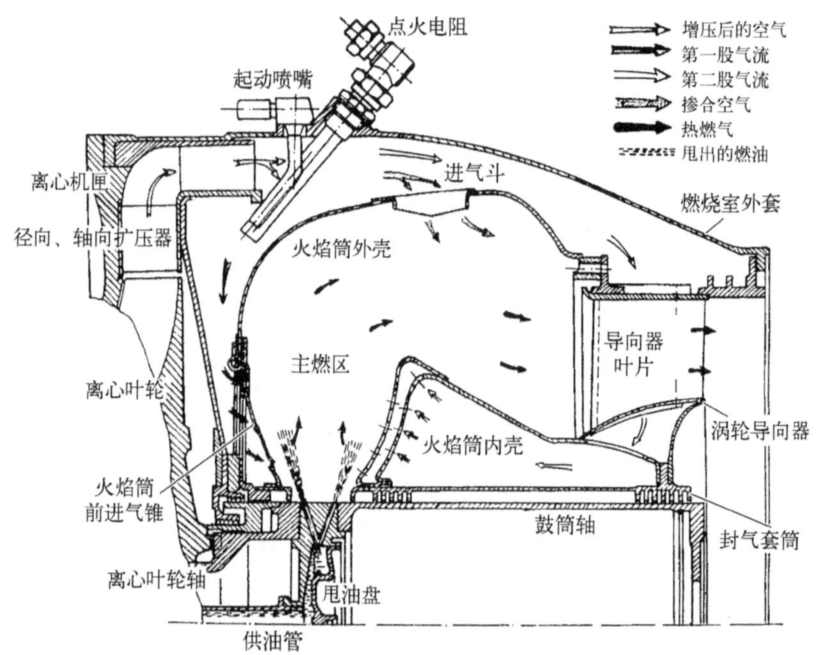

图 5-9　WP11 发动机折流环形燃烧室

压气机增压后的空气，分成三股进入火焰筒。第一股气流由轴向扩压器出口经前进气锥上三圈搓板式的进气缝隙进入火焰筒，形成旋流并与甩油盘前方甩出的燃油相掺混，燃烧以形成主燃区。第二股空气穿过空心涡轮导向叶片的内腔，经内壳体前端双层壁上的许多进气孔和甩油盘后方甩出的燃油相掺混进入主燃区。第三股空气直接由火焰筒外壳上的进气斗进入火焰筒内，以补充燃烧并降低燃气的温度。

燃烧室通过甩油盘供给燃油。燃油由进气机匣中心部分输油嘴供入高压转子转轴内供油管，在高速旋转作用下，沿供油管内孔壁面流动，流到甩油盘后，沿盘上的锥面甩到内腔外的环形槽内，再由两排孔以高切向速度甩出。这种甩油盘的喷油方式，由于是借助离心载荷作用，使燃油在甩油孔出口处产生大的初始速度，因此，燃油雾化质量和分布均匀性好，并且不受燃油流量的限制。WP11 发动机就是由于其出色的燃烧室设计可以在 18 km 高空正常燃烧，保证发动机的稳定工作。

WP11 发动机的火焰筒内有较强的旋流，空气和燃油掺混比较完全，可以在较短的火焰筒内完成燃烧过程，燃烧室长度比较短。此外，各股气流以及气膜等温度低的气流把高温的主燃区包在里面，这样就减少了热损失，提高了热效率。同时，也减少了对转子、轴承等组件的热传导，降低了这些组件的工作温度。

3）回流环形燃烧室

回流环形燃烧室的火焰筒由内、外壁和环形圆顶组成。从压气机流出的气体在组织燃烧和与燃气掺混的过程中要经过两次折转才流入涡轮部件。

JT15D－4 发动机燃烧室为回流环形燃烧室，如图 5－10 所示，它由燃烧室外壳体 1、火焰筒 2、排气弯管前壁 3、排气弯管后壁 4 及低压涡轮静子支承组件 5 等组成。

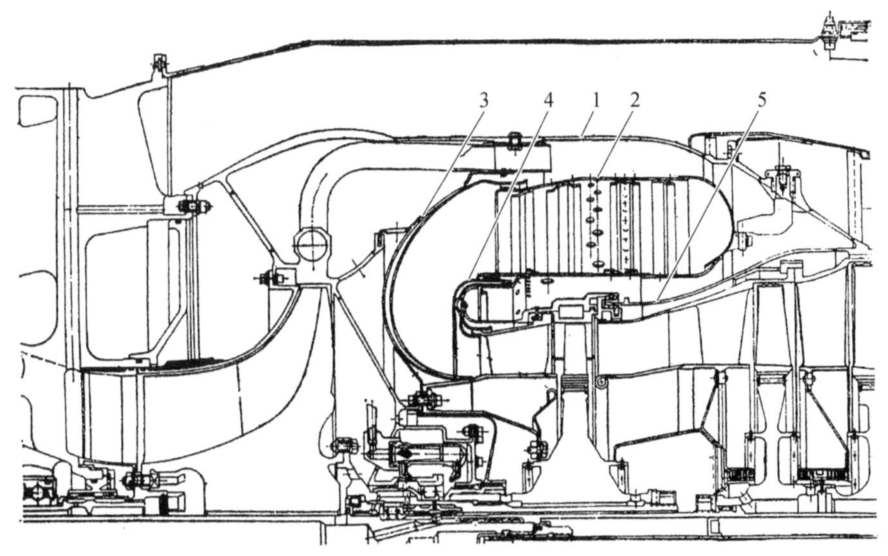

图 5－10　JT15D－4 发动机燃烧室

1. 燃烧室外壳体；2. 火焰筒；3. 排气弯管前壁；4. 排气弯管后壁；5. 低压涡轮静子支承组件

这种燃烧室的特点是火焰筒头部靠近涡轮端，空气经离心压气机增压后先向后流，并由火焰筒头部折向前流，在向前流动的过程中完成与燃油的掺混燃烧，燃气在靠近离心压气机处再向后折转并排出燃烧室,流入涡轮。燃烧室的燃油供给由位于火焰筒头部的喷嘴提供。回流燃烧室使得压气机和涡轮间的轴向长度大大缩短,减小了发动机的长度,减轻了发动机的质量,同时,也有利于提高燃气发生器转子系统的刚度和相应的共振频率。回流燃烧室由于气流通路较长,油气混合比较均匀,因而减少了排气污染,降低了发烟度,同时,对压气机出口速度分布不敏感。但是,气流在燃烧室中折流两次,气动损失较大。此外,由于回流燃烧室迎风面积大,只适合用于带离心压气机的小流量发动机使用。

JT15D－4 发动机的燃烧室火焰筒结构简单,加工方便。火焰筒分两段焊接,均为对称形状,没有卷边、搓板、进气斗等较为复杂的形状和工艺。火焰筒采用了气膜冷却结构,内外壁上的各段均有几百个进气孔和微孔,各排孔间的轴向距离短,所以壁面温度较低。

5.1.3 结构组成及功用

燃烧室的类型虽然多种多样,但在结构组成及工作原理上具有相同的特征,均由燃烧室机匣、扩压器、火焰筒、燃油喷嘴及火焰稳定装置等基本组件组成。

1. 扩压器

扩压器是燃烧室中结构复杂,载荷环境恶劣的组件,在一些发动机中还是转子支承组件,用于支承压气机后轴承或高压涡轮前轴承,因此要解决传力、轴承润滑、封油和封气等问题。

扩压器的作用是降低从压气机流出的气流速度,以利于组织燃烧。气流在扩散形通道中扩压减速。一般扩压器进、出口截面积之比 $F_{出}/F_{进} = 3.0 \sim 5.5$, 使压气机出口的气流速度由 120~180 m/s 降低到 30~50 m/s。环形燃烧室扩压器还需要对流入火焰筒的气流和二股气流进行分配。此外,从扩压器上常要引出高压空气,给飞机和发动机供气。

气流在扩压器中的压力损失约占燃烧室总压力损失的 1/3,扩压器长度约占燃烧室总长的 1/4。因此,合理设计扩压器对于改善燃烧条件,提高燃烧室性能,减小燃烧室尺寸具有重要意义。

根据扩压器内气流通道构形不同,扩压器有 3 种形式: 1 级扩压式、2 级扩压式和突然扩张式。

所谓 1 级扩压和 2 级扩压是 20 世纪航空燃气涡轮发动机研制初期,按照层流理论,为了减小气流流动损失,使扩压器气流通道截面积按一定规律扩大,使压力较均匀地增加,流速降低。在设计中,可以采用等压力梯度、等速度梯度或两者兼有的设计。按压力梯度设计扩压器流道构形压力损失最小,但加工比较困难。

如图 5－3 所示,WP7 乙发动机燃烧室的扩压器型面就是按等压力梯度规律设计的,其总压恢复系数为 0.9。图 5－4 所示的斯贝发动机燃烧室的扩压器也是按等压力梯度造型,其总压恢复系数可达 0.985~0.99。

当扩压器进、出口面积相差很大时,为了缩短扩压器长度,可以采用 2 级扩压器。压气机出口气流先经前段扩压梯度相对较小的 1 级扩压段后,再进入扩压梯度较大的第 2 级扩压段,由于经过第 1 级扩压后气流马赫数下降,在第 2 级中加大扩压比,不会导致总压损失过大。

如图 5－11 所示，J57－F13 发动机的燃烧室就是采用二级扩压结构。压气机出口气流速度为 140. 5 m/s。经扩散角为 32°30′的第 1 级扩压段后，流速下降为 60 m/s 左右，然后进入突然扩压段，火焰筒进口处流速降为 18. 7 m/s。据估算，在同样长度的扩压器中，第 1 级扩压较第 2 级扩压的流动损失大 2. 65%。为了从扩压器中均匀引气，在第 2 级突然扩压的外壁上有孔，把气引到集气环 2 中汇合，然后引出发动机。J57－F13 扩压器内有凸环 5，用来调整扩压器的出口流场以适应火焰筒进口的要求。V2500、CFM56、PW4000 等发动机的燃烧室均采用 2 级扩压。

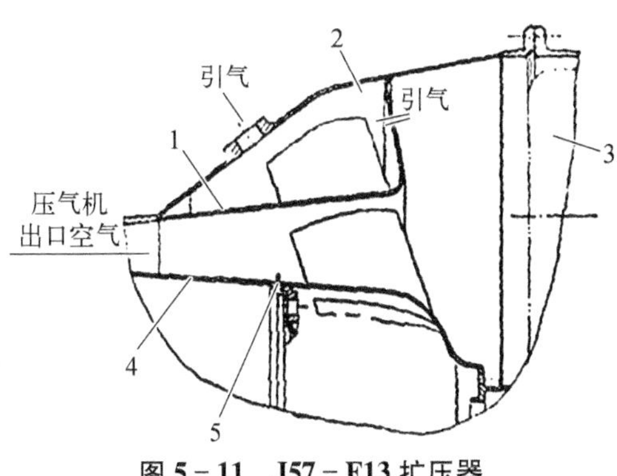

图 5－11　J57－F13 扩压器

1. 扩压器外壁；2. 集气环；3. 火焰筒；4. 扩压器内壁；5. 凸环

随着流体力学的发展，以及对燃烧室长度的限制，为了缩短扩压器轴向尺寸，采用突然扩张式扩压器，即突扩式扩压器。压气机出口气流经过很短的扩张环形通道后就突然扩张，使气流突然减速、扩压，形成一个稳定的湍流区，这种扩压器不但轴向尺寸短，而且可以减小压气机出口流场变化的干扰，但其总压损失要略大些。这种扩压器主要用在短环形燃烧室，如 RB199（图 5－12）、F100（图 5－13）等发动机上。

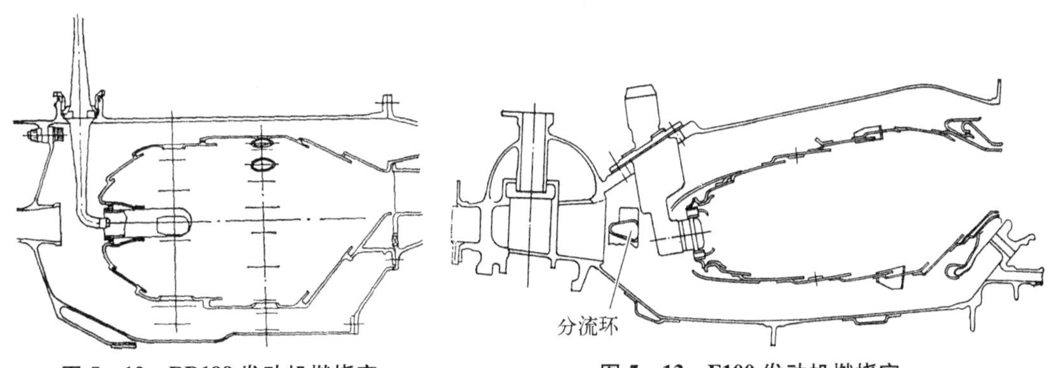

图 5－12　RB199 发动机燃烧室　　**图 5－13　F100 发动机燃烧室**

为了减少突扩产生的压力损失，F100 发动机燃烧室的突然扩张段内，安装了分流环，消除了由于突然扩张而引起的涡流，使燃烧室压力损失减小，如图 5－13 所示。

此外，在环形燃烧室中，还广泛采用压气机最后一级静叶与燃烧室进口扩压段一体设计的措施，以缩短燃烧室长度，如 JT9D、RB211 等发动机都采用了这种方案。

2. 涡流器

涡流器装在火焰筒的前端，其作用是使高温燃气在火焰筒头部产生低速回流区，以稳定火焰，使空气与燃油更好地掺混，点燃后继续混气，提高燃烧效率。涡流器分为叶片式和非叶片式两种。

典型的叶片式涡流器如图 5－14 所示，其主要工作原理是将进入涡流器的气流转向形成切向旋转，以达到降低轴向速度和加速油气掺混。图 5－15 为 JT3D 发动机火焰筒的叶片式涡流器。它是精密铸件，由内外环、叶片和折流环组成。喷嘴装在涡流器内环中，折流环位于叶片后将涡流器出口的一部分空气引向喷嘴附近，使靠近喷嘴的周围形成贫油区。试验证明，碳粒的生成主要在喷嘴附近的局部富油区内。因此，带有折流环的涡流器可以减少发动机的冒烟造成的对大气的污染。为了减小热应力，在折流环上加工有四条周向均匀分布的膨胀槽。

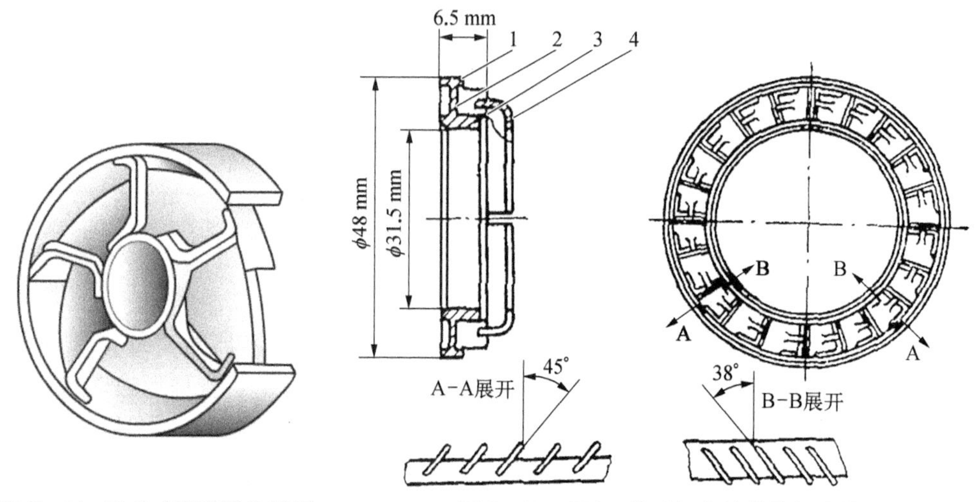

图 5-14　叶片式涡流器构形图

图 5-15　JT3D 发动机火焰筒的涡流器

1. 外环；2. 叶片；3. 内环；4. 折流环

非叶片式涡流器气流流动情况与叶片式涡流器不同，主要是流过非叶片式涡流器的气流无切向速度或切向速度很小。非叶片式涡流器是利用气流经过非流线体之后产生低速回流区，或经过多孔壁之后产生低速回流区。

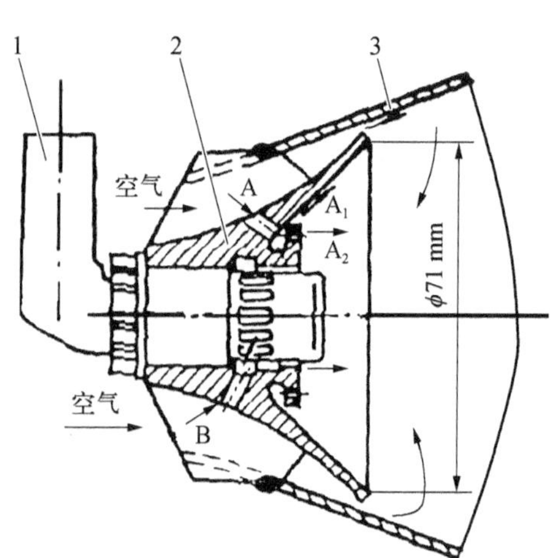

图 5-16　WJ6 发动机火焰筒头部

1. 喷嘴；2. 喇叭形涡流器；3. 火焰筒头部

图 5-16 为 WJ6 发动机燃烧室的喇叭形涡流器。它是一个机械加工件，喇叭形涡流器 2 通过 6 个径向支板焊在火焰筒头部 3 上，空气经喇叭外缘 1 mm 的环形间隙处流入后，由于通道突然扩张，形成回流区。进入斜孔 A 的气流分为两部分：一部分空气 A_1，用来形成气膜冷却和吹除涡流器内锥面上的积炭；另一部分空气 A_2 用来使喷嘴 1 附近贫油，以减少发动机冒烟和对大气的污染。另外，还有一股空气 B 用来冷却喷嘴和吹除积炭。这种涡流器结构比较简单，但回流区较小，稳定工作范围较窄，燃烧效率比较低。

非叶片式涡流器还有另一种形式，称为多孔壁式涡流器。它没有专门的涡流器零件，在火焰筒头部冲压制成专门的缝隙和孔，起涡流器的作用。

3. 燃油喷嘴

燃油喷嘴的作用是将燃油雾化(或汽化),加速混合气形成,保证稳定燃烧和提高燃烧效率。

航空燃气轮机使用的喷嘴,有离心喷嘴、气动喷嘴、蒸发喷嘴(亦称蒸发管)和甩油喷嘴(亦称甩油盘)等。

1) 离心喷嘴

离心喷嘴是利用高压燃油通过喷嘴的涡流器后,在涡流室内高速旋转,有较大的切向速度,然后从较小的出口喷出。由于出口直径较涡流室的直径小很多,因此由喷口流出燃油的切向速度增加很多。燃油喷出时,靠大切向速度产生的离心载荷作用,将燃油雾化散开成为许多微小的油珠。常用的离心喷嘴结构有四种:切向槽、切向孔、螺旋槽、涡流片等离心喷嘴,如图 5-17 所示。

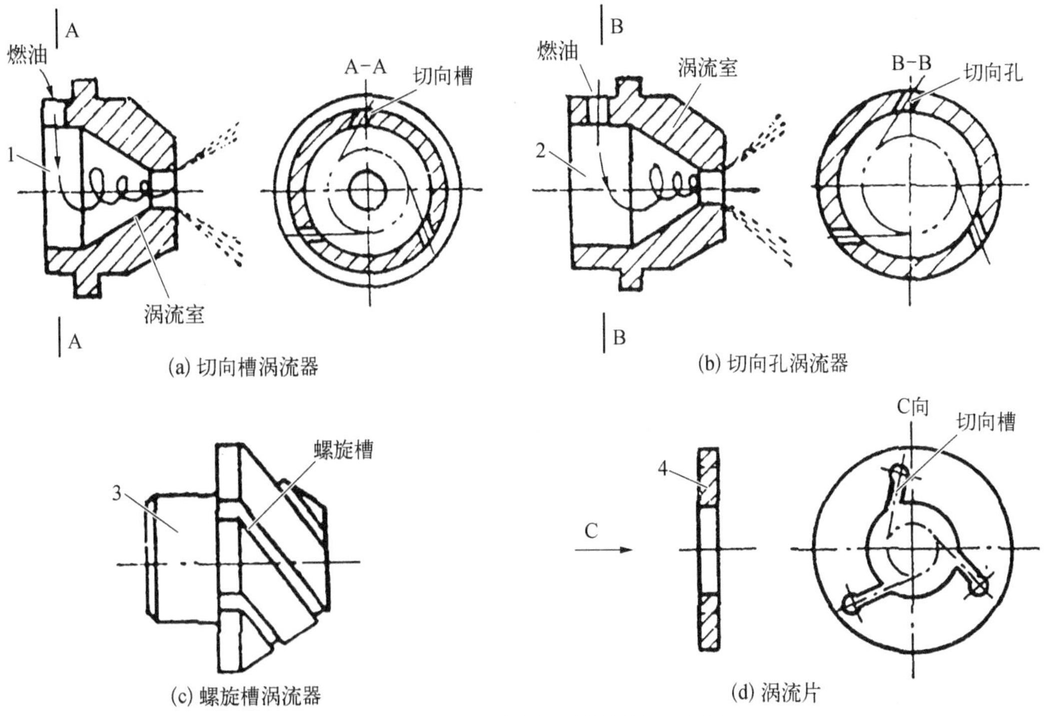

图 5-17　离心喷嘴涡流器结构示意图

离心喷嘴内部的沟槽实质上是提供切向流动的燃油通道,使燃油通过切向通道进入火焰筒后,产生高速旋转,故从喷嘴喷出的燃油,形成空心的雾状油锥。为保证雾化质量,喷嘴前的最低燃油压力为 $3.9\times10^5\sim4.9\times10^5$ Pa。喷嘴前的最高油压取决于燃油泵与油管的承压能力,一般最高油压近于 9.8×10^6 Pa,约为最低油压的 20 倍。

喷嘴的供油量与油压的平方根成正比,对于给定出口直径的离心喷嘴,由于燃油的不可压缩性,因此,离心喷嘴供油量变化范围十分有限,一般为 4~5 倍。但是,航空燃气轮机的供油量变化很大,例如,在低空以最大速度飞行(或起飞时),其供油量约等于在高空以最低速度飞行的 10~20 倍;如果把起动状态也估计在内,则供油量的变化有 40~50 倍之多，此时，单路离心喷嘴不能满足需要。双路离心喷嘴，采用双流路或双腔室的结构设计，可以根据燃油流量的需求变化，连通不同的流路和腔室，以拓宽燃油流量的变化范围。

图 5－18 所示的 WP7 双路双室双喷口喷嘴，主喷口 2 端面上有 6 条切向槽，副喷口 1 端面上也有 4 条切向槽。主、副油路的燃油旋转方向相同，但与火焰筒叶片式涡流器出口的气流旋转方向相反。喷嘴螺母 5 的外圆通过球形衬套与火焰筒的叶片式涡流器配合。为了提高耐磨性，喷嘴螺母 5 的外圆渗氮 0.1～0.2 mm。

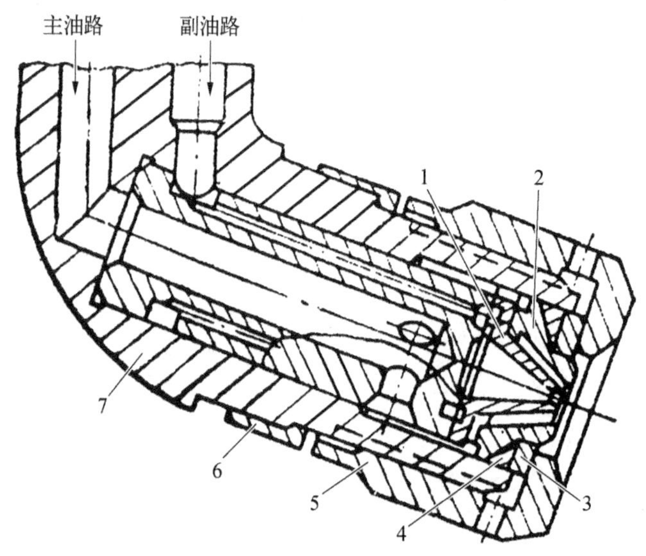

图 5－18　WP7 发动机燃油喷嘴

1. 副喷口；2. 主喷口；3. 垫圈；4. 封严圈；5. 喷嘴螺母；6. 锁片；7. 喷嘴体

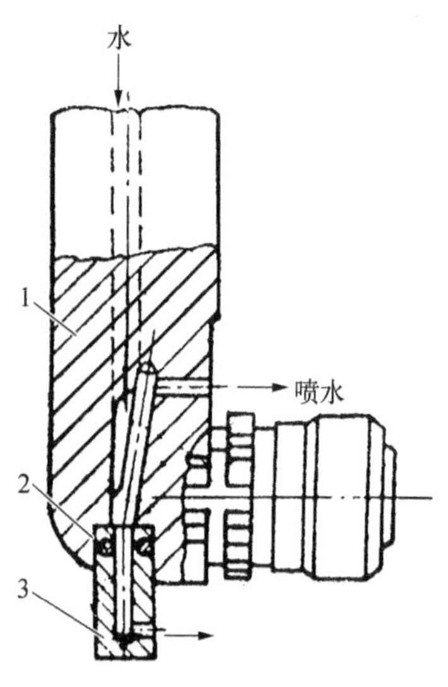

图 5－19　斯贝发动机燃油喷嘴及水喷嘴

1. 喷嘴体；2. 销钉；3. 水喷嘴

斯贝发动机喷嘴组件上既可喷油又可喷水，如图 5－19 所示。喷嘴体 1 内除了有燃油通道外，还有水通道，每个喷嘴上有两个喷水孔，一个在喷嘴之上，一个在喷嘴之下。上喷水孔是直接在喷嘴体 1 内钻一小孔，下喷水孔则设在水喷嘴 3 上，水喷嘴 3 用两个销钉 2 固定在喷嘴体的下方。斯贝发动机喷水的目的是当大气温度高达 35℃时，通过增加局部燃气密度以增加发动机推力，使得在 2 700 m 的高度以下仍能达到发动机的最大推力，但碰水产生的推力增加幅度有限。

斯贝发动机喷嘴的空气冷却通道是两层的，如图 5－20 所示。第一层冷气通道是空气套 6 与喷嘴螺母 3 之间的夹层，第二层冷气通道是喷嘴螺母 3 与主喷口 7 之间的环形间隙。空气套 6 靠销钉 5 固定，而销钉 5 则用铜焊焊在喷嘴螺母 3 的销孔内。主喷口 7 端面上有 6 条切向槽，副喷口 8 端面上有 3 条切向槽，主、副油路的燃油旋转方向与火焰筒叶片式涡流器出口的气流旋转方向相反。

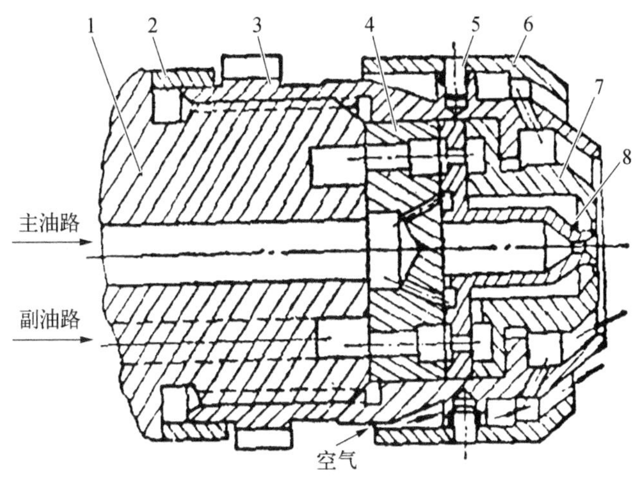

图 5-20　斯贝发动机燃油喷嘴

1. 喷嘴体；2. 锁片；3. 喷嘴螺母；4. 分油器；5. 销钉；6. 空气套；7. 主喷口；8. 副喷口

斯贝发动机喷嘴还有一个特别之处，就是喷嘴壳体 4(图 5-21)的主油路进口装有燃油分配器。燃油分配器主要由壳体 1、配重 2 和弹簧 3 组成，其工作原理见图 5-22。设置燃油分配器的目的是平衡装在燃油总管不同位置的喷嘴的静压差，装在燃油总管下方的喷嘴，由于燃油自身重力所产生的静压作用，使喷嘴的油压比装在燃油总管上方的喷嘴略大，特别是在主油路刚刚开始工作时，上方喷嘴的主油路还未喷油，而下方喷嘴的主油路由于燃油自身静压作用，已有相当大的供油量，从而造成发动机各燃烧室出口温度不均匀。为了解决此问题，在各个喷嘴主油路的进口都装有燃油分配器。图 5-22(a)表示喷嘴装在发动机上方的情况，此时喷嘴进口燃油的流动方向由上而下，配重 2 的质量有助于压缩弹簧 3，因而有利于打开更大的通道截面积，使通往主喷口的油压适当增高。图

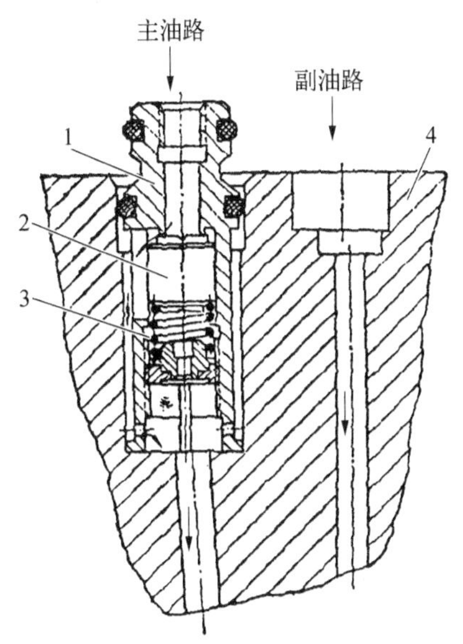

图 5-21　斯贝喷嘴的燃油分配器

1. 壳体；2. 配重；3. 弹簧；4. 喷嘴壳体

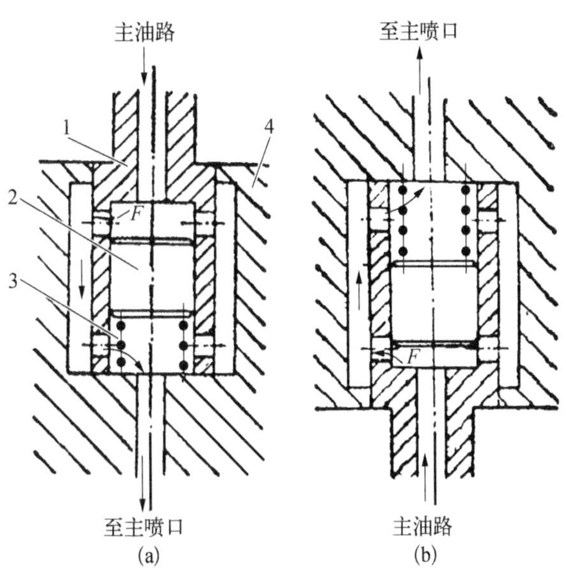

图 5-22　斯贝喷嘴的燃油分配器工作原理

1. 壳体；2. 配重；3. 弹簧；4. 喷嘴壳体

5－22(b)表示喷嘴装在发动机下方的情况，此时喷嘴进口燃油由下向上流动，配重2的质量有助于关小通道面积，使通往主喷口的油压适当减低，从而使位于发动机上方的喷嘴与位于下方的喷嘴供油量保持相等。

由于离心喷嘴工作可靠，有较好的雾化质量，故航空燃气轮机用得最多。但离心喷嘴存在高温富油区，容易造成发烟污染，而且在不同的飞行条件下，燃烧室出口温度场变化较大。另外，燃油雾化质量与流过喷嘴的燃油流量有关，当发动机工作于高空低速时，燃油流量较小，会使燃油的雾化质量大大降低，影响燃烧室的正常工作，高空性能不好。

2）气动喷嘴

图5－23为RB211发动机燃烧室采用的气动喷嘴。燃油经6个切向孔，在喇叭口的内壁面上形成旋转的薄油膜层，在内外两股高速气流的作用下，碎裂成与空气充分掺混的油雾，进入火焰筒头部。

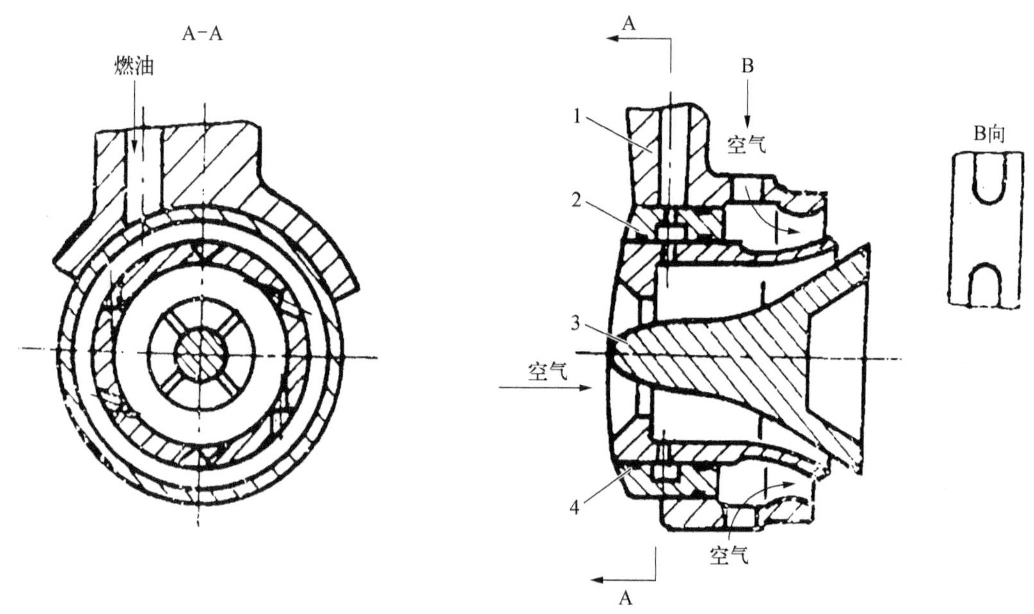

图5－23　RB211发动机燃烧室的气动喷嘴

1. 外壳；2. 分油环；3. 内锥；4. 密封圈

图5－24为PW4000发动机燃烧室的气动喷嘴，燃油也是在内外二股高速气流的作用下，形成与空气充分掺混的油雾。

气动喷嘴的优点是：油气混合均匀，避免了主燃区的局部富油，减少了冒烟和积炭；火焰呈蓝色，辐射热量少，使火焰筒壁温较低；贫油熄火极限大大降低，使燃烧室稳定工作范围加宽；气动喷嘴不要求很高的供油压力，而且在较宽的工作范围内，喷雾锥角大致保持不变，所以容易使燃烧室出口温度场分布比较均匀、稳定；仅用单管供油简化了供油管道。

气动喷嘴的缺点是：在起动时，由于气流速度较低，压力较小，雾化不良。

3）蒸发喷嘴

在蒸发式燃烧室内，油气提前在蒸发管内进行混合。燃油首先喷入处于高温燃气流

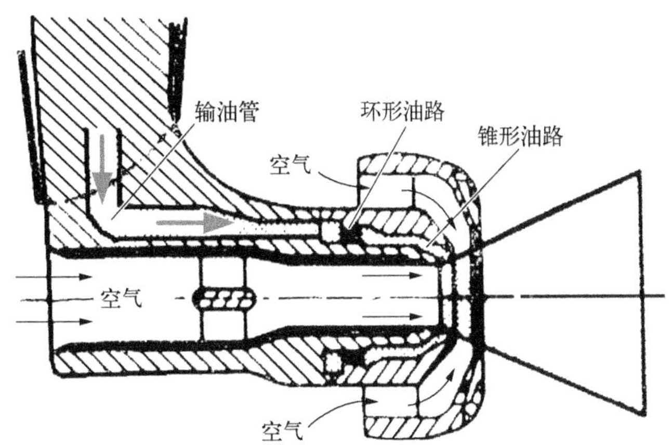

图 5-24　PW4000 发动机燃烧室的气动喷嘴

中炽热的蒸发管内，迅速吸热并蒸发为燃油蒸气，与进入蒸发管内的少量空气初步混合形成油气，然后从蒸发管喷入火焰筒的主燃区内，与大量空气混合后燃烧。

如图 5-25 所示，为罗・罗公司的威派尔发动机主燃烧室的蒸发喷嘴。"Γ"形蒸发管 6 用螺母 7 固定在火焰筒头部 2 上，用定位销 9 定位，使每一个蒸发管的出口正对一个空气杯，空气从空气杯流出，与从蒸发管流出的燃油蒸气混合燃烧。燃油从喷油管 1 喷入蒸发管 6 内，同时，还有少量空气和燃油一起进入蒸发管，为了使这部分空气与燃油在蒸发管内更好地混合，还设有两个扰流销 5。为了保证蒸发管不致烧坏，以及蒸发管内的燃油不致焦化，设有隔热套 4。

"Γ"形蒸发管的出口往往分布在火焰筒的两个主燃孔之间。这种结构不及"T"形蒸发

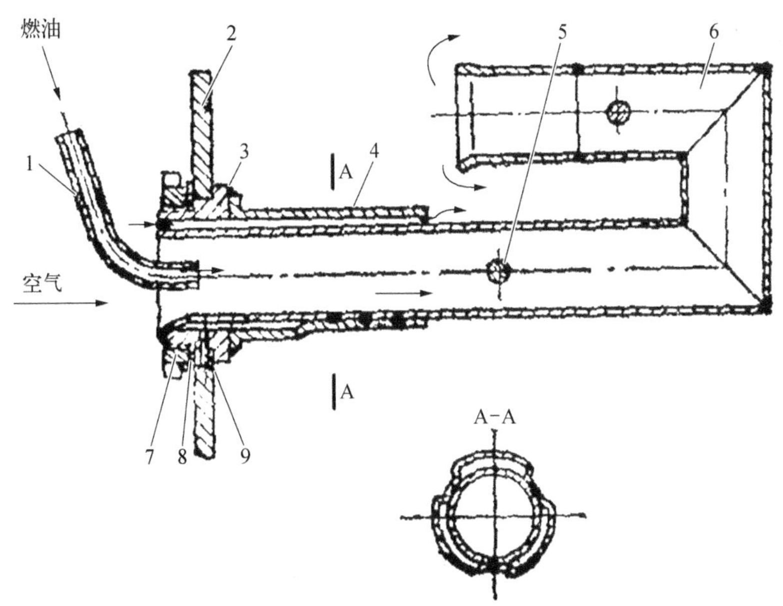

图 5-25　威派尔发动机燃烧室的蒸发管

1. 喷油管；2. 火焰筒头部；3. 安装座；4. 隔热套；5. 扰流销；6. 蒸发管；7. 螺母；8. 锁片；9. 定位销

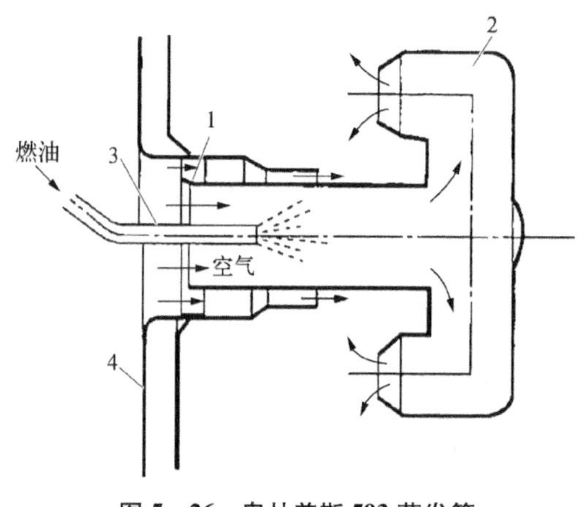

图 5-26　奥林普斯 593 蒸发管

1. 支撑环;2. 蒸发管;3. 喷油管;4. 火焰筒头部

管那样有两个出口分别对应分布在火焰筒上主燃孔的位置,可以避免产生局部高温区并能更好组织燃烧。因此在“Γ”形基础上发展而成的“T”形蒸发管得到更广泛应用。图 5-26 为奥林普斯 593 的“T”形蒸发管燃油喷嘴。

蒸发喷嘴具有与气动喷嘴类似的优点,在小流量发动机上使用。但是,蒸发喷嘴仍然存在着燃烧室稳定工作范围较窄、蒸发管本身冷却困难、管内预混存在自燃问题和需要辅助起动供油系统等缺点。随着航空燃气轮机的日益发展,总压比和涡轮前温度不断提高,并要求在整个飞行范围内提高燃烧效率,缩短燃烧室长度,解决冒烟污染。针对上述问题,环形蒸发管式燃烧室具有显著的优点,所以近年来这类燃烧室的研究又有了较大的进展,不少发动机上采用了蒸发管式燃烧室。

4) 甩油盘

甩油盘供油工作原理是利用转子的高转速旋转所产生的离心作用,使甩油盘油孔中流出的燃油形成油膜,并撒散为油珠,在气动力作用下,油珠雾化和空气混合,进入燃烧区燃烧,其突出的特点是在小供油量时仍然可以保持良好的雾化和油气掺混效果,这对高空使用的燃烧室供油是十分重要的。

由于甩油盘供油效果主要取决于转速,因此,在高转速、小流量航空燃气轮机中得到广泛采用。WP11 发动机燃烧室即采用这种供油装置,如图 5-9 所示。

甩油盘的燃油雾化是利用高速旋转所产生的离心效应实现的,不受燃油流量的影响。一般甩油盘油孔出口油压大于 9.8×10^6 Pa,保证良好雾化效果。在环境温度接近燃油冰点和慢车转速下,甩出燃油的索太尔平均直径不大于 60 μm。在甩油盘内任何地方,均只在内壁上有一层紧贴内壁的油膜,在甩油盘注油孔内也是如此,且沿孔的周长上不全有油,油量的变化对薄膜厚度变化影响不大。

经验表明,燃油在孔与孔之间的分布,完全取决于甩油盘内表面几何形状与精度,尤其是甩油盘内表面与旋转轴线的同心度。而甩油孔的真实形状、尺寸、数目、间隔、光洁度对各孔的燃油分布和雾化效果影响并不显著。

4. 点火装置

点火装置的作用是在起动发动机时或在高空熄火后形成点火源。点火性能直接影响发动机工作的安全可靠性。当发动机在高空熄火后,压气机处于风车状态,燃烧室进口压力和温度都很低,但气流速度仍然较高。在这样条件下,要保证可靠的再点火是不容易的。发动机的点火装置可分为直接点火和间接点火两种。

1) 直接点火装置

直接点火是用电嘴直接点燃火焰筒头部的混合气。随着高能电嘴的发展,电嘴在低电压下,放电能量大大增加。因此,除不能直接点火的蒸发式燃烧室外,直接点火已经得到广泛应用。

斯贝 MK－511 发动机燃烧室的点火装置如图5－27所示，半导体电嘴固定在燃烧室外壳体的安装座上，因电嘴通过外涵道，故设有电嘴外壳体保护电嘴。电嘴与外壳体之间用浮动环密封，电嘴与火焰筒之间也用浮动环密封。

斯贝 MK－511 发动机的两个电嘴的放电能量不同，一个是3 J，另一个是12 J。地面起动点火时，两个电嘴都工作。当飞机在暴风雨中飞行或做机动飞行时，为了防止燃烧室可能出现的熄火，则接通3 J的电嘴连续长时间点火。JT9D 发动机也采用这种“长明灯”式的点火办法，但两个电嘴都是4 J，飞行中遇到天气不好，就用其中一个电嘴长时间连续点火。

这种点火方案，在现代高涵道比涡扇发动机中也普遍使用。

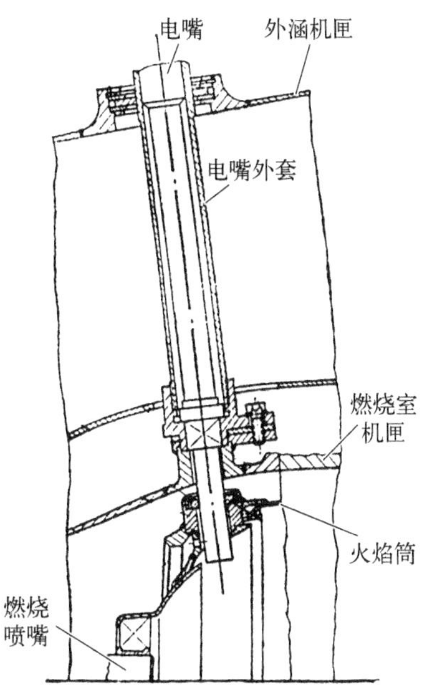

图5－27 斯贝发动机燃烧室的点火装置

2）间接点火装置

间接点火是先点燃起动喷嘴的燃油，形成小股火焰后再进入火焰筒头部去点燃工作喷嘴的燃油。WP7 发动机采用间接点火。2个点火器安装在燃烧室外壳体前部，与起动输油圈相连。它由起动喷嘴、点火电嘴、补氧喷嘴、点火器壳体等组成，如图5－28所示。

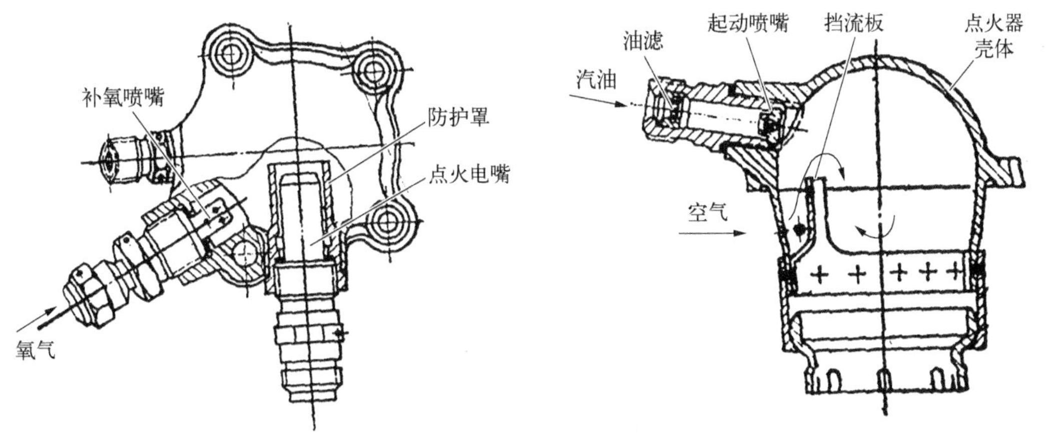

图5－28 WP7 发动机的点火器

为了保证高空再起动，在8 000 m以上的高空进行补氧，可保证点火高度达到12 000 m。在点火器壳体上开有小孔，引入少量第二股气流，经挡板扰流后，与起动喷嘴喷入的燃油混合，由中心电嘴点燃，形成小股火焰。通过三根通管引燃相邻火焰筒内的工作燃油。起动燃油早期是用汽油，后期改为煤油，以简化系统。

不论是直接或间接点火，电嘴与燃油喷嘴(起动喷嘴或工作喷嘴)之间的相对位置很重要，电嘴应位于燃油的局部浓度适当、气流速度较低、最容易着火的地方。直接点火装置的电嘴位置只能放在火焰筒头部，靠近喷雾锥外缘，安置在气流速度较小之处。间接点火装置一般设在火焰筒的回流区范围内，向回流区喷出先锋火焰。但间接点火装置也有放在火焰筒外面的，例如，WP11 发动机放在压气机出口处（图 5－9），WP7 则安置在联燃管内，联燃管通常设在回流区最大直径处，该处也正是设置点火装置适宜之处。

点火器的周向分布有不同的方案：安排在发动机上部，则电嘴不易弄脏和积炭；安排在发动机水平中心线附近，相对 180°的位置，可使每个电嘴点火的传焰路程最短；安排在发动机下部，当发动机贫油熄火时，在燃油油位的静压作用下，发动机下部火焰筒最后熄火，因此，易于再次点燃。此外，还要考虑到检查和维护的方便。通常电嘴的分布位置是经过试验确定的。

5. 联燃管

在分管燃烧室和环管燃烧室中，为传播火焰以及均衡各火焰筒的压力，都必须有联燃管。联燃管的轴向位置，应设在回流区直径最大的地方，因为该处较容易点火。联燃管的直径应合理选择，如果直径太小，则火焰难以通过，尤其是在高空低压条件下。直径也不宜太大，因为联燃管横贯于第二股气流通道之中，大联燃管下游将产生强烈的涡流，影响下游火焰筒壁面的冷却。

JT3D 发动机燃烧室采用两个不同直径的衬套组成联燃管，如图 5－29 所示，两衬套端面和径向都有间隙，使工作时不致磨损。为避免迎面气流由端面间隙进入联燃管内，影响联燃效果，在大联燃管迎着气流方向有凸出的半环。在火焰筒壁面上焊有大导流片 4，用以加强联燃管下游的壁面冷却。

图 5－29 为环管燃烧室的联燃管结构。在火焰筒头部位置开有两个联焰孔，相邻两火焰筒从联焰孔处各伸出 1 个圆形衬套，形成联燃管。两衬套端面留有一定间隙，防止在工作中端面磨损。为防止燃烧室二股气流从端面间隙进入联燃管内，影响联燃效果，在两衬套端面的间隙处，安装有挡气圈。

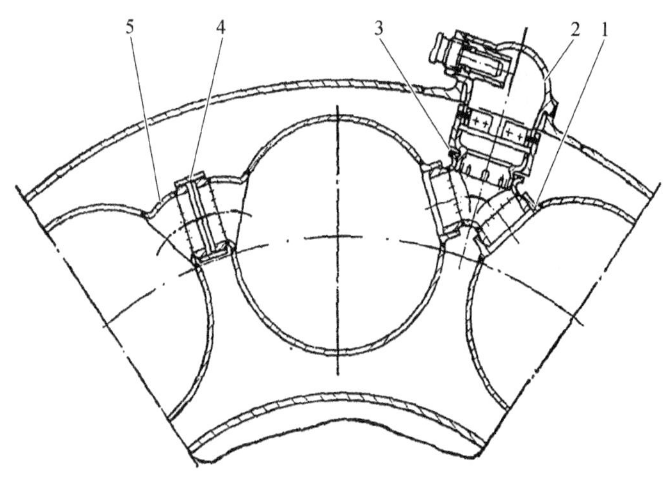

图 5－29　环管燃烧室联燃管

1、5. 联燃管；2. 点火器；3. 点火器球面衬套；4. 挡气圈

6. 火焰筒

火焰筒是发动机中工作环境温度最高的构件。为了延长它的寿命,改善它的冷却效果是非常重要的措施。筒壁的冷却方式有气膜式和散热片式两种。实践证明,锻件机械加工成的散热片冷却效果差,质量大,且费料费工。因此,目前都采用气膜冷却方式。一般发动机用于气膜冷却的空气流量,约占总流量的 25%~35%。

最简单的气膜冷却结构是在火焰筒壁上钻一些小孔,由于小孔的直径较小,所以空气进入火焰筒的射流深度浅,空气进入火焰筒后,紧贴火焰筒内表面迅速散开,形成冷却气膜保护层。小孔气膜冷却发展为缩腰小孔气膜冷却,可增加气膜冷却的有效长度。图 5-30~图 5-32 是为增强气膜冷却效果而设计的几种较特殊的缩腰小孔结构。

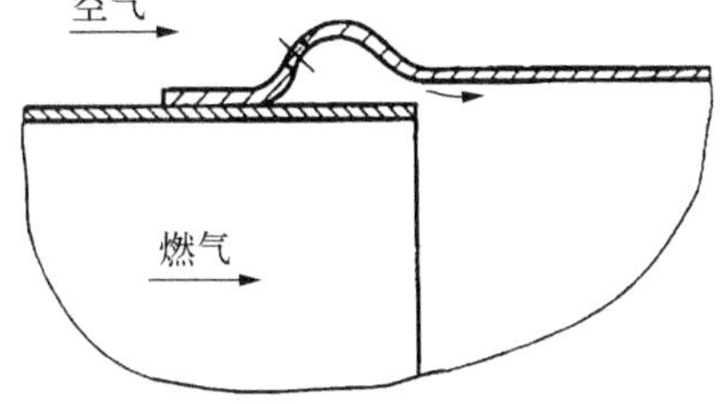

图 5-30　CF6 火焰筒的缩腰小孔气膜冷却

如图 5-30 所示,在搭接处的外壁滚压成波形凸起,能较好地利用第二股气流进气冲压作用,且增强了刚性。图 5-31 所示结构则在搭接处的内壁滚压内凹成波形,故刚性很大,而且进气孔直径达到 8 mm,使进气孔的总面积大于出口处的环形间隙(2.3 mm)的通道面积,使大量冷却空气沿着一个先扩张后收敛的环形通道,顺着圆弧紧贴着火焰筒内表面喷出,以达到冷却均匀及增加气膜冷却有效长度的目的。

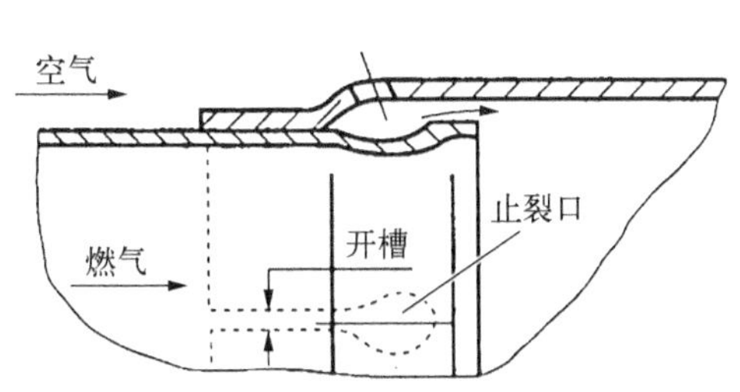

图 5-31　WP7 火焰筒的缩腰小孔气膜冷却

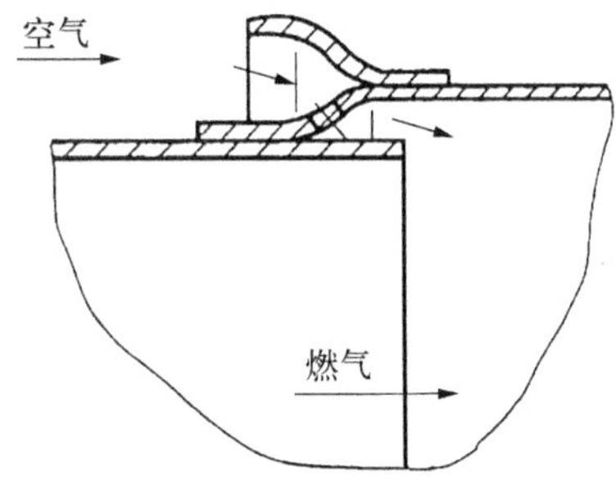

图 5-32　JT9D 火焰筒的缩腰小孔气膜冷却

JT9D 的压气机总增压比很高(约 21.8),燃烧室进口及出口的温度都较高(进口 749 K,出口 1 377 K),为了加强冷却,特焊有集气环(图 5-32),以增大迎风面积,增加用于气膜冷却的空气量,并提高圆周刚度。

图 5-33 为其他几种气膜冷却结构。(a) 为波形板气膜冷却结构,具有弹性,可减小由于径向膨胀不一致而引起的热应力。波形板冷却效果好,结构简单,刚性也好,与缩腰小孔比较,可省去加工许多小孔的麻烦,但用于冷却的空气量较大;(b) 为鱼鳞状的缝隙气膜冷却结构,结构简单,但切口边缘容易开裂;(c) 为双边冷却环;(d) 为单边冷却环,单边冷却环常用于火焰筒的局部冷却;(e) 为冷却环与缩腰小孔冷却气膜结构。

气膜冷却效果好,火焰筒质量小,但气膜的有效作用长度为 40~80 mm,因此需沿火焰筒长度安排多道气膜。为了加强环形燃烧室的径向刚性和改善冷却效果,在近代发动机的火焰筒内、外壁上,采用锻件经机械加工或用特型材滚压而成的冷却环。

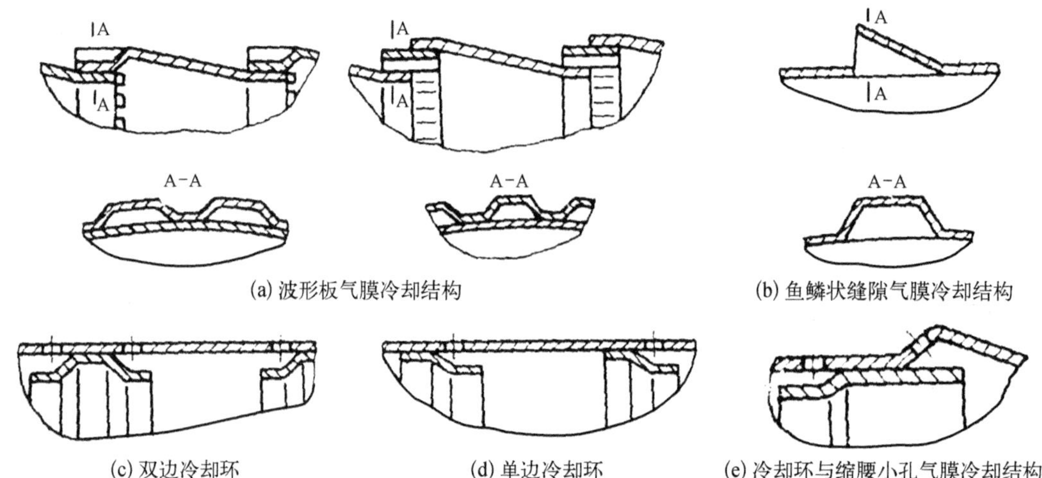

图 5-33　几种形成火焰筒冷却气膜的结构形式

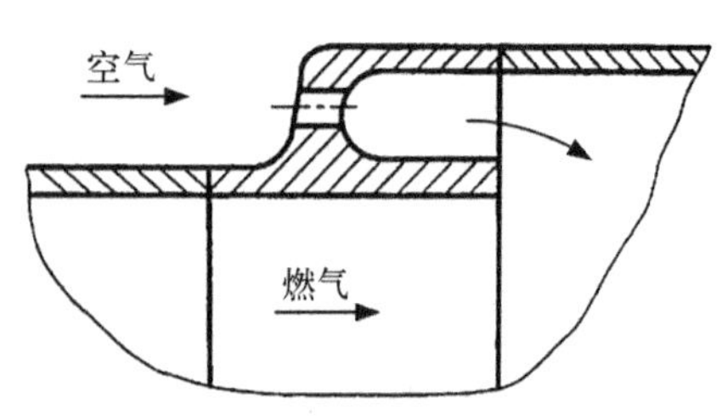

图 5-34　RB211 发动机机械加工的火焰筒冷却环

图 5-34 为 RB211 发动机上火焰筒的机械加工冷却环。在使用中发现,由于进气气流和内部燃气的温度差,使“舌头”部位容易产生热疲劳,产生裂纹。

图 5-35 为 PW4000 发动机火焰筒壁面的冷却方案,在与燃气接触的内壁上涂有 PWA261 镁锆酸盐隔热涂层,冷却气流在涂层内壁形成气膜。这种进气结构可减少缝隙边缘的热应力,减小火焰筒的热变形。

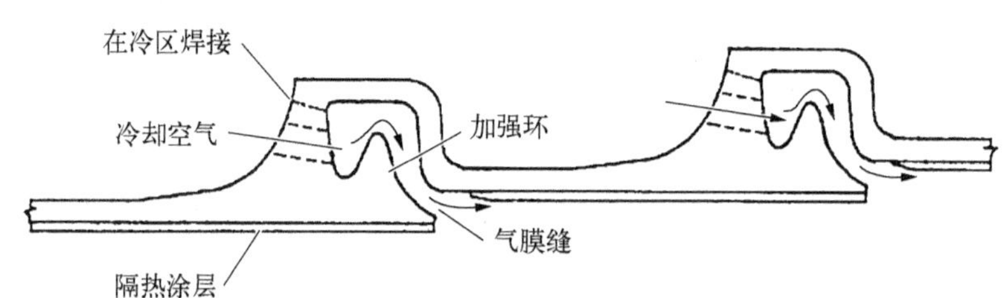

图 5-35　PW4000 火焰筒的气膜冷却

火焰筒上的进气孔有不同的形式,如图 5-36 所示,其大小、形状、数量和分布,取决于组织燃烧的需要和涡轮前燃气温度的要求。为提高抗振、抗热疲劳强度,孔边应抛光和加强,如加箍套或做成翻边。为加大进气深度,可采用弯边孔和进气斗。为改善受热不均匀情况,在筒壁上孔稀少而孔径大的部位或在大孔之间可开若干小孔。经过长方形孔引入的气流,由于流线型得到改善,流量系数增加,气流流入的深度大,并能很好混合,而且能在火焰筒壁产生空气膜。这种火焰筒构造简单,但筒壁的强度却大大下降。

7. 燃烧室机匣

现代航空燃气轮机的燃烧室机匣(包括燃烧室内、外壳体和扩压器内、外壁)通常是

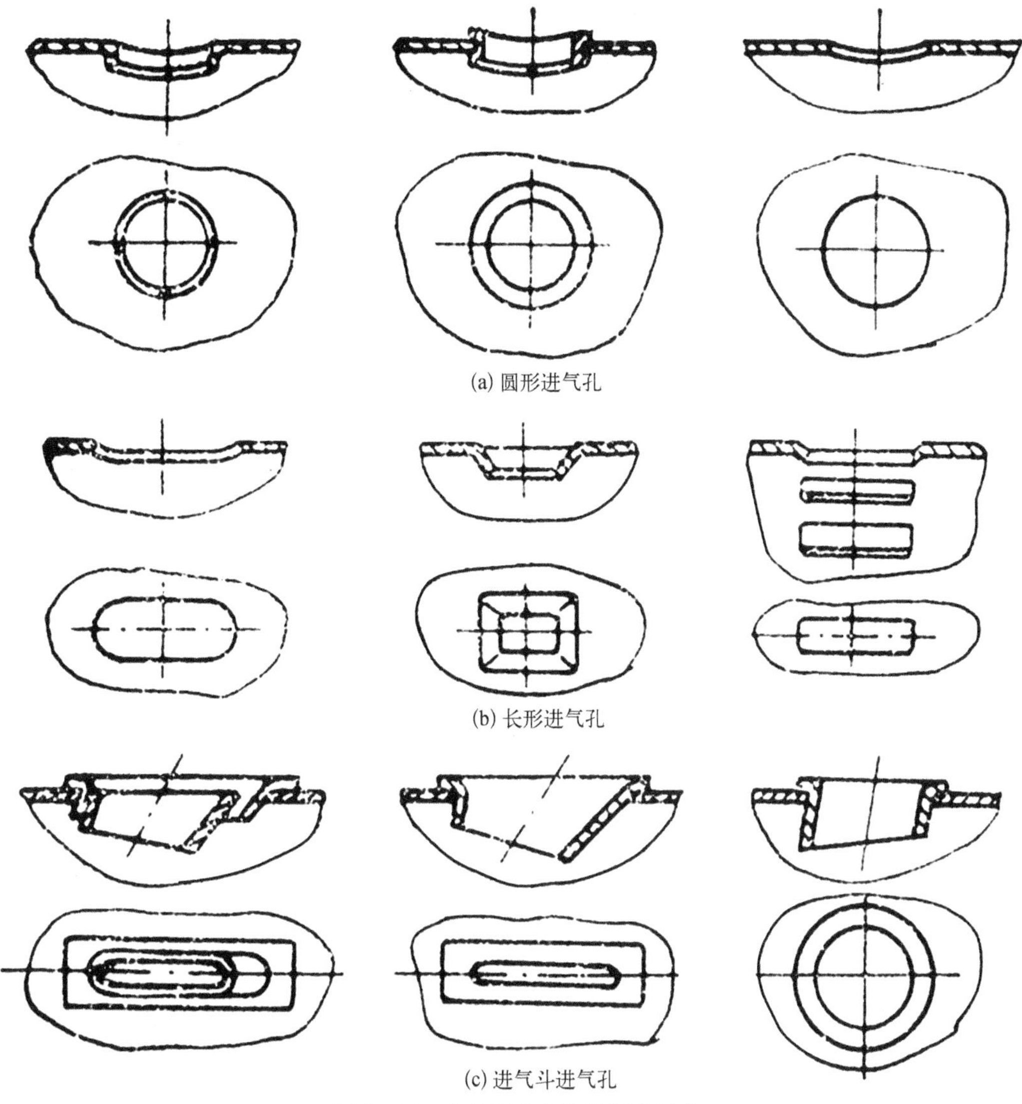

图 5 − 36　火焰筒壁上的进气孔型式

发动机重要承力组件。燃烧室机匣承受有轴向力、径向力、扭矩、弯矩、振动载荷等，载荷环境非常复杂。特别是燃烧室内机匣（包括燃烧室内壳体和扩压器内壁），空气压力使这种薄壳筒零件承受径向压缩应力，容易压扁，变成椭圆而“失稳”，在高总压比的发动机上更易失稳。因此，许多发动机的燃烧室内机匣都采用加强结构。

图 5 − 37 为一些发动机燃烧室内机匣的径向加强筋实例。加强筋常用钣材焊在燃烧室内机匣的内表面，为减轻质量，加强筋沿圆周加工有许多减轻孔，孔口还可翻边加强。

上述加强筋只能承受径向力，不能承受轴向力。如果燃烧室内机匣的母线与发动机轴线不平行，而要求径向和轴向都能加强时，最好采用封闭形加强筋，如图 5 − 38 所示。封闭腔应开有通气小孔，使筋的内腔与外界相通。

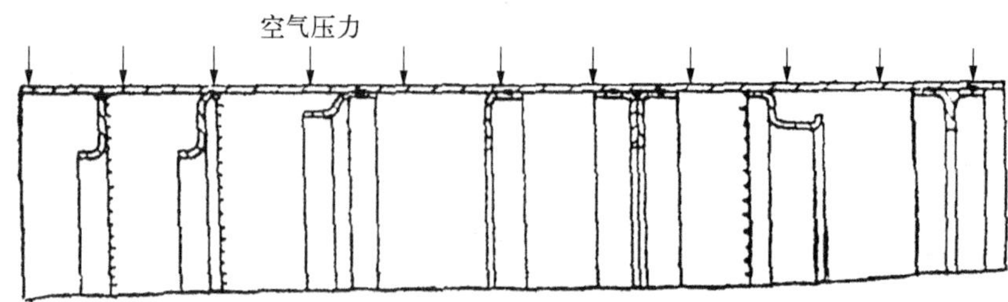

图 5-37　燃烧室内机匣的径向加强筋

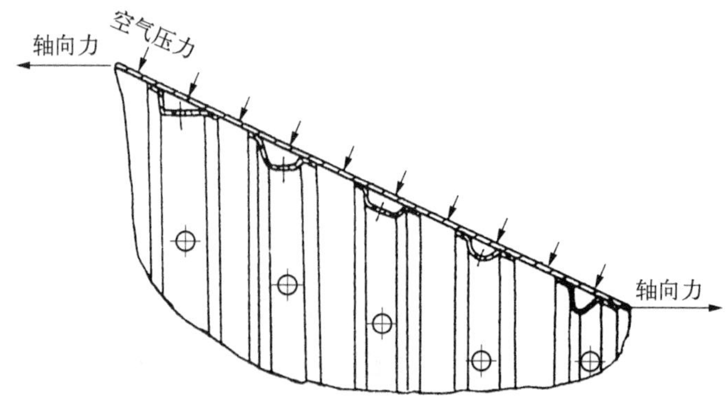

图 5-38　燃烧室内机匣的封闭形加强筋

燃烧室外机匣(包括燃烧室外壳体和扩压器外壁)很少采用加强筋,因为空气压力作用于燃烧室外机匣的内壁上,使外机匣鼓胀拉伸扩张变圆,而不是像燃烧室内机匣那样受压变形。

在以往的发动机中,燃烧室机匣均用钣料做成圆筒,再与机械加工的前、后安装边焊接而成,在机匣上还要焊上许多固定喷嘴、电嘴、引气嘴等的安装座。

燃烧室内、外机匣都有安装边,这些安装边本身也起加强作用。如图 5-39 所示,为燃烧室外机匣安装边的几种类型,其中以(a) 搭接滚焊用的最普遍,(b) 为对接熔焊,(c) 为搭接熔焊,一般熔焊的气密性比滚焊好,(d) 为焊缝远离安装边的折弯构形结构(如 J75 燃烧室外壳体),因为焊缝远离安装边,既减少因焊接而引起的安装边挠曲变形,又防止焊接时在从材料很薄转变到材料很厚的安装边的转接处产生裂纹。

由于焊接结构的机匣在工作中容易在焊接处出现裂纹等故障,影响发动机的可靠工作,在 20 世纪 80 年代以后研制的发动机常将燃烧室机匣作成铸件(如 PW4000 系列发动

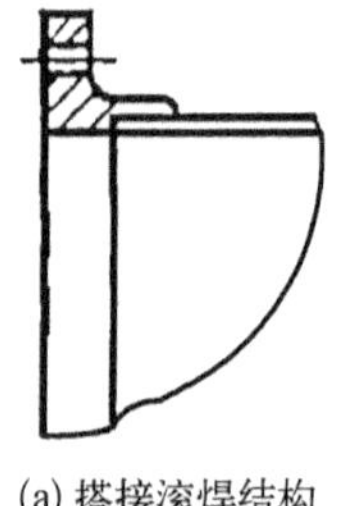

(a) 搭接滚焊结构

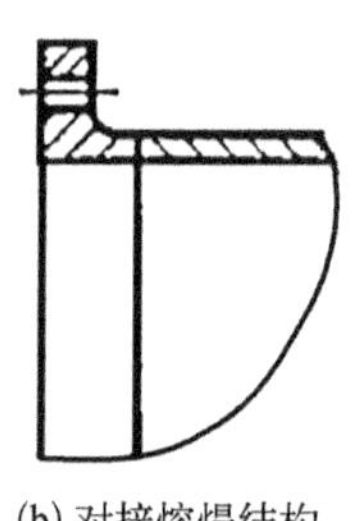

(b) 对接熔焊结构

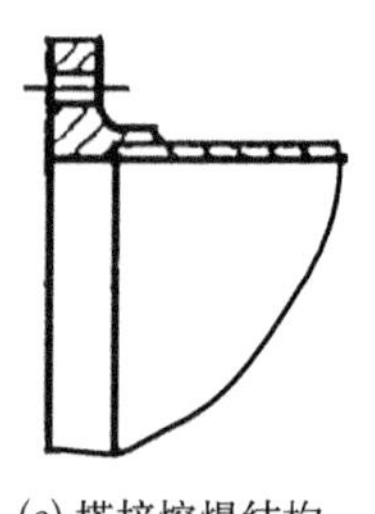

(c) 搭接熔焊结构

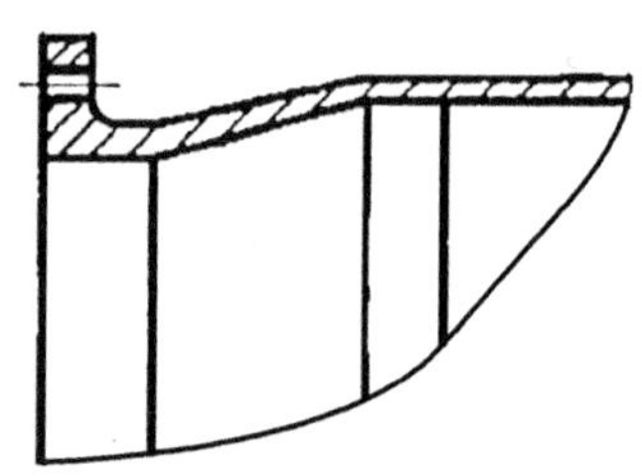

(d) 焊缝远离安装边的折弯构形结构

图 5-39　燃烧室外机匣的安装边

机),或锻件经机械加工而成。

8. 放油活门

如果发动机起动不成功或燃烧室意外熄火,燃烧室将会沉积不少燃油,若不及时将这些燃油排出燃气轮机外,这些燃油就可能在不适当的部位燃烧,这对发动机是不利的。为此,在航空发动机燃烧室中设有放油活门,用以放出这些多余的燃油。当发动机停车后,放油活门应自动打开,将残余的燃油放掉;当发动机工作时,放油活门应自动关闭,以免漏气。一般每台发动机只有 1 个放油活门,对于常做特技飞行的发动机,可有 2 个放油活门。放油活门座装在压气机后燃烧室机匣的最低处。

威派尔发动机有 2 个放油活门,前放油活门,如图 5-40 所示,装在压气机与燃烧室之间,后放油活门装在燃烧室与涡轮之间,2 个活门的结构相同。

图 5-41 为 WJ6 的放油活门,其关闭放油活门的压力是可调的,拧紧或拧松螺母 7,改变弹簧 4 的弹力,从而改变关闭放油活门的空气压力。在燃烧室外壳体上设有收油池 5,余油可迅速流入收油池,然后经放油活门徐徐放掉。

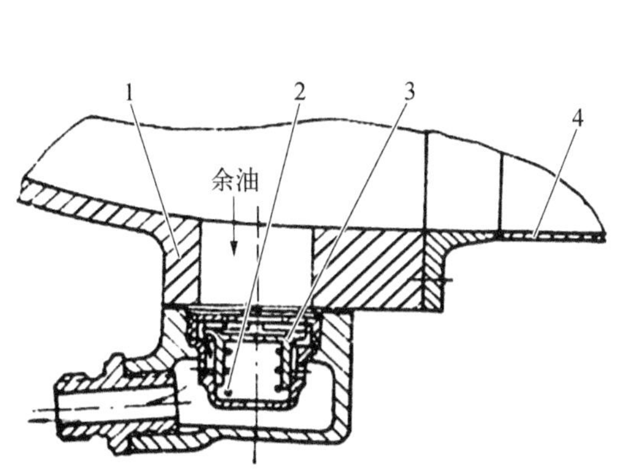

图 5-40　威派尔发动机燃烧室放油活门

1. 扩压器机匣;2. 弹簧;3. 活门;4. 燃烧室外壳体

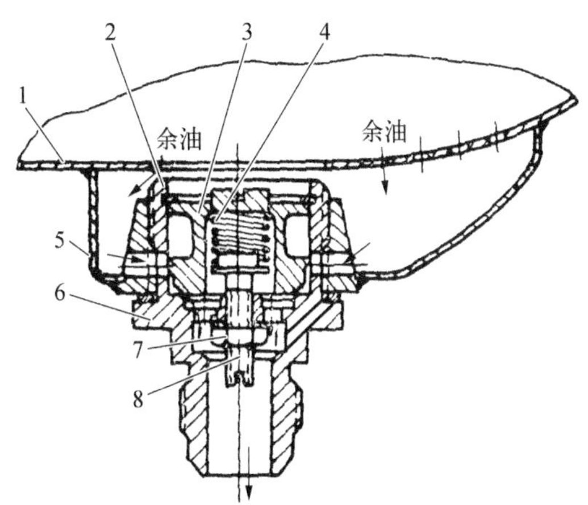

图 5-41　WJ6 放油活门

1. 燃烧室外壳体;2. 卡圈;3. 活门;4. 弹簧;5. 收油池;6. 活门体;7. 调节螺母;8. 调节螺杆

5.1.4　材料及涂层

1. 材料选取

燃烧室零件的材料应根据作用在零件上的载荷、工作温度及制造工艺进行选择。扩压器和燃烧室外壳体等零构件工作温度较低,多采用结构钢(30CrMnSiA)及不锈钢(1Cr18Ni9Ti)等。工作温度很高的零件,如火焰筒、联燃管、燃气导管等,则采用热强度高、热稳定性好、耐腐蚀能力强、热塑性好的镍基高温合金 GH3030、GH3039、GH3044、HastelloyX、C263、Inconel625、Reney 等。GH3030 是以少量的钛强化的镍基合金,热强度不高,但抗氧化腐蚀性能好,线膨胀系数较小,可在 800℃ 以下工作。早期的火焰筒以及目前燃烧室的次要零件多采用这种材料。GH3030 可以用铁基合金 GH1140 代用。HastelloyX 是以铝强化的镍基合金,工作温度为 850~900℃,J79、JT3D、JT9D、CF6 等发动机燃烧室火焰筒均采用这种材料。GH3039、Inconel625 含有钼和铌，耐热强度较高，可用于 900℃以下工作的火焰筒。GH3044 中含有 13%～16%的钨，耐热性能更好，可用于 950～1 100℃工作的火焰筒。弥散强化的镍基合金，是由化学冶金和粉末冶金方法生产的粉末，经过压型、烧结、包套挤压等加工过程最后轧制成材。弥散强化的镍基合金其高温强度优于一般的铁、钴、镍基高温合金，在航空燃气轮机上得到应用。TD－Ni 是用二氧化钍弥散强化的镍基合金，其熔点为 1 454℃，TF－30 发动机的燃气导管就是用这种材料制成的。为改善 TD－Ni 的抗氧化性能，加入了铬、铝、钇等成分，形成了 TD－NiCrAIY 合金。这种合金不仅高温抗氧化性能好，而且还具有抗高速气流冲刷的能力。GE90 的火焰筒采用了 GTD222 铸造而成，是第一次将铸造合金用于火焰筒。GTD222 是通用公司为地面燃机 MS700 第 1 级涡轮导向叶片发展的高温耐热合金。

随着涡轮进口燃气温度的不断提高，对燃烧室材料的要求更加苛刻。除了在现有合金基础上，加入一些其他元素使其性能获得显著改善外，铌合金和陶瓷材料的研究和应用正在进一步得到发展。

几台发动机燃烧室主要零件所采用的材料见表 5－1。

表 5－1　几台发动机燃烧室主要零件所采用的材料

机　种	零　　件				
	扩压器	外壳体	涡流器	火焰筒	联燃管
WP6	1Cr18Ni9Ti	1Cr18Ni9Ti	GH3039	GH3039	GH3030
WP7	1Cr18Ni9Ti	1Cr18Ni9Ti	K－32	GH3039、GH3044	GH3030
斯贝	S/SJ2	S/SJ2、C263	N75	N75、C263	—
JT3D－3B	AISI410	AISI410	X－40	Hastelloy X	—
JT9D	Inconel718	Inconel713	—	Hastelloy X	—

2. 防护涂层

燃烧室零构件表面的防护涂层是减少零件变形和裂纹故障比较简便而有效的方法。采用耐热、耐腐蚀涂层能够显著提高材料的抗氧化、抗腐蚀性能；采用耐热、隔热涂层可以有效降低基体的工作温度，提高材料的热强度和热疲劳性能，在易于磨损的部位覆以耐磨涂层能大大延长零件的使用寿命。因此，防护涂层在航空燃气轮机燃烧室上得到广泛应用。

按涂层的工艺分类，燃烧室涂层主要应用下列几种。

（1）高温珐琅涂层。它是由玻璃加耐火氧化物，经高温熔烧在基体上形成玻璃态的无机涂层。涂层与基体结合牢固，表面光洁，涂层厚度一般为 0. 04～0. 10 mm，其生产工艺与普通搪瓷相似。例如，WP7 发动机火焰筒，采用了高温珐琅涂层后，不仅提高了材料的抗氧化能力，还提高了高温持久强度和高温蠕变性能。

（2）热扩散涂层。它是将铝、铬和钽离子等成分制成均匀细微粉末，将基体材料埋在其中，通过一定工艺加热，由于扩散作用，在基体表面形成一层热扩散涂层。其中铬涂层对含硫燃气具有防硫化保护作用，铝涂层对高温氧化有防护作用。例如，“阿塔”发动机燃烧室的火焰筒表面就渗有铝和铬离子的热扩散涂层。

(3) 热喷涂涂层。它是利用一定的热源(气体燃烧火焰、气体爆炸火焰、电弧、电弧等离子体等),将涂层材料加热到熔融状态,然后用高速气流雾化,并以一定的速度喷涂于工作表面形成各种防护涂层。例如,JT9D 发动机燃烧室火焰筒曾采用了等离子喷涂 24% MgO - 76% ZrO_2 涂层,以镍包铝作为中间层,提高了材料的耐热、耐腐蚀、抗氧化和抗火焰冲刷性能。

(4) 烘烤涂层。它是将涂层的粉末与某种无机或者有机黏结剂制成料浆,然后涂在基体表面,加温到 400℃左右的温度烘干。这种涂层生产工艺简便,涂层的性能可以根据需要进行调节,并具有良好的耐高温腐蚀性能,在燃烧室内外壳体等零件上得到较为广泛的应用。

高温珐琅层要与基体一起高温熔烧,可能使基体材料的某些性能降低;珐琅层比其他涂层要脆,因而容易剥落。热扩散涂层要改变基体材料的表面组成,有时对材料的某些性能会产生不利影响。热喷涂涂层主要用于难熔材料的喷涂,并且必须注意喷涂过程中涂料的氧化。烘烤涂层的采用受到黏结剂性能的限制。合理的选用防护涂层和不断改进涂层的性能和工艺,对于进一步发挥材料的性能和满足涡轮进口燃气温度不断提高的要求,有着日益重要的意义。

5.2　加力燃烧室

燃气涡轮发动机在达到最大状态后继续增加推力称为发动机加力。目前,最广泛采用的加力方法是在涡轮和尾喷管之间安装加力燃烧室,进行复燃加力。在要求高速飞行的军用飞机上,加力燃烧室已经成为发动机不可缺少的基本组成部件。

加力燃烧室的作用是,在保持发动机最大转速和涡轮前燃气温度不变的情况下,将燃油喷入涡轮后的燃气流中,利用燃气中剩余的氧气再次燃烧,在涡扇发动机中,还可从外涵道引入空气,以加大从尾喷口喷出气体的速度和流量,达到增加推力的目的。当使用加力时,为了保持涡轮前各部件的最大工作状态不变,必须同时加大尾喷口的排气面积,以适应燃气比容的增加。因此,凡是带有加力燃烧室的发动机都必须有可调节尾喷口配合工作。

图 5-42 为典型带加力燃烧室的军用涡扇发动机结构简图。加力燃烧室位于发动机主机后部,在加力燃烧室工作时,不应对前面产生影响。加力燃烧室的燃烧过程是由扩压、燃烧和排气三部分组成。从涡轮流出的高温、高速、低压的燃气,以及外涵气流经过混

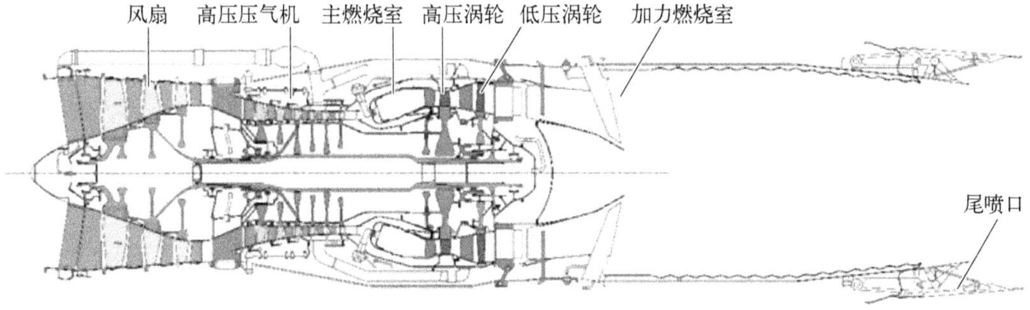

图 5-42　带加力燃烧室涡扇发动机结构

合器及扩压器以后,使流动速度大幅下降到 160 m/s 左右,并在火焰稳定器后形成回流区,保证稳定燃烧。

这种复燃加力方案,可以在不加大发动机径向尺寸和对前面各部件不做改变的条件下,仅增加一个结构相当简单的加力燃烧室就可以显著地增大发动机的推力。涡轮喷气发动机在起飞状态下加力时,推力可增加 40%～45%;在涡扇发动机中,则可增加一倍左右推力。但是,加力后排气速度和温度都提高,能量损耗大,所以在开动加力燃烧室时会使耗油率大大增加。与主燃烧室相比,进入加力燃烧室的燃气压强较低,速度大,而且是已燃烧过的燃气,因此,工作条件较为恶劣,其长度比主燃烧室长很多。即使做得很长,燃油也不能完全燃烧,因此,由喷口排出时仍然有火光。

5.2.1 设计要求

根据加力燃烧室的功能需要和工作载荷环境特点,在结构设计中需要遵循的基本原则和要求如下:

(1) 加力燃烧室进口的气流温度很高,达 950～1 000 K,同时它又是经涡轮叶片扰动或和外涵气流掺混后的湍流,这可使燃油和气流加快混合,提高燃烧速度。但是,进入加力燃烧室的气流是燃气,含氧量比纯空气少了四分之一左右,而且流速高,不利于燃烧。在这样的条件下,为使燃油完全燃烧,加力燃烧室需有足够的长度。

(2) 涡轮出口处的气流速度高达 350～450 m/s,这对点火燃烧和稳定火焰十分不利。因此,必须设计扩压器以降低气流速度,并采用火焰稳定器保证稳定燃烧,不致熄火。扩压器和火焰稳定器造成的气流流动损失应尽可能小。

(3) 加力燃烧室进口处气体的压力较低,随着飞行速度和高度的变化,压力变化范围很大,在高空和小马赫数飞行的情况下,压力下降十分显著。例如,在 20 km 高空、飞行马赫数为 1 时,加力燃烧室进口处总压 p_4^* 只有 30 kPa。这使加力燃烧室混合气的着火条件变坏,燃烧完全度降低。为此,在结构设计上须采取措施保证在各种飞行条件下都能可靠点火起动,如采用专门的点火装置——预燃室等,并使加力燃烧室的热损失尽可能少。

(4) 由于薄壁圆柱形加力燃烧室外壳尺寸大,并承受一定的静、动载荷,且处在高温下工作,温度场也不均匀,因此应保证它具有足够的强度和刚度,防止薄壁壳体失稳,并力求外廓尺寸小,质量轻。

(5) 加力燃烧室起动要迅速,推力增加要平稳,加力燃烧室工作时对发动机的空气流量和其他部件的工作应无影响,为此,必须有可调节尾喷口协同工作。

(6) 加力燃烧室后没有转动件,燃气温度不受涡轮叶片材料的限制,因此可以达到较高的燃气温度。高温的燃气不再经过专门的掺混降温,直接从尾喷管高速排出,因此,对于加力燃烧室壳体及尾喷管应进行冷却,并对机舱进行隔热。也应注意高温下构件的热应力和热变形问题,允许相邻连接零件自由热膨胀或偏摆。

5.2.2 结构组成及功用

典型小涵道比军用涡扇发动机加力燃烧室结构如图 5－43 所示,主要包括扩压器,混合器,火焰稳定器及供油和点火装置等,下面分别进行介绍。

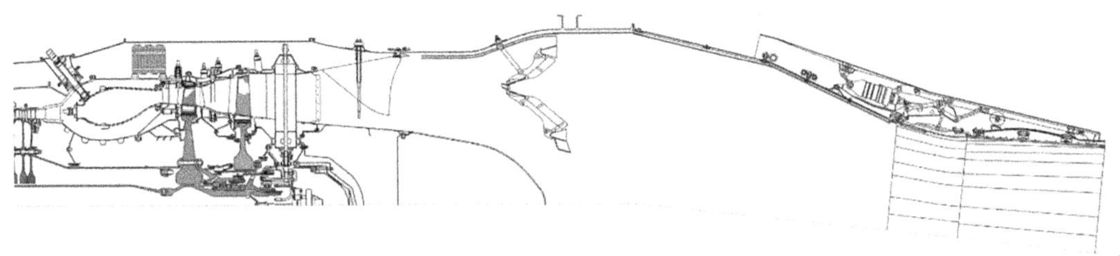

图 5-43　AL-31F 发动机加力燃烧室结构简图

1. 扩压器

加力燃烧室的扩压器的构形是依照涡轮后流道变化所设计的环形喇叭形，其功能是降低气流速度和扩压。扩压器出口气流速度一般为 120~180 m/s，并要求气流流动损失尽可能小。与主燃烧室扩压器一样，最好按照等压力梯度来设计流道。因为加工困难，通常以几段直线近似地代替等压力梯度型面的母线。根据扩压器的构造参数：扩压比 n 和当量扩压角 θ 的大小，扩压器可做成如图 5-44 所示的几种形式。

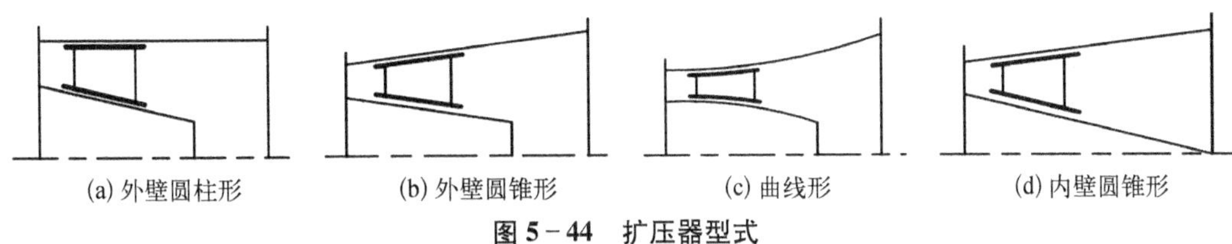

图 5-44　扩压器型式

当扩压比 $n<2$ 时，加力燃烧室扩压器的当量扩压角 θ 最好是在 12°~18°范围内，研究表明：这时，采用曲线形或圆锥形外壁，总压损失小，但给制造工艺带来很大的难度，因此，对于扩压角较小的扩压器外壁，一般均做成圆柱形。

对于扩压比 $n>2$ 的扩压器，一般采用圆锥形或曲线形的外壁设计，以减小压力损失和改善流场。同时，为了缩短加力燃烧室的长度，应采用大的当量扩压角 $\theta=20°\sim35°$。当 $\theta>25°$ 时，最好采用等压梯度变化的扩压器。

加力燃烧室扩压器的内壁可做成平滑的圆锥形或者截锥形，这可使进入加力燃烧室的燃气速度逐渐降低，但是为了缩短内锥体长度以及利用它使火焰稳定，内锥体通常制成截锥形。气流在截锥处会骤然扩散而产生附加流动损失，但因为此截面的燃气速度不大，并且扩散比在 30%左右，实验证明此附加损失亦很小，是可以接受的。借助截锥体产生的扰流和大的回流，从而大大改善加力燃烧室的燃烧过程，提高燃烧的稳定性。

J57-F13 发动机加力燃烧室的扩压器采用锥形外扩式外壳和特殊型面的内锥体，组成等压力梯度的扩散通道。内锥体前段的母线接近于直线，后段是曲线，用滚焊连接。扩压器的扩压比 $n=2.6$，当量扩压角 θ 约为 20°。在扩压器进口还专门安装一排整流叶片，以保证轴向进气并连接内锥和外壁。

2. 混合器

在带加力燃烧室的涡扇发动机中，加力燃烧室还有一个组件叫混合器。它是将涡扇发动机外涵空气引入内涵的装置。目前主要有 3 种类型的混合器：环形混合器、漏斗形混合器和菊花形混合器，如图 5－45 所示。

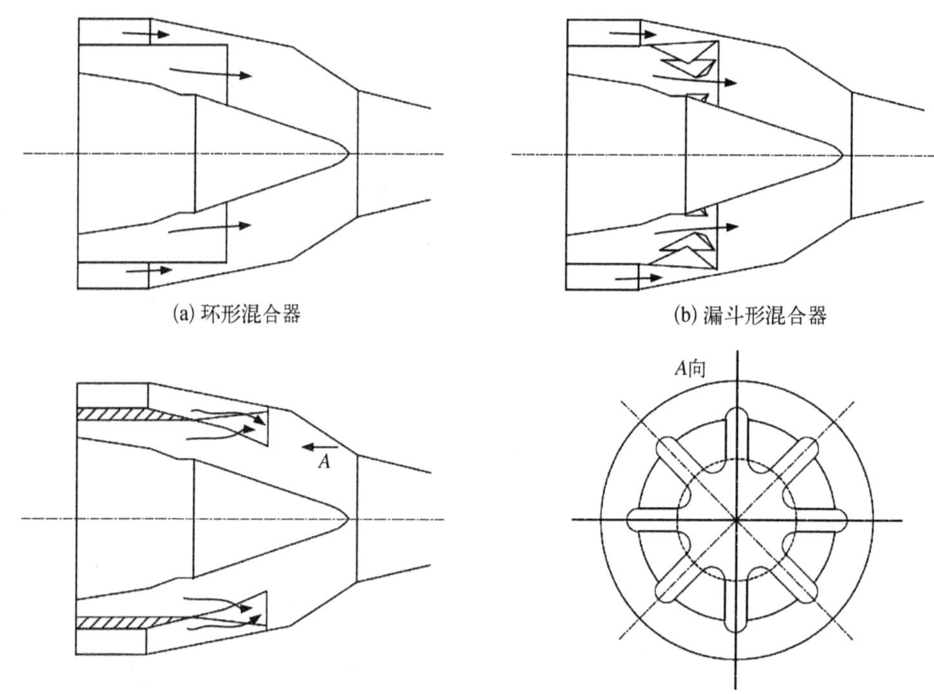

(a) 环形混合器　(b) 漏斗形混合器

(c) 菊花形混合器

图 5－45　涡扇发动机内外涵混合器示意图

漏斗形混合器由许多插入内涵的漏斗组成。外涵气流通过漏斗以一定的角度射入内涵，使内、外涵气流在较短的混合器长度内得到充分混合，但其压力损失大，结构重而复杂。

环形混合器（又称平行进气混合器）主要依靠内、外涵两股同轴平行射流的表面湍流混合。F100 涡扇发动机就采用这种混合器，环形的火焰稳定器设在平行射流表面的湍流区中。这种混合器结构简单，质量轻，流阻损失小，目前在高推重比的涡扇发动机中广泛采用。但是它的出口流场随飞行状态变化大，对燃油调节器要求高。

菊花形混合器也采用同轴表面混合的方式，利用沿外涵气流方向越来越大的波形菊花槽来增大内、外涵气流的混合面，提高混合效率。F101 涡扇发动机就采用这种混合器。其混合度及压力损失随菊花槽的数目和大小而改变，一般情况下介于漏斗与环形混合器之间。

3. 火焰稳定器

火焰稳定器的作用是在加力燃烧室中形成局部低速回流区，加速燃油与气体的混合，稳定火焰和提高完全燃烧度。目前，使用的有机械火焰稳定器和气动火焰稳定器。

在加力燃烧室中，通常采用非流线型物体作火焰稳定器，最常见的是“V”形槽。它具有结构简单、质量轻、损失小、发展比较成熟、性能较好的优点。“V”形槽稳定器又分为环形和径向的两种。

在内外涵混合加力的涡扇发动机中,主要特点是外涵空气参加燃烧。为了解决低温稳定燃烧问题,广泛采用径向"V"形槽式的稳定器。在平行进气的F100涡扇发动机中,除主稳定器为单排环形稳定器,置于内涵高温燃气流中,建立稳定高温热源外,内外都是径向稳定器。利用内涵高温热源加热径向"V"形槽,促进外涵稳定器上的油膜蒸发和混合,并用内涵高温燃气引燃,提高外涵冷混气燃烧的稳定性。不加力时,这些径向稳定器又能促进内、外涵气流的混合。

图5-46为沙丘驻涡火焰稳定器,它由多个船形薄壳体[图5-46(c)]沿圆周连成一环形组成。这种沙丘驻涡具有较强的抗干扰性能。实验结果表明,这种稳定器与同样阻塞比的"V"形槽相比,阻力下降75%~80%,旋涡内燃烧的贫油熄火极限比"V"形槽扩展了4~5倍,点火风速也提高了将近一倍。沙丘驻涡火焰稳定器是北京航空航天大学高歌教授发明的,已应用于我国自行研制的军用燃气涡轮发动机中。

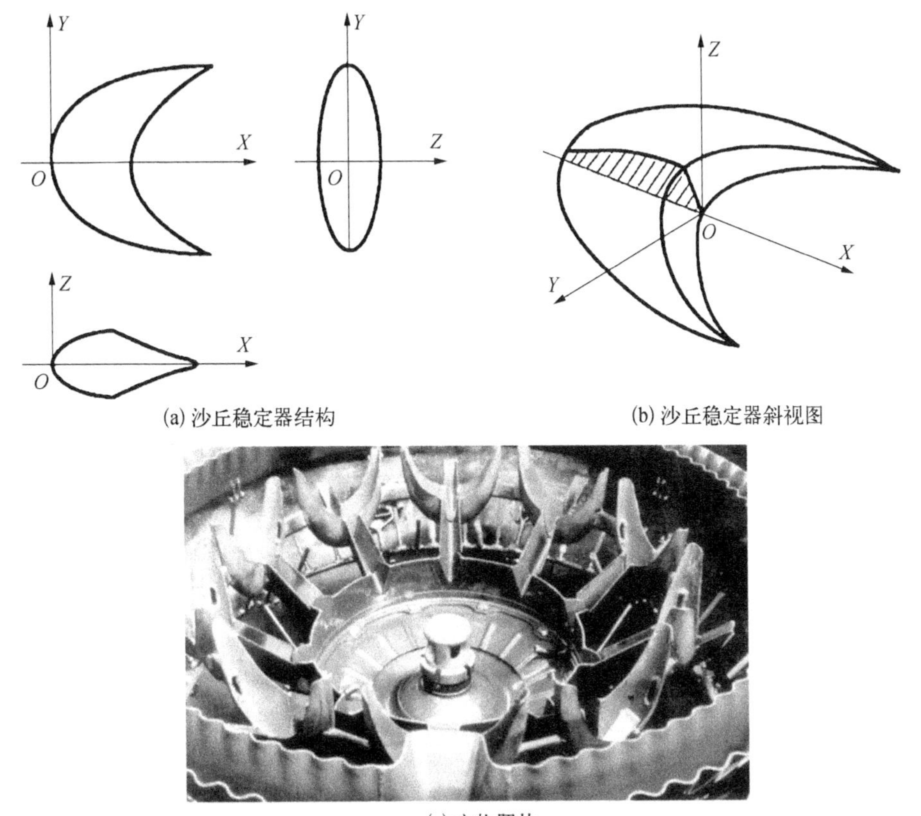

(a) 沙丘稳定器结构　　(b) 沙丘稳定器斜视图

(c) 实物照片

图5-46　沙丘驻涡火焰稳定器

机械式火焰稳定器,目前虽然被广泛采用,但是,在气流通道中设置非流线型物体及其结构件,一则结构比较复杂,二则气流的压力损失较大。此项损失与稳定器的阻塞比、形状、位置以及气流的速度,扩压器的当量扩压角等有关。为了克服这些缺点,在某些发动机上采用了气动式火焰稳定器。

气动式火焰稳定器,通过专用管道从压气机抽气,经喷嘴将高压空气喷入加力燃烧室，与主气流相遇形成非流线型的气柱，借此气柱稳定火焰。这些空气喷嘴通常位于机械式稳定器的截面，沿圆周均匀分布，喷嘴数目不宜太少。小型高效的气动火焰稳定器是未来发展的一个方向，是现代加力燃烧室设计的关键技术之一。

图 5-47　气动式火焰稳定器试验件

气动火焰稳定器的优点是可根据不同的工作状态控制供气量，形成合适的气柱来稳定火焰，并有利于消除振荡燃烧，避免了机械式稳定器在加力燃烧室不工作时所造成的气流压力损失。其缺点是要从压气机中抽气，虽然抽出的气体在加力燃烧室参加燃烧，使发动机获得推力，能补偿一部分推力损失，但总的发动机推力将减少一些；此外，控制系统比较复杂。这是目前气动火焰稳定器尚未广泛采用的原因之一。如图 5-47 所示为近年国外研制的气动式火焰稳定器试验件。

4. 供油和点火装置

加力燃烧室的燃油管道及喷射装置应与火焰稳定器相适应，通常有如下三种排布方式。

(1) 燃油穿过加力燃烧室壳体的燃油总管，进入处在燃气流中并与环形稳定器同心安装的环形输油管，沿环形输油管周向均布的喷嘴逆燃气流方向喷出。环形输油管位于环形稳定器之前。如 WP7 发动机加力燃烧室的燃油管道和喷射装置就是这种方式。有些发动机的环形输油管置于环形稳定器的“V”形槽内，以减小气流的流动损失。

这种安排方式不存在由于燃油从管道连接处渗漏而引起火灾的问题，但应防止渗漏出来的燃油燃烧后造成零件局部过热而变形损坏的情况。

(2) 燃油总管穿过扩压器外壳，经整流支板内腔引入内锥体，并与位于锥体内的输油圈相连接。燃油经输油圈上的喷嘴向燃气流喷出。这种方式应该注意渗漏出来的燃油在内锥体内燃烧后造成内锥体局部过热而变形损坏的问题。

(3) 环形的燃油管配置在加力燃烧室壳体外壁，并与沿周向均布的燃油分管相连接，这些燃油分管分别穿过加力燃烧室壳体。燃油经燃油分管上的喷嘴或喷油杆向加力燃烧室内喷出。J57-F13 发动机加力燃烧室就是采用这种方式。这种排布方式因油管不在燃气中，故管道连接处不易损坏而渗漏燃油，但各个燃油分管穿过加力燃烧室壳体的安装、密封问题也较复杂。

加力燃烧室通常用离心喷嘴和射流喷嘴来喷油。

工作喷嘴和起动喷嘴常采用单油路离心式喷嘴与简单射流式喷嘴。喷嘴的数目和配置根据加力燃烧室的供油量和稳定器的形式、位置而确定。通常采用双排或多排喷嘴供油、喷嘴沿圆周均匀排列，应有足够的数量。喷油方向常取逆气流或与气流倾斜一个角度。在调节范围较大，长时间连续工作的加力燃烧室上，常采用两组工作喷嘴。在最大加力状态，两组喷嘴都工作；在局部加力状态，其中一组喷嘴不供油。

J57-F13 发动机加力燃烧室采用喷油杆射流式喷嘴供油，供油系统由装在壳体外的环形燃油总管、224 根燃油分管和 24 根喷油杆组成，如图 5-48 所示。燃油总管和分管借

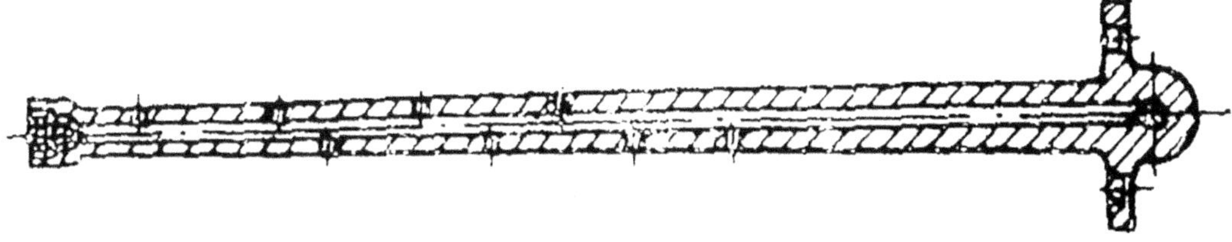

图 5-48　J57-F13 发动机加力燃烧室喷油杆

支架弹性地固定在扩压器外壳上，在受热时能自由变形。24 根喷油杆沿圆周均匀分布，径向插入扩压器扩散通道内。喷油杆外端用螺栓固定在扩压器外壳上的安装座内，杆的内孔是等直径的，内端有一螺塞，以备拆解时拧开螺塞，清洗内孔。喷油杆壁较厚，并向固定端逐渐加粗，呈锥形，刚性较好。喷油杆两侧交错地钻有 8 个 $\phi0.75$ mm 的射流喷油孔，喷油杆与气流方向垂直。24 根喷油杆沿径向构成 8 圈共 192 个喷射点同时供油，与燃气组成均匀的混合气。喷油杆的调整和维修比较方便，但需较高的供油压力，否则燃油雾化较差。喷油杆需整体锻造，深孔和小孔加工较难。由于喷油杆数目多，质量也大。近来，采用喷油圈上直接钻孔的供油结构，可以比喷油杆产生更为均匀的周向燃油分布，而且用分圈的办法易于分区。在高加力比的涡扇发动机中，为了满足推力连续调节的要求，一般都有 3~5 个油区按一定顺序供油，因此，这种喷油圈在涡扇发动机上得到广泛应用。

F100 发动机加力燃烧室采用了喷口面积可调的喷嘴，喷油嘴装在喷油圈上，喷油圈呈椭圆形截面，每个喷嘴内均装有锥形针塞，针塞一端固定，另一端正好堵住圈上的喷油孔。随着进入喷油圈的燃油压力的提高，使油圈的椭圆形截面逐渐向圆形截面变化，喷孔唇口逐渐离开针塞，喷口的环形通道逐渐加大，喷出的燃油在溅板上雾化后进入加力燃烧室(图 5-49)。这种可变喷口截面的针塞式喷嘴简化了燃油系统及调节器，同时又能在宽广的流量变化范围内，保证燃油分布稳定，雾化良好。但是它要求变截面管材在高温(700℃)下能保持良好的弹性，在制造工艺上也有较大的困难。

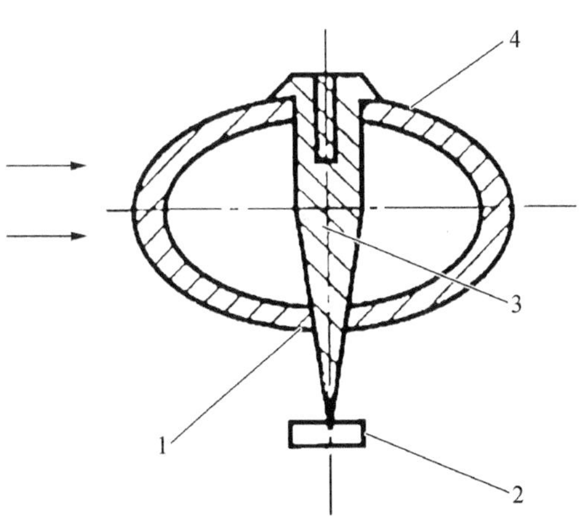

图 5-49　针塞式喷嘴简图

1. 喷孔唇口；2. 溅板；3. 针塞；4. 椭圆截面喷油圈

加力燃烧室中另外一个关键组件是点火器。为了确保加力燃烧室在飞行中，尤其在高空起动时迅速可靠，需安装保证点燃混合气的点火装置。

J57-F13 发动机加力燃烧室采用热射流点燃方式。当开动加力燃烧室时，由专门的附件将附加的燃油喷入主燃烧室中的某个火焰筒内，附加燃油形成的火焰穿过涡轮，点燃加力燃烧室中的混合气。这种点火方式的优点是点火能量大，高空性能好，迅速可靠，不增添附加构件，只要主燃烧室不熄火就总能可靠点燃。缺点是火舌传递路程远，流程复杂，尤其在穿过多级涡轮时，受到强烈的扰动，在调试加力燃烧室时相应地要做大量的点火试验。时隔20年后，在苏联的AL－31F发动机的加力燃烧室设计中也采用了这种热射流点燃方式，如图5－50所示。

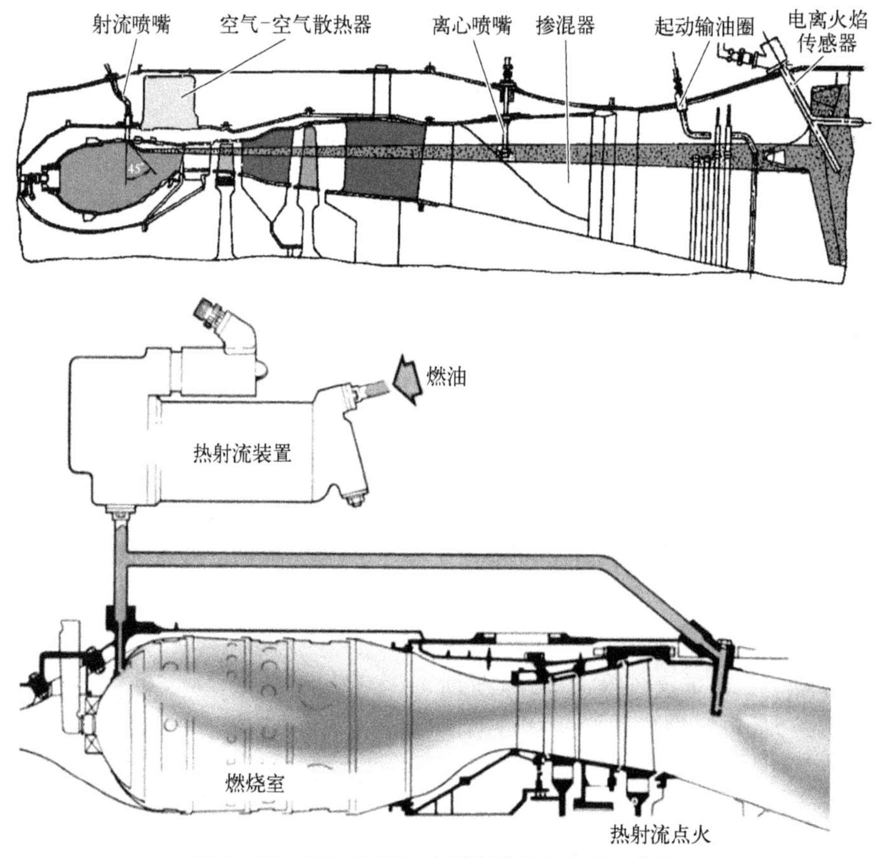

图5－50　AL－31F加力燃烧室点火方案示意图

在F100发动机加力燃烧室的火焰稳定器中，直接插入高能电嘴点火，省去了专门的点火器及附加燃油喷嘴，也不需要引气系统，点火迅速可靠。其缺点是电嘴易于烧蚀和污染。

对于内外涵混合加力的涡扇发动机，为防止加力燃烧室的压力脉动通过外涵传至风扇，引起风扇甚至整个压气机喘振，要求使用加力以及加力由小变大的整个过程中，压力变化要非常平稳。为此，在喷油和点火方面采用了以下结构措施：① 采用值班火焰稳定器，实行软点火，即先在稳定器内部供油点火，然后再在整个加力燃烧室分区起动；② 采用分区、分压供油，保证供油量均匀变化，避免压力脉动，并可使发动机推力连续可调；③ 为了防止点火未成前就大量供油，在有的发动机上采用了点火检测器和喷口随动机构。前者是加力燃烧室喷油的连锁装置，后者是当加力燃烧室内出现压力脉动时，迅速改变喷口面积，消除扰动。

5. *加力燃烧室壳体*

加力燃烧室的燃烧段实际上是一个筒壳结构。它可以是收敛的圆锥形，也可以是圆柱形的。加力燃烧室壳体前端常用快卸环与扩压器外壳相连接，如图5－51所示。快卸环由两个半环组成，套在相连接的安装边上，在两个半环的接合处用螺栓连接成一个整环，利用锥面将两安装边夹紧。在所连接的两安装边之间留有较大的轴向间隙，并将加力燃烧室壳体的前安装边凸缘作成圆弧面，连接后相当于一个铰接支承，允许壳体相对于发动机轴线少许偏斜，并允许轴向错移。这是因为发动机较长，在飞机上有三个固定平面，为了消除由于飞机机身弯曲变形以及由于机身与发动机壳体轴向热变形不协调而在发动机上产生的附近应力，所采用的铰接连接方式。支承面作成圆弧面，还可保证良好密封。壳体后端与尾喷管相连接，其长度应保证燃烧过程进行充分。

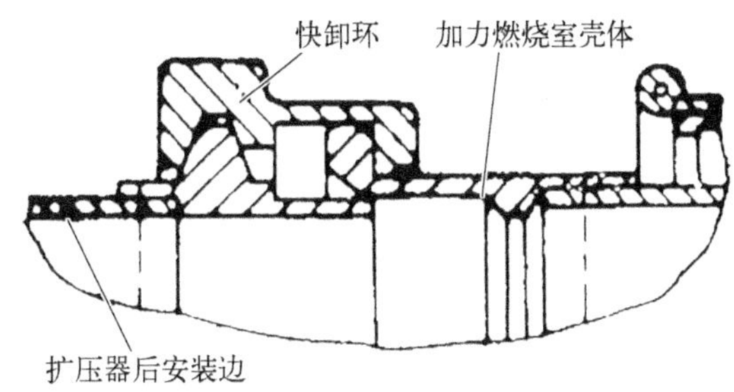

图 5-51　加力燃烧室壳体的快卸环结构简图

加力燃烧室壳体一般是由几段薄壁筒体滚焊而成，因此要特别注意它的径向刚度特性。可在壳体两端焊上圆环或安装边，在壳体上加几道箍圈以增加径向刚性。为改善焊缝受力状况，钣料搭接焊缝常倾斜布置。

由于加力燃烧室的燃气温度很高，所以冷却加力燃烧室的壳体十分重要。可以引涡轮后的燃气流过波纹形衬筒与壳体间的空隙对壳体进行冷却；也可以引压气机某一级的空气冷却壳体内壁，利用流动空气冷却壳体外壁。必须着重指出，多孔的波纹板还能造成乱反射和气体阻尼，可以有效地防止加力燃烧室的振荡燃烧。为了减少靠近加力燃烧室部位的飞机构件受热，还需对加力燃烧室壳体进行隔热：在壳体外壁加一层隔热材料，如石棉、玻璃棉等；或采取隔热套结构，利用加力燃烧室壳体与隔热套间的空气层隔热，这些都是有效的隔热方法。

5.2.3　典型加力燃烧室

下面分别以典型涡喷、涡扇发动机的加力燃烧室为例，对其结构及设计进行介绍。

1. WP7 发动机加力燃烧室

WP7 发动机的加力燃烧室主要由扩压器、火焰稳定器、输油圈、加力喷嘴、预燃室和带可调喷口的加力筒体组成，如图 5-52 所示。

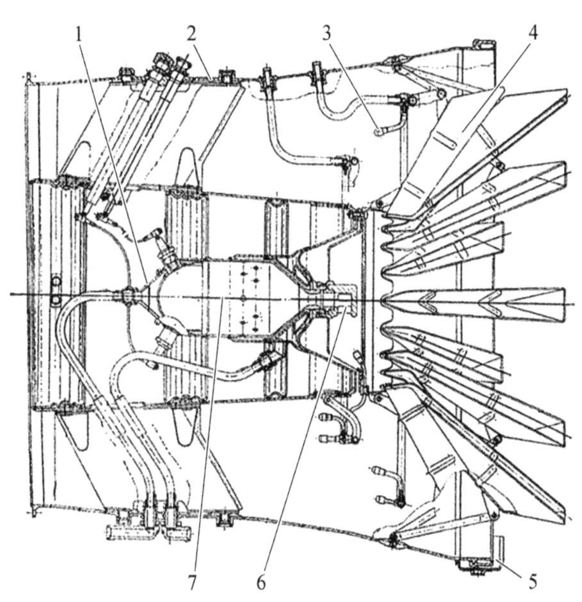

图 5-52　WP7 加力燃烧室结构简图

1. 点火器；2. 扩压器；3. 加力喷嘴；4. 火焰稳定器；5. 燃油收集器；6. 喷口；7. 预燃室

扩压器由外壁、内壁和 5 个整流支板组成，每个整流支板都用 4 个螺钉固定在内壁上，用两个径向销子插在焊于外壁上的安装座中（图 5-53）。考虑受热后，支板能径向、轴向膨胀，为此，支板与外壳体、销子与安装座之间留有径向间隙。后安装

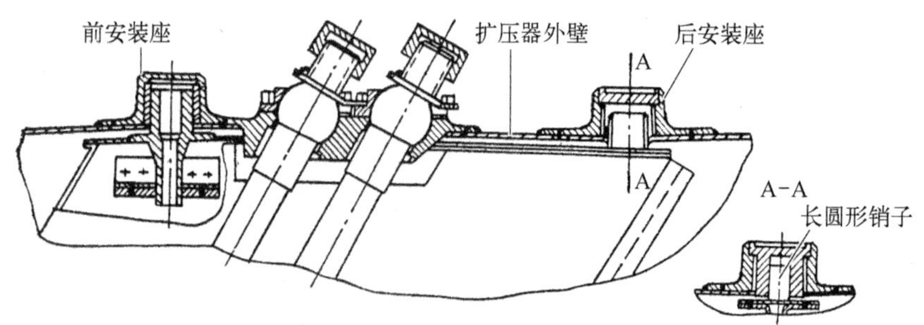

图 5-53　WP7 加力燃烧室扩压器整流支板的安装

座的孔做成长圆形,相对于销子有 3.6~5.6 mm 的轴向间隙,内壁上固定支板的后螺钉孔,其直径较大,以便工作时允许支板相对内壁移动。

为了提高扩压器总压恢复系数,整流支板采用了沿气流方向倾斜 30°的后掠气动翼型,这样一方面可以消除涡轮出口气流的扭转,起到整流作用;另一方面可以消除扩压器通道出现局部收敛现象。

WP7 发动机加力燃烧室的扩压器外壁由一个圆柱段、两个圆锥段三段组成,按不同压力梯度设计,缩短长度。扩压器外壁出口处有一安装边,它和可调喷口的筒体利用快卸环连接。在快卸环的下方安装有燃油收集器,用于收集加力燃烧室中停车时未燃烧完的燃油。

火焰稳定器为环状"V"形,共有两圈。内圈的火焰稳定器通过 5 根拉杆固定在内壁上。这些拉杆允许内圈稳定器相对于稳定器壳体能自由膨胀。内圈稳定器有 5 个传焰肋径向朝着稳定器壳体。稳定器壳体和预燃室用螺栓固定在内壁上。在预燃室后端装有隔热屏,隔热屏的表面涂有耐高温的磁漆。

外圈的火焰稳定器用 10 根拉杆铰接在扩压器的外壁上,用铰链固定可解决在高温条件下,两相连接的零组件的自由膨胀。外圈稳定器上有 10 根传焰肋,径向朝着内圈稳定器,外圈输油管用 10 个耳环铰接在外圈稳定器上。外圈输油管上装有 60 个喷油嘴。

内圈输油管用 5 个耳环铰接在内圈稳定器上。在内圈输油管上装有 42 个喷嘴,其中两个喷嘴通过稳定器壳体向着预燃室的喷口,称为加力起动喷嘴。

输油圈用铰链连接,它在装配时能够补偿制造上的误差,工作时能补偿热膨胀的不一致。两个输油圈上的 100 个喷嘴都是迎着气流喷射燃油,以便更好地雾化和掺混。

两根输油圈的输油管,经外壁上的安装座伸出,在安装座上装有球面衬套,以避免输油管在装配时和工作时受到附加的应力。

预燃室装在扩压器的中心部分,供加力点火用。预燃室由带点火电嘴的壳体和用耐热合金制成的可拆卸喷口等组成。预燃室中燃烧的是从汽化器供应来的油气混合气。进入预燃室的混合气经电嘴点燃后,形成火舌,从喷口的三个窗口径向射出,与两个加力起动喷嘴喷出的燃油相遇并点燃,从而使整个加力燃烧室中喷出的燃油燃烧。从压气机后抽出的补充空气沿着输气导管流向预燃室头部的外壳体,并经两排孔流入内腔,用来冷却预燃室头部。混合气和空气的输气导管穿过一个整流支板的内腔,并利用球面衬套固定在外壁安装座内。这种连接固定方式,既可以保证接触处的密封,又可以避免导管在装配和工作时受到的附加应力。

点火电嘴共有两个，其中一个作为备用。它们安装在预燃室壳体的凸台上，并用钢丝锁紧。通过转接棒和导电片向电嘴输送电能。转接棒内端靠支架支持在内壁上，支架的安装座上也带有球形衬套。

为了防止转接棒转动，在转接棒的外端部分开有一槽，用锁片插入槽中锁定，锁片则用螺栓固定在外壁安装座上。

WP7 发动机可调尾喷口是一个由钣材焊成的、直径逐渐缩小的筒体（图 5－54）。筒体的前部有一安装边与扩压器连接，筒体的后部安装边上焊有固定调节片的 36 个耳环和铆，有 6 个支架，带承力环的 3 个液压作动筒用 6 个支柱固定在支架前的耳环上。

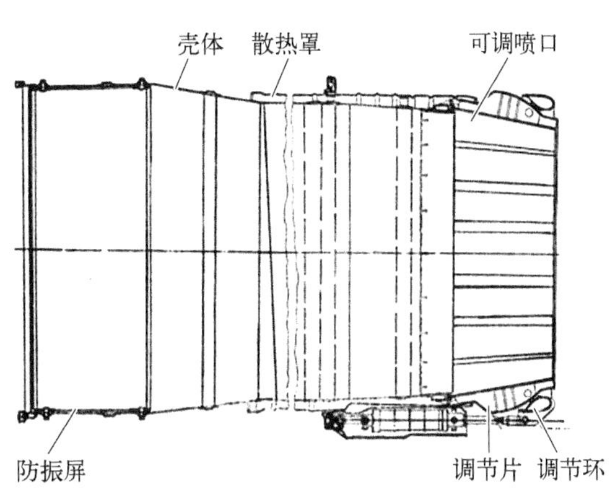

图 5－54　WP7 可调节的尾喷管

在承力环的圆周上等距安装有 3 个支架，作动筒前边的尾杆以及两根支柱的前端都带有球形衬套，并且用一根销子将它们和支架连接。承力环的内腔放置液压作动筒的液压总管。焊接的整体调节环通过带球面衬套的销子与液压作动筒的活塞杆相连。液压作动筒活塞杆操纵调节环移动。调节环向前移动时，调节片收拢；向后移动时，在燃气压力作用下，调节片张开。带有刻纹并涂有石墨的 24 个铜板铆接在调节环的内表面上，与调节片接触，因此调节片的位置由调节环的位置来确定，而调节环的位置又是以活塞杆的行程改变来确定的。这样的结构设计，使薄壳筒体上受力均匀，液压作动筒的集中力，通过承力环和两根支柱，传到调节片安装边，然后再由安装边均匀地传到壳体上。

24 片调节片是焊接结构。它由内外壁、肋片和铰链等组成。壁的一侧是翼板，另一侧是凹槽，调节片的组合方式是一个调节片的翼板插入相邻的一个调节片的槽内。为了提高热稳定性，调节片内涂有耐高温的磁漆。调节片的外壁镀铬，以减少它与调节环铜垫板的磨损。各调节片的前端焊有两个铰链，这些铰链与喷口壳体后安装边上的耳环铰接，可以改变喷口的面积。

为了防止飞机机身蒙皮受筒体热辐射的直接影响，在筒体上装有两段外罩隔热，并有冷却空气通过两段外罩之间的夹腔，流入可调喷口调节片内腔来冷却调节片。外罩由不锈钢板制成，定位在筒体的支承上。

在靠近扩压器出口的筒体内装有波纹孔板，称为防振屏，其作用是利用带小孔的波纹板的反射和阻尼作用，避免振荡幅值的叠加，从而有效地抑制了振荡燃烧。防振屏的前端刚性地固定在筒体内，后端的配合孔为长圆形的，用固定销固定在筒壁上，它们之间留有 3.5~10 mm 的轴向间隙，装配时，两者之间还有 0.3 mm 的径向间隙。这些措施都是为了允许防振屏受热后能自由膨胀。

筒体的外表面焊有 8 排加强箍，使筒体具有较好的刚性。

喷口调节环的移动靠 3 个液压作动筒控制。液压作动筒由壳体和活塞等组成(图 5－55)。活塞与活塞杆做成一体,活塞杆穿过作动筒盖的橡胶封严圈,并利用尾柄与调节环相连接。筒盖拧紧在壳体上之后,沿螺纹钎焊成一体,以保证密封。壳体的另一端用尾杆 1 与承力环连接,尾杆 1 用螺帽固定在壳体上,尾杆与壳体之间用橡胶圈 6 封严。活塞用橡胶圈 7 封严,橡胶圈的侧面装有氟塑料垫 8。活塞的行程靠调整圈调整,“最大状态”位置用限动螺帽、“加力状态”用调整尾柄来调整。

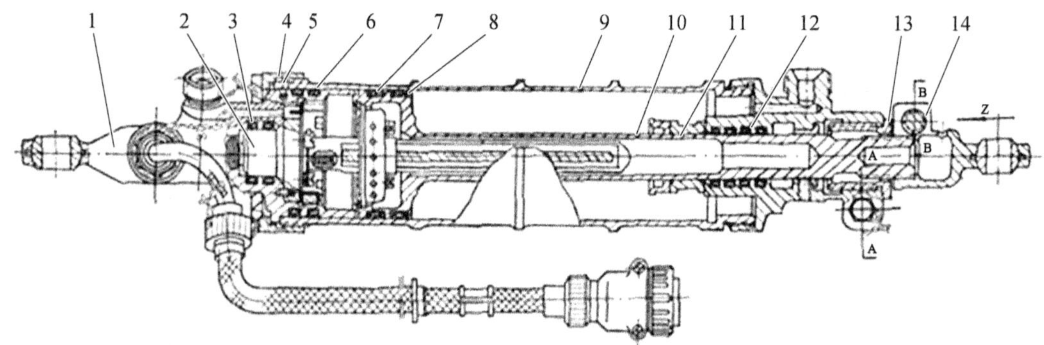

图 5－55　WP7 喷口液压作动筒结构

1. 尾杆;2. 反馈传感器;3、6、7、12. 橡胶圈;4. 螺母;5. 键;8. 氟塑料垫;9. 带盖筒体;10. 活塞;11. 调整垫;13. 调整螺母;14. 尾柄

2. 斯贝 MK202 发动机加力燃烧室

斯贝 MK202 涡扇发动机加力燃烧室是一种带混合器的内外涵气流掺混并且加力比连续可调的高加力比加力燃烧室,如图 5－56 所示。

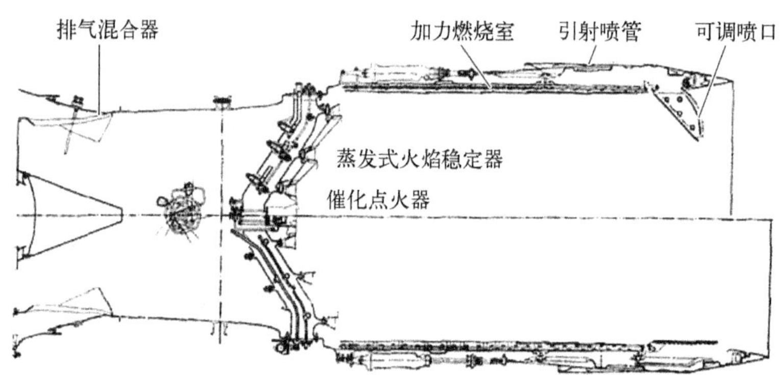

图 5－56　斯贝 MK202 加力燃烧室及喷口

MK202 发动机采用了内、外涵气流混合后再进入加力燃烧室的混合加力方式。这种方案的优点是可以充分利用内涵气流的热能,使涡扇发动机加力燃烧易于组织。但是,要很好地组织两股气流并良好地掺混,这就需要混合器来实现。MK202 上采用了 10 个漏斗式混合器。这种混合器混合度很高,所需混合室很短,但是压力损失却较大,与其他形式的混合器相比,结构也比较复杂。混合器中的各零件均采用 C263 镍基合金钣料制成。

扩压器是二次锥形扩压结构,第一段的锥角为 12°,第二段的锥角大约为 18°。扩压器是用 C263 钣料焊接而成,前段与混合器焊成一体,后端焊有安装边。扩压器的后段自成一体,具有前后安装边,前安装边用螺栓与扩压器前段的后安装边连接,后安装边与加力筒体相连。

图 5-57 为扩压器后段的结构简图。固定火焰稳定器、输油圈与点火器的 5 根支承肋条 2 是用螺钉装在扩压器后段的圆柱壳体上的,支承肋条的内端用长螺栓与中心轮缘连接。为了允许肋条自由膨胀,此肋条是切向与中心轮缘连接的。

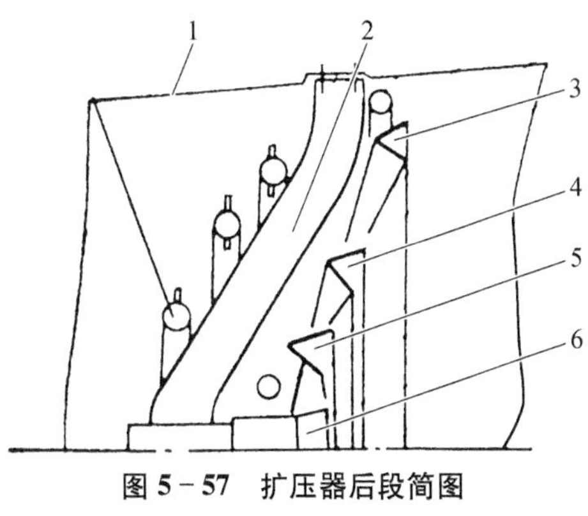

图 5-57　扩压器后段简图

1. 扩压器壳体;2. 支承肋条;3. 外圈稳定器;4. 中圈稳定器;5. 内圈稳定器;6. 点火器

火焰稳定器采用了三圈蒸发式稳定器,图 5-57 中 3、4、5 分别示出了它的外、中、内圈"V"形稳定器。所谓蒸发式稳定器,是在普通的"V"形稳定器上,加入了燃油蒸发管,使在稳定槽内形成较恰当的油气比的混合气,改善了加力燃烧室的工作特性。

如图 5-58 所示,为 MK202 的蒸发式稳定器的示意图。在"V"形稳定槽内装有燃油蒸发管 3,蒸发管前端通过稳定槽的前壁,装有若干个进气鱼嘴 2,进气鱼嘴中装有燃油溅板 1。由单独的供油管中输入的燃油,通过喷油孔 6 喷到溅板上雾化,与进入鱼嘴的空气混合后进入蒸发管。这种富油油气混合气从蒸发管的上、下两排 $\phi 3\sim4$ mm 的小孔 7 中喷出,与稳定槽前壁上的上、下两排长孔 4 进入的空气混合,形成接近恰当油气比的混合气。

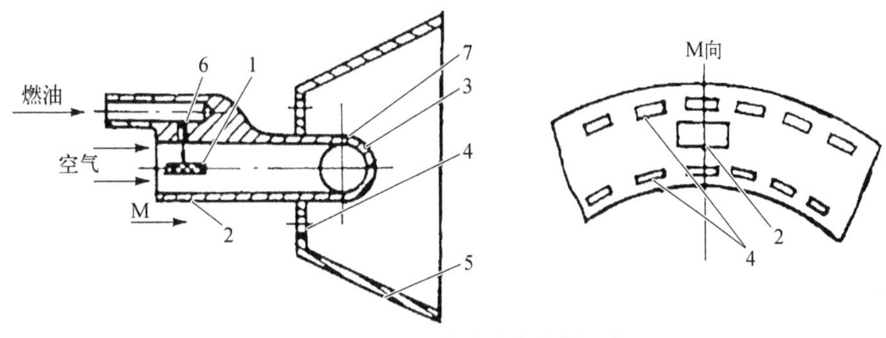

图 5-58　MK202 蒸发式稳定器示意图

1. 溅板;2. 进气鱼嘴;3. 蒸发管;4. 长孔;5. 稳定槽;6. 喷油小孔;7. 小孔

稳定槽前壁上的长孔的作用是:进一步雾化由蒸发管出来的燃油,冷却稳定器以及强化稳定器的回流区。

采用这种带单独供油系统的蒸发稳定器具有下列特点:

(1) 贫油稳定范围广,可以实现小加力比点火。普通"V"形槽稳定器的油气比范围为 0.03~0.07,而蒸发式稳定器则为 0.001~0.007,贫油范围扩大了 30 倍,因此,保证加力燃烧室能在小的加力比下正常工作。

(2) 主燃油不分区。由于蒸发槽贫油范围宽,所以不需要将主燃油分区,简化了燃油系统。

(3) 燃烧效率高。由于存在蒸发槽内燃烧的引燃火炬,使 MK202 能以 30%的阻塞比达到 95%~97%的燃烧效率。

供油系统除了蒸发式稳定器及点火器有专门的油路供油外,还有 4 道输油圈(图 5－57 中的 6、4、3、1)。外输油圈 6 紧靠外圈稳定槽,喷油孔直接开在输油圈上。输油圈 4 位于中圈稳定槽外,固定在支承肋条的前端,其上径向地向外、内焊有 80 根短喷油杆,喷油孔开在喷油杆上。输油圈 3 也是固定在支承肋条前端,处于中圈稳定器处,其结构与输油圈 4 相同。内输油圈 1 也是固定在支承肋条前端,处于内圈稳定器处,其上顺气流流动方向焊有 9 根喷油杆,杆顶开有喷油孔。

由于采用了蒸发式稳定器,所以 MK202 的加力喷油系统是一种不分区、不分压、大孔径顺流喷射的简单喷油系统。这种结构,虽对雾化及燃烧不利,但加工简单,工作可靠,不易积炭堵塞,而且能保证加力比可以连续调节。4 道输油圈与稳定槽一样,也是用径向销钉固定在支承肋条上的。为了防止输油管在热气流中加热引起燃油的沸腾,向输油圈供油的总管与向蒸发式稳定器供油的总管均装在支承肋条的内面。

MK202 加力燃烧室中采用了当时创新的催化点火器,在该点火器中将 400~500℃的油气混合喷到铂铑丝编织的催化剂网上,利用铂能吸附氧气和氢气的特性,使点火用的混合气借铂铑丝网的催化作用,在较低温度下也可可靠点燃。由于铂铑金属丝对大于 300℃的油气混气产生催化作用,使混合气燃烧并形成火舌,成为引燃加力室的点火源,从而点燃加力燃烧室。这种点火装置结构简单、质量较轻、点火方便;但铂铑丝价格昂贵、易受污染而失效,影响其工作可靠性。

加力筒体前端有安装边,与扩压器机匣的后安装边相连接,后端也有安装边,固定尾喷管。加力筒体做成圆柱形的筒体,由 C263 钣料焊成。其内装有 7 段波纹板组成的全长隔热屏,其作用是将加力筒体与燃气隔绝,使加力筒体的温度不致太高;起减弱蜂鸣即抑制啸声燃烧的作用;在后端能对尾喷管形成一层冷却用的冷空气膜。

喷口做成可调节的,它由一个全程无级调节的主喷口和一个不可调节但可前、后移动的引射喷管的副喷口组成,如图 5－59 所示。

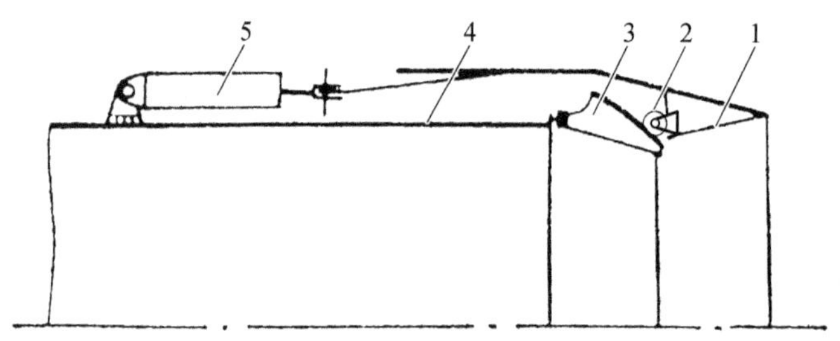

图 5－59　MK202 调节喷管示意图

1. 引射喷口;2. 滚轮;3. 调节片;4. 加力室壳体;5. 作动筒

副喷口也即引射喷口(图 5－59 中 1)由 C263 钣料焊接而成。其出口面积不可改变,但由 6 个作动筒 5 操纵可使它作轴向的前、后移动。在副喷口后部内壁上固定有 20 个滚轮 2,滚轮压在主喷口的主动调节片 3 上的凸轮导轨上。用以控制主动调节片的收缩和张大,从而改变主喷口的面积,副喷口的前段做成圆环,罩在加力筒体的外面,两者之间留有较大的缝隙,形成环形通道,使冲压空气及喷口引射的空气能由此流过。

主喷口由20片主动调节片和20片从动调节片组成,如图5－60所示。主动调节片上焊有调节时用的凸轮导轨,其型面为圆弧形,它的两侧做成带凹槽的结构;从动调节片的两侧做成平板结构,其两侧平板分别插在相邻主动调节片的凹槽中,并随主动调节片的收缩、张大而变化。

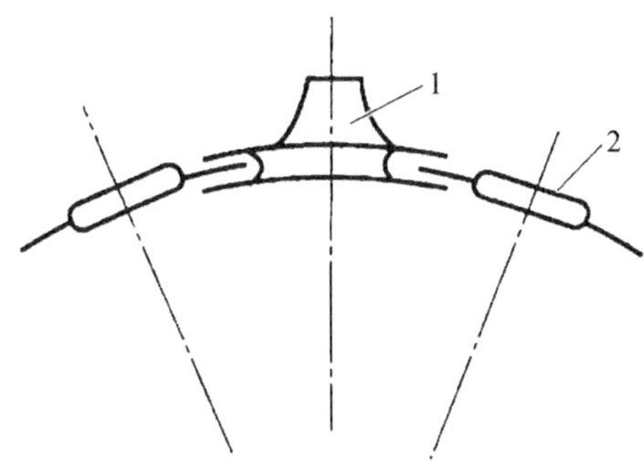

图5－60　MK202调节喷口示意图

1. 主动调节片;2. 从动调节片

主动、从动调节片均铰接于固定在加力筒体后安装边上的固定环上。由加力壳体与隔热屏之间的环形通道引来一部分冷却空气,吹向调节片的内壁面,对调节片内壁进行冷却。调节片的外壁则有引射空气进行冷却。

主喷口的调节情况是这样的:当作动筒在液压作用下拉着副喷口向前移动时,固定在副喷口上的滚轮也就沿着主动调节片的凸轮导轨向前移动,这样滚轮就压缩主动调节片向内倾斜,从而带动从动调节片一起收缩主喷口的出口面积。相反,作动筒的操纵杆将副喷口推向后时,副喷口带着滚轮后移,逐渐脱离主动调节片上的凸轮导轨,调节片在燃气流气动力的作用下,向外张大,因而使喷口面积张大。

由于冲压及引射的作用,有空气从副喷口前面进入,并在主喷口和主燃气流外围流出。当飞机亚声速飞行时,发动机不需要加力,调节片收缩,主喷口面积缩小,被引射来的进入副喷口的空气,除用来冷却筒体及主、副喷口外,还将主燃气流压缩,不致使主燃气流在副喷口中过度膨胀,造成推力损失。当飞机作超声速飞行时,发动机开加力,调节片张大,主喷口面积增大。这时,由于冲压的作用,主燃气流流出主喷口时的压力增大,压缩外围的空气流,主燃气流在副喷口中进一步膨胀加速,减小了排气损失,使发动机推力增大。

思　考　题

1. 说明发动机主燃烧室各主要组成部件及其作用。
2. 说明发动机加力燃烧室各主要组成部件及其作用。
3. 分别简述气动喷嘴和离心喷嘴的工作原理。
4. 为什么加力燃烧室中尾喷口出口面积必须可调节?
5. 说明主燃烧室和加力燃烧室结构主要失效模式有哪些。

第6章 安装结构与排气装置

本章以涡扇发动机为主要对象，对航空燃气涡轮发动机安装和排气装置进行介绍。

6.1 安装结构

安装结构是发动机与飞机连接点，其作用是将发动机的推力等载荷传到飞机，是发动机功能得以实现的关键结构。安装结构的具体结构和参数选择由发动机结构形式及载荷特征所决定。

6.1.1 基本结构与功能要求

安装结构是用来固定安装发动机在飞机上的约束、承载结构组件，在空间分布上一般为两个：主安装节和辅助安装节。在常规载荷作用下，发动机安装节处的机匣不能产生局部永久变形。安装节不能阻碍发动机机匣在受热状态下的自由膨胀。在飞机产生弹性变形情况下，安装节不能给发动机机匣施加附加载荷。在安装节设计中应避免多余固定点，并且要求其承载能力不依赖于机身刚度。

发动机安装结构承受的载荷有以下几种：① 发动机重力；② 在飞机机动飞行中发动机及其附件质量产生的惯性载荷；③ 涡轮、压气机转子旋转所产生的惯性力和力矩；④ 出口气流与轴向产生偏转或旋转时产生的气动力和力矩；⑤ 发动机推力。

涡扇发动机在飞机上的安装如图6-1所示，主、辅安装节位于前后两个平面内，并垂

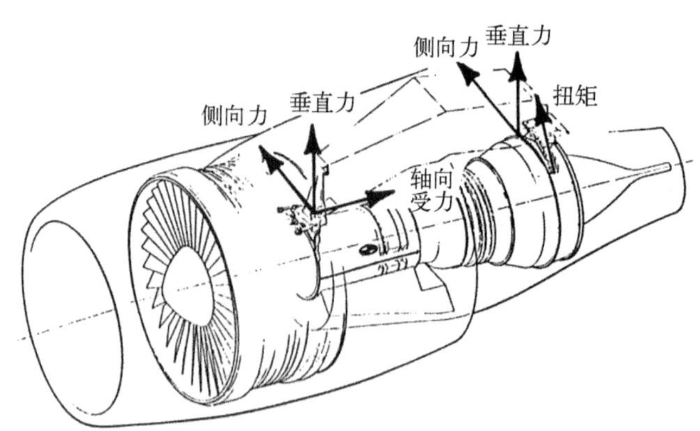

图6-1 涡扇发动机的安装及受力示意图

直于发动机的轴线。其中一个平面位于靠近发动机质心位置，一般为主安装节，而第二个安装平面为辅助安装节，用于平衡辅助力矩和当飞机机动飞行时产生的惯性载荷，其位于与主安装节距离较远处，是为使作用在辅助安装结构上的反作用力最小。

在安装结构的设计中，要求在常规载荷作用下，发动机安装节处的机匣不能产生局部永久变形，为此，在机匣上对安装节连接部位要设计加强筋和凸边等结构，如图 6-2 所示，以进行局部加强。对于安装节的位置选取，一般选在直径尽量大的机匣处或者具有刚性法兰边处且要便于承力机匣拆卸。安装节不能阻碍发动机机匣在受热状态下的自由膨胀，因此，每个安装节的所有固定点均位于一个平面内，其他的辅助结构不能影响机匣在受热状态下的自由膨胀。图 6-3 为 R-195 涡轮喷气发动机在苏-25 飞机上的安装方案；图 6-4 为 D-136 双发动机在米 26 直升机上的安装方案。

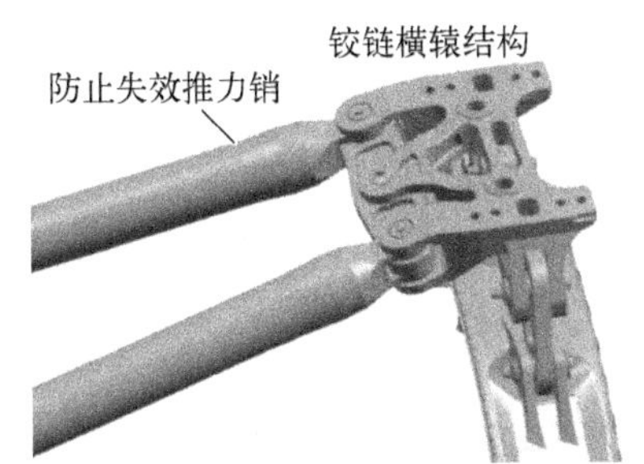

图 6-2　安装节处的吊耳和局部加强边

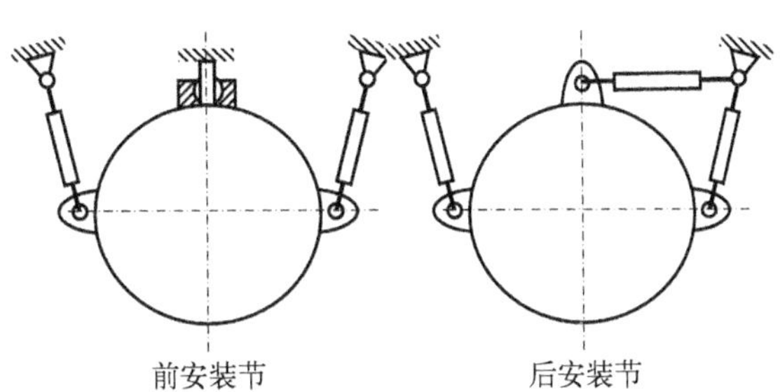

图 6-3　航空发动机在飞机机身内的安装方案

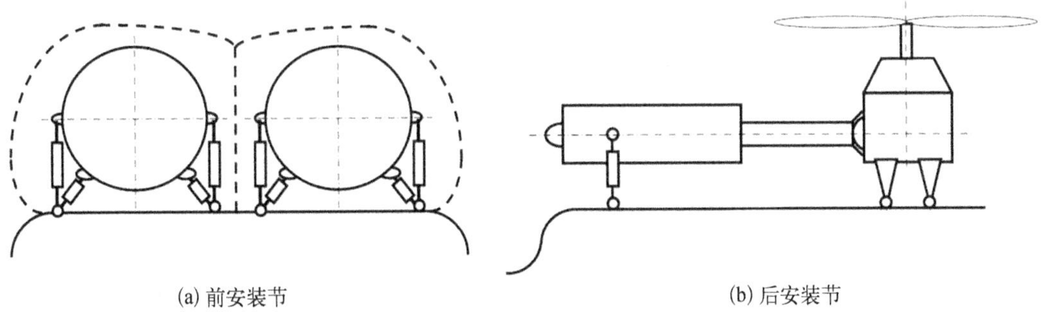

图 6-4　涡轴发动机在直升机上的安装方案

在飞机产生弹性变形情况下，安装节不能给发动机机匣施加附加载荷，因此，安装节安装的跨度一般较大。安装节位置和结构形式设计一般由飞机设计来决定，所以在一种发动机上有多种固定安装方案，以适应在不同飞机上安装的需要。

在航空发动机适航要求中，安装节的结构安全性是重要的考核内容，在保证安装结构的安全设计策略中，除了保证结构强度安全系数以外，采用冗余设计和合理地使用检查也是十分有效的措施。如图 6-5 所示，为对于具有单一承力结构的安装节，其检验的时间间隔是由工作中的可见裂纹来确定的，当发现有可见裂纹时，要确定这时距离首个承力件失效的剩余寿命，以此来确定其更换时间。

如图 6-6 所示，为具有两个承力冗余结构设计情况下安全检验时间间隔的确定。对于具有失效保险安全设计的结构来讲，当首个承力构件出现可见裂纹时，首个承力件失

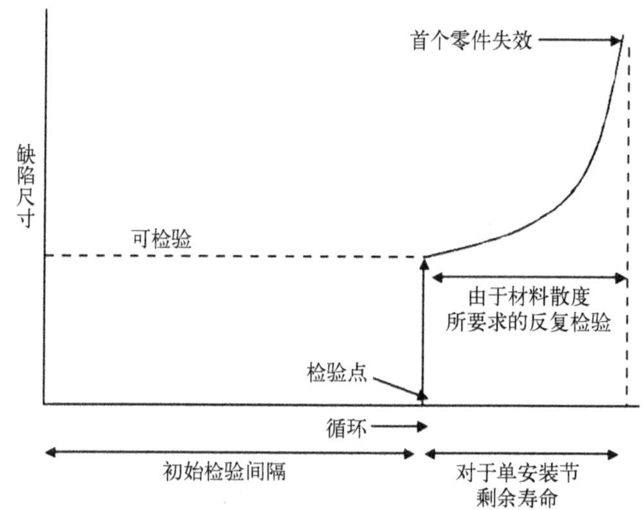

图 6-5　对于单安装节初始/重复检验间隔

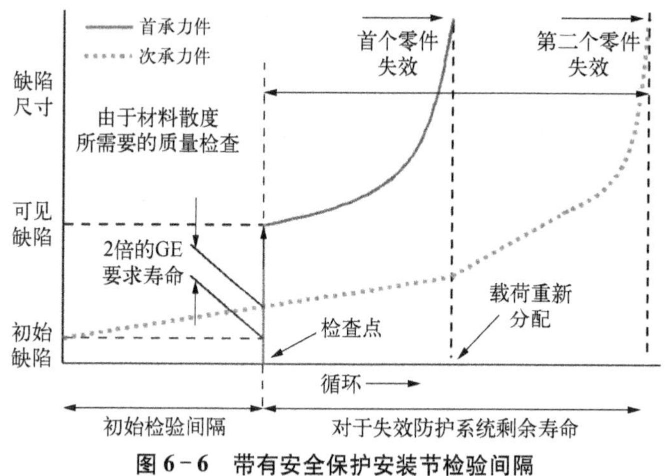

图 6-6　带有安全保护安装节检验间隔

效，这时载荷重新分配，结构仍然可以保持安全运转，因此安装系统具有足够的安全寿命。可根据材料的散度和可靠性来确定剩余寿命。

6.1.2　典型安装结构

发动机安装结构的确定需考虑安装位置对发动机整机振动影响。对于高涵道比涡扇发动机结构特征具有两端质量大，中间刚度弱的特点。如果将安装节位于发动机弯曲刚度较弱的中间段，如图 6-7(a) 所示，在工作中可能会发生哑铃型振动模态，如图 6-7(b) 所示。因此，安装位置对发动机抗变形能力和振动的影响很大。

安装方案按传力路线分为两种：一是主安装节位于风扇机匣后分流环处（核心机吊装方案），这种结构由于传力线与中心推力作用线接近，发动机的变形较小，但在轴向上存在附加力矩传至飞机；二是将安装传力结构安置在风扇机匣和涡轮机匣外延长线上（混合吊装方案），其结构使安装反力形成的力矩与推力产生的力矩相抵消，以保证没有附加力

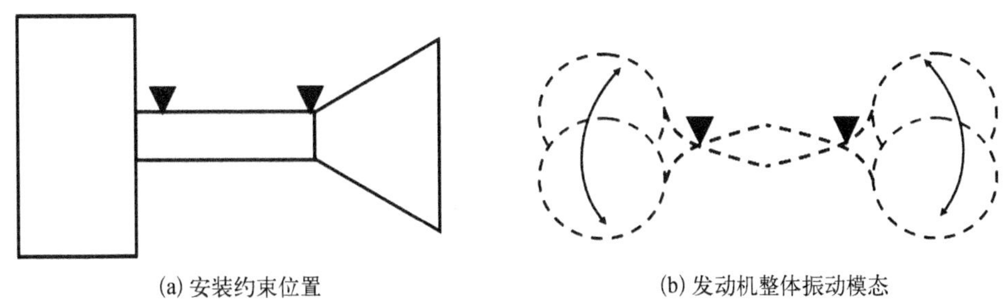

图6-7　发动机安装状态下振动模态示意图

矩作用在飞机上。对于大推力的高涵道比发动机，消除和减少这种附加力矩是十分重要的。图6-8为两种安装方案。

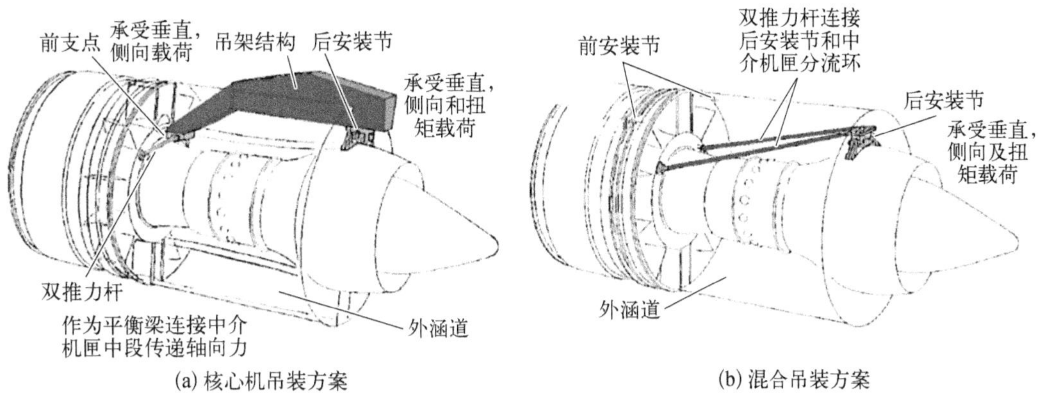

图6-8　高涵道比涡扇发动机的安装方案

通用公司的高涵道比涡扇发动机的安装节设计，就采用了这两种设计方案。图6-9(a)为早期的CF6发动机安装方案，即为核心机吊装方案，在工作中推力相对于主安装节会形成一个力矩作用在飞机机体上，对于推力较小的发动机，这种安装方案也是可以

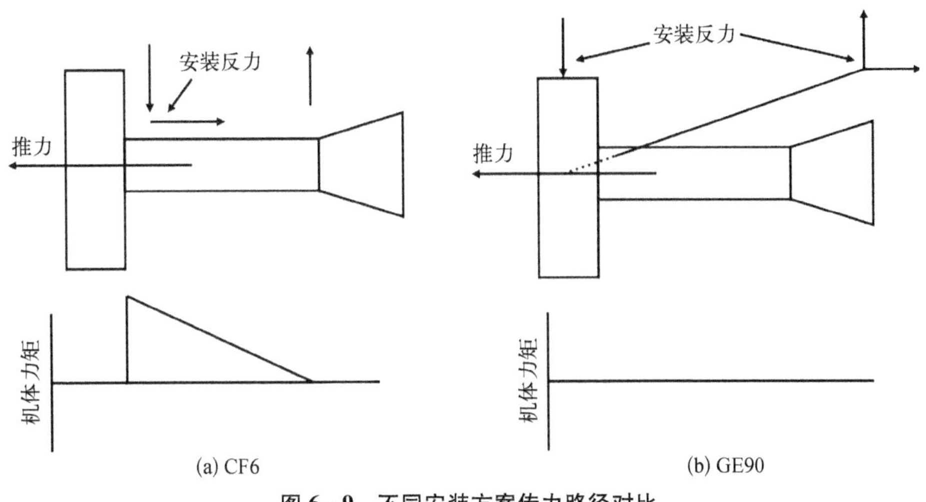

图6-9　不同安装方案传力路径对比

接受的,但对于大推力发动机,则会给安装结构带来较大的附加弯曲力矩。图 6-9(b)为现代高涵道比涡扇发动机广泛使用的安装方案,如 GE90、GP7200 和 GEnx,传递推力的主安装节位于风扇机匣外,并通过推力拉杆将辅助支点和风扇中介机匣分流环处相连,以防止推力变化引起发动机变形(尤其是核心机部分),并保证合力通过一个中心点,从而有效地消除了作用在飞机上的附加力矩。

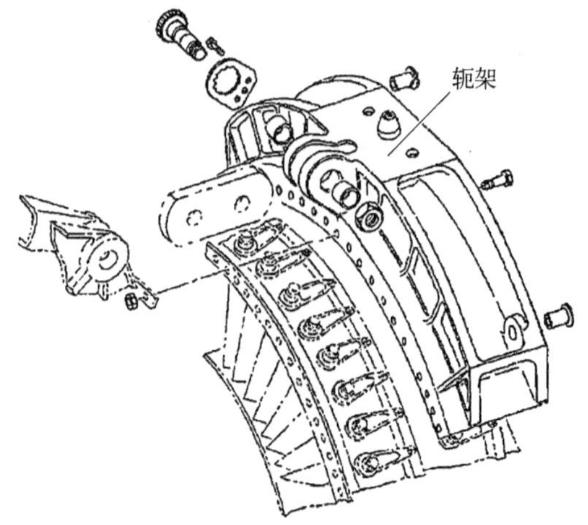

图 6-10 CF6-50 发动机的前安装节

1. 主安装节结构

对于核心机吊装方案安装节结构,如图 6-10 所示,采用轭架或马项圈(horse-collar)结构安装在风扇或压气机机匣安装边上,采用单一推力传力路线。主安装节的吊耳位于轭架承力结构,在局部加强位置上通过销钉和螺栓连接。

图 6-11 为 CF6-80A 的前安装节,该安装结构沿用轭架承力结构,但在结构上进行了改进,使之可以将垂直、侧面载荷作用在安装边上,并且保证推力载荷均匀分布以及气流通道在推力作用下保持一定的圆度,有利于封严。承力件是连接板,轴向力由左右两个推力杆传递,中间设计有安全销以防推力杆失效时备用。

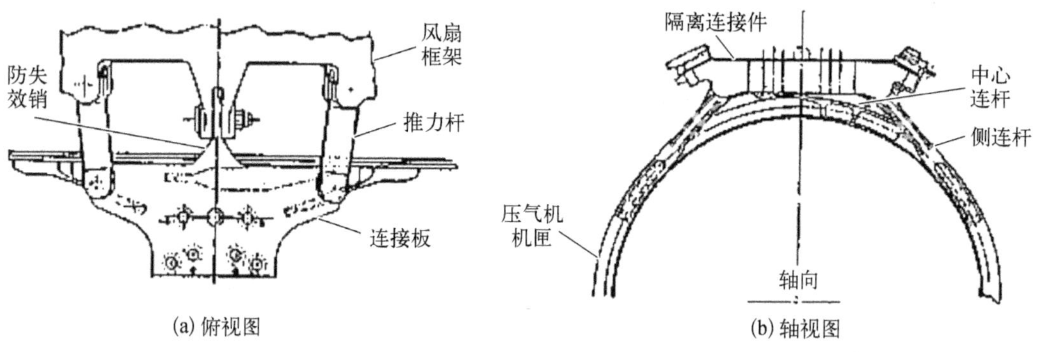

图 6-11 CF6-80A 的前安装节

图 6-12 为在 CF6-80A 基础上进行改进的 CF6-80C2 发动机主安装节结构,主要是对整机推力路径进行更新。主安装节安装在风扇外机匣上,采用推力拉杆连接风扇机匣内分流环和涡轮机匣处辅助安装节,即混合吊装方案,以消除作用在发动机上的附加力矩。

如图 6-13 所示,GE90-94B 前安装节连接结构设计更为简单,安装节位于风扇机匣上,将垂直和侧向载荷分配到风扇静子件上。

2. 辅助安装节结构

后安装节是针对主安装节的辅助安装结构,其主要功能是平衡力矩和保证发动机可

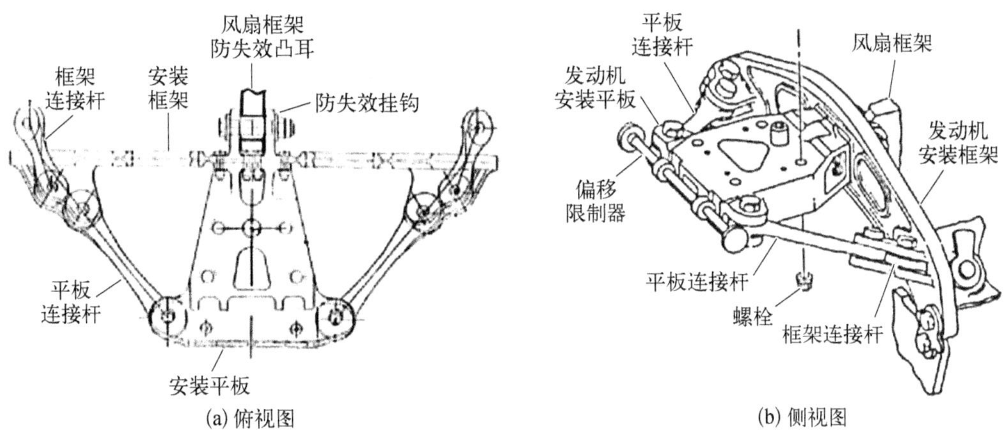

图 6－12　CF6－80C2 前安装节

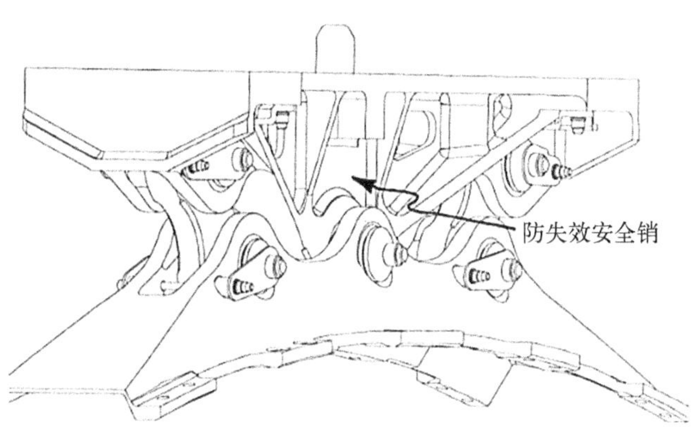

图 6－13　GE90－94B 前安装节

轴向伸长。如图 6－14、图 6－15、图 6－16 所示，对于多点连接承载的安装节结构设计，多使用平衡梁(whiffle-tree)结构，可保证作用在每个承力件的载荷均匀，防止连接失效，保证安全承载。

在发动机的使用过程中，由于所配装的飞机不同，其安装位置和方式具有很大的不同，发动机可以按照飞机的需求，适应性地改变其安装节位置和安装方式。例如，为了适

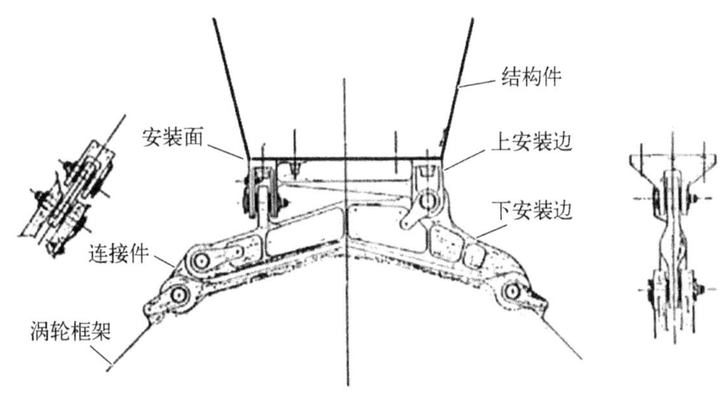

图 6－14　CF6－80A 后安装节

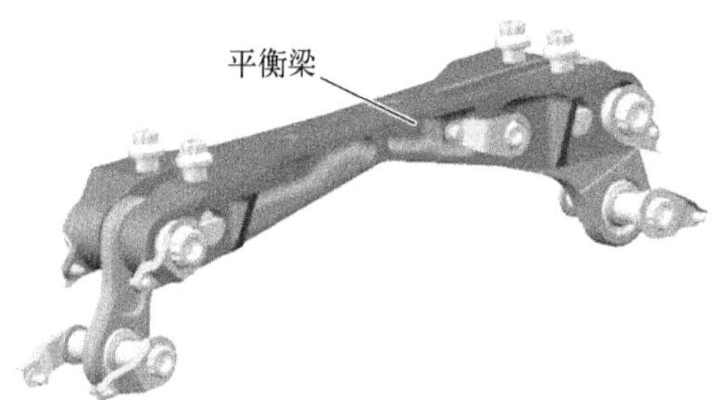

图 6-15　CF6-80C2 后安装节

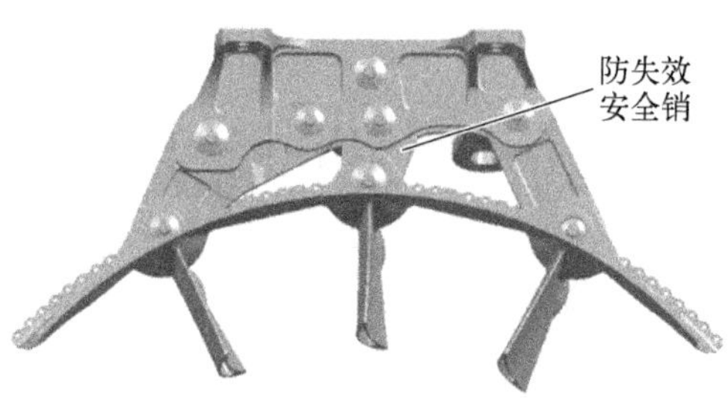

图 6-16　GE90-115B 后安装节(带有冗余结构的平衡梁)

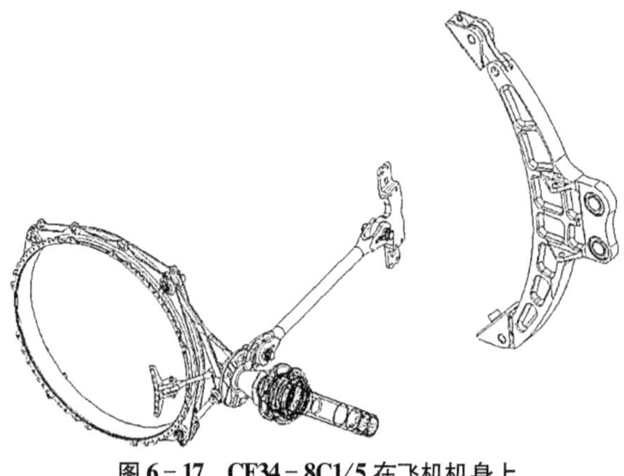

图 6-17　CF34-8C1/5 在飞机机身上安装的单杆结构

应更多的飞机使用,CF34 发展了多种安装节和安装方式。图 6-17、图 6-18、图 6-19 为 CF34 发动机的三种不同安装节和安装方式。CF34-8C1/5(图 6-17)由于安装于机身,所以采用侧面安装方式,利用球形接头和单推力杆,后面辅助支点采用关节轴承和销钉连接。对于安装在机翼下的 CF34-8D/E 和 CF34-10(图 6-18 和图 6-19)发动机,采用吊挂结构,前部主安装节为适用于不同飞机分别采用单推力杆和双推力杆结构,且都具有失效保险结构。

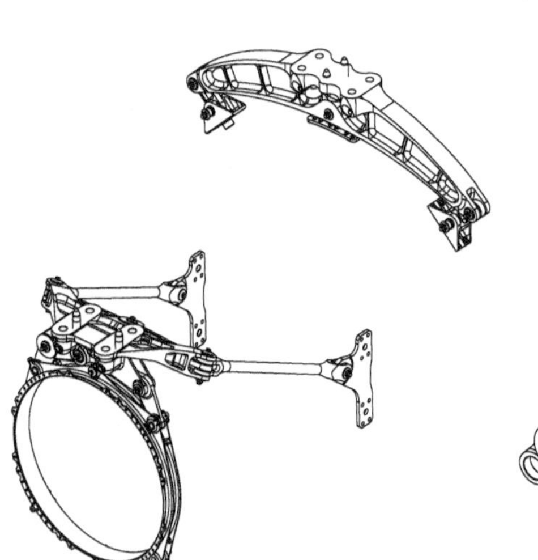

图 6-18　CF34-8D/E 带有失效保险结构的机翼安装节(双推力杆)

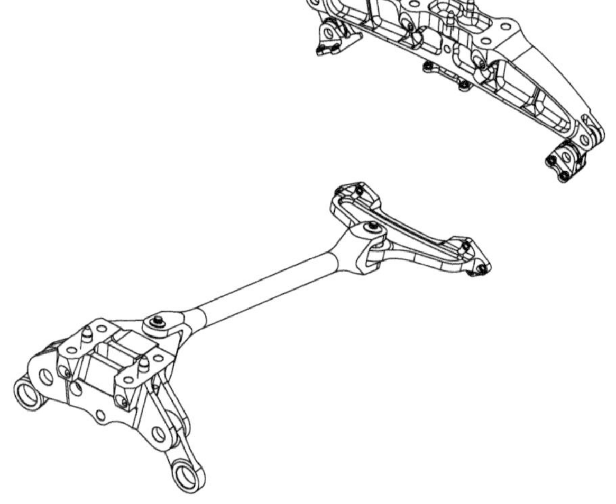

图 6-19　CF34-10 带有失效保险结构的机翼安装节(单推力杆)

3. 齿轮传动发动机安装结构

飞机上安装结构的主要功能是把发动机的载荷传到飞机承力框架上,包括支承发动机质量、传递发动机推力、保证发动机不会沿轴线转动并承载横向载荷。图 6－20 为 PW1000G 发动机总体结构尺寸和前后安装节的位置。

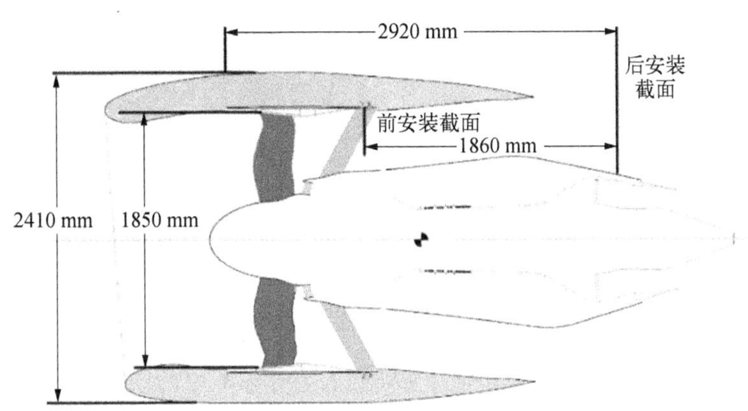

图 6－20　PW1000G 总体结构尺寸和安装节位置

PW1000G 安装结构包括前、后两个安装节和一对推力杆，前安装节位于风扇机匣上部，后安装节位于涡轮排气机匣的上部，推力杆前端连接于风扇后中介机匣 9: 30 和 2: 30 的时针位置，后端通过平衡梁连接后安装节，如图 6－21 所示。

齿轮传动发动机中，由于风扇转子与低压涡轮转子之间不直接连接，不能在转子内部平衡掉部分轴向力，因此在风扇机匣上承受巨大的轴向载荷（分布在风扇横截面上），同样在涡轮机匣上也承受向后的轴向载荷。为了减小发动机机匣的变形，在整机承力系统结构设计上采用一对推力杆连接中介机匣承力框架和位于涡轮机匣上的辅助安装节。当发动机轴向推力发生偏斜或安装结构出现损坏时，推力杆可以起到冗余保护的作用。

前安装结构如图 6－22 所示，其主要功用是支承发动机前端并传递横向和轴向载荷到承力梁，前安装节位于风扇机匣正上方位置，前安装节的主要部件为主梁、2 个侧拉杆和 2 个销钉。

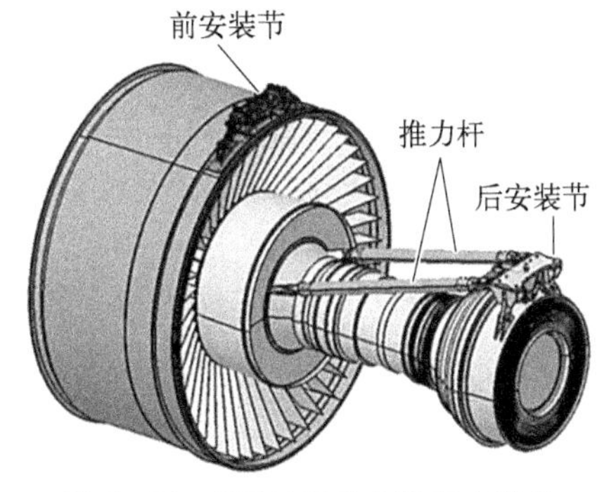

图 6－21　PW1000G 安装承力结构

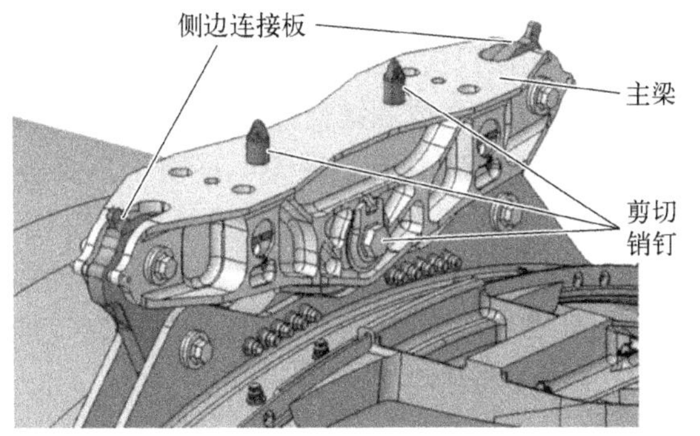

图 6－22　PW1000G 前安装节

后安装节如图 6－23 所示，其主要功用是用于支承发动机后端，传递径向和侧向扭矩到承力梁，安装在涡轮排气机匣正上方位置，主要由带有 5 个整体挂钩的主梁、1 个凸耳、2 个侧向拉杆、5 个销钉组成。

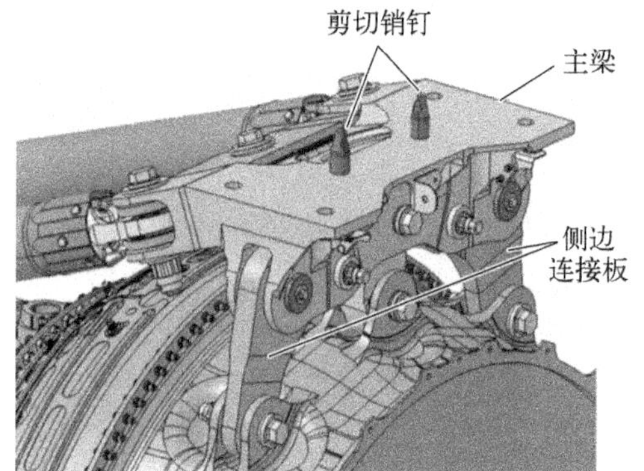

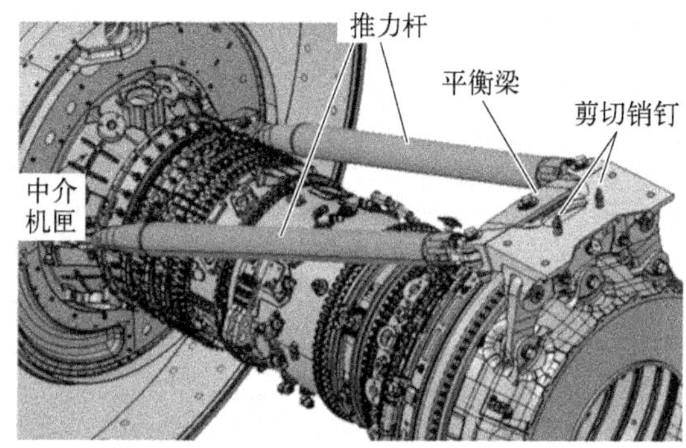

图 6-23　推力杆连接的后安装结构

推力杆组件的功能，一是当轴向推力在横截面上分布不均，引起推力方向变化即发动机弯曲变形时，提供一定的抗变形约束；二是传递发动机内部轴向推力和反推力载荷到中介机匣及前安装节。推力杆前段连接压气机中介机匣，后端通过平衡梁安装到后安装节，推力杆主要由 2 个承力管、4 个销钉、配件和平衡梁及其平衡螺钉组成。

应该说明，安装节的结构设计，除了要考虑在正常载荷作用下，结构的强度安全储备和不产生永久变形等设计要求，还要考虑在极限状态下发动机安装结构的安全性。极限状态下，发动机上会产生巨大的冲击载荷和动载荷，例如叶片丢失、外物打伤、喘振和硬着陆等极限状况，安装节结构是此类载荷的主要受力对象，因此在结构设计中，需要遵循结构安全设计原则以满足适航要求。

6.2　排气装置

发动机的排气装置，是指涡轮或加力燃烧室后组织燃气排出的结构组件。

排气装置的设计取决于发动机的性能要求。在涡轮喷气发动机中，排气流的速度和压力产生全部推力；但在涡轮螺桨发动机中，因为大部分能量已经传递给涡轮，用来驱动螺旋桨，排气流只提供少量推力。

排气装置的组成和结构方案取决于发动机和飞机的类别及用途。排气装置包括：尾喷管、反推力装置、消音装置等。尾喷管是发动机必不可少的一个部件，其他的排气装置则是根据发动机和飞机的特殊需要而设置的。

尾喷管的作用主要是使涡轮后的燃气继续膨胀，将燃气的部分热能和压力势能转变为动能，使燃气以高速从喷口喷出。根据燃气排出方向的不同，尾喷管可以分为直流式尾喷管和推力矢量尾喷管。

6.2.1　直流式尾喷管

根据使用条件的不同，发动机尾喷管的通道可以是收敛形或收敛-扩散形的，喷口面积可做成可调或不可调的。

早期的发动机一般采用直流式尾喷管，它使燃气向发动机正后方排出，产生平行于发动机轴线方向的推力。按形状直流式尾喷管主要分为不可调节的收敛形尾喷管、可调节的收敛形尾喷管和可调节的收敛-扩散形尾喷管。

1. 不可调收敛形尾喷管

亚声速及低超声速飞机采用不带加力燃烧室的涡喷发动机、涡轮后燃气焓降较小的涡桨发动机以及高涵道比涡扇发动机，这些发动机广泛采用不可调节的收敛形尾喷管。因为在飞行马赫数不大于1.5的情况下，燃气在收敛形尾喷管内由于不完全膨胀而损失的能量较小，所以采用这种简单的收敛形尾喷管是合适的。WP8、WJ6、JT3D等发动机都是采用这种简单的收敛形尾喷管。

简单收敛形尾喷管由排气管和喷口两部分组成。图6-24为WP8发动机的喷口面积不可调节的收敛形尾喷管。

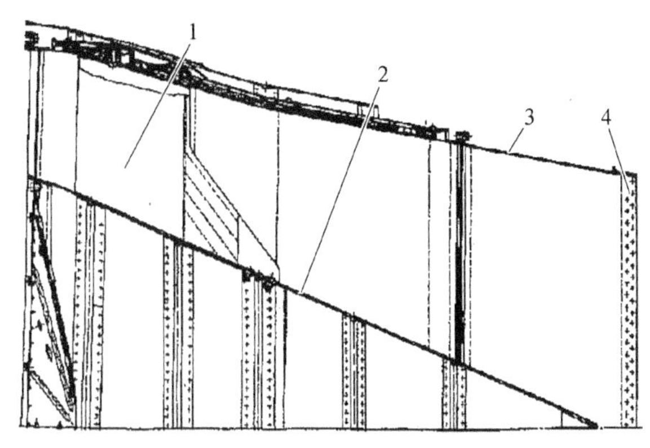

图6-24　WP8发动机尾喷管

1. 整流支板；2. 整流锥；3. 外壳；4. 喷口

排气管又称中介管，位于涡轮与喷口之间，它由外壳、整流锥和整流支板三部分组成。外壳与整流锥形成的气流通道是逐渐扩张的，可使气流速度降低，减少流动损失。外壳与整流锥的连接可借助整流支板或承力支杆，在结构设计时，应保证这些零构件能够自由热膨胀。整流支板一般为对称叶型，如果从涡轮排出的气流扭速较大时，则应做成有相应迎角的非对称叶型（其弦长靠近整流锥处较长，靠近外壳处较短，这是因为气流扭速在叶根处较大），以保证燃气沿轴向排出，进而减少推力损失。在一些现代新型发动机中，支板外形按涡轮导向器叶片叶型设计，起半级涡轮作用。例如，在EJ200发动机中，用于连接外壳与整流锥的24片涡轮出口导流叶片就起到半级涡轮的作用。

喷口是收敛形的薄壁锥筒，前缘与排气管连接，应能拆卸。燃气在喷口的收敛通道内加速后排出，为发动机提供推力。由于各发动机的气动参数有所不同，为调整喷口发动机的匹配性通常将喷口按不同出口直径分成若干组，在试车时选配，以调整发动机的性能参数达到规定的指标。

如果飞机结构要求的排气位置与发动机之间距离较长，则需在排气管和喷口间装延伸管。同样的发动机安装在不同型号的飞机上，延伸管长度会不同，甚至无延伸管，长的延伸管会使气流流动损失增大，发动机推力减小，进而影响发动机的起动性和加速性。为了便于起动，长度较长的延伸管在其前部应有放气门，起动时打开放气门直通大气，以减小涡轮后的反压。

在图6-24所示的WP8发动机尾喷管结构中，整流锥2通过整流支板1与外壳3连接，整流支板1上下皆焊有底板，内端与整流锥壁点焊连接。如图6-25所示，为WP8发动机尾喷管外壳与支板的连接方式示意图，由于整流支板尺寸大，为了提高连接可靠性，内端还用螺栓与锥壁相连，整流支板外端用有螺纹的销子2、3与外壳相连，销子用螺纹拧在外壳壁上支承4的衬套5中，销体插入整流支板的衬套6中，这样使外壳与支板均能自由膨胀[图 6-25(a)]。为防止支板转动并减小作用在销子 2 上的气体压力,支板后面又装入销子 3,其构造与 2 略同[图 6-25(b)]。

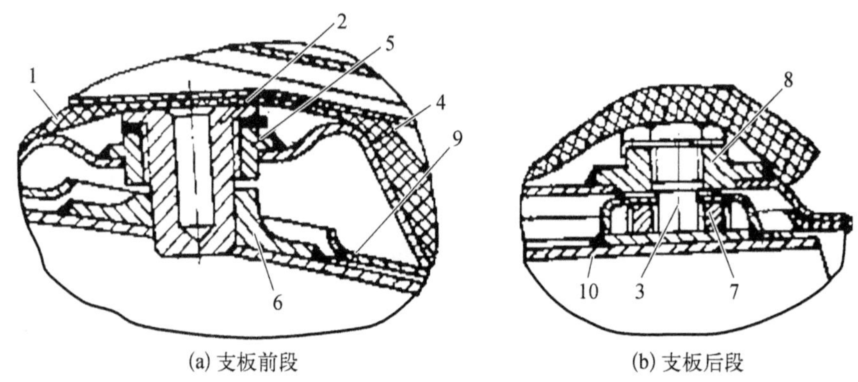

(a) 支板前段　　(b) 支板后段

图 6-25　WP8 发动机尾喷管外壳与支板的连接

1. 隔热层;2、3. 销子;4. 支承;5、6、7、8. 衬套;9. 尾喷管外壳;10. 整流支板

在尾喷管结构设计时应注意喷口与外壳(或延长管)的连接、冷却与隔热、加强刚性和减少热应力与热变形相关问题。

在喷口与外壳(或延长管)的连接结构设计中,喷口要做成能拆卸的,以备试车时更换喷口校正性能参数。WP8 发动机尾喷管用可分解的快速卡箍连接(也称快分解环或快卸环),这种结构拆卸方便,质量轻,安装边较短,热应力也较小,是一种简单的安装边连接方法,但不能传递扭矩。

对于带有加力燃烧室的发动机,需要考虑冷却与隔热结构设计。由于尾喷管通道中为高温燃气,为了使周围构件不受高温影响,可采用隔热或冷却措施。隔热能使尾喷管工作保持较高的热效率,冷却虽有热损失,但可以有效降低尾喷管零件的壁温,为使用耐热性较差的材料提供了可能性。在 WP8 发动机中尾喷管的外壳外壁全被隔热装置包围。隔热装置由一层石棉布五层铝箔构成。第二、三层铝箔间有金属丝编成的网,使空气吹过以加强隔热效果。隔热装置外包有铝板制成的外罩,外罩外面有通风罩,冷空气流过外罩与通风罩间,可进一步加强隔热效果,减小燃气对飞机的热影响。为了减小整流锥向涡轮盘的热辐射作用,在整流锥的前壁处也需隔热,WP8 发动机尾喷管采用板材制成的隔热屏。

尾喷管的主要零件都是板料制成的,而钣料零件一般易变形。在尾喷管中,零件不仅受气体压力作用,且处于高温之中,因此更容易发生变形。为了保证尾喷管可靠工作,有效加强零件的刚性是必要的。一般加强板料零件刚性的方法是在零件上冲出长条的凸起,或焊上加强箍(肋)等。燃气作用于尾喷管口壳体内壁上,工作中尾喷管口壳体不易变形(壳体在内压作用下不会失稳变形),因此一般尾喷管口上不会焊有加强箍。而燃气作用于整流锥的外壁上,则很容易出现失稳变形(壳体在外压作用下易失稳变形),因此整流锥内壁上需焊上若干条加强箍。

在 WP8 发动机的尾喷管整流锥内壁上焊有加强箍,隔热屏上冲有径向加强肋,喷口尾缘则点焊有加强圆环。

对于板壳结构的热应力问题，尾喷管的安装边尺寸不应过高，并且为了防止热应力，安装边的螺栓孔间应铣去一部分，这不但可减轻质量，也会减少外缘冷、内部热所形成的热应力。

2. 可调节收敛形尾喷管

采用喷口可调节的尾喷管，能使发动机在各种工作状态都获得良好的性能。带加力燃烧室的发动机必须采用可调节的尾喷管，保证在加力状态相应地加大喷口面积。带加力燃烧室的发动机，其加力燃烧室扩压器起到了排气管的作用，且加力燃烧室的长度也较长，可以与飞机的布局相协调，因此不再有专门的排气管和延伸管。

在飞行马赫数 $Ma<1.5$ 的情况下，可采用收敛形的可调节尾喷管。图 6-26 为几种可调节收敛形尾喷管的示意图。目前广泛采用多鱼鳞片（又叫调节片）式机械调节的收敛形尾喷管，可以是双位、多位，或无级调节的。

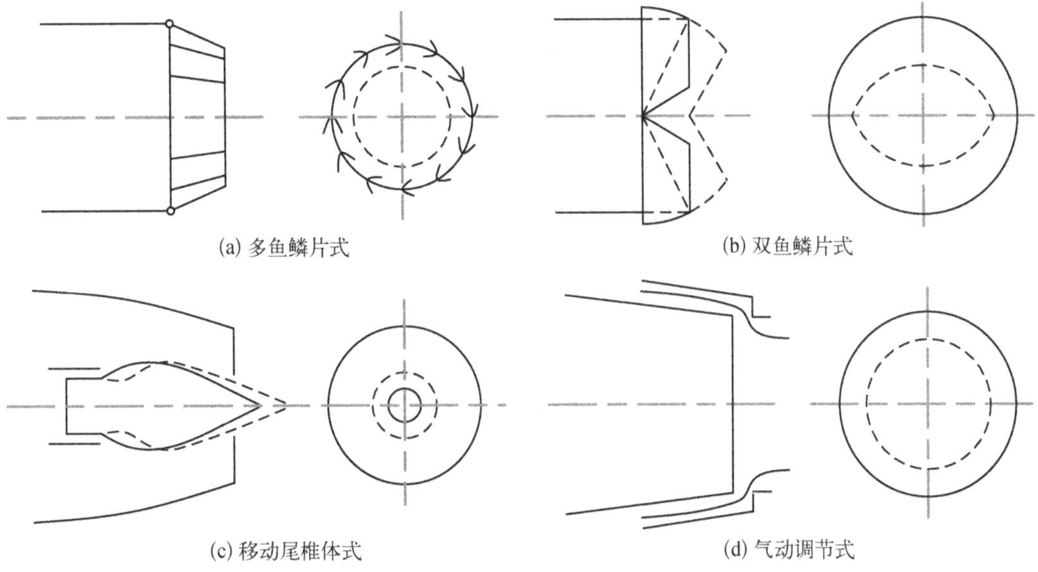

图 6-26　可调节收敛形尾喷管示意图

多鱼鳞片式可调节收敛形尾喷管借助作动筒内的活塞，通过控制活塞腔中的油压来带动调节圆环，实现喷口位置的无级调节。WP7 发动机即采用此结构。

双鱼鳞片式可调节收敛形尾喷管，由于靠两个可转动的半圆形或半球形鱼鳞片形成的喷口截面难于保证是圆形，将造成一定的推力损失，且密封性差，因而已被多鱼鳞片式所取代。

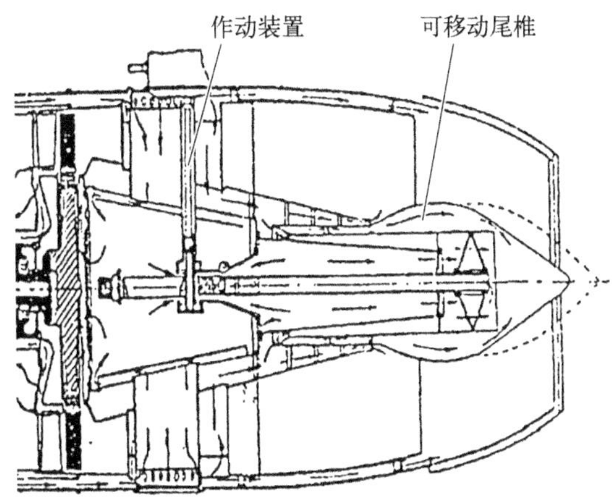

图 6-27　移动尾锥体式可调节尾喷管（苏联 RD-10）

移动尾锥体式可调节收敛形尾喷管，如图 6-27 所示，早期的发动机曾采用，是靠机械传动特种型面的尾锥体沿发动机轴线移动,从而改变喷口面积。这种尾喷管构造复杂,质量大,机械传动构件处在高温下工作不可靠,现在已很少采用。近年来,随着多电发动机研制的发展,在一些小型燃气轮机的喷口设计中,这种结构仍具有鲜明的特点,十分适合电动控制。

气动调节式收敛形尾喷管,从压气机抽气引至喷口截面,通过调节这股气流的压力、流量,从而改变燃气流实际的流通面积,相当于调节了喷口大小。这种尾喷管构造简单,质量轻,可以无级调节,但由于抽取压气机的气体掺进燃气,将造成较大的推力损失,且不易控制,因此也未得到广泛采用。

3. 可调节收敛-扩散形尾喷管

超声速飞机配装的发动机,燃气在尾喷管中总膨胀比可达 10~20,甚至以上,如果仍采用收敛形尾喷管,则燃气不完全膨胀所造成的推力损失将很大。据估计,当飞行速度马赫数 $Ma=1.5$ 时,收敛形尾喷管造成的推力损失为 10%;当飞行速度马赫数 $Ma=3$ 时,推力损失达到 50%。因此,当飞行速度马赫数 $Ma>1.5$ 时,为了保证燃气能充分膨胀,减少推力损失,不论有无加力燃烧室,发动机都应采用收敛-扩散形的可调节超声速尾喷管。

必须指出,可调节的收敛-扩散形尾喷管的应用范围并不是绝对的。例如,WP7 发动机作为超声速飞机的动力装置,飞行速度较大,但未采用可调节的收敛-扩散形尾喷管。这是因为超声速尾喷管结构和操纵机构复杂,质量大,技术难度大。因此 WP7 为了简化结构,仍采用无级可调的多鱼鳞片式收敛尾喷管,但其推力损失不大。

收敛-扩散形的可调节尾喷管随着工作状态的变化,必须改变尾喷管的喉部截面积和出口截面积,也就是必须同时调节尾喷管收敛段和扩散段的横截面积。目前采用的收敛-扩散形尾喷管的调节方案有以下几种。

1) 全可调尾喷管

图 6-28 为靠移动尾锥体调节喉部截面和操纵多鱼鳞片调节出口截面的尾喷管。图 6-29 为收敛段和扩散段均采用多块鱼鳞片进行调节的尾喷管。这两种尾喷管都需要有两套机械操纵系统,构造较复杂,质量较大,并且要使两套系统能协调工作也较为困难。但是,这种机械调节的尾喷管能保持较高的喷管效率,已积累一定的设计、制造和使用经验,因此在一些发动机上被采用。如 J79 发动机的收敛-扩散形尾喷管就属于图 6-29 所示的设计方案,其构成收敛段的主喷管连续可调,构成扩散段的副喷管长度较长,只有加力和不加力状态两个位置。

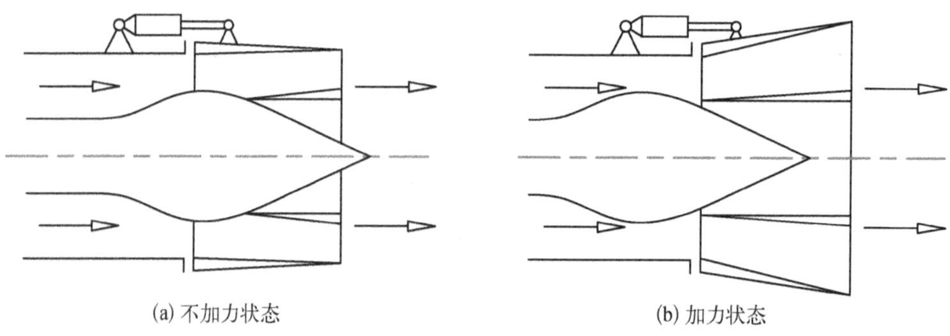
(a) 不加力状态　　(b) 加力状态

图 6-28　靠移动尾锥体调节喉部用多鱼鳞片调节出口的方案

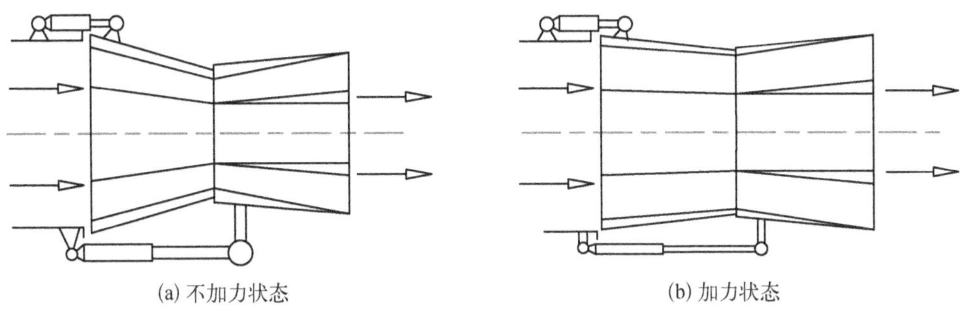

图 6－29　尾喷管收敛段和扩散段均用多块鱼鳞片调节的方案

AL－31F 的尾喷管是通过多块鱼鳞片调节的收敛-扩散形全状态尾喷管(图 6－30),可以保证发动机在所有的工作状态对喷口的临界截面和排气截面进行有效调节,使燃气在尾喷管内能够完全膨胀。

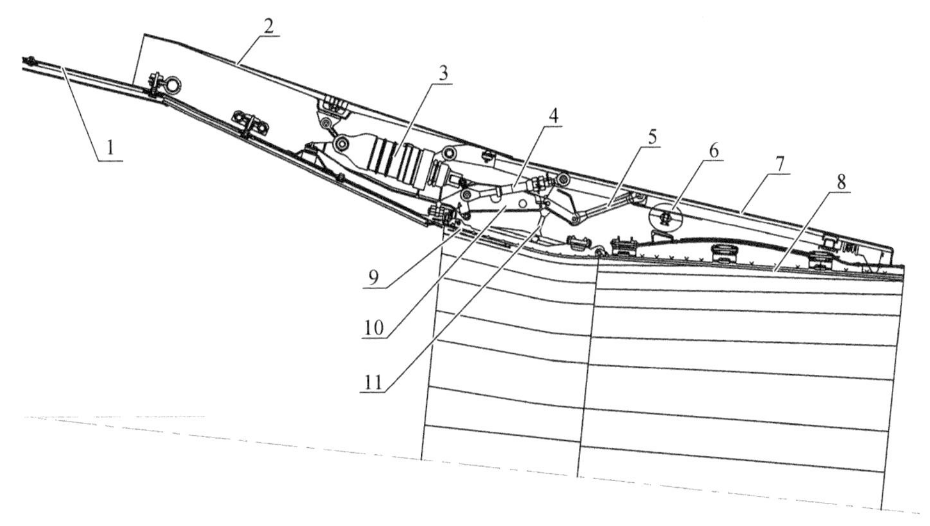

图 6－30　AL－31F 收敛-扩散可调尾喷管

1. 加力燃烧室机匣;2. 弹性元件;3. 液压作动筒;4. 连杆;5. 拉杆;6. 气压作动筒;7. 外调节片;8. 加长调节片;9. 亚声速调节片;10. 摇臂;11. 压杆

AL－31F 发动机尾喷管截面设计和尾喷管部件长度的选择是用先进的喷口流场和尾部机身环流的计算方法得到的。尾喷管的流路由 3 个活动的环状调节片(鱼鳞片)组成,其中两个是亚声速和超声速调节片,用于形成收敛-扩散的内部流路,而第三个是外调节环和与机身相连接的弹性部件,来保证尾部的最优外形。

尾喷管分为亚声速部分和超声速部分,并带有外调节片。

尾喷管的亚声速部分由 16 个调节片构成的圆环和相应的密封片组成。调节片与铰链座活动相连,而铰链座又固定在加力机匣安装边上。隔热屏从里边安到调节片上,通过隔热屏内部的缝隙向喷口超声速部分供气冷却。调节片的传动靠 16 个液压作动筒 3 来实现。其筒体用铰链固定到连杆上,连杆刚性地固定在后安装边上并可以移动地安装在加力燃烧室机匣的加强箍上。液压作动筒 3 活塞杆和摇臂用铰链连接。同样,摇臂用铰链固定到连杆上，而且每个摇臂通过拉杆 5 和压杆 11 分别与外调节片 7 和亚声速调节片 9 铰接，这样就会使它们同步运动。液压作动筒 3 往复运动就实现了喷管喉部截面的变化，其组成的系统还通过摇臂 10 和压杆 11 系统使亚声速调节片相对于机匣后安装边转动。

尾喷管的超声速部分是由 16 个超声速调节片（加长调节片 8）和相应的密封片构成的圆环组成。调节片上固定有隔热屏，减少了从喷口高温区到钛合金的外侧调节片的热流。加长调节片 8 的前端和亚声速调节片 9 的后端相铰接。

外侧调节片活动地固定在连杆上，而另一端活动地用滚柱同加长调节片相连，滚柱则在加长调节片 8 的滑轨上运动。外侧调节片之间装有密封片，密封片通过限制器和销钉活动地和外侧调节片相连。在外侧调节片末端安装喷口出口截面最大直径限制器，并具有可伸缩的拉杆。在外侧调节片的安装座上固定一排气压作动筒 6，作动筒内引入来自空气—空气换热器的空气，以压缩喷口。

喷口超声速部分的同步运动类似于亚声速部分，用支架来实现。支架通过铰链固定到亚声速调节片的传动摇臂上，从而使每个支架通过铰链拉杆同两个相邻外调节片相连。

出口截面面积可按飞行条件和发动机的工作状态在一定区域内改变。在这个区域内，超声速调节片的位置，取决于气压作动筒作用力和外调节片及超声速调节片压差负载的平衡。在此区域的边界上不平衡力由相应的限制器承受。

弹性元件 2 用于保证机身和喷口的对接，并用埋头螺钉把它固定到圆环上。螺钉用自锁螺帽固定在圆环的安装孔里，圆环则用拉杆固定在连杆上。

2）扩散段可调尾喷管

为了简化结构，将尾喷管的收敛段固定，不可调节，扩散段靠多块鱼鳞片可调节。这种收敛-扩散形尾喷管，如图 6－31 所示，只要收敛段设计得合理，尾喷管的气动性能依然较好。如 J57－F13 发动机的尾喷管就是这种形式，它是将收敛形的加力燃烧室壳体作为收敛段，多鱼鳞片式喷口在加力状态张开形成扩散段。

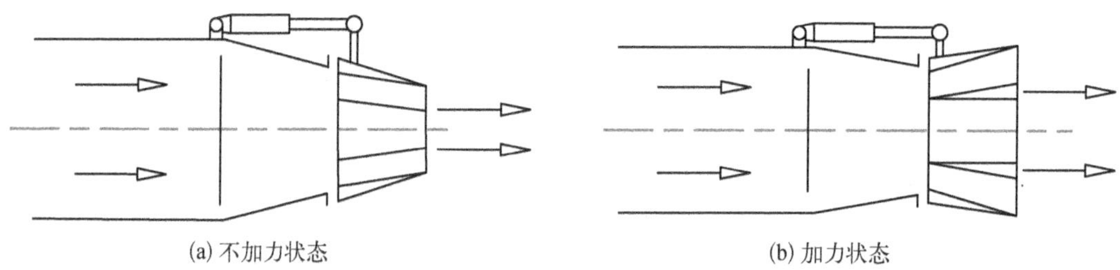

图 6－31　尾喷管收敛段固定扩散段用多鱼鳞片调节的方案

3）引射式收敛-扩散形尾喷管

超声速飞行器的发动机曾广泛采用引射式收敛-扩散形尾喷管。如图 6－32 所示的引射喷管，是由一个可调节的收敛形主喷管和一个罩在主喷管后部的收敛-扩散形引射套管所组成。引射套管出口截面可以是固定不变的，也可以是可调节的。气动调节用的气流取自发动机主进气道或专门的辅助进气道，通过主喷管与引射套管之间的环形通道后，沿着引射套管内壁引射主气流。通过调节引射气流的压力与流量来控制环形通道的开

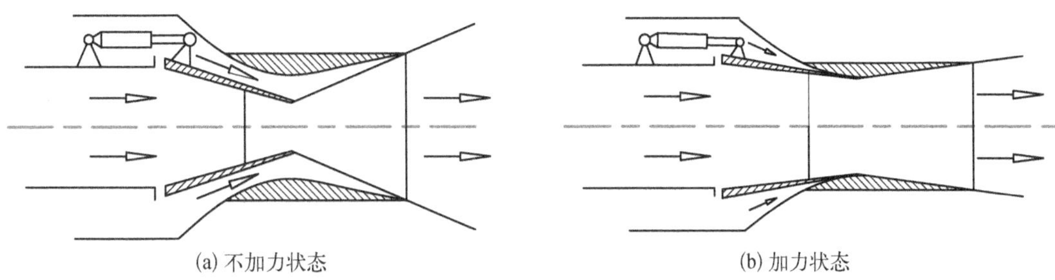

图 6-32　引射式收敛-扩散形尾喷管

度,进而改变喷管的截面面积。引射喷管的采用,不仅使尾喷管的结构简单,质量小,而且可使飞机在巡航时流阻变小,改善喷管的内推力特性。

斯贝 MK202 涡扇发动机的尾喷管(图 6-33)是超声速管,它由可调式主喷口、引射喷管和作动环三大部件组成,这种尾喷管效率较高,质量较轻。

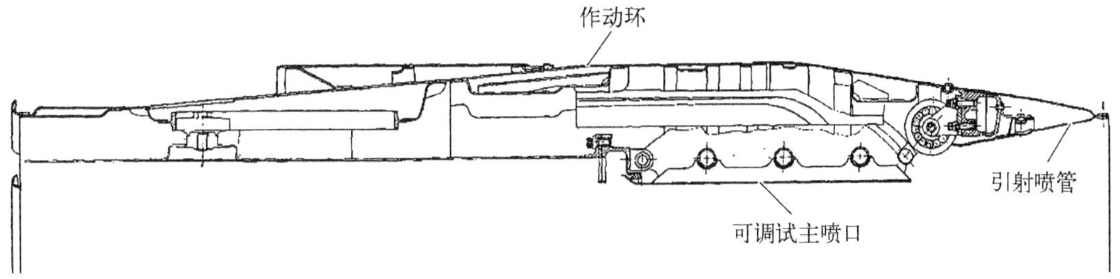

图 6-33　斯贝 MK202 尾喷管

可调式主喷口是由主动喷口扇形件(图 6-34)、密封喷口扇形件(图 6-35)和喷口安装座(图 6-36)组成的。20 个主动喷口扇形件和 20 个密封喷口扇形件交错安装到环形喷口安装座上,相互啮合,构成可调主喷口。

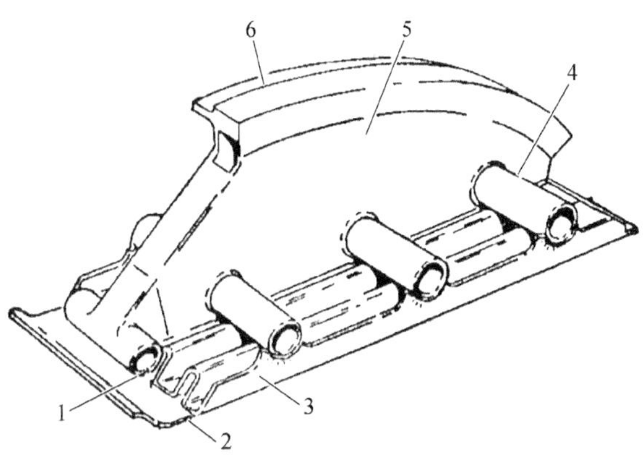

图 6-34　斯贝 MK202 主动喷口扇形件结构

1. 枢轴凸耳;2. 内板;3. 波纹加强板;4. 加强管;5. 导向支座;6. 导轨

主动喷口扇形件(图 6-34)是由内板 2、波纹加强板 3、加强管 4、导向支座 5、枢轴凸耳 1 和导轨 6 组成。波纹加强板 3 焊装在内板 2 的背面,前端与内板 2 焊为一体,后端用锁板锁紧,便于内板热胀冷缩。采用这种结构增加了内板 2 的刚性并可引入气流冷却内板。枢轴凸耳 1、导向支座 5 与导轨 6 作为一个焊接组件连同三个加强管 4 与波纹加强板 3 焊为一体。主动喷口扇形件通过销轴装到喷口安装座上。由于内板 2、波纹加强板 3 和加强管 4 处温度较高,故用耐热合金 C263 和 N75 制成,导轨 6 和枢轴凸耳 1 由不锈钢 S/607 和 S/SJ2 制成。

主动喷口扇形件是一个凸轮组件。喷口滚子轴承和滚轮与扇形导轨的内外型面相贴合，当作动环沿发动机轴向运动时，便驱使主动喷口扇形件绕其支点做顺时针或逆时针旋转，密封喷口扇形件随同旋转，以此改变喷口面积。

密封喷口扇形件(图6-35)是由密封板4、波纹加强板5、角形支架7、带槽管子2和钩形凸耳6等组成。在波纹加强板5上冲压有13个山峰状横向排列的波纹，其两侧边与密封板4的两侧边对齐并焊为一体，以增加密封板4的横向刚性并减少热应力。在密封板4相对于加强板5的波峰位置上钻有12个小孔。将带槽管子2的角形支架7焊在波纹加强板5的前面，这样密封喷口扇形件就可通过装在带槽管子2两端的销轴，安装到喷口安装座上，然后用"U形"销1锁紧。为了更好地与主动喷口扇形件啮合，在密封板4的后端有两个钩形凸耳6挂在主动喷口扇形件上。

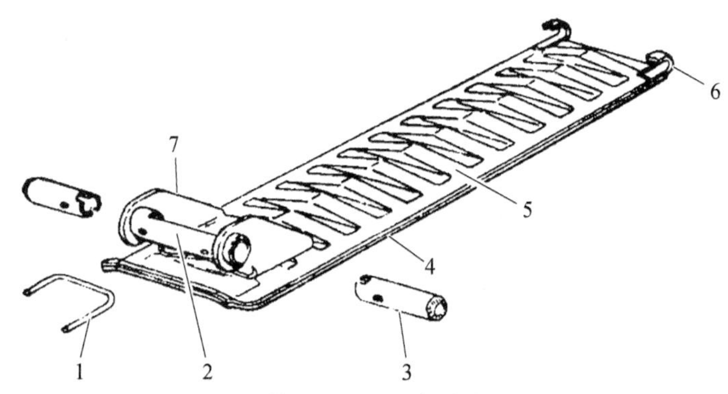

图6-35 斯贝MK202密封喷口扇形件

1. "U形"销；2. 带槽管子；3. 销轴；4. 密封板；5. 波纹加强板；6. 钩形凸耳；7. 角形支架

喷口安装座组件(图6-36)为主动喷口扇形件和密封喷口扇形件提供支撑。它由安装座和密封圈组件组成。喷口安装座2的前端面上有60个螺纹孔，用螺钉将喷口安装座固定在加力燃烧室机匣上。后端面有80个孔，用铆钉6将密封圈组件固定到安装座上。后端沿圆周有交错排列的20对凸耳和带槽凸耳，用以安装主动喷口扇形件和密封喷口扇形件。为防止密封喷口扇形件从带槽凸耳中脱出，在安装座上沿圆周用铆钉1铆装40个压板3。密封圈组件的作用是防止主喷口漏气，它由密封圈4和挠性金属密封圈5组成。密封圈是由耐热合金N75制成，沿周边有40个平面，以对应40个喷口扇形件，每个平面上有3个小孔，用塞焊将挠性金属密封圈固定在密封圈上。挠性金属密封圈由外圈、内圈、环芯和板条组成。外圈、内圈和环芯是用耐热合金金属丝N75编织而成，位于编织金属丝内部的板条用不锈钢S/CNT制成，以增加挠性金属密封圈的周向刚性。

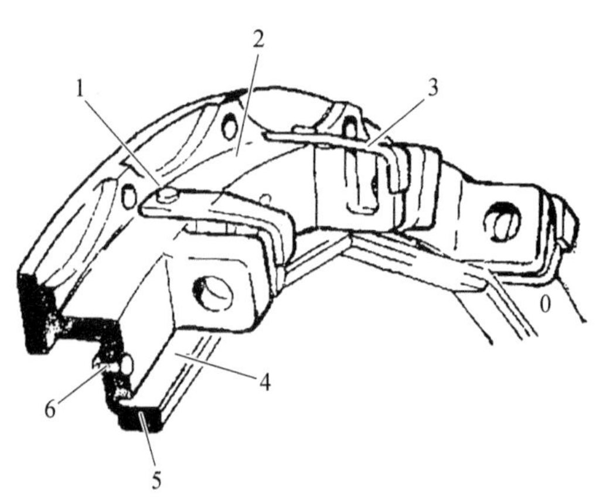

图6-36 斯贝MK202喷口安装座组件

1. 铆钉；2. 喷口安装座；3. 压板；4. 密封圈；5. 挠性金属密封圈；6. 铆钉

斯贝 MK202 发动机加力燃烧室的引射喷管(图 6－37),由耐热合金 N75 制成的内锥体组件和钛铜合金 T/CU 制成的外锥体 5 组成。内锥体组件由内锥体 7、支撑圈 10 和加强环 8 焊接而成。基本型面是与轴线呈 9°45′夹角的扩张形圆锥体,其尾缘沿圆周用 60 个铆钉 6 与外锥体铆在一起,前缘沿圆周在支撑圈上开有 20 个轴向槽,为 20 个喷口滚子轴承提供安装位置。内锥体组件通过 20 个托架 4 用 40 个铆钉 3 固定在喷口滚子轴承托架支撑圈组件 11 上,20 个带头铆钉 9 径向铆在托架上,铆钉头插入支撑圈后部的 20 个轴向长槽中,以适应内锥体组件轴向的热胀冷缩。为了铆接方便,在内锥体上有 20 个相应的翻边孔。外锥体与作动环用 150 个铆钉 2 铆接。引射喷管的气流出口截面面积是不变的,其直径为 991 mm。

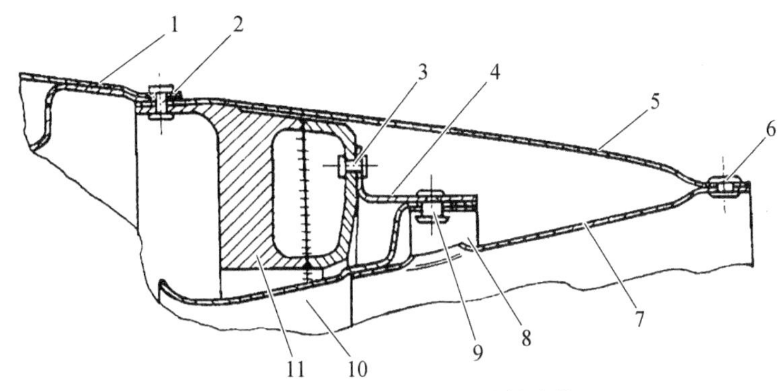

图 6－37　斯贝 MK202 引射喷管

1. 作动环;2. 铆钉;3. 铆钉;4. 支撑托架,5. 外锥体;6. 铆钉;7. 内锥体;8. 加强环;9. 带头铆钉;10. 支撑圈;11. 滚子轴承托架支撑圈

图 6－38 为作动环结构简图,为可调喷口传递动力,并与加力燃烧机匣构成气流通道,冷却加力燃烧室,还与飞机短舱机尾封严罩组成封严。作动环由作动环焊接组件 1、封严套筒组件 2、挺杆支架 11 组件、喷口滚子轴承托架支撑圈组件 4、U 型支架 7 和滚轮托架 5 等组成。

作动环焊接组件(图 6－39)由钛铜合金 T/CU 制成。前锥体 4、后锥体 1 组成了它的基本型面,前锥体 4 是与轴线呈 4°35′夹角的扩张型面,后锥体 1 为与轴线呈 9°夹角的收敛型面,沿型面有 7 道加强环。第一道加强环焊在前锥体 4 前缘的外面,在加强环和前锥体 4 的外圆柱面和内圆柱面上,沿圆周焊有六对内、外衬套 5,用于安装关节轴承座。第二道加强环是由四个导轨支座 7 和四块加强板 6 交替排列对焊而

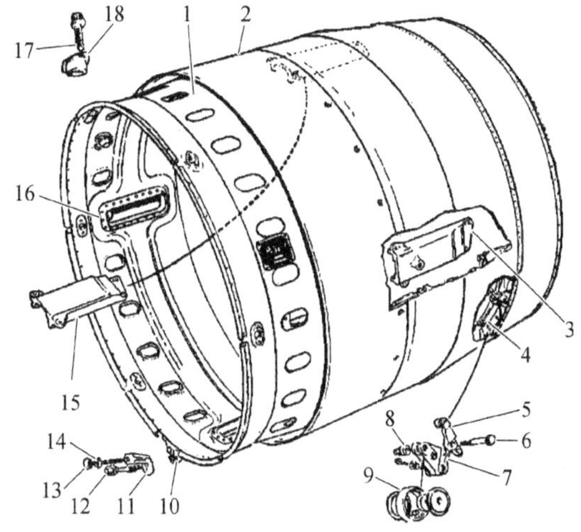

图 6－38　斯贝 MK202 作动环

1. 作动环焊接组件;2. 封严套筒组件;3. 左、右后导轨;4. 滚子轴承托架支撑圈组件;5. 滚轮托架;6. 轴承轴颈螺栓;7. U 型支架;8. 自锁螺母;9. 滚子袖承组件;10. 挺杆支座;11. 挺杆支架;12. 螺钉;13. 调整挺杆螺栓;14. 调整螺母;15. 上、下后导轨;16. 前导轨;17. 螺栓;18. 关节轴承座

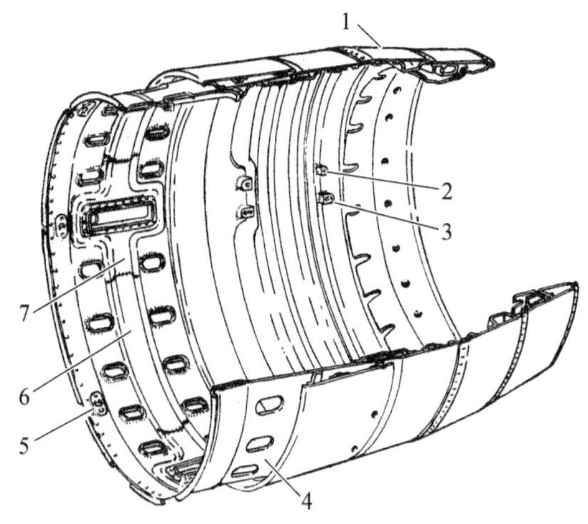

图 6-39　斯贝 MK202 作动环焊接组件

1. 后锥体；2. 螺纹衬套；3. 带销孔螺纹衬套；4. 前锥体；5. 内、外衬套；6. 加强板；7. 导轨支座

成，然后焊在前锥体 4 上，在导轨支座 7 上铆装与轴线平行的 4 个前导轨。第三道和第七道加强环的结构形式与第二道大致相同，所不同的是在加强环的导轨支座 7 上，分别焊有 4 对螺纹衬套 2 和带销孔螺纹衬套 3，用于安装 4 个后导轨，在第一道和第二道加强环之间开有 24 个大翻边孔，其中，前导轨前部的 4 个孔用于装卸 4 个前轴承。在第二道和第三道加强环之间开有 20 个大翻边孔，两排翻边孔主要用于增加通道的进气面积。前锥体 4 的前缘用铆钉铆有 7 段扇形整流罩和挺杆支座。从两段扇形整流罩之间穿过 6 个作动筒连杆和喷口位置指示器连杆。后导轨分上下导轨和左右导轨，在左右导轨的外侧各有一个供装卸用的螺孔。前后导轨处于相互垂直的两个纵向平面内。

如图 6-40 所示，为封严套筒组件，由套筒封严圈 1，前后加强环 2、4 和加强带 3 焊接而成。套筒封严圈 1 是由钴基耐热合金 HS25 制成的圆柱形筒体，它与飞机短舱机尾封严罩相配合，作动环轴向移动时互相摩擦。前加强环 2 和后加强环 4 焊在套筒封严圈的前部和后部，前加强环的内锥形圈与作动环的前锥体相吻合并用铆钉铆接。在前加强环的圆锥面上，沿圆周开有 64 个长孔，引气流对封严套筒冷却。为了增加刚性，在封严套筒内壁中间部位焊有一个加强带 3。后部 20 个翻边孔是工艺孔。

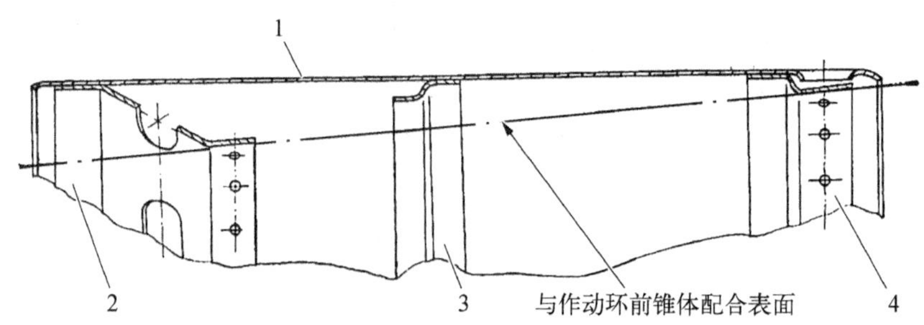

图 6-40　斯贝 MK202 封严套筒组件

1. 套筒封严圈；2. 前加强环；3. 加强带；4. 后加强环

6.2.2　推力矢量喷管

推力矢量喷管是指可根据飞机对推力大小和方向的要求，在发动机工作状态下改变排气方向的喷管。矢量喷管技术的使用对提高飞机机动性具有巨大的作用。

利用改变喷气方向而产生不同作用力的原理，可将发动机喷管设计成可转向的。如图 6-41 所示，"飞马"发动机采取两侧对称分叉排气，前后各装一对可转向喷管，前端两个转向喷口排出风扇出口的外涵气流，后端两个转向喷口排出涡轮后的燃气。用作动筒操纵 4 个喷管同步旋转，根据喷管不同排气位置，可产生推力、升力、偏推力或反推力。该发动机装在垂直短距起落“鹞式”战斗机上，增加了飞机的机动性，是最早应用矢量喷管的发动机。

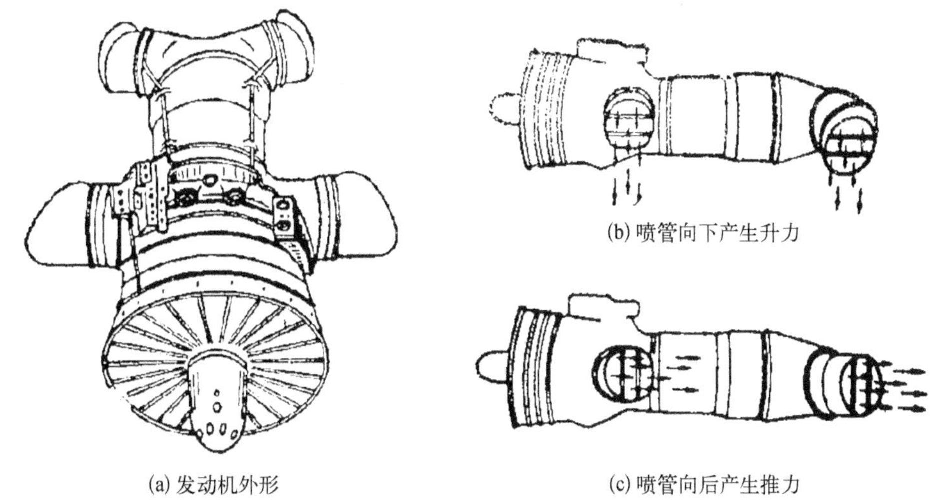

(a) 发动机外形　　(c) 喷管向后产生推力

图 6-41　具有 4 个转向喷管的“飞马”发动机

由于推力矢量技术对飞行器机动性的显著作用，近年来国内外对矢量推进进行了大量研究，再对推力矢量技术经过理论研究、风洞试验、地面试车和成效评估，并解决一系列关键技术后，推力矢量技术已成为先进军用涡扇发动机的标准配置。第 4 代战斗机（F-22）的型号设计和第 3 代战斗机（苏-27）的改型中均有矢量推力设计。

在矢量喷管的发展过程中出现了多种方案，如折流板式矢量喷管、二元收-扩式矢量喷管、圆柱段轴线偏转矢量喷管、球面收敛调节片式矢量喷管、俯仰/偏航平衡梁矢量喷管、轴对称矢量喷管和气流控制矢量喷管。下面对几种典型结构设计方案进行介绍。

1. 折流板式矢量喷管

折流板是在飞机的机尾罩外侧加装 3 或 4 块可做向内、向外径向转动的折流板，相当于尾桨或尾舵（有人称为燃气舵）。该方案的特点是：发动机无须做任何改装，结构简单，成本较低，但给飞机增重较多，外围尺寸较大，进行推力矢量工作时效率较低，对飞机隐身和超声速飞行不利。

2. 二元收-扩式矢量喷管

图 6-42 为二元收-扩式矢量喷管工作示意图，通过可转动的收敛调节片进行推力矢量控制。在工作中矢量喷管既要改变喉道截面积，以适应发动机性能要求，又需要控制推力方向，因此，在二元矢量喷管结构设计中，转动上下两块扩散调节片时既可改变排气面积，又可实现推力转向。其优点是：它是一种多功能的推进装置，容易实现推力矢量化，而且对红外隐身、超声速巡航等都有很大的好处，同时由于后部外围尺寸扁平，因此大大降低了尾阻和后机身阻力。其缺点是：结构比较笨重，内流特性差，推力损失约 1%，对于现役机种来说，改装量大。

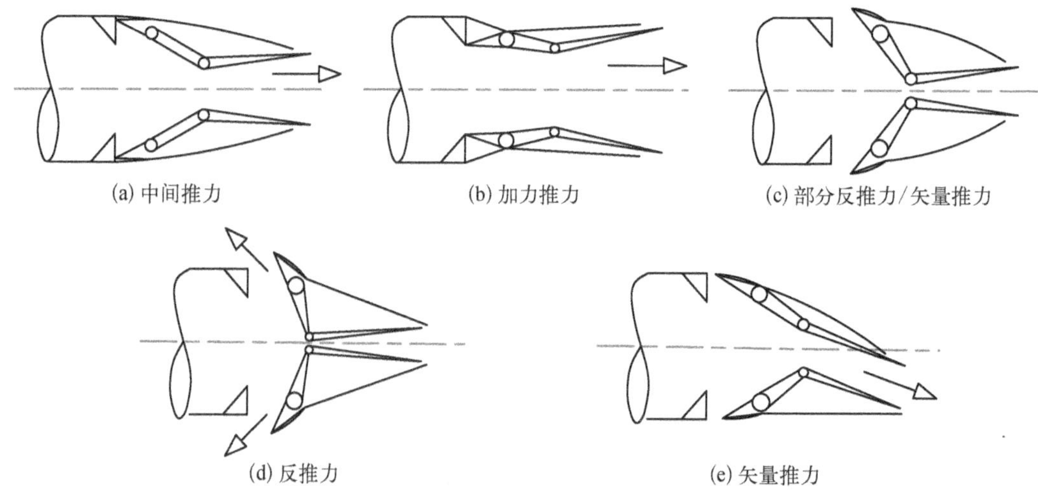

图 6-42　二元收-扩式矢量喷管

3. 圆柱段轴线偏转矢量喷管

圆柱段轴线偏转矢量喷管的结构是把喷管的圆柱段分为前后两段,在搭接处的左右两侧设置了两个侧向销轴,这样整个排气喷管就可做俯仰平面内的上下摆动。该方案的特点是：运动原理简单,轴对称收-扩喷管可以不做任何改动,但最大缺点是转动段长度为 1.3~1.7 m,而且转动部位靠前,外阻很大,结构上受到的附加载荷很大,必须设置笨重的承力构件。它原理简单,但增重很多,且为防止结构干涉,喷管必须伸出飞机尾罩外很长一段距离,否则无法使用。

4. 球面收敛调节片式矢量喷管

球面收敛调节片式矢量喷管是由普惠公司于 1986 年提出的。其主要特点是：转动是在收敛段即喉道截面以前的亚声速段内转动,因此其气动载荷很大。尽管利用了球面结构,受力较合理,但操作作动系统不可能设计得很小,很容易增加质量。如果仅增加偏航力矩,则用两个销轴即可,其结构接近于圆柱段偏转的方案。在多轴条件下则至少还要用一套控制作动筒,这样就不如二元收-扩式矢量喷管系统简单。由于喉道截面已设计成二元的,因此当喉道截面及其下游的扩张段一起转动时,会占较大的空间,以至轮廓尺寸较大,使外阻加大。因此本方案优点不突出。

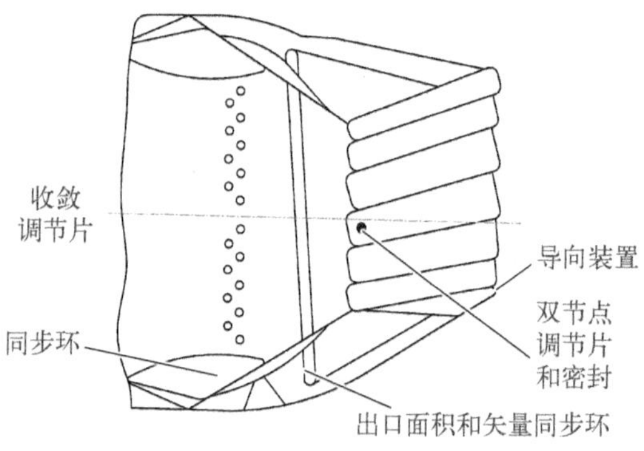

图 6-43　俯仰/偏航平衡梁喷管结构

5. 俯仰/偏航平衡梁矢量喷管

普惠公司的轴对称矢量喷管为俯仰/偏航平衡梁喷管,是从 F100 发动机的喷管改进而来的,其工作原理如图 6-43 所示。

该喷管结构保持了平衡梁的优点,是一个能提供最佳外形和性能且质量较轻的收敛-扩散喷管。俯仰/偏航平衡梁喷管通过平衡空气载荷以及在扩散段、收敛段和平衡密封段上采用比强度高的材料,使结构质量较轻。利用冷却空气降低收敛调节片和平衡梁、收敛同步环和静态结构等喷管各部件的工作温度，从而可以采用低强度材料。收敛作动系统控制喉道面积与发动机匹配，以使发动机的压比和推力达到最佳。平衡梁方案的革新设计使得确定喉道面积、位置所需的作动力减至最小。推力矢量是通过一个同步环、一个扩散作动系统和一个后部固定结构件对扩散调节片进行多向控制来实现的。

6. 轴对称矢量喷管

如图 6－44 所示，通用公司的轴对称矢量喷管由 3 个喷口截面调节作动筒、4 个收敛截面面积调节作动筒、3 个调节环支承机构、喷管控制阀以及一组位于调节片之间的涂有耐热涂层的扩散密封片等构成。

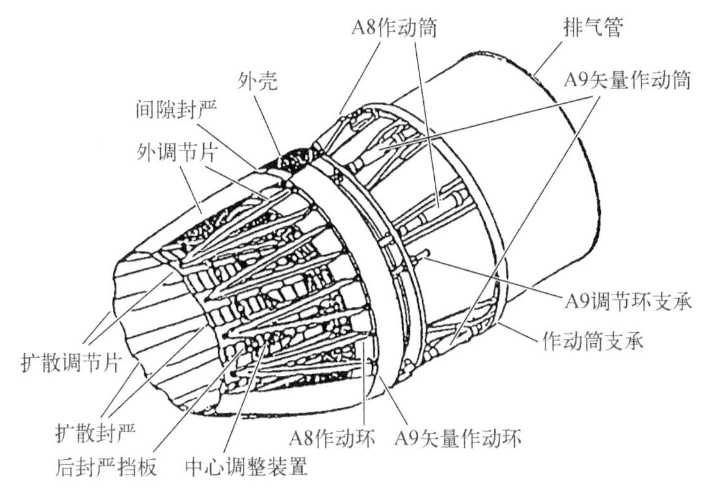

图 6－44　轴对称矢量喷管示意图

轴对称矢量喷管结构设计的主要特点：完全保留了轴对称收-扩式喷管的良好气动性能（包括内流和外流），只是在结构上扩大了扩张段的功能，使之既产生超声速气流，又能按飞机的需要偏转气流方向。由于气流偏转是在扩张段内实现的，与前面方案相比，该喷管气动负荷小得多，同时它是在出口截面实现偏转，相对发动机的质心最远，所以新增偏转力矩最大，降低了操纵机构强度方面的要求，使得操纵作动系统可以做得比较轻巧，质量增加很小。并且由于喷管是在扩张段内转动，所以矢量状态工作时所占空间及外围尺寸较小。

轴对称矢量喷管方案的运动机构主要体现在转向环出口面积的操纵上，出口面积是单独控制的，因此容易得到最佳的超声速部分的膨胀比，可以充分发挥喷管的潜在能力。此外，由于整个推力矢量控制系统是发动机自带的，飞机/发动机之间的连接界面清楚，所以相容性好。

从以上分析看出，轴对称矢量喷管的优点很突出。飞机/发动机不需要做很大的改装，便于用在现役的飞机和发动机上。EJ200 即采用轴对称矢量喷管，如图 6－45 所示。

7. 气流控制矢量喷管

这种通过控制尾喷气流偏转的矢量喷管方案是利用二股气流以偏离发动机轴线某一

图 6-45　EJ200 轴对称矢量喷管

角度来与主流掺混，获得尾喷气流的矢量偏转。目前已进行了一些试验、计算，证明此方法是可行的。这种方法具有控制机构简单可靠、质量轻等特点，但目前还有很多理论问题需要解决，许多研究处于预研阶段，距离实际应用还较远。

无论哪种形式的矢量喷管，在设计中必须解决好转动部件与静止部件间在各种工况下的热匹配性问题，既不在某一工况下出现大的缝隙，造成热燃气的泄露，又不能在某一工况下卡死，造成喷口不能按要求转动，导致飞机失控。要达到较好的热匹配性能，仅依靠计算分析是不够的，还需通过大量试验予以调整。

6.3　反推力装置

6.3.1　概述

随着飞机的飞行速度不断增加，其着陆速度也相应增加，尤其是民用飞机体积大，质量大，惯性也大，因而滑跑距离被迫增长。为了缩短飞机着陆滑跑距离，可采用刹车、阻力伞（阻力伞现广泛用于高速战斗机上）等减速装置，但它们的效用受到风向、风力和机场地面条件的限制。刹车装置是所有飞机均有的，但仅靠刹车装置不可能将飞机尽快减速，因此，大多数旅客飞机的发动机上都装有反推力装置，为飞机减速之用，其减速效果明显，工作可靠。反推力装置是将涡轮或加力燃烧室后的燃气（全部或部分）或外涵气流折转向前方排气而产生反推力。

对于未来的无人飞行器，采用推力矢量和反推力装置也可大幅提升机动性。例如，战斗机在飞行中开动反推力装置，可以在不降低发动机转速情况下，使飞机迅速减速；若发动机装在飞机两翼，利用反推力装置可使飞机迅速转弯；飞机降落时，若发现着陆条件不适宜，只要关闭反推力装置，即可迅速拉起复飞；飞机着陆后利用反推力装置，使飞机缩短滑行等。

理论上，战斗机的发动机使用反推力装置可提高战斗机的机动性，但实际上反推力装置在战斗机上很少采用，目前其主要用于旅客机的发动机中。对于涡喷和小涵道比涡扇发动机，反推力装置均安装在尾喷口之后。在高涵道比涡扇发动机中，由于发动机推力的四分之三以上是由外涵气流产生的，因此，均将反推力装置装在外涵道上，通过使外涵的冷气流折向产生反向推力，如图 6－46 所示。由图 6－46(b)可见，高涵道比涡扇发动机使用反推力装置时，仅外涵道冷气流产生反向推力，内涵道热气流仍然产生正推力。因此，发动机产生的反推力为两者之差，反推力大小与折转的燃气或外涵气流的流量、排气速度、折转角和飞行速度等有关。内涵道出口处不装反推力装置是由于流过此处的燃气温度较高，会使装置的寿命降低、可靠性变差。

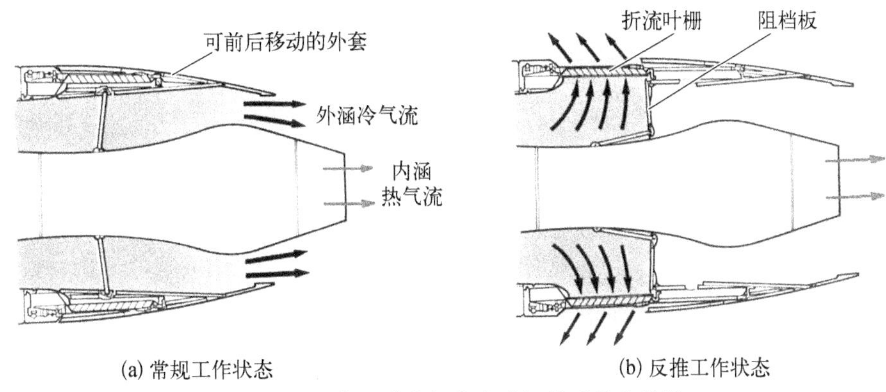

(a) 常规工作状态　　(b) 反推工作状态

图 6－46　高涵道比涡扇发动机的反推力装置

高涵道比涡扇发动机反推力装置的工作过程：在旅客机上安装的反推力装置应该是只有当飞机着陆后才能打开的安全设计。一般在飞机起落架上装有触地开关，当飞机降到跑道后，触地开关才能打开操纵反推力装置的电路系统，在反推力装置和刹车装置共同作用下，飞机速度迅速降低到一定值后，应立即关闭反推力装置，否则发动机会吸入反推力折流向前的热气流，造成压气机喘振。

反推力装置的设计要求是：在保证发动机安全正常工作的情况下获得最大的反推力；力求结构简单、质量轻，操纵灵活，发动机在正常工作状态与反推力状态相互转换所需的时间要短；合理选择排气方向，力求不产生非对称的反推力，保证飞机的操纵稳定性，不使高温燃气喷射飞机机体；反推力装置的构件在高温大负荷的条件下工作可靠；反推力装置不工作时，不增大飞机的阻力，不减小发动机的推力，排气口应具有良好的封严。

目前，带反推力装置的发动机一般能在 1～2 s 的时间内完成正常工作状态与反推力状态的相互转换，反推力量值可达该转速下正推力的 40%左右。

6.3.2　反推力装置的基本结构

1. 折流板式反推力装置

折流板式反推力装置是一种在喷管后面分流的机械式反推力装置，由两个铰接的半圆柱形折流板及操纵机构组成。开动反推力装置时，操纵机构使折流板转动，直至两边尾缘互相接触，将发动机全部气流折射出去，燃气以单股气流排出产生反推力。此种反推力装置适用于小流量的涡喷和小涵道比涡扇发动机。如图 6－47 所示，为其结构和工作原理示意图。

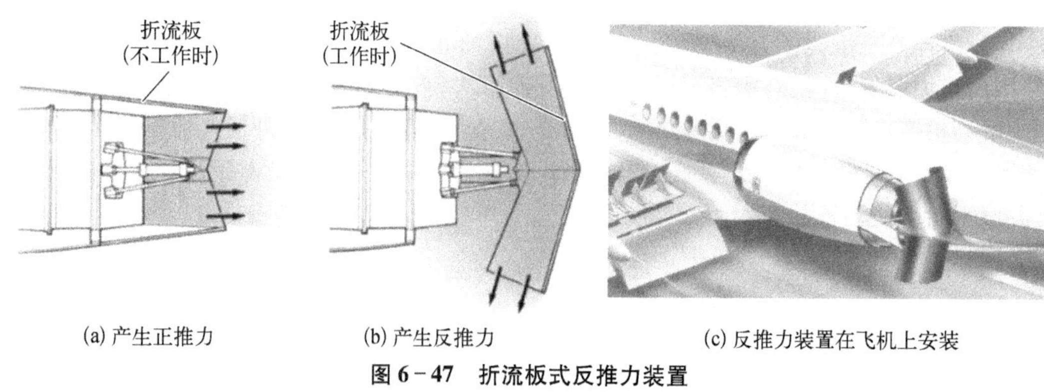

(a) 产生正推力　(b) 产生反推力　(c) 反推力装置在飞机上安装

图 6-47　折流板式反推力装置

2. 格栅式反推力装置

如图 6-48 所示,尾喷管前的反推力装置是采用阻流/折流门及叶形格栅来使气流向前流动,在正推力状态时,阻流/折流门处于收起状态,叶栅也处于关闭状态[图 6-48(a)]。而在使用反推力时,折流门移动后阻挡排气流[图 6-48(b)],使燃气通过转向叶片流向前方。由于燃气出口处有格栅叶片导向,所以燃气是按多股细流排出。

PW1000G 发动机就是采用格栅式反推力装置,如图 6-49 所示。当打开反推力装置时,风扇机匣后的两个半环套筒在液压装置推动下向后移动,并通过连接装置带动阻流/

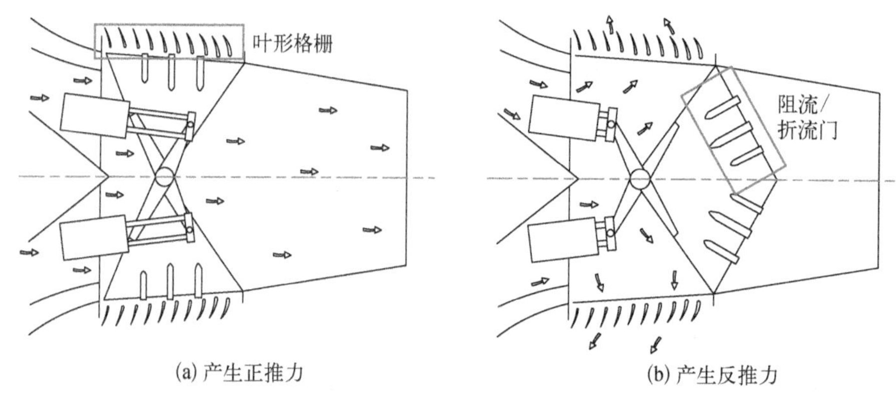

(a) 产生正推力　(b) 产生反推力

图 6-48　格栅式反推力装置工作原理图

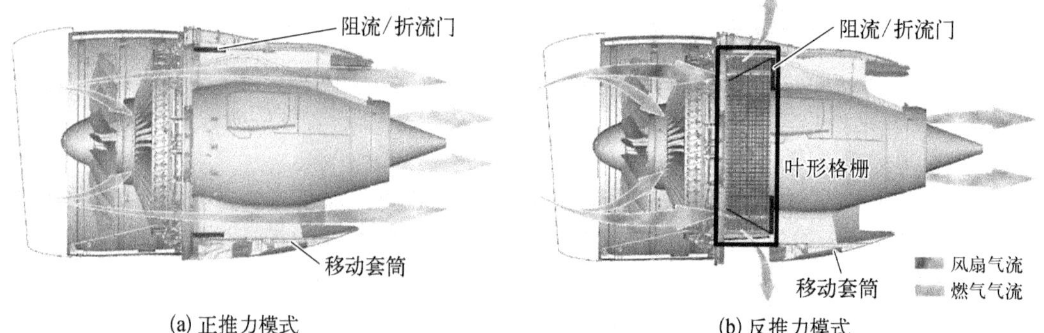

(a) 正推力模式　(b) 反推力模式

图 6-49　PW1000G 发动机反推力装置

折流门打开，使外涵的风扇气流转向到反推力叶形格栅并向外排出，为飞机减速提供反推力。

PW1000G 发动机的反推力装置固定安装结构如图 6－50 所示。反推力装置在上方连接发动机安装吊梁并将反推力载荷传递到飞机，在下方通过锁紧梁上轨道连接可移动套筒并承担其上气动载荷，在上下侧都放置有减振器以降低反推力装置启动瞬间产生的冲击载荷影响。

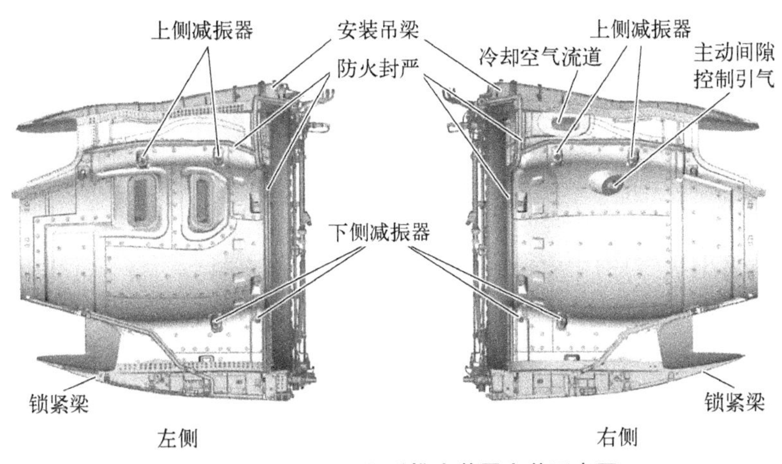

图 6－50　PW1000G 反推力装置安装示意图

思　考　题

1. 简述安装结构设计基本要求，主、副安装节的受力状态有何不同。
2. 简述航空燃气涡轮发动机尾喷管的分类及其使用范围。
3. 请描述发动机采用矢量推力喷管的作用和结构设计中主要技术难点。
4. 高涵道比涡扇发动机的反推力装置工作原理及结构设计特点是什么？

第 7 章 附件传动装置与附属系统

在航空燃气涡轮发动机上，不仅有压气机、燃烧室、涡轮、加力燃烧室、尾喷管等主要部件，还有各种保证发动机正常工作的附属系统，如起动系统、燃油系统、滑油系统、冷却系统等。在这些系统中，有一些发动机的附件（如滑油泵、燃油泵等）以及一些飞机的附件（如液压泵、发电机等）需由发动机的转子提供轴功率来驱动。由于这些附件大部分只能安装于发动机机匣外面，因此需要通过一套机械传动系统将发动机转子的部分轴功率，按一定的转速和转向传递给各附件。这些齿轮、传动轴、轴承等零部件组成了附件传动装置。

本章主要讲述附件传动装置、滑油系统和起动系统。空气冷却系统、燃油系统作为航空燃气轮机调节控制的主要附属系统，工作原理和设计技术需要在航空燃气轮机相关课程中系统讲述，在这里只对其涉及的附件及其安装等结构问题进行简要说明。

7.1 附件及附件传动装置

7.1.1 发动机附件

在发动机上所安装的附件，随机种不同而异，大体上可分为发动机附件和飞机附件。组成发动机各附属系统的元器件，如滑油泵、滑油滤、点火器等，称为发动机附件。大部分发动机附件有特定的功率、转速和转向要求，需通过附件传动装置来传动，需要安装在附件机匣上。另有一些附件不需发动机主轴提供动力驱动，如滑油滤、燃油滤、点火器、滑油压力传感器和滑油散热器等，这些附件并不一定要安装在传动附件机匣上，可装在任意适合的地方，甚至可以装在飞机结构中。

表 7－1 列出了军用斯贝发动机需传动的附件及所需的转速。

表 7－1 军用斯贝发动机附件表

系　统	附 件 名 称	工作转速/(r/min)	附　注
燃油与调节系统	低压燃油泵	4 920	—
	高压燃油泵	2 880	—
	加力燃油泵	20 700	—
	燃油流量调节器	4 130	低压转子驱动

续　表

系　　统	附 件 名 称	工作转速/(r/min)	附　　注
燃油与调节系统	加力燃油流量调节器	4 140	—
	防喘调节器	2 880	—
	加力喷管滑油泵	3 560	—
	低压轴转速控制器	3 500	—
滑油系统	滑油辅助回油泵	1 670	—
	离心通风器	12 550	—
	主滑油泵(供油泵及回油泵)	1 620	—
起动系统	燃气涡轮起动机	13 000	—
指示系统	高压转子转速表发电机	4 145	—
	低压转子转速表发电机	3 970	低压转子驱动
飞机附件	液压泵	3 630	—
	交流发电机恒速传动装置	8 080	—

7.1.2　附件传动装置

将发动机转子的部分轴功率以不同转速传输到附件上,并驱动附件以一定的转速和转向工作的齿轮副、传动轴及轴承等的组合体,称为附件传动装置(图 7-1)。一般由中央传动装置Ⅰ与外部传动装置Ⅱ两部分组成。中央传动装置Ⅰ主要将发动机转子的轴功率以一定的转速输出,将其转轴变为与发动机轴线垂直,并输出到发动机机匣外部的附加传动装置中。它是通过一对锥齿轮 1、2 来实现的,此锥齿轮称为中央传动锥齿轮副。有些发动机中,中央传动装置也直接传动一些附件,如滑油泵、起动机等。

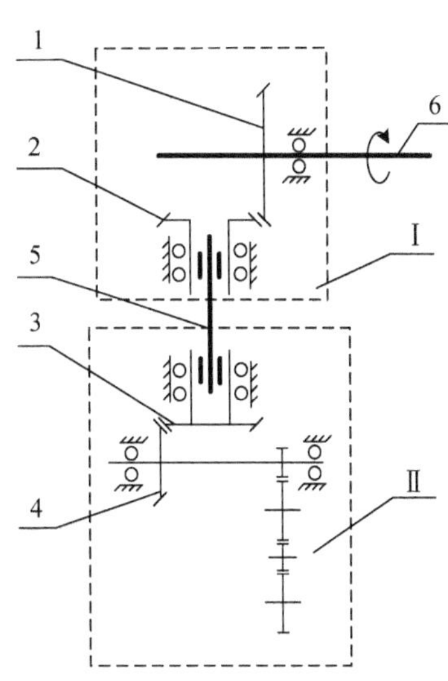

图 7-1　航空燃气轮机附件传动装置工作原理图

Ⅰ. 中央传动装置; Ⅱ. 外部传动装置;1. 中央主动锥齿轮;2. 中央从动锥齿轮;3. 外部主动锥齿轮;4. 外部从动锥齿轮;5. 传动小轴;6. 发动机转子

外部传动装置Ⅱ装于发动机机匣外部的附件传动机匣内,首先将垂直于发动机轴线的转动,通过一对锥齿轮 3、4,变为与发动机轴线平行的转动,这对齿轮称为外部中心锥齿轮副。然后通过一系列正齿轮、锥齿轮按一定转速、功率、转向与安装间距的要求来传动各种发动机和飞机附件。中央从动锥齿轮 2 通过传动小轴 5 与外部中心主动锥齿轮 3 相连。

由于中央锥齿轮副与外部中心锥齿轮副不是装于同一个机匣上,因此锥齿轮 2 与锥齿轮 3 的轴线很难保证具有良好的同轴度。为此,传动小轴 5 两端的外套齿与两锥齿轮的内套齿间留有较大的啮合间隙,使传动小轴处于浮动状态,以保证两锥齿轮存在不同心度时也能正常工作。另外,当发动机正常工作时,由于转速高,传动附件的扭矩并不很大;但当发动机急剧加速、减速时,发电机、燃油泵等附件的转子扭矩会很大。因此,在传动轴系设计时,如按正常工作的扭矩设计传动小轴,则在加、减速的过程中,由于扭矩过大而承受不了;如按加、减速时的扭矩设计,传动小轴则会太粗。为此,将传动小轴做成细而长并具有较大弹性的结构,其直径按正常工作传动的扭矩设计,在大扭矩工作时,使小轴产生一定的扭转变形,起到缓冲作用,而不会损坏传动装置。因此,传动小轴又称为具有浮动套齿的弹性小轴。

在现代航空燃气涡轮发动机中,传动发动机附件的功率约占高压涡轮功率的0.3%~0.6%。在涡轮螺旋桨发动机中,传动发动机附件和飞机附件所需的功率分别为涡轮功率的0.15%~0.23%和0.20%~0.30%。

附件及附件传动装置工作的可靠性,无论是对发动机还是飞机都是极其重要的。因此,附件传动装置的结构,必须保证在飞行包线范围内可靠工作,并保证所有附件的转速、转向和需用功率满足相应的设计要求,同时满足具有小的外廓尺寸和结构质量,以及更换与维护容易等要求。

设计附件传动装置时,须注意以下几点原则:

(1) 应满足各种附件对转速、转向、传动功率、安装位置及密封等要求;

(2) 便于接近、维护、调整与更换,即具有较好的可达性与可维护性;

(3) 外廓尺寸尽量小,力求少增加发动机的迎风面积;

(4) 附件应尽可能接近服务对象,使得反应更加灵敏,同时能够缩短管路长度,减小质量,如涡桨发动机的变距与测扭系统,最好装在减速器机匣上;

(5) 附件安装位置应远离高温区。

1. 附件传动装置安装

附件传动装置要为飞机液压、气压和电气系统提供动力,还要为发动机正常工作提供各种泵和控制系统的动力。由于发动机对这类装置存在很高的依赖性,所以要求附件传动装置具有极高的可靠性。

对于附件传动装置的安装位置需要从发动机性能、结构、可靠性和维修性等几个方面综合考虑,如图7-2所示。一般将附件传动装置安装在风扇、压气机部件的低温区,这主要是因为压气机为冷端部件。从附件传动装置的寿命和可靠性方面考虑,将其安装在压气机区更为有利。

(a) 高涵道比涡扇发动机

(b) 小涵道比涡扇发动机

图7-2 发动机附件装置所在位置

附件机匣在发动机上的安装位置，除考虑环境温度影响，还应考虑到发动机装到飞机上后，应使维护人员便于接近附件，即具有较好的可达性。为此，如果飞机上的发动机距地面较近时，附件机匣最好装在发动机的上方。在大直径的高涵道比涡扇发动机中，最好将附件机匣置于核心机的下方，维护时只需打开发动机短舱罩，维护人员即可直接接近附件。

对于带有离心压气机的发动机，由于其可用空间有限，一般将内部齿轮箱固定在前锥体内部，如图 7－3(a)所示。对于涡桨发动机，可以装在螺旋桨减速齿轮之后，如图 7－3(b)所示。

在单转子发动机中，附件传动均由压气机转子传动。有的由压气机前部传动，如 WP6、J79 等发动机；有的由压气机后部传动，如 J60 等发动机。

在多转子发动机中，一般均由高压转子来驱动附件。但在有些发动机中，如斯贝、AL－31F 和 RD－33，为了分散传动附件装置的负荷，将主要附件装置由高压转子驱动，其他附件由低压或中压转子通过第 2 套传动装置驱动低速齿轮箱，如图 7－3(c)所示。低压转子或中压转子一般只驱动该转子的转速表、传感器、转速调节器、辅助滑油泵和飞机附件装置等。但是，这种传动设计方案不仅使发动机结构复杂，且质量也加大。因此，在 20 世纪 80 年代后发展的发动机中基本不再采用。高压转子附件传动装置均装于高压压气机前端。

在不能直接将径向传动轴与外部齿轮箱连接的时候，就要使用中间齿轮箱。中间齿轮箱可以安装在高压压气机机匣上，并通过锥形齿轮改变传动方向，如图 7－3(d)所示。

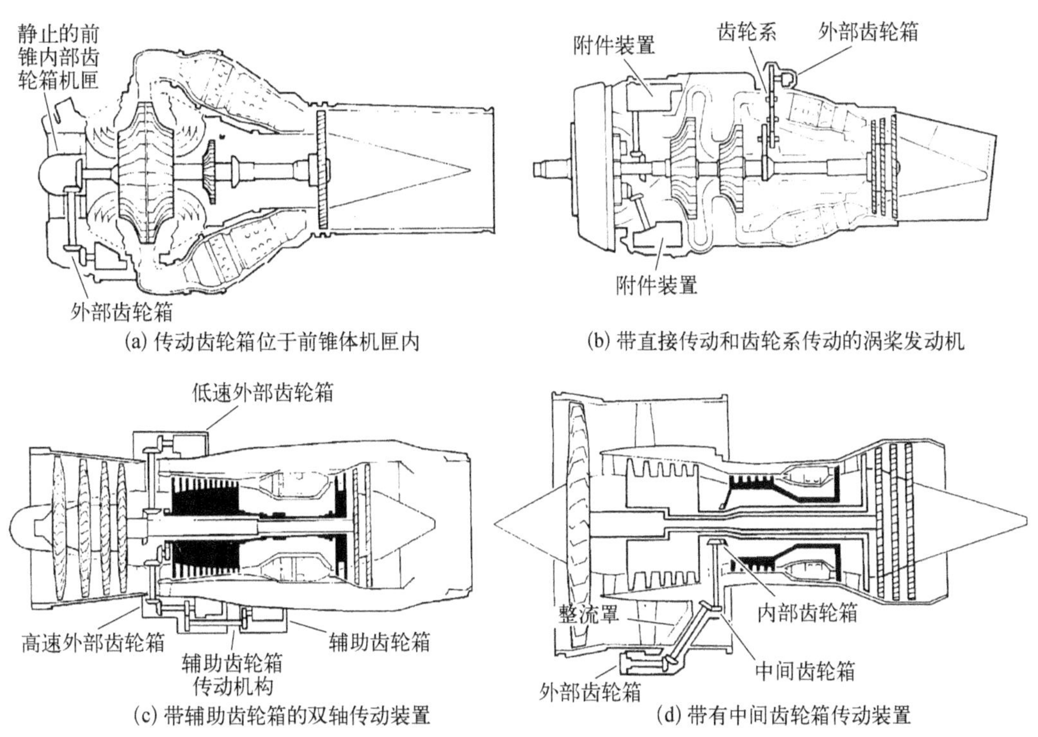

图 7－3　附件在发动机上的典型布局

在多转子发动机中,以往附件及传动装置均由高压转子驱动。这是因为发动机在起动过程中,需要先带转高压转子,当起动机带转高压转子时,压缩空气进入燃烧室,燃烧后的燃气直接驱动高压涡轮,并吹转低压涡轮并带转低压转子,容易完成起动过程。此外,根据发动机中高、低压涡轮功率分配,高压涡轮的剩余功率较多,可以用于驱动附件,而低压涡轮处于低温、低压区,涡轮功率较小,且风扇所需功率较大,因此一般不会在低压转子上提取功率。

用于波音 787 的 Trent1000 三转子高涵道比涡扇发动机,主要附件却由中压转子驱动,而起动机则是直接驱动高压转子,以保证快速起动发动机,为此,安装了一套液压离合器,如图 7-4 所示,控制气动发动机与高压转子的连接与断开。当起动发动机时,起动机带转高压转子,起动后,中压转子带动附件传动装置,而起动机则与高压转子断开。Trent1000 将附件传动装置由中压转子驱动的原因在于: 波音 787 为全电飞机,它的座舱增压空调系统,不像以往飞机是由高压压气机引出高压空气来实现的,而是用电动机驱动气源来实现的。为此,整架飞机需要 1 000 kW 的交流电源,即每台发动机需驱动两台功率为 250 kW 的交流发电机。发电机如果由高压转子驱动,会使高压涡轮功率输出不足,同时也会使高压压气机喘振裕度下降,因而采用了由中压转子驱动除起动机外的全部附件。因此,Trent1000 是目前唯一一种附件不由高压转子驱动的现代先进高涵道比涡扇发动机。

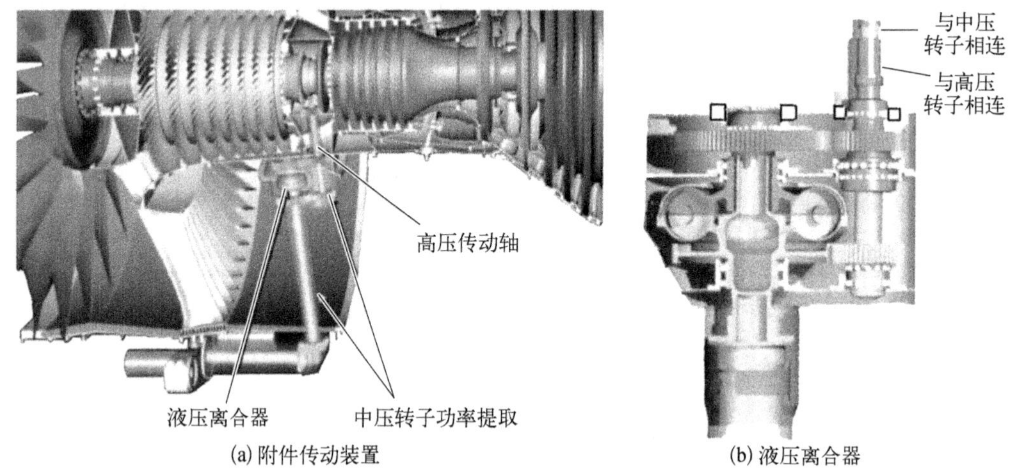

(a) 附件传动装置　　(b) 液压离合器

图 7-4　Trent1000 发动机附件传动装置

图 7-5 为 WP7 发动机附件传动装置简图。中央主动锥齿轮装于高压压气机后轴颈上,附件机匣装于压气机与燃烧室间的下方,传动小轴穿过燃烧室扩压器去驱动装在附件机匣内的锥齿轮,然后通过齿轮系去传动: 装于附件机匣前端的主燃油泵-调节器 14、加力燃油泵-调节器 15,装于附件机匣后端的液压泵 6、起动-发电机 10、燃油离心增压泵 17 及液压泵 18,装于附件机匣侧面的滑油附件 5、高压转子转速传感器 4 和离心通风器 16 等。

2. 中央传动装置

如前所述,中央传动装置(图 7-1 中 Ⅰ)将发动机主轴的转动变为垂直于发动机轴线的转动,这种转动方向的改变是通过一对锥齿轮副来实现的。发动机转子直接或间接驱

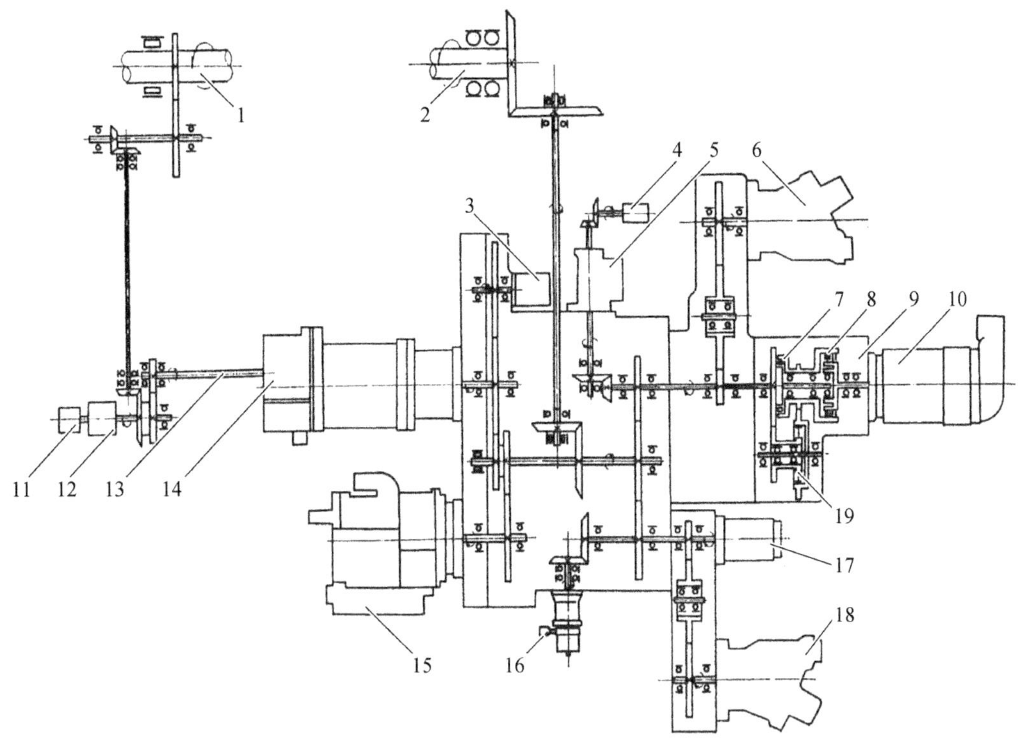

图7－5　WP7发动机附件传动装置简图

1. 低压转子轴；2. 高压转子轴；3. 油气分离器；4. 高压转子转速传感器；5. 滑油附件；6. 液压泵；7. 滚棒离合器；8. 摩擦离合器；9. 双速传动装置；10. 起动-发电机；11. 低压转子转速传感器；12. 前支点回油泵；13. 调节器的万向轴；14. 主燃油泵-调节器；15. 加力燃油泵-调节器；16. 离心通风器；17. 离心增压泵；18. 液压泵；19. 棘轮离合器

动主动锥齿轮1（图7－1），然后带动从动锥齿轮2转动。发动机工作时，要保持两锥齿轮的相对位置不变，否则锥齿轮副的共顶条件破坏，锥齿轮啮合会产生干涉并造成应力损伤。为了保持这对锥齿轮的相对位置以及锥齿轮的啮合、齿隙满足要求，在发动机中常采用以下几种结构设计。

1）主动锥齿轮直接固定在发动机主轴上

中央传动齿轮装置处于转子系统止推轴承附近，可将主动锥齿轮直接固定于紧靠止推轴承的位置上。由于止推轴承为转子在机匣中的轴向定位处，而从动锥齿轮又是固定于机匣上的，因此可保证在发动机工作时不会出现相对位移，齿轮副啮合充分、齿隙变化很小。WP7发动机高压转子的中央传动装置（图7－6）就是典型的实例。

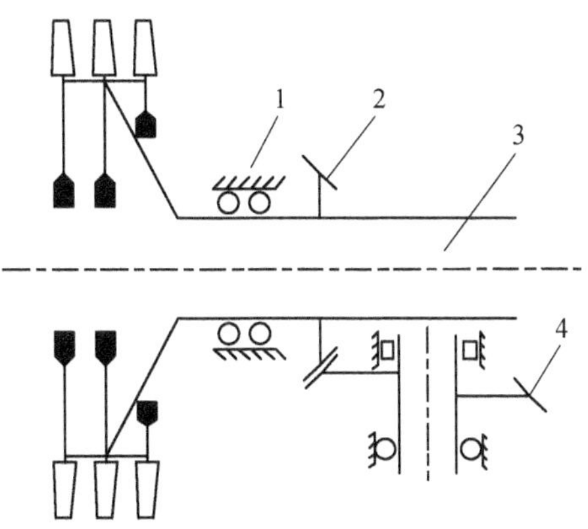

图7－6　WP7发动机高压转子的中央传动装置

1. 转子止推轴承；2. 主动锥齿轮；3. 高压压气机后轴；4. 从动锥齿轮

2）利用外啮合圆柱齿轮过渡

在某些发动机中，附件传动装置位于压气机前端，而发动机转子系统的止推轴承装配在压气机后端，即中央传动装置无法安置在转子系统止推轴承附近。这时，不能将中央主动锥齿轮直接装于发动机主轴上，而需采用一对外啮合圆柱齿轮过渡的方法来保证锥齿轮副在发动机工作中啮合、齿隙满足要求。

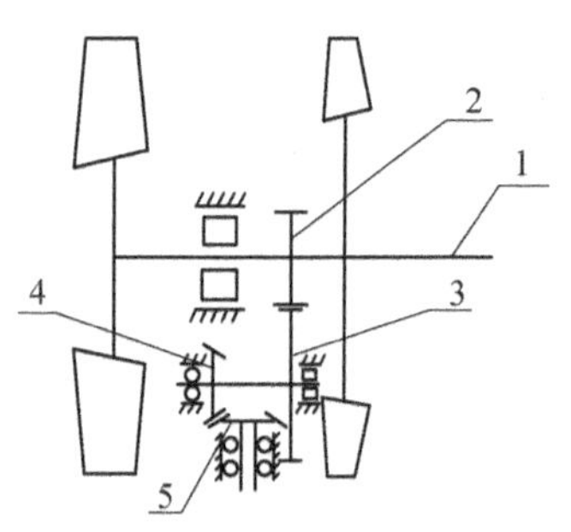

图 7－7　WP7 发动机低压转子的中央传动装置

1. 低压轴；2. 主动圆柱正齿轮；3. 从动圆柱正齿轮；4. 主动锥齿轮；5. 从动锥齿轮

图 7－7 为 WP7 发动机低压转子的中央传动装置图。由于该转子的止推轴承位于风扇后端，而中心传动部分却介于第 1、2 级轮盘间，紧邻滚棒轴承，因此主轴 1 上不能直接安装主动锥齿轮，而装上主动圆柱正齿轮 2，通过从动圆柱正齿轮 3 过渡，带动主动锥齿轮 4，主动锥齿轮 4 与从动锥齿轮 5 装于同一个支承机匣中，两者不会产生相对移动，啮合齿隙不会变化。发动机工作时，由于温度和受力的影响，轴相对机匣会发生相对移动，这时只会引起圆柱正齿轮 2 相对正齿轮 3 有相对轴向移动，它们的啮合齿隙却不会发生变化。需要注意，为保证锥齿轮在工作状态下有良好的啮合，采用一对圆柱正齿轮过渡时，由于主动和从动轴的转动方向会变化，会使弹性小轴的转向改变，在总体结构设计中应加以考虑。

类似的，在斯贝发动机低压转子的传动齿轮副设计中，也是通过一对外啮合圆柱齿轮过渡，以保证锥齿轮副的共顶。图 7－8 是 RB199 高压转子中央传动装置传动图。压气机轴的前端直接装有圆柱正齿轮 2，与装有主动锥齿轮 4 的内齿轮 3 啮合，内齿轮轴的中心线 6 与压气机轴的中心线 7 不同轴，以保证内啮合齿轮副啮合，这样，通过内齿传动后，使主动锥齿轮 4 的转速下降，且转动方向保持不变。

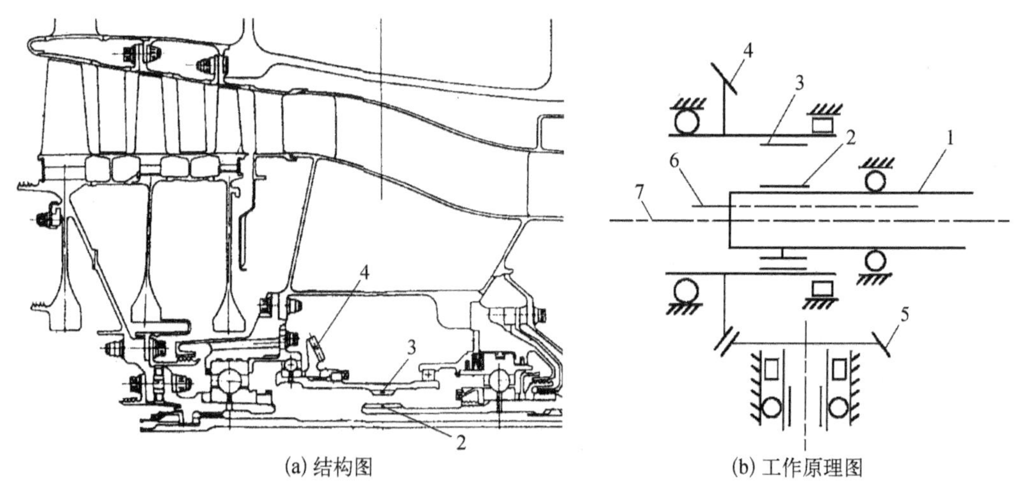

图 7－8　RB199 高压转子中央传动装置

1. 高压压气机前轴；2. 正齿轮；3. 内齿轮；4. 主动锥齿轮；5. 从动锥齿轮；6. 内齿轴中心线；7. 高压压气机轴中心线

RB199 发动机的中央传动齿轮之所以要采用内齿轮过渡，这是因为该发动机是在民用发动机 RB211 基础上发展的军用型。由于高压转子转速提高，为保证传动系统转速不变,采用内啮合圆柱齿轮过渡,既可以降低转速又不改变轴的转动方向。

3）通过套齿轴连接主动锥齿轮

WP6发动机由压气机前轴传动附件,而转子的止推轴承在压气机的后端,因此,主动锥齿轮不能直接装于前轴上。如图7－9所示,WP6发动机采用套齿轴过渡的结构措施。它的主动锥齿轮4与传动轴作成一体,用两个轴承支承于进气机匣的中心锥内,轴的后端用外套齿2与压气机前轴1的内套齿啮合,啮合齿隙较大。发动机工作时,前轴相对机匣移动时,在套齿连接结构处产生相对轴向滑动,而从动锥齿轮3与主动锥齿轮4间不会产生相对错移。

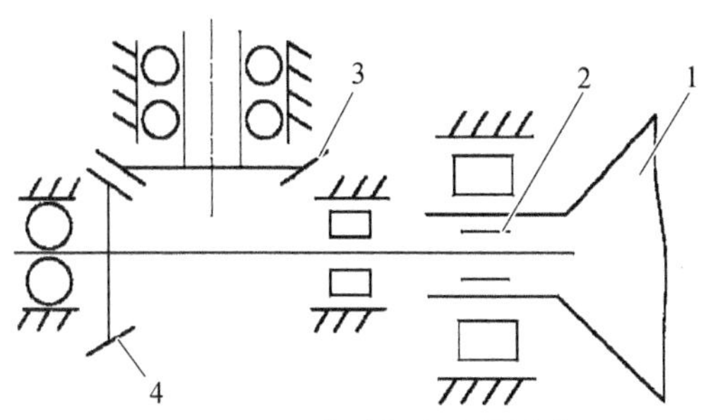

图7－9　WP6发动机中央传动装置

1. 压气机前轴;2. 啮合套齿;3. 从动锥齿轮;4. 主动锥齿轮

斯贝MK202、俄罗斯的AL－31F发动机高压转子的中央传动装置也采用了类似图7－9所示的传动方案。

3. 双速传动装置

为了减少发动机附件数目,减小发动机质量,有些发动机将起动机与发电机作为一体,成为起动-发电机。发动机起动时,作为直流电动机,输入直流电后驱动发动机转子旋转;起动后,作为发电机,由发动机驱动向飞机提供直流电流。

起动-发电机作为起动机起动发动机时,需要有较大的扭矩作用于发动机转子上,因此起动机需减速后驱动转子;发动机正常工作时,转子转速较高,发电机转速一般约为8 000 r/min,低于转子转速,这时,转子需减速后驱动发电机。这样就造成发动机采用起动-发电机时,需采用不同的传动比的传动装置带动起动-发电机。因此,在附件传动机构中应设计一套双速传动装置,来满足起动-发电机在两种状态下的传动比要求。在WP6、WP7、WP13等发动机上,均有双速传动装置以驱动起动-发电机。但在一些小型发动机上的起动-发电机传动装置中,如WP11、WJ5等,并未采用双速传动装置。

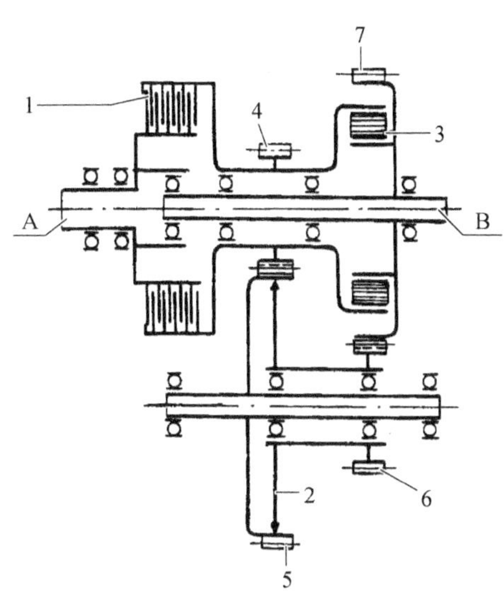

图7－10　WP6发动机的双速传动装置简图

1. 摩擦离合器;2. 棘爪离合器;3. 滚棒离合器;4、5、6、7. 正齿轮;A. 与起动-发电机轴相连;B. 与附件传动装置主传动轴相连

图7－10是WP6发动机的双速传动装置简图。它由两对正齿轮(4、5和6、7)、一套棘爪离合器2、一套摩擦离合器1、一套滚棒离合器3组成。

1）摩擦离合器

摩擦离合器是起超载保险作用的装置。它由一组铜片3、钢片4、弹簧5、内齿轮1和外齿轮2组成,如图7－11所示。铜片上有外套齿与外齿轮2的内套齿啮合;钢片上有内套齿与内齿轮

1 的外套齿啮合。铜片与钢片相间地安装在内、外齿轮之间，用一组弹簧 5 压紧，摩擦片之间添加有石墨油膏，起润滑作用。

工作时，当内或外齿轮传动扭矩小于摩擦片之间的摩擦力矩时，内、外齿轮成为一体，当传动扭矩过大（如发动机加、减速时，电机转子的惯性力矩增加很多，使传动扭矩加大），超过铜片与钢片之间的摩擦力矩时，钢片与铜片（即内、外齿轮）间产生相对滑动，避免传动机构由于超载而损坏，起到保护作用。

2）滚棒离合器

滚棒离合器（也称滚柱离合器）为超越离合器的一种，如图 7－12 所示，在工作原理图中所标明的转动方向下，当外环转速低于内环转速时，离合器由于滚棒卡在内、外环间而合闸，内、外环以同一转速工作。当外环转速高于内环转速时，滚棒由卡住位置脱开，离合器脱开，外、内环以各自的转速工作。

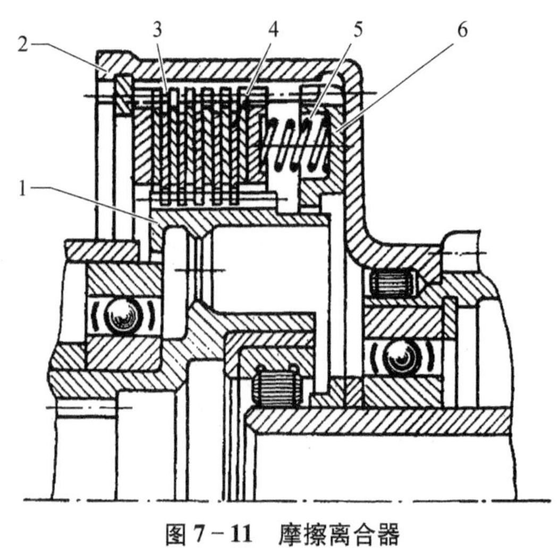

图 7－11　摩擦离合器

1. 内齿轮；2. 外齿轮；3. 铜片；4. 钢片；5. 弹簧；6. 弹簧座

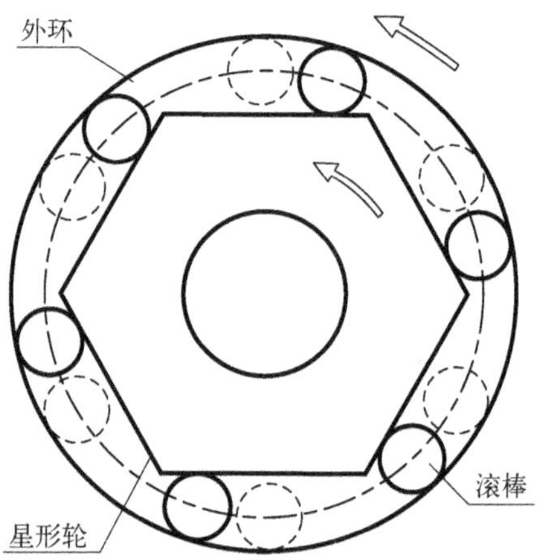

图 7－12　滚棒离合器工作原理图

滚棒离合器结构（图 7－13）由外环 1、隔圈 5、星形轮 2、卡圈 9、滚棒 3 及前后盖板 6 和 7 等组成。外环的内径处做成类似滚棒轴承的滚道，星形轮的外滚道做成八段特型斜面组成的八角形，8 个滚棒分别装于外环与星形轮各斜面之间，用隔圈将滚棒隔开。当滚棒处于斜面最高点时，滚棒即卡在外环与星形轮间；当滚棒处于斜面最低点时，滚棒与外环脱离接触，用铆钉将前后盖板连接到隔圈上，使滚棒不会脱出。弹性卡圈的一端插在星形轮的小孔 4 中，另一端嵌在隔圈的径向槽中，弹性卡圈驱使隔圈随星形轮一起转动，带动滚棒使滚棒与外环进入接触状态。

工作时，当星形轮转速大于外环转速时，星形轮斜面迫使滚棒卡在外环与星形轮之间，星形轮带动外环一起转动；当外环转速大于星形轮时，滚棒在外环的带动下落入星形轮斜面的下端浅槽中，而与外环或星形轮脱离接触，外环与星形轮间处于脱开状态，不起传动作用。

3）棘爪离合器

棘爪离合器也是超越离合器的一种。它由棘轮 1、离合子 5 以及安装离合子的安装座

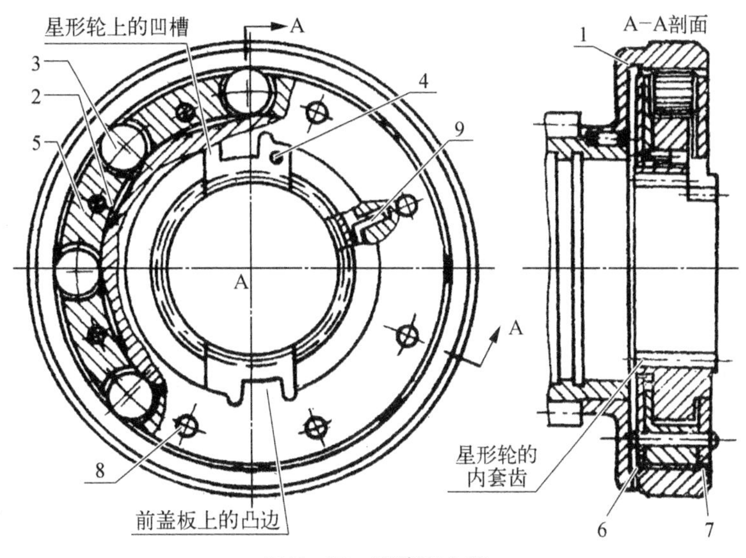

图 7－13　滚棒离合器

1 外环;2. 星形轮;3. 滚棒;4. 星形轮上小孔;5. 隔圈;6. 后盖板;7. 前盖板;8. 铆钉;9. 卡圈

2 等组成,如图 7－14 所示。离合子在弹簧的作用下使其一端始终朝上,嵌在棘轮的齿槽中。当棘轮顺时针旋转时,棘轮的齿槽槽底顶住离合子,驱使安装座与棘轮一起旋转,即棘爪离合器处于合闸状态。当安装座的转速增加,离合子大于棘轮的转速时,离合子被棘轮齿槽的斜面压下,使离合子与棘轮齿槽槽底分离,离合器处于脱开状态,棘轮与安装座以各自的转速旋转,互不干涉。

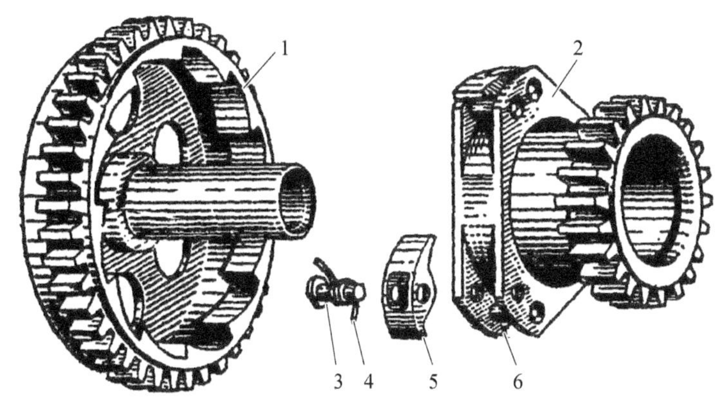

图 7－14　棘爪离合器

1. 棘轮;2. 安装座;3. 销钉;4. 弹簧;5. 离合子;6. 限动销

4）双速传动装置工作原理

起动发动机时,起动-发电机通过摩擦离合器 1(图 7－10)带动齿轮 4 传动齿轮 5,使棘爪离合器 2 的棘轮转动,棘爪离合器合闸,通过离合子使安装座(齿轮 6)转动并传动齿轮 7,达到减速的目的,带动与附件传动装置主传动轴相连的轴 B。此时,滚棒离合器 3 的外环与星形轮分别随齿轮 4 和 7 转动。因为齿轮 7 的转速低于齿轮 4 的转速，即星形轮的转速低于外环的转速，因此滚棒离合器处于脱开状态，即起动发动机时，起动-发电机通过摩擦离合器经齿轮 4、5、6、7 减速后驱动发动机转子。

当发动机起动后，切断供给起动-发动机的电源，起动机不工作，有停转的趋势。但是发动机转子却通过主传动轴 B 带动齿轮 7，使滚棒离合器的星形轮转速大于外环的转速，滚棒离合器 3 自动合闸，齿轮 4 与齿轮 7 以同一转速旋转。此时，对于棘爪离合器 2，其安装座（即内环）被齿轮 6 带动，转速比齿轮 7 的高，而棘轮（即外环）被齿轮 5 带动，其转速比齿轮 6 的小，因此，棘爪离合器的外环转速低于内环，棘爪离合器处于脱开状态，齿轮 5 与齿轮 6 以不同的转速转动，也即在起动-发电机处于发电状态时，发动机转子经附件主传动轴 B 通过滚棒离合器、摩擦离合器直接驱动发电机工作。

综上所述，双速传动装置是借助两套超越离合器，通过两条不同的传动路线，自动地获得在起动与发电两种工作状态下所需要的两种传动比。另外，双速传动装置还可保证在双发飞机（两台发动机装于飞机机身内）上，起动一台发动机时，防止另一台发动机反转。

4. 恒速传动装置

在现代飞机上，机上电源常采用频率为 400 Hz 的交流电源。如采用交流发电机提供交流电源（一些小型飞机上，也可采用变流器将直流电转变为交流电）时，需由发动机附件传动装置来驱动交流发电机。为保持交流发电机提供的电源频率不变（保持 400 Hz），要求发电机以 8 000 r/min 的恒定转速工作，而发动机的转速变化范围很大，因此需要在传动机构与发电机间安装一套保持发电机转速恒定的装置，即恒速传动装置（constant speed drive unit, CSD）。

恒速传动装置的输入轴与发动机传动装置相连，转速是变化的，输出轴与交流发电机相连，转速是恒定的。以民用斯贝发动机采用的霍布生 537 型恒速传动装置为例，其输入转速在 3 300~6 750 r/min 变动，相当于发动机转速从 6 480~13 270 r/min 变化时，其输出的转速为 8 000 r/min，误差不超过 1%。由于输入转速不仅变化范围大，而且是无级变化的，所以要保持输出转速恒定是比较困难的，需采用较为复杂的液压机械系统来达到。霍布生 537 型恒速传动装置主要有一套可变速率的液压传动装置和一套双重差动行星齿轮系组，结构非常复杂，加上滑油后，全套装置质量约为 46 kg，比两台发电机质量还大。

为减少发动机附件传动装置的复杂程度，通常由发电机生产厂商提供带恒速传动装置的交流发电机（integrated drive generator, IDG）。

用于波音 787 的 Trent1000 与 GEnx 发动机，采用了变频交流发电机。因此发动机与发电机间未安装恒速传动装置，而是在飞机上配备变频装置。

5. 典型传动系统

图 7－15 为典型小涵道比涡扇发动机传动系统图。

图 7－16 为典型小涵道比涡扇发动机的附件传动机匣与飞机传动机匣传动系统图。

在现代高涵道比涡扇发动机中，附件传动机匣的体积和质量都很大，需采取措施，以

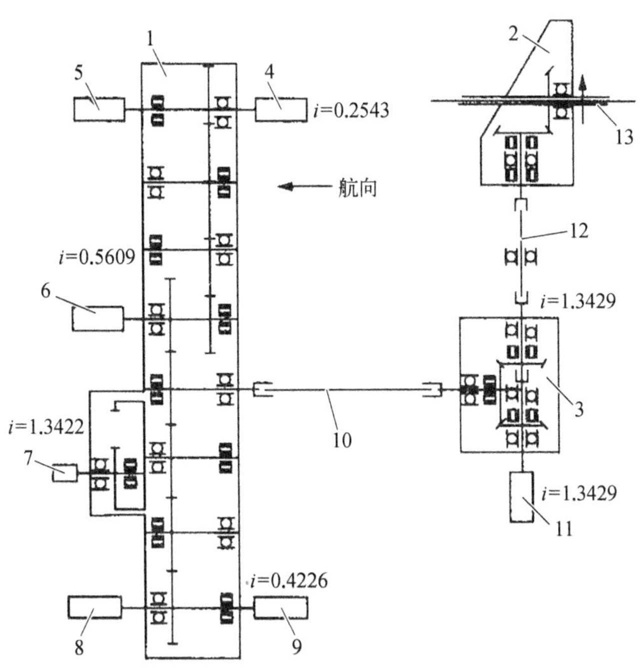

图 7－15　典型小涵道比涡扇发动机传动系统图

1. 附件传动机匣；2. 中央传动装置；3. 附件中间传动装置；4. 后液压泵；5. 前液压泵；6. 组合式直流发电机；7. 控制用交流发电机；8. 滑油附件；9. 主燃油泵－调节器；10. 水平传动杆；11. 起动机；12. 中央传动杆；13. 发动机高压转子轴

减少作用在发动机机匣上的局部集中载荷。为此，附件传动机匣不能直接固定在发动机机匣上，而是通过铰接的拉杆、撑杆、托架或球头－球窝等间接安装的；并使附件传动机匣的质量通过多个相距较远的连接件传给发动机机匣，以减小局部集中载荷。

在早期的发动机上，附件（如发电机与燃油泵等）传动轴端头大多采用皮碗密封。这类密封装置由于效果差和寿命短，已被端面石墨密封装置所代替。石墨轴向加载方法有两种：常规的弹簧（波形弹簧）加载和 20 世纪 70 年代后期发展的磁力加载。磁力加载的石墨密封装置一般称为磁密封装置。有时在一台发动机中同时采用这两种加载方法。

如图 7－17 所示，为磁力加载和弹簧加载的端面石墨密封装置结构。在磁密封装置中，永久磁铁制成的封严环置于铝制机匣或安装盖中，用压装在环座内的石墨环密封。将环座套在轴上，与石墨环之间有 O 型胶圈。在封严环的磁力作用下，环座连同石墨环被吸住，因而石墨环端面紧贴在封严环上。这种磁密封装置能较长时间保持压紧力，具有较好的长时间密封效果，但只能用于转速较低的附件，因为石墨元件是装在传动轴上的，磨损较大。弹簧加载的石墨密封装置可装在转速较高的传动轴上，原因在于其石墨元件处于静止结构中，磨损较小。

为便于外场检查和更换传动齿轮的轴承、密封件等，在 CFM56、CF6－80C2、V2500、PW2037、PW4000 等发动机中，齿轮轴组件设计成“插入”式结构，如图 7－18 所示。齿轮轴右端的滚珠轴承借助外环安装边固定在安装盖板上，另一端的滚棒轴承也依靠外环安

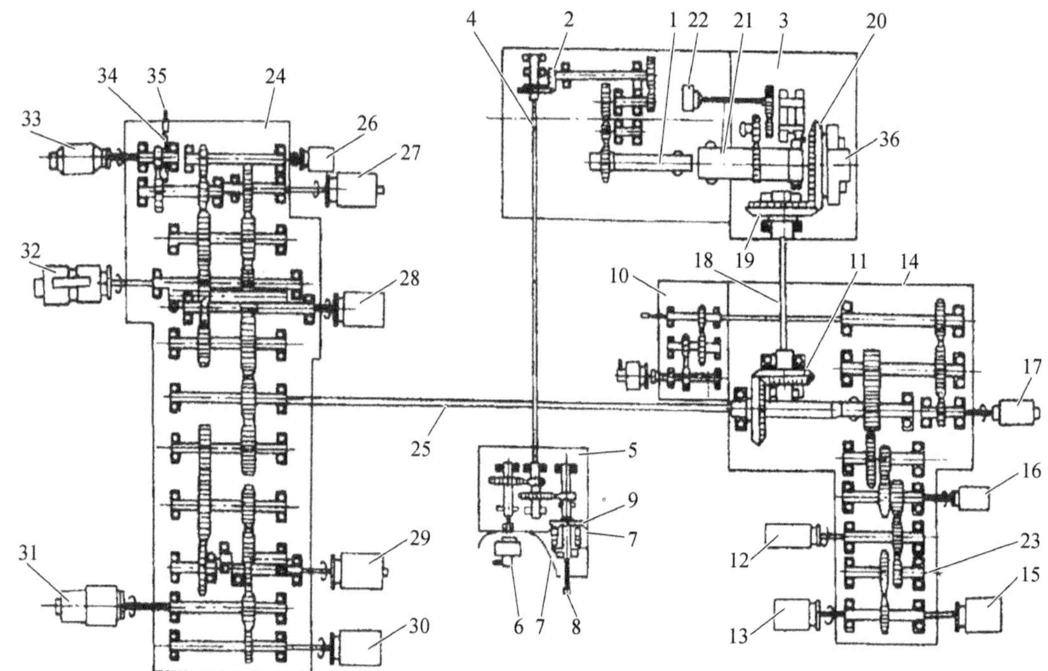

图 7-16　典型小涵道比涡扇发动机附件传动机匣与飞机传动机匣传动系统图

1. 低压压气机轴;2. 低压转子传感器传动装置;3. 中央传动装置;4. 低压传动杆;5. 低压转子传感器减速器;6. n_1 感应式传感器;7. n_2 频率式传感器;8. 低压压气机手摇座;9. 感应轮;10. 传感器传动装置;11. 中央锥齿轮;12. 高压燃油泵;13. 离心式燃油增压泵;14. 发动机附件传动机匣;15. 滑油附件;16. 主燃油泵−调节器;17. 加力泵;18. 中央传动杆;19、20. 中央锥齿轮传动;21. 中央锥齿轮传动主动齿轮轴;22. 滑油回油泵;23. 高压转子手摇座;24. 飞机附件传动机匣;25. 柔性轴;26. 离心式通风器;27、29. 液压泵;28、30. 回油泵组;31. 发电机传动装置;32. 涡轮起动机;33. 直流发电机;34. 感应轮;35. 频率传感器;36. 高压转子轴

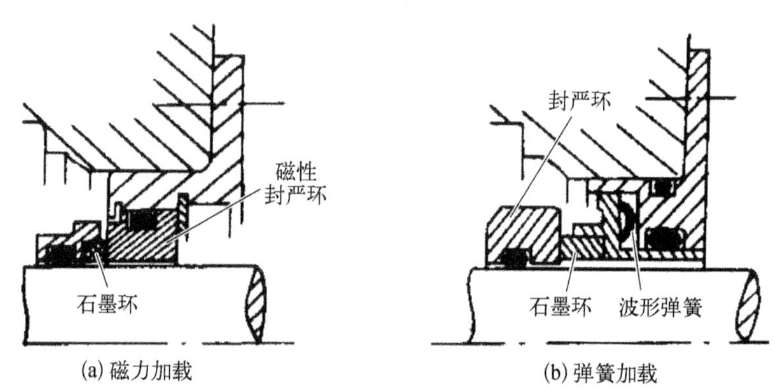

图 7-17　不同加载方式的端面石墨密封装置

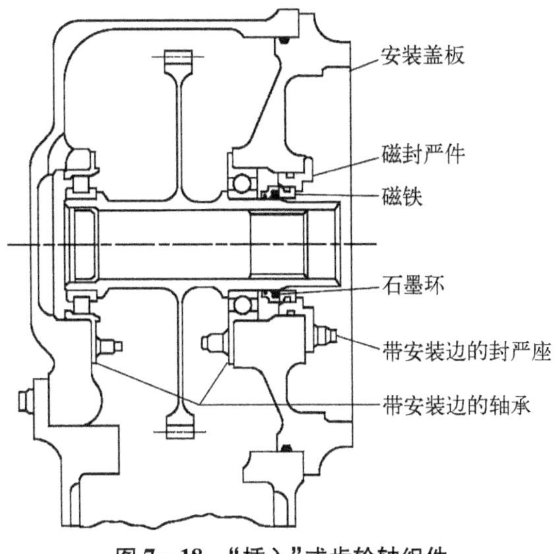

图 7－18　“插入”式齿轮轴组件

装边固定在铝机匣上，而安装盖板上装有石墨密封装置。拆卸时，只要卸下安装盖板的固定螺钉，就可取出带轴承和封严装置的整套齿轮轴组件。显然，采用这种结构是为了满足发动机维修性的要求。

7.2　滑 油 系 统

7.2.1　概述

滑油系统的作用是向轴承和齿轮等运动机构的工作表面输送滑油，带走由于高速转动所产生的摩擦热以及周围高温零件传来的热量，以维持轴承和齿轮的正常温度状态，并在轴承的滚道与滚子间、相啮合的齿面间形成连续的油膜以起到液体润滑的作用，减少这些工作面的磨损和摩擦损伤，防止零件的锈蚀。另外，还可利用滑油系统中有一定压力的滑油，作为某些液压装置（如液压调节器、挤压油膜轴承等）和操纵机构（如作动筒）的工质。在涡轮螺旋桨发动机中，由于有传动大功率的齿轮减速器，滑油带走的热量较多，所以还可用作防冰系统的热源。在采用滑油/燃油散热器时，滑油的热量还能对燃油加温，以改善燃油系统的高空性能。由此可见，发动机工作的可靠性，在很大程度上取决于滑油系统的工作。因此，对滑油系统提出以下基本要求：

（1）发动机在飞行包线内工作时，滑油系统应能正常工作，保证供给发动机所需的滑油，并能使滑油温度保持在给定的温度范围内；

（2）滑油消耗量要小；

（3）在低温条件下，滑油系统应能迅速可靠地起动；

（4）各种附件，特别是油滤、磁堵和调压活门等应便于接近、调整、检查和维护。

7.2.2 供油量与滑油箱

滑油系统的滑油容量通常是指发动机中最大可以容纳的滑油量，是发动机首次注入滑油时，加至滑油箱最大允许加油量后，再加上滑油系统中管路与附件所需油量之总和。它应该满足滑油系统供油量和工作过程中的消耗要求，同时也是确定滑油箱容量的标准。

1. 供油量和消耗量

单位时间内供给发动机的滑油量称为滑油系统的供油量。它的大小在一定程度上决定了整个系统的方案，是滑油系统的主要参数之一。供油量的大小取决于滑油进行冷却和润滑时需要带走的热量、滑油的性质以及发动机操纵系统所需的滑油量，即

$$W = W_h + W_p \tag{7-1}$$

式中，W_h 为轴承和齿轮散热所需要的滑油量；W_p 为发动机操纵系统和调节系统所需的滑油量。

由滑油带走的热量包括轴承、齿轮等相对运动零件工作表面的摩擦热和相邻高温零件传到轴承上的热量。它们不仅随发动机工作状态和飞行状态变化，而且与部件的结构形式有着密切的关系，所以很难用解析的方法详细计算出滑油系统的供油量。一般是根据统计数据确定，并在发动机试验过程中修正。

单位时间每个主轴承所需的滑油量取决于它们在发动机上的位置、载荷以及轴承的DN值。例如，位于环境温度相对较低的发动机前轴承供油量通常每分钟为1~2 L，高温区的中、后轴承的供油量每分钟为2~6 L，甚至更高些。一般情况下，平均每个主轴承的供油量每分钟为3~5 L。表7－2列出了几种发动机主轴承的供油量。

表7－2　几台发动机主轴承供油量　　单位：L/min

发动机＼轴承	低压转子			高压转子		
	压气机前	压气机后	涡轮处	压气机前	压气机后	涡轮处
WP6	0.5~1.0	4.0	4.4	—	—	—
WP7	1.65~1.95	2.0~2.5	3.0~3.5	—	9.0~9.5	5.0~5.5
WP13	1.69~1.95	2.9~3.3 （中介轴承）	3.6~4.1	1.5~3.1 （中介轴承）	9.2~9.7	5.7~6.3
斯贝 MK202	1.053	1.004~1.758 （中介轴承）	1.75	1.758	3.167	4.902

用于润滑附件传动装置及用于调节系统和操纵系统的滑油，一般占系统供油量的20%~25%。在涡轮螺旋桨发动机中，减速器的润滑、螺旋桨操纵系统和测扭机构也需要大量的滑油。

为了减小发动机的质量，滑油箱及管道中的滑油量一般均较少。为满足滑油系统供油量的要求，油箱内的滑油每分钟内要重复循环数次，表7－3列出了几台发动机的滑油供油量及滑油箱的容量。

表 7-3　几台发动机的滑油供油量与油箱容量

发动机	供油量/(L/min)	滑油箱加油量/L	每分钟循环次数
WP7	22.5～25.4	11	2.04～2.3
WP13	25～29	11	2.27～2.63
JT3D	34.28～39.20	23.09	1.48～1.70
斯贝 MK202	32.05～32.96	11.93	2.68～2.76

单位时间内滑油的损耗量称为滑油消耗量。损耗主要包括滑油蒸气随通气管逸出到外界大气的量和滑油由油腔封严装置逸漏的量。一般航空燃气涡轮发动机的滑油消耗量不大，为 0.3～1.5 L/h。表 7-4 列出了几种发动机的滑油消耗量。

表 7-4　几种发动机的滑油消耗量　　单位：L/h

发动机	WP7	WP13	斯贝	JT3D	J79	F100
滑油消耗量	≤1.2	≤1.2	0.43	0.473	0.987	0.76

2. 滑油箱

滑油箱是滑油系统的重要组成部件，其功能是：① 储存滑油的容器；② 补充发动机正常消耗的滑油；③ 为滑油热膨胀和滑油在整个系统中吸气膨胀提供空间；④ 提供一个低速区使滑油除气。

滑油箱的体积可由式(7-2)确定：

$$V = V_k + V_b + V_p + V_t \tag{7-2}$$

式中，V_k 为按发动机型号研制规范规定的滑油消耗量的 12 倍，现代航空燃气轮机中滑油消耗量一般为 0.5 L/h；V_b 为不可用滑油量，即在型号研制规范规定的整个工作包线内，飞机在各种状态飞行时，发动机滑油系统中不能用来满足发动机润滑要求的最大滑油量，根据普惠公司的经验，油箱最低位置要比吸油口高出 50 mm；V_p 为滑油膨胀空间，即滑油箱内为防止滑油溢出或超压，在最大油位以上预留的作为膨胀、除气、容纳泡沫和通气出口的自由空间，一般为滑油箱总容积的 20%～30%；V_t 为在发动机工作时，在轴承腔、齿轮箱和管路中瞬时停留的滑油容积。

在现代航空燃气轮机滑油箱的设计中应重点考虑以下两个方面的要求：

(1) 现代先进发动机通常采用热油箱设计，即把滑油系统中的滑油散热器放在供油油路增压泵之后，有利于滑油的除气和散热；

(2) 在各种飞行姿态下要保证供油与通风。

在滑油箱设计中，其结构多种多样，不同之处主要体现在供油和通风装置上。民用发动机多采用简单的供油及通风口(图 7-19)；而军用战斗机滑油箱通风管设计较为复杂(图 7-20)，要考虑爬升、俯冲和倒飞状态下的供油。有的发动机中采用软管供油，在俄罗斯发动机中常采用旋转吸油通风装置。在滑油箱中均设置动压式油气分离器，防止已进行过油气分离的油再次混气。此外，在滑油箱中也需设置防虹吸装置(图 7-19)。

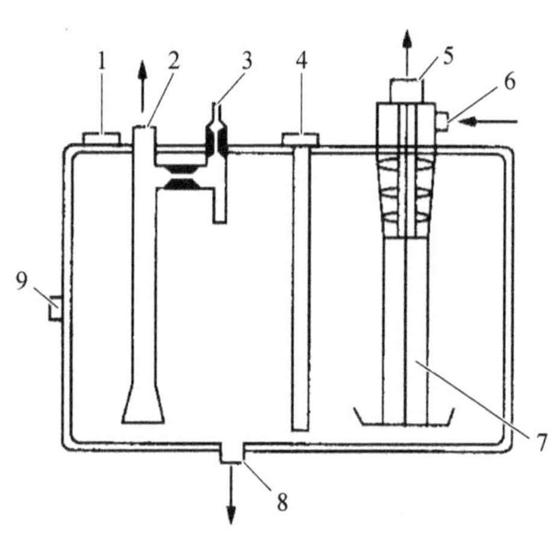

图 7-19　简单供油及通风口滑油箱示意图

1. 重力加油口;2. 供油口;3. 防虹吸口;4. 油量尺;5. 通风口;6. 回油口;7. 油气分离器;8. 放油口;9. 远距离加油口

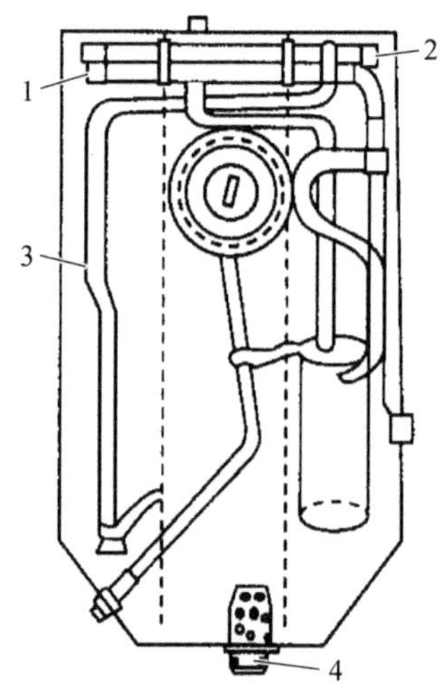

图 7-20　带通风装置的滑油箱

1. 俯冲通风管;2. 爬升通风管;3. 倒飞通风管;4. 供油口

7.2.3　滑油

对于涡轮喷气和涡轮风扇发动机所使用的滑油,要求在较低和较高的温度下均能正常工作,要有小的黏度,低的凝固点,高的闪点温度,还要求抗氧化性能良好,结焦积沉少等特点。在涡桨和涡轴发动机中,由于有承受大扭转载荷的减速器,滑油的黏度比在涡喷和涡扇发动机中用的要高,以便在啮合齿面间形成足够强的油膜。因此,涡桨和涡轴发动机使用的滑油黏度大,滑油的凝点温度也较高,因而低温环境下起动发动机较为困难。

目前,航空燃气轮机上使用的滑油有矿物滑油和合成滑油两大类。

(1) 矿物滑油是由天然原油经过减压蒸馏、酸碱精制、溶剂抽提、脱蜡、加氢、精制、白土处理等工艺而得到的高品质航空滑油。

(2) 合成滑油是通过化学合成方法制备的润滑油,生产合成润滑油的基本原料是化学品或石油化学品。合成滑油具有更好的适应性,目前在航空燃气轮机上得到广泛的应用。

早期的航空燃气轮机均采用由石油中提炼出的轻质矿物滑油,它的最高工作温度约为 150℃。这种滑油早已不能满足现代航空燃气轮机对滑油提出的低温、高温下均能正常工作的要求,因此现代大多数发动机均采用合成滑油。

目前,广泛使用的合成滑油工作温度可达 200℃,未来可能达到 350℃。合成滑油具有能在高温下工作、凝点低、结焦积沉少、蒸发少、工作寿命长等特点,但它的价格却较高,市场上矿物滑油与合成滑油的价格比约为 1 : 4,甚至更高,因此,目前仍有航空燃气轮机采用矿物滑油。

我国广泛使用的航空滑油有: 14 号、20 号航空滑油,用于活塞发动机;8 号航空滑油和 4104 合成航空滑油,用于涡桨发动机;4109、4106、4050 合成航空滑油,用于现代航空涡喷和涡扇发动机。

7.2.4　滑油系统的组成及功用

滑油系统通常由供油系统、回油系统、通风系统和监视系统组成。

供油系统对轴承、齿轮和密封等提供温度适宜的定量滑油。其主要组成包括：滑油箱、滑油泵、滑油滤、调压活门、燃油-滑油散热器、滑油喷嘴和旁路活门等。

回油系统的功能是将存于轴承腔、齿轮箱等处的滑油抽回滑油箱。其主要组成组件包括：回油泵、油气分离器和油滤等。在回油系统中，工作过的滑油经过油滤，并从油气分离器中分离出空气，经散热器冷却后，再返回油箱内，循环使用。

通风系统将轴承腔与大气连通并保持一定的压差，保证油腔供油通畅和封严，以及从滑油中清除空气，以保证循环使用的滑油流量。通风系统设计与发动机空气系统相关，其主要组成组件为：通风管路、离心通风器和增压活门等。

滑油系统除了供油、回油、通风三个分系统外，还应具有指示仪表、报警装置和磁屑检测器等。一般在飞机座舱中均设有滑油压力表、滑油进、出口温度表、最低油压警告灯和屑末报警等指示仪表和信号显示的仪器。

滑油系统在管路设计方面主要有常规单回路循环系统和双回路循环系统。

图 7－21 为单回路循环滑油系统，增压泵 2 从滑油箱 1 中抽出滑油，经增压后从滑油滤 4 供至发动机各油腔内。回油泵 9 将工作后的滑油从发动机中抽回，经油气分离器 10 分离出空气后，经过滑油散热器 11 返回油箱。通风系统连通油箱和各油腔，油气通过离心通风器 12 将滑油和空气分开，滑油回油箱循环使用，空气排出。

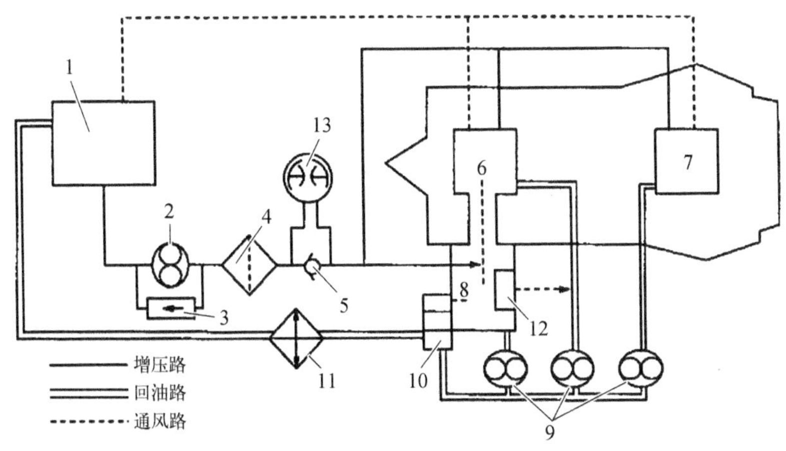

图 7－21　常规单回路循环滑油系统工作原理图

1. 滑油箱；2. 增压泵；3. 调压活门；4. 滑油滤；5. 单向活门；6. 前轴承腔；7. 后轴承腔；8. 附件传动机匣；9. 回油泵；10. 油气分离器；11. 滑油散热器；12. 离心通风器；13. 滑油温度与压力指示

双回路循环滑油系统（图 7－22）与单回路循环滑油系统的区别在于：在双回路循环滑油系统中增压泵前具有吸油泵 2，形成主、辅两条滑油回路。大部分滑油（总量的 90%）绕过滑油箱通过管路 a－b 直接到达增压泵 5 入口。经限流嘴 15 的少部分回油沿着辅助回油路流回滑油箱 1，以加热油箱中的油。这种设计的优点在于：大部分滑油只在

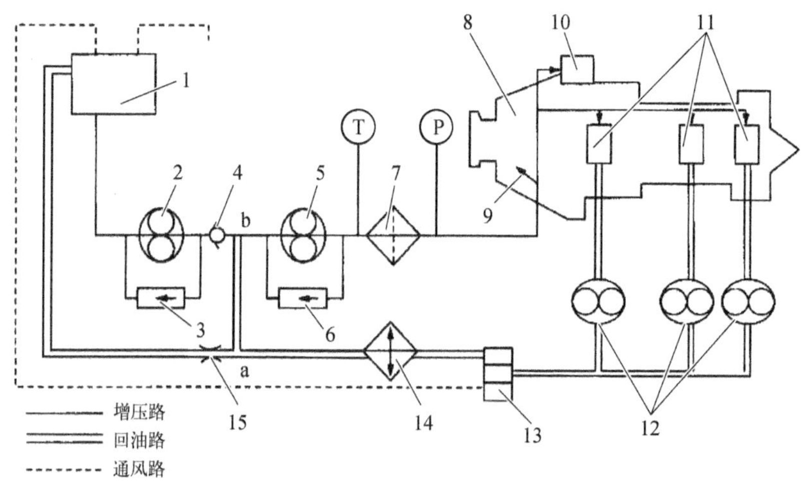

图 7-22　双回路循环滑油系统工作原理图

1. 滑油箱;2. 吸油泵;3、6. 调压活门;4. 单向活门;5. 增压泵;7. 滑油滤;8. 发动机;9. 至减速器;10. 转速调节器;11. 轴承腔;12. 回油泵;13. 油气分离器;14. 滑油散热器;15. 限流嘴

滑油路中循环,加速了滑油的预热,减少了起动阻力,起动速度快;由于有吸油泵可以保证增压泵具有一定的储备压力,所以系统具有良好的高空特性。

7.2.5　几种典型的滑油系统

1. WP7 发动机的滑油系统

WP7 发动机的滑油系统能作为早期发动机滑油系统的代表,如图 7-23 所示。该系统的主要参数如下:

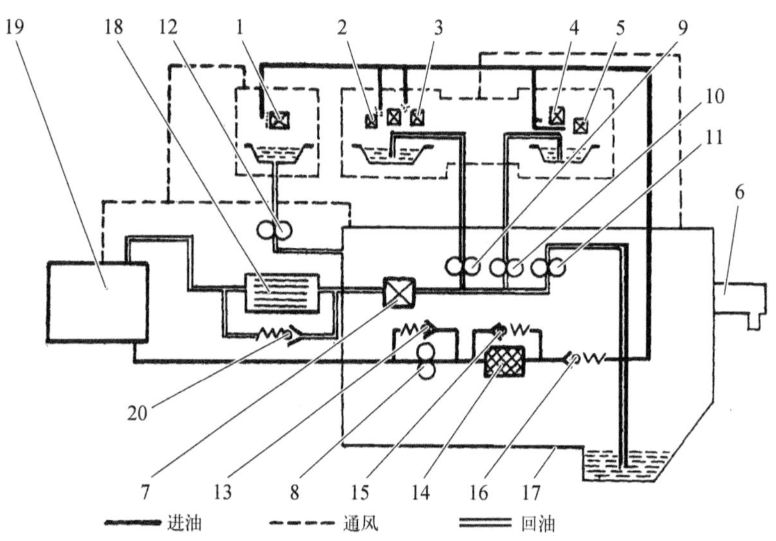

图 7-23　WP7 发动机的滑油系统

1. 低压压气机前轴承;2. 低压压气机后轴承;3. 高压压气机后轴承;4. 高压涡轮轴承;5. 低压涡轮前轴承;6. 离心通风器;7. 油气分离器;8. 增压泵;9、10、11. 回油泵;12. 前支点辅助回油泵;13. 调压活门;14. 高压油滤;15. 油滤安全活门;16. 单向活门;17. 附件传动机匣;18. 散热器;19. 油箱;20. 安全活门

滑油压力：慢车状态下不小于 0.98×10^5 Pa，其他状态下为 3.43×10^5 Pa，空中时不小于 2.94×10^5 Pa；

滑油温度：进入发动机的温度不低于-40℃，由发动机流出的温度不高于+140℃；

允许滑油供给中断的时间不大于 17 s；

增压泵供油量不小于 53 L/min，回油泵总回油量不小于 147 L/min；

滑油消耗量不大于 1.2 L/h。

1）供油系统

如图 7－23 所示，油箱 19 中的滑油被供油泵 8 抽出并增压，增压后经高压油滤 14 过滤，然后分别送到发动机转子各轴承及附件传动机匣中，对轴承和齿轮进行冷却和润滑。

增压泵为齿轮式，由一对齿数相同且互相啮合的齿轮组成，图 7－24 是齿轮泵的工作原理简图。滑油由进口进入泵后，填满齿间空穴，当齿轮被带转时，滑油即被带至出口处向外输出，提高了滑油压力。在工作中为保持一定的滑油压力，油泵出口处装有调压活门，当泵出口处滑油压力高于规定压力值时，滑油顶开活门，使部分滑油由泵的旁路流回到泵的进口处，从而维持出口压力恒定，活门的弹簧力可根据要求进行调节。

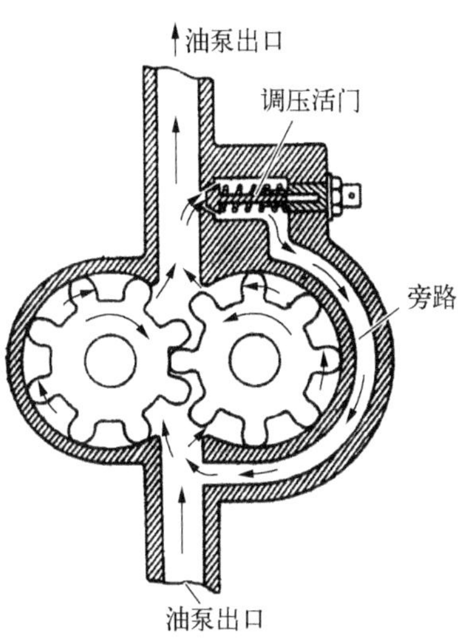

图 7－24　齿轮泵工作原理简图

滑油滤装于增压泵之后，将混入滑油中的一些细小杂物滤出，使进入各喷嘴的滑油保持清洁。供油流路的油滤 14 安装于增压泵 8 之后，故称为高压油滤。WP7 的高压油滤过滤能力为 50 μm，即尺寸大于 50 μm 的杂物被滤网滤出。图 7－25 是高压油滤的工作原理示意图。由油滤进口 4 进入的有一定压力的滑油，经细网过滤碟 5 的网孔流入碟芯再进入中心管 6 中，杂质即被滤网滤出。清洁的滑油由中心管向上从出口 1 流出。当滤网被过多的污物堵住时，进入中心管的滑油压力将因阻力加大而减小，进、出口间的安全活门在压差的作用下打开，部分或全部滑油不经过滤网而直接由出口流出，保证滑油供应不会中断，防止因缺油造成轴承、齿轮烧毁的严重事故。

在油滤出口处，还装有一单向活门（图 7－23 中 16，图 7－25 中 2）。发动机不工作时，活门在弹簧力作用下堵住出油口，避免油箱中的滑油在重力的作用下经过油泵等流进发动机主轴承油腔，使油箱缺油。当发动机工作时，转子一旦转动，油泵向外输出滑油，当达到 $2.9\times10^4\sim3.9\times10^4$ Pa 的压力时，即可顶开此活门，使滑油正常向外输出。

2）回油系统

冷却、润滑轴承和齿轮后的滑油，分别流入前支点油腔、中支点油腔、后支点油腔以及附件传动机匣中。前支点油腔的滑油，由低压转子传动的前支点辅助回油泵 12（图 7－23）抽回到附件传动机匣内。附件传动机匣油腔和中、后支点油腔的滑油分别由高压转子传动的三个回油泵 9、10、11 抽回。滑油喷向轴承和齿轮时，溅成许多小油珠，加上滑油温度提高，会形成许多气泡夹杂在滑油中，同时还有很多滑油变为滑油蒸汽，因此，用回油泵抽回的滑油内含有大量气泡，容积增加许多，这就要求回油泵总的抽吸能力要比增压泵的

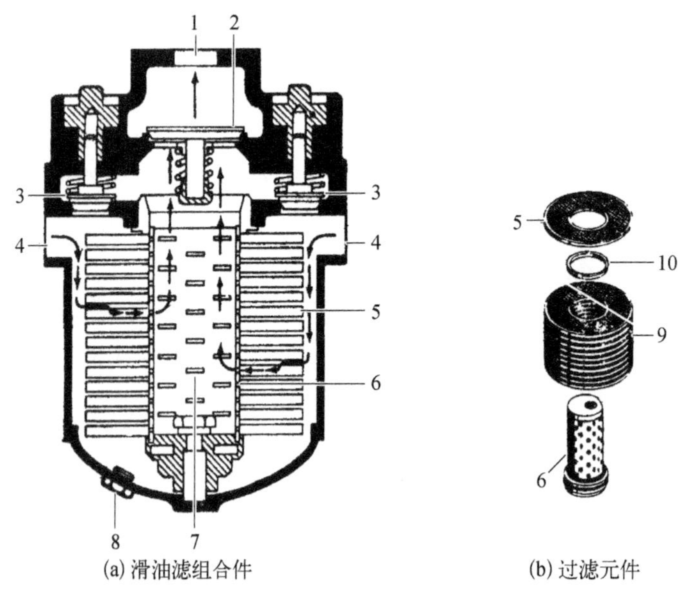

(a) 滑油滤组合件　　(b) 过滤元件

图 7-25　高压油滤工作原理示意图

1. 油滤出口;2. 单向活门;3. 单向活门;4. 油滤进口;5. 过滤碟;6. 中心管;7. 中心管上的滑油进入槽口;8. 滤油堵头;9. 组合过滤盘;10. 隔圈

供油能力大许多,WP7 的三个回油泵总抽吸量(单位时间内)为增压泵供油量的 2.7 倍。

滑油中的泡沫还需通过油气分离器 7 分离出去。WP7 采用的是转子式油气分离器,即由回油泵抽吸的滑油,进入高速旋转的叶片式转子中,滑油在叶片产生的离心载荷作用下,甩向壳体内的槽中,然后由管子输出。滑油中的空气因为比重小,由转动中心处的管子引出。

从油气分离器出来的滑油流入燃油-滑油散热器 18 中,利用燃油系统的低温燃油将滑油的热量带走,使滑油温度达到正常值,然后流入油箱 19,完成一次循环。

3) 通风系统

为了维持油腔与油腔外有一定压差,使油腔的压力低于油腔外的压力,以便于封油,防止油腔中的滑油、油气外泄,发动机内所有的油腔(轴承油腔、附件传动机匣油腔、滑油箱)均应通大气,因此,滑油系统中设有通风系统。滑油系统中的通风系统,通常是将各轴承油腔及滑油箱均用导管与附件传动机匣相连通,然后通过油气分离器将油雾中的滑油分离出来,流回到油箱中循环使用,空气则通过排气管排至大气。当发动机处于高空使用时,如通气管直接与大气连通,会由于大气压力太低,使滑油腔内压力过低影响滑油正常流动,因此需增设高空活门,当飞行高度大于某一高度后,使油腔压力与外界大气压力间保持一定的压差,低于此高度时,油腔与大气直接相通。

WP7 的通风系统中,滑油与空气的混合气通过装于附件传动机匣上的旋转式离心通风器 6(起油气分离的作用),利用叶片高速旋转时的离心载荷将油气中的滑油分离出来流入机匣,空气则通过高空活门排到大气。高空活门在 12 km 的飞行高度以上时,维持油腔的压力大于 1 个大气压力(1.01×10^5 Pa)。

2. 军用斯贝发动机的滑油系统

军用斯贝发动机的滑油系统(图7－26)与WP7滑油系统的主要差别有：

(1) 采用了反向循环系统(热油箱),即将散热器安置在供油系统的增压泵之后。将对轴承、齿轮进行冷却、润滑后的滑油,由回油泵4直接回到油箱1中,这样由于回到油箱中的滑油温度较高,可以使油箱中的泡沫分离出去。类似WP7的将散热器置于回油系统的设计称为正向循环系统,或冷油箱设计。

(2) 采用了系统调压活门。在当时一般发动机(如WP7)的滑油系统中,通常是在增压泵出口与进口间的旁路上安装调压活门(图7－23中的13),以保持喷嘴前有一定的压力,且不会过高;在军用斯贝发动机中,采用了系统调压活门(图7－26中的6),即在增压泵出口与轴承油腔间装有压差活门(可调节的),保持喷嘴前与轴承油腔间有一定的压差(约2.41×10^5 Pa),即在滑油系统中,使供油压力和回油压力的差保持一定。

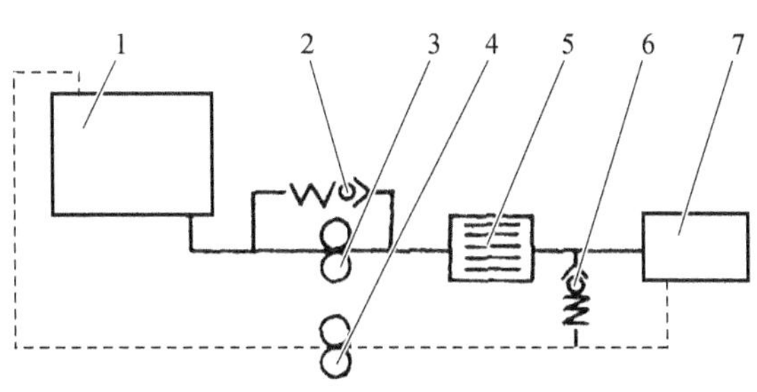

图7－26　军用斯贝发动机的滑油系统示意图

1. 滑油箱;2. 安全活门;3. 增压泵;4. 回油泵;5. 散热器;6. 系统调压活门;7. 发动机

在各种飞行状态下,虽然轴承油腔压力不断变化,但喷嘴前后的压差却是恒定的,因而喷嘴供油量不随飞行状态变化。增压泵的出口、进口间的旁路上装有安全活门,是用来防止进油管路在冷天油压过大。

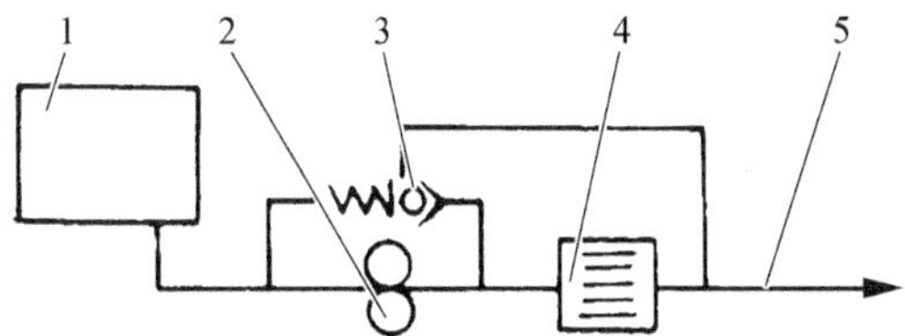

图7－27　采用散热器出口油压修正的调压活门

1. 滑油箱;2. 增压泵;3. 调压活门;4. 散热器;5. 向发动机供油

在某些采用反向循环的系统中,也采用类似WP7中的调压活门,但却在散热器后引油到调压活门中进行修正,如图7－27所示。当油温较低,滑油流过散热器的阻力加大而出口油压变低时,对调压活门进行修正,使增压泵之后油压增加,从而可保持散热器出口油压基本不变,JT5D、JT9D等发动机采用了这种方案。

(3) 在回油系统中安装磁堵。各油腔回油管以及回油泵出口总管路中装有磁性金属屑末收集堵头(简称磁堵),用以将回油流路中的金属屑末吸住,一方面使回到油箱中的滑油清洁,另一方面也为早期发现发动机故障以及对机械故障进行诊断提供信息。目前,在滑油回路中安装磁堵已经是航空燃气轮机滑油系统的标准配备。

3. F100发动机的滑油系统

F100发动机上有5个油腔,如图7－28所示,即:附件传动齿轮箱、1号轴承腔、2号和3号轴承腔、4号和5号轴承腔。它的滑油系统有下列特点:

(1) 供油系统无调压活门,只设有安全活门(冷天油压过高时打开,以保证系统油压不会过高),因此,喷嘴前的滑油压力是随高压转子的转速而变的。

(2) 通风系统中,除2号、3号轴承腔与附件传动机匣油腔是采用通风管连通(图

7－28 中标 xxxx 处）外，1、3、4 号三个轴承腔无专用的通风管与附件传动齿轮箱相连，而是利用回油管起到回油与通风两个作用的（图 7－28 中虚线），因此，这三个油腔的压力大于其他油腔的压力。

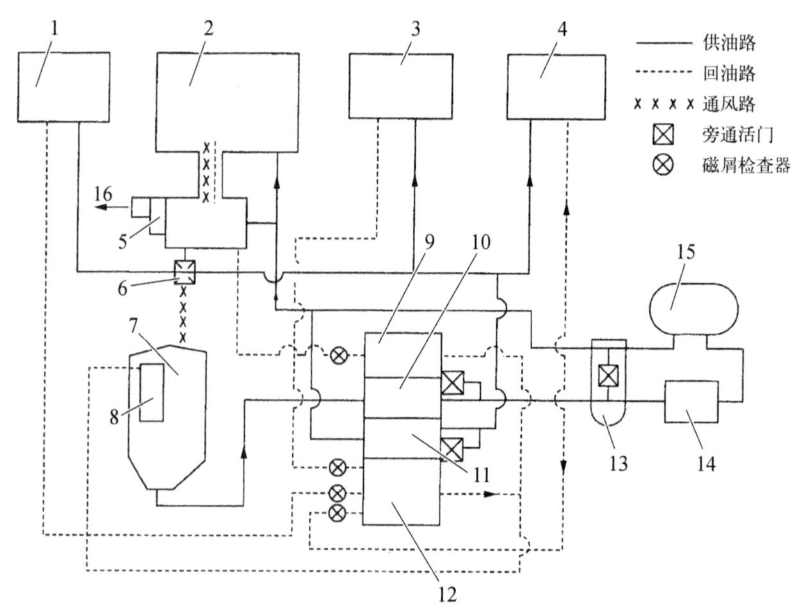

图 7－28　F100 发动机滑油系统

1. 1 号轴承腔；2. 2 号和 3 号轴承腔；3. 4 号轴承腔；4. 5 号轴承腔；5. 附件传动齿轮箱；6. 通风增压活门；7. 滑油箱；8. 油气分离器；9. 回油泵；10. 供油泵；11. 升压泵；12. 回油泵；13. 滑油滤及旁通活门；14. 空气滑油散热器；15. 燃/滑油散热器；16. 通风至机外

（3）供油系统中，增压泵后的高压油滤未装安全旁路活门，这样，不论油滤被脏物堵得多么严重，进入轴承等处的滑油均是清洁的，为防止油滤堵塞时无滑油流入轴承等处，油滤的容积做得相当大。

（4）回油系统中油气分离器装于油箱中，这是一种静止的平板式油气分离器，热滑油从平板上流过时，在油膜的表面张力的作用下撕破气泡，将油中的空气分离出去。通风系统中装有高空定压差活门，即在 10 658 m 高度下，油腔与大气直接连通，当高度大于该高度后，保持油腔与外界有 $0.09\times10^5 \sim 0.13\times10^5$ Pa 的压差。

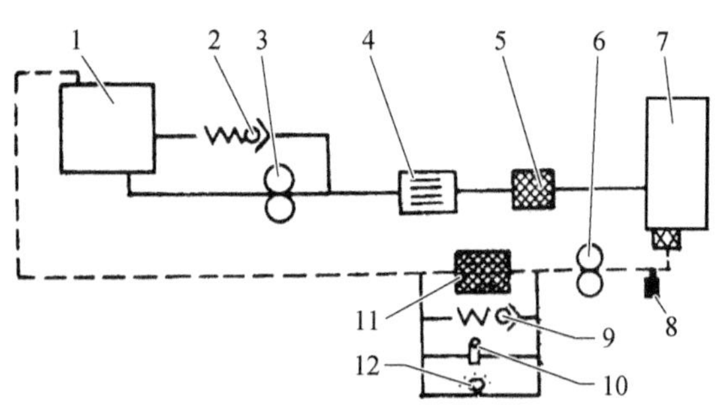

图 7－29　V2500 发动机滑油系统（部分）

1. 滑油箱；2. 安全活门；3. 增压泵；4. 滑油散热器；5. 油滤；6. 回油泵；7. 发动机；8. 磁堵；9. 油滤堵塞旁路活门；10. 油滤堵塞指示器；11. 油滤；12. 油滤堵塞指示灯

4. V2500 发动机的滑油系统

图 7－29 为 V2500 发动机滑油系统的供油与回油系统，该系统的主要特点是：

（1）供油系统中无调压活门，仅设有最大压力安全活门。

（2）供油系统中，增压泵后的滑油

滤过滤能力为125 μm,没有设置油滤堵塞时用的安全旁路活门。

(3) 回油系统中,在各回油泵出口的总管路上,装有过滤能力为30 μm的细油滤;并且有油滤堵塞时的安全旁路活门,另外还装有油滤堵塞指示器(红色标志外露时,表示油滤开始堵塞,伸出越多,堵塞越严重)及装于座舱仪表板上的油滤堵塞指示灯。由于回油系统中设置过滤能力较强的细油滤,回到油箱的滑油是洁净的(称为"洁净油箱"),因而可防止发动机机械部分由于滑油中的杂物造成的损伤,可延长发动机的寿命。

(4) 滑油监控系统较全面。目前新发展的一些发动机,如CFM56、RB211-535E4、RB211-524G/H、CF6-80C2等均采用了类似V2500的滑油系统。

7.3 起动系统

7.3.1 概述

起动系统是用来使发动机从静止状态过渡到稳定的慢车转速状态,包括带动转子由静止状态逐渐加速到一定的转速,以及向燃烧室供入燃油并点燃形成连续的燃烧过程。因此,起动系统应包括以下主要部分:

(1) 起动机。用来带动发动机转子并加速到一定转速,使空气流入发动机受到压气机的压缩,达到一定的压力,以便在燃烧室内形成可燃的混合气并能可靠地点燃与燃烧,以产生具有一定能量的燃气,推动涡轮转动,发出足够的功率,带动压气机加速。当涡轮发出的功大于压气机所需的功时,起动机即可停止工作,全靠涡轮发出的功驱动转子系统运转、加速。

(2) 起动燃油系统。起动发动机时所需供给的燃油,以便与空气混合形成可燃的混合气。

(3) 起动点火系统。在燃烧室内形成火源,以便点燃燃烧室内的可燃混合气。

(4) 自动控制装置。使起动系统各个附件按规定顺序与时间,自动地投入或退出工作,保证起动过程自动化。

7.3.2 燃气涡轮发动机的起动过程

起动发动机时,首先由起动机带动发动机转子加速,加速到一定转速后,电嘴点火,喷入起动燃油(在WP7发动机中,起动机工作5.1 s后供入起动燃油),在燃烧室内形成稳定的起动火苗;当发动机转子被起动机加速到n_1时,主燃油开始供入(在WP7发动机中,起动机工作14.6 s时主燃油供入),并被起动火苗点燃,形成稳定的火焰,涡轮开始输出功率。此后,发动机转子在起动机及涡轮共同带转下加速。转子的转速提高后,流入发动机的空气量加大,且空气经压气机压缩后的压力也在不断提高,因此燃烧后燃气的能量加大,使涡轮能发出更大的功率,转子继续加速;当转子转速达到n_2时,涡轮产生的扭矩大大超过转子阻力矩,断开起动机并中断起动燃油的供入,点火系统停止工作,发动机转子全靠涡轮驱动旋转、加速(在WP7发动机中,当高压转子转速达到最大转速的32%时,相当于起动按钮按下后44秒,断开起动机)。当涡轮产生的扭矩等于转子阻力矩时,即达到慢车转速 n_i,起动过程结束(WP7 中,n_i 等于最大转速的48%)。

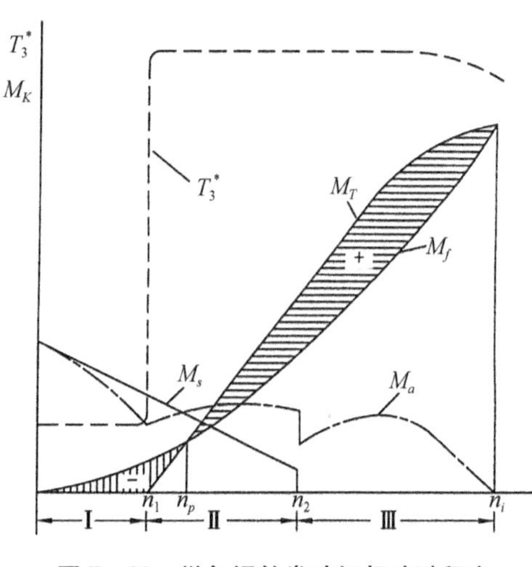

图 7-30　燃气涡轮发动机起动过程中各种扭矩的变化

M_T. 涡轮力矩;M_f. 阻力矩;M_s. 起动机扭矩;M_a. 转子加速力矩

根据发动机起动过程中,带动转子转动的扭矩与转子阻力矩的变化情况,可分为三个阶段,如图7-30所示。

第Ⅰ阶段:由起动机开始带动发动机转子起动,到涡轮开始发出功率($n = n_1$)时止,在这个阶段中,转子仅由起动机带转。作用在转子上用来使转子加速的加速力矩 M_a,为起动机扭矩 M_s 与转子阻力矩 M_f(包括转子的气动阻力矩、传动附件的力矩、轴承的摩擦力矩等)之差,即

$$M_a = M_s - M_f \tag{7-3}$$

一般在 $n = n_1$ 时,起动机的扭矩 M_s 比转子的阻力矩大1.0~1.5倍。如将 n_1 值提高,对燃烧室的点燃与稳定燃烧有利,但起动机的功率要求较高;反之,起动机功率小,但不利于燃烧室的点燃与稳定燃烧。

第Ⅱ阶段:由涡轮开始发出功率起,到起动机脱开($n = n_2$)为止。在此阶段中,转子是由起动机与涡轮共同带动的,即

$$M_a = M_s + M_T - M_f \tag{7-4}$$

式中,M_T 为涡轮输出扭矩。

$M_T = M_f$ 时的转速为 n_p,当 $n < n_p$ 时,$M_T < M_f$,仅由涡轮带不动转子;当 $n > n_p$ 时,$M_T > M_f$;但接近 n_p 时,仅用涡轮不能使转子加速,仍需起动机工作,促使转子加速。起动机脱开过早或过晚都不适宜,过早脱开,会由于加速力矩小而延迟起动时间,甚至使发动机停车;过晚脱开,起动机功率要求大。一般起动机脱开转速 $n_2 \approx (1.2 \sim 2.0)n_p$。

第Ⅲ阶段:由起动机脱开时起,到发动机进入慢车状态($n = n_i$)时止。在这个阶段中,转子是由涡轮单独带动的,即

$$M_a = M_T - M_f \tag{7-5}$$

慢车转速是指涡轮扭矩开始等于转子阻力矩的转速,这时,发动机基本不产生推力,因此,也称空车转速。当 $n_p < n < n_i$ 时,涡轮扭矩始终大于阻力矩,发动机不能稳定工作。当 $n > n_i$ 后,在任一转速下均能使 $M_T = M_f$,发动机能稳定工作。

降低慢车转速,可缩短起动时间和减小起动机的功率;但慢车转速过低,会使发动机在慢车状态时的涡轮前燃气温度 T_3^* 接近最大允许值 $T_{3\max}^*$,从而影响发动机的加速性能并恶化慢车时的工作条件。

上述这些特征转速 n_1、n_p、n_2、n_i 的数值，取决于起动状态下涡轮与压气机的共同工作特性、起动机特性、燃烧室的工作以及结构与使用因素等。一般很难用计算方法确定，可根据现有同类型的发动机数据来选取，然后在发动机调试中予以修正。

在起动过程中，作用在转子上的加速力矩和转子角速度之间的关系可用式(7-6)表示：

$$M_a = \frac{\pi}{30} J_0 \frac{\mathrm{d}n}{\mathrm{d}t} \tag{7-6}$$

式中，M_a 为作用于转子上的加速力矩(N·m)；J_0 为发动机转子的转动惯量(kg·m^2)；n 为发动机转速(r/min)；t 为时间(s)。

由此，可将起动时间表达成：

$$t_{\mathrm{st}} = \frac{\pi}{30} J_0 \int_0^{n_0} \frac{1}{M_a} \mathrm{d}n \tag{7-7}$$

可见，转子的惯性矩 J_0 越大，慢车转速 n_i 越高，加速力矩 M_a（与 M_s、M_T、M_f 有关）越小，则起动时间越长。为了缩短起动时间，必须正确选择起动机型式、功率、特性曲线、脱开转速以及发动机的结构因素（如减少旋转零件的质量，采用双转子结构等），减少起动时压气机所需的扭矩（如打开放气活门），加大涡轮中的压降（如将尾喷口开至最大面积处）等。在涡轮螺旋桨发动机中，还可将桨叶处于顺桨状态以减少起动时的阻力矩等。

7.3.3　起动机

在燃气涡轮发动机中，常采用的起动机有四类：直流电起动机、燃气涡轮起动机、空气涡轮起动机、火药起动机。

1. 直流电起动机

一般采用起动扭矩较大的直流电动机作为电起动机，通过减速器与棘爪离合器与发动机转子连接。发动机起动时，由飞机上的电瓶或地面电瓶车向起动机供给 24 V 的直流电源，电机即带转发动机转子，当完成起动程序后，断开电源，起动机由棘爪离合器自动地与发动机转子断开。发动机工作时，起动机即变为无用的死重。因此目前广泛使用起动-发电机。起动时，作为直流电动机使用，起动后作为直流发电机，由发动机转子带转，向飞机和发动机供给直流电源。WP6、WP7、WP13、WJ6 等中小推力（功率）的航空燃气轮机均采用这种型式的起动机。例如，WP13 发动机，它采用 QF-12D 起动-发电机，起动时，输出功率为 12~16.4 kW，最大扭矩为 440 N·m；发电时，输出功率为 12 kW，质量为 31.5 kg。在中型发动机上采用起动-发电机时，需采用双速传动装置来传动，但在一些小流量的发动机中，为简化结构，也有不采用双速传动装置的，如 J69、JT15D 等。

直流电起动机的主要优点是使用、维护方便、结构简单、尺寸小、可使起动过程自动化；缺点是起动扭矩不够大，不适于大型航空燃气轮机，供它所需的机载蓄电瓶较重。另外，起动机的功率对外界气温与电压的变化比较敏感。

2. 燃气涡轮起动机

燃气涡轮起动机实际上就是一台完整的小型涡轮轴发动机，一般由单级离心压气机、回流式燃烧室、单级燃气发生器涡轮、单级自由涡轮及减速齿轮、离合器等组成，此外还有自己使用的燃油系统、滑油系统、起动系统等。

有些燃气涡轮起动机采用定轴式涡轮轴发动机，如 RD－3M 发动机采用的 C300－75 型燃气涡轮起动机。而军用斯贝发动机采用的 DQ－23 燃气涡轮起动机（图 7－31）则属于自由涡轮式涡轴发动机。

DQ－23 燃气涡轮起动机输出功率为 59.6 kW，质量为 30.4 kg，燃气发生器转速为 65 000 r/min，自由涡轮转速为 62 885 r/min。起动发动机时，首先通过起动机的起动系统，使 DQ－23 的电起动机带转起动机的转子并供入燃油，点燃并驱动燃气涡轮发生器涡轮工作，当达到工作转速时，自由涡轮通过减速器带动发动机转子转动，当起动机输出转速达到 5 700 r/min 时，起动机停止工作，整个起动时间约 30 s。

燃气涡轮起动机的起动功率大，可达 74.5～149 kW，质量小，可以不依赖地面设备且能多次重复起动，缺点是结构复杂、质量大。

图 7－31 为 DQ－23 燃气涡轮起动机结构图。

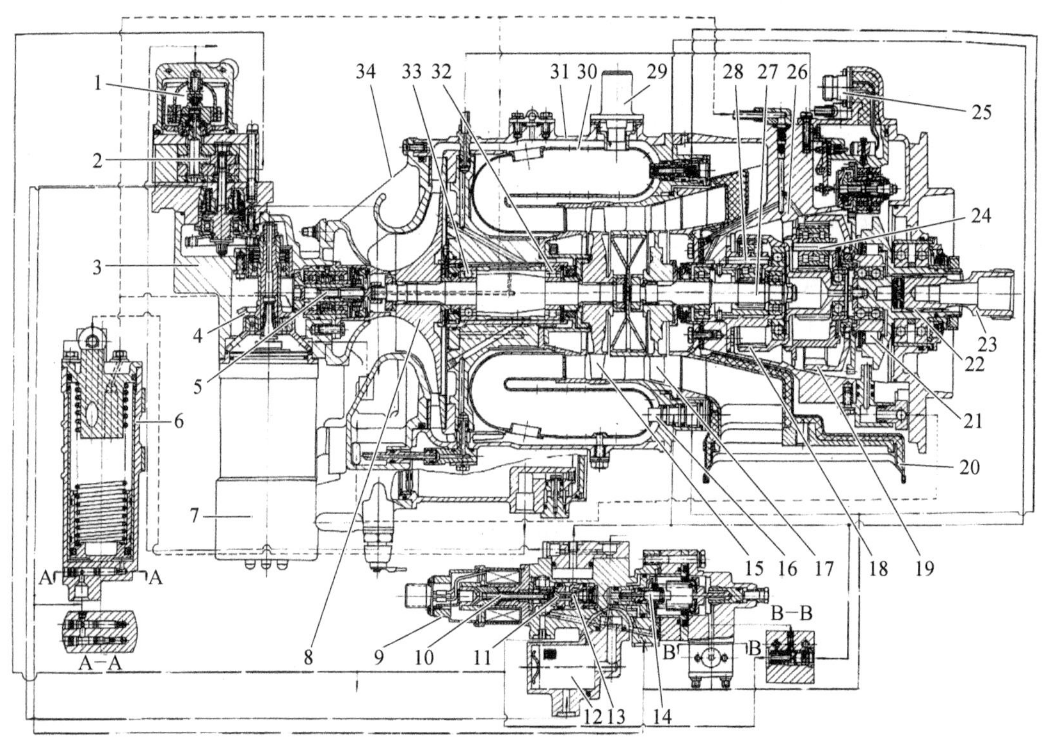

图 7－31　DQ－23 燃气涡轮起动机结构图

1. 燃油泵调节器；2. 定排量齿轮；3. 附件传动齿轮箱；4. 螺旋锥齿轮；5. 燃气发生器轴；6. 滑油缸；7. 电起动马达；8. 离心压气机；9. 加速控制装置；10. 电磁阀；11. 放油活门；12. 油滤；13. 断油活门；14. 喷嘴溢流活门；15. 单级燃气涡轮；16. 燃油喷嘴；17. 动力涡轮；18. 第 1 级减速器；19. 第 2 级减速器；20. 排气涡壳；21. 斜撑离合器；22. 输出花键；23. 输出轴；24. 第 2 级行星齿轮；25. 转速切换开关；26. 减速齿轮箱；27. 输入太阳齿轮；28. 第 1 级行星齿轮；29. 点火电嘴；30. 回流式环形燃烧室；31. 壳体；32. 滚棒轴承；33. 球轴承；34. 防尘网

3. 空气涡轮起动机

图 7－32 为空气涡轮起动机，属于无压气机的涡轮起动机，广泛用于民航旅客机的发动机上，它是利用地面气源、机载储气瓶、飞机辅助动力装置或由已工作的发动机引来的高压空气（$2.94\times10^5\sim3.92\times10^5$ Pa）来驱动涡轮转子，通过减速器后带转发动机转子。这种起动机结构简单，使用方便，但需有外来气源，不能独立地起动发动机，适用于装有辅助动力装置的大型飞机的发动机。

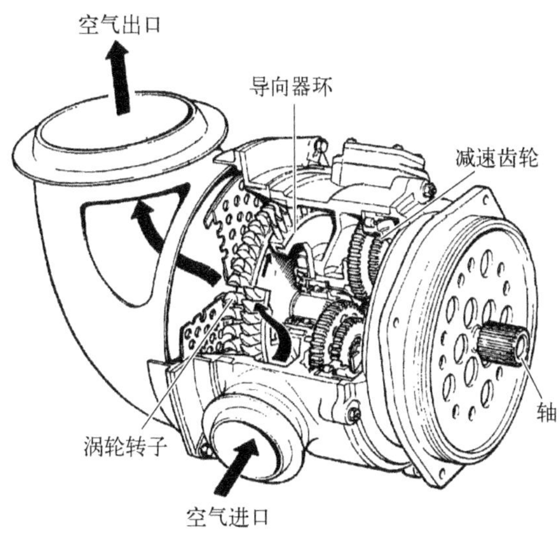

图 7－32　空气涡轮起动机

4. 火药起动机

火药起动机也是属于无压气机的涡轮起动机，它是利用固体火药柱由电触发雷管点燃后，在很短时间内燃烧产生高温、高压（约 900℃，78.4×40^5 Pa）燃气去驱动冲击式涡轮高速旋转，再通过减速齿轮箱、离合器等带转发动机转子。由于火药燃烧时能在很短时间内释放出大量热量，所以这种起动机的输出功率很大，一般可达 223.7～298 kW，最高可达到 745 kW，而且结构质量小，起动时间很短（几秒）。缺点是工作不安全，起动次数受到火药柱数量的限制。

虽然火药起动机瞬间输出功率较大，但对于具有较大转动惯量的大型航空燃气轮机，还不具备从静止状态带转发动机转子到点火状态的能力，只能用于小尺寸航空燃气轮机。

在以上介绍的 4 种起动机中，火药起动机质量最小，但能够提供给整个起动过程的总功有限。为了准确反映起动机的起动能力和结构特征，将起动机结构质量与所输出的单位功率之比称为相对质量。4 种类型起动机的相对质量分别为：直流电起动机——7.37～13.4 kg/kW；起动－发电机——5.36～10.72 kg/kW；燃气涡轮起动机——1.47～4.02 kg/kW；空气涡轮起动机——0.94～2.01 kg/kW。

思　考　题

1. 简述传动装置设计要求和基本原则。

2. 摩擦离合器、棘爪离合器和滚棒离合器在功能上有何不同？并简要说明其工作原理。

3. 简述 WP7 发动机供油、回油和通风系统的组成及功用。

4. 何为“热油箱”“洁净油箱”设计，简述其特点。

5. 航空发动机是如何起动的？如何评价起动机的性能？

第 8 章
航空发动机结构设计力学基础

航空发动机结构设计是根据航空发动机总体气动性能要求和已有的结构设计经验，综合考虑各部件的设计要求和技术难度，在满足气动性能的前提下，通过对复杂结构系统进行结构几何构形、材料性能选取、关键尺寸、约束位置及强度和载荷传递路径等结构特征参数的优化和平衡，最终实现以最小的结构质量，满足既定载荷环境下的力学性能要求，并具有合理的变形分布。

航空发动机结构布局设计，需要充分考虑已有的设计、制造的技术储备，必须遵循航空发动机结构设计理论和方法，科学有序开展研制工作。航空发动机结构设计理论是基于理论力学、材料力学、弹性力学、振动力学和转子动力学等多个力学基础理论，结合航空发动机特点和设计要求，适应于航空发动机工程研制需要的应用理论和方法。

因此，在讲述航空发动机结构设计方法之前，有必要对结构设计所依赖的力学基础进行简要介绍，以加深对航空发动机结构及力学特性内在关联性的认识。在本章及之后章节的航空发动机设计理论介绍中，虽然以航空燃气轮机为分析对象，但可拓展、借鉴到其他航空飞行器动力装置设计。

8.1 基本概念与术语

航空发动机结构设计理论与方法并不是理论力学、材料力学、振动力学等基础学科的简单工程应用，而是针对航空发动机总体布局、各系统结构特征、载荷环境等多种因素，充分考虑工程可行性与有效性的“重构平衡”优化设计理论。航空发动机结构设计的三个关键要素是：结构布局、结构设计和结构变形。

8.1.1 结构布局(structural arrangement)

结构布局是指从整体层面上规划和设计各结构的构形、尺寸、材料、连接以及功能和受力状态的系统筹划。对于复杂、先进的航空发动机的研制，在初始方案设计阶段，需要对各种设计方案进行综合评估，以保证其在功能、性能、可靠性及可实现性等多方面的平衡。结构布局的内容包括，总体结构布局、转子结构布局、静子结构布局和附件结构布局等，此处着重介绍总体结构布局和转子结构布局。

1. 总体结构布局

总体结构布局是从整机和顶层规划、安排各组成结构的构形、尺寸、材料、连接以及功能和受力状态的系统筹划。总体结构布局是航空发动机设计方案确定的重点，将直接影响整机和各部件设计难度，需要综合评估整机变形协调性、动力学特性以及安全性、可靠性等相关设计要求[8]。

现代先进航空发动机结构方案设计阶段，对总体结构布局的需求是：充分考虑发动机的使用环境、总体性能、气流通道及外形结构尺寸等设计输入要求，通过不同总体结构布局设计方案的对比和定量分析，确定不同总体结构布局设计方案对发动机总体气动性能、结构完整性、可靠性及技术风险的影响；并对发动机总体结构布局方案中，安装结构、部件连接以及转子轴承选取进行综合分析和确定；在此基础上，还需要综合考虑转子构形、支承方案、轴承-支承结构等多个因素之间的内在联系，并根据设计指标、技术风险和研制周期的限制，形成具有可行性的工程设计方案。

航空发动机总体结构布局的创新发展，一是依靠长期研制过程中的技术积累，以减少技术风险和难度；二是基于结构特征与力学特性关联性的分析模型，通过结构特征变化改善其力学特性。

结构布局设计理论方法，就是描述结构特征与力学特性的关联性，揭示结构在工作载荷环境下几何构形和尺寸效应所引起力学特性的变化规律。航空发动机总体结构布局设计理论的内涵主要包括：结构特征与力学特性关联性的力学模型，结构特征参数变化对结构系统抗变形能力和工作环境适应能力的影响规律，在航空发动机总体结构方案设计阶段，提供对结构特征参数寻优和定量评估方法。

2. 转子结构布局

航空燃气轮机转子系统结构布局主要包括：转子结构几何构形及关键尺寸，支点位置及支承约束刚度的确定[9]。

发动机转子系统各部分因结构几何构形和受力状态不同而具有不同的力学特性。以双转子涡扇发动机为例，如图 8－1 所示，高低压转子由于所处位置和功能的差异，具有不同的结构布局。

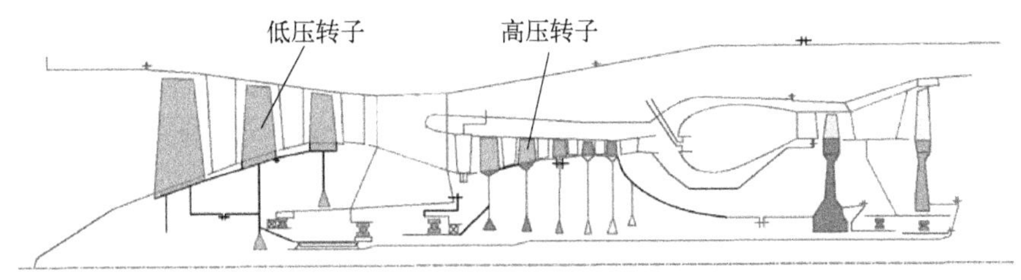

图 8－1　双转子涡扇发动机结构设计方案示意图

高压转子一般采用前后两支点支承的“拱形结构”布局，“拱形结构”布局主要由压气机前锥壳轴颈、压气机鼓筒、鼓筒轴和涡轮后锥壳轴颈组成，并采用大跨度支承的两支点布局，因此“拱形结构”的弯曲刚度分布特性、局部角向刚度和支点约束特性共同决定了高压转子的力学特性。因此，高压转子的几何构形、长径比和支点约束特性等是关键的结构布局设计参数。

低压转子由于要穿过高压转子内部，使得涡轮轴的跨度大、直径小，低压转子的质量集中在低压转子两端，转子结构的质量/刚度的轴向分布特征极不均匀，因此常采用多支点支承方案，提高局部角向刚度以控制局部变形。因此，低压转子的支点数目、支点位置、支承刚度以及局部几何构形是关键的结构布局设计参数。

8.1.2　结构设计（structural design）

结构设计在不同的专业和行业中有不同的定义和解释，根据航空发动机的特点，所谓航空发动机结构设计是根据航空发动机功能、性能设计要求，在总体结构布局的设计方案基础上，对航空发动机结构质量、强度、刚度、气动热效率以及动力学特性等方面要求的综合优化过程。结构设计贯穿航空发动机研制和使用全过程，是综合设计技术水平的具体体现。

本文中所讲述的结构设计，主要针对航空发动机设计过程的初始方案设计阶段，重点在于总体结构布局、几何构形和关键尺寸参数的确定和所用材料的选取。

1. 转子结构设计

转子结构设计主要包括几何构形、关键尺寸、材料以及支承约束的确定，进而可采用结构质量、转动惯量及截面抗弯刚度等参数的分布特征定量描述和评估转子结构特征。

转子结构几何构形设计，是为转子系统提供拉压、扭转和弯曲刚度的关键，是转子结构的骨架。关键尺寸参数主要包括轴颈内径、鼓筒内径、轴颈角度等。材料的选择一般根据使用环境和材料性能确定，如风扇和高压压气机前几级采用钛合金，高压气机后段和涡轮组件主要使用高温合金，由于材料的密度、弹性模量、泊松比等基本性能参数一般比较确定，对结构的抗变形和动力学设计影响不大，因此在结构布局设计中，只是确定材料类型，而精细的材料性能要求和牌号确定则需要后续根据结构强度和工艺决定。

高压转子结构及动力学设计上，一般为刚性转子设计，基本几何构形为拱形环腔。为提高转子刚度和控制变形，要求高压转子结构的质量和抗弯刚度沿轴向分布协调，以保证转子系统最大的整体抗弯曲变形能力，在发动机工作转速范围内无弯曲临界转速。需要对转子结构应变能及其分布进行控制，防止结构设计不合理所引起的局部应变能过大，以保证转子系统的强度及动力学特性满足设计要求。

低压转子一般为柔性转子，即最高工作转速以下存在多阶刚体模态、弯曲模态临界转速，即最高工作转速在转子弯曲模态临界转速以上。在结构设计中，需要对风扇和低压涡轮轮盘与转轴的连接结构、支点约束特性等进行综合优化设计，保证低压转子系统具有合理的共振转速分布以及在风扇和涡轮处具有良好的局部抗变形能力。

2. 支承结构设计

支承结构是转子的固定、约束结构，其主要作用是支承转子，确定转子位置，并提高转子的抗变形能力，以及调节转子系统的动力学特性。支承结构设计包括支承方案和支承约束刚度的确定，其中，支承方案的确定是一项综合复杂过程的决策，既有技术上的选优，又有设计经验的继承，但是在决策中也有一些重要的基本原则是必须遵循的。转子支承结构设计应当在充分考虑发动机的载荷传递、转子动力学特性、转静子间隙控制以及结构间振动隔离等多方面因素的基础上作权衡安排。

支承方案的确定，包括：支点数量、支点类型和支点位置。支承方案的选取应有利于缩短传力路线、减少承力框架，有利于转子变形控制、转静子间隙控制、缩短支点跨度、减小转子系统长度以控制共振转速分布。对于多支点悬臂式转子,则应适当加大支点跨度,从而减小外伸长度,以优化其动力特性。在高性能涡扇发动机总体结构布局设计中,对于高压转子系统,多采用刚性转子设计,其支承方案多采用 1－1－0 和 1－0－1 的两支点结构;而对于低压转子系统,多采用柔性转子设计,其支承方案多采用 3 支点结构。

支承约束刚度(简称支承刚度)的确定,包括:弹性支承、刚性支承及其结构形式的确定。支承刚性对转子系统的力学特性影响,其力学本质上是边界条件细微变化对转子动力学特性影响的量化描述。因此,在支承结构设计中,其基本原则是有利于整机结构系统的振动隔离,减小不同结构间的振动耦合,必要时采用弹性支承、阻尼结构等措施,以平衡转子系统各种力学性能。对于现代高负荷航空发动机的转子系统,为了便于调整支承刚度以优化共振转速特性,在总体结构方案设计阶段,需要在各支点处均预留弹性支承结构的设计空间,需要综合评估各支点约束刚度和是否采用阻尼减振结构,否则很难满足转子系统在超临界状态安全可靠下工作的设计要求。

在带有中介轴承支承方案的高推重比涡扇发动机设计中,需要采用双转子系统结构布局优化。中介轴承的使用可以减小转子长度,节省一个承力框架,减少发动机质量;但是轴承的供油、封严和润滑困难,并且容易引起高、低压转子系统动力特性之间的交互影响。中介轴承一般为滚棒轴承,以便于安装。在转速较高的小尺寸发动机中,由于转子工作转速高,转轴受到径向尺寸的限制,弯曲刚度较弱,为避免转子之间振动耦合,一般不使用中介轴承。

8.1.3　结构变形(structural deformation)

航空发动机的结构变形通常是由内外载荷的共同作用所致,外载荷一般包括气动载荷、热载荷、机动飞行载荷等,而内载荷则主要是指转子旋转惯性载荷。结构体在内外载荷作用下,自身结构会产生弹性变形,以平衡内外载荷。根据材料力学可知:弹性变形是可恢复的变形,其本质为结构系统能量的转换和平衡,主要表现结构变形量和间隙变化;塑性变形是不可恢复的变形,其本质为能量的注入与耗散,主要表现为结构损伤积累。根据载荷的来源和频域特性可分为:静载荷和动载荷,因此,结构的变形也可以相应地表现为静变形和振动响应。在航空发动机结构布局中,主要关注的是结构系统在静载荷和动载荷环境下的弹性变形,塑性变形则可以在构件强度、寿命设计中进行考虑。

结构布局设计的目的就是,通过所掌握的结构系统在工作载荷环境下的变形规律,使其变形或相对变形量(间隙)满足发动机高效、稳定工作的设计要求,即保证发动机气动性能和结构完整性。在航空燃气轮机中,由于结构布局和装配维修等方面的限制,使转子结构的刚度特性或称抗变形能力,相对于静子结构具有一定的特殊性,这是发动机中振动和变形的主要来源。因此,在发动机结构设计中,转子的变形控制是最为重要的,静子结构的变形控制要与转子结构相配合,提供相应的支承刚度和协调的变形量等。

结构在工作载荷环境下可以保持平衡,是由于结构受力变形产生弹性抗力,使结构具有恢复初始形状的趋势。结构产生弹性恢复力的力学本质,源于结构材料的本构关系,即材料的应力-应变关系。

结构的弹性恢复力,即结构的抗变形能力来自两个方面:一是材料本身的应力-应变关系,是结构材料组成成分微细观尺度的力学特性体现;二是来自结构几何特征,几何特征使微观应力在宏观结构体上产生特定分布,这种结构内部应力分布的综合表现为结构体的抗变形能力,即结构的刚度特性。刚度特性是结构体所具有的宏观力学特性,是结构构形和材料特性的综合体现,形成对不同外力作用下的弹性恢复力。除此之外,结构的几何构形还确定结构质量分布,对于转子进行非惯性运动过程中所产生的惯性力和力矩,也会影响转子结构系统的刚度特性和变形。

固体材料受力之后,材料微观应力与应变之间呈线性关系,满足胡克定律,如式(8-1)所示:

$$E\varepsilon = \sigma \tag{8-1}$$

式中,ε、σ 分别为结构的应变和应力;E 则为弹性模量,也称杨氏模量,取决于材料特性。弹性模量反映材料对于拉伸或压缩变形的抵抗能力,对于一般金属材料来说,拉伸和压缩的弹性模量相差不多,可认为两者相同。

若考虑结构的几何特征,以等截面弹性杆受拉为例,对截面应力进行积分,得到

$$E\varepsilon\int_A \mathrm{d}A = \int_A \sigma \mathrm{d}A \Rightarrow K \cdot \Delta l = F \tag{8-2}$$

式中,$\varepsilon = \dfrac{\Delta l}{l}$、$K = \dfrac{EA}{l}$ 为结构刚度系数(倔强系数、弹性系数);$F = \int_A \sigma \mathrm{d}A$ 为外力;A 是杆件横截面积;l 为杆件原长;F 为杆件所受轴向拉力。

实际上,式(8-2)就是具有空间几何特征的宏观结构,受力与变形关系的线性简化。式(8-2)中的积分过程,是从细观到宏观的过渡,是结构内力到整体结构弹性恢复力的演变过程,但应注意,该过程需要材料满足连续性、均匀性和小变形的假设。满足胡克定律的弹性体,是结构力学分析中一个重要的物理模型。

当结构发生动态变形,根据达朗贝尔原理,结构质量惯性也会参与其中。姑且将等截面弹性杆结构质量集中于受力一端,则弹性杆在拉压方向上动力学平衡方程为

$$K \cdot \Delta l = F - m\frac{\mathrm{d}^2(\Delta l)}{\mathrm{d}t^2} \tag{8-3}$$

在动载荷作用下,结构变形(振动)速度变化率是结构质量/刚度特性的集中体现。

1. 转子变形

工作过程中转子系统的变形主要是指转子弹性线发生弯曲,同时也随转子进动而发生空间位置的改变。此外,在高转速负荷、大尺寸转子结构中,弹性线的横向运动不能准确描述转子分支结构、轮盘等局部结构的变形,需要单独结构参数表示。转子弹性线是指转子横截面的中性面轴心线,如果轮盘横截面与转子弹性线始终保持垂直,则弹性线的变化也可代表轮盘的变形(所在位置的切向);否则,如果轮盘相对于转子弹性线产生相对的摆动,就需要采用单独结构变量表示轮盘变形。

当转子只有刚体位移时,转子弹性线为一直线;在转子发生横向振动时,弹性线相对于支点连线形成的旋转中心线产生平动和俯仰位移,并进行回转运动。当转速提高、转子

产生弯曲变形时，假设转子为连续结构体，则转子弹性线相对旋转中心线产生弯曲，转子做弓形回转运动。旋转中心线是转子进动的旋转轴心，是由支承结构确定的。

在总体结构布局中，主要考虑的载荷：一是机动/过载所产生的结构质量惯性载荷，二是转子高速旋转激励所产生的旋转惯性载荷。其力学本质是转子结构特征（质量和刚度分布）在静态和动态所表现出的力平衡状态和能量守恒状态。

转子结构系统变形控制的内涵：是通过转子构形和支点约束的结构布局设计，使转子系统获得合理的质量/刚度分布，以控制转子弹性线和大质量结构单元（如轮盘等）在工作载荷环境下的变形量。在航空燃气轮机总体结构布局方案设计中，所需要考虑的静载荷主要为机动/过载状态下的惯性载荷，以及转子允许不平衡在全工作转速范围内旋转激励载荷，对变形控制和评价的主要参数包括：转子系统等效刚度、惯性刚度、共振转速分布、弯曲应变能分布、支承动载荷等。通过对一系列反映转子结构质量/刚度分布特性的参数，定量评估总体结构布局的先进性和适用性。

2. 整机变形

整机系统在工作过程中的变形主要是指转子系统、封严装置和支承结构的变形。相比于转子变形控制，整机变形控制着重关注转静子之间的相对变形，也即转静子变形协调性，是整机结构力学性能评估的重要内容，以确保结构系统满足气动性能、部件强度和寿命要求。航空燃气轮机作为旋转流体机械，转静子变形协调性直接影响全飞行包线范围内，因转子旋转惯性激励、机动过载、高温部件热载荷所导致的发动机气动热力效率的退化程度。据实测，叶尖间隙每增加叶片长度的1%，效率降低1.5%左右，而效率每降低1%，耗油率增加2%左右。此外，当转静子变形协调性进一步降低，有可能导致转静子之间发生碰摩故障，使得转子叶片、封严篦齿、静子封严环等结构的磨损或破坏，严重碰摩故障甚至会改变转子系统涡动状态，造成转轴断裂、整机振动超限等故障。

整机变形控制设计需要综合考虑多种载荷环境因素：一是转子系统在工作过程中受到的旋转惯性激励，尤其是转子系统通过临界转速时，旋转惯性激励急剧增加；二是飞行器在全包线范围内工作而对发动机转静子产生的机动过载；三是高温部件的热载荷，当转静子热变形不协调时，有可能导致抱轴卡滞等故障，而对于涡轮机匣而言，不合理的结构设计，有可能导致机匣椭圆度的增加，使得转静子变形协调性出现周向差异，降低发动机气动热效率。

整机变形控制是一项系统工程，在总体结构布局设计方案确定时，并不一味追求转子或静子变形的最小化，而是在既定载荷环境和材料性能的基础上，通过合理地优化整机结构构形，实现复杂载荷环境中转静子变形的协调性，对整机变形协调性的评价参数有：转子叶尖径向间隙、封严篦齿径向间隙以及转静子轴向间隙等。

8.2　结构特征与力学特性

航空发动机结构设计理论所研究的核心问题是结构在工作载荷环境下的变形及其控制，解决问题的基础是准确描述结构特征与力学特性之间的内在关联性。所谓结构特征，即结构的几何特征与材料特征，是在发动机工程实践中最为直观的设计参数；所谓力学特性，则是结构在各种工作载荷环境下体现出的承载能力、抗变形能力和环境适应能力的参数化表征；基于结构力学的基础理论，通过描述结构体内力与环境载荷的平衡状态，以及系统内部动能、势能、耗散能与外界做功之间的动态能量平衡（守恒）关系，将结构特征与力学特性关联起来，实现对结构在工作载荷环境下变形的准确描述和控制。

8.2.1 结构特征（structural features）

结构特征在不同专业和工程应用中有不同的理解和内涵，本书讲述的结构特征是结构固有特性的具体表现，包括结构几何构形、材料性能、界面配合状态等要素。其中，几何构形确定结构基本特征，尺寸是将结构及其性能具体化的参数，如：长度、截面积、质心、惯性矩等。材料性能是表示所使用材料本身所具有的细观基本属性，如密度、弹性模量、强度极限等。

对于航空发动机结构几何构形而言，着重关注承受因气动载荷和振动载荷所致的拉压、扭转、弯曲和外传力载荷的结构“骨架”几何构形，这是影响发动机转子系统和承力系统抗变形能力的关键。以航空燃气轮机转子系统为例，结构特征参数主要指转子锥壳结构的锥角、鼓筒直径及相应长度等，以及各构件之间连接结构及其结构参数，对于发动机静子承力系统，结构特征参数则主要指承力结构的构形与尺寸，包括支板截面面积、承力鼓筒直径、承力锥壳角度以及长度等参数。而发动机结构材料特征一般取决于材料类型，如铝合金、钛合金、高温合金等，在结构系统抗变形能力计算与评估中相对比较固定。在材料种类确定后，对于同种类型材料的密度、弹性模量、泊松比等材料参数一般差异较小，后续不再赘述。

以航空燃气轮机转子结构为例，相同类型的转子通常具有相似的结构几何构形和材料特征。

高压转子，在设计要求和设计原则上，一般为刚性转子设计，基本几何构形为拱形结构，以大直径鼓筒和轮盘为主体结构，在转轴与鼓筒的连接处采用锥壳结构过渡。为了提高转子刚度和控制变形，要求高压转子结构的质量和抗弯刚度沿轴向分布协调，以保证转子系统具有最强的抗弯曲变形能力，在发动机工作转速范围内无弯曲临界转速。同时需要对局部几何结构进行加强，以防止结构设计不合理所引起的局部应变能加大和应力集中，保证转子系统的强度及动力学特性满足设计要求。

低压转子一般为柔性转子设计，其质量/转动惯量集中分布在转子两端，中间通过细长的涡轮轴相连。低压转子的结构特征主要为风扇和低压涡轮轮盘与转轴连接结构的几何构形，如轮盘与转轴连接的“分叉”结构、反“匚”形结构等，及其对转子系统刚度特性和转子动力学特性的影响。

为综合表征航空发动机的结构几何特征和材料特征，可采用质量/转动惯量、截面抗弯刚度轴向分布图等进行定量表示。

8.2.2 力学特性（mechanical characteristics）

航空发动机结构的力学特性，是指当结构几何构形、材料选取和装配方式确定后，结构在静、动载荷作用下所表现出的运动、变形、应力等特性。本章着重介绍结构动力学特性,其他力学特性(如结构强度、寿命特性)会在相应的构件设计中加以研究。

航空燃气轮机结构的动力学特性主要表现为三个方面：刚度特性、模态振动特性和振动响应特性,其中刚度特性和模态振动特性为振动响应特性提供分析和研究的基础,是表述结构与振动响应之间内在联系的特征参数,也是本节着重介绍的内容。对发动机结构的刚度和模态特性进行定量描述时,对转子系统可采用等效刚度、惯性刚度、自由模态和共振转速分布、模态应变能分布等参数进行评估,对静子承力系统可采用动刚度、机械阻抗、约束模态、模态应变能分布等参数进行评估,以指导发动机结构优化设计。在定性表征发动机转子系统动力学特性时,通常需要指明转子自转转速,这是因为转子系统的陀螺力矩会对转子系统动力学特性产生较大影响,而在表征静子承力系统时,由于转子支点动载荷对其产生周期激励,也会改变静子承力系统的动力学特性,同样需要考虑转子转速对其的影响。

等效刚度是指结构系统上某点承受力时,力与受力方向上所产生变形量之比,用以表征结构系统在该点处对外力的抗变形能力。转子横向等效刚度的定义式如下：

$$K_{\mathrm{eff}} = \frac{F_{\mathrm{stat}}}{x_{\mathrm{stat}}} \tag{8-4}$$

式中,K_{eff} 为横向等效刚度；F_{stat} 和 x_{stat} 分别为作用在转子一点的横向集中静力及其作用下的横向变形量。

惯性刚度是指当结构进行非惯性运动时,自身结构质量所产生的惯性载荷与在运动方向上的最大变形量的比值,可用于表征结构对自身惯性载荷的抗变形能力。转子惯性刚度定义式如下：

$$K_{\mathrm{inertial}} = \frac{m \cdot a_x}{x_{\max}} \tag{8-5}$$

式中,K_{inertial} 为惯性刚度；m 为转子系统的总质量；a_x 为结构受到的惯性过载,单位为 $\mathrm{m/s^2}$；$x_{\max}$ 为惯性过载作用下结构体的最大变形值。

共振转速特性是考虑转子结构旋转惯性力矩影响的转子系统模态振动特性,由于结构旋转惯性力矩与转子转速和变形相关,因此随转速变化转子系统各阶共振转速(动态模态频率)和模态振型呈现不同的变化规律,是转子系统的固有运动特性,如下所示：

$$f_i = f_i(\omega),\ i = 1,\ 2,\ \cdots,\ n \tag{8-6}$$

式中,f_i 为第 i 阶共振转速；ω 为转子自转转速。

应变能分布特性是指结构在发生变形时,所产生的内部势能在结构内部的聚集程度,是结构变形状态下内部势能和应力分布的综合体现,定义式如下：

$$\alpha = \frac{\sum_{\mathrm{target}} \sigma\varepsilon\Delta v}{\sum_{\mathrm{all}} \sigma\varepsilon\Delta v} \times 100\% \tag{8-7}$$

式中,α 为应变能分布比例,分子表示所需分析结构部分的应变能,分母表示结构系统的总应变能；σ、ε 和 Δv 分别为结构微元的应力、应变和体积。

静子系统作为发动机气动载荷、支点动载荷等多种周期性载荷的承力结构，其动力学特性包括动刚度特性、载荷传递特性、模态振动特性等。

动刚度特性是结构系统在振动环境下的模态振动属性，在力学本质上反映了结构质量和刚度分布对振动载荷环境的敏感度，可以表示为结构系统位移形式的机械阻抗，即激振力与相应位移响应的比值，表示结构在周期性载荷作用下的抗变形能力，是载荷频率的函数，定义式如下：

$$K_{\text{dynamic}} = \frac{F(\omega)}{x(\omega)} \tag{8-8}$$

式中，K_{dynamic} 为动刚度；ω 为载荷频率；$F(\omega)$ 为激振力；$x(\omega)$ 为结构的位移响应。

载荷传递率是反映不同频率载荷在结构系统内传递所产生的增益与衰减，力学本质上是结构质量和刚度对振动载荷的阻抗，可以表示为力形式的机械导纳，指的是激振载荷从结构作用点到另一点的变化，通常用于发动机转子承力结构中，衡量支点动载荷在结构系统中的传递变化，定义式如下：

$$T_F(\omega) = \frac{F(\omega)}{F_0(\omega)} \tag{8-9}$$

式中，$T_F(\omega)$ 为载荷力传递率；$F(\omega)$ 为响应点载荷大小；$F_0(\omega)$ 为激励点载荷大小。

模态振动特性表示静子承力系统在给定边界约束特性下的固有模态振型及频率，由结构振动力学方程求出。在进行整机结构动力学设计时，需要避免承力框架共振频率出现在转子工作转速范围内。

8.2.3 结构力学平衡状态

准确描述给定载荷下的结构特征与力学特性之间的定量关系，是航空发动机结构设计及变形控制技术的关键力学基础之一。在给定结构几何特征与材料特征后，可采用若干结构特征参数对结构进行定量描述，如密度、截面积、截面惯性矩、转动惯量等，将结构特征参数与结构运动参数（如位移、速度和加速度）相结合，用以描述结构的受力平衡状态，以及结构系统内部动能、势能、耗散能与广义力做功总能量守恒（动态能量平衡）关系，也即采用微分方程（组）描述结构力学平衡或能量守恒状态。通过解析或数值方法求解微分方程（组），可得到结构系统的运动状态，从而实现结构特征与力学特性之间的定量关联，并结合航空发动机具体结构及其载荷特征，可分级建立结构变形控制技术。图 8-2 为结构特征、力学特性与结构力学平衡状态的关系图。

对于不同结构形式、不同载荷条件和不同运动形式，结构力学平衡方程的具体形式有所不同。对于结构形式较为简单，如梁结构、杆结构等，一般采用一维连续微分方程加以描述，对于更加常用的板结构、壳结构，通常使用二维连续微分方程组；而对于更具一般性的有限元离散结构，均采用多维离散微分方程组。对于静载荷，无论是集中静载荷或是分布静载荷，结构力学平衡方程通常依据力平衡和力矩平衡方程即可建立，而对于动载荷，

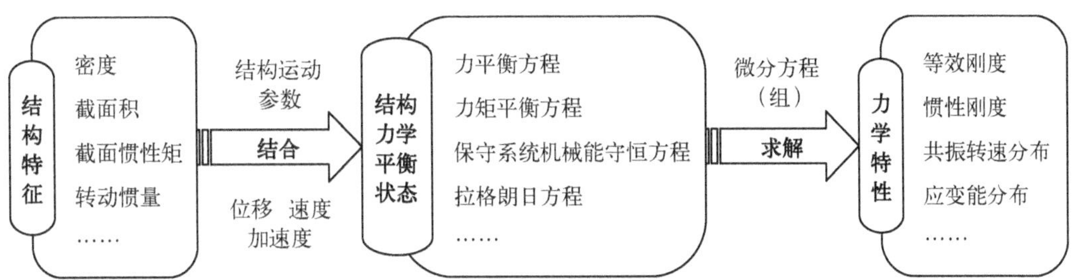

图 8-2　结构特征、力学特性与结构力学平衡状态的关系

包括周期性载荷与任意时变载荷，结构力学平衡状态需要考虑的物理元素较多，平衡方程较为复杂，一般采用虚功原理、哈密顿原理、拉格朗日方程等分析力学方法建立。

1. 结构静变形

对于结构静变形的分析是准确描述结构受力及平衡状态的基础，结构静变形的研究对象主要有：杆、梁、板、壳结构等，其中以梁结构的横向变形理论最具代表性，包括欧拉-伯努利梁模型（Euler-Bernoulli beam theory）[10] 和铁木辛柯梁模型（Timoshenko beam theory）[11] 等，其中最为基础的是欧拉-伯努利梁模型，它是基于欧拉-伯努利变形假设而提出的，即假定结构发生变形时各横截面仍保持平面状态，且垂直于弹性线，这意味着忽略了截面上的剪力所引起的切向变形，这一假设对于细长梁结构具有较好的工程精度。但对于截面尺寸与梁长度处于同一量级的深梁结构而言，截面剪切变形对结构变形的影响则逐渐显著，不可忽略，1921 年，铁木辛柯（S. P. Timoshenko）首先提出了考虑旋转惯性（rotary inertia）和剪切变形（shear deformation）的梁模型，使其适于描述深梁、层合梁以及薄壁梁的力学特性，在工程应用中起到了巨大作用。此处以结构静变形为例，简要说明欧拉-伯努利梁与铁木辛柯梁的关系与区别，使读者深入理解梁结构受力与变形的本征关系。

首先以欧拉-伯努利梁为例，如图 8-3 所示，为欧拉-伯努利梁弯曲变形示意图，梁上每一横截面的变形可通过挠度 $y(x)$ 和挠角 $\theta(x)$ 完全确定，图中欧拉-伯努利满足如下变形假设：

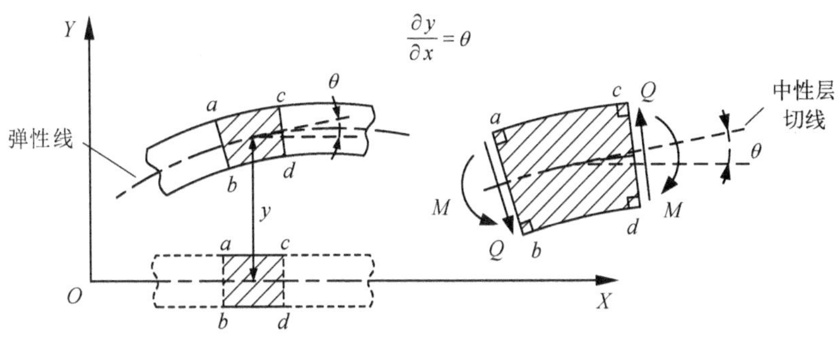

图 8-3　欧拉-伯努利梁弯曲变形示意图

（1）弯曲平面假设：各横截面仍保持平面状态，如横截面在纸面上的投影横线 ab、cd 在变形后仍保持直线，各纵向平面在弯曲后变为弧线，如纵向平面在纸面上的投影纵线 ac、bd 在变形后为弧线；

（2）正交变形假设：横线与纵线正交，如横线 ab 正交于纵线 ac 和 bd。

由梁弯曲的一般理论可知，任一横截面上的弯曲正比于该处中性层曲率半径的倒数，即

$$M(x) = EI\frac{\partial\theta}{\partial x} \tag{8-10}$$

式中，E 为材料弹性模量；I 为截面惯性矩。

对于欧拉-伯努利梁理论，不考虑剪力 Q 对结构变形的影响，只考虑弯矩 M 引起的变形，结构的中性层斜率 $\partial y/\partial x$ 与挠角满足如下关系：

$$\frac{\partial y}{\partial x} = \theta \tag{8-11}$$

即中性层的切线斜率等于该处横截面的挠角，可见，在忽略剪力影响的情况下，挠度与挠角相互关联。

由式(8-10)和式(8-11)，可得欧拉-伯努利梁的变形方程如下：

$$EI\frac{\partial^2 y}{\partial x^2} - M(x) = 0 \tag{8-12}$$

对于铁木辛柯梁，在考虑剪力对结构变形的影响后，挠度与挠角不再满足式(8-11)所示的关系，其弯曲变形示意图，如图 8-4 所示。从图中可以看出，任一横截面的变形需要通过挠度 $y(x)$、横截面转角 $\theta(x)$ 和剪切变形 $\gamma(x)$ 共同描述。铁木辛柯梁的弯曲变形依旧满足弯曲平面假设，但不再满足正交变形假设，即横线 ab、cd 不再垂直于纵线 ac、bd，横线与纵线之间的夹角即为剪切变形 γ。

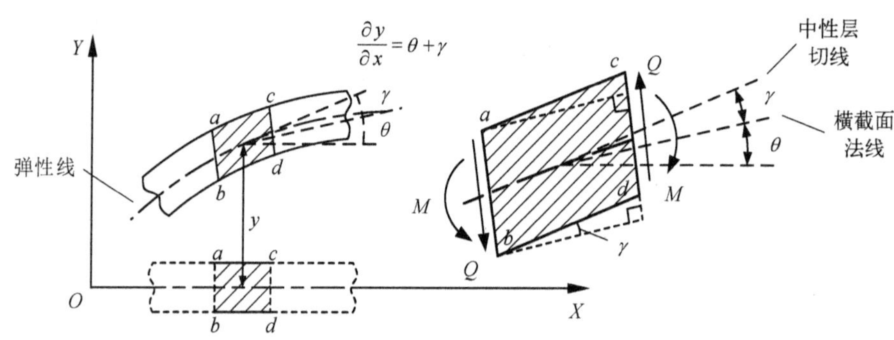

图 8-4　铁木辛柯梁弯曲变形示意图

从上文分析可知，铁木辛柯梁的横截面在产生角向变形 θ（图 8-4：横截面法线与水平线的夹角）的同时还产生了剪切变形，即横线与纵线夹角的变化量 γ（图 8-4：中性层切线与横截面法线的夹角），因此横截面中性层斜率、挠角和剪切变形满足下列关系：

$$\frac{\partial y}{\partial x} = \theta + \gamma \tag{8-13}$$

其中剪切变形满足线弹性假设,即

$$\gamma = \frac{Q}{\kappa GA} \tag{8-14}$$

式中,Q 为截面剪力;G 为剪切模量;A 为截面积;GA 称作截面抗剪刚度;κ 为铁木辛柯剪切系数,是将横截面上不均匀分布的剪力等效为均匀分布的修正系数,由截面形状决定,薄壁圆环为 0.5,圆截面为 0.9。因此,剪力可写作中性层斜率和横截面转角的函数:

$$Q = \kappa GA\left(\frac{\partial y}{\partial x} - \theta\right) \tag{8-15}$$

相比于欧拉-伯努利梁只考虑弯矩,铁木辛柯梁还考虑了横截面剪力,因此需要采用两个平衡方程对其变形进行描述,对铁木辛柯梁微元体进行受力分析,力平衡方程可写为

$$\frac{\partial Q}{\partial x} = q(x) \tag{8-16}$$

力矩平衡方程可写作:

$$\frac{\partial M}{\partial x} = Q + m(x) \tag{8-17}$$

将式(8-15)代入式(8-16),式(8-15)代入式(8-17),可得铁木辛柯梁的静变形方程:

$$\begin{aligned} &\frac{\partial}{\partial x}\left[\kappa GA\left(\frac{\partial y}{\partial x} - \theta\right)\right] = q(x) \\ &\frac{\partial}{\partial x}\left[EI\frac{\partial \theta}{\partial x}\right] = \kappa GA\left(\frac{\partial y}{\partial x} - \theta\right) + m(x) \end{aligned} \tag{8-18}$$

在此基础上可定义无量纲系数:铁木辛柯梁细长比 λ (slenderness ratio of Timoshenko beam,简称细长比)用以衡量剪切变形对结构变形的影响程度,定义式见式(8-19),从公式中可以看出,细长比取决于结构的拉压弹性模量 E、剪切模量 G、截面几何以及梁长度 L:

$$\lambda = \frac{GAL^2}{EI} \tag{8-19}$$

对于一般金属材料而言,弹性模量 E 与剪切模量 G 的比值仅取决于材料泊松比,也即

$$G = \frac{E}{2(1+\mu)}$$

同时,考虑到航空燃气轮机转子构件通常为薄壁鼓筒结构,此处以等截面薄壁鼓筒梁为例,更好地描述细长比与结构几何特征之间的关系,建立细长比与长径比(梁结构长度

L 与横截面直径 d 的比值)的联系,长径比 β 的定义式如下:

$$\beta = \frac{L}{d} \tag{8-20}$$

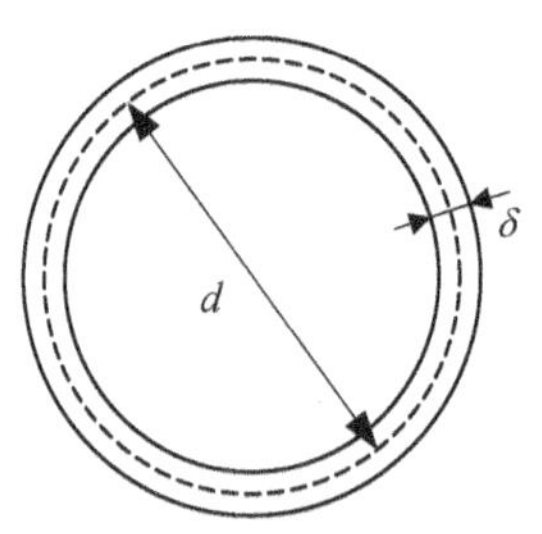

图 8-5 等截面薄壁鼓筒梁的结构示意图

等截面薄壁鼓筒梁的结构示意图,如图 8-5 所示,其截面面积和截面惯性矩如下:

$$A = \pi d\delta,\ I = \frac{\pi d^3 \delta}{8}$$

由此可得到等截面薄壁鼓筒梁的细长比与长径比的定量关系如下:

$$\lambda = \frac{4}{1+\mu}\left(\frac{L}{d}\right)^2 = \frac{4}{1+\mu}\beta^2 \tag{8-21}$$

式中,μ 为材料泊松比,该式表明二者关系仅取决于材料泊松比。

式(8-21)表明,对于发动机转子常用的金属材料和薄壁鼓筒构形而言,细长比只与转子结构的长径比和材料泊松比有关,与鼓筒壁厚、结构的绝对尺寸无关,也即长径比是一个衡量不同推力/功率量级发动机转子的力学特性的普适参数。取泊松比为一般值 0.3,可得 $\lambda = 3.1\beta^2$。

如图 8-6 所示,为不同长径比下,等截面薄壁鼓筒梁分别采用铁木辛柯梁与欧拉-伯努利梁模型的计算结果对比。从图中可以看出,铁木辛柯梁由于考虑了剪切变形,导致其结构总变形始终大于欧拉-伯努利梁的变形,也即考虑剪切变形后结构刚度有所降低。当长径比为 4.7 时,两种梁模型的差值为 5%,这也意味着,对于长径比小于 4.7 的等截面薄壁鼓筒梁,必须使用铁木辛柯梁理论进行静变形计算,以使误差满足工程允许值 5%,而对于长径比大于 4.7 的等截面薄壁鼓筒梁,则可使用形式与求解过程更加简单的欧拉-伯努利梁模型。

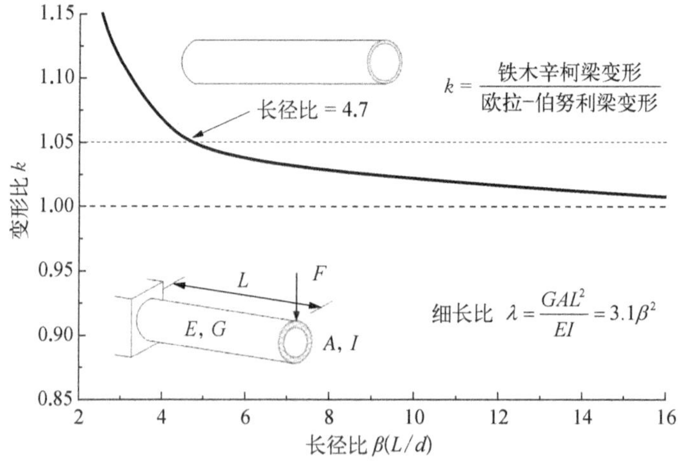

图 8-6 不同长径比下铁木辛柯梁与欧拉-伯努利梁静变形结果对比

2. 结构动变形

当结构受到瞬态冲击载荷或周期性动载荷作用时，结构会发生随时间变化的动态变形，此时与外载荷平衡的不仅仅是弹性恢复力，也包括惯性力等时间相关项，其本质是系统内部势能、动能同外部做功之间的动态平衡。因此，采用铁木辛柯梁理论描述结构系统内部弹性势能，不考虑系统阻尼，由拉格朗日方程描述结构系统的能量平衡状态，建立结构系统横向振动方程。

建立结构系统振动平衡方程的关键在于广义坐标的选取，这决定了参与能量平衡状态的结构及运动状态，此处选取铁木辛柯梁结构的挠度 y 和横截面转角 θ 作为广义坐标，并考虑这两个广义自由度上的系统动能和势能。结构系统拉格朗日方程如下：

$$\begin{aligned}&\frac{\mathrm{d}}{\mathrm{d}t}\left(\frac{\partial T}{\partial \dot{y}}\right)-\frac{\partial T}{\partial y}+\frac{\partial U}{\partial y}=0\\&\frac{\mathrm{d}}{\mathrm{d}t}\left(\frac{\partial T}{\partial \dot{\theta}}\right)-\frac{\partial T}{\partial \theta}+\frac{\partial U}{\partial \theta}=0\end{aligned} \tag{8-22}$$

铁木辛柯梁结构的动能由两部分组成：各微元体的平动动能和摆动动能，平动动能为挠度 y 自由度上各微元体做横向平动的动能，摆动动能为各微元体的转角 θ 随时间变化而产生的动能，需要说明，此处的研究对象是做横向运动的梁结构，其摆动动能与转子结构进行涡动时的转动动能不同。

铁木辛柯梁的总动能可表示为

$$T=\frac{1}{2}\int_0^L \rho A\left(\frac{\partial y}{\partial t}\right)^2\mathrm{d}x+\frac{1}{2}\int_0^L \rho I\left(\frac{\partial \theta}{\partial t}\right)^2\mathrm{d}x \tag{8-23}$$

式中，ρ 为材料密度；I 为单位长度的直径惯性矩，数值上等于截面抗弯刚度 EI 中的截面惯性矩。

铁木辛柯梁结构的势能由两部分组成：弯曲变形能和剪切变形能，弯曲变形能是指各微元体在转角 θ 自由度上发生变形而产生的内部势能，而剪切变形能则是各微元体在剪切自由度上发生变形所产生的内部势能，由于剪切自由度不属于选定的广义坐标，需要通过式(8-13)将剪切变形表示为挠度 y 和转角 θ 的函数，因此结构总势能可写为

$$U=\frac{1}{2}\int_0^L EI\left(\frac{\partial \theta}{\partial x}\right)^2\mathrm{d}x+\frac{1}{2}\int_0^L \kappa GA\left(\frac{\partial y}{\partial x}-\theta\right)^2\mathrm{d}x \tag{8-24}$$

将系统动能和势能表达式代入式(8-22)并消去横截面转角 θ，可得铁木辛柯梁的振动微分方程如下：

$$\rho A\frac{\partial^2 y}{\partial t^2}+EI\frac{\partial^4 y}{\partial x^4}-\rho I\frac{\partial^4 y}{\partial x^2\partial t^2}+\frac{\rho EI}{\kappa G}\frac{\partial^4 y}{\partial x^2\partial t^2}+\frac{\rho^2 I}{\kappa G}\frac{\partial^4 y}{\partial t^4}=0 \tag{8-25}$$

此处，我们将式(8-25)与欧拉-伯努利梁的振动微分方程作对比，可得

$$\rho A\frac{\partial^2 y}{\partial t^2}+EI\frac{\partial^4 y}{\partial x^4}=0 \tag{8-26}$$

可知铁木辛柯梁在考虑了转动惯性和剪切变形后,振动微分方程相比欧拉-伯努利梁多出了三项,其中, $-\rho I\dfrac{\partial^4 y}{\partial x^2\partial t^2}$ 是由转动惯性所引起, $\dfrac{\rho EI}{\kappa G}\dfrac{\partial^4 y}{\partial x^2\partial t^2}$ 由剪切变形所引起,而 $\dfrac{\rho^2 I}{\kappa G}\dfrac{\partial^4 y}{\partial t^4}$ 则是转动惯性与剪切变形的共同作用项。

此处以简支薄壁鼓筒梁为例,通过对比铁木辛柯模型和欧拉-伯努利模型计算得到的第 1 阶模态频率,直观认识转动惯性和剪切变形对结构动变形的影响程度。如图 8-7 所示,为不同长径比下铁木辛柯梁和欧拉-伯努利梁模型计算得到的第 1 阶共振频率对比。从图中可以看出,在长径比大于 5.8 时,两种梁模型的计算结果之差小于 5%,这一几何尺寸与航空燃气轮机的低压转子较为接近,整体结构体现出细长形特征,此时采用欧拉-伯努利梁模型即可满足工程仿真需要;而对于长径比小于 5.8 时,两种梁模型的计算结果之差大于 5%,这一几何尺寸同发动机的高压转子较为接近,因此在进行高压转子的模态特性仿真时,必须考虑结构内部的剪切变形和转动惯性,也即采用铁木辛柯梁模型或者精度更高的结构动力学仿真模型。

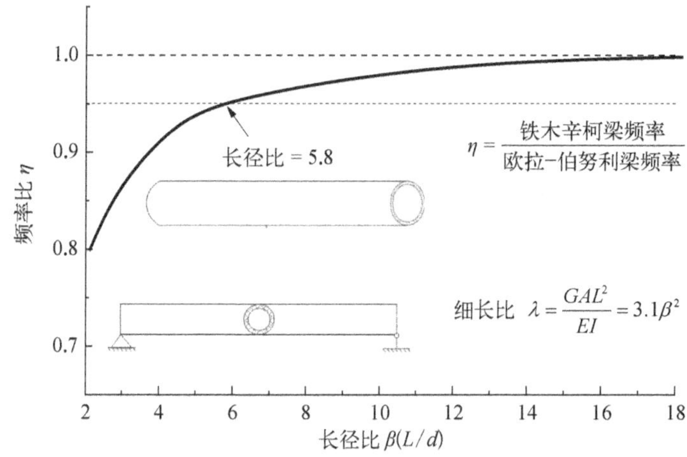

图 8-7　不同长径比下铁木辛柯梁与欧拉-伯努利梁共振频率对比

为了更加直观表示结构发生动变形时,内部能量的变化与转换情况,可观察一个振动周期内梁结构内部能量随时间的变化情况,如图 8-8 所示,该图为某简支梁按照第 1 阶模态进行振动时的能量变化图。振动过程中的系统动能与势能相互转化,但总和始终保持恒定,即这是结构系统处于能量平衡状态。

在分析一个振动周期内能量变化时,可结合梁结构的变形与运动速度情况分析,如图 8-9 所示。假定 $t=0$ 时刻,梁变形为零,运动速度达到正向最大,此时系统动能达到最大,势能为零,对应图 8-9(a);之后,梁在运动惯性的作用下发生正向变形,系统动能逐渐转化为势能,经过四分之一周期后, $t=T/4$ 时刻,梁变形达到正向最大,速度为零,即系统动能为零,势能达到最大,对应图 8-9(b);此时,在梁弯曲变形而产生的弹性恢复力作用下,结构弯曲变形逐渐减小,系统势能转化为动能,再经过四分之一周期后, $t=T/2$ 时刻,梁变形再次为零,但速度达到负向最大,即系统动能达到最大,势能为零,对应

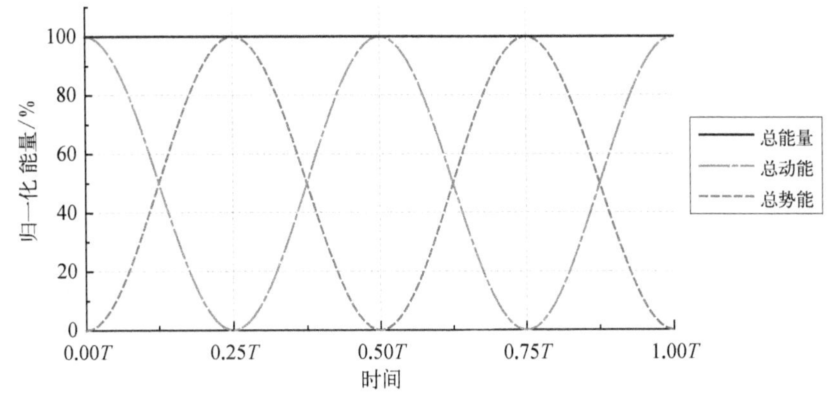

图 8-8　一个振动周期内梁结构内部能量随时间的变化图

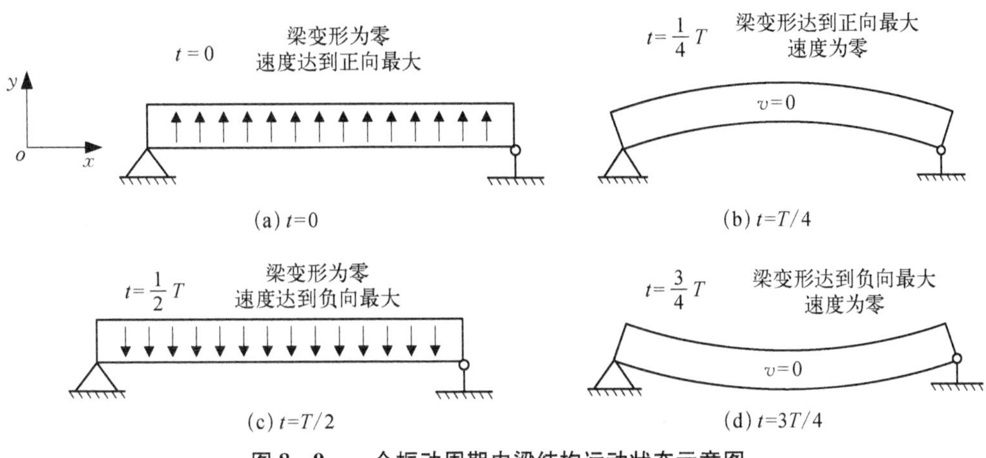

图 8-9　一个振动周期内梁结构运动状态示意图

图 8-9(c)，与图 8-9(a)的不同在于梁结构运动速度的方向；在 $t=3T/4$ 时刻，梁变形达到负向最大，速度为零，此时系统动能达到最大，势能为零，对应图 8-9(d)；继续经过四分之一周期后，即 $t=T$ 时刻，梁结构的变形和运动状态与 $t=0$ 时刻完全相同，梁结构按此规律循环往复进行运动。

3. 约束特性影响

约束特性，是指结构体的边界约束状态，可归结为约束刚度和约束位置。在航空发动机结构布局设计中，由于材料弹性模量、结构形式的限制，通常难以实现理论意义上的刚性约束条件，当约束刚度与结构体自身刚度相比处于同一数量级时，边界约束对结构系统的力学特性具有较大的影响敏感度。

以弹性约束下的结构模态振动特性为例，说明约束特性对结构力学特性的影响规律。结构体的刚度特性由结构体自身刚度和约束刚度共同决定，可定义结构体最小横向等效刚度，用于描述结构体自身的刚度特性，并以此对约束刚度进行归一化处理，从而分析二者的相对关系对结构体模态特性的影响规律。

图 8-10 为结构体的最小横向等效刚度示意图。在结构体各处施加单位横向载荷，

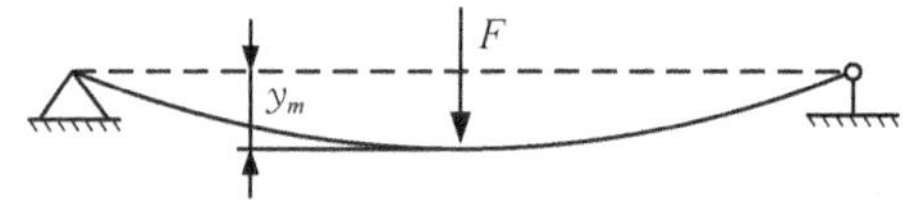

图 8-10　结构体的最小等效刚度示意图

并计算该处所产生的横向位移，二者之比即为横向等效刚度，其中的最小值为最小横向等效刚度，定义式如式(8-27)所示，需要注意，在分析横向等效刚度时，结构边界处为刚性约束，消除边界约束刚度对等效刚度的影响，以完全反映结构体自身的刚度特性。

为定量分析边界约束刚度与结构体自身刚度的相对关系，可定义当量刚度为结构体支承刚度与最小等效刚度之比，当量刚度大于 1 表示约束刚度强于结构体自身刚度，当量刚度小于 1 表示约束刚度弱于结构体自身刚度。

$$K_{\text{eff, min}} = \frac{F}{y_m} \tag{8-27}$$

$$\bar{K} = \frac{K}{K_{\text{eff, min}}} \tag{8-28}$$

如图 8-11 所示，为考虑弹性约束的等截面薄壁鼓筒梁结构示意图，两端横向约束刚度均为 K 。考虑当量刚度从 1×10^{-4} 至 10 000 以内的薄壁鼓筒梁第 1 阶弯曲(简称一弯)模态频率的变化规律，如图 8-12 所示，其中纵轴代表的频率比是按照自由模态的一弯频率进行归一化处理。

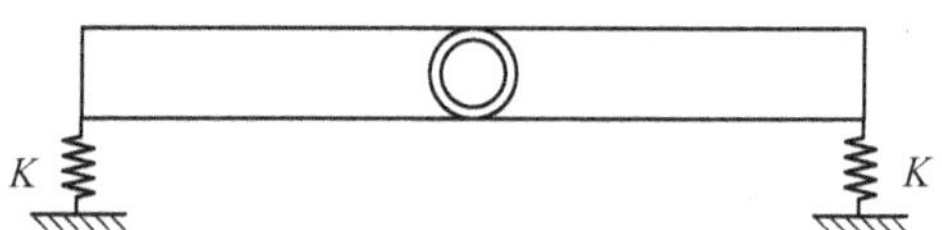

图 8-11　考虑约束刚度的等截面鼓筒梁示意图

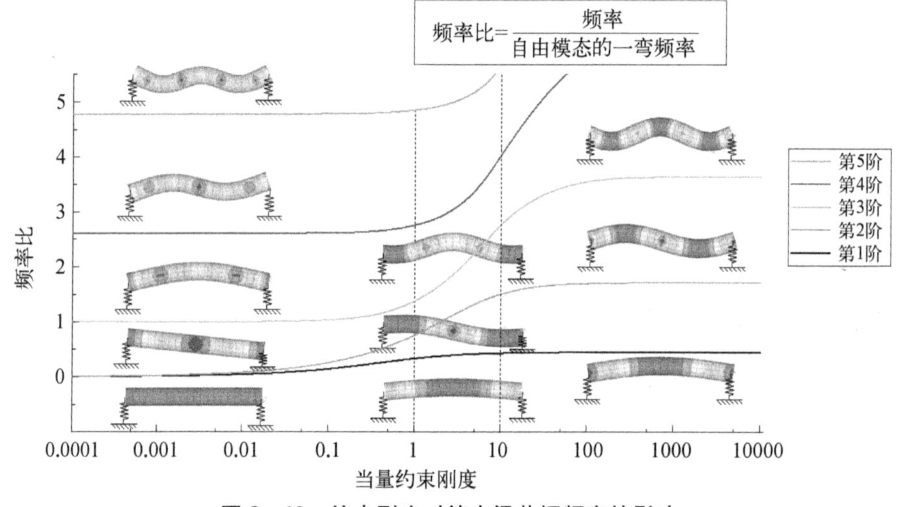

图 8-12　约束刚度对简支梁共振频率的影响

需要注意，支点与节点的区别。在航空发动机结构中，支点通常指静子承力系统对转子结构的约束点，节点则是振动力学的概念，指的是在振动过程中变形始终为零的位置；第 1 阶弯曲模态，是指在结构体上存在两个弯曲节点的模态。

从图 8-12 中可以看出，① 梁的前两阶模态是由于约束所产生，当支承约束刚度很低或趋近于零时，这两阶模态就逐渐消失了；② 对于具有弹性支承的梁，其各阶模态频率随支点约束刚度的增加而增加，但模态振型也会发生变化，第 1 阶模态由平动逐步变为一弯，第 2 阶模态由俯仰逐步变为二弯，第 3 阶模态由一弯逐步变为三弯；③ 由于支承刚度为局部约束，对梁弯曲模态的影响随模态阶数的增加，敏感度在不断下降，即支承约束刚度对刚体振型模态影响最敏感；④ 根据支承刚度对模态频率影响敏感度的不同可分为：低刚度区、相当刚度区和高刚度区。

低刚度区是指当量约束刚度小于 1，即约束刚度弱于结构体自身刚度，此时结构体模态振动分为刚体振型模态和弯曲模态振动。对于刚体振型模态的影响十分直观，不再赘述。对于弯曲模态，由于支点约束位置位于两弯曲节点的外侧，约束刚度对一弯模态起到角向约束的作用，使得一弯频率有所提高，但由于低刚度范围内的约束刚度较小，对一弯频率的提高程度有限。

相当刚度区是指当量刚度介于 1 和 10 之间，约束刚度虽然强于结构体自身刚度，但二者仍处于同一数量级，此时约束刚度和结构体自身刚度对弯曲模态的影响敏感度相当。主要表现为随着支承刚度的增加，相应的弯曲模态频率增加的同时，模态振型也发生了“振型转换”，第 1 阶模态的刚体平动振型逐渐转向一弯振型，第 2 阶模态的俯仰振型逐渐转向二弯振型，而第 3 阶一弯振型逐渐转向三弯振型，即在相当刚度区支承刚度变化对梁的模态变化（频率和振型）是十分敏感的。

高刚度区是指当量刚度大于 10，即约束刚度强于结构自身刚度一个数量级，两个支点相当于两个简支约束点，这时结构的模态振动特性逐步转化为简支梁的振动，支承刚度变化对梁振动模态的影响敏感度较低。

需要注意，从梁的弯曲模态振型上看，支承约束刚度和弯曲模态频率的关系并不是单调的，对于同一弯曲振型的模态频率，随支承刚度的变化呈现出先增加再降低的变化，在当量刚度介于 1 和 10 之间时，模态频率变化十分剧烈。

与约束刚度相似，约束位置同样对结构模态特性具有较大的影响效果。如图 8－13 所示，为简支梁约束位置示意图，约束位置关于梁中部对称布置，此处不妨只考虑刚性约束情况。图 8－14 为刚性约束处于不同位置时的结构一弯频率变化情况，纵轴表示的频率比是根据自由模态的一弯频率进行归一化处理的。

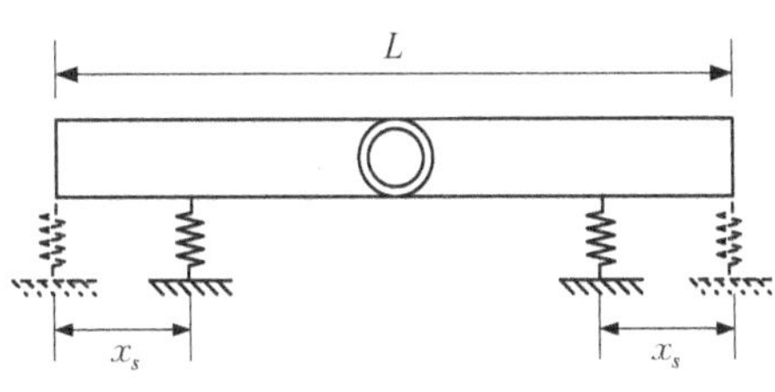

图 8－13　简支梁约束位置示意图

从图 8－14 中可以看出，刚性约束下的一弯模态频率均未超过自由模态的一弯频率，其中当两支点位于自由模态的一弯振型节点处时，刚性约束下的一弯频率达到最大值，并等于自由模态的一弯频率。

在刚性约束下，结构系统的两个固定约束点即是一阶弯曲模态节点，因此刚性约束位置对一弯模态频率的影响是通过直接改变弯曲节点位置实现的。当刚性约束位置从结构两端逐渐向中部移动，结构一弯频率逐渐升高，这是由于通过使支点外侧结构处于悬臂状态，缩短了弯曲节点间距，提高了弯曲模态频率，同时由于悬臂长度较小，悬臂部分依旧具有较高的等效刚度，对一弯频率的影响程度较小；在刚性约束位置处于自由模态的一弯振型节点时，一弯频率达到最大；而当刚性约束位置处于自由模态的一弯振型节点内侧时，

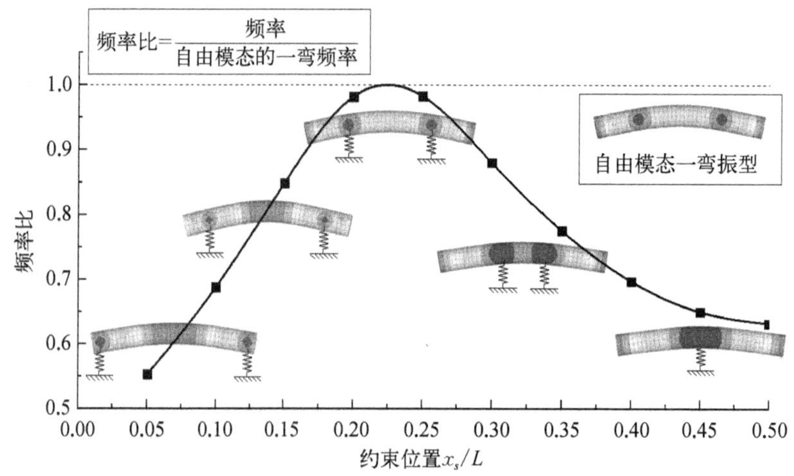

图 8-14　支承位置对简支梁一阶弯曲模态频率的影响

由于悬臂长度过长,不仅使得悬臂质量增加,悬臂部分的等效刚度也急剧降低,导致一弯频率不断降低。因此,对结构的弯曲模态振动,支点位置对其模态频率的影响敏感度较大,但影响规律与支点位置和约束刚度均相关,为调整弯曲模态频率需要综合考虑各因素的影响,但要注意,采用支点约束提高弯曲模态频率所付出的代价是使支点动载荷相应增加,对轴承和支承结构具有不好的影响。

需要说明,上文是针对等截面梁结构,其完全满足等刚度设计目标,但在航空燃气轮机的真实转子设计中,往往由于总体布局、气流通道等客观条件的限制,转子结构更加复杂,有时包含多个支点,具有多个沿轴向分布的大质量轮盘结构,需要考虑陀螺力矩这一重要影响因素,同时其刚度和质量分布特性的不均匀也会导致局部模态的存在。针对发动机转子系统开展模态特性设计时,需要考虑具体结构特征的影响。

8.3　转子运动及动力学特性

航空燃气轮机是一种高速旋转热机,其转子系统具有三维几何特征、工作转速高且变化范围大、载荷环境复杂、运动状态多变等特点,因此转子振动控制问题是航空燃气轮机结构设计和研制过程中的重点技术难题。本节着重介绍航空燃气轮机转子动力学基础理论知识,包括转子运动、转子旋转惯性激励和转子模态振动特性三个部分。

8.3.1　转子运动

实际的航空燃气轮机转子系统,是具有三维几何结构、复杂约束条件和载荷环境的转子系统,其运动形式通常与转子结构特征和载荷特征息息相关。转子最基本的运动形式——涡动,发动机转子由于工作环境和结构特征的差异,在工作过程中运动形式也各具特色。

1. 基本运动形式——涡动

涡动是转子的基本运动形式,同时也是转子动力学研究的基础。简单讲,转子涡动是指转子既绕其形心线自转,同时形心线又绕另一旋转中心线进动的一种复杂周期性运动。为减少结构复杂性对转子运动的影响,以便认清转子运动的力学过程和本质,以简单的 Jeffcott 转子为例,介绍涡动这一概念[12]。

Jeffcott 转子为转子动力学中最经典、最简单的转子模型,由一根均匀轻质轴和一个居中布置的刚性轮盘组成,轮盘的质量分布不均匀,转轴两端均为刚性支承,如图 8-15 所示。轮盘由于居中布置,因此仅发生横向运动,而不发生角向倾斜。以轮盘平面与旋转中心线(两侧支点连线)的交点 O 为原点,旋转中心线为 z 轴,依据右手法则建立空间直角坐标系 O-xyz。

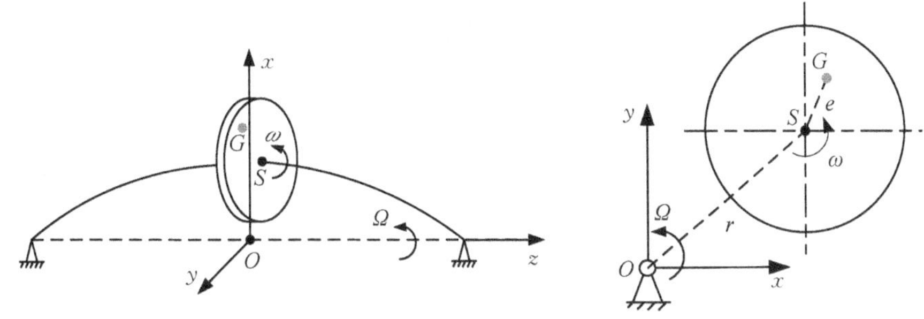

图 8-15　Jeffcott 转子示意图

为准确描述 Jeffcott 转子的运动,可定义"三心"和"两轴线"。"三心"是用于确定轮盘的空间位置,分别为旋转中心 O、轮盘形心 S 和轮盘质心 G,其中轮盘形心 S 与旋转中心 O 的距离为 r,即轮盘的横向挠度,轮盘质心 G 与形心 S 的距离为 e,即轮盘的偏心距。"两轴线"是用于描述转子的旋转状态,分别为转子自转的轴心线——形心线和转子进动的轴心线——旋转中心线,形心线是转子各横截面形心连线形成的几何中心线,也称轴心线或弹性线,旋转中心线是转子支点中心之间的连线。

转子运动可视作转动和进动的组合,转子转动(rotation),是转子绕轴心线(弹性线)进行自转的运动,可表示为转子各横截面上质心 G 绕形心 S 的旋转运动,其角速度称为自转角速度,工程上简称为转速,常用符号 ω 表示,单位为 r/min;转子进动(precession),是转子绕旋转中心线进行公转的运动,可表示为转子形心线绕旋转中心线的旋转运动,其角速度称为进动角速度,常用符号 Ω 表示。转子转动与进动的组合运动即为转子涡动(whirl),转子进动方向与转动方向相同的运动称为正进动(forward procession),转子进动方向与转动方向相反的运动称为反进动(backward procession),转子转动速度矢量与进动速度矢量相等的运动称为同步正进动(synchronous forward procession),转子转动速度矢量与进动速度矢量不相等的运动称为非协调进动(non-synchronous procession)。

对于不同结构与载荷特征的转子系统,具有各自的自转和进动角速度,如图 8-16 所示,选取不同的转子运动状态进行分析,以加深对转子运动的认识。如图 8-16(a)所示,若转子系统的支承刚度和转轴刚度均较大,在工作中转轴不产生任何弯曲变形时,转子形心线与旋转中心线完全重合,此时可认为转子仅绕自身形心线进行自转,而不产生进动,即 $\omega \neq 0$, $\Omega = 0$,此时转子上各处变形与受力均匀且恒定。如图 8-16(b)所示,为一个两端固定跳绳(也可视为柔性转轴),在跳绳的回转运动中,每一个横截面仅绕两端连线做进动,而不绕自身轴线自转,即 $\omega=0$, $\Omega\neq 0$。由图中所示的截面运动可以看出,由于该种旋转运动的进动角速度和自转角速度不同步,将导致转子截面上各处拉压状态的变化,表现为截面的应力状态交变。如图 8-16(c)所示,为当转子仅受自身不平衡激励作用下的转子运动,这时转子运动的进动角速度与自转角速度大小相等,且方向相同,即同步正进动。根据转子横截面受力分析可知,转子在进行同步正进动时,转轴各处的受力状态恒定,即不承受交变应力,这时转子系统内部势能与动能均各自保持恒定,这种运动也称“弓形回转”。

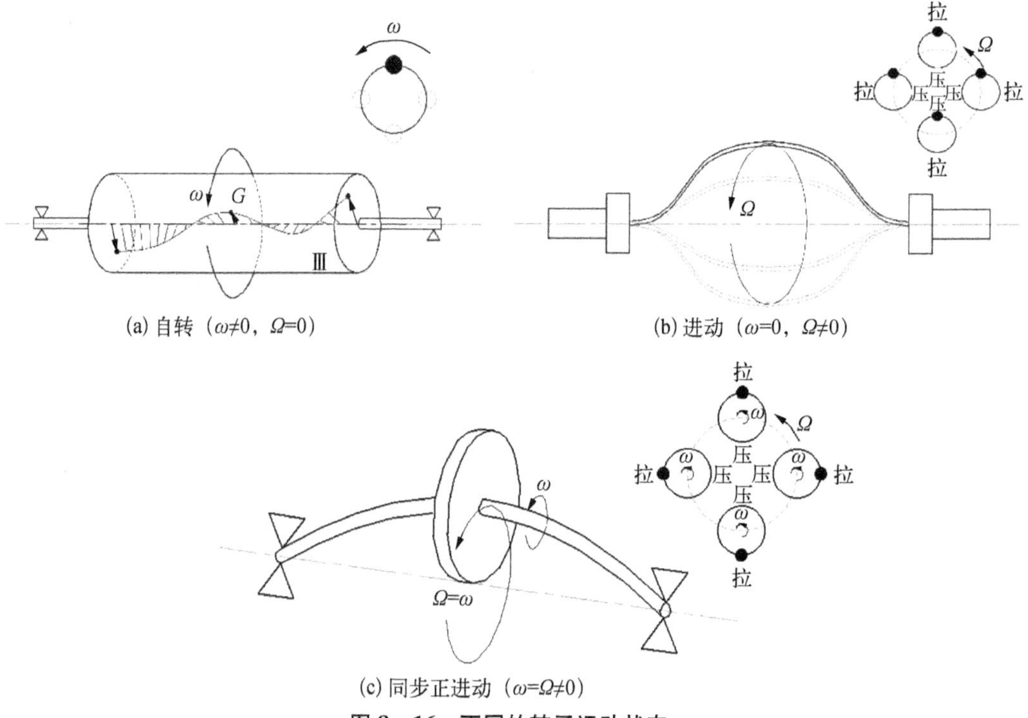

图 8-16　不同的转子运动状态

在研究发动机转子系统时,可将转子的某一个截面视作 Jeffcott 转子所描述的轮盘,分析 Jeffcott 转子运动状态即可对复杂的发动机转子运动有基本认识,这也是 Jeffcott 转子经典的原因之一。实际航空发动机转子是三维空间结构,质量和刚度具有沿轴向的分布特征,各个截面在运动中不仅产生横向挠度 r, 同时还产生角向变形 θ, 转子在运动过程中同时出现“偏移”和“倾斜”两种变形,如图 8-17 所示。转子的“偏移”运动会使得转子受到惯性力的作用,而转子的“倾斜”运动会使得转子受到惯性力矩的作用,为表示这种复合运动,需要引入主惯性轴和转动惯量的概念加以描述。

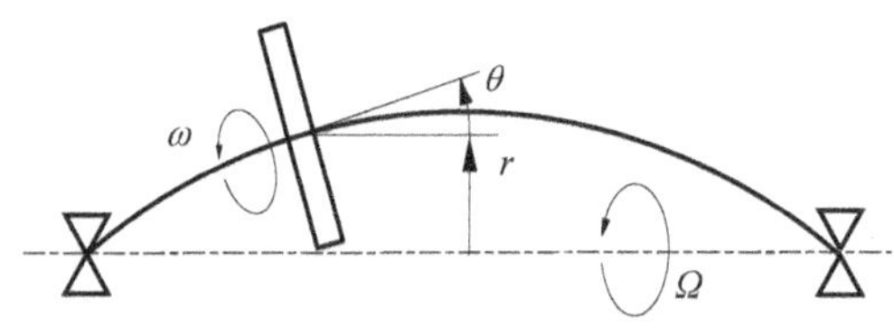

图 8-17　转子截面的一般运动状态

2. 转子系统划分

由于现代先进航空燃气轮机对高性能、高可靠性的不断追求,转子结构形式越发多样，但受结构布局、动力学设计及制造工艺等因素的限制，转子结构设计中逐步形成一些具有共同力学特性的典型转子，可简要划分为“刚性转子”和“柔性转子”。

刚性转子(rigid rotor)：在发动机中，工作转速低于弯曲振型临界转速，弯曲变形可忽略的转子。在工作过程中，转子系统的变形主要集中于支承结构，而转子结构仅进行刚体运动。通常，航空燃气轮机的高压转子均按照刚性转子进行设计，通常采用两支点设计，转子结构自身刚度高于支承刚度，在工作转速范围内，仅有刚体振型临界转速，无弯曲振型临界转速。

柔性转子(flexible rotor)：在发动机中，柔性转子是指转子工作转速高于弯曲振型临界转速的转子，转子结构弯曲变形不可忽略。航空燃气轮机的低压转子涡轮轴细长，弯曲刚度较小，在高转速下极易产生弯曲变形。低压转子通常按照柔性转子进行设计，采用多支点设计，工作转速范围内存在整体弯曲或局部弯曲振型临界转速。

需要说明，刚性转子系统和柔性转子系统的划分不仅与转子的刚度有关，更与转子的转速有关。当转子运行于低转速，刚性较弱的低压转子也基本不产生弯曲变形；而当高压转子运行于接近其弯曲临界转速的高转速时，高压转子也将产生不可忽略的弯曲变形。

下面以典型高压转子系统为例，如图 8－18 所示，简要分析刚性转子的动力学特性。

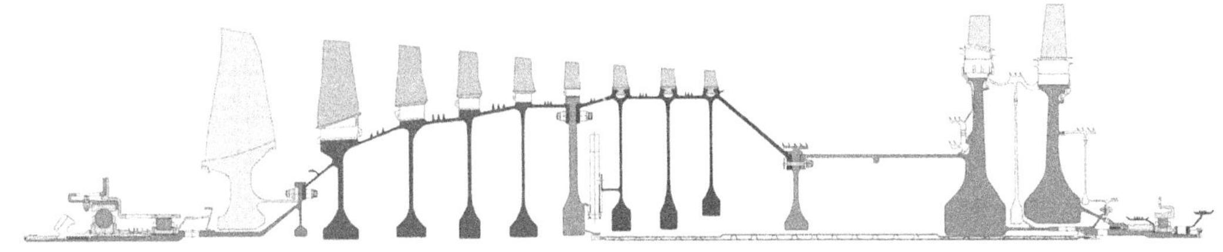

图 8－18　典型刚性转子结构简图

典型航空燃气轮机高压转子通常整体采用大跨度的“拱形”结构几何构形，并采用 1－0－1 支承方案。压气机为叶盘－鼓筒式转子，各级轮盘之间采用大直径鼓筒轴连接，以增强其弯曲刚度；涡轮转子通常为 1～2 级，若为双级涡轮，两涡轮盘间将采用盘间套筒以形成高连接刚度的整体结构；压气机与涡轮之间采用大直径鼓筒轴连接，以提高转子整体弯曲刚度。

考虑到高压转子结构的最小等效刚度一般为 2×10^{8} N/m，高于其前后支点的支承刚度，可视作采用弹性支承的转子系统，前两阶共振转速振型一般为刚体平动和刚体俯仰振型，转子系统的变形主要集中在支承结构上，转轴的相对变形很小，转子结构仅产生刚体运动，如图 8－19(a)和图 8－19(b)所示。但在现代高负荷航空燃气轮机设计中，高压转子转速不断提高，转子长径比也逐步加大，使得转子的弯曲临界转速不断向最大工作转速靠近，转子上的弯曲变形增大以致不可忽略，如图 8－19(c)。

以典型低压转子系统为例，如图 8－20 所示，简要介绍柔性转子的动力学特性。

典型低压转子主要由多级风扇、低压涡轮和连接传递载荷的涡轮轴组成，其主体构形为“挑担式”结构，结构质量主要集中在两端，中间转轴的刚度较弱，其最小等效刚度一般为 5×10^{7} N/m。低压转子结构的质量/刚度分布极不均匀，为保证转子具有良好的抗变形

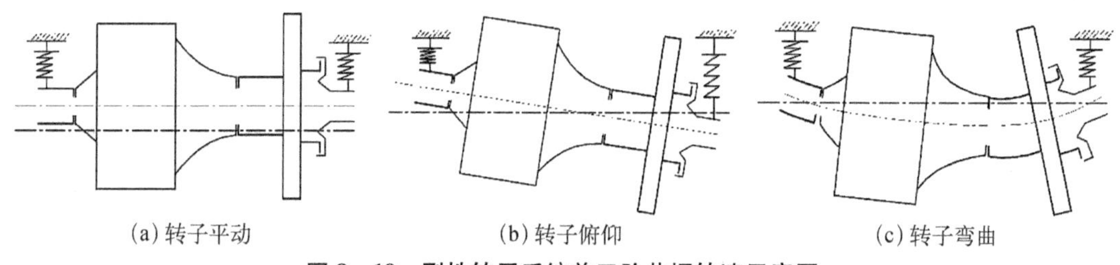

(a) 转子平动　　(b) 转子俯仰　　(c) 转子弯曲

图 8 - 19　刚性转子系统前三阶共振转速示意图

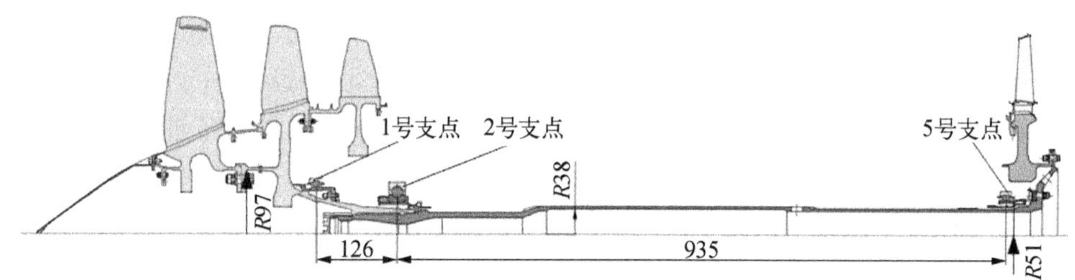

图 8 - 20　典型柔性转子结构简图(单位: mm)

能力,一般采用多支点支承方案,在动力学设计中一般采用柔性转子设计,采用加强风扇和低压涡轮转子局部径向和角向刚度的设计思路。

通常,低压转子的工作转速是高于弯曲或局部弯曲振型临界转速的,即在工作过程中转子会产生一定的弯曲变形。由于低压转子的质量/刚度分布的极不均匀,并且多支点的局部约束效应,使得低压转子系统的弯曲变形具有局部、整体和耦合特征。图 8 - 21 为柔性转子系统共振转速振型示意图。由于转子两端的质量惯性较大,通常转子两端的局部平动振型频率较低,作为前两阶第 3 阶共振模态一般为整体一阶弯曲振型,弯曲节点分别靠近风扇与涡轮处。

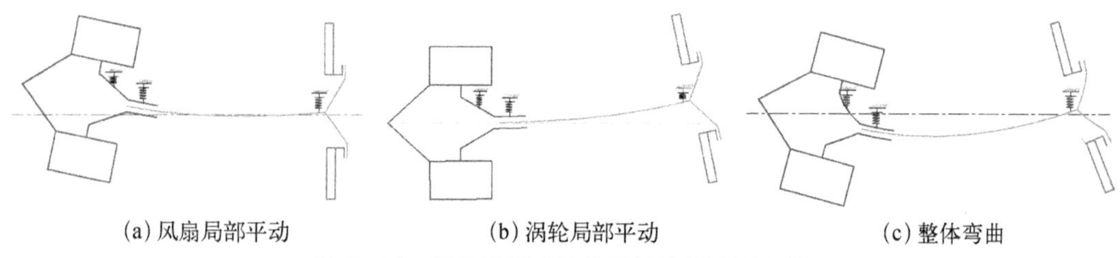

(a) 风扇局部平动　　(b) 涡轮局部平动　　(c) 整体弯曲

图 8 - 21　柔性转子系统共振转速振型示意图

3. 转子振动分类

对于航空燃气轮机转子系统而言,由于其高转速负荷和轻结构质量的特点,在工作过程中,高速旋转的转子系统部分动能会表现为其他形式的运动,其中最主要的是不同形式的振动,如图 8 - 22 所示,这种不同主要表现为转子本身的运动变形和能量分布特征上的不同。

转子振动按坐标自由度可分为三种:扭转振动、轴向振动和弯曲振动,这些振动形式都可能在转子的工作过程中表现出来。其中,转子的横向弯曲振动是最主要关注的振动,这是因为转子工作过程中不可避免地存在不平衡激励,而横向弯曲振动模态是转子结构

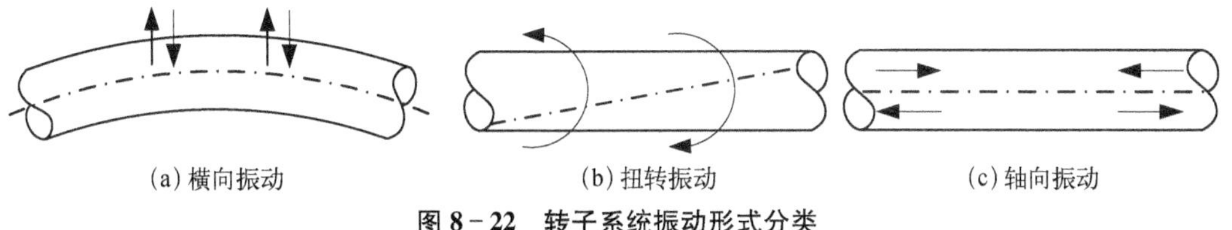

图 8-22　转子系统振动形式分类

系统中频率最低的振动模态。横向弯曲振动的能量可以通过轴承、支承结构及整机承力系统，最终传到发动机的安装结构上。扭转振动在发动机转子系统的工程实践中难以发现，这是由于转子轴承本身并不传递扭矩，无法像横向振动那样将振动载荷外传至发动机机匣，但扭转振动一旦发生，极有可能导致转子出现抱轴卡滞甚至是断轴的事故，极其危险。

在转子动力学分析中有三个关键要素：激励、结构和响应，如图 8-23 所示。根据能量输入与转化的形式，可将转子振动分为：自由振动、受迫振动和自激振动。

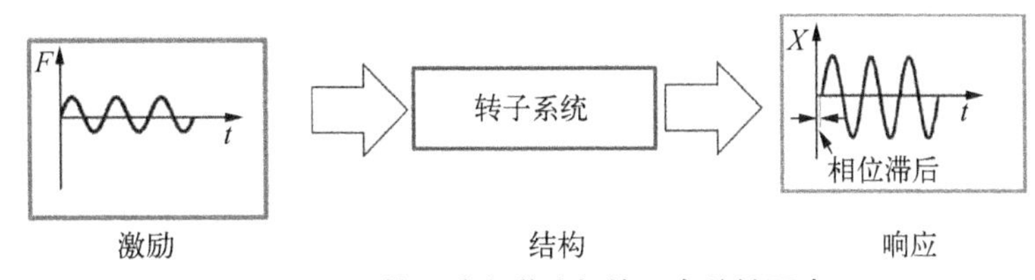

图 8-23　转子动力学分析的三个关键要素

1）自由振动

自由振动也称为瞬态振动，是指当转子系统受到瞬时冲击激励或是环境扰动时，使转子系统的加速度、速度或位移产生瞬时改变。稳定的转子受到初始扰动后，其自由振动一般是以转子系统的固有模态振动特性进行周期振动；如果考虑阻尼的影响，其振动幅值和振动能量会逐步衰减。而对于不稳定的转子受到初始扰动后，其自由振动通常是逐步发散的，不具有周期性。

2）受迫振动

受迫运动是指系统在外部周期载荷激励下维持的等幅振动，这里的“受迫”强调的是振动响应和激振力之间没有反馈，即外部激振力与结构响应无关。对于线性转子系统，由激振力引起的振动响应频率和激振力的频率一致，这是由于线性转子系统的各阶模态之间具有正交性。如果转子结构系统具有非线性结构单元，单频激振力也会激起更多频率成分的振动响应，有可能是激振频率的高倍频率响应，也有可能涉及分倍频率响应。此外，在多个不同频率激振力激励的非线性系统，通常会产生分数或倍数以及差频谱响应[13]。

对于转子系统而言，最为常见的受迫激励源是由于转子质量分布不均匀而引起的不平衡激励。在小变形假设下，认为转子的初始不平衡量分布不随转子变形而发生改变，因此可认为不平衡激励不受结构响应影响，其引起的振动属于受迫振动范畴。

3）自激振动

自激振动是由来自系统内部的能量维持的一种定常的、通常具有恒定的振幅、相位和频率的振动。在这类振动中,通过振动响应向系统内部反馈振动状态,系统从其内部获取一部分能量以维持其振动响应,如图 8-24 所示。通常,自激振动的频率与系统的某一阶固有频率很接近。

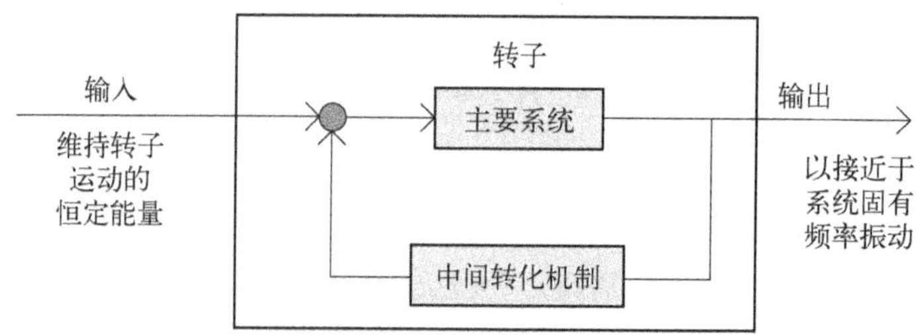

图 8-24　转子系统产生自激振动时的能量传递和转换

对于转子系统的“外部和内部”需要进行一些说明。在建立转子系统运动模型的过程中,一般将所要研究的转子系统从所处工作环境中独立出来。所谓转子系统外部激励,是指不会通过反馈系统使之与振动响应产生联系的激振力或载荷。因此,振动响应不会影响激振力的大小、频率和其他参数。如果转子系统的运动或振动响应影响了激振力,那么激振力应该被视为转子系统的一部分,这时,转子运动模型必须进行修正。

发动机转子系统在正常工作过程中并不会发生自激振动,然而在某些特殊运动状态下,发动机整机结构系统中存在一些反馈系统,如图 8-25 所示,转子系统不需要外部能量输入,仅凭其自身的转动动能便能维持其自激振动,而且在恒定转速下自激振动可以维持很长的一段时间。其中,最普遍的是转子与静子之间的碰摩,另一种是压气机转子与周围工作介质运动有关的流致激励。转子与静子之间碰摩激励所引起的转子自激振动,被称为干摩擦涡动(dry whip),此时转子处于非协调涡动状态,转子的进动频率通常为转静子系统的第 1 阶耦合共振频率,通过这种运动状态利用转子的动能作为能量输入,从而维持其自激振动。

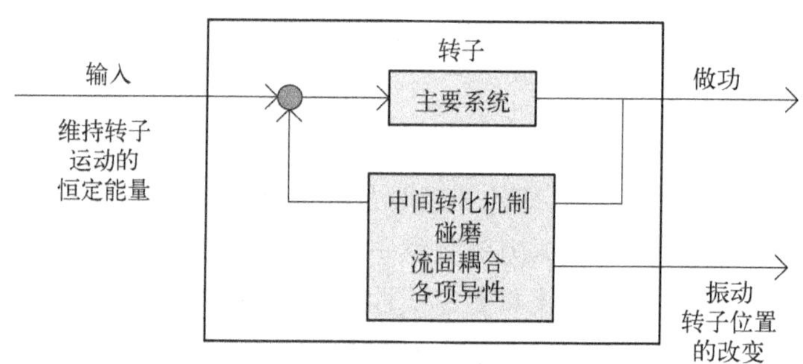

图 8-25　转子系统机械能量反馈转换状态

8.3.2　转子旋转惯性激励

航空燃气轮机转子涡动为非惯性运动,转子结构在运动过程中将产生惯性载荷,由于转子质量相对旋转中心线不对称,转子内部的惯性载荷无法在内部完全抵消,其结果表现为转子-支承结构系统受到旋转激振,使转子产生涡动,这种由转子自身旋转而产生的激振载荷称为转子旋转惯性激励。

根据转子系统在工作过程中，旋转惯性激励的产生原因，通常可以将其分为：一是初始质量分布不对称产生的旋转惯性激励（即不平衡激励），二是由于转轴弯曲使转子结构单元发生偏斜所产生的附加旋转惯性激励。

下面将结合航空燃气轮机转子结构特点，将转子系统离散为由惯性结构单元（简称惯性单元）与弹性结构单元（简称弹性单元）所组成的转子结构，用各子结构单元的质心偏移与惯性主轴倾斜来描述转子系统旋转惯性激励的轴向分布特征，推导出具有发动机转子结构特征的旋转惯性激励描述方法。

1. 结构单元划分

以航空燃气轮机高压转子系统为例，说明不同运动和变形状态下，转子结构单元的划分。

根据上文介绍的发动机转子不同组成部分的结构特征和力学特性的不同，可以将转子系统沿轴向划分为几个子结构单元——前轴颈、压气机转子、鼓筒轴（对于低压转子而言则为涡轮轴）、涡轮转子和后轴颈，如图 8-26 所示。其中，压气机轮盘组件、涡轮轮盘组件的质量和转动惯量都较大，可视为质量惯性结构单元，简称为惯性结构单元，是转子旋转惯性激励的主要来源，且具有良好的刚度，几乎不会发生弯曲变形，因此，可以将惯性单元视为刚体。由于质心和惯性主轴可以用来描述刚体结构质量分布，因此，可以采用惯性单元质心偏移和惯性主轴倾斜来表示转子结构质量分布特征。前轴颈、鼓筒轴与后轴颈为弹性结构单元，简称为弹性单元，由于结构几何构形和尺寸限制，这些结构单元刚度相对较弱，决定了转子系统在工作过程中的刚度特性和变形，因此，对惯性单元的偏移和倾斜均具有关键作用。

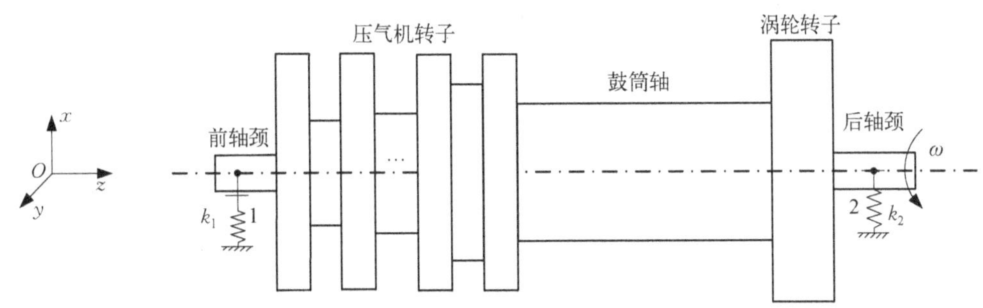

图 8-26　典型航空燃气轮机高压转子系统结构示意图

需要注意，转子系统中惯性单元和弹性单元的划分，同时取决于转子系统的运动和变形状态。以上述高速转子系统的前三阶共振模态振型为例说明，如图 8-27 所示。

在低转速范围时，高压转子结构系统的应变能主要集中在支承上，转子结构本身的弯曲变形可以忽略，且各截面的角向变形方向一致，如图 8-27(a)和(b)所示，此时可以将整个转子视作一个“鼓筒形”惯性单元，转子系统的弹性单元则为支承结构。由于“鼓筒形”惯性单元的直径转动惯量与极转动惯量相当，这种运动及变形状态下惯性主轴倾斜所导致的惯性力矩较小。

在高转速范围内，高压转子的应变能同时分布在转子和支承结构上，转子结构发生不可忽略的弯曲变形，最典型的特征是各截面的角向变形方向不再一致，如图 8－27(c) 所示。这种运动和变形状态，则需要将转子结构分作压气机惯性单元、涡轮惯性单元及二者之间的弹性单元，此时压气机惯性单元依然为“鼓筒形”惯性单元，其直径转动惯量一般接近极转动惯量，涡轮惯性单元则为“轮盘形”惯性单元，其直径转动惯量一般约为极转动惯量的 1/2，此时涡轮惯性单元的惯性主轴偏斜产生的旋转惯性力矩则不可忽略，对整个转子的动力特性影响较大。

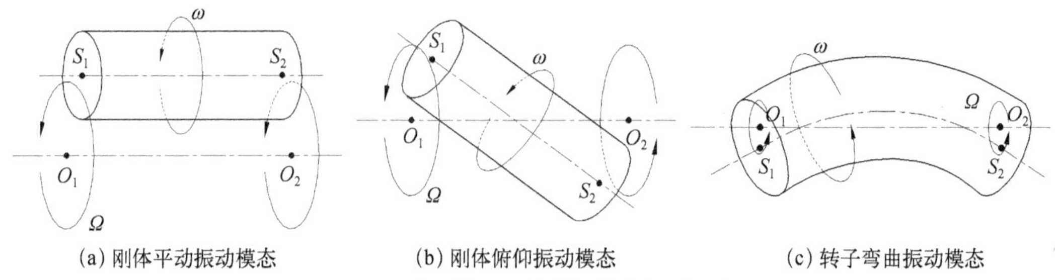

图 8－27　高压转子系统共振模态振型示意图

总之，将转子系统由连续结构离散为有限个结构单元，实现了自由度的缩减，有助于对转子结构的变形及其产生的旋转惯性力和力矩的准确描述。

2. *初始不平衡激励*

转子不平衡量是由于设计、加工、装配、使用等原因，使转子各横截面上的结构沿圆周分布不对称的质量与偏心量的乘积。在旋转状态下转子不平衡量对转子-支承结构系统所产生的旋转激励效应称为初始不平衡激励(简称不平衡激励)。

如图 8－28 所示，将转子视作刚体，忽略转子结构系统产生的弯曲变形，此时转子形心线与旋转中心线重合，这种情况下转子受到的旋转惯性激励即为初始不平衡激励。具体推导如下所述。

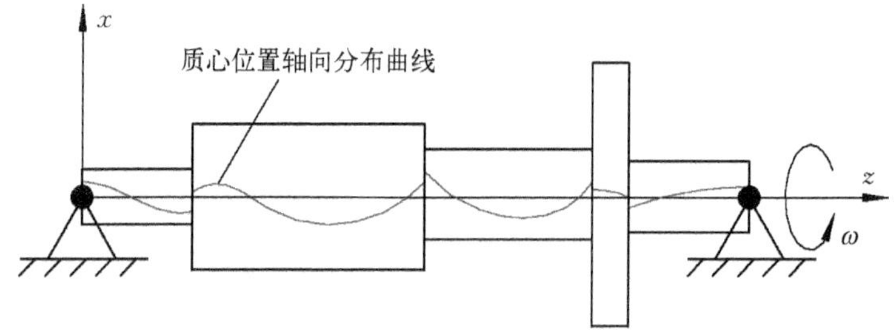

图 8－28　具有初始质量不对称的转子系统示意图

图 8－29(a) 为截面质量分布相对于形心线不对称的结构单元，可采用如图 8－29(b) 的方法进行等效，也即通过一个质量分布严格轴对称的结构单元，通过其质心的偏移和惯性主轴的倾斜模拟质量的轴向分布特征，如此一来，便可使用结构单元质量 m、极转动惯量 J_p、直径转动惯量 J_d 以及其偏斜量表示其不平衡激励。Oz 为旋转中心线，单元质心 G 相对于 Oz 发生偏移，偏心量为 e，惯性主轴 G_1G_2 相对于 Oz 发生倾斜，倾斜角(称为斜心角)为 τ，且斜心角的相位超前于偏心量，相位差为 β_τ，转子系统的不平衡激励

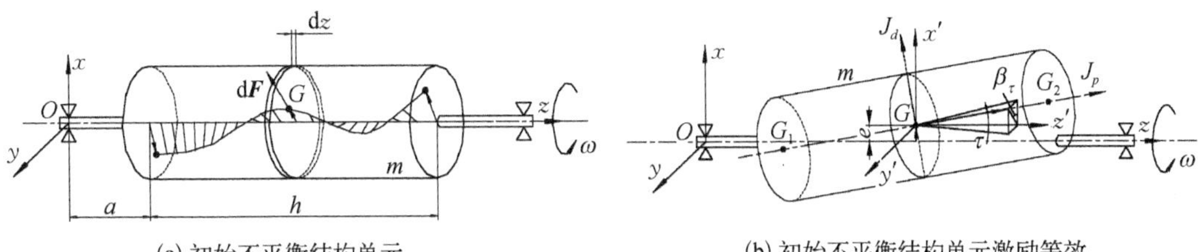

图 8-29　带有初始质量不对称转子及旋转激励力学模型

由两部分组成：由质心偏移产生的旋转惯性力和由惯性主轴倾斜产生的旋转惯性力矩。

首先推导由结构单元质心偏移产生的惯性力。易知，该惯性力与仅具有质心偏移的结构单元所产生的惯性力等效，如图 8-30 所示，结构单元绕旋转中心线 Oz 旋转，惯性主轴 G_1G_2 与 Oz 平行，单元质心 G 相对于 Oz 发生了偏移，偏心量为 $\boldsymbol{e}$，由质心偏移产生的惯性力为

$$\boldsymbol{F}_I = \omega^2\int_{l_1}^{l_2}\boldsymbol{e}(z)\mu(z)\,\mathrm{d}z = \omega^2\boldsymbol{e}\int_{l_1}^{l_2}\mu(z)\,\mathrm{d}z = m\omega^2\boldsymbol{e} \tag{8-29}$$

其中，l_1 和 l_2 分别为结构单元左右两侧的轴向坐标；$\mu(z)$ 为结构单元沿轴向的线密度，惯性力的方向与惯性单元偏心距 $\boldsymbol{e}$ 同向，并随其自转而不断改变。假设质心位置在 xOy 平面内的初相位为零，则惯性力可以表示为复数形式如下：

$$F_I = m\omega^2 e \cdot \mathrm{e}^{\mathrm{i}\omega t} \tag{8-30}$$

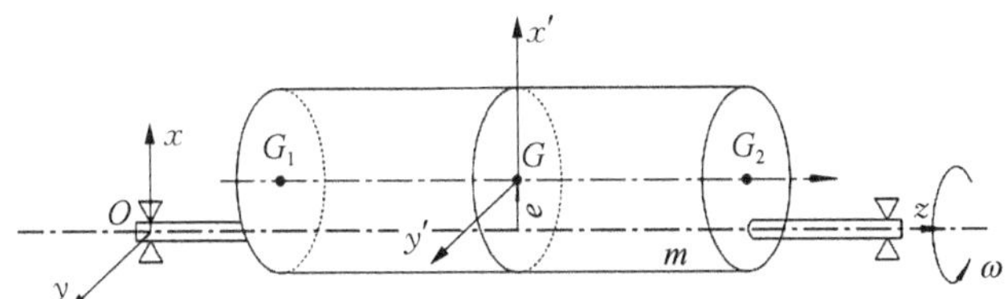

图 8-30　仅具有质心偏移的结构单元

其次，推导由结构单元惯性主轴倾斜产生的惯性力矩。同理，该惯性力矩与仅具有惯性主轴倾斜的结构单元所产生的惯性力矩等效，如图 8-31 所示，单元绕旋转中心线 Oz 旋转，单元质心 G 位于旋转中心线 Oz 上，其惯性主轴相对于旋转中心线 Oz 的斜心角为 τ。

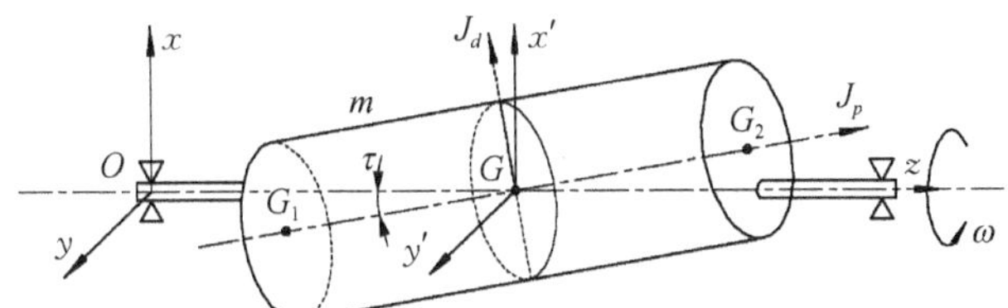

图 8-31　仅具有惯性主轴倾斜的结构单元

为了便于分析，以质心 G 为原点，x' 轴、y' 轴分别与 x 轴、y 轴平行，旋转中心线 Oz 为 z 轴，建立空间直角坐标系 $G-x'y'z$，如图 8-32 所示。

根据惯性力矩的定义：

$$\boldsymbol{M}_I = -\frac{\mathrm{d}\boldsymbol{L}}{\mathrm{d}t} \tag{8-31}$$

式中，$\boldsymbol{L}$ 为结构单元角动量。产生惯性力矩的力学本质是角动量的变化，所以只需得到单元的角动量表达式，并对时间 t 求导，即可算出结构单元所产生的旋转惯性力矩。

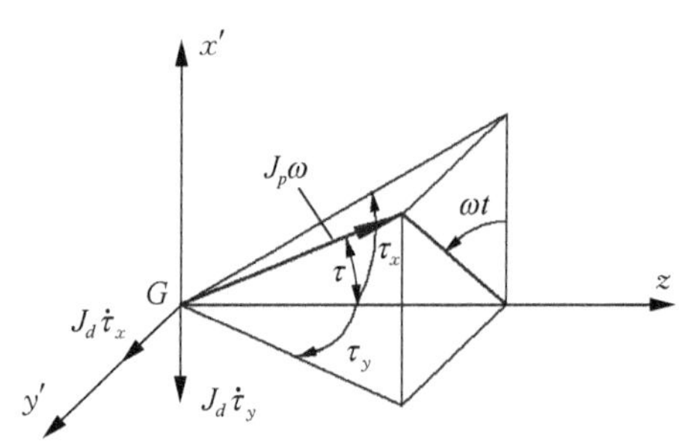

图 8-32　斜心角在各平面的投影示意图

为了得到角动量及惯性力矩的表达式，需要对其产生的物理过程进行分析：由于结构单元惯性主轴相对于转轴 Oz 发生倾斜，且斜心角 τ 在 $x'Gz$ 平面和 $y'Gz$ 平面有分量，设为 τ_x、τ_y，且有 $\tau_x=\tau\cos\omega t$、$\tau_y=\tau\sin\omega t$，如图 8-32 所示。那么结构单元分别具有绕 x' 轴和绕 y' 轴的角动量 $(-J_x\dot{\tau}_y)\boldsymbol{e}_x$ 和 $(J_y\dot{\tau}_x)\boldsymbol{e}_y$，其中 $\boldsymbol{e}_x$ 和 $\boldsymbol{e}_y$ 分别代表 x' 和 y' 方向的单位矢量。随着结构单元的自转，惯性主轴的方向发生改变，单元绕 x' 轴和 y' 轴的角动量变化，从而导致了惯性力矩的产生。

由于 J_x 和 J_y 是与 J_p 和 J_d 相关，且随 τ_x、τ_y 时变的参数，求解起来较为烦琐。根据力学等效原则，并考虑到 τ 为小量，此时，结构单元的运动状态与“以转速 ω 绕转子形心线自转，并以角速度 $\Omega=\omega$ 绕旋转中心线 Oz 进动”相等效。这样，结构单元绕 x' 轴和 y' 轴的角动量可近似为由两部分组成：一是由惯性主轴斜心角 τ 在 $x'Gz$ 平面和 $y'Gz$ 平面内的分量产生的角动量 $(-J_d\dot{\tau}_y)\boldsymbol{e}_x$ 和 $(J_d\dot{\tau}_x)\boldsymbol{e}_y$；二是由单元绕自身惯性主轴自转的角动量在 x' 方向和 y' 方向的分量 $(J_p\omega\tau_x)\boldsymbol{e}_x$ 和 $(J_p\omega\tau_y)\boldsymbol{e}_y$。

由以上分析可知，转子旋转过程中在 $x'Oy'$ 平面的角动量为

$$\boldsymbol{L}_{xy}=(-J_d\dot{\tau}_y+J_p\omega\tau_x)\boldsymbol{e}_x+(J_d\dot{\tau}_x+J_p\omega\tau_y)\boldsymbol{e}_y \tag{8-32}$$

因此，惯性力矩为

$$\boldsymbol{M}_I=-\frac{\mathrm{d}\boldsymbol{L}_{xy}}{\mathrm{d}t}=(J_d\ddot{\tau}_y-J_p\omega\dot{\tau}_x)\boldsymbol{e}_x+(-J_d\ddot{\tau}_x-J_p\omega\dot{\tau}_y)\boldsymbol{e}_y \tag{8-33}$$

将表达式 $\tau_x=\tau\cos\omega t$、$\tau_y=\tau\sin\omega t$ 代入表达式(8-33)得

$$\boldsymbol{M}_I=-(J_d-J_p)\tau\omega^2\sin\omega t\cdot\boldsymbol{e}_x+(J_d-J_p)\tau\omega^2\cos\omega t\cdot\boldsymbol{e}_y=M_{Iy}\boldsymbol{e}_x+M_{Ix}\boldsymbol{e}_y \tag{8-34}$$

式中，M_{Ix} 与 M_{Iy} 分别为 $x'Gz$ 平面和 $y'Gz$ 平面的惯性力矩幅值。转换为复数形式，为

$$M_I=-(J_p-J_d)\tau\omega^2\mathrm{e}^{\mathrm{i}\left(\omega t+\frac{\pi}{2}\right)} \tag{8-35}$$

转子系统中的任意不平衡激励均可分解为上述两种激励的叠加。考虑到偏心距 e 与斜心角 τ 之间存在的相位差 β_τ，结构单元不平衡激励可表示为

$$\begin{cases} F_I = m\omega^2 e \cdot \mathrm{e}^{\mathrm{i}\omega t} \\ M_I = -(J_p - J_d)\tau\omega^2 \mathrm{e}^{\mathrm{i}\left(\omega t + \frac{\pi}{2} + \beta_\tau\right)} \end{cases} \tag{8-36}$$

3. 附加旋转惯性激励

假设转子结构系统在静止状态下沿轴向各截面的质心相对于转子形心线没有偏移(即不考虑初始不平衡激励),如图 8-33(a)所示,当转子系统处于高速旋转时,转子各横截面质心和主惯性轴相对于旋转中心线偏移和倾斜而产生的惯性激励,称为附加旋转惯性激励。下面,对惯性结构单元产生的附加旋转惯性激励的表达式进行推导。

如图 8-33(b)所示,为转子工作过程中惯性结构单元的一般变形示意。Oz 为转子的旋转中心线,惯性结构单元的形心线 G_1G_2 为其惯性主轴,在工作过程中,惯性结构单元绕惯性主轴自转,并同时绕旋转中心线进动。惯性结构单元质量为 m,极转动惯量 J_p,直径转动惯量 J_d,单元质心 G 相对于旋转中心线的偏移量为 r,惯性主轴相对于旋转中心线的倾斜角为 θ,且倾斜角与偏移量的相位差为 β_θ。惯性结构单元所受的附加旋转惯性激励由两部分组成:由质心偏移产生的惯性力和由惯性主轴倾斜产生的惯性力矩。

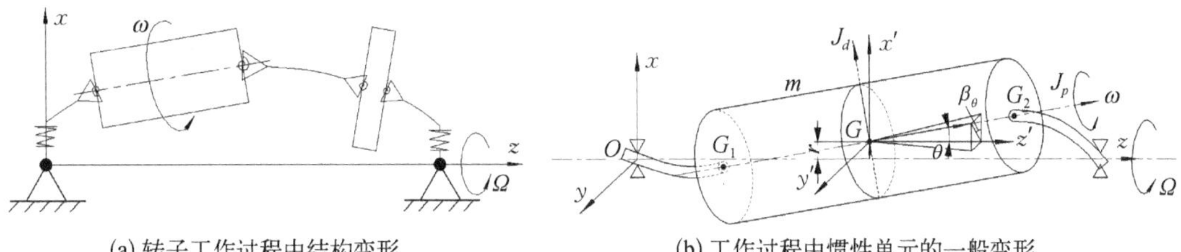

(a) 转子工作过程中结构变形　　(b) 工作过程中惯性单元的一般变形

图 8-33　附加旋转惯性激励力学模型

首先推导由惯性单元质心偏移产生的惯性力。易知,该惯性力与仅具有质心偏移的惯性单元所产生的惯性力等效,如图 8-34 所示,惯性主轴 G_1G_2 与旋转中心线 Oz 平行,质心 G 相对于旋转中心线 Oz 发生了偏移,偏移量为 r,由质心偏移产生的惯性力为

$$\boldsymbol{F}_I = \boldsymbol{\Omega}^2\int_{l_1}^{l_2}\boldsymbol{r}(z)\mu(z)\,\mathrm{d}z = \boldsymbol{\Omega}^2\boldsymbol{r}\int_{l_1}^{l_2}\mu(z)\,\mathrm{d}z = m\boldsymbol{\Omega}^2\boldsymbol{r} \tag{8-37}$$

式中,l_1 和 l_2 分别为结构单元左右两侧的轴向坐标;$\mu(z)$ 为结构单元沿轴向的线密度。惯性力的方向与转子进动半径 $\boldsymbol{r}$ 同向,并随其进动而不断改变。假设质心位置在 xOy 平面内的初相位为零,则惯性力可以表示为复数形式如下:

$$F_I = m\Omega^2 r\mathrm{e}^{\mathrm{i}\Omega t} \tag{8-38}$$

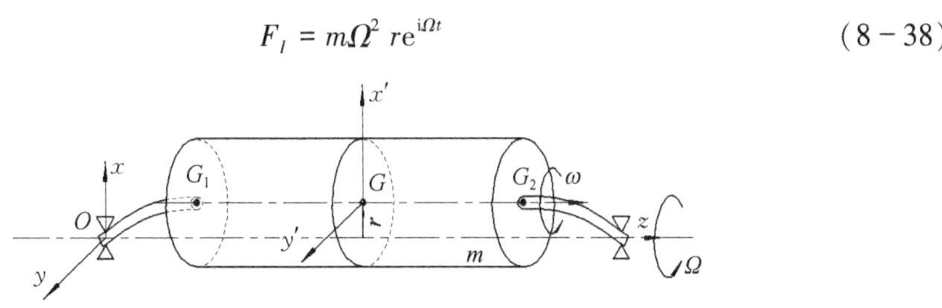

图 8-34　仅具有质心偏移的惯性结构单元

其次，推导由结构单元惯性主轴倾斜产生的惯性力矩。同理，该惯性力矩与仅具有惯性主轴倾斜的结构单元所产生的惯性力矩等效，如图 8-35 所示，单元以转速 ω 绕惯性主轴 G_1G_2 自转，并以转速 Ω 绕旋转中心线 Oz 进动，单元质心未发生偏移，惯性主轴相对于旋转中心线的倾斜角为 θ。

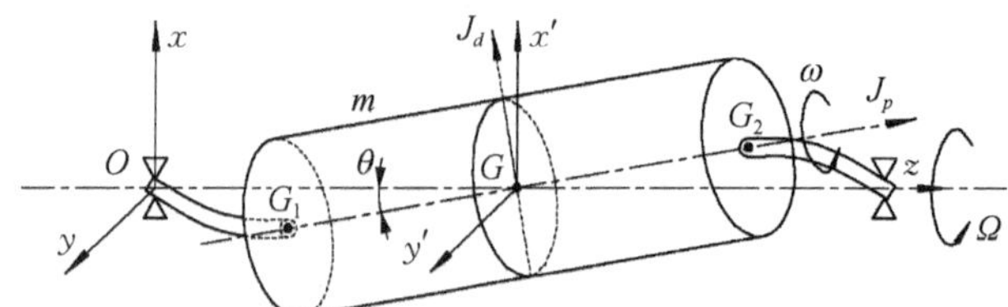

图 8-35　仅具有惯性主轴倾斜的惯性结构单元

为了便于分析，以质心 G 为原点，x' 轴、y' 轴分别与 x 轴、y 轴平行，旋转中心线 Oz 为 z 轴，建立空间直角坐标系 $G-x'y'z$，如图 8-36 所示。根据惯性力矩的定义，产生惯性力矩的本质是角动量的变化，所以只需得到单元的角动量表达式，并对时间 t 求导，即可算出结构单元所产生的惯性力矩。

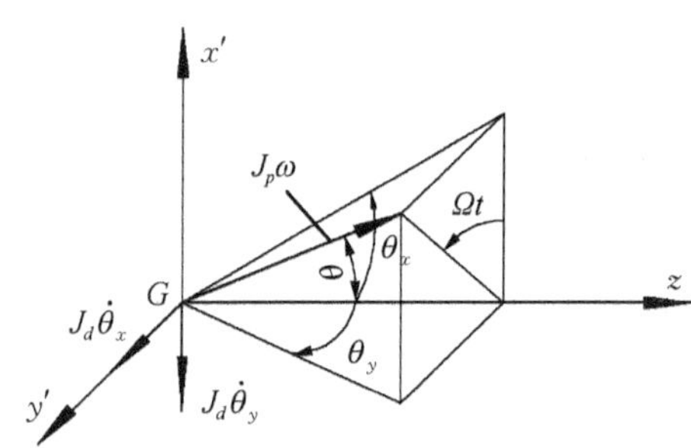

图 8-36　倾斜角在各平面的投影示意图

为了得到角动量及惯性力矩的表达式，需要对其产生的物理过程进行分析：由于结构单元惯性主轴相对于旋转中心线 Oz 发生倾斜，且倾斜角 τ 在 $x'Gz$ 平面和 $y'Gz$ 平面有分量，设为 θ_x 和 θ_y，且有 $\theta_x=\theta\cos(\Omega t)$、$\theta_y=\theta\sin(\Omega t)$，如图 8-36 所示，使得单元分别具有绕 x' 轴和绕 y' 轴的角动量 $(-J_d\dot{\theta}_y)\boldsymbol{e}_x$ 和 $(J_d\dot{\theta}_x)\boldsymbol{e}_y$，其中 $\boldsymbol{e}_x$ 和 $\boldsymbol{e}_y$ 分别代表 x' 和 y' 方向的单位矢量。同时，单元绕自身惯性主轴自转的角动量在 x' 方向和 y' 方向有分量 $(J_p\omega\theta_x)\boldsymbol{e}_x$ 和 $(J_p\omega\theta_y)\boldsymbol{e}_y$。随着结构单元的进动，惯性主轴的方向发生改变，单元绕 x' 轴和 y' 轴的角动量变化，从而导致了惯性力矩的产生。

由以上分析可知，圆柱形转子旋转过程中在 x' 方向和 y' 方向的角动量为

$$\boldsymbol{L}_{xy}=(-J_d\dot{\theta}_y+J_p\omega\theta_x)\boldsymbol{e}_x+(J_d\dot{\theta}_x+J_p\omega\theta_y)\boldsymbol{e}_y \tag{8-39}$$

因此，惯性力矩为

$$\boldsymbol{M}_I=-\frac{\mathrm{d}\boldsymbol{L}}{\mathrm{d}t}=(J_d\ddot{\theta}_y-J_p\omega\dot{\theta}_x)\boldsymbol{e}_x+(-J_d\ddot{\theta}_x-J_p\omega\dot{\theta}_y)\boldsymbol{e}_y \tag{8-40}$$

将表达式 $\theta_x=\theta\cos\Omega t$、$\theta_y=\theta\sin(\Omega t)$ 代入表达式(8-40)得

$$\boldsymbol{M}_I=-(J_d\Omega-J_p\omega)\Omega\theta\sin(\Omega t)\cdot\boldsymbol{e}_x+(J_d\Omega-J_p\omega)\Omega\theta\cos(\Omega t)\cdot\boldsymbol{e}_y=M_{Iy}\boldsymbol{e}_x+M_{Ix}\boldsymbol{e}_y \tag{8-41}$$

式中，M_{Ix} 与 M_{Iy} 分别为 $x'Gz$ 平面和 $y'Gz$ 平面的惯性力矩幅值，转换为复数形式，为

$$M_I = -(J_p\omega - J_d\Omega)\Omega\theta e^{i\left(\Omega t+\frac{\pi}{2}\right)} \tag{8-42}$$

根据式(8－42),由结构单元惯性主轴倾斜所产生的惯性力矩的幅值为 $|M_I| = |(J_p\omega - J_d\Omega)\Omega\theta|$,也即为转子动力学中的"陀螺力矩"。结合表达式(8－42),可将陀螺力矩分为由极转动惯量 J_p 引起的惯性力矩和由直径转动惯量 J_d 引起的惯性力矩,二者作用相反。对于不同结构特征的结构单元,其 J_p 与 J_d 的相对大小不同,产生的惯性力矩及其对转子系统动力学特性的影响也不同。

一般情况下,结构单元同时发生质心偏移和主惯性轴倾斜,如图 8－37 所示。考虑到偏移量 r 与倾斜角 θ 之间存在的相位差 β_θ,惯性结构单元所受到的附加旋转惯性激励可表示为

$$\begin{cases} F_I = m\Omega^2 r e^{i\Omega t} \\ M_I = -(J_p\omega - J_d\Omega)\Omega\theta e^{i\left(\Omega t+\frac{\pi}{2}+\beta_\theta\right)} \end{cases} \tag{8-43}$$

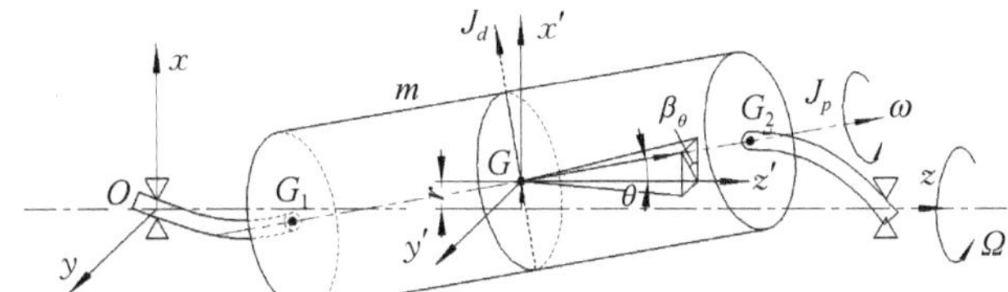

图 8－37　带有任意偏斜状态结构单元转子旋转惯性激励

综上,对于高转速转子系统,由于工作转速在多阶临界转速之上,因此,在不同转速下转子位移或变形是不同的。在给定转速或变形状态下的转子系统,沿轴向分布的旋转惯性激励可以用各组成结构单元的质心偏移与惯性主轴倾斜进行表示。

由上述推导过程可知,无论是初始不平衡激励,还是附加旋转惯性激励,均是由于质量相对于旋转中心线分布不均而产生的,而这种质量的空间分布,均可以用质心偏移和极惯性主轴倾斜来描述。

8.3.3　转子模态振动特性

转子模态振动特性是转子系统自身固有力学属性,不同于静子结构,由于转子处于非惯性旋转运动状态下,在高转速条件下转子自身结构质量的惯性载荷对转子系统力学特性的影响是不可忽略的。转子系统的固有模态特性在不同转速下会具有不同的模态特征,即模态频率和模态振型会发生相应变化。转子系统的模态振动特性一般称为转子共振转速特性,简称共振转速特性[14]。

航空燃气轮机转子系统,由于其结构复杂和高转速的特点,其共振转速特性与转子结构特征(即质量/刚度分布)工作转速具有密切的关联性,因此,在对发动机转子系统共振转速特性进行研究时,需要重视转子结构特征和转速的影响。

图 8－15 为 Jeffcott 转子系统,以简单的单盘转子系统为例,简明地阐述转子共振转速和临界转速这两个基本概念,并拓展至具有不同结构特征的复杂转子系统,进一步分析结

构特征与共振转速特性之间的内在联系和变化规律。

1. 运动方程

假设轮盘质量为 m,轮盘处的转轴等效横向刚度为 k,轮盘处的黏性阻尼系数为 c,受到简谐激励 F 的作用,依据上文的转子运动分析、惯性激励等内容,可列出转子受力平衡方程,表示为运动微分方程:

$$\begin{aligned} m\ddot{x} + c\dot{x} + kx &= F\cos(\omega_f t + \delta) \\ m\ddot{y} + c\dot{y} + ky &= F\sin(\omega_f t + \delta) \end{aligned} \tag{8-44}$$

式中,ω_f 和 δ 分别为激励频率和相位角。上述微分方程表示的 Jeffcott 转子的运动过程,令方程等号右端激励项为零,可得 Jeffcott 转子系统自由振动方程如下:

$$\begin{aligned} m\ddot{x} + c\dot{x} + kx &= 0 \\ m\ddot{y} + c\dot{y} + ky &= 0 \end{aligned} \tag{8-45}$$

考虑到 Jeffcott 转子的各向同性,不妨以 x 方向的共振状态为例,其模态振动变形可写为

$$x = X\mathrm{e}^{st} \tag{8-46}$$

式中,s 为模态特征值,将式(8-46)代入式(8-45)的第 1 个方程,可得转子系统的频率特征方程如下:

$$ms^2 + cs + k = 0 \tag{8-47}$$

其特征根为

$$s_{1,2} = -\frac{c}{2m} \pm \mathrm{i}\sqrt{\frac{k}{m} - \left(\frac{c}{2m}\right)^2} \tag{8-48}$$

从式(8-48)可以看出,在考虑阻尼特性时,转子系统特征值为复数,实部表示系统发生自由振动时的衰减系数,虚部表示系统发生进动的角速度。

需要说明,对于 Jeffcott 转子系统,由于不考虑旋转惯性效应,因此,转子系统的模态振动特性与梁的振动特性在数学表达式上是一样的,但从物理学角度分析运动和能量的变化,却有本质的不同。

对于梁的横向模态振动,梁的内部振动能量存在动能和势能之间相互转换的动态过程,梁内部结构会承受交变载荷的周期变化。而对于转子系统,当处于横向共振状态时,转子处于同步正进动状态,系统内部动能、势能是分别守恒的,并不存在不同形式能量间的相互转换。总之,转子在无外界扰动下,没有动能、势能交互转换,以及结构内部承受交变载荷的振动,只是绕形心线的自转和绕旋转中心线的进动。因此,如果把振动理解为围绕平衡点的往复运动,转子可以说是振动;如果把振动理解为动能与势能相互转换,则转子只是运动不是振动。

转子系统作为具有三维空间构形的结构,在求解其共振转速特性时,需要对结构体进行离散处理,通过有限元法建立其运动方程,并使用微分方程组加以表示。不妨设各

离散质点的变形组成的向量写作 $\boldsymbol{Q}$，则一般性的转子自由振动微分方程可写为

$$\boldsymbol{M}\ddot{\boldsymbol{Q}} + (\boldsymbol{C} + \omega\boldsymbol{J})\dot{\boldsymbol{Q}} + \boldsymbol{K}\boldsymbol{Q} = 0 \tag{8-49}$$

式中，$\boldsymbol{M}$、$\boldsymbol{C}$、$\boldsymbol{J}$ 和 $\boldsymbol{K}$ 分别为系统的质量、阻尼、转动惯量和刚度矩阵；ω 为转子自转转速。

对于处于共振状态的转子系统，设：

$$\boldsymbol{Q} = \boldsymbol{q}\mathrm{e}^{st} \tag{8-50}$$

式中，s 为转子系统特征根，一般形式为复数；$\boldsymbol{q}$ 为各质点位移组成的向量，也即特征根 s 对应的特征向量，代入式(8-49)，可得系统模态特征方程：

$$(s^2\boldsymbol{M} + s\boldsymbol{C} + s\omega\boldsymbol{J} + \boldsymbol{K})\boldsymbol{q} = 0 \tag{8-51}$$

令式(8-51)的系数矩阵行列式为零，可得到其特征根方程为

$$|s^2\boldsymbol{M} + s\boldsymbol{C} + s\omega\boldsymbol{J} + \boldsymbol{K}| = 0 \tag{8-52}$$

模态特征方程综合考虑了转子系统惯性、阻尼、陀螺力矩、刚度特性和自转转速的影响，通过求解可得其特征根与特征向量，其中特征根的虚部为共振转速，特征向量为该阶共振转速对应的转子振型。

2. 共振转速特性

从转子系统模态特征方程可以看出，具有 n 个自由度的转子系统，相应地存在 n 阶共振转速及模态振型，这 n 阶共振转速的相对位置关系，称为共振转速特性。转子系统共振转速特性的主要影响因素有：转子自转转速、弯曲刚度分布特性、支点约束特性、盘轴连接处的角向刚度等。在转子动力学分析中，转子系统共振转速分布随自转转速的变化规律是极为重要的，这一变化规律可采用 Campbell 图加以定量、直观的表示。其他影响因素的分析与梁单元模态特性相似，此处不再赘述。

Campbell 图，在一般情况下，用于表示振动系统模态频率与激励环境扰动的关系。具体到转子系统的 Campbell 图，其激励环境扰动的最主要来源通常是转子的旋转惯性激励，因此转子 Campbell 图通常用于表示以下规律：① 转子共振转速分布随转子自转转速的变化规律，其变化的具体数值是由转子特定运动和变形下所产生的陀螺力矩决定的；② 转子各阶共振转速与转子旋转激励引起的多倍频扰动的关系。通过求解转子系统在给定的转子转速下的各阶共振转速，并按照数值大小进行排序，可得到其各阶共振转速随转子转速的变化图，可得到转子系统的 Campbell 图，如图 8-38 所示。转子自转转速对其共振转速特性的影响规律，可依据共振转速和自转转速的方向关系进行区分，这是因为转子在模态运动过程中，是以共振转速为进动速度进行涡动的，因此可将属于同一种振型的共振转速分为正进动共振转

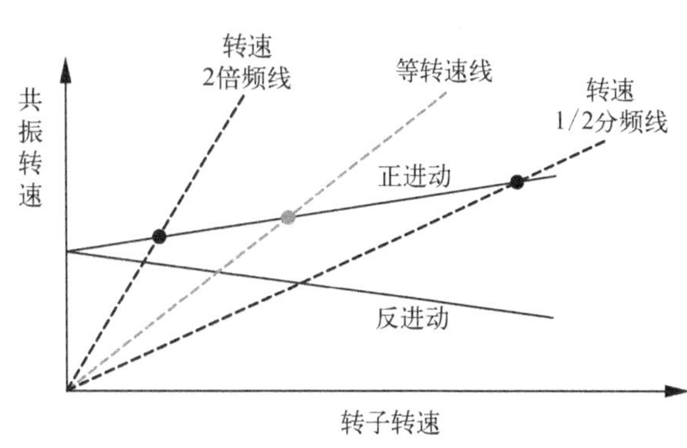

图 8-38　典型的转子 Campbell 图

速和反进动共振转速。

当转子系统受到特定频率的外界扰动时，如果扰动频率与转子某阶共振转速相等，系统则发生该阶共振，其中最为典型的便是不平衡激励扰动所导致的临界转速概念。所谓临界转速，一般指转子系统在工作过程中，由于内部的简谐激励扰动（主要是不平衡激励），使转子系统发生模态振动的转速，一般转子自身不平衡激励扰动可以引起同步正进动临界转速，在 Campbell 图中，同步正进动临界转速为等转速线与该阶正进动共振转速线的交点值。

此外，航空燃气轮机转子系统的工作状态较为复杂，在转子系统处于支承不同心、转静子碰摩、不同转速转子交互激励或出现气流不均匀等情况时，通常会受到与转速相关的其他频率扰动，使转子系统发生自转转速不同于进动速度的非同步模态振动，一般称为非协调临界转速。如图 8-38 所示，转子转速二倍频线与正进动共振转速线存在交点，这代表着转子系统受到自转转速二倍频率的激励扰动时，有可能发生该阶共振，这种共振也称超谐共振；若转子转速 1/2 分频线与正进动共振转速线存在交点，这代表着转子系统受到自转转速的 1/2 频率的激励扰动时，有可能发生该阶共振，这种共振也称亚谐共振。

以图 8-39 所示的典型刚性转子为例，分析转子转速对刚性转子共振转速分布的影响规律。如表 8-1 所示，为典型刚性转子的整体一弯模态振型随转子转速的变化。可以看出，由于正进动模态中，自转转速与共振转速的方向相同，转子受到的陀螺力矩会加强转子刚度，随着转子转速的增加，转子共振转速不断提高；反之，反进动共振转速不断降低。陀螺力矩对转子刚度的影响，也可从模态振型中看出，对于正进动模态，随着转速的增加，涡轮盘处的角向变形逐渐减小，这表明涡轮盘受到的陀螺力矩加强了涡轮盘处的弯曲刚度，同时弯曲节点的间距逐渐变大，提高了整个转子的弯曲刚度；而对于反进动模态，随着转速的提高，陀螺力矩使得弯曲节点的间距逐渐减小，降低了整个转子的弯曲刚度。具体各共振转速随转子转速的变化规律，取决于转子变形时各惯性单元的直径转动惯量和极转动惯量的相对大小，这一点在 8.3.1 节中已有介绍。

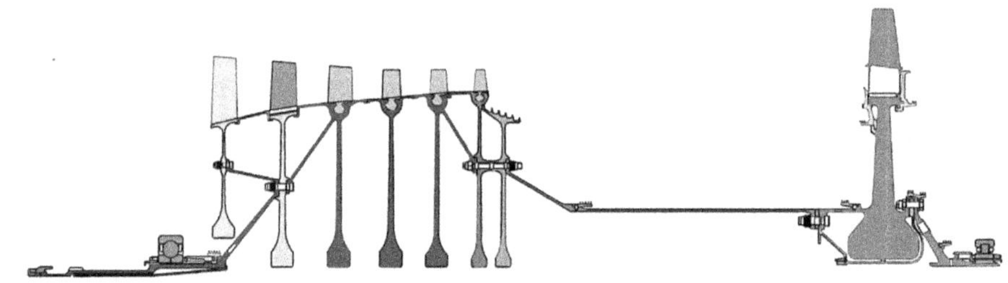

图 8-39　典型刚性转子结构简图

选取各阶正进动模态，可绘制典型刚性转子的 Campbell 图，如图 8-40 所示。其中第 1 阶共振转速线的振型始终为刚体平动，转子结构的主要变形为横向变形，各截面的角向变形可以忽略不计，因此第 1 阶共振转速线的斜率近似为零，即不受转子转速的影响。第 2 阶共振转速线则斜率明显大于零，这是由于该阶振型始终为刚体俯仰模态，转子变形以角向变形为主，且各处角向变形的方向相同，正进动产生的陀螺力矩使得共振转速提高。第 3 阶共振转速的振型始终为整体一阶弯曲振型，同时共振转速线的斜率相比第 2 阶更

表 8－1　典型刚性转子整体一弯模态振型随转子转速的变化

转子转速 0 r/min		转子转速 20 000 r/min	转子转速 40 000 r/min
	正进动		
		共振转速 31 420 r/min	共振转速 38 640 r/min
	反进动		
共振转速 18 660 r/min		共振转速 12 640 r/min	共振转速 5 960 r/min

大，这是由于刚性转子发生弯曲时，压气机和涡轮转子的角向变形方向相反，可视作两个惯性结构单元，此时涡轮转子体现出“轮盘式”转子的旋转惯性特征，其直径转动惯量与极转动惯量差值较大，陀螺力矩作用效果明显，而转子做刚体俯仰运动时体现出“鼓筒式”转子的旋转惯性特征，直径转动惯量与极转动惯量相近，这就导致第 3 阶共振转速线的斜率更大。

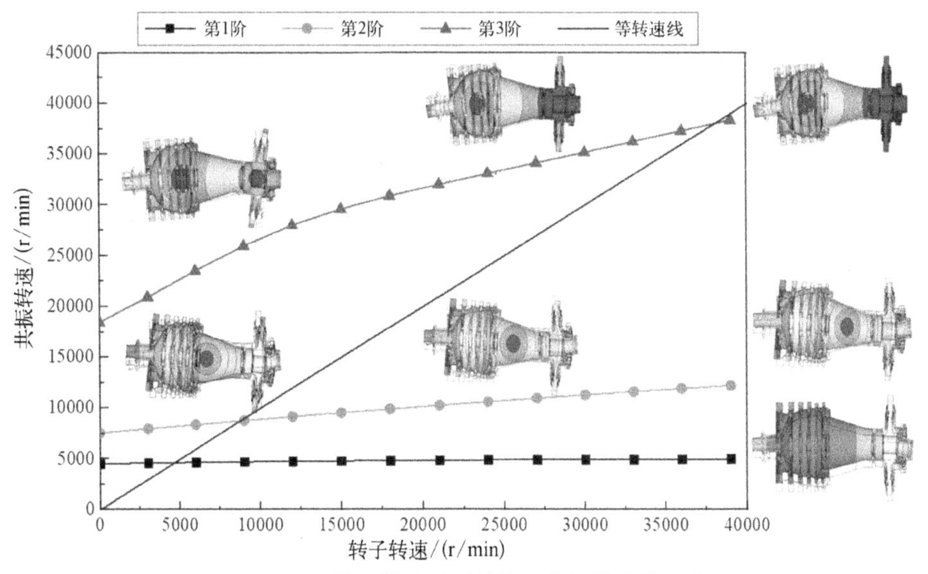

图 8－40　转子转速对刚性转子共振转速的影响

总之，转子系统的共振转速特性，是不同转速下系统各阶模态振动特性的集中反映，综合体现了转子旋转激励、弯曲刚度分布特性、支点约束特性、盘轴连接处的角向刚度等对共振转速的影响，是转子系统振动响应分析的基础和重要参考依据。

思 考 题

1. 概述航空发动机结构特征参数与力学特性参数间的内在联系。
2. 简述欧拉-伯努利梁模型和铁木辛柯梁模型的区别。
3. 转子基本运动形式是什么？与单摆运动的区别？如何理解转轴上的交变应力？
4. 简述转子振动种类及其区别。

第 9 章 结构效率与结构优化

在航空发动机的设计中，结构设计是发动机设计的核心。“一代新发动机，一代新设计技术，一代新结构”，先进航空发动机的发展总是以新结构为载体，保证性能和可靠性均衡发展，并有力地推进新材料、新工艺的发展。航空发动机结构的创新设计，需要发展以结构为直接设计对象，以系统力学性能为最终设计目标的结构定量评估和优化设计方法。通过工程应用验证和数据积累，逐步完善结构效率评估参数体系、计算方法和评估标准，形成航空发动机结构设计准则，这是未来先进航空发动机发展的关键设计技术。

本章中将对结构效率的定义与内涵进行介绍，并解释整机、转子和静子结构效率评估参数及应用。

9.1 结构及结构效率

9.1.1 结构

结构是人们用来表达物质存在和运动状态的专业术语。结是合从缔交，构是交积成形，其具体含义为将各种不同的材料构件，按照一定的规范搭配、排列、缔茸组成有用的组合体。在工程上，结构是对具有几何形状特征和力学性能的物体的统称。

航空发动机的结构，一般可将其定义为：通过设计确定尺寸和材料，以满足结构完整性要求的所有构件的总和，包括轮盘、转轴、转子叶片、机匣、导向叶片、轴承座、封严装置、加力燃烧室、喷管、外罩、传动装置、控制和附件装置（包括泵、齿轮、齿轮箱、滑油箱、导管、隔圈、作动筒等）等。在航空发动机结构设计、加工和装配中，根据结构功能和形式可分为：构件、组件、部件和子系统等。

构件或称零件，是工程力学中的基本单元，是机械系统中不可分拆的结构制件，并具有一定功能和可更换性，其制造过程中一般不需要装配工序。发动机中的典型构件包括叶片、轮盘、转轴、承力支板、机匣等。构件一般指由同样材料一体加工形成的独立结构件，其功能或用途一般也具有单一性，需要相互配合以实现某一功能，例如，单个叶片是单一材料零件，其主要作用是形成设计的流场，而轮盘的主要作用是固定叶片并承载叶片载荷。

组件是由多个构件通过连接界面配合而构成的组合体，组件中各个零件的工作密不可分，共同完成相应的任务，在生产和使用中需要作为一个整体进行调试和工作。值得注意，组件虽然是发动机工作过程中不可或缺的一部分，但也具有自己功能的局限性。例如，叶片、轮盘、锁紧件等构件组成的压气机叶盘组件，只能完成带动叶片旋转并对气流做功的任务，必须进一步与静子叶片、机匣组件、支承结构等相互配合，才能实现对气体增压的功能。

部件是由多个构件或组件按照发动机功能的设计要求，构成的相互配合、协调工作的完整组合体，一般情况下部件的结构比组件复杂，其完整性主要表现在具有独立的功能特征。发动机整机功能和性能均是由各组成部件的功能有序排列和结合而成。例如，进气道、压气机、燃烧室、涡轮和尾喷管部件分别实现发动机的进气、增压、燃烧加温、膨胀做功和排气的功能，部件之间的功能是相互独立也彼此约束的，共同工作使发动机产生推力。

此外，在发动机中，除了由压气机、燃烧室、涡轮、尾喷管等部件组成的整机结构系统以外，还有一些由彼此相互协调工作的构件、组件、部件等组成的，并可以独立完成某一特定功能的辅助系统和保障系统，例如，燃油系统、滑油系统、防喘系统、空气系统、点火系统、起动系统、辅助动力装置、火警及灭火系统等。

航空燃气涡轮发动机是由进气道、压气机、燃烧室、涡轮、尾喷管和安装节等主要结构组成的高速旋转热机，其结构设计目标是：通过结构布局、构形及尺寸的合理设计，使发动机在全包线工作状态小，满足整机功能、力学性能和强度、寿命、可靠性的要求，以最小的结构质量保证发动机的安全、可靠、高效运行。

9.1.2 结构效率

结构效率是所采用的结构对系统性能提升贡献程度的定量表征，是结构质量、强度、刚度、动力学特性和气动性能均衡程度的定量表征。结构的功能和作用主要表现在承载能力、抗变形能力和环境适应能力，在对结构效率进行评估时可根据结构特征及其功能作用建立相应的评估参数。

结构设计是在给定的工作环境中对结构质量、强度、刚度、气动热效率以及振动特性等方面综合优化过程。结构效率是对结构设计水平和先进性进行定量评估分析，并指明优化设计的目标方向。

结构效率的本质是定量描述结构特征参数变化对其力学性能的影响，其中：结构特征参数包括结构几何特征参数和结构材料性能特征参数；结构力学性能主要是定量描述结构的承载能力、抗变形能力和力学环境适应能力。

结构特征参数包括：结构几何特征参数和结构材料特征参数。其中结构几何特征参数是指结构几何构形及关键尺寸参数，如长度、截面尺寸、形心位置等；而结构材料特征参数是指所使用结构的材料机械性能，如弹性模量、密度等。

结构的承载能力是描述结构的质量和强度特性的关系，反映结构系统在所要求的机械载荷、气动载荷和温度载荷等设计载荷作用下，寻优结构质量的最小化，即寻找最好的应力分布状态。结构的抗变形能力是描述结构质量和刚度特性的关系，通过刚度控制结构变形以达到减小变形、协调间隙变化，反映结构系统在工作载荷下，寻优结构具有合理变形状态和最小结构质量的过程，即寻找最强的刚度特性。结构的力学环境适应能力是描述结构系统的力学特性与动态力学环境的关系,反映结构系统在多种复杂载荷作用下,寻找动态变形或响应的最小量,即寻找最低的结构动力响应敏感度。在航空发动机结构设计中,应当遵循“三高”的设计原则,即结构具有高承载能力、高抗变形能力和高力学环境适应能力,从而实现发动机高性能和高结构效率的目标。

总之,结构效率的内涵在于准确描述结构系统在工作过程中对环境/条件的综合适应能力,是反映给定结构系统在工作过程中对环境/条件综合适应能力的定量表征,通过结构效率评估参数的对比分析,可以定量评价结构设计过程中所采用的结构方案的先进性。由于航空发动机各部件和系统的功用及结构特征的不同,其度量结构效率的参数和计算方法也不尽相同。

9.2　转子结构效率评估与优化

根据结构效率的定义和内涵,对结构效率的评估是从结构承载能力、结构抗变形能力和结构力学环境适应能力三个方面进行,对于不同的结构系统和不同的使用目的,采用相应的评估参数。

发动机转子结构设计中,由于结构质量的限制,一般采用优化结构几何构形和选择适合材料以保证轻质重载的设计原则。转子系统的弯曲刚度特性主要由鼓筒、锥壳等连接构件的构形、尺寸和支点约束(支承方案、支承刚度)确定,而转子系统的质量分布特征主要由叶片-轮盘构件大小、材料和所在位置确定。可依据结构效率的评估,根据转子系统力学性能需求,对转子结构及支承约束特性进行优化。

9.2.1　结构效率评估参数

转子系统结构效率评估参数的选取,需要依据转子系统的结构和载荷特征[15-17]。随着先进发动机的转子转速不断提高、所装备飞机的机动性不断增强,转子系统承受的惯性载荷不断增大、振动环境逐渐恶化,由此会影响到转子系统的承载能力、抗变形能力和环境适应能力,因此选用平均应力分布、刚度/质量协调因子分布和转子弯曲应变能分布等参数来定量评估转子系统结构效率。评估参数是根据不同结构和设计目标而具体确定的,应能直观、有效地反映结构特征与力学性能的关联性。

1. 承载能力

结构承载能力主要体现的是结构应力水平与结构质量间的关系。从结构使用功效方面来看,结构的承载能力评估主要是在工作载荷环境下,结构特征参数选取对其所承受载荷能力影响程度的评估,即在最小的结构质量下,通过结构几何构形、关键尺寸优化和材料的合理选择,使其具有最大的承载能力。

在转子结构中,叶片、轮盘、转轴等结构件在工作中所承受载荷不同,如轮盘主要承受叶片及其自身离心载荷的作用;轴类构件主要承受拉压、扭转和弯曲载荷。发动机转子结构承受的载荷来自结构质量惯性、温度场、气动流体作用所形成的拉压、扭转和旋转惯性等载荷。

转子结构系统在不同位置和不同工作状态下所承受的载荷类型、大小都具有很大差异,但在一般转子系统中,轮盘承受的离心载荷及其应力水平是最高的,在转子结构布局设计中对结构质量影响最大,而气动载荷、振动载荷和轴向力分布等因素可在各构件局部优化中考虑,其变化对转子系统结构质量/刚度分布的影响十分有限,即在转子结构布局和动力学设计中可以不重点考虑。因此,在方案设计阶段对转子结构承载能力的评估,主要考虑离心载荷作用下结构几何构形及优化,以确定转子的质量分布特征。

综上所述,对于转子承载能力的评估,可以转化为对轮盘承载能力的评估。轮盘承载旋转惯性载荷的能力是控制结构形状、尺寸和质量最敏感的因素。以转子结构(或轮盘)的平均应力系数和应力分布系数定量描述转子结构的承载能力。

1) 平均应力系数

工作状态下转子结构的平均应力水平可以直接反映结构承载能力和结构材料使用效率,提高结构平均应力水平,在趋势上可以实现降低结构质量的目标。

结构平均应力的计算公式如下:

$$\sigma_{\text{ave}} = \frac{\sum_{i=1}^{n} \sigma_i m_i}{\sum_{i=1}^{n} m_i} \tag{9-1}$$

式中,σ_i 和 m_i 分别表示结构中第 i 个单元的应力和质量。

为便于比较,进行归一化处理,定义结构的平均应力系数,计算公式如下:

$$Z_\sigma = \frac{\sigma_{\text{ave}}}{\sigma_b} \tag{9-2}$$

式中,σ_b 表示材料的许用应力。

当完全不承载时,Z_σ 为 0;受强度设计准则限制,Z_σ 最大值必须小于 1,即平均应力系数的变化范围为[0, 1),Z_σ 越大表示结构的材料使用效率越高,即结构具有最低的质量和最大的材料使用效率。

在评估转子承载能力时,应根据转子结构具体问题具体分析。例如,对于结构紧凑,整体性较好的转子结构,可根据转子材料属性计算整个转子的平均应力系数。然而,对于一般转子结构系统,轮盘的应力水平和质量远大于鼓筒、轴颈等结构件,因此可以单独计算各级轮盘平均应力系数进行结构承载能力和材料使用效率的评估。

利用有限元方法计算转子平均应力系数时,可以把整个结构离散成有限个单元体,并对结构进行主要工作载荷环境下等效应力计算,对于采用同种材料的部件,根据每个单元的应力值和体积值,可得出其平均应力:

$$\sigma_{\text{ave}} = \frac{\sum_{i=1}^{n} \sigma_i m_i}{\sum_{i=1}^{n} m_i} = \frac{\sum_{i=1}^{n} \sigma_i V_i}{\sum_{i=1}^{n} V_i} \tag{9-3}$$

若结构采用 l 种不同材料,则应先计算出第 j 种材料部分的平均应力 $\sigma_{\text{ave}j}$ 和 $Z_{\sigma j}$,并根

据各自材料部分的质量占比,计算出构件的加权平均应力系数:

$$Z_{\sigma} = \frac{\sum_{j=1}^{l} Z_{\sigma j} m_j}{\sum_{j=1}^{l} m_j} = \frac{\sum_{j=1}^{l} Z_{\sigma j} V_j \rho_j}{\sum_{j=1}^{l} V_j \rho_j} \tag{9-4}$$

2) 应力分布系数

平均应力系数只能从整体上反映结构材料的使用效率,而体现不了结构件内部尺寸及应力分布的合理性,应力分布系数可以用来描述构件在各个应力子区间中的占比,进一步评估和优化构件的结构设计。

应力分布系数是指在工作状态下结构最大应力和最小应力范围内,不同应力所占结构体积的比例关系。应力分布系数计算公式为

$$F(\sigma_i) = \frac{V(\sigma_i)}{V} \times 100\% \tag{9-5}$$

式中, $V(\sigma_i)$ 表示应力水平为 σ_i 的结构所占的体积; V 为结构的总体积。

由于数值仿真结果是离散的,在计算中可以将总应力分布离散成有限个区间 $[\sigma_i,\ \sigma_{i+1})$,得应力分布系数计算公式为

$$F_{i+1} = \frac{V_{i+1}}{V} \times 100\% \tag{9-6}$$

式中, V_{i+1} 表示应力区间为 $[\sigma_i,\ \sigma_{i+1})$ 的单元所占的体积; V 为结构的总体积。

在具体计算时,可以用直方图表示在不同应力区间所占体积比例。步骤如下:

(1) 均分构件的应力分布区间 n 份,令 $\sigma_{\min} = \sigma_0$, $\sigma_{\max} = \sigma_n$,则可知构件的应力分布区间为 $[\sigma_0,\ \sigma_n]$,每个子区间长度 $h = \dfrac{\sigma_{\max} - \sigma_{\min}}{n} = \dfrac{\sigma_n - \sigma_0}{n}$;

(2) 根据计算的区间长度,确定 n 个子区间的分位点 σ_i, $\sigma_i = \sigma_0 + ih$,其中 $\sigma_{\min} \leqslant \sigma_i \leqslant \sigma_{\max}$,由此可计算得到各个子区间分别为 $[\sigma_0,\ \sigma_1)$, …, $[\sigma_i,\ \sigma_{i+1})$, …, $[\sigma_{n-1},\ \sigma_n]$;

(3) 分别计算各个区间 $[\sigma_i,\ \sigma_{i+1})$ 的单元体积和 V_{i+1},则可算出各个子区间的应力分布系数 $F_{i+1} = \dfrac{V_{i+1}}{V} \times 100\%$,并列出直方图表示。

应力分布系数可以更加准确地描述结构内部高应力区所占比例,从而评估结构优化的程度及优化方向,以便进一步提高承载能力和材料使用效率。

2. 抗变形能力

根据发动机转子结构特征及在工作过程中的承载特点,其抗变形能力主要表现为:① 具有良好的抗横向变形的弯曲刚度;② 在旋转惯性力矩作用下具有良好的抗轮盘倾斜的角向刚度。

为了提高结构抗变形能力，选用比刚度（弹性模量与密度之比）大的材料是有利的，但是一般的金属材料，材料密度与弹性模量之比近乎一个常数，而材料选取主要是依据强度和工艺设计确定。因此，通过转子几何构形和关键尺寸优化转子系统的弯曲刚度是提高转子结构抗变形能力的主要方法。需要说明，在转子结构设计中，提高抗变形能力不能以过度增加结构质量为代价。

转子结构设计的基本原则之一就是等刚度设计，但在实际设计中，由于对使用条件、功能和空间尺寸的约束限制，很难使整个转子实现等刚度设计。此外，对于柔性转子，由于结构质量和刚度沿轴向分布极不均匀，以及多支点局部约束作用，转子系统抗变形能力随载荷环境会产生很大的变化，在对转子系统抗变形能力的评估中，需要考虑结构质量分布和支点约束的影响。

综上，为了充分反映转子结构的抗变形能力，根据所确定的结构和载荷环境，转子系统抗变形能力的评估参数为：等效刚度和惯性刚度。

1）等效刚度

转子等效刚度定义为：在转子不同轴向位置上施加的横向外载荷与加载处横向变形的比值。等效刚度用于反映转子结构整体结构尺寸和支承约束所产生的抗变形能力。对于转子结构系统，不同轴向截面位置处的等效刚度是不同的，取决于转子结构和支承约束特性，其中最小值称为最小等效刚度，简称为等效刚度。而等效刚度与转子结构质量相比即为“等效比刚度”，其物理意义是单位结构质量所产生的弯曲刚度水平。

转子结构系统等效刚度为

$$K_c = \min\left(\frac{F_i}{x_i}\right) \tag{9-7}$$

式中，F_i 为在转子轴向 i 点的横向作用力；x_i 为相应的位移。

转子等效比刚度 K_ρ 可表示为

$$K_\rho = \frac{K_c}{M} \tag{9-8}$$

式中，K_c 表示考虑支承方案影响的情况下转子最小等效刚度；M 则表示转子结构质量；K_ρ 越大表示转子的整体弯曲刚度越好。

需要说明，在计算关键截面等效刚度时，应该考虑转子支承方案和支承刚度的影响，在方案设计阶段由于不能准确给出支承刚度，可以用刚性支承代替。对于关键截面的确定，应选取刚度最薄弱或者横向变形对性能影响最大的截面，如离支承最远位置、压气机末级、高压涡轮等。

在结构设计时，对于悬臂结构更关注其抗角向变形能力，可将关键截面上施加的横向载荷改为弯矩载荷，计算其角向变形量，进而得到结构的等效角向刚度。

2）惯性刚度

惯性刚度是惯性载荷与其方向上转子的最大变形之比，用于反映结构对自身质量惯性载荷作用下的抗变形能力。航空发动机惯性刚度是在飞行包线范围内最大过载/机动飞行时,在相应的惯性载荷作用下,转子结构系统抗横向变形或角向变形的能力。

对于典型的航空发动机极限惯性载荷一般为包含多个极限过载和机动的组合,但主要有横向加速度过载和机动飞行时的旋转惯性力矩(陀螺力矩)过载。商用飞机不承受军机那样严重的偏转和加速度,其最大偏转一般发生在发动机以最大转速工作的飞机起飞过程中。在大型商用飞机中,对于无性能损耗的机动,典型保守的偏转和加速度可能是 0.2 rad/s 和 $2g$。

对转子系统结构施加横向过载加速度,根据计算结果确定转子最大横向变形量 δ_{max},并与相应的惯性载荷相比,该比值即为横向惯性刚度。对于陀螺力矩载荷作用下的转子系统最大角向变形 θ_{max},与相应作用在转子上的惯性力矩载荷相比,即为角向惯性刚度。在计算中由于陀螺力矩分别作用在每个惯性结构单元(如轮盘)上,反映的是转子系统角向抗变形能力。

在转子抗变形能力计算评估中,按照转子支承方式,给定约束条件并施加横向加速度 a,计算出在加速度方向上的最大横向变形 δ_{max} 即可;计算角变形时,可先算出整个转子主惯性轴的极转动惯量 J_p,并假定转子轴线偏转角速度为 Ω,则陀螺力矩大小 $M=J_p\omega\Omega$,并采用适当方法计算出转子最大转角变形量 θ_{max}。

转子系统在横向加速度过载下会产生最大横向变形量 δ_{max},在陀螺力矩作用下会产生最大角向变形量 θ_{max}。定义转子的横向惯性刚度和角向惯性刚度分别为

$$K_{er}=\frac{m\cdot a}{\delta_{max}} \tag{9-9}$$

$$K_{e\theta}=\frac{J_p\omega\Omega}{\theta_{max}} \tag{9-10}$$

式中,K_{er} 表示横向惯性刚度;m 表示转子系统的总质量;a 表示横向加速度;$K_{e\theta}$ 表示角向惯性刚度;J_p 表示转子极转动惯量;ω 表示转子的自转转速;Ω 表示机动飞行角速度。

转子惯性刚度反映了转子质量和刚度分布在进行非惯性运动时的自身平衡能力。对于发动机转子系统,由于其工作环境处于非惯性运动,在结构设计中不仅要考虑结构刚度,同时也要考虑结构质量,只有在最小的结构质量下,提高结构刚度,才能真正提高发动机转子系统的抗变形能力。这是与地面旋转机械不同的地方。

3. 环境适应能力

环境适应能力包含很多内容,如使用环境、温度环境、腐蚀环境以及振动环境等,本文主要是面向总体结构布局设计中所需要关注的振动环境适应性,即考虑转子系统在自身旋转激励振动环境下的适应能力。

转子振动环境适应能力是反映转子系统对所处工作载荷环境下的振动响应特性及振动敏感度,评估参数可以采用结构质量/刚度协调因子(简称 M－H 因子)评估转子系统振动特性的整体性和共振转速应变能分布评估转子系统防止共振安全裕度。

1) 质量/刚度协调因子(M－H 因子)

质量/刚度协调因子是结构单元等效刚度与等效质量的比值开平方,其单位与圆频率单位相同(rad/s),可以用于反映各子结构的局部动力特性。定义如下:

$$f_i = \sqrt{\frac{k_i}{m_i}} \tag{9-11}$$

式中，k_i 和 m_i 为第 i 个结构单元(或子结构)的等效刚度和等效质量。

为方便起见，评估过程中采用无量纲质量/刚度协调因子，即无量纲 M-H 因子，其表达式为

$$\bar{f}_i = \frac{f_i}{f_{ave}} \tag{9-12}$$

式中，f_{ave} 为整个转子各部分 M－H 因子平均值。

对于质量/刚度协调因子(M－H 因子)的求法，可以根据不同的结构特征采用不同方法。对于结构相对简单的转子轴段可采用等效梁方法，将结构离散为有限个轴段梁，等效刚度可按材料力学梁模型求得 $k_i = \dfrac{3E_iI_i}{L_i^3}$。

M－H 因子沿转子轴向分布反映了各子结构局部动力特性之间的相互耦合的可能程度，可以用于评估结构系统振动的整体性和各子结构间的动力耦合性。

2）共振转速应变能分布

转子结构的质量和刚度分布特征，在频域上表现为多阶模态振动特性，并且其模态频率随转子转速变化，即为共振转速特性。转子系统的振动响应可以表示为转子系统各阶模态振动的叠加，因此，转子系统对振动环境的敏感性分析，可以通过对转子工作转速附近的共振转速及其应变能分布，即转子弯曲应变能在整个转子系统中的占比评估转子结构对振动环境适应能力。

转子共振转速及应变能分布是指在工作转速范围内，各阶共振转速所对应的转子弯曲应变能与总应变能之比。根据定义转子应变能分布系数可表示为

$$\eta_i = \frac{W_{rotor,\ i}}{W_{sys,\ i}} \times 100\% \tag{9-13}$$

式中，i 为在发动机转子–支承系统工作转速范围内的第 i 阶共振转速；$W_{rotor,\ i}$ 为第 i 阶共振转速时转子所具有的弯曲应变能；$W_{sys,\ i}$ 为转子–支承系统在第 i 阶共振转速时具有的总应变能。

对于刚性转子系统，计算整个转子在共振状态(或工作状况)下的应变能所占比例，一般情况下转轴的应变能所占全部应变能比例不应超过 20%。有限元计算时，根据转子支承的真实刚度值定义各支点刚度参数。

对于柔性转子系统则要考虑几何形状突变和连接结构处的应变能的占比，因为这一部分的应变能过高会对转子的弯曲刚度(尤其是角向刚度)产生负面影响，从而产生弯曲刚度损失和附加不平衡。

例如，涡扇发动机的低压转子系统，虽然在风扇与涡轮之间的涡轮轴段会产生一定的变形，但是由于是连续结构，其刚度特性不随载荷循环产生变化，也不会影响转子系

统的动力学特性。但是，如果弯曲应变能集中在涡轮和风扇轮盘-轴连接结构处，由于界面连接和几何构形突变所产生的结构非连续性（详见第10章），连接结构界面接触状态发生变化和损伤，会影响转子系统的振动特性。因此，转子系统对振动环境适应能力评估时，重点是对影响转子系统振动特性的几何突变和界面连接结构的应变能占比及其影响。

在转子系统的结构效率评估中，其主要目标是定量分析结构质量/刚度分布对系统承载能力、抗变形能力和振动环境适应能力的影响。通过具有普适性的评估参数，对结构特征参数变化的影响规律及其趋势进行评估和优化，同时，也可以根据实际情况合理地筛选和衍生评估参数，使其具有更好的适应性。

根据上述内容，得到涡扇发动机转子系统结构效率评估参数汇总表，如表9-1所示。

表9-1　涡扇发动机转子系统结构效率评估参数汇总

评估内容	评估参数	物理意义	计算方法
承载能力评估参数	平均应力系数	描述结构受载能力与质量间的关系	$Z_\sigma = \dfrac{\sum_{j=1}^{l} Z_{\sigma j} V_j \rho_j}{\sum_{j=1}^{l} V_j \rho_j}$
	应力分布系数	描述构件在各个应力子区间所占比例	$F_{i+1} = \dfrac{V_{i+1}}{V} \times 100\%$
抗变形能力评估参数	等效刚度	描述结构材料、几何构形对转子整体刚性的影响程度	$K_c = \min\left(\dfrac{F}{x_i}\right)$
	惯性刚度	表征结构对质量/刚度分布的抗变形的能力	$K_{er} = \dfrac{m \cdot a}{\delta_{\max}},\ K_{e\theta} = \dfrac{J_p \omega \Omega}{\theta_{\max}}$
力学环境适应能力评估参数	M-H因子	反映各子结构动力特性之间的相互相近性和耦合程度	$f_i = \sqrt{\dfrac{k_i}{m_i}},\ \bar{f}_i = \dfrac{f_i}{f_{\text{ave}}}$
	共振转速应变能	转子-支承系统中转子所占应变能比例	$\eta_i = \dfrac{W_{\text{rotor},\ i}}{W_{\text{sys},\ i}} \times 100\%$

发动机在研制工作中，除了必须满足气动性能和强度要求以外，为保证结构的安全性和可靠性，同时尽量减小结构质量，需要对结构进行必要的优化，而结构效率是对结构进行定量评估的参数和优化的目标。

9.2.2　转子结构优化

发动机转子系统由于结构特征和受力状态不同，所表现出来的力学特性也会有很大差异，但是在确定的工作载荷环境下，其必要的力学性能是结构设计所要保证的，即可以采用不同的几何构形、尺寸和材料特性，以达到所需的力学性能。

以双转子涡扇发动机为例，由于高、低压转子在总体结构布局中所处位置和功能的不同，高压转子虽然具有较小的长径比和支承跨度，但需要提高弯曲刚度，使其在工作转速范围内不会出现或靠近弯曲模态共振转速，即为刚性转子设计。低压转子由于要穿过高压转子，轴向尺寸大和支承跨度很大，且质量集中在前后两端，转子整体刚性较弱——工作转速位于多阶临界转速，甚至弯曲临界转速以上，为柔性转子设计。正是由于高、低压转子结构特征的不同，其力学特性也有很大的差异，在结构设计中需要通过不同的几何构形和关键尺寸确定，以满足相应的力学特性和提高结构效率。

本节以大跨度支承刚性转子的刚度特性优化和多支点柔性转子的模态振动特性优化为例，阐述结构效率对转子系统结构设计优化的指导作用。

1. 大跨度支承转子刚度特性

现代先进航空发动机为降低结构质量和简化结构，高压转子一般采用两支点支承，为保证转子具有高抗变形能力，且弯曲临界转速位于最大工作转速以上并具有充足的安全裕度，在转子结构设计上，采用"拱形环壳"几何构形，并尽量缩短支点轴向跨度，加大压气机和涡轮之间连接鼓筒轴直径等措施提高转子弯曲刚度。

图 9-1 为不同发动机中典型的两支点高压转子结构系统简图。在结构布局上具有一致性，但是在具体结构尺寸和局部设计上具有一定的差异。

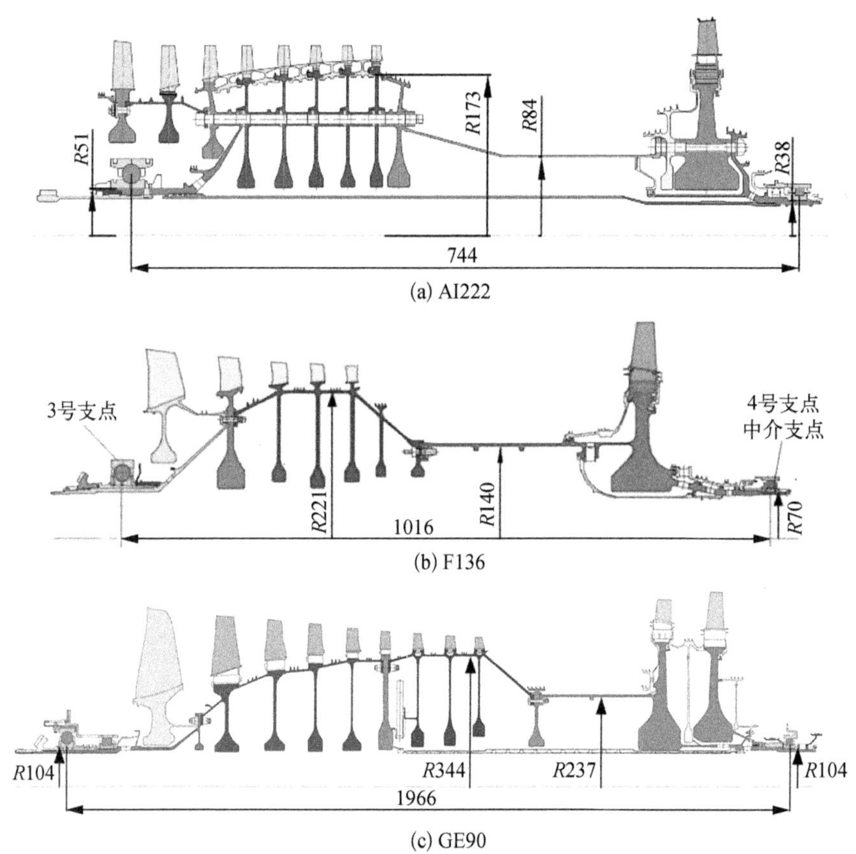

图 9-1　大跨度支承高压转子结构简图(单位: mm)

惯性刚度主要反映转子-支承结构系统对转子结构惯性载荷的抗变形能力。在转子上施加一个横向的加速度，为了分析转子结构的抗变形能力，支点采用简支结构。如图 9-2 所示，为在惯性载荷下转子变形，由于采用大跨度支承，位于支承中间的鼓筒轴处等效刚度较弱，产生变形最大。

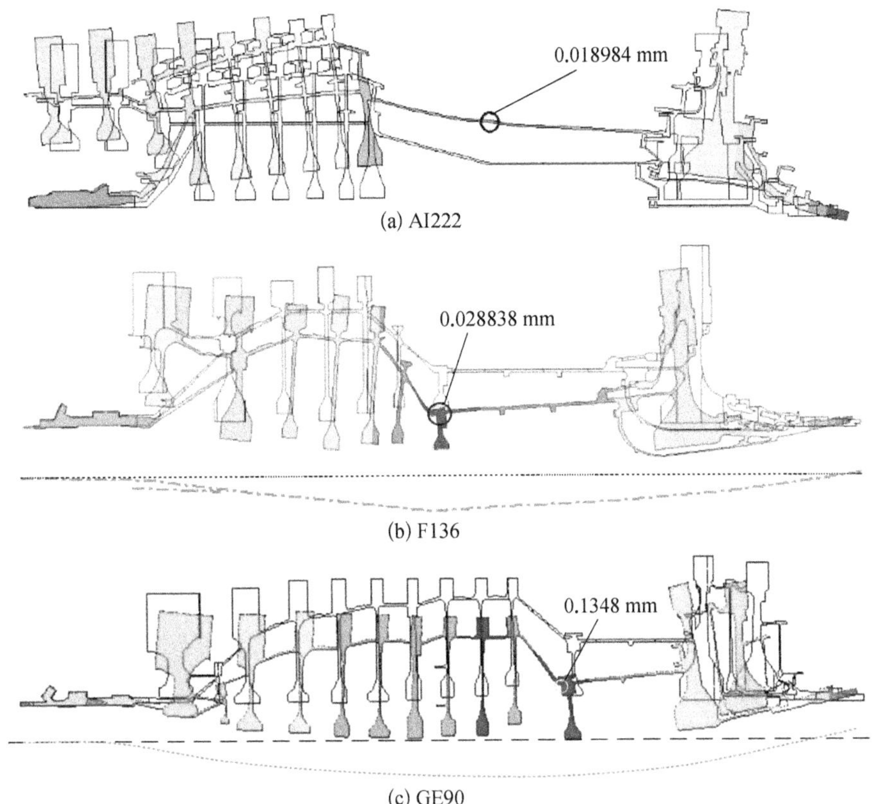

(a) AI222

(b) F136

(c) GE90

图 9-2　惯性载荷作用下高压转子变形

表 9-2 为不同结构尺寸和质量的高压转子的结构特征及惯性刚度计算结果。从中可得，对于具有 1-0-1 支承方案的高压转子，由于其采用的材料、基本构形和长径比等结构特征参数具有一定的相似性，虽然转子几何尺寸和质量存在一定差异，但其表现出的刚度特性是相似的，即惯性刚度均在 2×10^8 N/m 以上。

表 9-2　横向过载作用下高压转子惯性刚度

高 压 转 子	总质量/kg	惯性刚度/($\times10^8$ N/m)	支承跨度/最大鼓筒直径(长径比)
AI222	102	2.62	2.15
F136	195	3.33	2.41
GE90	995	3.13	2.86

对转子结构进行分析可以看出，各转子采用不同结构措施提高了转子系统的抗变形能力。对于 AI222 发动机的高压转子，由于加工和装配工艺的限制，为了提高转子结构弯曲刚度，在高压压气机转子结构几何构形中，采用长螺栓将多级压气机轮盘连接成环腔结构，以大幅度提高转子结构局部弯曲刚度；对于 F136 发动机的高压转子，在转子几何构形中，通过优化前后轴颈、鼓筒轴的结构尺寸，使其拱形结构具有最佳的抗弯特性，并采用整体叶盘和焊接的连接方式，大幅度降低了转子结构质量，使转子系统惯性刚度得到显著提

高;对于 GE90 发动机的高压转子,由于其具有 9 级压气机和 2 级涡轮盘,轴向支承跨度和结构质量均较大,因此,除了在转子构形上进行优化以外,通过加大压气机和涡轮间连接鼓筒轴直径,缩短轴向长度,提高转子弯曲刚度。正是通过不同的结构设计使得大跨度高转速转子系统可以具有出色的刚度特性。

2. 多支点柔性转子系统模态振动特性

转子支承结构的作用是支承转子运转、提高转子抗变形能力,调节转子系统的动力学特性。转子系统支承结构设计包括:支承方案和支承刚度的确定。其中支承方案的确定过程是一项综合复杂的系统决策,既有技术上的选优,又有设计经验的继承,同时在决策中也有一些重要的基本原则是必须遵循的。支承结构设计应当在充分考虑发动机的载荷传递、转子动力学特性、转-静子间隙控制以及结构间振动隔离等多方面因素的基础上作权衡安排。

转子支承结构设计中,支点位置和支承刚度对转子系统抗变形能力和转子动力学特性具有重要影响。对于低压转子结构系统,由于质量/刚度分布的极不均匀,转子系统的动力学特性具有局部模态振动、整体模态振动以及相互耦合转换的特点。多支点约束更加剧了低压转子系统局部振动特性的影响,因此在低压转子结构设计中,一是要掌握局部和整体振动特性的变化规律,二是要利用结构特征参数与动力学特性之间的内在关联性,利用结构特征优化转子系统的动力学特性。

图 9-3(a)为典型的高推重比涡扇发动机的低压转子结构示意图。由于总体结构布局限制,低压转子系统由多个子结构组成,即转子分为 3 级风扇、2 级涡轮和涡轮轴段。采用 M-H 因子对各子结构整体性进行评估,将低压转子离散为 4 个子结构轴段,如图 9-3(b)所示。

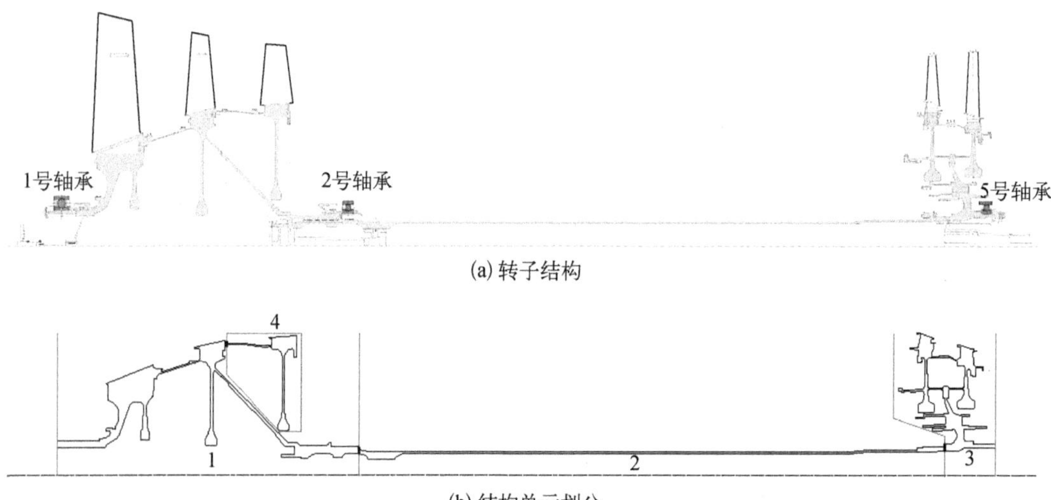

(a) 转子结构

(b) 结构单元划分

图 9-3 低压转子结构及轴向离散化

通过对各组成子结构单元质心位置加载得到的等效刚度并计算得到各子结构单元段的质量和等效刚度参数,得如表 9-3 所示的数据。

表 9-3　低压转子质量、刚度分布数据表

序　号	质量/kg	等效刚度/($\times10^8$ N/m)	M-H 因子/(rad/s)	无量纲 M-H 因子
1	64.96	6.98	3 278	2.56
2	18.37	0.30	1 278	1
3	86.68	4.50	2 278	1.78
4	15.74	37.88	15 512	12.14

依据表 9-3 中数据，得到转子无量纲质量/刚度协调因子沿轴向的分布曲线如图 9-4 所示。

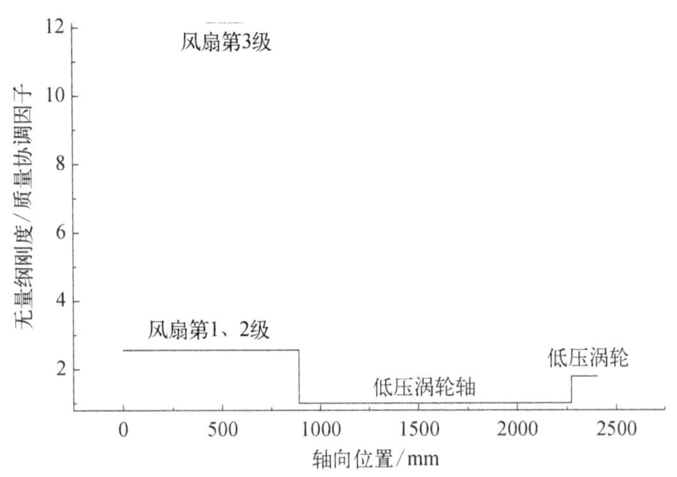

图 9-4　无量纲质量/刚度协调因子分布

低压转子风扇和涡轮的刚度远高于轴段的刚度，质量分布也体现出了明显的“两头重，中间轻”的特征。对于风扇转子，尤其风扇第 3 级，虽然轮盘-鼓筒采用悬臂式结构，但其鼓筒截面的径向尺寸较大，因此局部刚性很好，能够有效地抑制轮盘和鼓筒的变形，有效地避免发生局部模态振动。低压涡轮虽然轮盘的质量较大，但是由于采用了局部增强刚度的结构措施，能够很好地抑制局部变形，因此其协调因子相比于转子的其他部分仍然维持在较高的水平，这对涡轮的高效工作也是十分有利的。

从各子结构单元协调因子数值可以看出，风扇、涡轮和涡轮轴的 M-H 协调因子处于同一量级，表明其动力特性具有良好的整体性，风扇第 3 级子结构协调因子远高于其他结构单元，这表明在分支结构设计中要提高局部模态保持转子模态振动的整体性。

对于高推重比涡扇发动机的低压转子，可以通过局部几何构形和支点约束特性等结构设计，使转子系统具有较好的整体性，避免或减少在工作中发生局部模态振动。在高涵道比涡扇发动机的低压转子结构设计中，由于结构质量及其惯性载荷的影响，很难通过结构设计使转子系统动力学特性保持整体性，也就是说，在工作过程中会出现局部模态振动。因此，需要在转子系统动力学设计中，充分利用结构质量旋转惯性的作用，优化共振转速分布，以保证工作转速与共振转速保持足够的安全裕度。

图 9-5 为典型高涵道比涡扇发动机低压转子结构简图。采用“杠铃”整体构形，转子

的质量和刚度集中在两端气动部件(风扇和低压涡轮)处,细长涡轮轴需穿过高压转子内部,刚度较低,如图 9-6 所示。在结构设计中,需要通过对局部结构、支承刚度和支点位

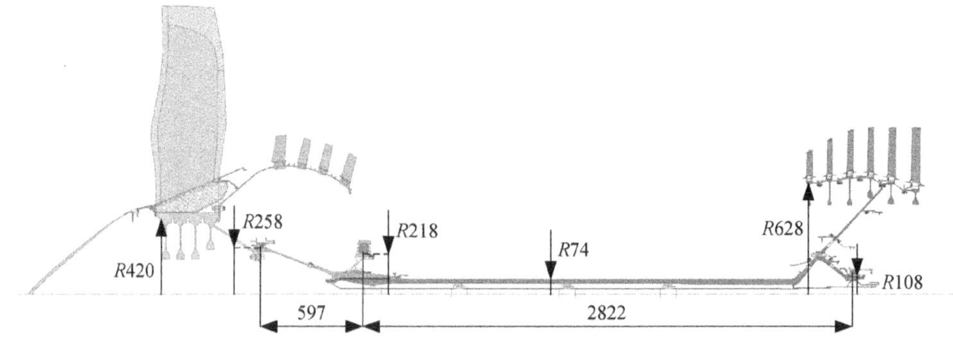

图 9-5 高涵道比涡扇发动机低压转子结构简图(单位: mm)

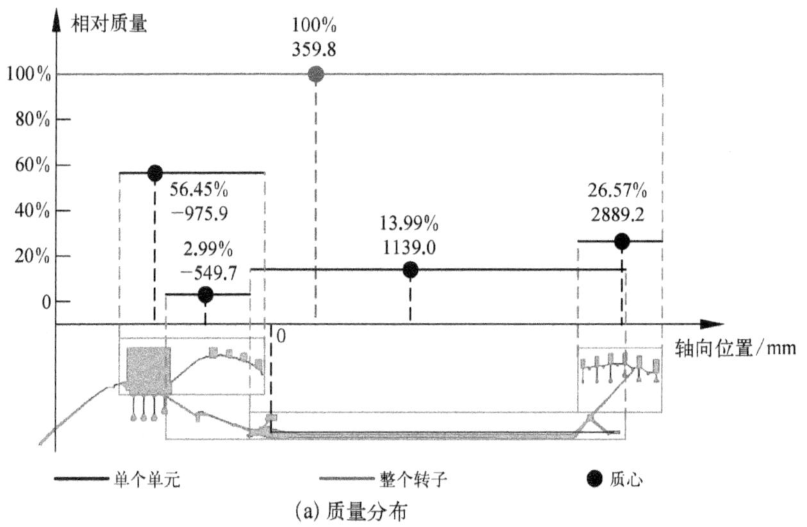

(a) 质量分布

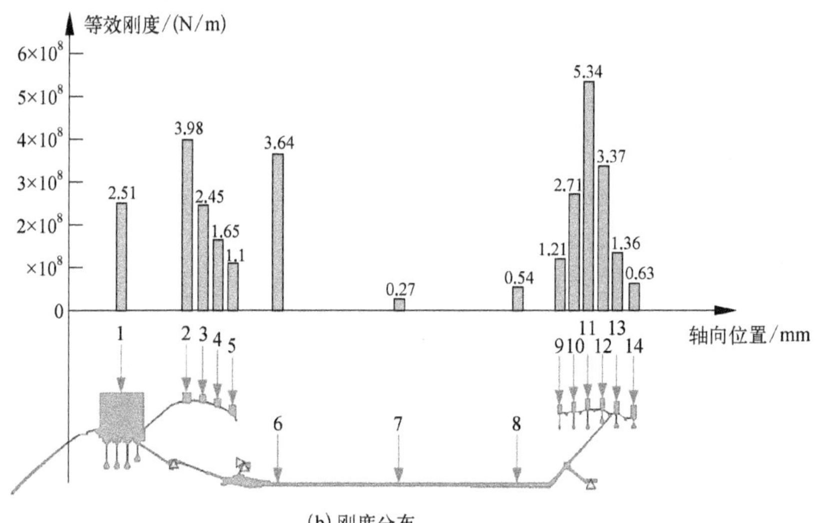

(b) 刚度分布

图 9-6 低压转子质量/刚度分布

置的适度优化，改善低压转子的力学特性。

如图9-7所示，由于"杠铃"构形的低压转子结构质量大、整体刚性低，整体弯曲模态频率较低，低压转子整体一弯、二弯模态振动频率分别为15 Hz和38 Hz。从模态振型可以看出，低压转子模态振动具有很好的整体性，当考虑多个支点约束影响时，转子系统出现风扇转子和低压涡轮转子的局部模态。如图9-8所示，为低压转子约束弯曲模态，从图中可以看出，多支点的约束作用，可以提高转子抗变形能力和整体模态振动频率，但也会导致局部振动模态，即转子系统的模态振动分为局部模态和整体模态。

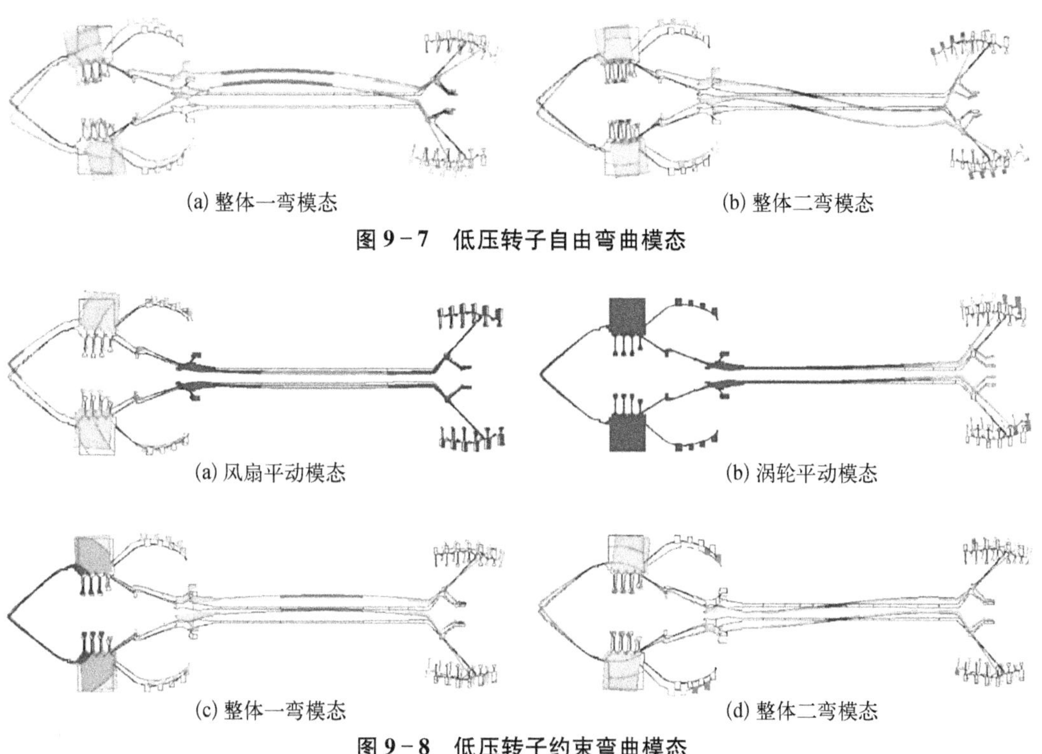

(a) 整体一弯模态　　(b) 整体二弯模态

图9-7　低压转子自由弯曲模态

(a) 风扇平动模态　　(b) 涡轮平动模态

(c) 整体一弯模态　　(d) 整体二弯模态

图9-8　低压转子约束弯曲模态

由高涵道比涡扇发动机低压转子结构特征可知，风扇和涡轮轮盘均具有较大的极转动惯量，在旋转过程中会产生巨大的旋转惯性力矩，对转子系统产生附加弯曲刚度的力学效果。为了充分利用轮盘惯性力矩调整共振转速分布、避免发生轮盘局部摆动模态，轮盘与涡轮轴连接过渡的轴颈结构设计十分重要，在设计中要求具有高的角向刚度，以保证轮盘的旋转惯性力矩(陀螺力矩)可以对转轴产生有效的变形控制。

由于发动机的总体布局和低压转子的支承方案不同，对于加强低压转子局部刚度的措施也不同。对于风扇转子，主要是采用2支点的增加支承约束设计，以提高转子前端的径向和角向刚度，如图9-9(a)所示。对于低压涡轮转子，采用单支点支承，具有大结构质量惯性，在低压转子弯曲时，会在低压涡轮转子上产生陀螺力矩效应抑制低压转子弯曲变形，提高弯曲临界转速。这就必须保证盘-轴连接结构具有足够的角向刚度，在低压转子涡轮盘-轴连接结构设计中，采用"人"字形几何构形和优化轴颈锥角等措施，提高低压涡轮盘-轴连接结构的角向刚度，如图9-9(b)所示。

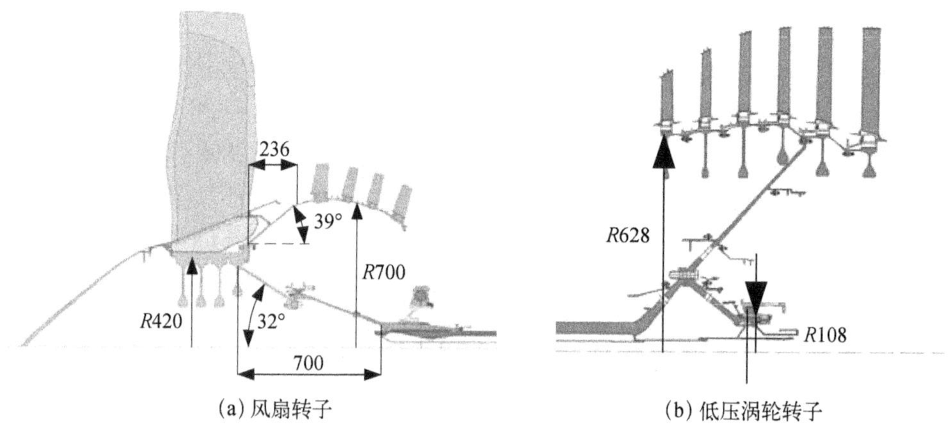

(a) 风扇转子

(b) 低压涡轮转子

图 9-9　低压转子风扇、涡轮转子结构(单位: mm)

图 9-10 为低压转子共振转速分布图,由图 9-10 可知,第 3 阶和第 4 阶共振转速随转速急剧升高,在 3 000 r/min 范围内其共振转速提升一倍以上。这是利用高速柔性转子动力学特性与转子结构特征参数的内在关联性,通过对轮盘-涡轮轴连接结构的角向刚度的加强,使得具有大转动惯量的低压涡轮盘旋转所产生的旋转惯性力矩充分作用于对低压涡轮轴变形的抑制,从力学效果上起到了提高转子弯曲刚度的作用,从而使低压转子弯曲模态共振转速得以大幅提升,避开了工作转速范围。此外,对于前两阶共振转速,其振型主要是局部"刚体振型",转速较低且应变能主要位于支承结构上,通过转子初始平衡和支承阻尼结构可以有效抑制其振动响应,并且两阶临界转速较为接近,有利于转子加速通过时振动响应控制。

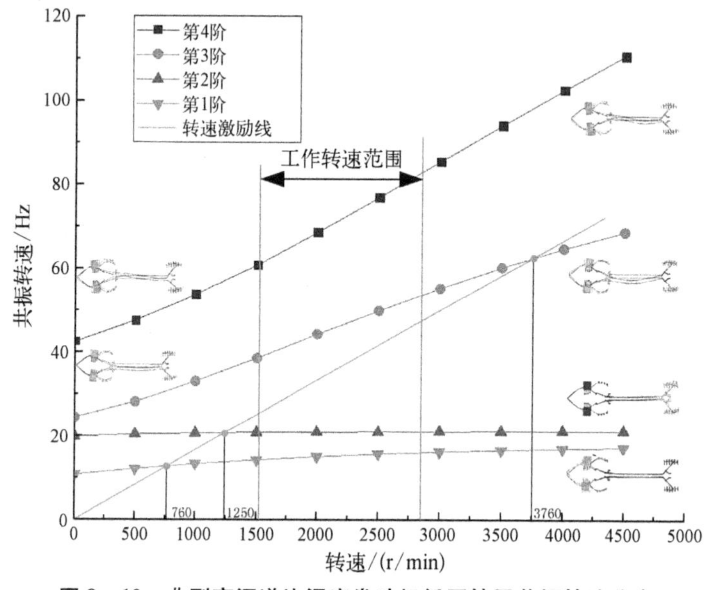

图 9-10　典型高涵道比涡扇发动机低压转子共振转速分布

由低压转子共振转速特性表明,利用转子结构几何构形变化,调整局部刚度特性,通过轮盘组件的旋转惯性力矩对转子弯曲变形进行控制,可有效优化转子系统共振转速特性。

9.3　承力结构效率评估与优化

发动机承力系统是由承力构件和相应的连接结构组成，是各轴承座到发动机安装节之间的承力结构的统称，用于承受和传递作用在结构上的各种载荷，包括转子承力框架和承力机匣，一般是由板、壳类构件，通过焊接或界面连接形成，在结构几何构形上具有非均匀性。在评估承力系统结构效率时，需要依据结构效率的定义和基本内涵，并结合承力系统的结构特征、功能性能以及设计要求，建立适用于承力系统的结构效率评估方法。

图 9－11 为典型发动机的承力系统示意图。

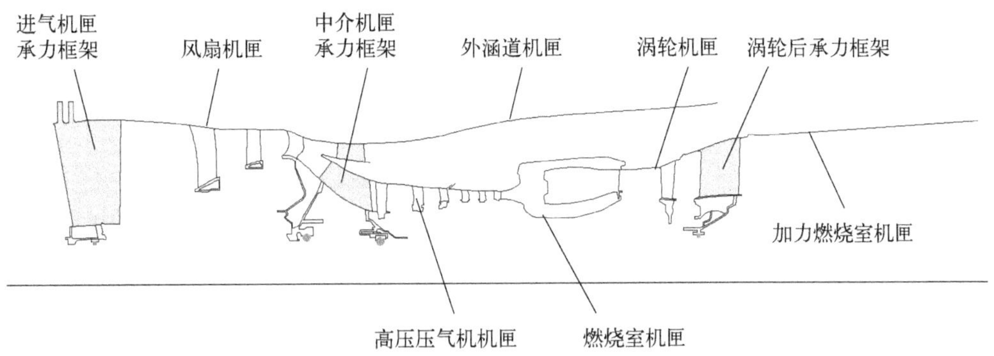

图 9－11　典型发动机承力系统示意图

在发动机的不同工作状态，作用于承力结构上的力和力矩的大小及分布也有所变化。一般来说承力结构系统所受载荷主要有：① 支点传入的轴向及径向动载荷；② 承力结构的质量惯性载荷；③ 主流道中和空气系统流道中气体压力和流动所产生的径向压力、轴向力及扭矩；④ 构件连接处由于温度梯度或者材料线膨胀系数不协调引起的热载荷。在对承力系统结构效率评估时，主要是考虑转子在支点处施加的动载荷。

9.3.1　结构效率评估参数

在承力结构系统的结构效率评估中，根据承力结构功能、性能和载荷特征，针对其承载能力、抗变形能力和力学环境适应能力的具体需要，选择相应的参数进行评估。

1. 承载能力

承载能力评估目的在于通过结构几何特征设计和材料性能的合理选择，使结构系统以最小的质量付出具有最大的承载能力。在承力结构系统中，承载能力受到最薄弱部分的限制，在结构优化设计中应尽量避免局部的应力集中，最大限度地利用材料的性能。

应力分布系数表现了在一定的受力状态下，承力结构各应力水平所占结构的体积比例关系，其计算公式为

$$F(\sigma_i) = \frac{V(\sigma_i)}{V} \times 100\% \tag{9-14}$$

式中，$V(\sigma_i)$ 表示为该应力水平下结构单元所占的体积；V 为结构的总体积。应力分布系数可以更加准确地描述结构内部高应力区所占比例，从而评估结构材料使用效率和指明优化的方向。

2. 抗变形能力

工程设计中，抗变形能力是静子承力件主要评估指标，因为其直接影响轴承的支承刚度与转-静子间的间隙控制。

1）等效比刚度

比刚度是结构刚度和结构质量的比值，等效比刚度是反映承力结构在抗变形能力方面的使用效率。等效比刚度表达式为

$$K_m = K_a / M \tag{9-15}$$

式中，K_a 为承力结构等效刚度；M 为承力结构质量。支承滚珠轴承时需考虑轴向与径向刚度，而滚棒轴承仅需考虑径向刚度。

承力机匣一般为薄壁壳体结构，径向刚度较弱，其变形量大小影响发动机的气动性能。因此，抗变形能力评估主要关注支承刚度、构成流道的机匣刚度以及结构薄弱点的刚度。

2）支承刚度的热敏感系数

支承刚度热敏感系数用于描述环境温度变化对结构抗变形能力的影响。其表达式为

$$\Delta K_t = \Delta K / \Delta T \tag{9-16}$$

式中，ΔK 为结构在发动机不同工作状态下支承刚度的变化幅度；ΔT 为环境温度的变化量。初始设计阶段，精细温度场难以给出，可按局部均匀温度场进行分析。由于线性系统刚度主要取决于材料属性与结构几何构形，因此给定材料属性随温度的变化曲线，可求出不同温度条件下结构的刚度。

3. 力学环境适应能力

承力结构的主要作用是支承转子并传递载荷，转子旋转激励是影响承力结构力学环境适用性的主要载荷来源，因此在评估中需要考虑承力结构质量/刚度综合作用的影响。

1）动刚度

采用动刚度描述承力结构的振动响应与动态激励载荷的关系。在工作频域内动刚度表示为

$$K(\omega) = F(\omega) / X(\omega) \tag{9-17}$$

动刚度反映了转子旋转激励与支承结构之间动力学特性的交互关系。当转子激励频率接近承力结构固有频率时，可能出现支承结构的动刚度突降，引起转子、甚至整机结构系统的振动特性的变化，严重时造成结构损伤失效。常在承力构件中添加阻尼结构以减小动刚度突降时结构系统的振动响应幅值。

动刚度反映系统对动态激励的敏感度，可用共振频率裕度更直观地表示结构动刚度特性的稳定性，共振频率裕度定义如下：

$$\eta = |\bar{\omega} - \omega_0| / \omega_0 \tag{9-18}$$

式中，$\bar{\omega}$ 表示动刚度突降点频率；ω_0 表示转子工作转速频率。

2）振动传递系数

振动传递系数表现了结构振动响应点与激振点振动参数之比，用该系数可有效地衡量结构的隔振效果，其表达式如下：

$$C(\omega) = X_b(\omega)/X_a(\omega) \tag{9-19}$$

式中，$X_a(\omega)$ 为激振点处的位移响应幅值；$X_b(\omega)$ 为目标部位的位移响应幅值。$C(\omega)$ 越小，结构隔振性能越优越。可用工作频率范围内位移和动载荷等振动响应参数的比值（即传递系数）的均值衡量结构系统隔振性能。

4. 结构效率系数

采用单一评估参数对结构效率进行评估，能够突出反映结构某个方面的力学特性，为结构的改进指明方向。考虑多个评估参数进行结构效率分析评估，可对结构设计方案给出全面综合的评价。针对结构设计的不同阶段与设计需求，结构效率评估参数可以进行取舍，以保证评价结果的直观与准确。

以承力系统承力框架为例，在结构设计方案阶段，由于承力框架的极限载荷一般难以确定，且常规状态下结构有较高的强度储备，因此评估重点关注承力框架的抗变形能力与力学环境适应能力。

根据结构效率的定义，引入结构效率系数的概念，对承力系统的抗变形能力和力学环境适应能力进行综合评估。结构效率系数可表示为各项力学能力项系数的相加，对于承力框架结构的设计，其计算公式可表示为

$$I = D_c + M_p \tag{9-20}$$

式中，I 表示结构效率系数；D_c 表示抗变形能力系数；M_p 表示力学环境适应能力系数。考虑比刚度与温度敏感度的交互影响，承力框架抗变形能力系数定义如下：

$$D_c = K_m/\Delta K_t \tag{9-21}$$

式中，K_m 表示结构比刚度；ΔK_t 表示结构刚度温度敏感系数。D_c 值越大，表示结构抗变形能力越强。

力学环境适应能力参数值 M_p 体现结构对不同环境下动态激励的敏感程度，定义如下：

$$M_p = \eta/C(\omega) \tag{9-22}$$

式中，η 为结构共振频率裕度；$C(\omega)$ 为结构振动位移传递系数。M_p 越大，结构环境适应能力越强，稳定性越好。

结构效率系数是对结构综合性能的定量描述，在对不同结构的优劣对比以及结构方案的改进设计中，结构效率系数往往采用相对值表示更加直观，即 $I' = D_c'/D_c + M_p'/M_p$，其中 D_c、M_p 为基准值，D_c'、M_p' 为对比结构或改进方案的各项值。

9.3.2 承力框架结构效率评估与优化

针对典型承力框架结构，利用结构效率评估方法进行评估。由于热端承力框架除承受一般性载荷外，还与高温燃气直接接触，工作环境最为恶劣，对冷却与供油的严苛要求也往往使其结构设计更加复杂，因而对承力系统中热端承力框架的评估最具有代表性。

1. 结构特征

对于涡轴/涡桨发动机，由于动力涡轮转子细长，刚度低且转速高，一般采用涡轮级间承力框架对转子系统提供支承约束。图 9-12 为典型涡桨发动机涡轮级间承力框架的 2 种结构设计方案，该承力框架位于燃气涡轮和动力涡轮之间，支承两个滚棒轴承（1#与 2#）。由于涡轴/涡桨发动机的径向尺寸较小，转子的转速相对较高，一般在 30 000～50 000 r/min 左右。由于转子对承力框架的旋转激励频率较高，其对承力结构动态约束特性的影响也更大。

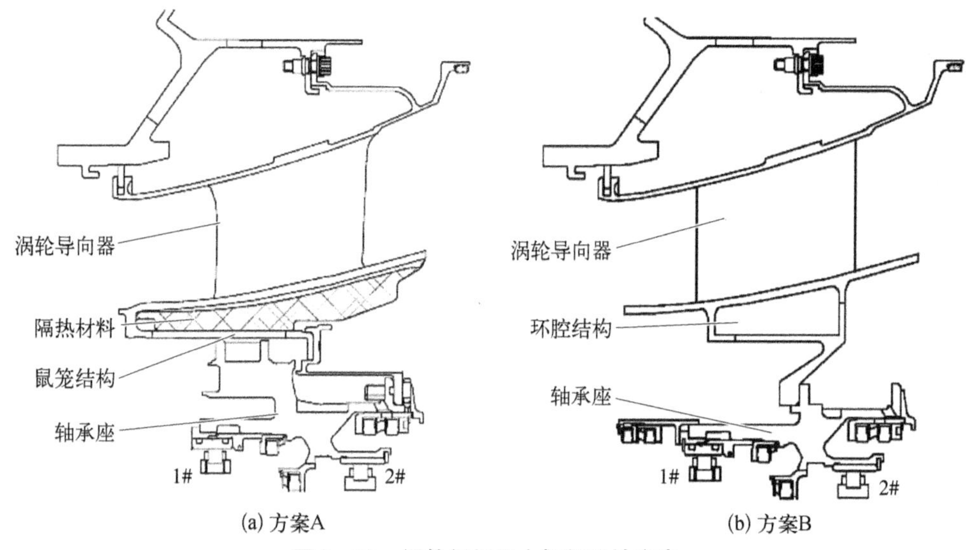

(a) 方案A　　(b) 方案B

图 9-12　涡轮级间承力框架设计方案

两种承力框架结构设计方案均采用涡轮导向器直接承力。导向器由导流叶片与内外环焊接组成，部分叶片为空心结构，滑油管路从中穿过。外环与机匣螺栓连接，连接段为折返式结构以减小热应力。

结构设计方案 A 的导向器内环向内折返形成鼠笼安装结构。鼠笼结构与导向器内环间填充有隔热材料。轴承座为刚性环形结构，其中布置多个油孔与气孔。孔的位置与尺寸经过精确设计，保证两轴承的油腔相通，同时使得油、气腔分离。

结构设计方案 B 的导向器内环焊接加工成环腔结构，具有较好的刚性。环腔壁上加工有多个冷却气孔，冷却气流穿过环腔进行冷却。环腔内侧延伸出锥壳，与轴承座外安装边用螺栓连接。

2. 结构效率评估

对承力框架进行必要的简化处理，建立承力框架的有限元模型，利用所建立的有限元模型进行两方案的结构效率评估计算。

1）抗变形能力

对各支点位置施加一定的横向载荷，计算得出承力框架各支点的支承刚度，如表 9－4 所示。

表 9－4　等效比刚度

设计方案	支 点 号	支承刚度/($\times 10^7$ N/m)	总质量/kg	等效比刚度/[$\times 10^7$ N/(m·kg)]
方案 A	1#	4.03	19.5	0.218
	2#	4.48		
方案 B	1#	13.1	20.8	0.627
	2#	13.0		

从表 9－4 中的计算结果可知，两种设计方案的结构质量相近，方案 B 的比刚度远远大于方案 A。方案 B 的环腔结构极大地提升了结构的刚度，而方案 A 中鼠笼的存在削弱了结构的支承刚度。转子系统对于支承刚度大小的要求往往是固定的，因此在同等条件下，更大的比刚度意味着削减板壳厚度的可能，给减重优化留下了更大的空间。

涡轮级间承力框架位于燃气涡轮后的高温环境，温度升高会使得支承刚度下降，影响支承的稳定性。因此，需要对不同温度条件下支承刚度进行分析，评估承力框架对温度的敏感度。

导流叶片及内外环位于主流道位置，与燃气直接接触，无主动冷却措施，温度较高；其余部件位于主流道内侧，有冷却空气流过，温度较低。发动机工作时，涡轮部件流道温度在 800~1 200 K 范围变化，以方案 A 为例，给出承力框架工作时的温度分布变化，如图 9－13 所示。根据温度场分布计算不同温度环境下的支承刚度，如表 9－5 所示。

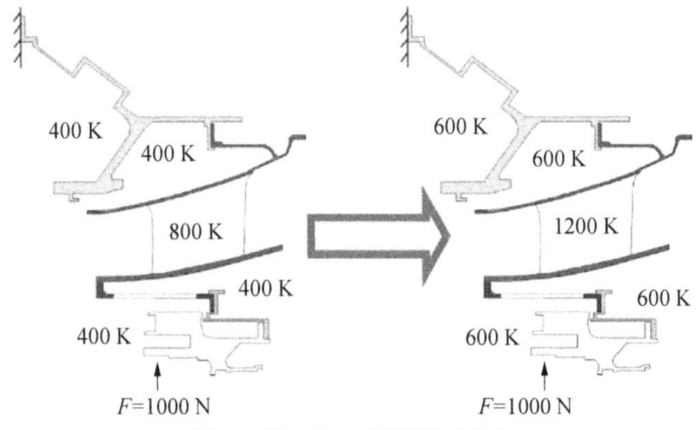

图 9－13　承力框架温度分布

从表 9－5 中可以看出，在相同工作温度范围内，方案 A 两支点刚度降幅均小于 10%，平均下降 9.1%。而方案 B 刚度下降了近 16%，平均下降 15.8%。方案 A 的刚度温度敏感系数较小。支承刚度的改变直接影响转子工作的稳定性，保证结构刚度对温度的低敏感度对于热端承力框架是至关重要的。

表 9-5 刚度温度敏感度

设计方案	支点号	800 K 刚度/(×10^7 N/m)	1 200 K 刚度/(×10^7 N/m)	刚度下降
方案 A	1#	3.81	3.49	8.4%
	2#	4.28	3.86	9.8%
方案 B	1#	12.7	10.7	15.7%
	2#	12.6	10.7	15.9%

方案 A 鼠笼结构的使用付出了刚度弱化的代价，但对高温环境下使用的支承结构，其支承刚度和热应力对温度变化的敏感度减小，有利于力学性能的稳定。根据刚度串联定理，总体刚度取决于刚度最弱点。发动机工作时，高温燃气使得导流叶片等构件温度升高，刚度下降，但仍高于鼠笼结构的刚度，故整体支承刚度始终取决于鼠笼。而鼠笼结构处于冷却气流与隔热材料的保护之下，工作温度较低，刚度变化小，从而保证了工作循环内支承刚度的稳定。相反方案 B 刚度较弱的导向器内外环位于温度变化最为剧烈的主流道，刚度稳定性较差。

设定方案 B 的抗变形能力参数 D_c 为基准值 1，由于两方案环境温度变化量 ΔT 相同，由式(9-21)得到方案 A 相对于方案 B 的抗变形能力系数为 $D_c' = (0.218/0.627) \times (15.85\%/9.1\%) \approx 0.61$。

2）力学环境适应能力

动刚度是承力结构的固有振动特性，可以根据动刚度曲线，分析不同频域内支承对转子振动的影响。对支点位置施加径向载荷，给定结构阻尼比，进行谐响应分析，得出两方案动刚度曲线，如图 9-14 所示。

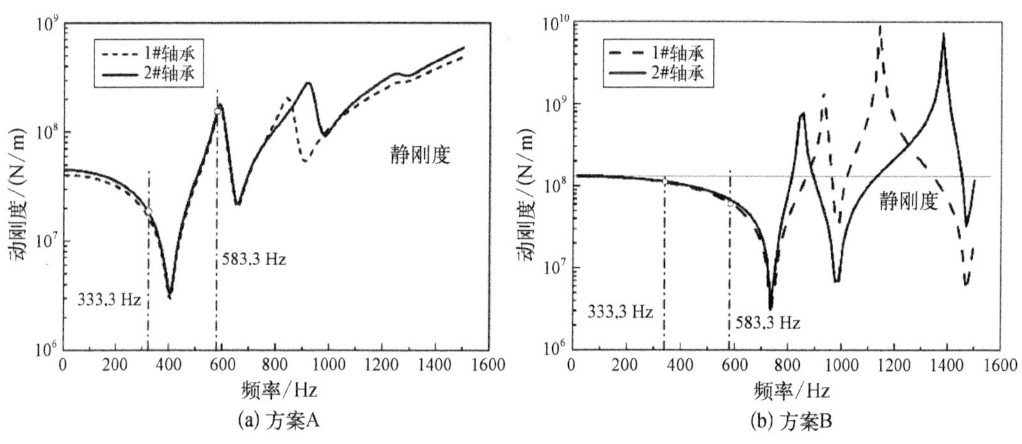

(a) 方案A　(b) 方案B

图 9-14 动刚度变化曲线

从图 9-14 计算结果可知，1#、2#支点动刚度大小与变化特性相似。这是因为两种方案的共用轴承座为刚性环形结构，在载荷作用下呈现整体变形的特征，因而两支点的位移响应相近。

方案 A 在转速范围内出现了一次刚度突降(400 Hz)，但两个转子系统的工作转速均避开了刚度突降点，仍保证了较高的动刚度。

与方案 A 不同,从发动机开车至转子稳定工作的频率范围内(0~583.3 Hz),方案 B 承力框架结构没有振动模态,良好的结构刚度使其共振频率较高。第 1 个刚度突降点接近 800 Hz,位于转速频率区间外。因此正常工作状态下其支承动刚度随转速的上升呈缓慢下降的趋势,保证了支承的稳定性。从动刚度曲线可以得到方案 A、B 工作转速距离共振点的频率裕度分别为 20%与 26%。

在 1#支点施加力,对有限元模型进行谐响应分析,考虑到两支点相近的激励响应特征,这里仅给出 1 号支点至机匣的振动位移传递系数评估。方案 A 与方案 B 振动位移传递系数随频率变化及 0~800 Hz 平均振动位移传递系数,如图 9-15、表 9-6 所示。

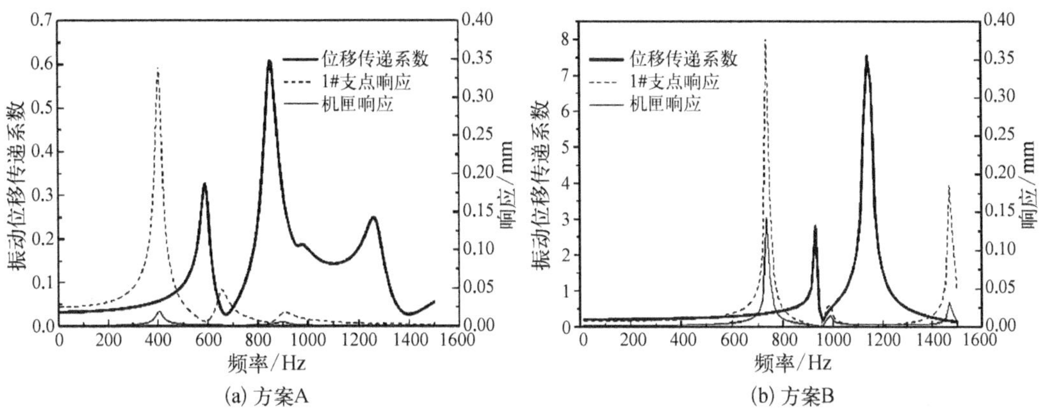

图 9-15　支点至机匣振动位移传递系数

表 9-6　平均振动位移传递系数与最大响应点振动位移传递系数

	平均传递系数(0~800 Hz)	最大响应点传递系数	最大响应点频率/Hz
方案 A	0.076	0.056	401
方案 B	0.267	0.400	735

振动响应较小时,该频率段对振动位移传递系数的要求并不严苛。而当承力框架发生共振时,希望支点至机匣有较好的振动衰减,避免振动范围的扩大。因此,应当重视大振动响应时的振动位移传递系数,从表 9-6 中可以看出,方案 A 的平均振动位移传递系数及最大响应点振动位移传递系数分别为 0.076 和 0.056,远远小于方案 B,表现出良好的隔振性能。这是因为鼠笼刚度远小于相邻结构,避免了振动的耦合。同时振动过程中,应变能集中于鼠笼结构,减少了振动能量外传,因此其外安装边响应很小。

设定方案 B 的环境适应能力参数 M_p 为基准值 1,由结构效率系数计算公式得到,方案 A 相对于方案 B 的力学环境适应能力参数 $M_p' = (20\%/26\%) \times (0.267/0.076) \approx 2.7$。

3) 结构效率对比与方案选择

从上文中计算结果可知,方案 B 的结构效率系数 $I_b = 1 + 1 = 2$,方案 A 的结构效率系数为 $I_a = 2.7 + 0.61 = 3.31$,方案 A 比方案 B 结构效率高 $(I_a - I_b)/I_a = 39.6\%$。

方案 B 比刚度较大,其环腔结构形式适用于受力大、温度低的中介机匣等位置。方案

A 则在刚度温度敏感度、隔振性能方面体现出了更大的优势。考虑涡轮位置特殊的工作环境，选择方案 A 用于该发动机涡轮级间承力框架的设计更为适宜。

9.4 整机结构效率评估与优化

9.4.1 整机结构效率内涵

结构效率的应用对象覆盖整机结构和部件结构两个层次。对于不同结构系统，其功能、所受载荷不同，设计要求会存在差异，对应的结构效率的具体内涵也不相同。整机结构的设计要求是通过高比强度、比刚度的材料以及合理的优化结构构形，实现质量最小；在正常工作转速范围内避免过大的振动；在正常工作或过临界时，由转子旋转惯性激励和飞机机动、惯性等载荷导致的振动和间隙引起的效率损失均最小。因此整机结构效率内涵涵盖结构质量、模态参与和间隙配合三项，具体如图 9－16 所示。

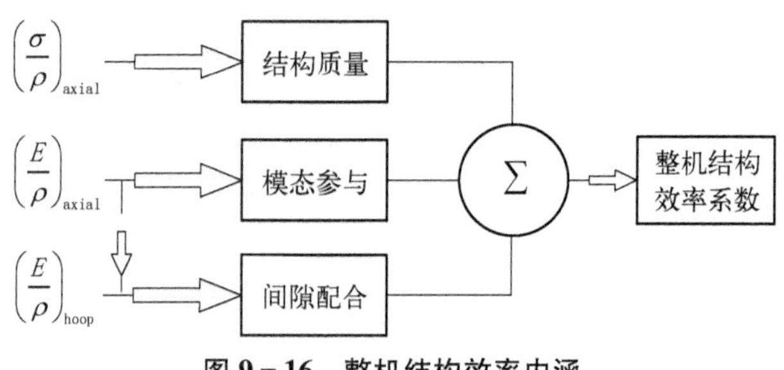

图 9－16　整机结构效率内涵

$\left(\frac{\sigma}{\rho}\right)_{axial}$、$\left(\frac{E}{\rho}\right)_{axial}$、$\left(\frac{E}{\rho}\right)_{hoop}$ 分别表示结构比强度 $\left(\frac{\sigma}{\rho}\right)$ 沿轴向的分布、比刚度 $\left(\frac{E}{\rho}\right)$ 沿轴向的分布和比刚度 $\left(\frac{E}{\rho}\right)$ 沿周向的分布，表示整机结构特征。结构质量(structural mass)、模态参与(modal participation)及间隙配合(clearance closure)反映整机力学特性，由整机结构特征参数决定。结构效率系数是综合表征结构效率水平的量化数值，整机结构效率系数由结构质量、模态参与和间隙配合三项综合得到[18]。

结构质量反映整机结构的承载能力，主要取决于 $\left(\frac{\sigma}{\rho}\right)_{axial}$，合理的结构形式和高比强度材料的使用，能保证结构在具有足够应力储备的情况下，大大减小结构质量，提高材料使用效率。模态参与反映整机的力学环境适应能力，能确定发动机结构系统动力响应对转子不平衡及其他激振力的敏感性，由 $\left(\frac{E}{\rho}\right)_{axial}$ 决定，通过优化结构比刚度沿轴向的分布，可以获得低敏感度结构系统的最优设计。间隙配合反映整机的抗变形能力，由 $\left(\frac{E}{\rho}\right)_{axial}$ 和 $\left(\frac{E}{\rho}\right)_{hoop}$ 共同决定，$\left(\frac{E}{\rho}\right)_{axial}$ 决定结构横向弯曲变形，$\left(\frac{E}{\rho}\right)_{hoop}$ 决定机匣截面变形,通过控制结构的 $\left(\frac{E}{\rho}\right)_{\text{axial}}$ 和 $\left(\frac{E}{\rho}\right)_{\text{hoop}}$,能降低整机在外部载荷下的转-静子间隙变化量,从而获得好的抗变形能力。

根据结构效率内涵,结构效率系数定义如下:

$$I = \alpha_1 \cdot E_s + \alpha_2 \cdot D_c + \alpha_3 \cdot D_s \tag{9-23}$$

式中,E_s 为结构承载能力项;D_c 为结构抗变形能力项;D_s 为力学环境适应能力项;E_s、D_c、D_s 三项均为归一化值,当其值取 1 时,代表该项力学性能达到最优水平;α_1、α_2、α_3 为权重系数,用于在结构评估时,反映某项力学性能在总体力学性能中的重要程度,其各项力学性能的权重系数满足 $\sum_{i=1}^{3} \alpha_i = 1$,$\alpha_i \geqslant 0$。

对于不同的评估对象,权重系数取值会有所不同,例如,如果是对于已有发动机的改进评估,此时的评估目标一般明确,权重系数的具体值也相应确定;如果是对新设计机型,各项权重系数具体值还需结合相应的设计体系和以往积累的工程实践经验确定。

结构效率系数可以反映结构方案的综合力学性能,其值大小能为不同结构方案的选择提供依据。

总之,整机结构系统设计就是通过结构几何构形和关键结构特征参数的优化,以获得好的力学特性。而整机结构效率是通过建立总体结构布局与力学性能定量关系,评估整机结构系统对载荷环境条件的适应能力,给出结构优化设计方向,定量反映结构的整体力学性能。

9.4.2　整机结构效率评估参数

1. 抗变形能力

整机结构对抗变形能力的要求是,转-静件具有良好的变形协调性,以降低外部载荷对转-静子间隙变化量的影响,避免发生碰摩或间隙过大所产生的气动损失。

由于转-静子均是具有较长轴向尺寸的回转结构,在外载荷作用下将会产生转子截面为圆(节径数 $m=1$)的横向弯曲变形(称为弹性线变形),使转-静子间隙发生变化。此外,机匣为大直径壳体结构,由于安装节集中载荷及其他不对称外部载荷,引起机匣椭圆变形,也会导致转-静子间隙发生变化。

采用转-静子间隙变化量评估整机结构变形协调能力,计算公式如下:

$$C_v(x) = | C_{\text{rotor}}(x) - C_{\text{case}}(x) | + | C_e(x) | \tag{9-24}$$

式中,$C_{\text{rotor}}(x)$ 为转子横向位移;$C_{\text{case}}(x)$ 为机匣横向位移;$| C_{\text{rotor}}(x) - C_{\text{case}}(x) |$ 为弹性线变形产生的间隙变化;$|C_e(x)|$ 为机匣截面椭圆度产生的间隙变化,取径向变形最大位置处对应的量值;x 为轴向坐标。

由于压气机、涡轮等处间隙变化量对气动效率影响最大,且最易发生转-静件碰摩,通常选取这些关键截面的转-静子间隙变化量进行评估。因此,实际计算时多采用式(9-24)的离散形式,如下所示:

$$C_v(x_i) = |C_{\text{rotor}}(x_i) - C_{\text{case}}(x_i)| + |C_e(x_i)| \tag{9-25}$$

式中，x_i 为第 i 个关键截面的轴向坐标。

2. 力学环境适应能力

对于整机力学环境适应能力的评估，关键是确定结构系统关键位置处动力响应对不平衡激励及其他力函数的敏感性。采用应变能分布系数和敏感度系数进行评估。

1）应变能分布系数

应变能分布系数表示整机各部件的应变能分布情况，可以反映各阶共振转速对不平衡激励的敏感程度，计算公式如下：

$$\eta_i = \frac{W_{c,i}}{W_{t,i}} \times 100\% \tag{9-26}$$

式中，i 表示整机在工作转速范围内的共振阶次；$W_{c,i}$ 为第 i 阶共振转速下关键结构应变能，通常选取转子、支承及连接结构位置等；$W_{t,i}$ 为第 i 阶共振转速的整机总应变能。发动机动力学设计的理想状态是转子上不存在弯曲应变能，所有应变能均集中在支承上并通过阻尼消耗。

需要说明，由于重点关注整机横向振动响应，故主要考虑弯曲变形产生的应变能，对于机匣等壳体结构的行波振动产生的应变能不计算在内。

2）敏感度系数

敏感度系数反映所关注结构位置处的振动响应对给定不平衡分布激励的敏感程度，采用各不平衡激励点对该响应点的影响系数幅值的均值表示，计算公式如下：

$$S_{ij} = \frac{\sum_{k=1}^{m_j} X_{ik}}{m_j} \tag{9-27}$$

式中，S_{ij} 为第 j 种不平衡分布状态下第 i 个响应点的敏感度系数；m_j 为第 j 种不平衡分布状态下的激励点总数；X_{ik} 为第 k 个激励点对 i 个响应点的影响系数的幅值，影响系数表示某激励点单位动载荷引起某响应点的响应，它为激励频率的函数。S_{ij} 值越大，表示该种不平衡分布激励下响应敏感度越高。

现代涡扇发动机多为双转子系统，当高、低压转子上同时分布有不平衡量时，会产生两个不同频率的激励力。但由于高、低压转速需要满足一定转差关系，因此在给定不平衡分布状态的情况下，某一转速下的 S_{ij} 是确定的，即 S_{ij} 为转速频率的函数。当仅有一个不平衡激励时，S_{ij} 等于影响系数幅值。

9.4.3 整机结构效率评估方法

建立结构效率系数计算方法的意义在于给出统一的分析流程，来综合多种参数获得结构效率系数，从而整体衡量结构设计水平或评估不同结构设计方案的优劣程度。

1. 评估参数归一化

整机结构效率的各评估参数由于不具有统一的量纲，难以综合得到整机结构效率系数。同时，对于不同发动机或结构设计方案，各评估参数的基准数值可能有所不同，所求得的评估参数数值缺乏比较意义。对各参数进行归一化的意义是获得其无量纲量，并建立各参数的统一描述。根据结构效率系数内涵，归一化目标所得数值属于 [0, 1]，且值越高表示该项力学性能越优异。

1）转-静子间隙变化量

以初始间隙为基准进行归一化处理，如下所示：

$$\overline{C_v}(x_i) = \begin{cases} [1 - C_v(x_i)/C(x_i)] \times 100\%, & C_v(x_i) \leqslant C(x_i) \\ 0, & C_v(x_i) > C(x_i) \end{cases} \tag{9-28}$$

式中，$C(x_i)$ 为第 i 个关键截面的初始间隙。当间隙变化量超过初始间隙时，可能会发生转-静碰摩，故令此时的 $\overline{C_v}(x_i)$ 为 0，表示变形协调能力最差。

2）应变能分布系数

应变能分布系数的归一化参数直接采用支承应变能分布系数代替，如下所示：

$$\overline{\eta_i} = \frac{W_{s,\,i}}{W_{t,\,i}} \times 100\% \tag{9-29}$$

式中，$W_{s,\,i}$ 表示支承应变能。当 $\overline{\eta_i}$ 为 1 时表示整机结构应变能全部集中在支承结构上，为最理想状态。

3）敏感度系数

通常，在共振转速下整机结构会产生较大振动，因此需要重点关注共振转速下的敏感度系数。归一化公式如下所示：

$$\overline{S_{ij}} = \left(1 - \frac{\sum\limits_{\omega_d \leqslant \omega_i \leqslant \omega_u} S_{ij}^2(\omega_i)}{\sum\limits_{0 \leqslant \omega_i \leqslant \omega_u} S_{ij}^2(\omega_i)}\right) \times 100\% \tag{9-30}$$

式中，ω_d 为慢车转速频率；ω_u 为最大工作转速频率；ω_i 表示第 i 阶共振转速频率；$S_{ij}(\omega_i)$ 表示共振转速频率 ω_i 下的敏感度系数。

$\overline{S_{ij}}$ 能综合反映工作转速范围内共振阶次及这些共振阶次下响应情况。当 $\overline{S_{ij}}$ 为 0 时，表明共振转速全部集中在工作转速范围内；当 $\overline{S_{ij}}$ 为 1 时，表明工作转速范围内不会共振，表示最优设计；当 $\overline{S_{ij}}$ 属于(0, 1)时，表明工作转速范围内外均存在共振，同时工作转速范围内共振转速下敏感度系数越小，则 $\overline{S_{ij}}$ 越大，表明设计越优。

2. *结构效率系数运算法则*

结构效率的参数包含多个层次，结构效率系数是顶层参数，称为系数项，它涵盖承载、抗变形和力学环境适应能力三项，将这三项称为参数项。对于每项参数，又可能包含多项具体评估参数，统称为子参数。子参数分为单状态子参数和全状态子参数，单状态子参数是对应一种计算状态所得出的子参数，如某阶共振模态下的应变能分布系数，全状态子参数是综合考虑各计算状态所得出的子参数，其值通过综合单状态子参数计算得来。

图 9-17 为整机结构效率的各层次评估参数，图中单一状态子参数只列出了对应的计算状态。

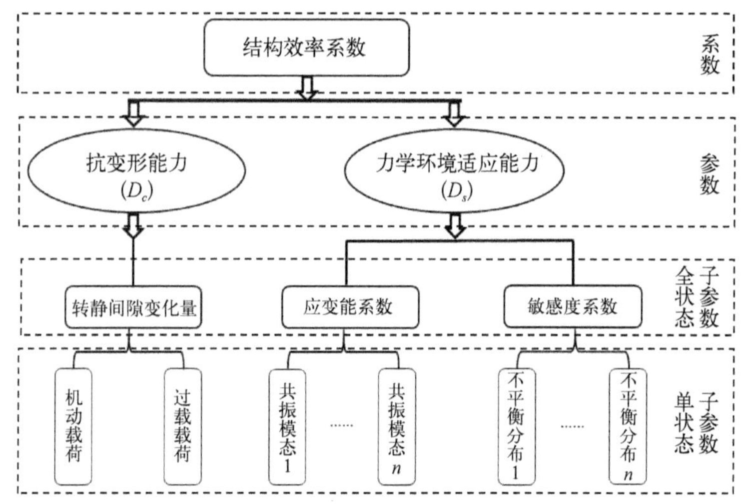

图 9-17　整机结构效率各层次评估参数

建立运算法则的目的在于用统一的运算方法综合多层次参数完成结构效率系数的计算。规定如下两种运算法则：对于单状态子参数到全状态子参数及全状态子参数到参数项的计算，采用乘法运算；对于参数项到系数项的计算，采用加法运算。

需要说明，在结构效率系数的计算中，参与运算的子参数均要先进行归一化处理，这样才能保证求得的各层次参数数值具有比较意义。下面结合整机结构效率系数计算流程对两种运算法则进行详细说明：

(1) 计算各单状态子参数，并进行归一化处理，求得各单状态子参数的归一化值；

(2) 采用乘法运算，综合单状态子参数的归一化值求得全状态子参数，如应变能分布系数的全状态值 $\bar{\eta}=\bar{\eta}_1\cdot\bar{\eta}_2\cdot\cdots\cdot\bar{\eta}_n$，$\bar{\eta}_n$ 为第 n 阶共振模态的应变能分布系数归一化数值；

(3) 采用乘法运算，综合全状态子参数求得相应的参数项。如力学环境适应能力项 $D_s=\bar{\eta}\cdot\bar{S}$，$\bar{S}$ 为全状态敏感度数值；

(4) 采用加法运算，综合各参数项求得结构效率系数，如式(9-23)所示。

9.4.4　典型涡扇发动机整机结构效率评估

1. 整机结构特征与有限元模型

图 9-18 为小涵道比涡扇发动机总体结构示意图，其主要包括三级风扇、九级高压压气机、燃烧室、一级高压涡轮、两级低压涡轮。

低压转子采用 1-1-1 支承方案，其结构细长，为柔性转子设计，为了加强风扇与涡轮处的局部刚性，风扇前后各布置一个支点，涡轮处采用环腔结构及加强的轴颈设计；高压转子采用 1-0-1 支承方案，后支点为中介支点，其结构短而粗，为刚性转子设计，此外，为了提高整体刚性，也采取了某些结构措施，如大直径鼓筒轴设计、涡轮处的环腔结构。

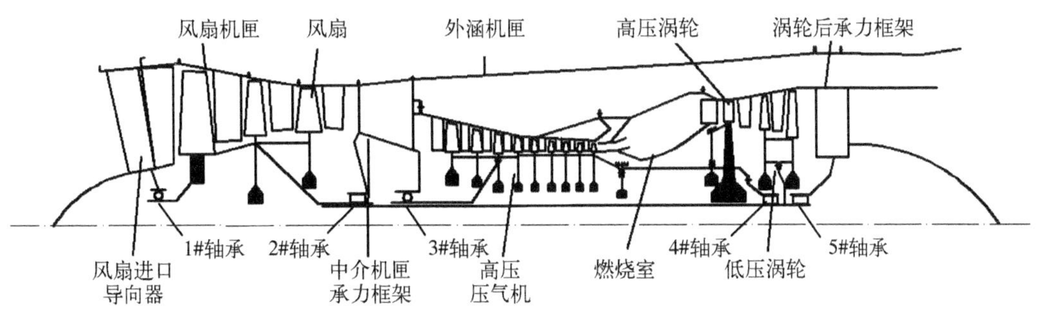

图 9－18　小涵道比涡扇发动机总体结构示意图

转子系统通过 5 个支点支承于 3 个承力框架上，风扇进口导向器承力框架支承 1#轴承，并将 1#轴承的轴向和径向力由风扇机匣传至安装节；中介机匣承力框架支承 2#和 3#轴承，为主要承力结构，其上设有安装节；涡轮后承力框架支承 5#轴承，承受 4#和 5#轴承的径向力并通过外涵机匣传递至安装节。

由于重点关注整机的总体力学特性，故在建立有限元模型时可以对螺栓、套齿等连接结构采用固结方式进行简化处理，根据发动机实际安装方式，对主安装节位置全约束，辅助安装节位置约束竖直方向自由度，建立有限元模型[19]，如图 9－19 所示。

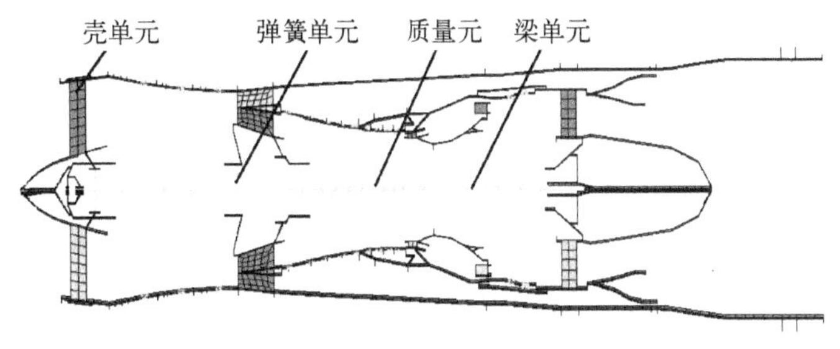

图 9－19　整机有限元模型

2. 结构效率评估

1）抗变形能力

通过安装节吊装于飞机上的发动机在随飞机机动、过载飞行时将会承受极为严重的陀螺力矩和惯性载荷，这两种载荷变化缓慢可视为静态。需要分别对这两种载荷下的系统响应进行计算，确定其抗变形能力。

采用有限元方法分别求解机动、过载飞行时的整机结构变形，载荷大小根据飞行包线确定。其中过载飞行时对整机施加竖直向下过载加速度；机动飞行时，根据式 $M = J_p\Omega\omega$ 求得机动飞行的最大陀螺力矩并施加到转子相应位置，角速度 Ω 为 3.5 rad/s，高、低压转子转速 ω 分别取最大转速 15 000 r/min 和 9 000 r/min。提取关键截面处机匣、转子弹性线变形及机匣截面变形，根据式（9－25）和式（9－28）得到两种载荷下转-静子间隙变化及归一化值。结果如表 9－7 和表 9－8 所示。

由表 9－7 可知，转-静子间隙变化主要由弹性线变形决定，椭圆度引起的间隙变化相对较小，这是由于机匣安装边及加强筋的存在，机匣周向刚度大大提高，能有效抑制截面变形。

表 9-7　两种载荷下转-静子间隙变化

位　　置	机　动　载　荷		过　载　载　荷	
	弹性线变形引起间隙变化/mm	椭圆度引起间隙变化/mm	弹性线变形引起间隙变化/mm	椭圆度引起间隙变化/mm
风扇(平均)	0.452	0.044	0.567	0.142
高压压气机(平均)	0.482	0.003	0.500	0.013
高压涡轮	2.392	0.000	1.167	0.034
低压涡轮(平均)	2.868	0.000	1.312	0.025

表 9-8　两种载荷下转-静子间隙变化量及归一化值

位　　置	机　动　载　荷		过　载　载　荷	
	转-静子间隙变化量/mm	归一化值/%	转-静子间隙变化量/mm	归一化值/%
风扇(平均)	0.496	83.4	0.709	76.4
高压压气机(平均)	0.485	83.8	0.513	82.9
高压涡轮	2.392	20.3	1.201	60.0
低压涡轮(平均)	2.868	4.4	1.337	55.4

表 9-8 表明,高、低压涡轮处变形协调能力最差。高、低压涡轮具有大的质量和转动惯量,使其承受极大的惯性载荷和陀螺力矩,同时低压涡轮轴细长、弯曲刚性弱,而高压转子后支点支承于低压轴上,支点刚性极大依赖于低压转子,故高、低压涡轮相对机匣产生较大位移。相对而言,风扇处采用两支点支承,高压转子前支点距离安装节较近,刚性均较好。

如图 9-20 和图 9-21 所示,分别为过载和机动载荷下的整机弹性线变形,其中三角符号代表风扇、压气机、涡轮等关键截面。

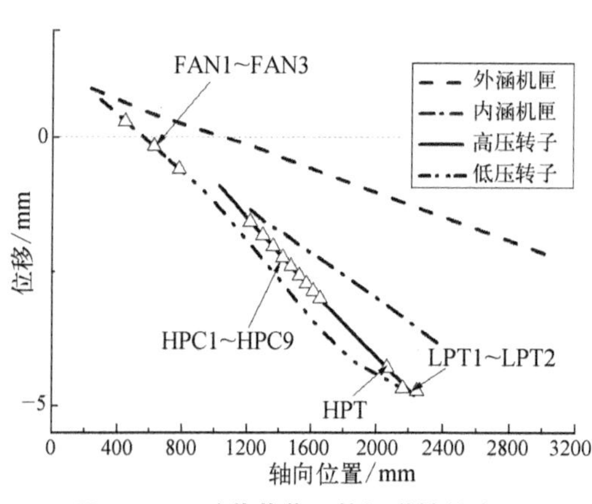

图 9-20　过载载荷下整机弹性线变形

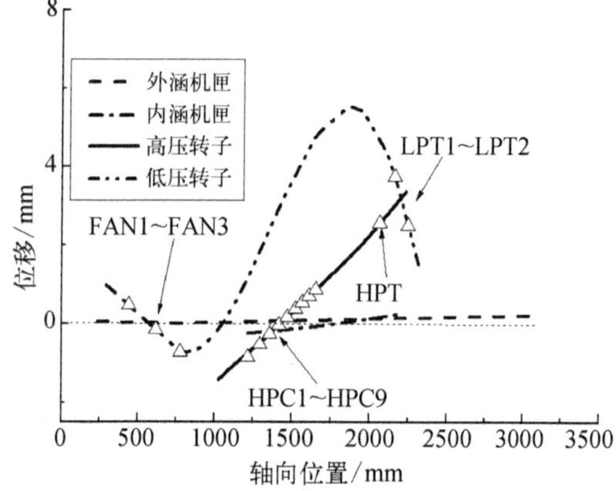

图 9-21　机动载荷下整机弹性线变形

为了综合考虑各个关键截面转-静子间隙变化,转-静子间隙变化量的单状态子参数值取所有截面转-静子间隙变化量归一化值的算术平均,得到机动、过载下单一状态子参数值分别为48.0%和68.7%,采用乘法运算,得到其全状态子参数值为33.0%。由于整机抗变形能力只包含一个子参数值,故 D_c 为33.0%。

2）力学环境适应能力

采用有限元方法求解整机共振模态,在工作转速范围内得到两阶以转-静件横向弯曲为主的模态,然后计算相应模态下的各部件应变能分布系数,结果如表9－9和图9－22所示。

表9－9　共振转速下部件应变能分布系数

阶　次	应变能分布系数/%				图中振型
	低压转子	高压转子	机　匣	支　承	
1	8.5	5.9	14.1	71.5	(a)
2	10.3	15.3	15.4	59.0	(b)

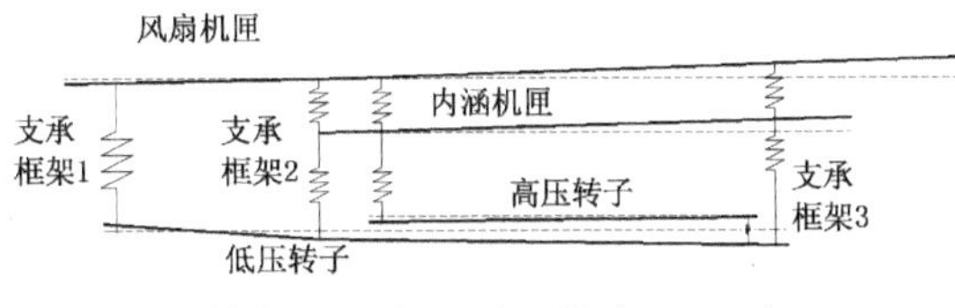

(a) 低压转速5520 r/min, 高压转速12370 r/min

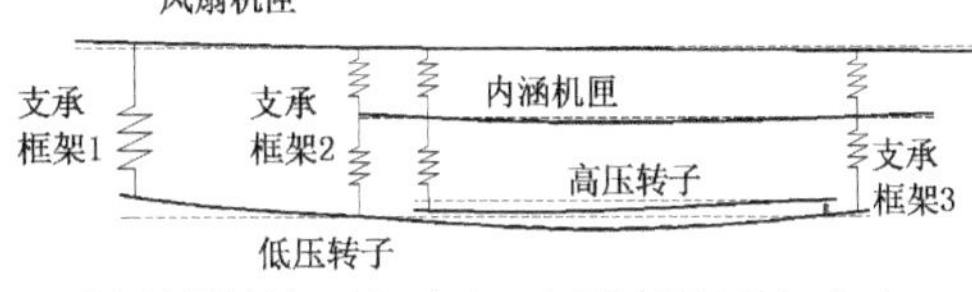

(b) 低压转速7500 r/min, 高压转速13600 r/min

图9－22　不同转速下整机模态振型图

结果表明,两阶共振模态下应变能主要分布在支承上,高、低压转子弯曲应变能均小于25%,基本符合设计准则。在第1阶临界转速下,转子振动以刚体模态振型为主,整体弯曲变形较小,主要在风扇局部产生一定弯曲;在第2阶临界转速下,内涵机匣与高压转子发生一定弯曲变形,相应结构上具有较高的应变能分布系数,同时低压转子产生弯曲变形,应变能集中在涡轮轴段。

根据公式(9－30),两种状态下应变能分布系数的归一化值即为相应的支承应变能分布系数,采用乘法运算得到其全状态值,为42.2%。

实际发动机可能工作在复杂不平衡(不平衡量分布在不同周向位置、不同转子上)状态上,假定风扇第1级和高压涡轮位置共同存在不平衡量,求解风扇、压气机及涡轮几个关键点处的敏感度系数,计算结果如图9－23所示。

可见,工作转速范围内主要有两阶峰值,相应的转速及振型与图9－23对应。表9－10列出了这两阶共振转速下的关键点处敏感度系数数值。可以看出,第1阶共振转速下,低压涡轮、高压压气机、高压涡轮对该不平衡分布均较敏感;第2阶共振转速下,风扇与高压压气机处最为敏感。各响应点敏感度系数大小与振型密切相关,通常振型中较大位移处对应的敏感度系数也较大。

求解各个关键点敏感度系数的归一化值,考虑工作转速范围以外的六阶横向弯曲共振及工作转速范围内的两阶横向弯曲共振,如图9－23所示。根据式(9－30),得到各关键点敏感度系数的归一化值如表9－11所示。

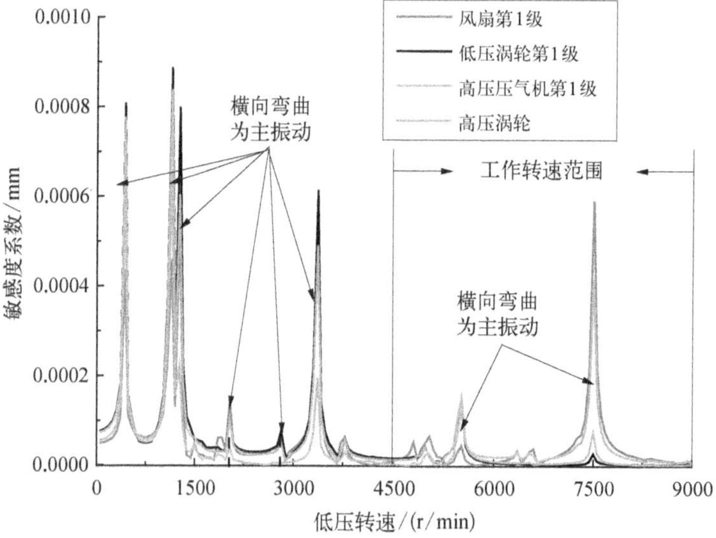

图 9－23　响应点敏感度系数

表 9－10　共振转速下响应点敏感度系数

共振阶次	敏感度系数/mm			
	风扇第 1 级	低压涡轮第 1 级	高压压气机第 1 级	高压涡轮
1	4.48×10^{-5}	1.40×10^{-4}	1.27×10^{-4}	1.53×10^{-4}
2	5.92×10^{-4}	2.64×10^{-5}	4.64×10^{-4}	7.51×10^{-5}

表 9－11　响应点敏感度系数归一化值

敏感度系数归一化值/%			
风扇第 1 级	低压涡轮第 1 级	高压压气机第 1 级	高压涡轮
74.4	99.2	79.4	98.5

为综合考虑各响应点的敏感度系数，该不平衡分布状态下敏感度系数归一化值也取各响应点归一化值的算术平均，为 87.9%。由于仅考虑了一种不平衡分布状态，故其全状态值为 87.9%。

采用乘法运算，可以求得力学环境适应能力项 D_s = 42.2% × 87.9% = 37.1%。

3）结构效率系数

在整机结构效率中，承载能力不是评估重点，α_1 取 0。对于抗变形能力和力学环境适应能力，初步假定其在总体力学性能中同等重要，α_2 和 α_3 分别取 0.5。则根据式（9－23），可以求得该发动机的整机结构效率系数为 0.35。

3. 不同总体结构设计方案对比分析

1）结构方案改进

针对上面所述的发动机总体结构布局，在原结构形式上进行改进设计，主要结构变化为：① 低压转子支承方案修改为 0－2－1，1#和 2#支点共用中介机匣承力框架；② 不再采用风扇前承力框架及进口导流叶片。

该种设计方案由于不在风扇前设置支点，可以节省一个承力框架，能有效降低结构质量，对于提高发动机推重比有很大意义，图 9－24 为更改方案的结构示意图。

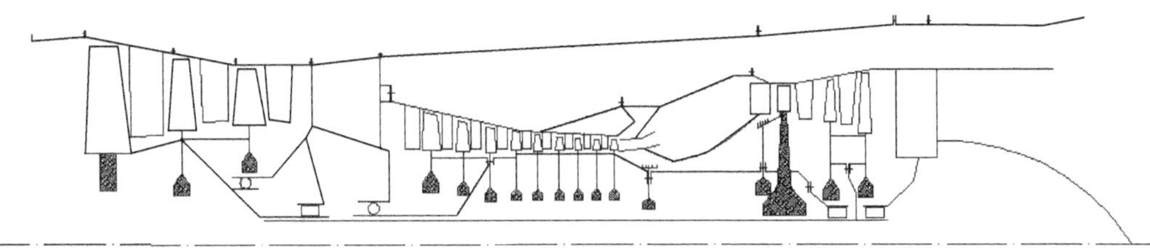

图 9－24　修改后结构方案

2）对修改方案的结构效率计算

针对修改后涡扇发动机总体结构设计方案，基于结构效率评估方法对其力学性能进行评估。所施加载荷和详细计算评估流程参照 9.4.4 节第 2 部分内容所述，此处不再赘述，最终，求得各项力学性能结果，如表 9－12～表 9－14 所示。

表 9－12　两种载荷下转-静子间隙变化量及归一化值

位　置	机动载荷		过载载荷	
	转-静子间隙变化量/mm	归一化值/%	转-静子间隙变化量/mm	归一化值/%
风扇(平均)	6.2	0.00	5.67	0.00
高压压气机	0.46	84.67	0.56	81.33
高压涡轮	1.72	42.67	0.9	70.00
低压涡轮(平均)	2.25	25.00	1.01	66.33

表 9－13　共振转速下部件应变能分布系数

阶　次	应变能分布系数/%			
	低压转子	高压转子	机　匣	支　承
1	5.05	2.42	12.31	80.22
2	17.03	3.70	22.65	56.62
3	10.08	3.09	20.78	66.04

表 9－14　响应点敏感度系数归一化值

敏感度系数归一化值/%			
风扇第 1 级	低压涡轮第 1 级	高压压气机第 1 级	高压涡轮
97.0	99.2	67.1	98.8

根据表 9－12～表 9－14 的计算结果，可以求得总体结构修改方案的抗变形能力 D_c 和力学环境适应能力 D_s 以及结构效率系数 I。为了与原结构方案对比清晰，将原结构方案的结构效率评估结果也列于表 9－15 中。

表 9－15 两种结构方案结构效率对比

	抗变形能力 D_c	力学环境适应能力 D_s	结构效率系数 I
原结构方案	33.0%	37.1%	0.35
修改结构方案	20.7%	27.2%	0.24

根据表 9－15 可知，修改结构方案的抗变形能力和力学环境适应能力均低于原结构方案，分别低 12.3%和 9.9%，其结构效率系数相比原结构方案要低 0.11。

从结构特征上来说，修改后结构方案的低压转子支承方案采用 0－2－1，风扇采用悬臂支承，这种方式虽然可以节省一个承力框架，但由于风扇具有较大质量和转动惯量，而这种悬臂支承方案相比原结构的风扇前后两支点支承的方案较难提供高的抗弯刚度，故其在惯性载荷下更容易产生大变形。除此之外，支承方案的改变还使得工作转速范围内增加了 1 阶共振阶次，如表 9－13 所示，这对于发动机的工作也是不利的，故在工程应用时应当优先选择原结构方案。

由上面的算例可以看出，基于抗变形能力和力学环境适应能力两方面建立的整机结构效率评估参数体系，包括转-静子间隙变化量、应变能分布系数、敏感度系数等评估参数。采用评估参数归一化及相应运算法则建立的结构效率系数的计算方法，使评估过程更加清晰，并将评估结果最终量化为一个数值，可以直观反映结构整体力学性能优劣。在工程应用中，可结合整机载荷特征和设计要求，通过评估参数计算与分析为结构优化指明方向。

思 考 题

1. 简述结构效率的内涵和典型评估参数。

2. 简述转子系统等效刚度和惯性刚度的物理意义。

3. 如何定量描述和分析转子结构特征？涡扇发动机的高、低压转子结构特征有何不同？

4. 采用 0－2－1 支承方案的高涵道比涡扇发动机的低压转子，在结构设计中如何提高转子系统的抗变形能力？

第 10 章
结构系统及转子稳健设计

航空发动机结构系统的设计变量和载荷环境具有非确定性，其中，设计变量包含结构的几何特征参数、材料特征参数、装配工艺特征参数等；载荷环境主要指结构系统在工作过程中所承受的外载荷和物理环境，包括气动、机械、温度、机动载荷等。此外，对于界面连接结构系统，结构内应力分布的非连续性会使系统力学性能在工作状态循环变化中产生一定的分散性，因此，为了准确描述其力学性能在不同载荷环境中的变化规律和优化设计，需要对结构系统及转子进行稳健设计。

10.1 结构系统稳健性

结构系统(structural system)指航空发动机中由两个或多个构件通过界面配合、连接而成的结构组合体，包括组件、部件和整机。结构系统的力学特性是由各组成构件的力学特性与连接界面的力学特性共同作用形成，在一定的工作载荷环境下，需要考虑结构连接界面对结构系统力学特性的影响。

航空发动机是由不同材料、不同几何构形的构件组成的复杂结构系统，为了完成特定的任务和功能，相应的组件、部件往往具有相匹配的结构与载荷特征，使得同类的结构系统具有相似的力学特性和设计要求。根据结构特征、载荷类型与失效模式不同，航空燃气轮机中结构系统可以分为转子结构系统和承力结构系统。

转子-支承结构系统(也称转子结构系统，简称转子系统)是指叶片、轮盘、轴段及支承通过界面配合、连接形成的转子轴系。转子系统通常承受离心载荷、气动扭矩、轴向力与机动载荷等载荷。对于发动机转子系统的动力学分析，通常以转子-支承结构系统作为分析对象。不同的转子结构、支承方案和支承刚度都会使得转子系统产生不同的动力学特性，从而对转子抗变形能力和整机振动响应特征造成影响。

承力结构系统(简称承力系统)是从各轴承座到发动机安装节之间的承力结构与相应连接结构的统称，包括发动机的承力框架、承力机匣和安装结构，用于承受和传递作用在自身及转子结构系统上的载荷。其中，承力框架是指将转子支点的载荷从轴承座，通过气流通道传至外承力机匣的组件，还包含一些必要的承力件和相应的冷却、封严结构。承力机匣主要包括进气机匣、中介机匣、燃烧室机匣、涡轮级间机匣和涡轮后承力机匣，为了减小发动机的质量，充分利用机匣的材料，大部分发动机的机匣均作为承力结构，即为承力机匣。除起支承转子系统的作用外，承力机匣上还须布置有运输用固定节和传动附件等。

整机结构系统(简称整机)是指组成航空燃气轮机的进气装置、压气机、燃烧室、涡轮和排气装置等主机结构,以及外部管路系统、附件系统等与整机力学特性有关的附属结构。相对于转子系统、承力系统而言,整机结构系统表现出多子结构组合、多力学性能耦合与多载荷环境交互的特点。

稳健性(robustness)是指结构系统的设计变量和载荷环境参数发生的微小变化对结构系统力学性能影响的不敏感性[20]。结构系统稳健性是指当结构特征与载荷环境特征参数发生一定变化时,结构系统功能或性能具有低分散性。

稳健设计(robust design)是指外部工作载荷环境变化对结构系统刚度特性、动力学特性等力学性能影响的低敏感度优化设计。对航空发动机结构系统刚度特性、动力学特性的稳健设计本质是在航空发动机全包线、全周期工作状态范围内,降低整机及其子结构系统力学性能对初始装配状态、工作载荷环境等参数变化的敏感性和分散性。

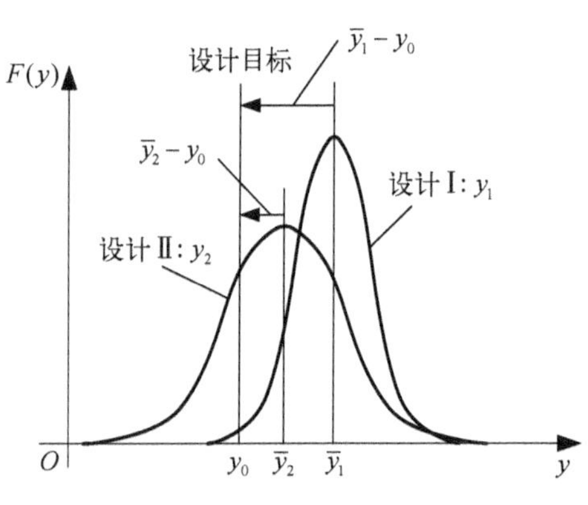

图 10-1　非确定参数与目标参数的干涉模型图

结构系统稳健性可以通过力学特性参数如刚度、模态频率等的分散性来表示。对于稳健设计,第一是要求设计均值必须接近目标值,第二是分散性最小,对于两种不同的设计方案,应优先选择设计均值更靠近目标值的方案;而当两者设计均值相差不大时,此时应优先考虑分散性较小的方案。如图 10-1 所示,假设结构系统力学特性的设计目标是 y_0,两个设计方案(设计Ⅰ和设计Ⅱ)的设计目标参数分布特征如图 10-1 中曲线,"设计Ⅱ"虽然其分散性较大,但是因为其设计均值更靠近目标值,所以"设计Ⅱ"为稳健性较好的优化方案。

10.1.1　结构非连续性及连接界面损伤

图 10-2 为具有界面连接结构的转子结构系统。由于装配、材料、加工等多方面原因,转子结构均由多个构件通过不同形式的连接结构,如螺栓-法兰、止口、端齿及套齿连接等组合而成。在外载荷的作用下,连接界面接触状态的变化将造成结构系统的刚度和阻尼特性的变化,例如,连接界面不可恢复的滑移可导致结构系统中相邻的各构件质心相对偏移,改变转子结构刚度、质量分布,进而对转子系统动力学特性产生影响。

对于具有界面连接的结构系统,在受力状态发生较大变化时,接触界面上的应力分布和接触状态可能产生突变、阶跃特性,即非连续性,因此,结构系统的力学性能随载荷变化表现出一定的非确定性。

对于航空燃气轮机转子结构系统,在工作过程中,由于气动、机械和温度等各种载荷具有较大的幅值变化且具有交互作用,转子结构系统在几何构形突变或连接界面处的变形和应力分布特征发生阶跃、突降等变化,使得其刚度特性、模态振动和响应特性产生不可忽视的分散性。

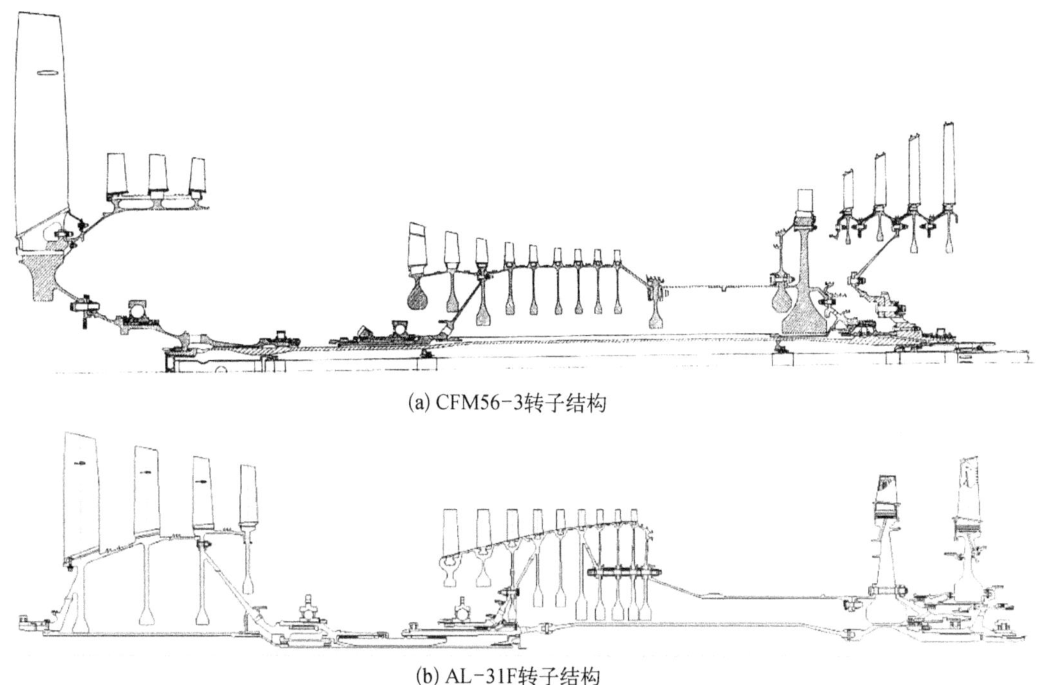

(a) CFM56-3转子结构

(b) AL-31F转子结构

图 10-2　典型航空燃气轮机转子及连接结构示意图

综上所述,转子结构的刚度特性、模态动力学特性及转子动力学特性随工作载荷环境的变化表现出一定的非确定性(主要为在一定区间内的分散性),因此,在转子结构设计中需要采用一些结构和动力学设计措施,以降低这种非确定性特征。

1. 结构非连续性

在发动机结构系统中,结构非连续性主要表现为几何非连续和界面连接非连续。其中,几何非连续是指结构截面尺寸突变引起的结构几何尺寸变化的非连续性;界面连接非连续是指,由于接触界面只能够承受压应力而不能承受拉应力,连接界面的存在会使结构系统内部应力分布呈现非连续性。

1) 几何构形非连续性

结构几何构形突变是构件外形曲面出现非光滑点(轮廓线变化不连续),如轴类件的退刀槽等。在外界载荷作用下由于构件非光滑点附近的应力分布发生“阶跃”,在该点位置会出现应力集中的现象,易造成结构的疲劳损伤失效。针对结构外形几何突变所产生的应力集中问题,工程上往往采用倒角等方式控制其应力损伤程度并降低对强度的影响。

此外,在发动机转子结构动力学设计时,为了提高转子系统刚性同时降低结构质量,转子几何构形为拱形结构,并轴向排列具有大质量和转动惯量的叶盘结构,使得质量/抗弯刚度沿轴线分布具有一定的不均匀性。在横向过载或振动载荷作用下,转子轴心线的横向位移变形虽然是连续的,但是在锥壳轴颈和鼓筒等连接结构处,角向变形会出现“阶跃”特征,即在此处转子弯曲变形的挠角具有一定非连续性,如图 10-3 所示。

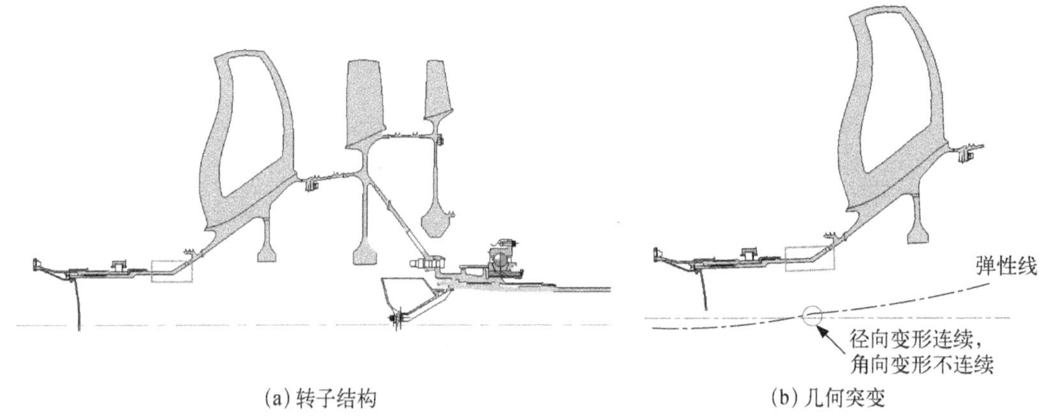

(a) 转子结构　　(b) 几何突变

图 10-3　风扇转子结构几何构形突变特征

对于具有几何构形突变的转子连接结构部位，应通过局部加强等措施，减小在发生弯曲变形时几何突变处应力集中及其引起的角向刚度变化，降低结构刚度对外载荷环境变化的敏感度。

2）连接界面非连续性

图 10-4 为法兰-螺栓连接结构及变形示意图。当鼓筒在弯曲载荷或横向载荷作用下，法兰-螺栓连接结构承受拉伸和压缩时法兰承载面积是不同的，在拉伸载荷作用下，只有螺栓压紧的局部面积受力，远小于法兰的面积，因此，在法兰连接界面上应力分布和弯曲曲率均具有“突变”特征[21]。

对于界面连接结构系统，在结构设计中，除了需要满足承载和定位设计要求，还需要

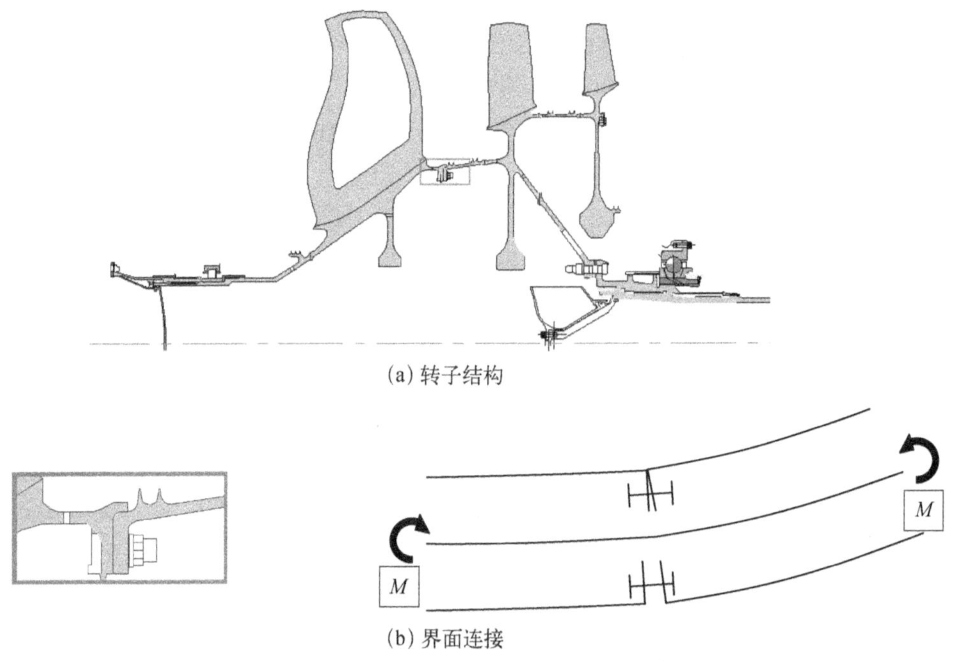

(a) 转子结构

(b) 界面连接

图 10-4　法兰-螺栓连接结构及变形示意图

对界面接触力学特性随工作载荷变化所产生的损伤进行评估分析，以保证在整个工作期间不会因载荷变化及接触损伤积累使结构系统力学特性发生不可接受的分散性和损伤变化。

结构系统及其连接界面力学特性的特殊性主要表现为：① 在外界载荷作用下连接界面会产生相对运动或相对运动趋势，从而造成界面上的滑移、磨损和疲劳等损伤；② 连接结构在受载荷变形时连接界面处弯曲变形曲率和应力分布会产生分散性，可引起约束失效及弯曲刚度损失；③ 循环载荷作用下，连接结构界面接触特性（接触应力和接触状态）的改变，会造成界面损伤积累，以至于力学性能超出允许变化范围，形成故障失效。

对于非连续结构系统（本文无特殊说明指的是界面连接结构系统），其连接界面的力学特性受外载荷、材料性能、几何尺寸、初始装配状态、工作载荷环境等多参数的影响，具有一定的分散性，同时随着工作循环累积导致的界面磨损、松动滑移等损伤，将使界面接触状态和连接结构的力学特性表现出一定的分散性，即载荷环境变化可能导致结构连接界面接触损伤，也会使刚度、阻尼和质心等特征参数分布呈现出非确定性。

2. 连接界面损伤

在航空发动机的结构动力学设计中，一般不考虑连接界面接触状态和接触应力等接触特性的变化对转子系统动力学特性的影响。但随着航空发动机结构载荷的增加，结构系统中连接界面的损伤失效控制已成为影响转子及整机振动的一个重要因素。

根据功能及失效特征，结构系统的连接结构接触界面可分为“约束界面”和“承载界面”。这两种连接结构接触界面在受力状态上没有本质的差别，但在功能上却各有侧重。对于约束界面，其主要功能是通过界面接触提供位移约束或约束刚度，对结构系统的动力学特性有重要影响，其损伤的力学表征为约束失效或刚度损失。对于承载界面，其主要功能是承受和传递大的载荷并传递能量，由于结构几何特征的影响使得局部应力水平高，其损伤的力学表征主要表现为界面磨损及界面疲劳失效。

对于约束界面接触损伤问题，其核心是结构系统界面接触状态变化与约束刚度、阻尼关联性的定量描述。对于承载界面接触损伤问题，其核心是弯/扭多轴载荷和高/低周交变载荷作用下，具有不同结构几何特征的承载界面的损伤力学特征的定量准确描述[22]。

10.1.2　连接结构力学性能及稳健性

在现代航空发动机结构系统设计中，由于转子长径比和支点跨度的增加，转子弯曲刚度减弱；转子系统工作转速的不断提高，靠近或超过弯曲模态共振转速，致使转子在高转速会发生一定弯曲变形。因此，连接结构的力学特性（弯曲刚度和同轴度）随弯曲变形产生一定的退化，对于转子结构系统动力学特性的影响越来越显著。

1. 连接结构力学特性

对于带有界面连接的转子结构系统，在外载荷作用下转子产生变形时，连接界面接触状态的变化对转子力学特性的影响主要是刚度和同轴度的变化[23]。

1）连接结构弯曲刚度损失

连接结构弯曲刚度损失是指在外载荷作用下，由于连接界面滑移所引起的连接结构刚度下降。以不考虑界面接触损伤影响的连接结构作为基准，将刚度变化率称为刚度损失系数。影响连接结构弯曲刚度特性的主要因素包括：结构特征参数和载荷特征参数。结构特征参数为设计变量，在一定程度上决定了连接结构的刚度量级与公差配合关系；载荷特征参数主要取决于工作状态，其数值变化会使连接结构的刚度以及界面滑移行为发生变化，并可能表现出非线性和非确定性，从而引起整机结构系统动力学特性的变化[24]。因此，在设计中要求连接结构在全工作状态和全寿命周期内应具有稳定的刚度特性。

2）连接界面滑移变形

转子连接界面滑移变形是指在工作载荷环境变化时，连接结构接触面产生不可恢复的滑移变形，从而引起转子质心在一定范围内变化，进而表现为产生附加不平衡量或转子同轴度变化。对界面滑移所产生的位移积累的有效控制，可使转子结构系统中各构件质心或形心的相对位置关系不发生显著的变化，从而降低对转子动力学特性的影响。因此，对于发动机转子结构系统，构件之间连接界面相对位置关系的变化，同样受到结构特征参数和载荷特征参数的影响，并且是导致发动机整机振动问题的根本原因。

应该指出，在弯曲载荷或离心载荷作用下，连接界面刚度损失和连接界面滑移变形是转子弯曲刚度产生分散性和附加不平衡量的根本原因。在工作过程中，随着工作循环和界面接触损伤积累，其对转子动力学特性的影响程度和敏感度也在相应变化。

总之，连接结构接触界面的损伤根据力学过程和特点可分为：一是界面接触应力过大引起的疲劳和断裂损伤失效，即接触应力超过接触表面所能承受的最大接触应力值而引起的低周疲劳裂纹、瞬间断裂等失效模式；二是由于接触面摩擦引起的磨损失效模式，虽然应力值低于结构承受的极限值，但由于界面上存在微动磨损并逐渐累积，从而导致接触特性逐渐改变；三是由于连接结构抗变形能力的不足或是冲击/温度等特殊载荷的作用，连接界面在某个方向上的滑移所产生的位移约束失效，这种损伤具有突变特性。为定量分析连接界面的损伤程度，可以采用接触应力最大值、接触面弹塑性变形能、接触摩擦功等参数定量评估接触面的损伤积累程度，并进行失效判定。

2. 连接结构稳健性

连接结构稳健性（robustness of joint structure）是指在工作过程中连接结构的力学特性对装配状态和载荷环境变化不敏感的能力，即在允许范围之内，连接结构的力学特性对其装配公差和载荷环境变化的不敏感性。随着工作状态的变化，连接结构处于交变的载荷环境下，使得连接界面可能会发生损伤并随着工作循环逐步积累，最终引起整个结构系统力学特性发生不可接受的变化。

连接结构力学性能随外界载荷环境变化的敏感度，是转子结构系统动力学特性稳健设计的核心，为定量描述载荷环境对连接结构力学性能和转子系统动力学特性的影响程度，可引入分散性和敏感性的概念。

1）分散性

在结构动力学研究中，结构系统的振动响应取决于结构系统的输入激励和自身的结构特征参数。在输入激励相同的情况下，结构系统的振动响应主要取决于用于描述其自身的结构特征参数。不同的结构系统可采用不同类型的结构特征参数进行描述，对于航空燃气轮机转子系统，通常采用质量/刚度分布特征对其系统结构特征进行描述。当转子系统质量/刚度分布特征在一定范围内波动时会引起转子系统动力学特性的分散性。

结构系统的刚度特性通常由系统边界约束刚度和结构自身刚度分布特征两部分构成，会因为周围环境温度、连接界面接触特征、所受载荷等因素的变化而具有分散性，从而造成结构系统动力学特性的分散性。

在造成结构系统刚度特性变化的因素中，连接界面的接触特征对结构系统刚度特性的影响往往具有非线性、非确定性等特点，是造成结构系统刚度分散性的本质因素。由于转子-支承结构系统设计向着轻质、重载的方向发展，连接结构承受的载荷加大，从而引起连接界面接触特征发生改变，甚至会造成界面损伤或界面滑移等具有非确定性特征的变形和损伤，导致连接结构的刚度特性以及结构系统的质量分布特征的改变（在发动机转子系统中，连接结构界面损伤或滑移引起的结构质量分布变化即各部件形心线偏离转子转动轴，具体表现为不平衡量的变化），最终引起结构系统动力学特性的分散性。

在工程设计中，为保证对界面连接转子系统动力学特性分散性的有效控制，可以从连接界面接触状态及其损伤控制、连接结构力学特性分散性以及转子动力学特性分散性三个层面进行优化设计，以提高转子结构系统的稳健性。

2）敏感性

结构系统动力学特性对连接结构力学特征参数的敏感性，是指当连接结构力学特征参数发生变化（多指微小的变化）时，转子系统动力学特性对应的变化程度。

可以认为，结构系统动力学特性稳健设计，就是对连接结构力学特征参数的低敏感度设计。低敏感度设计意味着对于相同的连接结构特征参数的变化，结构系统刚度特性、动力学特性的分散程度更小，稳健性更高。

综上，航空发动机结构系统是由不同材料和不同几何构形的构件通过界面预紧力作用组成的非连续结构系统。在工作载荷环境发生较大变化时，连接结构的界面接触状态会发生一定变化，使得结构系统的力学特性与工作载荷环境的变化在一定范围内具有不可忽略的关联性，而载荷环境的变化对接触界面损伤以及连接结构力学特性呈现非确定性特点。因此，为保证结构系统动力学特性的稳健性，需要对连接结构采用低敏感度、低分散度设计。

10.2　转子连接结构稳健设计

航空发动机转子系统是由多个构件通过连接结构组合而成。连接结构不仅要满足传递扭矩和轴向载荷的需要，还要满足动力学设计要求，即连接结构要具有足够的刚性，并保证因接触疲劳损伤引起的附加不平衡在允许范围内，从而降低对转子系统动力学特性的影响[25]。

对于转子连接结构，可从连接界面变形协调、接触损伤控制和约束失效控制等方面进行结构及力学特性优化设计，以提高连接结构的稳健性。

连接界面变形协调控制：是对相互连接的结构件在工作载荷作用下各自由度方向上的变形及相对差异进行调整，以保证在全工作载荷环境变化范围内，各结构件连接界面间的变形差始终保持在某一允许值内。连接界面变形协调性体现了各结构连接界面上力学特性的差异。

连接界面接触损伤控制：在工作载荷环境下，连接界面的接触状态与接触应力会呈现区间分布特征，连接界面的滑移会导致连接构件之间相对质心偏移（转子产生附加不平衡量），局部接触应力过大或交变变化会导致连接界面的应力损伤。通过对连接界面进行稳健设计，控制界面接触损伤，保证复杂载荷环境下，连接界面接触状态和接触应力对外载荷的敏感度最低、分散度最小，减少质心偏移（转子附加不平衡量）、微动磨损和应力损伤等情况的发生。

连接界面约束失效控制：在连接结构承受较大外载荷时，连接界面可能发生位移约束失效或突变，导致连接结构处发生角向变形不连续等情况，在转子系统这一层面上主要体现为转子弯曲刚度减小，即发生弯曲刚度损失。通过对连接界面约束失效控制进行稳健设计，可以保证连接结构即使承受较大外载荷作用，其连接界面依然具有较强的位移约束能力。即连接结构局部弯曲刚度对外载荷的敏感度较小，且局部弯曲刚度始终保持较高水平。

总之，连接结构稳健设计，是利用结构几何参数、初始装配参数对连接界面接触损伤和连接结构刚度特性的影响规律，在给定工作载荷环境变化范围条件下，通过优化结构几何构形和尺寸，保证连接结构力学特性具有允许的分散度。

10.2.1 法兰-螺栓连接结构

在转子连接结构设计中，采用最为广泛的是法兰-螺栓连接结构，以止口圆柱面定心、端面承载和螺栓压紧的方式连接。由于法兰-螺栓连接结构通过螺栓将至少两个法兰连接，在工作载荷作用下若法兰变形不协调，则会对螺栓和连接界面产生附加应力，引起连接结构接触界面损伤。对于压紧螺栓结构，轴向预紧力对法兰压紧有效接触范围限于2倍螺栓公称直径左右，此外法兰配合面均为准接触状态，因此过大的轴向预紧力会对螺栓及孔边产生应力集中。在大载荷或交变载荷作用下，法兰端面的接触状态会发生变化，产生微小滑移及接触损伤积累，最终导致连接界面偏移或有效接触面积和接触应力减小，对于转子而言，即体现为附加不平衡激励或和弯曲刚度损失。

根据结构特征和载荷环境的不同，法兰-螺栓连接可以分为：鼓筒-轮盘螺栓连接、鼓筒-锥壳螺栓连接和锥壳-轮盘螺栓连接，如图10-5所示。各类法兰-螺栓连接结构稳健设计的侧重点不同，鼓筒-轮盘螺栓连接结构主要是径向变形协调性的设计；鼓筒-锥壳螺栓连接结构主要集中于界面接触损伤控制；锥壳-轮盘螺栓连接结构则主要关注法兰端面

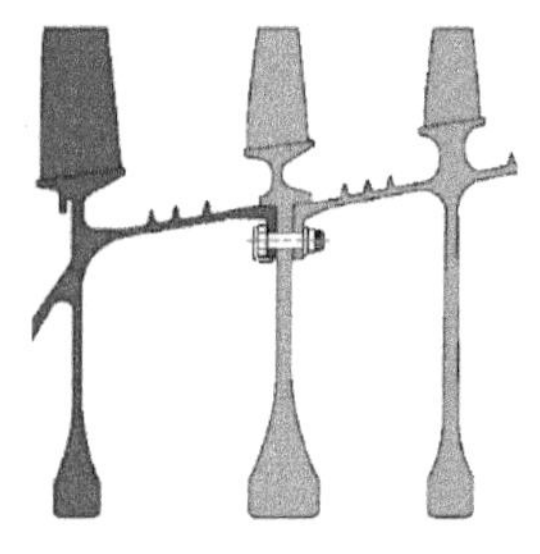
(a) 鼓筒-轮盘螺栓连接

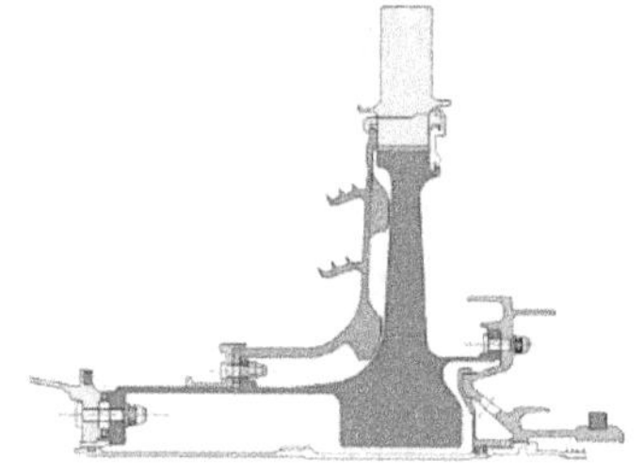
(b) 鼓筒-锥壳螺栓连接

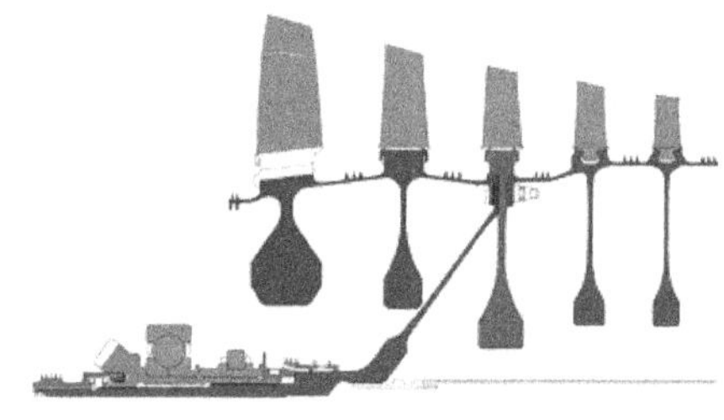
(c) 锥壳-轮盘螺栓连接

图10-5 典型法兰-螺栓连接结构

的角向变形协调性与界面约束失效控制,也即弯曲刚度损失控制。

1. 变形协调性控制

在航空发动机连接结构设计中,法兰多用于鼓筒、轮盘和锥壳相连,故以鼓筒、轮盘和锥壳为例,说明如何进行变形协调性设计以保证连接结构的稳健性。

在转子系统工作过程中,离心载荷、温度载荷等作用在轮盘和鼓筒上,由于结构差异,会产生不同的变形效果。若不同结构在同一位置处的变形不同,则会产生附加应力,影响连接结构的接触状态。因此,在结构设计时需要合理选取轮盘鼓筒连接位置,保证轮盘与鼓筒在工作载荷环境下的变形协调性,即减少由于变形不协调所产生的附加接触应力。下面根据弹性力学分析轮盘、鼓筒在离心载荷作用下径向变形规律。

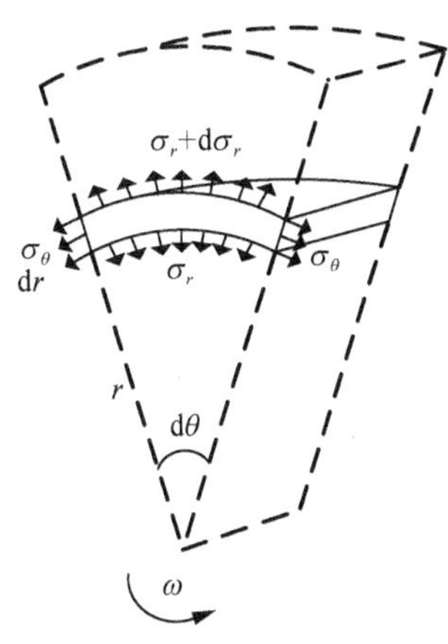

图 10-6　等厚盘受离心载荷力学模型

图 10-6 为等厚盘在旋转离心载荷作用下的力学模型,取图中微元体进行分析,根据等厚盘在离心载荷作用下轴对称的力学状态,可以解得轮盘径向变形为

$$u = \frac{(3+v)}{8}\rho\omega^2 \frac{r}{E}\left[(1-v)(r_a^2+r_0^2)+(1+v)\frac{(r_a^2 r_0^2)}{r^2}-\frac{(1-v^2)}{(3+v)}r^2\right] \quad (10-1)$$

式中,r_0、r_a 分别为轮盘盘心和轮缘处半径。由式(10-1)可知,在材料、尺寸、转速不变的情况下,径向变形 u 随半径 r 变化呈三次多项式函数关系。特别地,对于实心圆盘,令 $r_0=0$,可得径向变形为

$$u = \frac{(3+v)(1-v)}{8}\rho\omega^2 \frac{r}{E}\left[r_a^2-\frac{(1+v)}{(3+v)}r^2\right] \quad (10-2)$$

而对于鼓筒,可以将其看成内外径相差很小的轮盘,因而其径向变形可以用式(10-1)来计算。即为了简化计算可以令 $r=r_a=r_0$,代入式(10-1)得到鼓筒径向变形为

$$u = \frac{\rho\omega^2}{E}r^3 \quad (10-3)$$

对比实心轮盘和鼓筒径向变形表达式(10-2)和式(10-3),可知鼓筒径向变形与半径呈三次关系,而轮盘径向变形与半径呈三次多项式函数关系,因此在鼓筒与轮盘连接时,连接位置处于不同径向位置时,配合界面的变形规律是不同的。

图 10-7 为轮盘、鼓筒在一定转速下径向变形曲线,由图可知,二者径向变形随半径增大而增大。存在一径向位置轮盘径向变形等于鼓筒径向变形,该位置的径向尺寸称为恰当半径。若轮盘鼓筒在此处连接,由于工作中二者变形协调,相互之间没有约束作用;相反,若盘鼓连接位置在恰当半径以下或以上,由于盘鼓变形不协调,分别发生鼓加强盘和盘加强鼓现象。

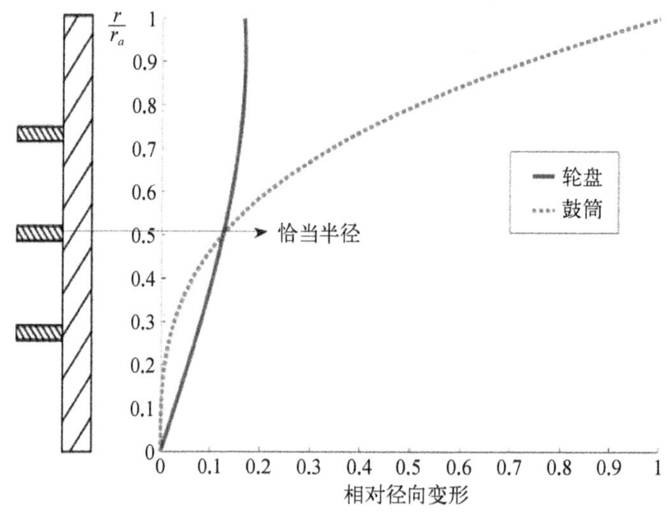

图 10－7　离心载荷作用下轮盘/鼓筒径向变形曲线

需要注意，在轮盘和鼓筒实际连接结构中，是通过法兰进行定心、传递载荷的，而法兰与鼓筒的结构特征也存在不同，因此对于轮盘－鼓筒的变形协调性需要针对具体结构尺寸进行精准计算，以确定连接界面径向变形及其差异。

下面以典型鼓筒－轮盘连接结构为例，对不同法兰结构设计方案，分析轮盘与鼓筒径向变形协调性。

图 10－8 为向内、向外翻法兰的鼓筒－轮盘螺栓连接结构，通过仿真计算，得到不同转速下法兰－螺栓连接的定心圆柱面径向变形，如图 10－9 所示。

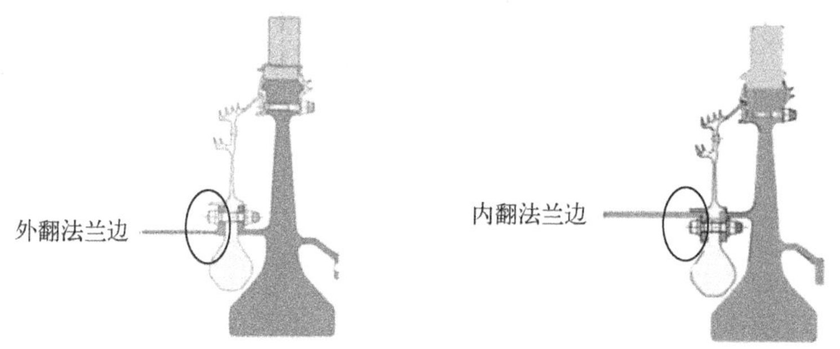

图 10－8　典型鼓筒－轮盘螺栓连接结构

从图 10－9 分析可得：轮盘、鼓筒法兰定心面的径向变形与转速平方成正比；内、外翻法兰的径向变形均大于轮盘径向变形，可以保证高速旋转状态下定心面的有效压紧；随着转速的增大，轮盘、法兰的变形差增大；内翻法兰的径向变形较外翻法兰更大，这是由于内翻法兰的鼓筒结构直径较大，离心载荷作用下径向变形更大，因此也更有利于定心面的有效压紧，同时，较大的鼓筒直径可以提高转子系统的弯曲刚度。但应该注意合理选取盘鼓连接的径向位置，使得由于变形差产生的压紧量不至于过大而引起强度问题，保证压紧的有效性，并减少连接界面的接触损伤。

锥壳－轮盘螺栓连接结构的变形协调性可分为两个方面：径向变形协调与角向变形

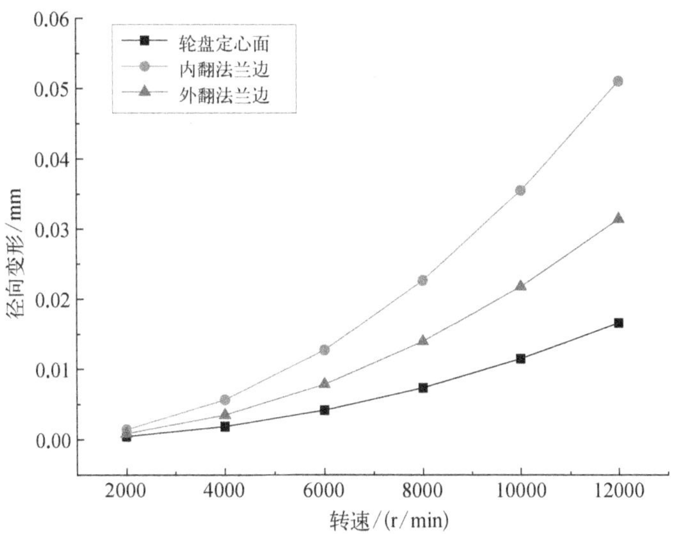

图 10-9　不同转速下盘鼓定心面径向变形

协调。其中，径向变形协调性与鼓筒-轮盘螺栓连接结构相似，不同点在于，锥壳轴颈的径向变形和角向变形不仅与直径和转速有关，而且，还受法兰径向尺寸 R_u 和半锥角 θ 两个结构参数的控制。图 10-10 为锥壳轴颈和轮盘配合时，在离心载荷作用下的变形图，图中的 $\Delta\theta$ 表示角向变形不协调量，Δr 表示径向变形不协调量。

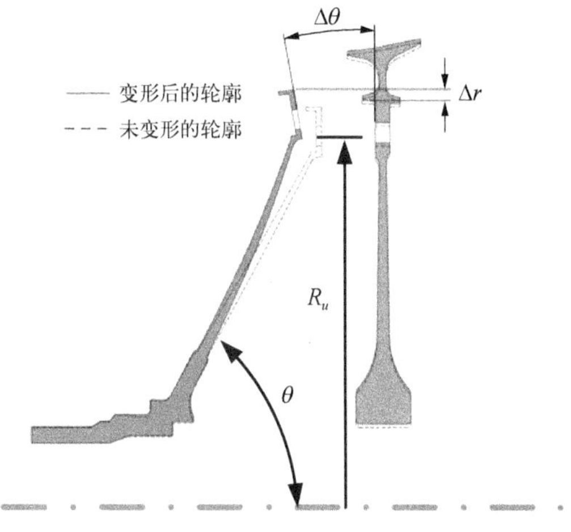

图 10-10　离心载荷作用下锥壳与轮盘变形示意图

航空发动机总体结构布局设计中，锥壳-轮盘连接结构设计一般选择锥壳的半锥角作为设计参数。图 10-11 为不同径向高度上的锥壳法兰和轮盘独立承受离心载荷时的径向变形曲线。当锥壳半锥角为图中两条变形曲线的交点值时，表明锥壳法兰和轮盘在螺栓连接处的径向变形相同，这个半锥角称为恰当锥角。当锥壳半锥角等于恰当锥角时，通过螺栓连接在一起的锥壳法兰和轮盘之间不存在径向变形差，不会对螺栓产生附加轴向拉伸和剪切力。

与鼓筒-轮盘螺栓连接结构不同，当锥壳-轮盘连接结构径向变形协调后，并不能保证锥壳法兰与轮盘端面的角向变形协调。因为在离心载荷作用下，轮盘端面挠角为零，而锥壳轴颈角度有扩大的趋势。因此在锥壳结构设计中，也需要尽量减小锥壳法兰的挠角。

针对典型锥壳-轮盘连接结构，保持锥壳轴向跨度不变，减小锥壳的角度，形成图 10-12(a)所示 3 个不同半锥角的结构，建立有限元模型计算分析连接界面挠角随转速的变化规律，如图 10-12(b)所示。从图中可知，减小锥壳的半锥角可有效减小离心载荷作

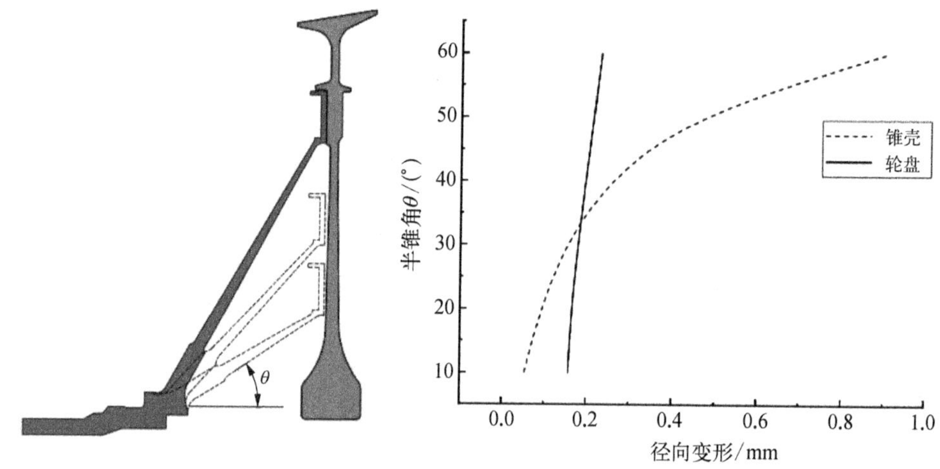

图 10-11　离心载荷作用下锥壳/轮盘径向变形曲线

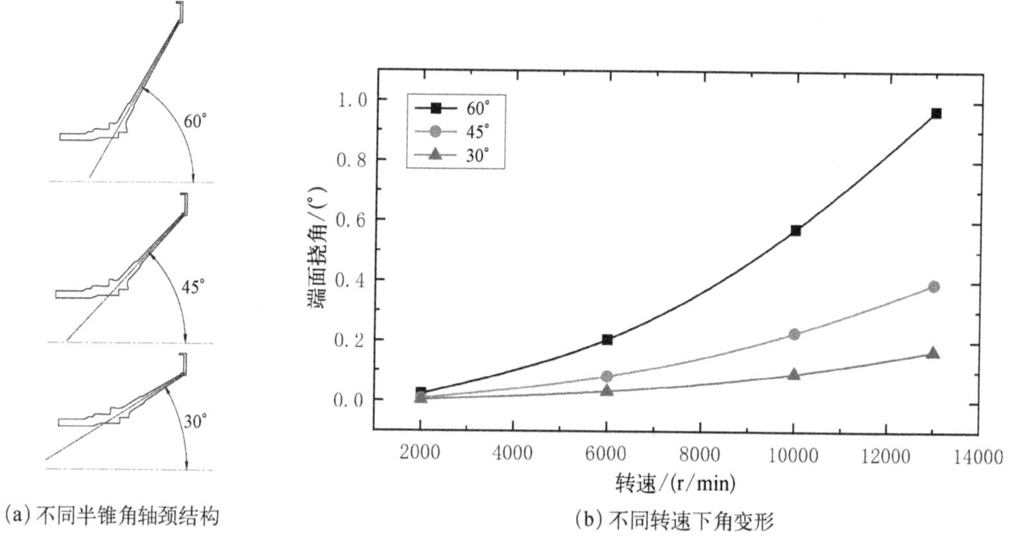

(a) 不同半锥角轴颈结构　　(b) 不同转速下角变形

图 10-12　不同角度锥壳的端面角变形随转速变化曲线

用下法兰端面的挠角。

图 10-13 为不同几何构形锥壳的端面角向变形随转速的变化曲线。从图中可知,不同几何构形的锥壳连接法兰在离心载荷作用下,连接端面挠角变化规律不同。通过采用局部加强以及台阶结构,增强了法兰处的局部角向抗变形能力,有效减小了锥壳结构连接法兰在离心载荷作用下的角向变形,提高了锥壳-轮盘连接结构的变形协调性。

2. 连接界面接触损伤控制

工作状态下,转子系统会承受多种载荷的共同作用,如初始装配时形成的装配应力、离心载荷和弯曲载荷,并且载荷大小随工作状态的不同而发生变化。这些因素均有可能使界面接触状态、接触应力呈现区间分布特征,易造成配合界面损伤积累、产生不可恢复变形、微动磨损等。连接界面的接触损伤失效模式主要是由接触状态和接触应力变化引

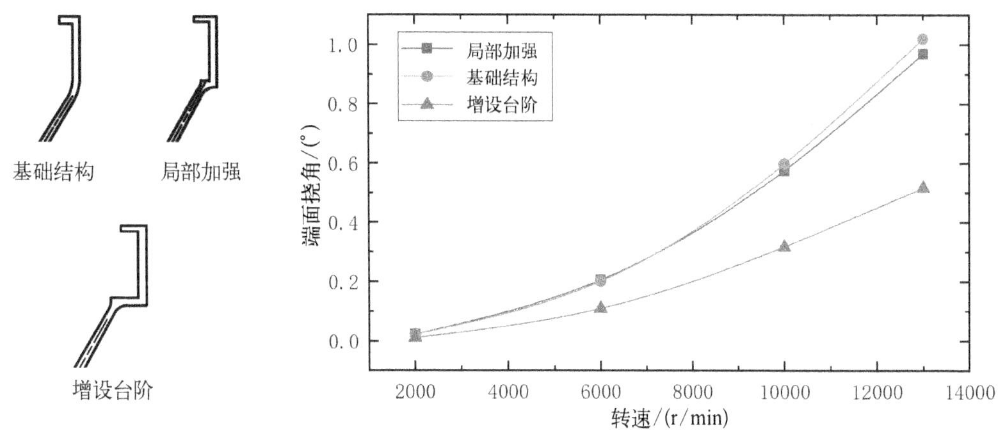

图 10-13　不同几何构形锥壳的端面角向变形随转速的变化曲线

起的界面损伤与约束失效,例如,局部应力变化幅度较大,可直接导致应力疲劳损伤;界面滑移较大则会导致转子附加不平衡量加大,进而引起转子系统及整机振动过大。

图 10-14 为法兰-螺栓连接结构在拉压载荷作用下,连接界面的接触状态与界面变形示意图[26]。连接结构在拉压载荷作用下,法兰接触面一部分承受拉伸载荷,一部分承受压缩载荷。法兰接触面在拉伸载荷作用下,可能会发生界面分离,使得连接界面发生变形和滑移,连接界面的约束作用减弱,进而使得带有连接结构的转子相比于连续结构的转子产生弯曲刚度损失;压缩载荷作用在法兰接触面,在法兰接触面受压区域中造成接触面的接触应力增大,可能会造成界面最大接触应力超过材料表面微观屈服强度,随着工作载荷变化产生逐渐积累的不可恢复变形,造成界面接触损伤。

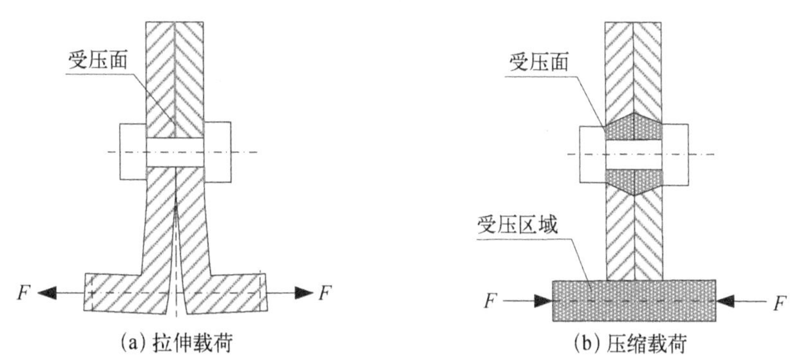

图 10-14　拉压载荷作用下螺栓法兰受力状态

在工作载荷作用下,连接界面变形的不协调、连接界面相对运动趋势会引起界面接触应力(在横向的合力为摩擦力)发生变化,并导致连接界面滑移,如图 10-15 所示。在起动-最大转速-停车工作载荷循环作用下,连接界面的摩擦力和弹性回复力之间的交替作用,会产生摩擦损伤和构件质心偏离,经过反复循环积累,界面上会产生磨损和不可恢复滑移,产生附加不平衡量。

转子连接界面产生不可恢复的滑移后,质量偏心会产生附加不平衡量,同时也会引起转子弹性线的变化,如图 10-16 所示,造成不平衡旋转激励下转子振动响应增大,因此控

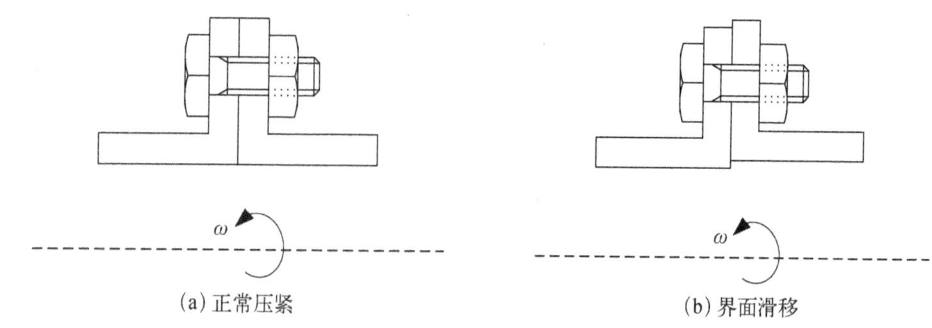

(a) 正常压紧　(b) 界面滑移

图 10-15　连接界面滑移示意图

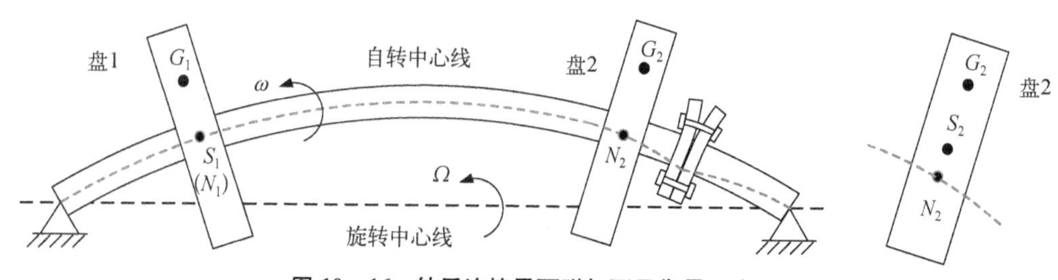

图 10-16　转子连接界面附加不平衡量示意图

制连接界面接触损伤可以有效减少转子附加不平衡量。

3. 连接结构约束失效控制

连接结构约束失效，在转子结构系统的力学特性上表现为，在外载荷作用下界面连接转子系统的刚度低于连续转子结构的刚度。对连接结构稳健性的设计要求，是在满足结构强度设计要求的基础上，尽可能提高连接结构的弯曲刚度，并使其受外载荷影响的敏感度和分散度最低。

转子结构系统稳健设计要求连接结构具有尽可能小的刚度损失，而且随着工作载荷的变化，弯曲刚度保持稳定，不会引起转子动力学特性大幅度变化。产生弯曲刚度损失的原因，一是连接界面的分离；二是由于法兰连接位置的角向变形的突变，加大转子角向变形。

鼓筒法兰连接位置的角向刚度对法兰-螺栓连接结构在轴向拉力作用下的变形形式有一定影响，在法兰刚度较低时，拉力作用下法兰发生变形，如图 10-17(b)所示。当法

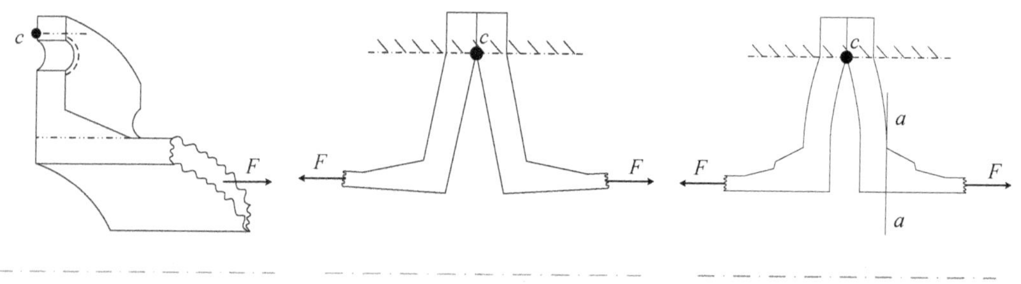

(a) 螺栓法兰连接示意图　(b) 角向刚度较弱时法兰变形　(c) 角向刚度较强时法兰变形

图 10-17　鼓筒法兰连接处角向刚度对变形的影响

兰厚度增加到一定程度后(或对转角位置采用加强肋加强等),法兰与鼓筒连接位置具有较好的角向刚度,如图 10-17(c)所示,此时轴向变形大幅降低,法兰-螺栓连接结构的弯曲刚度相应提升,即提升了连接结构的稳健性。

对于符合连续性假设的转子结构,其弯曲刚度不因外载荷的作用而发生改变,但发动机转子系统属于非连续结构,即存在连接界面,在较大的外载荷作用下,承载界面接触状态会发生变化,甚至发生界面滑移和界面角向位移突变等现象,使得连接结构局部位移变大,导致转子系统的整体弯曲刚度下降。图 10-18 为法兰配合面之间发生角向变形突变的示意图,当转子结构系统在工作中产生一定的弯曲变形时,引起法兰配合面的接触状态恶化,减少有效接触面积,使得连接结构弯曲刚度发生损失。因此,为提高法兰-螺栓连接结构稳健性,在转子系统设计中,需要减小连接界面处的弯曲变形,即提高连接结构处的局部刚度,优化弯曲应变能分布。这样,不仅有利于缓解连接界面处变形不协调的程度,还可降低接触应力,保证连接界面具有良好的接触状态,将连接结构弯曲刚度损失降至最低。

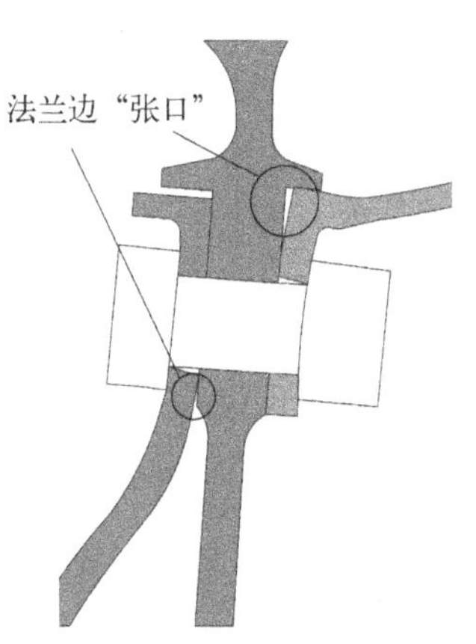

图 10-18　载荷较大时出现的法兰变形分离

对锥壳-轮盘螺栓连接结构弯曲刚度进行稳健设计,主要是通过合理选择锥壳半锥角和优化局部结构而实现的。

首先,以简化锥壳结构模型分析锥壳半锥角对弯曲刚度的影响[27],如图 10-19 所示。考虑到锥壳承受弯矩时,截面上承受线性变化的轴向拉压正应力,因此,以轴向刚度近似表征弯曲刚度,锥壳承受轴向力的力学模型,如图 10-20 所示。

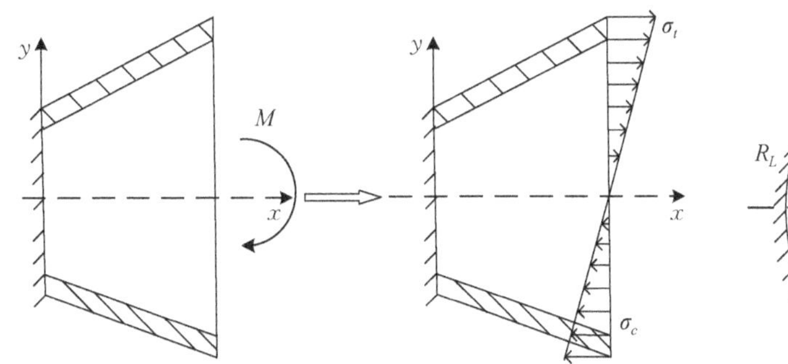

图 10-19　锥壳的弯曲刚度与轴向刚度的关系

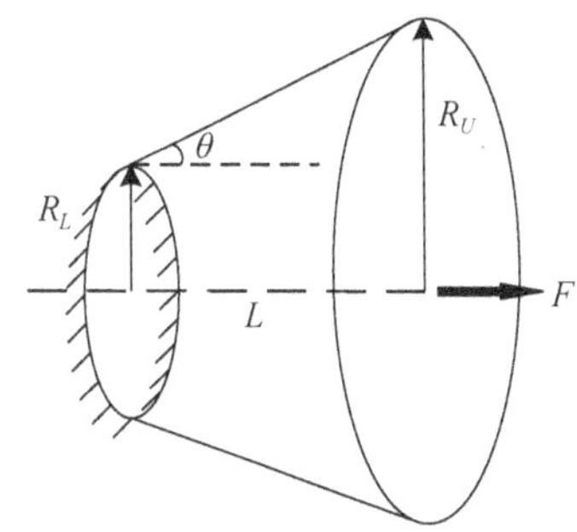

图 10-20　锥壳轴向刚度的力学模型

依据薄膜理论,可建立壳体单元的几何方程式,其中 u、v、w 表示沿锥壳子午线、平行圆和外法线的位移,ε_1、ε_2、γ 分别为子午线应变、沿平行圆的应变及切应变。依据锥壳的几何关系,对式(10-4)进行化简和积分,可得外载荷 F 作用下,锥壳的大圆面发生的轴向位移 Δx, 如式(10-5)所示:

$$\varepsilon_1 = \frac{1}{R_1}\left(\frac{\partial u}{\partial \theta} + w\right),\ \varepsilon_2 = \frac{1}{r}\left(\frac{\partial v}{\partial \varphi} + u_r\right),\ \gamma = \frac{1}{r}\frac{\partial u}{\partial \varphi} + \frac{1}{R_1}\frac{\partial u}{\partial \varphi} - \frac{v}{r}\cos\theta \quad (10-4)$$

$$\Delta x = \frac{F(\ln R_U - \ln R_L)}{2\pi E\delta \sin\theta \cos^2\theta} \tag{10-5}$$

锥壳大小圆面半径的关系为式(10-6),将其代入式(10-5),保持锥壳轴向跨度 L 不变,可得单位轴向力作用下相对轴向位移的表达式(10-7):

$$R_U = R_L + L\tan\theta \tag{10-6}$$

$$\overline{\Delta x} = \frac{\ln\left(1 + \dfrac{L}{R_L}\tan\theta\right)}{\sin\theta\cos^2\theta} \tag{10-7}$$

对于典型高压转子前轴颈结构几何构形和尺寸特征,通过仿真计算可以得到轴向变形与锥壳角度之间的变化规律,并对相对轴向变形求一阶导数,即可得轴向变形对锥角变化的敏感度,如图 10-21 所示。

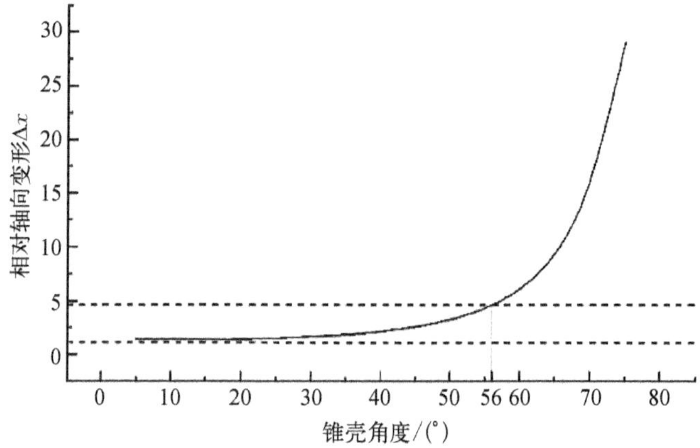

图 10-21　锥壳轴向变形随半锥角变化规律

在轴向力作用下锥壳轴向变形的变化规律具有非线性特征,并在锥角约 56°时,变化斜率急剧增大,呈现出强非线性特征。锥角较小时,锥壳的轴向变形较小,且对锥角变化不敏感,而当锥角较大时,锥壳的轴向变形随锥角变化而增大,对锥角的变化较为敏感。

现代航空燃气轮机总体结构布局设计中,高压转子的前支点轴向位置主要由转子动力学特性设计决定,同时高压压气机前支点轴承 DN 值、高压压气机各级叶片的轴向位置等共同决定了前轴颈半锥角较大这一结构特征。虽然无法大幅度地降低锥壳角度,但通过合理的结构设计,从理论上讲,锥壳角度在 56°以下,可有效减小锥壳轴向变形及其敏感度,提高锥壳结构的弯曲刚度的稳健性。

如表 10-1 所示,在典型航空燃气轮机转子结构设计中,前轴颈半锥角通常小于 56°。

表 10-1　典型航空燃气轮机高压压气机前轴颈半锥角

型　号	F110	F119	F136	AL-31F
高压压气机前轴颈半锥角/(°)	55.1	54.2	43.0	55.8

此外，在转子结构几何构形确定的情况下，对局部结构细节的优化也是提高锥壳-轮盘螺栓连接结构弯曲刚度，改善稳健性的有效措施，例如，采用环腔和法兰局部加强等结构设计方案。

如图 10－25(b)所示，环腔结构是俄罗斯设计集团经常采用的结构措施。压气机前轴颈与第 3 级轮盘采用螺栓连接，并通过锥壳结构将第 3、4 级轮盘连接构成环腔结构，以达到提高锥壳轴颈与轮盘连接结构弯曲刚度的目的。同样，在高压后轴颈与鼓筒轴的连接结构中，也是通过螺栓连接轴向拉紧，并通过轮缘止口形成一个环腔结构，以提高结构整体弯曲刚度和局部抗变形能力。

对连接法兰进行局部加强不仅可以减小法兰角向变形不协调量，还可以改善连接结构弯曲刚度稳健性。法兰局部加强提高了螺栓连接处抵抗弯曲变形的能力，改变了锥壳轴颈弯曲变形时的应变能分布。法兰附近的应变能比例减小，应变能更多地集中于连续结构处，减小了外载荷引起的连接结构弯曲刚度的分散度，有利于提高连接结构的弯曲刚度稳健性。

4. 锥壳-轮盘螺栓连接结构稳健设计范例

在航空发动机的结构设计中，锥壳形轴颈一般多用于轴承轴段与鼓筒轴段之间的过渡连接，如采用叶盘-鼓筒结构的多级高压压气机前后的过渡连接结构，在涡轮盘-轴连接结构设计中也常采用锥壳轴颈。图 10－22 为典型高压转子前轴颈与轮盘连接结构。由于高压转子止推轴承 DN 值的限制，轴承内环的直径受到限制，同时为保证转子的弯曲刚性，压气机鼓筒的直径较大，因此，在转子结构设计中必须设计锥壳构形轴颈，用于轴承轴与压气机鼓筒之间的过渡。此外，考虑到连接刚度与装配工艺的要求，常通过可拆卸的螺栓轴向预紧方式，将锥壳构形轴颈与压气机轮盘连接，这样就构成了锥壳-轮盘螺栓连接结构。

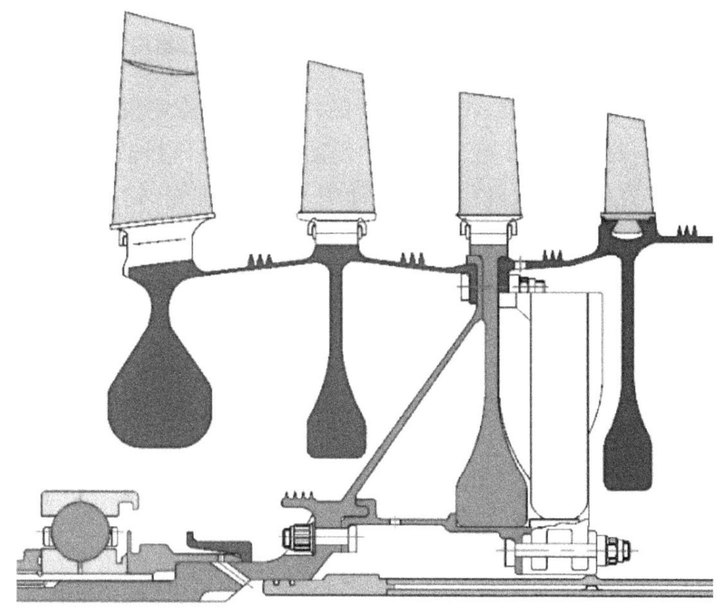

图 10－22　典型高压转子前轴颈与轮盘连接结构

锥壳-轮盘螺栓连接结构的稳健设计，主要是通过优化结构构形和局部关键几何参数，使连接结构具有合理的变形协调性，减小连接界面的接触损伤，提高连接结构弯曲刚度的稳健性。如图 10-23、图 10-24 所示，为影响典型锥壳-轮盘螺栓连接结构稳健性的主要结构设计参数示意图。通过调整优化锥壳半锥角和法兰连接位置，可以优化连接结构弯曲刚度特性；通过改变锥壳轴颈几何构形，如增设折弯结构，可调整连接结构处的弯曲应变能分布，减少连接界面接触损伤；通过法兰与锥壳连接处的局部加厚，可提高螺栓连接结构的稳健性。

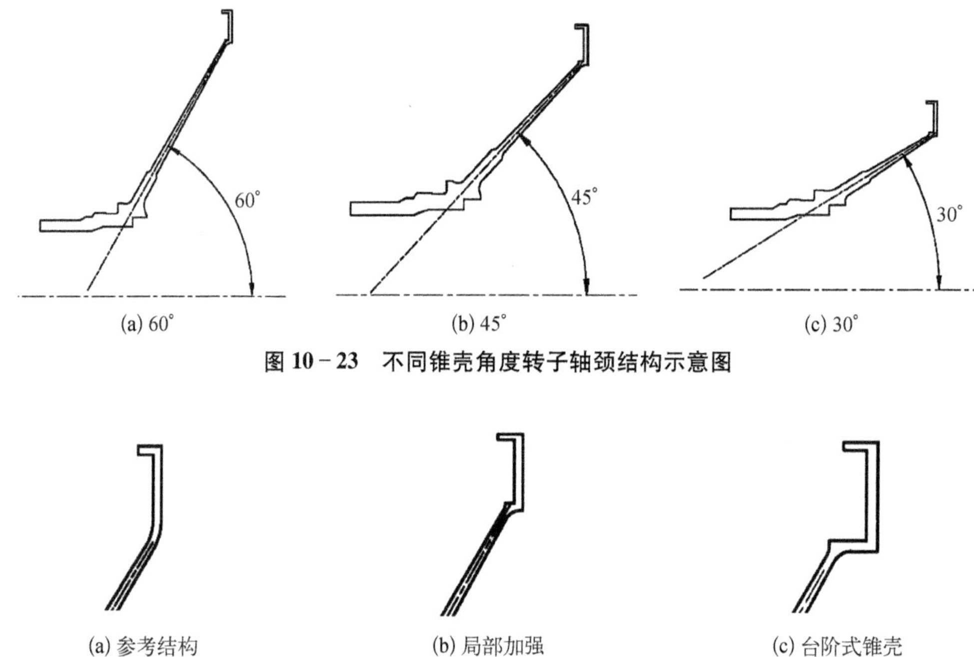

(a) 60°　(b) 45°　(c) 30°

图 10-23　不同锥壳角度转子轴颈结构示意图

(a) 参考结构　(b) 局部加强　(c) 台阶式锥壳

图 10-24　锥壳-轮盘螺栓连接结构中的局部结构优化

在工程应用中，锥壳-轮盘螺栓连接结构的具体设计，需要根据发动机的具体情况进行计算分析。图 10-25 为 F119 与 AL-31F 发动机高压压气机前轴颈结构示意图。普惠公司在 F119 发动机的高压压气机前轴颈设计中，为保证锥壳-轮盘螺栓连接结构的稳健性，将轮盘-螺栓配合面下移至前轴颈中部，降低螺栓连接结构处离心载荷和应力水平，提高了连接结构的稳健性。苏联留里卡设计局在 AL-31F 发动机高压压气机前轴颈的结

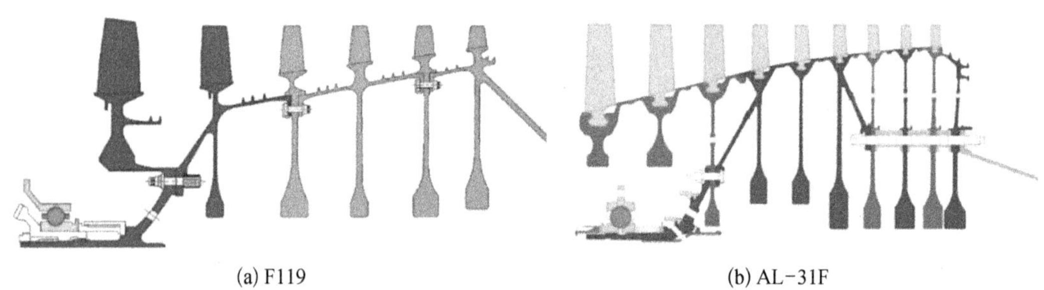

(a) F119　(b) AL-31F

图 10-25　高压压气机前轴颈与轮盘连接结构对比

构设计中,采用环腔结构设计,在优化设计盘-轴间距和锥壳角度的基础上,提高了锥壳-轮盘连接结构的抗变形能力和弯曲刚度稳健性。

图 10-26 为高压压气机前轴颈-轮盘螺栓连接结构设计实例,以此说明锥壳-轮盘螺栓连接结构几何构形对稳健性的影响。如图 10-26(a)所示,高压压气机转子前锥壳轴颈与压气机第 2 级轮盘及第 1、3 级鼓筒法兰通过短螺栓连接,并支承在转子前止推轴承上。根据连接结构稳健性的基本原则,图 10-26(a)所示的法兰-螺栓连接结构,在几何构形、法兰局部加强等方面具有明显的不足,通过计算可以验证,其在变形协调性、界面损伤积累和弯曲刚度损失等方面均存在不利于连接结构稳健性的因素,需要对其结构进行优化: ① 调整前轴颈的半锥角,以降低螺栓分度圆直径;② 对前轴颈法兰进行了局部加强,优化后结构如图 10-26(b)所示。

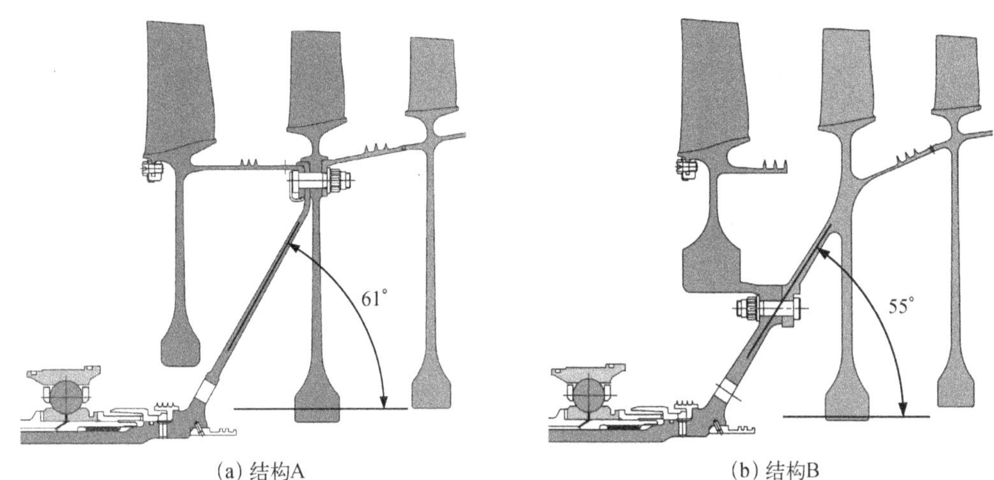

(a) 结构A　　(b) 结构B

图 10-26　涡扇发动机的高压压气机前轴颈连接结构示意图

为对比分析不同结构几何构形和关键尺寸参数对界面接触状态和弯曲刚度损失的影响,对图 10-26 的两种不同结构设计方案进行计算分析。

锥壳轴颈与轮盘的变形协调性主要是角向变形,在不同转速下锥壳-法兰连接的角向变形计算结果,如图 10-27 所示。从图中可以看出,通过降低前轴颈锥壳半锥角,并对锥壳与法兰连接处进行局部强化,可以有效减小离心载荷作用下法兰端面的角向变形,提高角向变形协调性。随着转速的不断增加,这种优化效果更加显著。

在弯曲刚度稳健性方面,为显示法兰-螺栓对连接结构刚度稳健性的影响,此处采用两种计算模型做对比,一种是采用接触单元的预紧螺栓结构模型,另一种是将接触面绑定的连续结构模型。由图 10-28 中弯曲载荷与连接结构角向变形的关系曲线可知,连续模型是线性的,弯曲刚度不随外载荷的变化而变化,即为常数;外载荷较小时,连续模型与接触模型的弯曲刚度近似;外载荷较大时,接触模型的变形曲线逐渐偏离连续模型的变形曲线,且外载荷越大,附加角向变形 $\Delta\theta$ 逐渐增大,并导致整体结构弯曲刚度损失增大。

图 10-29 为结构 A 与结构 B 在相同弯曲载荷作用下的变形图,由于结构 A 螺栓连接处的局部拉压刚度较弱,在外载荷作用下角向变形过大;而结构 B 则可以有效控制角向

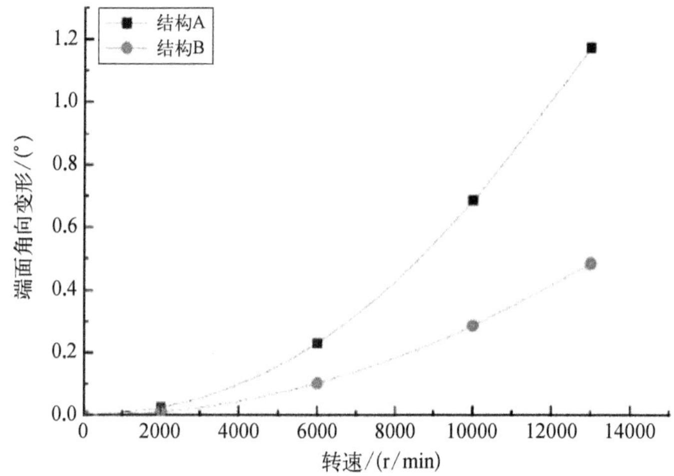

图 10-27　结构 A 与结构 B 法兰角向变形随转速的变化

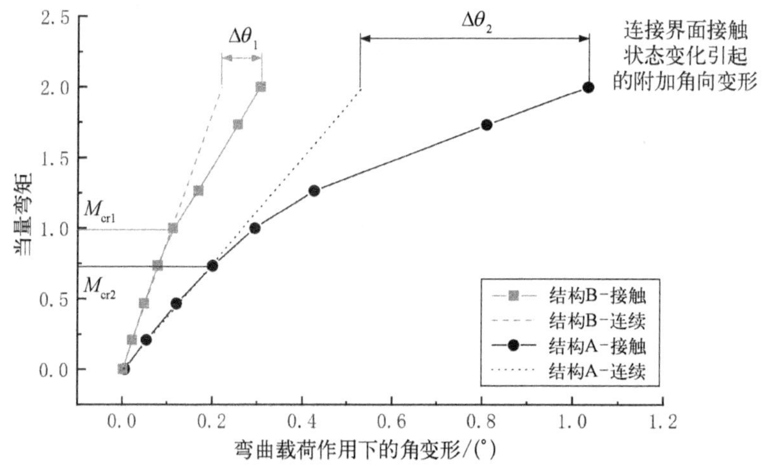

图 10-28　弯矩引起的角向变形随载荷大小的变化

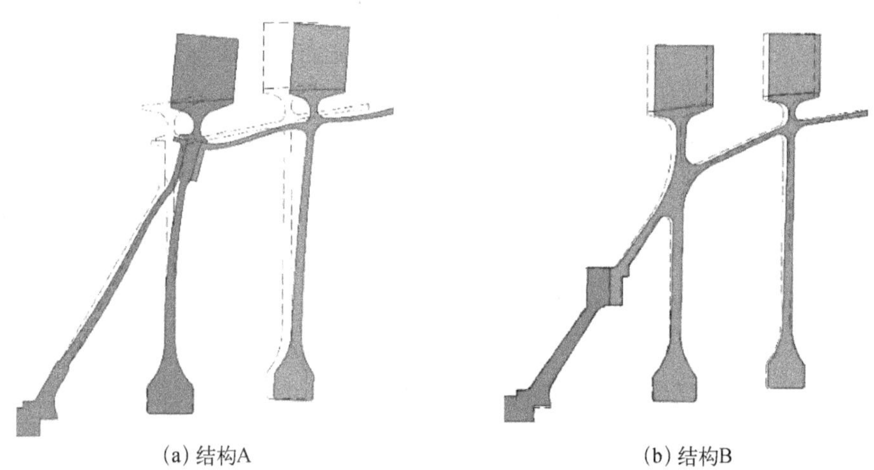

(a) 结构A　　(b) 结构B

图 10-29　优化前后连续形式的结构承受弯矩时的变形图

变形,提高其弯曲刚度。

图 10－30 为在弯曲载荷作用下的弯曲刚度损失变化曲线,当外载荷较小时,弯曲刚度损失可以忽略,这时可以不考虑连接结构的影响。随着载荷的增大,弯曲刚度损失增加,但结构 B 的刚度损失始终小于结构 A。对于不同的连接结构,弯曲刚度损失的“临界弯矩”大小不同,改进后的结构 B 的弯曲刚度对外载荷的敏感度更小,连接界面接触状态在工作过程中更容易保持稳定,其弯曲刚度的稳健性也更高。这是由于结构 B 采取局部加强法兰、减小轴颈半锥角等措施,连接界面附近的抗变形能力有所增强,连接法兰附近的弯曲应变能比例有所下降,而锥壳轴颈下半部分的应变能比例有所升高。该方法减小了连接界面附近的应变能,使其更多地分布于连续结构处,有利于减小界面接触状态变化引起的弯曲刚度损失,提高连接结构的稳健性。

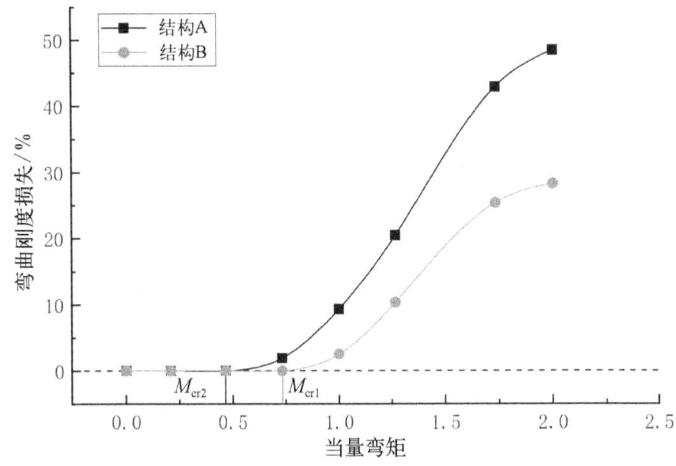

图 10－30　弯曲刚度损失随弯矩载荷的变化

总之,转子系统的连接结构稳健设计均可从三个方面展开:连接界面变形协调性、连接界面接触损伤控制和连接界面约束失效控制。

连接界面变形协调性主要考虑法兰边之间的变形协调问题,可分为径向变形协调与角向变形协调。连接界面接触损伤控制是考虑配合界面接触状态与接触应力对外载荷的敏感度和分散度,通过合理选择螺栓预紧力,采用不同结构和局部角向刚度加强等措施,优化连接结构附近的应变能分布,减少外载荷对连接结构接触状态和接触应力的影响,控制界面接触损伤并保证连接结构的稳健性。连接界面约束失效控制是提高连接结构处局部弯曲刚度,控制弯曲刚度损失并减小对外载荷的敏感度。

10.2.2　套齿连接结构

套齿连接结构多用于传递轴功率较大,且径向尺寸较小的转子结构中,一般通过套齿传递扭矩,大螺母压紧传递轴向力,并以定心圆柱面承受弯矩。一般而言,套齿连接结构受力较为复杂,需要承受压气机及涡轮所产生的轴向拉力、扭转力矩、横向过载弯曲以及振动载荷等。在复杂载荷作用下,套齿连接结构内外定心柱面易发生变形,使其有效接触面积减小,配合定心面的定心能力降低,附加不平衡量增大;随着弯曲载荷的增大,内外轴段角向变形不一致，接触状态呈现离散分布特征，接触柱面间摩擦力无法抑制相对运动趋势，发生滑移，对于转子系统而言体现为弯曲刚度损失[28,29]。附加不平衡量增大与弯曲刚度损失都会对转子系统的振动响应特性产生一定影响。

图 10－31 为典型小涵道比涡扇发动机低压转子套齿联轴器连接结构，通过建立相应的力学模型进行刚度计算分析，研究关键特征参数对连接结构弯曲刚度的影响。

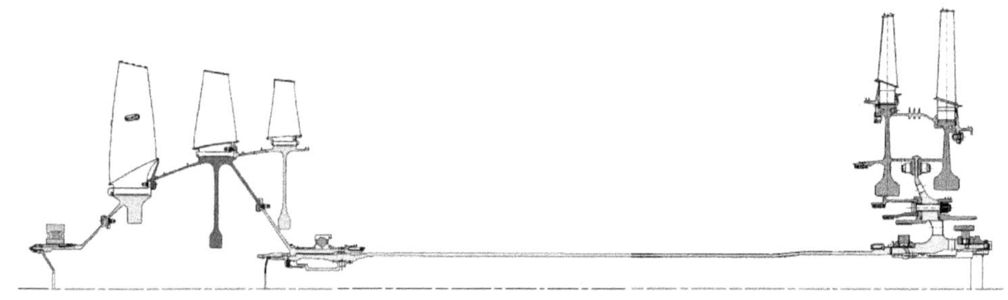

图 10－31　典型低压转子结构简图

转子系统在工作状态下受力分析，如图 10－32 所示。轴承对其有径向和轴向的约束力，转子还受到风扇向前的轴向拉力 F_f 和涡轮的向后的轴向拉力 F_t，在机动飞行和转子产生倾斜或弯曲时，在轮盘上会产生陀螺力矩 M_g。

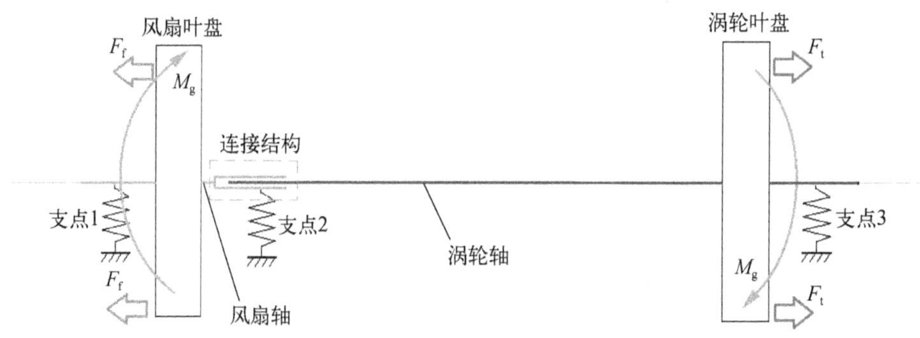

图 10－32　典型低压转子系统受力示意图

套齿连接结构位于风扇转子后，受力状态如图 10－33 所示。风扇轴受到风扇对其向前的轴向拉力 F_f，涡轮轴受到涡轮盘对其向后的轴向拉力 F_t。由于连接结构在轴向有大螺母拧紧，在夹紧面上还受到螺母预紧力 F_p 的作用。轮盘上产生的陀螺力矩会使其受到弯曲载荷 M 的作用。

连接结构上的载荷较大，可能会造成结构变形，且载荷随着发动机工作过程的时间进程而变化，载荷的变化必然引起应力大小和方向的变化，从而导致连接结构接触界面上产生摩擦-疲劳损伤。

对于套齿连接结构的稳健设计需要从连接界面变形协调、连接界面接触损伤控制和连接结构约束失效控制三方面展开。根据结构特征和载荷环境的不同，套齿连接结构可以分为：盘-轴套齿连接和轴-轴套齿连接，如图 10－34 所示。两种套齿连接结构稳健性设计的侧重点各不相同，对于盘-轴套齿连接结构，主要是定心面间的周向及角向变形协

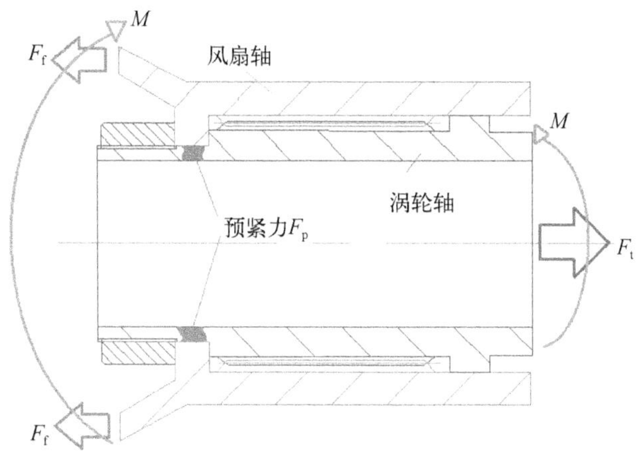

图 10-33　连接结构受力示意图

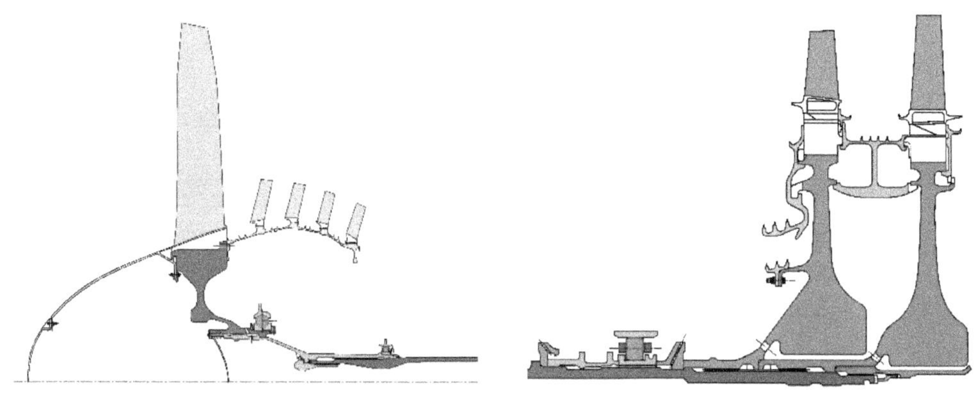

(a) 采用套齿连接的高涡轮盘转子结构　　(b) 带有套齿联轴器的低压转子

图 10-34　典型转子套齿连接结构

调设计和界面损伤控制设计；而轴-轴套齿连接结构稳健设计则主要集中于配合界面的滑移量控制与弯曲刚度损失控制。

此外，在转子-支承结构系统设计中，一般将套齿连接结构安置在轴承处，以减少工作中套齿连接结构的变形，控制各接触界面的损伤，提高连接结构的稳健性。

1. 刚度损失机理

在套齿连接结构设计中，一般通过套齿传扭、前后两个圆柱面定心，轴向大螺母压紧并传递轴向力，而弯曲载荷主要由定心圆柱面承受，这是套齿连接结设计过程中的关键问题之一。套齿连接结构一般采用宽齿设计，传扭能力强；采用前、后两个定心面的设计方法可保证轴段间同心度，但定心面弯曲刚度较弱，在实际工程应用当中，存在变形不协调与约束失效现象，易导致转子系统弯曲刚度损失。

图 10-35 为典型套齿连接结构弯曲刚度分析模型，相对于实际结构进行了如下简化：① 套齿只传扭，内外齿间的间隙对弯曲刚度贡献很小，因而不考虑；② 将螺纹连接固化，即把大螺母与内轴视为整体，不考虑螺纹的摩擦接触问题；③ 前、后两定心面和同大螺母配合的端面均为接触关系（或为间隙配合）。

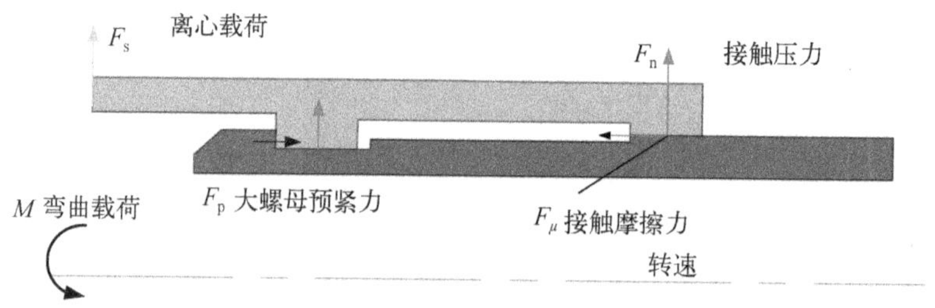

图 10-35　套齿连接结构简化力学模型

套齿连接结构配合界面间受力较为复杂,由于界面可能会发生接触变形与轴向滑移,外部载荷及装配载荷都会对套齿连接结构弯曲刚度特性产生影响。此外,定心面间距、定心面面积和定心面配合紧度等结构参数与装配参数也会影响其弯曲刚度。

建立套齿连接结构的力学分析模型,如图 10-36 所示,可以表明,套齿连接结构弯曲刚度及其在外载荷作用下发生刚度损失的机理。

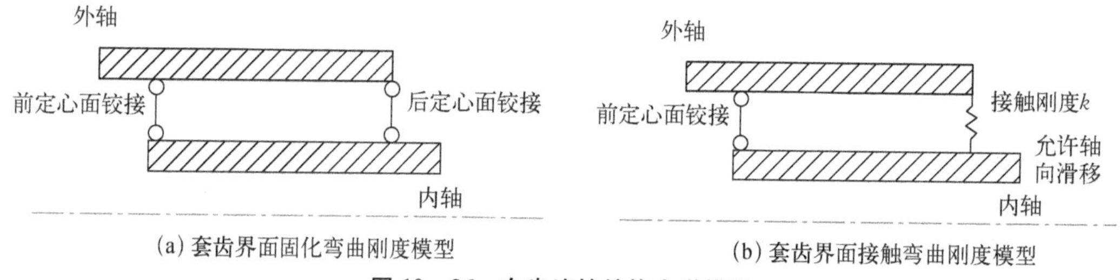

图 10-36　套齿连接结构力学模型

套齿连接结构弯曲刚度力学模型的边界条件为:① 前定心面处受到的轴向预紧力非常大,定心面接触状态基本稳定,在力学模型中,认为前定心面处内外变形一致,但要考虑其角向变形的影响;② 后定心面的接触状态受弯曲载荷影响较大,在受载时接触表面既有弹性变形又存在沿轴向的滑动,其法向接触刚度和轴向滑动摩擦力对其弯曲刚度有一定影响。

根据界面接触状态及轴段变形情况可知,前定心面径向变形协调,但可能存在角向变形不一致的现象,因此,应将前定心面处内外轴段的连接方式简化为铰接。后定心面变形情况受接触状态及接触刚度的影响较大,其径向接触变形与轴向滑移是导致套齿连接结构刚度损失的主要原因,因此,应将后定心面处内外轴段的连接方式简化为可以轴向滑移的径向弹簧。

如图 10-37 所示,套齿连接结构前后定心面均可视为固接状态,前定心面处两轴间径向与角向位移协调约束,后定心面处不考虑接触变形及轴向滑移。

根据材料力学,外轴 1 右端的变形角 θ_1 和内轴 2 右端变形角 θ_2 分别为

$$\theta_1 = \frac{F_R L^2}{2EI_1},\ \theta_2 = \frac{ML}{EI_2} - \frac{F_R L^2}{2EI_2} \tag{10-8}$$

式中,I_1 是轴 1 的惯性矩;I_2 是轴 2 的惯性矩;M 是作用于轴 2 的弯矩;L 是轴的长度。

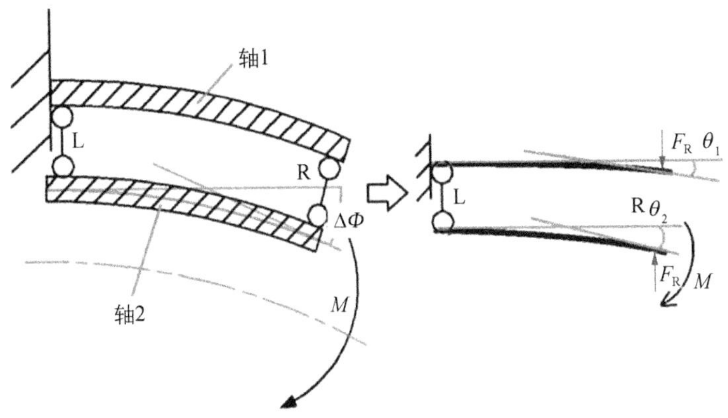

图 10-37　双层轴变形计算示意图

在实际工作中，内外轴在右端的变形量相差很小，所以当假设右端角变形位移协调 $\theta_1=\theta_2$ 时，可得接触面作用力 F_R 为

$$F_R=\frac{2MI_1}{L(I_1+I_2)} \tag{10-9}$$

内轴的变形角 θ_2 和此时结构的弯曲刚度 k_{θ_2} 为

$$\theta_2=\frac{ML}{EI_2}-\frac{F_R L^2}{2EI_2}=\frac{ML}{EI_2}-\frac{2MI_1}{L(I_1+I_2)}\frac{L^2}{2EI_2} \tag{10-10}$$

$$\theta_2=\frac{ML}{EI_2}-\frac{ML}{(I_1+I_2)E}\frac{I_1}{I_2} \tag{10-11}$$

$$k_{\theta_2}=\frac{M}{\theta_2}=\frac{(I_1+I_2)E}{L} \tag{10-12}$$

可见，弯曲刚度为连接结构的固结刚度，其大小与截面的抗弯刚度 $[E(I_1+I_2)]$ 呈正比，与长度 L 呈反比。

法向接触变形是引起轴段刚度损失的主要原因之一，如图 10-38 所示，套齿后定心

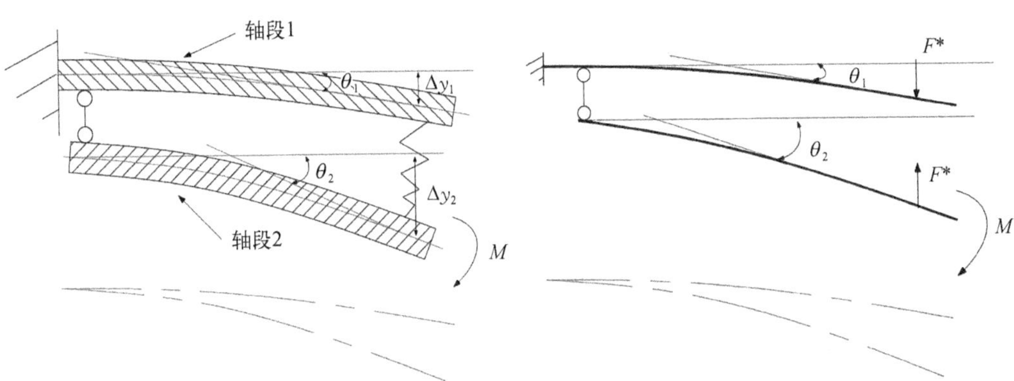

图 10-38　无轴向滑移的套齿连接结构弯曲刚度受力图

面内外轴接触变形会导致连接结构角向变形增大,并造成弯曲刚度损失。

连接结构内外轴右端接触界面上的接触刚度,可由界面接触分析得到,接触刚度 k_c 为

$$k_c = \frac{L_1 \pi E\cos\Delta\theta}{16(1-\mu^2)} \tag{10-13}$$

式中, $\Delta\theta$ 是两轴相对变形角。

界面等效接触弹性恢复力 F^* 与接触面变形 Δy 的关系为

$$F^* = k_c(\Delta y_2 - \Delta y_1) = k_c\Delta y = \frac{L_1 \pi E\cos\Delta\theta}{16(1-\mu^2)}\Delta y \tag{10-14}$$

由力的平衡条件及接触变形角 $\Delta\theta$ 与线变形 Δy 关系,得连接结构弯曲刚度:

$$F^* = \frac{M}{L} \Rightarrow \frac{L_1 \pi E\cos\Delta\theta}{16(1-\mu^2)}\Delta y = \frac{M}{L}$$

$$\begin{aligned} &\Delta y \approx L\sin\Delta\theta \\ &\quad\Rightarrow \frac{L_1 \pi E\cos\Delta\theta}{16(1-\mu^2)}L\sin\Delta\theta = \frac{M}{L} \\ &\quad\Rightarrow \Delta\theta = \frac{1}{2}\arcsin\left[\frac{32(1-\mu^2)M}{L^2 L_1 \pi E}\right] \end{aligned} \tag{10-15}$$

$$k^*_{\theta_2} = \frac{M}{\Delta\theta} = \frac{M}{\dfrac{1}{2}\arcsin\left[\dfrac{32(1-\mu^2)M}{L^2 L_1 \pi E}\right]} \tag{10-16}$$

在外载荷 M 的作用下,连接结构右端总变形量为两部分变形量的叠加,包括不考虑接触刚度时双层轴的变形量和考虑接触刚度影响时内轴右端的变形量:

$$\Delta\Phi = \theta_2 + \Delta\theta = \frac{ML}{(I_1+I_2)E} + \frac{1}{2}\arcsin\left[\frac{32(1-\mu^2)M}{L^2 L_1 \pi E}\right] \tag{10-17}$$

由连接结构角向刚度的定义:

$$k_\theta = \frac{M}{\Delta\Phi} = \frac{M}{\dfrac{ML}{(I_1+I_2)E} + \dfrac{1}{2}\arcsin\left[\dfrac{32(1-\mu^2)M}{L^2 L_1 \pi E}\right]} \tag{10-18}$$

可见,径向接触变形削弱了连接结构弯曲刚度,造成刚度损失,且随载荷变化,弯曲刚度呈现非线性变化趋势。

如图 10-39 所示,在实际套齿连接结构工作过程中,在弯曲载荷作用下,套齿内外轴段上下界面的法向接触应力呈现不均匀分布状态,由于内外轴段角向变形不协调,定心面存在轴向滑移趋势[30]。随着弯曲载荷的不断增大,内外轴段角向变形差异增大,法向接触应力变化较

大,这就会导致定心圆柱面内外轴段间最大静摩擦呈现较大的离散性与波动性。当弯曲载荷超过一定范围时,轴段间接触摩擦力将无法抑制其滑移趋势,套齿配合界面发生轴向滑移。

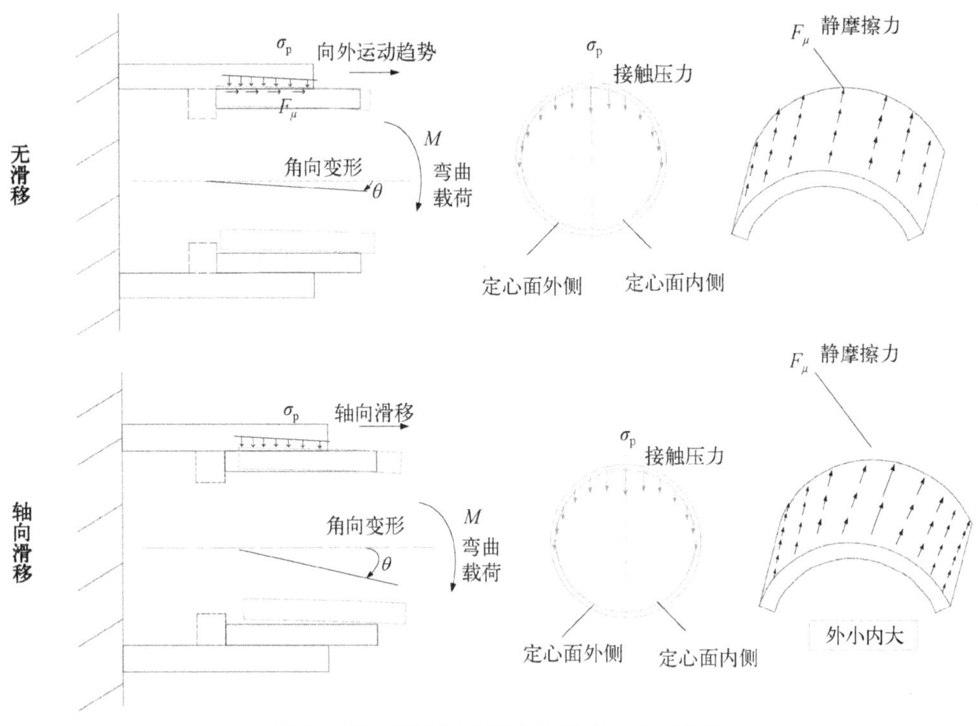

图 10－39　套齿定心面弯曲载荷下受力情况

如图 10－40 所示,由于内外轴段间角向变形不协调,轴段右端配合界面处存在轴向滑移。这会引起界面接触变形及接触刚度的变化,并导致角向变形进一步加大,增大轴段弯曲刚度损失。

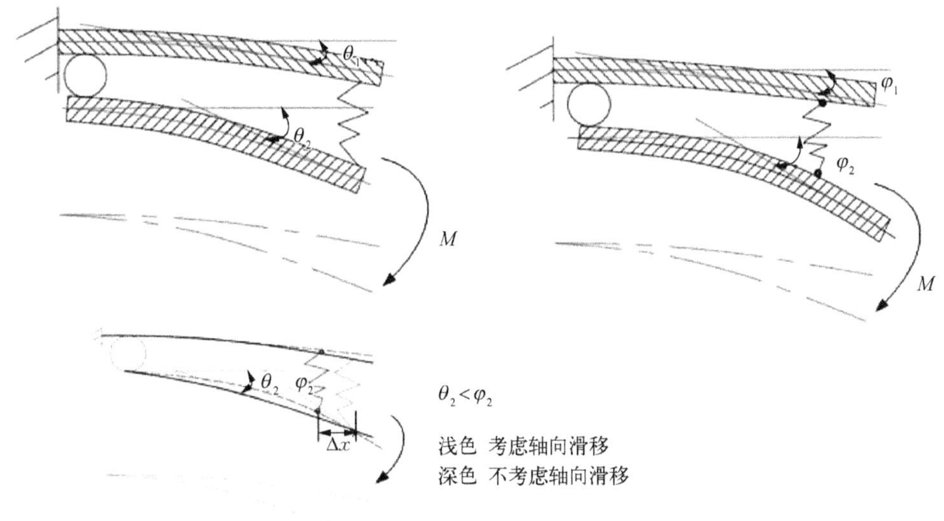

图 10－40　轴向滑移对弯曲变形的影响

内外轴段间的轴向滑移是引起套齿连接结构弯曲刚度损失的主要原因。因此,在工程实际应用中,根据套齿连接结构弯曲刚度对转子系统动力学特性的影响,综合考虑接触面轴向滑动量的作用,在计算分析时可以采用接触力学与有限元方法,通过调整约束边界条件,考虑轴向滑移的影响。

除载荷参数外,工艺装配参数也会对套齿连接结构刚度及接触状态产生影响。图10-41为涡扇发动机低压转子系统套齿连接结构试验件进行横向等效刚度试验测试。

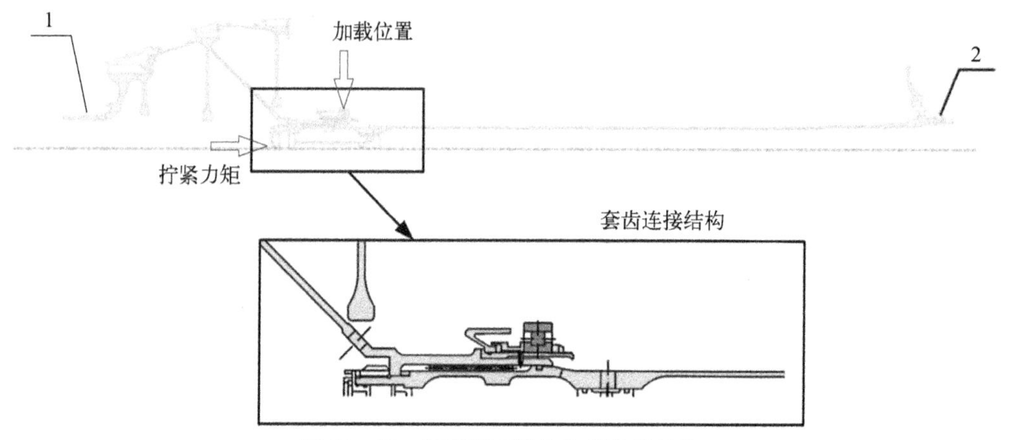

图 10-41　低压轴系及其套齿连接结构

图10-42为带有套齿连接结构的转子轴段,在不同装配状态下转子横向等效刚度随横向位移的变化曲线。由图可知,等效刚度随位移呈非线性变化,当变形量超门槛值后,等效刚度随横向位移线性变化。

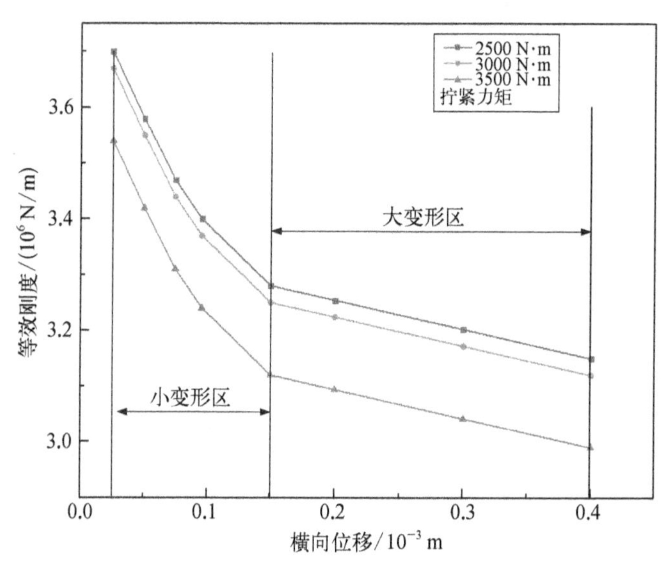

图 10-42　等效刚度随位移变化拟合曲线

2. 变形协调性控制

转子的扭转载荷主要来自涡轮叶片受到的气动扭矩,通过轮盘及连接结构传递到涡轮轴上,并驱动压气机转动。图 10-43 为一个盘-轴套齿连接结构传力路线。

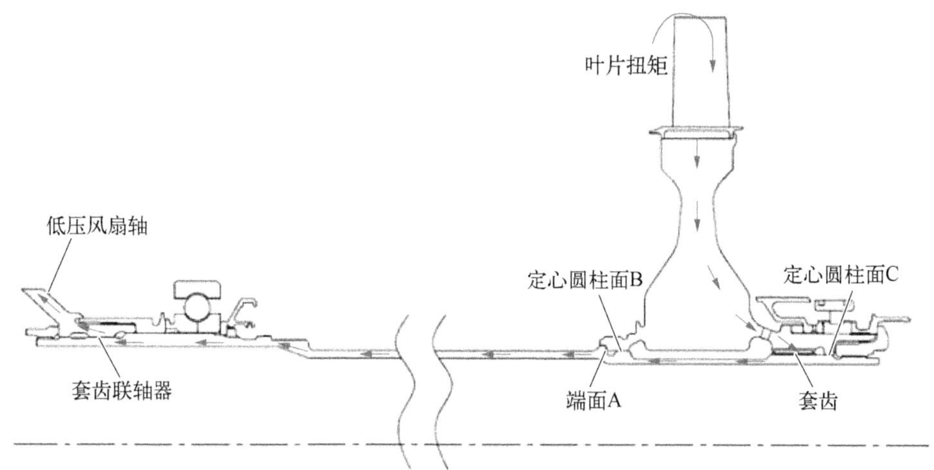

图 10-43 盘-轴套齿连接结构传力路线

涡轮叶片扭矩通过涡轮盘后轴颈的套齿连接结构传递到涡轮轴上。如图 10-43 所示,相对定心圆柱面 C,端面 A 和圆柱面 B 的接触面上会产生较大的周向相对滑移,从而需要重点考虑扭转载荷对该处界面的损伤。

图 10-44 为涡轮盘-轴连接结构定心面在扭转力矩作用下的受力简图。从涡轮轮盘到轴的扭矩传递路线,是通过涡轮盘后轴颈的套齿传递给涡轮轴,再通过细长的涡轮轴传递到前端。需要注意,涡轮盘与涡轮轴的定心是通过涡轮盘前轴颈的止口与涡轮轴上定心圆柱面配合,传递扭矩是从涡轮盘的后轴颈,而定心则在涡轮盘的前轴颈。由于轴向尺

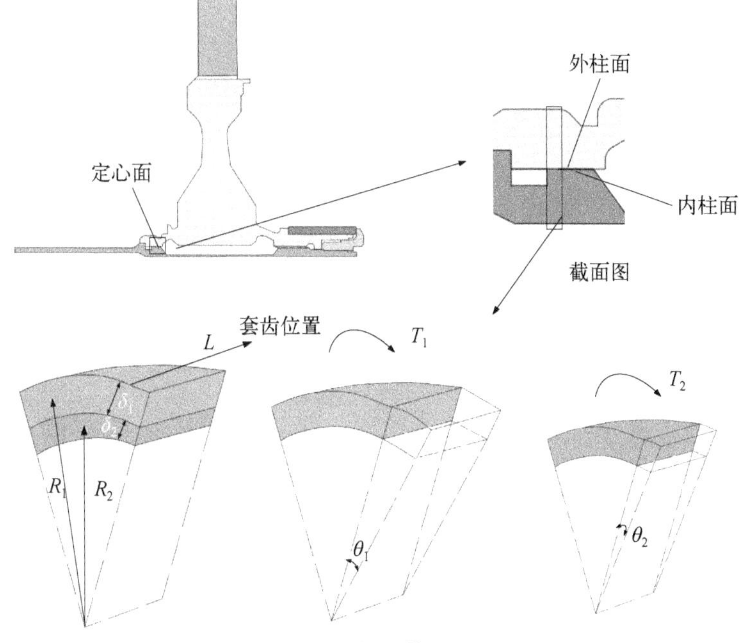

图 10-44 定心柱面截面受力示意图

寸的差异和细长涡轮轴扭转变形的影响,在工作过程中,前轴颈定心圆柱面由于没有周向限位,在扭矩作用下会产生一定的周向滑移。

轮盘和转轴的扭转变形的不协调易造成端面和定心圆柱面滑移,根据接触应力和滑移量的不同可能产生接触磨损或接触疲劳损伤,损伤积累会造成轴向压紧力和定心圆柱面紧度的减小。当接触面积低于某个门槛值时,会造成配合面定位/定心失效。

因此,对于盘-轴套齿连接结构而言,应考虑其传力路线及结构设计对扭转变形协调的影响。应尽量保证定心面间的周向变形协调,从而抑制界面损伤,提高套齿连接结构稳健性。

此外,在转子高速旋转工作时,质量大的涡轮盘会产生较大的离心载荷与弯曲载荷,由于盘轴间结构与材料存在差异,涡轮盘-轴连接界面上也可能产生径向变形不协调。

如图 10-45 所示,对于轮盘-转轴套齿连接结构而言,其轮盘和转轴连接处几何构形上的差异,使得在离心载荷作用下,轮盘定心面所在轴颈处存在向外变形趋势。离心载荷较小时,端面摩擦力及定心面装配紧度(若存在)一定程度上对轴颈变形起到抑制作用。但随着离心载荷的不断增大,前定心面发生径向变形不协调现象。如图 10-46 所示,轮盘在离心载荷作用下,套齿连接结构的定心圆柱面的轮盘和转轴位置出现不同程度的径向变形不协调,涡轮轴颈处角向张开、脱落失去了定心作用。涡轮盘-轴连接界面处的径向变形可能引起圆柱面的定心能力失效,并对转子系统的动力学特性产生影响。轮盘自身离心载荷可能会造成轴向正泊松比材料的收缩效应,从而降低端面压紧力及其摩擦力,这会导致定心面间的分离效应进一步加大,定心面位移约束失效,影响套齿连接结构稳健性。

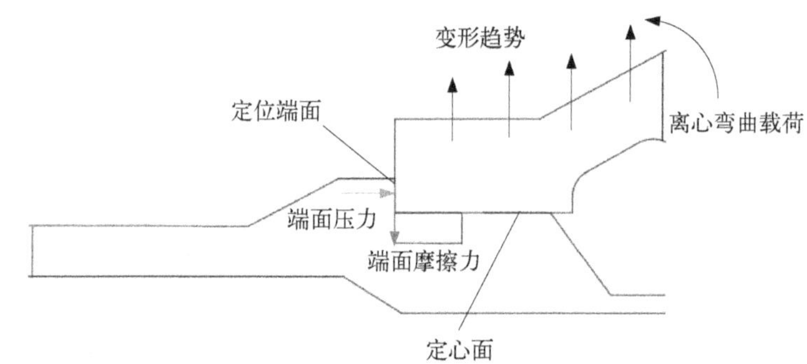

图 10-45 轮盘-转轴套齿连接结构定心面受力简图

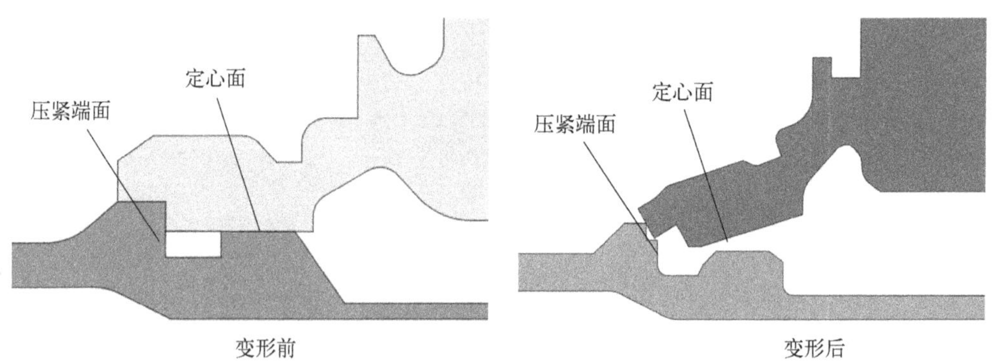

图 10-46 离心载荷下前定心面径向变形

对于涡轮盘-轴套齿连接结构的稳健设计，由于连接结构在几何构形上具有巨大差异，重点是要保证接触界面的变形协调性，相应设计工作为：① 扭转力矩传力路线设计方法会对接触界面的扭转变形协调产生影响，应对传力路线进行合理设计，尽量减小周向变形不协调；② 涡轮盘较大的离心载荷所引起的盘-轴间径向和角向变形不协调使得圆柱面产生分离趋势，易造成界面间的滑移损伤与定心、定位失效，应采取合理的结构设计方法减小离心载荷对定心面处的径向变形影响，提高连接结构稳健性。

3. 连接界面接触损伤控制

涡轮盘-轴套齿连接结构的稳健设计主要通过传扭路线优化及局部结构设计抑制套齿各接触界面周向与径向变形不协调，减小套齿连接结构工作状态下的位移约束失效，保证圆柱面及端面的定心定位能力，提高涡轮盘-轴套齿连接结构稳健性。

根据结构几何构形对内外轴段变形协调性及界面接触状态的影响规律，对连接结构稳健设计，可以将套齿连接位置移至涡轮盘前轴颈。由于定心圆柱面靠近套齿连接，扭矩不会在定心圆柱面上产生损伤；还可以削弱前轴颈弯曲刚度以减小涡轮盘径向变形对连接界面接触状态的影响，有利于保证定心面的定心能力。改进结构设计方案示意图，如图 10－47 所示。

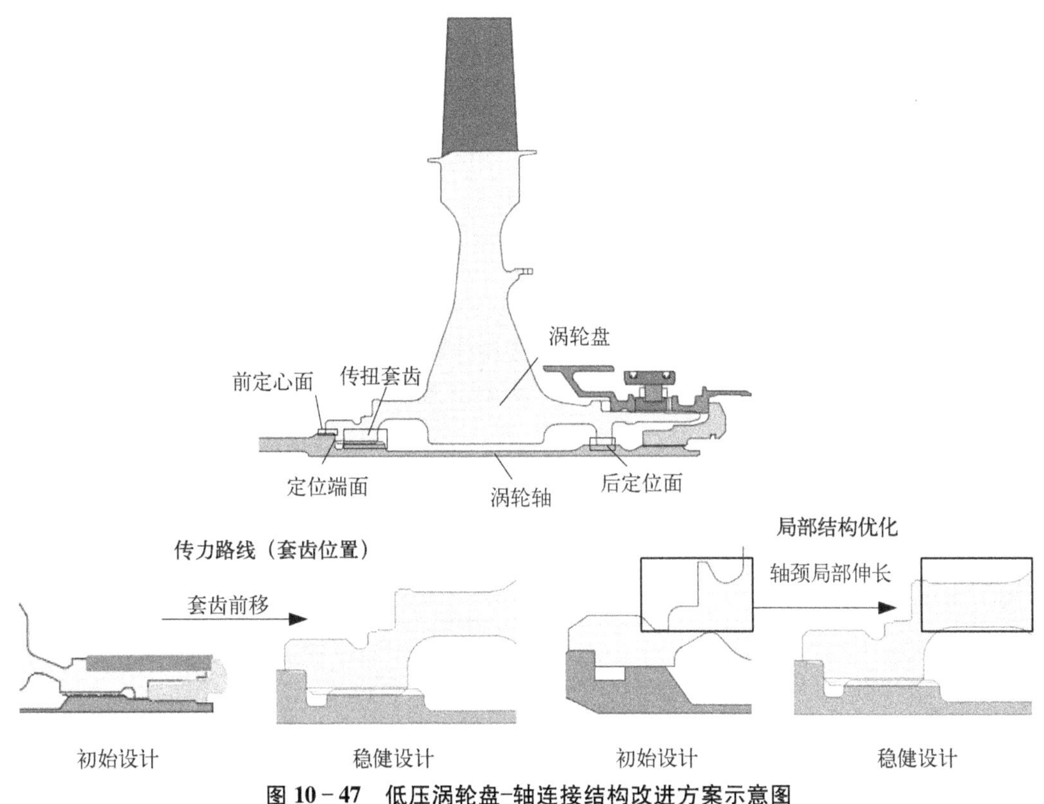

图 10－47　低压涡轮盘-轴连接结构改进方案示意图

如图 10－48 所示，套齿结构布置于前轴颈位置，后定心面不承受扭矩，前定心面距套齿较近，且前后定心面一同布置于涡轮定位环上，套齿连接结构各配合界面周向变形协调性较好，有利于控制连接界面损伤，提高连接结构稳健性。

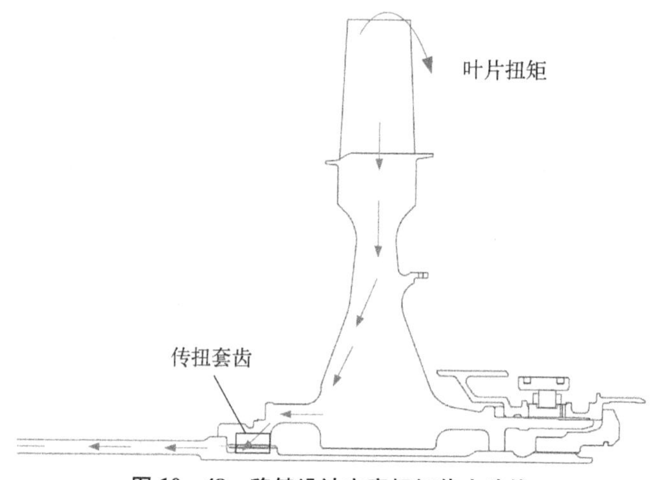

图 10-48　稳健设计方案扭矩传力路线

4. 转子套齿联轴器稳健设计范例

在航空燃气轮机刚性转子设计过程中，一般采用两支点对转子进行支承。采用 1-1-0 支承方案的悬臂转子结构支点跨距小，整体刚性较好。压气机与涡轮间多采用套齿连接，前后圆柱面定心，套齿传扭，大螺母压紧传递轴向力。但悬臂涡轮转子质量较大，过载及共振所引起的弯曲力矩可能会造成套齿定心面的界面损伤(滑移或磨损)，影响涡轮-压气机套齿连接结构的稳健性，需对该套齿连接结构进行分析，并在此基础上对其进行优化设计。

1) 初始方案设计

图 10-49 为典型涡轮-压气机套齿连接转子结构。涡轮前支点采用滚棒轴承进行支承，布置于压气机轴上，涡轮盘与压气机轴间采用带有前后两个定心圆柱面的刚性套齿连接结构进行连接，并通过涡轮后的压紧螺母施加预紧力，在预紧力的作用下，将涡轮前轴颈、涡轮盘、封严篦齿盘、滚棒轴承同时压紧，使转子连接成一个整体。

如图 10-50 所示，在发动机工作过程中，涡轮-压气机转轴之间的套齿连接结构，将承受气动载荷和机械载荷等复杂载荷作用，主要包括装配载荷(螺母预紧力与定心面配合

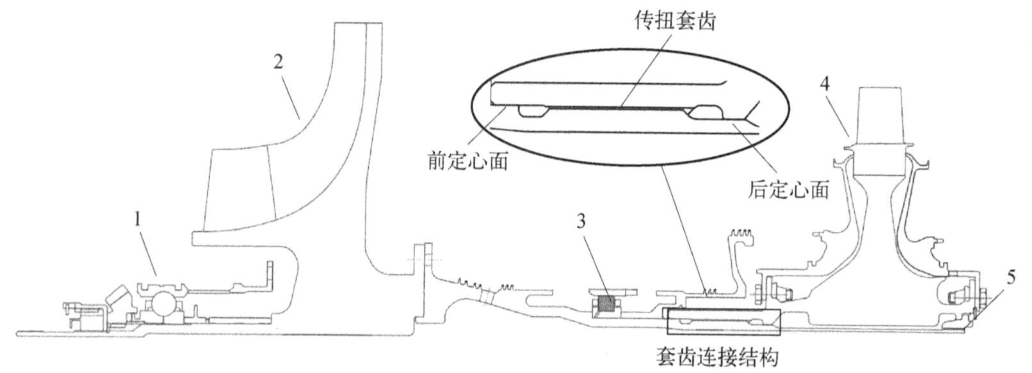

图 10-49　典型涡轮-压气机套齿连接转子结构

1. 前支点轴承；2. 压气机；3. 后支点轴承；4. 涡轮盘；5. 大螺母

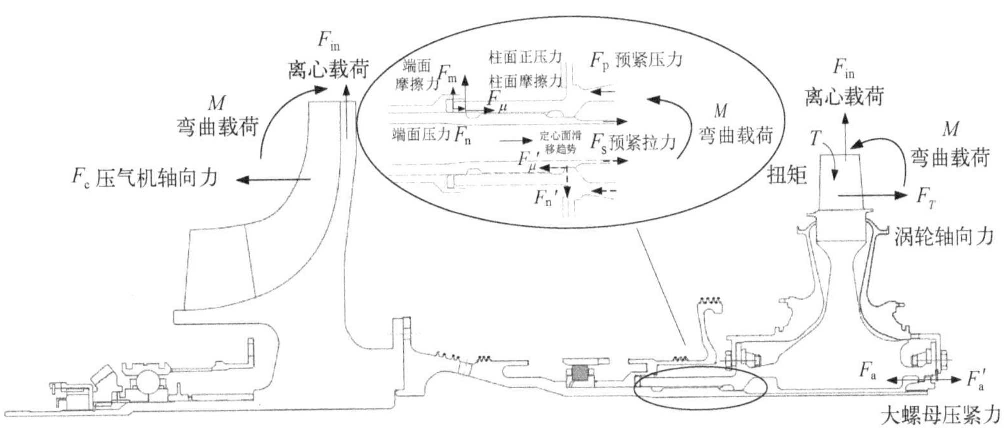

图 10－50　转子各载荷传力路线

紧度)、离心载荷、气动轴向力与气动扭矩和轮盘质量惯性所产生的弯曲载荷等。对于套齿连接结构而言,大质量悬臂涡轮转子结构所产生的弯曲载荷较大,且该载荷主要由圆柱定心面以压力或摩擦力的形式承担,这会引起前后定心面接触状态变化,进一步可导致定心接触面滑移、磨损,从而导致连接结构弯曲刚度的非线性与非确定性。此外,由于套齿联轴器以大螺母压紧形式进行连接,装配预紧力的大幅度变化也会对连接结构的弯曲刚度产生影响。

图 10－51 为前后定心面有效承载面积随弯曲载荷的变化情况。由图可知,随弯曲载荷的增大,定心圆柱面接触状态发生变化,其有效承载区域不断减小,且对弯曲载荷的敏感度较高,此时,连接结构可能产生界面损伤及弯曲刚度损失。同时,界面滑移加剧套齿连接结构的刚度损失,如图 10－52 所示,在弯曲载荷作用下,连接结构接触界面轴向滑移量不断增大。

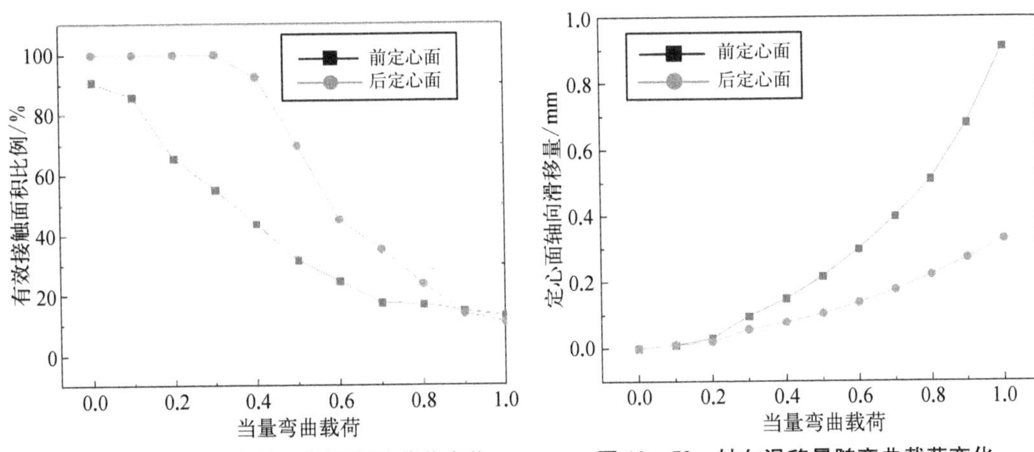

图 10－51　定心面有效承载面积随载荷变化　　**图 10－52　轴向滑移量随弯曲载荷变化**

如图 10－53 所示,由于接触界面轴向滑移量的增大,悬臂转子角向变形对弯曲载荷的敏感性上升,轴段弯曲刚度损失不断提高。在最大弯曲载荷作用下,连接结构弯曲刚度损失大于 40%,较大的损失会对转子抗变形能力及动力学特性产生影响。

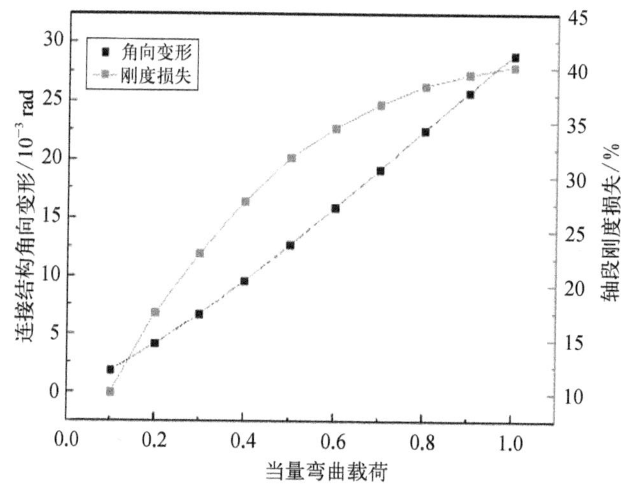

图 10-53　转子角向变形及刚度损失随弯曲载荷的变化

因此，在涡轮-压气机转子套齿连接结构稳健设计中，关键在于通过结构设计，保证转子工作中，大螺母具有足够的压紧力，同时，降低弯曲载荷对套齿前后定心面接触状态的影响，以避免由于界面轴向滑移所引起的连接结构刚度非线性变化及刚度损失问题，提高连接结构的稳健性。

2）套齿连接结构优化设计方法

对于涡轮-压气机转子套齿连接结构，应通过结构设计，降低由弯曲载荷所引起的界面接触损伤及刚度损失，以提高连接结构的稳健性。其设计方法主要分为两点：一是将轴承在转子上的位置后移，使其位于套齿连接轴段上，提高套齿连接轴段局部径向刚度、控制变形；二是通过伸长拉杆或增加弹性环以提供充分的预变形，保证在高转速下大螺母预紧力充足，减小由压紧件松动所导致的界面接触状态变化，从而提高连接结构的稳健性，图 10-54 为套齿连接转子结构优化方案。

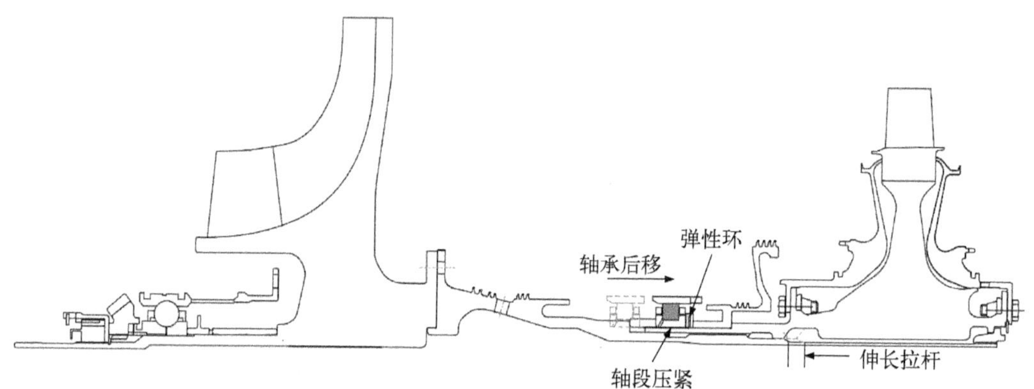

图 10-54　涡轮-压气机套齿连接转子结构优化方案

如图 10-55 所示，采用后移轴承压紧套齿轴段的结构优化设计方法可使原本由定心面所承担的弯曲载荷，部分转移到轴承内环，以降低弯曲载荷对定心界面接触状态的影响，同

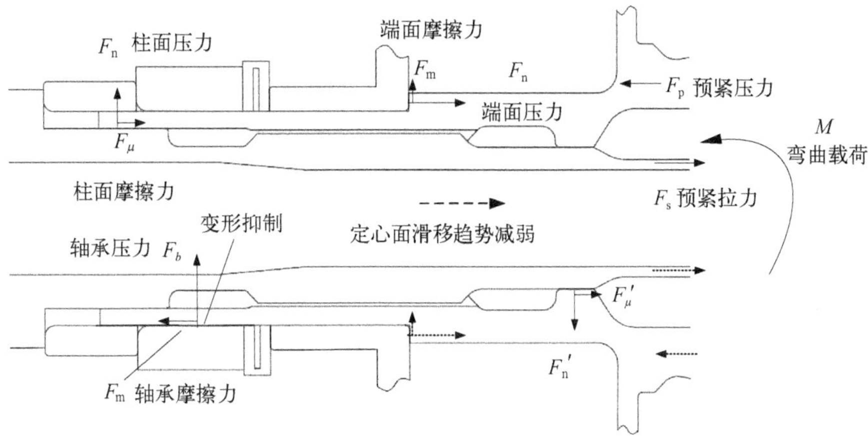

图 10－55　套齿连接结构受力情况

时，轴承压紧可有效抑制轴段及其接触界面变形，减小定心面滑移量，降低弯曲刚度损失。

如图 10－56 所示，在离心载荷作用下，由于金属材料存在“正泊松比”效应，轮盘存在轴向收缩的现象，在拉杆预变形不充分的情况下，端面压力变化范围较大，易引起轴承等受压结构松动，进一步会导致定心界面接触状态变化，造成连接结构刚度损失。采用伸长拉杆和增加弹性环等措施可增大装配预变形，并为轮盘离心载荷下的轴向收缩提高变形补偿。该优化设计方法可有效提高大螺母的压紧稳定性，保证套齿连接结构的稳健性。

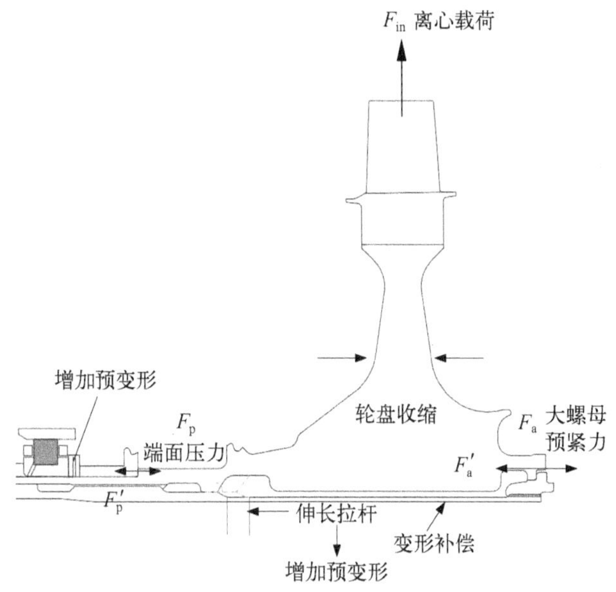

图 10－56　涡轮盘-拉杆变形情况

总而言之，对套齿连接结构的稳健设计，不应使定心面位于传扭路线上，应使定心面接近套齿，以降低定心面的周向变形不协调，防止界面摩擦损伤。对于盘-轴连接的套齿连接结构，应在轮盘与套齿之间设计过渡轴颈结构，以减小轮盘离心载荷对定心面处径向变形的影响。此外，在套齿联轴器的设计上，应尽量将轴承布置在套齿所在轴端上，降低弯曲载荷对定心面接触状态的影响,同时采取结构措施(增加拉杆预变形,采用弹性环结构等)保证大螺母具有足够的压紧力,从而保证套齿连接结构的稳健性。

10.3 转子系统动力学特性稳健设计

航空燃气轮机转子结构系统动力学特性稳健设计可分为:转子系统固有特性的稳健设计和强迫振动响应特性的稳健设计[31]。由于不同类型的发动机转子-支承结构特征和工作转速范围具有很大的差异,所以,对转子系统共振转速特性分析时,需要根据转子系统的支承方案和模态振型的不同,进行各支点支承刚度和关键连接结构弯曲刚度敏感度的分析与优化设计,以降低各阶临界转速对工作载荷环境影响的分散度。对于转子系统强迫振动响应的稳健性,则需要计算分析转子系统在工作转速范围内,振幅、支点动载荷等振动响应参数对不平衡量轴向、周向分布以及其他激励的敏感度及区间变化范围。

转子系统模态动力学特性稳健设计本质是在转子工作转速范围内,降低动力学特性参数对轴段弯曲刚度、支承刚度、不平衡量分布等参数的敏感性和分散性。为了提高转子系统动力学特性的稳健性,需要筛选对转子系统动力学特性敏感度高的设计参数,通过降低敏感度或限制其变化区间,保证转子系统动力学特性的分散度在允许范围内。

10.3.1 共振转速特性

在前面结构设计力学基础中已经介绍了,对于结构确定的转子系统,由于转子旋转惯性力矩效应,各阶共振转速随转速变化而变化,即为转子系统共振转速特性。在发动机结构设计中,当转子结构质量/刚度分布和支承方案确定后,转子系统的模态动力学特性(共振转速分布及应变能分布)主要取决于支承刚度及转子弯曲刚度等结构刚度特性的变化。由于转子变形、惯性力矩效应和结构刚度特性之间具有交互影响作用,因此,对比不同的转子结构,在不同转速区域内,转子共振转速对支承刚度的敏感度有较大差异。在满足转子临界转速安全裕度的前提下,降低临界转速对支点支承刚度的敏感度,可以降低在装配和使用过程中支承刚度分散性的影响,从而提高转子系统模态动力学特性对结构及其使用载荷环境的稳健性。

1. 转子结构对动力学特性的影响

转子结构对动力特性的影响主要通过以下方面:支点约束特性(包括支承刚度、支承位置等)和惯性结构单元的旋转惯性力矩。以发动机中典型的两支点转子系统为例说明,如图 10-57 所示。

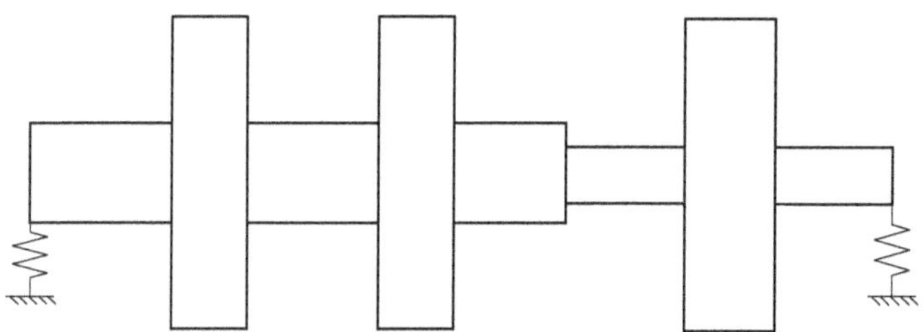

图 10-57 典型两支点转子系统结构示意图

按转子振动模态特征,转子系统共振转速可分为刚体振型共振转速和弯曲振型共振转速,其中刚体振型共振转速包括:平动振型(转子前后、端相位相同)和俯仰振型(转子前、后端相位相反),如图 10-58(a)、(b)所示。

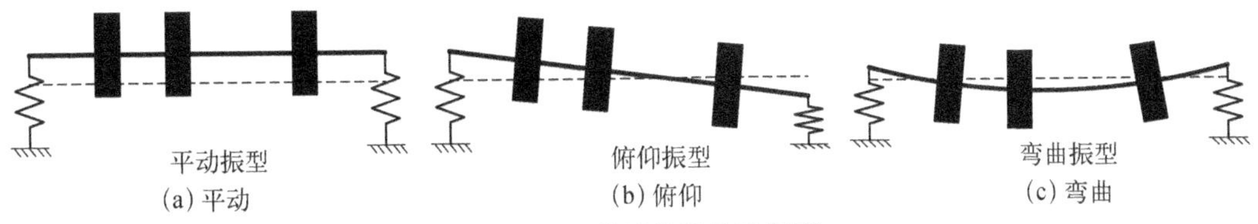

图 10-58　转子临界转速振型

对于刚体振型共振转速,由于转子横向有两个自由度:平动、俯仰,在转子动力学特性设计中,只需要考虑支点位置和支承刚度的影响。对于平动振型共振转速,由于轮盘在振动中的倾斜不大,陀螺效应的影响有限,主要影响因素是转子结构质量特性,即转子质量轴向分布;对于俯仰振型共振转速,由于轮盘在振动中的倾斜不可忽略,转子质量特性中不仅要考虑转子质量分布,还要考虑转子转动惯量分布和惯性轴位置的影响。

对于弯曲振型共振转速,转子在振动中的弯曲变形以及轮盘的倾斜均不可忽略,因此,弯曲振型共振转速的主要影响参数为转子的质量(质心位置)、转动惯量分布(主惯性轴位置)、转子的弯曲刚度以及支点位置、支承刚度。

典型两支点转子系统临界转速及振型随支承刚度变化,如图 10-59 所示,随着支承刚度的增加,转子各阶临界转速均有上升趋势(仅考虑正进动),且其对应的模态振型也发生改变。

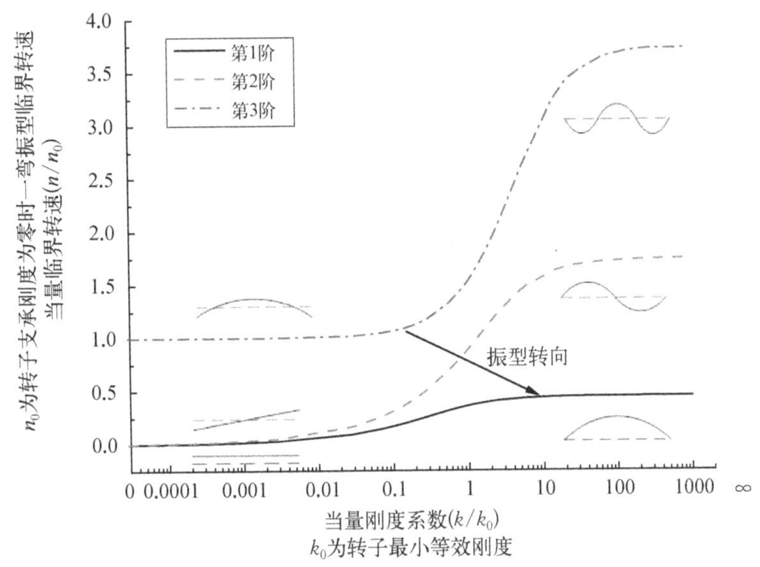

图 10-59　支承刚度对转子系统临界转速及振型的影响

如图 10-60 所示,对于支承刚度较低时的一弯振型,转子两端的振动位移与转子中部的位移相位相反。当支承刚度很大时,只有当转子两端的位移与转子中部的位移相位相同时才能满足转子惯性力和弹性恢复力相平衡的要求。此时,相当于转子的振动节点从支点之间移动到了支点两端,因此,转子一弯振型临界转速降低。应该指出,这种转子临界转速并非单调变化,对于弯曲振型临界转速,支承刚度由小到大变化时,转子模态频率会呈现出先增加再降低的变化,这是因为当支承刚度小于转子弯曲刚度时,支点对转子的角向变形具有一定的约束,可以提高转子的等效刚度,当支承刚度大于转子弯曲刚度时,支点位置转化为转子弯曲变形的节点,增加了转子有效长度,使刚度和弯曲模态频率下降。

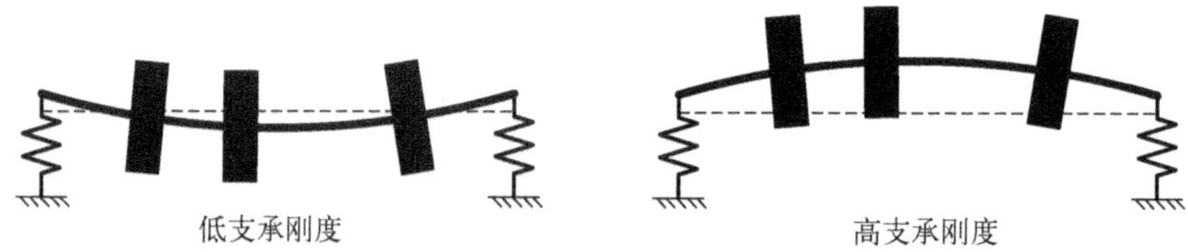

图 10－60　不同支承刚度下的转子一弯振型

图 10－61 为支点位置对转子弯曲振型临界转速的影响。由于在发动机转子系统设计中,支承结构的支承刚度通常低于转子最小等效刚度(通常小一个量级),支点约束作用对转子弯曲振型模态节点位置影响较小。当支点位置靠近转子自由状态(即无支承)的振型节点(图中位置 3)时,由于支点位置处在弯曲振型中几乎没有位移,支承不对转子产生约束作用,此时转子系统的弯曲临界转速最低。反之,当支点位置远离弯曲振型节点时,支承会对转子产生约束作用,使得转子的弯曲临界转速增大。显然,随着支点位置远离振型节点,支承对节点的约束力矩增大,约束转子弯曲变形的作用增强,转子的弯曲临界转速越大。

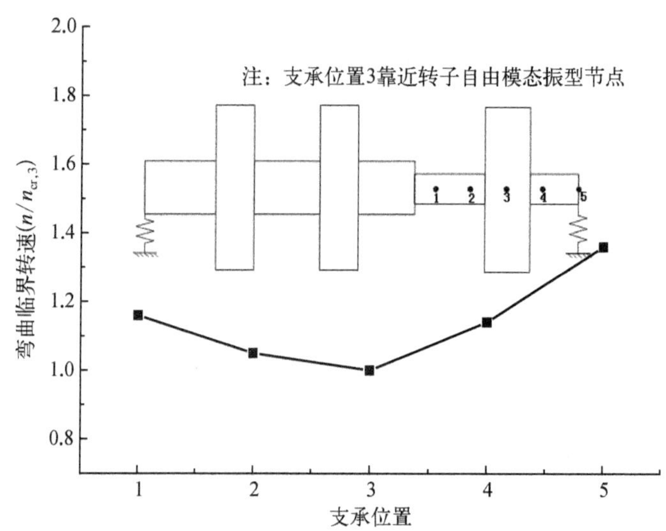

图 10－61　支点位置对转子弯曲临界转速的影响

图 10－62 为轮盘陀螺力矩对转子系统各阶共振频率的影响。由图 10－62 可知,当不考虑陀螺力矩的影响时,转子各阶共振频率不随转速变化;当考虑陀螺力矩的影响时,

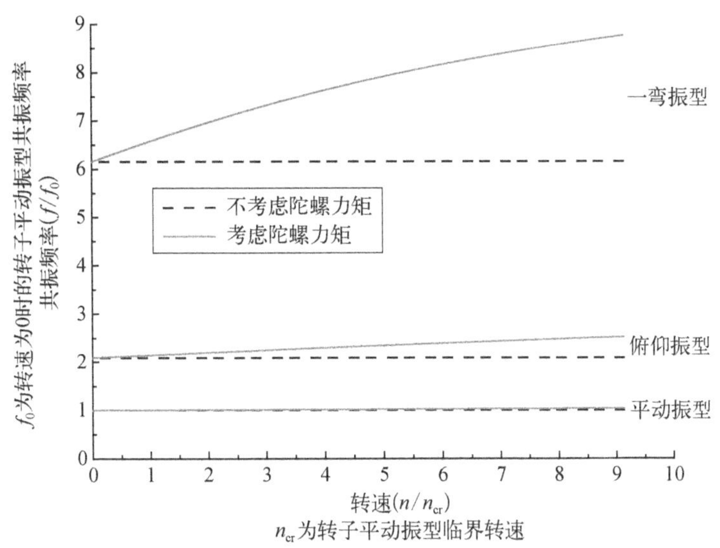

图 10-62　轮盘陀螺效应对转子共振转速的影响

由于其作用方向与轮盘倾斜方向相反，陀螺力矩有加强转子刚性的作用，转子各阶共振频率随转速升高而增大。

值得注意，转子一弯振型共振转速随转速的变化明显大于转子平动、俯仰振型共振转速。在转子平动振型中，轮盘的倾斜角度不大，陀螺力矩很小，因此，下面重点对比陀螺力矩对俯仰振型和一弯振型共振转速的影响。如图 10-63 所示（M_p 是极转动惯量产生的陀螺力矩，M_d 是直径转动惯量产生的陀螺力矩），对于俯仰振型共振转速，虽然各级轮盘极转动惯量所产生的陀螺力矩同向，但是这时整个转子直径转动惯量也很大，并且其与极转动惯量的作用方向相反，因此，俯仰振型共振转速随转速提高并不大；对于弯曲振型临界转速，由于作用于压气机转子和涡轮转子的陀螺力矩方向相反，对转轴弯曲刚性具有较大的加强，共振转速随转速大幅度提高。

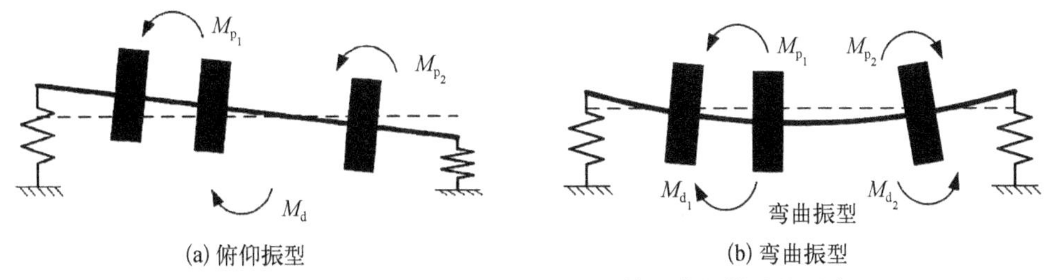

(a) 俯仰振型　　(b) 弯曲振型

图 10-63　轮盘陀螺力矩对不同振型转子共振转速的影响

需要说明，旋转惯性力矩作用对于不同的转子变形，具有不同的影响效果。由理论力学基础可知，转子旋转惯性力矩与自转转速 ω、进动转速 Ω 和倾斜角 θ 相关，并且轮盘的极转动惯量和直径转动惯量会产生相反的惯性力矩。在俯仰和弯曲两种振型下，虽然转子极转动惯量没有变化，但弯曲变形时相应的直径转动惯量会大幅度减小，因此其陀螺力矩效应加大，此外，弯曲共振转速较高也是陀螺力矩效应较大的一个重要因素。

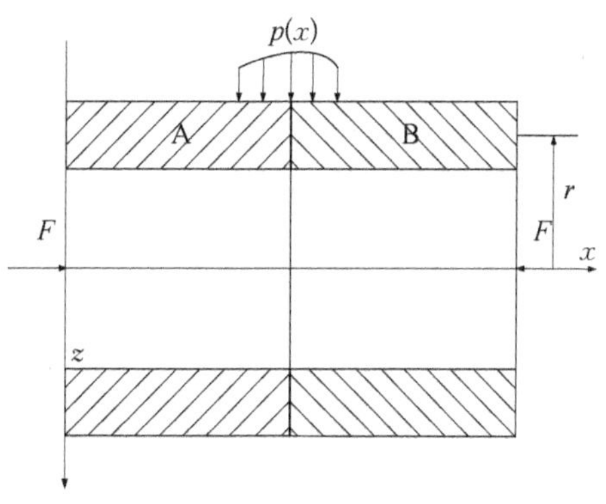

图 10-64　带连接界面的非连续鼓筒结构

2. 连接结构刚度损失的影响

航空发动机转子的连接结构，如止口、螺栓等，均是多个构件在预紧力作用下通过连接界面连接形成的承力结构组件，在工作过程中连接结构承受离心载荷、扭矩载荷和弯曲载荷并提供相应的强度和刚度特性。由于连接界面只能承受压力不能承受拉力，转子系统在弯曲载荷作用下连接界面可能会产生刚度损失。下面以带有连接界面的非连续鼓筒结构（图 10-64）为例，对其受力状态和弯曲刚度特性进行分析，在弯曲载荷作用下界面应力分布见式（10-19）。

$$\begin{cases} \tau_{xz} = G \cdot [2\alpha'(x) + \beta'(x) \cdot (C^2 - z^2)] \\ \sigma_x = \begin{cases} E \cdot \left[\alpha''(x) \cdot z - \dfrac{z^3\beta''(x)}{3} + \dfrac{F}{EA}\right], & \varepsilon_x > 0 \\ 0, & \varepsilon_x < 0 \end{cases} \end{cases} \tag{10-19}$$

由式（10-19）可知，在弯曲载荷作用下，在拉应力大于预紧压应力的区域上，界面间将失去力的相互作用，即连接界面应力分布与弯曲载荷密切相关。在转子产生弯曲变形时，连接界面间由于变形差异和受力状态的变化，会发生滑移产生约束失效，造成连接结构弯曲刚度损失，对转子系统刚度特性及动力学特性产生影响。

由于连接界面只能承受压力而不能承受拉力，在外载荷作用下其力学特征为：界面处有效接触面积不连续、界面应力分布非均匀及界面间因分离产生相对转角，这些均会导致连接界面抗弯刚度小于该截面为固接时的抗弯刚度，产生刚度损失。可通过刚度修正系数 η 定量描述刚度损失[32]，修正系数 η 由三方面组成：

$$\eta = \eta_1 \cdot \eta_2 \cdot \eta_3 \tag{10-20}$$

式中，η_1 为界面接触面积修正系数；η_2 为界面应力修正系数；η_3 为界面弯曲变形修正系数。该刚度修正系数可以通过接触应力仿真计算或相应的试验数据近似得到。

对于带有连接界面的非连续转子结构系统，若连接结构在工作循环中存在较大的弯曲变形，则应考虑连接结构刚度损失对转子系统动力学特性的影响。由于应变能的大小可准确定量地反映结构的弯曲变形程度，因此在转子动力学设计中应尽量降低连接结构处的应变能分布，抑制连接结构刚度损失及其对转子系统动力学特性的影响。

图 10-65 为 3 级轴流压气机试验器转子结构，转子采用大跨度两点支承，并带有多个止口连接结构[33]。

基于上述定义的刚度修正系数，采用修正弹性模量的方法考虑连接结构刚度损失对转子系统动力学特性的影响，计算结果见表 10-2。结果表明：连接结构刚度损失对刚体振型临界转速（平动和俯仰）影响较小，对弯曲临界转速影响较大。连接结构刚度损失可使转子弯曲临界转速下降约 22%。

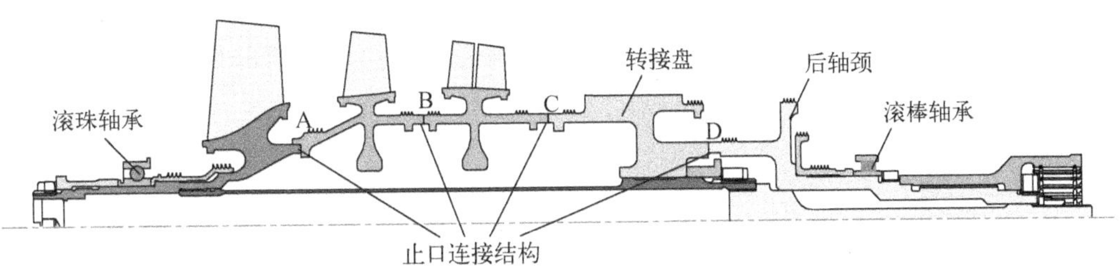

图 10-65　三级轴流压气机试验器转子结构图

表 10-2　连接结构刚度损失对转子系统临界转速的影响

	平动振型临界转速/(r/min)	变化率	俯仰振型临界转速/(r/min)	变化率	弯曲振型临界转速/(r/min)	变化率
不考虑刚度损失	8 640	—	16 140	—	55 020	—
考虑刚度损失	8 460	↓2%	15 720	↓3%	42 915	↓22%

连接结构处是否产生刚度损失与转子弯曲变形有密切关系，如果转子在工作过程中，没有弯曲变形则不需要考虑连接结构弯曲刚度损失问题。而随着转子工作转速的提高，转子的最大工作转速与弯曲振型临界转速之间的裕度越来越小，使得转子工作中会产生一定的弯曲变形，这就必须考虑连接结构弯曲刚度损失及其对转子弯曲振型临界转速的影响。止口连接结构产生弯曲刚度损失的主要原因是：当转子具有弯曲变形时，连接界面上的应力分布发生变化，抗弯曲变形能力减小，在角向变形上具有阶跃(挠角不连续)特性，产生一定的角向约束刚度的下降。理论计算分析和试验验证结果表明，由于在刚体振型临界转速下，转子弯曲变形很小，连接结构弯曲刚度损失及其影响很小，可以不考虑其影响，而对于弯曲振型临界转速的影响则必须考虑，即连接结构弯曲刚度损失对外部载荷环境十分敏感。

10.3.2　振动响应特性稳健设计

在航空燃气轮机整机及转子系统动力学设计中，临界转速及其振型是转子系统主要的固有动力学特性，以"避开共振"理论为基础的安全裕度设计是转子动力学设计的基础，但是，对于新构形转子系统的动力学设计，仅仅考虑转子结构系统固有动力学特性及其安全裕度是不够的，还要计算分析在工作过程中转子系统振动响应特性。

发动机转子系统的振动响应，一般是指转子系统在工作过程中的运动状态，主要的振动响应参数是转子的振幅、速度和加速度，以及转子振动弹性线和支点动载荷等。在转子系统振动响应分析中，要对转子在不同转速下的振动幅值加以控制，以避免转静件碰摩，同时也需要分析支点动载荷的变化规律，以明确轴承及支承结构的动力学特性及其对转子运动状态的影响。

对于多支点柔性转子系统，在设计时需要考虑支点数目、支点位置和支承刚度对转子系统振动响应的影响。下面以涡扇发动机的低压转子系统为例，计算分析在多支点柔性转子系统动力学设计中，各阶共振转速分布特征及其振动响应特性。图 10-66 为典型低压转子系统结构简图，转子采用 0－3－0 支承方案，在动力学设计中，需要考虑工作转速区间范围各阶共振转速的分布，以及在不同转速下各支点动载荷的变化及其外传振动响应。

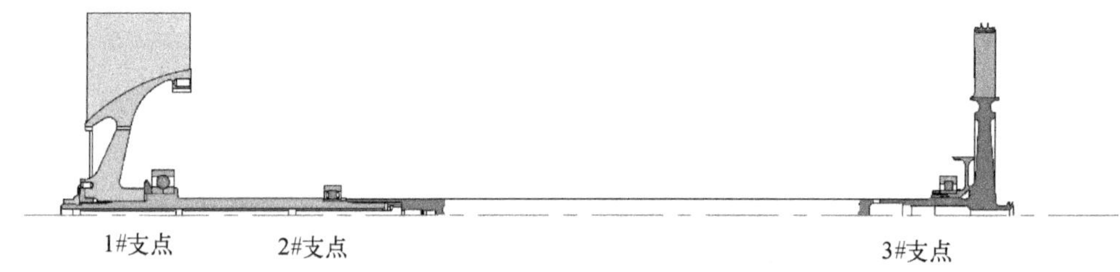

图 10－66 低压转子系统结构示意图

1. 共振转速分布

通过建立有限元模型，计算得到三支点低压转子系统共振转速分布及对应振型，如图 10－67 所示。

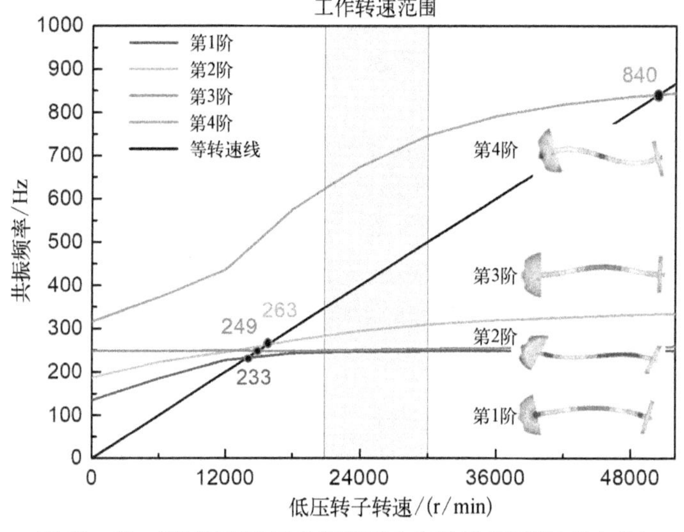

图 10－67 低压转子各阶共振转速分布及相应振型(三支点)

转子系统共振转速图表明，柔性转子系统的前 3 阶共振转速对应的振型分别为：整体一弯、整体二弯和涡轮轴弯曲。由于弯曲变形使得风扇和低压涡轮盘的陀螺力矩效应加大，通过转子结构和支承约束特性的设计，前 3 阶临界转速交汇在 13 980～15 780 r/min 转速范围内，不仅使转子系统工作转速具有一定的安全裕度，还可以使转子加速通过 3 阶临界转速时，减小振动响应。

对于上述低压转子系统的结构及动力学设计，如果采用 0－2－0 两支点支承方案，即去掉中间支点，并通过调整支点位置和支承刚度也可以满足避开共振的设计要求，图 10－68 为 0－2－0 支承方案的低压转子系统共振转速分布及振型图。

从图 10－68 中可以看到，采用二支点支承方案的低压转子系统，其前 3 阶共振转速依次出现，使得前 3 阶临界转速分布在 3 360～13 620 r/min 的转速范围内。由于工作转速

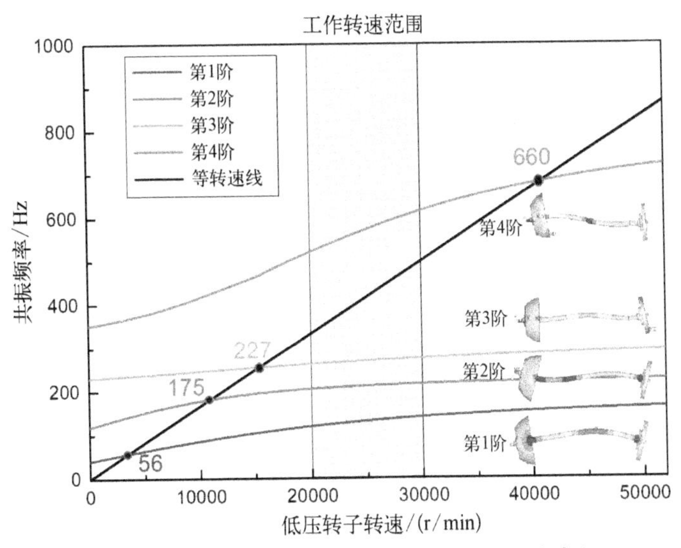

图 10－68　低压转子系统共振转速分布(两支点)

在多阶弯曲临界之上,各阶临界转速分布在较大的转速区间,在起动和停车过程中,转子系统穿越多阶临界转速时,均会产生较大的振动响应。在共振转速分布及其振型图中可以看到,各阶临界转速对应的振型主要是弯曲变形,这时会在转子支点处产生较大的动载荷,从而影响整机振动量值并降低发动机结构系统的可靠性。

通过对比可知,在转子系统尤其是柔性转子系统的动力学设计中,支承方案和支点位置的确定,不能仅仅依靠临界转速及其安全裕度。上文采用的两支点和三支点支承方案的转子系统,其临界转速都能有充足的安全裕度,但由于两种结构设计方案的各阶共振转速分布不同,会导致转子工作过程中振动响应(转子变形和支点动载荷)不同,使得整机动力学特性、结构系统高周疲劳损伤和结构可靠性有所差异。

2. 振动响应分析

对于上述三支点柔性转子系统,在风扇处存在不平衡量时,计算各支点动载荷的稳态响应曲线,如图 10－69 和图 10－70 所示。采用三支点支承的低压转子系统前 3 阶临界转速集中在较小的转速范围内,当转子通过多阶临界转速时,由于各阶模态振动相位不同产生了相互制约作用,使得支反力幅值得到抑制;而采用两支点支承的低压转子系统前 3 阶临界转速分散在较宽的转速范围内,各阶模态间相互影响较小,使得支点动载荷在前 3 阶临界转速处均具有较大的振动峰值,且峰值大小明显较三支点方案大,在起动和停车过程中,容易造成转子系统结构损伤并引起较大的外传振动。

因此,对于工作转速位于多阶弯曲临界转速以上的柔性转子系统,在转子动力学设计中,可通过调整支点数目和支承刚度,改变转子模态振型,并根据陀螺力矩对不同振型的敏感度不同,使多阶临界转速集中于较小的转速范围内,利用不同阶共振转速的模态振型和相位的不同,抑制转子及支点动载荷的振动幅值,从而降低转子在加速通过多阶临界转速区间时的振动响应,并且可用于解决挤压油膜阻尼器只能降低某些特定振型下振动响应的局限性。

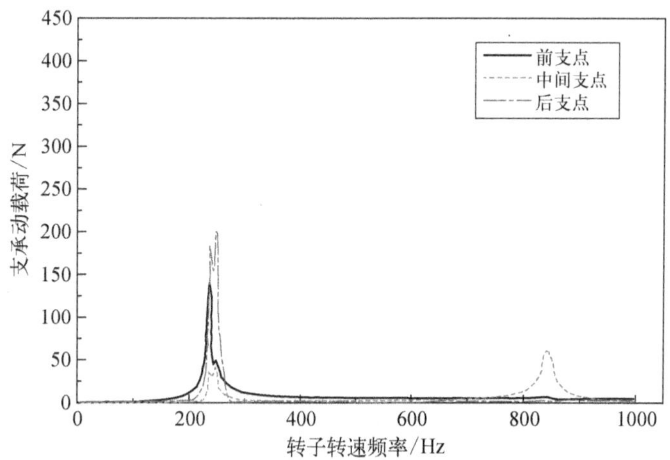

图 10-69　低压转子系统支点动载荷(三支点)

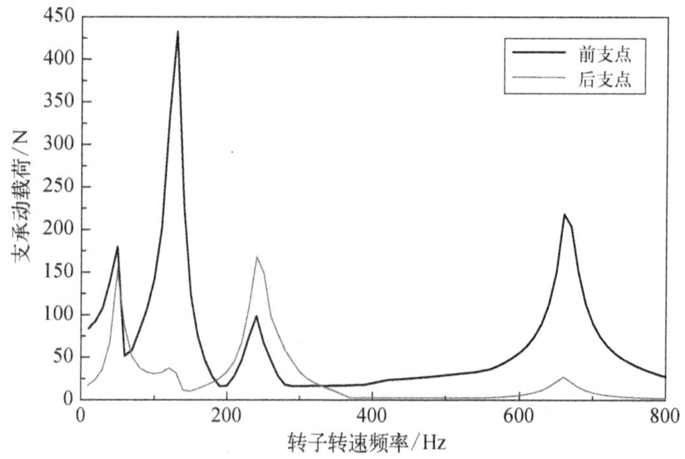

图 10-70　低压转子系统支点动载荷(两支点)

思　考　题

1. 转子结构非连续性的内涵是什么？连续梁和界面连接梁弯曲刚度的差异？

2. 如何理解结构系统稳健设计？转子连接结构稳健设计目标是什么？

3. 航空燃气轮机转子系统中有哪些典型连接结构？影响其稳健性的主要因素有哪些？

4. 简述转子结构弯曲刚度和支承刚度对转子系统共振转速分布的影响。

第 11 章 结构系统安全设计

航空发动机结构系统安全性是指结构系统在使用环境下,承受可能出现的各种危险状况及其载荷的能力,以及在恶劣环境偶然事件发生时和发生后,仍保持必要的整体稳定性和安全运转的能力,是使航空发动机顺利适航取证、保护乘客及机组的人身安全的关键之一。航空发动机结构系统安全设计不同于结构的强度设计,不以保证正常工作载荷下的寿命及可靠性为目标,而是针对偶然发生的极端恶劣载荷,以防止系统功能丧失和降低危害度为目标,不采用增加结构质量以提高安全裕度的方法,而是从结构系统设计层面采取一定的安全设计策略,以提高结构系统安全性。

11.1 恶劣工况及结构安全性

11.1.1 结构安全性

结构安全性,是指结构系统在使用环境下,承受可能出现的各种危险状况及其载荷的能力,以及在恶劣环境偶然事件发生时和发生后,仍保持必要的整体稳定性和安全运转的能力。对于航空发动机的结构安全性,是指结构系统在规定条件和时间内,以可接受的风险执行规定功能的能力。航空发动机是具有多变工况和复杂结构的高速旋转机械,其结构系统安全设计的主要难点在于,由于飞行器的飞行状态多样(如机动过载、硬着陆等)以及飞行环境的不断变化(如偶然遭遇鸟群或沙暴袭击等),航空发动机结构系统所承受的载荷更加恶劣与危险,但其对结构质量的苛刻要求,使得安全设计不能简单采用增加质量的方法实现,因此航空发动机结构安全设计的策略与方法相比于一般旋转机械具有独特之处,必须以结构强度、冲击动力学、振动力学和转子动力学等学科的力学原理为指导,以发动机结构系统的创新巧妙设计为载体,在不增加结构质量的前提下提高系统安全性。

基于航空发动机的特点,其结构系统安全性的损失评估是依据不同程度的失效而确定的。结构系统按照设计要求进行生产、工作和维修过程中,由于自身缺陷、损伤积累或外部工作环境变化引起的发动机功能、性能不能满足使用要求,称为结构失效。在航空发动机使用过程中,结构系统失效根据危害程度可分为轻微失效、重大失效和危险失效。

轻微失效主要是影响发动机的性能,如推力或输出功率下降,耗油率升高等。

重大失效对发动机的可靠性和安全性产生较大影响,结构载荷增加,强度储备和安全裕度降低。典型的重大失效包括：① 受控制的着火；② 烧穿机匣，但不危及发动机；③ 低能量结构件飞出，但不危及发动机；④ 导致机上人员不舒服的振动；⑤ 发动机向座舱引气中的有毒物质足以降低机组人员的操作效能；⑥ 产生与驾驶员指令方向相反的推力，但低于规定的最危险的水平；⑦ 发动机支承系统载荷路径失去完整性，但发动机没有实际脱开；⑧ 产生的推力大于最大额定推力；⑨ 相当大的、无法控制的推力振荡。

危险失效对发动机、飞机以及机载人员和装备的影响是摧毁性的、致命的。典型的危险失效包括：① 不包容高能碎片；② 客舱用发动机引气中有毒物质浓度足以使机组人员或乘客失去正常行为能力；③ 产生与驾驶员指令方向相反的相当大的推力；④ 失去控制的着火；⑤ 发动机安装系统失效，导致发动机脱开；⑥ 不能使发动机完全停车。

安全性可以分为本体安全、操纵安全、系统安全和使用安全，其反映的内涵和程度是不同的。本体安全指系统设计时留有一定的安全裕度，即给定结构安全系数；操纵安全指由于结构系统个别构件失效时，通过调整控制，仍能保证飞行器安全着陆；系统安全是指结构系统整体失效时，不会有致命的危险发生；使用安全指驾驶员操作使用不当时，系统会有一定的纠错和调整能力，不至于引起致命的破坏性。在航空发动机结构设计中，重点是本体安全性和系统安全性，其中，本体安全性主要是在构件强度、寿命设计中通过安全裕度保证；而系统安全性是总体结构设计通过整机结构系统的合理优化，控制和降低失效的危害度。本章中的安全性侧重于系统安全性。

结构安全设计，是指通过各种设计策略和措施消除危害或控制危害程度，防止所设计的系统在使用过程中，发生导致人员伤亡或设备损坏的各种意外事故。对于航空发动机结构安全设计，侧重于整机危险性和具有重大影响的故障模式分析及其试验验证。

安全设计的常用方法有：① 能量控制法，即从设计角度考虑消除或降低危害或控制危害度；② 故障隔离法，即确保在出现故障之后，不会影响系统安全；③ 薄弱环节法，即从安全性考虑，可在系统中设计"薄弱环节"，使系统出现故障之前，在薄弱环节处先出现失效，以减轻故障的危害度；④ 告警装置，即在故障发生前后发出相应的提示，以采取相应的控制措施，减小危害度。

11.1.2 工作状态与载荷特征

航空发动机在工作过程中，由于外部环境和飞行状态的影响，可能会产生一些影响发动机安全性的载荷，如硬着陆、外物打伤、叶片飞失等，对发动机结构所产生的载荷作用，按照其力学特征可分为过载状态、机动飞行、冲击状态等，在结构安全设计中需要对其进行考核。

1. 过载状态

结构在进行非惯性运动时，结构质量会产生惯性载荷作用，即质量惯性载荷，与结构质量和运动状态密切相关。发动机的过载是指发动机工作过程中，由于加速或减速而受到的除重力之外的其他惯性力载荷。过载状态引起转子系统和承力系统均在过载方向发生不同程度的变形，从而导致转静子间隙变化，引起发动机气动性能衰退，甚至引起碰摩或其他结构失效故障。

过载载荷是与结构质量分布相关的分布载荷，各结构产生的惯性载荷大小正比于结构的质量，而结构在惯性载荷下产生的变形与结构的刚度分布相关，因此惯性载荷产生的力学效果受质量和刚度分布的综合影响，实际的变形量和间隙变化量取决于具体结构特征。

航空发动机过载状态按照加速度方向可以划分为横向过载和轴向过载。其中，横向过载的极限状态主要发生在飞机硬着陆过程中，轴向过载主要发生在舰载机弹射起飞或者飞机加速/减速等过程中。此外，飞机在机动飞行过程中，发动机的结构（包括转子和静子）也会产生质量惯性力和惯性力矩（陀螺力矩）的作用。惯性载荷作用的力学效果主要是引起承力结构系统和转子结构系统各自变形及转静子间隙变化，容易引起碰摩、抱轴等转子-支承结构系统的安全性问题。

过载状态是发动机常见的运转状态，对发动机安全性影响最为重要的是保证安装节的结构完整性。对于主安装节，主要设计限制参数为弹性变形量和极限拉伸强度等，基本设计要求是：① 安装节应在弹性极限载荷范围内不存在永久变形，且能在极限拉伸强度载荷下不发生完全破坏；② 须保证正常运转时具有足够的强度裕度，并且在飞机紧急着陆或更严重的单个连接件存在损坏的情况下仍能保证安全。

航空发动机结构安全设计中的载荷条件，对于极限过载状态的要求是能承受轴向 $4g$、侧向 $2g$、垂向 $3g$ 的惯性载荷并且保证：① 主安装节保证弹性和极限拉伸强度，在紧急着陆或单个连接部件损坏情况下保证飞机安全；② 地面吊装安装节不发生永久变形且在极限拉伸强度载荷下不完全破坏。

硬着陆过程中产生的横向过载物理过程为，发动机随飞机具有一定向下速度与地面撞击，在冲击载荷作用下产生动态变化的加速度，整体结构系统均承受冲击所引起的附加质量惯性载荷作用。横向过载将产生两方面影响：① 转子系统和静子系统均产生垂直方向的位移；② 转静件之间由于位移不协调而导致径向间隙变化，轻微时影响气动效率，严重时可导致碰摩。飞机硬着陆过程中发动机的惯性加速度的典型变化过程，如图 11-1 所示，横向过载发生时，发动机垂直方向的惯性加速度突增并振荡，范围一般在 $\pm 2g$ 内，之后在 2s 左右期间内衰减回归零值。

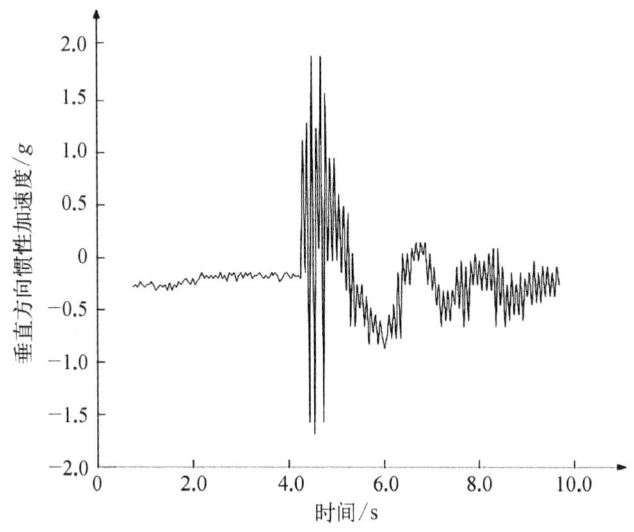

图 11-1　硬着陆时飞机质心的加速度/时间曲线

发动机在横向过载状态下，承力系统受到的是质量惯性载荷的作用，在过载的每个瞬时，可以视为准静态载荷。横向过载按照具体方向可以分为垂向和侧向，其中垂向过载状态的载荷分布示意图，如图 11－2 所示。

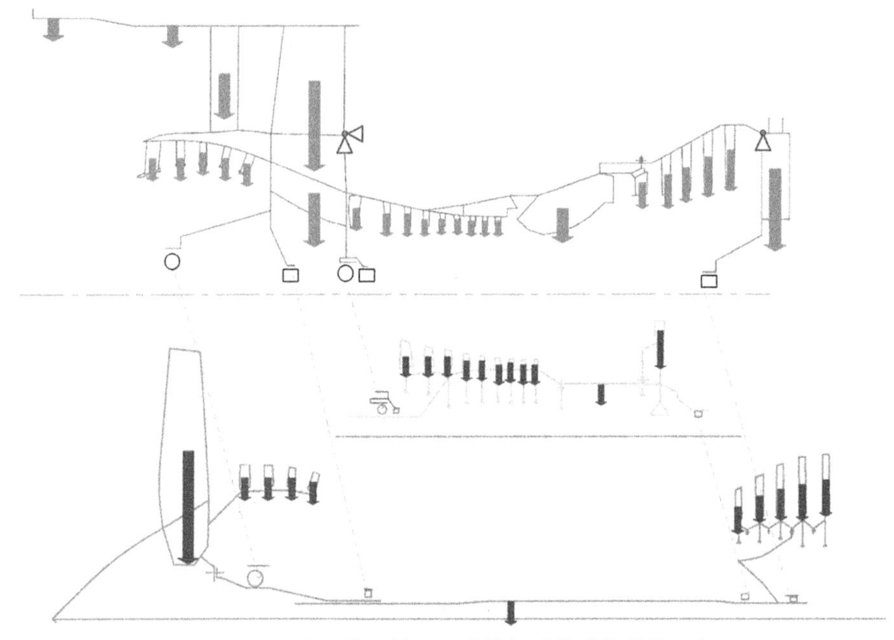

图 11－2　承力系统及转子系统横向过载时的载荷示意图

横向过载作用下，发动机横截面的变形，如图 11－3(a) 所示，由于约束和载荷的不对称，静子件在垂直和水平两个方向的变形不同，总变形趋近于椭圆形，而转子的运动轨迹截面基本为圆截面，从而导致转静件在周向的间隙存在差异，可能引起局部的碰摩故障，如偏摩。对于静子部件，在安装节附近的结构，一方面距离安装节较近，约束作用强，另一方面该部位局部的框架结构增强了结构刚性，因而这些部位的变形较小；而远离安装节的静子结构，如风扇机匣，为大直径的悬臂薄壁壳结构，结构质量较大，且安装节约束作用较

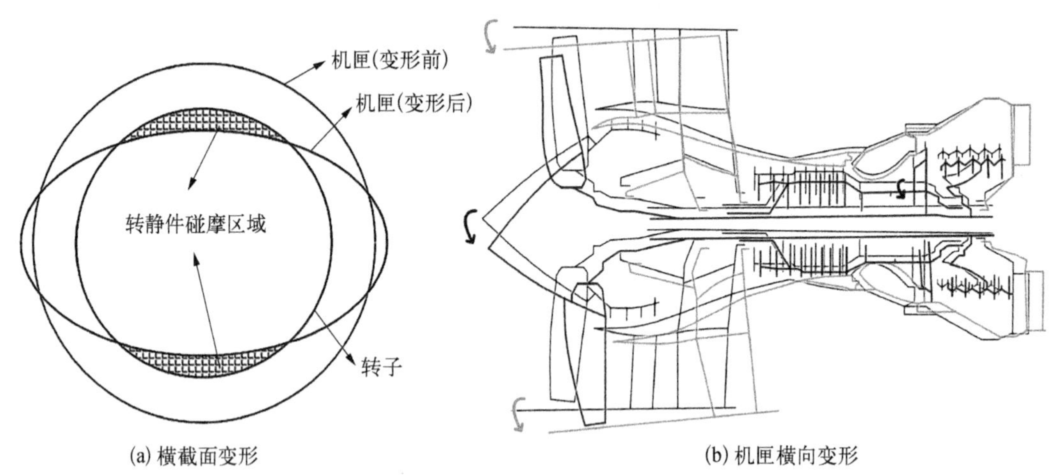

(a) 横截面变形　　(b) 机匣横向变形

图 11－3　横向过载作用下变形示意图

弱,横向变形较大。对于转子结构,横向变形取决于转子质量分布、刚度分布和支承约束的综合影响,在质量集中位置惯性载荷较大,但变形不一定大。正是由于整机静子和转子结构质量分布、刚度分布和支承约束之间的差异,在惯性载荷作用下,可能发生局部变形过大和转静件变形不协调。图 11-3(b)为机匣的横向变形示意图。

舰载机着舰或飞机突然加减速时,发动机随飞机产生轴向的惯性加速度作用,转子系统和静子系统相对安装节产生轴向惯性载荷,形成轴向过载和变形。

轴向过载作用下,承力系统受到的载荷可以近似认为是稳态的轴向惯性载荷,如图 11-4 所示。与横向过载不同,承力系统轴向过载产生的载荷来自两个部分: 一是机匣结构系统的质量所产生的轴向分布载荷,通过静子机匣作用在安装节上;二是转子结构质量所产生的惯性载荷,主要集中作用在滚珠轴承上,最终通过中介机匣承力框架作用在安装节上。

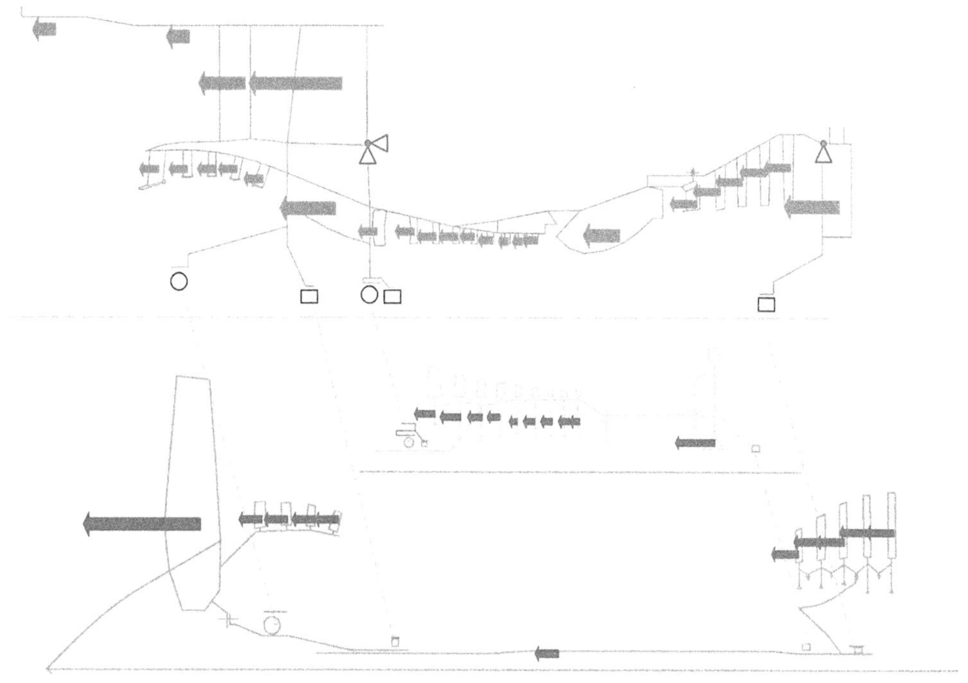

图 11-4　承力系统及转子系统轴向过载时的载荷示意图

轴向过载作用的力学效果是: ① 静子系统和转子系统轴向整体发生位移;② 由于安装节的约束位置不在质心的水平线上,过载载荷相对于安装节产生力矩,从而使得承力系统整体相对安装节发生摆动。

综上,对于过载状态所产生的惯性载荷及其对结构安全性的影响,主要表现在: 一是转静件之间变形协调性,以保证间隙变化及其对性能、转静子碰摩激励非协调涡动及失稳的影响;二是对安装结构系统的冲击损伤破坏的影响。

对于安装结构系统,最常见的故障失效模式是安装固定结构及其紧固件的大应力疲劳断裂,因此,需要对发动机安装结构在恶劣载荷环境下,结构系统受稳态和冲击载荷作用下的损伤失效及危害性进行验证,确保安装结构满足设计要求。

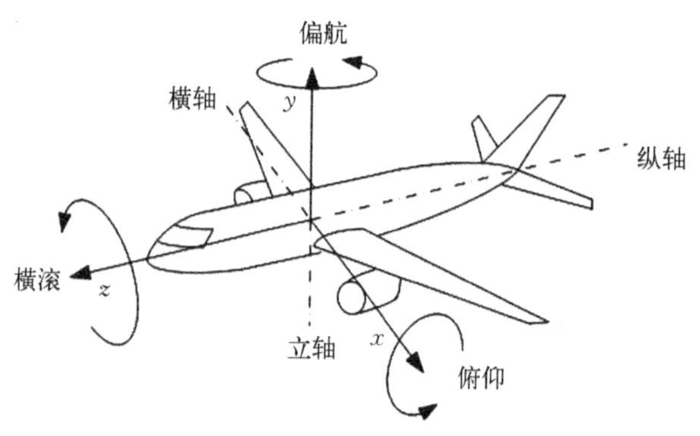

图 11-5　三种机动飞行状态示意

2. 机动飞行

飞机的机动飞行状态有三种：横滚、俯仰和偏航，如图 11-5 所示。由于飞机横滚、俯仰和偏航机动飞行，产生角速度和角加速度，使得发动机承受陀螺力矩。陀螺力矩是一种循环载荷，会降低转子系统的循环疲劳寿命。美国空军研究表明，飞机按 3.5 rad/s 速率进行机动飞行时，轴承载荷将增大 15 倍，作用在单个转子叶片上的力可达正常气动力的 3 倍(由于机动飞行引起的气动载荷的作用，而不是陀螺力矩直接作用在叶片上)。

发动机在最大允许稳态转速下，在飞行包线内和在下述规定的陀螺力矩条件下，承受角速度和加速度作用时，发动机应正常工作。依据机动飞行的时间的不同，分别对短时和长时作用的陀螺力矩进行了规定[34]：① 对于短时间机动飞行，在绕垂直于转子轴线的稳态角速度和 1g 的垂直机动载荷作用下，持续工作 15 s。其中，飞行角速度随飞机类型不同存在差异，见表 11-1。② 对于长时间机动飞行，在绕垂直于转子轴线的稳态角速度和飞行包线内的所有载荷作用下，循环寿命为 10^7 循环，其中，机动飞行角速度随飞机类型不同存在差异，见表 11-2。

表 11-1　短时间内最大角速度

类　　型	战斗机	轰炸机和货机	旋翼机
角速度/(rad/s)	3.5	1.5	2.5

表 11-2　长时间内最大角速度

类　　型	战斗机	轰炸机和货机	旋翼机
角速度/(rad/s)	1.4	1.4	0.9

对于战斗机而言，机动飞行是重要的工作状态之一；对于装配高涵道比涡扇发动机的大型运输机和旅客机而言，虽然机动飞行不是典型的工况，机动程度不及战斗机严重，但仍需要对其进行安全性的考核。

发动机在机动飞行状态时，不同结构承受不同的惯性载荷，发动机静子结构上主要承受过载载荷，而旋转结构则需要承受过载载荷和旋转惯性力矩(陀螺力矩)的作用，这种旋转惯性力矩会对转子系统运动状态产生一定影响，同时还会引起支点动载荷的显著变化，引起轴承、支承结构以及承力结构系统力学特性的变化，甚至损坏。

在机动飞行过程中，航空燃气轮机的转动状态，如图 11-6 所示，承力系统主要承受的惯性载荷：① 承力结构自身随机动飞行姿态改变所产生的惯性载荷；② 转子所产生的旋转惯性力矩作用在轴承及支承结构上的支点动载荷。

对于静子结构的惯性载荷，主要是由发动机绕转弯中心按转弯半径做圆周运动产生

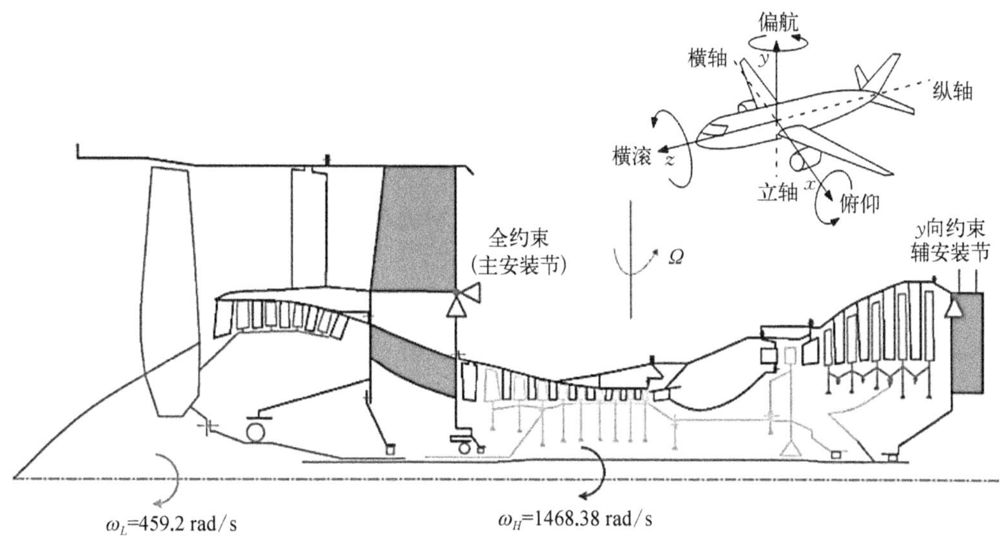

图 11-6　机动飞行时航空燃气轮机转动状态

的，其大小 $F = mr\Omega^2$，与机动飞行半径以及飞机机动运动的角速度平方呈正比，是与结构质量分布相一致的分布载荷，作用在整个结构系统上。

对于转子旋转惯性力矩的作用，除了与机动飞行状态有关以外，还与转子自身转动惯量、转速及支点位置密切相关，旋转惯性力矩载荷通过轴承传递到承力系统上，如高涵道比涡扇发动机，图 11-7 为作用在高、低压转子上的陀螺力矩与自转和偏航角速度方向垂直。

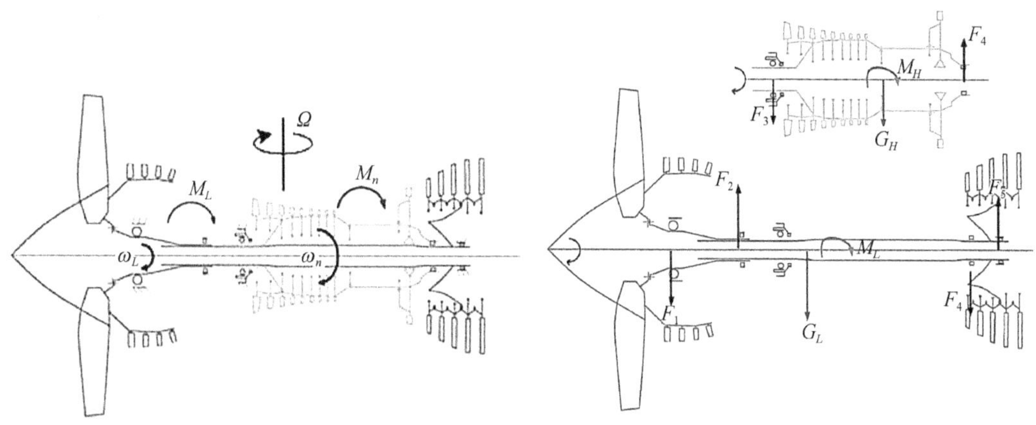

图 11-7　双转子系统受到的陀螺力矩　　**图 11-8　机动飞行时转子陀螺力矩及支反力分析**

由于转子转速远高于偏航角速度，因而作用在转子上的旋转惯性力矩的影响高于横向过载影响。在偏航状态下，发动机高、低压转子上所产生的旋转惯性力矩及其在支点上产生的支点动载荷，如图 11-8 所示。竖直方向的载荷，主要有重力、陀螺力矩以及支点动载荷，其力学效果是使得承力系统在受力平面内发生变形。

在机动载荷状态下，发动机转子上所产生的旋转惯性力矩大小与转动惯量和转速、机动飞行角速度呈正比（$\boldsymbol{M} = J_p \boldsymbol{\omega} \times \boldsymbol{\Omega}$），因此，在进行旋转惯性力矩计算时，简化模型需要在转子结构刚度分布和转动惯量分布上保持等效性和一致性，对于风扇叶片和低压涡轮叶片等具有大旋转惯性构件不能过度简化。

对于机动飞行所产生的惯性载荷及其影响，需要通过仿真和试验验证，考察在惯性载荷作用下安装节、轴承及支承结构的承载能力及对结构系统安全性的影响。在试验验证时，可使用射线或其他探针传感器，测试叶片和机匣之间的间隙、转子的径向间隙和轴向间隙，以及转子挠度变形来评估其影响。

实际操作中，发动机需要安装在陀螺试验台上进行性能检验。陀螺试验台以 0.5 rad/s 的增量步从 0.5 rad/s 增加到 3.5 rad/s，陀螺试验台应先按一个方向转动再相反转动。每个状态下须完成如下步骤的考核：① 慢车状态 1 min；② 30 s 内从慢车加速到最大允许转速；③ 在最大允许转速驻留 10 s；④ 30 s 内从最大允许转速减速到慢车，最后停车。要求试验后发动机性能无明显降低，发动机整机及部件系统在试验期间内工作正常，结构载荷在可接受的范围内，且分解后叶片没有过度磨损或即将损坏的迹象。

3. 冲击状态

根据发动机受到冲击的方向可以将发动机的冲击状态分为轴向冲击与径向冲击。其中，发动机产生轴向冲击的方式主要有两种：① 由于冰、砂石、鸟、固定连接件等进入气流通道对叶片或其他结构产生的冲击损伤，也称外物打伤；② 由于突然移动油门杆或气流发生轴向脉动（喘振）导致的发动机推力突变。发动机的径向冲击状态主要指叶片飞失。叶片飞失（blade-off 或 blade loss）指的是转子叶片的局部甚至整个叶片折断飞出。

外物打伤，是工作过程中有可能遇到的，对结构安全性具有重要影响的一种恶劣工作状态。随高速气流吸入发动机的外来物冲击，对结构造成损伤，并使发动机性能下降，严重危害到飞机的飞行安全，这种外物冲击损伤简称外物打伤（foreign object damage）。外物打伤是典型的危及发动机安全性的事故，对于高涵道比涡扇发动机，由于其迎风面积大、空气流量大，危害更加严重，叶片的抗冲击强度、疲劳特性以及轴向冲击载荷对转子系统的影响备受关注。

通常把外物打伤分成软体外物打伤和硬体外物打伤两大类。软体外物打伤是指飞鸟、冰、液滴等被吸入发动机而对叶片造成的损伤，如图 11－9 所示。而硬体外物打伤是指随着高速气流吸入的一些小零件、维修时残留物（如螺钉、螺栓等）、砂石和其他杂物等对叶片的损伤。

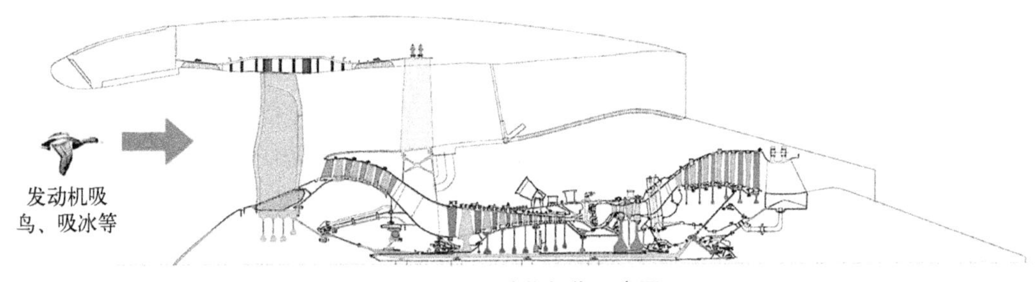

图 11－9　外物打伤示意图

对于外物打伤，标准中规定：当发动机吸入外物或内物时，发动机仍能达到如下工作状态：① 对于仅可能影响一台发动机的外物撞击和吞咽情况，不会对发动机产生任何危险性影响；② 对于有可能影响超过一台发动机的外物撞击和吞咽情况，不会妨碍飞机继续安全飞行和着陆，包括以下情况：立即或随后丧失性能、发动机操纵性能恶化、超过发动机的工作极限值。

叶片飞失的原因通常有两种，一是叶片振动导致疲劳损坏；二是外物打伤导致的叶片瞬断丢失。当转子发生喘振、叶片共振或颤振时有可能导致一片或几片叶片掉块或折断；若叶片上存在应力集中区域，即使不发生太大振动或共振也会产生局部交变大应力，引起疲劳裂纹，最后被其自身的离心应力撕裂折断；当叶片受到气体腐蚀、砂石或飞鸟的冲击使叶片受伤、变形或磨损等情况发生振动或共振时，更容易疲劳断裂。而由于高涵道比涡扇发动机的风扇叶片质量和转动惯量都很大，其风扇叶片丢失产生的危害性更为突出。一是由于风扇位于气流通道的前端，对发动机气流流道具有巨大的影响；二是风扇叶片的质量和转动惯量都比较大，丢失后转子系统会突加很大的不平衡量，对转子系统及整机的危害极大。

对于叶片飞失，要求叶片飞失后发动机具有足够的结构完整性。在最高允许瞬态转速下，风扇、压气机和涡轮位置的单个叶片在缘板以上的叶身断裂飞出，并引起同级叶片发生二次损伤后，应保证下列情况：① 发动机不产生非包容故障和着火；② 不发生转子、轴承、支承或安装节的灾难性破坏；③ 不出现超转状态；④ 不出现易燃液体管路的泄露或发动机丧失停车能力；⑤ 避免导致灾难性破坏的二次失效模式。此外，必须提供适当的结构阻尼，使单个叶片破坏时在危险转速下不会导致持续性的功率损失。

外物打伤和叶片飞失，由于载荷变化速率非常大，这种载荷的典型特征是作用时间极短，具有明显的冲击特征，其危害主要是对转子和静子结构的直接破坏和使整机结构系统力学特性发生变化，如：转静件碰摩等，造成整机及转子系统振动加大，以致引起系统损伤失效。对于载荷的冲击效应表现为，巨大振动能量在径向和轴向的冲击激励，以及之后大不平衡下发动机减速停车过程中的损伤失效危害。

对于推力瞬变，在任何状态、以任何顺序和速率移动油门杆时，应不存在超出瞬态极限的超转和超温，也不引起主燃烧室、加力燃烧室、风扇或压气机不稳定工作。

在航空发动机的研制和适航取证过程中，需要通过试验评定发动机对冲击载荷的承受能力。对于外物打伤，通过分析和试验评定发动机满足内物或外物损伤要求的能力，验证风扇和压气机叶片能满足使用要求，并进行吞冰和吞鸟试验。对于叶片飞失，必须对吊挂于地面试车台的发动机整机进行最危险的风扇叶片飞失试验，如图 11－10 所示，通过试验验证：① 高能碎片能被发动机包容，发动机外机匣没有明显的破裂或危险的变形或有叶片穿过发动机机匣被抛出；② 不发生着火；③ 安装节不发生断裂。需要注意，在进行叶片飞失对转子系统动力学特性的影响分析中，考虑到叶片断裂后对同级其他叶片的打伤，叶片飞失后产生力学效果应等效于 2 个叶片脱离轮盘的载荷量值。对于推力瞬变，发动机应从最小空中慢车状态加速，模拟快推油门，然后在过渡工作条件（如转速、压力、推力、温度）下运行 2 min。试验结束后，发动机能在典型巡航条件下令人满意地连续运行

图 11－10　用于叶片丢失试验的发动机室外试车台

30 min。

整机试验前,需要进行仿真分析和部件试验。考核的内容如下:① 机匣包容性,涉及非线性高速撞击动力学以及复合材料机匣的设计;② 高速柔性转子瞬态冲击响应,涉及瞬态转子动力学、转静子碰摩、挤压油膜阻尼器等问题,分析和评估转子在突加大不平衡激励下的瞬态响应;③ 整机结构动力学响应,涉及薄壁结构件的耦合振动、轴承及安装节冲击载荷;④ 转子持续生存能力,主要是指发动机在叶片飞失后保持风车状态运转的能力。

11.2　支点动载荷控制及支承结构设计

叶片飞失、外物打伤等一些极限载荷状态下,对转子系统在动力学方面的影响主要表现为突加不平衡激励。在进行安全设计时,需要对突加不平衡激励下转子－支承结构系统的运动过程和振动响应进行分析。

11.2.1　叶片飞失过程与载荷力学特征

叶片飞失对于发动机结构安全性的影响,主要包括机匣包容性、转静子系统动力学响应和安装结构安全性分析。从整机动力学角度分析,叶片飞失发生时,转子系统突加不平衡载荷,瞬态振动响应突增,引起支点动载荷变化及对传力路线的影响[35]。

图 11－11 为涡扇发动机风扇、压气机和涡轮叶片位置示意图,风扇叶片的体积和质

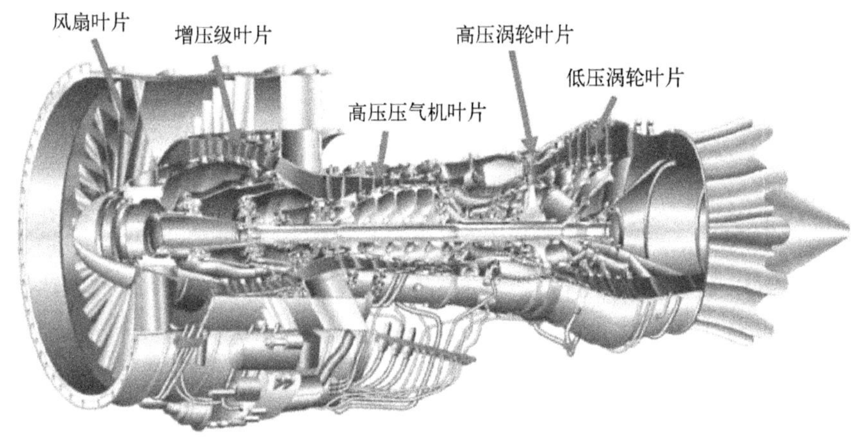

图 11－11　涡扇发动机及不同叶片位置

量相对于其他各级叶片而言较大,丢失时带来的影响也最大。对于高涵道比涡扇发动机,风扇叶片飞失带来的影响更为严重:一是风扇的质量较高推重比发动机的风扇更大;二是高涵道比涡扇发动机的低压轴更长,转子的刚性更弱,叶片飞失后的振动响应会更大。

图 11-12 为叶片飞失的示意图,假定丢失叶片的质量 $m = 5$ kg, 叶片质心半径 $r = 0.5$ m, 风扇转速为 5 000 r/min。此时,丢失叶片的动能 $E_{\text{kinetic}} = 1.7 \times 10^5$ J, 相当于 175 kg 重物自由落体 100 m 产生的动能。可见,在风扇叶片飞失时,转子系统承受巨大的突加不平衡载荷和能量冲击作用。

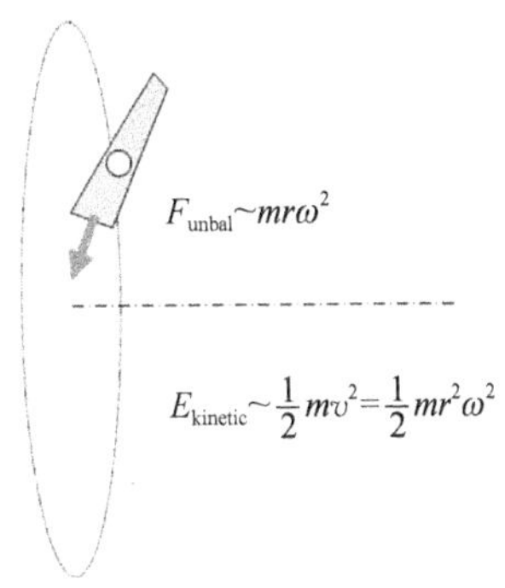

图 11-12 叶片飞失所产生惯性力及能量示意图

航空发动机结构安全设计的前提,是需要了解和准确描述风扇叶片飞失的运动过程和力学行为。从叶片飞失后转子运动过程上来看,主要是叶片飞失后转子叶盘结构质量分布(质心和主惯性轴)突然变化所产生的冲击激励,以及具有大不平衡激励,在运转和减速停车过程中,对转子系统运动及其力学行为的影响。从转子及支承结构的载荷特性上来看,风扇叶片飞失瞬时通常主要对转子及轴承、支承结构施加很大的动态冲击载荷,而当具有大不平衡转子在减速通过临界转速时,会对转子及支承结构产生巨大的振动载荷。

1. 叶片飞失的运动过程

风扇叶片飞失的初始状态,如图 11-13(a)所示,图中 S 表示风扇结构单元的几何形心(假设与初始质心重合),R 为丢失叶片的质心,r 为 R 与 S 之间的距离。当风扇叶片飞失时,风扇转子质心位置将发生变化,由 S 改变至 G。假设质量矩为 $m \cdot r$ 的叶片在 12 点钟位置出现断裂,则相当于一个 $m \cdot r$ 的不平衡量被加在风扇组件的 6 点钟位置,质心位置的移动量 $e = mr/(M - m)$, 其中 M 是叶片飞失前风扇结构单元的质量。

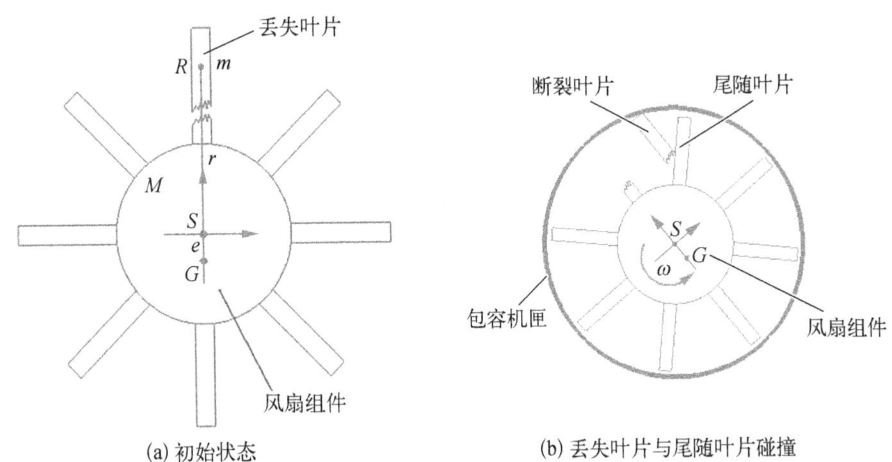

图 11-13 叶片飞失状态示意图

此时在风扇转子支承轴承的约束下,风扇转子仍绕其几何形心 S(而非叶片飞失后的质心 G)旋转,如图 11-13(b)所示。由于旋转,叶片在丢失时带有角动量,导致断裂叶片的根部与尾随叶片碰撞,相当于对断裂叶片施加了一个冲量,同时其反作用力也作用在风

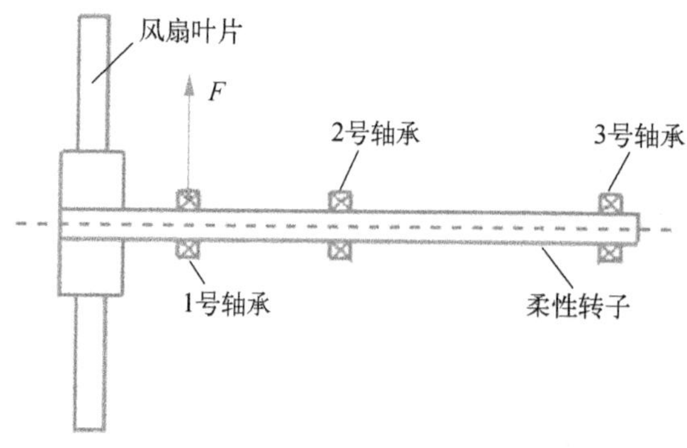

图 11－14　叶片飞失对轴承支点的影响

扇结构单元上，主要表现为径向和切向的冲击作用。由于质心位置的突然变化，风扇结构单元上的突加不平衡量将对风扇轴承施加很大的径向载荷，如图 11－14 所示的载荷 F。

轴承的径向载荷传至前轴承座后：一是由传力路线上的前安装节、挂架和飞机承受，引起结构的变形；二是转化为发动机和短舱结构的惯性载荷。不平衡载荷会引起转子偏离初始位置，这个横向的振动载荷将引起转子和机匣的碰摩甚至高低压转子间的碰摩。因此，风扇叶片飞失时，由于叶片受到碰摩及气动载荷的作用，以及风扇叶盘转动惯量的变化等因素，导致在风扇转子上产生很大扭矩，带来两方面影响：一是转子的转速迅速降低，二是可能激起转子系统非协调涡动和扭转振动。

安装挂架是飞机机体结构最重要的承力部件之一，起到传递发动机的推力、承受发动机所有载荷、吸收发动机振动、隔离发动机火区的作用。安装节和安装挂架的相对位置，如图 11－15 所示。

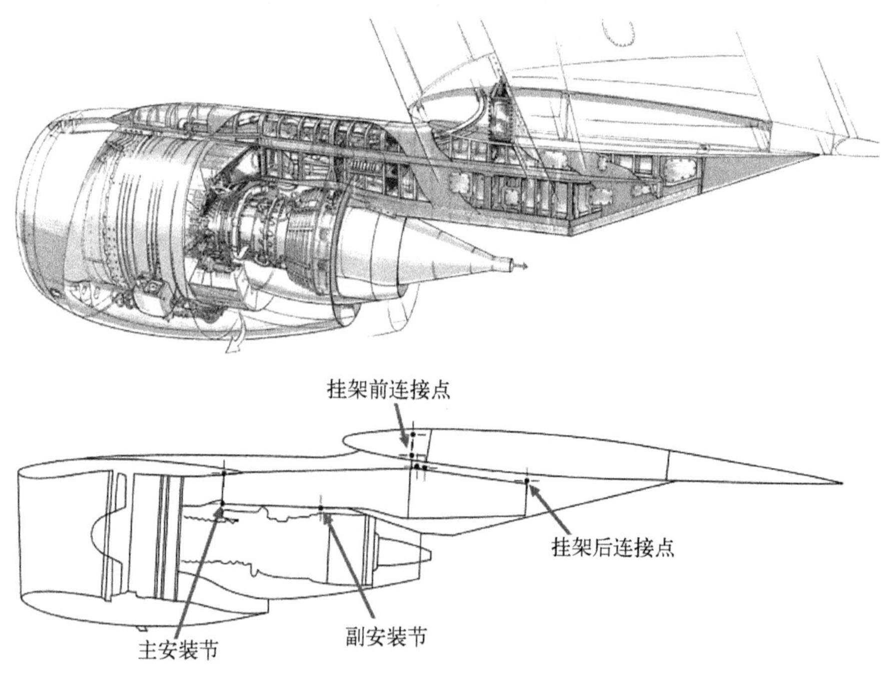

图 11－15　发动机安装节和挂架示意图

由于减速过程产生的扭矩经机匣传递给安装节上，对安装节突加一个较大的扭矩载荷。瞬时施加的扭矩脉冲中含有的频谱成分还可能激起发动机整机的摆动，如图 11－16 所示。

此外,发动机在短时间内丧失推力,对发动机承力结构的载荷分布情况也有影响。在最大推力状态下工作时,发动机推力在前安装节处产生力矩,根据力矩平衡,挂架受力拉伸,对于高涵道比发动机,前端风扇机匣处可产生向前和向上较大的移动。由于叶片飞失,发动机推力迅速下降,挂架回弹,这将激励起低频率的"发动机挂架"振型,其主要影响是在辅助安装节产生附加载荷,需要建立具有结构特征和刚度特性等效的整机结构分析模型进行仿真分析。

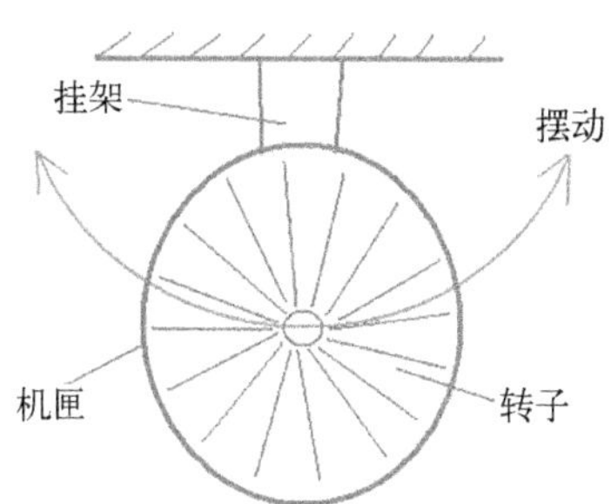

图 11-16　发动机的扭转振动

2. 叶片飞失的载荷特征

在典型的高涵道比涡扇发动机中,叶片飞失引起的瞬态过程,一般可持续 20~600 ms。在叶片飞失之后发动机上产生的载荷主要分为两类: ① 在发动机内部产生的转静件碰撞激励载荷;② 由于丢失叶片造成转子叶片-轮盘质量偏心所产生的旋转惯性激励载荷。

图 11-17 为发动机在叶片飞失时的载荷变化示意图,可以看出,叶片飞失引发的载荷变化的主要特征: ① 叶片飞失后,发动机的推力迅速下降,在很短的时间内推力消失,转速由工作状态下降到风车转速状态。由于不平衡载荷正比于转速的平方,因而随着转速的下降,不平衡载荷的幅值也大幅度降低。② 由于减速很快,减速过程会产生扭矩突增,包括气动扭矩和碰摩产生的摩擦扭矩。转速稳定后,由于间隙和不平衡等因素,转子运动依然会有摩擦力和力矩的作用,可能对转子运动及响应特性产生不利影响。③ 在叶片飞失的瞬时,由于冲击效应,不平衡载荷突增到一个极值,之后幅值降低到由于叶片飞失引起的大不平衡载荷状态。不平衡载荷的幅值正比于转速平方,随着转速降低到风车转速,不平衡载荷幅值衰减到稳态。④ 不平衡载荷在水平和竖直方向分量的频率与转速

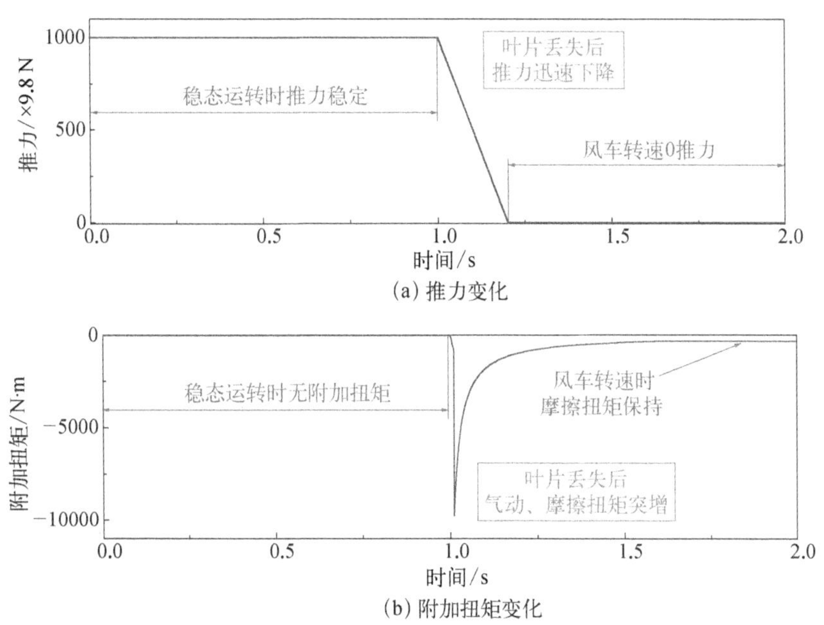

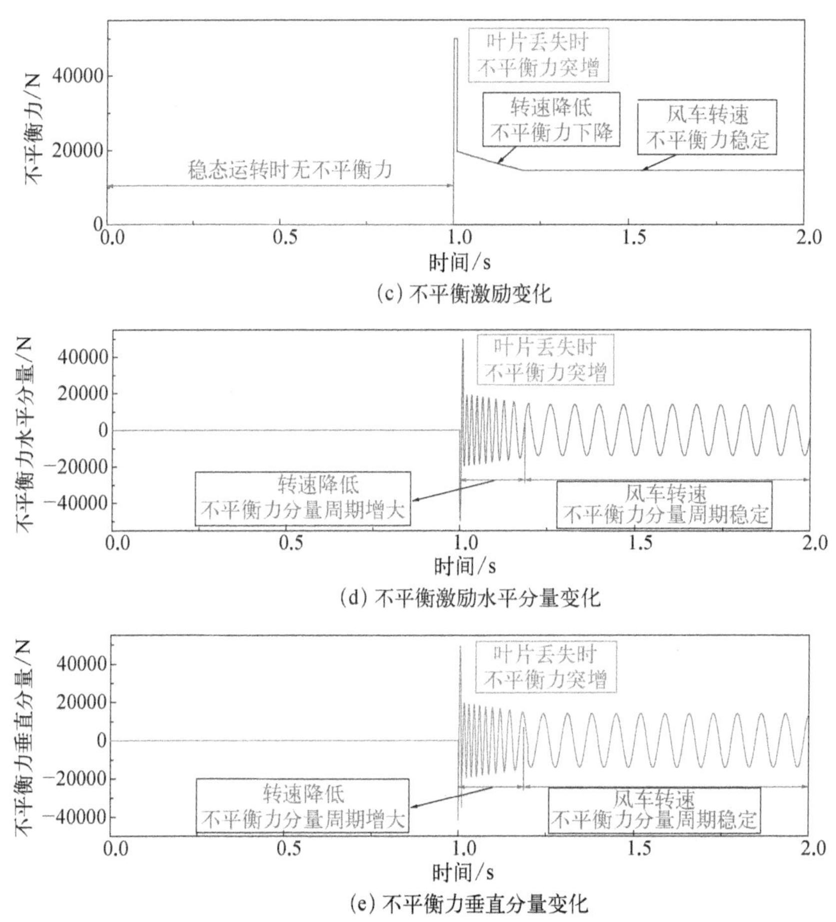

(c) 不平衡激励变化

(d) 不平衡激励水平分量变化

(e) 不平衡力垂直分量变化

图 11－17　叶片飞失引起载荷变化示意图

频率一致，随转速的降低，不平衡激励分量的频率也降低，最终稳定在风车转速。

3. 叶片飞失激励下转子振动响应

转子系统的突加不平衡激励所产生的振动响应及支点动载荷与转子结构及动力学特性具有密切关系。如图 11－18 所示，对于高推重比涡扇发动机的转子系统，由于风扇转子采用前后两个支点支承，具有较好的抗变形能力，而高压转子由于采用中介支点的设计，所以当高压转子上存在突加不平衡激励时，由于双转子系统振动耦合会产生多频激励振动响应。因此，对于带有中介支点的双转子系统，高压涡轮叶片飞失所产生的振动响应对支承结构的安全性的影响最为严重。

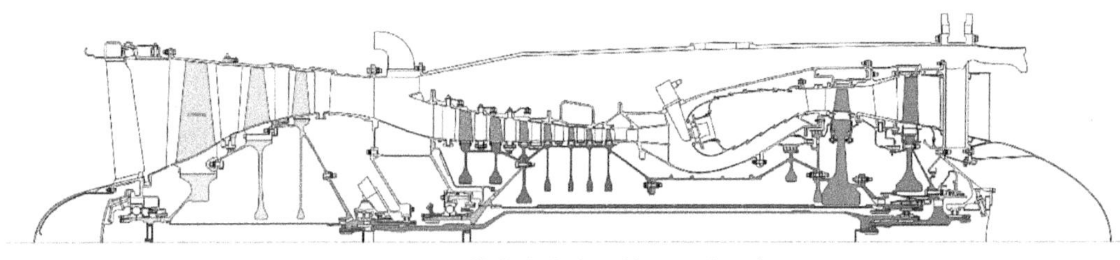

图 11－18　带中介支点双转子系统示意图

图 11－19(a)为高压压气机和涡轮叶片发生丢失情况下,高压压气机第 1 级轮盘处振动响应幅值,可见在不同级叶盘位置的叶片飞失的情况下,第 1 级轮盘位置的响应幅值不同,其中以靠近前面级的压气机叶片和涡轮叶片飞失对该位置的响应更敏感,可能导致此处的碰摩。图 11－19(b)为各级叶片飞失情况下,高压涡轮后中介支点动载荷的变化幅值,在压气机后面级叶片飞失的情况下中介支点动载荷很小,对于第 1、2 级高压压气机叶片和高压涡轮叶片飞失情况下,中介支点处将产生较大动载荷,易使中介轴承和高压涡轮后轴颈结构产生破坏。

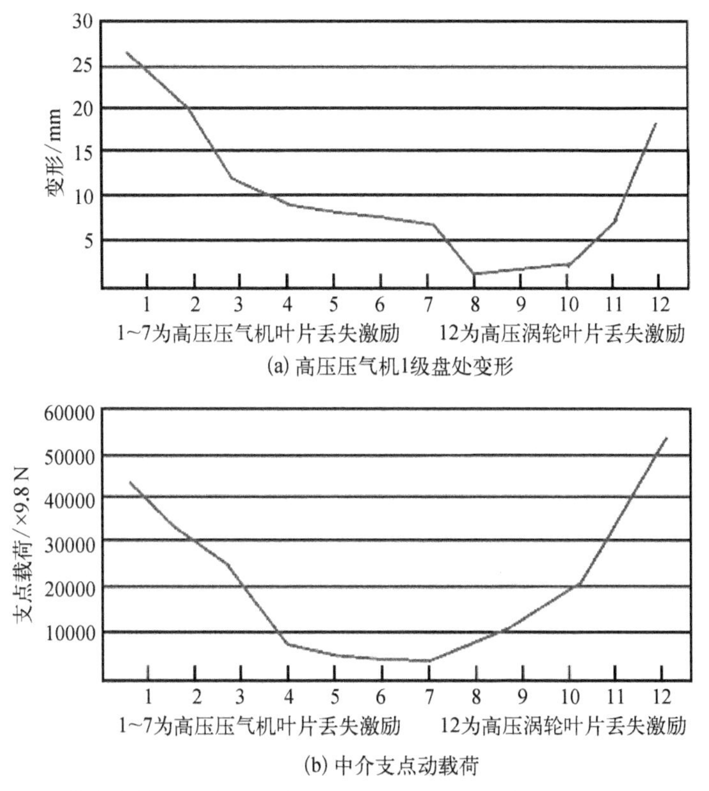

(a) 高压压气机1级盘处变形

(b) 中介支点动载荷

图 11－19　带中介轴承双转子系统不同位置叶片飞失引起振动响应及支点动载荷

叶片飞失激励转子振动响应仿真结果表明,不同轴向位置的各级叶盘处的叶片飞失所产生的力学效果有较大的差异,这主要取决于转子结构和支承结构特征。在振动响应参数的分析中,最重要的是转子的径向变形及轴承处的动载荷和倾斜角,这是因为转子的径向变形直接影响叶尖与机匣的间隙,对发动机的效率产生影响甚至导致碰摩,而轴承处的动载荷和倾斜角对轴承的寿命和安全性具有重要影响。

对于高涵道比涡扇发动机的低压转子系统,由于风扇叶片的质量较大,当发生叶片飞失时,其不仅使风扇转子不平衡量发生变化,同时风扇-轮盘的转动惯量也会发生变化,即风扇-轮盘结构的极惯性矩轴随质心偏移,直径转动惯量也不再保持轴对称,相应的旋转惯性力矩也是影响转子系统振动响应的一个重要因素。

图 11－20 为风扇叶片飞失激励的整机有限元模型,用来分析低压转子系统在转速下降过程中振动响应。叶片飞失后,由于不平衡力的作用,转子的质心开始偏离初始位置,如图

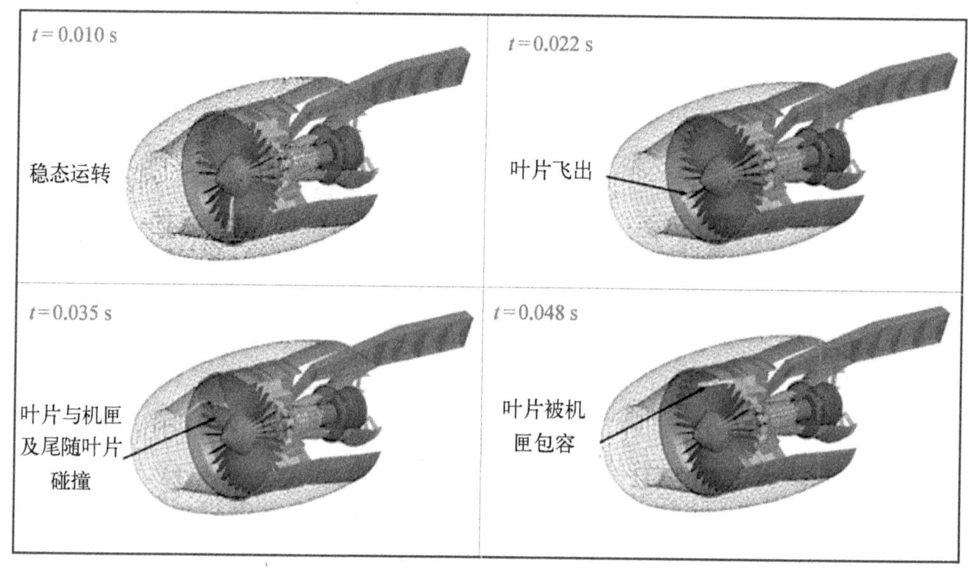

图 11－20　叶片丢失仿真计算分析

11－21 所示，为叶片飞失后 40 ms 内风扇轮盘和风扇后 1#支点处转子轴心运动轨迹。

由图 11－21 可知，叶片飞失后，转子轴线中心沿螺旋轨迹运动，风扇位置运动幅值最大也最为敏感；受轴承的约束作用，支点位置的位移比风扇位置的位移小，但是，支点动载荷大。

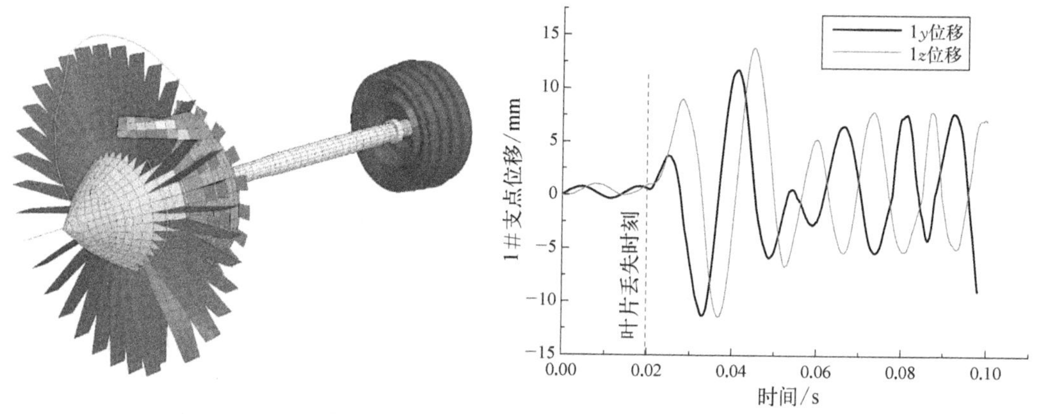

图 11－21　风扇盘和 1#支点处轴心轨

叶片飞失后，巨大的旋转惯性载荷作用在转子系统上，可能引起轴承-支承结构的过载和破坏，因此对于叶片飞失后的支点动载荷研究至关重要。如图 11－22 所示，为风扇叶片飞失后风扇后支点、涡轮支点和安装节点处的动载荷响应，由计算结果可知，风扇叶片飞失对靠近风扇的支点影响最大，其载荷的峰值是涡轮支点载荷峰值的 2～4 倍，是安装节点上的载荷峰值的 2～3 倍，并且在峰值点出现时间循序和频率成分上也有一定的差异。

因此，对于典型的高涵道比涡扇发动机，低压转子通常采取三支点的 0－2－1 支承方案，风扇后支承有两个支点，最靠近风扇的 1#支点承受的风扇叶片飞失引起的动载荷最大，也最可能产生破坏。在一些发动机的支承结构设计中，规定了该轴承的临界载荷，当

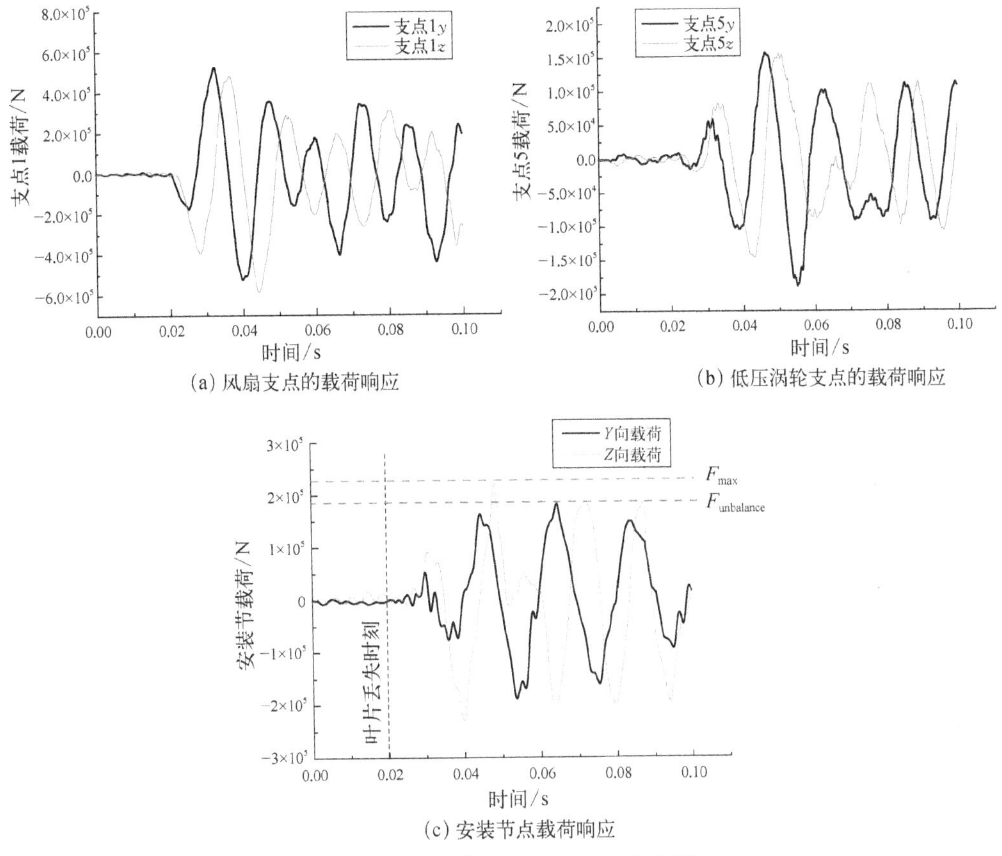

(a) 风扇支点的载荷响应　(b) 低压涡轮支点的载荷响应

(c) 安装节点载荷响应

图 11－22　风扇叶片飞失后支承的响应

承受的载荷超过临界时，轴承将与支承结构脱离（断开），不再传递载荷，这时发动机的载荷传递路线和转子的动力学特性也发生改变。

11.2.2　转子支承结构安全设计

从上面的叶片飞失力学过程、载荷特征以及整机系统的振动响应分析可知，叶片飞失对发动机各个部件都产生很大的影响，甚至有时会对结构系统造成致命的影响，因此需要通过结构优化设计，应对叶片飞失对结构带来的损伤，以满足发动机结构的完整性和可靠性要求。典型低压转子－支承结构系统，如图 11－23 所示。

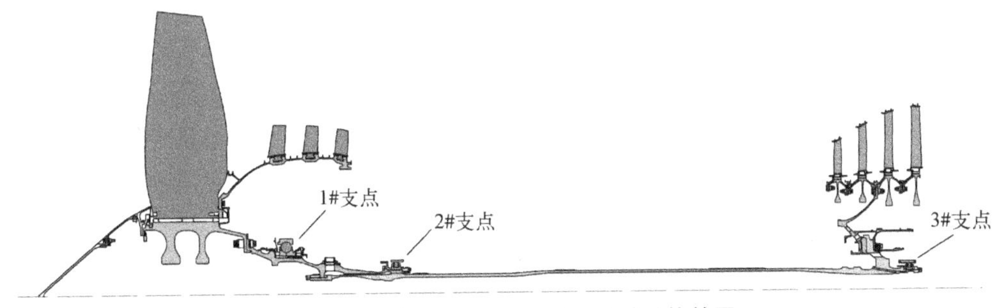

图 11－23　低压转子－支承结构系统结构简图

1. 突加不平衡激励下支点动载荷

高涵道比涡扇发动机各级转子叶片中，风扇叶片的质量和转动惯量远超过其他级叶片，且位于柔性低压转子的悬臂端，风扇叶片飞失时转子系统及整机的动力学行为最为复杂，对于结构系统安全性的影响最为严重。如图 11 - 24 所示，为高涵道比涡扇发动机的低压转子系统，叶片飞失后质心从形心 O_c 处瞬时移至 O_r 处，产生质量偏心距 e，从而对转子系统施加径向的阶跃冲击载荷 F_r，即突加不平衡载荷。

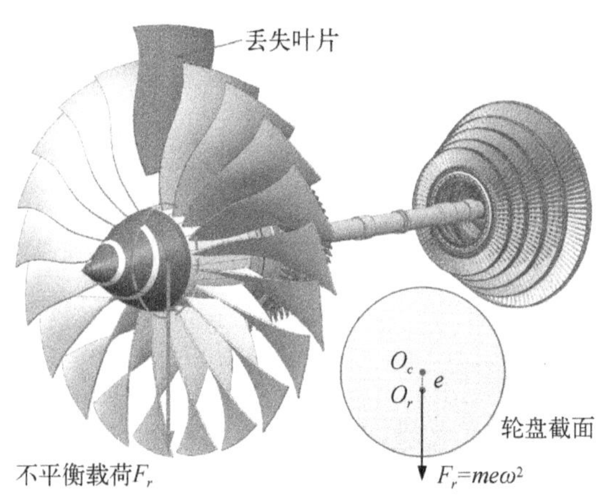

图 11 - 24　风扇叶片脱离轮盘力学模型

突加不平衡转子系统将承受巨大的瞬时冲击载荷以及持续的附加不平衡载荷，根据突加不平衡激励下转子系统动力响应特征研究，如图 11 - 25 所示，靠近风扇叶片飞失位置的前支点处动载荷最大。

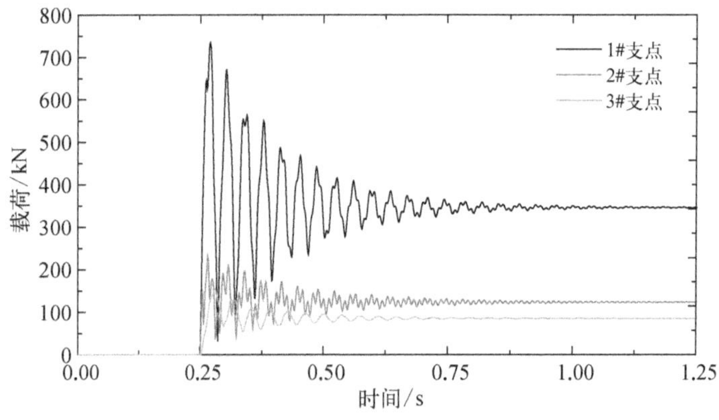

图 11 - 25　最大转速下突加不平衡低压转子支点动载荷响应

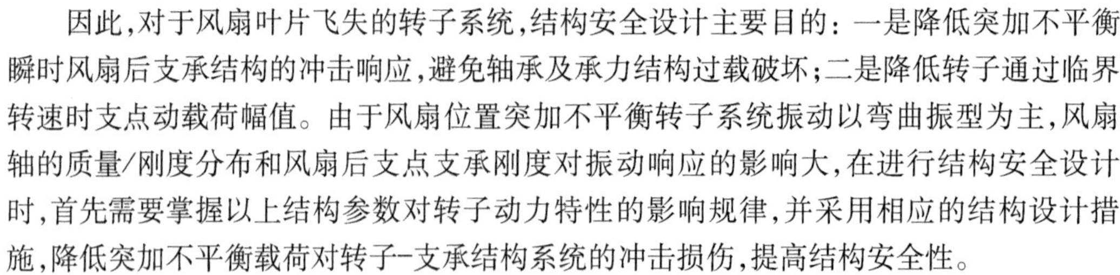
因此，对于风扇叶片飞失的转子系统，结构安全设计主要目的：一是降低突加不平衡瞬时风扇后支承结构的冲击响应，避免轴承及承力结构过载破坏；二是降低转子通过临界转速时支点动载荷幅值。由于风扇位置突加不平衡转子系统振动以弯曲振型为主，风扇轴的质量/刚度分布和风扇后支点支承刚度对振动响应的影响大，在进行结构安全设计时，首先需要掌握以上结构参数对转子动力特性的影响规律，并采用相应的结构设计措施，降低突加不平衡载荷对转子−支承结构系统的冲击损伤，提高结构安全性。

对于风扇转子−支承结构系统的安全设计，因支承刚度对柔性转子系统动力特性和变形有重要影响，所以主要的结构设计是围绕风扇转子构形和支点约束控制效果开展，并根据安全设计策略确定结构设计方案。

1）支承刚度对支点载荷影响

支点动载荷的大小与支承刚度有关，降低风扇后 1#支点的支承刚度可以降低支点处的冲击载荷，但转子系统的动力特性也将发生变化，通过建立发动机转子系统有限元模型，并计算得到风扇后的1#和2#支点处动载荷的变化规律。

图11-26为归一化支点动载荷变化规律。对于悬臂支承的低压转子系统，在减速过程中，需要经过两阶临界转速，位于高转速区的是弯曲振型临界转速，这时风扇后1#支点动载荷较2#支点更大，在安全设计中需要考虑提高1#支点支承结构的安全性。对于风扇后1#支点支承结构安全设计，可采用降低支承刚度，以减小转子减速过程中1#支点的动载荷，避免轴承和支承结构的过载破坏。降低风扇后1#支点支承刚度后，可以降低转子系统临界转速，同时改变相应的模态振型，使低压转子支点动载荷重新分布。由于将临界转速降低到工作转速以下的低转速区，破坏性大幅度减小，可以优化转子在稳态不平衡状态减速至停车过程中的动力响应，提升转子系统的安全性。

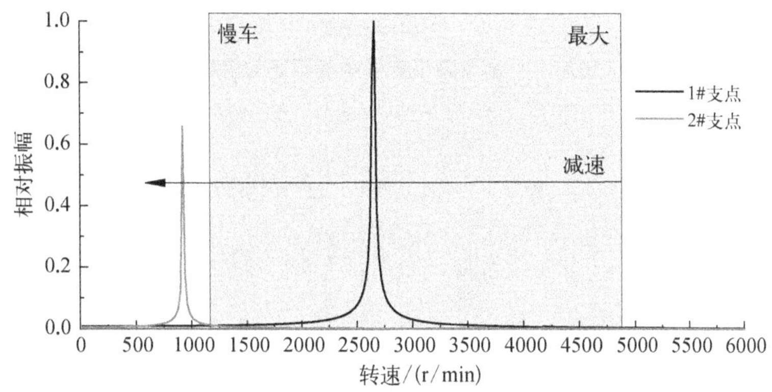

图11-26　大不平衡转子减速过程风扇后支点动载荷响应

给定1#支点动载荷超过门槛值时，支点支承刚度出现“阶跃”下降。低压柔性转子系统在最大工作转速下，风扇位置突加不平衡激励，模拟风扇转子单片叶片飞失。其中，1#支点支承刚度保持不变的转子系统振动响应计算结果，如图11-27所示；1#支点支承刚度突变转子系统振动响应计算结果，如图11-28所示。

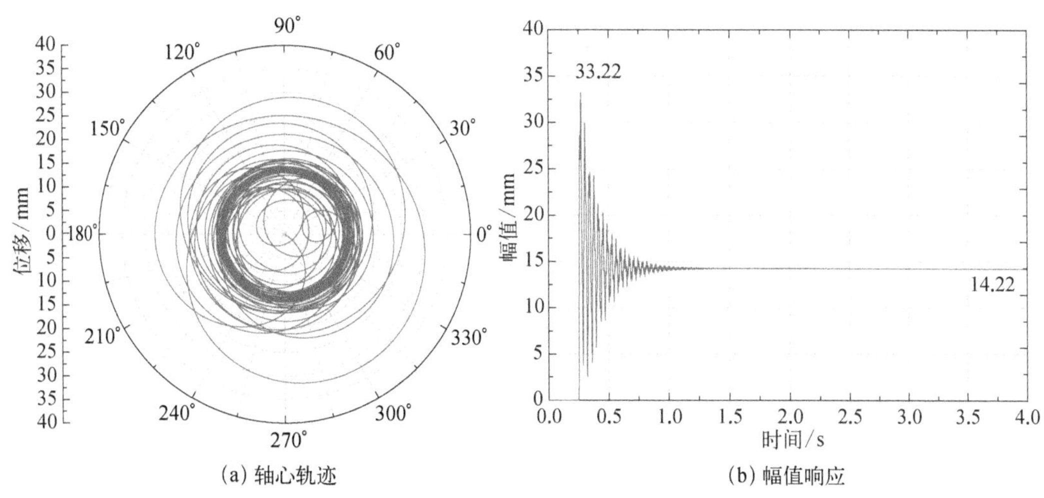

(a) 轴心轨迹　　(b) 幅值响应

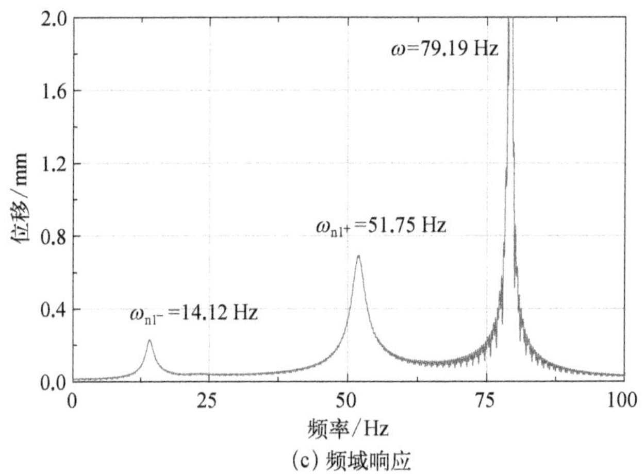

(c) 频域响应

图 11-27　突加不平衡激励下支承刚度不变时风扇位置振动响应

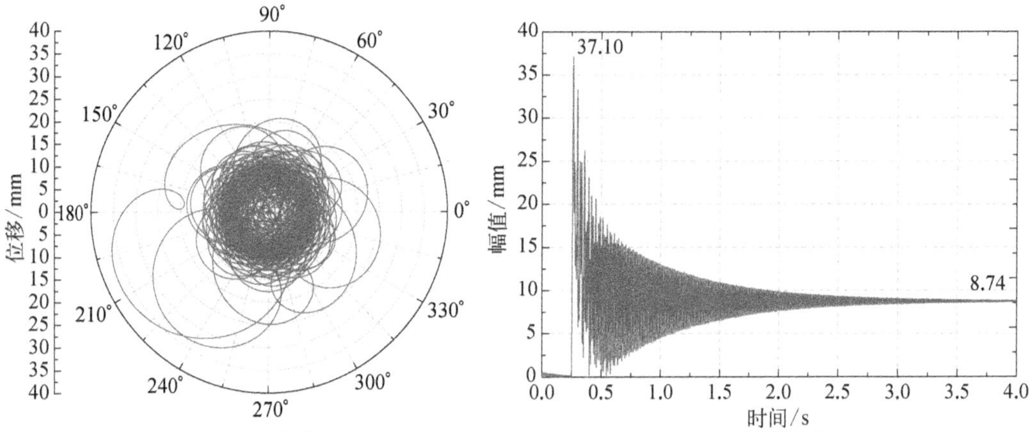

(a) 轴心轨迹

(b) 幅值响应

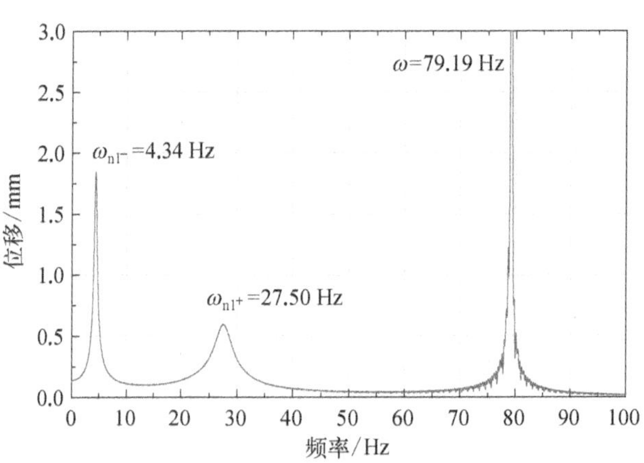

(c) 频域响应

图 11-28　突加不平衡激励下支承刚度突降后风扇位置振动响应

对比图 11－27 和图 11－28 中频域响应计算结果可知，1#支点刚度突减使转子系统动力特性发生变化，使得冲击激励所产生的非协调涡动减弱，转子系统共振转速频率大幅度下降，转子正、反进动频率成分减小，但是由于支承约束的降低，也会使瞬态振动幅值稍有增大，衰减时间上有一定延长。

对低压转子 3 个支点动载荷的计算结果，如图 11－29 所示，1#支点在风扇位置施加不平衡载荷 0.002 s 后支点动载荷超过 300 kN，而采用支承刚度突降后 1#支点所承受径向载荷极小。转子仅突加不平衡与突加不平衡后支承刚度突变情况下各支点支反力幅值如表 11－3 所示。

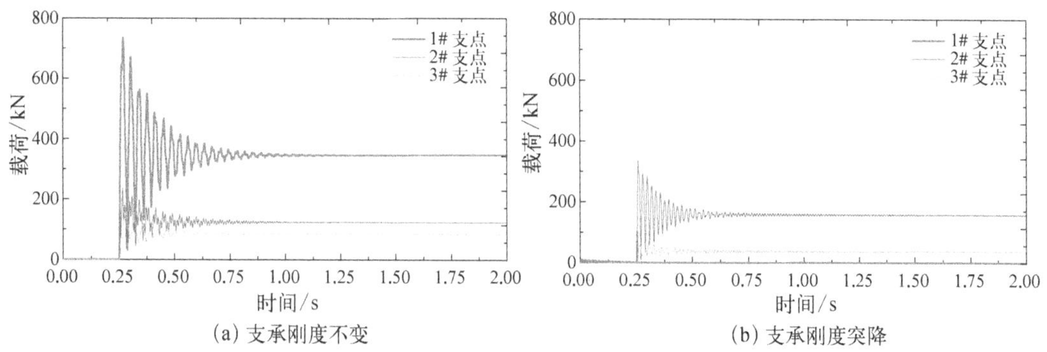

(a) 支承刚度不变　　(b) 支承刚度突降

图 11－29　突加不平衡转子系统各支点动载荷响应

表 11－3　突加不平衡转子系统各支点支反力响应幅值

支　点　号		1#	2#	3#
支反力瞬态峰值	支承刚度不变/kN	736	233	156
	支承刚度突减/kN	300	334	65
	相对值	-59.24%	43.3%	-58.3%
支反力稳态幅值	支承刚度不变/kN	346	123	85
	支承刚度突减/kN	—	158	37
	相对值	—	28.5%	-56.5%

由表 11－3 计算结果可知，在风扇叶片飞失突加不平衡载荷激励下，采用变支承刚度设计后，由于支承刚度突减，1#支点动载荷大幅度下降。2#支点径向载荷的瞬态幅值增大 43.3%，而稳态幅值增加 28.5%，而 3#支点的动载荷下降在 50%以上。因此，在采用变支承刚度结构设计时，需要在转子结构设计和支点结构参数确定中，提高相应支承结构及轴承的承载能力和安全裕度储备，避免引起新的安全性问题。

2）角向刚度对支点载荷影响

对于悬臂支承的风扇转子受到突加不平衡激励时，横向冲击载荷会使风扇转子后 1#支点位置产生角向变形，风扇后 1#支点的角向刚度对悬臂支承的风扇转子的瞬态振动响应有重要的影响，调整在 1#支点位置处支承结构的角向约束刚度，可得到悬臂支承风扇转子沿轴向各点瞬态振动响应峰值和稳态响应幅值，如图 11－30 所示。各支点动载荷振动响应，如图 11－31 所示。

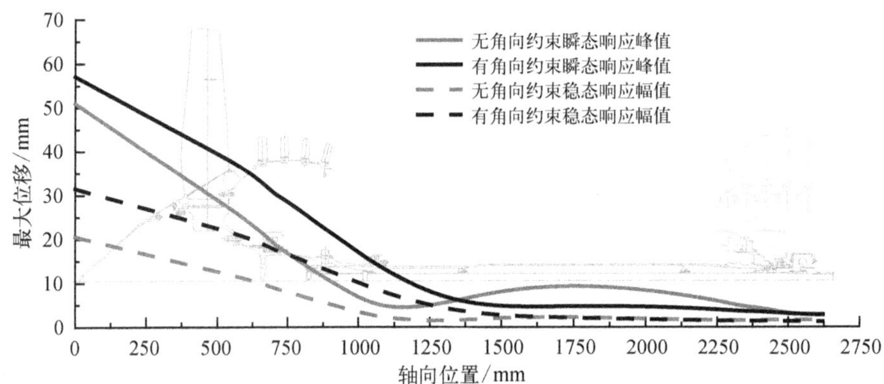

图 11-30　1#支点角向约束对突加不平衡转子系统振动响应的影响

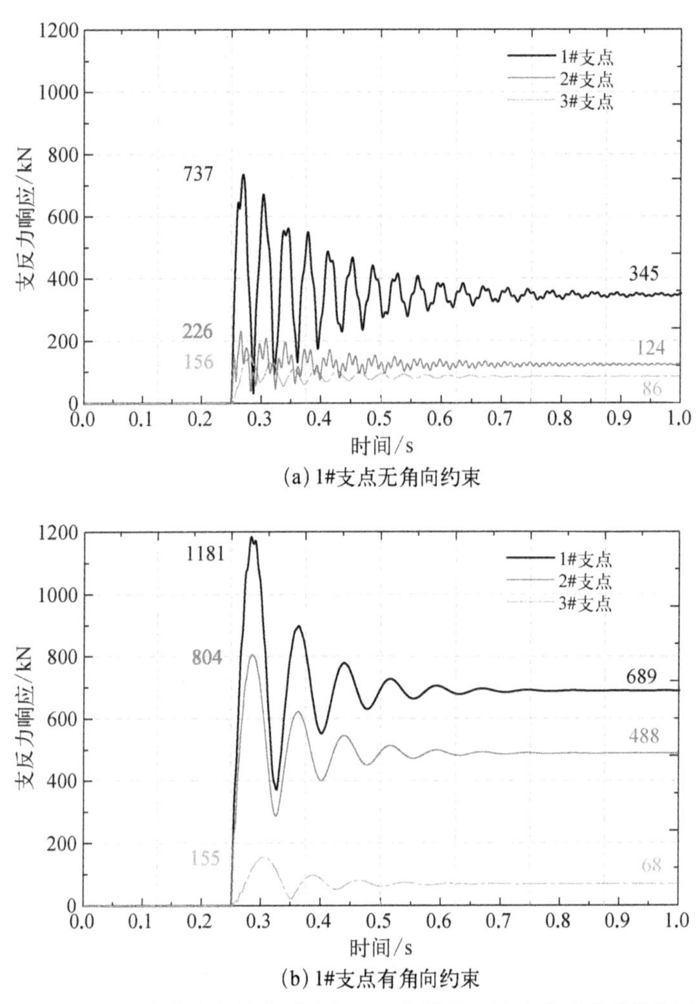

(a) 1#支点无角向约束

(b) 1#支点有角向约束

图 11-31　1#支点角向约束对突加不平衡转子系统支点动载荷的影响

仿真计算结果表明,1#支点对转子的角向约束将使风扇悬臂段突加不平衡瞬态和稳态振动响应增大,风扇后的 1#、2#支点动载荷的响应大幅度增加,会引起支承结构的损伤失效,因此从支承结构的安全性考虑,应该使 1#支点在风扇叶片飞失后尽量释放角向约束。

2. 典型支承结构安全设计方案

为了降低大不平衡激励下转子振动响应并保护风扇后支承轴承的完整性,高涵道比涡扇发动机转子-支承结构的安全设计应考虑以下三个方面: ① 调整转子支承方案优化载荷分配;② 变刚度支承结构设计使风扇转子系统在大不平衡激励下以较低的转速通过临界状态;③ 减小滚珠轴承接触角的变化,以保证轴承-支承结构的完整性。

1) 支承方案与载荷分配

高涵道比涡扇发动机风扇转子通常采用悬臂支承结构方案,在风扇前不设置支点,风扇后两支点分别采用滚珠轴承和滚棒轴承,并与高压转子前支点共用中介机匣承力框架,涡轮后由滚棒轴承独立支承。

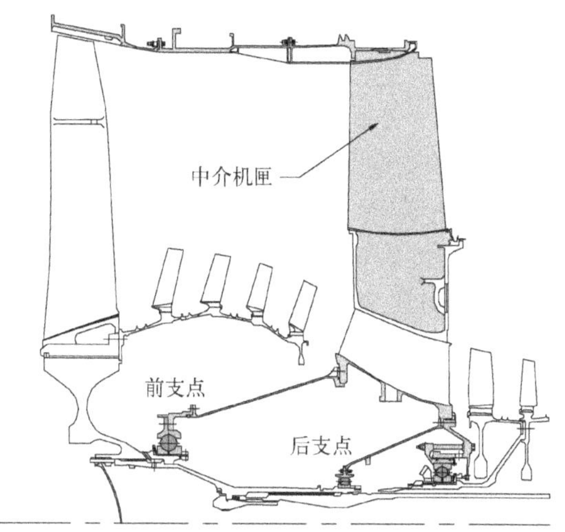

图 11－32　典型发动机风扇后轴承布置形式

如图 11－32 所示,风扇转子的前支点采用滚珠轴承曾是高涵道比涡扇发动机普遍采用的方案,它能在低压轴折断时将风扇保持在发动机内。风扇后的前支点的滚珠轴承除了承受径向载荷以外还要承受巨大的轴向载荷,但随着发动机功率的不断提高,风扇直径不断增大,在叶片飞失等恶劣条件下,巨大不平衡量造成的径向载荷和气流脉动引起的轴向载荷均大幅度提高,这时将很难保证滚珠轴承以及转子系统的安全性。

从支承结构安全设计的角度分析,若风扇后的前支点采用径向承载能力强的滚棒轴承,而轴向力由后面的滚珠轴承承载,通过优化支点载荷的分配,能够提高轴承的抗冲击能力和安全性,避免轴承因过载导致破坏。

有一种可能是,如果风扇后的前支点采用滚棒轴承,若风扇转子发生断轴故障,风扇-轮盘将会甩出(RB211 在使用初期发生过此类故障)。但是,由于风扇转子是耗功的被驱动件,轴断裂飞出后风扇轮盘转速锐减,不会有涡轮轴断裂后涡轮轮盘飞转爆裂打坏发动机机匣及其他结构的危害发生,并且通过轴段损伤容限安全设计和发动机振动监控系统改进等措施,使故障发生概率和危害可控。目前正在使用的几种大型涡扇发动机实际使用情况表明,风扇断轴故障十分罕见,远低于风扇叶片飞失发生的概率。

如图 11－33 所示,在转子-支承结构系统中风扇后 1#支点采用滚棒轴承,2#支点采用滚珠轴承。由于 2#支点处转轴的直径小,如果滚珠轴承直接安装在此处,轴承内径则较小,轴承承受轴向载荷的能力过小,因此,在结构设计上通过增大轴承内径来保证滚珠轴承具有足够的承载能力。

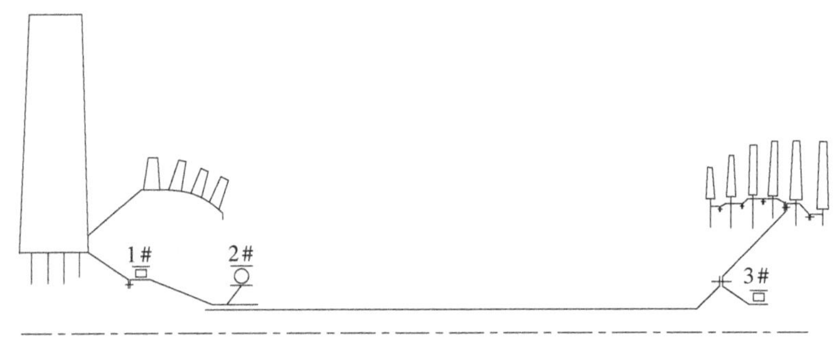

图 11-33　低压转子风扇后 1#支点采用滚棒轴承示意图

2）变刚度支承结构设计

如前所述，风扇叶片飞失对靠近风扇轮盘后的前支点（1#支点）影响最大，其动载荷的峰值远大于其他支点。主动减小 1#支点支承刚度，可以减小该支点载荷并降低临界转速。当 1#支点采用滚棒轴承时，由于不需要该支点承受轴向载荷，其支承结构可以减小刚度，甚至熔断，即相当于支点主动失效。在支承结构设计上可采用以下两种设计方案使 1#支点主动失效：① 在鼓筒上设计局部薄弱段，薄弱部分在大载荷作用下变形断裂，如图 11-34(a)所示；② 在支承鼓筒连接位置采用易断螺栓结构，螺栓被削弱的部分在大载荷作用下瞬时断裂，切断支承结构，如图 11-34(b)所示。

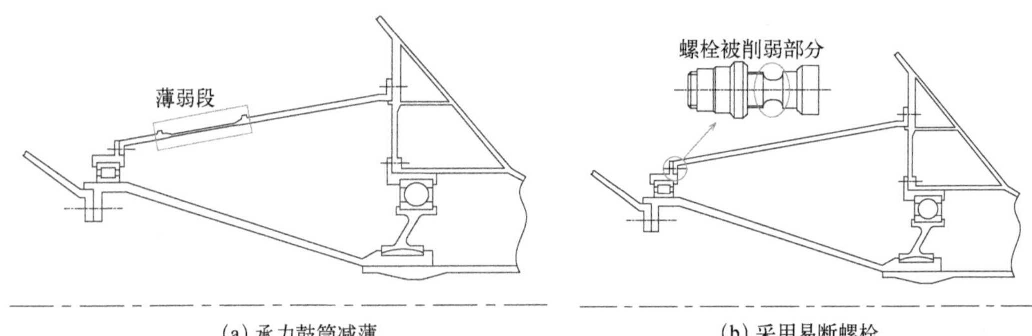

(a) 承力鼓筒减薄　　(b) 采用易断螺栓

图 11-34　变刚度支承结构设计

突加大不平衡载荷的冲击作用，使 1#支点失效或支承约束刚度大幅度下降后，相邻的 2#支点的滚珠轴承将单独支承低压转子的前端，这对滚珠轴承的承载能力及其安全性提出了新的挑战，因此需要对 2#支点的轴承及支承结构进行安全设计，避免因滚珠轴承损坏造成转子系统安全性故障。

3）支承结构角向变形控制

风扇叶片飞失使风扇叶盘-轮盘结构局部的质心产生较大偏移，对于整个低压转子相当于在风扇局部突加不平衡，在运转过程中，风扇-轮盘的旋转惯性相对于轴承支承结构产生旋转弯矩激励，进而使轴承内环产生偏转角。内环偏转角会使同一个滚动体的内、外接触角同时增大或减小。接触角作为滚珠轴承重要的结构参数之一，对轴承组件的载荷分布、运动关系、润滑、摩擦等都有重要的影响。滚珠接触角的循环变化将导致滚动轴承表面损伤失效，产生交变的冲击脉冲力，引起系统谐振。因此，为了保证轴承接触角变化不超过允许值,需要通过控制支承结构变形以减小弯矩作用下轴承内环偏转角。

如图 11-35 所示,滚珠轴承采用了转轴与轴承支承结构角向变形协调性设计,滚珠轴承内外环支承均采用前伸的锥壳结构,锥形支座(内锥壳)、支承锥壳(外锥壳)与轴线的夹角分别为 θ_1 和 θ_2,称为锥壳的半锥角。

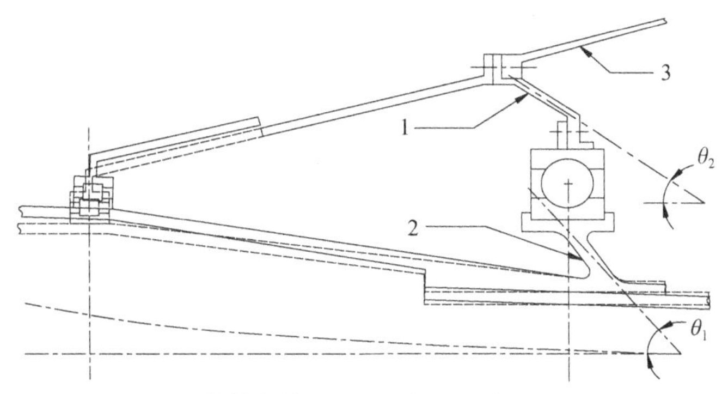

图 11-35　转轴与轴承支承结构角向变形协调性设计

1. 外锥壳;2. 内锥壳;3. 中介机匣前锥壳;θ_1. 内锥壳半锥角;θ_2. 外锥壳半锥角

为了减小弯矩作用下轴承内、外环的偏转,应使内锥壳与转轴连接位置发生角向相对变形,以减小锥壳 1 和 2 的变形(即转角变形)。此外,由于该支点为承受轴向、径向载荷的滚珠轴承,故还应当保证滚珠轴承的内外支承结构具有足够大的轴向承载能力和刚度。为了达到以上要求,在结构设计上需要满足: ① 轴承所在的内锥壳支承结构与转轴连接结构具有较大的轴向刚度、适合的角向刚度,提高轴向承载能力,降低轴承内环的偏转(变形集中在内锥壳与转轴连接处,使内环偏转较小);② 轴承外环所在的外锥壳与中介机匣前锥壳组成的支承结构: 具有较大的轴向刚度、较大的角向刚度,降低轴承外环偏转同时提高轴向承载能力。

在风扇转子具有突加不平衡激励下,产生较大的横向变形,当风扇转子对支点产生的弯矩过大时,若转轴与轴承内锥壳角向刚度难以降低到削弱轴承内环倾斜变形,如图 11-36 所示,可以通过轴承内环与转轴之间采用具有鼓形配合界面过度衬套结构,通过轴承座底部内凹的鼓面与转轴上外凸的鼓面配合来连接转轴和轴承内环。发动机正常工作时通过限位环、销钉等限位结构限制鼓形配合面的相对滑移,只有在风扇产生大的冲击载荷作用下,切断限位结构释放连接结构角向刚度,可以有效解除弯矩对轴承支座以及内环偏转角的影响。

4) 支承结构阻尼减振设计

对于大不平衡量激励下支承结构的安全设计,还可以采用变支承刚度加阻尼减振结构设计,如图 11-37 所示,为支承结构采用安全设计的风扇转子-支承结构设计方案。轴承内环安装在风扇转轴上,轴承外环通过外环衬套安装在承力框架上,并在外环处设计有阻尼结构。考虑轴承安装,外环衬套采用分半结构,并由螺栓连接为整体,通过轴向延伸法兰边安装在承力框架上,法兰边为易断结构,当轴承承受径向载荷超过设计阈值时法兰边自动切断,在转子振动激励作用下,外环衬套便会在由承力框架上的同心球面 AA′和 BB′围成的轨道内滑动,从而释放了风扇前支点对转子的径向约束,避免较大的转子径向

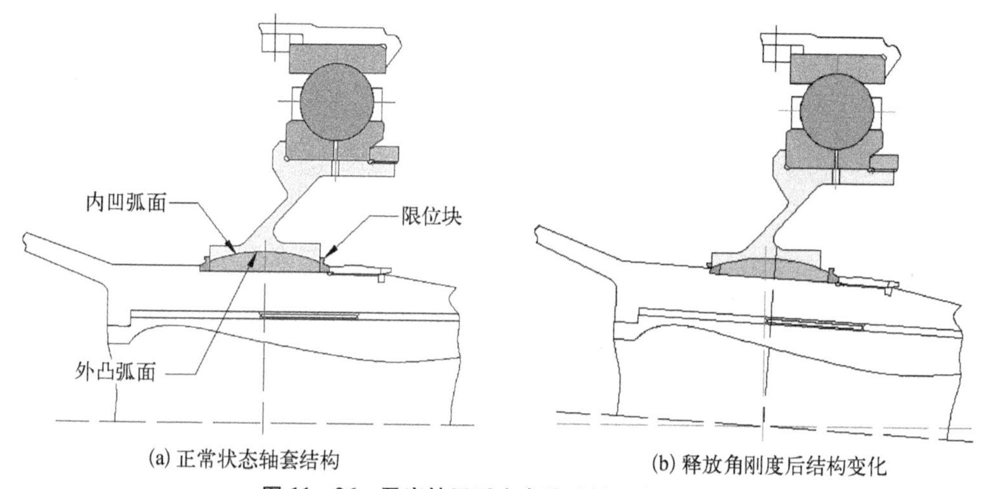

(a) 正常状态轴套结构
(b) 释放角刚度后结构变化

图 11－36　风扇转子后支点滚珠轴承角向约束

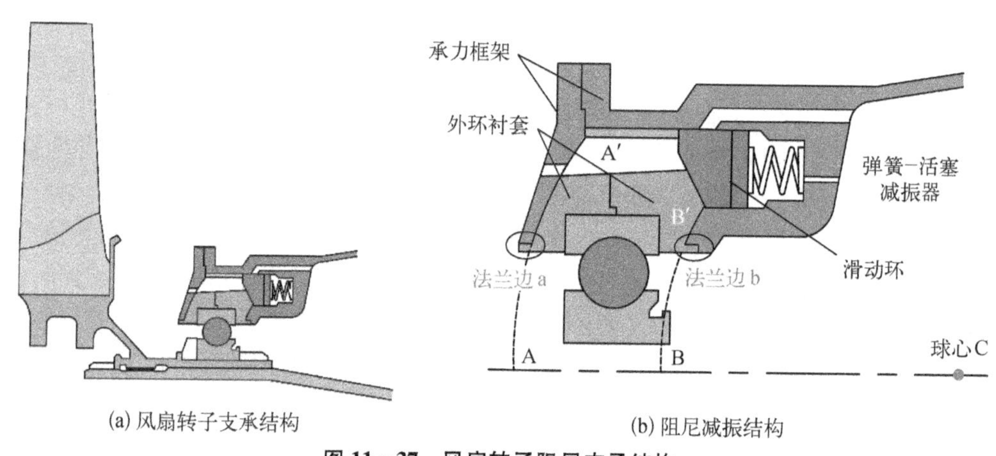

(a) 风扇转子支承结构
(b) 阻尼减振结构

图 11－37　风扇转子阻尼支承结构

力传递到静子上。同心球面中心的位置取决于转子的陀螺效应、转子刚度及其他在径向约束转子的支承位置。其中轨道曲面的形状，是根据仿真计算得到叶片飞失下风扇后支点运动轨迹形成的三维曲面设计的，保证了外环衬套在风扇后支点被切断后，可在承力框架围成的轨道内滑动。

如图 11－37 所示，轴承外支承框架设计有滑动环，其内侧与充满滑油的阻尼腔配合工作，外侧斜面与外环衬套相应斜面接触，外侧平面前端的衬套可以阻止滑动环前移，以保证减振效果。受转子振动影响，外环衬套对滑动环的作用力沿周向分布不均，可能造成滑动环变形，使其轴向移动发生卡滞，阻尼器失效。为保证滑动环可沿环腔轴向移动，在其上设计周向均匀分布的凹槽，使其具备弹性变形能力，即使外环衬套对滑动环的作用力沿周向分布不均，也可自由滑动，避免发生卡滞。同时，与左侧外环衬套配合的承力框架上加工的通孔，可平衡承力框架环腔内外的气压，也保证了滑动环在不平衡载荷或滑油压力下可轴向滑动。滑动环上下表面的周向密封槽，保证了滑油腔的密封性。与滑动环配合工作的阻尼腔内充满滑油，滑油通过滑油管注入阻尼腔，并且可从阻尼腔内的通孔流出。在发动机正常运转时，滑动环实际上处于平衡状态，不会前移与阻止其前移的衬套接触，也不会后移压缩滑油。在叶片飞失产生大不平衡载荷时，支点动载荷加大，滑油腔内滑油同弹簧才会起阻尼减振作用。

根据支承结构安全设计策略，外环支承的阻尼结构的工作过程为：① 风扇叶片飞失时，在叶片飞失突加不平衡载荷作用下，轴承承受径向载荷超过设计阈值时法兰边会被切断，释放径向约束；② 由于外环衬套始终嵌在轨道内，所以仍保持对转子的轴向约束；③ 转子剧烈振动迫使外环衬套绕球心 C 沿着轨道产生偏转，进而推动滑动环沿轴向滑向环腔内部，从而挤压阻尼腔内滑油，并压缩弹簧，使转子阻尼减振；④ 当转速降低到靠近风车转速时，由于支点动载荷减小，可向阻尼腔内注入滑油，使滑动环与外环衬套重新接触，既可使转子重新定心，又能保证在转子再次出现不平衡时阻尼减振结构能立即起作用，更重要的是可使转子刚性增强，令转子固有频率远离风车转速，避免转子在风车转速下产生共振。

图 11－38 为另外一种抗突加不平衡冲击激励的滚珠轴承-支承结构安全设计。风扇转子由两支点支承形成悬臂结构，紧靠风扇盘后的 1#支点为滚棒轴承，2#支点为滚珠轴承。风扇叶片飞失时，不平衡引起的巨大载荷，会经过靠近风扇的 1#支点传递到中介机匣上，1#支点与中介机匣之间通过薄壁锥壳连接传递径向载荷，为减小不平衡载荷外传，利用易断螺栓将锥壳和机匣连接，在不平衡载荷过大时，螺栓过载断裂，进而切断 1#支点的支承，从而降低外传力。

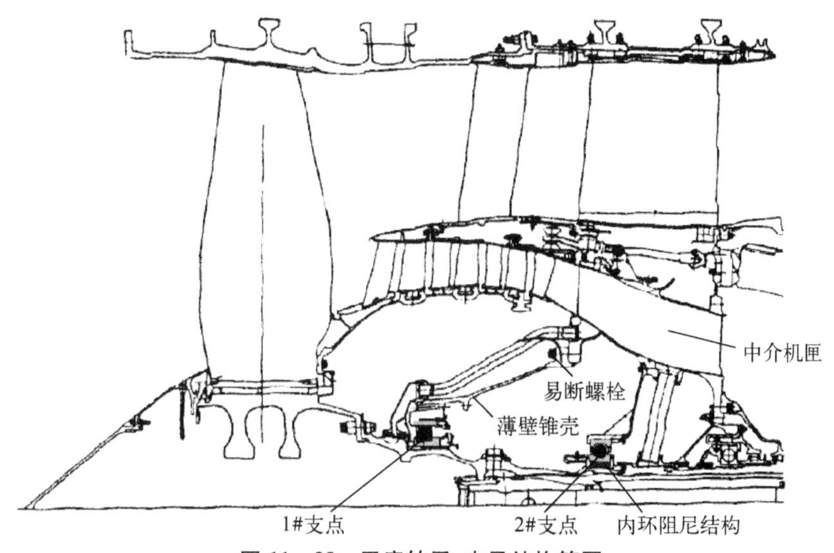

图 11－38　风扇转子-支承结构简图

对于叶片飞失的悬臂风扇转子，切断 1#支点，会使得相邻支点位置转子角变形较大，可能导致轴承及支承结构的二次破坏，因此，风扇后 2#支点也采用了安全设计结构。如图 11－39 所示，2#支点内环通过安装衬套安装在风扇转轴上，在内环和安装衬套之间设计有缓冲阻尼结构，为典型的内环阻尼支承结构。2#支点内环和安装衬套之间通过内环前端的限位环进行定位，通过内环后端的传扭耳片和安装衬套上的齿结构配合传递风扇转子扭矩。2#支点所受径向载荷不超过阈值时，弹性介质环未被压缩，滚珠、内环、安装衬套、弹性介质环之间在径向无相对运动。2#支点所受径向载荷超过阈值时，限位环被切断，内环相对安装衬套可径向运动，从而压缩弹性介质环，介质环起到阻尼减振作用，降低轴承所受载荷。同时一旦载荷低于阈值，弹性介质环可自动恢复原体积，使转子恢复原来位置，转子重新定心，避免转子在风车转速下产生共振。

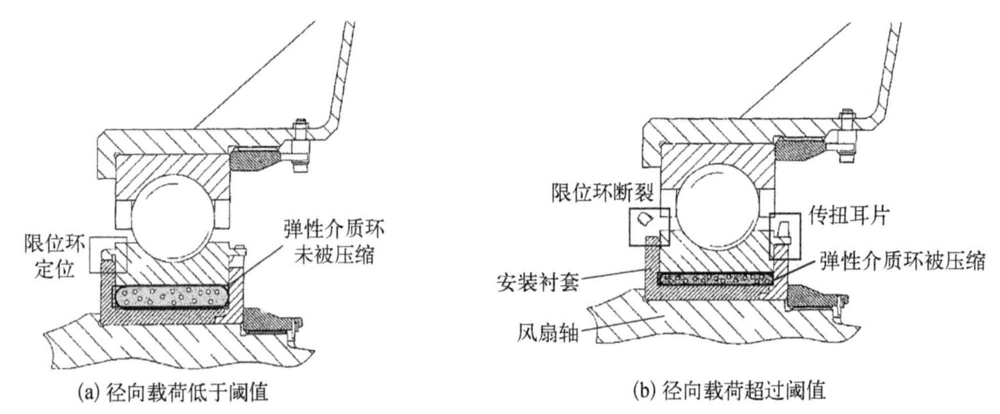

(a) 径向载荷低于阈值　　(b) 径向载荷超过阈值

图 11-39　内环阻尼支承结构

根据支承结构安全设计缓冲阻尼工作原理，内环阻尼支承的工作过程如下：① 风扇叶片飞失时，在叶片飞失突加不平衡载荷作用下，风扇后1#支点的滚棒轴承支承结构被切断，当2#支点的轴承承受径向载荷超过设计阈值时限位环会被切断，释放径向约束；② 由于2#支点的滚珠轴承内环始终嵌在安装衬套内，所以仍保持对转子的轴向约束；③ 转子剧烈振动会压缩弹性介质环，起到缓冲、阻尼减振作用，降低轴承承受的径向载荷；④ 当径向载荷低于阈值时，弹性介质环可自动恢复原体积，既可使转子重新定心，又能保证在转子再次出现不平衡时阻尼减振结构能立即起作用，降低风车转速下风扇转子的振动水平。

11.3　转子碰摩及防断轴设计

航空燃气轮机主轴是指发动机中用于传递涡轮功率的旋转轴，因此主轴断裂是严重危害发动机结构系统安全性的事故之一。由于成熟航空燃气轮机的强度设计一般均能满足正常工作需要，因此航空燃气轮机主轴在常见类型和大小的载荷下，一般仅会发生发动机设计所允许的强迫振动，不会导致断轴事故的发生。然而当发动机处于叶片飞失、外物打伤等极端恶劣条件下，可能发生转-静件间严重碰摩现象，转轴会承受强烈的切向摩擦载荷，相应接触面所产生摩擦热会使界面融化而黏滞，引起转子系统产生非协调涡动和自激振动，此时转子的转动能量逐渐转化为横向弯曲变形势能，能量的注入大于系统内部的能量耗散，主轴振动逐渐发散，其内部交变应力逐渐超过材料极限，造成发动机主轴断裂故障，对飞行安全性造成影响，这是飞机及发动机适航条例中严禁发生的，如图 11-40 所示。

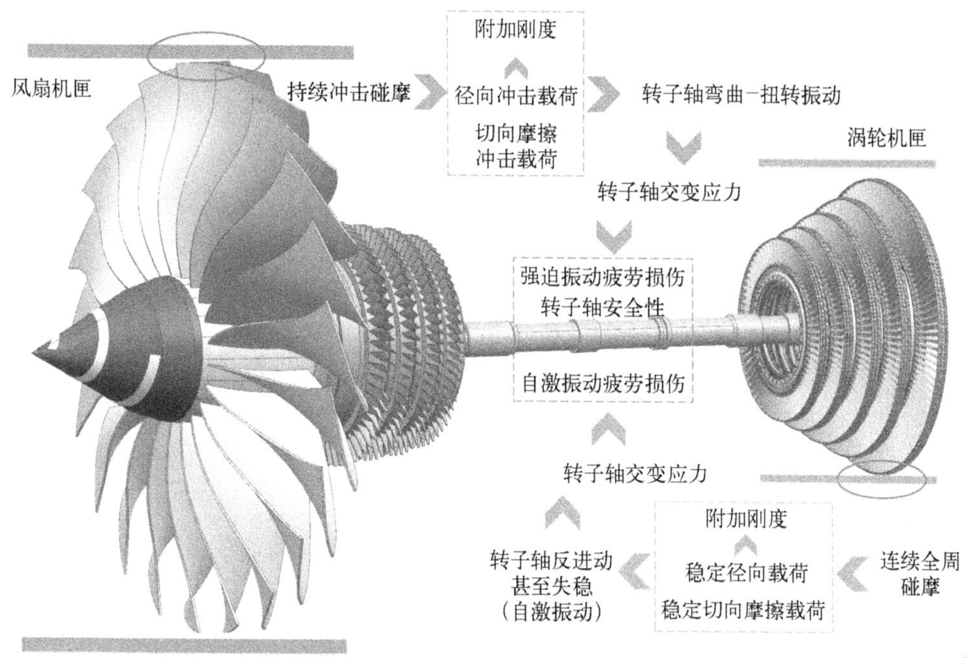

图 11-40　抱轴载荷下高速柔性转子安全性问题

根据实际使用统计分析,使转子发生严重碰摩的原因,一是卡滞,即在转子与静子之间存在脱落物,使转子无法正常运转的状态,侧重于卡滞产生的挤压力和摩擦力使转动迅速停止;二是抱轴,即转静子之间有剧烈的作用力和约束,阻碍转子正常旋转,侧重于严重的摩擦力使转子运动发生变化,抱轴程度的不同,转子的运动过程也不同。需要说明,卡滞载荷和抱轴载荷有很大的相似性,但抱轴载荷的含义更为广泛,覆盖的摩擦力的变化范围和作用效果更为宽泛,抱轴所产生的严重摩擦力会使转子运动发生变化,但转子还在旋转,而转子卡滞侧重于摩擦力使转动停止。

转子系统发生抱轴激励对转轴安全性具有严重的影响: ① 扭转断裂损伤失效,当抱轴载荷为持续大扭矩时,可使转子产生扭转断裂,即在稳态抱轴载荷下,转-静件发生强烈的摩擦现象,较高温度使转-静件发生局部熔化,造成转子卡死,巨大的扭转力矩使转子发生扭转断裂;② 当转子系统在高转速下工作时发生抱轴,因转子与静子件发生持续碰摩接触,其受力状态主要表现出转子系统受到切向摩擦力作用,可使转子产生反进动,在一定的条件下,会造成自激振动失稳,转子的反向涡动频率会在轴上产生大的高频应力,最终导致转轴和轴承、支承结构发生疲劳损伤失效;③ 当高速旋转的柔性转子系统受到严重抱轴载荷作用时,转子系统由于弯曲、扭转刚性较弱,转动惯量较大,会产生一定的横向弯曲和周向扭转振动幅值,转-静件之间径向冲击和切向摩擦力作用下,可引发转子的扭转振动,当扭转模态振动频率与弯曲共振转速相近时,还会使轴发生弯曲-扭转耦合振动,属于自激振动,严重时会导致转子系统失稳、断轴故障。

总之,根据航空燃气轮机转子结构特征及其力学特性,抱轴载荷可以引起转子系统的自激振动,从而使转子产生非协调涡动失稳;也可能使转子在径向冲击、切向摩擦载荷作用下发生弯曲-扭转耦合振动，导致转子轴系内产生大应力高周疲劳损伤失效，即转子弯曲-扭转自激振动疲劳损伤失效。

11.3.1 抱轴引起的转子自激振动

航空燃气轮机以及一切旋转机械在设计中，均要避免在转-静件之间发生严重的碰摩。因为转-静件之间的干摩擦容易引起转子卡滞、抱轴等现象，从而发生转子结构破坏故障。在航空燃气轮机中的转静件碰摩，主要发生在转子叶片与机匣以及转子与封严结构之间。当转子质量、转动惯量较大时，如果碰摩所产生的干摩擦力相对较小，不会改变转子的进动方向，但是会影响转子的进动速度，使转子做非同步（或称非协调）正进动；如果干摩擦力足可以影响转子的进动方向时，转子会发生反进动，这时由于转子系统的进动速度方向和自转速度方向相反，称为“反向涡动”。当转子发生反向涡动时，转子系统的动力学特性也会发生巨大变化，对转子结构安全性具有重要影响。

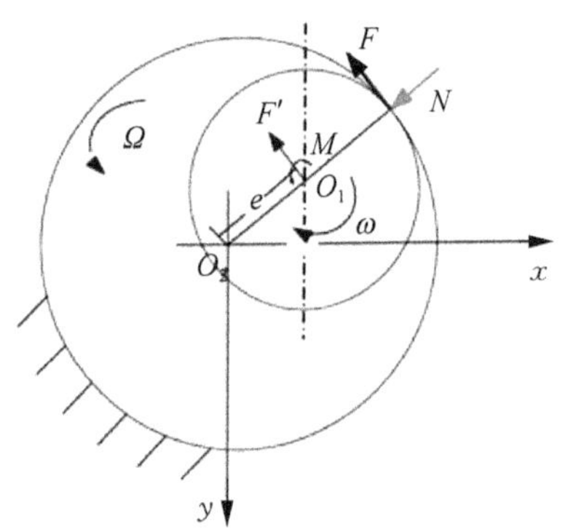

图 11-41 转-静件干摩擦力对转子涡动的影响

图 11-41 为转子碰摩力学模型，转子自转转速为 ω，进动转速为 Ω，两者方向相反，转子发生反向涡动，摩擦力 F 的方向与碰摩位置转-静件相对切向速度相反。将摩擦力 F 平移到转子形心 O_1 位置，得到力 F' 以及关于 O_1 的扭矩 M；摩擦力将推动转子，促使其作反进动，扭矩 M 使转子转速降低，耗散转子轴的旋转动能。当转子的进动转速与转子系统某阶共振转速相等时，转子系统的强迫振动会转换为自激振动，发生反向非协调涡动失稳。

在抱轴载荷作用下，转子进动速度会发生变化，出现分频与倍频成分，转子进动速度与自转速度不同，会导致转子上产生交变应力。图 11-42 为转-静件间断冲击碰摩的运动示意图，以 1/2 倍频和 3 倍频为例，若转子每自转 2 周才与静子接触一次，将导致转子运动中存在转速 1/2 倍频成分；若转子在一个自转周期内与静子接触 3 次，则将导致转子运动中存在转速 3 倍频成分。

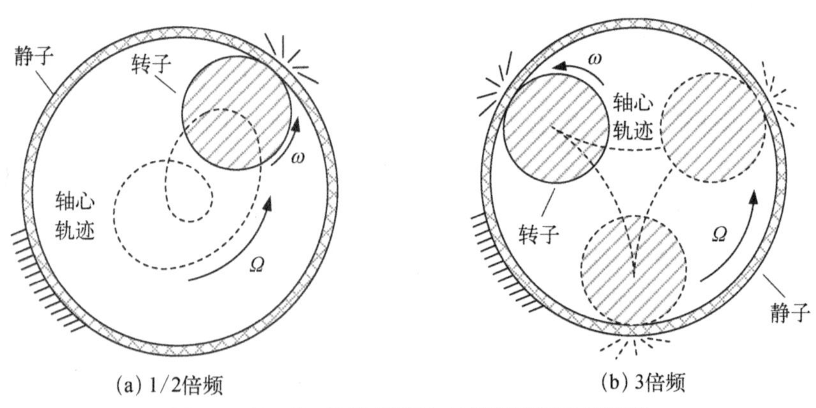

图 11-42 转-静件间断冲击碰摩的运动示意图

转轴上交变应力的频率为转子自转和进动转速的代数差，大小则取决于旋转激励载荷。发动机转子系统的运动一般为同步正进动，主要由于转子自身质量不对称所产生的不平衡激励引起。转子运动形式与转轴内力交变频率的关系，如图 11－43 所示。

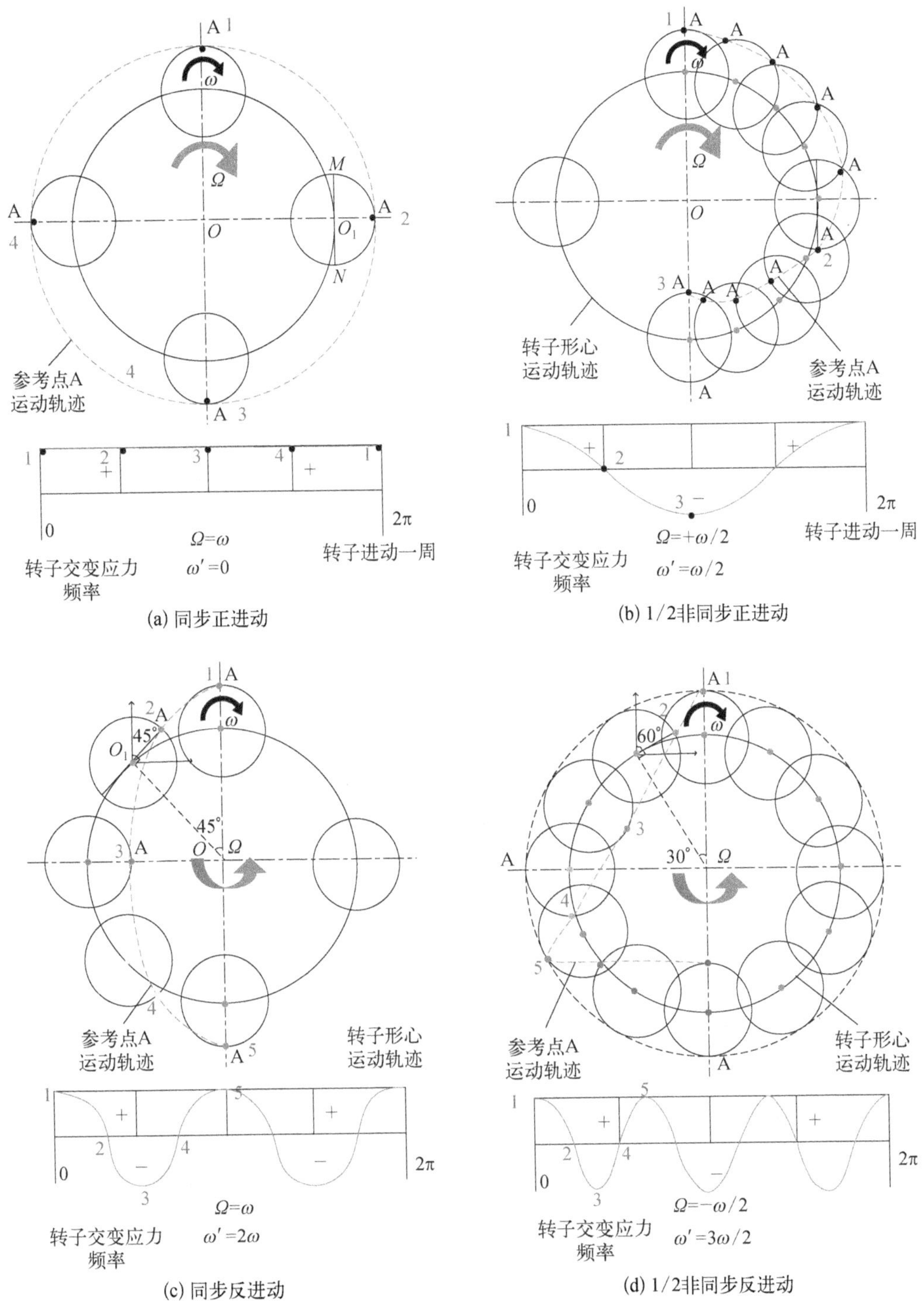

图 11－43　转子进动轨迹与轴交变应力变化

如图 11－43(a)所示,为转子进行同步正进动时,转子进动轨迹中心为 O 点,自转轨迹中心为 O_1,当 A 点处于自转轨迹中与 OO_1 垂直的法线 MN 上时,其所受应力为 0,当 A 点处于 MN 法线的外围时,其受到拉应力,当 A 点处于 MN 法线的内侧时,受到压应力。故转子进动轨迹为同步正进动时,转子上 A 点一直受拉应力,即转轴上没有交变载荷作用。

当转子受到其他外部激励时,影响的是转子的进动速度和方向,如图 11－43(b)所示,为正进动次谐波形式,$\Omega=+\omega/2$,进动转速为自转转速的 1/2,进动方向与自转方向相同,当转子进动角度为 90°时,转子上点 A 自转角度为 180°,此时 A 点恰好落在法线 MN 上,其应力为 0;当进动角度为 180°时,转子上点 A 的自转角度为 360°,A 点处于转子自转轨迹最内侧,压应力最大,因而绘制出转子轴上 A 点的应力变化曲线如图 11－43(b)所示,其应力变化频率为 $\omega'=\omega/2$。

当转子的进动轨迹为同步反进动时,由图 11－43(c)可知,当反进动角度为－45°时,自转角度为 45°,此时 A 点正好落在与 OO_1 垂直的法线上,交变应力幅值为 0,转子交变应力频率为 $\omega'=2\omega$。当转子进动轨迹为反进动次谐波形式,$\Omega=-\omega/2$,转子上 A 点的旋转轨迹如图 11－43(d)所示,转子交变应力频率为 $\omega'=3\omega/2$。

对比可知,当进动转速相同状况下,反进动时自身交变应力频率要比正进动时高。将转子进动转速设为 Ω,其自转转速为 ω,转轴内部交变应力的频率为 ω' 的计算公式为

$$\omega'=|\Omega-\omega| \tag{11-1}$$

11.3.2 抱轴引起的转子弯-扭耦合振动

转子系统扭转振动不能通过轴承及支承结构传递到机匣上,也不会作为声波通过空气传播,因此其不容易被察觉,在发动机工作过程中经常被忽略。然而,扭转振动可能会产生较大危害:一方面,扭转振动可以使得转子产生高周疲劳损伤。转子扭转振动时的阻尼系数一般为弯曲振动阻尼系数的十分之一,而发动机工作过程中的转子扭矩波动可以达到稳定扭矩的 10%以上,小阻尼和大激励载荷使得转子扭转振动的振动应力处于较高水平,影响到转子结构的安全寿命;另一方面,对于细长的柔性转子,若其扭转模态频率与弯曲模态频率相近,例如,在发生风扇叶片飞失等极端恶劣情况时,大不平衡转子的扭转振动可能与弯曲振动发生耦合振动,这种耦合振动属于自激振动范围,即由于转子系统处于共振状态,扭转振动能量与横向弯曲振动能量之间进行传递转换,因此,转子横向振动幅值会不断加大,直至发生失稳,这对转子系统的安全性具有严重影响。

在转子弯曲振动模型的研究中,假设转子转速保持恒定,表明转子转角是时间的线性函数。

转速恒定的假设基于转子输入扭矩足够大,转子刚度足够好,足以平衡载荷转矩及机械系统所有其他能量损失。然而,对于柔性转子系统,若其弯曲共振转速和扭转共振转速的量级接近,可能会发生弯曲和扭转振动耦合。转子系统的弯曲-扭转耦合振动一般由最常见的转子故障——转子大不平衡激励引起。

图 11－44 为转子弯-扭耦合振动模型[36],推导转子弯-扭耦合振动平衡方程时,忽略

转轴质量分布，假定转子质量集中在圆盘上，可得偏心单盘转子的弯-扭耦合振动方程如下：

$$
\begin{aligned}
&M\ddot{x}+Kx=Mr(\dot{\psi}^2\cos\psi+\ddot{\psi}\sin\psi)\\
&M\ddot{y}+Ky=Mr(\dot{\psi}^2\sin\psi-\ddot{\psi}\cos\psi)-Mg\\
&I\ddot{\psi}+K_t(\psi-\psi_e)+Kr(x\sin\psi-y\cos\psi)=T(t)+Mgr\cos\psi
\end{aligned}
\tag{11-2}
$$

式中，K 为轮盘所在位置转子弯曲刚度(假定转子刚度对称)；M 为圆盘质量；K_t 为扭转刚度；I 为圆盘的极转动惯量；ψ 为圆盘的扭转角；ψ_e 为转子驱动端的扭转角；$T(t)$ 为驱动端提供的扭矩；弯曲和扭转方程通过圆盘质量的偏心距 r 进行耦合，即轮盘的质量偏心是激起弯扭耦合的必要条件。假定转子水平，并且单向恒定弯曲力仅包含重力(重力加速度为 g)。

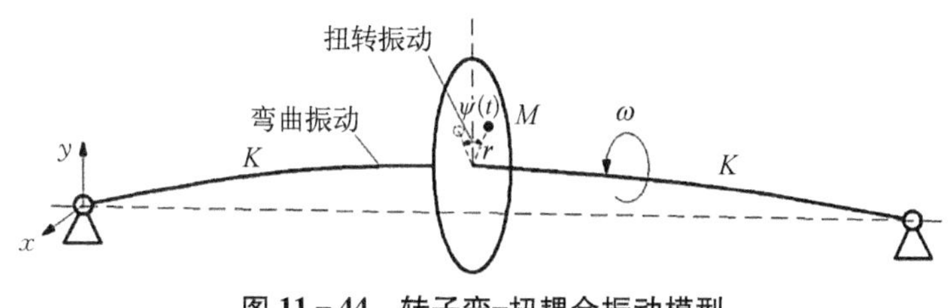

图 11-44　转子弯-扭耦合振动模型

假定转子瞬时角速度可以由恒定转速 ω 及扭振速度 $\dot{\varphi}(t)$ 合成，$\varphi(t)$ 为转子扭转振动角位移，得到如下关系：

$$\psi(t)-\psi_e=\varphi(t),\ \psi_e=\omega t \tag{11-3}$$

将方程(11-3)代入方程(11-2)并将方程线性化，得到的转子弯-扭耦合振动模型如下：

$$
\begin{aligned}
&M\ddot{x}+Kx-Mr[(\ddot{\varphi}-\varphi\omega^2)\sin\omega t+2\omega\dot{\varphi}\cos\omega t]=Mr\omega^2\cos\omega t\\
&M\ddot{y}+Ky+Mr[(\ddot{\varphi}-\varphi\omega^2)\cos\omega t-2\omega\dot{\varphi}\sin\omega t]=Mr\omega^2\sin\omega t\\
&I\ddot{\psi}+K_t\varphi+Kr(x\sin\omega t-y\cos\omega t)=T(t)+Mgr\cos\omega t
\end{aligned}
\tag{11-4}
$$

线性化过程中考虑到了以下关系式：

$$
\begin{aligned}
&\cos(\omega t+\varphi)=\cos\omega t\cos\varphi-\sin\omega t\sin\varphi\approx\cos\omega t-\varphi\sin\omega t\\
&\sin(\omega t+\varphi)=\sin\omega t\cos\varphi+\cos\omega t\sin\varphi\approx\sin\omega t+\varphi\sin\omega t
\end{aligned}
\tag{11-5}
$$

为分析转子弯-扭耦合系统的稳定性，可通过分析方程所代表系统的模态特性。由于方程含有周期时变系数，所以不能直接求解其模态特性，为将方程的各项系数化为常数，可将方程转换到固定在转子上的旋转坐标系 $\xi(t)$、$\eta(t)$，其中坐标轴 ξ 穿过转子轴线及圆盘质心，圆盘偏心距在坐标轴 ξ 上(图 11-45)，坐标转换如下：

$$
\begin{bmatrix}x\\y\\\varphi\end{bmatrix}=\begin{bmatrix}\cos\omega t&-\sin\omega t&0\\\sin\omega t&\cos\omega t&0\\0&0&1\end{bmatrix}\begin{bmatrix}\xi\\\eta\\\varphi\end{bmatrix}
\tag{11-6}
$$

将坐标变换代入方程(11-4),得到旋转坐标系下的常系数微分方程:

$$
\begin{aligned}
&M(\ddot{\xi} - 2\omega\dot{\eta} - \omega^2\xi) + K\xi - 2Mr\omega\dot{\varphi} = Mr\omega^2 - Mg\sin\omega t \\
&M(\ddot{\eta} + 2\omega\dot{\xi} - \omega^2\eta) + K\eta + Mr(\ddot{\varphi} - \omega^2\varphi) = -Mg\cos\omega t \\
&I\ddot{\varphi} + K_t\varphi - Kr\eta = T(t) + Mgr\cos\omega t
\end{aligned}
\tag{11-7}
$$

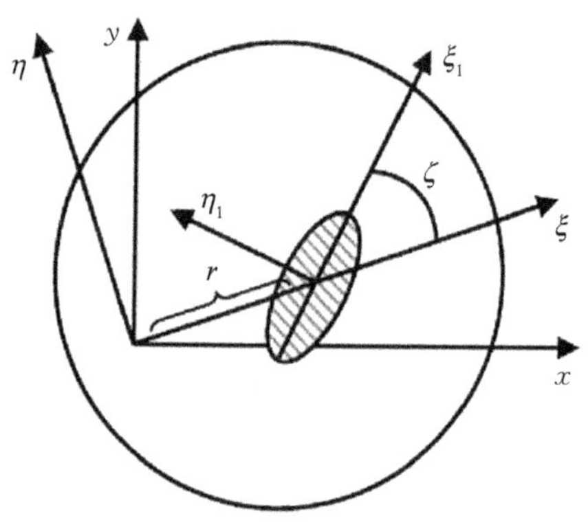

图 11-45 坐标系及转子的主刚度轴

方程(11-7)为单盘不平衡转子的弯-扭耦合振动模型,如果转子完全平衡($r=0$),方程的弯曲和扭转振动就不再耦合。

在航空燃气轮机转子结构系统中,如果发生叶片飞失等突加大不平衡状态,由于风扇叶片的质量及转动惯量较大,因此,转子及支承结构会产生一定的非对称性,为保持力学模型对叶片丢失转子的结构及力学特性等效,假定转子具有非对称的弯曲刚度,主惯性轴 ξ_1、η_1 方向对应的刚度系数分别为 K_{ξ_1}、K_{η_1}(图 11-45)。转子刚度在坐标轴 ξ_1、η_1 方向的投影如下:

$$K_\xi = K_{\xi_1}\cos\zeta - K_{\eta_1}\sin\zeta,\ K_\eta = K_{\xi_1}\sin\zeta + K_{\eta_1}\cos\zeta \tag{11-8}$$

式中,ζ 为定角,代表转子横截面主惯性轴和偏心距之间的偏转角,因此,可得到弯-扭耦合振动的振动方程如下:

$$
\begin{aligned}
&M(\ddot{\xi} - 2\omega\dot{\eta} - \omega^2\xi) + K_\xi\xi - 2Mr\omega\dot{\varphi} = Mr\omega^2 - Mg\sin\omega t \\
&M(\ddot{\eta} + 2\omega\dot{\xi} - \omega^2\eta) + K_\eta\eta + Mr(\ddot{\varphi} - \omega^2\varphi) = -Mg\cos\omega t \\
&I\ddot{\varphi} + K_t\varphi - K_\eta r\eta = T(t) + Mgr\cos\omega t
\end{aligned}
\tag{11-9}
$$

方程(11-9)是转子刚度非对称、单盘质量偏心转子系统的弯-扭耦合振动模型。

假定自由振动解的形式如下:

$$\xi(t) = A_\xi e^{st},\ \eta(t) = A_\eta e^{st},\ \varphi(t) = A_\varphi e^{st} \tag{11-10}$$

将解代入方程(11-9),可得特征行列式如下:

$$
\begin{vmatrix}
K_\xi + M(s^2 - \omega^2) & -2M\omega s & -2Mr\omega s \\
2M\omega s & K_\eta + M(s^2 - \omega^2) & Mr(s^2 - \omega^2) \\
0 & -K_\eta r & K_t + Is^2
\end{vmatrix} = 0 \tag{11-11}
$$

由方程(11-11)得特征方程如下:

$$
\begin{aligned}
s^6 &+ s^4\left[\frac{K_t + K_\eta r^2}{I} + \frac{K_\xi + K_\eta r^2}{M} + 2\omega^2\right] + s^2\left[\frac{K_\eta}{M}\left(\frac{K_t}{I} + \frac{K_\xi}{M}\right) + \omega^4 - \right. \\
&\left. - \omega^2\frac{K_\xi + K_\eta}{M} + \frac{K_\xi + 2M\omega^2}{MI}(K_t + K_\eta r^2)\right]
\end{aligned}
$$

$$+\left[\frac{K_{\xi}-M\omega^{2}}{M^{2}I}\right]\left[K_{\eta}K_{t}-M\omega^{2}(K_{t}+K_{\eta}r^{2})\right]=0 \tag{11-12}$$

为阐明该转子系统的稳定性，将方程(11－12)中的特征值 s 替换成旋转坐标系下的共振频率 $p_n(s=\mathrm{j}p_n)$。因为方程(11－12)的解析解太过复杂，不利于分析，现将特定系统参数数值代入该方程，求解其数值解，可以得到每一个转速 ω 对应的 1、2 或 3 个正值 p_n，得到旋转坐标系下的共振频率随转速 ω 的变化曲线如图 11－46 所示，图中虚线表示无弯扭耦合($r=0$)时转子系统的弯曲振动和扭转振动。

如果特征方程存在一个正实根 s，这说明方程自由振动的解是不稳定的，则可得到弯扭耦合导致的转子失稳转速范围。

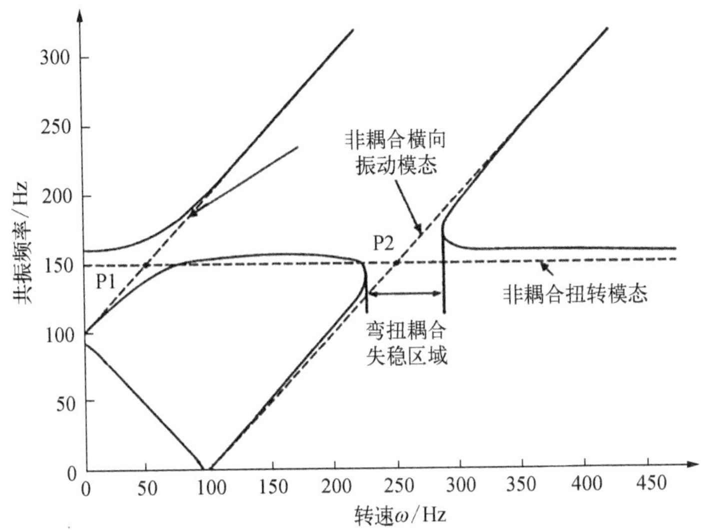

图 11－46　旋转坐标系下的转子弯-扭耦合振动共振频率随转速变化曲线

如图 11－46 所示，弯扭耦合失稳区域在 P2 点附近，P2 点为无弯曲-扭转耦合($r=0$)时，转子弯曲模态对应共振频率曲线和扭转模态对应曲线的交点。实际上，非耦合转子的共振频率曲线代表耦合转子共振频率曲线的渐近线。转子系统的弯扭耦合导致其共振频率与非耦合转子存在一定差异，但两者相对接近。耦合导致相交的共振频率曲线衰减为双曲线。在无弯扭耦合转子共振频率曲线的交点 P1 附近，耦合转子的共振频率曲线转变为“水平的双曲线”，没有引起失稳(解得 3 个实数 p_n，特征值 s 为虚数，不会引起失稳)。在交点 P2 附近，耦合转子的共振频率转变为“垂直双曲线”，P2 点附近特征根 s 为正实数，因此，方程自由振动的解不稳定，导致失稳区出现。弯扭耦合也导致转子振型产生变化，即随着转速提高，低转速下的扭转振型平稳地转化成了弯曲振型。

在实际应用中，更关心的是在固定坐标系下的转子共振频率随转速 ω 变化曲线(Campbell 图)，而不是旋转坐标系下的共振频率。因此，为得到固定坐标系下的共振频率，必须对每个 p_n 加减转速，三个共振频率在(ω，p_n^{fix})平面第一象限的表达式为

$$p_{n1}^{fix}=|p_{n1}|+\omega,\ p_{n2}^{fix}=-|p_{n2}|+\omega,\ p_{n3}^{fix}=|p_{n3}|-\omega \tag{11-13}$$

式中，p_n^{fix} 表示转子在固定坐标系下的共振频率。

对于成熟的高涵道比涡扇发动机，低压转子扭转振动频率通常低于弯曲振动频率，弯曲振动与扭转振动频率曲线不会存在交点，即不会发生弯-扭耦合振动。对于全新设计的高速柔性转子系统，需要分析转子质量/刚度分布特征及其对弯-扭耦合振动的影响。

11.3.3 防止低压涡轮轴飞转的措施

在涡轮风扇发动机结构设计中，防止低压涡轮轴在工作中折断后，低压涡轮转子进入飞转状态的措施是涡扇发动机低压转子结构设计时必须考虑的安全设计。

众所周知，低压涡轮轴套装在高压涡轮轴内，虽然转速小于高压转子，但直径小，扭矩大。随着发动机涵道比的增加，其转速差增大，但传递的功率却比高压涡轮轴大，特别在高涵道比涡扇发动机中更是如此。因此，低压轴承受的扭矩远比高压轴大，加之其直径小于高压轴，使得低压涡轮轴上承受的剪切应力远大于高压涡轮轴。如果高低压转子的转轴均采用同样材料制作，低压轴的安全系数显然小于高压轴。故在设计时，一定要保证低压轴安全系数，确保其能正常工作。

发动机在工作中，会由于一些偶然的极端因素，使低压轴折断。例加，在其他零件损坏后，使低压转子与高压转子相碰摩，低压轴受损而断裂等。1988 年 5 月 30 日，中国民航的一架图- 154 三发客机在广州起飞时，装在飞机垂尾中部的发动机，由于高压压气机转子内的钛合金空气导管在外压作用下突然失稳向内变形，将低压涡轮轴磨出了一道较深的磨痕，使低压轴折断，即是一例。又如，发动机工作中将鸟或跑道上的大块轮胎碎片（其他飞机在起飞或着陆时磨坏而遗留在跑道上的轮胎碎块）吸入，风扇叶片又未能将它们切碎，碎片卡在风扇叶片与静子之间，对低压涡轮轴造成了一个很大的刹车扭矩，使低压轴上的反扭矩突增，而将轴拧断等。当然，这种低压涡轮轴突然折断的概率是极小的，对于一种发动机来说几年甚至十几年不一定能遇到，但若不幸遇到就会带来灾难性事故。因为一旦低压涡轮轴折断，低压涡轮转子与风扇转子之间，就会失去机械联系，低压涡轮没有负荷。此时，高温燃气仍继续流入低压涡轮中膨胀做功，失去负荷的低压涡轮就会急剧增速以至飞转，工作叶片与轮盘所受的离心载荷急剧增大，大大超出其允许值，叶片会由根部处折断并高速甩出，轮盘也会四分五裂。甩出去的碎片能量很大，击穿涡轮机匣后如打到飞机要害构件或系统，就会给飞机带来灾难性事故。前述的图- 154 低压涡轮轴断裂故障中，4 级低压涡轮转子以及 2~4 级静子全部甩出发动机，将涡轮机匣打出一个直径近 2 m 的大洞、约 330°范围缺口，如图 11－47 所示。这次事件中，幸好是位于垂尾上中间的发动机发生的，发动机外围没有飞机关键构件与系统，因而只是机尾严重损坏而没有造成飞行事故。但 1987 年 5 月 9 日，在波兰却发生了一起类似的故障，其后果却不同。当时，一架装有 D－30KY 发动机（与图- 154 所用发动机 D－30KY－154 基本相同）的伊尔- 62 客机在华沙起飞时，突然发生了低压涡轮轴折断故障，使低压涡轮转子进入飞转状态，转子破裂，飞出的碎片打坏飞机结构，结果造成了波兰航空史上最大的空难——机上 183 人全部罹难的灾难性事故（在伊尔- 62 客机上，四台发动机装于机身尾部，左、右侧各装二台）。

涡轮螺旋桨发动机、涡轮轴发动机与由航空燃气轮机改型的地面燃机，在某些特定条

图 11-47　图-154 尾部中间发动机低压涡轮破裂打穿机匣的照片

件下，同样也会发生低压（或动力）涡轮转子飞转的情况。

为避免低压涡轮轴折断使得转子飞转造成灾难性的事故，就应在结构设计中采取防止低压涡轮转子在断轴后进入飞转的措施，即安全设计。常用的有两种方法：一是断轴后，立即将进入发动机燃烧室的燃油全部放掉，形成不了高温燃气，不会驱动低压涡轮做功，使转子不会飞转，这是从根本上来解决的措施；二是机械刹车防止转子飞转，它是将转子工作叶片与静子叶片间确定一相对位置，设计成：当断轴后转子在燃气轴向力作用下向后移动，两种叶片相互卡咬，起到刹车作用。

对于紧急放油措施，在现有发动机中有两种方法：在 JT15D 发动机中，如图 11-48 所示，是在低压涡轮后轴的后端设有一顶杆，在后轴承机匣内相应位置处设有一摇臂，摇臂一端用钢索与设在燃油总管的紧急放油门相连，另一端与转子上的顶杆保持一定间隙。正常情况下，顶杆与摇臂绝对不会相碰，而一旦低压涡轮轴突然折断时转子在燃气作用下快速向后移动，顶杆顶到摇臂上，钢索将放油活门急速拉下，高压燃油被快速放出。

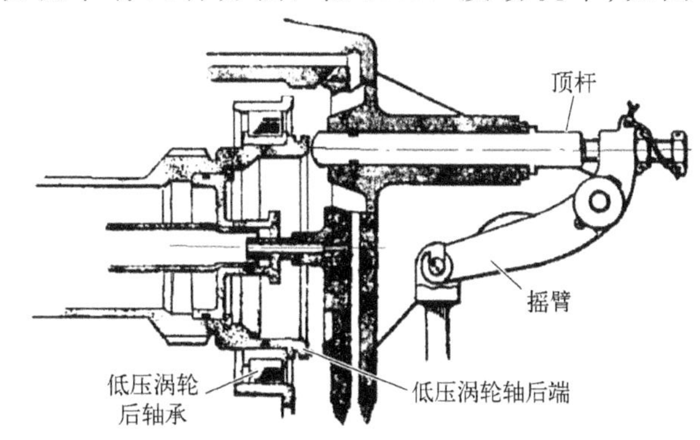

图 11-48　JT15D 防低压转子飞转装置

在斯贝与 RB211 等发动机上，同样采用了类似 JT15D 的顶杆与摇臂结构，但是顶杆的移动是利用了一般车床上刀架行车结构，具体结构如图 11-49 所示：在低压涡轮轴内装有滑油导管，滑油导管前端与风扇轴的前端固紧。后端焊有带外套齿的管头，一个带多头外螺纹的顶杆插在管头的外套齿中，可以前后轴向移动。涡轮后轴内固定一个带多头内螺纹的衬筒。顶杆通过外螺纹拧到衬套的内螺纹中。当低压涡轮轴折断时，断口前方的转子转速会下降以至最终停转，使得和风扇轴固紧的滑油导管转速逐渐下降。而断口后方的转子转速迅速上升，即固定于低压轴中的衬筒转速上升。由于顶杆是通过花键套在滑油导管上的,因此顶杆不转,这样就在顶杆与衬筒间有相对转动,在螺纹的作用下,顶杆快速向后移动,顶到摇臂上,将钢索下拉,放油活门被打开,使高压燃油快速放出。

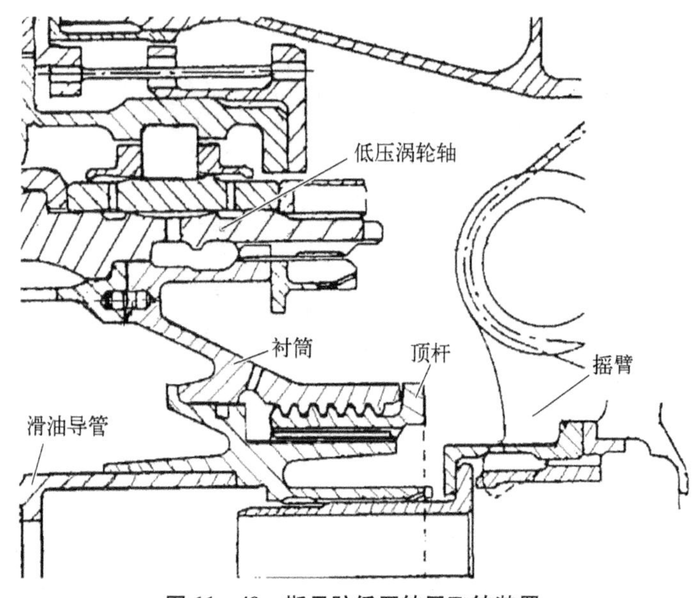

图 11-49 斯贝防低压转子飞转装置

当前,在采用全功能数字式电调(FADEC)装置的现代先进航空发动机上,通过电调装置来限定低压转子转速,当发生断轴、低压转子转速要超转时,调节装置将自动切断供入燃烧室的燃油,使转子滞止下来。

思 考 题

1. 航空发动机中的安全性、可靠性和适航性之间的关系是什么?
2. 航空燃气轮机支承结构安全设计的主要措施有哪些?
3. 什么是非协调涡动? 什么是自激振动? 为什么二者对转子安全性具有重要影响?

第 12 章
总体结构布局及力学特性分析

航空燃气轮机总体结构布局,就是对转子结构和承力结构的几何构形、关键结构参数以及支承/安装结构约束特性的确定。总体结构布局设计方案所确定的基本外形尺寸和结构质量分布特征对整机的抗变形能力、动力学特性以及安全性、可靠性和维修性均具有重要的影响,是发动机顶层结构设计技术。

12.1 高涵道比涡扇发动机

现代高涵道比涡扇发动机的涵道比在 8 以上,具有大推力、低耗油率的优点,是民航客机、军用运输机主要动力装置[37]。由于其大尺寸效应,结构刚度下降、变形增大,导致转静件间隙控制及性能保持困难,性能衰退快。因此,高涵道比发动机总体结构布局的目的是对整机变形的有效控制。

高涵道比涡扇发动机转子系统结构设计是以控制转子变形为目的,通过增加结构质量提高结构刚度的方法难以满足现代航空发动机对结构"轻质重载"的要求,需通过对转子几何构形的优化来实现;承力系统结构设计以保证支承刚度、环境适应能力和结构可靠性为目的,其中具有大直径尺寸且工作在高温环境的涡轮承力框架结构设计难度最大,需要重点关注。

现代先进高涵道比涡扇发动机,根据转子和承力结构布局特点,最常用的 2 种典型的总体结构布局方案,如图 12-1 和图 12-2 所示。

图 12-1 为具有三个承力框架的双转子发动机总体结构布局方案。高压转子采用 1-0-1 支承方案,低压转子采用 0-2-1 支承方案,共有 5 个支点、3 个承力框架,分别为:中介机匣共用承力框架,支承 3 个前支点;涡轮级间承力框架,支承高压转子后支点;涡轮后承力框架,支承低压转子后支点。这种总体结构布局方案能够避免高、低压转子间

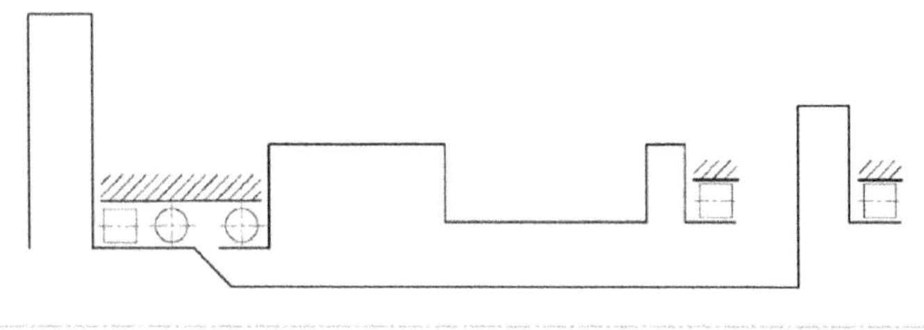

图 12-1　典型三承力框架双转子发动机结构布局示意图

的耦合振动问题，承载更大的转子载荷，适用的推力范围较宽，在 20~50 t 推力量级的涡扇发动机中均有使用，其中代表机型有 GE90 系列高涵道比涡扇发动机。

如图 12－2(a)所示，典型三承力框架高涵道比涡扇发动机采用高、低压双转子结构布局，其中高压转子整体呈“拱形环腔”构形，采用 1－0－1 支承方案，为高转速刚性转子；低压转子整体呈“杠铃”构形，采用 0－2－1 支承方案，质量和转动惯量集中在两端，中间轴细长，转子整体弯曲刚性较弱。

如图 12－2(b)所示，典型三承力框架高涵道比涡扇发动机承力结构系统包含中介机匣、涡轮级间和涡轮后 3 个承力框架及其间刚性连接承力机匣，承力结构系统将转子轴承载荷(如轴向力、径向力)和承力机匣上静子所受载荷(如气动力、惯性载荷)通过前后安装节传递到飞机上。

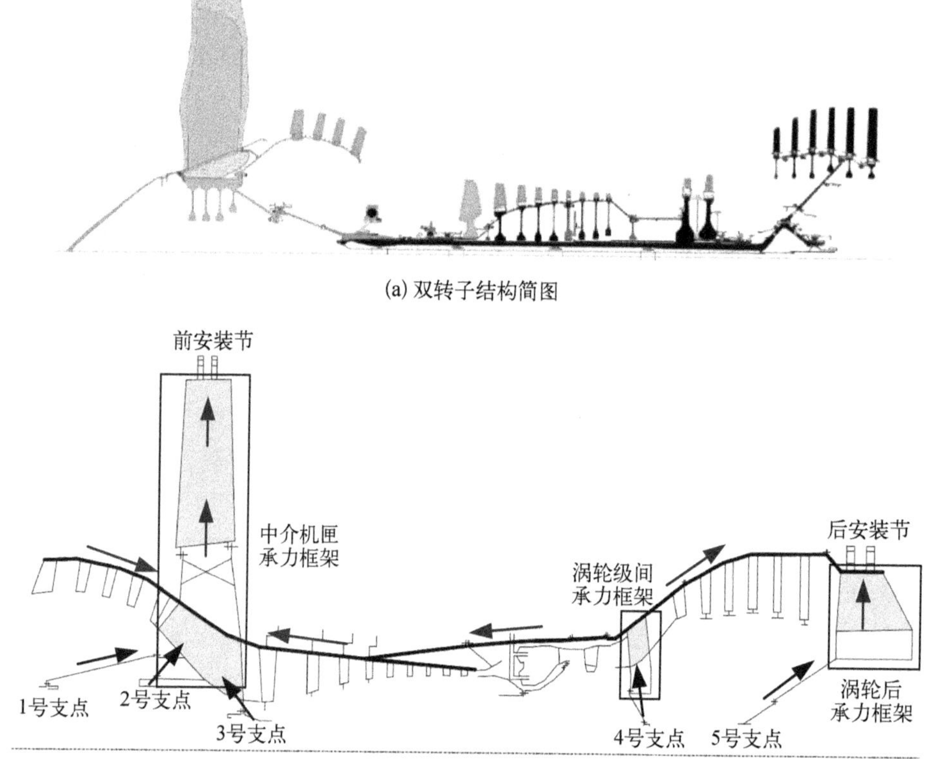

(a) 双转子结构简图

(b) 承力系统结构示意图及传力路线

图 12－2　典型三承力框架高涵道比涡扇发动机结构简图

图 12－3 为具有两个承力框架的双转子发动机总体结构布局方案，其特点是在高、低压涡轮间设置有共用承力框架。高压转子采用 1－0－1 支承方案，低压转子采用 0－3－0 支承方案，风扇与低压涡轮均为悬臂结构，共有 5 个支点、2 个承力框架，分别为：中介机匣共用承力框架，支承 3 个前支点；涡轮级间共用承力框架，支承 2 个后支点。这种总体结构布局方案能有效缩短发动机轴向尺寸、减小发动机质量，适用于推力在 10~20 t 这一量级的涡扇发动机，代表机型有 LEAP－1B 系列中等推力高涵道比涡扇发动机。

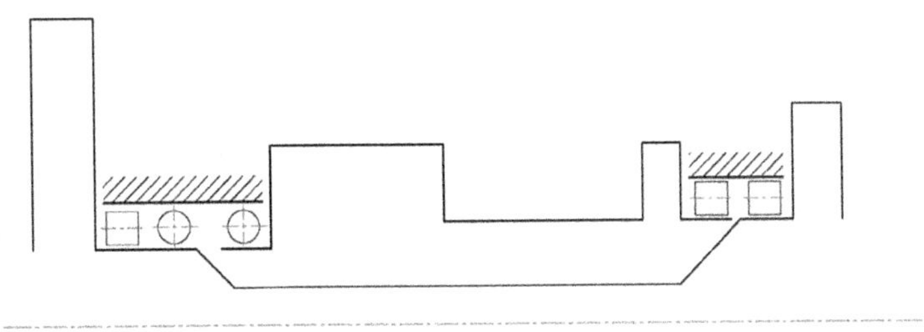

图 12-3　典型两承力框架双转子发动机结构布局示意图

图 12-4(a)为典型两承力框架高涵道比涡扇发动机双转子系统，其中高压转子结构布局相同；低压转子结构布局采用 0-3-0 支承方案，风扇与低压涡轮转子均为悬臂结构，更易产生局部模态振动或变形。

如图 12-4(b)所示，承力结构系统包含中介机匣共用承力框架和涡轮级间共用承力框架及其间刚性连接承力机匣，传力路线与图 12-2(b)相似，但涡轮级间共用承力框架在高温复杂环境下同时支承具有不同旋转激励的高、低压转子后支点，应关注转静子结构系统间的耦合模态振动和振动响应交互作用问题。

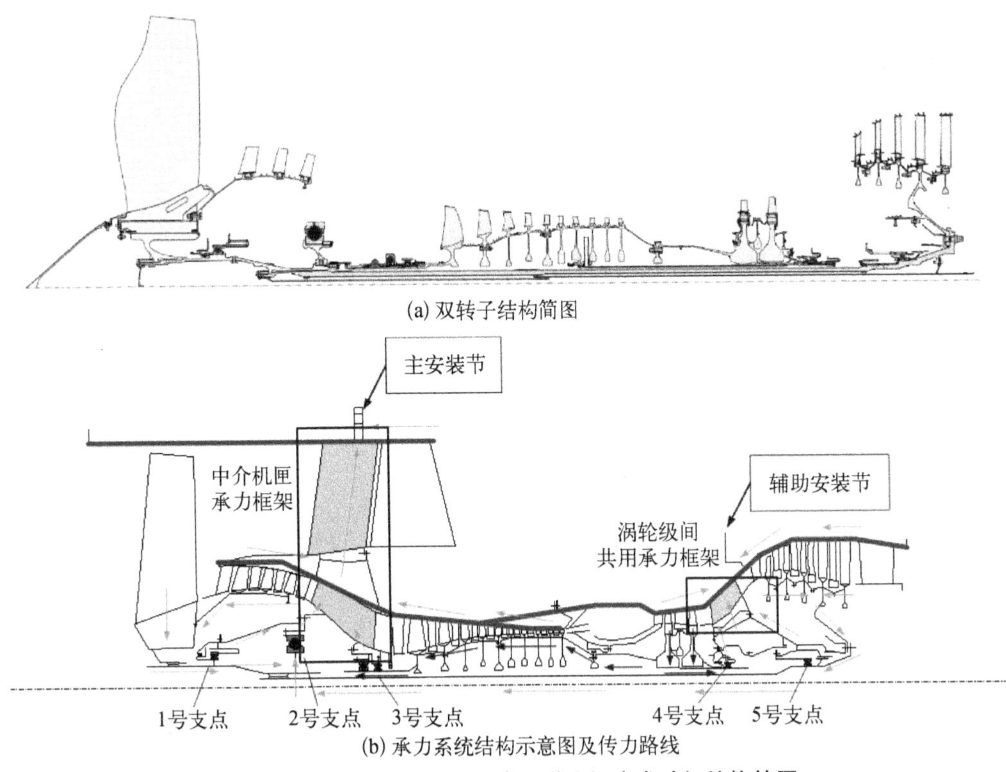

图 12-4　典型两承力框架高涵道比涡扇发动机结构简图

12.1.1　结构质量分布特征

结构质量分布是发动机结构特征定量描述的重要参数，对于转子结构，由于具有复杂的三维空间几何构形特征，其质量分布特征需要采用结构质量、主轴转动惯量沿轴向分布进行准确描述。

1. 高压转子

高涵道比涡扇发动机的高压转子一般采用“拱形环腔”构形，其质量主要由各级叶片-轮盘组件和篦齿封严盘决定，称为惯性结构单元（简称惯性单元），其抗变形能力主要由前后轴颈、各级叶片-轮盘结构间连接的鼓筒以及压气机与涡轮之间的连接鼓筒轴决定，称为弹性结构单元（简称弹性单元）。转子的弯曲变形主要发生在弯曲刚度相对较弱的前后轴颈及连接鼓筒轴处。

如图 12－5 所示，根据高压转子的几何构形特征和力学特性，通常可将高压转子分为前轴颈、压气机、连接鼓筒轴、涡轮及后轴颈等 5 个子结构单元。计算得到各子结构单元的质量/转动惯量沿轴向的分布，如图 12－6 所示。

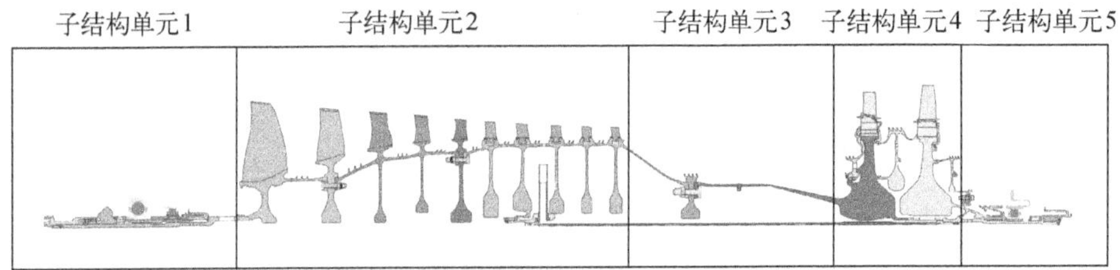

图 12－5　高压转子子结构单元划分示意图

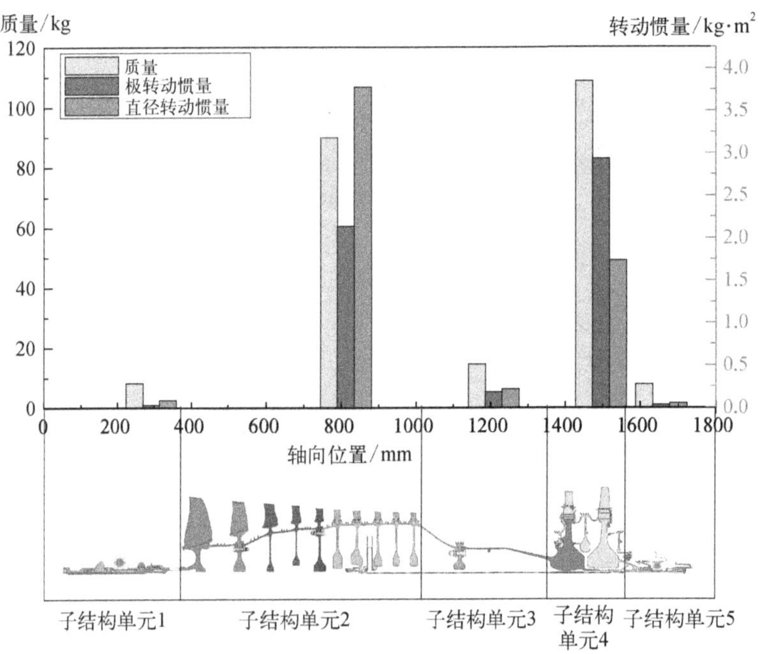

图 12－6　高压转子质量/转动惯量轴向分布（子结构单元）

高压转子质量和转动惯量主要集中在压气机和高压涡轮处，其中压气机转子的直径转动惯量较极转动惯量较高，具有柱式转子特征；而高压涡轮转子的极转动惯量大于直径转动惯量，具有盘式转子的特征。

在发动机工作过程中,随着转速不断提高,高压转子最高工作转速会靠近弯曲临界转速,高压转子在工作中可能会发生一定的弯曲变形,具体表现为转动惯量分布随着转子弯曲变形发生变化。

对于拱形环腔构形的高压转子系统,由于转子前后轴颈、鼓筒轴处弯曲刚度相对较低,易发生弯曲变形,常见的弯曲形式有两种:一种为"梯形"弯曲,或称为"两端弯曲";另一种是"V"形弯曲,或称为"中间弯曲"。高压转子系统弯曲变形形式与其质量/刚度分布以及支承约束等结构特性和力学特性均有关系,需要计算分析。

对于转子前后轴颈刚度较小的转子系统,在高速旋转时可能产生两端弯曲变形,这时压气机、鼓筒轴、高压涡轮三个子结构单元几乎没有发生相对的弯曲变形,可将三者视为一个整体考虑,因此,相应的转子可划分为三个子结构单元,其质量/转动惯量分布,如图 12-7 所示。

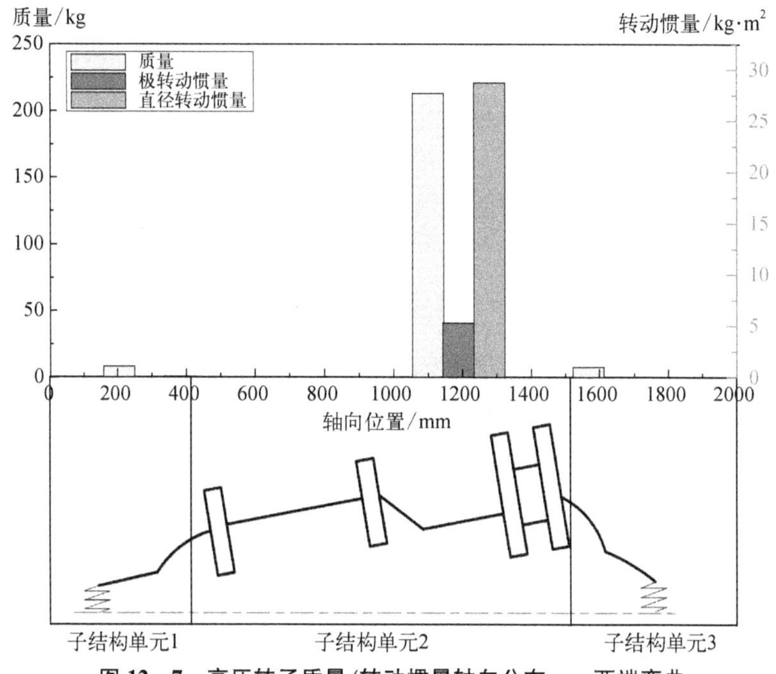

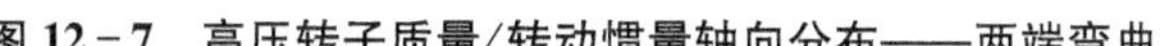

图 12-7　高压转子质量/转动惯量轴向分布——两端弯曲

当转子发生两端弯曲时,转子的质量和转动惯量集中在单元 2 上,如图 12-7 所示,转子的变形特征与大跨度柱形转子相似,其直径转动惯量大于极转动惯量,当转子高速转动时,旋转惯性力矩的作用方向与转子变形方向一致,具有降低转子弯曲刚度的作用,增大了转子的弯曲变形。

中间弯曲通常出现在前后轴颈刚度较大时,或者鼓筒轴轴径较小时。此时前后轴颈处的变形较小,而鼓筒轴处的变形较大。如图 12-8 所示,为中间弯曲时,高压转子的质量/转动惯量分布。

从图 12-8 中可以看出,此时转子的质量和转动惯量主要分布在压气机单元和涡轮单元上。在压气机单元中,由于压气机转子长径比较大,直径转动惯量大于极转动惯量,

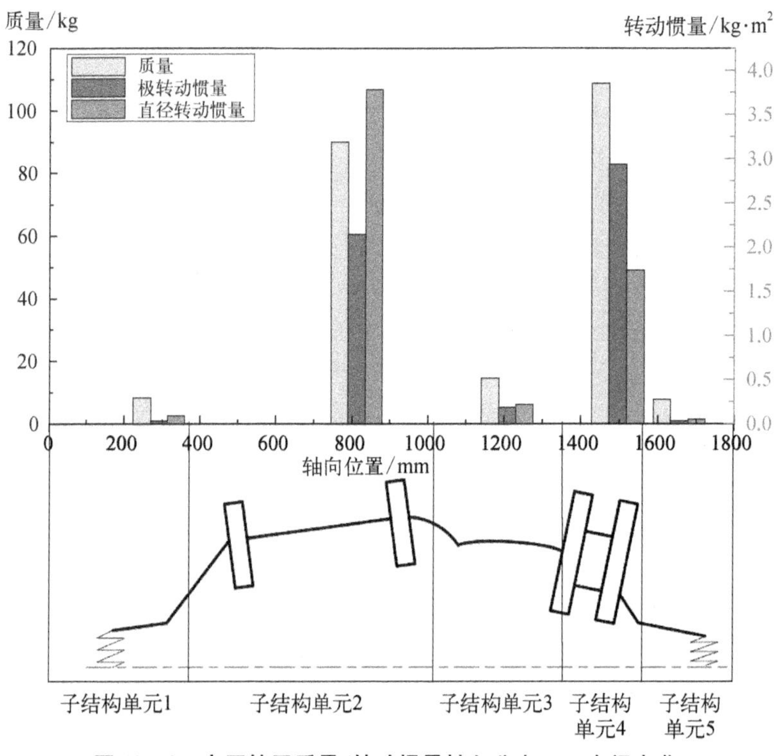

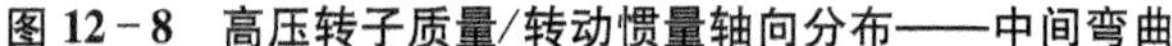

图 12－8　高压转子质量/转动惯量轴向分布——中间弯曲

旋转惯性力矩作用方向为加大转子弯曲变形；而在涡轮单元中，由于涡轮直径转动惯量低于极转动惯量，旋转惯性力矩会抑制转子结构的变形，因此在高速旋转时，能够借助涡轮的旋转惯性力矩提高转子系统的弯曲振型共振转速。

2. 低压转子

如图 12－9 所示，高涵道比涡扇发动机低压转子系统具有多支点、大跨度、中间轴细长、质量和转动惯量集中在两端即"两头重，中间柔"的结构特征，转子整体弯曲刚性较弱。

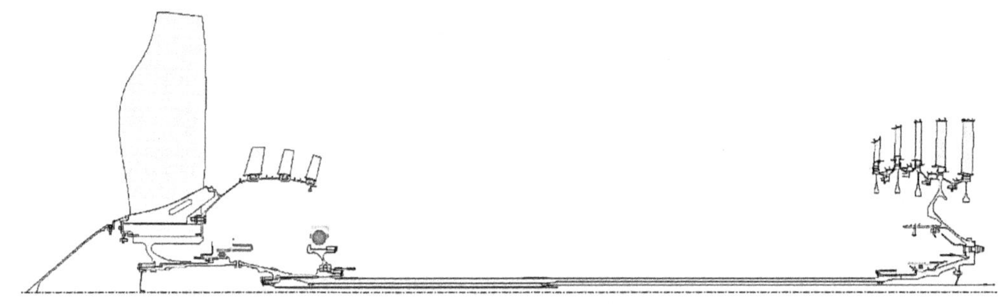

图 12－9　低压转子结构简图

根据转子结构特征，将低压转子划分为风扇、低压涡轮轴、低压涡轮转子 3 个子结构单元，同时考虑到发生弯曲变形时，低压转子从低压涡轮轴中间弯曲，低压涡轮轴前后两端角向变形方向相反，因此将低压涡轮轴从中间细分为 2 个子结构单元，共 4 个子结构单元，计算各子结构单元质量和转动惯量，如图 12－10 所示。

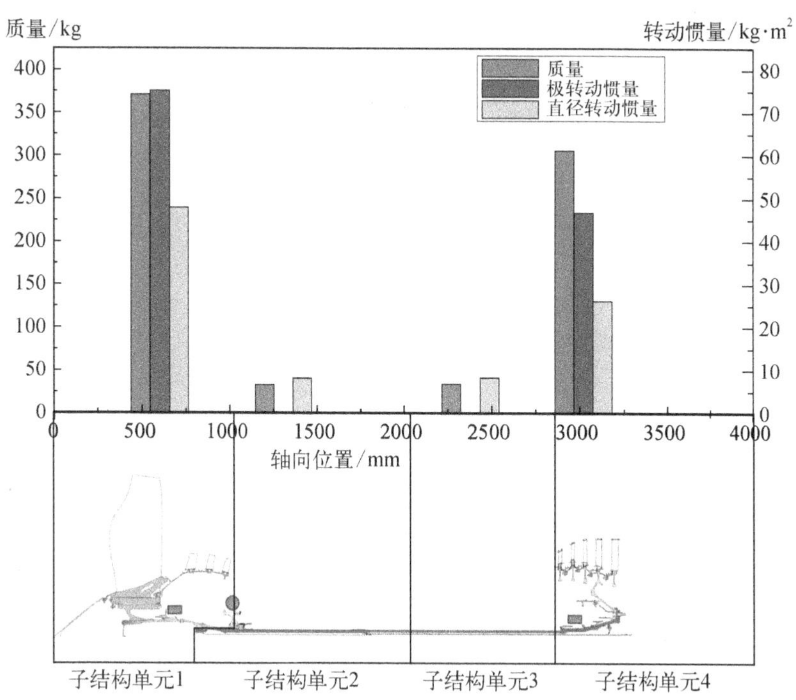

图 12－10　低压转子质量/转动惯量分布

从图 12－10 可以看出，低压转子质量和转动惯量集中分布在风扇和低压涡轮处，转动惯量较大，且两端局部极转动惯量大于直径转动惯量，即低压转子在弯曲变形时，会产生较大的陀螺力矩效应，对抑制转子变形，提高转子模态振动频率具有重要作用。低压涡轮轴的质量、转动惯量相对较小，但是其刚度特性对转子变形和模态振动具有重要影响。在低压转子结构及动力学设计中，合理利用风扇和低压涡轮的陀螺力矩效应对低压涡轮轴弯曲变形的影响，可以对低压转子共振转速特性进行优化。

3. *承力结构系统*

承力结构系统作为一个质量沿轴向分布不均匀的结构系统，质量主要集中在刚性较强的承力框架上，承力机匣采用大直径薄壁结构，结构质量轻。由于承力框架和机匣力学特性相差较大，可沿轴向将二者划分为不同的子结构单元，其质量分布，如图 12－11 所示。

承力结构系统为非转动件，仅需明确其质量分布，无须关注其转动惯量分布。承力结构系统中承力框架占主要质量，因此通过结构布局设计减少承力框架数目可大幅度降低发动机整机结构质量。

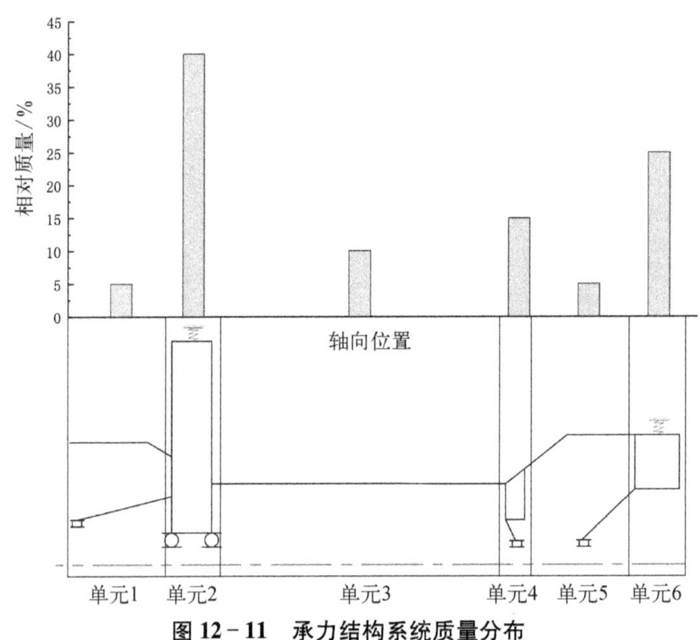

图 12-11　承力结构系统质量分布

12.1.2　转子结构力学特性

在总体结构布局设计理论中,重点关注的是结构对变形及振动的影响,即转子结构特征与力学特性之间的关联性。采用有限元计算的方法,可以对转子的刚度特性、模态特性、共振转速分布进行定量计算,并以此对转子结构特征与力学特性之间关联性进行分析。

1. 高压转子

1）刚度特性

由于发动机装配于飞行器上,随飞行器进行各种非惯性运动,因此,在定量分析转子系统刚度特性时,可采用等效刚度和惯性刚度对转子结构几何构形、尺寸和材料所表现出的抗变形能力进行定量分析。

图 12-12 为高压转子等效刚度加载示意图。计算转子各加载处的横向变形,从而得到转子的等效刚度分布,如图 12-13 所示。

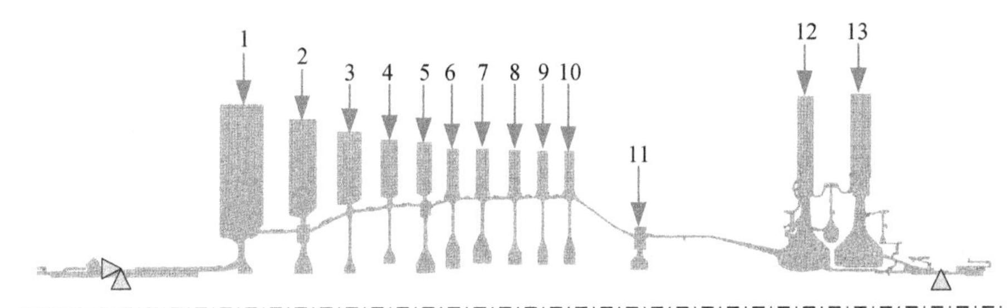

图 12-12　高压转子等效刚度加载示意图

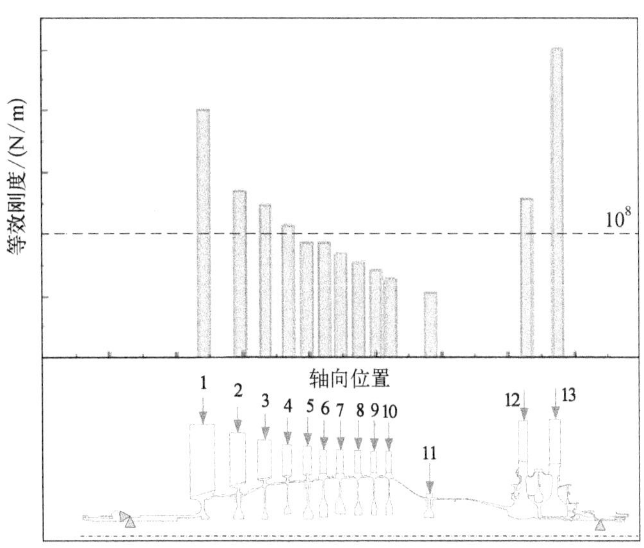

图 12－13　高压转子横向等效刚度分布

转子的等效刚度与转子结构特征和支承约束特性有关，由于高压转子为大跨度的“拱形环腔”结构，采用 1－0－1 支承方案，其等效刚度分布呈现两端高、中间低的特点，在鼓筒轴处等效刚度最低。从转子的剖面几何构形可以看出，高压转子呈拱形环腔构形，转子弯曲刚度主要取决于转子的长径比。其次，由于支点跨度较大，结构等效刚度取决于加载位置距离支点的距离，因此距离支点较远的鼓筒轴处刚度较弱，而距离前后支点较近的压气机和涡轮等效刚度较高，达到 10^8 N/m 量级。

通过对高压转子施加 $5g$ 的横向过载惯性载荷，计算最大横向变形量，得到高压转子惯性刚度，如图 12－14 所示。

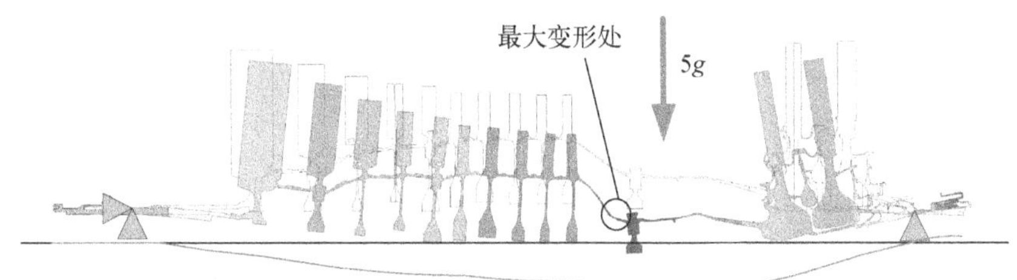

图 12－14　高压转子惯性载荷下变形云图

最大横向变形发生在压气机后轴颈与封严盘连接处，通过可计算高压转子惯性刚度：

$$k = \frac{m \cdot 5g}{y_{\max}} \tag{12-1}$$

由于鼓筒轴为锥壳和柱壳的组合式结构，位于转子中部，受支点约束作用弱，因此其变形较大。对于两支点大跨度转子系统，其惯性刚度是反映质量/刚度分布协调性的参数，因此，要提高惯性刚度应该对高压转子质量和刚度沿轴向分布进行优化设计。

2）模态振动特性

利用有限元法对高压转子进行模态计算，选取高压转子最大工作转速附近的自由模态弯曲振型进行分析，如图 12－15 所示。

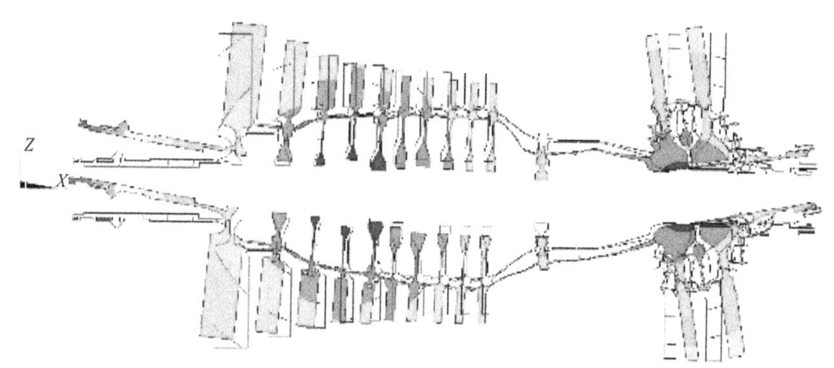

图 12－15 高压转子自由模态弯曲振型

该高压转子系统弯曲模态振型为“V”形弯曲，鼓筒轴处产生较大的弯曲变形，应变能较集中，反映出鼓筒轴刚度较弱，在结构设计中，加强鼓筒轴刚度对提高转子弯曲振型模态频率影响敏感度较高。

在计算约束模态时，采用弹簧单元模拟支承刚度，求解约束模态，选取靠近高压转子最大转速的前 3 阶振型进行分析，如图 12－16 所示。

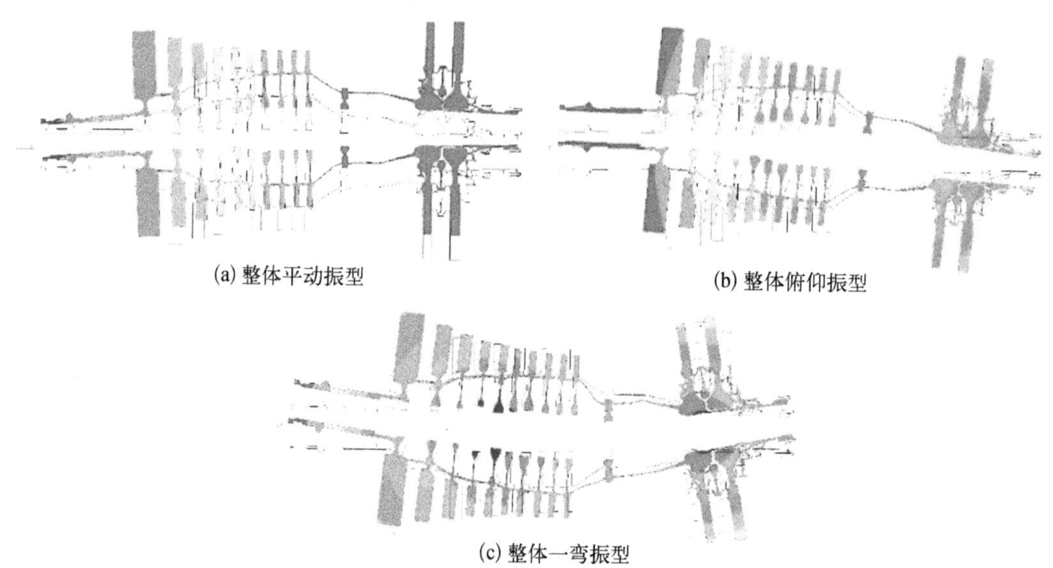

(a) 整体平动振型

(b) 整体俯仰振型

(c) 整体一弯振型

图 12－16 高压转子约束模态振型

与自由模态相比，高压转子多出 2 阶刚体模态振型：整体平动和整体俯仰。在添加支点约束后，高压转子整体一弯模态频率较自由模态有所增加，图 12－17 为高压转子自由模态和约束模态下的节点位置示意图，当施加支点约束后，整体一弯模态两节点轴向距离较自由模态时缩短，转子的等效长度减小，模态频率提高。

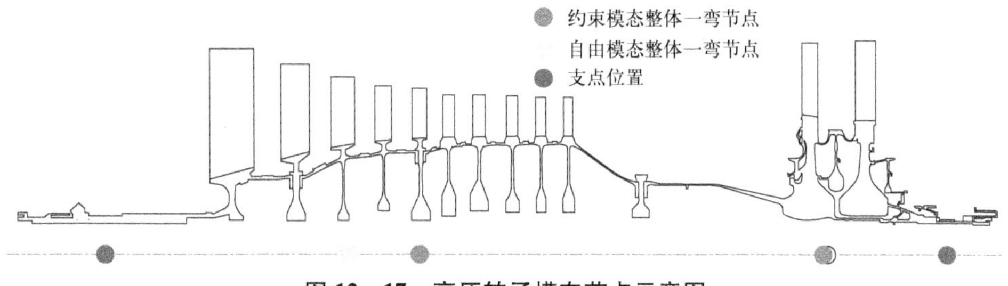

图 12－17　高压转子模态节点示意图

3）共振转速特性

图 12－18 为高压转子系统 Campbell 图。横坐标为转子自转转速，纵坐标为共振转速，以 0 转速时共振转速的数值大小标定其阶次。转子各阶共振转速随转速呈现不同变化趋势，这与转子质量/刚度分布、支承约束特性、共振转速振型及其上作用的陀螺力矩效应有关。

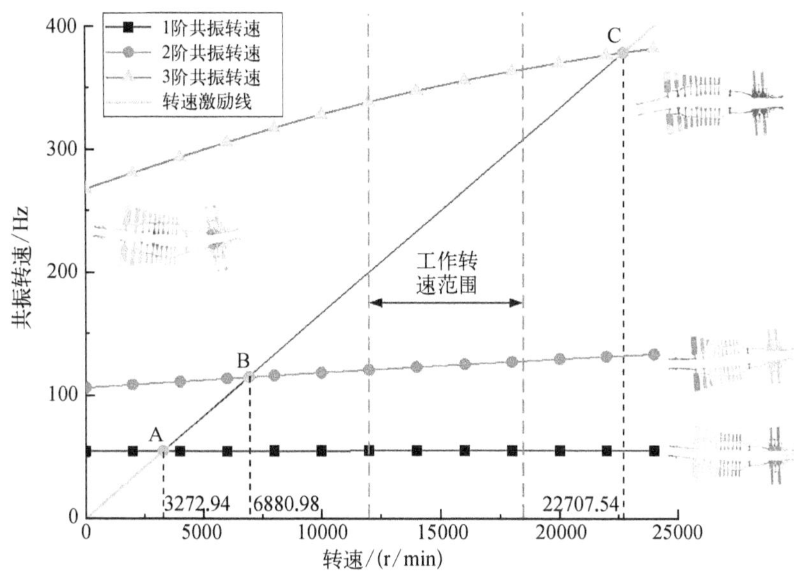

图 12－18　高压转子系统 Campbell 图

从图 12－18 中的振型图可以看出，转子前两阶共振转速为刚体振型：整体平动和整体俯仰，转子自身的弯曲变形可以忽略，转子系统应变能主要集中在支承结构上。这两阶共振转速随转速增加缓慢，对于整体平动振型，转子的角向变形较小，陀螺力矩效应弱；对于整体俯仰振型，转子运动时的极转动惯量与直径转动惯量之比（J_p/J_d）较小，转子系统的陀螺力矩效应较弱，这是导致共振转速随转速变化较缓的根本原因。

从图 12－18 中可以看出，第 3 阶共振转速变化较大，在转速从 0 增加到 25 000 r/min 内，共振转速增加 40%，这都是转子上旋转惯性力矩作用的结果。由振型图可以看出，转子第 3 阶共振转速为整体一弯振型，转速较低时呈“V”形弯曲，变形集中在鼓筒轴处，压气机与涡轮的角向变形方向相反，此时转子的直径转动惯量分为相对于压气机质心和涡轮质心的两部分，直径转动惯量大大降低，尤其是涡轮转子的极转动惯量约为直径转动惯量的 2 倍，因此作用在转子上的陀螺力矩效应强，抑制了鼓筒轴的变形，提高了转子系统的刚性，共振转速随转速迅速增加。

对于只考虑不平衡扰动的转子，其转速与激励频率及进动速度相同，即为图 12－18 中的等转速线，其与各阶共振曲线的交点即为各阶临界转速点，如图中 A、B、C 点所示。由于整体平动和整体俯仰振型共振转速较低，且随转速变化不明显，因此高压转子系统的前 2 阶临界转速较低。而整体一弯振型共振转速受旋转惯性力矩作用，随转速大幅度增长，因此，弯曲振型临界转速较高。在俯仰临界转速和弯曲临界转速之间，存在着范围较大的安全转速区间，使得在高压转子系统的工作转速范围内，不会出现临界转速点，并有充足的安全裕度。

2. 低压转子

1）刚度特性

图 12－19 为低压转子加载示意图，在中间支点施加轴向、径向和周向约束，前后支点施加径向和周向约束。在低压转子上选取 11 个加载点，依次加载集中力，计算加载点处变形量，从而求得该处等效刚度。

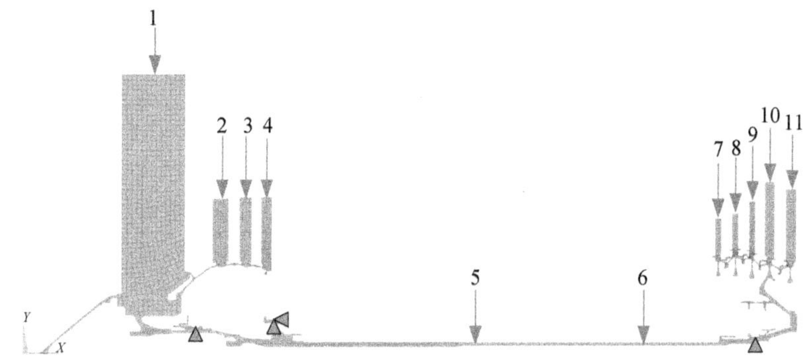

图 12－19 低压转子等效刚度加载示意图

计算求得低压转子等效刚度分布，结果如图 12－20 所示。

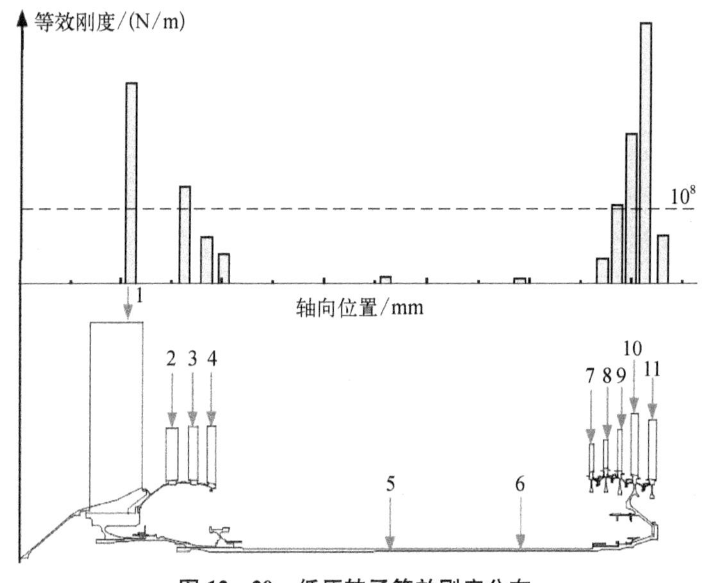

图 12－20 低压转子等效刚度分布

低压转子主体构形为细长的“杠铃式”构形，其等效刚度分布较不均匀，在风扇和低压转子处等效刚度高，在低压涡轮轴处等效刚度低。由于风扇处有两个支点约束，其等效刚度很高。由于低压涡轮采用大直径鼓筒-轮盘结构，并且支点位于局部质心附近，因此，虽然是悬臂支承结构，但仍具有较高的等效刚度。

对低压转子施加 $5g$ 的横向过载，计算低压转子的最大变形量，如图 12－21 所示。

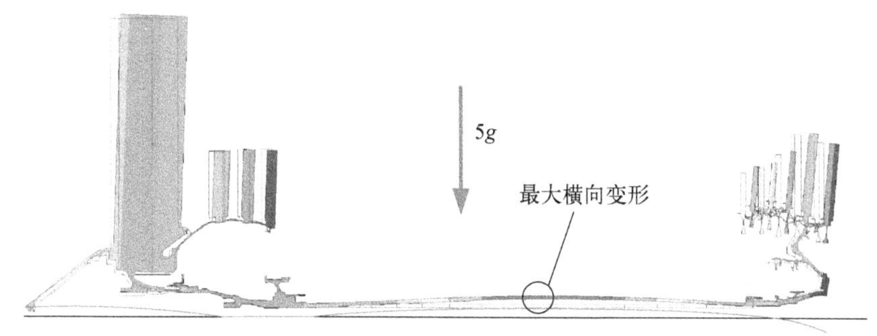

图 12－21　低压转子惯性载荷下变形云图

由图 12－21 可以看出，低压转子在横向过载下最大变形位于低压涡轮轴中心处，通过式(12－1)可计算低压转子惯性刚度。

虽然低压转子采用柔性转子设计，但其惯性刚度达到与高压转子一个量级，约为 10^8 N/m，这主要是由于转子几何构形和支点约束综合设计的结果，主要表现为：① 低压转子质量/刚度分布具有协调性，各组件结构质量相对于支承约束具有惯性载荷相互抵消的作用，这样使得结构刚度较小的涡轮轴处位移得到有效控制；② 风扇和高压涡轮采用局部弯曲刚度强化设计，具有高的抗变形能力，可以传递质量惯性载荷，而自身不发生大的变形；③ 低压转子质量主要集中在风扇和低压涡轮上，合理的质心位置及其相对于支点的位置设计，使得风扇和低压涡轮质量惯性可以有效地抑制涡轮轴的横向变形。

2）模态振动特性

利用有限元法对低压转子进行模态计算[38]，选取低压转子最大工作转速附近的几阶模态振型进行分析，如图 12－22 所示。

“杠铃”构形的低压转子，两头重、中间柔，转子轴向尺寸大，整体弯曲刚度较低。低压转子前三阶自由模态振型为整体一弯、整体二弯和涡轮轴弯曲，如图 12－22 所示。

由于低压转子质量主要集中在风扇和低压涡轮上，支点跨度和涡轮轴的长度较大，因此，其质量/刚度分布极不均匀，在模态振型上可能会产生大量的局部模态，但是，实际上该低压转子系统前两阶模态均为整体模态，这说明该转子结构设计中，各组成结构单元之间的连接刚度设计出色，表现出良好的整体性。

在计算约束模态时，采用弹簧单元模拟支承刚度，求解约束模态，取最大工作转速附近的 5 阶模态振型进行分析，如图 12－23 所示。

由于低压转子采用 0－3－0 的支承方案，其风扇和低压涡轮转子均为悬臂结构，使得柔性转子系统子结构局部振动特性更加明显，因此在约束模态中新增两阶局部振型——低压涡轮局部平动和风扇局部摆动振型，由于支点具有较高的支承刚度，加强了悬臂风扇

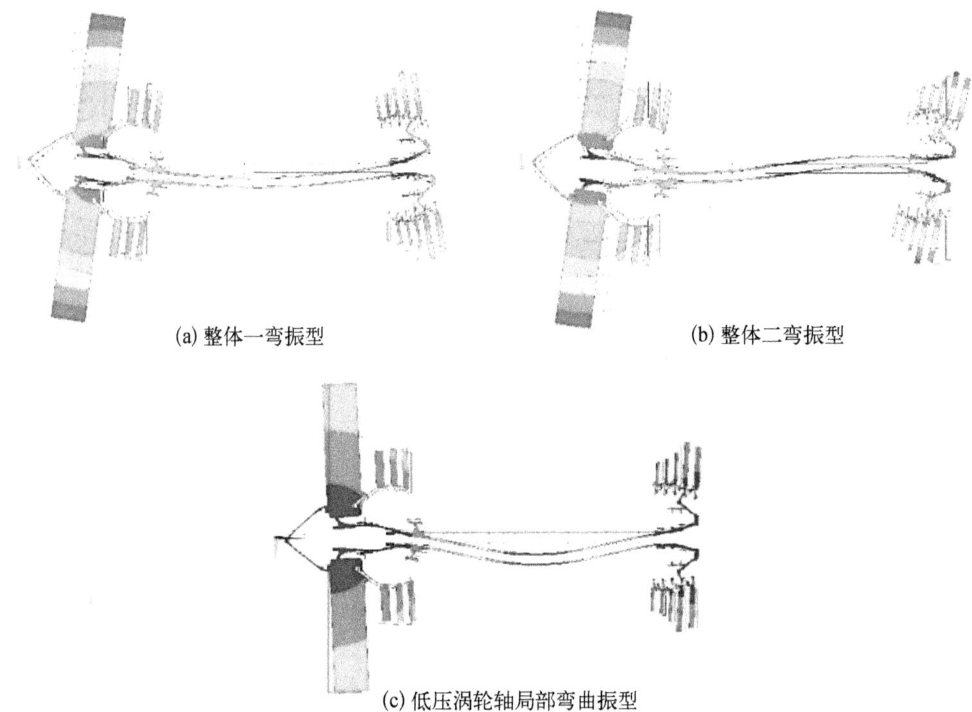

(a) 整体一弯振型　　(b) 整体二弯振型

(c) 低压涡轮轴局部弯曲振型

图 12-22　低压转子自由模态振型

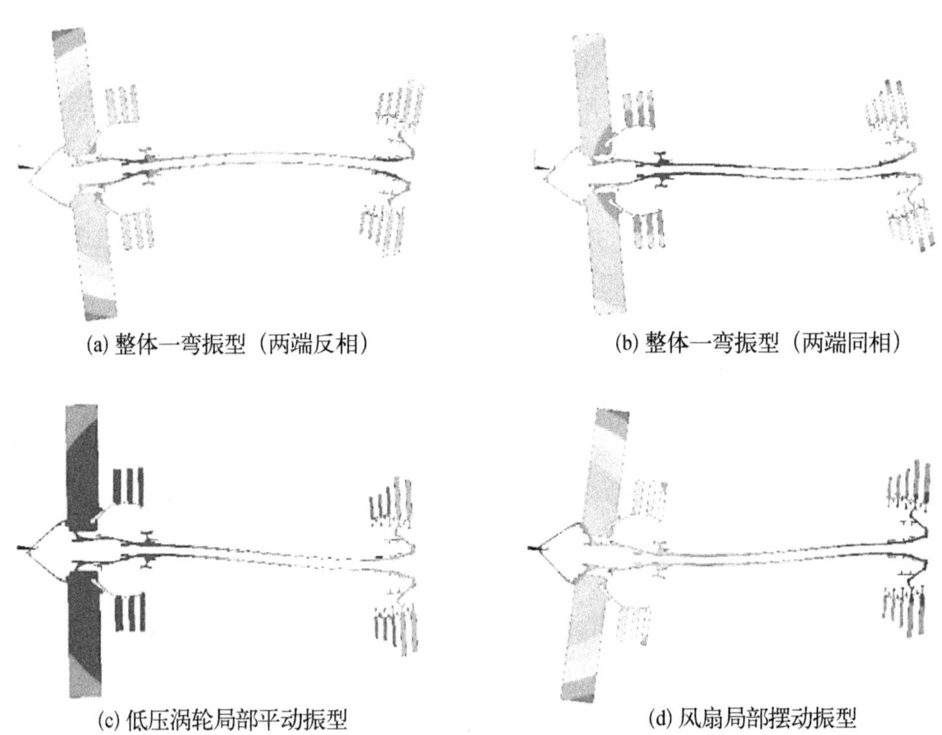

(a) 整体一弯振型（两端反相）　　(b) 整体一弯振型（两端同相）

(c) 低压涡轮局部平动振型　　(d) 风扇局部摆动振型

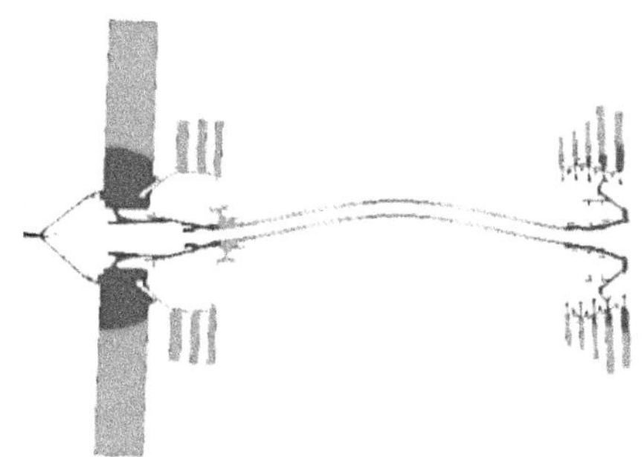

(e) 低压涡轮轴局部弯曲振型

图 12－23　低压转子约束模态振型

和涡轮的角向刚度，其模态频率高于整体弯曲振型。

在添加支点约束后，转子的整体模态振型和频率也发生一定变化。对比自由模态的整体一弯振型，由于支点位置与自由模态整体一弯振型节点之间距离较远，支点约束作用较大，抑制低压轴的变形，使得整体一弯振型前节点后移，模态频率提高。需要注意，由于支承刚度较强的 1 号、2 号支点设置在整体二弯振型前、中节点之间，支点的约束作用使得两节点向中间靠拢，几乎重合，振型发生变化，从自由模态的整体二弯振型转变为风扇、涡轮振动相位相同的整体一弯振型，节点间相对距离增加，转子等效长度增加，该阶模态频率降低。

总之，由于支点对柔性转子的局部径向位移约束作用大（当量刚度较高），会加大低压转子的局部振动特性，出现局部振动模态，同时支点对涡轮轴的变形约束作用也会对整体模态的振型和频率产生影响。通常希望低压转子的局部模态频率较低或者较高，分布在转子工作转速范围以下或以上，减小对转子系统正常工作的影响，同时利用支点的约束作用尽量提高整体模态频率，减小压气机、涡轮等气动部件的变形。可见，该低压转子模态特性设计并不出色。

3）共振转速特性

图 12－24 为低压转子系统 Campbell 图。以 0 转速时共振转速的数值大小标定其阶

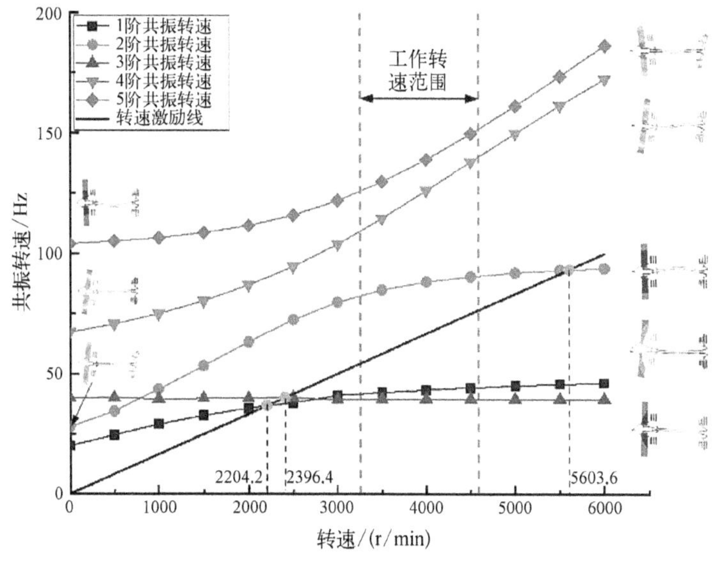

图 12－24　低压转子系统 Campbell 图

次。与高压转子系统共振转速特性相比，低压转子系统陀螺力矩效应更加明显，更依赖于风扇、低压涡轮产生的旋转惯性力矩，优化转子系统的共振转速特性。

由于低压转子采用 0－3－0 的支承方案，大质量、转动惯量的风扇转子与低压涡轮转子均为悬臂结构，容易发生角向变形，相应的陀螺力矩效应更加明显，因此，该低压转子系统共振转速随转速增加会产生显著变化。同时，由于两端大的旋转惯性力矩和高的支点局部约束作用，转子系统的模态振型也会发生一定变化，甚至发生“振型转向”现象。如表 12－1 所示，为低压转子系统前 5 阶共振转速对应模态振型随转速的变化示意图。

表 12－1　低压转子系统前 5 阶模态振型随转速变化

转速	0 r/min	1 500 r/min	3 000 r/min	4 500 r/min	6 000 r/min
1 阶共振转速振型	整体一弯	整体一弯	整体一弯	整体一弯	风扇摆动
2 阶共振转速振型	局部相位相同的整体一弯	涡轮轴一弯+涡轮摆动	涡轮轴一弯+涡轮摆动	涡轮轴一弯+涡轮摆动	涡轮轴弯曲
3 阶共振转速振型	低压涡轮平动	低压涡轮平动	低压涡轮平动	低压涡轮平动	低压涡轮平动
4 阶共振转速振型	风扇摆动	涡轮轴弯曲+风扇摆动	局部相位相同的整体二弯	局部相位相同的整体二弯	局部相位相同的整体二弯
5 阶共振转速振型	涡轮轴一弯	涡轮轴一弯	涡轮轴一弯+局部摆动	局部相位相反的整体二弯	局部相位相反的整体二弯

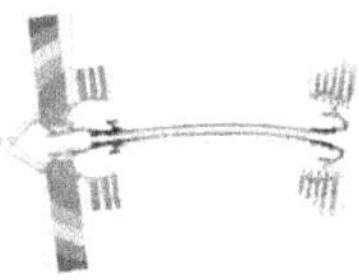

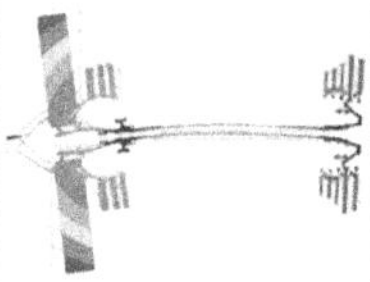

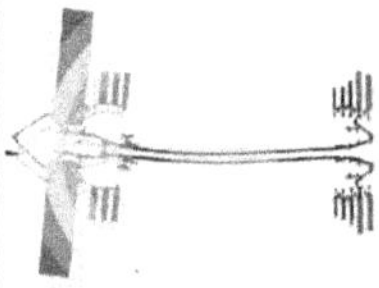

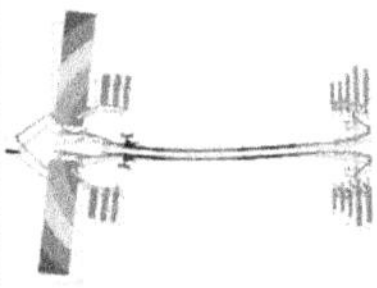

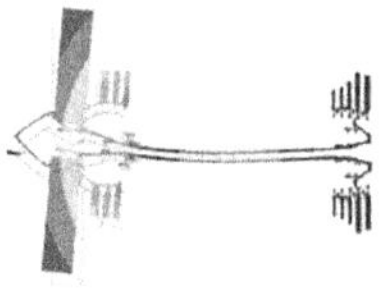

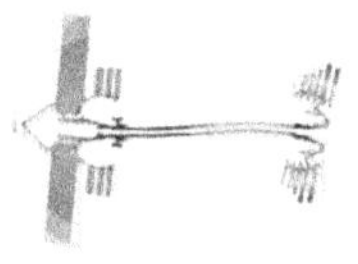

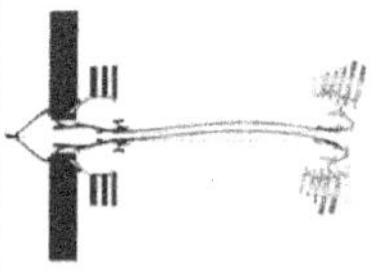

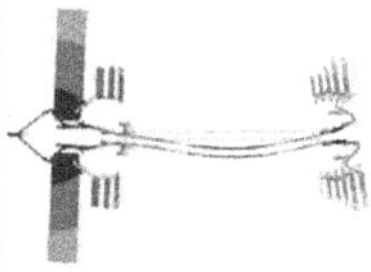

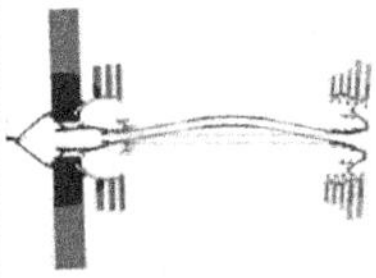

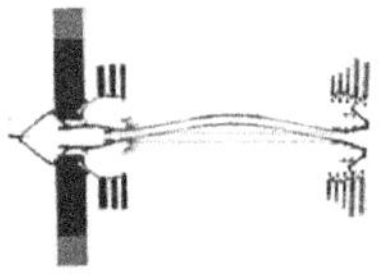

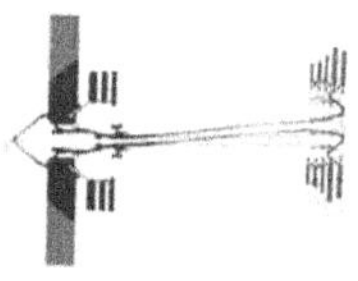

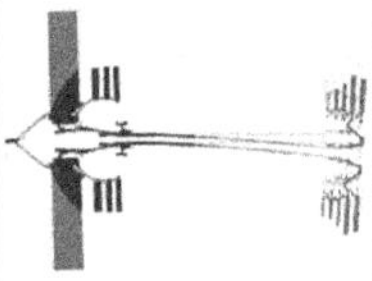

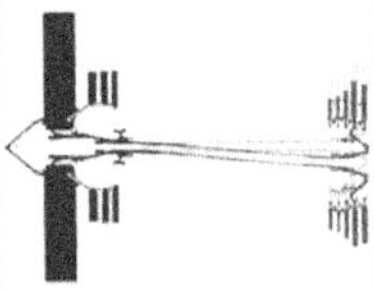

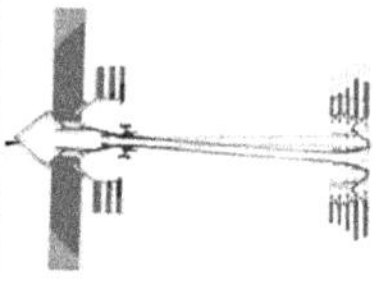

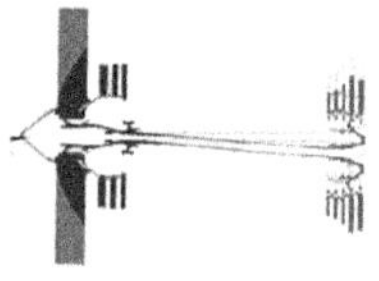

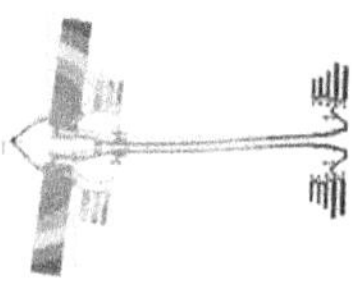

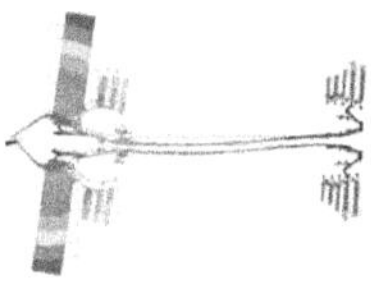

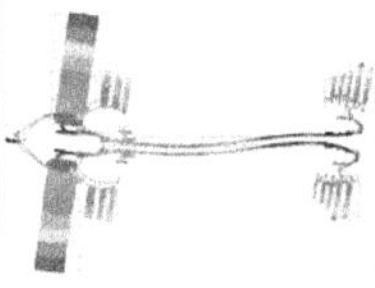

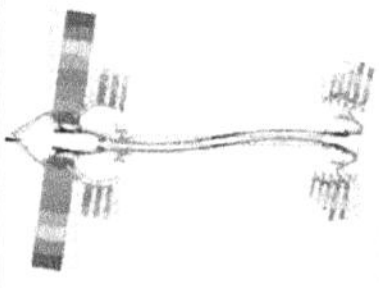

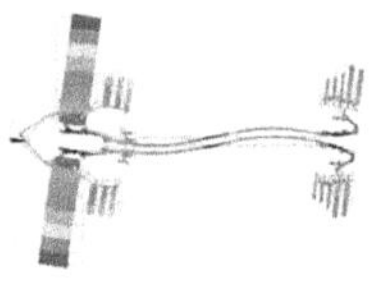

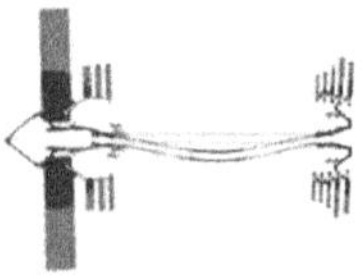

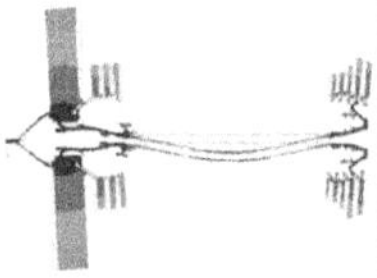

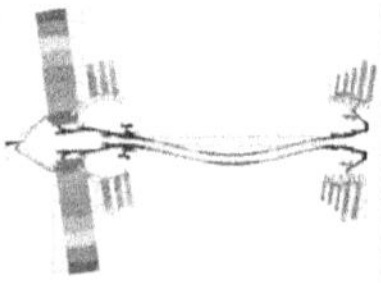

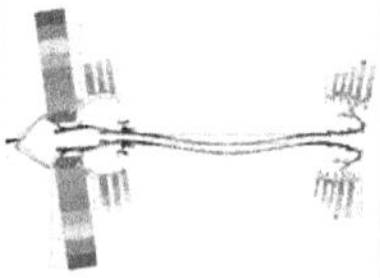

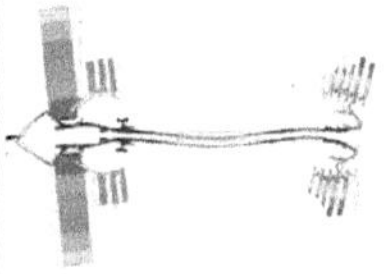

对低压转子系统前 5 阶共振转速对应的模态分析如下：

(1) 由于该转子系统质量大、跨度长，等效刚度低，0 转速时，转子系统第 1 阶共振转速对应的模态振型为整体一弯振型。该低压转子通过对轮盘-涡轮轴连接结构的角向刚度的加强，充分利用大转动惯量的风扇、低压涡轮旋转所产生的旋转惯性力矩，抑制涡轮轴的变形，从力学效果上表现为转子弯曲刚度提高，从而使低压转子弯曲模态共振转速快速提升，与第 3 阶共振转速线靠近，使得转子系统前两阶临界转速靠近，且均位于最小工作转速以下，有利于转子系统在起动过程中的安全通过。当转速较高时，低压涡轮在旋转力矩作用下角向变形逐渐降低，转子模态振型逐渐转变为风扇摆动的局部振型，转子系统陀螺力矩效应减弱。

(2) 0 转速时，转子系统的第 2 阶共振转速对应的模态振型为整体一弯振型，且风扇和涡轮同相位摆动。该振型下风扇和低压涡轮处的角向变形较大，陀螺力矩效应更强，共振转速提升明显，迅速提升至工作转速以上。由于风扇与涡轮振动相位相同，产生的旋转惯性力矩方向相同，该旋转惯性力矩通过角向刚度较强的轮盘-涡轮轴连接结构作用在涡轮轴上，同时涡轮轴两端设置有支承刚度较高的支点，使得涡轮轴受力复杂，局部振动特性明显，出现涡轮轴的局部振动，在高转速时，转子模态振型逐渐转变为涡轮轴的局部弯曲振型，陀螺力矩效应降低。

(3) 转子系统第 3 阶共振转速对应的模态振型为低压涡轮平动振型，由于低压涡轮角向变形很小，陀螺力矩效应很小，其共振转速和振型几乎不随转速变化。

(4) 0 转速时，转子系统第 4 阶共振转速对应的模态振型为风扇转子的摆动模态。由于风扇转子具有较大的角向变形，当转速增加时，在风扇处会产生较大的旋转惯性力矩，共振转速急剧增加，陀螺力矩效应明显。低转速时，转子模态振型为风扇转子的局部摆动振型，风扇处存在较大的角向变形，随转速增加时大转动惯量的风扇转子会产生较大的旋转惯性力矩，抑制风扇的角向变形，使得共振转速快速提高。由于支点的强约束作用和大的旋转惯性力矩作用，涡轮轴发生复杂变形，转子系统发生振型转向，转子模态振型逐渐转变为整体二弯振型，模态振型更加复杂，且随转速增加会产生更大的旋转惯性力矩，共振转速继续增大。虽然转子振型变化较为复杂，然而其充分利用旋转惯性力矩使得共振转速快速提高至工作转速以上，对转子正常工作影响较小。

(5) 转子系统第 5 阶共振转速对应的模态振型为低压涡轮轴局部弯曲振型，该阶振型变化十分复杂，但是这阶共振转速远在工作转速以上，对转子系统几乎没有影响。

总之，由于低压转子系统质量、刚度沿轴向分布极不均匀，且大质量、转动惯量的风扇和低压涡轮均为悬臂结构，转子等效刚度很低，其模态特性并不理想。但是通过优化转子几何构形设计，加强轮盘-涡轮轴连接结构角向刚度，充分利用惯性结构单元的旋转惯性力矩抑制涡轮轴的变形，使得整体弯曲模态共振转速迅速上升。同时在共振转速特性设计中，充分利用了转子振型变化的特点，利用陀螺力矩效应使得初始频率相差较大的低阶共振转速线相互靠近，前两阶临界转速相互靠近，且居于工作转速以下，保证转子的安全起动。该低压转子系统在工作转速范围内不存在临界转速点，且具有足够的安全裕度，具有良好的共振转速特性。

12.1.3 转子结构特征对力学特性的影响

图 12－25 为两个不同质量和尺寸量级的高涵道比涡扇发动机低压转子系统，由于双转子发动机结构布局限制，二者均采用“杠铃”构形，具有相似的质量分布和弯曲刚度特性。下面将分析不同转子几何构形和支承方案对转子动力学特性的影响。

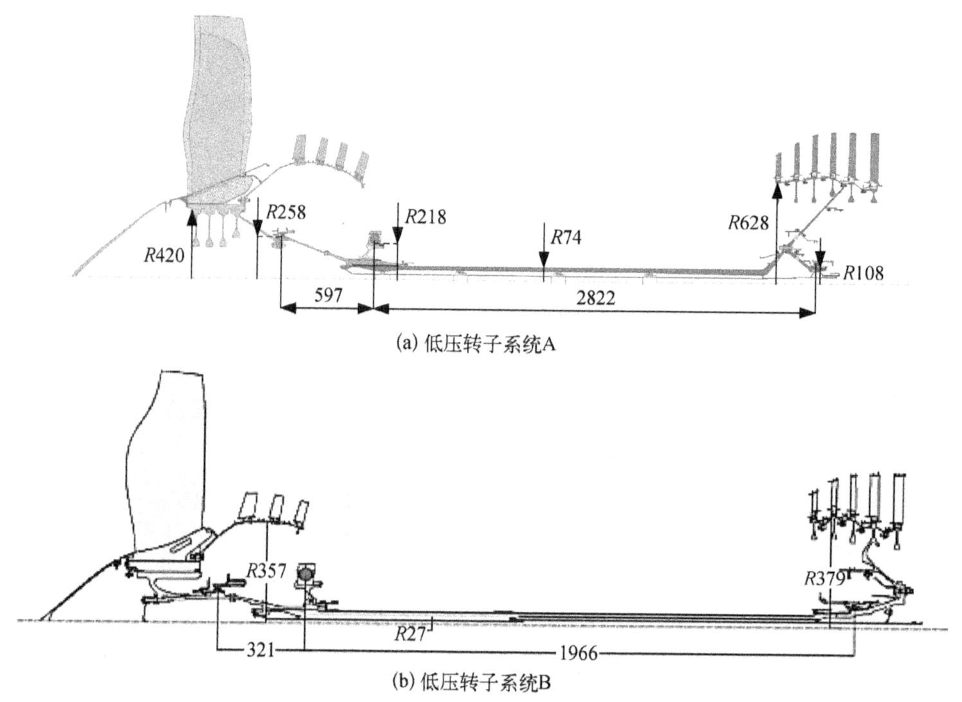

(a) 低压转子系统A

(b) 低压转子系统B

图 12－25　典型高涵道比涡扇发动机低压转子系统对比(单位：mm)

1. 涡轮盘-轴连接结构几何构形

低压转子在结构设计时，需要重点关注风扇与低压涡轮的盘-轴连接结构，通过合理的几何构形提高其角向刚度，以保证涡轮轮盘的旋转惯性力矩可以有效作用于涡轮轴上，用于控制转子变形和调节共振转速分布。

图 12－26 为低压涡轮盘-轴连接结构角向刚度影响示意图，当转子发生弯曲变形时，

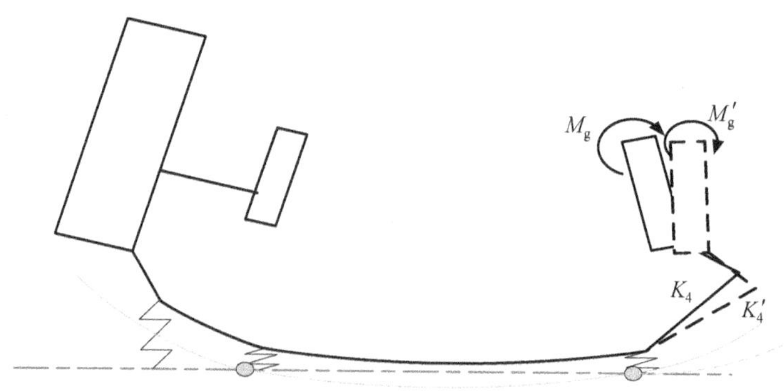

图 12－26　涡轮盘-轴连接处轴颈角向刚度的影响

若涡轮盘-轴连接处的角向刚度较低,在旋转惯性力矩的作用下,盘-轴连接结构处会产生与涡轮盘偏转方向相反的角向变形,使得涡轮盘倾斜角度变小(被摆正),旋转惯性力矩效应会减弱,同时对低压轴的变形抑制作用也会降低。同时,连接处角向刚度过小会使转子整体性减弱,可能产生局部振动模态。

如图 12-27 所示,低压转子 A 涡轮轴颈采用"人"形锥壳结构几何构形,具有高径向和角向刚度;低压转子 B 涡轮轴颈采用反"匸"形锥壳结构几何构形,径向刚度相对较低,但可以保证高角向刚度。两个低压涡轮转子虽然采用不同的几何构形设计,但都具有较高的角向刚度,以便承载和传递低压涡轮盘旋转惯性力矩。同时,不同的几何构形设计都使低压转子后支点位于低压涡轮质心处,以减小低压涡轮的横向振动和支点动载荷。

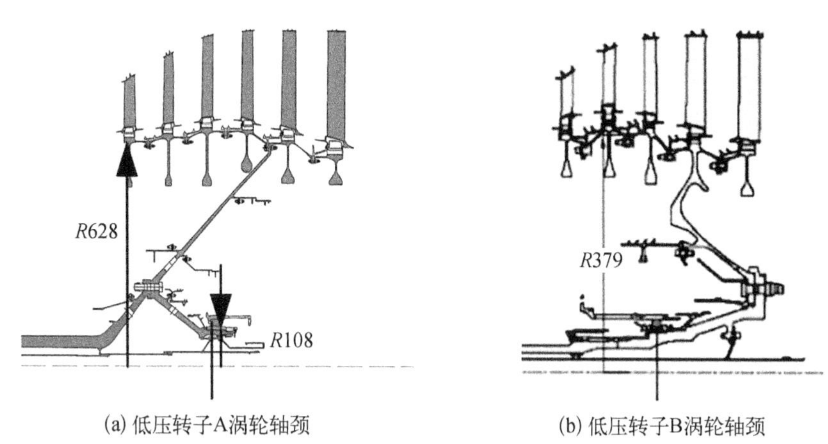

图 12-27　典型高涵道比涡扇发动机低压转子涡轮轴颈构形对比(单位: mm)

2. 支承方案

上面两个低压转子系统分别采用 0-2-1 和 0-3-0 支承方案,将前两支点置于风扇后,提高悬臂风扇的局部刚度,后支点置于低压涡轮转子质心处,减小低压涡轮转子横向变形和降低支点动载荷。但相比于前者,低压转子 B 的涡轮悬臂特性更加明显,在添加支点约束后更易产生涡轮局部振动模态。

如图 12-28 所示,两种不同结构布局的低压转子,在共振转速分布特性上表现出较大差异。其中低压转子 A 的模态振动具有较好的整体性,没有明显的局部模态与整体模态之间的振型突变现象。而低压转子 B 呈现出一些局部振动特性,并与整体产生耦合振动,再考虑随转速变化的陀螺力矩作用,转子系统共振转速分布规律较为复杂,对于模态振型随转速变化也表现出"振型转向"现象。

虽然两低压转子共振转速分布特性上存在较大差异,但均实现"避开共振"设计。在转子动力学设计上,一般将处于工作转速以下的两阶临界转速尽量靠近,以便于转子快速通过;工作转速一般位于第 2 阶临界转速和第 3 阶临界转速之间,因此,需要通过转子支承约束特性和风扇及涡轮转子的旋转惯性力矩效应提高相应的临界转速,以保证足够的安全裕度,使得在转子工作转速范围内,不会出现临界转速点。

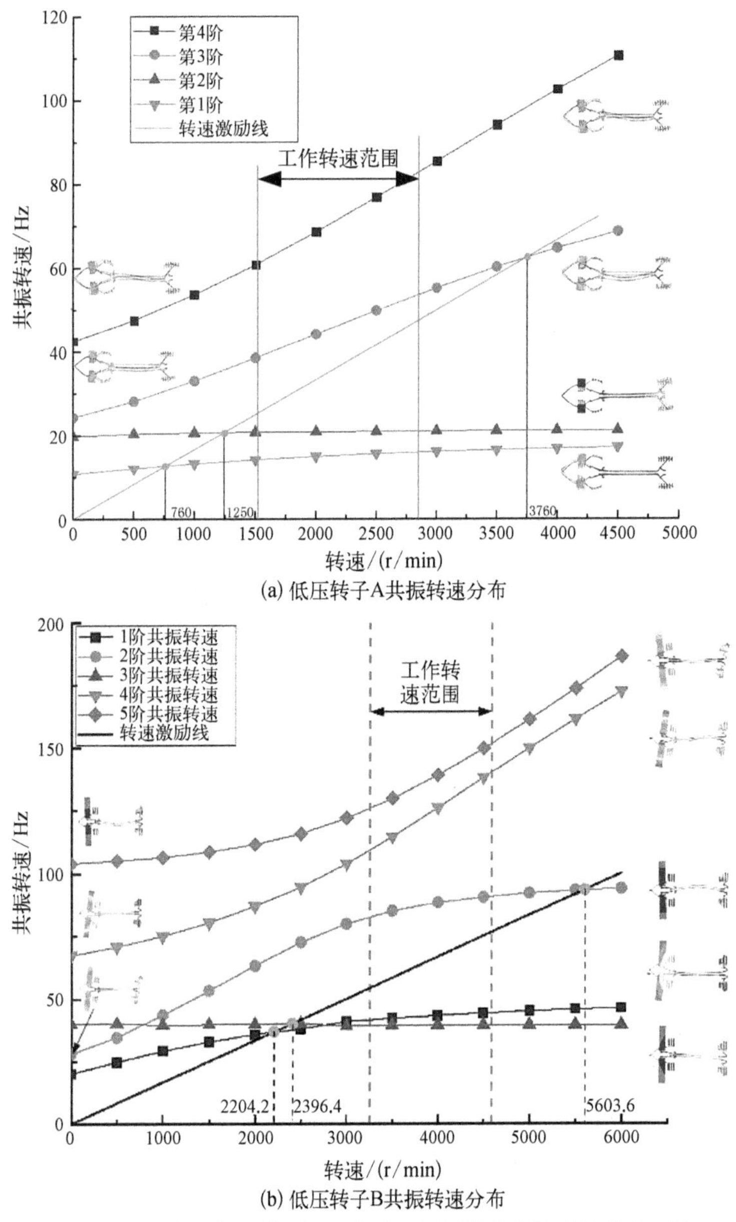

(a) 低压转子A共振转速分布

(b) 低压转子B共振转速分布

图 12-28　典型高涵道比涡扇发动机低压转子共振转速分布对比

12.2　高推重比涡扇发动机

高推重比涡扇发动机主要用于现代先进战斗机配装的动力装置，由于追求高机动性和敏捷性，其动力装置不仅要有大的推力，还要具有最小的质量和小的迎风面积，因此，发动机推力与重力之比，即推重比(也称推质比)，成为评定军用发动机性能的一个重要的综合技术指标。现阶段，对于推重比大于 8 的涡扇发动机统称为高推重比发动机。各国发动机设计集团为设计出高性能的高推重比涡扇发动机采用了不同的总体结构布局方案，都取得了较好的效果。

如图 12－29 所示，双转子高推重比涡扇发动机总体结构布局方案，基本可以分为两类。一是带有中介轴承的双转子发动机，高压转子采用 1－0－1 支承方案，前支点为支承于中介机匣上的滚珠轴承，后支点为中介支点滚棒轴承，支承于低压涡轮轴上，如 F119 发动机。这类带中介轴承的转子系统动力学特性会因高、低压转子转速方向相同或相反有较大区别。二是转子系统不带有中介轴承，因此可以有效降低高、低压转子的振动耦合，而采用涡轮级间承力框架，以支承高压转子后支点，同时为了减少承力框架数目，提高推重比，将低压转子后支点移至低压涡轮前，并与高压涡轮后支点共用一个承力框架，即"涡轮级间共用承力框架"布局方案，如 EJ200 发动机。

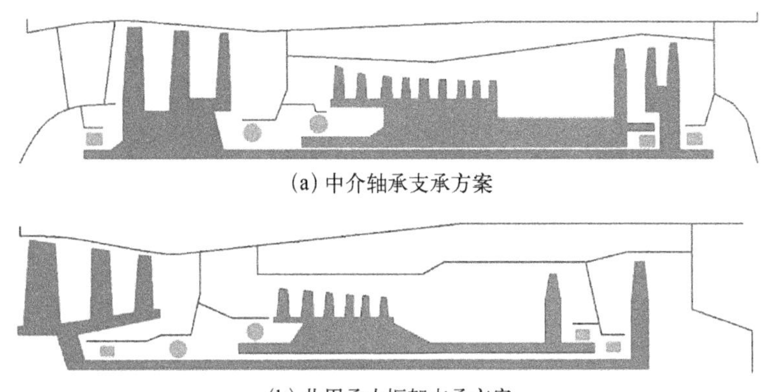

(a) 中介轴承支承方案

(b) 共用承力框架支承方案

图 12－29　典型双转子高推重比涡扇发动机总体布局设计方案对比

总之，高推重比涡扇发动机具有两种主要的总体布局设计方案，根据对两种布局设计方案的分析和应用情况看，对于推力在 15 t 左右的大推力小涵道比涡扇发动机，采用带有中介轴承的双转子系统布局设计方案较成熟；对于 10t 以下小涵道比涡扇发动机，采用涡轮级间共用承力框架总体布局设计方案具有一定的结构质量方面的优势。

12.2.1　结构特征

F119 为最先投入使用的高推重比（10 量级）涡扇发动机，该发动机为反转双转子加力式小涵道比涡扇发动机。图 12－30 为 F119 总体结构示意图。高、低压转子系统共采用 5 个支点（其中高压涡轮后支点为中介轴承），3 个承力框架，高压转子采用 1－0－1 支

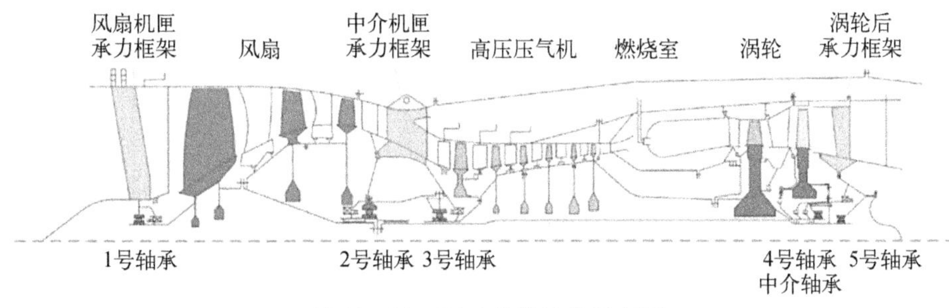

图 12－30　F119 总体结构示意图

承方案，低压转子采用 1-1-1 支承方案。为了提高推重比，减小结构质量，该发动机在结构设计中大量采用了板壳类结构。

高压转子 4 号支点为中介轴承，将高压转子后支点载荷通过低压转子传递到涡轮后承力框架上，减少承力框架，降低发动机的轴向尺寸和质量，但需注意高、低压转子耦合振动及中介轴承支点动载荷的控制问题。在结构布局设计上，可将 4 号、5 号支点轴向距离放置较近，均位于低压涡轮部件质心附近，以利于减小高、低压转子在中介轴承处的振动耦合。

高压转子包括 6 级高压压气机和单级高压涡轮，其主体为大跨度的“拱形环腔”结构几何构形。拱形结构的最高点位于压气机轮缘处，高压转子质心位于压气机与高压涡轮间的连接鼓筒上。高压转子的拱形环腔构形，对转子系统弯曲刚度具有重要影响。为提高转子的刚度和振动特性，在优化拱形环腔结构时，合适的锥壳角度设计，可以有效提高压气机转子的弯曲刚度。

低压转子包括 3 级风扇和单级低压涡轮，其主体构形为“挑担”式结构。低压涡轮轴细长，低压转子整体结构质量/刚度分布极不均匀，为刚度较弱的细长转子，在动力学设计中一般采用柔性转子设计，即工作转速位于弯曲临界转速以上。

为了对风扇和低压涡轮局部变形实现有效控制，在风扇转子设计中，采用前后两支点并缩短跨度，以提高局部刚度和抗变形能力。在低压涡轮转子设计中，通过对轮盘-转轴连接结构几何构形优化提高角向刚度，以及支点位置的优化设计，充分利用涡轮盘所产生的陀螺力矩效应，抑制低压涡轮轴的弯曲变形。

承力系统由风扇机匣承力框架、中介机匣承力框架、涡轮后承力框架以及相应的承力机匣组成。在转子支点处可考虑使用弹性支承和挤压油膜阻尼器，以满足转子动力学设计的要求。图 12-31 可以看出，转子载荷通过承力框架传递到承力机匣上，静子载荷通过承力机匣传递，二者最终通过安装节传递到飞机上。

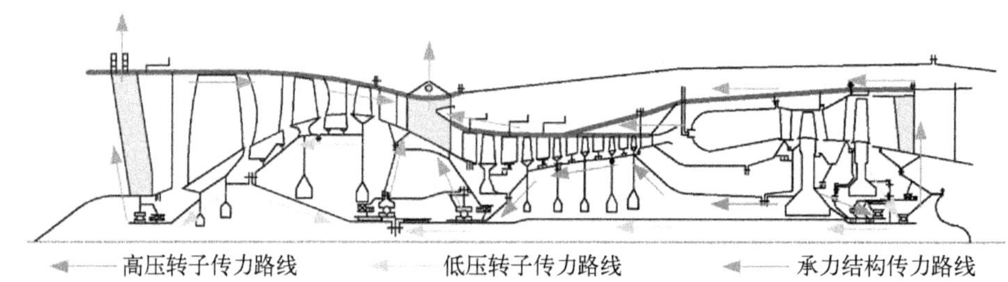

图 12-31　整机承力结构及传力路线示意图

12.2.2　转子结构力学特性

1. 高压转子

转子结构质量主要来自压气机和涡轮的叶片-轮盘组件，主要表现为质量和主轴转动惯量沿轴向分布特性；而转子刚度由轮盘之间连接鼓筒和压气机与涡轮之间的大直径鼓筒轴组成的拱形结构决定。

对于高压转子的刚度特性，采用有限元模型对整个转子施加横向过载。计算得到其变形分布，如图 12－32 所示，图中黑色点画线为原始中心线，红色点画线为变形后的中心弹性线。

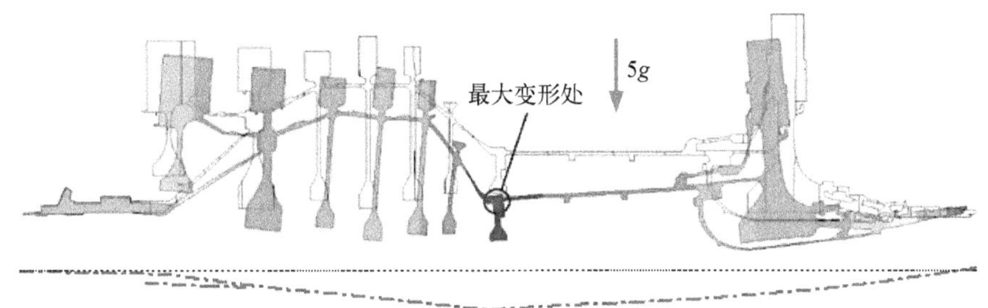

图 12－32　横向惯性载荷作用下高压转子变形

最大横向变形发生在压气机后轴颈与鼓筒轴连接处，靠近转子质心，根据惯性刚度的定义和计算方法可知，其惯性刚度为 2.0×10^{8} N/m。应变能主要分布在连接鼓筒轴、压气机前轴颈等位置，在压气机和涡轮上的应变能很少，这说明压气机和涡轮具有较好的局部刚度。

对于高推重比涡扇发动机高压转子模态振动特性与 11.1 节中的相似，这里就不再赘述。

2. 低压转子

在高推重比涡扇发动机的结构布局设计中，由于空间结构限制了低压转子的几何构形，使得转子结构质量/刚度沿轴向分布极不均匀，且由于转轴为细长结构，转子系统的刚度较弱，工作转速一般位于弯曲振型临界转速之上，称为柔性转子。转子系统在工作中，要通过多阶临界转速，这要求转子系统在工作转速范围内，与相邻的临界转速具有充足的安全裕度，同时要加强风扇和低压涡轮部件的局部抗变形能力，以减小横向变形。

以典型高推重比发动机低压转子系统为模型计算分析质量/刚度分布极不均匀的三支点柔性转子系统的力学特性。

对于承受横向过载的三支点柔性转子系统，计算方法与前文相同，其计算结果如图 12－33 所示。

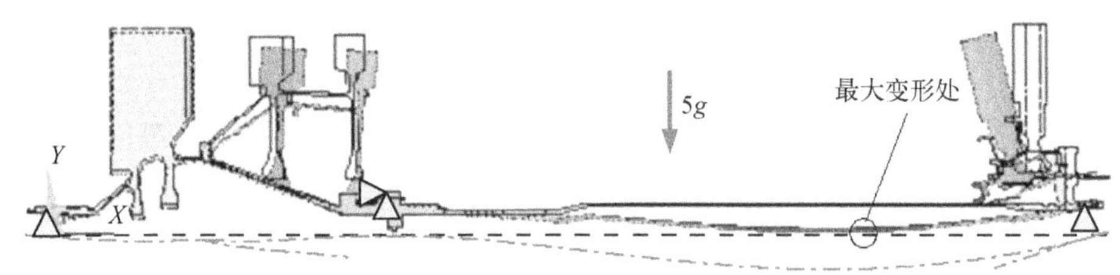

图 12－33　低压转子惯性载荷下变形

由图 12－33 可以看到，低压转子的横向变形最大处位于涡轮轴支承跨度中间附近，而三支点保证了风扇和涡轮局部横向变形较小，惯性刚度也在 10^{8} 量级，表现出较高的抗横向过载能力。

计算得低压转子约束模态，如图 12－34 所示。

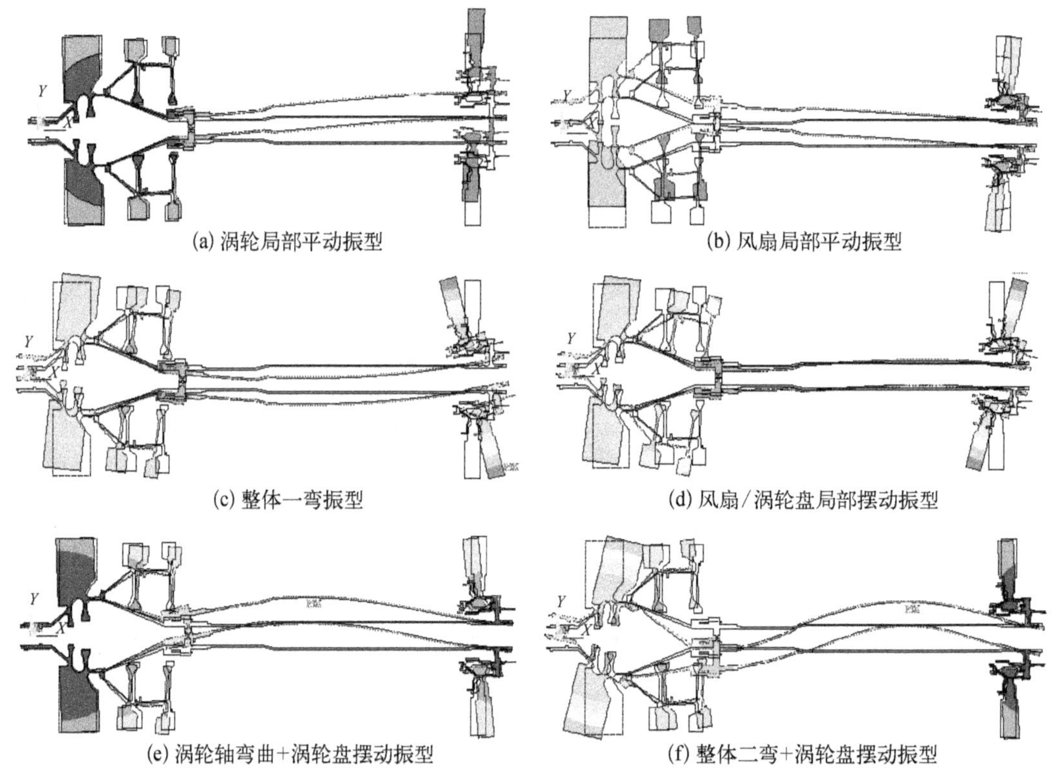

(a) 涡轮局部平动振型
(b) 风扇局部平动振型
(c) 整体一弯振型
(d) 风扇/涡轮盘局部摆动振型
(e) 涡轮轴弯曲+涡轮盘摆动振型
(f) 整体二弯+涡轮盘摆动振型

图 12-34　低压转子系统约束模态振型

从计算结果可以看出，由于局部约束的加强，使得多支点柔性转子系统约束模态呈现出局部模态、整体模态及耦合模态特征，在转子整体一弯振型以下出现了两阶局部振动模态：涡轮平动和风扇平动振型。在整体一弯振型以上也出现了风扇/涡轮盘角向摆动振型，说明柔性转子在局部支承约束作用下，局部振动特性需要考虑横向和角向两个自由度上的模态。

实际上，对于高推重比涡扇发动机的转子系统，由于其工作转速高，结构弯曲刚度较弱，在高速旋转激励下，转子弯曲变形会引起支点的动载荷的变化，而支点相对弯曲模态振型节点的位置是影响支点动载荷的主要结构参数。一般来说，处于节点处的支点，对转子弯曲振动的约束小，从而支点动载荷小；相反，则转子弯曲振动会在支点处产生较大的动载荷。如图 12-35 所示，绘出了典型高推重比涡扇发动机低压转子一弯自由模态节点与支点相对位置。

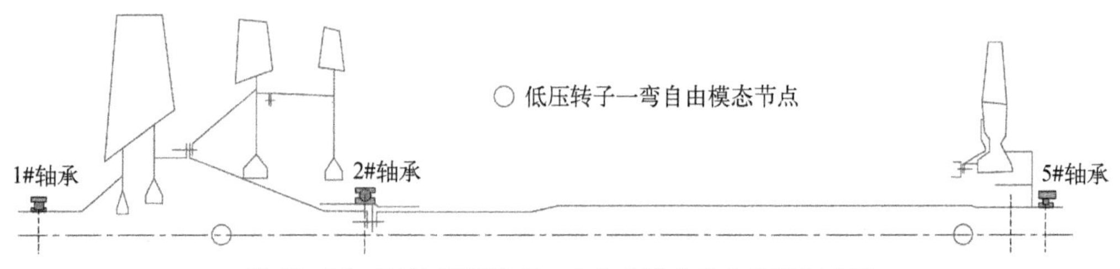

图 12-35　F119 低压转子一弯自由模态节点位置示意图

总之，对于柔性转子系统的支点，一方面可以提高转子局部刚度，对控制转子变形是有利的；另一方面存在支点动载荷问题，对轴承损伤和寿命设计是不利的。

12.2.3　双转子系统共振转速分布

在高推重比双转子涡扇发动机中，为了减小承力框架及结构质量，常采用带中介轴承的双转子结构系统设计，由于中介轴承可以传递转子间的相互作用力，高、低压转子在中介轴承处的振动相互耦合，因此，在对其动力学特性进行计算分析时，需要考虑各转子之间交互激励作用的影响。

在双转子系统工作过程中，两个不同转速的转子均可通过中介轴承将旋转激励载荷由一个转子传递给另一个转子，即低压转子不平衡载荷会激起高压转子的振动，而高压转子不平衡载荷也会激起低压转子的振动。因此，在带有中介支点的双转子系统中，存在高、低压不同转子激起的共振状态，这时所对应的高、低压转子转速（ω_H，ω_L）称为转子系统的共振转速[39,40]。

此外，在双转子系统中，如果两个转子转动方向不同，作用在转子上的旋转惯性力矩作用效果不同，对转子系统的共振转速分布具有重要的影响，因此，在高推重比涡扇发动机的转子结构设计中，选择和确定高低压转子的转动方向也是一个需要综合平衡的过程。

根据高、低压转子转动方向的差异，可将双转子系统分为同向转动双转子系统与反向转动双转子系统，其对应的工作转速附近的共振转速分布也有所不同。本节将通过对同向转动与反向转动双转子系统的运动及其动力学特性的分析，讲述双转子系统共振转速分布特点，并以典型高推重比涡扇发动机的双转子系统为例，分析带中介支点反向旋转双转子系统的共振转速分布特点，总结共振转速分布设计经验。

1. 双转子系统共振转速

考虑到高、低压转子的运动形式和振动特性不同，同时为了便于共振转速的计算分析，可以将双转子系统的共振状态分为两类，即低压激起的转子系统共振和高压激起转子系统的共振，对应的转子转速为低压激起共振转速和高压激起共振转速。对于不同转子激起的共振转速，其可以理解为，双转子系统处于一个转子旋转激励下，由于转子的进动转速（公转）均为激励转子的转速，即激励转子此时为同步正进动，而被激励转子由于其转速与进动速度不同，为非协调涡动。

为了计算双转子系统的共振转速分布，首先需要对系统共振时的转子运动状态进行分析。以低压激起转子系统共振转速为例，由于共振由低压转子不平衡载荷激起，因此，低压转子作同步正进动，转动速度 ω_L 与进动速度 Ω_L 相同。同时，低压转子通过中介轴承将振动载荷传递至高压转子，使高压转子以低压转子的进动速度作非同步进动（即 $\Omega_H = \Omega_L$）。所以，低压激起的转子系统共振满足以下转速关系：

$$\omega_L = \Omega_L = \Omega_H \tag{12-2}$$

同理，高压激起的转子系统共振，存在如下转速关系：

$$\omega_H = \Omega_H = \Omega_L \tag{12-3}$$

可列出双转子系统的振动方程，如下：

$$\boldsymbol{M}\ddot{\boldsymbol{r}} + \boldsymbol{C}\dot{\boldsymbol{r}} + \boldsymbol{K}\boldsymbol{r} = \boldsymbol{Q} \tag{12-4}$$

式中，$\boldsymbol{M}$、$\boldsymbol{C}$、$\boldsymbol{K}$ 分别为系统的质量、阻尼、刚度矩阵；$\boldsymbol{r}$ 为转子系统的位移矩阵；$\boldsymbol{Q}$ 为系统受到的激振力。

令 $\boldsymbol{Q} = 0$，得到系统的特征方程，为

$$f(\omega_L,\ \omega_H,\ \Omega) = 0 \tag{12-5}$$

给定一个高压转子转速 ω_H，结合式(12－2)，求解式(12－5)，可解得对应的低压转速 ω_L，此时的 $(\omega_H,\ \omega_L)$ 即为低压激起共振转速，改变 ω_H，可求得低压激起共振转速分布。同理，给定一个低压转子转速 ω_L，结合式(12－3)，求解式(12－5)，可解得对应的高压转速 ω_H，此时的 $(\omega_H,\ \omega_L)$ 即为高压激起共振转速，改变 ω_L，可求得高压激起共振转速分布。以低压转子转速 ω_L 为横坐标，以高压转子转速 ω_H 为纵坐标，将高、低压激起共振转速曲线画在一个坐标系中，共同组成双转子系统共振转速分布图，图 12－36 为高、低压转子转动方向相同时双转子系统的共振转速分布图。

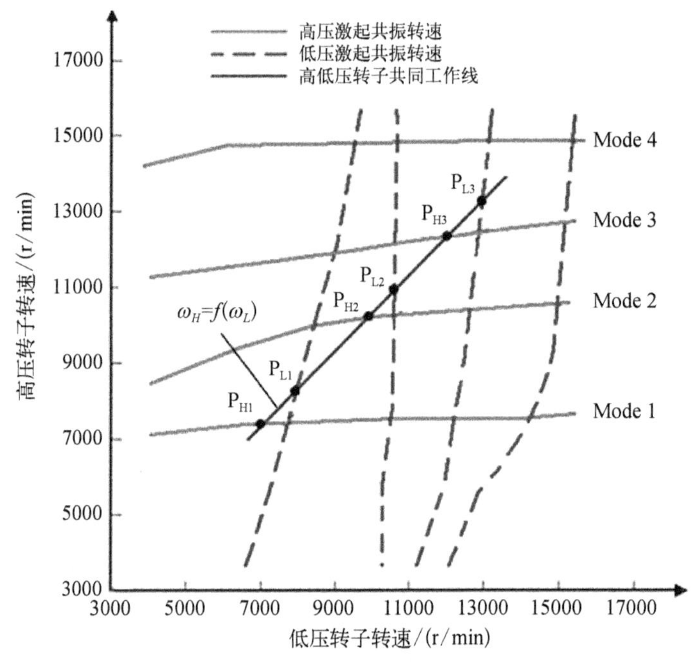

图 12－36　同向转动双转子系统共振转速分布图

虽然高、低压转子的转速不同，但是由于必须保持空气流量连续，所以高、低压转子转速之间存在着一定的对应关系，即转子的工作转速是在一定的范围内的，并且高、低压转子转速之间存在相应的函数关系，可设为 $\omega_H = f(\omega_L)$，即为高、低压转子共同工作线。在双转子系统共振转速分布图上画出共同工作线，其与共振转速曲线的交点对应的转速为双转子系统在工作过程中遇到的临界转速点，如图 12－36 所示，P_{H1}、P_{H2}、P_{H3}、P_{L1}、P_{L2}、

P_{L3} 点均为转子系统的临界转速点。

2. 同向转动双转子系统

同向转动双转子系统指高、低压转子转动方向相同，共振转速分布图中共同工作线位于第一象限或第三象限(通常取前者)的双转子系统。

转子系统共振转速的变化趋势取决于由转子弯曲变形产生的旋转惯性力矩随转速的变化趋势。考虑到双转子系统的振动模态可以分为两种——以低压转子振动为主的振动模态和以高压转子振动为主的振动模态，相对应的，旋转惯性力矩效应也以低压或高压转子为主，所以，不同振动模态对应的共振转速的变化趋势也将不同。

对于同向转动的双转子系统而言，无论是低压激起的转子系统共振还是高压激起的转子系统共振，由于两个转子的转动速度与进动速度方向相同，因此，由转子系统弯曲变形产生的旋转惯性力矩均有助于提高转子系统弯曲刚度。

以高压激起的转子系统共振为例，高压转子作同步正进动，而低压转子作非同步正进动。若该模态为以高压转子振动为主的模态振型，虽然高压转子产生的旋转惯性力矩有助于提高转子系统弯曲刚度，但是随着 ω_L 提高，高压转子产生的旋转惯性力矩基本不变，因此共振转速中 ω_H 也几乎不变，如图 12－36 中 Mode 1 共振转速曲线所示。若该模态为以低压转子振动为主的模态振型，低压转子产生的旋转惯性力矩有助于转子系统弯曲刚度，随着 ω_L 提高，低压转子产生的旋转惯性力矩大幅提高，共振转速中 ω_H 逐渐增加，如图 12－36 中 Mode 3 共振转速曲线所示。

3. 反向转动双转子系统

反向转动双转子系统指高、低压转子转动方向相反，共振转速分布图中共同工作线位于第二象限或第四象限(通常取前者)的双转子系统。

对于反向转动双转子系统而言，无论是低压激起的转子系统共振还是高压激起的转子系统共振，高、低压转子的进动速度相等，方向相同，但由于其转动方向不同，因此，高、低压转子产生的旋转惯性力矩对转子系统弯曲刚度及共振转速的影响也不同。

以高压激起的转子系统共振为例，高压转子作同步正进动，而低压转子作非同步反进动。若该模态为以高压转子振动为主的模态振型，虽然高压转子产生的旋转惯性力矩将有助于提高转子系统等效刚度，但是随着 ω_L 提高，高压转子产生的旋转惯性力矩基本不变，因此共振转速中 ω_H 也几乎不变，如图 12－37 中 Mode 1 共振转速曲线所示。若该模态为以低压转子振动为主的振动模态，低压转子产生的旋转惯性力矩将削弱转子系统等效刚度，随着 ω_L 提高，低压转子产生的旋转惯性力矩大幅提高，共振转速中 ω_H 逐渐降低，如图 12－37 中 Mode 3 共振转速曲线所示。

可以发现，此时共同工作线与共振转速曲线的交点，即临界转速点 P'_{H1}、P'_{H2}、P'_{H3}、P'_{L1}、P'_{L2}、P'_{L3}相较同向转动双转子系统的临界转速点 P_{H1}、P_{H2}、P_{H3}、P_{L1}、P_{L2}、P_{L3} 的位置发生了较大变化，这说明，对于一个双转子系统而言，采用相同的共同工作线(忽略转速方向的差别)，高、低压转子转速相同或相反，对应的临界转速点不同。这为双转子系统共振转速分布优化提供了思路。

4. 典型双转子系统共振转速分布

根据上文叙述的双转子系统共振转速计算方法，计算典型双转子系统的高压激起共

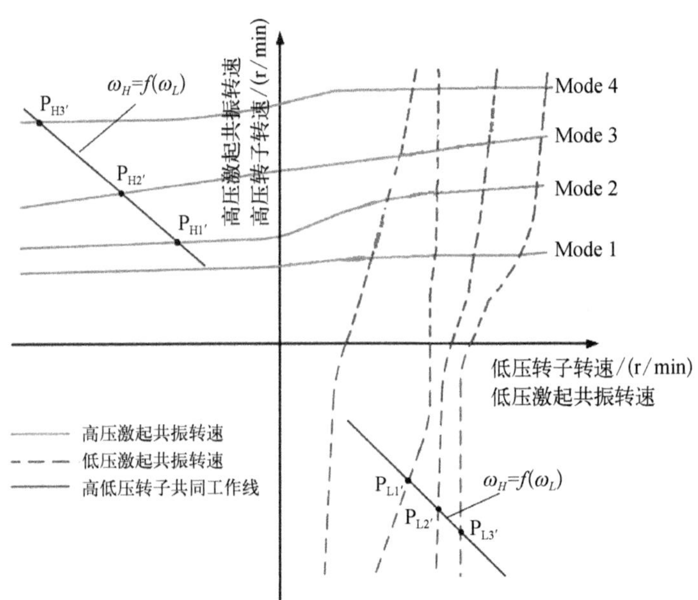

图 12-37　反向旋转双转子系统共振转速分布图

振转速曲线与低压激起共振转速曲线，如图 12-38 和图 12-39 所示。

可以看到，对于不同阶振动模态，由于高、低压转子的弯曲变形不同，产生旋转惯性力矩对转子系统弯曲刚度的影响不同，由高压激起或是低压激起的共振转速的变化规律也不同。以高压激起转子系统的共振为例，对于以局部振动为主的模态（涡轮平动、风扇平

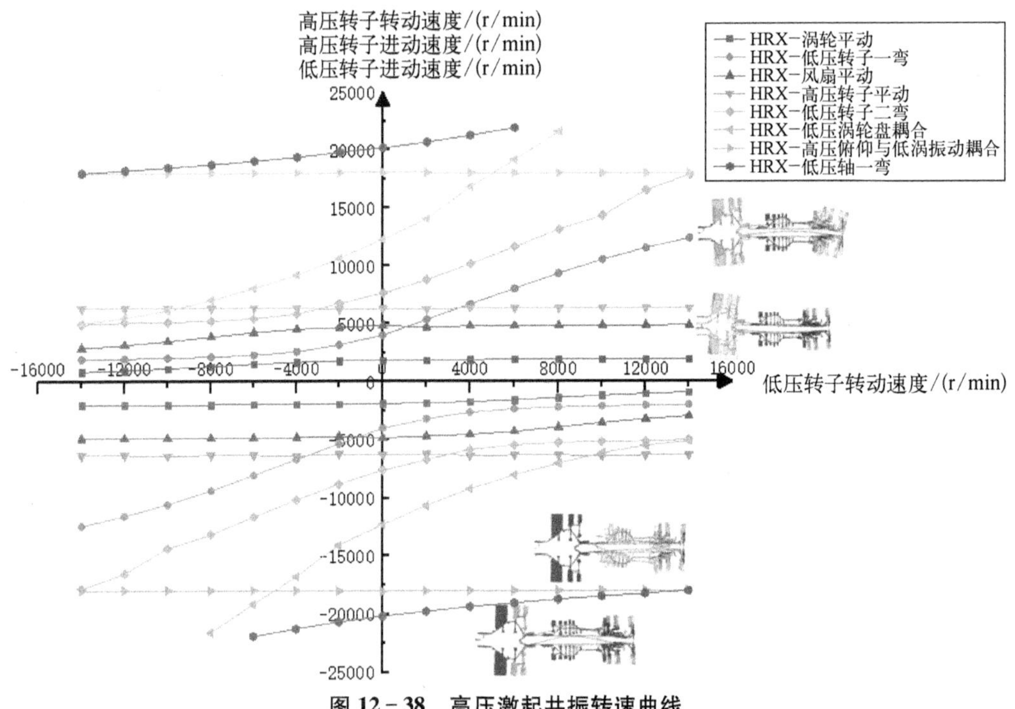

图 12-38　高压激起共振转速曲线

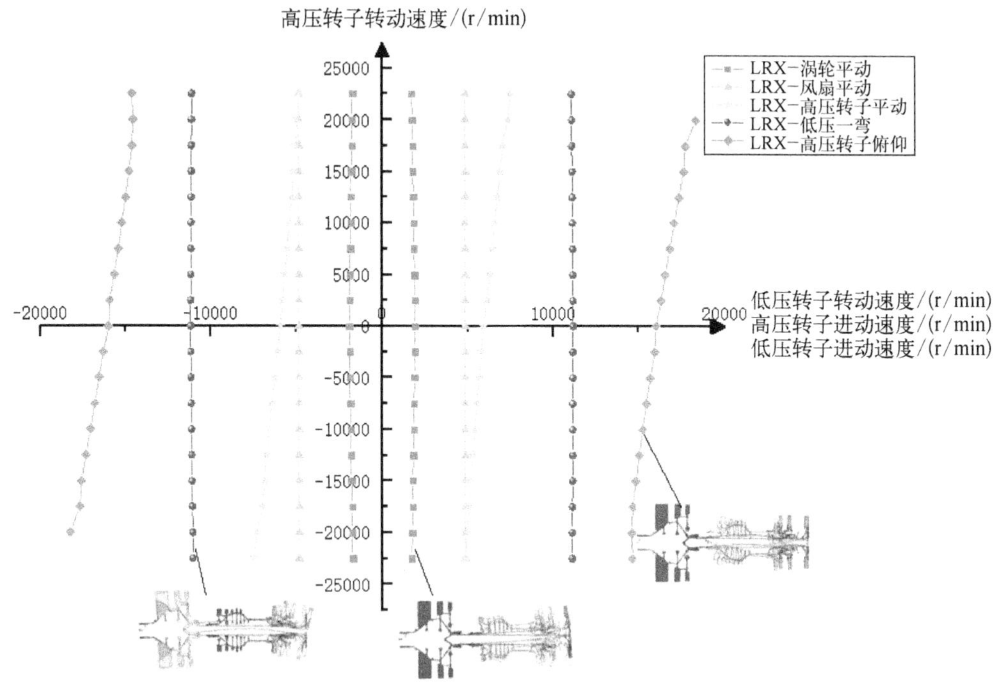

图 12-39　低压激起共振转速曲线

动），由于涡轮部件、风扇部件处的变形以横向变形为主，角向变形较小，因此，转子系统产生的旋转惯性力矩相对较小，其对转子系统等效刚度几乎没有影响，随着低压转子转速 ω_L 提高，共振转速中 ω_H 近似保持不变。对于弯曲变形模态，如低压一弯模态，由低压转子弯曲变形产生的旋转惯性力矩相对较大，并且随着低压转子转速 ω_L 改变，旋转惯性力矩效应变化剧烈，共振转速中 ω_H 也有明显的变化。

同一阶振动模态，转子弯曲变形相同，但由于高、低压转子的运动状态不同，产生旋转惯性力矩对转子系统弯曲刚度的影响不同，由高压激起的共振转速与低压激起的共振转速的变化规律不同。以低压一弯模态为例，转子系统振动以低压转子为主，所以系统产生的旋转惯性力矩也以低压转子产生的旋转惯性力矩为主。当该阶共振转速由高压激起时，若高、低压转子转动方向相同，低压转子作非同步正进动，随着低压转子转速 ω_L 增加，低压转子产生的旋转惯性力矩大幅提高，其对转子系统弯曲刚度的增强作用也在提高，共振转速中 ω_H 增加，如图 12-38 第一象限所示；若高、低压转子转动方向相反，低压转子作非同步反进动，随着低压转子转速 ω_L 增加，低压转子产生的旋转惯性力矩大幅提高，其对转子系统弯曲刚度的削弱作用也在提高，共振转速中 ω_H 降低，如图 12-38 第二象限所示。而当该阶转子系统共振由低压激起时，低压转子作同步正进动，根据旋转惯性力矩表达式，低压转子产生的旋转惯性力矩与高压转子转速 ω_H 无关，因此，随 ω_H 增加，其共振转速中 ω_L 保持不变，如图 12-39 所示。

双转子系统为反向转动双转子系统，因此，以高压转子转速为正，低压转子转速为负，将图 12-38 和图 12-39 的第二象限拼合，可得双转子系统共振转速分布图，如图 12-40 所示。

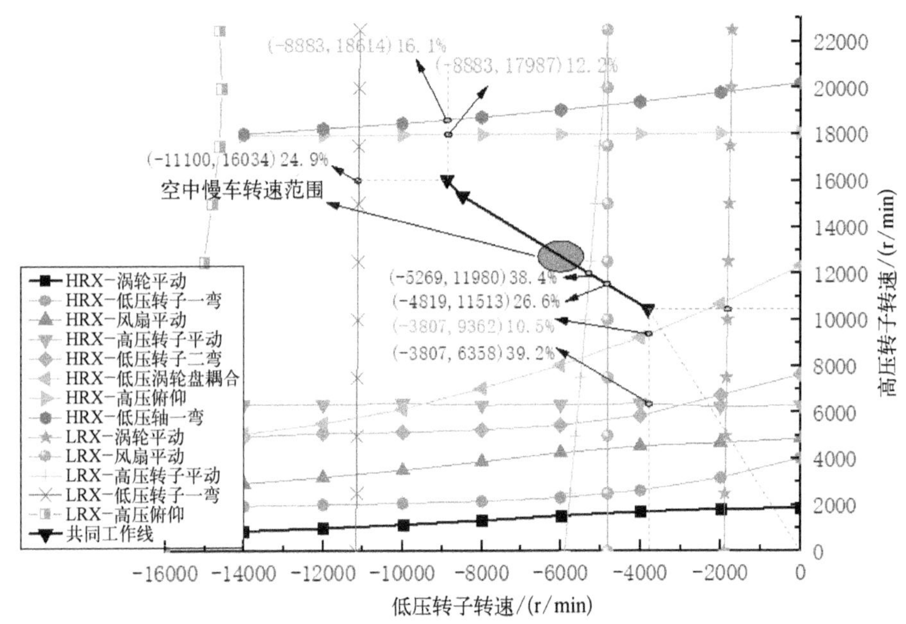

图 12-40 典型双转子系统共振转速曲线

需要说明,在上面的计算结果所体现的双转子系统共振转速变化规律中,可以看出:① 高压转子转速高,一般情况下可以激起低压转子的弯曲振型模态振动;② 低压转子一般只能激起高压转子的刚体振型模态振动,但是当高压转子长径比加大,转速提高,并采用高低压转子对转方案时,高压转子的弯曲模态共振转速也会靠近转子最大工作转速,这也是大负荷高推重比涡扇发动机转子结构设计的一大挑战。

对于转子系统共振转速下的模态振型,可以通过转子各组成结构的应变能分布来分析其振动特点,图 12-41 为不同模态共振转速下应变能在高、低压转子及中介支点上的分布,可以看出:① 处于低转速区域的两阶刚体振型共振转速(临界转速)对应的模态中,高、低压转子与 4#处应变能占比较小,一定程度上降低了转子工作状态下通过临界转速点时共振产生的危害;② 对于以低压转子整体一弯和涡轮轴段弯曲振型共振转速,弯曲应变能主要分布在低压转子上,采取合理的弹支阻尼结构设计可以降低转子系统通过该阶共振转速(临界转速)的振动;③ 需要特别注意,应避免最大工作转速附近存在高低压转子耦合振型共振转速,由于高低压转子转动的非同步性,在中介支点处会产生较大的工作载荷,造成轴承损伤失效。

根据以上分析,可得结论如下:

(1) 在双转子系统共振转速分布图的第二象限与第四象限(即高、低压共振转速方向相反),在旋转惯性力矩效应的作用下将出现一个范围较大的转速区间,该区间内没有共振转速曲线通过。因此,采用高、低压转子反向转动设计,有助于优化工作转速范围内的双转子系统共振转速分布。

(2) 该发动机双转子系统在工作转速范围内没有耦合振型(指高、低压转子应变能占比均超过 20%)模态的存在,避免中介支点处应变能的集中,防止可能产生的中介轴承破

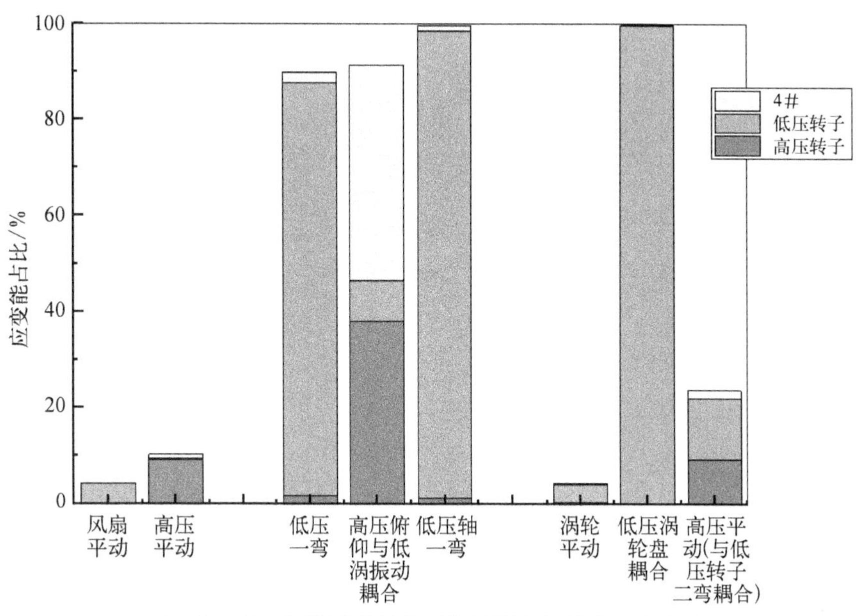

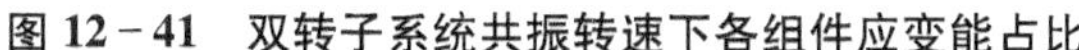
图 12-41　双转子系统共振转速下各组件应变能占比

坏。其根本原因在于,4#、5#支点轴向距离较近,均位于低压涡轮部件质心附近,这有利于减小高、低压转子在 4#支点处的振动耦合。

12.3　高功重比涡桨发动机

涡桨发动机由于其具有推进效率高、耗油率低、起飞和低空性能好的特点,在航空飞行器动力中一直处于不可或缺的地位。在以往的涡桨发动机的研制中,输出轴功率水平较低,一般在 4 000 kW 以下,因此,其使用范围受到很大的制约。近年来,由于发动机设计和制造技术的发展,特别是三转子总体布局设计方案及其设计技术的突破,以及多型大功率涡桨发动机的研制成功,为涡桨发动机的未来发展拓展了广阔的空间。

12.3.1　总体结构布局分析

如图 12-42 所示,PW150A 是三转子涡桨发动机,包含燃气发生器转子(由高压转子、低压转子组成)和动力涡轮转子,包括多级轴流低压压气机、单级离心高压压气机、单级高压涡轮、单级低压涡轮、多级动力涡轮。高、低压转子反向旋转,动力涡轮转子通过减速齿轮箱驱动螺旋桨。该发动机共由 9 个轴承支承,其中高压转子 2 个、低压转子 3 个、动力涡轮转子 4 个。在结构设计上,多处采用先进的共用承力框架结构,以减小发动机质量,提高其功重比。三转子设计可使发动机各转子均工作于最佳转速下,级数少,叶片少,能有效提高发动机的效率和喘振裕度。下面以 PW150A 为例,对三转子涡桨发动机转子和承力结构系统进行总体结构布局分析。

1. 高压转子

如图 12-43 所示,高压离心压气机与高压涡轮为分体结构,通过刚性套齿联轴器传

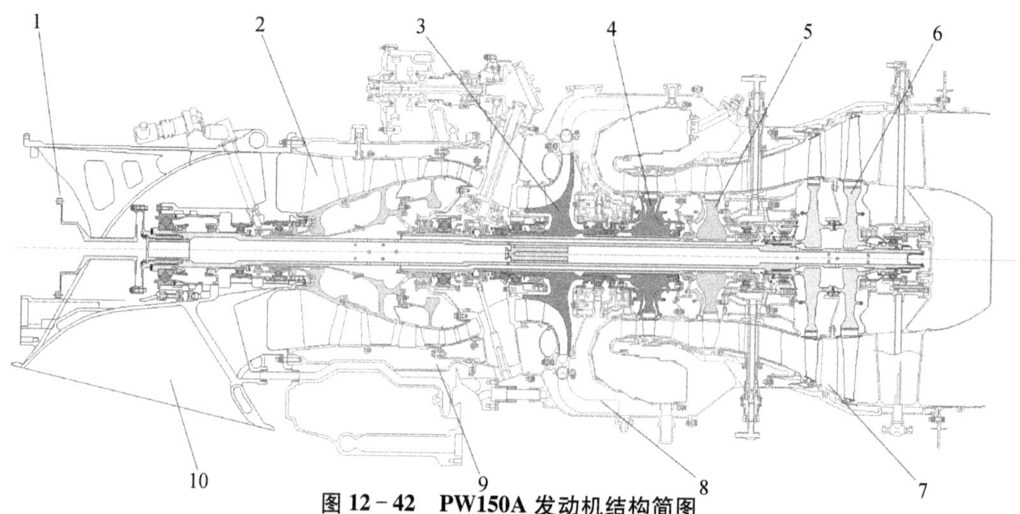

图 12－42　PW150A 发动机结构简图

1. 传动输出;2. 低压压气机;3. 高压压气机;4. 高压涡轮;5. 低压涡轮;6. 动力涡轮;7. 涡轮机匣;8. 扩压气机匣;9. 中介机匣;10. 进气道机匣

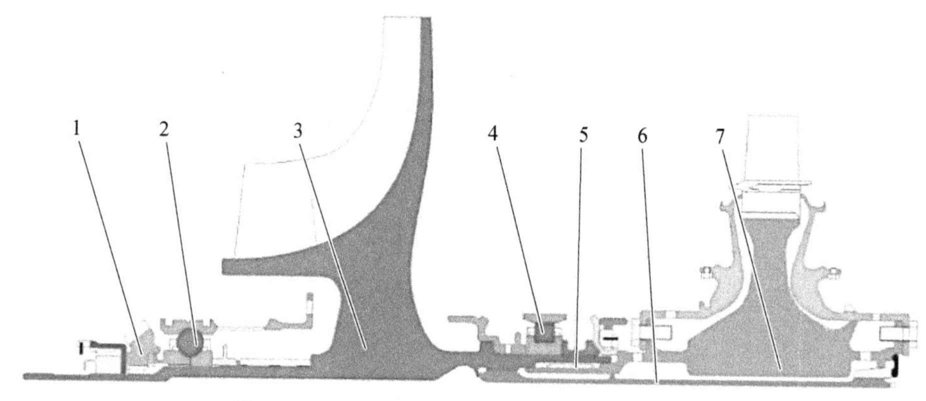

图 12－43　PW150A 发动机高压转子结构简图

1. 传动齿轮;2. 5 号轴承;3. 离心压气机;4. 6 号轴承;5. 套齿联轴器;6. 拉杆;7. 高压涡轮

递扭矩,内部长拉杆轴向压紧,使高压转子具有良好的整体刚性,从而保证转子动力学特性和叶尖间隙设计要求。

高压转子采用 1－1－0 支承方案,前支点为滚珠轴承,后支点为滚棒轴承。前支点放入离心压气机盘前缘,后支点放于高压涡轮前,整体上缩短了两支点间距离,增加转子整体刚度。支点处可使用弹性支承和阻尼器,以调节转子临界转速和吸收振动能量。同时,后支点处于燃烧室内部高温环境中,既要保证轴承的冷却与润滑,也要保证其承力框架的强度与刚度,二者皆需要先进的冷却和封严技术。

2. 低压转子

如图 12－44 所示,低压转子采用 1－1－1 支承方案,前、后支点为滚棒轴承,中间支点为滚珠轴承。轴流压气机与低压涡轮位于低压轴两端,三者为分体结构共同组成低压转子。压气机和低压涡轮与低压轴间皆通过套齿传扭和螺母轴向压紧形成整体结构。压气机内形成环腔结构,增强局部弯曲刚度。

图 12-44　PW150A 发动机低压转子结构

1. 3 号轴承;2. 1 级低压压气机;3. 2 级低压压气机;4. 3 级低压压气机;5. 4 号轴承;6. 低压轴;7. 封严盘;8. 低压涡轮;9. 7 号轴承

3. 动力涡轮转子

如图 12-45 所示,动力涡轮转子中间涡轮轴细,采用 0-3-1 支承方案,1 号支点为滚珠轴承,其余支点为滚棒轴承。转子两端各放置两支点,形成近似固支约束。增加两端的局部刚度,便于控制涡轮轴变形并保证其前端精确定心,改善转子动力学特性,提高动力涡轮效率和功率输出稳定性。

动力输出轴位于转子前端,通过套齿和膜盘结构与涡轮轴连接,以传递较大扭矩并减小不对心量,再通过减速齿轮箱驱动螺旋桨,提供发动机主要推力。后端动力涡轮与涡轮轴套齿连接,轴向压紧。

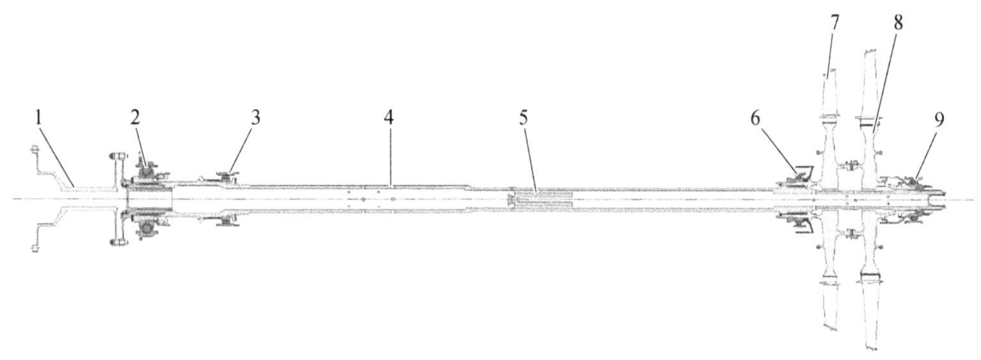

图 12-45　PW150A 发动机动力涡轮转子

1. 输出传动轴;2. 1 号轴承;3. 2 号轴承;4. 涡轮轴;5. 导气管;6. 8 号轴承;7. 1 级动力涡轮;8. 2 级动力涡轮;9. 8 号轴承

4. 承力结构系统

如图 12-46 所示,PW150A 承力结构系统采用 5 个承力框架将转子支点所受载荷传递到安装节。对于三转子结构布局的涡桨发动机,由于其转速高、结构紧凑、低压转子细长、刚度低,难以使用中介轴承。现代高功重比涡轴发动机和多转子涡桨发动机,为了减少承力框架数量,缩短发动机整体轴向尺寸,减小结构质量,通常采用涡轮级间共用承力框架,即高、低压涡轮支点共同支承在涡轮级间承力框架上,以适应高功重比发动机发展需求与发展趋势。

考虑到涡轮级间共用承力框架的优越性,对于不同类型发动机,涡轮级间承力框架存在一些相同的设计难点: ① 涡轮级间承力框架是航空发动机热端部件的组成部分,处于

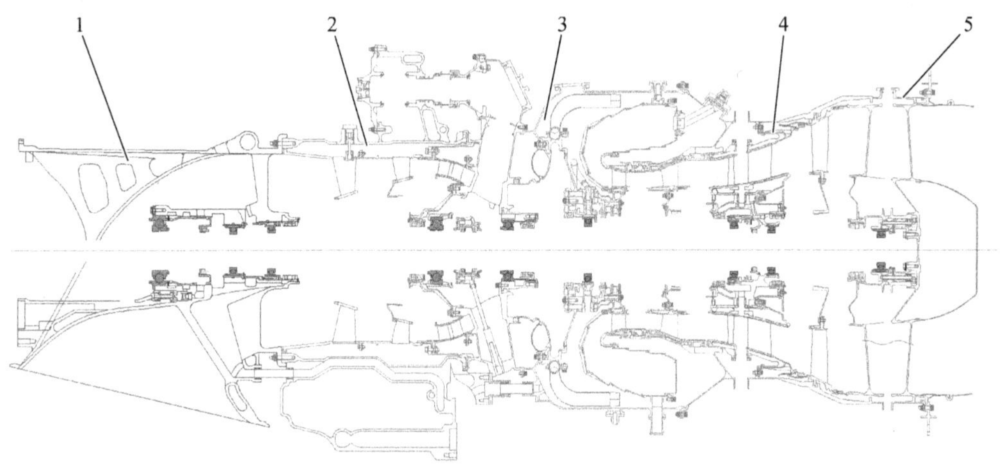

图 12-46　PW150 发动机承力系统

1. 进气道承力框架；2. 中介机匣承力框架；3. 扩压气机匣承力框架；4. 涡轮级间承力框架；5. 涡轮后承力框架

高温环境中，热载荷大，可存在较大热变形、热应力，对其结构强度、刚度、使用寿命等产生极大影响，需进行冷却设计、热变形协调设计；② 涡轮级间承力框架是支承转子与传递载荷的承力件，要求其具有高的承载与抗变形能力，保证整体变形协调，具有较高的角向刚度；③ 对于涡轮级间承力框架支承多个支点时，由于振动环境复杂，需具有较强振动隔离特性，避免支点间振动耦合等。

总之，PW150A 涡桨发动机，由于采用三转子结构方案，转子转速高、径向尺寸小、弯曲刚度差，不宜采用中介轴承支承方案，而采用多支点和共用承力框架支承方案。虽然在结构设计和装配中具有不少的困难和挑战，但实践证明，PW150A 涡桨发动机在总体结构布局上采用的三转子设计方案是成功的，具有良好的结构完整性与可靠性。

12.3.2　转子连接结构稳健性

在航空发动机结构设计中，为了满足"轻质重载"的设计要求，一般需要采用不同材料及构形的结构设计，并通过界面连接形成结构系统。在高负荷作用下，结构系统界面的接触状态会发生一定的变化，当超过门槛值时，结构系统力学特性会随外载荷的加大发生变化，例如，结构系统弯曲刚度、同轴度等力学性能参数对外载表现出一定的分散性。转子连接结构稳健设计就是使外部工作载荷环境变化对连接结构的性能参数影响的低敏感度优化设计。

在小尺寸高转速发动机中，由于尺寸限制，在转子连接结构设计中，常采用中心拉杆施加轴向预紧力，保证转子系统力学特性在全转速工作状态下具有可接受的分散性。随着发动机转速的不断提高，转子系统工作转速均处于超临界状态，甚至接近或超过弯曲振型共振转速，因此，在转子结构及动力学特性设计中，必须对转子结构弯曲变形及其对连接界面接触状态的影响，必须进行定量的分析和评估，以保证在工作状态下，界面连接结构弯曲刚度特性及转子系统动力学特性满足设计要求。

1. 止口连接结构稳健性

图 12－47 为涡桨发动机转子低压压气机转子结构图，结构主要承受装配载荷、离心载荷、气动载荷等载荷。转子轮盘间采用止口连接定心、定位和传递载荷，通过中心拉杆轴向压紧。中心拉杆与二级盘前轴颈螺纹连接，在转子前轴颈处通过压紧螺母产生预变形及轴向拉力，外圈鼓筒（包括止口）传递轴向压力。转子轴向传力路线，如图 12－48 所示。

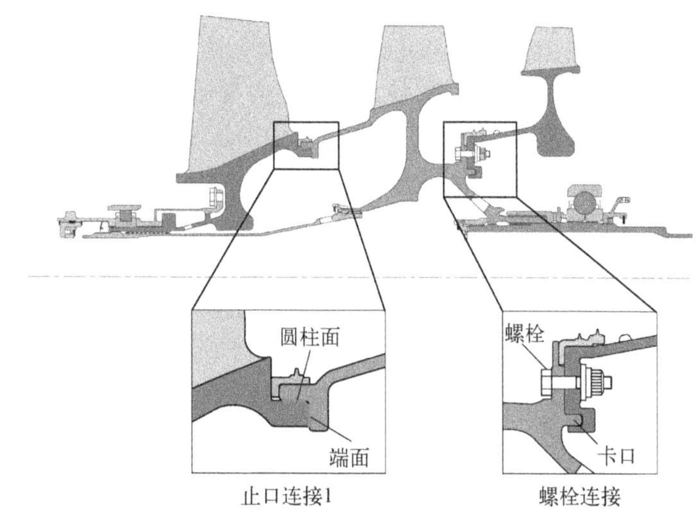

图 12－47　PW150 低压压气机转子连接结构示意图

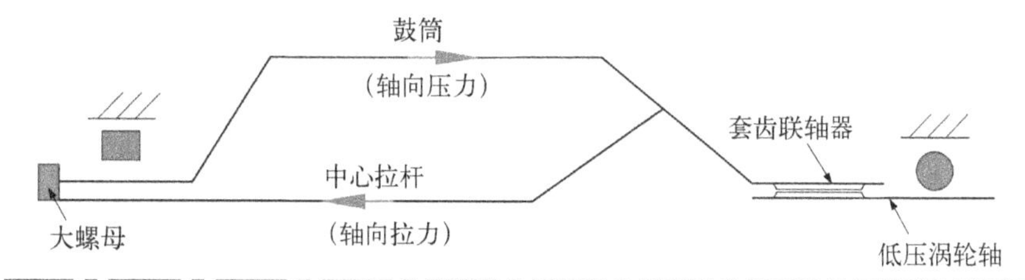

图 12－48　低压压气机转子轴向传力路线

从压气机转子传力路线分析中可以看到：① 中心拉杆在设计上要有足够的轴向预变形，以保证工作过程中，对外侧的轴颈、鼓筒产生足够的压紧力，以增加转子刚性；② 轴颈、鼓筒和轮盘在高速旋转时，由于材料的正泊松比效应，结构的轴向长度会缩小，轴向预变形量减小，从而导致转子结构系统的刚度下降；③ 将连接止口鼓筒与轮缘分开，避免轮盘离心载荷所产生的径向变形对止口连接界面接触状态的影响，同时可降低止口径向位置以降低其切向速度，保证连接界面设计在刚度较好的小变形区域。因此，在止口－中心拉杆连接结构设计时，需要充分考虑离心载荷变化对转子轴向压紧力及其连接刚度的影响。

在止口连接的转子结构设计中，需要考虑装配载荷、离心载荷等对转子连接界面变形协调性及接触损伤的影响，以保证长期工作循环载荷作用下连接界面接触损伤及其对转子系统力学特性分散性可控。

界面连接转子系统结构设计基本要求是：① 转子组成的各结构件（轮盘、鼓筒、中心拉杆）均满足静强度准则；② 转子结构系统需满足轮盘和鼓筒变形协调性要求，以减小连接界面接触损伤；③ 对界面连接转子结构系统接触界面接触应力和接触状态变化量进行评估和结构优化设计，以保证在工作过程中具有可靠承载、传扭以及定心。

为保证界面连接转子结构的稳健性，针对止口连接多级压气机转子结构可采用如下设计策略：① 优化传力路线与稳定的接触界面。由于止口连接是依靠端面摩擦传扭，因此，需要根据轮盘鼓筒径向尺寸合理设计传力路线与接触界面位置，防止连接界面处产生不可承受的变形、滑移。② 适宜的内外止口几何结构。调整止口径向位置与局部尺寸使得内外止口变形尽量协调，一般情况下，使内止口径向变形始终大于外止口，以保证定心的稳定。③ 合理的轴向压紧力与定心柱面紧度。轴向压紧力与柱面紧度也是止口设计阶段需要确定的设计参数。止口轴向压紧力不足——转子松动，接触面滑移，无法稳定传扭；轴向压紧力过大——可能造成端面磨损；柱面紧度不足——定心不稳，转子不平衡量增大；柱面紧度过大——影响轴向压紧，转子装拆困难。

如图 12－49 所示，以止口连接压气机转子结构设计为例，对于止口连接压气机转子结构系统稳健性进行评估及优化。

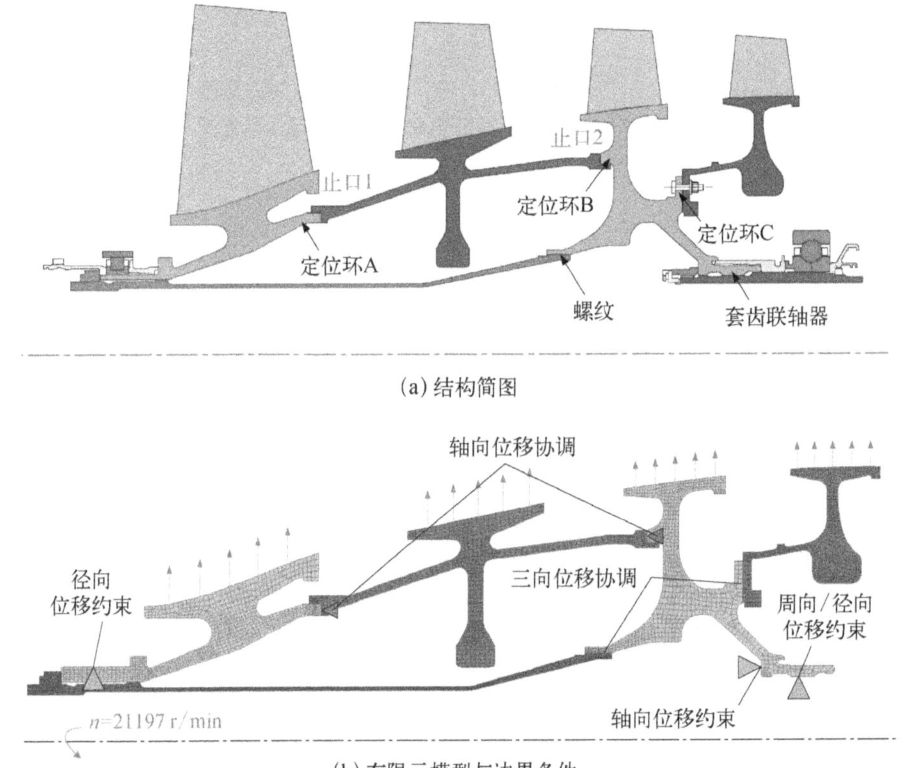

图 12－49　含止口连接转子仿真计算模型

依据定性分析和止口连接转子结构稳健性设计基本思路，初步进行压气机转子几何构形设计，并对压气机转子止口连接稳健性评估，在选定装配状态和最大转速状态下，进行连接界面接触力学特性变化的计算分析，以确定界面损伤程度及对转子系统力学特性的影响程度。

对转子有限元模型施加轴向预紧载荷，得到压气机转子结构在轴向预紧力下的应力和变形，如图 12－50 所示。

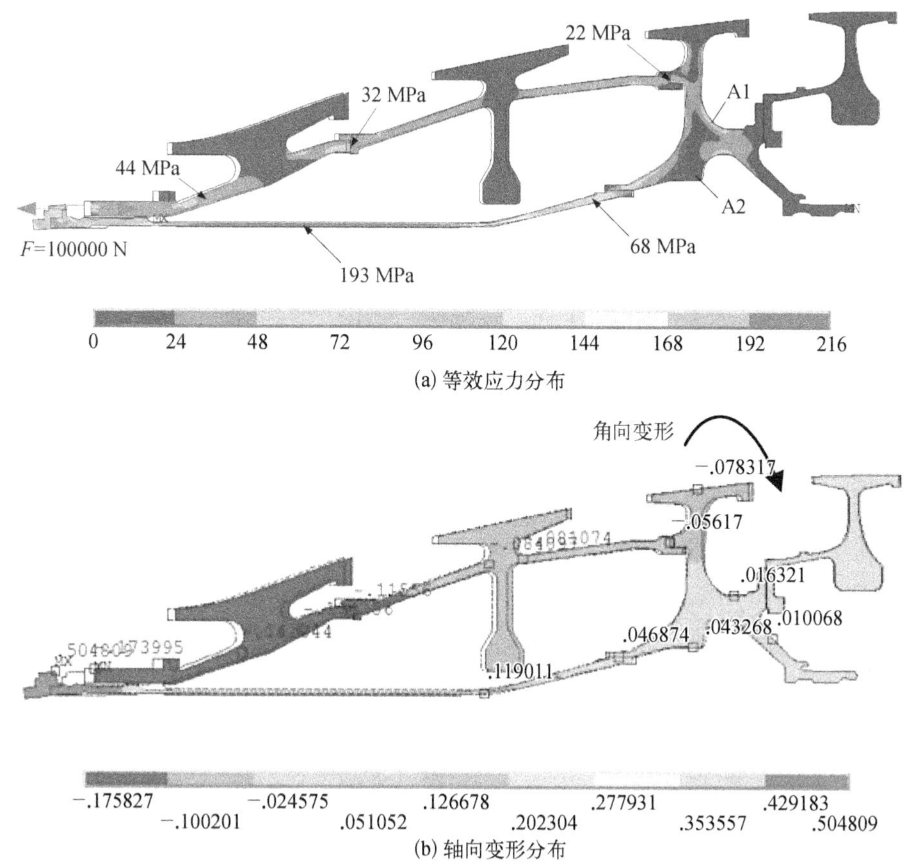

(a) 等效应力分布

(b) 轴向变形分布

图 12－50　含止口连接转子装配状态仿真计算

从图 12－50(a)中可以看出，中心拉杆等效应力最大，轴向应力沿各级轮盘和鼓筒分布变化均匀，表明结构设计十分合理。在轴向预紧力作用下，压气机轮盘、鼓筒均产生轴向变形，从图 12－50(b)中可以看出，虽然压气机转子径向尺寸具有较大变化，但在轴向力作用下，各级轮盘始终保持轴向平移，几乎没有倾斜，这主要是由于第 1 级轮盘采用跨越式几何构形，并且各级轮盘之间的鼓筒形成拱形构形，使轴向压力分布均匀，没有在轮盘上形成弯矩，产生角向变形，由于转子具有合适的轴向变形和应力分布，提高了轮盘-鼓筒转子的承载能力和整体性。

计算分析最大转速离心载荷作用下的应力和变形，如图 12－51 所示。

如图 12－51(a)所示，各级轮盘的最大等效应力均位于盘心位置，第 4 级盘前伸鼓筒存在较大应力集中。压气机轮盘、鼓筒应力分布均匀且具有足够的强度安全裕度。

值得注意，1 级盘采用跨越式轮盘几何构形结构，盘心与锥壳鼓筒直接相连，增加了

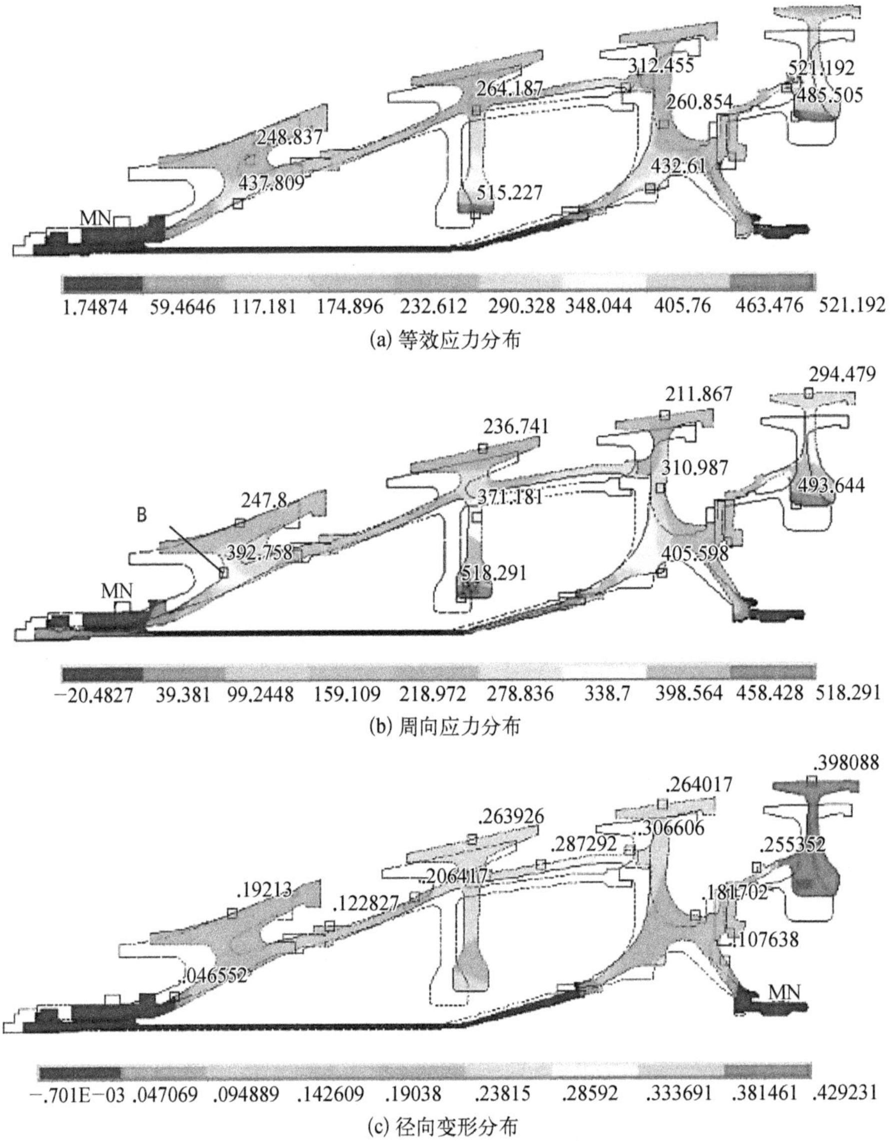

(a) 等效应力分布

(b) 周向应力分布

(c) 径向变形分布

图 12-51　止口-中心拉杆连接转子结构离心载荷下应力应变

盘心的承载面积，使其周向应力最大点上移至 B 处，如图 12-51(b)所示。因此跨越式轮盘结构具有更高的承载能力，而且轮盘与鼓筒融合设计使结构质量更小。

计算结果表明，转子在主承力区，包括各级盘心、前后轴颈与鼓筒上的应力值均处于较低水平，且分布较为均匀，表明压气机转子结构几何构形在应力分布和变形控制方面是合理的。

如图 12-51(c)所示，压气机转子前三级盘缘的径向变形量均较小，对压气机叶尖间隙控制有利，而且各级轮盘之间鼓筒的径向变形量均匀，有利于提高止口连接结构的稳健性。

在离心载荷作用下，转子结构产生角向变形和正泊松比效应，导致压气机转子产生较大的轴向变形。为了定量描述高速旋转转子轴向压紧力的变化，定义转子轴向相对变形量为：轮盘-鼓筒转子的轴向变形与中心拉杆的轴向变形之差，通过计算得到，压气机转子在最大转速下由于结构材料的正泊松比效应可使相对轴向变形约 0.2 mm，由于中心拉杆在初始装配时具有充分的预变形量，因此在高速旋转时，轮盘、鼓筒轴向缩小不会使得轴向压紧力明显减小，影响止口连接的界面接触状态和转子力学特性，可以保证止口连接结构具有良好的稳健性。

多级轮盘-鼓筒转子结构在高速旋转时发生相对轴向尺寸缩短，其原因主要是由于材料的泊松比及结构几何特征的影响。

泊松比定义式为

$$\varepsilon_L = -\upsilon\varepsilon_r \tag{12-6}$$

泊松比是指材料在单向受拉或受压时，径向正应变与轴向正应变的绝对值的比值。其物理意义为在径向受到应力作用产生变形(正值为拉长)时，与之相垂直的轴向会按照一定的比例关系收缩(减小)，其比值即为泊松比，对于一般各向同性金属为 0.3 左右。

根据应变与位移的定义式：

$$\Delta L = \varepsilon_L L \tag{12-7}$$

结合转子结构广义胡克定律：

$$\varepsilon_r = \frac{1}{E}(\sigma_r - \upsilon\sigma_\theta) \tag{12-8}$$

代入式(12－7)整理，可得

$$\Delta L = -\frac{\upsilon L}{E}(\sigma_r - \upsilon\sigma_\theta) \tag{12-9}$$

从公式(12－9)中可以看出，轴向变形量 ΔL 与转子的应力水平、轴向长度有关。考虑到该转子应力水平为一般正常值，故转子轴向长度是影响轴向变形量的主要因素。对于多级压气机转子，轮盘鼓筒转子轴向尺寸较长，在相似的应力水平作用下，轴向变形量势必会较高，因此，需要根据各零件的轴向变形，合理设计轴向拉杆的结构特征参数，同时合理设计压紧螺母的轴向预紧力，以保证在全转速工作范围内止口连接结构的接触状态保持稳定，提高连接结构的稳健性。

2. 套齿连接结构稳健性

套齿连接结构常用于传递大扭矩、大轴向载荷的压气机-涡轮转子连接以及涡轮盘-轴的连接，由于其直径尺寸一般较小，在转子系统发生弯曲变形时，套齿连接结构连接界面接触状态和弯曲刚度均会发生一定的变化，分析并控制界面损伤和刚度损失的大小，以保证套齿连接转子系统的稳健性是套齿连接转子结构设计中必须考虑的问题。

图 12－52 为悬臂支承高速涡轮转子结构简图。转子系统的后支点位于涡轮盘前涡轮轴上，由于涡轮处于悬臂支承状态，在高速旋转时，转子弯曲变形应变能会集中在套齿连接结构处，为减小套齿连接结构弯曲刚度对高转速载荷环境变化的分散性和敏感性，提高连接结构稳健性，需要对轴承内环、封严环、涡轮盘及其相关构件的压紧载荷和界面接触状态进行分析评估。

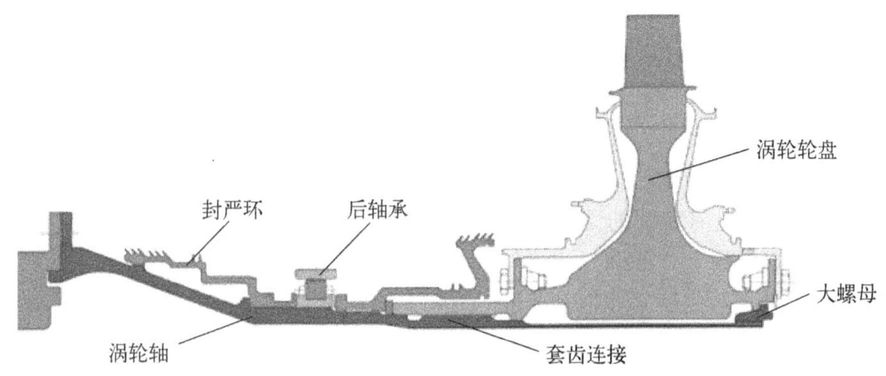

图 12－52　悬臂支承高速涡轮转子结构简图

图 12－53 为转子套齿连接结构预紧力传力路线。轴承内环及其相关构件的轴向预紧力由压紧大螺母提供。大螺母通过施加预紧力使涡轮轴拉杆产生一定的预变形，从而对涡轮盘、封严环及轴承内环等构件进行轴向压紧。此时，涡轮轴拉杆受拉，而涡轮盘、封严环及轴承内环等构件则受压。

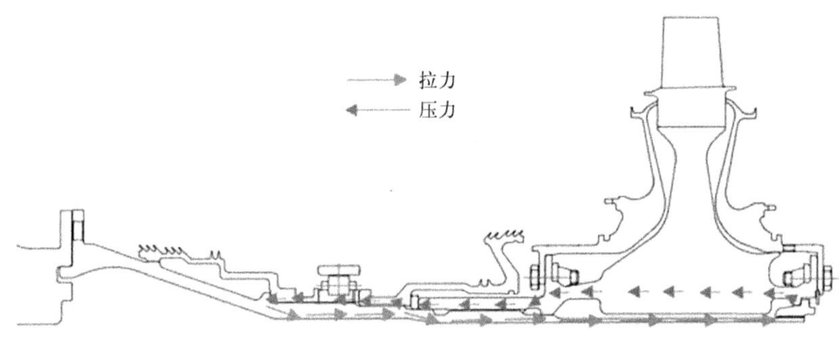

图 12－53　套齿连接结构预紧力传力路线

为使转子各构件之间保持良好定位，涡轮轴拉杆的前段为直径和厚度较大的轴，拉伸刚度较大，在预紧力作用下，几乎不产生变形，而涡轮轴拉杆的后段，为径向尺寸和厚度较小的拉杆，在轴向预紧力作用下产生一定的轴向变形，以保证在全转速范围内转子各组成构件之间具有足够的压紧力。在结构设计时，应该减小拉杆刚度，增加预变形量，以避免在离心载荷下，轮盘等构件轴向收缩所带来的结构系统轴向松动等问题。

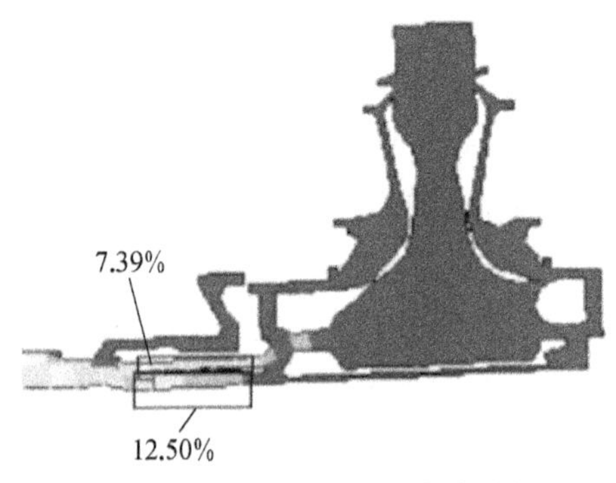

图 12－54　惯性载荷下套齿连接结构应变能图

此外，对于悬臂支承的高速转子，在发生弯曲变形时，在套齿连接转轴处会产生较大的应变能集中，因此，需要对套齿连接结构接触界面损伤及其对转子系统动力学特性的影响进行相应的分析。

计算分析表明，套齿连接结构存在较大的应变能，可能会导致界面损伤，影响该连接结构的稳健性，如图 12－54 所示。

为了保证涡轮与压气机连接轴及其套齿连接结构在工作循环中弯曲刚度保持最小的分散性,应控制接触界面损伤并保证在工作周期内不会产生松动。通过结构分析可知,该结构存在轴向预变形不充分,弯曲变形较大,定心圆柱面滑移等问题,因此,为提高转子系统及其套齿连接结构的稳健性,需要对其结构进行改进。

如图 12－55 所示,对原结构方案改进之处: ① 将涡轮套齿轴伸长并将轴承及内环后移压于套齿之上,这样可以使轴承更为有效约束转子变形,有利于减小套齿磨损及角向刚度损失,进一步增强其连接结构稳健性;② 为了增加轴向压紧预变形,避免离心载荷作用下多构件轴向压紧力松动,将套齿后定心圆柱面前移,以增长拉杆长度,并在轴承内环后增加一个"n"形弹性环,以增大组件的预变形量,进一步提高该结构稳健性。

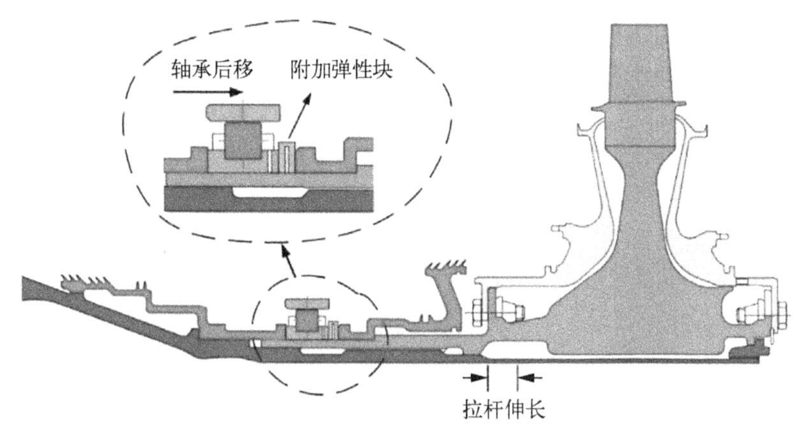

图 12－55　高压转子后支点轴承及套齿结构主要改进方案

对套齿连接转子结构弯曲刚度损失或分散性评估时,可采用惯性刚度作为评估参数和优化目标。

在高压转子上施加一定的横向加速度,则高压转子各组件由于横向过载而承受惯性载荷。计算过程具体加载情况如图 12－56(a)所示,图 12－56(b)为高压转子在 5g 横向加速度下转子变形量。高压涡轮盘尺寸大,质量集中,且高压转子采用 1－1－0 支承方案,涡轮为悬臂结构。最大横向变形发生在涡轮后封严盘位置。

虽然高压转子在惯性载荷的作用下横向变形量最大处为涡轮盘,但这是由于涡轮质量较大且转子采用 1－1－0 悬臂支承所致。由图 12－57 可知,高压转子在横向惯性载荷的作用下,其应变能主要分布于高压压气机与涡轮连接轴及其套齿连接处。

如图 12－58 所示,高压轴上应变能主要集中在锥壳轴和轴承轴段,高压轴前段和套齿连接位置处的高压轴应变能系数都不超过 10%。图 12－59 为高压转子各连接结构的应变能分布情况。套齿连接结构应变能系数约为 8.75%,其他连接结构应变能分布较小不超过 1%。

对转子结构进行改进后,在横向惯性载荷下,转子系统横向变形明显减小,惯性刚度成倍提高,可以保证惯性载荷作用下套齿连接结构的稳健性。

本章简要介绍高涵道比涡扇、高推重比涡扇和高功重比涡桨三种典型发动机的总体结构布局,并对其转子系统进行不同侧重点的力学特性分析。对于高涵道比涡扇发动机,

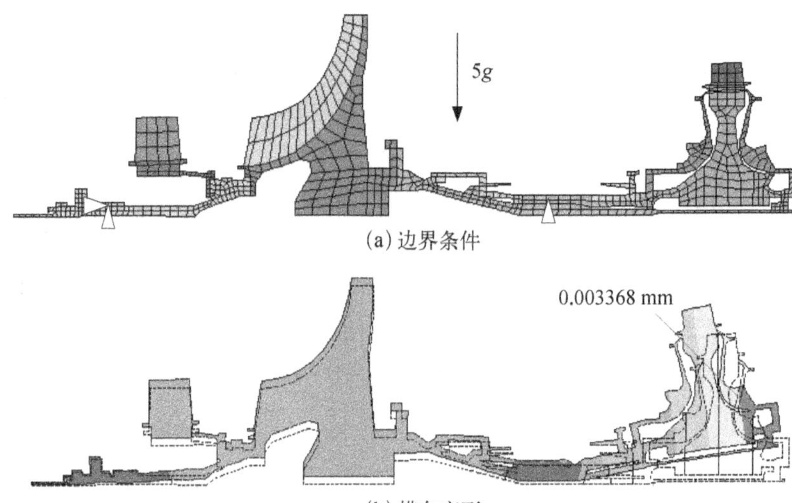

图 12－56　横向惯性载荷下高压转子仿真计算

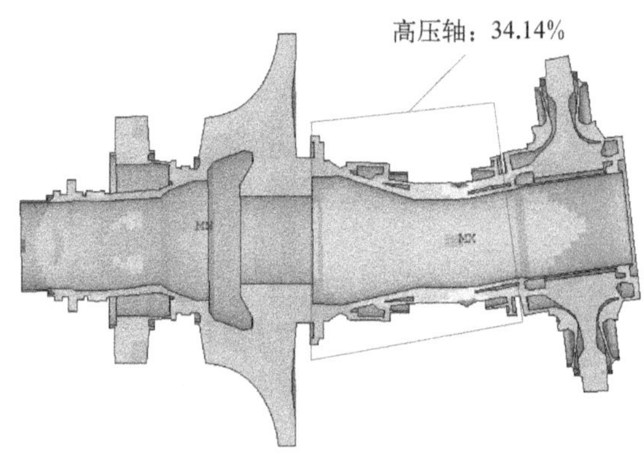

图 12－57　横向惯性载荷下高压转子应变能分布

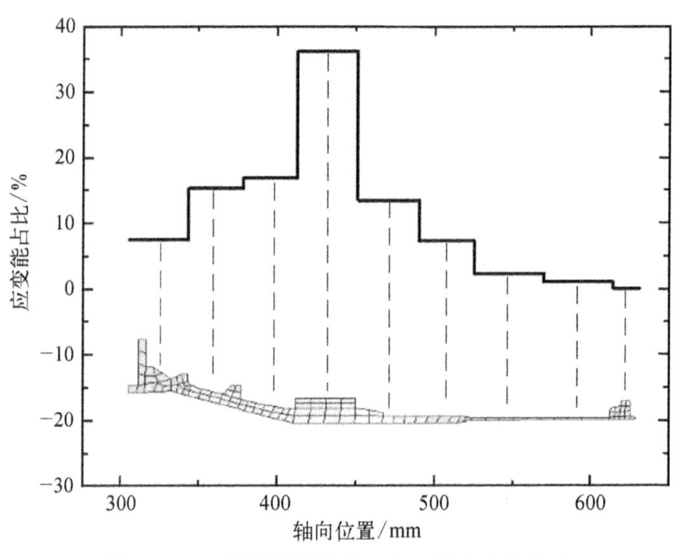

图 12－58　横向惯性载荷下高压轴应变能分布

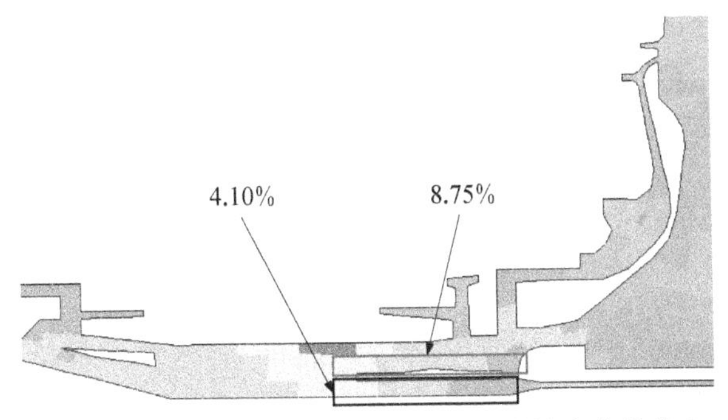

图 12－59　横向惯性载荷下套齿连接结构应变能分布

重点分析转子系统力学特性计算、参数及其与结构特征关联性；对于带中介支点高推重比涡扇发动机，由于中介支点将高、低压转子系统直接关联，易产生耦合振动问题，重点分析双转子系统共振转速分布；对于高功重比涡桨发动机，由于转子高转速且多端齿、止口等连接结构，易发生弯曲变形，导致连接界面接触状态发生改变并产生刚度损失，重点分析连接结构稳健性设计。

思 考 题

1. 分别以高、低压转子系统为例，分析转子模态振型和陀螺力矩效应对共振转速特性的影响。

2. 以含中介支点双转子系统为例，简述高、低压转子系统耦合振动机理。

3. 总结法兰-螺栓、止口、套齿等典型转子连接结构稳健设计方法。

参考文献

[1]《国防科技名词大典》总编委会. 国防科技名词大典：航空[M]. 北京：航空工业出版社,2002.

[2] 刘宝龙,洪杰. 通用核心机转子系统结构设计技术[J]. 振动与冲击,2010,29(增刊)：58－62.

[3] 胡晓煜. 世界中小型航空发动机手册[M]. 北京：航空工业出版社,2006.

[4] George G. Powerplant engineering for commercial engines 2007[M]. USA：General Electric, 2007.

[5] 洪杰,马艳红,张大义. 航空燃气轮机总体结构设计与动力学分析[M]. 北京：北京航空航天大学出版社,2014.

[6] 陈光,洪杰,马艳红. 航空燃气涡轮发动机结构[M]. 北京：北京航空航天大学出版社,2010.

[7] 马艳红,曹冲,李鑫,等. 涡轴发动机涡轮级间支承结构设计关键技术[J]. 航空发动机,2014,40(4)：34－39.

[8] 航空航天工业部高效节能发动机文集编委会. 高效节能发动机文集：总体匹配[M]. 北京：航空工业出版社,1991.

[9] 李超,金福艺,王东,等. 转子结构布局及其力学特性优化分析[J]. 航空动力学报,2019,34(2)：282－291.

[10] 单辉祖. 材料力学[M]. 北京：高等教育出版社,2009.

[11] Timoshenko S P. On the correction for shear of the differential equation for transverse vibrations of prismatic bars[J]. Philosophical Magazine, 1921, 41(245)：744－746.

[12] 顾家柳. 转子动力学[M]. 北京：国防工业出版社,1985.

[13] 刘延柱,陈立群. 非线性振动[M]. 北京：高等教育出版社,2001.

[14] 晏砺堂,朱梓根,宋兆泓. 结构系统动力特性分析[M]. 北京：北京航空航天大学出版社,1989.

[15] Storace A F. Turbine engine structural efficiency determination[C]. Monterey：AIAA, 1989.

[16] 张大义,梁智超,洪杰. 航空发动机转子系统的结构效率评估方法研究[J]. 振动与冲击,2010,29(增刊)：49－52.

[17] 马艳红,陈璐璐,张大义,等. 航空发动机转子系统结构效率评估参数与计算方法[J]. 航空动力学报,2013,28(7)：1598－1606.

[18] 张大义,马艳红,梁智超,等. 整机结构设计的评估方法-结构效率[J]. 航空动力学报,2010,25(10)：2070－2176.

[19] 高金海,洪杰. 航空发动机整机动力特性建模技术研究[J]. 战术导弹技术,2006(3)：29－35.

[20] 陈立周. 稳健设计[M]. 北京：机械工业出版社,2000.

[21] Hong J, Chen X Q, Wang Y F, et al. Optimization of dynamics of non-continuous rotor based on model of rotor stiffness. Mechanical Systems and Signal Processing, 2019, 131：166－182.

[22] 洪杰,徐筱李,梁天宇,等. 转子结构系统界面失效分析及稳健设计方法[J]. 航空动力学报,2018,33(3)：649－656.

[23] Liu S G, Ma Y H, Zhang D Y, et al. Studies on dynamic characteristics of the joint in the aero-engine

rotor system[J]. Mechanical Systems and Signal Processing, 2012, 29: 120-136.

[24] Gaul L, Lenz J. Nonlinear dynamics of structures assembled by bolted joints[J]. Acta Mechanica, 1997, 125(1-4): 169-181.

[25] Segalman D J, Gregory D L, Starr M J, et al. Handbook on dynamics of jointed structures[R]. Albuquerque: Sandia National Laboratories, 2009.

[26] Mantelli M, Milanez F, Pereira E, et al. Statistical model for pressure distribution of bolted joints [J]. Journal of thermophysics and heat transfer, 2010, 24(2): 432-437.

[27] 廉永正,王明宇,潘忠文. 锥壳结构轴向刚度研究[J]. 导弹与航天运载技术,2011(5): 47-49.

[28] 李俊慧,马艳红,洪杰. 转子系统套齿结构动力学设计方法研究[J]. 航空发动机,2009,35(4): 36-39.

[29] Wu F Y, Liang Z C, Ma Y H, et al. Bending stiffness and dynamic characteristics of a rotor with spline joints [C]. San Diego: ASME 2013 International Mechanical Engineering Congress and Exposition, 2013.

[30] Leen S B, Hyde T H, Ratsimba C H H, et al. An investigation of the fatigue and fretting performance of a representative aeroengine splined coupling[J]. The Journal of Strain Analysis for Engineering Design, 2002, 37(6): 565-583.

[31] 洪杰,沈玉芃,王永锋,等. 动力涡轮转子结构系统力学特性稳健设计方法[J]. 北京航空航天大学学报,2019,45(3): 437-445.

[32] 洪杰,徐翕如,苏志敏,等. 高速转子连接结构刚度损失及动力学特性[J]. 北京航空航天大学学报,2019,45(1): 18-25.

[33] 岳伟,梅庆,张大义,等. 高速可拆卸转子止口连接结构稳健性设计方法[J]. 航空动力学报,2017,32(7): 1754-1761.

[34]《航空发动机设计手册》总编委会. 航空发动机设计手册[M]. 北京: 航空工业出版社,2001.

[35] 陈予恕,张华彪. 航空发动机整机动力学研究进展与展望[J]. 航空学报,2011,32(8): 1371-1391.

[36] Muszynska A. Rotordynamics[M]. Boca Raton: CRC Press, 2005.

[37] 陈光. 高涵道比涡扇发动机的发展[J]. 航空动力,2019,3: 56-61.

[38] 张力,洪杰,马艳红. 航空发动机转子系统建模方法和振动特性分析[J]. 北京航空航天大学学报,2013,39(2): 148-153.

[39] 王国丽,刘树辉,朱清乐. 基于三维有限元模型的双转子-支承系统动力学特性研究[J]. 北京理工大学学报,2011,31(11): 1292-1296.

[40] 张大义,刘烨辉,梁智超,等. 航空发动机双转子系统临界转速求解方法[J]. 推进技术,2015,36(2): 292-298.